TRAITÉ

DE

ZOOTECHNIE GÉNÉRALE

OUVRAGES DU MÊME AUTEUR

Le Charbon symptomatique du Bœuf; pathogénie et inoculations préventives (en collaboration avec MM. Arloing et Thomas). Un volume de 280 pages avec 7 figures noires et une chromolithographie ; 2ᵉ édition, Paris, 1887 (Ouvrage couronné par l'Institut, l'Académie de médecine et la Société nationale d'agriculture de France).

Les Plantes vénéneuses et les empoisonnements qu'elles déterminent. Un volume in-8 de 525 pages et 51 figures intercalées dans le texte. Paris 1888.

LYON. — IMPRIMERIE PITRAT AÎNÉ, 4, RUE GENTIL

TRAITÉ

DE

ZOOTECHNIE

GÉNÉRALE

PAR

Ch. CORNEVIN

PROFESSEUR A L'ÉCOLE VÉTÉRINAIRE DE LYON

PRÉSIDENT DE LA SOCIÉTÉ D'AGRICULTURE, HISTOIRE NATURELLE ET ARTS UTILES

ANCIEN PRÉSIDENT DE LA SOCIÉTÉ D'ANTHROPOLOGIE DE LA MÊME VILLE

AVEC 4 PLANCHES COLORIÉES

Et 204 figures intercalées dans le texte

PARIS

LIBRAIRIE J.-B. BAILLIÈRE et FILS

Rue Hautefeuille, 19, près du boulevard Saint-Germain

1891

PRÉFACE

Le Traité de zootechnie générale que nous publions aujourd'hui est avant tout l'exposé, sous forme didactique, des recherches expérimentales et des observations que nous poursuivons depuis notre entrée dans l'enseignement. Nous n'avons point négligé, on le verra en parcourant ce livre, de consulter avec soin ce qui a été écrit sur les divers sujets dont nous traitons, mais nous n'eussions jamais pris la plume si nous n'avions été en situation de nous déterminer, dans la plupart des conclusions, par le résultat de travaux personnels.

Il est, en effet, impossible d'aborder l'étude de la zootechnie sans qu'au seuil de cette science ne se pose le grand problème de la variation des êtres vivants, avec toutes ses déductions dans la façon de comprendre l'espèce et la race et ses conséquences pratiques dans l'industrie du bétail. Les questions soulevées ne sont pas seulement de celles qui tourmentent et divisent les penseurs, elles ont leur écho dans la ferme et elles influent sur la direction à imprimer aux opérations zootechniques.

Lorsque, il y a seize ans, nous avons été chargé d'enseigner cette branche de la biologie, la bataille était vivement engagée entre ceux qui enserrent la production des variations dans de très étroites limites et ceux pour qui les formes ethniques et spécifiques ne sont que des stades de la matière organique dans son incessante évolution.

En suivant attentivement ces débats, nous acquîmes rapidement la conviction que nous ne pourrions à notre tour nous former une opinion qu'en étudiant nous-même à l'étable, à la bergerie, à la basse-cour, au clapier, les faits en litige auxquels on attribuait des significations et des portées si différentes.

Il ne suffit pas d'aimer la vérité, il faut avoir les moyens de la reconnaître afin d'échapper à une dangereuse servitude, celle où l'esprit se laisse convaincre par la qualité des personnes plutôt que par les faits qu'elles exposent.

Nous avons eu la bonne fortune de posséder ces moyens dès nos débuts dans la carrière, en 1875. H. Rodet, alors directeur de l'École vétérinaire de Lyon, venait d'être assez heureux pour réaliser une idée qui lui était à cœur : l'annexion d'une ferme d'application à l'établissement qu'il dirigeait. Il nous chargea d'organiser ce service tout nouveau. Secondé par M. Caubet, éleveur passionné qui ne recule point devant les sacrifices pécuniaires, souvent très élevés, nécessaires à l'acquisition de sujets d'élite, les principaux types des espèces bovine, ovine, porcine, cuniculine et les représentants de nombreuses races d'oiseaux domestiques furent rassemblés à la ferme de la Tête-d'Or, aux portes de Lyon. Il en est résulté un grand bénéfice pour l'instruction pratique des étudiants.

On devine que nous n'avons point laissé échapper l'occasion d'expérimenter sur cet important cheptel. Nous nous sommes créé là un laboratoire d'un caractère spécial, particulièrement destiné à des expériences de longue échéance, irréalisables dans les laboratoires habituels de physiologie et de zoologie. Telles de nos expériences durent depuis dix et douze ans. Nous les conduisons parallèlement et synchroniquement sur plusieurs espèces et races de mammifères et d'oiseaux domestiques, afin que le contrôle naisse spontanément de la convergence d'observations faites sur des formes dont la malléabilité est inégale.

Lorsque l'étude sur le vivant est terminée, le squelette est préparé en entier ou partiellement, afin de voir l'influence des procédés mis en œuvre et leur signature sur la charpente osseuse. Une collection, dont il ne nous appartient pas de dire la valeur, en est résultée.

A mesure que la biologie étend ses conquêtes, on voit plus clairement que maints phénomènes sont communs aux animaux et aux végétaux et qu'il n'y a, en définitive, qu'une Physiologie générale. Pénétré de cette idée, j'ai demandé aussi des enseignements à la phytotechnie. Habitant une région où la floriculture et l'arboriculture sont pratiquées avec une entente parfaite, je me suis attaché à comparer les effets de l'intervention humaine sur les animaux domestiques et les végétaux cultivés. Ce parallélisme a été plein d'utiles leçons.

Ces moyens d'études ont été complétés par de nombreux voyages en France et à l'étranger. Nous avons observé, dans leur habitat naturel, les groupes qui nous intéressaient et noté sur place l'influence du milieu sur l'organisme vivant.

Les matériaux, puisés aux sources qui viennent d'être indiquées, ont été utilisés d'après le plan suivant :

Après avoir exposé l'histoire de la domestication, suivi l'utilisation des animaux domestiques à travers les siècles, indiqué, d'après les statistiques récentes, quelle est la population animale actuelle, quelle fluctuation subit chacune des espèces qui la constituent et recherché si les produits d'origine animale sont en rapport avec les besoins de la consommation, on aborde le problème de la formation des groupes et particulièrement des races. La variation individuelle étant l'*initium* de tout groupe nouveau, qu'elle se soit produite avec ou sans l'intervention de l'homme, on est parti de l'individu pour arriver aux collectivités et on a été ainsi conduit à examiner la valeur de l'espèce, de la race et des sous-races. Viennent ensuite l'exposé des caractères et des moyens à l'aide desquels on distingue les races les unes des autres, puis l'étude des procédés de reproduction et d'exploitation des animaux. C'est en s'appuyant tout particulièrement sur les très nombreuses expériences exécutées à la ferme de la Tête-d'Or que les questions, si controversées et si importantes, relatives à la consanguinité, à la sélection, au croisement et au métissage, ont été traitées. Dans la dernière partie de l'ouvrage, après avoir examiné les conditions générales de réussite pour les opérations qui portent sur le bétail, on envisage successivement la production des jeunes, celles du travail, de la viande, de la graisse et du lait, l'exploitation de la laine, des poils et des plumes et on indique dans quelles limites l'État intervient dans l'industrie zootechnique.

Là façon dont les matériaux de ce Traité ont été recueillis autorise à croire que le biologiste y puisera des appoints pour la résolution de questions importantes agitées en zoologie et en physiologie, le vétérinaire, des indications sûres pour l'accomplissement de la fonction qui lui est dévolue, et l'éleveur, des renseignements très utiles à son industrie; le plan adopté porte à penser que l'étudiant y trouvera un bon guide.

Par respect de nos lecteurs et de nous-même, nous avons apporté tous nos soins à sa rédaction, le plan en a été élaboré lentement, il a été écrit sans hâte. Mais une science en évolution a besoin de mots nouveaux pour exprimer des choses nouvelles, le progrès ne peut s'accommoder de l'immobilité absolue du langage; force nous a donc été de créer quelques néologismes. Nous avons usé avec réserve du droit qu'Horace reconnaît à tout écrivain, aussi espérons-nous que les vocables introduits par nous en zootechnie seront acceptés.

Un livre comme celui-ci exige des aptitudes diverses parce qu'il touche à de nombreux problèmes, aussi la collaboration est-elle précieuse. M. Depéret, professeur de paléontologie à la Faculté des sciences de Lyon, a bien voulu relire le chapitre relatif aux affinités et à la filiation probable des formes domestiques actuelles. M. Baron, professeur de zootechnie à l'École d'Alfort, s'est chargé de rédiger entièrement celui qui concerne la production du travail. Qu'ils nous laissent dire publiquement combien nous avons été sensible à leur procédé et heureux de leur concours.

Les figures ont été multipliées afin de rendre le texte aussi démonstratif que possible. Quatre planches en couleurs l'illustrent et beaucoup de dessins sont des photogravures reproduisant des pièces de notre collection et des animaux de la ferme, ce qui leur donne le cachet de fidélité parfaite attaché à ce genre de figuration. Plusieurs savants nous sont venus gracieusement en aide; nous citerons particulièrement MM. Chauveau et Arloing, M. Gaudry et M. Chantre; nous leur adressons tous nos remerciements.

De leur côté, MM. J.-B. Baillière et fils n'ont point reculé devant les sacrifices qu'entraîne une large illustration et, s'adressant à un imprimeur qui est un homme de goût, ils ont eu à cœur de faire une œuvre typographique digne de leur maison; c'est tout dire.

Ch. CORNEVIN.

Lyon, 1er Décembre 1890.

TRAITÉ

DE

ZOOTECHNIE GÉNÉRALE

INTRODUCTION

La Zootechnie (ζώον, animal, τέχνη, art) est la partie de l'histoire naturelle qui traite des *animaux domestiques*. Elle constitue une branche de la biologie générale qui a son autonomie propre, ainsi que l'indique son étymologie. La morphologie et la physiologie comparées des races, sousraces, variétés et individualités animales domestiques, ainsi que leur exploitation rationnelle, forment son domaine.

Dans la classification des sciences, elle se place à côté de l'Anthropologie avec laquelle elle a de communs procédés d'étude ainsi que plusieurs problèmes de même nature à résoudre. Mais elle étudie surtout le bétail pour trouver les moyens les plus avantageux d'en tirer parti. C'est une science technologique, car elle trace les applications qui découlent des notions sur lesquelles elle s'appuie.

I. DES BASES, DU BUT ET DE L'IMPORTANCE DE LA ZOOTECHNIE

MOYENS D'ÉTUDE

Bases. — Puisque la zootechnie comprend l'étude monographique des races animales domestiques et celle de leur meilleure exploitation, il en résulte nécessairement qu'elle doit s'appuyer sur la plupart des branches de l'*histoire naturelle* et sur l'*économie rurale*.

L'anatomie, l'embryologie, l'histologie, la physiologie, la tératologie et même la paléontologie sont mises par elle à contribution. En effet, les particularités qui différencient les groupes subspécifiques n'ont pas, dans la hiérarchie zoologique, l'importance des caractères taxinomiques plus élevés; pour les percevoir et les apprécier à leur valeur afin d'arriver à la distinction des races, il faut de sérieuses connaissances biologiques. Et, d'autre part, ce n'est que lorsqu'on les possède, qu'on peut aborder fructueusement l'examen des méthodes de gymnastique et de reproduction.

Nous admettons que le lecteur a puisé aux leçons des maîtres et dans les ouvrages spéciaux les notions précitées, et qu'ainsi préparé il entreprend les études zootechniques. Cela permettra la concision et la brièveté sur beaucoup de points, puisque nous n'aurons qu'à appuyer sur les caractères différentiels des groupes ethniques, supposant connus les caractères généraux et communs.

Si l'on n'était pas familiarisé avec l'anatomie et spécialement avec l'*Ostéologie*, comment pourrait-on distinguer, d'après le squelette seulement, des animaux de même espèce, mais de races différentes que ne séparent parfois que quelques particularités morphologiques peu accentuées? Comment se garder de l'écueil qui consiste à prendre pour des caractères ethniques les anomalies, surtout celles de nombre dans les organes en série, qu'on rencontre fréquemment quand on dissèque beaucoup? Comment distinguer ce qui a pour causalité l'âge et le sexe de ce qui doit être rapporté à la race? Les difficultés qui se dressent devant le paléontologiste qui n'a pour asseoir ses diagnoses que des pièces isolées et souvent fragmentées peuvent, dans quelques circonstances, se montrer au zootechniste. Il ne les vaincra que par une grande habitude des pièces osseuses et par une préparation préalable pour en percevoir et en interpréter les modifications.

L'*Embryologie*, à laquelle on a eu trop peu recours jusqu'à présent en zootechnie, doit être placée en première ligne parmi ses sciences fondamentales. En effet, l'évolution des êtres nous permet de connaître exactement leurs relations et la place qu'ils doivent occuper dans les groupements. Si la nécessité de ne pas s'en tenir à l'observation d'un animal tel qu'il se présente à un moment donné de son existence, éclate surtout dans l'étude des animaux inférieurs, comme l'a très bien fait observer M. de Lacaze-Duthiers, parce que leur caractéristique n'est souvent donnée que par un ensemble de faits qui se succèdent pendant toute la durée de leur évolution, elle s'impose non moins impérieusement en zootechnie.

D'importants caractères ethniques, ceux empruntés à la distribution du pigment et aux phanères, par exemple, sont souvent différents chez un même animal dans sa première jeunesse et à l'âge adulte; le veau de Schwitz, l'agneau mérinos, le Lapereau argenté et tous les oiseaux de basse-cour en donnent des preuves qu'on peut vérifier tous les jours.

Ce n'est qu'en suivant le développement des jeunes animaux domestiques jusqu'à l'âge adulte qu'on peut arriver à distinguer rationnellement les races et à débrouiller quelque peu leur origine. Cette marche seule permet de rechercher si les races actuelles sont simplement des stades différents du développement d'une même forme primitive ; elle fait voir leurs caractères communs et le moment où il y a eu différenciation. A l'aide des lumières qu'elle fournit, on a plus de chances d'arriver à l'établissement d'une classification naturelle ; on est moins exposé à faire des rapprochements inexacts ou des dissociations malheureuses.

Il en découle que *les observations zootechniques ne doivent point être faites exclusivement sur les adultes, mais suivies pas à pas pendant la période de développement*. Cette marche a encore le grand avantage de donner de précieux renseignements sur l'accroissement comparé des animaux.

L'appoint que fournit l'*Histologie* à la zootechnie est considérable, parce que cette science étudie l'élément fondamental des tissus et des organes, celui qui possède la vie en soi et en exécute les opérations, ainsi qu'on l'a dit, la cellule. Dans cette tâche, elle serre de près le problème de la vie en observant les manifestations des éléments vivants, en voyant comment ils se développent, se multiplient, se groupent et se comportent en présence des agents extérieurs. Elle mesure leurs potentialités (Renaut), c'est-à-dire leur énergie développable, les compare, donne la mesure de leur valeur dans l'organisme. De ce chef, elle apprend quels sont les tissus et les organes les plus malléables et elle fait mieux comprendre quelles modifications un organisme peut subir, dans quelles limites sa flexibilité morphologique s'exerce et se maintient. On peut donc dire sans exagération que l'histologie est destinée à dévoiler le plus complètement possible les lois de la morphologie générale, parce qu'elle apprend à connaître la *subordination des tissus* et que celle-ci donne la clef des différenciations organiques. Par suite des nécessités de la lutte pour vivre dans un milieu déterminé, tel tissu, tels organes s'arrêtent à un stade primitif, restent incomplets, tandis que tels autres se développent avec prépondérance. C'est ainsi que la morphologie générale est subordonnée à la morphologie des tissus.

Elle est également destinée à jeter de la clarté dans les problèmes les plus obscurs qu'abordent la physiologie et la zootechnie, ceux qui concernent la multiplication des êtres et les lois relatives aux méthodes de reproduction. On verra, à son lieu, que la plus remarquable et jusqu'ici la plus mystérieuse des potentialités organiques, l'hérédité, vient d'être éclairée par les recherches histologiques récentes et que son substratum matériel a été dévoilé. Par l'importance de ce fait, on jugera du secours que l'histologie apporte à la zootechnie et on comprendra sans peine les espérances qu'elle fait naître dans l'esprit des zootechniciens.

On s'aperçoit de plus en plus que l'observation des anomalies et des monstruosités aide à connaître les lois qui régissent la formation des organismes normaux. Si la *Tératologie*, marchant dans la voie où elle est engagée, arrive à débrouiller le déterminisme de la formation des monstres (qui, en réalité, ne paraissent tels que parce qu'ils sont exceptionnels, mais qui, au fond, ne sont que des formes très déviées du type), elle éclairera l'apparition de formes nouvelles moins éloignées du type que les monstres, c'est-à-dire la création de variétés et de races.

Il n'y a pas à s'étonner de voir figurer la *Paléontologie* dans l'énumération des bases sur lesquelles s'appuie la zootechnie. Le présent est la continuation du passé. Non seulement la paléontologie exhume du sein des couches terrestres des formes qu'on peut regarder comme ancestrales des formes actuelles, mais elle a l'avantage inappréciable de montrer les modes suivant lesquels les organismes se sont modifiés dans le temps ainsi que les corrélations nécessaires dans ces modifications. Elle indique le parallélisme existant entre le développement embryonnaire d'un groupe et son évolution dans la suite des âges, ainsi que les exceptions à cette loi biogénétique.

Ce n'est pas seulement au point de vue de leurs formes qu'on doit connaitre les animaux domestiques, mais encore à celui de leurs fonctions. Celui-ci l'emporte même sur le premier puisque ce n'est que pour utiliser ces fonctions ou tout au moins quelques-unes d'entre elles qu'on entretient le bétail. La *Physiologie* ou « étude des propriétés des éléments anatomiques, de leurs manifestations isolées et des manifestations complexes qui naissent de leur arrangement en organismes plus ou moins élevés », ainsi que la définissait Claude Bernard, doit donc intervenir ; elle fournit un contingent considérable de connaissances sur les points les plus intéressants de la zootechnie, tels que la production du travail, du lait, de la graisse, et c'est elle qui dirige les méthodes de multiplication.

Quand il est parlé de physiologie, on n'entend pas seulement la physiologie animale, mais celle qui s'applique à la fois aux végétaux et aux animaux dont elle étudie les phénomènes communs. Dans les plantes comme parmi les animaux, il en est qui ont été distinguées par l'homme, cultivées, multipliées, améliorées et transformées. Ce sont de véritables végétaux domestiques, ainsi qu'on les qualifiait d'ailleurs dans notre langue française d'autrefois. Rien de plus intéressant que d'en scruter l'origine, d'en suivre les modifications, d'en étudier les divers modes de reproduction, de constater le résultat des opérations de croisement et d'hybridation et de faire un parallèle avec ce qui se passe dans les animaux domestiques. La physiologie végétale et ses applications en horticulture et en arboriculture sont donc choses à ne pas négliger.

L'utilisation au maximum des produits animaux ne peut se faire qu'en s'appuyant sur l'*Économie rurale* qui n'est elle-même qu'une branche de l'économie politique. Celle-ci est la science qui montre comment la richesse se forme, se distribue et se consomme (J.-B. Say). Or les animaux constituent un capital, leur vie est une valeur ; à ce titre, leur exploitation est soumise aux lois économiques générales, en tête desquelles se place celle de l'offre et de la demande. La connaissance de la situation économique du lieu où l'on se trouve est de première importance, car il y a nécessité d'une corrélation entre cette situation et les *fonctions économiques* du bétail, ou fonctions en vue desquelles il est exploité. Dans toute ferme bien dirigée, la concordance doit exister entre la production végétale et la production animale. Il y a une solidarité entre le sol, le climat, les végétaux et le bétail, solidarité appelée aussi une *harmonie agricole*.

La nécessité d'adapter les opérations zootechniques au milieu et conséquemment de bien connaître celui-ci est d'une telle évidence qu'il semble inutile d'y insister. Cependant cette adaptation a été maintes fois oubliée ou violée; de là des échecs dont l'histoire agricole est remplie.

But. — Suivant le point de vue auquel on est placé, on peut poursuivre l'un des trois objectifs suivants :

Pour le savant qui médite dans son cabinet, expérimente à la ferme et au laboratoire, le but final, élevé, philosophique de la zootechnie est la connaissance générale et comparée des modifications apportées par l'Homme et les milieux sur les animaux domestiques. Cette science fournit à la biologie, pour beaucoup de questions, mais spécialement pour celles relatives au transformisme, de précieux renseignements. Elle est de la zoologie expérimentale et, à ce titre, elle cherche à dévoiler les conditions de maints phénomènes intéressants qui s'accomplissent à l'étable, qu'elle recueille et qu'elle met en lumière.

Un des avantages inestimables des études zootechniques c'est que, portant sur plusieurs espèces, elles forcent à faire des observations convergentes qui se contrôlent d'autant mieux que les espèces observées sont d'inégale malléabilité. Cette *convergence d'observations* permet d'apercevoir la loi de certains phénomènes généraux qui, étudiés sur une seule espèce, n'apparaît pas nettement, comme l'influence du sol sur la taille, de l'alimentation sur la dentition, de la consanguinité dans la reproduction, etc. On arrive à des conclusions inexactes quand on se tient sur un terrain trop peu vaste.

Un autre objectif que poursuivent quelques personnes consiste à bien connaître monographiquement les races et variétés de bétail, sans se préoccuper des liens qui peuvent les unir les unes aux autres. Elles procèdent à la façon des botanistes et des zoologistes classificateurs qui s'évertuent à distinguer spécifiquement les plantes et les animaux, sans autre tendance.

Dans un troisième ordre d'idées, le seul qui préoccupe le plus grand nombre des éleveurs, on ne cherche à connaître le bétail et les méthodes zootechniques que pour arriver, dans l'exploitation des animaux domestiques, au maximum de bénéfices. Ce point de vue n'est pas nouveau assurément, puisqu'il y a plus de dix-huit siècles Varron disait déjà:

« La science du bétail consiste à l'acheter et à le nourrir, afin de tirer le
plus d'argent possible de la chose même d'où vient le mot argent. Car
pecunia, argent monnayé, est dérivé de *pecus*, le bétail étant regardé
comme la source de toute richesse [1] ».

Par leurs applications, les acquisitions scientifiques tendent à accroître
la somme de bien-être de l'humanité. Il n'en est pas autrement du sujet
qui nous occupe. Empêcher celui qui entretient du bétail de faire fausse
route, indiquer les méthodes zootechniques les plus avantageuses dans une
situation économique déterminée, comparer les aptitudes des races d'une
même espèce les unes aux autres, montrer les conséquences possibles
des entreprises, faire, en un mot, que la notion du bénéfice le plus élevé
resssorte toujours d'elle-même de ce qui vient d'être exposé, telles doivent être les conséquences pratiques des enseignements zootechniques.

Empressons-nous d'ajouter que les opérations agricoles sont si complexes et qu'il y a tant de contingence en économie rurale, que c'est surtout à l'agriculteur qu'incombe le soin de saisir les occasions d'arriver à
ce maximum de bénéfice. Les principes posés et les règles générales tracées, on ne peut que lui laisser le soin de se guider, de se diriger en
s'en inspirant.

IMPORTANCE. — Ce qui précède fait déjà ressortir l'importance des
connaissances zootechniques. Elle s'imposera davantage à l'esprit quand
on aura vu, au livre suivant, le capital représenté par les animaux
domestiques, les produits qu'ils fournissent et les transactions dont ils
sont l'objet. On apprendra que plusieurs espèces sont en nombre insuffisant pour les besoins de la consommation ou de l'industrie, on verra la
nécessité où est notre pays d'avoir recours aux importations et, conséquemment, d'envoyer son numéraire à l'étranger.

Ces constatations ne pourront que pénétrer de l'intérêt qu'il y a à
bien administrer le capital-bétail, puisqu'il représente une forte partie
de la fortune nationale, de le garantir contre toute dépréciation, de l'améliorer et de l'augmenter, de façon à nous passer, dans la plus large
mesure, des apports de l'étranger et même, si possible, à devenir un
pays exportateur.

Dans une ferme bien conduite, le bétail, loin d'être un mal nécessaire
comme on le disait autrefois, est une source importante, parfois la plus
grande, de revenus. L'accroissement de la consommation de la viande est
une garantie que l'élevage ne sera pas entravé par le défaut de débouchés et les services de traction réclament un contingent de plus en plus
fort en bêtes de travail.

Tout commande aujourd'hui à l'agriculteur de se livrer à l'élevage du
bétail, de le perfectionner et de s'inspirer des meilleures méthodes. Tâcher

[1] Varron, *De Agricultura*, livre II, § 1.

de faire produire davantage de kilogrammes de poids vif sur une surface donnée, élever le rendement annuel par hectare, voilà le but à atteindre. Évidemment les progrès agricoles augmentent les ressources fourragères, mais l'étendue du territoire est invariable ; on doit donc s'ingénier à entretenir les animaux qui transforment le mieux les aliments en produits utilisables. Un des objectifs de la zootechnie est d'indiquer quels sont les sujets à choisir et à exploiter et de montrer les procédés à préférer dans chaque circonstance.

Moyens d'étude. — Le premier et le plus important des moyens d'étude est l'expérimentation dans des *fermes d'application* annexées aux établissements d'enseignement. Il est de toute évidence que ce n'est que dans des établissements de ce genre qu'on peut poursuivre une expérience pendant plusieurs générations, en y apportant les variantes jugées nécessaires pendant sa durée. Le vrai laboratoire du zootechniste est la ferme expérimentale.

Dans les exploitations ordinaires on peut, à la vérité, suivre plusieurs opérations intéressantes et il serait injuste de nier le profit qu'on en a retiré, mais la question financière intervient dans ces fermes et modifie la marche des expériences ou force à les interrompre. Il ne peut ni ne doit en être autrement, puisqu'on ne produit que pour vendre, tandis que cette préoccupation n'est pas au premier rang dans les établissements d'application.

Un second moyen d'étude est fourni par *les voyages*. La zootechnie est dans le même cas que plusieurs autres branches de l'histoire naturelle, notamment la botanique et la géologie, qu'on ne peut posséder à fond si on n'a pas beaucoup voyagé. Le milieu imprime son cachet sur les organismes et ce n'est qu'en observant des conditions mésologiques différentes qu'on peut comparer leur action sur des êtres de même espèce. En procédant en sens inverse, on voit aussi comment des organismes différents, placés dans le même milieu, se rapprochent et s'uniformisent. On ne peut juger que comme cela de l'importance et des limites des variations et apprécier le degré de malléabilité des organismes ; les vues d'ensemble ne sont possibles que dans ces conditions. Jamais ni Darwin ni Wallace ne fussent arrivés à la théorie de l'évolution sans les pérégrinations qu'ils ont faites.

A côté de la ferme d'application doivent se placer *le laboratoire* proprement dit et *les collections*. C'est là que se préparent les pièces, que se font les mensurations, les pesées, les cubages, les examens micrographiques, les analyses, les moulages, les préparations photographiques, etc.

Pour asseoir la zootechnie, il est nécessaire que l'observation et l'expérimentation soient employées concurremment. La seconde contrôle et renforce la première ; sans son intervention, la zootechnie resterait un corps de doctrines, elle ne serait pas une science. Il faut que les faits attribués à une influence quelconque puissent être reproduits, pour que toute controverse cesse. Si le déterminisme n'en est pas dégagé expérimentalement, le contrôle n'est pas possible et, dès lors, la certitude scientifique disparaît pour faire place à l'hypothèse.

Sans doute, dans les voyages on observe et on analyse ; jamais on ne peut pousser trop loin la minutie dans l'analyse, aucun fait ne mérite le dédain. Mais il ne suffit pas d'amasser des matériaux, il faut les coordonner, les relier, les synthétiser pour arriver à la connaissance des rapports des faits les uns avec les autres et à la découverte de leurs lois. Le danger réside dans la systématisation, ainsi que le prouvent les erreurs ou la stérilité des anciennes écoles philosophiques. L'expérimentation seule permet à la partie dogmatique d'une science de mériter créance, elle seule écarte ou atténue les périls de l'interprétation. C'est pourquoi nous insistons sur l'utilité des fermes expérimentales annexées aux Écoles. Il va de soi que, pour que l'expérimentation joue à son tour le rôle qui lui est attribué, il est indispensable qu'elle soit pratiquée dans des conditions qui permettent la comparaison avec les faits spontanés.

Ceux qui n'envisagent la zootechnie qu'en vue de ses applications immédiates trouveront aussi dans les voyages une riche moisson d'observations dont ils auront à tirer profit. Ce sont ces observations qui leur permettront de se faire une opinion sur ce qu'on doit entendre par *amélioration du bétail*.

On qualifie d'amélioration toute modification produite dans la machine animale afin de l'adapter plus complètement à la fonction économique qui lui est dévolue. Or cette fonction est sous la dépendance du milieu cultural et de la situation économique, il est donc indispensable que l'adaptation ne soit pas entravée par le milieu et qu'elle soit adéquate à la situation économique.

La comparaison des observations recueillies en voyage, dans des milieux différents, montre que la gamme des améliorations à poursuivre est diversifiée comme celle des entreprises zootechniques elles-mêmes. L'influence mésologique étant énorme, il en résulte qu'en saine zootechnie il ne faut pas lutter contre elle, autrement l'opération est onéreuse et condamnable. Il faut, au contraire, seconder son action en utilisant des organismes déjà amorcés dans le sens suivant lequel elle s'exerce, ou solliciter dans cette direction, si faire se peut, la malléabilité organique.

Les améliorations zootechniques peuvent donc être entendues de deux façons :

1° Introduire dans une région du bétail tiré d'un pays similaire et dont, conséquemment, l'acclimatation ne suscitera aucune difficulté ;

2° Agir directement sur les animaux indigènes par les méthodes qui seront développées plus loin.

Le premier mode est plus rapide et donne des résultats immédiats, mais il a l'inconvénient d'être onéreux et aussi d'exposer à des écoles si la similitude, dans les conditions climatériques et économiques, n'est pas complète ; l'histoire de l'introduction des chèvres d'Asie en France, des mérinos de Rambouillet en Algérie, des vaches normandes ou hollandaises dans le Midi, des juments boulonnaises dans le Sud-Est, le prouve clairement.

Le second est plus long mais plus certain ; il a, d'ailleurs, l'avantage de laisser voir si les améliorations restent adéquates aux ressources alimentaires et aux débouchés.

La combinaison de ces deux modes se fait par des opérations d'hybridation, de croisement et de métissage qui, elles aussi, sont, dans des circonstances déterminées, des moyens d'amélioration.

Rien n'est donc plus relatif que le sens à donner au mot amélioration dans les entreprises zootechniques. Chaque fois qu'on resserre le rapport qui doit exister entre le milieu et les animaux qui y vivent, on fait une amélioration ; la machine animale peut subir des modifications dans des sens divers et opposés, si l'une de ces modifications l'adapte mieux au milieu et fait qu'elle en utilise davantage les ressources, elle constitue une amélioration.

II. HISTORIQUE

L'expression de Zootechnie est relativement récente, elle est due à de Gasparin qui s'en est servi dans son *Cours d'agriculture* publié en 1844 [1]. Bien composée, elle a rapidement pris droit de cité et remplacé les périphrases usitées antérieurement, telles qu'*Hygiène vétérinaire appliquée, Cours de multiplication et de perfectionnement des animaux, Cours d'élevage, Cours d'éducation des animaux, Traité des Haras, Étude des races, Économie du bétail*, qui sont trop restreintes et n'indiquent pas toutes les faces de la question. Il en est de même du mot *Zoognosie* par lequel on a voulu la remplacer dernièrement.

Non seulement de Gasparin a créé le mot, mais s'élevant avec autant de force que de justesse contre la coutume de ne point séparer les diverses sciences agricoles, sous prétexte qu'elles s'enchevêtrent et s'appuient les unes sur les autres, il en a délimité le domaine. Il déclare que la zootechnie dérive de la zoologie dont elle est la science d'application, devançant de trente années Cl. Bernard affirmant à son tour qu'elle n'est que de la zoologie expérimentale. Il condamne implicitement et par des comparaisons ingénieuses l'immixtion de l'agrologie, de la climatologie et de l'hygiène dans la zootechnie, disant avec beaucoup de raison,

---

[1] De Gasparin, *Cours d'agriculture*, 1re édition, Paris, 1844, page 17.

que, si sans l'optique l'astronomie n'existerait pas, il ne s'en suit pourtant pas que cette dernière ne soit une science autonome. Il ajoute que personne ne songe à diminuer l'importance du milieu sur les êtres, mais que ce sont les effets, les résultats qu'il s'agit de constater et non les nombreux détails de la mésologie. Il affirme qu'une science n'est véritablement constituée que lorsqu'elle a un caractère d'unité indéniable; lorsqu'elle touche à tout, elle est encore dans sa période de formation.

Au fur et à mesure que la zootechnie se développe, on sent de mieux en mieux la justesse des observations du comte de Gasparin et on est amené à écarter de son cadre des questions dont la place est ailleurs.

Ce qui précède fait pressentir qu'avant d'être codifiées, les notions zootechniques ont été mêlées aux connaissances purement agricoles. D'ailleurs, non seulement dans l'antiquité mais jusqu'à de Gasparin, on a envisagé l'agriculture comme une vaste encyclopédie où l'on faisait entrer tout ce qui se rapporte à la vie rurale. Cette conception fut fâcheuse, car l'élevage du bétail a tenu une grande place dans l'existence de beaucoup de peuples et si la science qui s'y rapporte eût été spécialisée, on eût pu recueillir plus de faits zootechniques intéressants qu'on ne l'a fait.

En raison de sa constitution toute récente, si l'on voulait remonter dans son passé, ce serait l'histoire de l'agriculture elle-même qu'il faudrait écrire ou celle des branches du savoir humain avec lesquelles elle se fusionnait, comme l'art vétérinaire, l'équitation, la zoologie et la géographie zoologique. Ne voulant point entrer dans cette voie, nous nous contenterons de signaler très brièvement les principaux travaux sur le bétail antérieurs à l'heure actuelle. Pour plus de clarté et de concision, ils seront rapportés à quatre périodes s'étendant de l'aurore des temps historiques à nos jours.

Première période. — Les premiers documents écrits apprennent que les Aryas de l'Asie Centrale, les Sémites, les Proto-Mongols et les Proto-Égyptiens utilisaient les animaux domestiques, mais n'entrent pas dans les détails qui nous intéresseraient.

Il est probable que les peuples de l'Europe occidentale, en particulier les Gaulois et les Celtes, avaient des notions sur l'élevage. D'Arbois de Jubainville qualifie les druides de prêtres, devins, médecins, vétérinaires et juges. C'était en eux que s'était concentrée l'activité intellectuelle de leur race; leur héritage agronomique ne nous est pas parvenu.

Dans l'antiquité historique, on s'est beaucoup occupé de bétail, probablement davantage du Bœuf, du Mouton, du Porc et de la Chèvre que du Cheval. Il y avait des contrées célèbres par l'état de leur agriculture; la Sicile, par exemple, était dans ce cas. Pindare qui la visita en 474 avant Jésus-Christ, vante la beauté de ses troupeaux et Epicarnus qui naquit en 540 avant notre ère, écrivit dans ce pays un traité de médecine vétérinaire et d'hygiène du bétail. C'est le premier livre sur ces matières, malheureusement il n'est pas venu jusqu'à nous.

Hérodote, le père de l'histoire, considéré par les géographes comme un des leurs et revendiqué également par les anthropologistes, donne des indications intéressantes sur les animaux des régions qu'il a visitées ou dont il parle. Sa description des moutons à large queue de l'Arabie et le récit de la façon dont les Scythes s'y prenaient pour obtenir le lait de leurs juments, pour ne citer que cela, indiquent un observateur perspicace et minutieux [1].

Xénophon conte avec le charme d'un disciple de l'école socratique ses observations sur les chevaux et l'équitation, la cynégétique et l'agriculture [2]; on pense, en le lisant, aux vers immortels que 400 ans plus tard, Virgile consacrera aux choses agricoles dans ses *Géorgiques* et ses *Bucoliques*.

Aristote donne des renseignements marqués au coin d'un esprit sagace et critique sur le bétail, la reproduction des principales femelles domestiques et l'influence de la castration [3].

Dans le groupe des agronomes latins, Porcius Caton et Varron n'apportent aux connaissances déjà acquises qu'une faible contribution. Columelle (1er siècle de notre ère) plus complet et plus précis, parle longuement des animaux de la ferme, des soins à leur donner, des produits à en retirer ; les bêtes à laine l'occupent particulièrement [4].

C'est par les auteurs précédents que nous apprenons l'existence de Magon, de Carthage, auquel est décerné le titre de Père de l'agronomie ; il avait écrit un livre d'agriculture qui n'a pas été retrouvé.

Du commencement de notre ère jusqu'à la chute de l'empire d'Orient, plusieurs écrivains s'occupèrent de médecine vétérinaire ; ce sont des compilateurs crédules et ignorants pour la plupart, parmi lesquels se détachent pourtant Apsyrte, Végèce et Théomneste. En agronomie, on ne trouve à signaler que l'œuvre de Palladius (vᵉ siècle) et la réunion des écrits des agronomes latins dans les *Géoponiques* compilées sous le règne et sur l'ordre de Constantin Porphyrogénète.

Cinq siècles s'écoulent avant que nous retrouvions des écrits relatifs au bétail. Pendant la période qui s'étend du viiiᵉ au xiiᵉ siècle, alors que le flambeau des lettres et des sciences se fût peut être éteint en Occident si quelques moines laborieux ne lui eussent conservé à grand'-peine sa flamme, la civilisation arabe était dans sa splendeur. A voir la place que tenait le Cheval dans les préoccupations du peuple arabe, (Mahomet avait fait de l'élevage de cet animal un acte religieux, ce qui

---

[1] Hérodote, *Histoire*, traduction Larcher, Paris.

[2] Xénophon : voyez spécialement les livres relatifs à l'*Équitation* et à la *Chasse*.

[3] Aristote, *Histoire des animaux*, traduction Camus, Paris.

[4] Columelle, *De Re rustica*.

se comprend, puisqu'il rêvait pour ses adeptes la conquête du monde), à voir le nombre de savants qui sont qualifiés de vétérinaires ou de fils de vétérinaires, on devine que la science du bétail et spécialement celle du Cheval devait être en honneur. Mais les difficultés de la langue ont fait qu'en Europe on ignore presque complètement ce que les Arabes ont écrit en agronomie et en zootechnie.

Il faut arriver jusqu'en 1565 pour trouver chez nous une publication qui se rattache à notre sujet, c'est l'*Agriculture et Maison rustique* de Ch. Estienne et Jean Liebault. Les prescriptions relatives au bétail qu'elle contient sont d'ailleurs la réédition de celles des agronomes latins.

En 1600, parut le *Théâtre d'agriculture* dont l'auteur, Olivier de Serres, est qualifié de restaurateur de l'agriculture française. Il faut le dire sans détour, car les titres d'Olivier de Serres à l'admiration et à la reconnaissance de l'agriculture française sont assez nombreux pour que sa mémoire n'en soit point amoindrie, ses connaissances sur le bétail sont loin d'être à la hauteur de celles qu'il possédait sur les autres branches du « ménasge des champs ».

DEUXIÈME PÉRIODE. — Pendant les xvii° et xviii° siècles, l'usage du Cheval fut en grand honneur et l'art de l'équitation très perfectionné. En Italie, en France, en Angleterre, en Allemagne, des Académies d'équitation brillent d'un vif éclat. C'est le temps où des hippiatres dont le nom est venu jusqu'à nous, Solleysel (1664), La Guérinière (1730), Gaspard de Saulnier (1734) et Garsault (1741), consignent le résultat de leurs observations sur les maladies des chevaux. Quelques-uns, comme Gaspard de Saulnier, s'occupent, à côté de ce qu'on appelle aujourd'hui l'extérieur du Cheval, des haras et de la reproduction.

Qu'on ne se figure point trouver dans les ouvrages de ces hippiatres une ample moisson de renseignements zootechniques, on serait déçu. Les observations judicieuses y sont rares; en revanche les naïvetés y abondent, reflet des croyances des siècles antérieurs.

Heureusement que les sciences naturelles s'éveillent; la zootechnie va bénéficier du mouvement qui leur est imprimé et revêtir un caractère de précision qu'elle n'avait pas encore possédé. En effet, on vient de rencontrer des auteurs compilant sans critique ce qui se disait autour d'eux; on va trouver des hommes qui expérimenteront pour résoudre les problèmes qui les intriguent et qui voyageront dans le même but.

D'autre part, les grands éleveurs vont surgir qui, agissant sur leurs animaux par les procédés zootechniques, les ont véritablement modelés suivant l'idéal qu'ils s'étaient fait et ont été des sculpteurs de matière vivante.

Buffon introduit en histoire naturelle le mot *race* avec le sens qu'il a toujours conservé depuis, celui de variété fixée. La définition de l'espèce le préoccupe, comme en témoigne sa division en espèces premières et espèces secondes, il expérimente pour résoudre ses doutes sur ce sujet; ses expériences sur l'accouplement du Chien et du Loup seront toujours à citer.

Camper est tellement agité par les mêmes préoccupations qu'il a été qualifié de zootechniste.

Pallas, dans ses voyages en Asie, recueille des observations pleines d'intérêt et donne une démonstration sans réplique de l'utilité des déplacements pour les études zootechniques.

Mais Daubenton est le grand nom de la zootechnie au siècle dernier; il ne jette pas seulement des lumières sur l'anatomie comparée, il veut doter son pays d'une race nouvelle et il implante le mérinos en France. Il rédige des instructions aux bergers où, sous une forme intentionnellement simple, il expose les moyens de soigner et de gouverner les troupeaux; il fait des recherches sur les conditions dans lesquelles il faut les placer ainsi que des opérations de croisement progressif.

Tessier [1] et surtout Gilbert continueront son œuvre [2]. Ce dernier, une des figures les plus sympathiques de notre histoire agricole, multipliera ses voyages en Espagne pour l'introduction du mérinos et il mourra martyr de son dévouement à cette cause dans les montagnes du Léon.

Des ouvrages, non dépourvus d'intérêt paraissent à cette époque; citons le *Traité des bêtes à laine* par l'abbé Carlier, prieur d'Andresy (1770), et le *Trattato delle razze de Cavalli* que Brugnone publie à Turin en 1781 [3]. Des observateurs s'essaient à décrire le bétail des pays qu'ils parcourent ou qu'ils habitent, c'est le fait d'Arthur Young [4], de Legrand d'Aussy [5], d'Yvart [6] et de Frocourt [7].

En 1762, Bourgelat fonde l'enseignement vétérinaire; dans le plan d'études qu'il trace et dans les ouvrages qu'il publie, la place consacrée à la zootechnie est maigre. Elle est noyée dans l'examen de la conformation extérieure et le Cheval absorbe à lui seul presque toute l'attention, les autres espèces domestiques comptent trop peu. Il ne faudrait pas croire que le fondateur des Écoles vétérinaires méconnût l'intérêt que soulèvent les problèmes zootechniques; sa correspondance avec Buffon prouve le contraire, mais son goût pour le Cheval et surtout le rôle exclusivement médical qu'il assignait aux vétérinaires l'empêchèrent de donner à cette branche des développements de quelque importance.

---

[1] Tessier, *Instructions sur les bêtes à laine*, Paris.
[2] *Instruction sur les moyens d'assurer la propagation des bêtes à laine de race espagnole et sur la conservation de cette race*, par Gilbert, publiée par le ministère de l'intérieur en l'an VII.
[3] Une traduction française de cet ouvrage fut publiée en 1807, à Paris, par Ch. de Barentin.
[4] Arthur Young, *Voyage en France pendant les années 1787, 1788 et 1789*, Paris, 1860.
[5] Legrand d'Aussy, *Histoire du Bourbonnais et de l'Auvergne*.
[6] Yvart, *Voyage en Auvergne*, 1802, chez Huzard.
[7] Frocourt, *Feuille du cultivateur*, 1789.

Autre fut la manière de voir de son successeur immédiat à la direction de l'École vétérinaire de Lyon, l'abbé Rozier. Il pensa qu'une place importante devait être faite aux choses agricoles. Par la nature de ses études, il tourna ses efforts vers les applications de la botanique; il transforma le modeste potager de son École en un jardin d'essai et c'est dans cet enclos qu'il fit « les expériences qui préparèrent l'introduction du colza, des légumineuses fourragères et de plusieurs plantes exotiques dans le Lyonnais et le Mâconnais [1] ». Indépendamment de la publication d'un *Dictionnaire d'agriculture*, ces expériences justifieraient le titre de Columelle français qui lui fut donné.

A l'École d'Alfort, des sentiments de même nature se font jour à ce moment et les travaux qui en découlent se rattachent d'une façon plus intime à l'économie du bétail que ceux de l'abbé Rozier. C'est Gilbert, qui les inaugure et qui y apporte le dévouement dont il a été parlé tout à l'heure.

La nécessité de placer l'enseignement des méthodes de production et d'amélioration à côté de celles de conservation du bétail devint de plus en plus évidente, et la loi du 29 germinal an III désigne les écoles vétérinaires sous le titre d'*Écoles d'économie rurale vétérinaire*. Elles sont d'ailleurs les seuls établissements où se distribuent les notions agricoles et l'on s'efforce de leur faire large part. Alfort fut dotée d'une bergerie et d'une porcherie expérimentales qu'elle conserva longtemps; par décret du 4 juillet 1806 l'installation d'un haras d'expériences fut décidée à l'École de Lyon et une chèvrerie modèle y fut créée en 1820. Les renseignements nous manquent sur le fonctionnement de ces deux créations.

L'étendue des matières à enseigner, le peu de personnel dont on disposait, la confusion des choses relatives au bétail avec celles qui regardent le sol et la culture, empêchèrent à ce moment la zootechnie de devenir autonome dans les Écoles vétérinaires. On ne songea pas assez à lui donner, dans la mesure des connaissances de l'époque, les bases sur lesquelles on l'édifie actuellement; d'ailleurs la physiologie, l'une de ses assises, n'était point l'objet d'un enseignement spécial. Malgré ces conditions défavorables et les guerres continuelles du début de ce siècle, il se produisit néanmoins quelques travaux, particulièrement sur les bêtes à laine, qui attirèrent l'attention.

Dans cette période, avec le *Dictionnaire d'agriculture* de l'abbé Rozier, apparaissent les écrits de Morel de Vindé [2], de Mortemart [3], de

[1] Arloing, *le Berceau de l'enseignement vétérinaire*, page 52, Lyon, 1889.

[2] Morel de Vindé, *Mémoire sur l'exacte parité des laines mérinos de France et des laines mérinos d'Espagne*, in-8, 44 pages, 1807.

[3] De Mortemart, *Observations sur les Chèvres thibétaines du troupeau d'Alfort*, in-8, 28 pages, 1823.

Mortemart-Boisse [1], de Ternaux [2], de Tessier [3] et de Polonceau [4]. J.-B. Huzard fils commence à ce moment la série de ses publications par un mémoire *Sur les chevaux anglais et les courses en Angleterre*.

C'est à la même époque qu'en Angleterre surgissent les éleveurs qui ont laissé une trace si brillante dans l'histoire agricole de leur pays, les frères Collings, Bakewell, Ellmann, qui créent les races de Durham, de New-Leicester et de Southdown.

Pendant ce temps, d'importants travaux s'exécutaient en anthropologie. Sœmmering, le premier, fit de la squelettologie comparée, en étudiant parallèlement les os du nègre et ceux de l'Européen. [5] Blumenbach de son côté écrivait un livre sur l'unité du genre humain[6], dans l'une des parties duquel il s'occupe des différences constatées chez les animaux au sein de l'espèce ; il les explique par la dégénérescence et il en fait l'application aux variétés de l'espèce humaine. Lawrence fut le premier qui admit que l'origine des races se trouve dans les variations individuelles et que l'état de domestication pousse à ces variations[7].

TROISIÈME PÉRIODE. — L'enseignement agricole est fondé en 1824, à Roville, par Mathieu de Dombasle. On pourrait croire que les études zootechniques en ressentent immédiatement une heureuse influence, il n'en est rien. La cause en est à la doctrine que propagent les premiers maîtres en agriculture. Pour eux, dans une exploitation, *le bétail est un mal nécessaire*. Qu'on suive la comptabilité qu'expose Mathieu de Dombasle dans les *Annales de Roville*, et l'on verra que les chevaux, les bœufs à l'engrais et les bœufs de travail y sont toujours représentés comme procurant de la perte à l'agriculteur. L'élevage du Mouton seul trouve grâce devant cette comptabilité implacable.

Cette doctrine fut celle des élèves de Roville et des agronomes qui

---

[1] Mortemart-Boisse, *Rapport sur l'Argali et l'espèce de Mouton à large queue, appelée Mouton de Tunis*, s. l. n. d., in-8, 25 pages ; *Recherches sur les différentes races de bêtes à laine*, in-8, 45 pages avec planches, 1824.

[2] Ternaux, *Utilité de l'importation et de l'élève en France des bêtes à laine de race perfectionnée*, in-8, 1825 ; *Laines étrangères*, in-8, 23 pages, 1820 ; *Notice sur l'amélioration des troupeaux de moutons en France*, in-8, 64 pages, 1837.

[3] Teissier, *Instruction sur les bêtes à laine et particulièrement sur la race des mérinos*, 2e édition, 1 vol. in-8 avec planches, 1811 ; *Histoire de l'introduction et de la propagation des mérinos en France*, in-8, 95 pages, avec portrait, 1838 ; *Observations sur les bas prix des laines fines*, in-8, 24 pages, 1829 ; *Mémoire sur l'importation en France des chèvres à duvet de Cachemire*, in-8, 29 pages, 1819, Paris ; *Influence de l'établissement rural de Rambouillet sur l'amélioration des laines et de l'agriculture en France*, in-8, 40 pages, 1829 ; *Note sur les bergeries nationales et sur la nécessité de les conserver*, in-8, 1831.

[4] Polonceau, *Observations sur les laines et sur les duvets*, in-8, 120 pages, 1825 ; *Note sur la race des vaches suisses du canton de Schwitz*, in-8, 1827.

[5] Sœmmering, *Ueber der koperlicher Verschiedenheit der Negers von Europa*, Frankfurt am Main, 1785

[6] Blumenbach, *De generis humani varietate nativa*, 3e édition, 1795.

[7] W. Lawrence, *Lectures on Physiol., Zool. and the nat. Hist. of man*, London, 1817-1819.

prirent la plume à cette époque. Ouvrons, à titre d'exemple, au chapitre
Bétail, l'*Économie théorique et pratique de l'agriculture*, du baron
Crud, qui jouit d'une grande vogue ; le début en est le suivant : « Le
bétail est un mal nécessaire dans l'économie rurale ; je dis mal, parce
que trop souvent son compte se solde en perte, si, du moins, on impute aux
bêtes, non seulement tous les frais qu'elles occasionnent, les soins qu'elles
exigent et les fourrages qu'elles consomment, mais encore l'intérêt de
leur capital, les risques qu'il court et sa dégradation insensible. »

Il n'est pas besoin d'insister pour faire voir qu'une pareille conception
ne pouvait pousser vigoureusement ni aux études, ni aux entreprises
zootechniques.

Quelques hommes cependant continuèrent à s'en occuper avec zèle
pendant cette période ; il faut citer Girou de Buzareingues [1], Huzard [2],
Yvart [3], Grognier [4] et Magne [5] qui débutait dans la carrière. L'influence
d'Yvart surtout fut considérable et heureuse pour l'élevage français ;
peut-être ne lui rend-on pas toute la justice qui lui est due.

En Angleterre, la doctrine de Roville n'avait pas pris pied, des efforts
persévérants et couronnés de succès étaient faits en vue de l'amélioration
du bétail. Jonas Webb, Mac Combie et d'autres s'illustraient et illustraient
l'agriculture anglaise. En France, à part quelques grands éleveurs du
Centre et de l'Ouest qui s'efforçaient de perfectionner les animaux de
leur région, ce fut surtout l'État qui, par les divers moyens dont il
disposait, poussa au progrès. Importation d'animaux étrangers, création
de vacheries et de bergeries nationales, impulsion aux haras, institution
des concours d'animaux de boucherie et des concours régionaux, telle
fut l'œuvre de l'Administration de l'agriculture, bien conseillée et bien
secondée par les zootechnistes éminents dont elle avait su s'entourer, et
particulièrement par Yvart et de Sainte-Marie.

QUATRIÈME PÉRIODE. — Elle s'ouvre en 1848 avec la fondation de l'Institut
agronomique de Versailles, sous l'influence de M. de Gasparin, dont nous
avons fait connaître précédemment la netteté des conceptions en matière

---

[1] Girou de Buzareingues, *Amélioration des moutons, des bœufs et des chevaux*, s. l.
n. d., in-8, 16 pages. — *De la Génération*, Paris, 1828.

[2] J.-B. Huzard fils, *Expériences comparatives sur la meilleure manière d'atteler
les bœufs et les vaches*, in-8, 14 pages, 1834 ; *Des ventouses d'aération dans les bergeries, vacheries et écuries*, in-8, 16 pages 1855 ; *Sur les courses de chevaux en France*,
in-8, 16 pages, 1831 ; *Étalons et juments*, in-8, 10 pages, 1860 ; *Élevage des chevaux
de cavalerie*, in-8, 27 pages, 1846 ; *Chevaux anglais de pur sang*, in-8, 23 pages,
1830 ; *Accouplements entre animaux consanguins*, in-8, 10 pages, 1863 ; *Élève des
animaux domestiques: croisement, métissage, etc.*, in-8, 15 pages, 1840 ; *Métissage
des animaux domestiques*, in-8, 28 pages, 1831.

[3] Yvart a consigné ses observations dans une série d'articles publiés dans le *Recueil de
médecine vétérinaire*.

[4] L.-F. Grognier, *Précis d'un cours de multiplication et de perfectionnement des
principaux animaux domestiques*, Paris et Lyon, 1834.

[5] Magne, *Traité d'hygiène vétérinaire appliquée*, Paris, 1844.

d'enseignement et qui sépara très franchement la zootechnie des choses auxquelles elle avait été accolée jusque-là. Elle débute par l'enseignement de Baudement, qui attaqua vigoureusement la doctrine de Mathieu de Dombasle. Il prouva que dans la ferme et avec les circonstances économiques actuelles, loin d'être un mal nécessaire, l'exploitation intelligente du bétail en est l'une des opérations les plus fructueuses[1].

C'est dans cette période qu'enseignèrent Magne, Alibert, Tisserant, Baillet, et que Moll, Gayot, Richard, Villeroy, Lefour, Weckherlin, Sanson et plusieurs autres publièrent des ouvrages importants sur l'économie du bétail ou sur quelques-unes de ses branches.

Aujourd'hui, la zootechnie, sans oublier le cachet technologique dont elle ne doit pas se dépouiller, se rapproche étroitement des sciences naturelles proprement dites. C'est pour elle une condition de progrès, car la plupart des problèmes qu'elle aborde intéressent vivement la biologie générale et ne peuvent être résolus que par les méthodes à l'usage de celle-ci.

Parmi ces problèmes, celui, non pas de l'origine première des choses, mais des moyens employés pour faire dériver les formes les unes des autres a été posé. Il en souleva un autre, celui de la valeur à accorder à l'espèce, déjà agité par Lamarck et Geoffroy Saint-Hilaire puis repris par Darwin et Wallace. Dans des ouvrages où les observations minutieuses se pressent et où les faits abondent, Darwin a consigné les exemples empruntés à l'étable, au clapier, au colombier et au jardin, sur lesquels il appuie sa doctrine[2]. Il a cultivé la zootechnie comme elle ne l'avait encore jamais été.

Il ne convient point de parler des zootechnistes vivants, dont les écrits ou les paroles nourrissent actuellement les jeunes générations, autrement que pour rendre un hommage empressé à leur labeur. Deux écoles sont en présence : l'une se réclame de Lamarck, de Geoffroy Saint-Hilaire et de Darwin, l'autre de Cuvier et de ses adeptes. Celle-ci emprisonne la malléabilité organique dans d'étroites limites ; elle considère les races comme autant de types naturels que l'homme a trouvés à l'aurore des temps géologiques actuels ou dans la période qui l'a précédée, et elle affirme que ces types périssent plutôt que de se modifier.

Celle-là pense que dans la lutte pour l'existence, l'organisme cherche avant tout à vivre, que pour y arriver il brise, s'il le faut, le moule primitif et que ses tissus, par arrêt ou déviation de développement, s'adaptent à de nouvelles conditions en modifiant la forme ancestrale.

Les conséquences des deux doctrines sont fort différentes pour l'applica-

---

[1] Baudement, *Principes de zootechnie*, Paris, 1869.

[2] Voyez entre autres ouvrages de Darwin : *De l'origine des espèces par sélection naturelle*, traduction Cl. Royer, Paris, 1866 ; *De la variation des animaux et des plantes sous l'influence de la domestication*, traduction Barbier, Paris, 1879.

CORNEVIN, Zootechnie. 2

tion des méthodes de gymnastique organique et les modes de reproduction à choisir, puisque l'une ouvre un champ très vaste à l'intervention humaine vis-à-vis des formes animales et que l'autre en restreint la puissance.

Il faut que le temps éprouve ces doctrines et contrôle les affirmations dissidentes; lui seul peut démontrer le bien-fondé de l'une d'elles et l'inexactitude de l'autre. Sans lui, dans la lutte des écoles, il serait à craindre que l'histoire fût complaisante ou hostile; avec lui, elle sera impartiale.

III. DIVISION DE LA ZOOTECHNIE

La zootechnie se subdivise tout naturellement en deux parties : dans l'une on recherche les modes de formation des variétés et des races, on étudie les caractères qui les distinguent les unes des autres ainsi que les méthodes de reproduction et d'exploitation, et on examine les opérations zootechniques dans leur ensemble : cela constitue la *Zootechnie générale* et fait l'objet du présent ouvrage. Dans l'autre, chaque race et chaque variété sont étudiées séparément et monographiquement : c'est la *Zootechnie spéciale, taxinomique* ou *descriptive*.

On pourrait se demander s'il ne serait pas préférable de commencer par étudier chaque race en particulier pour, à la lumière des connaissances acquises, bien saisir les points qui séparent ou rapprochent les groupes et diriger judicieusement les opérations d'élevage. Il ne nous paraît pas que cette manière de procéder doive être suivie. D'abord on ne serait pas préparé à connaître les caractères ethniques, on n'en saisirait pas les différences d'avec les caractères d'un autre ordre. Ensuite, et c'est à mon sentiment l'objection capitale, rien ne serait moins profitable qu'une énumération sèche des particularités différentielles des races. Combien il est préférable de rechercher les rapports des êtres les uns avec les autres en partant de l'idée d'inégalité de développement, et de considérer les races et les variétés d'une espèce comme des degrés divers de l'évolution d'une forme première, avance ou déviation, arrêt ou retard, sous l'action des milieux, de l'intervention humaine, ou encore spontanément, sans cause connue! L'esprit a un guide; l'étude est fécondée par ces vues, elle prend par cela même un caractère élevé et philosophique qui met sur la voie d'heureux rapprochements et elle apporte son contingent de preuves aux lois qui règlent les modifications des organismes et les rapports réciproques des organes.

LIVRE PREMIER

LES ANIMAUX DOMESTIQUES

———

Nous désignons sous l'appellation générale de *bétail*, l'ensemble des animaux domestiques. Beaucoup de personnes donnent à ce mot une signification plus restreinte, au sujet de laquelle elles ne sont même pas d'accord, les unes englobant, par cette expression, tous les Mammifères domestiques et les autres n'envisageant que les Ruminants. Ces subtilités se retrouvent à propos des divisions en *gros bétail* qui comprendrait seulement les bêtes bovines pour les uns, les Bœufs et les Chevaux pour les autres, et en *petit bétail*, qui s'appliquerait aux Chèvres et Moutons pour les premiers, auxquels il faudrait ajouter les Porcs pour les seconds. Rien ne justifie ces restrictions et quelque respectueux de l'usage que nous soyons, nous étendons le sens du mot bétail à tous les animaux actuellement domestiqués et utilisés dans la ferme, Mammifères et Oiseaux.

Il est des localités où l'on emploie l'expression de *cheptel* comme synonyme de bétail, avec la signification large que nous donnons à ce dernier mot, bien que rigoureusement, elle s'applique surtout à un contrat dont les animaux domestiques forment l'objet.

Le terme collectif de *bestiaux* devrait être synonyme de bétail et s'entendre de tous les animaux d'une exploitation; l'usage l'applique surtout aux bêtes bovines.

On divise parfois les animaux domestiques en *auxiliaires*, *alimentaires* et *industriels*, suivant leurs fonctions économiques dominantes, plaçant dans le premier groupe, par exemple, les Chevaux et les Chiens, dans le second, les Ruminants, les Porcs et les Oiseaux de basse-cour. Cette division est tout artificielle, car la plupart des animaux ont des aptitudes mixtes et leur fonction économique dominante peut varier avec le milieu : le Bœuf est à la fois auxiliaire et alimentaire, la Brebis est alimentaire et industrielle; le Chien est auxiliaire dans notre pays, il est comestible en Chine. Il est préférable, à tous les points de vue, de les grouper suivant les données zoologiques.

Avant d'en effectuer le classement et d'en faire l'énumération, il est très important de bien s'entendre sur la signification à accorder au mot « domestique », puisque suivant qu'on le comprend d'une façon ou d'une autre, on peut allonger ou raccourcir la liste.

I. DE L'ANIMAL DOMESTIQUE

Qu'est-ce qu'un animal domestique? Littéralement, c'est celui qui fait partie d'une maison, *domus*, qui est soumis à la domination d'un maître auquel il donne ses produits ou ses services, qui se reproduit dans son état de captivité volontaire et donne naissance à des jeunes qui, comme lui, sont attachés au domaine et serviteurs du maître. L'idée de domestication appliquée aux animaux est donc subordonnée : 1° à la servitude volontaire; 2° à la possession de fonctions économiques spéciales utilisées par l'homme; 3° à la faculté de transmettre aux descendants ces propriétés ou fonctions. Si l'une de ces trois conditions fait défaut, l'animal n'est pas domestique; il peut être dompté, apprivoisé, utilisé, mais il ne rentre pas dans le groupe qui fait l'objet de nos études.

L'homme exploite d'une façon très rationnelle plusieurs espèces de Mollusques et de Poissons ; il en règle la reproduction, en surveille l'alimentation dans ses pièces d'eau et les soumet même à l'engraissement. On ne peut pourtant pas dire que l'Huître, la Carpe, la Truite et les Salmonidés soient actuellement des animaux domestiques, le critérium adopté tout à l'heure ne le permet pas. Aussi l'Ostréiculture et la Pisciculture n'entrent dans pas le cadre de la Zootechnie; pour le moment elles doivent rester des sciences autonomes [1].

L'une des trois conditions indiquées, la servitude volontaire, donne lieu à des différences d'interprétation, on conçoit de prime abord qu'il y a des degrés dans cette servitude, qu'entre la passivité absolue de la Brebis et les révoltes d'instinct sauvage du Buffle et du Canard ou même du Chat, il y a place pour bien des intermédiaires. Ceux-ci font qu'on diffère d'opinion quant au qualificatif à donner à quelques animaux, comme l'Abeille et le Ver à soie. Sont-ce des Insectes domestiques ? Si on les place dans cette catégorie, on est forcé de reconnaître qu'ils occupent le dernier rang et qu'ils établissent le passage entre les animaux qui subissent volontairement la servitude et ceux qui s'en délient. En fait, nous pouvons nous affranchir de toute préoccupation de ce côté, car l'exploitation des abeilles et des vers à soie a des règles particulières, dont l'ensemble constitue les sciences de l'Apiculture et de la Séricicul-

[1] Voyez : Brocchi, *Traité de Zoologie agricole, comprenant des éléments de Pisciculture, d'Apiculture, de Sériciculture et d'Ostréiculture*, Paris, 1888.

ture qui méritent d'être enseignées spécialement. Elles seront donc laissées en dehors de nos études, sauf à leur faire quelques emprunts quand on le jugera utile.

Ainsi allégé, le groupe des animaux domestiques est tout entier renfermé dans l'embranchement des Vertébrés. Deux classes de cet embranchement en comprennent des représentants, celles des Oiseaux et des Mammifères.

Nous nous garderons de rejeter de notre cadre les Oiseaux de basse-cour. Indépendamment de l'importance que leur élevage a pris dans la ferme et des progrès qu'il a réalisés, ces animaux, en raison de leur malléabilité, permettent mieux que les Mammifères d'apercevoir l'étendue de la puissance de l'homme sur la matière vivante. Leur reproduction rapide et facile en fait des animaux de choix pour l'expérimentation, particulièrement dans les questions d'hérédité; les faits nombreux et pleins d'intérêt qu'on a déjà empruntés aux Pigeons en sont une démonstration péremptoire.

On trouve des Oiseaux domestiques dans les groupes suivants :

	ORDRES		GENRES	
	COUREURS	. .	Struthio.	Autruche (domestication inachevée).
	PALMIPÈDES.	.	Cygnus.	Cygne.
			Anser.	Oie.
			Anas. . . . : . .	Canard.
CLASSE			Meleagris.	Dindon.
DES OISEAUX	GALLINACÉS. .	.	Phasianus. . . .	Faisan (domestication inachevée).
			Pavo.	Paon.
			Numida.	Pintade.
			Gallus.	Coq.
	COLOMBINS. .	. .	Columba.	Pigeon.

Les autres ordres renferment quelques espèces utilisées dans des circonstances spéciales, mais comme elles ne sont pas domestiquées, nous ne ferons que les signaler.

Celui des Rapaces contient plusieurs espèces qui nous servent d'auxiliaires en faisant la chasse aux Souris, aux Insectes, et même aux Serpents, comme le Secrétaire d'Afrique; aucune n'est domestiquée. Le Faucon, qui appartient à cet ordre, a joué un rôle important en Europe dans les chasses au moyen âge; on s'en sert encore pour le même motif en Orient, mais sa domestication n'a pas été achevée.

L'ordre des Grimpeurs renferme une famille, celle des Psittacidés, dont plusieurs espèces sont apprivoisées depuis plus ou moins longtemps et en marche vers la domestication. Mais elles sont entretenues par pure fantaisie et on ne leur connaît guère de fonctions économiques : tels sont le Cacatoès, la Perruche, le Perroquet et le Loris; on les laissera de côté.

Dans l'ordre des Passereaux, on trouve plusieurs genres d'Oiseaux qu'on entretient en volière pour la beauté de leur plumage ou la mélodie de leur chant, comme la Linotte, le Pinson, le Chardonneret, le Bou-vreuil, l'Alouette, le Rossignol, le Serin, la Fauvette, le Rouge-gorge, le Merle, le Geai, la Pie, l'Étourneau, etc., sans intention ni possibilité d'en tirer un profit quelconque et qui sont à peine apprivoisés.

Dans celui des Colombins, le genre Tourterelle comprend des Oiseaux de volière, faciles à apprivoiser et rapidement familiers. Quoiqu'on s'en soit occupé depuis longtemps, puisque les Romains les entretenaient déjà dans leurs villas, et qu'on ait créé dans ce groupe plusieurs variétés, ils ne rentrent pas dans le cadre des animaux domestiques.

On signale dans l'ordre des Gallinacés, les Colins, les Cailles et les Perdrix comme des Oiseaux qu'on apprivoise; ils sont encore loin de la domestication, si tant est qu'ils puissent y arriver quelque jour.

L'ordre des Échassiers qui renferme un si grand nombre d'Oiseaux que l'homme chasse avec plaisir, ne comprend qu'une espèce, le Kamichi à ergot *(Palamedea cornuta,* L.) qui soit apprivoisée, et encore n'est-ce que dans l'Amérique Méridionale, où l'on s'en sert pour la garde des autres Oiseaux de basse-cour, qu'elle se reproduit. Nous n'avons pas intérêt à nous en occuper.

Dans celui des Palmipèdes, on a fait des tentatives d'élevage de la Bernache *(Bernicla brenta* St.), sans atteindre jusqu'à la domestication absolue.

On se bornera, pour tous ces animaux, à cette seule énumération.

La classe des Mammifères ne comprend des animaux domestiques que dans la subdivision des Placentaires. Il fut, il y a quelques années, ques-tion d'apprivoiser et de domestiquer un Implacentaire, le Kanguroo, mais il n'a pas été donné de suite à ce projet.

Dans la sous-classe des Mammifères placentaires, les ordres et les genres suivants fournissent des animaux domestiques.

	ORDRES	GENRES	
	RONGEURS.	Cavia.	Cobaye.
		Lepus.	Lapin.
	CARNIVORES.	Felis.	Chat.
		Canis.	Chien.
SOUS-CLASSE	PORCINS.	Sus.	Porc.
DES MAMMIFÈRES	JUMENTÉS.	Equus.	Cheval.
PLACENTAIRES		Auchenia.	Lama.
		Camelus.	Chameau.
	RUMINANTS.	Tarandus.	Renne.
		Ovis.	Mouton.
		Bubalus.	Buffle.
		Bos.	Bœuf.

On pourrait, à la rigueur, ajouter à cette nomenclature l'ordre des Proboscidiens ou Éléphants. Les animaux de ce groupe, remarquables par une intelligence relativement développée, qu'expliquent en partie le volume de leur cerveau et le nombre de leurs circonvolutions cérébrales, d'un naturel doux et d'une force étonnante, ont été très employés dans l'antiquité et ils le sont encore dans quelques royaumes de l'Asie et de l'Afrique.

Quoi qu'il en soit, chacun des genres qui viennent d'être énumérés renferme une ou plusieurs espèces qui, à leur tour, comprennent un nombre variable de races, de sous-races et de variétés. Il faut signaler, en outre, par suite de l'intervention de l'homme, des hybrides et des métis, domestiqués comme les formes dont ils proviennent et exploités comme elles. Les plus intéressants sont le *Mulard* parmi les Oiseaux, le *Léporide* dans les Rongeurs, le *Chabin* et le *Dzo* dans les Ruminants, enfin le *Mulet* et le *Bardot* dans les Jumentés. Il en est d'autres qui ne sont produits qu'exceptionnellement, sans aucune intention industrielle, mais pour résoudre quelque problème scientifique ou satisfaire à la fantaisie des amateurs; l'énumération en sera faite lorsqu'on traitera de l'hybridation et du croisement.

Il est à peine besoin de faire remarquer que tous les animaux domestiques dont il vient d'être question n'ont point la même importance; quelques-uns n'occupent qu'une aire géographique relativement restreinte parce qu'ils ne peuvent subsister, en tant que groupe, que sous un climat spécial; d'autres qui pourraient vivre ailleurs, s'il y avait intérêt à en tenter l'expérience, ne sont produits et exploités que par quelques nations. L'Autruche, le Renne, le Dromadaire, le Chameau, le Lama, la Vigogne, l'Alpaca, l'Yack, le Zébu, le Buffle, l'Arni, le Chabin et le Dzo, précieux pour des populations déterminées, n'ont qu'un intérêt secondaire pour nous.

Les animaux domestiques qui nous intéressent particulièrement sont : l'Oie, le Canard, le Cygne, le Faisan, le Paon, la Pintade, le Dindon, le Coq et le Pigeon parmi les Oiseaux; le Cobaye, le Lapin, le Chat, le Chien, le Porc, la Chèvre, le Mouton, le Bœuf, le Cheval, l'Ane et le Mulet parmi les Mammifères. Ce sont eux qui seront surtout envisagés, sans négliger pourtant les enseignements que fournissent les espèces moins communes exploitées en dehors de la France.

II. DE L'ANIMAL MARRON

On désigne sous le nom de *marrons*, par comparaison avec les esclaves qui s'enfuient du domicile d'un maître pour vivre en liberté auxquels on a appliqué ce qualificatif, les animaux qui, de domestiques qu'ils étaient, retournent à l'état sauvage.

Le retour de la condition domestique à la vie sauvage, quelles qu'en soient d'ailleurs les conditions déterminantes, se fait en général rapidement. Il est des espèces qui saisissent les occasions de repasser à l'existence libre, comme celles de l'Oie, du Canard et du Lapin ; on en voit une, celle du Chat, qui fait alterner volontiers la vie sauvage et l'existence domestique. On trouve des animaux qui, sans provoquer eux-mêmes un changement de condition, se plient rapidement et sans difficultés à l'état de liberté : le Chien, le Cheval, l'Ane et la Chèvre sont dans ce cas. La Brebis, dépourvue de moyens de défense, est la bête qui s'accommode le moins bien de la vie libre qui, pour elle, est pleine de périls.

On ne suivra pas toutes les espèces précitées pour montrer le contingent de sujets marrons qu'elles fournissent, ce serait une énumération dont la longueur ne serait pas excusée par l'intérêt qui s'attache à ce point ; on n'en citera que quelques-unes.

L'Ane et la Chèvre existent en condition libre à l'île de Socotora où ils ont été introduits par l'Homme à une époque indéterminée. L'Ane y est constamment en bandes de dix à douze individus.

Le Cheval vit en liberté dans quelques points de l'Amérique du Sud où on le désigne sous le nom de *Mustang ;* son passage de l'état domestique à l'état libre ne peut être mis en doute puisqu'il n'existait pas de chevaux en Amérique avant la découverte, il y a donc été introduit par les Européens. Il existe aussi des chevaux marrons en Asie ; on les appelle des *Tarpans* (fig. 1).

Le Chien, qui est probablement l'animal le plus anciennement domestiqué, est néanmoins l'un de ceux qui retournent avec le plus de facilité et de rapidité à l'état sauvage. On trouve des chiens marrons sur tous les points du globe et l'on n'aurait que l'embarras du choix pour en donner des exemples ; pour la démonstration, un seul sera choisi parmi les plus récents :

Pendant les troubles de la guerre du Tonkin (1885), les chiens appartenant à des pirates ou à des négociants chinois, n'ayant pas suivi leurs maîtres qui passaient en Chine, redevinrent rapidement sauvages aux environs de Monkay, sur la frontière ; ils se creusaient des terriers et les officiers français se divertissaient à les forcer comme des renards [1].

Les espèces domestiques ont-elles des représentants sauvages et non marrons ? — Il est clair que le nombre des animaux restés sauvages a dû aller en diminuant au fur et à mesure que la terre s'est peuplée davantage. Si l'on prend l'Europe comme exemple, on voit qu'autrefois elle avait des représentants sauvages d'à peu près toutes toutes les espèces domestiques.

« De nos jours, dit Varron, on retrouve encore plusieurs espèces de bétail à l'état sauvage dans certaines contrées : les brebis, par exemple, en Phrygie où on les voit errer par troupeaux et les chèvres dans l'île de Samothrace. Les bœufs se trouvent également à l'état le plus sauvage en Dardanie, en Médie et en Thrace. Les ânes sauvages ne sont

---

[1] Dr Ne's, *Sur les frontières du Tonkin,* in *Tour du Monde,* page 410, 1888.

pas rares en Phrygie et en Lycaonie. Il y a aussi des chevaux sauvages dans quelques contrées de l'Espagne citérieure[1]. »

Il est difficile, actuellement, de retrouver des représentants sauvages de quelques espèces domestiques, tant l'Homme a complètement réussi dans son entreprise d'asservissement. On répète volontiers que pour plusieurs, notamment celle du Cheval, il n'en existe plus. Les notions très succinctes qui vont suivre montreront ce qu'il faut penser de ces affirmations.

FIG. 1. — Tarpan.

Il est de toute évidence que c'est dans les régions les moins explorées des parties du monde autres que l'Eu▮▮▮e qu'on a chance de rencontrer aujourd'hui les représentants sauvages des animaux domestiques.

L'Autruche *(Struthio camelus* L.) est un Oiseau des plaines désertiques et chaudes de l'Afrique et de l'Amérique qui n'a pas de représentant en Europe. La valeur de ses plumes a poussé à son élevage en Afrique; il n'y a pas plus de cinquante ans qu'on s'en occupe sérieusement et sa domestication n'est pas complète, elle se poursuit dans ce pays. Il

[1] Varron, *loco citato*, liv. II, § I.

est presque inutile de dire que la plus forte majorité des individus de cette espèce vit encore à l'état sauvage ; elle est l'objet de chasses passionnantes.

Le Cygne domestique est issu du *Cygnus olor* L. ou *C. mansuetus* Ray ; il vit encore à l'état sauvage en Suède et en Norwège et il descend en hiver dans l'Europe centrale.

On possède plusieurs espèces d'oies domestiques ; la plus commune, celle qu'on trouve dans toutes les fermes, descend de l'*Anser ferus* Tem. ou *A. cinereus* May., car, outre l'identité dans les caractères zoologiques, elle s'unit à celle-ci sans difficultés et il en résulte des individus indéfiniment féconds. Or l'oie sauvage, très abondante dans les marécages de l'Inde, d'où le nom d'*A. indicus* qui lui fut donné par Latham, se rencontre aussi dans toute l'Asie et l'Europe septentrionales, sur le bord des marais ; ses migrations annuelles sont connues de tous. L'oie domestique se joint quelquefois, au moment du passage, aux bandes d'émigrants.

Les deux canards domestiques les plus communs sont l'ordinaire et celui de Barbarie ou canard muet. Le premier, de l'avis unanime des ornithologistes, n'est que la forme domestiquée de l'*Anas boschas* L. ou canard sauvage, si répandu sur les étangs de toute l'Europe. En effet, celui-ci s'apprivoise et se domestique facilement, l'expérience s'en fait chaque année dans quelque domaine et nous l'avons réalisée à la ferme expérimentale de la Tête d'Or ; il grossit, s'alourdit et devient identique au canard domestique avec lequel il s'accouple et donne des produits indéfiniment féconds.

Le canard de Barbarie, qui constitue une espèce distincte, descend de l'*Anas moschata* L. Ses représentants sauvages sont nombreux dans les marécages et les forêts de l'Afrique équatoriale, tous les explorateurs de cette région l'y signalent. On le trouve aussi dans le même état au Paraguay et en Guyane ; on le dit même originaire de l'Amérique.

Le Dindon est d'introduction si récente en Europe qu'il n'y a pas de controverse sur son origine ; il est le descendant du *Meleagris gallopavo* L. ou *M. Kentukii* qu'on trouve encore à l'état sauvage dans les forêts du Canada, des États-Unis et du Mexique.

Les nombreuses sortes de faisans que nous élevons dérivent de *Phasianus colchicus, P. pictus, P. Amherstia, P. nyctemerus*, etc.; elles ont toutes leurs représentants sauvages en Asie. Les récits des explorateurs des hauts plateaux asiatiques et notamment ceux de Prjevalsky, ne laissent pas de doute à cet égard. D'ailleurs la domestication de ces Oiseaux n'est pas totalement achevée.

La Pintade domestique commune est identique à la *Numida meleagris* L. de l'Afrique septentrionale et centrale, elle en est issue assurément. Or la forme sauvage a été trouvée dans les forêts de l'Afrique équatoriale par M. de Brazza, lors de son premier voyage.

Le Paon, *Pavo cristatus* L., vit encore sauvage dans l'Extrême-

Orient et dans l'archipel Indien. Dans les îles de Java et de Sumatra ainsi qu'au Bengale, la chasse du paon sauvage est une distraction très courue, mais qui ne va pas sans quelque danger, car le Tigre abonde dans les forêts où vit ce bel Oiseau.

Fig. 2. — Coq Bankiva.

On est d'accord pour admettre que plusieurs races gallines descendent du *Gallus Bankiva* Temm. ou *G. ferrugineus* (fig. 2). Celui-ci vit encore à l'état absolument sauvage dans les forêts de l'Extrême-Orient, principalement en Birmanie où on le désigne sous le nom de Coq des jungles (yungl Fowl).

Les recherches de Darwin ont établi que les races de pigeons domestiques, pourtant si nombreuses, dérivent toutes de l'espèce *Columba livia* L. ou pigeon de roche, avec laquelle elles donnent des produits indéfiniment féconds. La forme sauvage vit en quantité énorme dans un grand nombre de contrées très différentes les unes des autres comme climat, telles que l'Écosse, l'Abyssinie, l'Inde septentrionale, plusieurs îles de la Sonde, etc.

Le Cobaye, *Cavia cobaya*, Schub, originaire de l'Amérique du Sud, est domestiqué depuis fort longtemps ; si aujourd'hui on ne l'y trouve plus à l'état sauvage, il y a quelques siècles qu'il y existait encore, car Garcilasso de la Véga nous apprend que les Péruviens, avant la conquête, le possédaient à l'état domestique et à l'état « champêtre ».

Que les Lapins descendent d'une ou de plusieurs espèces, il n'importe, car on trouve des individus sauvages en abondance. Sans parler du lapin de garenne, si prolifique et si nuisible aux récoltes, en Europe, il suffit d'avoir fait quelque excursion en Afrique pour avoir vu des bandes de lapins sauvages.

L'existence du Chat sauvage n'est mise en doute par personne. Celle du Chien est plus discutable ; il y a si longtemps que sa domestication est accomplie, il se plie si bien à son rôle de serviteur, qu'il ne serait pas surprenant qu'on n'en trouvât plus de représentants sauvages, surtout si l'on admettait avec de Blainville, que le type primitif était unique. Mais cette opinion est à peu près abandonnée et on lira plus loin les raisons qui portent à admettre que les races de chiens descendent de plusieurs formes.

Pour des raisons qui seront également développées ultérieurement, nous admettrons la pluralité de souche pour les cochons. En supposant, ce qui n'est point prouvé, que le Sanglier n'ait eu aucune part à la formation des races porcines actuelles, des représentants de quelques-uns des types qui ont concouru à la création des races domestiques, tels que *Sus vittatus* et *Sus papuensis* vivent actuellement en bandes considérables dans l'extrême Asie et dans les grande îles de la Sonde.

Des écrivains autorisés avancent que depuis les temps historiques, l'homme n'a jamais connu de chevaux sauvages, mais seulement des chevaux marrons. Pour soutenir cette thèse, ils se basent particulièrement sur les variations de robe que ces chevaux ont présentées aux observateurs qui ont pu les approcher. Se faire un argument de ces variations, c'est oublier que l'uniformité du pelage n'est nullement l'apanage de la condition sauvage ; il suffit d'examiner des séries d'écureuils et de campagnols pour s'en convaincre.

Aussi nous tenons pour probants les récits où il est question de chevaux sauvages et nous pensons qu'il n'y a pas plus d'exception pour le Cheval que pour les autres animaux.

Les écrivains de l'antiquité affirment l'existence du cheval sauvage en Asie et en Europe. Hérodote le signale autour du grand lac d'où sortait l'Hypanis ou Bug et Aristote dans l'Inde.

On a déterré dans le tumulus d'Eschertomlik, près de Nikopol sur le Dnieper, une belle amphore scythique, en argent autrefois doré. Elle présente en haut relief, et admirablement bien conservée, toute l'histoire de la capture et de la domestication du Cheval. Les animaux représentés offrent les mêmes caractères que les Kertags des steppes qui vivent ne troupes dans le pays même où a été retrouvée l'amphore.

Pline rapporte qu'il en existait, vivant en troupes, dans le nord de l'Europe et il les distingue très nettement des chevaux domestiques. Strabon en signale dans les Alpes, Varron en Espagne et Julius Capitolinus les cite parmi les animaux sauvages amenés pour les jeux du cirque. Sur un socle de marbre qui date de l'époque de Vespasien ou d'Adrien et que l'on a trouvé en 1862 dans la province de Léon, on les compte parmi les animaux auxquels on donnait la chasse.

La capture des chevaux sauvages est le thème favori des chants héroïques des peuples du Nord. Ekkehard[1] mentionne les *ferales equi* comme existant en Suisse au xie siècle; Lucas David[2] les signale en Russie en 1240.

Au moyen âge la consommation de la viande de cheval était générale, au moins en Allemagne, comme du reste aux époques antérieures. Elle fut interdite par des motifs religieux. Malgré cette prohibition, on trouve encore longtemps après des traces de cet usage. Un Lithuanien, Erasmus Stella qui écrivait en 1518[3], dit qu'il existait en Prusse des troupes de chevaux sauvages qui ne se laissaient point apprivoiser et dont les habitants mangeaient la chair. Rosslin, dont le livre fut imprimé à Strasbourg en 1593, signale aussi la présence de ces animaux dans les montagnes des Vosges.

Au commencement du xviie siècle, Herbestain, cité par Lubbock[4], dit expressément: *Feras habet Lithuania; præter eas quæ in Germania referentur bisontes, uros, alces, equos sylvestres.*

Gaspard de Saunier, se trouvant à La Haye en 1711, raconte que l'électeur palatin l'invita à une chasse aux chevaux sauvages dans la forêt de Binsberg, entre Wesel et Dusseldorf et qu'il en vit prendre plusieurs[5].

Si dans notre Europe déjà fort peuplée et très explorée à ce moment, vivaient encore des chevaux sauvages en 1711, il n'y a assurément [aucune difficulté à admettre qu'il puisse en exister encore aujourd'hui dans des régions inhabitées par l'homme. Prjevalsky, dans ses relations de voyage à travers l'Asie centrale, dit avoir trouvé dans le désert de Dzoungarie trois espèces de Solipèdes sauvages, l'Hémione, l'Onagre et le Cheval; celui-ci fut même appelé *Equus Prjevalskii* en son honneur. Voici la description qu'il en fait:

« Le Cheval sauvage, dont un spécimen unique se trouve au musée de Saint-Pétersbourg, semble former la transition entre l'Ane et le Cheval domestique. C'est sans doute le prototype de ce dernier si profondément

---

[1] *Benedictiones ad mensas Ekkehardi monachi sangallensis.*
[2] *Reuss Chronick,* Bd 11, § 121.
[3] Stella, *De Borussiæ antiquitatibus.*
[4] *L'homme préhistorique,* page 273.
[5] *L'art de la cavalerie ou la manière de devenir bon écuyer,* par G. de Saunier, page 68, Amsterdam et Berlin, 1756.

modifié par les soins prolongés que l'homme lui a prodigués. Il est généralement de petite taille, sa tête est proportionnellement grande, avec des oreilles moins grandes que celles de l'Ane, sa crinière est courte, hérissée, de couleur brune, il est sans garrot et sans raie dorsale. Dans sa partie supérieure, la queue est presque nue, il n'y a que vers l'extrémité qu'elle porte de longs poils noirs. La robe est grise, presque blanche sous le ventre, la tête est roussâtre avec le museau blanc; le poil d'hiver est assez long et légèrement ondulé. Les jambes de devant sont blanches à la partie inférieure, grises vers le haut et sur les genoux, noires auprès des sabots qui sont ronds et assez larges. Ce cheval, nommé par les Kirghises *Kertag* et par les Mongols *Takhé*, n'habite que les parties les plus sauvages du désert de Dzoungarie. On le rencontre en petites troupes de cinq à quinze individus qui paissent sous la surveillance d'un vieil étalon. Le Kertag est excessivement méfiant et avec cela il jouit d'un odorat très fin, d'une ouïe et d'une vue à toute épreuve [1] ».

Quant à l'Ane sauvage, Prjevalsky l'a rencontré sur les plateaux du Thibet septentrional, dans le Koukou-nor et le Tsaïdam. Les Tangoutes l'appellent *Djan*. Il ressemble au Mulet par la taille et l'aspect général. Sa robe, d'un brun clair est entièrement blanche sous le ventre. Les formes sont arrondies, le dos cintré, la tête grosse, les jambes fines et nerveuses : sur le cou, de moyenne longueur se dresse une courte crinière, les yeux sont gros, bruns et plein de feu. En général les Djans se groupent en petits troupeaux de 10 à 50 têtes « qu'on a peine à croire sauvages tant ils craignent peu la rencontre de l'Homme qu'ils ne connaissent pas ».

Sur la côte d'Obock, des ânes sauvages vivent par troupes de trois à quatre. Ils se tiennent les oreilles pendantes et la tête basse, immobiles, dissimulés imparfaitement entre les touffes de mimosa. Il est difficile de s'en approcher.

L'Ane à pieds bandés *(Eq. tœniopus* Huglin), souche possible de l'Ane égyptien, vit à l'état sauvage dans les mêmes pays; peut-être est-ce le même que celui d'Obock.

L'existence du Chameau sauvage *(Camelus bactrianus ferus)* a été révélée par Marco Polo; Duhald et Pallas en parlent ainsi que plusieurs voyageurs modernes, mais sans l'avoir étudié directement.

« Pour moi, dit Prjevalsky, il m'a été donné de rencontrer cet animal remarquable près du Lob-nor, sa véritable patrie, et de l'y observer. Certes la différence entre le Chameau domestique et le Chameau sauvage n'est pas considérable; ce dernier a seulement les bosses moins proéminentes et n'a pas de callosités aux genoux. Les localités qu'habite le Cha-

---

[1] *De Zaïssansk au Thibet; troisième voyage de M. Prjevalski en Asie centrale,* raduction condensée *in Tour du Monde,* 1887.

meau sauvage se distinguent partout par des sables profonds, au milieu desquels il fuit la présence de l'homme. Il est répandu dans le Tarim inférieur, le Lob-nor et le désert de Kami, puis dans les sables de la Dzoungarie, sur le plateau du Thibet, au nord-ouest du Tsaïdam, dans la plaine de Syrtin et dans le désert du Khouïtoun-nor [1]. »

La domestication du Lama remonte haut, car cet animal était déjà asservi lors de la découverte de l'Amérique. On en compte plusieurs races très distinctes que les naturalistes, suivant les écoles auxquelles ils appartiennent, veulent faire ou non dériver de souches différentes ; la majorité penche cependant pour admettre que la forme sauvage du Lama est le Guanaco qui vit dans l'Amérique du Sud et dont il est d'ailleurs facile d'apprivoiser les jeunes.

La Vigogne, domestiquée depuis moins longtemps, se chasse encore dans la chaîne des Cordillères comme bête fauve.

Le Renne, qui a vécu en quantité tellement considérable dans notre pays à l'époque quaternaire qu'une période en a été qualifiée d'âge du Renne, ne se trouve plus aujourd'hui que dans les contrées du Nord. C'est le principal et le plus précieux des animaux domestiques des populations voisines du cercle polaire en Europe et en Asie. Le Caribou d'Amérique en est la forme sauvage actuelle.

Plusieurs naturalistes considèrent le Mouflon comme la forme ancestrale du Mouton. A ceux qui se refusent à admettre cette filiation, on rappellera qu'il existe, dans les régions centrales de l'Asie faisant partie du système des monts Célestes, un mouton sauvage appelé *Archar*, très chassé à cause de sa belle fourrure blanche.

De tous temps, les zoologistes voyageurs ont signalé la Chèvre sauvage dans l'Himalaya, en la désignant sous le nom de *Capra Falconieri*, A. Wagn. ou *C. megaceros*. Elle y a été de nouveau indiquée par les explorateurs les plus récents [2]. Il est possible que l'Égagre *(C. Œgagrus* L.) soit pour quelque chose dans la formation des races caprines actuelles ; elle vit entièrement sauvage en Grèce, en Asie-Mineure et en Perse.

Personne n'ignore que le Buffle vit à l'état sauvage en Asie et dans l'Afrique centrale.

L'Yack est sauvage dans le Nian-Chan ; Pallas en avait déjà signalé l'existence qui fut dernièrement confirmée par Prjevalsky.

On signalera pour mémoire le Banting *(B. sondaicus* Mull.), le Gaur *(B. Gaurus* H. Sm.) et le Gayal *(B. frontalis* Lamb.) parce qu'on commence seulement à parler de la possibilité de leur domestication et qu'ils sont encore sauvages dans les forêts de l'extrême Asie et des îles de

[1] Prjevalsky, *loc. cit*, 1887.
[2] Mad. de Ujfalvy, *Voyage en Asie* in *Tour du Monde*, page 378, 1883.

la Sonde. Quant au Bœuf domestique, on a émis à son sujet la même opinion que pour le Cheval, mais elle n'est pas plus fondée. Le Bœuf sauvage a vécu en Europe à côté de l'Aurochs avec lequel il ne faut point le confondre, et il n'a disparu comme le Cheval que devant l'augmentation de la population humaine. On le trouve aujourd'hui avec le Buffle dans l'Afrique équatoriale[1] où sa vigueur et son caractère farouche inspirent de la frayeur aux populations noires qui n'ont pas tenté de le domestiquer.

Il a vécu aussi en Asie dans cette condition ; le passage suivant du *Deutéronome* le prouve : « Ce sont les animaux à quatre pieds dont vous mangerez : le Bœuf, ce qui naît des Brebis et des Chèvres, le Cerf, le Daim, le Buffle, le Chameau, le Chevreuil, le *Bœuf sauvage* et la Girafe. » Varron l'avait signalé en Médie, en Thrace et en Dardanie. On le trouve encore en Kashgarie où il est désigné sous le nom de *Koutasse*[2].

Il n'était point inutile de démontrer que les animaux domestiques ont encore des congénères restés sauvages, que l'Homme les a pris sauvages, et que, quand sa main ne leur fait plus sentir son action, ils retournent à la condition d'où ils sont sortis. Cette démonstration était d'autant plus opportune que notre siècle d'explorations, de percement d'isthmes et d'expansion coloniale ne se terminera vraisemblablement pas sans que le plus grand nombre des individus sauvages, représentants des espèces domestiques, qui vivent encore en Asie, en Afrique et en Amérique, ne disparaisse de ces continents comme cela est arrivé en Europe.

<hr>

CHAPITRE PREMIER

AFFINITÉS ET FILIATION PROBABLE DES FORMES DOMESTIQUES ACTUELLES

L'origine première des choses est un des tourments de l'esprit humain, mais sa recherche ne peut être entreprise scientifiquement aujourd'hui. Ce problème insoluble laissé de côté, reste l'examen de la succession des êtres sur notre planète et des liens qui les rattachent les uns aux autres. Cette étude n'est pas moins passionnante, et si elle est difficile, elle est du moins abordable avec les matériaux dont dispose la paléontologie actuelle.

Aucune forme animale vivante n'est isolée dans la nature, elle se rattache à celles qui l'entourent par une série d'états intermédiaires. Elle a

---

[1] Michaud, *Récit d'un voyage dans l'Afrique équatoriale*, in *Journal de médecine vétérinaire et de zootechnic*, 1883.

[2] Seeland, *La Kashgarie et les passes du Tian-chan*, in *Revue d'Anthropologie*, 1889.

aussi des connexions avec celles des époques géologiques antérieures, connexions si intimes parfois qu'elles font inévitablement naître dans l'esprit l'idée de filiation. De leur côté, les faunes fossiles montrent entre elles de semblables affinités, avec une évidence plus grande si possible, de sorte que le paléontologiste est forcément amené à se demander si les espèces ne sont pas seulement des formes temporaires, transitoires, poursuivant leur évolution à travers les âges, s'enchaînant et s'enfantant les unes les autres, en raison de la malléabilité de la matière vivante.

Au point où en arrive aujourd'hui la paléontologie, la majorité de ceux qui cultivent cette science ne s'attache plus seulement à rechercher les caractères différentiels, elle fait de la synthèse, observe les ressemblances, étudie les formes intermédiaires et les groupe. En suivant cette méthode, les documents amassés dans les deux mondes ont partout fait voir des enchaînements. Entre les faunes qui se succèdent, des affinités si étroites se sont montrées qu'on s'est demandé forcément si les unes ne dérivent point des autres et que l'esprit s'est pris à chercher le déterminisme de leurs modifications. On ne possède pas encore tous les anneaux de l'immense chaîne qui les relie, car bien des points du globe sont encore inexplorés, mais ceux que l'on a en mains montrent déjà d'une façon non équivoque l'enchaînement en question [1].

On va rechercher à quels êtres des âges passés se rattachent les animaux possédés aujourd'hui à titre de serviteurs et tâcher de connaître à quelle époque ils se sont montrés avec leur forme spécifique. A ces deux questions de filiation et d'époque d'apparition s'en rattache une troisième, d'une importance zootechnique considérable : celle de savoir si, après l'apparition de la forme spécifique, des variations *spontanées* de ce type se sont montrées et si, par conséquent, des races *naturelles* se sont créées dès ce moment en dehors de l'intervention humaine.

Ce dernier point de vue est déjà à lui seul une réponse à ceux qui ne verraient dans les études de paléontologie zootechnique qu'une spéculation philosophique. Mais elles sont loin d'être purement spéculatives; elles sont, au contraire, une des meilleures préparations que l'esprit puisse recevoir pour aborder fructueusement le grand problème de l'étude des races. Rechercher si la nature, pour arriver à la diversité infinie des choses qu'on observe et qui confond d'admiration, a plutôt modifié les formes existantes qu'elle n'en a créé de nouvelles, observer le sens de ces modifications, leurs divergences et leurs convergences, voir la malléabilité de l'organisme, les parties facilement modifiables et celles qui le

---

[1] Pour l'étude de ce sujet, voir notamment M. Gaudry : *Les enchaînements du monde animal dans les temps géologiques*, Paris, 1878, et les *Ancêtres de nos animaux dans les temps géologiques*, Paris, 1888.

sont moins, suivre les migrations des formes modifiées ou leur victoire sur les formes primitives qu'elles anéantissent ou qu'elles déplacent, n'est-ce donc pas une excellente introduction aux études de zootechnie proprement dite ?

ARTICLE PREMIER. — ESPÈCES TERTIAIRES ET QUATERNAIRES AFFINES DES FORMES DOMESTIQUES ACTUELLES

Les animaux dont nous avons à connaître, occupant dans l'échelle zoologique un rang élevé, ne se montrent pas avant les temps tertiaires et leur développement se fait surtout à l'époque quaternaire. Quelques mots sur la division des terrains tertiaire et quaternaire sont indispensables.

A. TERTIAIRE. — C'est en 1810 que Cuvier et A. Brongniart firent voir qu'il existe entre le crétacé et le quaternaire, des couches qu'ils qualifièrent de tertiaires. Ces terrains sont bien étudiés aujourd'hui, car ils sont superficiels, nettement délimités comme bassins, et chose à remarquer, ils possèdent dans leur étendue la plupart des grandes capitales de l'Europe qui sont des foyers de recherches scientifiques. Leurs fossiles sont remarquables, on y trouve les grands Mammifères, c'est en cela qu'ils ont un intérêt tout particulier pour le zootechniste ; de plus, un certain nombre des espèces trouvées dans ces couches sont actuellement vivantes ; ce qui augmente l'attrait des problèmes qu'elles soulèvent. On estime que dans le tertiaire inférieur, il y a 3 1/2 pour 100 d'espèces actuellement vivantes ; dans le tertiaire moyen, il y en aurait 19 pour 100 et dans le tertiaire supérieur 30 ou 40 pour 100 et même jusqu'à 95 en Sicile, au dire des géologues italiens. Deshayes qualifiait ces espèces d'*analogues* à celles d'aujourd'hui ; beaucoup de savants pensent qu'il s'agit d'espèces *identiques*.

Le tertiaire fut d'abord divisé en trois étages principaux dont voici la nomenclature avec les appellations synonymiques proposées par divers savants.

CLASSIFICATION DE

ELIE DE BEAUMONT :	LYELL :	D'ORBIGNY :
Tertiaire supérieur.	Pliocène.	Subappennin.
Tertiaire moyen.	Miocène. . , ...	Falunien.
		Parisien.
Tertiaire inférieur..	Éocène.	Pyrénéen.
		Suessonien.

Ultérieurement, on a intercalé l'oligocène dans cette nomenclature, en démembrant le miocène inférieur et l'éocène supérieur, puis au fur et à mesure des progrès de la géologie et de la paléontologie, on a établi dans chacune des divisions du tertiaire des subdivisions dont le nombre s'accroîtra probablement encore. Actuellement, on peut dresser le tableau suivant, applicable surtout à la France :

TERTIAIRE	PLIOCÈNE	ARNUSIEN. . . .	Val d'Arno. — Sables de Saint-Prest.— Forest-bed de Cromer. —Durfort (Gard).
		ASTIEN.	Sables jaunes d'Asti, de *Montpellier*, du *Roussillon*. — Crag rouge anglais.
		PLAISANCIEN. . .	Marnes bleues sub-apennines. — Crag corallin.
		MESSINIEN. . .	Couches à congéries. — Formation gypso-sulfureuse d'Italie.
	MIOCÈNE	TORTONIEN. . .	Limon rouge de *Pikermi*, du *Mont-Lébéron*. — Sables d'Eppelsheim. — Formation lacustre d'Œningen.
		HELVÉTIEN. . . .	Mollasse marine. — Faluns de l'Anjou et de la Touraine.
		LANGHIEN.. . .	Sables de la Sologne. Calc. de Montabuzard et de l'Orléanais *(Simorre, Sansan)*.
	OLIGOCÈNE	AQUITANIEN. . .	Calc. de Beauce. *Thenay*.
		TONGRIEN.. . .	Sables de Fontainebleau, calcaire de Brie.
	ÉOCÈNE	LIGURIEN. . . .	Marnes blanches de Pantin, gypse de Montmartre.
		BACTONIEN. . .	Calc. de Saint-Ouen. Sables de Beauchamp.
		PARISIEN. . . .	Calc. grossier, supérieur, moyen, inférieur.
		SUESSONIEN. . .	Sables de Cuise. Lignites du Soissonnais. Sables de Bracheux. Conglomérat de Meudon.

Dans l'impossibilité d'entrer dans plus de détails, nous rappellerons seulement que le climat de l'époque tertiaire, en Europe, était plus chaud qu'il ne l'est actuellement, il se rapprochait de celui de l'Inde ; la flore avait beaucoup de points de ressemblance avec celle de ce pays, puisqu'on y voyait des palmiers, des cocotiers, des acacias, des sequoias, etc.

La vigueur de la flore fait comprendre le grand développement des Mammifères herbivores à ce moment. On constate que le miocène supérieur a été très favorable à l'expansion de la vie à la surface du globe, tandis que le pliocène a établi des provinces géographiques dans la répartition des êtres.

Il est indispensable de dire à cette place que, si les terrains tertiaires sont très développés en Amérique, dans l'état de nos connaissances, on ne peut pas établir d'identification complète avec les mêmes terrains de l'Europe ; quand l'analyse paléontologique est poussée un peu loin, le travail de rapprochement devient difficile, sinon impossible. Entre les faunes européenne et américaine du tertiaire, il y a des différences importantes. Plusieurs formes chevalines, notamment, sont autres que celles de l'ancien continent et le *Bos primigenius* n'y a pas encore été rencontré. Sans rien préjuger des découvertes ultérieures, il y a lieu de souligner ces particularités et de marquer la réserve avec laquelle l'homologation des espèces doit être faite.

B. QUATERNAIRE. — A cette époque, la température change, des phénomènes glaciaires et des pluies ravinent la croûte terrestre, des espèces s'éteignent ou émigrent, des formes nouvelles se montrent. La flore se modifie et se rapproche de ce qu'elle est de nos jours; la faune est encore différente, mais le nombre des espèces identiques aux espèces actuelles grandit. C'est dans le quaternaire qu'on commence à trouver des races parmi les espèces domestiquées plus tard.

Bien que le quaternaire soit assez difficile à subdiviser, on peut néanmoins, avec M. Gaudry, y établir les coupes suivantes.

QUATERNAIRE
- Age du RENNE . . . . { Retour du froid. — Habitation des cavernes. — Faune actuelle avec cantonnements différents.
- Age du DILUVIUM . . . { (Paris-Grenelle). — Grands transports fluviatiles. — Climat tempéré. — Existence de races ou d'espèces éteintes.
- Age du BOULDER-CLAY . . Climat froid. — Grande période glaciaire en France.

Age du FOREST-BED et de SAINT-PREST (zone de passage au pliocène).

Ces très brèves notions exposées, voyons à quelle époque chaque espèce aujourd'hui domestique a apparu et quelle filiation elle a pu suivre.

Section première. — Equidés

I. DES PRÉÉQUIDÉS OU ÉQUIDÉS POLYDACTYLES

Les découvertes des paléontologistes, surtout des Américains, ont démontré que les Équidés actuels ou Solipèdes se rattachent à des fossiles qu'on peut qualifier sans inconvénient de Prééquidés. Ces formes éteintes apparaissent dans l'éocène; leur succession se déroule à travers les temps tertiaires et de modification en modification, spécialement par une simplification progressive et constante du pied et une complication également progressive des molaires, on arrive au Cheval actuel. Il n'y a pas très longtemps, 30 ans au plus, que cet enchaînement des Équidés est connu.

Dans l'exposé qui va suivre, il est des formes qui ne sont probablement classées que provisoirement et les fouilles ultérieures en mettront de nouvelles au jour, car les portions de la croûte terrestre explorées sont peu de chose à côté de ce qui reste à fouiller. Ajoutons que les résultats de ces recherches ont été embrouillés par une synonymie dans laquelle il faut quelque attention pour se reconnaître.

Cuvier, le premier, a découvert dans les gypses de Montmartre un Prééquidé, le *Palæotherium*, dont la restauration savante a contribué à la gloire de ce grand anatomiste (fig. 3). Conséquent avec la doctrine du créationisme et de la fixité des espèces, il ne songea point à le regarder comme une forme ancestrale des Équidés actuels. Depuis, ce sont les Américains qui ont fait le plus de trouvailles intéressantes dans cet ordre d'idées ; le Colorado, les montagnes Rocheuses et les dépôts pampéens sont très riches en Périssodactyles fossiles. Parmi les explorateurs les plus heureux et les plus habiles, il faut citer MM. Leidy, Cope, Marsh,

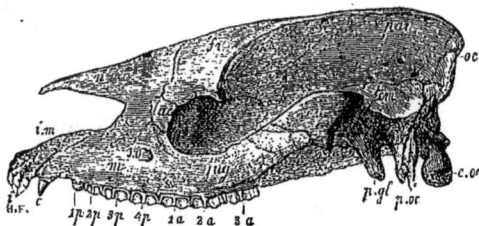

FIG. 3. — Crâne du *Palæotherium crassum* vu de profil, à 1/5 de grandeur naturelle. Gypse de Paris (Gaudry).

Burmeister et Ameghino ; M. Marsh, à lui seul, n'a pas découvert moins de 47 formes — espèces si l'on veut — qui, partant de l'éocène, aboutissent insensiblement au Cheval de l'époque actuelle. Dans les dépôts de l'Amérique du Sud qui appartiennent au tertiaire et que d'Orbigny a divisés en *guaranien, patagonien* et *pampéen*, l'assise supérieure ou pampéenne n'est pas moins riche en Mammifères fossiles que les couches correspondantes de l'Amérique du Nord. A côté de quelques Carnivores, d'un nombre considérable d'Édentés glyptodontes et de Proboscidiens, se rencontrent des Pachydermes imparidigités. Parmi ceux-ci, il en est un qui, jusqu'à présent, lui est particulier et qui mérite de retenir l'attention, parce qu'il semble avoir été l'un des chaînons qui ont uni les individus à corne nasale ou à trompe à ceux qui étaient dépourvus de ces appendices, c'est l'*Hippidium* (fig. 5).

En Europe, les fossiles d'Équidés sont moins abondants, mais ils ont été étudiés avec une grande ardeur par une pléiade d'anatomistes et de paléontologistes parmi lesquels il faut citer Christol, Rutimeyer, Owen, Cocchi, Forsyth Major, Lund, Nehring, Wilckens et Kowalewski. (Voyez l'index bibliographique, page 54).

L'Océanie n'a point fourni de fossiles de la catégorie de ceux qui nous occupent. Le centre de l'Afrique n'ayant point été exploré, on ignore quelle peut être sa faune fossile, mais la partie septentrionale de ce continent a apporté son contingent de Mammifères tertiaires et quaternaires. Quant à l'Asie, étudiée avec soin par quelques géologues dans les possessions anglaises, elle a déjà donné une riche moisson.

R. Owen a indiqué pour la première fois, en 1361, le *Palæotherium* comme la souche des Équidés. Cette opinion, appuyée et développée par plusieurs paléontologistes, a régné sans conteste jusqu'en 1882, époque où M. Wortman indiqua le *Phenacodus,* du tertiaire américain, comme devant être placé à la base des Imparidigités et des Chevaux en particulier, tandis que le *Palæotherium* serait une forme intermédiaire ou mieux latérale. Une pareille modification dans les idées courantes tient aux importantes trouvailles faites récemment en Amérique.

Christol est le premier qui ait bien étudié l'*Hipparion* ou Hippotherium et qui lui ait assigné sa vraie place, à côté des Solipèdes actuels (fig. 4).

En condensant dans des tableaux les Prééquidés et Équidés fossiles suivant leur ordre d'apparition, on saisira mieux les liens qui les rapprochent les uns des autres. Mais en raison des différences d'époque et parfois de conformation entre les fossiles de l'ancien et du nouveau monde, il est plus rationnel de donner un tableau distinct pour chacun d'eux. Nous empruntons à M. Gaudry celui qui concerne l'Europe :

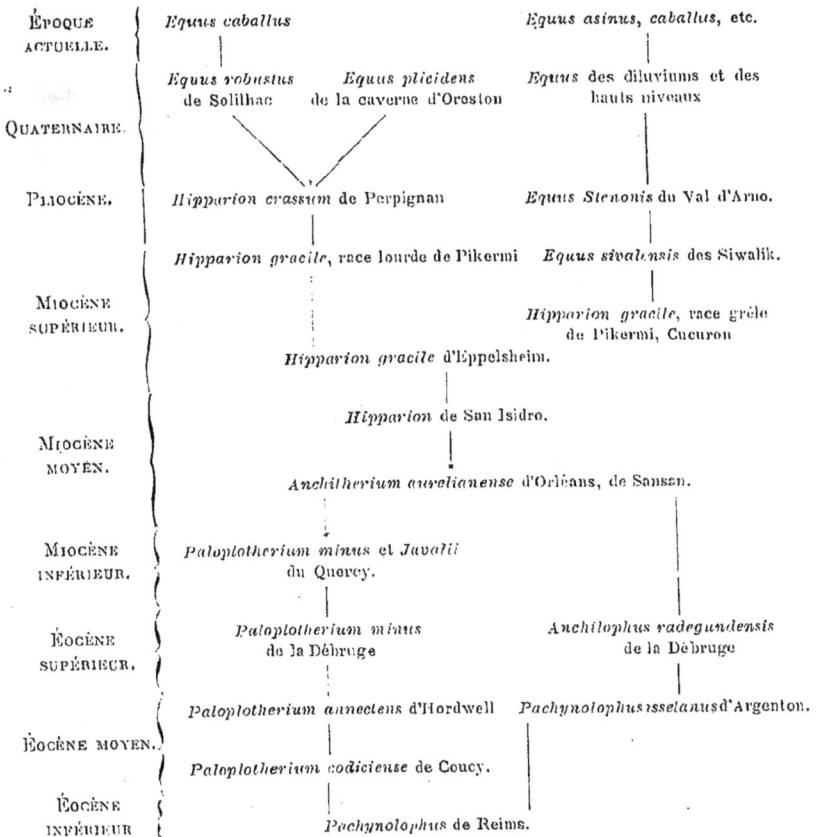

ÉPOQUE ACTUELLE.	*Equus caballus*		*Equus asinus, caballus,* etc.
	Equus robustus de Solilhac	*Equus plicidens* de la caverne d'Oreston	*Equus* des diluviums et des hauts niveaux
QUATERNAIRE.			
PLIOCÈNE.	*Hipparion crassum* de Perpignan		*Equus Stenonis* du Val d'Arno.
	Hipparion gracile, race lourde de Pikermi		*Equus sivalensis* des Siwalik.
MIOCÈNE SUPÉRIEUR.			*Hipparion gracile,* race grêle de Pikermi, Cucuron
	Hipparion gracile d'Eppelsheim.		
	Hipparion de San Isidro.		
MIOCÈNE MOYEN.			
	Anchitherium aurelianense d'Orléans, de Sansan.		
MIOCÈNE INFÉRIEUR.	*Paloplotherium minus* et *Javalii* du Quercy.		
ÉOCÈNE SUPÉRIEUR.	*Paloplotherium minus* de la Débruge		*Anchilophus radegundensis* de la Débruge
	Paloplotherium annectens d'Hordwell		*Pachynolophus isselanus* d'Argenton.
ÉOCÈNE MOYEN.			
	Paloplotherium codiciense de Coucy.		
ÉOCÈNE INFÉRIEUR	*Pachynolophus* de Reims.		

Quant à l'Amérique, elle fournit dès l'éocène le plus inférieur le *Phenacodus* qui est regardé, avons-nous dit, comme la forme ancestrale des Chevaux ; elle a été suivie d'une quantité d'autres dont le nombre, vraisemblablement, s'accroîtra encore. Le tableau suivant indique les principales :

	AMÉRIQUE DU NORD	AMÉRIQUE DU SUD
QUATERNAIRE.	Equus occidentalis.	Eq. conversideus.
	Equus curvidens.	Eq. Andium.
	Hipparion (?).	
PLIOCÈNE. . .	Equus parvulus.	Eq. conversideus.
	Pliohippe.	Equus Andium.
	Parahippe..	Hippidium princ.(av. var. arcideus).
	Protohippe, Hipparion.	— neogeum.
MIOCÈNE. . .	Meryhippe.	
	Miohippe (forme similaire à *Anchiterium aurelianense*).	
	Mésohippe(— Bairdi).	
ÉOCÈNE. . .	Epihippe. — Anchinolophus.	
	Pachynolophus.	
	Hyracotherium.	
	Orohippe.	
	Eohippe.	
	Phenacodus.	

On s'est demandé si la filiation s'est effectuée parallèlement sur les deux continents ou si l'un n'a point transmis à l'autre les espèces au fur et à mesure de leur formation. Les deux hypothèses ont été soutenues ; comme le passage entre les formes américaines présente moins d'hiatus que celui des formes de l'ancien continent, l'hypothèse de l'apparition exclusive des Prééquidés et des Équidés dans le Nouveau Monde compte des partisans très décidés. On sait que les deux continents communiquaient l'un avec l'autre, tout au moins pendant une bonne partie de l'époque tertiaire.

Avant d'examiner de près les Équidés monodactyles, il est intéressant de jeter un coup d'œil rapide sur quelques formes prééquines.

Le Phenacodus avait aux membres antérieurs cinq doigts s'appuyant sur le sol ; ses membres postérieurs étaient à pieds plantigrades également à cinq doigts. Sa tête était celle d'un pachyderme, mais à dents omnivores, les grosses molaires était quadrituberculeuses. Cette forme était encore très éloignée des suivantes.

L'Éohippe était un Équidé de la taille du Renard ; sa tête avait la configuration générale de celle des animaux du genre *Equus*, sa mâchoire était armée de sept molaires et de crochets ; ces dernières dents se retrouvent, du reste, dans tous les Équidés fossiles. Les dents de l'Éohippe, au nombre de quarante-quatre, n'étaient point recouvertes de cément. Les membres antérieurs avaient quatre doigts et les postérieurs trois ; parmi ceux-ci, il n'y en avait qu'un, le médian, qui touchait terre, les latéraux étaient plus courts. Si l'on ramène les pieds de l'Éohippe au type pentadactyle, on voit qu'au membre antérieur le pouce faisait défaut, à moins qu'il ne fût représenté déjà par une châtaigne, et qu'au membre postérieur, c'étaient les premier et cinquième doigts qui manquaient.

L'Orohippe différait du précédent par sa taille un peu plus forte, égalant celle du Mouton à peu près, et par ses membres postérieurs dont les doigts latéraux étaient plus faibles.

Les trois formes précédentes sont particulières à l'éocène américain. Le Palæotherium n'est pas rare en Europe et en Asie. Trouvé primitivement dans le tertiaire parisien, on l'a rencontré depuis en Grèce, en Allemagne, en Hongrie, en Espagne, dans l'Inde. Il se rapprochait des Tapirs par la longueur du nez, probablement prolongé par une petite trompe. Les deux doigts latéraux étaient relativement forts. Une espèce de Palæotherium, le *P. magnum* Cuv. était de bonne taille.

Le genre Palæotherium de Cuvier a été démembré par Owen qui y a créé le genre *Paloplotherium* où il a fait entrer des animaux dont les doigts latéraux sont plus faibles que dans le type primitif et dont les dents se rapprochent davantage de celles des Équidés.

Les espèces formées dans ces genres parcourent l'éocène et viennent finir dans le miocène inférieur. Quand elles s'éteignent, d'autres formes se montrent et prennent leur place.

Dans le Mésohippe et le Miohippe du miocène américain, les deux doigts latéraux, soit le deuxième et le quatrième, n'arrivent qu'à la dernière articulation phalangienne. Le radius et le cubitus commencent à se fusionner : il n'y a pas encore de cément sur les dents qui sont toujours au nombre de quarante-quatre. En Europe, on trouve l'*Anchitherium* à la même époque. Cet animal avait la taille d'un gros chien ou d'un petit poney.

Le Mésohippe, le Miohippe et l'Anchiterium occupent tout le miocène et arrivent jusqu'au pliocène inférieur.

Chez les fossiles de l'éocène et du miocène, les quatre prémolaires sont rapprochées des canines et séparées des arrière-molaires ; chez ceux du pliocène, elles se rapprochent de celles-ci. Tous les sujets ont encore des canines. Les molaires inférieures sont à peu près celles du Cheval, les supérieures ont le denticule antérieur interne arrondi et entièrement séparé du denticule antérieur médian de manière à former un îlot.

On trouve encore trois doigts, mais les deux latéraux arrivent seulement au tiers inférieur de la première phalange. L'union du radius et du cubitus est devenue intime, la coulisse bicipitale de l'humérus s'est doublée comme chez les Equidés vrais, de simple qu'elle était.

Dans le pliocène, on rencontre en Amérique, le Protohippe et le Parahippe (Marsh), en Europe l'Hipparion (Christol) ou Hippotherium

(Kaup), et enfin le Pliohippe, dans l'Amérique du Nord et l'Hippidium (Owen), dans l'Amérique du Sud. Les dents des formes américaines se rapprochaient beaucoup de celles du Cheval, mais les pieds en différaient encore notablement.

L'Hipparion (fig. 4) avait la tête du Cheval, mais avec un larmier, et ses dents différaient beaucoup plus de celles du Cheval que celles du Protohippe, du Parahippe et du Pliohippe. Il avait sept molaires à la première dentition ; à la dentition permanente, la première prémolaire disparaissait.

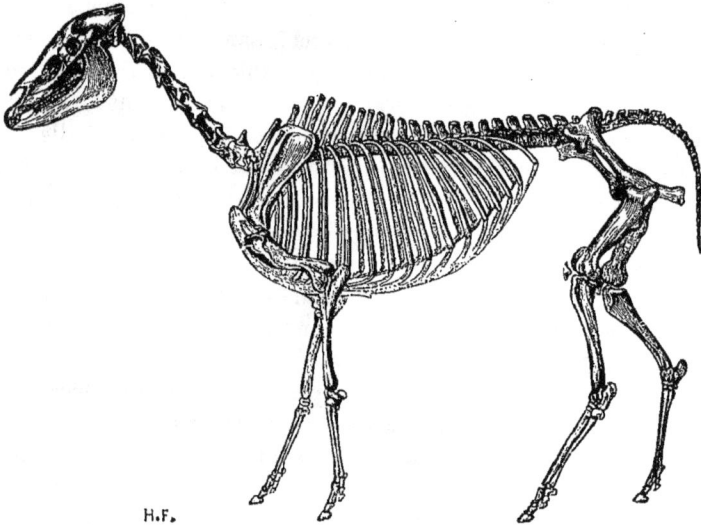

H.F.

FIG. 4. — Restauration du squelette de l'*Hipparion gracile* ; 1/20 de grandeur naturelle (Gaudry).

Des recherches récentes, particulièrement celles de M. Gaudry et de Fontannes, démontrent que, dans le bassin du Rhône en particulier où il est abondant, l'Hipparion gracile se trouve dans le miocène supérieur ou étage tortonien et commence même dès l'helvétien. Mais ailleurs, en Afrique notamment, on le trouve dans le pliocène moyen et parfois dans le pliocène supérieur.

L'*Hippidium neogeum* des dépôts pampéens est caractérisé par des sus-naseaux très allongés ; ils n'ont pas moins de vingt-sept centimètres dans leur portion libre, tandis que chez le Cheval cette partie n'a guère que dix centimètres. Ils sont convexes et forment le chanfrein busqué. On suppose, en les voyant, qu'ils devaient supporter un appendice analogue à celui du Tapir. Son front était plat, ses canines bien développées, il n'avait que trente vertèbres présacrées ; les rayons osseux des membres et la troisième phalange rappellaient ceux du Cheval. Étrange animal qui tenait du Tapir par ses sus-naseaux, de l'Ane par sa formule vértébrale, du Cheval par ses membres et la largeur de son doigt (fig. 5).

De l'Éohippe au Parahippe et même à l'Hipparion, la gradation s'est montrée très naturelle, mais elle cesse de l'être au même degré quand on passe aux formes subséquentes qui aboutissent aux Équidés quaternaires et actuels. Au lieu des deuxième et quatrième doigts de l'Hipparion, on trouve des métacarpiens latéraux rudimentaires comme ceux du Cheval,

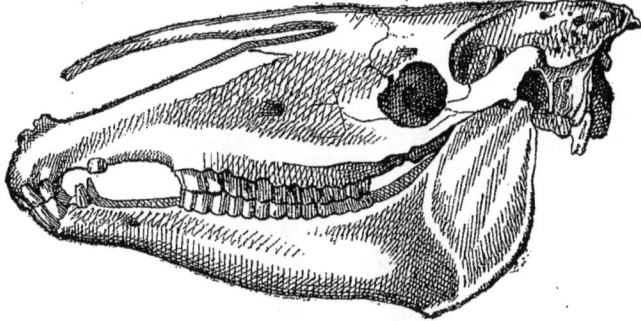

FIG. 5. — Tête osseuse d'*Hippidium neogeum*.

avec une dentition qui se rapproche de la sienne. Il y a donc entre l'Hipparion et ces formes un saut brusque et considérable; la nature d'habitude procède par des transitions plus ménagées. Un coup d'œil jeté sur les figures 8 à 10 permet de se rendre compte de la simplification progressive et graduelle du pied des Prééquidés ainsi que de l'hiatus que nous signalons.

Il y a quelques années déjà que, dans une étude sur la polydactylie des Équidés, je faisais remarquer ces faits et j'exprimais l'espoir que les paléontologistes découvriraient de nouvelles formes qui rendraient plus naturel le passage au Cheval actuel.

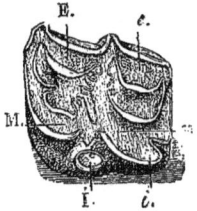

FIG. 6.— Arrière-molaire supérieure gauche d'*Hipparion gracile*; grandeur naturelle (Gaudry).

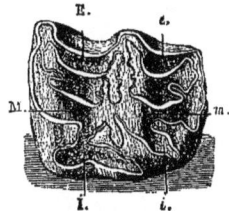

FIG. 7. — Arrière-molaire supérieure gauche du *Cheval*; 5/6 de grandeur naturelle (Gaudry).

Dernièrement, Marie Pavlow, reprenant l'étude des Ongulés, a conclu, contrairement à tout ce qui avait été écrit jusqu'ici, que l'Hipparion ne fait pas partie de la ligne chevaline directe, mais qu'il est une forme laté-

FIG. 8. — Extrémité du membre antérieur gauche du *Palæotherium crassum:* 1/3 de grandeur naturelle.

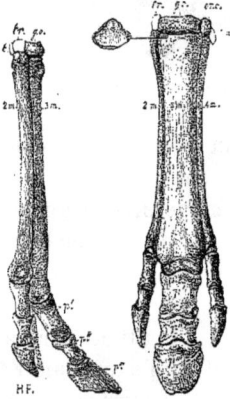

FIG. 9. — Extrémité du membre antérieur gauche de l'*Anchitherium aurelianense*, vue de face et de côté; 1/5 de grandeur naturelle.

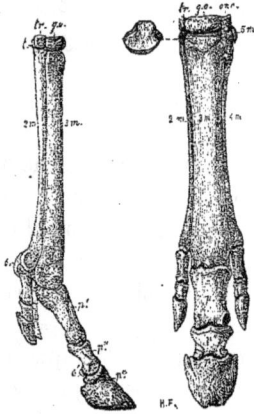

FIG. 10. — Extrémité du membre antérieur gauche de l'*Hipparion gracile*, vue de face et de côté; 1/5 de grandeur naturelle.

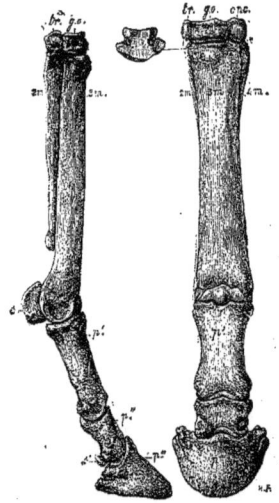

FIG. 11. — Extrémité du membre antérieur gauche du *Cheval*, vue de face et de côté; 1/5 de grandeur naturelle.

rale, développée parallèlement. C'était un type surpassant les formes contemporaines et le Cheval actuel par la conformation de ses dents, mais resté en arrière pour la modification de ses membres. Il est même possible que cette infériorité du côté des membres ait été une des causes de sa disparition, malgré la complication de ses dents dont l'émail était très plissé, le denticule isolé et allongé (fig. 6, I).

Le tableau suivant, dressé par M. Pavlow, résume sa manière de voir sur ce point.

	ASIE	EUROPE (ET AFRIQUE DEPUIS LE PLIOCÈNE)	AMÉRIQUE DU NORD
QUATERNAIRE	Eq. namadicus	Eq. caballus	Eq. occidentalis
			Hipparion
PLIOCÈNE	Eq. namadicus	Eq. Stenonis	Eq. parvulus
	Hipparion, Eq. sivalensis	Hipparion	Hippidium
			Protohippe
		Hipparion	
MIOCÈNE		Anchilerium, Miohippe et Mésohippe	

La contemporanéité de l'Hipparion avec le Cheval plaide en faveur de la thèse de Marie Pavlow, qu'appuient également les faits tératologiques, puisque dans les cas actuels de polydactylie qu'on considère comme des retours en arrière, si les membres se rapprochent plus ou moins de ceux de l'Hipparion, jamais on n'a constaté jusqu'à présent que la dentition y tendît.

Pour ne rien omettre, nous ajouterons que, d'après M. Déperet, il est une forme d'Hipparion, l'*H. crassum* Gervais, du pliocène moyen de Perpignan, qui réaliserait un véritable passage de l'*H. gracile* au Cheval, tant ses membres tendent à la monodactylie, encore bien que ses dents restent celles du type Hipparion.

De nouvelles études sont donc nécessaires. Si elles fortifient l'idée d'un parallélisme et non d'une filiation directe entre l'Hipparion et le Cheval, l'origine américaine de ce dernier, sa dérivation des formes pliocènes du nouveau continent en recevront un nouvel appui.

Quoi qu'il en soit, par celles-ci et notamment par l'Hippidium, on arrive aux Équidés solipèdes.

II. DES ÉQUIDÉS MONODACTYLES

Les Équidés monodactyles commencent à apparaître dans le pliocène pour se continuer dans le quaternaire et arriver jusqu'à nous.

Les Chevaux quaternaires sont très près des formes actuelles, mais ils présentent néanmoins deux particularités qu'on peut interpréter comme établissant le passage entre des ancêtres polydactyles et les monodactyles d'aujourd'hui. La première, signalée par M. Toussaint et confirmée par M. Forsyth, consiste en ce que les métacarpiens et les métatarsiens rudimentaires ne sont que très exceptionnellement soudés à l'os principal. La seconde est la plus grande largeur du cuboïde, qui se montre à peu près le double de ce qu'elle est sur le Cheval actuel, preuve que cet os avait à se mettre en rapport avec un métatarsien plus fort et plus indépendant. Quelques espèces présentaient aussi des particularités dans la dentition, dont il sera parlé à propos de l'une d'elles.

Il faut suivre le Cheval fossile dans diverses parties du globe.

A. AMÉRIQUE. — On sait déjà que dans ce continent on trouve des débris fossiles d'Équidés en abondance, mais il s'est passé, probablement à l'époque quaternaire, un fait inexpliqué : c'est la disparition complète des Solipèdes dans cette partie du monde. Ceux que l'on y trouve actuellement ont été introduits par les Européens à une date que l'on connaît bien et qui est relativement d'hier.

A quoi peut être due cette disparition totale des Chevaux d'un pays où ils s'étaient admirablement développés et où, une fois réintroduits, ils se sont acclimatés et multipliés avec une grande rapidité? Parmi les hypothèses mises en avant, on a de la tendance à se rattacher à l'action de froids très rigoureux qui auraient sévi pendant la période quaternaire et qu'il faut probablement assimiler à la période glaciaire européenne.

Qu'on accepte ou qu'on repousse cette conjecture, voici les renseignements que l'on possède sur les Équidés monodactyles tertiaires et quaternaires des deux Amériques :

Amérique du Nord. — L'*Equus parvulus*, qui vécut après le Pliohippe disparu à la fin du pliocène, apparut soit dans le pliocène tout à fait supérieur, soit dans le quaternaire le plus inférieur. De cette souche naquirent les formes suivantes : *Equus pacificus* (Leidy), *Eq. major* (Dekay), *Eq. occidentalis* (Leidy), *Eq. curvidens*, *Eq. conversideus* (Owen). Cette dernière se trouverait dans les deux Amériques. Comme la synonymie est la cause principale de la confusion qui s'établit dans l'esprit au sujet de ces formes, il est utile de faire connaitre celle qui s'applique à deux d'entre elles.

Eq. major (Dekay).	{ *Eq. americanus* (Leidy).
	{ *Eq. complicatus* (Leidy).
Eq. occidentalis (Leidy).	*Eq. excelsus* (Lund).

L'*Eq. parvulus* a été trouvé dans les plaines du versant oriental des montagnes Rocheuses. L'*Eq. major* se rencontre surtout dans les États du Golfe; il constituait avec l'*Eq. pacificus*, des formes un peu plus grandes que le Cheval actuel, tandis que l'*Eq. occidentalis* en avait la taille. L'*Eq. conversideus* vient du tertiaire supérieur et du quaternaire du Mexique.

Amérique du Sud. — Les formes monodactyles tertiaires et quaternaires sont plus nombreuses dans la partie méridionale de l'Amérique que dans sa partie septentrionale. On a déjà donné une idée de ce qu'était l'*Hippidium*. D'après Burmeister, on doit en distinguer deux sortes : l'*H. principale* et l'*H. neogum*; la forme décrite sous le nom d'*H. arcideus* ne serait qu'une variété de l'*H. principale*. En voici également la synonymie pour la facilité des études :

Hippidium principale (Owen). . . .	{ *Eq. principalis* (Lund).
	{ *Eq. macrognatus* (Waddal).
	{ *Hippoideum neogeum* (Lund).
Hippidium neogeum (Owen).	} *Eq. neogeus* (Lund).
	(*Eq. Devillei* (Gervais).
Hippidium arcideus (Burm).	*Eq. arcideus* (Owen).

Les autres formes chevalines seraient : *Eq. Andium* (Branco) ou *Eq. fossilis Andium* (Wagner), *Eq. curvidens* (Owen), *Eq. restideus* (Gervais et Ameghino) et *Eq. argentinus* (Burmeister).

L'*Eq. Andium* serait la forme première, probablement pliocène, du Cheval américain et correspondrait, à peu de chose près, à l'*Eq. Stenonis* de l'ancien continent. L'*Equus curvidens* a comme synonymie : *Eq. caballus affinis* (Lund) et *Eq. americanus* (Gervais).

B. AFRIQUE. — On trouve dans les environs de Constantine des dépôts fluviolacustres appartenant probablement au pliocène supérieur et contenant, d'après M. Thomas, parmi d'autres fossiles, un Hipparion et un Cheval voisin, si ce n'est lui, de l'*Eq. Stenonis* du pliocène d'Europe. Dans le fond des vallées de la même région, existe un dépôt tourbeux appartenant, selon toute probabilité, au quaternaire récent dans lequel gît une faune se reliant à la précédente par quelques caractères, mais cependant plus semblable à celle d'aujourd'hui; on y trouve : 1° un Cheval ne paraissant différer que par des caractères secondaires du Cheval africain actuel; 2° un Équidé asiniforme de petite taille, présentant dans sa dentition, sur la table de frottement de chacune des deuxièmes avantmolaires, un denticule supplémentaire situé à l'angle postérieur externe de la dent, en dehors de l'émail d'encadrement et comme noyé dans le cément qui l'entoure, caractère qui le rapproche de l'Hipparion.

C. ASIE. — Le Cheval a été rencontré dans les parties de l'Asie, peu étendues encore, où des fouilles ont été faites; on l'a trouvé dans la Russie d'Asie [1] ainsi que dans l'Inde, aux monts Siwaliks. Dans ce dernier pays, il a été vu dans le miocène supérieur ou tortonien, tandis que partout ailleurs on ne l'a pas signalé au delà du pliocène moyen. C'est là un fait extrêmement important que vient renforcer un cas de même genre relatif au Bœuf. Il faut ajouter que, pour plusieurs paléon-tologistes étrangers, les monts Siwaliks appartiendraient non au miocène supérieur, mais au pliocène inférieur; même en admettant cette vue géologique, l'avance n'en reste pas moins acquise.

Au milieu de plusieurs formes d'Équidés communes aux autres par-ties du monde, il en a été rencontré deux qui sont spéciales à l'Asie. L'une a été désignée sous le nom d'*Eq. sivalensis;* elle serait encore représentée par le Kiang des plateaux du centre. L'autre, appelée *Eq. namadicus,* serait exclusivement cantonnée dans le pleistocène asiatique; par sa tête, elle est plus près du Cheval que de l'Ane, mais la forme quadrangulaire de la couronne de ses prémolaires supérieures ne cor· respond à aucune autre forme fossile connue.

D. EUROPE. — Le Cheval tertiaire et quaternaire a été trouvé en Russie (Ouwaroff, Ossowski), en Autriche, en Italie, en Suisse, en Belgique, en Angleterre, en Allemagne. En France, un grand nombre de départe-ments en ont fourni des restes. La station la plus ancienne où on l'ait rencontré est le Coupet, dans la Haute-Loire, qui appartient au pliocène supérieur. Pendant la période quaternaire, il s'est développé avec une grande abondance, nulle part peut-être comparable à ce qui s'est passé dans la vallée de la Saône et de ses affluents où les stations à ossements de Chevaux sont très multipliées. Qu'il suffise de citer Morey, Échenoz, Fouvent, Farincourt dans la Haute-Saône [2], Germolles, Vergisson et Solutré en Saône-et-Loire [3].

Parmi ces Chevaux tertiaires et quaternaires, des formes différentes se montrent, que faute d'autres expressions, les paléontologistes appel-lent des espèces. On a décrit l'*Eq. Hemionus fossilis* (Nehring) du quaternaire d'Allemagne qui se rattacherait plutôt à l'Hémione qu'au Cheval, puis l'*Eq. quaggoïdes* de Forsyth Major et l'*Eq. quaggoïdes affinis* de Waldrich, deux formes très voisines sinon identiques trou-

---

[1] Comte Ouwaroff, *l'Archéologie préhistorique de la Russie,* âge de la pierre.

[2] Bouillerot, *l'Homme des cavernes et les animaux quaternaires autour de la montagne de Morey (Haute-Saône).*

[3] Voyez les travaux de MM. Arcelin, de Ferry, abbé Ducrot et Toussaint pour le Mâ-connais.

vées, la première dans la terre d'Otrante et le pliocène d'Arezzo, et la seconde à Pola, en Istrie. Elles se rapporteraient à un animal intermédiaire entre le Cheval et le Couagga, mais plus près du premier que du second. Ne serait-ce point cet animal que représentent quelques gravures sur bois de renne, figurant des Équidés zébrés et à crinière dressée, exécutées par l'homme quaternaire, sur lesquelles M. Piette a appelé dernièrement l'attention[1]?

Viennent ensuite une série de formes, plus caballines que les précédentes. Ce sont l'*Eq. Stenonis* (Cocchi), du val d'Arno, l'*Eq. fossilis* (Rutimeyer, Waldrich), trouvé au Coupet et à l'île de Lesina (Dalmatie), l'*Eq. speleus* (Owen), de Bruniquel, l'*Eq. Larteti* (Cocchi), du val d'Arno. A côté de ces formes principales, Waldrich place l'*Eq. Stenonis affinis*, d'Istrie, et l'*Eq. fossilis minor* de Nusdorf, et Nehring, l'*Eq. caballus fossilis* de la Saxe ainsi qu'une variété de celle-ci, *Equus caballus fossilis latifrons*, trouvée en Wurtemberg. Ces deux dernières expressions sont regrettables, parce que, suivant Nehring, elles ne s'appliquent pas à des types identiques à l'*Eq. fossilis* de Rutimeyer et de Waldrich, mais à des formes représentées actuellement par le gros cheval allemand et probablement par un produit de croisement entre celui-ci et le cheval arabe pour la variété *Eq. caballus fossilis latifrons*. L'expression de Rutimeyer ayant pour elle l'antériorité ne doit point être détournée de son sens primitif.

On remarquera aussi que l'*Eq. Larteti* de Cocchi a été désigné non moins malheureusement par Forsyth Major sous le nom de *Eq. intermedius*.

Ces formes caballines ont apparu successivement en se rapprochant de plus en plus des types d'aujourd'hui. D'après Rutimeyer, la succession serait la suivante : *Eq. Stenonis*, *Eq. fossilis* et *Eq. Larteti*, ce dernier contemporain de notre *Eq. caballus*. Ces trois formes dériveraient d'ailleurs l'une de l'autre par variation naturelle. Voici quelques détails sur la plus ancienne :

L'*Equus Stenonis* (Cocchi) a été rencontré dans le pliocène supérieur du val d'Arno, dans celui d'Auvergne, dans les sables de Chagny, etc. Ses dents présentent les caractères suivants :

1° La colonnette accessoire située au côté interne est presque ronde ou un peu elliptique, bien que toujours rattachée au fût par une presqu'île d'émail, elle rappelle par sa forme la colonnette isolée de l'Hipparion. Chez le Cheval actuel, cette colonnette s'allonge d'avant en arrière et forme une ellipse très aplatie dans le sens transversal.

2° Les bandelettes d'émail qui font saillie sur la surface de la couronne

1 Piette, *Équidés quaternaires d'après les gravures du temps*, in *Matériaux pour l'histoire primitive et naturelle de l'homme*, septembre 1 887.

sont finement plissées surtout sur le bord interne de la dent ; ce plissement tend à disparaître avec l'âge.

3° Le pilier médian externe des prémolaires est simple comme chez
l'Hipparion. Chez le Cheval de nos jours, ce pilier est divisé par un sillon.

Les caractères différentiels des formes suivantes, c'est-à-dire de celle
désignée par Rutimeyer sous le nom de *Eq. fossilis* (appellation appliquée autrefois par Cuvier indistinctement à tous les Équidés quaternaires)
et de l'*Eq. Larteti* ou *Eq. intermedius*, seraient moins prononcés que
ceux de l'*Eq. Stenonis;* ces formes se rapprocheraient davantage du
Cheval actuel, sans toutefois se confondre entièrement avec lui.

Selon MM. Rutimeyer, Burmeister et Forsyth, il existe dans quelques
gisements quaternaires de la Suisse et de l'île d'Elbe, à la nécropole de
Marzabotto, près Bologne et même parmi les chevaux vivants des
pampas et d'Afrique, des individus qui, par la forme de la colonnette
interne des molaires supérieures, se rapprochent plus des chevaux
pliocènes que des chevaux européens contemporains.

Il est bon d'insister sur les différences qu'offrent les Équidés quaternaires parce qu'ils sont plus près de nous que les tertiaires. On voit
parmi eux des sujets qui se distinguaient particulièrement par la taille et
aussi par les dimensions de la tête. Dans la plus grande partie des gisements, on trouve un cheval petit et trapu, ressemblant aux chevaux
sauvages de l'Asie, ou à ceux de quelques contrées de l'Europe centrale
et méditerranéenne, avec une tête forte, des membres grossiers. C'est le
cas de tous les chevaux de la vallée de la Saône dont la taille ne dépassait pas 1ᵐ,45 et dont la moyenne était de 1ᵐ,36 environ.

Mais on en a trouvé de plus haute taille. M. Rivière en a vu un de
cette sorte à la station quaternaire de la Quina (Charente). En Angleterre,
on en a rencontré dans la grotte quaternaire de Kent's Hole près de
Torquay, avec des restes de Mammouth. La station paléolithique de Wil-
lendorf (Basse-Autriche) a fourni des ossements d'*Equus caballus*,
appartenant « à la *race des Chevaux à gros squelette* » mêlés à ceux
de *Cervus elaphus* et d'*Elephas primigenius*. On sait déjà qu'en
Amérique, l'*Eq. major* et l'*Eq. pacificus* étaient de forte taille.

III. INTERPRÉTATION DE LA POLYDACTYLIE ACTUELLE
DE QUELQUES CHEVAUX

On vient de voir que malgré des lacunes que combleront sans doute
des recherches paléontologiques ultérieures, le passage d'une espèce à
l'autre se fait si naturellement qu'il est difficile de ne pas songer à un
enchaînement phylétique.

Les relations entre les diverses formes précitées portent à penser qu'elles dérivent les unes des autres par des modifications conformes aux lois de l'anatomie philosophique et consistant dans l'atrophie de doigts ne fonctionnant plus et faisant passer les mains de la polydactylie à la monodactylie, dans l'union du radius et du cubitus, du tibia et du péroné, avec amoindrissement du cubitus et du péroné. Il y a également eu des modifications dans la conformation de la tête, portant particulièrement sur le raccourcissement des sus-naseaux ainsi que sur le nombre et la conformation des dents.

Des faits dits tératologiques se présentent, qui appuient cette opinion. Il n'est point rare de voir naître des poulains avec des doigts latéraux supplémentaires ; nous en avons fait connaître quelques cas qui sont venus s'ajouter à ceux que l'on possédait déjà [1]. En examinant avec attention ces particularités, classées jusqu'à présent sous la rubrique générale d'anomalies, nous avons vu que sur quarante-neuf cas dont l'histoire a été donnée avec quelques détails, douze seulement s'appliquent à des animaux polydactyles aux quatre membres ; sur les trente-sept autres, l'apparition d'un ou de deux doigts supplémentaires s'est *toujours faite aux membres antérieurs seuls*. Il est bien digne de remarque aussi que, quand un Cheval est à la fois didactyle et tridactyle, la tridactylie s'est *toujours montrée aux membres antérieurs*, tandis que les membres postérieurs étaient didactyles ; enfin quand il y a eu simplement didactylie, c'est toujours le doigt supplémentaire *interne* qui s'est développé, à deux exceptions près.

Quand des phénomènes qu'on qualifie de tératologiques se reproduisent avec cette régularité, ils obéissent à des lois qu'il faut essayer de dégager. Pourquoi des Équidés naissent-ils polydactyles, tridactyles quelquefois, didactyles le plus souvent. Est-ce une monstruosité, un accident tératologique, dans le sens qu'on donne habituellement à ces expressions ? Est-ce une modification par adaptation ? Est-ce un effet d'atavisme ?

Si l'on veut considérer les chevaux polydactyles comme des monstres, il ne viendra à l'esprit de personne aujourd'hui de les regarder comme des monstres doubles polyméliens et d'envisager les doigts supplémentaires comme les seules traces d'un individu non développé qui se serait soudé sur le sujet principal. Il s'agirait donc d'un monstre unitaire ; or le déterminisme de la production des monstres de cette catégorie commence à se débrouiller et la reproduction expérimentale de la plupart d'entre eux est chose faite. On a des données sur les conditions déterminantes de l'atrophie, de la soudure, de l'arrêt de développement, de l'absence, du déplacement, de la torsion des organes ; aucune loi téra-

---

[1] Ch. Cornevin, *Nouveaux cas de didactylie chez le Cheval et interprétation de la polydactylie des Équidés*, Lyon, 1881.

tologique ne renseigne sur la production de doigts supplémentaires apparaissant *constamment* dans l'ordre qu'on vient d'indiquer.

Ce n'est pas le résultat d'une modification d'adaptation, car on ne voit point de quelle utilité peuvent être pour la station, la marche et la course, des doigts qui ne touchent point terre et, pour le toucher des parties immobilisées par les rapports étroits du radius et du cubitus ou du tibia et du péroné.

Restent donc l'atavisme, le coup en arrière, le retour vers une forme ancestrale polydactyle.

En acceptant cette idée, si l'on se reporte à la répartition des doigts supplémentaires telle qu'elle a été indiquée, on est amené à penser que parmi les Prééquidés, quelques formes qu'on découvrira peut-être dans la suite avaient vraisemblablement trois doigts aux membres antérieurs et deux seulement aux postérieurs, et d'autres, qui leur ont succédé, possédaient deux doigts aux membres antérieurs, les postérieurs étant monodactyles.

Les deux irrégularités actuelles signalées comme particularités tératologiques, reconstitueraient deux formes ancestrales, l'une possédant dix doigts et l'autre six. Il est vraisemblable que les choses se sont passées ainsi, parce que les connaissances physiologiques relatives à la répartition du poids du corps sur les quatre membres, la part de ceux-ci dans la station, la marche, la course, le saut, rendent compte des modifications produites dans la somme des temps tertiaires par adaptation et balancement organique.

On ne recherchera pas dans la série des Vertébrés, qui pourtant en témoigne toute entière, la réalisation de ces modifications, qui amènent telle ou telle partie du tronc ou des membres, devenue inutile, à disparaître ou à se transformer parce qu'elle a été appelée à d'autres fonctions. L'anatomie philosophique est faite ; il n'y a qu'à la consulter pour en voir des preuves. Elle a montré une corrélation étroite entre la disposition des extrémités et celle des rayons supérieurs ; elle a fait voir, pour s'en tenir aux membres, que si les antérieurs sont uniquement destinés au soutien du corps, ils se modifient très peu et se rapprochent davantage de la forme polydactyle ancestrale que les postérieurs employés comme propulseurs. Que si au contraire ils sont affranchis de leurs fonctions d'organes de soutien, ils se modifient énormément. S'ils sont à peu près inutiles ou ne servent qu'à la préhension, ils se raccourcissent, comme chez les Dinosauriens, les Kanguroos, les Gerboises, les Anthropomorphes. S'ils servent au vol avec membrane, ils s'étirent et s'allongent comme dans les Cheiroptères, ou bien tout en s'allongeant, ils se modifient à leur extrémité à cause de la présence et de la fonction des pennes, comme chez les Oiseaux.

Les membres antérieurs des Équidés sont avant tout des organes de soutien, parce qu'ils sont rapprochés du centre de gravité, qu'ils ont le poids de la tête à supporter, tandis que les postérieurs sont surtout des organes de propulsion.

Ceci étant hors de contestation, si, comme c'était le cas pour les Équidés pliocènes, à côté d'un doigt médian bien développé et appelé seul à remplir la fonction qui lui incombe, se trouvent deux doigts latéraux rudimentaires et sans fonctions, ils disparaîtront d'abord aux membres postérieurs, parce que le doigt médian, appelé à communiquer l'impulsion au tronc, a besoin de se développer fortement et qu'il le fera au détriment des doigts latéraux. La disparition se fera plus lentement, plus tardivement aux membres antérieurs qui n'ont qu'à soutenir le corps et à entamer le terrain ; la forme ancestrale se maintiendra plus longtemps ici, contrairement à ce qui se passe pour ces mêmes membres antérieurs chez les animaux où ils sont destinés au vol, à la préhension, à grimper, à fouir. En effet, tandis que chez ceux-ci les membres postérieurs varient peu, chez les marcheurs et les coureurs c'est le contraire.

Dans le groupe des Pachydermes, les Tapirs et les Pécaris ont quatre doigts aux membres antérieurs et trois seulement aux postérieurs. Chez le Porc l'hyperdactylie n'est pas fort rare ; cinq fois sur six c'est seulement aux membres de devant et au côté interne qu'il y a production d'un cinquième doigt.

Dans celui des Marsupiaux, les Kanguroos ont trois doigts aux membres postérieurs dont la fonction est de pousser le corps en avant et cinq aux membres antérieurs qui servent particulièrement à la préhension.

Parmi les Carnivores, lorsque les Chiens et les Chats ont cinq doigts, ils les présentent généralement aux pieds de devant, et n'en possèdent que quatre aux membres postérieurs ; cela est surtout remarquable chez les vrais coureurs, les levriers par exemple. Dans les Rongeurs, les Cobayes ont quatre doigts aux membres antérieurs et trois aux postérieurs.

IV. DE L'ANE

Nous serons réservé sur la phylogenèse de l'Ane. Quelques paléontologistes se trouvant en présence d'ossements d'Équidés de petite taille ont cru pouvoir les rapporter sans hésitation à l'*Eq. asinus*, mais quiconque a étudié de près, comparativement, l'ostéologie du Cheval, de l'Hémione, des Zébridés et de l'Ane, a pu se convaincre que les différences sont peu accentuées. Quand on possède des pièces entières, telles que la tête ou les rayons des membres, on arrive à établir la distinction ; lorsqu'on n'a en mains que des fragments, comme c'est à peu près constamment le cas dans les recherches paléontologiques, la diagnose reste entachée de probabilité. Les savants qui ont étudié le sujet avec le plus de patience et de minutieuse attention, reconnaissent l'extrême difficulté, pour ne pas dire l'impossibilité, d'un diagnostic certain.

Il est bien remarquable que dans les accumulations d'ossements d'Équidés quaternaires rencontrés dans l'Europe occidentale, l'Ane ait à peine été signalé et qu'on ne l'ait point rencontré non plus à la période néolithique, dans les palafittes et dans les amas coquilliers du Danemark et de la Scandinavie. Il vient d'être dit que l'Ane avait été à peine signalé et encore Owen, Gervais et Ecker qui l'ont fait, sont-ils peu affirmatifs et basent-ils particulièrement leur diagnose sur la taille, ce qui est insuffisant. Un crâne trouvé dans les tourbières de la Somme a été rapporté à cet animal par M. Sanson. Quoiqu'en paléontologie, on ne date qu'avec hésitation les objets enfouis dans les tourbières, ce cas isolé donne à réfléchir.

Pour l'époque tertiaire, il n'est, à notre connaissance, qu'une seule station européenne où la présence de l'Ane ait été *sûrement* constatée, C'est dans le pliocène de la petite île de Pianosa, à l'est de la Corse. où l'on a trouvé des débris que Rütimeyer, si réservé d'habitude, a rapportés à l'Ane; ces débris se trouvaient mêlés à ceux d'une forme intermédiaire entre le Cheval actuel et l'*Eq. Stenonis.*

Cette station méditerranéenne est probablement l'une des plus élevées vers le nord où l'Ane soit parvenu à l'époque pliocène. On sait déjà que M. Thomas a trouvé dans le quaternaire récent de l'Algérie, un Équidé asiniforme pour lequel il a proposé le nom d'*Eq. asinus atlanticus.* Ajoutée à des considérations d'un autre ordre qui seront développées plus loin, la découverte de ce fossile implique de fortes probabilités pour que le centre d'apparition de l'Ane doive être placé en Afrique. On verra d'ailleurs que les peuples africains ont utilisé cet animal avant le Cheval.

N'est-il pas digne de remarque aussi que dans les observations de polydactylie recueillies sur les Équidés actuels, il n'en est pas *une seule* qui concerne l'Ane; le plus grand nombre se rapporte au Cheval et deux au Mulet. Rapprochons ce fait de l'absence de châtaignes aux membres postérieurs de l'Ane. Si, avec les anatomistes, nous considérons les châtaignes comme le rudiment du cinquième doigt, nous voyons d'abord dans leur absence une nouvelle preuve de la plus grande modification du membre postérieur, preuve à rapprocher de ce qui a été dit et que corroborent encore les plus faibles dimensions du péroné comparé au cubitus. Cette absence, s'ajoutant à la non-manifestation de la polydactylie, conduit à penser ou que l'Ane est plus éloigné chronologiquement des formes ancestrales polydactyles que le Cheval ou que, s'il s'est développé synchroniquement à celui-ci, il sort d'un rameau parallèle et a évolué dans une aire géographique propre.

Index bibliographique

Rutimeyer — Parmi les nombreuses publications de ce savant, voyez notamment : Weitere Beiträge zur Beurtheilung der Pferde der Quaternärepsche (Abhandlungen d. Schwiz paläont, Gesellsch., vol. II, 1875).

—— Beiträge zur Kenntniss der fossilen Pferde (Verhandlungen der naturforschenden Gesellschaft in Basel, 1863).

—— Uber die Station von Veyrier am Salève.

R. Owen. — Paleontology, 1861.

—— Description of the Cavern of Bruniquel, and its organic contents (Philosophical transactions of the Roy. Soc. of London, 1869.)

Cocchi. — L'Uomo fossile nell' Italia centrale.

Forsyth Major. — Beiträge zur Geschichte der fossilen Pferde insbesondere Italien (Abhandlungen der Schweizerischen paläont. Gesellschaft, v. IV, 1877).

Lydekker. — Memoirs of the geological Survey of India, s. X, v. II, Calcutta, 1882.

Lund. — Nouvelles recherches sur la faune fossile du Brésil (Annales des sciences naturelles, série II, I, 13, Zoologie, 1840).

Wolf. — Ueber die Bodenbewegungen an der Kuste von Manabi (D. Guyaguil) nebst einigen Beiträgen zur geoquastischen Kenntniss Ecuadon, Zeitschrift, XXIV, 1872.

Burmeister. — Los caballos fossiles de la Pampa Argentina, Buenos-Ayres, 1875.

H. Gervais et F. Ameghino. — Les Mammifères fossiles de l'Amérique du Sud, Paris et Buenos-Ayres, 1880.

Branco. — Ueber eine fossile Päugethierfauna von Punin bei Riobomba in Emador (Paläont. Abhandlungen d. W. Dames et Kayser, Berlin, 1883).

Thomas. — Note sur quelques Equidés fossiles des environs de Constantine.

—— Recherches sur quelques formations d'eau douce de l'Algérie (Mémoires de la Société géologique de France, 1884).

H. Toussaint. — Le Cheval dans la station préhistorique de Solutré (Recueil de médecine vétérinaire, 1874).

Nehring. — Fossile Pferde aus deutschen Diluvialablagerungen und ihre Legiessingen zu den lebenden Pferden (Landw. Jahrbüchern, Berlin, 1884).

—— Uber diluviale und prähistorische Pferde Europas.

Waldrich. — Beiträge zur Fauna der Breccien und anderer Diluvealgebelde Oesterreichs mit besonderer Berucksichtigung des Pferdes (Annuaire dell' I. R. Istituto geologico, 1882).

Wilckens. — Paléontologie des animaux domestiques (Biologisches Centralblatt, 1884).

O. C. Marsh. — Notice sur les Mammifères chevalins du terrain tertiaire (Amer. Journal of science and anth. vol. VII).

—— Chevaux fossiles de l'Amérique (American Naturalist, vol. III).

Cope. — Rapports sur la stratigraphie et la paléontologie des Vertébrés pliocènes du Colorado septentrional.

Rérolle. — Etude sur les Mammifères fossiles du dépôt pampéen de la Plata.

Falconer. — Fauna antiqua sivalensis, 1840-1845.

Gaudry. — Les enchaînements du monde animal, 1878.

—— Géologie de l'Attique, 1862-67.

—— Fossiles du mont Lebéron, 1873.

—— Les ancêtres de nos animaux dans les temps géologiques, Paris, 1888.

Hensel. — Ueber *Hipparion mediterraneum* (Abhandl. des Königl. Akad. d. Wissenschaft. zu Berlin, 1860).

Gervais (Paul). — Zoologie et paléontologie française, 1848.

Leidy. — Contribution to the extinct vertebrata Fauna of the western Territories, 1873.

H. von Meyer. — *Equus primigenius*. Paleontographica, 1868, t. X V.

Boyd Dawkins. — On the classification of the tertiary periode by means of the Mammalia (Quarterly Journal, 1880). — Early man in Britain.

Koken. — Ueber fossile Säugethiere aus China, 1885 (Paleont. Abhand. B., III, Heft, 2).

Köllner. — Entwickelungsgeschichte der Säugethiere, 1882.

Kaup. — Die zwei urweltlichen Pferdartigen Thiere, 1883.

Marie Pavlow. — Etudes sur l'histoire paléontologique des Ongulés en Amérique et en Europe, fascic. I et II (Bull. de la Société des naturalistes de Moscou, 1887 et 1888).

O. Schmidt. — Die Säugethiere in ihrem Verhältniss zur Vorwelt, 1884.

Roth et Wagner. — Hipparion gracile. (Akad. d. Wissenschaften, 1853).

Vagner. — Beiträge sur Kenntniss d. Säugethiere Amerika's Akad. d. Wissenschaften, 1847.

Fontannes. — Terrains tertiaires et quaternaires de l'Isère, de la Drôme et de l'Ardèche. Annales de la Société d'agriculture et histoire naturelle de Lyon, 1882.

Ch Dépéret. — Description géologique du bassin tertiaire du Roussillon, 1885 (Pour la description d'*Hipparion crassum*).

Wortmann. — On the origine of Horses.

Kowalewsky. — Anchiterium.

Szombathy. — Communication à l'Assemblée anthropologique de Vienne, février 1884.

H. George. — Études zoologiques sur les Hémiones.

Milne-Edwards. — C. R. de l'Acad. des sciences, 1869, t. LXIX.

Section II. — Ruminants

La famille des Ruminants présente, au point de vue de sa filiation, un intérêt non moins grand que celle des Équidés.

L'éocène fournit un fossile, l'*Anoplotherium*, qui est généralement considéré comme le point de départ des Artiodactyles. A peu près de la taille du Porc, il tenait par son organisation à la fois des Suidés et des Ruminants, de telle façon qu'on le regarde comme le tronc d'où sont issus les Artiodactyles monogastriques et les Artiodactyles polygastriques. Dans l'éocène supérieur se montrent des animaux qui peuvent être considérés comme les premiers Ruminants; la taille de la plupart d'entre eux était celle de la Gazelle; on citera le *Xiphodon* et le *Dichodon* qui possédaient les incisives supérieures des Pachydermes monogastriques et qui ont été trouvés particulièrement dans le tertiaire de Paris et du Sud-Ouest. En Amérique, on a rencontré l'*Agriochœrus*, qui se rapproche du Xiphodon, et l'*Oréodon* du Nébraska, l'une des formes primitives des Ruminants (Gaudry); mais il est à remarquer que le Nouveau-Monde, qu'on vient de trouver si riche en Périssodactyles fossiles, est plus pauvre en Artiodactyles.

Dans le miocène, il y a un véritable épanouissement des Ruminants. Les Antilopidés apparaissent dans le miocène moyen de Sansan par des formes petites, à cornes peu développées; puis ce groupe s'étend dans le miocène supérieur par les genres *Tragocerus*, *Paleoreas*, *Paleoryx*, *Gazella*, *Paleotragus*. Les Cervidés datent des sables de l'Orléanais, presque contemporains des premiers Antilopins par le *Procervulus* et le *Dicrocerus*. C'est également dans le miocène de l'Inde et de la Grèce qu'apparaissent des formes plus grandes, le *Bramatherium*, le *Siwatherium* et l'*Helladotherium*, précurseurs des Girafes; le *Probubalus*, le *Bison*, le *Camelus*, la *Capra siwalensis* et *plusieurs formes de Bœufs* se trouvent également dans l'Inde à ce moment. L'Amérique miocène fournit l'*Hypertragulus* que l'on considère comme la souche du Chevrotain, elle possède aussi des Procamélidés : le *Procamelus* et le *Pliauchenia*.

A l'époque pliocène, les Ruminants sont toujours abondants comme nombre, mais quelques groupes seulement s'épanouissent et engendrent de nouvelles formes, celui des Cervidés particulièrement. Quant à la période quaternaire, elle voit la disparition d'un certain nombre de types des âges précédents, le déplacement de quelques-uns par suite des modifications climatériques et l'extension d'autres qui, en même temps, se modifient pour constituer de nouvelles espèces ou simplement des races.

L'histoire paléontologique du groupe des Ruminants est pleine d'enseignements dont la zootechnie doit faire son profit ; il faut les recueillir avant d'entrer dans le détail des apparitions successives des espèces.

Et d'abord, on peut apprécier de suite l'inégale malléabilité de ces animaux. Voilà, par exemple, les Antilopidés et les Cervidés qui apparaissent à peu d'intervalle les uns des autres, mais, dès le miocène supérieur, les premiers ont déjà fourni de nombreuses branches et multiplié les formes dérivées, tandis qu'il faut arriver jusqu'au pliocène supérieur pour voir l'épanouissement morphologique des seconds. N'avons-nous pas aujourd'hui un exemple de cette inégale malléabilité parmi les Ruminants quand nous comparons la Chèvre et le Mouton ?

On constate ensuite que dans la première moitié des temps tertiaires, c'est-à-dire jusqu'au miocène moyen, les Ruminants étaient dépourvus de cornes, mais ils avaient tous pour se défendre des incisives et des canines puissantes comme celles des Suidés. M. Gaudry fait remarquer qu'il y a là une application de la loi de balancement organique, les cornes étant une compensation apportée à la faiblesse des animaux qui ont perdu leurs canines et leurs incisives supérieures. « Il est possible, dit-il, que la compensation n'ait pas toujours été égale et que la disparition d'un moyen de défense ait eu lieu avant l'apparition d'un autre moyen ; ainsi certains Ruminants se seront trouvés, à un moment donné, dans des conditions défavorables pour soutenir la concurrence vitale, c'est peut-être un des procédés dont s'est servi l'Auteur de la nature pour amener l'extinction d'une partie des animaux qui sont enfouis dans les couches du globe. »

Au miocène moyen, des cornes se montrent au front des Ruminants, mais elles sont de petites dimensions et les bois des Cervidés ne sont pas ramifiés. A la période suivante, les appendices frontaux ont pris un développement qui n'a pas été dépassé depuis.

En résumé, antériorité des formes non cornues, puis apparition de types à petites cornes auxquels succèdent des espèces dont le dévelop-

pement des cornes n'a pas été surpassé, sans doute parce que ce développement a atteint le maximum compatible avec la conformation de
leur tête ; tel fut la succession des types de Ruminants.

Sous le bénéfice de ces constatations, on pourrait résumer de la façon
suivante leur filiation :

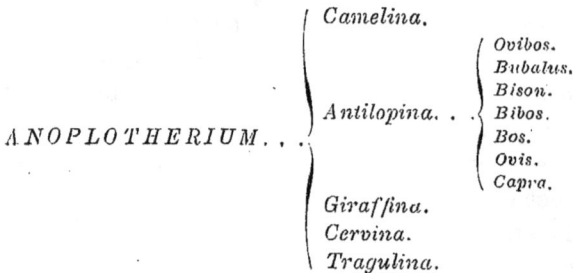

$$
ANOPLOTHERIUM\ldots \begin{cases} Camelina. \\ \\ Antilopina\ldots \begin{cases} Ovibos. \\ Bubalus. \\ Bison. \\ Bibos. \\ Bos. \\ Ovis. \\ Capra. \end{cases} \\ \\ Giraffina. \\ Cervina. \\ Tragulina. \end{cases}
$$

Avant d'aller plus loin, il est utile d'appeler l'attention sur les difficultés créées par les synonymies usitées à chaque instant dans l'étude
paléontologique des animaux qui nous occupent. Elles rendent pénible
la lecture des mémoires qui s'y rapportent et jettent l'incertitude dans
l'esprit. Elles peuvent porter sur le nom générique seul, mais la confusion
est à son comble quand elle porte à la fois sur le nom générique et sur le
nom spécifique. A titre d'exemple, on prendra l'Ovibos dont la forme
fossile se continue directement avec la forme vivante ; il a reçu les noms
qui suivent :

SYNONYMIE DE LA FORME FOSSILE	SYNONYMIE DE LA FORME VIVANTE
Bootherium. { *cavifrons.* / *bombifrons.*	*Bos moschatus* (Zimmerman).
Ovibos priscus.	— *Pallasii* (de Kay).
— *fossilis.*	*Ovibos moschatus* (de Blainville).
Bos canaliculatus.	*Bubalus moschatus* (Owen).
— *Pallasii.*	

I. DES BISONS, BUFFLES ET BŒUFS

Pour le groupe des Bubales, le tableau de filiation, d'après Rutimeyer,
serait le suivant :

	MIOCÈNE	PLIOCÈNE	QUATERNAIRE	ACTUEL	
Buffelus.	»	*Palæindicus*	*Antiquus*	*Arni.*	{ Races de l'Inde, de l'Italie, de la Sonde.
Probubalus. { *Sivalensis.* / *Acuticornis.*		»	»	*Celebensis.* (Anoa celeb.).	
Bubalus.	»	»	*Antiquus*	*Brachyceros.*	
	»	»	»	*Caffer.*	

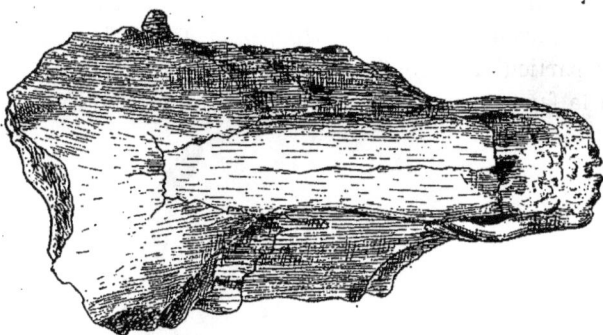

Fig. 12. — Tête osseuse de *Bos namadicus*.

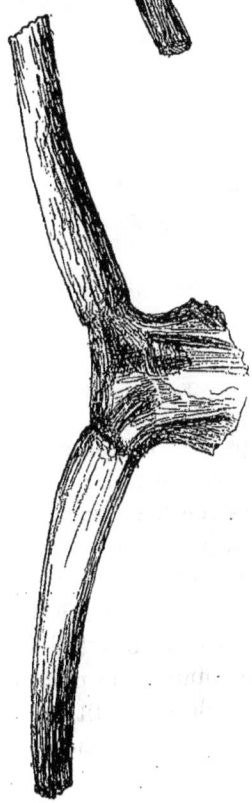

Fig. 13. — Portion de tête osseuse de *Bos platyrhinus*.

Fig. 14. — Partie supérieure de la tête du *Bos planifrons*.

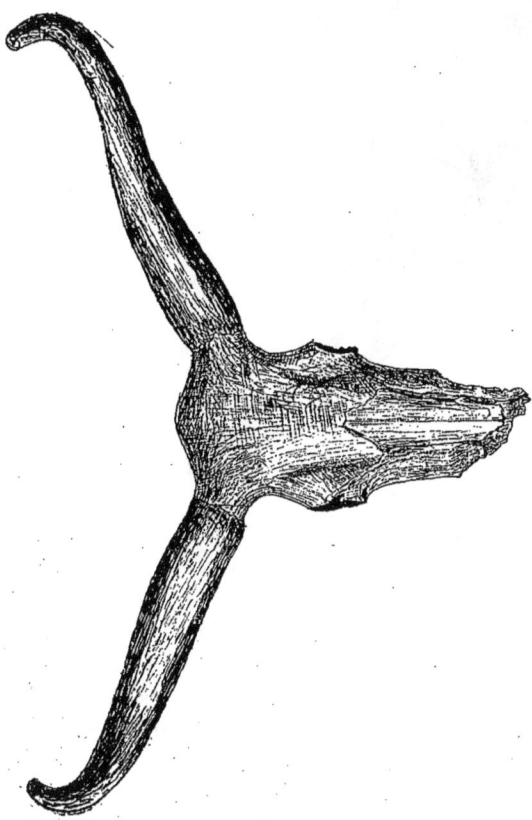

Fig. 15. — Partie supérieure de la tête du *Bos acutifrons*.

Le genre Bos présente des formes tertiaires très proches et probablement ancestrales des Taurins actuels. En Asie, les fouilles de M. Lydekker ont mis à jour, dans le miocène supérieur des monts Siwaliks et dans la Narbada quatre formes bovines dont trois, tout au moins, tiennent aux Taurins, ce sont : *Bos namadicus* Falc. et Caut, *B. planifrons* Lydekker, *B. acutifrons* Lydekker et *B. platyrhinus* Lyd. (figures 12, 13, 14 et 15). Cette particularité confirme ce qui a été vu à propos du Cheval, l'avance de la faune mammalogique d'Asie sur celle d'Eu-

Fig. 16. — *Bos elatus* (Croizet); *Bos elaphus* (Pomel); *Bos etruscus* (Falconer).

rope, car le Bos n'apparaît en Europe que dans le pliocène moyen et encore n'est-on pas complètement d'accord sur la place à lui assigner dans l'échelle zoologique. Le nom de *B. etruscus* (fig. 16) lui a été imposé par Falconer en raison de sa provenance du Val d'Arno, en Etrurie; trouvé aussi dans le pliocène du Val d'Issoire, il a été dénommé *B. elatus* par Croiset, *B. elaphus* par Pomel, *Bos elaphus magnus et minus* par Bravard. Dans une étude récente, M. Depéret a proposé de lui maintenir le nom de *B. elatus* et, en raison de quelques particularités de sa dentition, il l'exclut du groupe des Taurins et il le fait rentrer dans la section des Bisons.

A l'époque pleistocène ou du forest-bed, il faut faire remonter la forme bovine désignée sous le nom de *B. longifrons* par Owen, et identifiée par Wilkens au *B. brachyceros*, de Rutimeyer (fig. 17). Owen l'a trouvée dans les tourbières d'Irlande avec le *Megaceros hibernicus*. A cette époque aurait également vécu en Asie le *Bison sivalensis*, qui présente avec le *B. grunniens* une ressemblance notable.

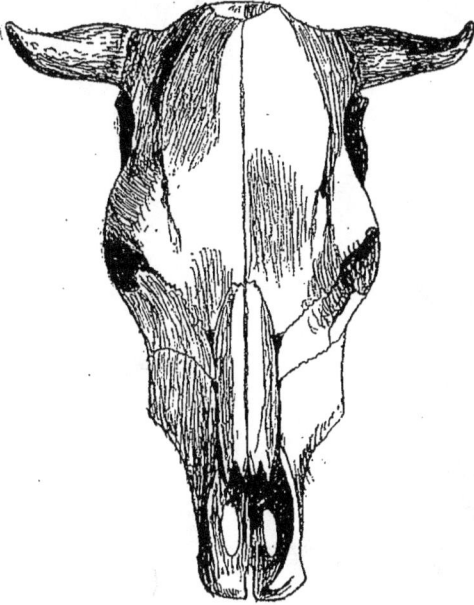

FIG. 17. — *Bos brachyceros*, Rut.; *B. longifrons*, Owen.

A la période quaternaire, on rencontre en abondance le *Bos priscus* (Allen), encore dit *Urus priscus* (Bojanus), *Bison priscus* (Lydekker) et *Bos latifrons* (Harlon), — dont le *B. antiquus* (Leydy) n'est vraisemblablement qu'une variété —; c'est la souche d'où dériveraient le Bison européen ou Aurochs et le Bison américain.

On y trouve aussi un Bœuf qualifié de *Bos primigenius*, mais au sujet duquel on ne s'entend pas, comme un coup d'œil jeté sur les figures 18, 19, 20 et 21 le prouve.

Bojanus est le premier qui, en 1825, étudia concurremment avec l'*Urus priscus*, une forme bovine à laquelle il imposa le nom de *B. primigenius*. Ultérieurement, cette forme fut appelée *B. giganteus* par Owen et *B. urus* par Boyd-Dawkins (fig. 18). Cette synonymie eut un résultat fâcheux : elle porta Rutimeyer à donner le même qualificatif à un Bœuf des palafittes de la Suisse (fig. 19), différent de celui qu'avait décrit Bojanus, et à appliquer celui de *B. trochoceros* à une forme qui s'en rapprochait, bien qu'elle ne fût pas identique (fig 20.). Plus tard, à propos d'un nouveau crâne de Bœuf trouvé à Sutz, Ruti-

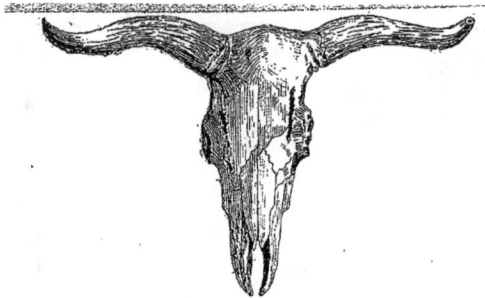

FIG. 18. — *Bos primigenius*, Bojanus; *B. urus*, Boyd-Dawkins; *B. giganteus* Owen; *B. Bojani*, quelques auteurs.

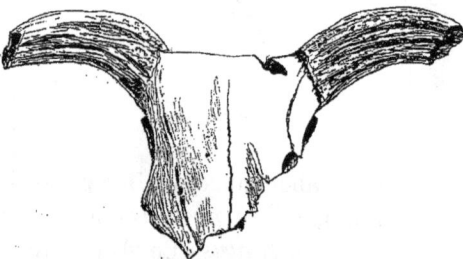

FIG. 19. — *Bos primigenius*, Rutimeyer

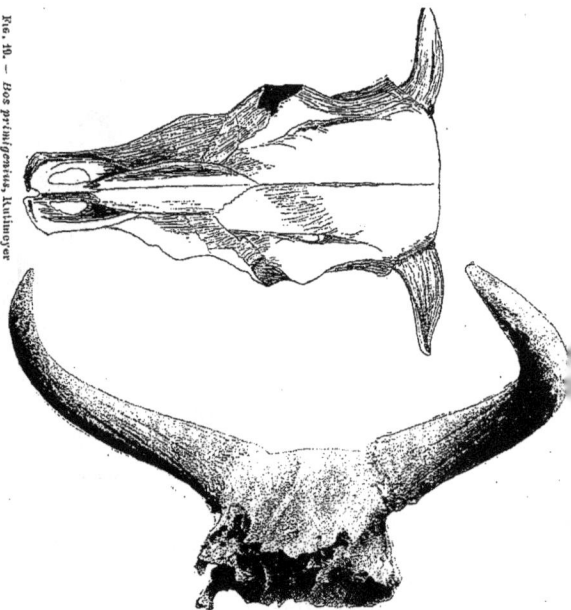

FIG. 20. — *Bos trochoceros*, Rutimeyer (sous-race du *B. primigenius*).

FIG. 21. — *Bos primigenius*, de la majorité des paléontologistes actuels.

meyer a déclaré qu'à son avis le *B. trochoceros* « ne doit pas être considéré comme une race, mais comme une simple variation individuelle du *B. primigenius*[1] ».

Il arriva que ce *B. trochoceros*, trouvé plus fréquemment que l'autre forme, accapara le nom de *B. primigenius* et que c'est lui qui, à de rares exceptions, est considéré aujourd'hui comme typique dans les mémoires des paléontologistes. Parmi les fossiles de grands Ruminants, c'est le plus commun dans le quaternaire d'Europe et d'Afrique. Il fut étudié

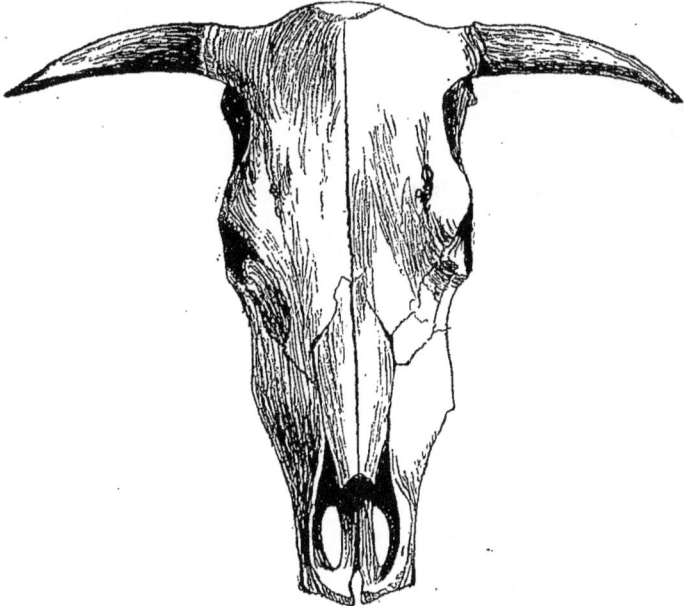

Fig. 22. — *Bos frontosus*, Rut., Nilson; *B. trochoceras*, Meyer.

dans ce dernier pays par M. Thomas qui a proposé de l'appeler *B. primigenius mauritanicus*, en raison de quelques particularités secondaires. On l'a trouvé en Russie, en Belgique, en Suisse. En France, sa fréquence est grande et on l'a rencontré sur divers points du territoire : dans la Charente, au gisement quaternaire de la Quina, au Mont-Dol (Ille-et-Vilaine), à Solutré (Saône-et-Loire), au gisement de Lympia, dans les Alpes-Maritimes, à Billancourt, près Paris, dans la vallée de la Marne, près Langres, etc. (fig. 21). Il est fréquemment accompagné d'une autre forme plus petite que je soupçonne être la femelle.

D'après Nehring, le *Bos primigenius* ne se serait éteint en Allemagne, dans le Harz, qu'au moyen âge. Il y a des raisons de penser qu'il se reproduit encore sur certains points du globe.

---

[1] Rutimeyer, *Sur deux crânes d'Ane et de Bœuf provenant des habitations lacustres d'Auvernière et de Sut:.*

Au début de la période actuelle, d'autres formes se sont montrées, notamment le *B. frontosus* (fig. 22) rencontré par Nilson dans les pays scandinaves et par Rutimeyer dans les palafittes de la Suisse, ainsi que le *B. brachycephalus* (Wilkens) trouvé dans les tourbières de Laybach.

Les deux tableaux suivants résument la filiation des bœufs, d'après Rutimeyer :

	TERTIAIRE	QUATERNAIRE	FORMES VIVANTES DÉRIVÉES
GROUPE DES BIBOS ET BISONS	*B. elatus.*	*B. palæogaurus.*	*B. Sondaïcus.* — *Grunniens.* — *Gaurus.* — *Gavæus.* — *Indicus* (?).
GROUPE DES BOS	*B. namadicus* et autres formes de l'Inde.	*B. primigenius.* — *trochoceros.*	La plupart des formes domestiques actuelles.

Index bibliographique

Bojanus. — Nova Acta Ac. Cœs. Leop. Car., vol. XIII, pt. 2, p. 422, 1827.

Owen. — Davies Catalogue of the Pleistocene Vertebreta in the Collection of sir Antonio Brady, p. 47, 1874.

—— Repert. Brit. Ass. for. 1843.

—— History of British fossil Mamals, Londres, 1846.

Boyd-Dawkins. — Quarterly Journ. Geolog. Soc., vol. XXII, p. 392, 1886.

Nilson. — On the extinct and existing bovin Animals of Scandinavia (Ann. and Mag. nat. Hist., sér. 2, vol. IV, Londres, 1849).

Falconer. — Paleontological Memoirs, 1868.

—— Catalogue of fossil Vertebrata of Asiatic Society of Bengal, 1859.

Pomel. — Catalogue méthodique, 1853.

Cuvier. — Recherches sur les ossements fossiles, 1835.

Wilkens. — Paléontologie des animaux domestiques (Biologischen Centralblatt, 1885).

Lydekker. — Memoirs of the Geological Survey of India, s. X, vol. I (Indian terliary and post-tertiary Vertebrata).

Rutimeyer — Die Fauna der Pfahlbauten der Schweiz.

—— Beiträge zu einer palæontologischen Geschichte der Wiederkauer zunächst an Linne's Genus Bos, 1865.

—— Ueber Art und Race des zahmen europäischen Rindes.

Déperet. — Nouvelles études sur les Ruminants pliocènes d'Auvergne (Bulletin de la Société géologique de France et note à l'Académie des sciences, in C. R. du 2e semestre 1883).

Gaudry (Albert) — Les enchaînements du monde animal. Les ancêtres de nos animaux dans les temps géologiques, Paris 1888.

Ph. Thomas. — Recherches sur les Bovidés fossiles de l'Algérie (Bulletin de la Société zoologique de France, 1882.

Sanson. — Détermination spécifique des ossements fossiles de Bovidés, in C. R. de l'Acad. des sciences, 1878.

II. MOUTONS ET CHÈVRES

L'époque d'apparition et la filiation des Chèvres et des Moutons sont difficiles à déterminer, parce que les caractères fournis par le squelette pour les distinguer les uns des autres et même pour les séparer d'autres sujets, comme les Mouflons, les Œgagres et les Bouquetins, sont peu étendus et n'ont pas été très minutieusement étudiés jusqu'à ce jour. La différenciation sur le vivant se fait surtout par les phanères, moyen inaccessible aux paléontologistes.

Le *Tragocerus amaltheus*, du miocène supérieur, se rattachait à l'Antilope par un métacarpien rudimentaire et à la Chèvre par quelques autres caractères squelettiques. On le considère, provisoirement, comme une forme ancestrale du Mouflon, de la Chèvre et du Mouton (fig. 23).

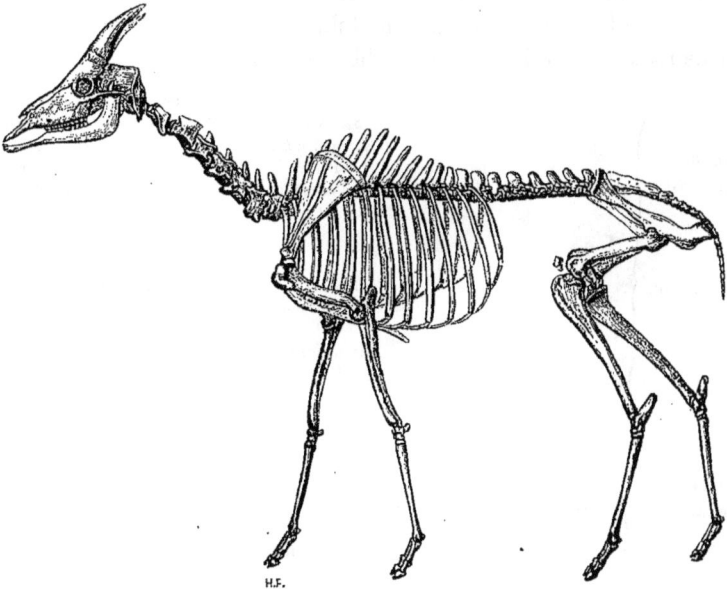

Fig. 23. — Restauration du squelette du *Tragocerus amaltheus* : 1/16 de grandeur naturelle (Gaudry).

En Asie, dans le miocène supérieur des monts Siwaliks, M. Lydekker a trouvé deux formes caprines qu'il a appelées, l'une *Capra sivalensis* et l'autre *C. perimensis.* On n'a pas rencontré jusqu'à présent, en Europe, ni dans le miocène, ni dans les pliocènes inférieur et moyen, trace de Chèvre. Dans le pliocène supérieur, une espèce a été signalée dubitativement, c'est la *Capra Rozeli* (Pomel). Dans les stations quaternaires, on a trouvé : *Capra Cebennarum* (Gerv.) qui tient aux Bouquetins, *Ovis primæva* (Gerv.), dans le Gard, *O. musimon* et *Capra primigenia* sur le littoral méditerranéen, *O. tragelaphus* et *O. aries* dans le Nord africain.

Dans ces stations, le Mouton est habituellement associé à la Chèvre et moins abondant qu'elle ; quelquefois, on trouve la Chèvre seule, comme à Thayngen (Suisse).

Section III. — Porcs, Chiens, Chats, Lapins et Oiseaux de Basse-cour

I. DES PORCS

Il a été dit que l'*Anoplotherium* peut être regardé comme le point de départ des Artiodactyles monogastriques et des Artiodactyles polygastriques. Ajoutons que les premiers établissent la transition entre les Périssodactyles et les Artiodactyles polygastriques, puisqu'on trouve dans ce groupe des animaux, les Pécaris, qui sont périssodactyles aux membres postérieurs et artiodactyles aux antérieurs.

Nous empruntons à M. Gaudry le tableau suivant qui présente sous une forme résumée, la filiation probable des Porcins :

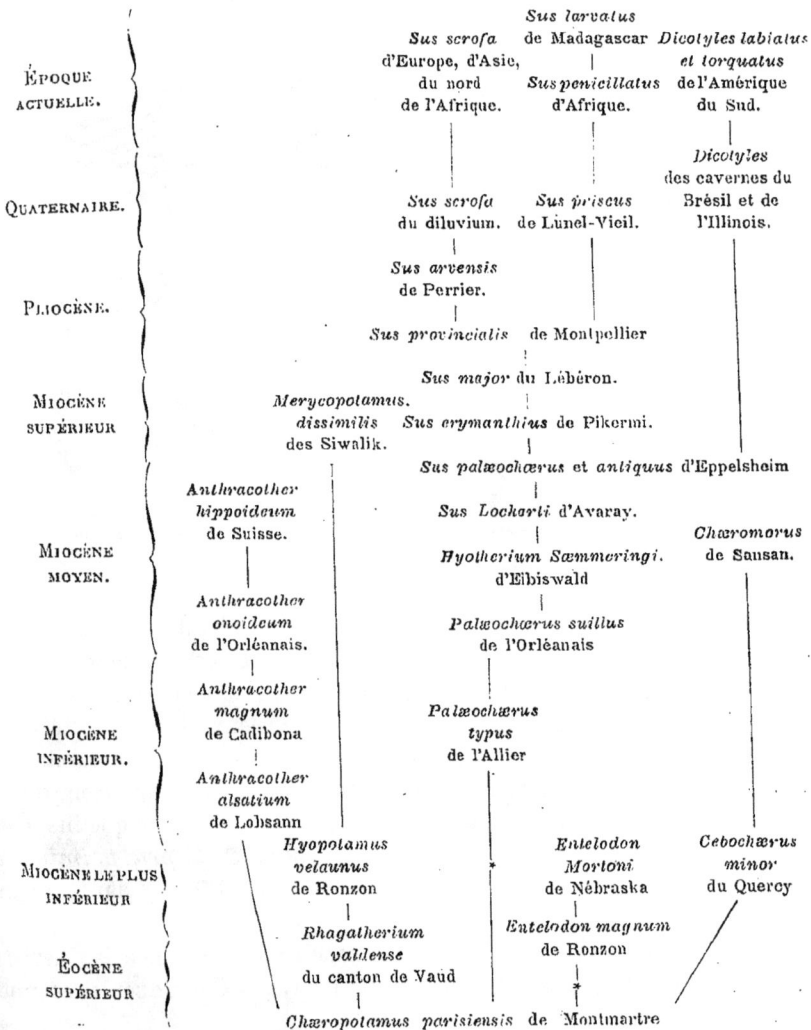

ÉPOQUE ACTUELLE.		*Sus scrofa* d'Europe, d'Asie, du nord de l'Afrique.	*Sus larvatus* de Madagascar *Sus penicillatus* d'Afrique.	*Dicotyles labiatus et torquatus* de l'Amérique du Sud.
QUATERNAIRE.		*Sus scrofa* du diluvium.	*Sus priscus* de Lunel-Vieil.	*Dicotyles* des cavernes du Brésil et de l'Illinois.
PLIOCÈNE.		*Sus arvensis* de Perrier. *Sus provincialis* de Montpellier		
MIOCÈNE SUPÉRIEUR	*Merycopotamus dissimilis* des Siwalik.	*Sus major* du Lébéron. *Sus erymanthius* de Pikermi. *Sus palæochœrus et antiquus* d'Eppelsheim		
MIOCÈNE MOYEN.	*Anthracother hippoideum* de Suisse. *Anthracother onoideum* de l'Orléanais.	*Sus Lockarti* d'Avaray. *Hyotherium Sœmmeringi.* d'Elbiswald *Palæochœrus suillus* de l'Orléanais		*Chœromorus* de Sansan.
MIOCÈNE INFÉRIEUR.	*Anthracother magnum* de Cadibona. *Anthracother alsatium* de Lobsann.	*Palæochœrus typus* de l'Allier		
MIOCÈNE LE PLUS INFÉRIEUR	*Hyopotamus velaunus* de Ronzon	*Entelodon Mortoni* de Nébraska		*Cebochœrus minor* du Quercy
ÉOCÈNE SUPÉRIEUR	*Rhagatherium valdense* du canton de Vaud	*Entelodon magnum* de Ronzon		
	Chæropotamus parisiensis de Montmartre			

Il est important de noter que quelques formes de sangliers du miocène supérieur et du pliocène d'Europe, telles que *S. major* du mont Lébéron, et *S. provincialis* de Montpellier, se rattachent par leur dentition à *S. larvatus* et *S. penicillatus* qui vivent actuellement à Madagascar. Les gisements pliocènes d'Europe sont riches en débris de Suidés qui, d'après M. Depéret, pourraient bien n'être que des variantes d'un même type.

La même variabilité se remarque aux temps quaternaires et au début de la période actuelle ; on a trouvé mêlés au *S. scrofa* les restes d'autres sortes, association indiquant que si le Sanglier et le Porc dérivent de la même souche, néanmoins ils étaient différenciés dès ce moment. Effectivement, on voit dans les palafittes, à côté des Sangliers, le *S. palustris* ou Cochon des tourbières qui a de grands rapports avec le *S. indicus*, mais que Rutimeyer n'identifie pourtant pas et que M. Schutz rattache au *S. sennariensis* de l'Afrique centrale, ainsi qu'un grand Porc dit Cochon de Concise, qui se rapprocherait de l'ancienne race porcine européenne. Une association identique a été observée dans les fonds de cabane de la vallée de la Vibrata (Italie).

La variabilité morphologique est toujours l'apanage du groupe des Suidés, et les races domestiques se montrent très différentes les unes des autres.

II. DES CHIENS ET DES CHATS

La filiation des Chiens commence seulement à se débrouiller, et encore ne le fait-elle que lentement, parce qu'il est probable que plusieurs souches ont concouru à la formation des races canines actuelles, si diversifiées.

L'étude des fossiles rattachés à l'ordre des Carnivores fait ressortir leur extrême variabilité, dont les représentants vivants offrent également le spectacle. On trouve des formes intermédiaires qui semblent en état d'oscillation vers l'un ou l'autre des types actuels. C'est ainsi que, dans le genre *Cynodon*, de l'éocène, les paléontologistes n'ont pas admis moins de dix-sept espèces, inclinant tantôt vers la Civette, tantôt vers le Chien.

Dans les miocènes inférieur et moyen, on trouve des animaux ayant quelques caractères des Chiens et d'autres qui les rapprochent des Ours et des Civettes.

L'étude paléontologique du plateau central de la France faite par M. Boule a montré qu'aux époques des pliocènes moyen et supérieur, la famille des Canidés comprenait déjà un nombre élevé d'espèces où l'on trouve les types des Renards, des Loups, des Chacals et des Chiens proprement dits. Une mandibule provenant de Ceyssaguet a appartenu à une forme analogue au Chien, puisqu'elle présente le caractère essentiel qui le distingue du Loup, c'est-à-dire une faible carnassière avec des tuberculeuses très développées[1].

Dans le quaternaire, les Chiens sont abondants; quelques-uns assimilables et peut-être identiques à des races actuelles. Malgré d'importants travaux dus particulièrement à Bourguignat et à Wöldrich, leur histoire n'est point éclairée complètement. On a cru, jusqu'aux recherches de M. Boule, que le plus ancien était le *Canis Miki* découvert, d'après Wöldrich, dans une couche qui se rapporte à la fin de la faune glaciaire et au commencement de celle des steppes. Il était de petite taille et intermédiaire par ses caractères entre le Renard et le Chacal. Plus tard, se montre un type plus élevé auquel Bourguignat donne le nom de *Canis ferus;* à côté de lui vivait un Loup énorme *(Lupus spelæus)* et le Loup actuel *(Lupus vulgaris).*

Dans les cavernes belges de l'époque moustérienne, apparaissent d'autres formes canines découvertes par Schmerling et dont l'une, plus forte que l'autre du double, devait être de la taille de nos forts Chiens d'arrêt. A cette époque se rapporteraient aussi les ossements trouvés par Bourguignat dans la grotte de Fontamie, près de Saint-Césaire (Alpes-Maritimes), et qui sont attribuables, les uns au Chien dit de berger, les autres au grand Dogue ou Molosse[2].

Si l'idée de la pluralité de souche semble ressortir des lignes qui précèdent, elle est encore appuyée par un autre élément. L'Amérique a eu ses formes canines spéciales dont les descendants, bien domestiqués, ont été trouvés en la possession des indigènes au moment de la découverte de ce continent. Dans un mémoire du professeur Nehring, de Berlin[3], il est dit que le crâne et le squelette de Chiens péruviens trouvés dans la nécropole d'Ancon indiquent que ces animaux sont issus d'une variété de Loup du nord de l'Amérique *(Lupus occidentalis).* Dans un travail ultérieur, le même auteur avance que les momies de Chiens trouvées au Pérou doivent être rattachées à trois races.

La filiation du Chat domestique est incomplètement connue. La paléontologie, qui fournit des renseignements abondants et très curieux relatifs aux grands Félins, éclaire peu sur les Chats proprement dits.

Bourguignat s'est occupé de ce point[4]; il signale dans le diluvium le *Felis ferus* (qui n'est que le *F. catus)* et le *F. minuta,* espèce de très petite taille. Les recherches de Temminck ont montré que le Chat ganté

---

[1] Boule, *Les prédécesseurs de nos Canidés,* in *Comptes rendus de l'Académie des sciences,* 1889, 1er semestre, page 201.

[2] Raillet, *Éléments de zoologie médicale et agricole,* page 948.

[3] Nehring, *Mémoire* lu à l'Association des savants allemands à Magdebourg, session de 1884.

[4] J.-R. Bourguignat, *Histoire des Felidæ fossiles constatés en France dans les dépôts de la période quaternaire,* in *Matér.,* 1880.

(F. maniculata) entre dans la formation des races domestiques, mais il n'est pas seul : le Chat sauvage des forêts et vraisemblablement le Chat manul y ont contribué.

III. DU LAPIN

Les renseignements fournis par la paléontologie sur les Rongeurs sont peu nombreux, ce qui s'explique par la difficulté de leur reconstitution ; leurs restes, en raison de leur petitesse, sont rares et souvent très détériorés. On a trouvé dans le pliocène d'Auvergne un Léporin qui fut rapproché du Lièvre et auquel le nom de *Lepus Lacosti* a été imposé. Dans le quaternaire des environs de Cracovie et à la station de Thayngen on croit aussi avoir rencontré le Lièvre. Dans la même formation géologique, dans les Alpes-Maritimes, M. Rivière a exhumé une forme de faible taille qui lui semble se rapprocher davantage du Lapin que du Lièvre.

Dans le nouveau continent, le miocène du Nébraska a fourni le *Palæolagus*, animal voisin du Lièvre et peut-être une de ses formes ancestrales.

D'après M. Depéret, la forme du Lapin paraît plus ancienne que celle du Lièvre dans les gisements du pliocène français.

En résumé, les documents paléontologiques ne permettent pas d'établir sans réticences la filation probable du Lapin domestique.

IV. DU COQ, DU FAISAN ET DES PALMIPÈDES

Les matériaux relatifs aux espèces d'Oiseaux fossiles, affines des formes domestiques actuelles, sont peu nombreux comparés à ceux concernant les Mammifères ; une grande partie est due aux recherches de M. A. Milne-Edwards.

Diverses sortes de Faisans, désignées sous les noms de *Phasianus altus*, *Ph. medius*, *Ph. Desnoyersi*, *Ph. Archiaci*, ont été trouvées à Sansan, à la Grive Saint-Alban, dans les faluns de la Touraine et à Pikermi. Un Gallinacé voisin du Paon et du Faisan a été rencontré à Sansan.

La question de l'origine exotique et asiatique de la Poule domestique, qui paraissait décidément tranchée, vient d'être remise en question par de récentes découvertes paléontologiques.

En effet, M. le professeur Jeitteles a signalé, en 1872, l'exhumation d'une tête osseuse de Coq des dépôts quaternaires d'Olmutz, en Moravie, et bientôt après, il a exposé les faits suivants :

« Le genre *Gallus*, répandu sur une partie de l'Europe pendant le cours de la période tertiaire, fut représenté dans l'Europe occidentale pendant la période quaternaire (âge du Mammouth) par deux formes très voisines du *Gallus Bankiva*, ou peut-être même identiques à cette espèce que l'on considère comme l'ancêtre de nos races domestiques. Ces formes étaient contemporaines du Renne, du Cheval et de la Marmotte, mais leurs restes ne se retrouvent plus dans les habitations lacustres ni dans les sépultures de l'âge de la pierre. Des vestiges de Coq reparaissent en Italie, en Moravie, et dans les tombes celtiques de l'âge du bronze ; enfin on sait qu'à une époque très reculée, une race domestique, partie de l'Asie orientale, se répandit en Afrique et sur d'autres contrées du globe, qu'elle était connue en Asie-Mineure et en Grèce dès le vi⁰ siècle et sur le pourtour du bassin méditérranéen dès le v⁰ siècle avant l'ère chrétienne[1]. »

Presque au même moment, M. A. Milne-Edwards, qui avait déjà trouvé le Tétras et le Coq dans ses fouilles du Bourbonnais, reconnut, parmi des fossiles des grottes de Gourdan (Haute-Garonne), les restes d'un Coq ayant la taille de celui de Sonnerat. Quelque temps auparavant, des ossements de Gallinacés avaient été extraits des cavernes de Lherm et de Bruniquel. Ces faits suggéraient à M. A. Milne-Edwards les commentaires suivants :

« Les naturalistes sont généralement d'accord pour admettre que le Coq est originaire de l'Asie et que son introduction en Europe est de date relativement récente ; cependant on trouve des ossements de cet Oiseau associés à ceux de l'*Ursus spelæus*, du Rhinocéros et du grand Felis. Il y avait donc en France une espèce de ce genre à une époque fort ancienne et l'on peut supposer qu'elle avait été transportée là par l'Homme, d'autant plus que le nombre des ossements trouvés jusqu'à présent dans les gîtes ossifères est peu considérable et n'indique pas que le Coq vécût comme un commensal de l'Homme[2]. »

Depuis que ces lignes ont été écrites, on a reconnu des débris de poules à la station quaternaire de Thayngen mêlés à ceux du Tétras des saules, association analogue à celle signalée par M. Milne-Edwards, à Saint-Gérand-le-Puy (Allier).

Les Palmipèdes, précurseurs des formes actuelles, vivaient en abondance sur le bord des lacs tertiaires, concurremment avec les Échassiers ; M. A. Milne-Edwards a trouvé une petite Oie dans les faluns de la Touraine et de nombreux restes de Canard à Saint-Gérand-le-Puy. On a cité aussi le Canard parmi les fossiles de Thayngen.

[1] Jeitteles, *Zoologischer Garten*, 1873-74.
[2] Alp. Milne-Edwards, *Comptes rendus de l'Académie des sciences*, 15 avril 1872.

ARTICLE II. — DISTRIBUTION GÉOGRAPHIQUE DES ESPÈCES PRÉCITÉES

Une fois constituées, les espèces tertiaires ou quaternaires que nous croyons ancestrales des formes domestiques actuelles se sont dispersées. Essayons d'en suivre les traces.

I. IMPORTANCE DE L'ASIE COMME CENTRE DE DISPERSION

Les connaissances sur la répartition géographique des fossiles sont encore impuissantes à dire si une espèce donnée a pu se former simultanément ou successivement sur plusieurs points éloignés l'un de l'autre ou si elle a toujours débuté par un centre unique; mais l'accumulation des faits paléontologiques et les découvertes de nouveaux gisements démontrent de plus en plus la provenance sud-asiatique d'un grand nombre d'animaux qui ont peuplé l'Europe pliocène et « dont une partie au moins a contribué à la faune actuelle de cette contrée ». (C. Depéret.)

A s'en tenir exclusivement au Cheval et au Bœuf, on a vu l'antériorité d'apparition de ces animaux dans le tertiaire asiatique, puisque le premier apparaît dans le pliocène inférieur et le second dans le miocène de l'Inde, tandis qu'en Europe on n'a rencontré le Cheval que dans le pliocène moyen et le Bœuf également dans le pliocène ou même seulement à l'aurore du quaternaire, si l'on regarde le *Bos etruscus* comme un Bison et non comme un Taurin.

Si l'on rapproche ces faits, auxquels les paléontologistes pourraient en ajouter d'autres, de l'antériorité de la civilisation de l'Asie sur celle de l'Europe, due sans doute à ce que cette partie du monde a vu apparaître les premiers hommes, on est porté à conclure qu'à la période tertiaire, l'extrême Asie a été le foyer d'une cœnogenèse intense et un centre puissant d'irradiation des formes nouvellement créées, ce qui en a fait la pourvoyeuse de l'ancien continent. Cette circonstance conduit à examiner la question des *centres d'apparition et de dispersion*.

Elle a été un sujet de discussions passionnées, d'abord parce qu'elle est liée au problème de l'origine des espèces, et ensuite parce qu'elle est excessivement compliquée et difficile à résoudre. Il arrive fréquemment en effet qu'une espèce n'existe plus où elle fut abondante à l'époque tertiaire ou quaternaire. Les exemples en foisonnent en zoologie et en paléontologie. Il ne faut donc pas s'attacher avec trop de persistance à chercher les liens de filiation qui peuvent unir une espèce vivant actuellement en un pays avec les formes fossiles trouvées dans le tertiaire supérieur ou le quaternaire du même pays. Notre planète a été le siège de tant de révolutions, de bouleversements géologiques et climatologiques, parmi lesquels il faut placer l'époque glaciaire dont les effets furent si considérables et si étendus, qu'il n'y a rien d'étonnant que la filiation ne soit pas locale et que telle forme ait abandonné son lieu d'origine pour aller vivre ailleurs.

Des espèces de mammifères, telles que l'Ovibos, le Renne, l'Eléphant, abondantes autrefois dans l'Europe centrale, sont les unes remontées au nord, les autres descendues au midi, loin des régions où elles vivaient primitivement. Mais l'exemple le plus frappant est fourni par le Cheval qui, abondant dans le tertiaire supérieur d'Amérique, y avait ensuite complètement disparu et serait encore étranger à la faune américaine si les Européens ne l'y avaient pas réintroduit.

Un groupe peut aussi avoir été *dissocié* par suite d'une révolution géologique et se retrouver par exemple au Japon et en Californie. Lorsqu'il s'agit de Mammifères qui se déplaçaient, il est difficile de savoir d'une façon précise si telle espèce qu'on rencontre dans une formation géologique délimitée, y a pris naissance. Enfin la non-contemporanéité des terrains de même nom complique un problème déjà difficile à résoudre par lui-même.

Quoiqu'il en puisse être, le nœud de la question zootechnique consiste à voir s'il existe entre les formes tertiaires de l'Inde et celles du quaternaire européen des ressemblances telles qu'on soit autorisé à penser à une filiation, ou si au contraire il y a des dissemblances qui rendent ces formes irréductibles en un type commun. A prendre le Bœuf comme exemple et à en juger par la comparaison des restes de *B. namadicus*, *B. aculiformis* et *B. planifrons* avec ceux de *B. primigenius*, *B. brachyceros* et *B. trochoceros*, rien ne s'oppose, d'après le témoignage de paléontologistes autorisés, tels que Rutimeyer et Wilkens, à ce qu'on voie dans ces formes un même type avec des variantes, comme il s'en produit dans la tête des Bovins, ainsi qu'on aura l'occasion de le prouver ultérieurement.

Cette conclusion, rapprochée de l'antériorité d'apparition dans le tertiaire asiatique, appuie l'hypothèse de l'unité de souche pour l'espèce bovine, avec le sud de l'Asie comme point de départ. Il est possible que si l'on eût étudié d'autres groupes avec autant de soin que celui des Bovins, on soit arrivé, pour quelques-uns, à des conclusions semblables ; ce travail n'ayant pas été fait, il est sage de réserver son jugement.

II. DU NOUVEAU-MONDE ET DE L'AFRIQUE COMME CENTRES
DE DISPERSION

L'origine américaine de quelques espèces domestiques ne peut être contestée puisqu'elles n'ont été introduites dans l'ancien continent qu'après la découverte de l'Amérique: telles sont celles du Dindon, du Canard musqué et du Cobaye. Mais, pour d'autres, ainsi qu'a pu s'en convaincre le lecteur en parcourant les documents qui se rapportent aux Équidés, elle est plus délicate à trancher.

Il y a longtemps qu'on a remarqué que quelques formes sont communes à l'Amérique du Nord et à l'Europe, et les recherches paléontologiques ont montré qu'à l'époque tertiaire, la faune et la flore nord-américaines étaient plus près de celles de l'Europe qu'au moment de la découverte, bien qu'il y eût déjà des différences notables. Ces faits s'expliquent par la continuité des terres voisines du pôle ; aux temps tertiaires, leur climat n'était pas désolé comme aujourd'hui, et les formes, au fur et à mesure de leur apparition, se répandaient par ce chemin de l'Amérique dans l'ancien continent et *vice versa*. La période glaciaire, en rendant la vie impossible sur la zone circumpolaire, interrompit la communication entre l'ancien et le nouveau monde et en isola les productions. Celles-ci, en évoluant, prirent le cachet caractéristique que leur imprima leur aire géographique. On n'en est pas moins autorisé à jeter les regards sur l'Amérique tertiaire pour y chercher la souche de quelques types.

En raison du peu d'étendue de la partie de l'Afrique explorée paléontologiquement, les renseignements sur le rôle que cette portion du globe a joué comme centre de formation sont peu nombreux et applicables à sa section septentrionale seulement. Ses points de contact avec l'Asie et l'Europe aux âges géologiques passés augmentent encore les difficultés de la détermination. On a vu qu'il y a des raisons de penser que l'Ane est une forme africaine; il en est de même des diverses sortes de Pintades et peut-être du Lapin (?).

Quant aux îles océaniennes, leur faune propre a un cachet si spécial et l'introduction des animaux domestiques qu'on y rencontre est de date si récente, qu'elles doivent rester en dehors de la question dont on s'occupe en ce moment.

III. FORMES EUROPÉENNES AUTOCHTONES

Si la faune sud-asiatique a concouru pour une part importante à peupler l'Europe pliocène, on n'est pas autorisé à en conclure que celle-ci n'a pas d'espèces autochtones. Il semble acquis, sous le bénéfice des rectifications que pourront nécessiter des découvertes ultérieures, que le Lynx, la Loutre, le Castor, le Porc-Épic, le Lagomys et le Chevreuil pour ne citer que cela, sont des espèces franchement européennes, dont la formation et le développement ont eu lieu complètement en Europe.

En outre, on ne peut point soutenir que parmi les animaux tertiaires et quaternaires importés en Europe, il ne s'est pas produit de variations dont le résultat fût la création de nouvelles espèces. Transportés loin de leur pays d'origine, dans un nouveau milieu, soumis aux changements climatériques qui précédèrent, accompagnèrent et suivirent la période glaciaire, obligés à la lutte pour l'existence, ils ont dû s'adapter à ces circonstances. La sélection naturelle s'est exercée parmi eux, maintenant les formes qui s'étaient le plus éloignées de la souche et qui avaient le plus d'avantages dans les nouvelles conditions où elles se trouvaient placées. Dans le groupe des animaux domestiques, on peut revendiquer pour l'Europe la formation sur place de quelques types de Suidés, parmi lesquels figure celui que les zootechnistes ont désigné sous les noms de porc celtique, indigène ou commun.

S'il y a eu création de formes suffisamment différenciées pour qu'on les regarde comme des espèces, a fortiori peut-on admettre qu'il y a eu production *naturelle*, sans intervention humaine, de races parmi les animaux aujourd'hui domestiques. L'observation a fait voir qu'il en fut ainsi dès l'époque quaternaire. C'est à ces races que font allusion les zootechnistes qui se servent du terme de *types naturels* pour l'opposer à celui de *types artificiels* par lequel ils désignent les races produites par les soins de l'homme. Les diverses formes bovines désignées par les qualificatifs de *primigenius*, de *brachyceros* et de *longifrons*, les chevaux de haute taille du quaternaire britannique et ceux de petite taille de Solutré, plusieurs sortes de chiens, sont des preuves de ce mode de production.

Créés sous des influences indéterminables actuellement, ces types d'abord localisés s'étendirent par irradiation; bientôt d'ailleurs l'homme intervint pour concourir à leur dispersion. Les îles Britanniques offrent un exemple convaincant de cette intervention. Nous ne savons pas exactement à quelle époque s'est effectuée leur séparation du continent. S'il faut en juger par la faune et les données anthropologiques, ce serait au commencement de la période quaternaire ou la fin de la période tertiaire, car on y trouve les animaux de ces périodes associés. Les recherches des paléontologistes anglais apprennent que la Grande-Bretagne n'a reçu le Chien, le Mouton, la Chèvre, le *B. longifrons* et le *B. primigenius* (V. *Courtes-cornes*, Rutimeyer) qu'à l'époque néolithique et par les soins de l'Homme qui avait abordé le sud de l'Angleterre dès l'époque de la pierre taillée, mais n'avait pas encore atteint l'Ecosse et l'Irlande.

Le Cheval a été abondant dans l'Europe centrale et occidentale à l'époque quaternaire du côté du Nord, il occupait la Grande-Bretagne en quantité, car il est peu de pays de l'Europe aussi riches en débris caballins. Or il ne paraît pas être monté beaucoup plus haut à ce moment, car on ne le trouve pas dans les kjokkenmöddings scandinaves et M. Inostranzeff a démontré qu'à l'âge de la pierre polie, il n'avait pas encore atteint les bords du lac Ladoga, bien que le Chien, le Bœuf et le Sanglier s'y trouvassent, que l'Homme chassât les deux derniers et eût probablement déjà domestiqué le premier [1].

L'extension de l'espèce asine du sud au nord, est aussi remarquable et plus convaincante peut-être parce qu'elle s'est faite plus lentement et plus récemment.

IV. MONOGÉNISME ET POLYGÉNISME. — CONCLUSIONS SUR L'ORIGINE DES ESPÈCES DOMESTIQUES ACTUELLES

Les documents précédents permettent de conclure que parmi les espèces actuellement domestiques, il en est qui sont primitivement parties d'un centre d'où elles ont irradié pour se différencier en races et sous-races.

Il est possible que quelques groupes qui ne représentent aujourd'hui que des unités spécifiques pour les zoologistes, résultent de la conjugaison de plusieurs formes tertiaires ou quaternaires voisines : les races qui en sont issues présentent la somme des variations de chacune des souches et peuvent s'éloigner très fortement les unes des autres ; celles du Porc et du Chien en sont vraisemblablement des exemples.

On développera ces points en leur lieu ; pour le moment, les explications qu'on vient de donner font pressentir que la question du *monogénisme* et du *polygénisme*, c'est-à-dire de la descendance des races d'une seule ou de plusieurs espèces, qui a tant agité et divisé les anthropologistes, a beaucoup perdu de son intérêt. En effet, du moment où l'on admet la possibilité d'une dérivation des êtres les uns des autres, la phylogenèse plonge si loin qu'il est peu important de savoir si, à un moment donné, une seule ou plusieurs souches ont concouru à leur formation. Les espèces n'étant, en définitive, que des formes transitoires, leur autonomie n'a plus l'importance qu'on lui attribuait autrefois. Enfin, d'après ce qui vient d'être dit, il est des races qui semblent dériver de plusieurs espèces paléontologiques conjuguées et d'autres d'une seule, de telle façon que le zootechniste devrait être monogéniste pour les unes et polygéniste pour d'autres.

---

[1] Inostranzeff, *l'Homme préhistorique de l'âge de la pierre sur les côtes du lac Ladoga*, Saint-Pétersbourg, 1882.

Il résulte aussi de ces considérations que rechercher si l'espèce descend d'un seul ou de plusieurs couples primitifs est une puérilité. Dans l'hypothèse d'un acte créateur pour chaque espèce, cette recherche échappe à tout contrôle et dans celle de l'évolution et de la filiation, elle n'a pas de sens.

En résumé, et dans l'état actuel des connaissances géologiques et paléontologiques, les espèces domestiques de l'Europe paraisssent dériver : 1° de formes tertiaires asiatiques ; 2° de formes américaines ; 3° de formes nord-africaines ; 4° de formes autochtones.

CHAPITRE II

DE LA DOMESTICATION

Les ancêtres des animaux domestiques n'ont point d'eux-mêmes tendu le cou au joug de la servitude. Leur asservissement a dû être une des grandes préoccupations de l'humanité pendant une série de siècles. Les tentatives ont été multiples et probablement qu'un nombre élevé d'espèces a été soumis à l'essai. On a des preuves qu'il est des animaux dont la domestication a été primitivement essayée puis abandonnée ; nous citerons la Fouine, élevée en Grèce pour détruire les Rats et qui restait dans un état de demi-indépendance ; les Hellènes ont aussi tenté la domestication de la Martre à plastron jaune sans y parvenir, mais ils avaient été plus heureux avec l'Oie tadorne. Les anciens Égyptiens avaient domestiqué le Loup peint *(Lycaon pictus)* ou Chien hyénoïde et ils s'en sont servis de la cinquième à la douzième dynastie. Ils l'ont abandonné quand ils ont possédé un grand Chien courant ressemblant au Fox-Hound. Ils avaient aussi, sinon domestiqué, tout au moins apprivoisé le Chacal et le Lion et ils les utilisaient pour la chasse. Ils élevaient dans leurs fermes une certaine quantité d'animaux appartenant au genre Antilope, tels que le Bubale, l'Addax (fig. 24), le Beisa, le Dorcas, le Kobe, la Gazelle, le Defessa. Ces animaux étaient conduits par troupeaux au pâturage. On les enfermait le soir dans des étables et leurs gardiens leur donnaient de temps en temps des remèdes sous forme de pâtée. Du reste, l'élevage des Antilopes ne semble avoir été florissant que sous les premières dynasties. On ne les trouve plus représentées, du moins comme animaux domestiques, dans les tombes postérieures à l'invasion des

Hyqsos[1]. Deux Singes étaient admis dans l'intérieur des habitations égyptiennes, le Cynocéphale et le Cercopithèque. Dans les temps modernes, le Faucon est un exemple d'oiseau dont la domestication n'a pas

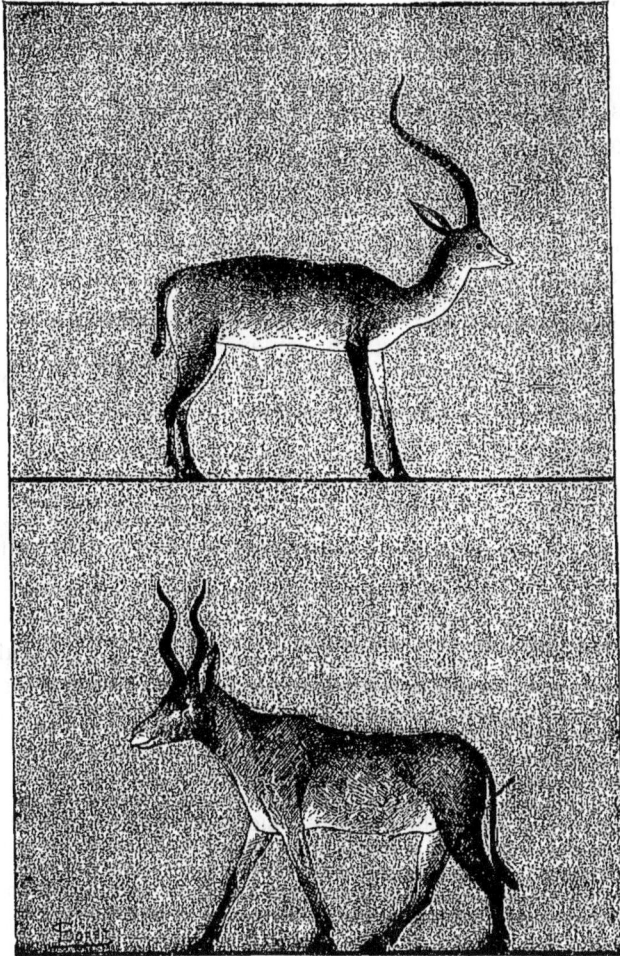

Fig. 24. — Oryx et bubale, d'après des peintures égyptiennes copiées dans une sépulture de la XII° dynastie.

été achevée. Toutes ces tentatives exécutées aux temps historiques font préjuger de celles qui ont pu être accomplies avant que l'Homme fût en état d'écrire l'histoire.

Il faut : 1° rechercher les conditions dans lesquelles doivent se trouver

---

[1] Loret, *L'Égypte au temps des Pharaons*, Paris, 1889, page 95.

les animaux à domestiquer et les procédés généraux employés pour amener la domestication ; 2° en suivre la réalisation dans chacune des espèces domestiques.

I. CONDITIONS DE DOMESTICATION ET PROCÉDÉS GÉNÉRAUX D'APPLICATION

Ces questions qui ont préoccupé plusieurs naturalistes, de Humboldt, Cuvier, Flourens, M. Colin entre autres, ne sont abordables que subjectivement et par comparaison avec ce qui se passe sous nos yeux.

L'expérience a démontré qu'on ne peut s'adresser indifféremment à toutes les espèces animales pour en tenter la domestication. Pour qu'il y ait chances de succès — les considérations économiques étant laissées de côté pour le moment — il faut que les animaux à asservir se présentent dans certaines conditions qu'on peut ramener aux suivantes :

1° Possession de l'instinct de sociabilité ; 2° faculté d'être apprivoisés ; 3° conservation de la fécondité en captivité ; 4° transmission à la descendance des propriétés acquises.

1° *Sociabilité*. — L'observation montre que, le Chat excepté, tous les animaux domestiques aiment à vivre en bandes, même quand ils sont à l'état sauvage ou qu'ils sont devenus marrons. Ce qui a été dit plus haut du Cheval, de l'Ane, ce qu'on sait du Chien sauvage qui chasse toujours de compagnie, du Mouton, de la Chèvre, du Lapin, des Oiseaux de basse-cour et particulièrement des Palmipèdes, le prouvent. Si l'on voulait réduire de nouvelles espèces en domesticité, on devrait, d'après les enseignements du passé, s'adresser à des espèces sociables. Même si l'antique Égypte ne nous en eût pas légué la preuve, on devinerait que l'Antilope qui vit toujours en troupes, qui se rapproche volontiers des troupeaux domestiques et même des habitations humaines, pourrait se plier à la domestication s'il y avait intérêt à le faire et possibilité de l'acclimater en dehors de son aire géographique naturelle. On fera la même remarque pour le Phacochère qu'on voit errer sans crainte de l'homme dans les rues de Saint-Louis du Sénégal, et qui se laisse apprivoiser sans difficultés.

Par contre, les espèces dépourvues de cet instinct de sociabilité, et au sujet desquelles l'Homme préhistorique n'aura probablement point été sans faire de nombreux essais, sont demeurées réfractaires à ses tentatives.

2° *Apprivoisement*. — Pour amener une espèce jusque-là sauvage à la condition de domesticité, il faut d'abord tenter l'*apprivoisement*. On désigne sous ce nom l'action de rendre des « individus » soumis à l'empire de l'homme. Le mot apprivoisement implique une action limitée à l'individu, ne s'étendant pas à la descendance. Il n'y a pas transmission par hérédité des qualités ou propriétés acquises, elles restent purement individuelles, quelquefois même temporaires, puisque des sujets apprivoisés dans leur jeunesse sont redevenus sauvages dans la vieillesse. Les produits qui en sont issus reprennent les instincts indépendants de leur espèce, comme on le voit pour les Marcassins, les jeunes Chacals, les Perdreaux, l'Ourson, les jeunes Hémiones, etc.

Les moyens mis en œuvre pour amener l'apprivoisement ont dû varier et varient nécessairement avec les individus et les espèces sur qui on agit. Telle espèce, pourtant sociable, comme celle du Cheval, s'enfuit à toutes jambes dès qu'elle soupçonne la présence de l'Homme, tandis que telle autre est moins craintive. Attirer les animaux par séduction ou les capturer par adresse, puis quand on les tient en son pouvoir les caresser, satisfaire leur faim, leur donner en abondance des aliments bien choisis qu'ils auraient peine à se procurer eux-mêmes, faire naître des besoins nouveaux et les satisfaire de façon à s'attacher l'animal, paraissent les principaux moyens à employer. On est forcé parfois de recourir aux châtiments, d'imposer par la crainte, d'affaiblir par le jeûne et même d'employer la neutralisation sexuelle. L'apprivoisement est avant tout une affaire de temps et de patience, une opération généralement longue, mais d'une longueur très inégale, suivant les espèces auxquelles on s'adresse.

Le plus grand nombre des animaux domestiques ayant été asservi à la période préhistorique, on conjecture, surtout en examinant la façon d'agir des peuples non civilisés et encore dans un état analogue à celui où se trouvaient les peuplades primitives, que les choses ont pu se passer de la façon suivante :

L'Homme préhistorique, chasseur par nécessité et peut-être aussi par goût, a capturé, par ruse ou après blessure, particulièrement des jeunes ou des femelles alourdies par la gestation et prêtes à mettre bas. Il a conservé ces animaux ; la mise bas s'est effectuée et il aura commencé à élever des Agneaux, des Chevreaux, des Veaux, des Poulains. Il aura deviné le parti qu'on pouvait tirer du lait des femelles ; ce motif aura, sans doute, été déterminant, car il est remarquable que tous les peuples barbares qui possèdent des animaux sont très amateurs de laitage et cessent d'être grands mangeurs de viande. Il n'y a pas eu d'exception lors de la capture de la Jument ; le goût très décidé des Asiatiques dans l'antiquité et de nos jours pour son lait, bu en nature ou fermenté, le donne à penser. Quelques animaux ont été conquis en vue de services spéciaux, comme le Porc pour la fourniture de la viande.

Gardés autour de la grotte, de la hutte, du palafitte, soumis aux moyens qui viennent d'être indiqués, les jeunes animaux ont été apprivoisés et la domestication s'en est suivie plus ou moins rapidement.

Il est impossible de dire si, dans toutes les espèces, tout au moins dans le groupe des Vertébrés, on arriverait à apprivoiser des sujets ; les marins et les soldats qui rentrent au pays natal avec des animaux des colonies obtiennent parfois des résultats intéressants sous ce rapport ; on voit également des bateleurs, des montreurs de bêtes, des employés de cirques, réussir d'une façon surprenante à apprivoiser des animaux auxquels les naturalistes n'auraient jamais songé pour ce but.

3° *Conservation de la fécondité*. — Il n'est pas rare que la stérilité ou tout au moins une forte diminution de la fécondité naturelle soit le résultat de l'apprivoisement. Cette conséquence se montre à peu près sûrement quand, à la captivité, complète ou relative qu'entraîne l'apprivoisement, vient s'ajouter le changement de climat. Elle peut être absolue ou seulement momentanée. On a dit que les animaux capturés très jeunes ont plus de chances d'être féconds à un moment donné que s'ils ont été pris à l'âge adulte. Il en serait de même lorsqu'on apprivoise simultanément, en les laissant ensemble, deux individus de même espèce, l'un mâle, l'autre femelle. Enfin, l'individualité des animaux joue également un rôle ; j'ai vu des personnes qui avaient élevé des Sangliers ne pouvoir en obtenir de Marcassins, tandis que d'autres y sont parvenues sans difficultés, disent-elles. On peut faire dans cet ordre d'idées d'intéressantes observations parmi les oiseaux qu'on tente fréquemment d'apprivoiser, comme les Perdrix et les Cailles. Au surplus, il est bien connu que l'élevage ininterrompu en volière d'oiseaux même très anciennement domestiqués comme la Poule, ralentit la ponte, amène la production d'œufs clairs, qu'en un mot elle est défavorable à la propagation de l'espèce.

La définition même de la domestication montre que sans la conservation de la fécondité, elle ne peut être obtenue.

4° *Transmission des qualités acquises*. — Quand des animaux apprivoisés conservent leur fécondité et transmettent leurs qualités acquises à leurs descendants qui, comme eux, restent soumis à l'empire de l'Homme, ils ont subi la domestication, ils sont domestiques. On comprend que l'apprivoisement a toujours dû précéder la domestication, car il en est l'agent indispensable et comme la première étape vers le but visé.

Il n'y conduit pas nécessairement ; il peut, s'appliquant à l'individu, opérer des transformations analogues à celles qu'ont subies les animaux domestiques ; mais ces transformations, pour si profondes qu'elles soient, n'étant pas transmissibles aux descendants, la besogne est à recommencer à chaque génération. Il se pourrait que pour quelques espèces considérées encore comme non domesticables, en agissant sur une très longue suite de générations, on amenât la domestication ; mais ce n'est qu'une hypothèse qui n'est pas plus démontrée que la thèse contraire soutenant que des espèces susceptibles d'être apprivoisées sont radicalement indomesticables, de par leur organisation spécifique. Ces thèses, d'ailleurs, se rattachent de près à l'examen de la possibilité de modifier les facultés instinctives ou intellectuelles des animaux et des limites dans lesquelles s'exerce la modification. Elles ne pourront être abordées que quand on aura examiné en particulier les changements apportés par la domestication aux organes et aux appareils qui sont le substratum de ces facultés.

On a proposé de désigner sous le nom de *semi-domestication* l'état intermédiaire entre l'apprivoisement et la domestication parachevée. Dans cet état, les animaux auraient, de temps à autre, des révoltes d'instinct sauvage qui les porteraient à quitter nos fermes pour aller se joindre à leurs congénères restés libres. Le Renne, le Buffle, le Lama, le Lapin, l'Oie, la Pintade et le Canard seraient dans ce cas. J'ai vu, à la ferme de mon père, une bande d'oies dont la race était fidèle à la basse-cour depuis trente ans au moins, s'envoler un soir d'automne, se réunir à une troupe d'oies sauvages qui passait et disparaître pour toujours.

Cet état de semi-domesticité prouve la résistance qu'opposent certaines espèces aux efforts poursuivis pour en faire des groupes absolument domestiques. Inversement quelques animaux, le Mouton, le Bœuf, l'Ane, sont si complètement asservis qu'on a été jusqu'à prétendre que l'apprivoisement n'avait pas été nécessaire pour eux ; le Chien offre l'exemple de la domestication poussée au plus haut degré.

II. COUP D'ŒIL SUR LA DOMESTICATION DE CHAQUE ESPÈCE

Lorsque, par l'évolution de son esprit aiguillonné par la nécessité, l'Homme préhistorique en arriva à chercher et à trouver dans les brutes qui l'environnaient des auxiliaires pour les luttes incessantes qu'il soutenait contre tous et contre tout, on peut affirmer qu'avec la découverte du feu et des métaux, la domestication des animaux fut une des étapes les plus importantes dans la marche de la civilisation. Habitués que nous sommes à utiliser ces précieux serviteurs, l'usage journalier que nous en faisons nous empêche de réfléchir à ce que seraient les sociétés humaines sans eux et par cela même de juger de l'importance de l'œuvre accomplie.

Cette œuvre apparaît encore plus grande quand on se transporte par la pensée à l'époque où elle a été commencée et réalisée en partie, qu'on voit l'Homme de cette époque, tel que les découvertes paléoethnologiques le font connaître, être vainqueur des animaux et les soumettre à ses lois. Son incommensurable supériorité sur la brute s'en dégage avec une force admirable et une netteté sans réplique.

La plupart des animaux ont été domestiqués aux temps préhistoriques, alors que l'Homme n'avait encore ni l'idée ni les moyens d'écrire l'histoire. Le nombre de ceux qui ont été asservis aux époques historiques est restreint. Il en résulte que, jusqu'en ces derniers temps, il fut de toute impossibilité de reconstituer cet événement avec quelque chance de probabilités. Comment l'eût-on fait puisqu'on n'avait pour se guider que les lueurs vacillantes des traditions et des légendes à l'aide desquelles on ébauchait l'histoire des premières civilisations et des premiers peuples ? Pourtant avec ces matériaux imparfaits, on tenta quelques essais; ils portent sur des points spéciaux, mais non sur l'ensemble de l'histoire de la domestication. On citera comme types de ces tentatives au siècle dernier les *Recherches sur l'époque de l'équitation*, par G. Fabricy[1] et la *Dissertation sur la milice des Hébreux*, par don Calmet[2].

Dans le courant de notre siècle parut un livre où se trouvent condensés tous les matériaux sur l'histoire de la domestication fournis par la lecture des anciens, interprétés par des études de linguistique remarquables pour le moment et éclairés par de vastes connaissances zoologiques. C'est l'*Acclimatation et domestication des animaux utiles*, de I. Geoffroy Saint-Hilaire[3]. Cet ouvrage élucida la question autant qu'elle pouvait l'être alors, mais il ne fournit aucun renseignement sur l'époque préhistorique, la plus importante pourtant en cette matière.

Les choses changèrent quand l'anthropologie fut constituée comme science autonome. Pour remplir le programme qu'elle s'est assigné, qui est la connaissance de l'homme, non seulement au point de vue zoologique, mais encore considéré dans son évolution intellectuelle et morale, elle donna une vive impulsion aux recherches de paléontologie, de paléoethnologie, de linguistique, d'archéologie et d'ethnographie. C'est ainsi que furent éclairés, comme ils ne l'avaient jamais été, les premiers temps de l'humanité, ainsi que fut créée « l'histoire antérieure à tous les renseignements écrits, à toutes les traditions, l'histoire avant les documents historiques, en un mot, si l'on peut s'exprimer de la sorte, l'histoire préhistorique. » (G. de Mortillet.)

La Préhistoire, comme toutes les sciences en voie d'évolution, a encore beaucoup de points obscurs et elle ne peut se dépouiller complètement d'une part d'hypothèse; néanmoins elle a fourni à la connaissance de la domestication des animaux, considérée dans le temps et l'espace, d'importants renseignements. Pour qu'ils puissent être utilisés

---

[1] G. Fabricy, *Recherches sur l'époque de l'équitation et l'usage des chars équestres chez les anciens*, Rome, 1764.

[2] Don Calmet, *Dissertation sur la milice des Hébreux*, 2e partie de la *Sainte Bible*, en latin et en français avec des notes littérales. Paris, 1748.

[3] Geoffroy Saint-Hilaire, *Acclimatation et domestication des animaux utiles*, Paris, 1851.

avec fruit, il est nécessaire de rappeler très sommairement les diverses phases préhistoriques traversées par l'humanité.

La question est encore pendante de savoir si c'est à la période tertiaire ou à la période quaternaire qu'apparut l'Homme sur le globe, mais la paléoethnologie prouve que pendant une période de temps dont on ne peut apprécier la longueur, il vécut dans un *état de sauvagerie* complète, ne connaissant d'abord que la récolte de quelques fruits, et plus tard, la pêche et la chasse, après qu'il eut découvert le moyen de se servir de hameçons et de flèches. Quelque sauvage qu'il fût, il avait pourtant déjà trouvé le feu, sans que nous possédions, on le devine, aucune notion sur la façon dont lui vint cette connaissance qui, à elle seule, est le témoignage le plus frappant de l'abîme qui le sépare de la brute. Il ébauchait quelques grossières poteries.

Mais le temps marche et, dans la lutte pour la vie, l'intelligence humaine évolue; l'Homme n'en reste plus au clivage des silex, il polit des pierres pour s'en faire des armes, il ensevelit ses morts, il se construit des habitations sur pilotis; l'idée lui vient d'asservir quelques-uns des animaux qui l'entourent au lieu d'être obligé de les chasser continuellement. Il est à l'*état de barbarie*, il n'est plus sauvage.

Une fois que l'homme eut pris l'habitude d'élever des animaux et compris le parti qu'il en pouvait tirer, de chasseur il est devenu berger et la *vie pastorale* a commencé. La *phase agricole* l'a suivie pour des peuplades tandis qu'elle l'avait précédée pour d'autres; l'homme a semé des graines qu'il avait vu tomber de leur tige et germer spontanément, il a planté quelques tubercules et, du moment où il a ensemencé la terre, il est devenu plus sédentaire. On remarquera qu'il est des peuples qui ne se sont jamais astreints aux travaux agricoles.

Comme chez les peuples sauvages actuels et même chez plusieurs nations orientales civilisées, les femmes ont dû s'employer aux travaux de culture, les hommes se réservant la guerre, la chasse, la pêche et la garde des animaux. Aujourd'hui, chez les Cafres, la femme ne peut aspirer à l'honneur de franchir l'enceinte du parc réservé aux troupeaux ni, à plus forte raison, les garder. Plus tard, on dut adjoindre aux femmes, les esclaves prisonniers de guerre.

La culture des plantes fut suivie d'une découverte considérable, le travail des minerais; enfin, arriva l'invention de l'alphabet phonétique et des signes hiéroglyphiques qui fermèrent l'état de barbarie et ouvrirent l'*état de civilisation*. Celui-ci comprend une foule de degrés et des peuples n'y sont pas encore arrivés.

Obligé, dans un ouvrage de la nature de celui-ci, à nous borner à quelques notions très succinctes, nous ne pouvons suivre davantage l'humanité dans les étapes qu'elle parcourut, ni entrer dans les détails de sa vie aux âges de la *pierre taillée*, de la *pierre polie*, du *bronze*, du *fer*. Nous allons, en nous appuyant particulièrement sur les travaux de MM. de Mortillet et Chantre, les résumer dans le tableau suivant :

			ÉPOQUES	LOCALITÉS TYPES
QUATERNAIRE	ÂGE DE LA PIERRE	*Période paléolithique.* OU DE LA PIERRE TAILLÉE (Faunes éteintes ou émigrées).	1° Chelléenne, *correspondant* à l'âge du mammouth et au bas-niveau des vallées (diluvium).	Sablières de Chelles.
			2° Moustérienne, *correspondant* à l'âge de l'ours des cavernes et au moyen niveau des vallées. . . .	Grotte du Moustier.
			3° Solutréenne, *correspondant* à l'âge du cheval et au haut niveau des vallées.	Station de Solutré.
			4° Magdaléenne, *correspondant* à l'âge de l'aurochs et au haut niveau des vallées.	Grotte de la Madeleine.
ACTUEL		*Période néolithique.* OU DE LA PIERRE POLIE (Domestication de quelques animaux).	Robenhausienne ou des palafittes et des dolmens. Kjokkenmöddings.	Palafittes de Robenhausen. Dolmens du Morbihan.
	ÂGE DU BRONZE	*Période de transition ou du marteleur.* (Introduction du bronze).	Cébénienne ou morgienne.	Dolmens des Cévennes. Palafittes de Morges.
		Période de l'âge du bronze proprement dit ou *du fondeur.* (Emploi exclusif du bronze).	Rhodanienne ou larnaudienne *(pars).*	Trésor de Réalon. Fonderie de Larnaud *(pars).*
		Période de transition ou du *graveur.* (Introduction du fer).	Mœringienne ou larnaudienne *(pars).*	Palafittes de Mœringen. Fonderies de Larnaud *(pars).*
	ÂGE DU FER	*Période protohistorique.* (Premier emploi du fer). .	Hallstattienne ou kobanienne (Ombrienne et euganéenne des Italiens).	Nécropole d'Hallstatt. Tumuli des Alpes.
		Période historique. (Emploi exclusif du fer).	Marnienne ou felsinienne. .	Nécropoles de la Marne (avec chars enterrés et divers objets).

Les habitants primitifs quaternaires de l'Europe n'ont connu aucun animal à l'état domestique; ils ne tardèrent pas à être envahis et l'on est d'accord aujourd'hui pour admettre que l'usage de plusieurs animaux et des métaux a été introduit en Europe par des populations asiatiques qui se sont substituées *brusquement* aux peuplades autochtones et ont apporté une civilisation plus avancée.

Il y eut plusieurs invasions; la première, selon beaucoup de vraisemblance, fût effectuée par des peuplades dont l'état social est indiqué par les restes des premiers palafittes suisses qu'elles construisirent. Ces envahisseurs ne connaissaient pas de métaux, sauf le cuivre, ils avaient quelques animaux domestiques, mais pas d'Équidés; la culture ne leur était pas inconnue. Leur civilisation était donc moins avancée que celle des Aryas de la deuxième invasion qui apportèrent le bronze, mais elle l'était plus que celle des Finnois occupant le nord de l'Europe, qui sont restés fort longtemps à l'âge de la pierre.

Parmi les témoins du passé, les habitations lacustres ou palafittes comptent au premier rang pour les renseignements quelles ont fournis. On doit les rapporter à des âges différents ; il en est où l'on ne trouve que des objets en pierre, d'autres où les instruments sont en pierre plus fine, en néphrite, en jadéite et où l'on voit de rares objets en cuivre ou des lamelles de bronze. Puis vient l'âge du cuivre où les objets métalliques sont presque exclusivement en cuivre, exceptionnellement en bronze.

On a trouvé des stations correspondant à l'âge du cuivre des palafittes, à Mondsée, en Autriche, à Pulsky, en Hongrie, en Poméranie, dans la péninsule Ibérique, dans les couches les plus anciennes d'Issarlik ou Troie et dans les fouilles faites en Babylonie et dans l'île de Chypre. Il y avait donc connexité dans la civilisation de ces peuples qui l'avaient sans doute puisée à une source commune.

La période du bronze coïncide avec une civilisation plus avancée : les huttes sont plus spacieuses, les poteries fines et ornementées, l'ambre abonde comme parure ; on martèle et on fond. La période du fer lui succède.

Avant de poursuivre, il est nécessaire de faire remarquer qu'il n'est pas de sujet sur lequel on doive moins se livrer aux généralisations que celui qui nous occupe. Les usages d'une population n'étaient pas toujours ceux d'une peuplade contemporaine même peu éloignée ; l'isolement des tribus et, vraisemblablement, l'état d'hostilité étaient la règle. Aujourd'hui, l'Afrique centrale offre maints exemples de la diversité de coutumes, de peuplades non civilisées peu éloignées géographiquement. Il en fut sans doute de même aux périodes paléolithique et néolithique.

Une des meilleures preuves que l'on puisse donner du danger qu'offrent les généralisations en matière de domestication d'animaux, preuve qui s'applique au défaut de synchronisme entre des événements de même nature et qui fait toucher du doigt l'isolement des premières tribus humaines, est fournie par l'examen du palafitte de la Lagozza, près Somma Lombardo (Lombardo-Vénétie). La nécessité de se bien pénétrer de ce danger nous engage à donner un résumé des trouvailles qu'on y fit.

Cette station lacustre appartient à *l'âge de la pierre polie*. On n'y a pas rencontré trace de métaux, mais seulement des haches, des cailloux percuteurs, des lames de silex, des poids et fusaioles en terre cuite, de la poterie et un peigne en bois. On y a trouvé aussi des débris d'un tissu très grossier en lin.

Le fait le plus saillant est le manque *absolu* de restes animaux ; on n'y a vu ni os, ni cornes, ni dents. On croirait volontiers que ces indigènes, semblables à ceux qui vivent encore dans quelques points de l'intérieur de Zanzibar, s'abstenaient de toute nourriture animale. Et pourtant il semble bien que cette peuplade était déjà agricole, car on a trouvé des restes de blé, d'orge, des glands, des noisettes, des pommes, du lin et du pavot indien.

Tout le blé a été trouvé au même endroit, ce qui fait penser à une sorte de grenier; il était dépourvu de ses glumes et glumelles, on songe donc qu'il avait été battu et vanné. On a même reconnu deux variétés de blé, l'une se rapportant au *T. vulgare* actuel, l'autre au *T. vulgare compactum* de F. de Heer et trouvé par cet éminent paléontologiste à Robenhausen. L'orge appartenait à l'*H. hexastichum*, le lin à l'espèce sauvage *L. angustifolium* et le pavot soit à l'espèce *P. somniferum*, soit à celle du *P. setigerum*. Les glands proviennent du *Q. robur;* ils sont épluchés, c'est-à-dire sortis de leur cupule, dépouillés de leur enveloppe coriace et fendus en deux. On devait s'en servir comme aliments. Les pommes sont excessivement petites et semblent avoir été cueillies sur le *Malus communis* vivant à l'état spontané.

Il y a beaucoup de probabilités pour que ce petit peuple ait cultivé le blé, l'orge, le lin et peut-être le pavot. Il était donc relativement avancé en agriculture qu'il ne connaissait pas ou ne voulait pas connaître les animaux domestiques, alors qu'on sait pertinemment que d'autres peuplades, ses contemporaines, avaient déjà le Chien, le Mouton et le Porc.

La domestication d'une espèce, quelle qu'elle soit, exige de ceux qui l'entreprennent un certain degré d'évolution intellectuelle. De nos jours, les peuples plongés dans la sauvagerie n'ont pas ou n'ont qu'un nombre très restreint d'animaux domestiques; ainsi les nègres du Queensland-Nord, n'en connaissent pas d'autres que le Chien. Les Négritos des îles Adaman, d'une pureté ethnique remarquable, n'avaient domestiqué aucun animal avant l'arrivée des Européens, ils ne cultivaient aucune plante, mais ils possédaient tout ce qui est nécessaire pour la chasse et la pêche. Ils avaient des canots, faisaient de la poterie et ornementaient même leurs armes.

Cette conclusion, corroborée par des preuves paléoethnologiques sur la valeur desquelles tout le monde est à peu près d'accord aujourd'hui, en entraîne une autre : c'est que pendant toute la période paléolithique, l'Homme n'a possédé aucun animal domestique. Il a chassé avec ardeur le Renne, le Cheval, l'Aurochs, il en a fait sa nourriture, mais rien ne prouve qu'il les possédât comme serviteurs. Les nombreux gisements de chevaux quaternaires qu'on trouve dans toute l'Europe septentrionale et centrale, l'abondance des ossements au voisinage des stations humaines et des foyers, les fractures des os longs démontrent simplement leur emploi alimentaire. Le gisement de Solutré (Saône-et-Loire), où l'amoncellement des ossements caballins est tel qu'on évalue à plus de quarante mille le nombre des sujets qui les ont fournis, a été présenté comme pouvant avoir reçu des animaux domestiques, mais la trouvaille d'un silex taillé encastré dans la colonne vertébrale d'un cheval solutréen, par le principal et le plus persévérant des explorateurs de ce gisement, M. Ducrost, prouve péremptoirement qu'on les poursuivait à la chasse[1].

On a déjà montré que les îles Britanniques fournissent une preuve de l'ignorance où étaient les peuplades de l'âge de la pierre taillée vis-à-vis de la domestication possible des animaux. Les insulaires bretons chassaient le grand Cerf, l'Aurochs et le Cheval, mais ils n'avaient pas domestiqué ce dernier et ils ne connaissaient pas le Bœuf, le Mouton, la Chèvre et le Chien ; ces animaux ne furent introduits en Grande-Bretagne qu'à l'âge de la pierre polie. Leur introduction est due sans doute à quelque peuple envahisseur qui les aura amenés déjà domestiqués, tout au moins partiellement, et dont l'état de civilisation était supérieur à celui des indigènes.

C'est à la période néolithique qu'a commencé la domestication des animaux. Cet acte ne s'est point effectué simultanément sur toutes les espèces ou sur un grand nombre à la fois, mais seulement sur quelques-unes, ainsi qu'on va le démontrer ; en conséquence, il est inexact de dire d'une façon générale, que la domestication des animaux caractérise une période déterminée. De même qu'il n'y a pas synchronisme des périodes sociales pour tous les peuples, les uns ayant évolué beaucoup plus vite que les autres, puisqu'il en est encore à l'état de barbarie, il n'y a pas synchronisme dans la domestication de toutes les espèces ; il se pourrait même que quelques-unes eussent été domestiquées en des points différents, par des nations et à des époques distinctes. Enfin, des espèces ont été domestiquées sur place par les peuples qui se trouvaient dans leur aire géographique naturelle, tandis que la connaissance de l'utilisation d'autres espèces a été apportée par des envahisseurs.

Si la domestication s'est faite successivement, dans quel ordre s'est-elle accomplie ? Quel est l'animal qui a été soumis en premier lieu ?

M. Bertrand incline à penser que chez nous, le RENNE est le premier animal qui ait été domestiqué et cela dès l'époque qui porte son nom. Cette opinion paraît peu acceptable, parce que, de l'avis unanime des voyageurs aux régions froides où il s'est réfugié, il est encore incomplètement dressé, fort indocile et à peu près impossible à conduire sans le secours du Chien[2]. Très abondant à la période paléolithique, il n'a point dépassé les Pyrénées et la période glaciaire close, il a remonté vers le nord. Sa domestication n'a été entreprise que par des peuples

[1] L'abbé Ducrost, *Communication à la Société d'anthropologie de Lyon*, séance de mai 1888.

[2] Voyez notamment : C. Vogt, *Bulletin de l'Institut genevois*, 1869. — Rabot, *Explorations en Laponie*, in *Tour du monde*, année 1887.

septentrionaux, mais on est dépourvu de renseignements sur l'époque de cette tentative.

L'antériorité de la domestication du CHIEN à celle de tous les autres animaux ne soulève pas d'objection ; il a été asservi au début de la période néolithique, à l'époque des kjokkenmöddings, que M. de Quatrefages appelle quelque part l'époque du Chien.

L'Homme préhistorique, dont la vie n'était qu'une lutte et qu'une chasse continuelles, a dû être frappé des services qu'il pourrait tirer du Chien comme auxiliaire dans la poursuite du gibier, et il l'a soumis dans ce but, à moins qu'il ne l'ait d'abord entretenu pour le manger, si l'on en juge d'après les marques qui se voient sur ses os longs trouvés dans les kjokkenmöddings.

On trouve dans les amas coquilliers, comme il vient d'être dit, des os de Chien. Le professeur Steenstrup pense que cet animal était déjà domestiqué. On en trouve également dans les palafittes de la Suisse ; Rutimeyer croit aussi qu'ils provenaient d'individus réduits en domesticité. Il les rapprocha d'abord de nos bassets actuels et plus tard du Chien papouan ; il en fit l'espèce *Canis familiaris palustris*. Studer, Jeitteles, Wöldrich et Strobel ont exhumé d'autres formes canines néolithiques.

L'idée que le Chien a pu être utilisé d'abord comme animal comestible n'a rien qui puisse la faire rejeter. De nos jours, les indigènes de la Nouvelle-Guinée en font leur nouriture principale. Il n'y a pas long-temps que les Mincopies ne connaissaient pas d'autre moyen d'utiliser cet animal que de le manger ; ce n'est que récemment qu'on leur a appris à s'en servir comme auxiliaire de chasse.

Les populations préhistoriques de la fin de la période néolithique et du commencement de celle du bronze, se faisaient des ornements, ceintures, colliers et peut-être bracelets, avec des dents de Chiens qu'elles associaient à quelques dents de Loups, de Renards, de Chats et de Putois. Pour la confection de ces ornements, elles se servaient exclusivement des canines et des coins supérieurs, et, d'après le nombre de dents entrant dans la constitution d'une ceinture, il ne fallait pas égorger moins de 20 chiens pour y arriver [1]. On a retrouvé de ces parures dans plusieurs stations à sépulture, à côté de restes humains.

Les récits de voyages apprennent qu'aujourd'hui encore, les indigènes de la Nouvelle-Guinée se font des ornements analogues, et qu'eux aussi emploient à peu près exclusivement les canines. Chez ces Néo-Guinéens, elles jouent en outre le rôle de monnaies. Avaient-elles une pareille fonction aux temps de la pierre polie et du bronze ?

La domestication d'une ou de plusieurs races canines a été le fait des

---

[1] Nehring, *Fouilles de Westergel et ornements préhistoriques en dents de chiens*, in *Verhandlungen der Berliner Gesellschaft für Anthrop., Ethn. und Urgesch.*, 1886.

hommes du Nord, car dans les amas de coquillages trouvés dans la péninsule ibérique, notamment à Mugen, les ossements de chiens étaient rares et intacts. D'autre part, les fouilles faites en Italie dans les *fonds de cabane* néolithiques et d'origine ibéro-ligure, n'ont décelé nulle trace du Chien; on ne l'a pas trouvé davantage dans les palafittes des lacs de l'Italie supérieure. Il paraît y être venu ultérieurement.

Si ces constatations ne permettent guère de douter qu'un chien robenhausien a été domestiqué dans l'Europe septentrionale, il ne s'ensuit point que d'autres races n'aient pu l'être ailleurs. La présence du Lévrier, figuré et très reconnaissable sur les monuments les plus anciens de l'Égypte et des civilisations asiatiques disparues, donne à penser qu'en Orient le *Canis simensis* ou Cabéru, de l'Abyssinie, qu'on regarde comme la forme sauvage du Lévrier, a été domestiqué avec d'autres sortes, par les anciens Égyptiens ou peut-être par les Assyriens.

La domestication du Zébu et du Chameau est due aux Orientaux, en raison de l'habitat naturel de ces deux animaux; elle a eu lieu, selon beaucoup de probabilités, à l'époque néolithique.

Dans les stations paléolithiques et même dans celles de la pierre polie, les restes de Moutons et de Chèvres ne montent pas très haut dans l'Europe centrale, tandis qu'on les trouve abondamment dans les gisements des péninsules Ibérique et Italique. On ne les a pas vus dans les amas de coquilles des pays scandinaves et, en France, c'est sur le littoral méditerranéen qu'on en a particulièrement rencontré. On les a trouvés assez abondants en Suisse dans les palafittes de la première époque lacustre. Dans ceux de la deuxième, on en a trouvé un grand nombre, particulièrement de chèvres. D'après ce qu'il a vu, Rutimeyer affirme même avoir reconnu deux races de moutons de cette époque, l'une de grande taille, à cornes en spirale, l'autre petite, à cornes simplement dirigées en arrière.

On ignore si la domestication de ces petits ruminants a été effectuée par les autochtones ou si la connaissance leur en a été apportée par des peuples envahisseurs, les constructeurs de dolmens, par exemple. Cette dernière hypothèse n'est pas insoutenable, si l'on considère que ces animaux ont marché du midi vers le nord dans leur extension. Mais il est impossible de dire si l'asservissement du Mouton a précédé celui de la Chèvre, ou inversement, pas plus qu'on n'est autorisé à avancer qu'il s'est exercé simultanément sur les deux espèces à la fois. Règle générale, les ossements de chèvres sont plus abondants que ceux de moutons dans les palafittes néolithiques et aux époques préhistoriques ultérieures. Dans l'ancienne Égypte, les chèvres sont assez souvent représentées et le mouton plus rarement. Ces faits constituent quelques probabilités en faveur de l'antériorité de domestication des premières et une quasi-certitude de leur utilisation plus générale.

A l'âge néolithique, à en juger par la quantité d'ossements qu'il laissa dans certaines brèches, le Bœuf était abondant. Ses débris ne se trouvent pourtant pas dans les kjokkenmöddings, mais à la même époque, dans les tourbières du Danemark, ou trouve des restes de *Bos urus*. Les palafittes de la Suisse montrent des ossements de *B. primigenius*, de *B. trochoceros* et de *B. brachyceros*. C'est à Mooseldorf que Rutimeyer a rencontré le *B. brachyceros*, qu'il regarde comme la souche du bétail schwitz, et à Concise et à Neuchâtel qu'il a vu le *B. trochoceros*, semblable au Bœuf de Sienne et d'Arezzo. Dans les tourbières de Suède et d'Angleterre, on a découvert les restes du *B. frontosus* qui pourrait, dit-on, être regardé comme la souche d'une des races bovines actuelles. Rutimeyer croit pouvoir affirmer que ces animaux étaient domestiqués et que les habitants les entretenaient en petits troupeaux sur le bord des lacs qu'ils habitaient, ce qui paraît assez vraisemblable.

On trouve aussi le Bœuf dans les stations néolithiques de l'Espagne et dans les fonds de cabanes italiques dont les habitants, relativement avancés en civilisation, l'utilisaient probablement déjà comme animal domestique.

Les documents fournis par l'exploration de la station de Solutré ne signalent pas le Porc parmi les animaux que chassaient les hommes de ce temps, mais les fouilles exécutées dans la caverne de Rauher, près de Regensburg, et dans celle de Balver montrent, suivant Zittel et Dechen, ses restes mêlés à ceux d'animaux des genres *Equus*, *Cervus*, *Elephas*, *Ursus*, à des fragments de poterie grossière, à des os et à du bois travaillés et carbonisés.

Rutimeyer a trouvé dans les palafittes de la première époque lacustre de nombreux ossements de Suidés qu'il a rapportés au *S. scrofa* et à une autre espèce à face plus courte, à défenses moins redoutables et de taille plus petite qu'il qualifie de *S. palustris*. A en juger par la force des empreintes musculaires sur les os, aucune de ces espèces n'était domestiquée en Suisse, à ce moment, pense ce paléontologiste. On trouve dans les kjokkenmöddings des ossements de Sanglier, mais pas de Cochon domestique (Steenstrup).

Si l'on doit rester dans le doute sur l'époque de la domestication du Porc à la période néolithique pour les peuples du nord et du centre de l'Europe, la même réserve n'est pas aussi impérieusement commandée pour ceux du littoral méditerranéen. La station néolithique de la Sierra Cebollera a fourni des ossements de Cochons, associés à ceux de Chèvres et de Bœufs, en très grande abondance et diverses indications font qu'on ne peut guère douter de la domestication des animaux auxquels ils ont appartenu. Dans les fonds de cabane de l'Italie, il en fut de même. La transmission de la connaissance de la domestication du Porc par un peuple envahisseur, ou tout au moins de proche en proche et du midi au nord, semble d'autant plus probable que les Aryas ont asservi de bonne heure cet animal. Avec le Porc se termine, à notre avis, la liste des animaux domestiqués à la période néolithique.

A l'âge du bronze, toute obscurité disparaît, les animaux précités sont utilisés avec soin pour des usages multiples; d'ailleurs, la vie agricole se développe à côté de la vie pastorale. Il a été mis au jour de curieux spécimens des travaux de l'agriculture de ce moment.

Les paléoethnologues désignent sous le nom de *faisselles* des vases de dimensions diverses et percés de trous tant au fond qu'au pourtour; ils leur supposent le rôle d'égouttoirs dans la fabrication du fromage, admettant qu'à l'âge du bronze, on savait déjà transformer le lait en fromage[1].

Le tissage des étoffes de lin était usuel; on croit cependant qu'on utilisait aussi la laine, car Rabut aurait trouvé, dans la station de Grésine, un fragment d'étoffe de cette matière[2].

On a trouvé dans le puits de Grime's Graves (îles Britanniques), contemporain des Barrows et conséquemment datant de l'âge du bronze, des ossements de veaux tués presque aussitôt après leur naissance. On a conclu de ce dernier fait que le laitage était recherché des habitants primitifs de l'Angleterre et que les veaux étaient sacrifiés afin de réserver le lait pour l'usage de la famille[3].

A l'âge du bronze se place l'emploi du Cheval domestique en Europe. Ajoutons de suite que, bien que cet animal y fût commun et différencié déjà au moins en deux sortes, sa domestication n'a point été le fait des autochtones ni des premiers envahisseurs. Nous avons rassemblé dans un mémoire spécial[4] toutes les preuves qui nous semblent mettre hors de doute que l'art d'utiliser le Cheval en Occident date de l'âge du bronze et qu'il fut importé par les peuples asiatiques de souche aryenne qui y ont fait connaître les objets en bronze, la civilisation qu'ils dénotent et même des pratiques religieuses spéciales, telles que le culte du Soleil. Rien d'étonnant, d'ailleurs, que le Cheval n'ait pas été l'un des premiers animaux domestiqués; ce qu'on sait de ses mœurs à l'état sauvage, si éloignées de toute tendance à la servitude, de la frayeur qu'il inspire aux peuples restés sauvages eux-mêmes, des difficultés qu'on éprouve à dompter les chevaux marrons, des blessures qu'ils causent à ceux qui tentent cette tâche, le prouve.

Mais si la conquête du Cheval fut tardive, elle fut féconde en résultats. Par elle, la force et la vitesse de l'homme furent décuplées; il put aller

[1] Er. Chantre, L'*Age du Bronze*, p. 218.
[2] Er. Chantre, *loc. cit.*, p. 244.
[3] M. de Nadaillac, *Les Barrows dans les îles Britanniques.*
[4] Ch. Cornevin, *Sur quelques points de l'histoire de la domestication du Cheval*, in *Revue scientifique*, 1881.

au loin attaquer ses ennemis, les surprendre par la rapidité de son arrivée ou leur échapper facilement; il franchit les steppes, tourna les montagnes et les marécages, rayonna sur de vastes étendues, rechercha pour ses troupeaux les meilleurs pâturages, et pour lui les sites les plus convenables. Avec cet auxiliaire, les migrations lointaines et en masse vont commencer et avec elles les grandes invasions et les guerres sanglantes!

L'Ane a été utilisé par les peuples européens plus tard que le Cheval et, pas plus que lui, il n'a été domestiqué par eux. Sa domestication et son utilisation primitive sont l'œuvre des Nubiens, ancêtres des anciens Egyptiens, ainsi que M. Piétrement l'a démontré[1]. Au surplus, on n'a de preuves certaines de l'existence de l'Ane au centre de l'Europe, dans les temps préhistoriques, qu'à la fin de l'époque de bronze ou à l'époque du fer. On a trouvé de ses débris aux palafittes de Chabannes et de Noville, qui sont de la deuxième époque lacustre, ainsi qu'à la station d'Auvernier. Mais ces restes sont si rares et noyés au milieu d'ossements d'animaux considérés, pour diverses raisons, comme autochtones, que, suivant la judicieuse remarque de Rutimeyer, l'Ane paraît là aussi étranger que le serait un animal d'Asie introduit au milieu de notre faune actuelle. Il est donc venu en petit nombre et importé par quelque peuple oriental voyageant ou immigrant en Occident. Jusque-là, il était resté confiné dans quelques îles méditerranéennes et dans le Nord-africain.

Le Mulet est représenté sur les bas-reliefs assyriens, tandis qu'il fait défaut sur les monuments de l'Egypte. Diverses considérations font penser à M. Piétrement que les premiers mulets ont été produits dans les régions asiatiques situées entre le Gange et le littoral méditerranéen de Syrie, peu de temps après l'arrivée des premiers immigrants mongols dans ces contrées.

Le Lama et l'Alpaca, animaux essentiellement américains, ont été domestiqués par les autochtones de l'Amérique du Sud, avant la découverte du Nouveau-Monde; il est presque superflu de dire qu'on ignore à quelle époque et par quelle peuplade cette œuvre s'accomplit.

L'historique de la domestication des petits animaux et des Oiseaux de basse-cour est également obscur sur bien des points.

Les documents archéologiques apprennent que l'on trouve, dans les palafittes, quelques rares ossements de Léporins, que Rutimeyer rattache au Lièvre. On n'en trouve pas de traces dans les amas coquilliers de Scandinavie. Cette rareté ou cette absence prouve que la domestication d'animaux du genre *Lepus* n'était pas accomplie à l'époque néolithique. On est porté à penser que c'est en Orient qu'a été domestiqué le Lapin,

---

[1] Piétrement, *Les Chevaux dans les temps préhist. et histor.*, Paris, 1882, p. 710 et suiv.

par un passage de Confucius qui cite cet animal comme devant être sacrifié aux dieux et dont il prescrit la multiplication, ce qui implique, a-t-on cru, l'idée de domestication.

Peut-être y eut-il plus tard, en Europe, une seconde domestication. En effet les auteurs grecs ne le mentionnant nulle part, il n'y a rien de hasardé à supposer qu'ils ne le connaissaient pas; Aristote, qui a énuméré les animaux de son temps et de son pays, n'en fait pas mention. Il en fut de même des auteurs romains jusqu'à notre ère. Ce n'est qu'au commencement du IIe siècle que l'historien Polybe le cite et, à la façon dont il le fait, on devine combien cet animal était peu connu. « On croirait voir, dit-il, un Lièvre; mais en le prenant à la main, on voit qu'il est d'une autre espèce. » Geoffroy Saint-Hilaire le croit originaire d'Espagne, où il aurait été domestiqué, et, de là, se serait répandu, à partir du temps de Polybe, dans le reste de l'Europe. C'est donc un animal dont la domestication est relativement récente en Occident et dont la souche doit être cherchée dans les pays tempérés, car il ne supporte que difficilement et au détriment de sa multiplication, les climats extrêmes.

La domestication du Cobaye semble remonter très haut et avoir été accomplie par les habitants primitifs de l'Amérique méridionale. Voici, d'ailleurs, ce qu'en dit I. Geoffroy Saint-Hilaire dans son livre sur l'*Acclimatation et domestication des animaux utiles*.

« L'introduction du Cobaye domestique en Europe a eu lieu à la même époque que celle du Dindon et du Canard musqué (c'est-à-dire au XVIe siècle), américains comme lui. Mais ici la date de l'introduction ne se confond pas avec celle de la domestication et peut-être l'une est-elle très éloignée de l'autre. Garcilasso de la Véga nous apprend que le Cochon d'Inde, qu'il appelle Coy, existait déjà chez les Péruviens, avant la conquête, à l'état domestique aussi bien qu'à l'état « champêtre » et n'eussions-nous pas ce témoignage, ce que nous savons de l'état du Cochon d'Inde au XVIe siècle atteste que sa domestication date d'une époque bien antérieure. On le voyait dès lors tel qu'il est aujourd'hui, c'est-à-dire à pelage bigarré de blanc, de noir et de roux et variable d'un individu à l'autre; preuves non équivoques d'une domestication déjà ancienne, dont la date reste, d'ailleurs, entièrement indéterminée et le restera sans doute toujours. »

Le Chat n'a point été domestiqué primitivement en Europe; on ne le trouve ni dans les cavernes quaternaires, ni dans les palafittes de la Suisse, ni dans les kjokkenmöddings du Danemark, pas plus d'ailleurs que la Souris commune et nos deux espèces de Rats.

Les rares ossements de chats trouvés dans les habitations lacustres et les amas coquilliers appartenaient, au dire des hommes les plus compétents, à l'espèce sauvage et l'on n'en trouve même plus dans les palafittes de l'âge du bronze. D'après J. Lubbock [1] le Chat domestique n'a été commun en Europe que vers le IX° siècle de notre ère.

Il n'en a pas été de même en Orient et particulièrement en Égypte. Les momies de cet animal et les dessins sur les monuments sont parmi les preuves de la haute antiquité de sa domestication. Dès le temps de la XII° dynastie, les Égyptiens le possédaient; ils l'avaient probablement reçu tout domestiqué des pays du Nil supérieur, car le Chat de l'antique Égypte, étudié par ses momies et par ses représentations en bas-reliefs, ne descendait pas de notre *Felis Catus*, mais du *Felis maniculata* (Rüppel). Ce fut, suivant une de leurs coutumes habituelles, un animal sacré et un familier de leur maison. Cet animal resta longtemps propre à ce pays, et les Aryas, les Chaldéens, les Assyriens, les Hébreux ne le connurent pas.

Il passa chez les Étrusques et les Tarentins, mais ce n'est qu'au VI° siècle qu'il fut d'un usage général à Rome, d'où il se répandit petit à petit sur le reste de l'Occident pour ne devenir tout à fait commun qu'au IX° siècle.

La POULE n'a pas été domestiquée primitivement en Europe : il est même probable qu'elle était peu ou pas mangée à la période néolithique, car on n'en a trouvé trace ni dans les habitations lacustres de la Suisse, ni dans les amas coquilliers du Danemark. Si l'on compare cette absence à celle du Lièvre et du Lapin qui y font également défaut, si l'on se rappelle les préjugés qui ont régné et règnent encore relativement à la viande de ces Léporins, et si, d'autre part, on songe que beaucoup de peuples actuellement sauvages, comme les Africains de la côte orientale, du 4° au 6° degré au sud de l'équateur, les naturels des îles Palao, les Indiens de l'Amérique du Sud refusent encore de manger de la viande de cet oiseau (Darwin), il semble qu'on peut conclure que la plupart des tribus européennes des âges paléolithique et néolithique n'en faisaient point usage.

Sa domestication aurait été accomplie par les Chinois suivant les uns, par les Persans suivant d'autres.

Il est probable que celle du PIGEON s'est également effectuée en Orient à une époque des plus reculées, car on trouve dans l'ancienne langue sanscrite une trentaine de noms pour désigner cet oiseau [2].

Le DINDON, d'origine américaine, a été domestiqué par les Indiens d'Amérique avant la conquête. Divers documents [3] enseignent que les autochtones de l'Arkansas, au moment de la découverte, possédaient des arbres fruitiers et élevaient de nombreux troupeaux de Dindons. L'obs-

---

[1] Sir John Lubbock, *l'Homme préhistorique*, traduction française, Paris, 1876, p. 204.
[2] A. Pictet, *Origines indo-européennes*, 1876, p. 214.
[3] Voyez notamment le P. Membré, *Découverte et expédition du Mississipi*.

curité qui règne sur l'histoire de l'Amérique avant l'invasion européenne ne permet pas de dire à quelle époque l'asservissement de cet
oiseau s'accomplit.

Le PAON et le FAISAN ont été domestiqués en Asie, bien que le dernier
ait été relativement abondant dans l'Europe quaternaire. Il n'est pas
absolument sûr que la PINTADE l'ait été en Afrique. Les deux premiers ont
été importés tout domestiqués en Europe aux temps historiques, le doute
existe pour la troisième.

Le CYGNE muet a été trouvé dans les palafittes suisses et le Cygne
chanteur dans les kjokkenmöddings. Rien ne prouve qu'ils étaient domestiqués à ce moment. I. Geoffroy Saint-Hilaire, qui a recherché
l'époque de la domestication du Cygne, pense que c'est au moyen âge
qu'elle a été effectuée et que les poètes anciens, qui font tant d'allusions
à cet Oiseau, ne le connaissaient que sauvage.

Les restes d'OIE que l'on trouve dans les palafittes et les amas coquilliers
indiquent seulement qu'elle était commune et qu'on la mangeait probablement dès ce moment. Suivant Pictet, sa domestication doit être attribuée aux Aryas. Dès le temps d'Homère, elle était connue en Grèce
d'où elle passa dans le reste de l'Europe.

Bien qu'on trouve aussi le CANARD dans les amas coquilliers et les palafittes, bien qu'il soit fréquemment représenté sur les cistes de l'époque
halstattienne, on ignore l'époque précise de sa domestication. Les documents historiques ou épigraphiques apprennent que ni les anciens Égyptiens, ni les Juifs de la période biblique, ni les Grecs du temps d'Homère
ne le comptaient au nombre des animaux domestiques. Il y a dix-huit
cents ans, Columelle recommandait encore de tenir des filets au-dessus
des cours où on l'élevait, preuve qu'à ce moment sa domestication n'était
point complète.

L'AUTRUCHE est l'animal dont la domestication est la plus récente. Il
paraît bien, d'après des inscriptions assyriennes et égyptiennes, qu'elle
avait déjà été essayée dans l'antiquité. Lorsqu'on commença, au début
de ce siècle, à parcourir le continent africain, on apprit que quelques
tribus du Kordofan élevaient l'Autruche autour de leurs habitations et
que dans le palais impérial du Maroc, on en faisait reproduire quelques
couples. Mais ce n'est que de nos jours que sa domestication a été entreprise en vue de l'exploitation raisonnée des plumes. Elle a été (quoiqu'encore incomplète) menée à bien par les colons de l'Afrique australe et
aujourd'hui l'élevage de cet Oiseau est une source de profit pour la
colonie du Cap de Bonne-Espérance, le pays de Natal, le Transvaal et
le territoire des Boërs. On essaie, avec des succès variées, de l'implanter
en Algérie, à l'île Maurice, à la Nouvelle-Zélande, en Californie et dans
la République-Argentine.

CHAPITRE III

LES ANIMAUX DOMESTIQUES AUX TEMPS HISTORIQUES.
MODES D'UTILISATION

Avant de rechercher, à l'aide de documents statistiques, ce qu'est la population animale domestique actuelle, il est utile de jeter un coup d'œil en arrière et d'examiner, dans un très bref historique, l'état des animaux domestiques aux siècles passés et comment on les utilisa.

Section première. — État des animaux domestiques

I. LE CHEVAL, L'ANE ET LE MULET

Une fois la domestication du CHEVAL accomplie en Asie, les peuples qui en étaient les auteurs, Aryas et Proto-Mongols, se servirent d'abord de cet animal dans leur patrie primitive, puis dans les régions où se répandirent les essaims issus de leurs troncs respectifs. Ils emmenèrent avec eux les chevaux asiatiques qu'ils possédaient, mais il est possible aussi qu'ils aient domestiqué les Équidés sauvages des pays où ils s'implantaient ; en tous cas, il est sûr qu'ils apprirent l'usage de cet animal aux autochtones qu'ils envahissaient.

Les littératures grecque et latine fournissent d'amples preuves que les anciennes populations mongoliques ont toujours utilisé le Cheval comme le font encore aujourd'hui toutes les nations s'étendant du Volga à la frontière chinoise. Les Scythes ont été signalés comme les meilleurs cavaliers de l'antiquité.

Si le Cheval ne fut point déifié comme l'a été le Bœuf, on l'offrit en sacrifice. Les Aryas l'immolaient au Soleil et les Scythes au Feu ; ceux-ci l'enterraient avec leurs rois, et l'année suivante, au jour anniversaire de la mort, ils en étranglaient cinquante qu'ils plaçaient autour du tombeau[1]. Cette coutume que nous retrouvons en Gaule, où les chefs se faisaient inhumer avec leur char et leur cheval de bataille, persista longtemps chez certains peuples. On a retrouvé dans des tombes magyares du VIIIe ou du IXe siècle de notre ère, des squelettes de chevaux inhumés avec les guerriers qui s'en étaient servis[2]. A une époque plus

[1] Hérodote, l. IV, 61 et 11.
[2] Dr Lenhossek, *Sur les fouilles anthropologiques et archéologiques de Szeged-Œthalom*, in *Revue d'anthropologie*, 1884.

rapprochée de nous, en 1240, une peuplade asiatique établie en Macé-
doine, celle des Comans, perdit son roi Younas, qui mourut à Constan-
tinople et fut enterré près du Bosphore; on étrangla sur sa tombe huit de
ses écuyers et vingt-six chevaux[1].

Il est des peuples arrivés à une haute civilisation, qui ne possédaient
pas le Cheval et qui ne le connurent et ne l'utilisèrent qu'au contact des
Asiatiques. Les Égyptiens et les Hébreux furent dans ce cas. M. Piétrement a démontré que la vallée du Nil était primitivement dépourvue
de chevaux et que ces animaux y furent introduits seulement lors de
l'invasion de l'Égypte par les Pasteurs ou Hyksos, peuple issu d'un
mélange de Mongols et de Sémites. En effet, si l'on examine les hiéro-
glyphes, les bas-reliefs et les peintures de l'ancien et du moyen empire
égyptien, on n'y voit aucune représentation du cheval et du cavalier,
tandis que d'autres animaux domestiques, chiens, bœufs et ânes, y
sont fréquemment figurés.

Plusieurs auteurs du siècle dernier, notamment Chais, Bochart, dom
Calmet et surtout Fabricy ont montré que les Hébreux n'ont point utilisé
le Cheval pendant la première période de leur histoire; il faut arriver
jusqu'aux rois et particulièrement à Salomon, pour voir l'emploi de cet
animal devenir courant. M. Piétrement par ses études plus récentes a
confirmé ce fait.

Dès les temps les plus reculés, les Assyro-Chaldéens se servirent du
cheval et leurs chars de guerre étaient renommés. Les Sigynnes, qui
occupaient toute la région au delà de l'Ister, étaient tous conducteurs
de chars et la rapidité de leurs petits chevaux était extrême (Hérodote).

Les Proto-Grecs ont reçu de bonne heure l'usage du Cheval des peuples voisins, car ils se servaient de cet animal lors de la guerre de Troie
et on a trouvé à Mycènes des épées en bronze où il est souvent figuré.
La Thessalie devint ultérieurement la contrée la plus riche en chevaux de la Grèce et les Thessaliens étaient de bons cavaliers. Ils mar-
quaient leurs chevaux au fer chaud et la marque la plus ordinaire était
une tête de bœuf.

Nul n'ignore l'habileté des jeunes Grecs à conduire les chars et l'adresse
qu'ils déployaient dans les courses olympiques. On sait que Xénophon a
retracé les soins qu'il importe de donner au Cheval et les règles de
l'équitation.

Aux premiers temps, sous les rois et pendant la République, Rome
n'était pas riche en chevaux; ses soldats combattaient à pied. Ses cé-
lères ne faisaient pas exception, c'étaient des fantassins qui montaient
des chevaux pour arriver plus vite sur le lieu du combat, et qui des-
cendaient quand l'action s'engageait. Plus tard, quand elle se fut agrandie

---

[1] Lejean, *Les populations de la péninsule des Balkans*, Paris, 1882.

et qu'elle ambitionna la domination du monde, elle tira des chevaux de divers côtés, de l'Espagne, de la Gaule, de la Thessalie, de la Mauritanie et surtout de la Cappadoce. Sous l'Empire, le goût du Cheval se répandit et l'équitation fut en honneur. Il y eut des courses dans les cirques, imitation des jeux olympiques, et l'histoire a conservé le souvenir des folies de quelques empereurs, de Caligula en particulier, qui fit construire pour son cheval une écurie de marbre, avec une auge d'ivoire où l'on déposait de l'avoine dorée.

Les Romains obligèrent les peuples tributaires ou alliés à leur fournir des cavaliers. La proportion était généralement du triple de la cavalerie romaine. Peu de jours avant la bataille d'Alésia, César fit venir vingt-cinq mille cavaliers germains qui décidèrent la victoire en sa faveur.

Les Gaulois, au dire de Strabon, étaient d'excellents cavaliers; ils brillaient aussi dans l'art de conduire les chars. César cite les Sotiates d'Aquitaine comme possesseurs d'une nombreuse cavalerie[1], et Sidoine Apollinaire vante la supériorité des cavaliers arvernes[2]. Cette supériorité s'affirma dans la lutte de Vercingétorix contre César; la cavalerie romaine fut rompue chaque fois qu'elle fut abordée par les cavaliers gaulois.

Parmi les peuples qui firent irruption en Europe pour détruire l'empire romain et s'installer sur ses ruines, les uns étaient bons cavaliers, d'autres l'étaient à peine. Les Huns et les Goths comptaient parmi les premiers, les Francs, les Normands, les Saxons et les Danois parmi les seconds.

Quand les Sarrasins, à la fin du VIIIe siècle, parcoururent une partie de l'Europe, ils possédaient une cavalerie très nombreuse; d'ailleurs, Mahomet avait fait de l'élevage du Cheval un acte méritoire qui concordait avec les visées qu'il avait pour ses sectateurs. On a avancé que les chevaux du plateau central de la France sont les descendants de la cavalerie musulmane, laissée sur place après la bataille de Poitiers; c'est là une origine fort douteuse, car les historiens affirment que le lendemain de la bataille, quand les Francs voulurent recommencer la lutte, ils constatèrent que le camp des musulmans était vide. Les débris harassés de l'armée d'Ald-el-Rahman étaient partis en silence à la faveur des ténèbres, abandonnant tout, « hormis leurs chevaux et leurs armes[3] ».

Il ne semble pas que les Francs aient été de grands éleveurs de chevaux et de bons cavaliers. Cette conclusion ressort de l'étude de leurs mœurs, de leurs lois et de leur façon de combattre. Agathias dit qu'ils se servaient peu de chevaux, et que leur manière était de combattre à pied[4].

[1] César, *Commentaires*, liv. III, chap. XX.
[2] S. Apollonaris, *Epistolæ*, liv. IV, ép. IX.
[3] H. Martin, *Histoire de France*, t. II, p. 203.
[4] *Agathiæ scholastici historia*, liv. II, édit. de 1660, Paris.

CORNEVIN, Zootechnie.

Les chefs voyageaient en basterne traînée par des bœufs ou allaient à pied comme leurs soldats. D'après les documents fournis par le triple capitulaire de Dagobert, édicté en 630, la destruction du Faucon, chasseur de Grues, entraîne une composition ou amende égale à celle du Cheval, celle du Faucon, chasseur d'Oies, une composition égale à celle de la Jument ; celle du Chien de chasse limier, une composition égale à celle de l'Étalon, soit la plus forte. Cette égalité entre le Chien, le Faucon et le Cheval n'indique pas qu'on attachât à ce moment une importance bien considérable au dernier de ces animaux.

Il faut arriver jusqu'à l'époque de Charlemagne pour trouver des preuves historiques de l'intérêt qu'on prit alors à l'élevage du Cheval. A partir de ce moment et pendant tout le moyen âge ou, pour mieux dire, pendant toute la durée du régime féodal, il fut en honneur et très prospère. Pour une aristocratie guerrière, l'équitation fait nécessairement partie de l'éducation. On a fait remarquer avant nous que plusieurs expressions qui désignent des situations élevées et correspondent à des titres honorifiques, comme chevalier et maréchal du palais, ont incontestablement une origine qui les rattache au Cheval et à ce qui s'y rapporte. D'autre part, il suffit de se représenter l'état de l'Europe féodale pour comprendre de suite l'importance du Cheval. Les guerres incessantes, les lourdes armures des combattants et la supériorité que possédaient ceux qui avaient une nombreuse cavalerie la démontrent surabondamment. Les destriers devaient être de forte stature, car non seulement ils avaient à porter des chevaliers bardés de fer, mais ils étaient eux-mêmes cuirassés pour la bataille. Pendant la paix, le palefroi jouait son rôle dans les tournois et les courses, déjà en honneur au XIII⁰ siècle ; de plus, le défaut de bonnes routes et l'habitude empêchant de se servir de voitures, tous ceux qui le pouvaient allaient à cheval.

Le moyen âge ne fut point une époque d'entière barbarie et de misère ; jusqu'à la guerre de Cent-Ans, l'agriculture et l'élevage des animaux furent relativement prospères. D'ailleurs, on ne peut point porter un jugement d'ensemble sur la France de ce moment, mais on doit considérer chaque province en particulier, car elles étaient gouvernées séparément et souvent d'une manière très différente.

Les abbayes jouèrent à cette époque un grand rôle agricole. Entre les Barbares qui venaient de détruire l'empire d'Occident et de se répandre sur un pays qu'ils n'étaient pas en mesure de cultiver et des nations morcelées, sans unité et écrasées par leurs envahisseurs, puis, plus tard, entre la noblesse batailleuse, ignorante et les serfs taillables à merci et avilis par la servitude, le monachisme prit une place fort importante.

De tous les ordres religieux, celui de Cîteaux eut l'influence la plus considérable dans les choses de l'agriculture auxquelles il s'adonna particulièrement. Les abbayes cisterciennes devinrent fort riches en bétail; les quelques exemples qui suivent le prouvent :

L'abbaye de Fontfroide, lors du recensement ordonné par Benoît XII (1338) possédait 19.234 pièces de bétail.

Les religieux de Clairvaux, fondant une abbaye en Sardaigne, lui firent don de dix mille brebis, mille chèvres, deux milles porcs, cinq cents vaches, cent juments et cent chevaux [1].

Au commencement du xvᵉ siècle, l'abbaye de Morimond possédait deux cents chevaux répartis entre quinze granges [2], sans compter les autres animaux domestiques.

Comme toutes les abbayes d'un même ordre avaient entre elles de fréquents rapports, il se faisait un échange de bétail d'une contrée à une autre qui dut être souvent profitable à l'amélioration des troupeaux.

Les abbayes possédaient beaucoup de chevaux ; elles étaient toutes à la tête d'exploitations agricoles importantes et, comme l'a fait remarquer M. Delisle, elles devaient fournir, à cause des fiefs qu'elles tenaient, des hommes d'armes quand le roi semonçait ses chevaliers. De plus, ce fut, chez elles, un usage aux xiᵉ et xiiᵉ siècles de récompenser la générosité de leurs bienfaiteurs en leur offrant une monture de choix [3]. Cet usage fit qu'elles s'efforcèrent d'avoir des chevaux d'élite pour leurs cadeaux, et, comme elles étaient puissamment riches, elles pouvaient faire tous les sacrifices nécessaires pour les élever.

Il est fort improbable qu'avec la part que les moines prirent aux Croisades, et avec les voyages fréquents qu'ils faisaient en Orient, ils n'aient point ramené en Europe quelques beaux types de chevaux.

D'ailleurs, la preuve de la grande différence dans le goût du Cheval entre le moment de l'établissement des Francs sur notre sol et le xiiiᵉ siècle est fournie par une ordonnance de saint Louis punissant de la perte des yeux le voleur de chevaux, alors qu'antérieurement il en était quitte à bon compte.

Plusieurs provinces étaient tout spécialement renommées pour leur élevage, telles la Normandie, l'Aquitaine, le Limousin, l'Auvergne et le pays de Tarbes [4]. Le commerce des chevaux importés de l'étranger était plus actif qu'on ne le suppose généralement ; ceux qui le pouvaient s'efforçaient d'avoir des chevaux de l'Orient, de l'Espagne, de la Sardaigne, d'Otrante et de Bénevent, de la Hongrie, de l'Allemagne et des îles Britanniques.

Chacune des sortes de chevaux de ce temps était désignée d'un nom

[1] Commun. du P. Benoît, d'Aiguebelle.
[2] Dubois, *Histoire de l'abbaye de Morimond*, Paris, 1852.
[3] L. Delisle, *Études sur la condition de la classe agricole et l'état de l'agriculture en Normandie au moyen âge*, Évreux, 1851. — F. Michel, *Du passé et de l'avenir des haras*, Paris, Londres et Édimbourg, 1861.
[4] *Les chroniques de sire Jehan Froissart.*

spécial : Destrier, Palefroi, Roncin, Haquenée, Sommier, ou par ceux moins communs de Courtaut, Genet, Milsoudor, Bidouart, Hacquet, Traquenard et Gaillofre.

Lorsque la main de fer de Richelieu eut abattu la féodalité et qu'une nouvelle ère s'ouvrit, les conditions de l'élevage du Cheval furent différentes parce que les besoins étaient autres. La création d'une milice vraiment nationale imposa à la royauté des devoirs qu'elle n'avait pas connus jusque-là; la création de haras nationaux fut décidée. Nous en ferons l'histoire plus loin, mais il suffit de lire la correspondance de Colbert avec de Garsault pour voir l'intérêt que ce grand ministre attachait à cette œuvre [1]. Au surplus, les XVIᵉ, XVIIᵉ et XVIIIᵉ siècles furent des époques où la science du Cheval fut cultivée avec ardeur dans les académies d'équitation, comme il a déjà été dit.

De tout temps, les îles Britanniques ont été riches en chevaux, et César, lors de l'invasion, trouva devant lui de nombreux chars de guerre. Dans la suite, le plus grand nombre des souverains s'efforça de multiplier ces animaux en employant des mesures, dont plusieurs nous paraîtraient aujourd'hui fort arbitraires. Par exemple, Henri VIII recourut à l'un des moyens despotiques qui lui étaient habituels : il décréta qu'au-dessous d'un chiffre déterminé pour la taille, aucun cheval ne devait être conservé et il fit exécuter rigoureusement sa décision. Dans ce royaume, jusqu'au règne d'Élisabeth, tout le monde allait à cheval; ce n'est, dit Youatt, qu'à partir de la vingt-deuxième année de ce règne que commença à se répandre l'usage des carrosses [2]. Cet usage amena tout naturellement une modification dans la sorte des chevaux. Le goût des courses et l'introduction des chevaux orientaux créèrent la variété dite de pur sang. D'un autre côté, les conditions agricoles et le régime de la grande propriété eurent une influence remarquable sur l'élevage.

L'Espagne fut un des pays dont la réputation était autrefois des plus grandes dans la production des chevaux et des mulets ; cette réputation remonte à une époque antérieure à l'invasion maure. Il est peu de récits relatifs aux guerres ou aux tournois du moyen âge où il ne soit question de palefrois et de genets d'Espagne. On les tirait principalement de la Castille et de l'Aragon. Leur renommée dura jusque sous Louis XIV; elle s'est mal soutenue depuis. Taquet attribue cette décadence aux combats de taureaux, parce que les toréadors recherchent les montures de petite taille qui sont plus alertes [3].

L'Italie, malgré les dissensions qui l'ont déchirée, a produit aussi des animaux recherchés. On signale, dès le XIIIᵉ siècle, les chevaux de

---

[1] Correspondance administrative sous le règne de Louis XIV.
[2] Youatt, *The Horse*.
[3] J. Taquet, *Traité sur les haras*, Anvers, 1614.

Bénévent; du XVᵉ au XVIIᵉ siècle, elle posséda une quantité de familles chevalines florissantes, et de tous les pays d'Europe on venait à ses académies d'équitation. Il y avait entre les maisons seigneuriales du temps une véritable lutte d'amour-propre pour la création de ces familles, et quand elles étaient créées, à l'imitation de ce qui se fit autrefois en Grèce, on leur appliquait à l'aide du fer rouge, sur un point du corps, généralement à la cuisse, une marque qui était le signe de leur origine et leur marque de fabrique [1]. Comme la coutume de ces marques a persisté fort longtemps en Italie et qu'on la voit encore en Sardaigne, nous reproduisons, à titre historique, la marque d'une race célèbre, celle de Zanetti, introduite en France par le duc de Guise; elle se plaçait à la cuisse droite (fig. 25).

Fig. 25. — Marque de la famille chevaline dite Zanetti. — Italie; XVIᵉ siècle.

Les Chevaux turcs ont toujours été assimilés à ceux de l'Orient; quant à ceux d'Allemagne et de Hongrie, on les rapprochait des genets d'Espagne. Les animaux qu'on tirait de la région danubienne étaient d'origine asiatique; on les croisa peu à peu avec les andalous. En Russie, indépendamment des chevaux tartares, des sujets orientaux furent introduits par les chevaliers de l'Ordre teutonique.

Les Flandres, si industrieuses et si peuplées du XIIᵉ au XVᵉ siècle, étaient déjà riches en forts chevaux qu'utilisaient les villes de Bruges et d'Ypres, alors les métropoles du commerce dans le Nord, et dès le XIVᵉ siècle, des étalons flamands étaient introduits en Angleterre par l'ordre du roi Jean.

[1] *Livre de marques de chevaux, servant à faire connaître les chevaux de divers haras d'Italie au XVᵉ siècle,* anonyme, petit in-12, édité en 1588 à Venise. — Dᵉ Charvet, *Recherches historiques sur les marques des chevaux d'Italie et d'autres pays,* in Journal de médecine vétérinaire et de zootechnie, p. 414 et suiv., 1883.

On a mêlé de bonne heure le sang oriental dans la population chevaline du Danemark et de l'Allemagne du Nord.

On sait déjà que le Cheval n'existait pas en Amérique lors de la découverte. Il y a été introduit par les conquistadors et les hasards de la guerre l'ont fait abandonner en plusieurs endroits. Une des circonstances les plus connues de son introduction est la suivante :

Quand en 1535, Mendoza aborda à l'endroit qui est aujourd'hui Buenos-Ayres, il emmenait avec lui 2800 chevaux ; son expédition fut malheureuse et les chevaux s'échappèrent. Leur multiplication fut si rapide que, lorsqu'en 1580, les Espagnols revinrent avec Juan de Garay pour fonder, définitivement cette fois, Buenos-Ayres, on pouvait déjà estimer à 50.000 le nombre des chevaux répandus dans la pampa. Ils étaient livrés à eux-mêmes ou à peu près, bien que les Indiens eussent déjà pris l'habitude de les monter et de les manger. Ces Indiens devinrent promptement cavaliers émérites ; l'immense pays plat qu'ils habitaient les poussait à l'équitation, puisqu'avec le Cheval pour auxiliaire, ils allaient pouvoir parcourir rapidement des territoires étendus.

Il a été dit que l'Océanie ne possédait non plus pas de chevaux avant les explorations des Européens ; ils y ont été introduits petit à petit et à une époque récente.

Les Égyptiens ont utilisé très anciennement l'ANE, puisqu'on le voit représenté dans un hypogée de la IVᵉ dynastie et ils s'en sont servi exclusivement jusqu'à ce qu'ils connussent le Cheval, comme les Hébreux, d'ailleurs et les peuples voisins. Ils l'élevaient en grand, car des inscriptions funéraires apprennent que les personnages auxquels elles s'appliquent possédaient des milliers d'ânes[1].

Par contre en Scythie, au temps d'Hérodote, on ne le trouvait pas ; il était également absent de l'Inde (mais il y aurait pénétré de bonne heure), et les Assyriens n'ont laissé aucune figure qui s'y rapporte. Il n'a monté que peu à peu vers le nord ; son usage en Gaule date surtout de la période gallo-romaine. Il est encore plus récent pour l'Angleterre, puisque sous le règne d'Elisabeth, un âne était une curiosité dans ce pays. Strabon signale l'absence de cet animal, de son temps, chez les Bretons et les peuples voisins de la mer Baltique.

Actuellement, on ne le trouve pas encore en Islande ; dans la Russie septentrionale il est une rareté. Il n'était pas connu au Japon avant l'ouverture du pays à l'élément européen, en 1868.

Il n'y a donc pas à comparer l'expansion de cet animal avec celle du Cheval, dans les contrées tempérées et froides.

Quant au MULET, une très ancienne mention s'en trouve dans la Genèse

---

[1] Lenormant, *Sur l'antiquité de l'existence de l'Ane et du Cheval domestiques en Égypte*, in *C. R. de l'Académie des sciences*, l. LXIX, 1869.

où il est dit qu'Hana, contemporain d'Isaac, vit quelques-uns de ces animaux paissant dans le désert de Séhir. Chez les Assyriens, on trouve plusieurs représentations de mulets bien reconnaissables et l'on sait que Darius avait des mules dnsa son armée. Les Grecs en possédaient, car Homère en parle à diverses reprises. Les Romains en faisaient grand usage ; du temps de Strabon, on en produisait beaucoup en Ligurie et la ville de Réate était renommée sous ce rapport. Lors de la première guerre punique, les Carthaginois firent venir des mulets des îles Baléares où l'on en élevait de très beaux, et M. Piètrement a démontré que de temps immémorial l'industrie mulassière a existé en Espagne. Elle se répandit rapidement dans le midi et dans l'ouest de la France au moyen âge; elle fut particulièrement prospère en Poitou et dans les stations d'étalons que posséda plus tard la Couronne dans cette province, quelques-unes renfermaient des baudets.

Au moyen âge, les mules et les mulets furent la monture presque exclusive des ecclésiastiques et des magistrats.

II. LES RUMINANTS ET LE PORC

Les documents fournis par l'exégèse et la linguistique apprennent que les Aryas se sont servis de fort bonne heure du Bœuf comme animal domestique.

Pictet a écrit quelque part que « c'était le Bœuf qui constituait la richesse nationale des Aryas ». Dans le Rig-Véga il est fréquemment question de cet animal ; à l'époque védique, l'art de baratter le lait et de le transformer en beurre était connu, car dans les hymnes, la chose est signalée très explicitement. Il est probable que ce sont les Aryas qui ont indiqué aux Chinois la domestication de ce Ruminant. Vraisemblablement que les mêmes peuples, par leurs migrations en Europe, en ont propagé l'usage. Les Sémites, de leur côté, ont aussi utilisé le Bœuf peut-être en même temps que les Aryas. Hérodote dit que l'Arabie était riche en bœufs, alors qu'elle ne possédait pas encore de chevaux. Strabon parlant de l'expédition d'Ælius Gallus signale les bœufs de l'Arabie comme très grands.

Les Proto-Hellènes connaissaient le Bœuf quand ils se sont établis en Grèce. Homère en fait mention à chaque page de ses chants. Dans un passage de l'*Illiade*, il fixe à quatre Taureaux la valeur d'une captive « habile aux travaux de son sexe », il nous apprend que fréquemment les échanges d'armes, de trépieds, se faisaient pour des taureaux, qu'on ornait leurs cornes de lamelles d'or avant de les offrir en sacrifice aux dieux, etc., etc.

Le peuple hébreu s'est servi de bonne heure de cet animal, car fréquemment, dans son histoire, il est question de troupeaux de bœufs et de moutons. Sa législation religieuse s'en occupait spécialement; pour les sacrifices, on n'admettait que les espèces bovine, ovine et caprine; on ne pouvait racheter le premier-né de la Vache, de la Chèvre et de la Brebis; il fallait les offrir à l'Éternel. Les peuples qui environnaient les Hébreux et avec lesquels ils guerroyaient avaient également de nombreux troupeaux de bœufs.

Dès les origines de leur civilisation, les Égyptiens possédaient le Bœuf à l'état domestique; ils avaient déjà au moins deux races bovines, l'une à grandes cornes et l'autre sans cornes; ils savaient traire leurs vaches et en utiliser le lait. Des peintures relatives à la IVᵉ dynastie représentent des vaches sans cornes dont on a lié les jambes afin de pouvoir les traire, preuve qu'elles n'étaient pas encore complètement pliées à l'opération de la mulsion.

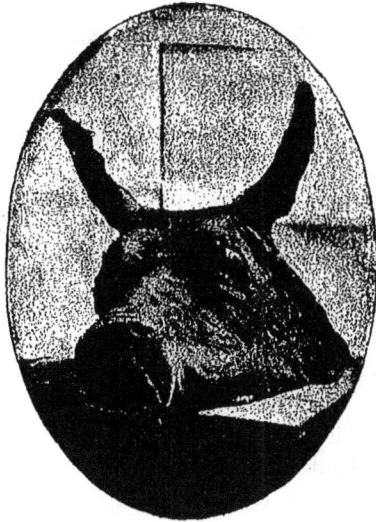

Fig. 23. — Momie de Bœuf Apis, trouvée au puits de Boucyr, entre Saqqarah et Giseh et apportée en France par le Dʳ Perron. — Musée de Langres.

Personne n'ignore que les Égyptiens ont déifié le Taureau sous le nom d'Apis. Depuis le moment où on peut fouiller dans leur histoire, on les trouve en possession de l'idée abstraite de la divinité comprise à la façon asiatique, symbolisée par le soleil. Mais si l'idée est la même en Asie et en Égypte, la représentation matérielle de la divinité et le rite sont bien différents. En Asie, le dieu Soleil est dans un char traîné par des chevaux; on lui offre des sacrifices de chevaux. En Égypte, son image, c'est le Taureau, c'est l'Apis sacré de Memphis et d'Héliopolis, emblème de la vigueur et de la fécondité. C'était une idée populaire en Egypte que l'âme d'Osiris était passée dans un bœuf et dans les sépultures, près des momies, on trouve fréquemment des ossements de bœufs.

D'après Hérodote [1], Apis se reconnaissait aux signes suivants : « Il est noir, mais il a sur le front un carré blanc, sur le dos l'image d'un Aigle, à la queue des poils doubles, sous la langue un escarbot. » Par cette dernière figure, nous devons entendre qu'il avait une tache noire sous la langue, cas commun sur les animaux à pelage noir. Quand un Bœuf Apis était mort, la recherche de son successeur était une chose qui tenait l'Égypte dans l'anxiété. Une fois trouvé, avant de le conduire à Memphis, on le nourissait pendant quarante jours dans la vallée du Nil.

A côté de ce bœuf déifié, les Égyptiens possédaient le bœuf de travail. Ils avaient connu de fort bonne heure la charrue, relativement bien combinée, qu'ils lui faisaient traîner. Des bœufs tombaient aussi sous le couteau des sacrificateurs, et pour apaiser Thyphon, le génie du mal, on immolait des bœufs « rouges ».

Les Scythes et les anciens Perses offraient des bœufs à leurs divinités. On voit sur d'anciennes monnaies phocéennes, probablement du IVe siècle avant Jésus-Christ, des têtes de taureaux d'un côté, avec des lignes géométriques disposées sur trois rangées et formant par entrecroisement une sorte de croix de l'autre. S'il est exact, comme le soutient M. de Mortillet, que plus de mille ans avant notre ère, la croix ait été un emblème religieux, il est permis de supposer que son association avec une tête de taureau sur les monnaies phocéennes était liée à une idée mystique. On aurait adopté plus tard ce modèle pour quelques monnaies celtiques.

Pour plusieurs peuples, le jour du solstice d'hiver, 25 décembre, était particulièrement la fête du Bœuf, en même temps qu'une fête essentiellement solaire, et il ne serait pas invraisemblable que cet animal ait été introduit dans l'Étable de Jésus par les promoteurs du christianisme, pour ménager une transition entre le culte ancien et le culte nouveau. Les tauroboles témoignent dans le même sens.

Le Bœuf a donc été un animal sacré aux premiers temps historiques de l'humanité; d'ailleurs actuellement, les Hindous ne frappent ni ne tuent la Vache et trouvent méritoire de se barbouiller le visage de ses déjections auxquelles ils attribuent des vertus purificatrices.

Les peuples anciens qui n'avaient pas déifié le Bœuf, le tenaient néanmoins en haute estime. Élien raconte que chez les Phrygiens, un homme fut condamné à mort pour en avoir tué un qui travaillait au labourage, et Columelle rapporte que dans les premiers temps de Rome, égorger cet animal entraînait la peine capitale. Pline et Valère-Maxime portent le même témoignage.

---

[1] Hérodote, liv. III, 28.

Plusieurs peuples ne l'utilisaient qu'à titre de bête de travail et ne le consommaient pas, exception faite pour les sujets offerts en sacrifice. Il se passait à son endroit ce que nous voyons aujourd'hui en Orient pour le Buffle qu'on estime beaucoup comme travailleur et qu'on dédaigne comme animal comestible. Les Romains, dont la gourmandise était raffinée, comptent à peine le Bœuf au nombre des animaux comestibles et seulement aux derniers temps de leur histoire. Au surplus, au commencement de notre ère et au début du moyen âge, en France, on ne mentionne guère davantage le Bœuf dans l'énumération des animaux qui fournissaient des viandes aux festins. Utilisé comme bête de travail jusqu'à l'âge le plus avancé, il arrivait épuisé à la fin de sa carrière, et on conçoit qu'il n'ait pas été apprécié comme bête de boucherie.

Des renseignements étendus sur son élevage durant cette période font défaut ; il est probable que la noblesse et les paysans s'en occupèrent peu, mais on sait que les abbayes étaient riches en bœufs comme elles l'étaient en autre bétail. Celle de Morimond possédait environ trois mille bêtes bovines, et en l'année 1153, le prieur de Clairveaux envoya en Italie un mandataire qui en ramena dix magnifiques buffles [1], preuve de l'attention qu'on apportait dans ces établissements à la question du bétail.

On connut mieux dans la suite l'utilisation du Bœuf comme bête de boucherie, et son élevage à ce titre prit peu à peu de l'essor. Quelques chroniques du xvᵉ siècle montrent les efforts qu'on faisait déjà pour encourager la mise en graisse des bêtes bovines. Dans quelques pays, à Champdeniers, dans les Deux-Sèvres d'aujourd'hui, par exemple, dès ce moment, le samedi de la semaine qui précède Noël, au marché à bestiaux de ce jour, on récompensait le plus bel animal amené et on lui décernait le titre de *Roy-bœuf*. Il est même assez probable que l'enseigne : « Au Bœuf couronné » qu'on voyait autrefois en plusieurs pays, au seuil d'hôtelleries, indiquait l'usage, supposé ou réel, où l'on était dans ces auberges de faire manger la viande du Roy-bœuf.

En Angleterre, dès le xvıᵉ siècle, l'abbaye de Fountains apportait des soins à l'amélioration de son bétail et commençait la transformation des bêtes de la Tees en Shortorns [2]. Mais ces tentatives étaient isolées ; d'une façon générale, les bestiaux étaient chétifs et il faut arriver à la fin du xvıııᵉ siècle pour constater une véritable amélioration. Elle s'est continuée et accentuée dans le cours de celui-ci.

Il est possible que le Bœuf ait été introduit simultanément en plusieurs endroits de l'Amérique, qui en était dépourvue au moment de la découverte, ainsi qu'il a été dit. On sait toutefois, d'une façon certaine, l'histoire

---

[1] D'Arbois de Jubainville, *Études sur l'état intérieur des abbayes cistériennes aux* xııᵉ *et* xıııᵉ *siècles*, p. 57.

[2] De la Tréhonnais, *La race Durham*, in *Journal de l'agriculture*, 1880.

de l'une de ces importations. En 1553, deux Portugais, les frères Goës, achetèrent dans le midi de l'Espagne huit vaches et un taureau qu'ils transportèrent à l'île Sainte-Catherine; de là, gagnant la côte brési-lienne, ils arrivèrent à travers les forêts avec leur petit troupeau à l'Assomption, ville qu'on créait à ce moment. On regarde ces animaux comme la souche du bétail pampéen.

Dans le reste du monde, des pays dépourvus de bêtes bovines, comme l'Océanie, l'Afrique australe, s'en sont peuplés rapidement; mais les deux Amériques ont distancé les autres contrées et leur territoire s'est couvert de bœufs. Les peuples pasteurs réapparaissent sous une nouvelle forme, et on voit les possesseurs de ranchos immenses désignés sous le nom significatif de *rois du bétail*. D'ailleurs les tableaux statistiques du chapitre suivant montreront l'importance de la population bovine et son accrois-sement continu.

On ne dira jamais assez l'influence considérable qu'a eue la domesti-cation du Mouton sur le bien-être de l'humanité; ce paisible animal a rendu des services plus grands que le Cheval et le Bœuf; de sa laine, il a vêtu l'Homme et l'a défendu contre les intempéries; il l'a nourri de son lait et de sa chair. Il a constitué la première et la plus importante richesse des peuples primitifs; à notre époque, il a été la source de la prospérité de pays récemment colonisés, tels que l'Australie.

Les documents écrits les plus anciens apprennent que les Aryas éle-vaient la Brebis et peut-être la Chèvre.

En Arabie, on trouvait la Chèvre et deux races de Moutons que Stra-bon qualifie, l'une de race à laine noire et l'autre de race à laine blanche; Diodore de Sicile, pour le même pays, parle de moutons à grosse queue. En Égypte, on voit rarement figurer le Mouton sur les bas-reliefs, d'après Chabas [1] et les autres égyptologues, tandis que la Chèvre y est aussi com-mune que le Bœuf; néanmoins, il y a été rencontré et M. Prisse d'Avennes a relevé l'estampage d'un bas-relief de Gournah qui représente un trou-peau de moutons précédé de deux béliers qui luttent. Il se faisait dans la Haute et dans la Basse-Égypte, un commerce considérable de tissus de lin, de laine et de tapis. Les vêtements de laine étaient portés par les gens du peuple. Par mesure d'hygiène, il était défendu d'employer les tissus de laine comme linge de corps. Hérodote dit, en parlant des Égyptiens : « Se tenant le corps dans un état de constante propreté, ils considéraient comme un non sens la coutume de se vêtir avec le poil d'animaux. Pour l'enterrement de leurs morts ils ne pouvaient employer les draps de laine, parce que cette matière engendre des insectes qui auraient endommagé les cadavres; aucun prêtre du reste, ne pouvait pénétrer dans un temple sans s'être au préalable dépouillé de tout vête-

[1] Chabas, *Études sur l'antiquité historique*, p. 403.

ment de laine s'il en portait. » C'était donc surtout de lin que l'on se servait; les bandelettes de momies sont toujours en lin. On n'a trouvé
que rarement des étoffes avec trame en laine et chaîne en lin; on s'en
servait pour envelopper les animaux sacrés. L'art du tissage était très
développé chez les anciens Égyptiens et la fabrication de magnifiques
tissus avec fil or ou argent fut l'orgueil de Thèbes.

Les Lybiens possédaient, dès l'antiquité la plus reculée, le Mouton et
la Chèvre. Il est banal de rappeler que les Hébreux, dès les premiers temps
ou nous pouvons les suivre, avaient de grands troupeaux de moutons et
de chèvres. L'anecdote relative à Jacob et à Laban est caractéristique et
montre, avec d'autres récits bibliques, peintures de la vie patriarcale sous
le ciel ravissant de l'Orient, l'importance de l'élevage du Mouton pour
eux. Les peuples qui les entouraient étaient dans le même cas, une
masse de documents dans lesquels on n'a qu'à puiser en fait foi. Nul
n'ignore que les Arabes sont restés attachés à cette vie pastorale qui
convient si bien à leur nature contemplative.

Dès l'aurore de leur histoire, les Grecs ont été bergers; leurs poètes
font souvent allusion au Mouton et à la laine qu'il fournit. Il y a même
des probabilités pour penser que ce sont les Hellènes ou leurs voisins
d'Asie qui ont imaginé l'art de le tondre, car Varron dit que les premiers
tonsores sont venus de la Cilicie à Rome, l'an 454 de sa fondation.
Jusque-là on arrachait la laine au lieu de la couper.

Les Romains s'occupèrent aussi beaucoup de l'élevage du Mouton, et
il suffit de feuilleter les agronomes latins pour se convaincre de l'intérêt
qu'ils y attachaient.

Les Gaulois utilisèrent largement et de bonne heure ce précieux animal. Dans les tumuli des environs de Gray, on a trouvé des œnochoés
(sortes d'aiguières en bronze) entourés d'étoffe de laine, ce qui prouve
que nos ancêtres, longtemps avant leurs luttes avec les Romains, élevaient le Mouton et en utilisaient la laine [1].

En Europe, pendant le moyen âge, la Renaissance, la période moderne et jusqu'à une époque peu éloignée, l'élevage du Mouton a été en
honneur. Cet animal était, avant tout, regardé comme producteur de
laine et pourvoyeur de la matière première des vêtements; l'industrie
de la filature était d'importance capitale et parmi les corporations,
celle des drapiers tenait l'un des premiers rangs. En Belgique, la laine
a joué un grand rôle pendant tout le moyen âge; longtemps, elle fut manu-
facturée presque exclusivement dans les Flandres. Les drapiers de Gand
formaient de puissantes et riches corporations; à Bruges, on comptait, au
XIVe siècle, cinquante mille personnes employées au travail de la laine.
Cette industrie disparut à la suite des horribles persécutions du duc d'Albe.

---

[1] Perron, *Les tumulus de la vallée de la Saône supérieure*, Gray.

L'Angleterre en hérita en grande partie et elle y tient toujours le premier rang. La vieille coutume de faire présider le speaker, à la Chambres des communes, assis sur un sac de laine, est un témoignage de l'importance qu'y attache le peuple anglais.

On ne peut pas donner de meilleure preuve de l'intérêt soulevé par l'élevage du Mouton que les tentatives faites aux xviiᵉ et xviiiᵉ siècles pour introduire en Europe, et particulièrement en France, le Mérinos ou Mouton à laine fine, dont la péninsule hispanique s'était soigneusement réservé le monopole, et qu'elle élevait avec succès depuis la conquête romaine, sinon antérieurement. En France, la Couronne, sous les suggestions de Daubenton, de Tessier et de Gilbert, les États de quelques provinces, celle de Dauphiné notamment, des établissements particuliers, comme les abbayes d'Aiguebelle et de Morimond, rivalisèrent de zèle dans cette entreprise. A l'étranger, notamment en Saxe, en Italie, en Hongrie, en Angleterre, on entra dans la même voie.

Rien ne parut plus propre aux colons en quête de moyens pour utiliser les territoires immenses que l'Amérique, l'Océanie et l'Afrique australe mettaient à leur disposition que l'élevage du Mouton. Ils l'y introduisirent et il s'y développa merveilleusement ; ils s'étaient souvenus qu'il est, par excellence, l'animal capable de mettre en valeur les terrains neufs, soit qu'il y précède le Bœuf et le Cheval, soit qu'il les suive.

L'origine de la population ovine d'Australie est un peu obscure. D'après les uns, en 1789, des baleiniers anglais pêchant dans la mer du Nord, capturèrent un navire espagnol qui conduisait au Pérou trente béliers mérinos, et les débarquèrent en Australie. D'après d'autres, ce serait en 1788 qu'on aurait débarqué à Port-Jackson (aujourd'hui Sydney) quelques moutons en même temps que des convicts.

Le capitaine Mac-Arthur, l'un des premiers concessionnaires, ayant acheté quelques moutons indiens pour le ravitaillement de la colonie, vit que le climat australien modifiait favorablement la toison. Il croisa ces moutons indiens avec des moutons du Cap, d'abord ; plus tard, il fit d'autres croisements avec des bêtes importées d'Irlande. Malgré cela, le Mouton était fort rare en Australie, car on trouve dans les archives de ce pays trace d'une vente faite en 1792, où le prix de chaque mouton est de 265 francs pièce.

L'introduction des bêtes mérinos qu'on doit vraiment regarder comme la souche des Ovidés d'Australie, date de 1797. Deux amis de Mac-Arthur, les capitaines Kent et Waterhouse, furent envoyés au Cap de Bonne-Espérance. En arrivant, ils apprirent qu'un éleveur de grand mérite, le colonel Gordon, venait de mourir et que son troupeau était en vente. Ils l'achetèrent et l'embarquèrent ; mais diverses circonstances firent qu'au moment du débarquement, il ne restait que cinq brebis et trois béliers.

Plus tard, en 1804, Mac-Arthur acheta les plus beaux béliers du troupeau de Georges III. Par ce troupeau et d'intelligents croisements avec les bêtes qu'il possédait et déjà acclimatées, il créa ce qu'on appelle le *Mérinos de Camden*, en son honneur, car il était originaire de la ville de ce nom.

En 1802, un gouverneur de l'Australie, Thomas Brisbane, favorisa l'élevage du Mouton et il envoya à Londres les premiers échantillons des laines obtenues.

Après l'Australie, ce fut la Tasmanie qui s'y adonna et ce, grâce encore à Mac-Arthur qui, en 1819, livra à cette colonie 300 agneaux mérinos.

La province de Victoria fut la troisième terre où fut acclimaté le Mérinos vers 1830, car la première importation de laine de ce pays à Londres date de 1837.

Au commencement de ce siècle, il apparut que le Mouton ne devait pas seulement être regardé comme une bête à laine, mais aussi comme une bête à viande. Une vive impulsion fut donnée, en Angleterre, à sa transformation dans ce sens, puis des importations de races anglaises furent faites en France et dans divers pays européens.

Au chapitre suivant, on recherchera les raisons pour lesquelles, depuis une quarantaine d'années, la population ovine a considérablement baissé en Europe, bien que le nombre total des moutons ait augmenté sur le globe.

L'histoire de la CHÈVRE se confond, on vient de le voir, avec celle du Mouton et, comme lui, elle a joué et joue encore un rôle important dans la vie des peuples pasteurs. Les anciens Égyptiens en furent de grands éleveurs. On en prendra quelque idée par le fait suivant : Ramsès III édifia six temples funéraires à Thèbes, et, parmi les legs qu'il fit pour leur entretien, on compte 14.415 têtes de gros bétail et 70.227 chèvres et menu bétail pour chacun[1]. Les Grecs l'élevaient beaucoup et sacrifiaient le Bouc à Bacchus. Les Romains en faisaient autant et les Italiens modernes ont continué à se livrer très largement à son exploitation.

Tant que l'agriculture est peu avancée, la Chèvre a sa place marquée dans la ferme; sa multiplicité est l'indice d'une situation agricole ou arriérée ou impuissante à tirer un meilleur parti de montagnes rocailleuses et embroussaillées. A mesure que la culture progresse, le domaine de la Chèvre s'amoindrit; cependant, cette décroissance ne se poursuit pas jusqu'aux extrêmes, et quand le morcellement de la propriété est poussé très loin, le nombre des caprins augmente. Elle avait et elle a encore son rôle en économie rurale, car c'est la vache du pauvre.

En raison du duvet que produisent quelques races asiatiques, il a été fait, au siècle dernier et dans le courant de celui-ci, des essais d'introduction de ces races en Europe et dans notre colonie algérienne; ils n'ont pas donné tout ce qu'on en attendait.

---

[1] Loret, *Loco citato*, pagë 312.

Il a été dit que ce serait au contact des Asiatiques que les peuples du midi de l'Europe auraient appris, l'art de domestiquer le PORC. Mais il ne s'agit que des Aryas et non des Sémites. Cette dernière branche de la famille humaine ne l'a point domestiqué et n'a point voulu l'utiliser. Ni Strabon ni Hérodote ne le citent dans leur énumération des animaux de l'Arabie.

Les Égyptiens le tenaient pour immonde, et il ne figure pas dans leurs peintures et leurs bas-reliefs pas plus que sur ceux de Ninive. Tout le monde sait que Moïse l'exclut de la liste des animaux que pouvaient consommer les Juifs et que cette prohibition fut transportée du judaïsme à l'islamisme ; elle avait sans doute, son fondement dans la connaissance de la transmission possible de parasites de la viande du Porc à l'Homme qui l'ingérait. Elle dure encore chez tous les peuples qui suivent le Coran; la Perse, par exemple, étant un pays où la foi musulmane est rigidement observée, on ne l'y trouve pas.

Les Grecs nourrissaient beaucoup de porcs et en des passages multiples de son œuvre, Homère parle de cet élevage ; nous sommes informés, par exemple, qu'Ulysse avait douze cours renfermant chacune cinquante truies pour la reproduction. Les Romains ne restèrent point en arrière. Pline dit que, chaque année, l'Étrurie seule expédiait vingt mille porcs à Rome. D'ailleurs, les Romains avaient porté fort loin l'art des préparations culinaires auxquelles on peut soumettre la viande de ces animaux [1]. Ils en faisaient l'élevage en forêt, et dans beaucoup de points de l'Italie du sud et du centre, il se fait encore à l'antique.

Dans la vieille Gaule, le Sanglier devait être un animal très apprécié; il figura longtemps sur les enseignes et les monnaies (Sus gallicus des numismates). Nous nous demandons s'il ne symbolisait pas quelque idée religieuse. Effectivement, on en trouve des restes dans les tumulus de l'Allemagne du Sud datant de la période hallstattienne. On enterrait ces animaux avec l'Homme, en ayant le soin de choisir de préférence des jeunes. Mais, chose curieuse et dont l'intention nous échappe, on a construit, à ce moment, des tertres pour la sépulture du Sanglier seul [2]. Sa présence sur les enseignes gauloises se rattacherait-elle aux croyances de ces populations ? S'il est supposable que le Sanglier était un objet de quelque vénération, il est certain que le Porc était fort utilisé. Les salaisons de la Séquanie jouissaient d'une grande réputation à la période gallo-romaine et le pays, très boisé, fournissait sans doute en abondance les glands nécessaires à la nourriture des animaux dont elles provenaient. Les Francs, occupants du même pays, se livrèrent aussi à son élevage.

[1] Voyez sur ce point : Th. Bourrier, Le Porc et les produits de la charcuterie, p. 2 et suiv., Paris, 1888.

[2] Nau, Les tumulus de la région des lacs d'Ammer et de Staffel (Haute-Bavière), Stuttgard, 1887.

Pendant toutes les périodes suivantes, on continua à le multiplier ; Charlemagne recommande à ses intendants d'en nourrir en quantité. On en élevait même en plein Paris et ils circulaient dans les rues ; l'accident arrivé à Philippe, fils de Louis le Gros, en est la preuve. Les abbayes s'occupaient aussi de ces animaux ; quelques-unes en faisaient même venir de l'étranger pour opérer des croisements. Celle de Morimond, à elle seule, en entretenait plus de quatre mille dans vingt granges du Bassigny. Bref, autrefois comme aujourd'hui, le Cochon en raison de sa prolificité, fut entretenu dans toutes les fermes, et la facilité de le nourrir en fit de temps immémorial l'animal élevé par les ménages ruraux pour être tué en hiver, salé et conservé.

Les autres pays de l'Europe ne restèrent pas en arrière ; à la fin du siècle dernier et au commencement de celui ci, les Anglais firent grandement progresser son élevage et se livrèrent à des opérations de croisement et de métissage qui eurent les meilleurs résultats.

Le Porc fut introduit dans l'Amérique du Nord vers 1540 par Fernand de Soto, officier au service de Charles-Quint. A la même époque, l'un des lieutenants de Pizarre l'importait dans l'Amérique centrale. Transporté en Océanie, il s'y est aussi acclimaté et multiplié abondamment. Actuellement, les États-Unis sont les plus grands éleveurs de porcs du monde et ils inondent l'Europe de salaisons. On verra au chapitre suivant l'augmentation constante de la population porcine.

III. LE CHIEN, LE CHAT, LE LAPIN ET LES OISEAUX DE BASSE-COUR

Si le CHIEN a été le premier animal domestiqué, il a été aussi celui dont l'emploi a été le plus général et les usages les plus variés. Mangé primitivement par l'Homme, la finesse de ses sens, sa rapidité à la course, sa bravoure, son attachement à son maître, l'ont fait appeler rapidement à d'autres usages. Il a été gardien des troupeaux et des habitations chez les Aryas ; les Égyptiens l'élevaient en nombre, et sur leurs monuments, on distingue plusieurs races, puisque Champollion a pu écrire : « Nous avons déjà recueilli le dessin de plus de quatorze espèces différentes de Chiens de garde ou de chasse, depuis le Lévrier jusqu'au Basset à jambes torses[1]. » Ils l'avaient sans doute déifié, comme tout animal utile, car on en retrouve des momies. Ils n'ont point été les seuls à le revêtir d'un caractère sacré. A Épidaure, dans le temple d'Esculape, des Chiens étaient chargés de lécher les yeux aux aveugles, et la croyance en la vertu médicatrice de la salive de cet animal dans les affections oculaires et dans la guérison des plaies ulcéreuses se perd dans la nuit des temps ; on la retrouve encore dans les campagnes.

[1] Champollion, *Lettres écrites d'Égypte et de Nubie*, nouvelle édition, p. 68.

On sacrifiait des chiens à Pan pendant les Lupercales, et ce dieu est qualifié quelquefois de *mangeur de chiens*. Les Lacédémoniens et les Béotiens en immolaient à Mars, afin, pensaient-ils, de rendre leurs soldats plus courageux.

Il fut employé comme animal de guerre. « Pour bien juger de l'efficacité que pouvait avoir dans le combat l'emploi de ce brave auxiliaire, il faut se reporter à l'époque où la simplicité de l'armement exigeait, pour ainsi dire, un combat corps à corps. Alors le Chien défendait son maître, attaquait bravement son adversaire comme il eût fait d'un sanglier. Cyrus employait à la guerre un grand nombre de chiens; de même les Colophoniens, les Gastrabales, les Hyrcaniens, les Magnésiens, les Paoniens. Un roi des Garamantes, exilé de son pays, confia à une armée de deux cents chiens le soin de reconquérir son trône, ce qu'ils ne manquèrent pas de faire. A Marathon, chaque Athénien fit combattre son chien à ses côtés [1]. » Les Romains en ont fait sans doute autant, malgré les raisons particulières qu'ils avaient d'estimer davantage la vigilance des oies que celle des chiens, car on a trouvé à Herculanum un bas-relief représentant des chiens cuirassés défendant un poste. Les Gaulois faisaient venir d'Angleterre des chiens dont ils se servaient à la guerre [2]. Les Barbares, toujours en déplacement et dont les habitations étaient des chariots, avaient de nombreux chiens de garde. Après avoir vaincu les Cimbres, les soldats de Marius s'élancèrent sur le camp et y trouvèrent des chiens qui défendirent avec acharnement femmes, enfants et bagages.

Ce serait sortir de notre cadre que de rassembler tous les témoignages de l'usage du Chien à la guerre; ce rôle a été considérable jusqu'à l'invention de la poudre, puis il s'est amoindri, sans jamais être nul. On cherche à utiliser à nouveau le Chien comme animal de guerre dans plusieurs armées européennes.

Il y eut de bonne heure des chiens d'appartement et les Romains, auxquels aucun des raffinements du luxe n'était inconnu, possédaient un chien nain, le Mœliteus ou Bichon maltais.

Le Chien a été un auxiliaire précieux pour la chasse; c'est surtout le Lévrier qui, dans le passé, a rempli ce rôle, ainsi que l'attestent les bas-reliefs de Ninive, de Babylone, de Suse et de Thèbes. Serait-ce à cause de cela que la race des Lévriers a toujours été choyée et qu'actuellement, dans les pays musulmans, où le Chien est regardé comme un animal immonde et son nom proféré comme une injure, le Sloughi est excepté de cette réprobation?

L'importance du Chien de chasse fut peut-être plus grande avant l'usage des armes à feu qu'après, ce qui s'expliquerait, d'ailleurs, fort

---

[1] J. Meunier, *Le Chien de guerre*, in *Revue scientifique* p. 176, année 1887.
[2] Strabon, *Géograph.*, liv. IV.

bien. Xénophon consacre un de ses ouvrages à la chasse et décrit les variétés de chiens employées à cet usage [1]. Oppien et Arrien en font autant [2]. Les Gaulois possédaient un chien renommé, le Veltre ou Lévrier gaulois; les Bretons avaient l'Agasse et Strabon cite les chiens de chasse et de guerre comme faisant l'objet d'une exportation de l'île de Bretagne. Les Gallo-Romains et ultérieurement les Franks furent d'ardents chasseurs; leurs meutes étaient nombreuses, les sortes de chiens déjà différenciées et l'importance qu'on y attachait était telle que dans les lois de l'époque [3], le vol d'un Limier était assimilé à celui d'un Étalon ainsi que cela a déjà été dit. Le développement de la fauconnerie dans l'Europe féodale contribua à augmenter l'attrait de la chasse et à multiplier les chiens d'Oisel. M. Piétrement a même signalé comme récente la création du Chien d'arrêt que les anciens ne connaissaient pas. Il dériverait du Chien courant et aurait été formé par les chasseurs au Faucon [4].

Le régime féodal qui comportait avec lui la grande propriété et les droits les plus étendus pour les seigneurs fut particulièrement favorable à l'élevage du Chien de chasse. La passion pour cet animal devint si forte que, dans certaines contrées de l'Europe, des personnages se firent inhumer avec leur coursier favori et quelquefois aussi avec leurs chiens. Dans les tombeaux magyares de Szeged-Œthalom, près Szegedin, dont nous avons déjà parlé, on a trouvé des squelettes de chiens près de restes humains. La noblesse française du moyen âge n'alla probablement pas jusqu'à l'inhumation commune, mais quiconque a étudié tant soit peu ce que les cathédrales et les musées possèdent de relatif à cette époque, n'a pu manquer d'être frappé en voyant que sur les peintures et surtout sur les pierres tombales, le personnage représenté est souvent accompagné d'un chien couché à ses pieds. Ce chien est généralement un Lévrier ou ce que nous appelons aujourd'hui un Griffon à poils ras. On trouve aussi le Lévrier sur quelques armoiries. Un roi de Navarre institua un ordre de chevalerie dit du Lévrier blanc [5].

A la honte de l'humanité, des chiens ont été employés à la chasse aux esclaves dans l'antiquité; dans des temps plus rapprochés, les Espagnols en Amérique et, à une époque contemporaine, les planteurs américains en ont fait usage dans le même but.

En Amérique, avant la découverte, les chiens paraissent avoir été nombreux : c'étaient tantôt des animaux de luxe, tantôt des animaux alimentaires ou des auxiliaires pour la garde des habitations qui finis-

---

[1] Xénophon, *Cynégétique.*
[2] Oppien, *Cynégétique;* Arrien, *Idem.*
[3] *Triple Capitulaire* de Dagobert.
[4] Piétrement, *De l'évolution intellectuelle du Chien d'arrêt*, Paris, 1888.
[5] Yanguas y Miranda, *Diccionario de Antiguedades del reino de Navarro*, vol. 1, p. 154, Pamplona, 1840.

saient par être mangés. Au pays des Incas, ils furent particulièrement abondants et choyés, on en conserva des momies[1] et leur examen permit à Nehring de reconstituer trois races : une analogue à notre Chien de berger, une au Basset à jambes torses et une au Boule-Dogue. La présence de ces deux dernières implique beaucoup de probabilités pour une domestication reculée du Chien en Amérique.

Malgré quelques assertions contraires, il n'y a pas de chien autochthone en Océanie ; les Dingos, qu'on y trouve aujourd'hui en trop grande abondance et que les Squatters redoutent en raison des dégâts qu'ils causent à leurs troupeaux, sont des animaux d'importation devenus marrons.

Il semble résulter de plusieurs textes, qu'autrefois le nombre des chiens était plus élevé qu'actuellement. Deux exemples seulement en seront cités ici : Alphonse, roi de Naples, en nourrissait cinq mille et Henri VIII, roi d'Angleterre, envoya quatre mille hommes et quatre mille chiens pour combattre le roi de France.

Nous manquons du reste de renseignements statistiques sur les fluctuations actuelles de la population canine, mais il serait étonnant qu'elle augmentât beaucoup en Europe. Cela est possible dans les pays où on élève le Chien pour le manger comme en Chine, en Indo-Chine ou chez les Malinkés du haut Sénégal. Chez les peuples européens, le nombre des troupeaux de moutons diminue et sa fonction d'auxiliaire du berger devient moins importante ; le morcellement de la propriété n'est pas favorable aux grandes chasses et les meutes ne sont, à coup sûr, point ce qu'elles étaient autrefois.

La date récente de la domestication du CHAT en Europe et le peu d'importance de cet animal n'appellent aucune réflexion.

Il a été dit qu'on ne trouve pas trace de LÉPORINS dans les amas coquilliers de Scandinavie. Cette absence prouve d'abord que la domestication d'animaux du genre *Lepus* n'était pas accomplie à la période néolithique, elle permet aussi de penser que de bonne heure, un préjugé exista contre la consommation de ces animaux regardés comme impurs, préjugé que conservent encore les Lapons et les Groënlandais qui, en temps de famine, s'adressent au Renard ou au Chien, jamais au Lièvre. Les anciens Bretons ne mangeaient pas davantage ces animaux, pas plus que l'Oie et la Poule qu'ils élevaient cependant par amusement[2] ; les Chinois étaient dans le même cas. Sous peine d'enfreindre leur loi religieuse, les Hébreux non plus ne devaient pas les consommer. Le Lièvre était considéré comme impur par suite de la croyance erronnée, qui dura jusqu'à

---

[1] Nehring, *Anciennes momies de chiens au Pérou et formation d'une race dite Chiens des Incas*, in *Verhandlungen der Berliner Gesellschaft für Antrop., Ethn., und Urgesch*, 1885.

[2] César, *De bello gallico*, IV., § 12.

Aldrovande, où l'on était en pensant que cet animal ruminait, bien que n'ayant pas le pied fourchu. Encore aujourd'hui, d'après Burton, les Arabes Somals, les Égyptiens et les Persans ne veulent point y toucher; chez les Hottentots sa chair est permise aux femmes, non aux hommes. Les Grecs ne connaissaient pas le Lapin et il en fut de même des Romains jusqu'à notre ère. Il ne s'est répandu que tardivement dans l'Europe centrale et il n'y a pas longtemps qu'il était encore peu apprécié en Italie.

Les documents concernant l'histoire des Oiseaux de basse-cour sont peu nombreux.

En Orient, dès les temps les plus reculés jusqu'à nos jours, on s'est occupé avec ardeur de l'élevage du Pigeon. En Égypte, dès la IVe dynastie, on le trouve mentionné et la Genèse le cite comme oiseau domestique; mais en Europe il n'a été introduit que plus tard, car il paraît n'avoir été possédé par les Grecs qu'après l'époque d'Homère. Les Romains devinrent à leur tour passionnés pour les pigeons dont ils payaient certaines races des prix fabuleux d'après Pline[1].

Au moyen âge, les seigneurs qui s'étaient réservé le droit de colombier, en possédaient beaucoup. Aujourd'hui en Angleterre, en Belgique, aux États-Unis, dans l'Inde et à Ceylan, des sociétés d'amateurs de pigeons ont été fondées qui s'occupent de la formation de nouvelles races et de leur propagation. Il est peu d'Oiseaux qui aient suscité autant d'engouement, qui aient été l'objet d'autant de tentatives de création de races et de variétés et qui se plient aussi bien aux fantaisies de l'homme.

Il y a longtemps que l'on a utilisé les pigeons comme messagers ; les Perses passent pour avoir été des initiateurs sous ce rapport. L'histoire est pleine de services rendus à ce titre par ces Oiseaux et le souvenir du siège de Paris (1870-71), où ils ont été si utiles, est encore vivant dans toutes les mémoires françaises. On établit en ce moment des colombiers militaires chez quelques nations européennes.

Le Dindon aurait été importé d'Amérique en Angleterre sous Henri VIII et en France à une époque qui est l'objet de discussions. Un des historiens de René d'Anjou, ce roi auquel les chasseurs doivent l'importation de la Perdrix rouge de l'île de Chio, dit que ce monarque nourrissait des dindons en 1420, au lieu dit la Galinière, près Rosset, en Provence; mais l'Amérique n'ayant été découverte qu'en 1492, cette date n'est pas acceptable. Il a été écrit aussi qu'en 1508, sous le règne de Louis XII, une troupe de Maures chassée de Grenade par l'Inquisition, l'aurait apporté sous le nom de Dini dans le vicomté de l'Allier et lui aurait laissé le nom de Sarrazin.

---

[1] Pline, *Histoire naturelle*, liv. X, chap. 37.

D'après les données recueillies dans plusieurs chroniques[1], son introduction aurait eu lieu sous François Ier et elle serait due à l'amiral Philippe de Chabot, tandis que d'autres historiens en font honneur aux missionnaires jésuites qui auraient tenté primitivement son acclimatation et son élevage en grand aux environs de Bourges, vers l'époque du mariage de Charles IX.

Quoi qu'il en soit, il était connu en 1525 puisqu'on en lit la description dans un Essai historique de l'état de l'agriculture au xvie siècle publié à cette date, par Gonzale-Ferdinand d'Oviedo. En 1557, à Venise, un règlement défendit de le manger pour donner à l'espèce le temps de se propager. Sa propagation s'est, du reste, faite rapidement et il est devenu très commun.

Si le FAISAN ordinaire est entretenu depuis longtemps en Europe, ce n'est qu'au milieu du siècle dernier que les faisans dorés et argentés ont été introduits d'abord en Angleterre puis en france. Depuis ce moment, on a tiré d'Asie d'autres espèces et d'autres races qui s'acclimatent comme les précédentes; on en a obtenu plusieurs hybrides et métis intéressants.

Venu de l'Inde, le PAON était encore si rare en Grèce au temps de Périclès qu'on le montrait à chaque néoménie à titre de curiosité, et Élien dit qu'il valait 1000 drachmes, soit 1800 francs de notre monnaie. Selon Columelle et Varron, ce fut l'orateur Hortensius qui, le premier à Rome, fit tuer un Paon pour sa table lorsqu'il donna son repas de réception au collège des Pontifes. On l'avait consacré à Junon. Les choses ont bien changé depuis et il est relativement commun aujourd'hui.

Les Étoliens passent pour les premiers des Grecs qui aient possédé la PINTADE. Il paraîtrait aussi que cet Oiseau, jadis élevé à Rome, disparut à un certain moment, car on n'en retrouverait plus trace avant le xvie siècle chez les écrivains spéciaux. Ce seraient les Portugais qui l'auraient rapporté des côtes de Guinée, l'auraient réintroduit en Europe au xve siècle et lui auraient donné le nom de Pintade (Pintado, bigarré).

Plusieurs sous-races de pintades ont été formées depuis ce moment, mais il ne semble pas que ces Oiseaux, d'ailleurs querelleurs, se répandent beaucoup dans les basses-cours.

Malgré les quelques restes tertiaires et quaternaires laissés en Europe par le COQ, cet Oiseau y fut longtemps rare; il demeura en quelque sorte confiné en Asie où il avait été domestiqué, car on ne le voit point représenté sur les monuments de l'ancienne Égypte et ni la Bible ni Homère ne le citent au nombre des animaux de basse-cour. On peut fixer son introduction en Europe à l'état domestique vers le vie siècle avant notre ère; Aristophane est le premier auteur qui en fasse mention.

---

[1] Banquet des Palinods de Rouen. — *Journal du sire de Gouberville.* — Champier, *De re cibaria.* Dans ce dernier ouvrage, publié en 1552, il est dit que « les dindons sont venus en France depuis quelques années ».

Au commencement de l'ère actuelle, il était déjà très répandu; les Romains en possédaient plusieurs races, notamment, d'après Columelle, une à cinq doigts. Il était élevé jusqu'en Bretagne où César dit l'avoir vu, mais son élevage s'y faisait uniquement par agrément, les habitants ne le mangeaient point, obéissant sans doute à un préjugé analogue à celui qui a été signalé chez plusieurs peuplades contemporaines et qui est des plus étranges puisque sa chair est délicate.

Il n'existait pas en Amérique lors de la découverte; les premières introductions en ont été faites vers 1535 sur le plateau de Bogota par les compagnons de Federmann, et au Brésil par les Portugais. Son acclimatation s'effectua sans difficultés et il fut avec le Cheval l'un des premiers animaux domestiques qu'adoptèrent les Indiens d'Amérique. Dans la suite, d'autres importations eurent lieu d'Europe en Amérique et des croisements entre les races importées furent exécutés. Il en résulta, le milieu aidant, des populations nouvelles que les Américains expédient aujourd'hui en Europe.

Les poules sont avec les pigeons, les oiseaux sur lesquels on a fait le plus de tentatives pour créer des races et des sous-races; ces essais n'ont jamais été aussi nombreux, aussi persévérants que de nos jours où l'élevage des volailles a pris une extension remarquable, aussi bien pour la production des œufs et de la chair que pour la multiplication de sujets de fantaisie et d'agrément.

A ce dernier propos, on fera remarquer qu'aux Philippines et dans plusieurs îles de la Sonde, le Coq est une sorte de compagnon pour les insulaires qui le portent sur l'épaule ou à l'avant de leur bateau, qui, chaque matin, le lavent, lui lissent les plumes, lui parlent et le dressent pour les combats dont ils sont très amateurs.

Si l'OIE commune a été primitivement domestiquée par les Ayras et connue de bonne heure en Grèce, il serait téméraire d'affirmer que d'autres peuples ne l'ont point asservie, de leur côté, sans connaître ce qui avait été fait en Asie. En effet, avec l'Oie commune, issue de l'Oie sauvage comme il a été dit, les Égyptiens possédaient un Palmipède tout au moins semi-domestique désigné sous le nom de Vulpanser ou Oie-Renard; dans le langage hiéroglyphique il représente le dévouement de la mère pour son enfant parce que, dit-on, la femelle se jette au-devant de l'agresseur pour sauver ses petits. Beaucoup pensent que cet Oiseau est la Bernache, tandis que d'autres croient qu'il s'agit de la Tadorne. Ces derniers s'appuient sur l'autorité d'Aristote qui cita la Tadorne comme un Oiseau domestiqué chez les Grecs et dont Pline vanta plus tard l'excellence de la chair.

Quoi qu'il en soit, l'Oie ordinaire fut estimée des Romains; on connaît les motifs qu'ils avaient de priser sa vigilance. Le développement que prend son foie sous l'influence de l'engraissement ne leur avait point échappé. Plus tard, elle fut également appréciée en Europe et très en vogue dans les basses-cours où elle tint le premier rang jusqu'à l'introduction du Dindon. On en continue toujours largement l'élevage.

Au milieu du xvii⁰ siècle, une autre espèce d'Oie, d'origine américaine, l'Oie du Canada ou Oie à cravate *(Anser canadensis)*, a été introduite en Europe ; sa multiplication y fut rapide et aux environs de Paris, au siècle dernier, elle était aussi commune que l'Oie ordinaire. Comme elle est plus petite, sa vogue a diminué.

On a importé aussi en Europe l'Oie cygnoïde et l'Oie caronculée.

Le CANARD ordinaire fut le seul anatiné domestique élevé en Europe jusqu'au xvi⁰ siècle. En Amérique, avant la découverte, les Indiens du Brésil avaient domestiqué le Canard musqué[1] *(Anas moschata.* L.) qu'on appelle encore Canard d'Inde pour cela, et aussi Canard de Barbarie et Canard muet. Vers le commencement du xvi⁰ siècle, on l'introduisit en Europe où il s'est acclimaté et passablement multiplié en raison de son fort volume et de la fonction de producteur de mulards qu'il remplit.

Ultérieurement, on importa de la Chine, de la Caroline, de la Malaisie d'autres sortes de Canards et il s'est créé dans les basses-cours une quinzaine de races et sous-races. D'ailleurs l'élevage du Canard, en raison de la voracité et de la puissance digestive de cet Oiseau, de sa résistance aux maladies, de la rapidité de sa croissance et des produits qu'il fournit, est à recommander dans la ferme et il s'étend plutôt qu'il ne périclite.

Section II. — Utilisation des animaux domestiques

Quelques brèves notions sur les moyens mis en usage pour utiliser le mieux possible les animaux domestiques complèteront l'histoire de ceux-ci. Parmi ces moyens, nous considérerons la castration, le harnachement et la ferrure.

A. *Castration.* — Pratiquée sur le Taurillon, le jeune Bélier et le Verrat, la castration apporte au développement de certaines parties du corps, les cornes des Ruminants, les dents canines des Suidés en particulier, des modifications qui n'échappent pas à un œil exercé. Si l'on examinait à ce point de vue les restes des animaux ayant vécu aux âges de la pierre polie, du cuivre et du bronze, il serait possible, me semble-t-il, de juger si quelques-uns de ces animaux avaient subi cette opération. Peut-être fut-elle l'un des moyens dont se servirent les hommes préhistoriques pour dompter certains sujets qu'ils ne pouvaient utiliser autrement. Mais l'examen anatomique nécessaire pour porter un jugement n'a pas été fait jusqu'ici ; il faut s'en rapporter uniquement aux documents écrits pour en esquisser l'histoire.

[1] Jean de Léry, *Histoire d'un voyage fait en la terre du Brésil, autrement dite Amérique,* chap. xi, p. 167-169.

Les textes les plus anciens et les plus divers font mention de cette opération ; elle remonte donc à une très haute antiquité, mais il est impossible de dire à qui on en doit l'idée. Les anciens Égyptiens la connaissaient et elle était en usage dès les premiers temps historiques de la Grèce, puisque Hésiode la mentionne[1] ; le plus ancien des livres de la collection biblique, le Pentateuque, la cite[2] et Xénophon dit qu'elle était en usage chez les Perses[3]. Les Quades et les Sarmates, d'après Ammien-Marcellin, châtraient leurs chevaux afin qu'en temps de guerre ces animaux ne trahissent point leur présence à l'ennemi par leurs hennissements. Au surplus, les documents historiques témoignent que cette mutilation n'était point réservée aux animaux, mais imposée à l'homme lui-même, en diverses circonstances, comme elle l'est encore chez quelques peuplades sauvages.

La castration fut donc une pratique très répandue et qui doit remonter bien haut puisque, dans le passage du Lévitique auquel il vient d'être fait allusion, on signale déjà comme procédés opératoires l'écrasement, la section et l'arrachage. Les Grecs châtrèrent la plupart des mâles des espèces domestiques et aussi la Truie et la Chamelle ; les Romains étendirent l'opération aux Oiseaux de basse-cour et « à ce qu'il semble, aux Poissons[4] ». La castration de la Vache, de la Brebis et de la Chienne ne se pratiqua que plus tard, car Olivier de Serres (1600) est le premier auteur qui en fasse mention. La Jument fut aussi châtrée et Thomas Bartholin révéla en 1541 que les Danois lui faisaient subir cette opération.

De nos jours, si la castration est universellement connue, il s'en faut qu'elle soit également usitée. Partout où l'élevage du bétail est abandonné à la routine et où l'on ne s'occupe pas de son amélioration, comme dans beaucoup de pays orientaux, on châtre peu les bestiaux. Il fut des pays où cette opération était rejetée par un sentiment difficile à définir, par une sorte de respect pour l'intégrité de l'animal : ainsi, au Japon, jusqu'en 1868, date de l'ouverture de cette contrée à l'influence européenne, on ne châtrait jamais les chevaux.

Inversement, dans les régions où l'amélioration du bétail est l'une des préoccupations de l'agriculture, la castration est largement pratiquée car elle a, entre autres avantages, celui d'éloigner de la reproduction les sujets défectueux.

B. *Harnachement.* — Le Bœuf et le Zébu, en raison de l'ancienneté de leur domestication, ont été probablement les premiers animaux employés comme moteurs. La fonction motrice a dû avoir une grande impor-

[1] Hésiode, *Opera et Dies.*
[2] *Lévitique*, chap. XXII, verset 24.
[3] Xénophon, *Cyropédie*, VII, 5.
[4] Gourdon, *Traité de la castration des animaux domestiques*, Paris, 1860.

tance si l'on en juge par ce qui se passe encore dans les pays orientaux et notamment en Égypte où les Bovidés sont jusqu'à la fin de leur existence, des animaux de travail et où l'abattoir est pour eux l'exception et non la règle. Il semble qu'on peut prendre une idée de leur attelage par l'examen de quelques peintures de l'ancienne Égypte. Un morceau de bois appliqué sur le front, des extrémités duquel partent deux cordes qui vont à l'objet à déplacer, constitue tout le harnachement.

Après la domestication du Cheval, on continua à l'utiliser comme animal comestible, mais on songea aussi à s'en servir comme moteur et à l'atteler aux chars.

S'il n'y avait aucune contestation sur l'âge des terramares italiques, on aurait la preuve que l'usage des chars a commencé dès l'âge du bronze puisque M. Pigorini en a trouvé des restes dans celle de Castione, près Parme. Mais le consensus n'est pas unanime pour les rapporter toutes à l'époque du bronze. Pour l'âge du fer il n'y a pas d'hésitations. A la période halstattienne, on se servit de chars à deux et à quatre roues; on en retrouve dans les tumuli de cette époque.

La généralisation, quand il s'agit de la protohistoire, présente trop de dangers pour qu'on puisse affirmer que partout le Cheval a d'abord été employé comme moteur et qu'il n'a été monté que plus tard, mais cette affirmation est légitime pour quelques peuples qui l'ont utilisé exclusivement à traîner des chars avant d'avoir de la cavalerie. Les documents recueillis par les assyriologues montrent qu'il en fut ainsi pour les Assyriens et les Chaldéens.

Les chars ont joué un grand rôle dans la vie des anciens puisqu'ils s'en servaient dans les combats, dans les jeux, dans les cérémonies publiques, et que, même après le développement de la cavalerie, ils ont continué à les employer à la guerre. On présente volontiers le char égyptien comme typique (fig. 27). C'était une sorte de tombereau à deux roues, très léger, sans siège, dont la partie inférieure était constituée par un entrelacement de cordes et de lanières qui atténuaient les secousses produites par les cahots. Un timon partait de l'essieu.

Chaque peuple orna ses chars suivant son génie particulier et l'on pressent que les Grecs, dont le goût était si développé, excellèrent dans leur ornementation. Il y en avait d'ailleurs de diverses sortes suivant leur destination; les Romains n'en comptaient pas moins de seize à dix-sept.

Parmi les peuples qui envahirent l'Europe et détruisirent l'empire romain, beaucoup possédaient des chars qui étaient de véritables maisons roulantes. Les uns y attelaient des chevaux, d'autres des bœufs, et la coutume d'aller en basterne, c'est-à-dire en char traîné par des bœufs, se conserva en France jusque sous les rois de la seconde race.

Peu à peu l'usage des chars fut délaissé pour l'équitation. Cette modification coïncide sans doute avec la dégradation des routes que le génie

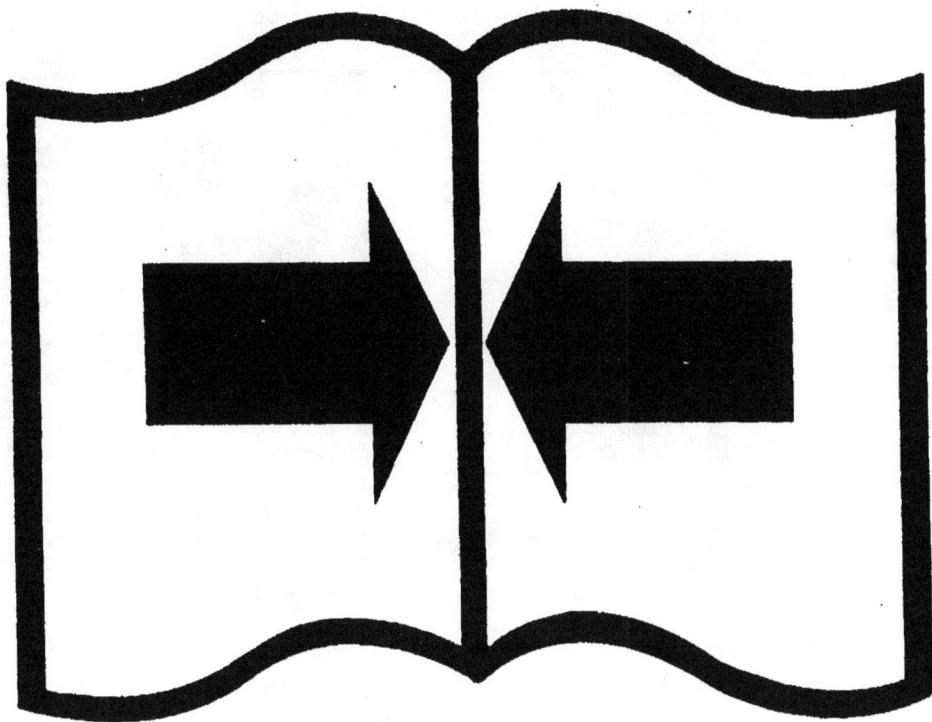

Reliure serrée

des Romains avait tracées sur toute la surface de l'empire et que les
Barbares ne se donnèrent point la peine d'entretenir. Pendant tout le
moyen âge et la Renaissance, on alla à cheval; ce ne fut que plus tard,
avec la création de nouvelles routes, que l'art de la carosserie naquit et
se développa peu à peu pour en arriver au degré où nous le voyons.
Le perfectionnement des voitures et la multiplicité croissante des moyens
de locomotion dont on disposa firent délaisser de plus en plus l'équita-

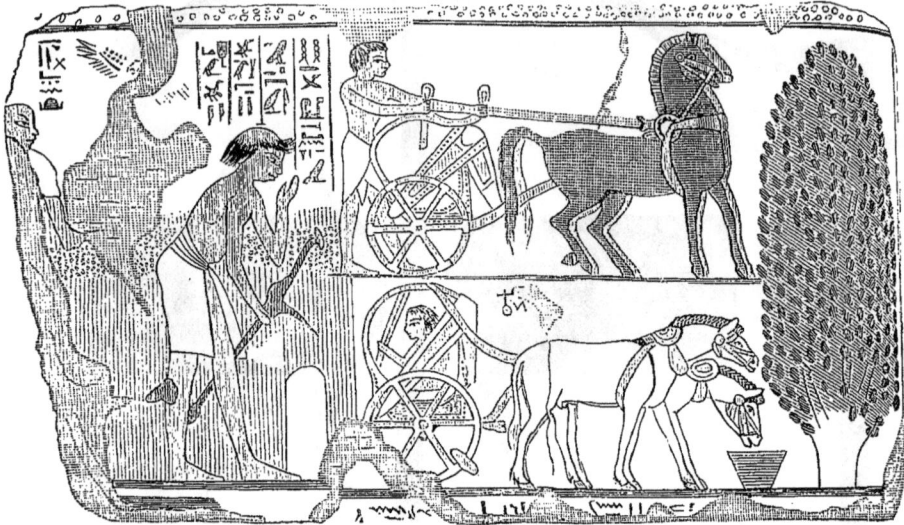

Fig. 27. — Char égyptien, d'après une peinture murale.

tion comme moyen de déplacement. Aujourd'hui, ce n'est guère qu'un
sport dans la vie civile, mais à coup sûr l'un des plus agréables.

Le premier objet de harnachement dont vraisemblablement l'Homme
s'est servi pour imposer sa volonté au Cheval et le diriger, celui tout au
moins qu'on rencontre le premier dans les fouilles préhistoriques est le
mors. On l'a trouvé en Europe dès l'époque rhodanienne ou larnau-
dienne de l'âge du bronze, et ultérieurement dans maintes stations du
premier âge du fer. On en a fait aussi des trouvailles dans les nécropoles
du Caucase, trouvailles d'autant plus intéressantes qu'elles se rattachent
d'une part à celles de la Chaldée et de l'autre à celles de Mycènes[1] et
qu'elles semblent indiquer l'une des voies par lesquelles l'influence asiatique a pénétré en Europe aux temps protohistoriques.

Un coup d'œil jeté sur les figures 28, 29, 30, 31 et 32 fait voir que primitivement on s'est servi de *mors à embouchure brisée*, sans branches

---

[1] Voyez : Gozzadini, *De quelques mors de cheval italiques et de l'épée de Ronzano
en bronze*. Bologne, 1875. — Chantre, *De l'âge du bronze*, 3 vol. 1875-76. — Idem., *Recherches anthropologiques dans le Caucase*, 3 vol., 1886. — Botta et Flandin, *Monuments
de Ninive*, t. I, pl. XXXIX; t. II, p. 124, 128, 130. — Layard, *Ninive et Babylone*, t. III,
pl. II, p. 43.

Fig. 29. — Mors en bronze de Ronzano (collection Gozzadini), 1/2 grand. naturelle (Chantre).

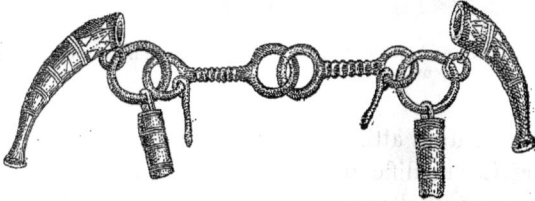

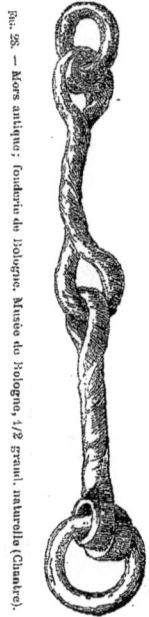

Fig. 30. — Mors en bronze de Klein-Glein (Styrie). Musée de Gratz, 1/2 grand. naturelle (Chantre).

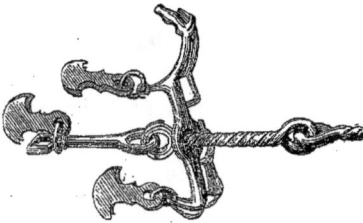

Fig. 31. — Moitié d'un mors en bronze de Caere (Cerveri). Musée de Bologne. 1/2 grand. naturelle (Chantre).

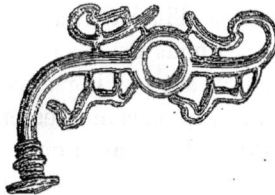

Fig. 32. — Montant de mors en bronze de Ronzano (collection Gozzadini); 1/2 gr. naturelle (Chantre).

Fig. 28. — Mors antique; fonderie de Bologne, Musée de Bologne, 1/2 grand. naturelle (Chantre).

ou avec des branches mobiles et pouvant ou non s'enlever à volonté. On
en a trouvé aussi avec des montants en os et en bois de cerf (fig. 33).

Le mors avec embouchure rigide paraît postérieur et Xénophon recommande encore l'embouchure brisée comme préférable ; c'est elle qu'on trouve
dans les sépultures gauloises de l'époque marnienne. La *gourmette*, suivant Gozzadini, serait d'invention romaine. Il n'est pas de partie du

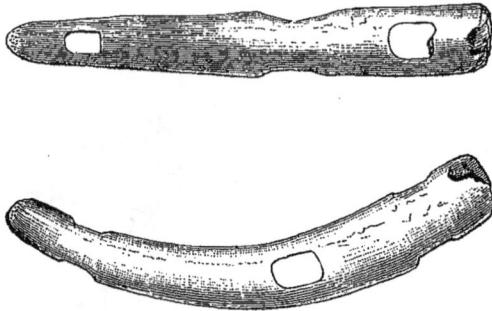

FIG. 33. — Portion de mors en bois de cerf, 1/2 gr. nat.; palafitte de Mœringen (Suisse).
(communiquée par M. Chantre).

harnachement qui ait autant attiré l'attention et provoqué plus de modifications que le mors. Ces modifications ont été quelquefois simplement ornementales, le plus souvent elles ont été inspirées par le désir d'augmenter
l'action de l'Homme sur la bouche du Cheval. Leur examen serait loin
d'être dépourvu d'intérêt, mais il nous entraînerait au delà des limites
dans lesquelles nous devons rester.

Autant qu'on en peut juger par l'examen des bas-reliefs et des peintures antiques, un harnais ressemblant à la bricole permettait aux animaux de traîner les chars ; on ne voit rien qui ressemble au collier.

Parmi les peuples qui ont utilisé primitivement le Cheval comme
monture, il est vraisemblable qu'il en est qui n'ont pas employé d'abord
le mors ; on sait que les Hindous, avant l'époque d'Alexandre, se servaient exclusivement, pour conduire leurs chevaux de caveçons ou
muserolles dont le bord était garni de clous (Strab., liv. XV, ch. I, § 66).
L'Ane est rarement figuré avec un mors, on le dirigeait sans doute avec
la main ou la baguette comme on le fait fréquemment en Orient.

Les anciens montaient souvent par côté, à la manière des femmes [1];
ils ne se servaient ni d'étriers, ni de selle, mais ils recouvraient leurs
montures d'un tapis, d'une peau de bête, d'une housse plus ou moins ri-
chement ornée. La première mention de la *selle* est faite par Zanoras
qui dit en parlant du combat livré en 340, par Constance à son frère
Constantin, « qu'il le fit tomber de sa selle et le tua ». Suivant quelques

[1] Chabas, *Etude sur l'antiquité historique*, 2ᵉ édition, 1873.

auteurs, ce harnais viendrait du Bas-Empire, et des Barbares suivant d'autres. Constitué d'abord par les arçons, il s'est compliqué successivement des diverses parties qui le composent aujourd'hui, se modifiant dans sa forme et son ornementation suivant les temps et les lieux. L'étude de ces modifications ne serait pas moins intéressante que celle du mors.

On ne saurait préciser non plus à quelle époque on commença à se servir d'*étriers*. Le long des voies antiques et à des intervalles assez rapprochés, on avait placé des bornes destinées à aider les voyageurs âgés ou fatigués à monter à cheval, et l'on sait par Hippocrate et Galien que les varices étaient fréquentes et graves sur les jambes pendantes et abandonnées des cavaliers anciens. La première mention en serait faite vers l'an 420 de notre ère [1], et sur un bas-relief de Brioude qu'on dit dater du vᵉ siècle, on voit un cavalier avec étriers. Nous ajouterons que dans les tumuli de la Sibérie, on a trouvé des étriers en cuivre, mais l'âge de ces tumuli étant en discussion, il n'y a pas pour le moment d'indications à en tirer sur l'objet qui nous occupe.

De très bonne heure, on s'est servi d'*éperons ;* on en a retiré de la station de la Tène (Suisse) qui date de l'âge du fer [2] ; Xénophon en parle et il est peu d'exhumations des époques ultérieures qui n'en aient fourni ; la période carolingienne tout particulièrement en a montré d'intéressants (fig. 34). Au moyen âge, ils étaient un signe distinctif de la chevalerie et quand on dégradait un chevalier, on commençait par lui ôter ses éperons et par les briser. Ils ont figuré et figurent peut-être encore dans le blason de quelques familles nobles. Il y eut deux ordres de chevalerie de l'Éperon, abolis l'un et l'autre aujourd'hui.

C. *Ferrure*. — Du jour où quelques-uns des animaux domestiques furent employés comme moteurs, on dut s'apercevoir que leur pied s'usait et se blessait au contact du sol, et la préoccupation de le protéger naquit de cette remarque. Les documents anciens montrent en quelle estime était tenu un pied de cheval « dur et résonnant sur le sol ». Xénophon indique avec détails à quels moyens on recourait pour durcir l'ongle. Il recommande de former le sol d'une partie de l'écurie de grosses pierres rondes assemblées dans un cercle de fer pour qu'elles ne puissent se disjoindre, afin que l'animal placé à certaines heures sur ce sol, notamment pendant qu'on le panse et qu'il est tourmenté des mouches, ne soit jamais un jour sans se fortifier le pied par cet exercice forcé et habituer sa corne aux inégalités d'une route difficile. Ces précautions devinrent insuffisantes au fur et à mesure qu'on exigea davantage des animaux. Aussi est-il fait fréquemment mention des blessures des ongles

[1] Dr Charvet, Communication orale.
[2] V. Gross, *La Tène, un oppidium helvète*, Paris, 1886.

dans les anciens auteurs d'hippiatrique et d'agriculture. On chercha les moyens d'y remédier et ces moyens furent différents suivant les nations.

Les Grecs et les Romains eurent recours à des appareils protecteurs

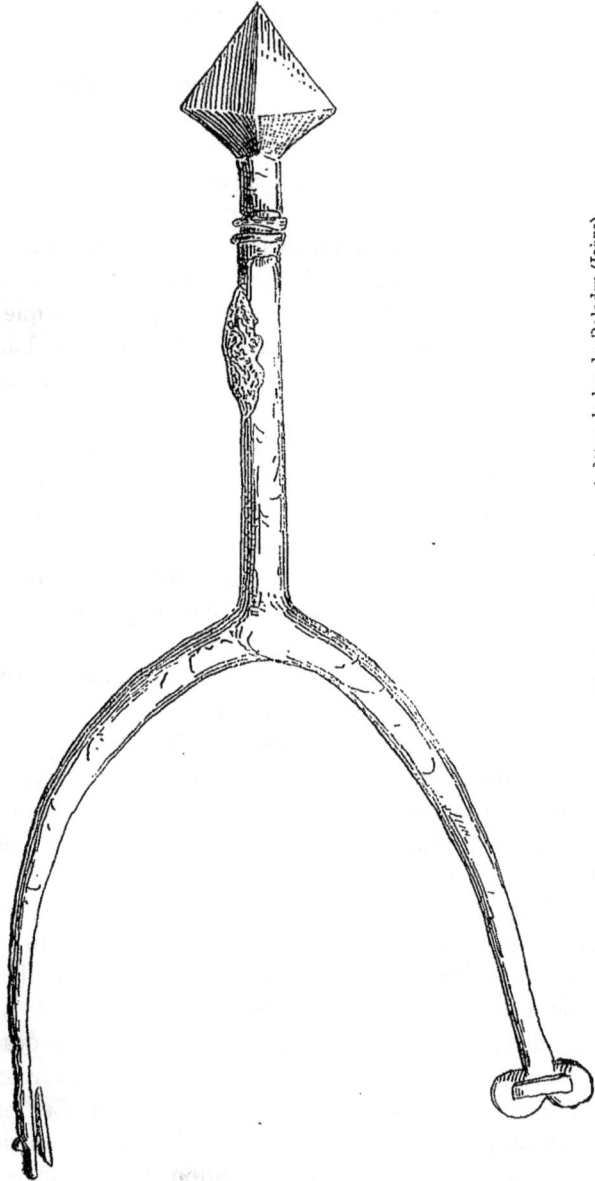

FIG. 34. — Éperon de l'époque carolingienne trouvé aux palafittes du lac de Paladru (Isère), par M. Chantre; grandeur naturelle.

fort différents des fers employés aujourd'hui. Xénophon recommande pour les pieds des chevaux les ἐμβάται ou bottes en cuir; Aristote parle des καρβατίναι qu'on adaptait aux chevaux de guerre et Apsyrte des

ἱππόποδοι; d'autres auteurs distinguent les ὑποδήματα ou chaussures à plaques métalliques, des σπάρτοι, appareils en tiges de genêt tressées,
analogues à celles en paille de riz que les Japonais placent encore parfois sous les pieds de leurs chevaux.

Les Romains connaissaient ces chaussures qu'ils désignaient sous le
nom générique de *soleæ* avec adjonction d'un qualificatif pour en indiquer la nature : *soleæ sparteæ*, quand elles étaient en sparterie, *soleæ
ferreæ*, lorsqu'elles étaient en fer. Il y en avait en cuir correspondant aux ἐμβάται grecques, et le luxe des empereurs en fit construire en
argent et même en or [1]. On les adaptait au pied du Cheval, du Mulet et
du Bœuf. On enduisait aussi de poix la face plantaire des onglons de
ce dernier afin d'en empêcher l'usure.

On nettoyait les pieds, on les rognait et on les parait à peu près
comme on le fait aujourd'hui, à l'aide d'un boutoir dont on a trouvé un
beau spécimen à Pompëi et peut-être aussi à Nasium [2].

Les découvertes archéologiques de ce siècle ont mis à jour une quantité
de soleæ qu'on est convenu d'appeler *hipposandales*, et *bosandales*,
suivant les animaux auxquels ces appareils étaient destinés. On en trouve
des spécimens dans la plupart des musées des villes importantes ; celui de
Saint-Germain-en-Laye en possède une collection que devront visiter
tous ceux qui s'intéressent à cette question. La forme de la solea variait,
mais l'appareil se composait essentiellement d'une plaque métallique peu
épaisse, pleine ou percée d'une ouverture ovalaire à son centre, pourvue
d'oreillettes latérales avec crochets où anneaux pour donner attache
aux courroies qui la maintenaient aux pieds. En arrière se trouvait
une talonnière avec éperon pour donner également attache aux courroies. Lorsque le talon manquait, il était remplacé par des rivures destinées à maintenir une plaque de cuir qui consolidait l'appareil et em-
pêchait les courroies de blesser le paturon (fig. 35 et 36).

Bien que cette dernière forme de solea fût un perfectionnement et
qu'elle exposât moins les animaux qui les portaient aux blessures par les
courroies, il appert clairement que l'hipposandale ne fut qu'un appareil
insuffisant à protéger efficacement les pieds des animaux.

D'autres peuples, meilleurs cavaliers que les Romains, découvrirent le
fer à Cheval. On pense que l'art de ferrer prit naissance parmi les populations de l'Asie centrale et on a dit qu'il fut importé par les Kymris en
Europe, particulièrement dans la Gaule septentrionale, en Grande-Bretagne et en Belgique. Malheureusement, rien n'est plus vague que la
dénomination de Kymris ou Kimmériens. Les Grecs donnaient ce nom,
avec celui de Scythes, à tous les peuples connus d'eux au Nord. Il en

[1] Suétone, *Vies de Vespasien et de Néron*.
[2] P. Ch. Robert, *Le boutoir romain*, in *Revue archéologique*, Paris, 1876.

résulte qu'il n'est pas possible de serrer la question de près et de savoir exactement à quelle nation on est redevable de l'art de la ferrure.

Les Gaulois d'avant la conquête romaine ferraient leurs chevaux, et il y a même des raisons de penser que la fabrication des fers et des clous était le monopole des druides. On a trouvé en plusieurs endroits où les masses gauloises se sont heurtées aux légions romaines, des fers quelquefois mêlés à des hipposandales, notamment à Bibracte (Mont-Beuvray d'aujourd'hui); des fers semblables ont été découverts aux îles

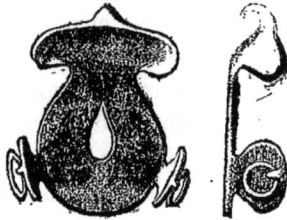

Fig. 35. — **Solea, avec talonnière à éperon** vue de face et de profil.

Fig 36. — Solea avec rivures

Britanniques et en Allemagne. Ils sont petits, légers, à bords ondulés vis-à-vis des étampures qui [sont au nombre de quatre [ou de six. Les clous qui les maintenaient au pied étaient à tête aplatie d'un côté à l'autre, en clef de violon. Leur petitesse implique qu'ils étaient destinés à des chevaux de moindre stature que ceux qu'on trouve aujourd'hui dans l'Europe centrale et septentrionale (fig. 37).

A l'époque gallo-romaine, la ferrure continua à être en usage parmi les populations qui la possédaient avant les guerres contre les Romains; on en a la preuve par les débris trouvés dans les villes ou les villages gallo-romains et romano-bretons, ainsi qu'en Suisse, en Allemagne et en Belgique. Ces fers sont encore à bords ondulés, mais un peu plus forts et plus lourds; les chevaux étaient sans doute déjà plus hauts et plus étoffés que précédemment.

Si les Romains eurent sur les peuples occidentaux qu'ils avaient vaincus et particulièrement sur les Gaulois une influence considérable et souvent à l'avantage de la civilisation, en revanche, ils ne leur empruntèrent que lentement ce qu'ils avaient de bon. C'est ainsi que, bien qu'ils eussent eu l'occasion de constater la supériorité du fer sur l'hipposandale, ils ne l'avaient pas encore adopté pour leur cavalerie, au IVᵉ siècle de notre ère, puisque Végèce, décrivant à ce moment la forge de campagne de l'armée romaine, ne cite ni les fers, ni les clous dans l'énumération de l'outillage. Ce n'est qu'à l'époque byzantine que la ferrure fut adoptée dans l'armée romaine, et dédaigneux de ce qui se rapportait au Cheval, les Romains la faisaient pratiquer par des Gaulois esclaves ou affranchis.

Il a été exposé que parmi les nations qui s'établirent en Occident sur les ruines de l'empire romain, les Franks étaient peu cavaliers; on ne s'étonnera point d'apprendre que dans les premiers temps de leur établissement en Gaule, ils ne connaissaient pas la ferrure et qu'il n'en eurent connaissance qu'après quelque contact avec les Gaulois; en effet, le plus ancien fer de l'époque mérovingienne a été trouvé au tombeau de Chilpéric,

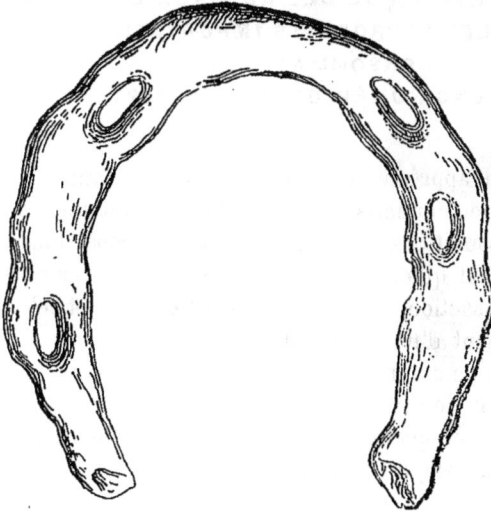

Fig. 37. — Fer antique trouvé aux palafittes du lac de Paladru par M. Chantre.
2/3 de grandeur naturelle.

mort en 481. A côté des Franks, d'autres nations d'envahisseurs, comme les Burgondes et les Suèves, avaient des chevaux ferrés et n'eurent pas à apprendre des Gaulois l'art de défendre les pieds de leurs animaux contre l'usure.

L'importance du Cheval et du Mulet au moyen âge eut pour corollaire la généralisation de la ferrure et l'ascension dans la hiérarchie sociale de ceux qui s'en occupaient. D'ailleurs, beaucoup de seigneurs de l'époque féodale savaient forger un fer et plusieurs se piquaient de pouvoir ferrer leurs chevaux. Ceux-ci, plus musclés et plus hauts pour porter des chevaliers aux pesantes armures, ont été pourvus de fers plus grands et plus forts que ceux des époques précédentes.

A partir du xvie siècle, l'art du maréchal-ferrant trouva des historiens, d'abord en Italie où florissait, nous l'avons dit, l'élevage du Cheval, puis dans d'autres pays. Depuis ce moment jusqu'à nos jours, les systèmes de ferrure se sont multipliés et avec eux les controverses sur la physiologie du sabot; leur nombre est la preuve de l'importance qui s'attache à la protection du pied des Équidés.

CHAPITRE IV

STATISTIQUE DES ANIMAUX DOMESTIQUES.
VALEUR DE LEURS PRODUITS. IMPORTATIONS ET EXPORTATIONS.
CONSOMMATION DE LA VIANDE.
VARIATIONS NUMÉRIQUES DES EXISTENCES ANIMALES.

On ne peut apprécier complètement l'importance des opérations zoo-techniques qu'en connaissant, autant que les statistiques le permettent, le chiffre des populations animales domestiques répandues à la surface du globe, le capital qu'elles représentent par elles-mêmes et par leurs pro-duits, les transactions commerciales dont ceux-ci et celles-là sont l'objet. Il est également d'un intérêt de premier ordre pour l'économiste et le zootechnicien de suivre les variations numériques du bétail en France et à l'étranger, de revenir quelque peu en arrière, de comparer le présent au passé, de voir quelles sont, dans un pays donné, les espèces qui s'ac-croissent et celles qui diminuent.

Section I. — Statistique générale

Les chiffres bruts ne donnent tous les enseignements qu'on en peut tirer que ramenés à des unités prises pour terme de comparaison. Ces unités conventionnelles seront le kilomètre carré pour la superficie et le millier d'habitants pour la population. Leur adoption oblige à rappeler que la superficie de la terre et la population humaine sont les suivantes :

	SUPERFICIE		POPULATION	
	en millions de kilom. carrés	rapport à la surface totale du globe	millions d'habitants	densité ou nombre d'habitants par kilom. carré
Europe.	10	2	347	34
Afrique.	31,4	6,1	197	6
Asie.	42	8,2	779	19
Amérique du Nord. :	23,4	4,6	38	3,4
— du Sud. . .	18,3	3,6	80	1,7
Océanie.	11	2,2	32	3,5
	136,1	26,7	1483	10,9

Celles de chacun des États de l'Europe qui nous intéressent plus particulièrement sont :

ÉTATS	superficie en millions de kilom. carrés	populat. en millions d'habitants	densité de la populat. par kil. carré	ÉTATS	superficie en millions de kilom. carrés	populat. en millions d'habitants	densité de la populat. par kil. carré
France.	529	38	71	Suisse.	41	2,8	68
Iles Britanniques.	315	35	111	Portugal. . . .	93	4,7	50
Danemark. . . .	38	2	52	Espagne..	500	17	34
Suède et Norvège.	775	6,5	8,39	Italie..	290	28,5	98
Russie d'Europe. .	5400	85	15	Turquie d'Europe.	326	8,6	26
Belgique. . . .	29	5,5	189	Roumanie. . . .	130	5,4	41
Hollande. . . .	33	4,2	127	Serbie.	49	2	40
Allemagne.. . .	540	45	83	Monténégro. : . .	9	0,2	22
Autriche-Hongrie.	625	39	62	Grèce.	65	2	30

Les chiffres exacts concernant la France sont : 528.572.000 kilomètres carrés pour la superficie et 37.672.048 habitants, d'après le recensement de 1882.

Avant d'aller plus loin, nous devons dire qu'une bonne partie des chiffres relatifs aux animaux domestiques qu'on va mettre en œuvre sont empruntés aux documents publiés par l'Administration de l'agriculture[1]. Nous avons recueilli les autres dans diverses publications françaises et étrangères ou par l'intermédiaire d'obligeants correspondants.

SOUS-SECTION I. — DÉNOMBREMENT, PAR ESPÈCES, DES ANIMAUX EN FRANCE ET A L'ÉTRANGER

A. ESPÈCE CHEVALINE

ÉTATS	NOMBRE TOTAL DE CHEVAUX	DENSITÉ OU RAPPORT PAR KILOMÈTRE CARRÉ	RAPPORT PAR 1000 HABITANTS	DATE DU RECENSEMENT
France.	2.837.552	5,37	75	1882
Iles Britanniques.	1.009.200	6 »	53	1885
Russie.	21.203.907	3,2	226,9	1887
Empire allemand.	3.522.316	6,5	77	1883
Autriche.	1.463.283	4,9	66	1880
Hongrie.	2.158.870	6,6	137	1880
Italie.	660.123	2,2	23	1882
Suisse.	98,333	2,3	34	1886
Belgique.	271.974	9,3	54	1880
Hollande.	270.456	8,2	62	1882
Danemark..	347.561	9 »	177	1881
Suède.	469.619	1 »	100	1882
Espagne.	»	»	»	»
Portugal.	79.716	1 »	18	1870
États-Unis.	13.172.936	1,04	219	1888
République argentine. . . .	2.295.265	»	781	1883
Japon.	1.640.523	»	»	1882

[1] Résultats généraux de l'enquête décennale de 1882, publiée en 1887 par le ministère de l'agriculture, avec une introduction par M. Tisserand.

B. ANES ET MULETS

ÉTATS	ANES	MULETS	DATE DU RECENSEMENT
France.	395.833	250.673	1882
Espagne.	891.000	941.653	»
Portugal.	150.000	52.100	»
Italie..	672.246	302.428	1882
Grèce.	97.000	45.440	»
Suisse.	2.042	2.741	1886
États-Unis.	»	2.191.727	1887
République argentine.	»	159.000	»
Égypte.	88.000	»	»

C. ESPÈCE BOVINE

ÉTATS	NOMBRE TOTAL	DENSITÉ PAR KILOMÈTRE CARRÉ	RAPPORT PAR 1000 HABITANTS	DATE DU RECENSEMENT
France..	12.997.054	24,6	345	1882
Iles Britanniques..	10.097.943	32 »	280	1883
Russie.	23.625.104	4,8	311	1887
Empire allemand.	15.786.764	29,2	345	1883
Autriche.	8.584.077	28,6	388	1880
Hongrie.	4.597.543	14,2	202	1880
Italie.	4.783.232	16,1	166	1882
Suisse.	1.211.743	25 »	425	1886
Belgique.	1.382.815	46,9	245	1880
Hollande.	1.427.936	43,3	338	1882
Danemark..	1.470.078	38,4	747	1881
Suède.	2.257.048	5 »	490	1882
Norwège.	1.016.617	3,1	562	»
Portugal.	698.000	7,5	148	»
Espagne.	2.353.000	4,6	138	»
Roumanie..	1.858.000	14,3	340	1883
Serbie.	964.000	19,8	517	»
Bosnie.	762.000	12,5	644	»
Grèce (s. Chypre et la Thessalie).	279.000	4,3	141	»
États-Unis.	49.221.777	5,9	821	1888
Canada.. -	3.514.989	0,4	442	»
République argentine. . . .	14.206.499	»	4.880	»
Uruguay.	7.300.000	39 »	16.657	»
Australie.	8.644.540	1,3	2.978	1880
Indes.	30.000.000	»	»	»
Japon.	1.093.328	»	»	1884
Brésil.	20.000.000	»	1.800	1886

D. ESPÈCE OVINE

ÉTATS	NOMBRE TOTAL	DENSITÉ PAR KILOMÈTRE CARRÉ	NOMBRE PAR 1000 HABITANTS	DATE DU RECENSEMENT
France.	23.809.433	45,04	632	1882
Iles-Britanniques.	28.347.560	87,64	778	1883
Belgique.	365.400	12,4	662	1880
Hollande.	745.187	22,52	176	1882
Empire allemand	19.189.715	35,52	419	1883
Autriche.	3.841.340	12,8	174	1880
Hongrie.	9.252.123	28,71	587	1880
Italie.	8.596.108	30 »	302	1881
Suisse.	341.632	8,87	138	1886
Espagne.	16.939.000	33,41	994	»
Portugal.	3.064.000	33,18	650	»
Danemark..	1.548.613	40,43	786	1881
Suède.	1.412.494	3,13	306	»
Norvège.	1.688.306	5,18	938	»
Russie.	46.734.736	9,72	620	1887
Roumanie.	3.502.000	26,95	651	»
Serbie.	3.481.000	71,65	1.865	»
Bosnie.	840.000	13,77	709	»
Grèce (sans la Thessalie et Chypre)	2.293.000	35,45	1.158	»
États-Unis.	43.544.755	6,43	860	1888
Canada.	2.680.000	0,32	619	1882
République argentine. . . .	72.683.045	»	24.700	1883
Cap de Bonne-Espérance. . .	11.279.743	»	»	1882
Uruguay.	20.000.000	106,99	45.636	1880
Australie méridionale. . . .	6.140.396	»	»	1879
Nouvelle-Galles du Sud. . .	29.043.392	»	»	»
Nouvelle-Zélande.	13.069.338	»	»	»
Victoria.	8.651.775	»	»	»
Queensland.	6.065.034	»	»	»
Tasmanie..	1.834.441	»	»	»
Australie occidentale.. . . .	1.547.000	»	»	»

E. ESPÈCE CAPRINE

ÉTATS	NOMBRE TOTAL	DENSITÉ PAR KILOMÈTRE CARRÉ	NOMBRE PAR 1000 HABITANTS	DATE DU RECENSEMENT
France.	1.851.134	3,5	49	1882
Russie.	1.067.137	0,22	14	1887
Italie.	2.046.807	7 »	70,86	1881
Suisse.	415.916	10,79	168	1886
Autriche.	979.104	3,26	44,35	1869
Hongrie.	572.951	1,77	36,35	1869
Grèce.	1.836.700	28,30	927	1875
Prusse.	1.672.368	4,7	60	1883
Mexique.	6.000.000	»	»	»
Indes.	20.000.000	»	«	»

F. ESPÈCE PORCINE

ÉTATS	NOMBRE TOTAL	DENSITÉ PAR KILOMÈTRE CARRÉ	NOMBRE PAR 1000 HABITANTS	DATE DU RECENSEMENT
France..	7.146.996	13,5	189	1882
Iles-Britanniques.	3.986.427	12,6	112	1883
Belgique	646.375	21,9	116	»
Hollande.	403.618	12,2	95	»
Allemagne.	9.206.195	17 »	203	»
Autriche.	2.721.541	9 »	123	»
Hongrie.	4.803.639	14 »,	305	»
Italie.	1.163.916	3,9	40	1881
Suisse.	394.451	0,9	120	1886
Espagne.	2.349.000	4,6	137	»
Portugal.	1.052.000	11,3	223	»
Danemark..	527.417	13,7	267	»
Suède.	430.648	0,9	93	»
Norvège.	101.000	0,3	55	»
Russie..	9.361.980	1,9	115	1887
Roumanie..	837.000	6,4	155	»
Serbie..	1.679.000	34,5	900	»
Bosnie..	430.000	7 »	363	»
Grèce (s. Chypre et la Thessalie).	180.000	2,7	91	»
États-Unis.	44.346.525	5,7	881	1888
Canada..	1.207.619	0,14	279	»
République-Argentine. . . .	266.559	»	88	»
Uruguay.	100.000	0,5	228	»
Australie.	905.000	0,14	303	»

SOUS-SECTION II. — STATISTIQUE SPÉCIALE DE LA FRANCE
ET DE SES COLONIES

I. DÉNOMBREMENT (1882)

A. GROS ET MENU BÉTAIL

	CHEVAUX	ANES	MULETS	BOVIDÉS	OVIDÉS	CAPRINS	PORCS
France.	2.837.552	395.833	250.673	12.997.054	23.809.433	1.851.134	7.146.996
Algérie. . . .	149.377	205.175	107.000	1.070.324	4.958.182	2.715.129	73.113
La Martinique. .	5.689	398	4.326	35.945	18.400	5.894	20.403
La Guadeloupe. .	7.010	2.491	3.551	19.650	21.274	21.180	19.874
La Réunion. . .	4.000	1.337	9.428	7.404	14.994	19.194	69.221
La Guyane. . .	173	65	63	5.635	494	329	6.185
Mayotte.. . . .	5	80	»	4.145	»	1.960	»
Cochinchine. . .	4.505	»	»	49.657	187.590	2.304	335.458
Inde française. .	605	614	»	66.191	20.083	16.374	2.397
Nouvelle-Calédonie..	1.520	66	20	88.000	5.820	7.300	8.330

B. ANIMAUX DE BASSE-COUR

	France	Algérie			France	Algérie
Pigeons. . . .	8.872.910	167,333	Oies.		3.938.405	30.901
Poules. . . .	47.601.284	3.175.687	Canards. . . .		4.184.870	46.311
Dindons. . . .	2.095.697	15,236	Lapins. . . .		12.871.878	60.105
Pintades. . . .	271.637	4.541				

C. CHIENS

D'après les derniers relevés de l'Administration des contributions directes, il y aurait, en chiffres ronds, 2.200.000 chiens en France ; mais comme un nombre, impossible à évaluer, échappe à la taxe, il faut grossir le chiffre précédent pour se rapprocher de la vérité. Jusqu'ici, les chiens et les chats n'ont pas été compris dans le recensement officiel des animaux.

II. ESTIMATION GÉNÉRALE, EN POIDS VIF ET EN VALEUR PÉCUNIAIRE, DU BÉTAIL FRANÇAIS

— D'après l'enquête de 1882 —

Le nombre des existences ne renseigne qu'incomplètement sur la richesse d'un pays en bétail, à cause des différences de poids et de valeur de ces existences ; il faut chercher la moyenne du poids vif de chaque espèce et sa valeur pécuniaire. En possession de ces éléments, il est facile de calculer le poids de matière vivante nourrie sur une surface et par une population prises pour unités.

ESPÈCES	NOMBRE TOTAL DE TÊTES	POIDS VIF		VALEUR		POIDS VIF entretenu sur 1 kilom. carré	POIDS VIF entretenu par 1000 habitants
		moyenne par tête	poids vif total	moyenne par tête	totale		
		kilogr.	tonnes	francs	francs	kilogr.	kilogr.
Chevaux.. . . .	2.837.952	413	1.172.949	479	1.361.372.000	2.219	31.140
Mulets.	250.673	308	77.180	427	107.161.000	146	2.050
Anes.	395.833	151	59.838	113	47.766.000	113	1.580
Bœufs.	12.996.954	281	3.651.251	237	3.080.285.000	6.912	96.945
Moutons.. . . .	23.809.433	27	645.795	24	571.924.000	1.221	17.140
Chèvres.	1.851.134	25	46.114	25	30.760.000	87	1.220
Porcs..	7.146.996	82	587.304	80	573.015.000	1.107	15.610
Lapins.	12.871.878	2,500	32.180	1,77	22.853.000	60	854
Poules.	47.601.284	2,500	119.003	1,92	91.312.000	225	3.158
Pigeons.	8.872.910	0,400	3.549	0,78	6.903.000	6	94
Dindons. . . .	2.095.697	5	10.478	5,88	11.475.000	19	278
Pintades. . . .	271.637	1,250	339	3,18	865.000	0,642	9
Oies.	3.938.405	7	27.568	4,56	18.700.000	52	731
Canards.	4.184.870	2	8.369	2,23	9.325.000	15	222
		»	6.341.817	»	5.933.716.000	12.082,642	171.031

La valeur des animaux domestiques de la France est en chiffres ronds de 6 milliards (5.933.716.000 fr.). Chaque kilomètre carré du territoire français nourrit, à côté des 71 habitants qui y vivent, 12.083 kilogr. de matière animale domestique.

III. POIDS DE MATIÈRE ANIMALE VIVANTE ENTRETENU
PAR CHAQUE DÉPARTEMENT

Le bétail est réparti très inégalement sur le territoire et cette inégalité est encore accentuée par les différences de poids et de volume présentées par les races d'une même espèce. Pour prendre une idée exacte de la répartition, il faut la faire d'après le poids vif. Voici ce travail pour chacun des départements français, les animaux de basse-cour laissés de côté :

DÉPARTEMENTS	POIDS BRUT DE L'ENSEMBLE DES ANIMAUX DOMESTIQUES	POIDS BRUT DE L'ENSEMBLE DES ANIMAUX DOMESTIQUES	
		par kilomètre carré	par 1000 habitants
	tonnes de 1000 kg.	kilogr.	kilogr.
Ain.	89.926	15.648	249.590
Aisne.	117.057	16.063	212.340
Allier..	117.206	16.192	284.140
Alpes (Basses).	23.923	3.421	181.530
Alpes (Hautes.)	20.401	3.657	168.760
Alpes Maritimes..	14.774	3.770	65.390
Ardèche..	46.032	8.345	122.540
Ardennes.	71.045	13.679	214.850
Ariège.	52.645	10.838	220.820
Aube.	57.745	9.641	226.850
Aude.	36.638	5.822	142.360
Aveyron..	85.088	9.836	907.160
Bouches-du-Rhône.	33.240	6.502	56.300
Calvados.	120.003	21.866	274.940
Cantal.	76.105	13.324	324.070
Charente..	65.434	11.048	177.360
Charente-Inférieure..	75.085	11.121	162.760
Cher.	71.487	10.006	204.970
Corrèze..	66.394	11.409	210.910
Corse..	27.229	3.104	99.750
Côte-d'Or.	89.047	10.232	234.650
Côtes-du-Nord.	107.115	15.701	172.380
Creuse.	78.062	14.165	283.300
Dordogne.	98.061	10.763	199.610
Doubs.	57.666	11.029	185.720
Drôme.	49.130	7.542	157.110
Eure.	83.235	14.099	230.470
Eure-et-Loir.	81.039	13.833	290.000
Finistère..	107.465	16.161	156.540
Gard.	34.631	5.963	83.850
Garonne (Haute-).	85.387	13.734	180.440
Gers.	70.222	11.255	251.550
Gironde.	71.127	7.385	96.160
Hérault.	33.362	5.372	75.410
Ille-et-Vilaine.	105.281	15.958	174.380
Indre.	74.419	11.040	261.210
Indre-et-Loire..	57.110	9.339	173.140

DÉPARTEMENTS	POIDS BRUT DE L'ENSEMBLE DES ANIMAUX DOMESTIQUES	POIDS BRUT DE L'ENSEMBLE DES ANIMAUX DOMESTIQUES	
		par kilomètre carré	par 1000 habitants
	tonnes de 1000 kg.	kilogr.	kilogr.
Isère.	92.093	11.209	160.020
Jura.	53.355	10.702	187.380
Landes.	57.323	6.167	190.960
Loir-et-Cher.	54.700	8.578	198.030
Loire.	65.321	13.702	108.660
Loire (Haute).	61.037	12.333	193.580
Loire-Inférieure.	104.281	15.333	168.540
Loiret.	74.182	11.040	203.100
Lot.	47.488	9.166	170.560
Lot-et-Garonne.	72.731	13.588	233.000
Lozère.	33.369	6.473	233.570
Maine-et-Loire.	133.103	18.773	255.580
Manche.	119.144	20.303	228.510
Marne.	90.234	11.133	216.310
Marne (Haute-).	58.220	9.414	269.530
Mayenne.	116.570	22.743	341.810
Meurthe-et-Moselle.	58.401	10.834	135.280
Meuse.	65.344	10.479	225.550
Morbihan.	87.469	13.007	169.520
Nièvre.	93.272	13.818	271.180
Nord.	140.221	26.454	13.730
Oise.	85.596	14.769	213.850
Orne.	90.489	15.002	212.990
Pas-de-Calais.	114.020	17.380	140.060
Puy-de-Dôme.	108.128	13.734	192.910
Pyrénées (Basses-).	81.102	10.700	187.870
Pyrénées (Hautes-).	45.558	10.076	192.980
Pyrénées orientales.	22.171	5.387	106.710
Territoire de Belfort.	8.437	13.867	114.310
Rhône.	41.563	14.904	53.110
Saône (Haute-).	65.123	10.331	220.560
Saône-et-Loire.	132.397	15.616	213.630
Sarthe.	93.118	15.143	214.360
Savoie.	40.418	8.998	151.170
Savoie (Haute-).	41.609	9.716	152.830
Seine.	7.541	16.001	2.690
Seine-Inférieure.	135.559	22.651	167.790
Seine-et-Marne.	78.009	13.629	224.420
Seine-et-Oise.	68.287	12.282	119.200
Sèvres (Deux-).	88.188	14.800	254.720
Somme.	96.127	15.773	176.660
Tarn.	70.355	12.341	197.330
Tarn-et-Garonne.	46.262	12.405	212.660
Var.	17.688	2.938	61.420
Vaucluse.	22.567	6.458	93.700
Vendée.	110.622	16.623	264.550
Vienne.	70.091	10.075	206.550
Vienne (Haute-).	81.287	14.904	235.300
Vosges.	61.975	10.597	152.700
Yonne.	80.152	10.907	226.710

IV. ÉVALUATION DES PRODUITS FOURNIS PAR LES ANIMAUX DOMESTIQUES DE LA FRANCE EN 1882

SORTES D'ANIMAUX	FUMIER		TRAVAIL		VIANDE		LAIT [1]		LAINE, POIL, DUVET		PEAUX	ŒUFS	PRODUITS DIVERS SUIF
	produit par an	valeur	journées de travail par an	valeur du travail	kilogr. de viande fournie	valeur de la viande	hectolitres produits [2]	valeur [3]	kilogr. (en suint)	valeur	valeur	valeur	
	en tonnes de 1000 kg.	fr		fr		fr	hectol.	fr			fr		
Chevaux. .	12.982.119	129.821.190	545.707.500	1.637.122.500			»	»	»	»	180.000	»	»
Mulets. . .	928.740	9.287.400	47.772.000	105.098.400	3.175.115 [4]	1.587.557	»	»	»	»	15.600	»	»
Anes. . . .	910.211	9.102.110	69.547.200	88.456.610			»	»	»	»	15.000	»	»
Bêtes bovines	48.478.271	484.782.710	649.625.000	1.191.250.000	674.191.086	1.011.286.554	68.205.965	1.364.119.360	»	»	83.668.378	»	219.164 quintaux valant fr. 18.274.495
Moutons. .	12.354.827	123.548.270	»	»	123.751.609	181.226.910	»	»	48.806.300	83.272.543	11.477.532	»	
Chèvres. .	653.587	6.535.870	»	»	2.338.895	2.453.240	5.555.530	100.000.000	»	»	»	»	
Porcs. . .	7.523.845	75.238.150	»	»	388.217.678	461.811.914	»	»	»	»	1.800.000	»	
Lapins. . .	»	»	»	»	16.069.847	22.525.785	»	»	»	»	»	120.000.000	»
Poules. . .	»	»	»	»	35.700.963	30.345.816	»	»	»	»	»	»	»
Pigeons. .	»	»	»	»	4.791.871	12.422.074	»	»	»	»	»	»	»
Dindons. .	»	»	»	»	5.134.437	11.002.872	»	»	»	»	»	»	»
Pintades. .	»	»	»	»	132.112	456.386	»	»	»	»	»	»	»
Oies. . . .	»	»	»	»	9.924.768	13.894.675	»	»	»	»	2.053.803	»	»
Canards. .	»	»	»	»	1.908.737	3.817.474	»	»	»	»	2.092.435	»	»
TOTAUX. .	»	838.315.700	»	3.016.927.540	»	1.752.811.809	»	1.464.119.300	»	88.318.781	93.956.510	120.000.000	18.274.495

[1] Sur la quantité de lait produite, on n'a point défalqué ce qui est transformé en beurre et en fromage.
[2] Abstraction faite de la quantité utilisée par les jeunes pour l'allaitement naturel.
[3] Le lait a été estimé à 20 centimes le litre.
[4] Ces chiffres ne sont qu'approximatifs; on ne possède pas de renseignements sur les boucheries chevalines de plusieurs villes.

Lorsqu'on se place au point de vue de la comptabilité agricole, il est es retranchements à opérer parmi les produits qui viennent d'être éva- ués. Le travail et le fumier sont des moyens de production qui doivent rever le prix des denrées obtenues; leur estimation précise n'est pas acile, celle du fumier en particulier donne lieu à des discussions parmi es économistes agricoles. Mais en restant sur le terrain purement zoo-- .echnique, ils doivent figurer comme apports, puisque ce sont des valeurs créées par les animaux de la ferme.

Tous les produits fournis par les animaux ne sont que des transfor- mations d'aliments qui, eux aussi, sont des valeurs. Dans cet ordre d'idées, on a évalué à la somme de 3 milliards 850 millions de francs les aliments consommés par le bétail en 1882. En la défalquant de celle de 7 milliards 400 millions représentant le total des produits, il reste *3 milliards 550 millions* pour le capital créé par le bétail dans l'année prise pour type.

Le tableau de la page 135 a déjà fait ressortir que l'espèce bovine, par le capital qu'elle représente, doit être placée en tête de toutes les autres. La valeur de ses produits lui laisse également le premier rang.

Section II. — Importations et exportations

Une autre question très importante concerne le mouvement commer- cial provoqué par les animaux domestiques et leurs produits. Il faut examiner ce mouvement en France et à l'étranger, car du sens dans lequel il s'est manifesté pour chacune des espèces, découlent de pré- cieux indices sur l'orientation à donner aux entreprises zootechniques.

I. MOUVEMENT COMMERCIAL RELATIF AUX ANIMAUX

Pour faire saisir au premier coup d'œil le sens du mouvement com- mercial d'un pays, on s'attachera surtout dans les tableaux qui vont suivre à mettre en relief les excédents d'importations ou d'exportations.

ÉTATS	CHEVAUX		MULES ET MULETS		ANES		BÊTES BOVINES		BÊTES OVINES		PORCS		ANNÉES
	Excédents des		Excédents des		Excédents des		Excédents des		Excédents des		Excédents des		
	exporta-tions	importa-tions	exporta-tions	importa-tions	exporta-tions	importa-tions	exporta-tions	importa-tions	exporta-tions	importa-tions	exporta-tions	importa-tions	
	têtes	têtes	têtes	têtes	têtes	têtes	têtes	têtes	têtes	têtes	têtes	têtes	
France..	»	1.951	18.328	»	»	»	»	75.475	»	2.253.403	»	34.608	1883
Allemagne.	»	57.439	»	»	»	»	86.893	»	1.194.500	»	»	1.000.000	»
Autriche-Hongrie.. . . .	20.131	»	»	»	»	»	8.520	»	376.000	»	156.000	»	1882
Russie.	44.526	»	»	»	»	»	23.822	»	581.000	»	580.000	»	»
Belgique.	1.916	»	»	»	»	»	»	77.933	»	131.000	20.000	»	»
Danemark..	6.419	12.740	260	»	887	»	84.462	»	55.499	6	235.000	»	1881
Pays-Bas.	4.502	3.656	»	»	»	»	114.461	»	253.085	»	20.000	»	1882
Italie.	»	»	»	»	»	»	73.784	»	187.174	»	18.422	»	1882
Suisse.	»	»	»	»	»	»	»	31.460	»	51.000	»	41.457	1881
Iles Britanniques.	»	»	»	»	»	»	»	318.352	»	930.000	»	24.000	1883
Portugal.	»	»	»	»	»	»	»	31.358	151.123	»	»	58.777	1881
Serbie.	»	»	»	»	»	»	27.752	»	41.931	»	865.000	»	»
Suède.	»	»	»	»	»	»	17.200	»	21.700	»	»	»	»
Roumanie..	»	»	»	»	»	»	13.883	»	91.720	»	177.000	»	»
États-Unis et Canada. . .	»	»	»	»	»	»	100.000	»	107.000	»	»	»	»
République argentine. . .	9.000	»	»	»	»	»	»	»	»	»	»	»	»
Uruguay.	3.700	»	»	»	»	»	»	»	»	»	»	»	1881
Algérie..	»	»	»	»	»	»	»	»	550.000	»	»	»	»

En prenant pour type l'année 1833, voici comment le mouvement commercial s'est décomposé pour la France :

SORTES D'ANIMAUX	IMPORTATIONS	EXPORTATIONS	EXCÉDENTS DES	
			importations	exportations
	têtes	têtes	têtes	têtes
Chevaux entiers.	701	4.234	»	3.533
— hongres..	12.848	7.145	5.703	»
Juments..	2.710	3.936	»	1.226
Poulains..	2.868	1.870	998	»
Mules et mulets.	645	18.973	»	18.328
Bœufs.	76.423	28.385	48.038	»
Vaches.	62.908	27.486	35.422	»
Taureaux.	1.904	754	1.150	»
Bouvillons..	7.277	347	6.930	»
Génisses..	7.154	3.277	3.877	»
Veaux..	60.068	8.249	52.819	»
Béliers, brebis et moutons.	2.277.695	24.232	2.253.463	»
Porcs.	74.501	79.504	»	5.003
Porcelets.	61.472	22.318	39.154	»

De ce tableau, il ressort qu'en prenant les groupes dans leur ensemble, celui des mules et mulets est le seul pour lequel nous sommes des exportateurs. En faisant l'addition de tous les autres, sans distinction de sexe et d'âge, on voit que nous sommes importateurs. *La France ne produit pas suffisamment d'animaux domestiques pour ses besoins.* Si ses ressources fourragères d'une part et les conditions de son marché d'autre part ne s'y opposent pas, on doit augmenter le troupeau national.

Importateurs de chevaux, nous nous adressons surtout à la Belgique et à la Hollande pour les animaux de trait et à l'Autriche-Hongrie pour les sujets plus fins.

Les chevaux que nous exportons sont dirigés sur la Belgique, l'Italie, l'Espagne, la Suisse, les États-Unis et l'Amérique du Sud.

Exportateurs de mulets, l'Espagne est notre meilleur débouché.

Tributaires de l'étranger pour les animaux de boucherie, l'Allemagne, l'Italie, les États danubiens, les Pays-Bas, le Danemark sont nos pourvoyeurs principaux en bœufs. On fait quelques essais d'importation des bêtes bovines des États-Unis. Nous offrions avant la dénonciation des traités de commerce un débouché particulièrement avantageux à l'Italie qui dans la seule année 1883 prise comme type nous a fourni 109.742 bêtes bovines. L'Allemagne, l'Autriche-Hongrie et les Pays-Bas sont également nos pourvoyeurs en moutons; au premier rang se place l'Allemagne, viennent ensuite l'Algérie, l'Italie, l'Autriche, les Pays-Bas et la péninsule hispanique.

Les importations de porcs sont moins considérables que celles de autres espèces; l'Italie était encore notre principal fournisseur de ce côté.

En suivant le mouvement des importations et des exportations pendant une période relativement longue, on verra mieux le sens dans lequel il se dessine.

L'Administration de l'agriculture dans l'enquête de 1882 a relevé le mouvement commercial de la France, année par année et espèce par espèce, pendant une période de cinquante-cinq ans, de 1831 à 1885. Nous n'entrerons point dans des détails aussi circonstanciés, nous nous contenterons de montrer l'excédent des importations ou des exportations par périodes décennales.

SORTES D'ANIMAUX	EXCÉDENTS DES EXPORTATIONS — en têtes —					EXCÉDENTS DES IMPORTATIONS — en têtes —				
	1831 À 1841 (11 ans)	1842 À 1851 (10 ans)	1852 À 1861 (10 ans)	1862 À 1871 (10 ans)	1872 À 1881 (10 ans)	1831 À 1881 (11 ans)	1842 À 1851 (10 ans)	1852 À 1861 (10 ans)	1862 À 1871 (10 ans)	1872 À 1881 (10 ans)
Chevaux.. . . .	»	»	»	»	»	14.666	15.413	12.247	7.715	18...
Mulets.	14.218	16.124	19.103	18.924	12.580	»	»	»	»	»
Anes.	»	»	»	»	»	214	571	273	280	1.22.
Bœufs..	»	»	»	»	»	23.182	24.540	74.255	138.164	127.92.
Moutons..	»	»	»	»	»	03.788	73.894	292.387	872.850	1.654.50.
Porcs.	»	»	»	»	»	133.871	75.017	85.907	116.417	87.52.
Chèvres.	»	»	»	»	»	3.985	5.614	5.940	5.198	4.1.

On voit que pendant ces périodes décennales, comme dans l'année 188 prise pour terme de comparaison, un seul groupe, celui des mulets, présente un surplus d'exportations; pour tous les autres, il y a excéde dans les importations. Ces excédents tendent à diminuer depuis vin ans pour l'espèce chevaline et depuis dix ans pour l'espèce porcine, augmentent depuis dix ans pour l'espèce asine et depuis quarante a pour les bœufs et les moutons.

On remarquera que la situation est un peu exceptionnelle pour l chevaux à cause des vides produits par la guerre de 1870. L'augmentat des importations de moutons tient à la fois à l'accroissement de la conso mation et à la diminution du nombre des têtes. Celle des bœufs a po seule cause l'augmentation de la consommation, car on verra plus l que le nombre des existences n'a cessé de s'accroître. Le ralentissem dans les importations de porcs est le résultat de l'extension prise leur élevage en France.

II. MOUVEMENT COMMERCIAL RELATIF AUX PRODUITS ANIMAUX

L'Europe qui fournit des objets manufacturés aux autres parties monde, est obligée de leur emprunter ce qui lui manque en viande, produits de la laiterie et en matières premières pour ses industries, telles que la laine et les peaux.

A s'en tenir à la France, le tableau suivant qui indique le mouvement d'exportation et d'importation pour l'année 1883, montre les vides à combler.

NATURE DES MATIÈRES	IMPORTATIONS	EXPORTATIONS	EXCÉDENTS DES	
			importations	exportations
	kilogr.	kilogr.	kilogr.	kilogr.
Viande fraîche de boucherie.. . . .	6.264.800	1.084.200	5.180.600	»
Viande de gibier et volaille.. . . .	3.484.300	2.512.000	972.300	»
Viande salée de porc. . . . · . .	3.275.000	2.011.400	1.263.600	»
Viandes salées autres.	578.800	(445.700	133.100	»
Conserves de viande.	4.054.400	686.700	3.367.700	»
Fromages.	15.200.000	2.600.000	12.600.000	»
Beurre frais.	5.361.189	4.357.895	1.013.294	»
Beurre salé..	692.200	29.679.167	»	28.986.967

Pour tous les produits d'origine animale, sauf le beurre, la France ne produit pas suffisamment pour les besoins de sa consommation.

En ce moment et sans préjuger de l'intervention future d'autres parties du monde, les deux Amériques et l'Australasie sont les grandes pourvoyeuses de l'Europe. L'étendue de leur territoire mise en regard de leur population les a poussées à chercher des débouchés sur les marchés européens.

Pour donner une idée des résultats obtenus, on va mettre sous les yeux du lecteur le *tableau du mouvement d'exportation* des États-Unis et de la République argentine dans la seule année 1886.

ÉTATS EXPORTATEURS	ANNÉES	VIANDE FRAICHE	VIANDE EN BOITES	VIANDE SALÉE	BEURRE
États-Unis.	1886	fr 59.935.000	fr 15.870.000	fr 16.010.000	fr 18.750.000
République argentine. .	1886	(32.000 000 fr. pour les viandes de toutes sortes expédiées).			

ÉTATS EXPORTATEURS	ANNÉES	FROMAGE	LAIT CONCENTRÉ	SUIF	CUIR	OLÉO-MARGARINE
États-Unis.	1886	fr 58.320.000	fr 1.240.000	fr 23.465.000	fr »	fr 24.210.000
République argentine. .	1886	»	»	25.000.000	105.000.000	»

Il ne s'agit nullement d'une exportation exceptionnelle, il y a un mouvement commercial de créé qui va en s'accroissant comme le prouvent les chiffres suivants :

ÉTATS EXPORTATEURS	BŒUFS SUR PIED expédiés en		VIANDES CONSERVÉES par congélation expédiées en	
	1875	1884	1877	1884
États-Unis.	têtes 299	têtes 139.213	kil 22.197.000	kil 51.813.000
Canada.	1.212	59.054		
			expédiées en 1880	expédiées en 1887
Australie.	»	»	caisses 157.876	caisses 174.024
Nouvelle-Zélande.	»	»	16.654	42.959

ÉTATS EXPORTATEURS	BEURRE expédié en		FROMAGE expédié en		SALAISONS DE PORC expédiées en	
	1874	1884	1874	1884	1875	1878
États-Unis. . . .	kil 679.500	kil 6.024.900	kil 40.317.000	kil 46.205.000	kil 4.340.600	kil 30.365.000

La laine est également importée en masses considérables; voici, à titre d'exemple, le relevé des quantités reçues dans le seul port de Dunkerque en 1885 :

Laines de la Plata. . . . . 52.640.389 kilogr.
— Uruguay. 5.300.230
— Australie. 2.113.455
— Russie. 2.103.209
— Algérie. 1.198.430
— Maroc. 875.245
— Roumanie. 102.717
— Turquie. 93.575
— Belgique.. . . . . . . 42.307
— Danemark. 6.080

L'accroissement des importations de laines exotiques en Europe es continu; les chiffres ci-dessous qui se rapportent à Londres, l'un de plus grands marchés du monde, mettront en évidence ce mouvemen ascensionnel.

Nombre de balles de laine importées à Londres en 1870. . . . . 673.314
— — — 1875. . . . . 874.218
— — — 1880. . . . . 1.057.344
— — — 1884. . . . . 1.267.153

Les apports d'outre-mer créent aux produits indigènes une sérieus concurrence; on les présente non seulement comme un stimulant, ma comme un danger pour l'agriculture européenne. A ce titre, il est né cessaire d'examiner avec quelques détails, les conditions de la production de la viande et de la laine dans les pays exportateurs.

VIANDE. — Pour combler en Europe le déficit en viande, les pays d'outre-mer se sont essayés et s'essayent encore à exporter le bétail vivant. Mais ce transport offre des difficultés, car il est une espèce, celle du Porc qui supporte mal la mer, il présente des risques et il est onéreux. Aussi les exportateurs préfèrent-ils expédier des viandes abattues ; celles-ci sont expédiées soit après salaison, soit à l'état frais et conservées par le froid ; il en est qui sont transformées en extraits.

Les *salaisons* arrivent particulièrement des États-Unis. Les deux plus grands marchés de porcs de l'Amérique et probablement du monde sont Chicago et Cincinnati, cette dernière surnommée Porcopolis. Plus de quarante compagnies se livrent actuellement à l'industrie des salaisons et n'occupent pas moins de six mille ouvriers pour saler, fumer et mettre en barils ; toutes les autres opérations, occision, échaudage, dépeçage se font mécaniquement. « Les cochons sont enfermés dans une cour et se pressent vers une ouverture étroite ; là ils glissent sur un plan incliné, ils sont saisis et suspendus par les pieds à une chaîne sans fin, qui traverse l'usine ; au passage le cochon est saigné, un peu plus loin, il est soumis à l'action d'un jet de vapeur et de brosses énergiques qui l'épilent complètement ; plus loin encore, il est ouvert, vidé et fendu, puis nettoyé sous des jets d'eau puissants ; il passe dans des chambres, où il est refroidi, de là, il est découpé ; les morceaux sont classés suivant la qualité et enfin l'animal est salé, mis en barils et expédié pour toutes les parties du monde et surtout pour l'Angleterre. On voit donc dans ces usines, les cochons entrer vivants par une extrémité et ressortir par l'autre à l'état de lard en baril. » C'est principalement en hiver qu'ont lieu ces opérations. Commencé depuis vingt-cinq ans, ce mouvement d'exportation s'est développé dans des proportions qu'on ne pouvait prévoir au début.

L'Amérique du Sud entretient dans les pampas de grands troupeaux de bœufs et de moutons et elle exporte des suifs, des cuirs et des viandes.

On n'entrera pas dans la technique de la préparation des *conserves* de viande, d'autant mieux que plusieurs procédés sont encore dans la période d'expérimentation. Les plus connus sont l'occlusion dans des boîtes hermétiquement fermées à chaud, l'immersion dans la saumure ou dans un jus acide et l'emprisonnement dans la graisse ou dans la gelée de viande. Ils ne permettent que l'utilisation des morceaux de choix et exigent, sauf la préparation en saumure, la cuisson.

Les essais d'importation de *viandes fraîches conservées par le froid* ont d'abord donné de mauvais résultats parce qu'on se servait de glace et qu'après le dégel la viande se corrompait rapidement. Mais on perfectionne chaque jour les méthodes de réfrigération. Actuellement près de

Buenos—Ayres, une usine congèle les moutons par le séjour dans des chambres dont l'air est refroidi à 20° et 30° après avoir été rendu aussi sec que possible. Sur le navire, on dispose une chambre fermée herméti-quement par une double enveloppe en planches entre lesquelles est un matelas en poussier de charbon de bois. Une machine à refroidir l'air est installée à bord. Elle reçoit son mouvement d'un moteur spécial ou du navire. Son rôle est de maintenir la chambre fraîche à quelques degrés au—dessous de zéro. A la suite de ces perfectionnements et d'au-tres que l'avenir apportera sans doute, l'exportation des viandes ainsi conservées ne peut que s'accroître.

Dans beaucoup de saladeros de l'Amérique du Sud, on prépare le *charqui* ou *viande de bœuf séchée*. On sépare les chairs des os, on les coupe en lanières ou tranches et on les met en fosses où elles baignent dans la saumure. On les fait égoutter, puis on les porte au saloir. Sur une couche de sel, on étale une couche de viande et par cette sorte de stratification, on forme des piles de 3 à 4 mètres de côté et de hauteur et contenant jusqu'à 2000 quintaux. Après vingt-quatre heures, on démolit la pile pour la reformer de telle sorte que les couches du bas soient en haut. La viande est ensuite mise à l'air et placée sur une couche de cornes pour s'égoutter. Chaque semaine, elle est remuée et mise en plein soleil; après quarante jours de ces manipulations, elle est suffisamment sèche pour qu'on n'ait pas à craindre qu'elle se gâte, on peut la livrer au commerce. Il arrive peu de ces viandes sèches en Europe; la presque totalité est consommée dans l'Amérique du Sud, par-ticulièrement au Brésil et à la Havane.

Il n'est personne qui ne sache que l'Amérique du Sud expédie depuis quelque temps en Europe des *extraits de viande* dont le plus connu est désigné sous le nom d'extrait Liebig.

En descendant l'Uruguay et non loin de Buenos—Ayres, on trouve le plus important des saladeros de l'Amérique, celui de Fray-Bentos, pro-priété de la Société de l'extrait de viande de Liebig. Dans cet établis-sement sont abattus chaque année 400.000 bœufs.

Chaque partie de l'animal passe aux mains d'un spécialiste qui l'utilise. Le cuir est salé et mis en fosse jusqu'au moment de l'embar-quement; les langues subissent une préparation particulière et sont mises en boîtes; les intestins sont transformés en cordes à violon. Tous les déchets sont jetés dans de grandes cuves où la vapeur enlève les graisses et les fond; ainsi liquides, elles seront portées par des canaux dans des réfrigérants et mises en caisses pour l'exportation. La chair enlevée par les charqueadores est mise à l'ombre pour se refroidir : une partie est salée et séchée, l'autre employée à la fabrication de l'extrait Liebig. Celle-ci est conduite par des wagons jusqu'à des hachoirs mécaniques et de là dans de grandes marmites où la vapeur en extrait tous les sucs.

Ce liquide passe dans des vaporisateurs qui en retirent l'eau et ensuite à des appareils de distillation qui séparent toutes les matières mal dissoutes; surchauffé, filtré, il tombe clarifié dans une nouvelle marmite et se rend à un condensateur où un appareil giratoire le refroidit en le conservant liquide et dans un autre où il se refroidit complètement et se réduit en pâte. Chaque bœuf ainsi traité produit huit livres d'extrait. Pour donner de l'uniformité à tous ces bouillons, un chimiste les analyse avant leur refroidissement.

Le résidu de la viande qui a servi à cette préparation et à celle des graisses est conduit au moulin et réduit en farine. Exporté en Angleterre, il paraît qu'il est employé à l'engraissement des bœufs de boucherie [1].

Il a été installé, notamment dans la République argentine, d'autres usines pour la préparation des extraits de viande.

L'Australasie, incitée par le développement rapide de sa population ovine, est entrée à son tour dans la voie ouverte par les Américains; elle a créé un commerce de viandes congelées à destination d'Europe. L'Angleterre est son principal débouché; les expéditions de moutons congelés augmentent avec rapidité depuis 1881, époque de leur apparition sur les marchés européens. Voici les chiffres des envois jusqu'en 1888 :

ANNÉES	NOMBRE DE MOUTONS CONGELÉS
1881.	15.000
1882.	66.100
1883.	184.600
1884.	524.100
1885.	587.100
1886.	722.800
1888.	1.047.000

Le poids moyen de ces moutons a été de 65 livres en 1884, 63 livres en 1885 et 60 livres en 1886.

LAINE. — La production des laines du globe peut être évaluée annuellement à 800 millions de kilogrammes. L'Australie et la Nouvelle-Zélande en fournissent 275 millions de kilogrammes; le Cap de Bonne-Espérance, 15 millions; la Plata, 150 millions. Les États-Unis ne produisent pas assez de toisons pour l'industrie nord-américaine qui est obligée d'importer des cargaisons de la Plata et de l'Australie. En Afrique, le Maroc, l'Algérie, la Tunisie fournissent des toisons en quantités très appréciables. L'Inde, l'Asie centrale, la Chine sont évaluées comme productrices de laine à 150 millions de kilogrammes. L'Europe en produit 200 millions de kilogrammes; la Russie tient le premier rang sous ce rapport; puis viennent l'Angleterre, l'Allemagne, la France, l'Autriche, l'Italie, l'Espagne. Les anciens troupeaux espagnols de mérinos sont maintenant

[1] Daireaux, *Voyage à la Plata*, in *Tour du monde*, 2e semestre 1887, p. 206 et suiv.

remplacés par ceux de Rambouillet, du Châtillonnais, du Soissonnais, qui exportent leurs béliers dans le monde entier.

Depuis quelques années on a créé des manufactures de drap en Australie même.

L'importance du rôle des laines australiennes en Europe appelle quelques développements sur leur production et leur importation.

En Australie, il est deux sortes de propriétaires de troupeaux, le *farmer*, propriétaire sédentaire faisant de l'agriculture et élevant des animaux, et le *squatter* ou *settler* qui se contente de parquer ses bestiaux sur des terres louées ou concédées. L'ensemble de celles-ci constitue le *run* au centre duquel se trouve le *home* ou habitation. Si la concession est très vaste, ces squatters créent des *stations* annexes qu'habitent des chefs bergers. Les runs sont entourés de clôtures en fils de fer ; des hommes à cheval en font fréquemment le tour pour leur réparation. D'ailleurs en Australie, bergers et surveillants de toutes sortes sont toujours à cheval.

Sur le total de 800 millions indiqué par les statistiques pour la production générale du monde, la majeure partie des laines de l'Australie, de la Nouvelle-Zélande, du Cap et de la Plata est importée par Londres, Anvers, Liverpool, Brème, le Havre, Marseille, Dunkerque, Bordeaux et Gênes.

Le grand entrepôt des laines australiennes est Londres. Elles y arrivent sous trois états : en suint pour 64 pour 100 environ ; lavées à chaud, pour 27 pour 100 et lavées à dos pour 9 pour 100. L'augmentation des arrivages de laines en suint est constante, les acheteurs européens préférant les dessuinter eux-mêmes.

Après Londres, il faut citer Anvers, comme port recevant une certaine quantité de laines australiennes, mais il en importe bien davantage de la République argentine. Hambourg ne reçoit que des quantités insignifiantes de laines d'Australie, ce sont surtout celles du Cap et de Buenos Ayres qui y abordent.

En France, les ports où arrivent les laines étrangères sont : le Havre Bordeaux, Marseille et Dunkerque.

Le Havre reçoit en première ligne des laines de la Plata et en second ligne celles d'Australie, mais le plus souvent ces laines n'arrivent pa directement des pays de production, elles ont passé par les entrepô anglais.

A Bordeaux débarquent particulièrement des laines d'Espagne, quelques balles de la Plata, mais pas d'Australie. Par contre, c'est le gran marché européen pour les peaux de moutons. Marseille reçoit beaucoup de laine de tous pays, mais la plus forte partie n'est que de passag et transite vers l'Angleterre en raison des tarifs dits de pénétration. Dunkerque arrivent des laines de toutes provenances.

Section III. — Statistique relative à la consommation des viande de boucherie

Un des meilleurs éléments pour apprécier l'importance du bétail et le sens dans lequel il faut en diriger l'exploitation est fourni par le mouvement de la consommation de la viande. Aussi va-t-on examiner successivement : 1° la quantité de viande consommée annuellement en France, l'année 1882 étant prise pour type ; 2° la marche de la consommation pendant les quarante dernières années.

I. CONSOMMATION DE LA VIANDE EN FRANCE

Il est pourvu à la consommation par : a) des animaux indigènes, b) des animaux importés de l'étranger, c) des viandes importées soit fraîches, soit conservées d'une façon quelconque.

En voici le relevé pour l'année 1882, d'après les documents fournis par l'Administration[1].

CATÉGORIES	VIANDE des animaux indigènes	VIANDE des animaux importés	QUANTITÉ TOTALE	VALEUR de la viande des animaux abattus indigènes et étrangers	EXCÉDENTS DES IMPORTATIONS	
					en quantité	en valeur
	kilogr.	kilogr.	kilogr.	fr.	kilogr.	fr.
I. ESPÈCE BOVINE						
Bœufs, vaches, taureaux.	467.194.992	28.061.149	495.256.141	778.699.072	»	»
Génisses et bouvillons.	28.831.690	152.894	28.984.584	41.716.775	»	»
Veaux.	158.362.248	2.402.864	160.765.082	264.312.597	»	»
TOTAUX. . .	654.338.900	30.616.907	685.005.807	1.084.708.441	»	»
II. ESPÈCE OVINE ET CAPRINE						
Moutons et brebis.	106.954.004	42.183.288	149.137.292	267.713.164	»	»
Boucs et chèvres. . .	2.338.895	»	2.338.895	2.386.163	»	»
Agneaux et chevreaux.	16.149.293	23.293	16.172.586	24.146.105	»	»
TOTAUX. . .	125.442.192	42.206.581	167.648.773	294.245.432	»	»
III. ESPÈCE PORCINE						
Porcs.	382.056.643	4.909.504	386.966.147	584.610.118	»	»
Cochons de lait. . .	132.446	206.179	338.625	451.190	73.733	»
TOTAUX. . .	382.189.089	5.115.683	387.304.772	585.061.308	»	»
TOTAUX GÉNÉRAUX. (de la viande produite par les animaux).	1.162.020.181	77.939.171	1.239.959.352	1.964.015.184	»	»
Viandes fraîches de boucherie	»	»	»	»	5.126.069	8.201.710
Viandes salées de porc et autres (lard comp.).	»	»	»	»	1.722.005	2.186.946
Conserves de viandes.	»	»	»	»	4.642.415	9.749.071
TOTAUX. . .	»	»	»	»	11.490.489	20.137.727
TOTAUX GÉNÉRAUX. (de toutes les viandes consommées en France).	»	»	1.251.449.841	1.984.152.911		

[1] *Loco citato*, pages 260 et suivantes.

Il résulte du tableau ci-dessus qu'à la date du dernier recensement, on consommait en France 1.251.449.841 kilogrammes de viande représentant une valeur de 1.984.152.911 francs. L'agriculture française en fournissait 92 pour 100 et l'étranger 8 pour 100.

La population française en 1882 étant de 37.672.048 habitants, la consommation moyenne par an et par individu fut en France de 33 kilogrammes en chiffres ronds.

La différence dans le mode d'alimentation des populations urbaines et des populations rurales fait pressentir que la consommation en viande doit être plus forte dans les villes que dans les campagnes. Le tableau ci-dessous renseigne sur ce point :

SORTES DE VIANDES	CONSOMMATION ANNUELLE MOYENNE PAR TÊTE			OBSERVATIONS
	dans la population urbaine	dans la population rurale	dans la population totale	
	kilogr.	kilogr.	kilogr.	
Espèce bovine.	36,14	11,83	18,19	
— porcine.	10,25	10,29	10,28	L'importation se fait des campagnes dans les villes.
— ovine et caprine. .	9,71	2,59	4,45	
Totaux. . . .	56,10	24,71	32,92	
Viandes fraîches importées.	8,50	2,82*	0,13	
Moyenne de consommation.	64,60	21,89	33,05	

Dans les tableaux précités ne figure pas la viande de Cheval. Malgré les tentatives faites pour la réintroduire dans la consommation où elle tint sa place jusqu'au moyen âge, ce serait évidemment une exagération de dire que l'hippophagie est complètement entrée dans les mœurs européennes; il est douteux que l'exemple des tribus des steppes asiatiques et des Patagons de l'Amérique méridionale, qui font une grande consommation de cette viande et par goût la font passer avant toute autre, soit imité en Europe. Des raisons d'ordres divers s'y opposent; cependant dans des circonstances déterminées, la chair des solipèdes est mise en vente et elle fournit à l'alimentation des classes laborieuses un appoint qu'on aurait tort de dédaigner. Celle de l'Ane et du Mulet est plus délicate que celle du Cheval, les Anciens l'avaient déjà constaté et leur remarque a été confirmée récemment.

Plusieurs villes, en France, ont des boucheries de Cheval et dans son ensemble la consommation s'accroît. Les chiffres suivants dus à M. Decroix, l'un des zélés propagateurs de l'hippophagie, et relatifs à la ville de Paris seulement, montrent cette progression avec évidence :

ANNÉES	SORTES D'ANIMAUX ABATTUS			QUANTITÉ de viande fournie
	Chevaux	Anes	Mulets	
				kilogr.
1872	5.034	675	23	994.580
1873	7.834	1.092	51	1.552.750
1874	6.659	496	20	1.205.520
1875	6.448	394	23	1.249.190
1876	8.093	543	35	1.685.170
1877	10.008	558	53	1.939.490
1878	10.800	488	31	2.082.290
1879	10.281	529	26	1.982.620
1880	9.012	307	32	1.782.520
1881	9.293	349	31	1.789.020
1882	10.891	340	34	2.475.115
1883	12.776	409	52	2.006.750
1884	14.548	346	32	3.297.800
1885	16.506	381	53	3.744.825
1886	18.051	355	29	4.085.750
1887	16.203	201	39	3.664.650
1888	17.256	246	43	3.940.000

II, MARCHE DE LA CONSOMMATION DE LA VIANDE PENDANT LES QUARANTE DERNIÈRES ANNÉES

Pour compléter ce qui vient d'être dit, il reste à suivre la marche de la consommation par habitant pendant les quarante années qui viennent de s'écouler et à voir les variations du prix du kilogramme de viande.

VARIATION DE LA CONSOMMATION DE LA VIANDE PAR TÊTE

ANNÉES	CONSOMMATION DE LA VIANDE PAR TÊTE ET PAR AN			AUGMENTATION DE LA CONSOMMATION					
				de 1840 à 1862			de 1862 à 1882		
	par la population urbaine	par la population rurale	par la popul. totale	popul. urbaine	popul. rurale	popul. totale	popul. urbaine	popul. rurale	popul. totale
	kilogr.	kilogr.	kilogr.	kilogr.	kilogr.	kilogr.	kilogr.	kilogr.	kilogr.
1840	48,94	14,91	19,98				»	»	»
1862	53,60	18,57	25,92	4,66	3,66	4,03			
1882	64,60	21,89	33,05	»	»	»	11	3,32	7,13
	Augmentation générale de 1840 à 1882 =						15,66	6,98	11,32

VARIATION DU PRIX DE LA VIANDE

ESPÈCES	PRIX DU KILOGRAMME DE VIANDE			ACCROISSEMENT
	en 1840	en 1862	en 1882	
	fr.	fr.	fr.	pour 100
Bovine. . .	0,75	1,11	1,58	110
Ovine. . . .	0,80	1,21	1,76	120
Caprine . .	0,45	0,81	1,02	126
Porcine. . .	0,81	1,26	1,51	79
Moyenne.	0,79	1,18	1,58	109

Le prix de la viande a plus que doublé dans la période de quarante-deux ans examinée.

On ne peut qu'être frappé de l'augmentation ininterrompue de la consommation de la viande en France, puisqu'on la voit s'élever de 11^{kg},320 par habitant dans le laps de temps observé.

Si l'on établit une comparaison entre la quantité de viande utilisée individuellement en France et dans d'autres pays, on voit qu'il en est où la consommation par habitant est plus forte, comme les Iles Britanniques et d'autres où elle est plus faible, comme l'Espagne. La recherche du bien-être étant une des tendances des peuples civilisés, on peut affirmer que la consommation générale de la viande continuera à progresser, tant dans les pays où elle est inférieure à la nôtre, que chez nous.

Section IV. — Variations numériques du bétail

Pour couronner les renseignements fournis, il reste à examiner le mouvement de la population animale en France et au dehors.

I. MOUVEMENT DU BÉTAIL EN FRANCE

En effectuant les calculs nécessités par les augmentations et les diminutions de territoire amenées par les évènements politiques, de façon que les comparaisons restent exactes, on a obtenu les chiffres qui suivent pour la période qui s'étend de 1805 à 1882.

SORTES D'ANIMAUX	RELEVÉ DES EXISTENCES				DIFFÉRENCES RELATIVES de 1840 à 1882	
	en 1805	en 1840	en 1862	en 1882	en plus	en moins
	têtes	têtes	têtes	têtes	pour 100	pour 100
Chevaux.	»	2.818.499	2.774.432	2.837.952	0,69	»
Mulets.	»	373.341	380.987	250.673	»	32,89
Anes.	»	413.519	396.237	395.853	»	4,11
Bœufs.	6.084.560	11.761.538	12.368.331	12.997.054	10,50	»
Moutons.	30.307.600	32.151.430	29.226.786	23.809.433	»	25,94
Porcs.	»	4.910.721	5.811.974	7.146.996	45,55	»

On voit de la façon la plus claire que pendant les quarante dernières annnées, la production chevaline est restée presque stationnaire, que

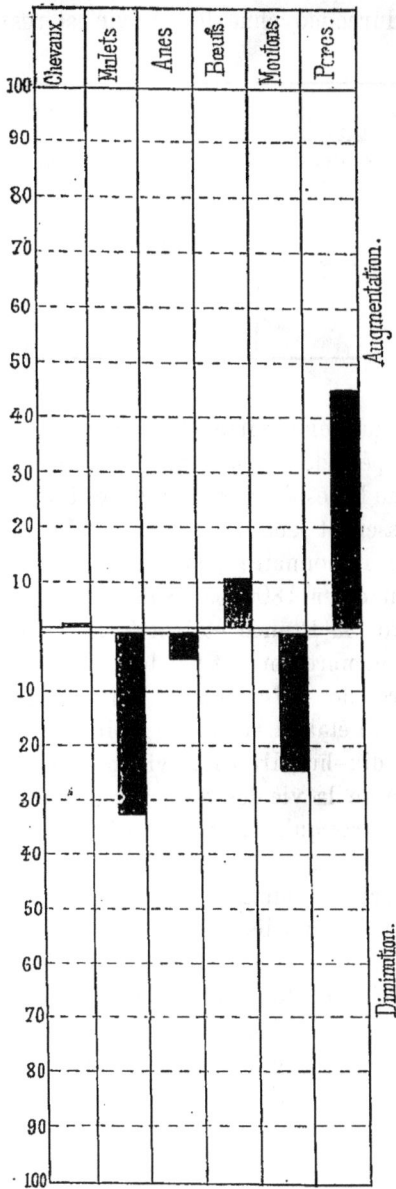

FIG. 38. — Variations numériques du bétail en France, de 1840 à 1882.

celle de l'Ane a légèrement fléchi, tandis que celles du Mulet et du Mouton ont baissé dans des proportions considérables. Par contre, la progression numérique des populations bovine et porcine est fort remarquable. La figure 38 matérialise ces résultats.

Pour se rendre un compte exact de l'état du bétail, il faut se demander : 1° si le poids moyen des animaux de boucherie a varié dans la période examinée ; 2° si la durée moyenne de leur vie est restée la même.

SORTES D'ANIMAUX	POIDS VIF MOYEN			
	en 1805 [1]	en 1840	en 1862	en 1882
	kilogr.	kilogr.	kilogr.	kilogr.
Bœuf.	300	413	456	465
Vache..	175	240	324	321
Veau.	36	48	65	69
Mouton.	31	24	32	33
Agneau.	»	10	14	15
Porc à l'engrais. . .	»	91	118	120

La progression du poids vif a été constante, mais beaucoup plus accentuée dans la période qui a précédé 1862 que dans celle qui l'a suivie. Il semble que les espèces sont arrivées à un degré de développement qu'elles dépasseront peu ; il y a même un léger recul pour la Vache et un état presque stationnaire pour le Mouton. Si l'on en croit les renseignements donnés en 1806 par Sauvegrain, boucher à Paris, les moutons du nord de la France étaient à cette époque « du plus beau volume, un grand nombre donnait par tête un poids de 70 à 90 livres de viande, 8 à 12 livres de suif et 8 à 10 livres de laine en suint ». Il est vrai que ceux du Midi étaient beaucoup moins beaux et que quelques-uns ne donnaient que « dix-huit livres de viande par tête ».

Quant à la durée de la vie des animaux de boucherie, incontestablement elle est plus courte qu'autrefois. Par la précocité, les sujets spécialisés en vue de la production de la viande, arrivent plus tôt à leur maximum de valeur ; les animaux à aptitudes mixtes ne travaillent que quelques années, après quoi ils sont livrés à l'abattoir. Il en résulte un plus fréquent renouvellement des existences animales, lequel concourt à accroître le poids vif entretenu sur la surface du territoire.

Les renseignements précédents sur le poids des animaux domestiques permettent de voir si, malgré la diminution du nombre des mulets, ânes et moutons, on nourrit en France plus ou moins de poids vif par kilomètre carré qu'il y a quarante ans.

En l'absence de documents relatifs au poids des Équidés, on le considérera comme n'ayant pas varié. Le manque complet de renseignements sur les oiseaux de basse-cour à ce moment force également à les éliminer.

[1] Sauvegrain, *Considérations sur la population et la consommation de la France.* Paris, 1806.

SORTES D'ANIMAUX	POIDS VIF TOTAL		DIFFÉRENCES	POIDS VIF PAR KILOMÈTRE CARRÉ	
	en 1840	en 1882		en 1840	en 1882
	tonnes	tonnes	tonnes	kilogr.	kilogr.
Chevaux.	1.164.039	1.172.949	+ 8.910	2.202	2.219
Mulets.	115.143	77.180	— 37.963	217	146
Anes.	62.441	59.838	— 2.603	118	113
Bœufs.	2.740.438	3.651.251	+ 910.813	5.184	6.912
Moutons.	643.029	645.795	+ 2.766	1.216	1.221
Porcs.	294.643	587.304	+ 392.661	557	1.107
Chèvres.	»	46.114	»	»	»
	Poids vif par kilomètre carré. . . .			9.494	11.718

Différence de 1840 à 1882 : 2.224 kilogr. en faveur de 1882.

L'élévation du poids vif entretenu sur le territoire est le corollaire de l'accroissement de la proportion des terres consacrées aux fourrages temporaires ainsi qu'aux prairies et herbages.

D'après l'enquête agricole, il y avait en 1882 :

Racines fourragères.	553.714 hectares
Plantes fourragères annuelles..	843.292 —
Prairies artificielles.	2.844.635 —
Prés temporaires.	408.870 —
Prés naturels.	4.115.424 —
Herbages paturés.	1.711.116 —
TOTAL.	10.477.051 —

Soit près de 9 pour 100 de la superficie de la France.

Les chiffres comparatifs suivants montrent l'accroissement marqué de l'étendue des terres consacrées aux fourrages :

	EN 1840	EN 1862	EN 1882
	hectares	hectares	hectares
Prairies artificielles et temporaires. .	1.576.547	2.772.660	3.129.677
Prés naturels et herbages.	4.198.197	5.021,246	5.946.260

Il est évident qu'à cet accroissement dans les surfaces correspond une augmentation dans la production fourragère. Et comme tout se tient en économie rurale, les bestiaux plus nombreux et bien nourris fournissent davantage de fumier; l'agriculteur a la possibilité de mieux fumer qu'autrefois ses terres consacrées aux céréales dont le rendement se trouve ainsi surélevé.

II. MOUVEMENT DU BÉTAIL ÉTRANGER

Voici les documents rassemblés sur ces points :

ÉTATS	DATE des recensements	CHEVAUX		ANES ET MULETS		BÊTES BOVINES		MOUTONS ET CHÈVRES		PORCS	
		Têtes	Différences pour 100	Têtes	Différences pour 100	Têtes	Différences pour 100	Têtes	Différences pour 100	Têtes	Différences pour 100
Angleterre. . .	1875	1.820.133	»	»	»	9.032.056[1]	»	31.115.705[1]	»	3.522.348[1]	»
	1885	1.909.200	»	»	»	10.097.943[2]	»	28.317.560[2]	»	3.986.427[1]	»
Différences. . .		+ 89.867	+ 2,29	»	»	+ 1.095.887	+ 11,45	— 5.768.145	— 16,9	+ 464.079	+ 13,19
Allemagne. . .	1873	3.352.171	»	»	»	15.776.702	»	24.999.406	»	7.124.088	»
	1883	3.522.316	»	1.009	»	15.786.704	»	19.189.715	»	9.206.195	»
Différences. . .		+ 170.145	+ 3,9	»	»	+ 10.002	+ 0,06	— 5.809.691	— 23,21	+ 2.082.107	+ 29,22
Italie. . . .	1876	685.952	»	820.579	»	3.459.123[3]	»	7.665.582	»	1.546.030	»
	1882	660.183	»	974.674	»	4.086.645	»	10.612.415	»	1.163.916	»
Différences. . .		+ 31.171	+ 5,45	+ 154.095	+ 18,9	+ 1.197.520	+ 34,32	+ 2.946.933	+ 38,4	— 882.114	— 24,7
Belgique. . .	1856	283.163	»	»	»	1.243.445	»	586.007	»	632.301	»
	1880	271.974	»	»	»	1.382.815	»	365.400	»	646.375	»
Différences. . .		— 11.189	— 3,9	»	»	+ 130.370	+ 11,2	— 220.607	— 37,6	+ 14.074	+ 2,2
Autriche. . .	1869	1.384.623	»	»	»	7.421.945	»	5.026.392	»	2.551.973	»
	1880	1.453.282	»	»	»	8.584.077	»	3.841.340	»	2.721.541	»
Différences. . .		+ 78.659	+ 5,6	»	»	+ 1.162.152	+ 15,6	— 1.185.032	— 13,5	+ 169.568	+ 6,65
Hongrie. . .	1870	2.158.940	»	»	»	5.279.193	»	15.076.997	»	4.443.270	»
Suisse. . . .	1855	100.310	»	5.475	»	992.895	»	819.581	»	304.491	»
	1886	98.333	»	4.783	»	1.211.713	»	757.548	»	394.451	»
Différences. . .		— 1.986	— 1,97	— 693	— 12,6	+ 218.818	+ 22	— 62.333	— 7,6	+ 90.960	+ 29,6
Hollande. . .	1869	242.598	»	»	»	1.251.851	»	865.829	»	270.587	»
	1882	270.456	»	»	»	1.427.936	»	745.127	»	403.618	»
Différences. . .		+ 27.978	+ 11,31	»	»	+ 176.085	+ 14,06	— 120.702	— 13,9	+ 133.031	+ 49,16
Danemark. . .	1866	352.603	»	»	»	1.193.861	»	1.876.052	»	381.312	»
	1891	347.561	»	»	»	1.470.078	»	1.548.613	»	527.117	»
Différences. . .		— 5.042	— 1,4	»	»	+ 276.217	+ 23,14	— 326.439	— 17,41	+ 145.805	+ 38,16
Suède. . . .	1860	400.680	»	»	»	1.916.658	»	1.644.156	»	457.981	»
	1882	409.619	»	»	»	2.257.048	»	1.388.324	»	430.648	»
Différences. . .		+ 68.933	+ 17,2	»	»	+ 340.390	+ 17,7	— 255.832	— 15,5	— 27.333	— 5,97
États-Unis. .	1880	12.406.744	»	2.117.141	»	48.033.683	»	44.759.314	»	44.612.836	»
	1887	13.172.936	»	2.191.727	»	49.234.777	»	43.544.755	»	44.346.555	»
Différences. . .		+ 90.676.192	+ 5,4	+ 74.586	+ 3,5	+ 1.200.944	+ 2,5	— 1.214.559	— 2,7	— 266.311	— 0,59
Australie. . .	1874	877.277	»	»	»	6.232.919	»	61.591.803	»	540.114	»
	1884	1.272.020	»	»	»	8.178.745	»	74.345.934	»	739.031	»
Différences. . .		+ 394.743	+ 45	»	»	+ 1.945.826	+ 80,5	+ 12.754.131	+ 20,7	+ 198.917	+ 26,8

1 Recensement de 1868; 2 Recensement de 1883; 3 Recensement de 1884.

On voit par ces chiffres que le mouvement du bétail en France exprime assez fidèlement celui de toute l'Europe et même des États-Unis. Diminution de l'effectif en moutons dans tous les pays européens étudiés, sauf l'Italie et la Russie ; augmentation générale et très accentuée des bêtes bovines et porcines à de rares exceptions près ; état stationnaire ou diminution de la production chevaline dans plusieurs pays, légère augmentation dans d'autres, tel est le sens dans lequel il s'effectue.

S'il y a une diminution très sensible du nombre des moutons en Europe, il y a, par contre, une augmentation considérable dans diverses autres parties du monde et notamment en Australasie. Le relevé ci-dessous donnera une idée de la progression des bêtes ovines dans cette région pendant les neuf années qui viennent de s'écouler.

ÉTATS	NOMBRE DE MOUTONS		AUGMENTATION absolue	AUGMENTATION POUR 100
	en 1879	en 1888		
	têtes	têtes		
Australie méridionale. .	6.140.396	7.254.000	1.114.704	18,1
Australie occidentale. . .	1.547.000	1.909.944	362.944	23,4
Nouvelle-Galles du Sud.	29.043.392	46.963.152	17.919.760	61,7
Queensland.	6.065.034	12.926.158	6.861.124	113,1
Victoria.	8.651.775	10.623.985	1.972.210	22,7
Nouvelle-Zélande. . . .	13.069.338	15.235.561	2.176.223	16,1
Tasmanie.	1.834.441	1.547.242	»	»
Total pour l'Australie. .	66.351.376	96.460.142	30.108.766	45,3

Ces chiffres frapperont davantage l'esprit si l'on se rappelle qu'il y a un siècle la Nouvelle-Galles du Sud, la plus ancienne des colonies australiennes, ne possédait pas plus de 30 moutons, et qu'en 1807 elle fit en Angleterre son premier envoi de laine consistant en une balle de 110 kilos.

Animaux de parcours, les ovidés diminuent dans les pays à population dense comme l'Europe et ils augmentent dans ceux où elle est encore clair-semée. Les progrès de la culture intensive, le boisement des montagnes, l'exploitation des friches et des landes sont, avec le découragement causé par la baisse du prix des laines et la concurrence étrangère, les principaux motifs qui ont amoindri fortement l'élevage du Mouton en Europe.

La production animale croissante de l'Australie, des deux Amériques, de l'Afrique australe, la facilité des transports internationaux, l'ouverture de voies de communication dans des pays de production isolés jusqu'ici, sont des faits qui inquiètent le cultivateur européen et lui font craindre une concurrence telle que l'abaissement des prix ne permettra plus à l'industrie de l'élevage d'être rémunératrice.

Il ne faut pas perdre de vue que la population s'accroît rapidement dans ces pays neufs, principalement par l'arrivée incessante d'immigrants. Les États-Unis gagnent chaque année 1.250.000 habitants et l'Australie 100.000. De ce fait, la consommation sur place augmente, la propriété se morcelle, l'élevage en parcours se restreint et les conditions zootechniques tendent à se rapprocher de celles de l'Europe.

La population européenne s'accroît aussi, mais d'une façon inégale suivant les nations ; les chiffres suivants en donnent la preuve :

ÉTATS D'EUROPE	HABITANTS PAR KILOMÈTRE CARRÉ		AUGMENTATION
	en 1878	en 1887	
France.	62	73	11
Belgique..	181	200	19
Hollande.	109	133	24
Iles Britanniques.	101	120	19
Italie..	91	105	14
Empire allemand.	79	88	9
Suisse.	64	71	7
Autriche.	57	62	5
Russie.	13	17	4
Danemark.	50	52	2
Suède..	10	11	1

Lorsqu'on envisage séparément les unités politiques qui constituent les nations, on constate qu'il n'y a pas, pour chacune d'elles, parallélisme entre l'accroissement de la population humaine et l'augmentation du poids vif animal entretenu sur l'unité de surface. Des raisons de tous ordres s'y opposent ; des régions produisent plus, d'autres moins qu'il n'est nécessaire pour leurs besoins. De là des crises ou tout au moins des difficultés pour l'élevage dans les premières ; c'est au législateur à intervenir afin que le commerce transporte les produits où ils sont nécessaires sous l'égide de lois et de traités égalisant, autant que possible, les charges entre les producteurs concurrents.

LIVRE DEUXIÈME

LES INDIVIDUS ET LES GROUPES

Les animaux domestiques se présentent au zootechniste soit comme *individus* qu'il doit apprécier ou exploiter isolément, soit en *groupes* dotés de caractères communs et transmissibles par hérédité. Les premiers sont l'expression matérielle des variations qui se produisent dans tout organisme, les seconds la résultante de la fixation de caractères nouveaux. Il est de la plus haute utilité d'examiner comment ces particularités apparaissent sur les uns et se fixent sur les autres.

PREMIÈRE PARTIE

PRODUCTION DES VARIATIONS OU CŒNOGENÈSE

On désigne sous le nom de *Cœnogenèse* (καινός, nouveau, γένεσις, génération) la production de caractères nouveaux, quels qu'en soient le nombre et l'étendue, qui dévient un être de son développement phylogénique ou d'espèce. Il faut en voir la manifestation sur l'*individu* et *le couple* et en rechercher le déterminisme.

CHAPITRE PREMIER

L'INDIVIDU ET SON APPRÉCIATION

En zoologie générale, la définition de l'individu est difficile à formuler parce que la notion de l'individualité n'est ni toujours commode à dégager, ni constamment semblable à elle-même. Si l'on veut appeler individu, ainsi qu'on le fait généralement, toute forme distincte possédant une vie propre, que cette forme soit constituée par une seule cellule ou par une agrégation de cellules, on se heurte à des difficultés. La notion de forme distincte ne concorde pas toujours avec la possession d'une vie propre. Il est des animaux qui sont constitués par des assemblages d'individualités morphologiques, mais la vie de chacune d'elles est liée à celle de la communauté et concourt à l'entretenir. L'individu est ici un organe et l'agrégation représente une individualité ; en se séparant de l'agrégat, l'individu-organe devient individualité à son tour.

La tératologie offre des faits également embarrassants ; dans la catégorie des monstres doubles, la notion d'individu ne se confond pas avec celle d'individualité. En physiologie, l'observation du fœtus montre une individualité morphologique subordonnée aux apports maternels, n'ayant pas l'individualité physiologique tant qu'elle est greffée sur sa mère.

Ces quelques exemples font voir que le terme d'individu est relatif quand on l'envisage dans la série animale entière. Mais si l'on restreint les observations aux animaux occupant un rang élevé dans la classification, l'idée à laquelle il correspond est simple, elle s'applique à tout être vivant d'une vie indépendante. Hœckel lui a donné le nom de *Personne*.

En raison du nombre des individus qui constituent l'objet de ses études et de la confusion dans laquelle il tomberait en les étudiant isolément, le zoologiste est plutôt excité à rechercher leurs traits communs pour les réunir en groupes taxinomiques qu'à s'appesantir sur leurs caractères différentiels, surtout si ceux-ci sont peu accentués et jugés insuffisants pour opérer un groupement spécifique ou supraspécifique. En général, les particularités irréductibles en un type le préoccupent peu ; de Blainville, définissant l'espèce « l'individu répété et continué dans le temps et l'espace », fournit une preuve de cette disposition d'esprit.

Cantonné dans un domaine plus restreint, le zootechnicien apporte une attention toute particulière à l'examen de l'individu et de l'individualité. L'utilisation économique des animaux lui en impose l'obligation, puisqu'il s'agit de choisir les plus aptes ; d'autre part, une particularité primitivement individuelle peut devenir héréditaire, circonstance qui rattache l'individualité à la question de la création des races. Il a un double motif de s'y arrêter.

Section première. — De l'Individualité

Manifestation de la vie, l'individualité n'est pas l'apanage des animaux, elle est commune à tous les êtres vivants. Elle se manifeste sur les végétaux par le polymorphisme des feuilles et surtout des fleurs ; elle modifie le type floral, la ramification du limbe des pétales, les sépales, la longueur des étamines et des styles par rapport à la coronule, elle fait que dans une même gousse les graines diffèrent par la grosseur, la dureté, la nuance, etc.

Pour la suivre avec rigueur en zoologie et écarter les causes capables de jeter le doute dans l'esprit, on s'adressera à la famille, c'est-à-dire au groupe où la parenté semble ajouter à la puissance spécifique une garantie de ressemblance de plus. On verra que ses membres, fussent-ils de même âge et de même sexe, ne sont identiques ni par les formes, ni par les fonctions. Ce ne sont pas des unités, ce sont des individualités ; chacun d'eux a son *quid proprium*, sa personnalité. Avec des traits communs qui constituent ce qu'on appelle l'air de famille, ils en ont de propres qui font qu'on les distingue les uns des autres sans difficulté. Si, par la pensée, on superpose les visages de deux frères, l'adaptation de chacune des parties faciales n'est pas parfaite, les contours du front et du nez, l'épaisseur des lèvres, l'abondance et la coloration des cheveux, des sourcils, de la barbe, etc., diffèrent. Et si l'on observe leurs facultés, on trouve des différences non moins accusées.

A fortiori, si l'on sort du cercle familial et qu'on étende les observations aux habitants d'une même région et d'une même race, ces particularités différentielles se représentent avec plus de netteté.

Ce qui existe pour l'espèce humaine se constate dans les espèces animales. La condition sauvage et l'état de liberté n'en affranchissent pas les animaux ; il est erroné de croire que tous se ressemblent. Les ornithologistes savent fort bien qu'il n'en est rien pour les oiseaux ; l'alouette, pour prendre un exemple de vérification très facile, présente des variations si accentuées dans son plumage, qu'il est difficile de dire exactement quelle est sa nuance spécifique. Les mammalogistes, par des observations répétées sur certains animaux, les campagnols, les écureuils, les lièvres et les singes ont mis en évidence leur grande variabilité. La taille et les phanères sont les parties les plus modifiables et les plus modifiées, mais le squelette n'est point exempt de variations, même dans sa partie qui, pour quelques naturalistes, passe pour la moins malléable. M. Schofeldt a clairement démontré, avec pièces à l'appui, les dissemblances qui se montrent sur les crânes du *Xanthornus xanthocephalus*, lorsqu'on en examine une série.

La portée de ses sens ne permet pas toujours à l'homme de percevoir l'individualité. En présence d'une fourmilière, il lui est difficile de distinguer les fourmis, les unes des autres ; cependant ces petits animaux se reconnaissent, les ingénieuses expériences de Darwin ne laissent pas prise au doute sur ce point. Ils ont donc une individualité les uns vis-à-vis des autres.

Il est rare que la spécialisation ne finisse pas par mettre le naturaliste en état de percevoir l'individualité dans le groupe qu'il étudie avec prédilection.

Les animaux domestiques présentent également ces variations individuelles, mais à des degrés différents suivant les espèces auxquelles ils appartiennent. Elles sont passablement accentuées sur les chevaux, davantage sur les bœufs. Les moutons et les chèvres forment des groupes très homogènes, néanmoins l'individualité s'y manifeste ; on cite des bergers capables de reconnaître tous les moutons de leur troupeau et autrefois Linné s'extasiait sur la facilité avec laquelle les Lapons reconnaissent leurs rennes qui, pourtant, se ressemblent tous à première vue.

1. ONTOGENÈSE ET INDIVIDUATION

On désigne sous le nom d'*ontogenèse* (Hœckel) le développement de l'individu ; celui du groupe est appelé *phylogenèse*.

Dès sa vie embryonnaire, le nouvel être est incité par des conditions que nous essaierons de connaître plus loin, à s'écarter du type ancestral et à ne pas être absolument identique à ses congénères. Cette action perturbatrice de l'hérédité continue à se faire sentir pendant toute la phase de son développement.

Si l'on suit l'évolution de têtards de grenouille, issus d'œufs provenant de la même mère et fécondés par un seul mâle, on voit que parmi eux il y a des différences considérables quant au moment de l'apparition des membres et de la chute de la queue, alors que ces jeunes animaux sont placés ensemble dans un même bocal et reçoivent la même nourriture.

Des constatations de même ordre sont faciles à faire sur les animaux domestiques. Entre les porcelets issus d'une même portée, il y a des différences dès le moment de la naissance ; le dernier né est toujours moins fort que les autres et parmi ceux-ci, les distinctions sont appréciables pour l'œil le moins exercé.

Nos registres renferment de nombreuses observations analogues portant sur les agneaux issus de brebis multipares. Dans la race de Millery où les cas de parturition double sont nombreux et que nous avons choisie à cause de cela pour suivre la question, nous avons vu la différence entre le poids de deux sujets de même sexe, s'élever à 700 grammes au moment de leur naissance.

Dans l'espèce canine, on fait des observations analogues sur les sujets de race pure, et les différences constatées portent aussi sur les qualités particulières de ces animaux ; deux bassets ou deux épagneuls de la même portée n'auront ni la même vitesse, ni le même timbre dans l'aboiement, ni la même finesse d'odorat dans la poursuite du gibier.

Les dindonneaux d'une même couvée diffèrent parfois d'une façon sensible. Les jeunes canards et surtout les oisons se ressemblent davantage et leur distinction reste toujours difficile quand ils sont adultes.

Il va de soi que dans l'observation des caractères constitutifs de l'individualité proprement dite, on doit laisser de côté ce qui a pour causalité l'âge et le sexe et ne comparer que des sujets dans des conditions aussi identiques que possible. En empruntant les exemples qui précèdent à des espèces ou à des races pluripares, nous avons voulu échapper aux objections qui pourraient être faites si on les eût pris aux espèces unipares. Cependant parmi celles-ci, les grossesses gémellaires nous ont fourni le sujet de quelques curieuses observations. Nous avons pu constater à la ferme que parfois les différences étaient plus apparentes entre deux sujets de même sexe, issus d'une parturition double qu'entre deux autres de sexes différents. En voici deux exemples :

En mars 1885 une vache Schwitz, qui avait été fécondée par un taureau de sa race, met bas deux taurillons de poids inégal, l'un pesant 32 kilogrammes et l'autre 27 kilogrammes au moment de la naissance et si dissemblables par leurs caractères extérieurs que, même en faisant abstraction de leur poids, on les distinguait facilement l'un de l'autre.

En avril 1889 une vache bernoise, fécondée par un hollandais, donna deux veaux, l'un mâle et l'autre femelle. Le poids de l'un et de l'autre était exactement de 27 kilogrammes et leur ressemblance telle qu'il fallait porter les yeux sur l'appareil génital pour les distinguer.

Pendant tout le cours du développement, l'individualité se décèle. L'évolution dentaire dans ses écarts et ses différences en est, la part faite à l'alimentation et à la race, un résultat très apparent et très caractéristique.

Nous nous sommes demandé si, les conditions restant identiques, les différences constatées au moment de la naissance tendent à s'effacer à mesure que les animaux se développent, si elles s'accentuent plutôt, ou si elles font l'un ou l'autre suivant les sujets.

Pour nous en rendre compte, nous avons observé à la ferme deux jeunes truies Yorkshire, issues de la même portée. Lors de leur naissance, l'écart de poids entre ces deux animaux était de 85 grammes, l'une pesant 985 grammes et l'autre 900 grammes. Après le sevrage, elles furent mises ensemble dans la même loge et reçurent une ration et des soins identiques. A la fin de leur première année, il y avait un écart de 15 kilogrammes dans leur poids, la première pesant 130 kilogrammes et la seconde 115 kilogrammes seulement. En ramenant à 100 la différence, on voit qu'elle était de 9,44 à la naissance et de 13 au bout d'une année.

Voici une autre observation faite sur l'espèce ovine :

Deux agnelles métisses Dishley-Millery, issues de la même portée, pesaient à la naissance l'une 3 k. 400, l'autre 2 k. 900, soit 500 gr. de différence. Placées dans le même compartiment de la bergerie et nourries de même façon, elles pesaient à 34 mois, la première 47 kilogrammes et la seconde 51 kilogrammes, soit un écart de 6 kilogrammes. A la naissance, la différence pour 100 était de 17,2, tandis que 34 mois après, elle était de 11,7.

On voit par ces exemples que l'individualité continue à peser sur les êtres vivants, et que la marque imprimée à l'organisme au moment de sa formation et pendant la vie fœtale ne s'efface pas. Entre deux sujets, tantôt les divergences du début s'accroissent, tantôt elles diminuent.

L'importance pratique de ces constatations est considérable, puisqu'elles montrent qu'il faut faire une sélection dès l'époque de l'allaitement et réformer tous les jeunes qui restent en arrière. On ne peut former des étables de choix qu'à ce prix.

II. CARACTÈRES DE L'INDIVIDUALITÉ

Toute particularité présentée en propre par un individu est désignée sous le nom de *caractère*. Son importance est variable suivant son étendue et sa netteté, car elle peut n'être qu'esquissée ou au contraire très marquée. Dans ce dernier cas, elle devient une *caractéristique*, et si elle est outrée, le sujet qui la présente confine au grotesque, à la caricature et parfois à la monstruosité. Bien qu'un seul caractère suffise à individualiser un sujet, le plus souvent il en existe plusieurs de valeur différente ; les plus saillants sont qualifiés de *dominateurs* et leur ensemble constitue aussi une caractéristique.

La démarcation entre les particularités qu'on doit qualifier simplement d'individuelles et celles qui constituent des monstruosités n'est point nette et fixe, mais arbitraire et subordonnée à la tournure d'esprit des observateurs.

Les caractères constitutifs de l'individualité sont morphologiques, physiologiques et pathologiques.

A. *Caractères morphologiques.* — Tous les tissus et tous les systèmes organiques sont le siège de particularités individuelles, celles qui échappent à l'examen extérieur étant vraisemblablement plus nombreuses et plus étendues que celles qu'on perçoit. Quiconque dissèque quelque peu est frappé des différences qu'il rencontre dans la direction, la grosseur, les divisions et les anastomoses des vaisseaux, dans le volume du cerveau, la disposition et la profondeur de ses circonvolutions, les modes des terminaisons nerveuses et même dans le nombre des os des organes en série. Mais ces stigmates de l'individualité, englobés sous la désignation générique d'anomalies ou d'irrégularités par les anatomistes, n'étant pas percevables sur le vivant, à de rares exceptions, il en résulte un amoindrissement de leur rôle dans la particularisation des sujets qui les présentent.

On s'arrêtera davantage sur les variations de la peau et de ses dépendances ainsi que sur celles des muscles et des os.

La peau varie beaucoup par son épaisseur, sa souplesse, son onctuosité, ses rapports avec les tissus sous-jacents, sa pigmentation, la quantité de phanères qu'elle supporte et l'étendue des glandes qui y sont implantées. Enveloppe protectrice de l'organisme, plus que toute autre partie, elle subit des modifications sous les influences de milieu, mais toutes n'en dérivent pas directement ; quelques-unes sont des manifestations qualifiées de constitutionnelles, comme les déviations morbides auxquelles elles sont liées.

Parmi les appendices, les poils et les plumes montrent parfois des nuances dans la coloration et aussi un mode de distribution tout à fait individuels. L'abondance de la crinière et des crins du paturon du cheval, l'étendue de l'écusson dans la vache laitière, le tassé de la toison du mouton, la finesse et la disposition du brin de laine, le développement de la huppe du coq de quelques races, sont des caractères de cette sorte. L'observation nous a appris que l'apparition du poil long et soyeux, qui caractérise les lapins dits angoras est une particularité essentiellement liée à l'individualité, et non un caractère ethnique comme on l'a avancé, puisqu'on le constate sur des sujets issus des races les plus diverses et les plus pures. Nous en dirons autant des plumes quelque peu frisées et retournées qui, constantes sur l'oie de Sébastopol, apparaissent quelquefois sur des oies communes sans qu'il y ait lieu d'invoquer de croisement.

Dans une race cornue, les cornes peuvent manquer ou dans un groupe homogène, des sujets se présentent avec un cornage qui s'éloigne de celui de leur type ; la race de Schwitz en offre parfois des exemples. Dans la race mérinos, la spirale formée par la corne du Bélier est quelquefois tellement rapprochée du maxillaire inférieur qu'elle le blesse, d'autres fois elle s'en écarte notablement. Les variations dans le nombre habituel des cornes d'une espèce, dans leur longueur, leur grosseur et leur poli sont également des particularités individuelles. On en rapproche celles que présente l'éperon des Gallinacés.

La musculature, quoique forcément subordonnée à la race et à la gymnastique, présente néanmoins des variations fort appréciables. L'attention avec laquelle on examine les muscles de l'épaule, de l'avant-bras et du bras sur le Cheval, ceux du bréchet, de la fesse et de la cuisse chez le Bœuf sont des témoignages de l'inégalité originelle de ces parties.

Les os sont dans un cas identique et l'individualité joue un grand rôle dans leur développement; la production du *nanisme* et du *géantisme* sur des sujets issus de famille de taille moyenne le prouve péremptoirement. Lorsque ces extrêmes ne sont pas atteints, il se présente des variations qui n'échappent point à l'œil compétent et qui sont offertes particulièrement par quelques rayons des membres. Pas un hippologue n'ignore que, dans une même race il est des sujets long jointés et d'autres court jointés. Pas un éleveur n'omet d'examiner la longueur des rayons inférieurs des membres des bœufs et des moutons, fussent-ils du même troupeau, sachant que l'inégalité règne en souveraine de ce côté. La charpente osseuse du tronc n'échappe point à cette variabilité qui s'exerce sur la poitrine et surtout sur le bassin. L'association des muscles et des os traduit l'individualité dans la conformation de quelques parties telles que le garrot, le dos, les reins et la croupe. Le garrot est tout spécialement un caractère individuel ; à peine marqué chez les chevaux sauvages ou marrons, il est diversement conformé dans les Équidés domestiques.

La fréquence des anomalies de l'appareil reproducteur est déjà une présomption en faveur d'autres variations moins accentuées. L'observation directe confirme la multiplicité de celles-ci dans les deux sexes. A en juger par les différences dans le résultat de son fonctionnement, les variations dans son volume et sa conformation sont moins apparentes et moins profondes que celles de ses tissus essentiels.

Ce n'est pas seulement dans leur ampleur, mais encore dans leur nombre que les mamelles varient; la vache, la brebis, surtout la truie et la chienne en fournissent des exemples d'une facile constatation.

Les organes des sens éprouvent aussi des variations qui vont parfois jusqu'à l'anomalie. Dans l'espèce humaine, le nez bien détaché du visage appelle le plus fortement l'attention et il concourt pour une grande part à caractériser les individus ; dans les espèces animales, sa part est moins importante à ce point de vue, parce qu'il n'est pas nettement délimité des autres régions constituantes de la face.

Par contre, les oreilles des animaux, par leurs dimensions et leur port, constituent des caractères individuels excellents. Comme les cornes, elles sont au nombre des caractères ethniques, mais étant donné qu'une race se fait remarquer, entre autres choses, par la direction et une certaine dimension des oreilles, il y a des variantes qui font dire que les animaux sont plus ou moins bien *coiffés*. Tous les porcs craonnais, les chiens épagneuls et les lapins lopes sont pourvus d'oreilles très développées et pendantes, mais il y a des nuances dans le développement. Les chevaux, en majorité, ont l'oreille dressée, quelques-uns cependant l'ont mal portée, ce qui leur donne un cachet de lymphatisme et de vieillesse. La partie interne de la conque auriculaire offre aussi des caractères d'individualité par l'abondance et la finesse des poils qui y sont implantés et sur la vache, la coloration de sa peau est un indice de valeur pour l'appréciation des qualités laitières.

Dans l'espèce humaine, la coloration des yeux fournit des renseignements importants ; c'est une chose qui échappe dans l'observation des mammifères domestiques, mais qu'on pourrait utiliser sur les hôtes de la basse-cour.

B. *Caractères physiologiques*. — Lorsqu'on observe les hommes au point de vue psychologique, on trouve parmi eux une dissemblance aussi grande qu'au point de vue morphologique. L'adage latin *Quot homines, tot sententiæ*, est l'expression de la stricte vérité. Les cerveaux n'accomplissent pas de la même façon leur rôle et les sensations, les idées, les jugements sont personnels. Deux encéphales peuvent être identiques par leur poids et leurs contours, il y a des raisons de penser qu'ils diffèrent par la qualité de la matière qui les constitue, puisque leurs fonctions ne sont pas identiques. Il est inutile de s'étendre sur ces points, car nul n'ignore que les manifestations cérébrales, le génie comme la folie, la lenteur de conception et l'esprit primesautier sont choses essentiellement individuelles. Les récentes acquisitions scientifiques sur la physiologie des centres nerveux en sont la confirmation.

Les manifestations de l'activité cérébrale des animaux n'ont pas été suffisamment et assez minutieusement étudiées pour qu'on puisse y voir aussi clairement la marque individuelle que chez l'homme. Cependant, des observations faites déjà en nombre sur des Chiens de même sorte autorisent à la souligner ; la méchanceté et la rétivité qu'on observe sur des chevaux, des mulets, des bœufs, des porcs, des chiens et même parfois sur quelques oiseaux de basse-cour sont également le fait de l'individualité.

Lorsqu'on envisage les animaux quant à leurs fonctions physiologiques et économiques, les diversités individuelles apparaissent. Dans les groupes les plus homogènes, on constate l'inégalité entre les sujets qui les constituent.

Du moment où le système nerveux, régulateur de l'économie, offre les caractères de l'individualité, il imprime ce cachet aux fonctions; ainsi le pouls présente des particularités dans sa force, son rythme, sa fréquence. Il tient aussi sous sa dépendance les différences de température qu'on constate sur des animaux de même âge, de même race et nourris de même. Manifestation des combustions organiques, la température est un miroir assez fidèle de l'individualité. Obligé dans des recherches de pathologie, de la suivre très attentivement sur des lots de moutons, nous avons constaté par des observations réitérées que, toutes choses étant égales, il y a des écarts oscillant de 0°,1 à 1° 1/2 et que l'égalité absolue n'est pas fréquente.

Ce sont surtout les sécrétions qui présentent des inégalités et parmi elles, la mieux étudiée, celle du lait, est au premier rang. Les différences portent sur la quantité et la qualité du produit sécrété. G. Kühne les a très bien mises en évidence. En choisissant des vaches rigoureusement comparables et en les soumettant à une alimentation identique, l'analyse qualitative de leur lait lui a fait voir des différences marquées.

La puissance digestive et la faculté d'assimilation ont aussi des écarts individuels considérables. On les attribue en partie aux différences dans la capacité du tube digestif ; il y a beaucoup de probabilités pour que la sécrétion des glandes annexes de l'appareil de la digestion, l'intensité des mouvements péristaltiques de l'intestin et peut être aussi la perfection de la mastication y jouent un rôle important.

Dans les opérations d'élevage et d'engraissement, on observe constamment de ces écarts. Parmi les nombreux exemples que nous pourrions citer, les suivants observés à la ferme, seront choisis parce qu'ils se rapportent à des races bien homogènes :

a) Deux génisses de Durham âgées de vingt-trois mois, voisines d'étable et nourries l'une comme l'autre, présentaient, au moment où elles ont été pesées pour les soumettre à l'engraissement, une différence de poids de 70 kilogrammes, l'une pesant 300 et l'autre 370 kilogrammes. Soumises à l'engraissement, l'une a gagné 60 kilogrammes et l'autre 90 kilogrammes en trois mois et demi.

b) Trois vaches bretonnes, âgées de 5 ans, choisies aussi semblables que possible pour la taille, le poids et l'état de chair, ont été soumises simultanément à l'engraissement et nourries de façon identique. Pendant l'opération qui dura 4 mois, l'une gagna 676 grammes l'autre 413 grammes et la troisième 210 grammes par jour.

Le mot tempérament, malgré ce qu'il contient de vague, implique par les qualificatifs qu'on lui accole, un état spécial de l'organisme. Les sujets d'une même race ont un tempérament dominant, mais personne ne niera qu'il y a de multiples exceptions et que des individus se montrent avec un tempérament qui n'est pas celui de leur race.

La fonction de reproduction, qu'on l'envisage chez le mâle ou chez la femelle, est largement influencée par l'individualité. Dans tous les groupes, on trouve des individus stériles, d'autres doués d'une prolificité fort grande et entre ces deux extrêmes, s'échelonnent tous les degrés intermédiaires. En étudiant à la ferme, sur des vaches d'une même race, les intervalles des chaleurs, la fréquence de leur apparition, le nombre des fécondations, la durée des gestations, nous avons retrouvé partout le cachet de l'individualité. En faisant des observations de même nature sur des truies issues de la même portée et fécondées à leur tour par le même verrat, nous avons constaté des écarts d'une à quatre unités dans le nombre des porcelets qu'elles ont fourni.

Il est d'observation vulgaire que parmi des femelles d'oiseaux de basse-cour issues des mêmes couvées, il y a des différences dans l'aptitude à pondre, à couver et à mener à bien leur descendance.

La diversité dans la façon dont l'organisme réagit en présence des agents médicamenteux ou pathogènes est aussi une démonstration très frappante de l'individualité. On l'exprime en médecine générale en parlant de *prédisposition*, de grande *réceptivité*, ou au contraire d'*état réfractaire*, de *non-réceptivité*. L'organisme a été très justement comparé à un terrain qui, suivant sa constitution physique et chimique laisse germer et croître des végétaux particuliers. C'est l'individualité qui donne au terrain vivant sa constitution.

Les végétaux permettent la constatation de ces effets aussi bien que les animaux et l'observation a appris que la résistance de plantes de même espèce, exposées dans les mêmes conditions aux intempéries saisonnières est fort inégale. Nous avons cherché à nous renseigner expérimentalement sur cette différence de résistance en faisant agir des poisons sur les graines. Au milieu des expériences de toutes sortes instituées dans cet ordre d'idées, nous choisirons la suivante, comme l'une des plus démonstratives :

> Trente graines de pois recueillies sur un même pied et choisies aussi identiques que possible sont soumises pendant 30 heures à l'action de la colchicine, toxique des plus énergiques. Au bout de ce temps, elles sont semées en ligne ; cinq seulement germèrent, et sur ce nombre, trois se développèrent normalement. Vingt-cinq graines avaient été tuées d'emblée par la colchicine et deux si fortement atteintes qu'elles ne purent poursuivre leur développement complet.

Dans le cours de recherches expérimentales que nous avons exécutées pour juger de l'action d'un grand nombre de toxiques sur les animaux, nous avons été vivement frappé du rôle que joue l'individualité des sujets d'expérience. Toutes choses étant égales du côté de l'espèce, de la race, du sexe et de l'âge, deux animaux empoisonnés avec la même toxie ne réagissent pas de la même façon ; la mort, si les doses sont suffisantes, n'arrivera pas à la même minute et dans le tableau symptomatologique qui se déroule sous les yeux de l'observateur, les manifestations dominantes ne sont pas les mêmes. La nicotine est un des alcaloïdes qui démontre le mieux l'influence de l'individu sur les symptômes qu'elle provoque.

L'expérimentation dans le domaine des maladies microbiennes rend témoin de faits plus curieux peut-être. Il n'est pas un expérimentateur qui, inoculant une même quantité du même virus à des animaux en apparence dans des conditions identiques, n'en ait vu quelques-uns supporter l'épreuve sans dommage, tandis que les autres succombaient ou étaient très gravement malades. Il y a des organismes qui ne se laissent pas envahir par les microbes ou qui sont peu et parfois point impressionnés par les produits que sécrètent ces agents pathogènes. Dans cette voie, on s'assure aussi que le terrain organique ne reste pas toujours le même, qu'il subit des variations, mal déterminées jusqu'à présent, dont le résultat est de faire varier sa réceptivité pour les contages. Tel bœuf réfractaire à un moment donné, perdra cet avantage et deux mois après succombera aux atteintes d'un virus qui précédemment n'avait point troublé son organisme.

Il y a longtemps d'ailleurs que la clinique a enregistré des faits analogues. Qui ne sait qu'il est des personnes sur lesquelles les revaccinations n'ont pas d'effets, et d'autres sur lesquelles elles en ont à chaque fois de très marqués. L'histoire des affections *a frigore* considérées chez l'homme et les animaux, fournit des enseignements aussi probants, puisque, parmi les sujets d'un lot exposé au froid dans les mêmes conditions, les uns n'en ressentent point de fâcheux effets et les autres offrent des manifestations morbides à siège varié. L'individualité imprime tellement son cachet à la morbidité qu'on a dit qu'il n'y a pas de maladies, mais seulement des malades.

La médecine, par les nouvelles méthodes mises à sa disposition, s'efforce de trouver les raisons de la prédisposition et de la non-réceptivité. Elle a déjà pu faire une part à la température, mais la difficulté n'est encore que reculée, puisqu'il reste toujours à expliquer le pourquoi des différences thermométriques constatées sur des animaux de même sorte.

Section II. — Appréciation des individus

Si, en histoire naturelle, où l'on n'a point à se préoccuper du côté économique des choses étudiées, une école a pu soutenir que les individus seuls possèdent la réalité et que les groupes sont des conceptions arbitraires et fictives, on ne s'étonnera point de voir qu'en zootechnie, où l'utilisation la plus fructueuse des sujets fait partie du but à atteindre, on attache une importance de premier ordre à leur connaissance. En effet, dans tous les groupes dont nous aurons à connaître ultérieurement, il y a d'excellentes, de bonnes, de médiocres, de mauvaises et de pires individualités. Les races les plus perfectionnées n'y échappent pas ; on a plus de chances d'avoir de bons animaux quand on s'adresse à elles, mais on n'est pas à l'abri de tout mécompte.

D'ailleurs, nombre de personnes utilisent les animaux exclusivement à titre d'individus ; les considérations de race et d'élevage les préoccupent peu. L'armée, les compagnies de transport, les laitiers, les engraisseurs sont dans ce cas. Enfin, quand il s'agit d'animaux privés de la faculté de se reproduire, comme les mulets, l'évaluation de la valeur individuelle est tout.

Pour asseoir son jugement, toute personne chargée d'apprécier un animal doit avant tout rechercher en lui la conformation la plus apte à son utilisation maximum, puisqu'on ne veut le posséder que pour l'utiliser. Plus les caractères de cette adaptation seront nombreux et accentués, plus l'animal sera qualifié; il serait parfait si la conformation était absolument adéquate à la destination. Une fois fixé sur ce point, on s'occupera de voir s'il est harmonique, c'est-à-dire si ses lignes et ses plans sont de même type. S'il était démontré que l'harmonie a une relation constante et nécessaire avec l'accomplissement maximum de la fonction économique, nous l'aurions placée en première ligne dans l'appréciation de l'individu, mais cette relation n'est que contingente. Enfin, dans l'estimation des sujets de quelques catégories, il est des caractères conventionnels auxquels les amateurs attachent de l'importance ; cela existe surtout pour les animaux de luxe. Rien de facile comme de disserter sur leur inutilité, mais puisque la production de ces animaux est parfois une opération zootechnique rémunératrice, et que le choix peut en être imposé, il importe de les connaître et de ne point les dédaigner.

Indépendamment de la constatation des trois sortes de beautés dont il vient d'être question, il est nécessaire que l'observateur arrête son attention sur d'autres particularités, telles que l'*état de santé*, l'*âge*, la *provenance*, l'*absence de tares* et qu'il cherche, par l'examen de l'animal en mouvement, à s'éclairer sur ses *aptitudes*.

Sans la possession d'une santé parfaite, toutes les autres qualités étant inutiles, elle est l'élément essentiel de la valeur et la condition *sine qua non* de l'acquisition. Les signes par lesquels elle se décèle dans chaque espèce doivent être et sont généralement familiers aux personnes qui utilisent les animaux ou qui sont chargées d'en faire choix; on ne s'y arrêtera pas.

L'âge est un élément important dans l'appréciation de l'individu. Avant d'être adulte, celui-ci peut présenter, suivant la marche de sa croissance, des particularités qui l'avantagent ou le déprécient. Il faut deviner son avenir, chose difficile à laquelle on n'arrive que par une longue pratique. La supériorité des grands éleveurs est due à cette sorte de divination, qui leur fait voir ce qui est encore à l'état latent sur les jeunes.

Elle est facilitée par la connaissance de la généalogie. Chaque individu porte en lui, à un degré inégal, mais toujours existant, quelque chose des propriétés de ses parents et de ses ancêtres. S'il est issu d'une bonne lignée, les chances sont grandes pour qu'il possède, sinon toutes au moins quelques-unes de leurs qualités. Lorsqu'on se trouve en présence d'adultes, ce renseignement rend aussi de réels services. Il est des groupes fort homogènes, celui des chevaux de course par exemple, ou la similitude dans la conformation fait que l'appréciation des individus est difficile ; si l'on est renseigné sur leur généalogie et les exploits accomplis par leurs ascendants, la tâche est aplanie.

On doit choisir des individus exempts de tares ; la nécessité en est évidente et s'impose particulièrement vis-à-vis de ceux qui sont utilisés pour le travail. Il n'entre pas dans le cadre de ce livre d'étudier les tares dont les animaux peuvent être atteints pas plus que d'examiner analytiquement chaque région de leur corps. Ces études ressortissent les unes à la pathologie, les autres à l'anatomie ; on les suppose faites et on utilise les résultats acquis.

Dans l'examen de la machine animale, il n'y a pas seulement à en apprécier la conformation, il faut se renseigner sur l'intensité et la durée de son fonctionnement. On n'est pas en présence d'une œuvre de statuaire, mais d'un organisme vivant dont la marche est sous la dépendance du système nerveux. Il est nécessaire de savoir si cet organisme fonctionne avec énergie, ce qu'on exprime quand il s'agit du Cheval en disant qu'il a du *sang*, et s'il le fait pendant un temps suffisant, s'il a du *fonds*, suivant le terme habituel de l'hippologie.

Puisque le système nerveux est le régulateur de la machine vivante, l'appréciation de la façon dont il perçoit les sensations et réagit sous leur action, se confond avec l'évaluation dynamique de l'individu. Divers indices renseignent sur son activité : la vivacité du regard, la mobilité de l'oreille, la rigidité des muscles, l'excitabilité, le port de la queue sont les principaux.

Il est d'une très grande importance de procéder, à l'aide du palper, à l'examen de la peau ; les anciens médecins la qualifiaient de miroir de la constitution et l'expérience a montré aux zootechniciens qu'elle fournit des renseignements très précis. Sa vascularité, sa finesse, sa sensibilité, sa souplesse, son onctuosité, le nombre et le soyeux de ses phanères, sont variables comme les individus. L'interprétation de ces modalités est dégagée ; nous aurons à nous y arrêter surtout à propos du Cheval, du Bœuf d'engrais et de la Vache laitière.

L'observation de l'individu en action est la suite indispensable de l'examen au repos, car il faut apprécier les allures et la nature des mouvements. Au cours de l'action, parfois la physionomie s'anime, la souplesse et même l'élégance se révèlent, des qualités ou des défauts apparaissent ; on obtient un complément de notions qui permettent de porter un jugement plus éclairé.

Lorsqu'on a recueilli ces observations d'ordre très général, il reste à procéder à l'évaluation des beautés zootechniques.

I. DES BEAUTÉS EN ZOOTECHNIE

Pour apprécier un individu, ce serait une faute de le comparer, en esprit, à un autre considéré comme l'archétype de la beauté dans l'espèce zoologique à laquelle il appartient. Ce type idéal peut représenter la beauté telle que la comprennent les peintres et les sculpteurs, car la beauté artistique est unitaire ; il n'a pas de place en zootechnie où elle est polytypique, n'étant que le reflet de la meilleure utilisation de la machine animale et synonyme de bonté.

Il n'est pas rare de rencontrer des personnes qui, par la nature de leurs fonctions ou de leurs spéculations animales, en sont arrivées à ne reconnaître pour beau et à ne priser que le type qu'elles ont adopté. Pour elles, il n'est qu'un beau cheval, qu'un beau mouton, etc., c'est celui qui appartient à la race préférée, il leur sert d'étalon dans les jugements qu'elles portent sur tous les individus de la même espèce. Est-il besoin de faire remarquer que cette manière d'agir, résultat d'observations trop restreintes, conduit à des appréciations déplorables ?

L'individu devant être examiné au triple point de vue du rapport de sa conformation avec le service auquel on le destine, de l'harmonie de ses lignes et des particularités conventionnelles qui peuvent élever son prix, il en résulte que l'observateur doit se préoccuper de découvrir en lui trois genres de beautés que, par concision, nous appellerons : 1° beauté d'adaptation, 2° beauté harmonique, 3° beauté conventionnelle.

A. *Beauté d'adaptation*. — Le but des opérations zootechniques étant d'arriver, dans chaque situation économique, au maximum de bénéfices par l'utilisation judicieuse des individus, ne peut être atteint qu'en choisissant ceux dont la conformation a été reconnue par l'expérience et le raisonnement la mieux adaptée au genre de service exigé. Le plus souvent, quand un animal est issu d'un groupe spécialisé, l'adéquation entre sa conformation et sa destination est fort étroite ; il possède la beauté d'adaptation. Nous ne voulons pas dire qu'il soit toujours avantageux, économiquement, de se servir d'individus à aptitudes spécialisées et qu'il n'y ait plus de place pour les animaux à aptitudes mixtes ; cette question sera examinée au chapitre des entreprises zootechniques ; on verra à ce moment qu'une fonction dominante mais non exclusive peut être parfois utilisée plus fructueusement qu'une aptitude unique.

On trouvera aussi dans la même partie de ce livre ce qui a trait au choix des animaux suivant le service qu'on en attend. On n'a pas voulu séparer l'examen de la conformation d'un appareil de celle de sa physiologie et de son utilisation économique. Aussi s'en tiendra-t-on pour le moment à quelques généralités.

Il est clair que la beauté spéciale ou d'adaptation porte particulièrement sur l'organe ou l'appareil préposé à la fonction visée. Les Équidés étant des moteurs, c'est l'appareil locomoteur qui doit être spécialement examiné et parmi les parties constituantes de cet appareil, celle qui a le plus d'importance est le pied. C'est d'ailleurs une vérité reconnue depuis longtemps et exprimée par l'aphorisme : pas de pied, pas de cheval. Suivant que le travail demandé doit être exécuté en mode de vitesse ou en mode lent, la conformation du moteur sera différente ; dans le premier cas, on recherchera la longueur des éléments contractiles, de bonnes dispositions angulaires avec une grande intensité de l'excitation nerveuse ; dans le second, c'est du nombre ou de la masse des éléments contractiles et de leur mode d'insertion qu'on doit se préoccuper plutôt que de leur longueur. En termes concis, c'est la conformation allongée qui constitue la beauté de l'animal rapide, et la trapue celle du cheval travaillant à une allure lente.

Dans les bêtes laitières, le pis a l'importance primordiale qui vient d'être attribuée au sabot pour le cheval. Lorsqu'avec des mamelles présentant la conformation typique sur laquelle on insistera plus loin, les bêtes offrent les caractères accentués du féminisme et un ensemble de particularités relatives à la peau et aux écussons, elles sont belles dans leur sorte.

Pour les animaux comestibles, l'attention doit se porter sur l'appareil digestif chargé des transformations et sur les régions qui accumulent les matières fabriquées, graisse et chair musculaire. Comme la qualité de cette chair n'est point la même dans toutes les régions, il s'en suit que la beauté idéale de la bête de boucherie consiste dans le développement des rayons supérieurs des membres et du tronc et pour celui-ci dans l'amplification des parties fournissant la meilleure viande. Pour les Mammifères, c'est le train postérieur et le bréchet pour les Oiseaux, d'où il suit qu'un tronc très développé surtout en arrière, avec des cuisses bien musclées constitue la principale beauté de l'animal de boucherie et qu'une région sternale très ample est celle de l'oiseau élevé en vue de la consommation.

Lorsqu'il s'agit de reproducteurs, l'attention se portera d'abord sur les organes de la génération qui doivent être dans un état de développement normal et d'intégrité absolue. On examinera ensuite si ces reproducteurs possèdent à un degré tranché tous les autres caractères de leur sexe, caractères sur lesquels on insistera au chapitre suivant. La sexualité bien marquée est leur beauté.

Les animaux à aptitudes mixtes sont les plus difficiles à apprécier et leur beauté est composite. L'idéal serait d'en posséder jouissant de plusieurs aptitudes développées au maximum ; il suffirait d'évaluer chacune d'elles et de faire la sommation. Ils sont rares ; le mérinos précoce en est un exemple, il a la beauté de l'animal de boucherie rehaussée par celle du producteur de laine fine. Généralement une aptitude devenue dominante nuit au développement des autres, ou si plusieurs évoluent d'une même allure, elles ne s'élèvent pas au-dessus de la moyenne. Si l'on n'y réfléchissait point, on estimerait ces animaux au-dessous de leur valeur; ils sont à leur place dans de certaines situations agricoles et ils y rendent de réels services. Ce faisceau d'aptitudes moyennes, bien adaptées au milieu, est leur beauté parce qu'il constitue leur utilité.

B. *Beauté harmonique.* — Elle se rapproche de la beauté artistique proprement dite, elle est le résultat de l'unité de plan. Quand les parties d'un tout sont bâties sur un même plan, qu'il n'y a pas de disparate dans leur agencement et que les contrastes sont évités ou ne sont pas violents, on dit que ce tout est harmonique. L'harmonie doit exister dans les lignes, dans les surfaces et dans l'ordonnance des masses; en général elle naît de l'unité. Elle ressort plus difficilement du composite; lorsqu'on l'obtient c'est en ménageant les transitions, en évitant les contrastes trop brusques, en complétant les choses les unes par les autres plutôt qu'en les opposant.

Ces règles sont applicables à l'esthétique animale ; quand les régions du corps sont disposées suivant le même plan, l'ensemble est harmonieux. On sait déjà qu'un animal dans une situation donnée peut rendre de bons services sans posséder cette sorte de beauté. La spécialisation des aptitudes commence par l'entraver en donnant la prépondérance à une ou quelques parties au détriment des autres ; quand elle est achevée, elle finit par imprimer à l'organisme un cachet qui le ramène à l'unité de plan. L'association de la beauté d'adaptation et de la beauté harmonique met la machine animale dans les conditions du meilleur fonctionnement et du rendement le plus élevé.

Lorsqu'on examine les animaux domestiques, on voit qu'il en est dont la dominante dans les lignes est l'élongation ; le Porc commun et le Lévrier dont la tête, le cou, le corps et les membres sont allongés au possible en sont des exemples ; d'autres sont courts, ramassés et trapus, comme le Cheval boulonnais, le Porc d'Essex, le Chien bouledogue. Dans une troisième catégorie, on trouve des individus intermédiaires entre ces deux types comme le Cheval arabe, le grand Porc d'York et le Chien du Saint-Bernard. Ces trois sortes de sujets, que nous qualifierons avec M. Baron de *longilignes, brévilignes* et *médiolignes* sont beaux, chacun dans son genre, parce qu'ils sont harmoniques, c'est-à-dire parce que toutes les parties de leur corps sont construites sur le même plan. Si l'on suppose un instant, qu'une tête courte et arrondie soit placée à l'extrémité du tronc allongé du Lévrier, ou inversement que la tête fine et étirée de celui-ci soit adaptée au corps trapu du Bouledogue, immédiatement l'œil sera choqué parce que les parties constituantes ne sont pas de même style; la beauté fera défaut.

L'observation des surfaces amène à des résultats analogues : le plat, le concave ou le convexe se rencontrent dans des groupes différents ; il ne serait pas harmonieux de les voir associés tous les trois ou par deux sur un sujet. Les mêmes remarques se présentent à propos de l'agencement des deux moitiés symétriques du corps.

Lorsque les principes précédents sont violés, l'harmonie est détruite et les animaux sont qualifiés de *décousus*. Ceci se présente particulièrement sur les métis, par suite de la lutte des hérédités paternelle et maternelle, ce qui a fait dire qu'un animal décousu n'est jamais de race pure.

Parfois le disparate porte sur la pigmentation ; il y a des juxtapositions de couleurs qui faites sans transition de nuances, sont choquantes. On voit quelquefois des animaux dont une moitié du corps est noire et l'autre blanche ; ce contraste n'a rien qui flatte l'œil.

Dans l'appréciation de la beauté, on ne s'en est pas tenu au principe de l'unité de plan, auquel d'ailleurs on n'a pas toujours accordé l'importance qu'il mérite. Les hippologues, imitant les errements des artistes, ont cherché à fixer les rapports les plus favorables entre les diverses parties du corps du Cheval et ils ont établi des *canons hippiques* ou *échelles de proportions*. La plus connue de ces échelles est due à Bourgelat.

Ce procédé d'appréciation, où l'on juge d'une partie du corps en en comparant la longueur à celle d'une autre partie prise pour type, se comprend quand on envisage un animal en général, d'une façon abstraite ; il a l'avantage de forcer l'observateur à l'étude analytique et comparative des régions et toute analyse bien faite est toujours profitable.

En zootechnie, il est inutilisable sous cette forme parce qu'on n'étudie pas l'animal en général, mais les animaux avec leurs caractères différentiels dont on pèse la valeur. Il y a une telle diversité parmi les animaux domestiques que non seulement il faudrait une échelle pour chaque espèce, mais aussi pour chaque race et souvent pour des sous-races. En effet, une partie des différenciations des groupes subspécifiques repose sur les écarts dans les rapports des régions. Si ces groupes sont homogènes, les sujets présentent une uniformité relative dans les proportions, car il ne faut pas oublier que l'individualité joue son rôle ici comme ailleurs. En prenant une série de mensurations, on en extrait des moyennes qui sont la base du canon du groupe. Dans ce cas, ce canon ou cette échelle devient plutôt un moyen de diagnose ethnique ou subethnique, qu'un procédé d'appréciation de la beauté.

Ensuite, et c'est l'objection la plus sérieuse, les procédés zootechniques modifient les individus et par suite les groupes pour la meilleure adaptation possible à une fonction économique déterminée. L'agent principal de ces modifications est la spécialisation qui brise les rapports primitifs des parties, en raison de la prépondérance d'un appareil sur les autres. Aussi n'est-il pas possible d'assigner des limites que telle région ne devrait point dépasser. Le but toujours poursuivi est le développement maximum d'une partie s'effectuant parallèlement à la réduction et même, si cela était compatible avec la vie, à la suppression d'autres parties. En de telles conjonctures, on comprend que si l'on veut utiliser des échelles de proportions en zootechnie, il faudra les établir autrement qu'elles l'ont été en hippologie.

C. *Beauté conventionnelle.* — La beauté dont il s'agit est régie par le caprice ou la mode du moment. De même qu'en floriculture, on accorde une préférence toute momentanée à des nuances, à des couleurs que les horticulteurs produisent à l'aide de leurs procédés particuliers, de même en zootechnie, surtout en aviculture, il est des modes qui consacrent comme beautés certaines particularités sans rôle économique. Ceci est tellement conventionnel qu'un caractère regardé à une époque comme une beauté fut considéré ensuite comme chose indifférente ou même défectueuse. L'exemple le plus connu qu'on en peut citer s'applique à la buscature du chanfrein. Au siècle de Louis XIV, les chevaux à tête busquée étaient fort à la mode ; leur vogue a passé, sportsmen et hippologues aujourd'hui sont d'accord pour considérer le chanfrein busqué comme une défectuosité.

Généralement, la particularité mise en évidence fait partie de l'ensemble des caractères de la race ou de la sous-race, mais le plus souvent son manque de signification économique n'explique point l'importance qu'on lui attribue ; c'est tantôt une nuance du pelage ou du plumage, une particularité isolée de coloration, tantôt le développement des phanères en quelque point du corps, etc.

La nuance ardoisée si prisée en ce moment pour le chien danois, le lapin bélier et le coq de Dorking, la tache blanche dite bavette qu'on recherche sur la gorge du pigeon boulant, la crête en gobelet qui rehausse le prix du Houdan et les plumes formant manchettes qu'on estime fort aux cuisses du coq cochinchinois en sont des exemples.

On n'entrera pas dans des développements plus étendus au sujet de la beauté conventionnelle, en raison de son caractère de contingence.

II. PROCÉDÉS D'APPRÉCIATION

Il ressort de ce qui précède que l'appréciation d'un individu doit être basée sur un ensemble de caractères qu'on subordonne parce que leur valeur est inégale. Elle exige des opérations successives d'analyse, de subordination et de synthèse. En face d'un animal, le zootechniste doit procéder comme le naturaliste cherchant à déterminer la place d'un être nouveau, il doit s'inspirer de la *méthode naturelle.*

On a voulu procéder autrement et baser le jugement sur un seul ou un petit nombre de caractères ; on a édifié des *systèmes* comparables à ceux sur lesquels on a fondé autrefois les classifications.

Quelques-uns sont fort anciens et sans valeur ou à peu près ; il faut citer comme tels ceux basés sur la forme et la distribution des balzanes, la disposition des pelotes, étoiles et épis sur la robe. D'autres n'ont pas été suffisamment étudiés ou la valeur en a été exagérée parce qu'ils sont trop exclusifs ; nous citerons dans cette catégorie les systèmes Minot, Guénon et Prangé, le premier s'appliquant au Cheval, le second à la Vache laitière et le troisième à la Poule.

Minot, vétérinaire à Lizy-sur-Ourcq (Seine-et-Marne), avança qu'il est possible de connaître des qualités et des défauts d'un Cheval par l'exploration du pouls dont les variations physiologiques sont nombreuses ; il essaya d'établir une corrélation entre quelques-unes de ces variations et le mérite de l'animal.

Guénon, cultivateur dans le Bordelais, arrêta son attention sur la partie périnéale de la Vache laitière dite écusson ; il prétendit déterminer la valeur d'une bête comme productrice de lait par l'étendue et de la forme de son écusson.

Prangé, probablement par une imitation du système de Guénon, affirma la possibilité de juger de la valeur d'une Poule comme pondeuse en examinant l'abondance, la finesse et le mode d'implantation des plumes dans la région post-abdominale.

Aucun de ces systèmes n'a donné des résultats aussi complets que l'avançaient leurs promoteurs. Ils ont une valeur, surtout celui de Guénon, mais elle n'est pas absolue et l'individualité amène des exceptions ; pour la faire ressortir, il faut les adjoindre aux autres caractères du sujet examiné, en faire un élément de la méthode d'appréciation et non les considérer comme la méthode elle-même.

Les diverses opérations d'analyse, de subordination et de synthèse indispensables pour juger un individu peuvent être faites rapidement et de mémoire, c'est ce qu'on appelle porter un *jugement d'après l'ensemble*. Il est des personnes douées d'un excellent coup d'œil renforcé le plus souvent par une grande habitude, qui n'agissent pas autrement et il faut reconnaître qu'en général elles voient bien. Elles jugent d'après l'impression synthétique que leur a produite l'animal placé sous leurs yeux.

Sans méconnaître le talent qu'elles possèdent, on peut poser en règle qu'il est sage de se méfier des impressions si elles ne sont pas déduites d'une critique raisonnée de la valeur de chaque partie. Pour les débutants et les personnes qui ne peuvent continuellement se livrer aux mêmes observations sur la même espèce, cette analyse critique est indispensable, elle empêche de se laisser guider par des sensations dont on n'est pas toujours maître ou de s'appuyer sur des conventions sans fondement.

Pour que les résultats obtenus soient l'expression fidèle du mérite de l'individu, on a cherché à évaluer chaque détail en chiffres et la somme de ces chiffres a donné la valeur du sujet. C'est la méthode d'appréciation dite *méthode des points*.

La traduction de nos jugements en chiffres les rend plus corrects; elle a le grand avantage de permettre de les comparer les uns avec les autres et en cas de dissidence de voir exactement sur quel point elle porte. Aussi la méthode numérique s'est-elle présentée à l'esprit de ceux qui ont réfléchi sur ces questions ou que la fréquentation des concours et des expositions a mis à même de voir les divergences qui se présentent entre des observateurs d'une entière bonne foi.

Dès 1850, Evon, président du Comice agricole d'Épinal, faisait connaître la méthode qui lui semblait la plus propre pour juger le mérite des pièces de l'espèce bovine [1]. Ultérieurement, Tabourin, dans une note sur la connaissance extérieure du Cheval, consacrait un paragraphe à l'expression numérique des qualités de forme et de fonds [2]. M. Sanson a proclamé les avantages de la méthode des points [3] et M. Baron en a fait de son côté d'abord l'application à la Vache laitière, puis il l'a généralisée [4]. A l'étranger, les Américains, les Anglais et les Suisses s'en servent couramment; en Angleterre on l'a adoptée jusque dans l'appréciation des Oiseaux domestiques.

La multiplicité des genres de beautés à apprécier entraîne l'obligation d'établir des notations particulières pour chacun d'eux. L'étendue de cette notation varie suivant les habitudes personnelles et chacun est libre d'adopter pour son usage les chiffres qui lui conviennent. On peut aussi faire porter le chiffrage sur chaque portion du corps envisagée isolément ou sur leur réunion en régions ou seulement sur celles qui constituent l'adaptation à la fonction économique visée. L'essentiel est : 1° d'établir un chiffre maximum représentant la perfection ; 2° de noter chaque partie ou chaque groupe suivant leur valeur absolue ; 3° de les noter en outre suivant leur valeur relative et l'importance que leur donne la subordination des caractères. Le total de ces deux sortes de notes rapporté au chiffre maximum et conventionnel est l'évaluation du sujet examiné.

La notation de la valeur relative se fait par une opération mentale en élevant le chiffre de la valeur absolue, ou, ce qui est plus correct, en lui donnant un coefficient.

A l'aide de quelques exemples, on va montrer les variétés qu'on peut apporter dans l'établissement d'une échelle numérique. On en placera

[1] Evon, *Essai d'une méthode pour juger du mérite des pièces de bétail dans un Concours* in *Journal des vétérinaires du Midi*, année 1850.

[2] Tabourin, *La connaissance extérieure du cheval réduite à l'étude d'un petit nombre de caractères* in *Recueil de médecine vétérinaire*, 1877.

[3] Sanson, *Traité de zootechnie*, t. II, art. SÉLECTION ZOOTECHNIQUE.

[4] Baron, *Appréciation de la vache laitière par la méthode des points*, in *Leçons de choses* faites au concours de Paris en 1888, et *Extension et généralisation complète de la méthode des points*, in *Recueil*, année 1889.

d'abord deux sous les yeux du lecteur qui ont pour objet la Vache laitière. La somme des points que devrait réunir la bête, si elle était parfaite,
dans l'une et l'autre a été portée à 100. Mais dans l'une, qui est due à
M. F. Muller et qui a été adoptée officiellement par la Société des agriculteurs suisses, la notation porte sur 41 parties et ne comporte pas l'usage
du coefficient[1]. Dans l'autre qui fut proposée par M. Baron, on réunit en
trois groupes seulement les caractères laitiers, en multipliant par un
coefficient supérieur à l'unité celui qui renferme les dominateurs et qui
est la mamelle en l'espèce.

TABLEAU DES POINTS POUR L'APPRÉCIATION DE LA VACHE DE SCHWITZ,
D'APRÈS MÜLLER

1. COULEUR DE LA ROBE (éventuellement aussi souche) :
Caractères de race. 12

2. TÊTE :
Aspect général. 2
Cornes. 1
Yeux. 1
Oreilles. 1
Front. . . . . 1 }12
Ganaches. 1
Derrière de la tête. 1
Mufle. 1
Naseaux. 1

3. COU :
Longueur et force. 1
Ligne de la nuque et fanon. . 1 } 3
Jonction aux épaules. . . . 1

4. AVANT-MAIN :
Largeur et profond. de la poitrine. 4
Garrot. . . . . 3 }12
Position des épaules. 2
Clôture derrière les épaules. . 3

5. MILIEU DU CORPS :
Ligne du dos. 3
Largeur du dos. 2
Longueur du dos. 1
Reins. . . . . 1 }12
Courbure des côtes. 2
Ventre. 1
Flancs et creux des hanches. . 2

A REPORTER. . . . 49

REPORT. . . . 49

6. ARRIÈRE-MAIN :
Hanches, largeur et longueur de la croupe. 3
Position par rapport à la ligne du dos. 3
Chute du derrière. . . . . . 2 }12
Naissance de la queue. . . . 1
Musculature des cuisses. . . 1
Écartement des cuisses. . . 2

7. JAMBES :
Musculature des bras et de la partie inférieure des cuisses. . 2
Largeur et forme de la rotule et du jarret. 2
Conformation tendineuse de la jambe et forme du tibia. . . 1 }10
Longueur et force des jointures. 1
Onglons. 1
Position des jambes. 3

8. PEAU ET POIL :
Finesse et souplesse. 3
Finesse, souplesse et longueur du poil. . . . . 2 } 5

9. PIS ET INDICES DE LA LACTATION :
Pis. 10
Écusson, veines mammaires et naissance de la queue. . . . 4 }14

10. TAILLE ET ASPECT GÉNÉRAL : 10

SOMME. . . . 100

Le tableau proposé par M. Baron est établi comme suit :

Caractérisation sexuelle générale. . . . . . . 20 avec coeff. 1 ou 20
Beautés spéciales du pis. 20   —   3   60
Caractères laitiers de Guénon. 20   —   1   20

TOTAL. 100

[1] F. Müller. *Das Schweizerische Braunvieh und die Austallungen*, Zurich, 1882.

Entre ces deux méthodes dont l'une est d'une grande minutie et dont l'autre se rapproche du jugement d'ensemble, chacun, suivant la tournure de son esprit et le résultat de ses observations, pourra en intercaler d'autres.

Nous avons eu l'occasion de mettre à l'épreuve la méthode de notation qu'avait imaginée Tabourin pour l'appréciation du Cheval de selle. Elle ne comportait pas de coefficient et les chiffres afférents à chaque partie notée étaient peu élevés. Tabourin s'était efforcé de restreindre le nombre des caractères à évaluer numériquement, et il les avait divisés en deux catégories, ceux qui se rapportaient à la forme et ceux qui avaient trait au fonds. Dans la première, il plaçait le jarret, le rein, le tendon, l'épaule et le balancier (cou et tête); dans la seconde, il faisait entrer l'œil, l'oreille, l'état de la peau, la rigidité des muscles et la façon dont la queue était portée. On notait chacune de ces parties par des chiffres allant de 1 à 4 suivant leur qualité. Le tableau ci-dessous montre ce qu'il en est :

FORME				FONDS				
ORGANES	très bon	bon	médiocre	mauvais	ORGANES	très bon	bon	médiocre	mauvais
Jarret. . .	4	3	2	1	Œil. . . .	4	3	2	1
Rein. . . .	4	3	2	1	Oreille.. .	4	3	2	1
Épaule. .	4	3	2	1	Peau. . .	4	3	2	1
Tendon. . .	4	3	2	1	Muscles. ·	4	3	2	1
Balancier. .	4	3	2	1	Queue. . .	4	3	2	1
TOTAUX. . .	20	15	10	5	TOTAUX.	20	15	10	5

On voit de suite que cette table a un côté faible, elle ne subordonne pas les choses les unes aux autres ; pour la forme, elle attache autant d'importance au balancier qu'au jarret et pour le fonds, la musculature et le port de la queue peuvent comporter une notation identique.

M. Baron dans son étude sur la généralisation de la méthode des points, en raison de considérants que ce n'est pas le moment de développer, a pris d'autres bases et il s'est servi de coefficients pour la détermination de leur valeur relative. Voici la formule qu'il a proposée pour le Cheval de gros trait rapide :

Voisinage du poids favorable de 500 kilogr.	20 avec coeff.	1/2 =	10
Proportions du type médioligne.	20 —	1/2 =	10
Signes d'énergie, de bon équilibre vital.	20 —	1 =	20
Membres et pieds.	20 —	3 =	60
	TOTAL.		100

Le lecteur devine que des exemples d'échelles applicables aux reproducteurs, aux bêtes de boucherie, aux moutons, aux oiseaux de basse-cour, etc., pourraient être placées sous ses yeux. Nous l'engageons plutôt à en établir lui-même pour son usage ; ce travail l'obligera à méditer sur ce qui, dans l'organisme, constitue les beautés zootechniques et en les mettant à l'épreuve, il verra si les résultats qu'il obtient concordent soit avec les renseignements qu'il se procurera sur les individus examinés, soit avec le jugement des maîtres. A ses débuts, ce sera pour lui une préparation des plus fructueuses et à mesure qu'il avancera dans la carrière, les rectifications qu'il apportera à son échelle primitive seront indicatrices de ses progrès dans l'art d'apprécier les animaux.

III. DU GOÛT EN ZOOTECHNIE

A côté du jugement qui pèse et mesure, approuve ou condamne, il ne faudrait pas supposer qu'il n'y a pas de place, en zootechnie, pour le goût et que cette qualité n'est applicable qu'aux choses artistiques. Le goût n'est qu'une forme supérieure et affinée du jugement et puisqu'il y a des individus et des choses à juger en zootechnie, il est de grande utilité de le posséder. Il indique s'il y a concordance entre la conformation et la destination, il fait connaître et aimer la perfection dans celle-là, il révèle un défaut au milieu de beautés ou une beauté au milieu de défauts. Il a sur le jugement l'avantage d'émouvoir, de faire éprouver, à la vue d'un animal, l'indéfinissable jouissance qu'on ressent devant un chef-d'œuvre ou le sentiment pénible qu'on perçoit en face d'une œuvre manquée.

Il peut être inné en partie, il peut aussi s'acquérir ; on l'améliore, on le modifie par l'étude, la réflexion, ainsi que par la fréquentation des expositions agricoles, des concours et par la visite des étables les plus réputées. On ne devient un homme de goût en zootechnie que quand on connaît bien les caractères économiques et typiques des animaux. Lorsqu'il en est ainsi, le goût constitue un capital, une force qui s'accroît avec le temps et qui sert grandement ceux qui le possèdent. Epris du beau et du mieux, ils perfectionnent sans cesse, ce qui explique comment les étables des vieux éleveurs sont généralement supérieures à ce qu'elles étaient lors de leurs débuts. Les paysans, les petits agriculteurs manquent souvent de goût, d'où le mauvais bétail qu'ils possèdent et qui leur coûte néanmoins autant à nourrir que s'il était bon. Le pire est qu'ils ignorent qu'il y a mieux et qu'ils s'imaginent facilement que leurs animaux sont parfaits ; leur routine et leur entêtement à ne pas sortir des sentiers du passé tiennent, entre autres causes, à l'imperfection de leur goût.

CHAPITRE II

LE COUPLE ET LES DIFFÉRENCES SEXUELLES.
LES NEUTRES

Parmi les manifestations de l'individualité, la plus frappante est la sexualisation.

Dans les êtres inférieurs, la perpétuation des espèces est assurée par de simples opérations de multiplication cellulaire dont la fissiparité, la gemmiparité et la sporulation sont les principales ; elles constituent la reproduction *asexuelle*. Au fur et à mesure que les êtres se perfectionnent et que leur organisme se différencie en appareils, la reproduction se complique et bientôt elle exige le concours de deux éléments, l'un mâle et l'autre femelle, elle devient *sexuelle*.

Ces deux éléments sur lesquels on n'a pas à s'étendre ici, sont fournis par le même individu ou par deux individus différents. Dans le premier cas, ils peuvent être élaborés côte à côte par des êtres qui sont de vrais hermaphrodites ou produits dans des appareils distincts par des sujets dits monoïques qui sont de pseudo-hermaphrodites, puisqu'ils ont besoin de s'unir à d'autres individus comme eux pour qu'il y ait fécondation. Dans le second qui doit seul nous occuper, chaque individu a sa sexualité.

Dans les espèces à sexes séparés, le mâle et la femelle constituent l'*unité sexuelle* ou *couple*. A côté du *mâle* et de la *femelle*, existe parfois une troisième sorte d'individu, le *neutre*. Dépourvu de la faculté de produire les éléments mâles ou femelles, il n'est point destiné à propager l'espèce, mais à remplir quelque destination utile au groupe auquel il appartient. Il est produit naturellement, par arrêt de développement des organes sexuels, dans quelques classes animales ; celle des Insectes en offre les exemples les plus connus avec les abeilles dites *ouvrières*.

Parmi les animaux domestiques, on ne rencontre pas de neutres (sauf le cas d'anomalies, d'accidents ou de maladies), sinon à la suite de l'intervention de l'homme. Mais cette intervention s'exerce largement, surtout sur les mâles, de sorte que dans plusieurs espèces les neutres l'emportent sur les sujets sexués. Le zootechniste est donc tenu d'étudier les caractères individuels du mâle, de la femelle et du neutre. Avant de procéder à cette étude, il est utile qu'il se renseigne sur la répartition des sexes et sur l'état des connaissances concernant le déterminisme de la sexualité.

**Section première. — Répartition des sexes et déterminisme
de la sexualité**

I. PROPORTIONS RESPECTIVES DES SEXES

Dans les règnes végétal et animal, le rapport des mâles et des femelles
ne montre pas des variations étendues ; numériquement les deux sexes se
balancent presque. Cependant comme il y a quelques écarts et que ceux-ci
peuvent servir à l'étude, si peu avancée jusqu'ici, du déterminisme des
sexes, il faut les étudier de près.

Pour le règne végétal, plusieurs observateurs au nombre desquels nous
citerons Girou de Bazareingues, Hoffmann, Fisch, Wittrock, Magnin,
L. Henry et nous-mêmes, ont fait des numérations parmi les plantes
diœques. Il est des espèces qui donnent constamment une prédominance
de plantes femelles. Le chanvre est dans ce cas; Fisch en a compté
66.327 pieds et il a trouvé un rapport de 154,23 femelles pour 100 mâles,
avec des différences en plus ou en moins qui n'ont pas dépassé 5,5 pour
100. D'autres plantes offrent la supériorité tantôt d'un sexe, tantôt d'un
autre, telles sont le *Spinacia oleracea* et le *Rumex acetosella*. Une
pareille variabilité éveille immédiatement l'idée que des causes extérieures
peuvent influer sur la répartition des sexes.

Dans l'espèce humaine et dans les espèces animales domestiques, les
deux sexes, par la natalité, diffèrent peu en nombre ; il y a toutefois une
légère prédominance en faveur du sexe masculin.

Les statistiques dressées dans les divers pays de l'Europe donnent
comme moyenne de natalité 105 garçons pour 100 filles.

Celles que nous avons colligées pour les animaux domestiques déposent dans le même sens.

Sur 131 veaux nés à la ferme d'application de l'École vétérinaire de
Lyon de 1882 à 1888, il y eut 67 mâles et 64 femelles.

Sur 153 agneaux nés dans le même établissement pendant les 3 années
qui viennent de s'écouler, on compta 82 mâles et 71 femelles.

Sur 711 porcelets nés à cette ferme, 364 étaient mâles et 347 femelles.

Parmi les Oiseaux de basse-cour, la répartition sexuelle a suivi la
même direction. On notera toutefois que d'une année à l'autre les résultats
sont plus divergents que dans les Mammifères ; il est arrivé que des années
ont donné une prédominance très considérable d'un sexe. Ce n'est qu'en
totalisant les résultats pendant une série d'années qu'on peut établir des
moyennes.

D'après nos observations, le pourcentage dans les diverses espèces est
le suivant :

Espèce chevaline. . . . . 101 mâles pour 100 femelles
— bovine. 104,6   —   —   —
— ovine. 115,4   —   —   —
— porcine. 104,9   —   —   —
— du dindon. 120   —   —   —
— de la pintade. 102   —   —   —
— du coq. 101   —   —   —
— du canard. 115   —   —   —

En raison de sa destination, notre ferme d'application renferme dans chaque espèce des représentants de plusieurs races, les chiffres exprimant la proportionnalité doivent être regardés pour cela comme l'expression de la sexualité aussi fidèle qu'on peut l'obtenir. Au reste, le relevé fait pour l'espèce ovine sur le troupeau de Grignon par M. Sanson, pendant trois années, lui a donné 114,2 mâles pour 100 femelles, chiffre très près de celui obtenu par nous.

II. DÉTERMINISME DE LA SEXUALITÉ

Le déterminisme de la sexualité est l'un des problèmes les plus ardus de la physiologie ; il a provoqué un grand nombre de recherches, les unes d'observation, les autres d'expérimentation. En zootechnie, l'intérêt scientifique qui s'y attache se double d'un côté pratique, car dans plusieurs sortes d'animaux, la valeur des sujets est inégale suivant leur sexe et il serait important de pouvoir diriger la reproduction de façon à obtenir des sujets du sexe qui se vend le mieux.

Il n'est permis d'espérer quelque clarté sur le mécanisme de la différenciation sexuelle qu'en recherchant le moment de son début.

Se basant sur ce qui se passe chez les abeilles où les ouvrières, femelles arrêtées dans leur développement, prennent les attributs du féminisme lorsqu'elles sont nourries abondamment à l'état de larve, mais jamais ceux du masculinisme et où les larves de mâles placées dans les cellules des ouvrières ou des femelles, ne se transforment jamais en celles-ci, Coste avait conclu à la *prédestination sexuelle des œufs*.

En botanique, une manière de voir analogue fut acceptée par Fisch. D'après ses observations sur le chanvre, il admit que le sexe est déjà fixé dans la graine et que les agents extérieurs pendant ou après la germination n'influent point sur lui. Exacte pour la plante dont Fisch s'est occupé, cette conclusion ne l'est pas pour d'autres végétaux diœques, comme le rumex et l'épinard, ainsi que cela ressort des expériences d'Hoffmann, dans lesquelles il est parvenu à modifier expérimentalement le rapport des sexes.

En appliquant d'une façon générale, le qualificatif de mûres aux graines qui paraissent réunir un ensemble de conditions déterminées, on n'exprime nullement un état identique des embryons contenus dans ces graines. Les faits ci-dessus, qu'on pourrait rattacher à d'autres empruntés au règne animal, démontrent que la puissance évolutive embryonnaire est fort inégale suivant les espèces.

En zoologie, des observations firent d'abord penser que l'embryon animal traverse une période d'*indifférence sexuelle* et que la sexualité mâle ou femelle apparaît par différenciation d'un fonds commun d'organisation. Les progrès de l'embryologie renversèrent cette doctrine et lui substituèrent celle de l'*hermaphrodisme primitif*

On sait maintenant que les voies génitales du mâle procèdent des canaux de Wolf, tandis que celles de la femelle dérivent des canaux de Müller; or, chaque embryon possédant à la fois les uns et les autres se trouve donc manifestement hermaphrodite par les voies d'excrétion sexuelle; l'unisexualité se dessine par rétrocession de l'une de ces voies d'excrétion et développement exclusif de l'autre.

Cette dualité primitive des voies d'excrétion est corrélative à une dualité des glandes génitales. Celles-ci apparaissent au côté interne des corps de Wolf sous forme d'une éminence qui fait saillie en dedans de la cavité pleuro-péritonéale; cette éminence est constituée par un amas mésodermique recouvert par l'épithélium germinatif qui montre bientôt dans son épaisseur des ovules primordiaux. Cet épithélium germinatif représentant la première ébauche de l'ovaire, il s'ensuit qu'à ce moment les éléments de la glande femelle existent seule; mais le testicule ne tarde pas à apparaître dans l'amas mésodermique sous-jacent à l'épithélium germinatif, sous forme de cordons épithéliaux anastomosés et reliés aux canalicules de Wolf voisins. L'embryon est complètement hermaphrodite. L'équilibre se rompt ensuite en faveur d'un sexe.

Si l'individu doit être mâle, l'épithélium germinatif disparaît et les canaux séminifères s'individualisent par formation d'une couche mésodermique périphérique.

Si ce doit être une femelle, ce sont les tubes de bourgeonnement de la partie sexuelle du corps de Wolf qui s'atrophient, tandis que l'épithélium germinatif devient exubérant et bourgeonne de sa face profonde dans le mésoderme de manière à y semer les ovules primordiaux.

Les Vertébrés sont donc primitivement hermaphrodites comme le restent toute leur vie beaucoup d'Invertébrés et accidentellement quelques-uns des premiers.

On sait que chez les végétaux, l'hermaphrodisme est la règle et la diœcie l'exception. Dans le règne animal, la bisexualité est aussi la condition générale et primitive; l'unisexualité résulte de la rétrocession plus ou moins complète d'un appareil sexuel, en faveur de l'autre qui se développe d'autant mieux.

Il y a plus: l'ovule lui-même, au dire de M. Balbiani, serait primitivement un organisme hermaphrodite dans lequel la vésicule germinative représenterait l'élément femelle et la vésicule embryogène l'élément mâle.

Chez certaines familles, celle des Pucerons principalement, la fusion pourrait aller jusqu'à la fécondation entière, ce qui constituerait la parthénogenèse.

Puisqu'à ses débuts, l'organisme est hermaphrodite, quelles sont les causes qui le poussent à s'unisexualiser ? Tiennent-elles à l'ovule, aux cellules spermatiques ou aux conditions physico-chimiques dans lesquelles commence à évoluer l'embryon ? Tour à tour on invoqua ces diverses raisons.

A. *Conditions physico-chimiques agissant pendant l'évolution embryonnaire.* — Dans une série de travaux remarquables portant sur les Cryptogames et sur les Phanérogames monœques et diœques, plusieurs botanistes ont révélé le fait extrêmement important de la possibilité du changement de sexe d'une fleur et de l'apparition d'organes de l'autre sexe. Spallanzani, Bernardi et Autenrieth ont constaté que des mutilations amenaient des pieds femelles de chanvre à produire des organes mâles et Muller a signalé l'apparition possible de fleurs femelles sur des plantes mâles. Le même observateur a vu aussi que, sous l'influence d'une alimentation médiocre, au milieu de l'épi de fleurs femelles du *Zea maïs*, se montraient des fleurs mâles.

Hoffmann dans un important travail sur la sexualité, a démontré que le rapport sexuel varie dans les *Lychnis*, le *Rumex acetosella* et le *Spinacia oleracea* suivant que les semis sont serrés ou espacés. Lorsque le semis est serré et que l'embryon est gêné dans son développement, il y a une grande prédominance de mâles, ce qui a porté Hoffmann à dire que les mâles sont des avortons insuffisamment nourris à un certain stade de leur développement embryonnaire. Il ne réussit pas dans les essais qu'il entreprit pour se rendre compte du moment où se fait la sexualisation, parce que les embryons supportent mal la transplantation.

MM. Cornu, Giard et Magnin ont démontré que le développement d'un parasite, l'*Ustilago antherarum* provoque l'apparition d'étamines dans la fleur femelle du *Lychnis vespertina*. Il est bien connu aujourd'hui, que certains parasites, au lieu d'amener l'atrophie des tissus où ils s'installent, y provoquent au contraire une vitalité nouvelle.

Des observations de même ordre ont été faites sur les Cryptogames. Prantl remarqua que dans les semis de prothalle de Fougère sur un sol privé d'azote, il se développe des anthéridies et pas d'archégones et que dans les semis serrés, les prothalles mâles l'emportent tandis que ce sont les femelles dans un semis espacé. Il obtint les mêmes résultats dans la formation des archégones de l'Osmonde. Pfeffer vit qu'un éclairage insuffisant ne donne que des prothalles mâles, ainsi que Borodin l'avait observé pour l'*Equisetum* et ce dernier fit aussi la remarque que les spores germantes d'*Allosorus sagittatus* développent des anthéridies à l'obscurité. D'après Bauke, les anthéridies du *Platicerium* ne se trouvent que sur les prothalles rabougris.

De cet ensemble d'observations, on a conclu que les anthéridies sont morphologiquement des archégones avortés.

L'expérimentation et l'observation zoologiques montrent aussi qu'on peut, dans des circonstances déterminées, multiplier les représentants d'un sexe au détriment de l'autre en agissant sur les embryons.

Les expériences de Landois sur les abeilles, desquelles il concluait que le déterminisme du sexe dépend de la nutrition pendant la vie embryonnaire, seront laissées de côté d'abord parce qu'elles n'ont point été confirmées, puis parce que l'interprétation des phénomènes de reproduction des abeilles est obscure et entendue différemment. Celles de M. Born et de M. Yung sur les larves de grenouilles méritent qu'on s'y arrête.

M. Born plaça des œufs de *Rana fusca*, au nombre de 300 à 500 dans une série de 21 aquariums. Après l'éclosion, les larves reçurent une nourriture différente, exclusivement végétale pour les unes, consistant en un mélange de nourriture animale (fragments de chair de grenouille et de larves de pélobates hachées) et de nourriture végétale pour les autres. Enfin dans un des aquariums, il entra accidentellement un peu de vase. On remarquera que ni l'un ni l'autre de ces régimes n'était naturel, attendu qu'à l'état de nature l'alimentation des jeunes têtards consiste dans la vase des marais, c'est-à-dire en une agglomération d'infusoires, d'algues et de rotifères.

Une fois le développement terminé, les jeunes larves étaient restées plus petites que leurs congénères vivant à l'état naturel. On fit avec soin l'examen des organes génitaux et l'on constata que le nombre des individus femelles l'emportait considérablement sur celui des mâles. Tandis que dans l'état de nature, les deux sexes se balancent à peu près, dans l'expérience de M. Born, on ne trouva que des femelles dans 5 aquariums, et dans les autres la proportion oscilla entre 96 et 86 femelles sur 100 individus examinés; seul, l'aquarium dans lequel un peu de vase était entrée montra 72 femelles sur 100.

M. Yung expérimenta également sur les têtards de grenouille, qui se prêtent bien à ce genre de recherches, et qu'il nourrit d'une façon différente, les uns ne recevant que des plantes aquatiques, d'autres de la viande de poisson, de la viande de bœuf, de l'albumine d'œuf de poule et du jaune d'œuf. Les résultats confirmèrent ceux de M. Born et l'on obtint une majorité de femelles oscillant entre 70 et 75 pour 100. Elle est moindre que la précédente, néanmoins elle est encore remarquable.

Dans les Mammifères où les premières phases du développement ont lieu dans l'utérus, les influences physico-chimiques sont moins efficientes sur l'embryon que dans les animaux ovipares et moins faciles à observer. Agissant par l'intermédiaire de la mère, leur retentissement doit être plus faible, néanmoins elles se manifestent, la production d'anomalies et de monstruosités en est la preuve.

Mais si l'on commence, même chez les Mammifères placentaires, à connaître les causes physiques de quelques monstruosités, on ne sait encore rien de celles qui peuvent agir sur la sexualité. Elles sont vraisemblablement de plusieurs ordres et d'une détermination extrêmement complexe. Comment expliquer, par exemple, que dans les cas de gestation multiple, on trouve des petits de sexe différent. N'étaient-ils point, en apparence du moins, dans des conditions identiques ? Or cette différence de sexe est un fait général chez les espèces multipares. De 1882 à 1888, à notre ferme, il y eut 92 mises-bas dans l'espèce porcine. Dans 90 de ces portées, les deux sexes étaient représentés ; dans deux seulement, on ne trouva des porcelets que d'un seul sexe, tous mâles dans l'une, tous femelles dans l'autre.

Puisqu'il en est ainsi, il faut également rechercher les conditions de la sexualité dans l'état des ovules et des spermatozoïdes avant leur contact et examiner les influences qui ont pu modifier leur mode d'union et agir sur le phénomène de la fécondation. Jusqu'ici ces recherches n'ont été poursuivies qu'à l'aide de l'observation ; l'expérimentation n'est point intervenue pour dire de quel côté est la vérité qui ne se dégage pas clairement de conclusions contradictoires.

B. *Conditions invoquées comme agissant avant l'évolution embryonnaire.* — Avant de passer en revue les conditions de cet ordre, il est utile de rechercher quel est celui des deux éléments, ovule et spermatozoïde qui est le plus facilement impressionnable et le plus fragile vis-à-vis des causes extérieures.

Des observations recueillies dans les deux règnes ont montré que l'élément mâle est moins résistant que l'élément femelle. Lorsque sous l'influence des procédés horticoles, on pousse les fleurs à la stérilité en les *doublant*, l'organe mâle se métamorphose et disparaît, comme appareil reproducteur, avant l'organe femelle et les ovules sont les parties qui résistent le plus énergiquement aux causes de destruction.

On sait, en anthropologie, que quand l'albinisme, qui est une cause fortement déprimante se remarque sur la race nègre, les hommes sont stériles, tandis que les femmes qui présentent cette particularité deviennent mères et que leur fécondité paraît peu entamée. Une observation de même ordre a été faite dans la race chevaline danoise de Frédéricksborg. D'ailleurs, une expérience très simple de fécondation artificielle va démontrer la supériorité de résistance de l'élément femelle :

Si l'on prend une truite mâle, qu'on la tue et qu'on se serve de sa laitance pour féconder des œufs d'une femelle de son espèce, on constate que les spermatozoïdes ne conservent que pendant trois heures au plus après la mort leur faculté fécondante. Passé ce temps, ils n'agissent plus.

Si on tue la femelle, ses œufs restent fécondables de 46 à 48 heures après.

En rapprochant ce résultat de ceux obtenus par MM. Born et Yung dans les expériences précitées, on est également poussé à penser que sur l'embryon bisexué, l'appareil féminin est le plus résistant. En raison de sa fragilité, l'élément mâle peut être dépossédé totalement ou partiellement de ses propriétés spécifiques, même par l'intermédiaire du sujet qui le sécrète. C'est probablement de cette façon qu'il faut expliquer l'infécondité absolue des mâles hybrides et la fécondité variable des femelles de cette sorte.

Quoi qu'il en soit, on a invoqué de nombreuses causes comme capables d'agir sur les éléments mâle ou femelle.

On a fait jouer à l'age de l'ovule, à sa plus ou moins grande *maturité* au moment de la fécondation, un rôle déterminant. D'après Thury, de tout ovule n'ayant point atteint un certain degré de maturité au moment de son contact avec le sperme, naîtrait une femelle, tandis que ce serait un mâle s'il l'a atteint. Comme conséquence pratique de sa doctrine, Thury recommandait de faire féconder les femelles au début du rut si l'on voulait avoir des femelles et à la fin pour obtenir des mâles. Indépendamment des objections théoriques qu'on peut faire à cette hypothèse, la vérification qu'en ont faite les éleveurs ne l'a point confirmée.

Le nombre des spermatozoïdes impressionnant l'ovule a été invoqué par Canestrini; cet auteur a prétendu que, quand plusieurs cellules spermatiques entrent en contact avec l'élément femelle, il y a procréation de mâles et que des femelles naissent dans les conditions inverses. Non seulement la démonstration expérimentale a manqué pour transformer cette vue de l'esprit en vérité scientifique, mais on sait aujourd'hui que dans la fécondation normale, un seul spermatozoïde impressionne l'ovule et que, si plusieurs agissent, il y a formation de montres doubles.

L'hypothèse de l'*alternance du sexe* est aussi fragile. Il a été avancé que quand une jument entre en chaleur pour la première fois, si elle est fécondée, elle mettra bas un mâle; si elle est saillie à la période de rut suivante, on obtiendra une femelle et il y aura ainsi constamment alternance des deux sexes. Lorsqu'une ou plusieurs périodes se passent sans conception, on retrouverait à la naissance suivante le sexe qu'on aurait obtenu s'il y avait eu conception.

Les suppositions les plus nombreuses ont porté sur l'*état des deux reproducteurs en présence*. On a invoqué tour à tour la primoconception, le nombre de jeunes par accouchement, l'âge, la vigueur, les convenances respectives. Mais chacune de ces conditions est liée à plusieurs autres que l'observation et la statistique sont impuissantes à séparer; en conséquence les conclusions qu'on a tirées sont manifestement entachées de probabilité, car ces causes agissent par leur union et non isolément. Aussi serons-nous bref dans l'exposé qui va en être fait.

Les recherches portant sur l'espèce humaine avaient d'abord fait admettre, en règle générale, qu'à la suite d'une *première fécondation*, naissent de préférence des garçons, soit une proportion de 114 pour 100 filles, tandis que, dans les conditions autres, la proportion est seulement de 105 pour 100. Bidder, qui a repris ces recherches et les a fait porter sur 11.871 accouchements de primipares, arrive aux conclusions suivantes :

Les très jeunes primipares engendrent plus de garçons ; celles d'âge moyen engendrent plus de filles et celles d'âge plus avancé engendrent plus de garçons.

La conclusion de ces recherches est que l'âge semble un facteur plus puissant que les débuts dans la reproduction.

En étudiant cette question sur le bétail de la ferme de l'École, nous avons constaté les résultats suivants :

Espèce bovine :
 16 primipares ont donné 10 femelles et 6 mâles, soit 166,6 femelles pour 100 mâles.
Espèce ovine :
 33 primipares ont donné 16 femelles et 22 mâles, soit 72,7 femelles pour 100 mâles.
Espèce porcine :
 28 primipares ont donné 114 femelles et 101 mâles, soit 112,8 femelles pour 100 mâles.

Les observations recueillies dans l'espèce humaine, montrent que dans la *production de jumeaux*, toujours les garçons l'emportent sur les filles. Celles faites en zootechnie sur les espèces franchement unipares, juments et vaches, ont montré pour l'espèce bovine un fait extrêmement intéressant : c'est que, lorsqu'il y a gestation double et production d'un mâle et d'une femelle, celle-ci possède des caractères masculins et elle est stérile. Mais en dépouillant les notes fournies par les observateurs, il n'est pas possible d'établir une statistique, les sexes n'étant pas constamment désignés. Dans l'espace de quinze années, il n'est survenu que 3 accouchements doubles dans les étables de notre ferme ; sur les 6 veaux obtenus, il y eut 4 mâles et 2 femelles.

Bien que les éléments fournis par l'espèce ovine soient peu probants, parce qu'il est des races où la pluralité des agneaux est la règle, nous avons rassemblé ceux qui se rapportent à l'agnelage des deux dernières années à notre ferme. Dans 32 parturitions doubles, il y eut 35 mâles et 29 femelles. Deux parturitions quadruples donnèrent chacune 1 mâle et 3 femelles.

Les démographes se sont livrés, pour l'espèce humaine, à de longues statistiques touchant l'*âge* des époux par rapport au sexe des enfants Les résultats auxquels ils arrivent sont contradictoires, parce qu'à côté de l'âge il y a toujours d'autres conditions qui interviennent. Il semble pourtant, d'une façon générale, que lorsque l'homme est plus âgé que sa femme, sans être toutefois un vieillard, il procrée plus de garçons que de filles. Quand il devient vieux, la prédominance des filles reparaît. Ainsi on a établi que :

Pendant les 6 premières années de mariage, il naît 116,3 garçons pour 100 filles
 — — années suivantes — — 107 — —
A partir de la 13ᵉ année   — — 94,4 — —

En zootechnie, les observations de Goehlert ont montré que des étalons âgés accouplés avec de jeunes juments produisent plus de mâles que de femelles tandis que la proportion se renverse si de vieilles juments sont fécondées par de jeunes étalons. Mais on constate de très nombreuses exceptions.

Depuis Girou de Buzareingues, beaucoup d'auteurs admettent comme une loi que celui des deux reproducteurs qui, au moment de l'accouplement, est par son âge relatif ou pour tout autre motif dans l'*état constitutionnel* le meilleur ou le plus vigoureux, transmet son sexe au produit. Girou de Buzareingues, Martegoute, M. Sanson et d'autres ont recueilli et consigné des faits qui semblent confirmatifs de cette loi. Mais fût-elle vraie que pratiquement on n'en serait guère plus avancé, car on ne voit pas de quelle façon on pourrait apprécier l'état physiologique des deux reproducteurs d'une manière assez précise pour établir une comparaison. Il est vrai que, rajeunissant le système Minot, on a proposé dernièrement d'avoir recours au pouls pour faire cette constatation. Ce qui a été dit antérieurement des renseignements qu'il en faut tirer dispense d'y insister davantage.

L'assertion de Girou de Buzareingues soulève d'ailleurs une forte objection ; il n'y a pas parité entre l'état constitutionnel apparent et la *vigueur sexuelle*. Il y a même parfois antagonisme. La vigueur sexuelle des pthisiques et leur tendance au coït est un fait bien connu. Il semble que sous l'influence du bacille de Koch, producteur de la maladie, l'organisme éprouve une surexcitation comparable à celle dont il a été question pour les végétaux envahis par un parasite. Inversement, la frigidité est le lot des reproducteurs très perfectionnés en vue de la boucherie. Il n'y a pas de comparaison à établir entre la vigueur du taureau de Salers et celle du Durham ou entre celle du verrat commun et celle du mâle de la race d'Yorkshire. Par une curieuse application de la loi de balancement, les organes et les fonctions de propagation de l'espèce se dépriment à mesure que ceux de la vie végétative gagnent en activité et en énergie.

On arriverait donc à une conclusion tout opposée à celle de Girou de Buzareingues, puisque les reproducteurs les mieux partagés sous le rapport des fonctions de nutrition, étant les plus faibles sous celui de la vigueur génitale, ne donneraient pas leur sexe à leurs produits.

La question est tellement complexe qu'on s'est demandé, en considérant surtout le fait de l'abeille pondeuse qui produit exclusivement des mâles quand elle n'a pas été fécondée et des femelles quand elle l'a été, si le procréateur qui l'emporte n'accuse point son influence par la procréation du sexe opposé au sien. Düsing et Adam ont recueilli des observations qui viendraient à l'appui de cette manière de voir ; ils ont constaté que les deuxième et troisième saillies d'un étalon, dans la même journée, produisaient environ 10 à 12 pour 100 de mâles en plus que la première ; Les statistiques de Düsing établissent que dans les haras, il naît plus de mâles dans les moments de presse que dans les autres.

En présence de ces assertions contradictoires, appuyées sur des statistiques de part et d'autre, il faut reconnaître que jusqu'à présent l'influence individuelle des reproducteurs sur le sexe des produits n'a pas été isolée des autres facteurs et qu'il a été impossible d'en mesurer l'activité.

Le changement de *climat* a sur la répartition des sexes une influence qu'on n'a pas assez mise en évidence, elle est pourtant l'une des plus nettes parmi celles qu'on invoque comme causales. Dans l'espèce humaine où les déplacements sont faciles et nombreux, on a pu faire d'intéressantes observations sur ce point. Les voyageurs rapportent que dans les pays chauds où la race blanche s'est installée, il y a prédominance dans la natalité des filles sur les garçons. Ainsi à Java, sur 7 naissances parmi les Européens, il y aurait 5 filles pour 2 garçons ; dans le Yucatan, il y aurait 8 filles sur 10 enfants, tandis que dans les populations autochtones, il y a à peu près égalité dans la natalité des deux sexes.

L'espèce chevaline va fournir la démonstration expérimentale que quand des reproducteurs sont transportés dans un milieu différent de celui où vit leur race, il y a prédominance des naissances féminines sur les masculines. La loi de 1872 sur les haras a rétabli une jumenterie nationale à Pompadour ; on y entretient des chevaux et des juments de pur sang et anglo-arabes nés en Europe ; on y a introduit à diverses reprises des juments et des étalons arabes, importés directement de l'Orient. Les animaux de ces deux provenances sont livrés à la reproduction ; M. Rélier, vétérinaire de cet établissement a eu l'obligeance de relever pour nous le tableau de répartition du sexe des poulains qui en sont issus, le voici :

RELEVÉ DES PRODUITS DE LA JUMENTERIE DE POMPADOUR,
DE 1873 A 1889 INCLUSIVEMENT

ANNÉES	POULAINS		POULICHES	
	pur-sang et anglo-arabes nés de sujets d'origine européenne	arabes nés de sujets importés d'Orient	pur-sang et anglo-arabes nées de sujets d'origine européenne	arabes nées de sujets importés d'Orient
1873	»	7	»	3
1874	»	4	»	6
1875	»	4	6	5
1876	9	6	1	13
1877	7	10	5	11
1878	5	10	7	9
1879	16	11	6	11
1880	10	12	15	12
1881	12	7	11	12
1882	14	7	9	15
1883	8	7	20	10
1884	12	8	9	7
1885	14	4	9	7
1886	14	4	21	3
1887	15	5	16	4
1888	13	2	12	3
1889	15	6	12	1
17 ANNÉES. . . .	164	114	159	132

On voit que pour les poulains européens, pur sang ou métis, il y a 164 mâles pour 159 femelles et pour les arabes 114 mâles pour 132 femelles, ce qui donne le pourcentage suivant :

Produits européens. . . . . 103,1 mâles pour 100 femelles
— arabes. . . . . 86,7 — —

Tous les animaux du haras vivent côte à côte et sont l'objet des mêmes soins ; il semble légitime d'attribuer les résultats constatés à l'action climatérique. Mais le climat est constitué par plusieurs éléments et il est difficile de préjuger quelle part revient à chacun d'eux.

On a avancé, en anthropologie, que le *croisement* influence la sexualité. En dénombrant, au point de vue du sexe, les enfants issus de l'union d'une indigène de l'Amérique, de l'Afrique ou d'ailleurs, avec un Européen, on trouve habituellement une prédominance de filles. Mais le croisement ne peut être considéré ici comme le facteur principal, parce qu'il y a intervention de l'action climatérique sur l'un des époux.

Nous avons cherché dans les croisements effectués à la ferme sur les espèces bovine, ovine et porcine, quelques renseignements sur ce point. Pour les veaux et les agneaux, la proportion des sexes s'est trouvée, à fort peu près, la même parmi les sujets issus de sélection et ceux provenant de croisement. Dans l'espèce porcine, une différence s'est montrée, nous avons obtenu 127 mâles pour 100 femelles dans les portées issues de croisement tandis que dans celles issues de sélection, il n'y en eût que 91 pour 100.

Enfin nous ajouterons que d'après des renseignements qui nous ont été fournis, mais qu'il nous a été impossible encore de contrôler, dans l'hybridation de l'étalon avec l'ânesse, on obtient une forte proportion de bardots et une faible de bardottes.

De l'exposé qui précède, le lecteur a déjà conclu qu'à part les résultats acquis par l'expérimentation, une grande obscurité règne encore sur le déterminisme de la sexualité. Néanmoins, puisque l'histologie a appris que l'organisme embryonnaire débute par l'hermaphrodisme, on peu concevoir l'espérance d'arriver à dévoiler quelques-unes des conditions qui poussent un sexe à acquérir la prépondérance sur l'autre.

Index bibliographique

POUR LA PARTIE BOTANIQUE, voyez surtout :

GIROU DE BUZAREINGUES. — Recherches sur le rapport des sexes dans le règne végétal (Annal. des sc. nat., 1831, 1re série, t. XXIV).

FISCH. — Berichte der deutsch. bot. Gesselsch, t. V. (Botan. Centralblatt, XXX, 263).

HOFFMANN. — Sur la sexualité (Botanische Zeitung, 1885).

MAX CORNU. — Bulletin de la Société botanique de France, 28 mai 1862, t. XVI.

Giard. — De l'influence de certains parasites rhizocéphales sur les caractères sexuels de l'hôte (C. R. de l'Ac. des sciences, juillet 1886) et Castration parasitaire et son influence sur les caractères extérieurs du sexe mâle chez les crustacés décapodes (Bulletin scientifique du département du Nord, 1887).

Magnin. — Recherches sur le polymorphisme floral, la sexualité et l'hermaphrodisme parasitaire du *Lychnis vespertina*, Lyon, 1889.

Wittrock. — Botanische Centralblatt, 1885.

Muller. — Nature, 1864.

Pour la partie zoologique et zootechnique :

Balbiani. — Leçons sur la génération des vertébrés, Paris, 1879.

Robin (Ch.). — Art. Sexe du Dictionnaire encyclopédique des sciences médicales.

Bertillon. — Art. Natalité du Dictionnaire encyclopédique des sciences médicales et plusieurs communications à la Société d'anthropologie.

Bidder. — Ueber den Einfluss des Alters der Mutter auf das Geschlecht der Kinder (Zeitschrift für Gyn. t. II, 1878.

Dusing. — Die Regulirung des Geschlechts verhaltnissen, Iena, 1884. — Communication *in* Landwirthschafliche Jahrbücher, Band 17, Heft 2 et 3.

Hofacker. — Ueber die Eigenschaften welche sich bei Menschen und Thieren von der Elteren auf die nachkommenen Vererben, Tubinge, 1828.

Kisch et Bum. — Ueber den gegenwartigen Standpunckt der Lehre von der Entstehung der Geschlechts beim Menschen, Vienne, 1887.

Wilckens. — Untersuchung über das Geschlechtswerhältnisse und Ursachen der Geschlechtsbildung bei Hausthieren. Landwirths, 1886.

Born. — Recherches expérimentales sur l'origine de la différence des sexes, traduit de Breslauer ärztlichen Zeitschrift, 1881, *in* Archives de Zoologie expérimentale, année 1882.

E. Yung. — Contributions à l'histoire de l'influence des milieux physico-chimiques sur les êtres vivants, *in* Archives de zoologie expérimentale, année 1883.

Papenhein. — Remarques sur l'influence qu'exerce l'âge des époux sur le sexe des enfants, *in* Archives générales de médecine, année 1883.

Boudin. — De l'influence de l'âge relatif des enfants (C. R. de l'Acad. des sciences, année 1863, 1er semestre).

Thury. — Sur la loi de production des sexes (C. R. de l'Acad. des sciences, année 1863, 2e semestre).

Girou de Buzareingues. — Diverses publications et notamment son livre : De la Génération, Paris, 1828.

Martegoute. — Article dans le *Journal d'agriculture pratique et d'économie rurale* pour le midi de la France, Toulouse, 1858.

Sanson. — Communications à la Société d'anthropologie et Traité de zootechnie, t. II.

Baron. — Méthodes de reproduction en zootechnie : Influence respective des sexes et sexualité du produit, p. 88 et suiv.

Joly. — Etudes sur la loi de reproduction des sexes, in *Presse vétérinaire*, 1889.

(Kisch et Bum ont résumé beaucoup des travaux précédents dans le mémoire qui a été cité plus haut).

Section II. — Caractères sexuels

L'hermaphrodisme primitif dure peu et la sexualisation se dessine promptement. Néanmoins et à parler rigoureusement, on doit reconnaître que, même en dehors de l'hermaphrodisme organique vrai ou faux qui persiste exceptionnellement sur des adultes, il existe virtuellement sur les individus sexués qui sont plutôt principalement mâles ou femelles qu'exclusivement d'un seul sexe. Dans l'espèce humaine, la virago et le jeune efféminé sont des preuves de cette persistance virtuelle et dans le groupe des animaux qui font l'objet de nos études, le taureau fémelin et la génisse taurache en sont des exemples.

Une fois sexualisés, les êtres diffèrent non seulement par leurs organes génitaux, mais aussi, l'unité de plan étant respectée, par un agencement différent des matériaux organiques.

En envisageant l'ensemble du règne organique, dit Agassiz, on pourrait placer d'un côté une première moitié et lui opposer l'autre moitié sans avoir égard aucunement aux différences d'embranchements, de classes, d'ordres, etc. D'un côté se trouveraient les mâles, de l'autre les femelles, tant ce dualisme est universel. Les différences sexuelles constituent une distinction fondamentale qui semble l'emporter sur tous les autres caractères de l'organisation.

Ce sont si bien les organes génitaux qui ont poussé l'organisme vers telle ou telle conformation qu'avant qu'ils ne fonctionnent, les différences entre jeunes animaux sont à peine appréciables. Au premier coup d'œil, on ne peut dire de quel sexe sont les poulains, les veaux, les agneaux, les chevreaux et surtout les oisillons de basse-cour.

Il s'en faut que les différences sexuelles aient le même degré d'étendue dans toutes les espèces ni qu'elles soient toujours dirigées dans le même sens.

Dans le règne végétal où l'unisexualité est l'exception, en général il y a une différence de vigueur, de taille, de coloration et de poids au profit des pieds femelles. Cette différence, se manifestant en sens inverse de celle qu'offrent les grands Mammifères, est même la cause d'une confusion dans le langage populaire où l'on qualifie volontiers de mâles les pieds femelles et inversement[1]. Il y a pourtant des espèces dioèques où la prépondérance est en faveur des pieds mâles ; on en trouve aussi où les dissemblances sont insignifiantes.

Dans le règne animal et dans les groupes inférieurs, les différences sexuelles sont parfois tellement tranchées qu'on a regardé des animaux de même espèce, mais de sexe différent, comme appartenant à des espèces distinctes. L'erreur commise à propos des Cirrhipèdes en est l'une des plus connues ; on les crut hermaphrodites jusqu'au jour où Darwin a démontré que le mâle, plus petit que la femelle, vit en parasite sur elle.

Il est commun dans les animaux inférieurs de voir le féminisme s'accuser, comme dans les plantes, par un poids plus élevé, une taille plus considérable, des couleurs plus vives, etc.

Parmi les animaux domestiques, il en est où les différences sexuelles ne se perçoivent qu'avec de l'attention et quelque habitude. On n'a vraiment la certitude du sexe des oies (fig. 39), des canards de quelques races

---

[1] Voyez : Saint-Lager, *Recherches historiques sur les mots « plantes mâles » et « plantes femelles »*, Paris, 1884.

à plumage blanc et des cygnes, que par l'examen direct des organes
génitaux ; les pintades et les pigeons sont également difficiles à distinguer.
Sur d'autres, des particularités sexuelles existent, mais avec des variantes
qui s'échelonnent depuis la presque similitude jusqu'à la différenciation
très accentuée. On peut classer comme suit les animaux domestiques en
partant de la dissemblance la moins prononcée :

MAMMIFÈRES.	Cobaye. Lapin. Chat. Cheval. Ane. Chien. Porc. Bouc. Taureau. Bélier.	OISEAUX.. . .	Oie. Cygne. Pigeon. Pintade. Dindon. Coq. Canard. Paon. Faisan.

Fig. 39. — Oies de Toulouse (un mâle et deux femelles).

En zoologie générale, la sexualité ne se traduit pas uniquement par le
dimorphisme; il arrive que l'un des sexes, parfois l'un et l'autre,
existent sous plusieurs formes distinctes ; des Papillons en fournissent
des exemples. Dans plusieurs espèces, à côté des individus sexués se
trouvent aussi des neutres : les uns sont restés non sexués par arrêt de
développement; d'autres après avoir possédé un sexe, l'ont perdu par
l'action de parasites. Il peut y avoir une véritable castration parasitaire,
ainsi que M. Giard l'a démontré pour un crustacé, le *Stenorynchus pha
langium* dont le mâle et la femelle sont attaqués par la *Sacculina Frais
sei.* On a déjà vu dans les pages précédentes que les végétaux dioèque
sont aussi envahis par des parasites et subissent la castration. Il résult
de tout ceci, qu'il faut plutôt parler de *polymorphisme* sexuel que d
dimorphisme.

Dans la production animale domestique, par suite de l'intervention humaine, les neutres sont nombreux et souvent leur valeur économique est supérieure à celle des sujets sexués. Il y a donc à étudier en zootechnie un *trimorphisme*.

Lorsque l'homme intervient pour neutraliser sexuellement les animaux domestiques, les effets de l'opération sont différents suivant l'âge des sujets sur lesquels on la pratique. Châtrés jeunes, avant le développement et le fonctionnement de leur appareil génital, ils sont vraiment des neutres en ce sens qu'il n'y a pas prépondérance d'une région de l'organisme sur une autre comme chez les sujets sexués. Ce que la sexualité particularise, la castration l'harmonise ; morphologiquement et physiologiquement, le neutre est un être intermédiaire entre le mâle et la femelle.

Lorsque la castration est pratiquée tardivement, alors que les organes reproducteurs sont complètement développés et ont fonctionné, les modifications sont moins profondes et l'organisme conserve, bien qu'avec atténuation, le cachet sexuel. L'ossature en général et le squelette céphalique en particulier, ne pouvant plus guère se modifier, en sont la cause.

Il a été avancé que parmi les divers modes de castration, ceux où il y a suppression brusque et radicale des organes génitaux modifient davantage les animaux que les méthodes où elle est lente et progressive. Nous nous sommes assuré plusieurs fois que ces dernières ont des effets plus tardifs et que les mâles conservent plus longtemps leurs caractères propres, sans compter qu'il n'est pas rare de voir l'opération incomplète. Si elle a été bien exécutée, les organes génitaux s'atrophient peu à peu et sont envahis par la dégénérescence graisseuse ; la neutralisation finit par devenir complète.

Comme elle est pratiquée sur le mâle et la femelle, on s'est demandé si l'état intermédiaire est parfait et si l'opération ne pousse pas les mâles au féminisme et n'accentue pas le féminisme chez la femelle. On peut soutenir que le mâle châtré tend quelque peu vers le féminisme ; mais la femelle reste femelle avec les attributs qu'elle possédait auparavant, comme la sécrétion laitière et la tendance à l'engraissement ; nous ne pensons pas que son féminisme s'exagère, du moins dans les espèces domestiques.

L'étude des différences sexuelles est utile pour l'appréciation des individus en raison de l'inégalité de leur valeur commerciale et de leurs aptitudes ; elle est indispensable avant d'entreprendre l'étude des races. De même qu'il est arrivé aux zoologistes de classer dans deux espèces différentes un mâle et sa femelle, il se pourrait, si l'on n'était point prémuni contre l'erreur par une étude préalable, qu'on dissociât un couple pour en placer les représentants dans deux races différentes. Il est des cas où les caractères sexuels l'emportent tellement sur les caractères ethniques et où la divergence est si prononcée qu'on se demande si la forme femelle est vraiment celle qui correspond à la forme mâle. Il semble que dans quelques races, les deux formes sexuelles ne constituent pas une unité ethnique, on dirait qu'elles résultent de l'union de deux types qui se perpétuent l'un par les mâles, l'autre par les femelles.

On constate, au premier coup d'œil, ce dimorphisme dans la race jersiaise (fig. 40 et 41) reproduite pourtant depuis longtemps en sélection rigoureuse.

FIG. 40. — Vache de Jersey.

FIG. 41. — Taureau de Jersey.

Pour que l'étude soit plus facile et plus fructueuse, on ne séparera pas le mâle, la femelle et le neutre ; l'examen des différences morphologiques et physiologiques de cette trinité restera comparatif.

1. DIFFÉRENCES MORPHOLOGIQUES

Elles portent sur la taille, le poids, la conformation générale, le squelette, la musculature, l'encéphale, la peau et les phanères.

Taille, poids et conformation. — En général, la masse du mâle est supérieure à celle de la femelle ; il y a chez le premier épaississement et empâtement de l'organisme, tandis que la finesse et l'élégance morphologique se rencontrent sur la seconde.

Pour donner une idée des différences, on va dresser un tableau comparatif du poids, de la taille, du périmètre thoracique et de la longueur de la pointe de l'épaule à la pointe de la fesse, de mâles et de femelles choisis de même âge, de même race et dans des conditions d'alimentation et d'hygiène aussi semblables que possible, afin d'éliminer tous les facteurs autres que la sexualité.

SORTES D'ANIMAUX	TAILLE	PÉRIMÈTRE THORACIQUE	LONGUEUR DE LA POINTE DE L'ÉPAULE A LA POINTE DE L'ISCHION	POIDS VIF	DIFFÉRENCES DANS LE POIDS VIF
Chevaux.					
Étalon arabe [1]	1,48	1,70	1,57	410 kg.	20 k. en faveur de la jument
Jument —	1,41	1,84	1,52	430	
Étalon anglais. . " . . .	1,58	1,80	1,65	490	égalité.
Jument —	1,54	1,90	1,62	490	
Cheval percheron.	1,71	2,05	1,75	695	5 k. en faveur de l'étalon
Jument —	1,65	1,97	1,80	690	
Cheval flamand.	1,74	2,10	1,75	732	20 k. en faveur de l'étalon
Jument —	1,70	2,10	1,75	712	
Bœufs.					
Taureau hollandais..	1,46	2,15	1,68	725 kg.	140 k. en fav. du mâle.
Vache —	1,35	1,85	1,56	585	
Taureau Schwitz..	1,37	1,95	1,65	640	85 —
Vache —	1,34	1,86	1,57	555	
Taureau normand.	1,47	2,02	1,56	685	125 —
Vache —	1,26	1,86	1,56	560	
Moutons.					
Bélier mérinos.	0,74	1,17	0,80	76 kg.	25 k. —
Brebis —	0,61	1,10	0,64	51	
Bélier Southdown.	0,55	1,07	0,76	68	8 —
Brebis —	0,535	1,10	0,72	60	
Bélier Dishley.	0,68	1,23	0,72	75	20 —
Brebis —	0,65	1,09	0,74	55	
Porcs.					
Verrat d'Essex.	0,65	1,30	1 »	160 kg.	10 k. —
Truie —	0,60	1,25	0,82	150	
Chiens.					
Chien danois.	0,69	0,87	0,77	55 kg.	7 k. —
Chienne —	0,66	0,77	0,73	48	
Chien de Saint-Germain. . .	0,54	0,62	0,57	20	2 —
Chienne — . . .	0,48	0,55	0,48	18	

PETITS ANIMAUX ET OISEAUX DE BASSE-COUR.

POIDS VIF		DIFFÉRENCE	POIDS VIF		DIFFÉRENCE
Lapin bélier. . .	= 5,500 kg.	nulle.	Faisan doré. . . .	= 1 » kg.	nulle.
Lapine — . .	= 5,500		Faisane — . . .	= 1 »	
Lapin russe. . . .	= 2,500	nulle.	Pintade mâle. . .	= 1,500	nulle.
Lapine — . .	= 2,500		— femelle. . .	= 1,500	
Leporide mâle. .	= 3 »	nulle.	Pigeon paon mâle.	= 500 g.	nulle.
— femelle. .	= 3 »		— femelle	= 500 g.	
Paon ordinaire. . .	= 4 »	500 gr.	Oie mâle Toulouse.	= 7 »	500 gr.
Paonne.	= 3,500		— femelle — .	= 6.500	
Dindon.	= 6 »	1 kg.	Canard de Barbarie	= 4 »	1 k. 509
Dinde.	= 5 »		Cane — .	= 2,500	
Coq cochinchinois.	= 3,500	500 gr.	Canard normand. .	= 3,500	nulle.
Poule — .	= 3 »		Cane — . .	= 3,500	
Coq hollandais. .	2 »	500 gr.			
Poule — . .	1,500				

[1] Nous devons les observations faites sur les chevaux arabes et anglais à l'obligeance de M. Rélier.

La lecture du tableau ci–dessus met en évidence que *dans une même espèce, les différences diamétriques et pondérales dues au sexe sont plus élevées proportionnellement dans les grandes races que dans les petites.*

L'examen comparé des régions du corps dans les deux sexes montre que le mâle a surtout l'avant-main développée, tandis que le contraire s'observe sur la femelle. Sa tête est forte, sa nuque large, son enco-lure musclée et souvent surmontée de masses adipeuses qui l'épaissis-sent encore, son poitrail est bien 'développé, ses membres forts, ses muscles volumineux et saillants. En revanche, son bassin est étroit, particulièrement dans les Ruminants, ce qui fait paraître le train posté-rieur étriqué en comparaison de l'antérieur.

La femelle a la tête proportionnellement légère, l'encolure peu mus-clée, les membres fins ; sa poitrine, relativement aux autres dimensions du corps, est bien développée et dans l'espèce chevaline le périmètre thoracique de la jument est souvent supérieur à celui de l'étalon, aussi bien d'une façon absolue que d'une façon relative. Les poitrines san-glées, dans les deux sexes, sont des caractères individuels. Le train postérieur est très développé, les hanches sont saillantes, le bassin large, les fesses bien musclées.

La gracilité réapparait sur la cuisse ; elle a proportionnellement moins d'ampleur que celle du mâle dans les espèces bien sexuées, elle est moins rebondie en arrière et ne forme pas en terme de boucherie, une aussi belle culotte.

Nous avons cherché à connaître d'une façon précise la différence de poids entre l'avant et l'arrière-train dans l'espèce bovine.

Le train antérieur est constamment supérieur au train postérieur dans les deux sexes, mais tandis que sur des vaches adultes, la différence oscille entre 30 et 70 kilogrammes suivant le poids total, chez les tau-reaux, nous ne l'avons jamais vue descendre au-dessous de 100 kilo-grammes et elle s'est élevée à 150. Rapportée à 100 kilogrammes du poids total, la différence maximum a atteint 23 chez le taureau, tandis qu'elle n'a pas dépassé 14 sur la femelle. Le développement de la partie postérieure du corps de celle-ci ne contre–balance donc que partielle-ment l'infériorité de sa partie antérieure.

La différence du poids des deux moitiés du corps est très appréciable sur les bêtes hors l'état de gestation. Nous nous sommes demandé si celui–ci la modifiait beaucoup et nous avons constaté qu'après la mise-bas, chez les vaches bonnes laitières, le rapport pondéral est peu changé par suite du développement que prend le pis et de l'afflux dont il est le siège. L'organe de la lactation compense en partie ce que la femelle a perdu par l'expulsion du veau.

Sur le neutre, l'opposition entre les trains antérieur et postérieur n'existe plus, les deux parties se sont harmonisées et la conformation générale est une résultante de celle du mâle et de la femelle.

Lorsqu'un taureau est châtré à un âge déjà avancé alors que son encolure avait acquis une ampleur caractéristique, l'opération a pour résultat une diminution, par résorption, des dimensions du cou. On prendra une idée de l'étendue de cette diminution par les chiffres suivants relatifs à deux taureaux observés à ce point de vue :

	POURTOUR DE L'ENCOLURE LA VEILLE DE LA CASTRATION	POURTOUR DE L'ENCOLURE UN AN APRÈS LA CASTRATION	DIFFÉRENCE
	m.	m.	
Taureau Durham âgé de 4 ans. . .	1,70	1,37	— 0,33
— Schwitz — — . . .	1,66	1,32	— 0,34

Cette diminution considérable concourt en forte partie à différencier l'aspect général du bœuf de celui du taureau d'où il dérive et à le rapprocher de la vache.

Ossature. — D'une façon absolue, le squelette du mâle est plus développé et plus lourd que celui de la femelle. Nous avons fait préparer comparativement les squelettes de mâles et de femelles adultes, appartenant à la même race et sortant pour la majorité de notre ferme; les résultats ont été les suivants :

	POIDS DU SQUELETTE DES	
	mâles	femelles
Bovins tarentais.	42 kg.	29 kg.
Moutons de Dishley.	3,890	2,639
— mérinos du Chatillonnais.	5,787	2,393
— Barbarins.	3,639	1,900
Porcs craonnais.	10,912	7,014
— d'Essex.	8,940	6
Sanglier.	5,634	4

(Ces poids se rapportent à des os très secs déposés depuis plusieurs années dans nos collections).

Les points d'attaches musculaires, les crêtes et les dépressions qui, chez l'homme, sont plus apparents que chez la femme, ne présentent pas, chez les animaux, des différences suffisantes pour permettre, à l'examen d'un os isolé, de dire le sexe du sujet auquel il appartenait, exception faite de la tête et du bassin. L'identité des conditions physiologiques dans lesquelles sont entretenus les mâles, les neutres et les femelles des races domestiques en est la raison.

Les expériences de M. Poncet[1] ont démontré que la castration provoque une élongation des os, particulièrement des fémurs, des tibias, du sacrum et des os des îles, que les inflexions et les courbures sont moins

[1] A. Poncet, *De l'influence de la castration sur le développement du squelette*, in C. R. du Congrès de l'Association française au Havre, 1877.

accusées et le canal médullaire agrandi. M. Poncet s'est servi du lapin comme sujet d'expériences ; l'observation apprend que des résultats de même ordre s'obtiennent dans l'espèce bovine ; nous n'oserions affirmer qu'il en est ainsi sur les Équidés.

L'importance prépondérante de quelques parties, particulièrement de la tête et du bassin quand il s'agit de sexualité, en a fait comparer le poids à celui du squelette entier dans chaque sexe.

SORTES D'ANIMAUX	RAPPORT DU POIDS DE LA TÊTE à celui du squelette entier		RAPPORT DU POIDS DU BASSIN à celui du squelette entier		RAPPORT DU POIDS DU FÉMUR à celui du squelette entier	
	mâles	femelles	mâles	femelles	mâles	femelles
Moutons dishleys. .	0,19	0,17	0,064	0,062	0,33	0,031
Porcs craonnais. .	0,26	0,21	0,054	0,059	0,037	0,033
Sangliers.	0,31	0,30	0,046	0,047	0,041	0,038

De ce parallèle, il résulte que le poids de la tête du mâle par rapport au squelette entier est supérieur au même rapport chez la femelle ; par conséquent, d'une façon absolue, *la tête du mâle est plus massive.* Il y a, quoiqu'à un degré un peu moindre, un rapport de même sens pour la comparaison du poids du fémur à celui du squelette dans les deux sexes. Les os du bassin de la femelle sont plus lourds, absolument et relativement, que ceux du mâle, ce que faisait pressentir, d'ailleurs, leur développement.

En raison de leurs différenciations sexuelles si nettement accusées, la tête et le bassin doivent être examinés tout particulièrement.

Avant de comparer, une à une, les pièces constituantes de la tête, examinons, par une application anticipée des moyens qui seront indiqués pour la distinction des races, successivement les indices, c'est-à-dire le rapport entre la longueur et la largeur, la première ramenée à 100, de la tête dans son ensemble ainsi que de la face et du nez en particulier.

L'indice céphalique mesuré comparativement dans les deux sexes d'une même race a donné, entre autres, les résultats suivants pris comme exemples :

	INDICE CÉPHALIQUE DES	
	mâles	femelles
Chevaux tarbéens.	37,2	38,2
— corses.	37,2	38,9
Bêtes bovines fribourgeoises.	46,2	41,4
— de Durham.	49,8	43,9
— nivernaises.	44,8	43
Moutons mérinos.	48,2	47,8
— de Dishley.	49,5	49,5
Porcs craonnais.	48,2	50
— de Berkshire..	53,6	57,3
Sangliers.	34,7	37

Il résulte de ces chiffres que l'indice céphalique de la femelle l'emporte sur celui du mâle dans les espèces chevaline et porcine et que l'inverse se présente dans les espèces bovine et ovine.

Les anthropologistes se sont assurés que l'indice facial de l'homme et de la femme est le même ou à peu près dans une race déterminée, les écarts en dessus ou en dessous se neutralisant. Dans les espèces domestiques, il n'en est pas ainsi : le dimorphisme sexuel fait sentir son influence. Les chiffres suivants, extraits de nos registres de mensurations, en témoignent :

Espèce chevaline.

Chevaux tarbéens. . { mâle = 45,4 / femelle = 52   Chevaux corses. . { mâle = 46 / femelle = 51,7

Espèce bovine.

Race bretonne. . . { mâle = 67,78 / femelle = 53,70   Race nivernaise. . . { mâle = 63,27 / femelle = 62,25

Race de Schwitz. . { mâle = 62,85 / femelle = 61,81   Race hollandaise. . { mâle = 64 / femelle = 58

Race vendéenne. . { mâle = 67,72 / femelle = 63,89   Race africaine. . . { mâle = 55,62 / femelle = 59,15

Race de Durham. . { mâle = 72 / femelle = 65,16

Espèce ovine.

Race de Southdown. { mâle = 71,86 / femelle = 69,67   Race mérinos (S.-r. du Soissonnais). { mâle = 62,43 / femelle = 60,81

Race de Tiaret. . . { mâle = 69,41 / femelle = 65,43   Race de Dishley. . . { mâle = 67 / femelle = 64

Espèce porcine.

Race celtique (S.-race bretonne) { mâle = 52 / femelle = 58   Race de Berkshire.. { mâle = 69,15 / femelle = 81

Sanglier. 48
Laie. 43

Les résultats fournis par l'indice facial déposent dans le même sens que ceux donnés par l'indice céphalique. Dans les espèces chevaline et porcine, il y a supériorité en faveur de la femelle, tandis que dans celles du bœuf et du mouton, le contraire est la règle, sauf dans la race bovine africaine. Enfin, les races porcines très améliorées présentent une supériorité très accentuée de la femelle sur le mâle, mais la laie a la face plus allongée que le sanglier.

Lorsqu'on envisage le nez seul, on constate d'abord que dans les espèces du mouton, de la chèvre et du lapin, il n'y a pas identité absolue dans la direction des os constituants. Le nez du mâle présente une forme convexe, busquée, tandis que celui de la femelle est droit ou moins busqué. Que l'on compare le chanfrein des béliers mérinos ou barbarins

et du lapin bélier à celui de leurs femelles respectives, et l'on sera convaincu de suite.

En anthropologie, il a été reconnu que l'indice nasal ne présente pour
les deux sexes que des différences négligeables. Dans les espèces qui constituent le domaine de la zootechnie, les chevaux n'offrent non plus de ce
côté que des particularités sexuelles très faibles. Ainsi l'indice nasal de
l'étalon corse étant de 40,19, celui de la femelle est de 39,55. Pour les
bœufs, les écarts sont autrement considérables; l'indice du taureau
fribourgeois monte à 38, tandis que celui de la vache reste à 32; même
remarque pour les espèces bovine et caprine : la brebis de Dishley a 31,42
comme indice, le mâle 35,79. Dans l'espèce porcine, il y a généralement
un petit écart en faveur du mâle, mais il est faible et on trouve des
résultats contradictoires. Dans le groupe des Léporins, et contrairement
à ce qu'on voit dans les espèces précédentes, l'indice nasal de la femelle
est supérieur à celui du mâle de sa race.

En résumé, il y a égalité ou à peu près dans l'indice nasal du mâle et
de la femelle dans les espèces chevaline et porcine, inégalité pour les
espèces bovine, ovine, caprine et cuniculine. Dans les trois premières de
celles-ci, le mâle a un chanfrein plus large que la femelle; dans la dernière, le contraire paraît la règle.

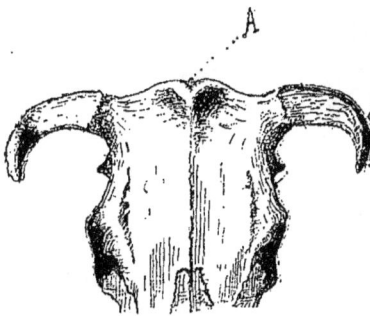

FIG. 42. — Partie supérieure de la tête osseuse de la vache Durham.

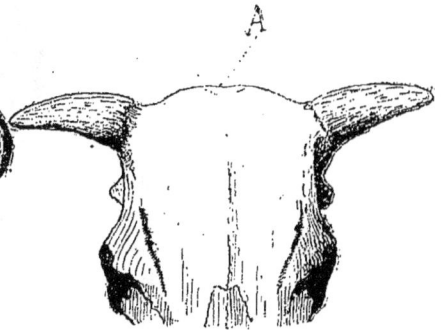

FIG. 43. — Partie supérieure de la tête osseuse du taureau Durham

Le bord supéro-postérieur de la tête des Bovins désigné sous le nom de
chignon, présente dans une même race des différences suivant les sexes.
Celui du taureau est large, plus ou moins rejeté en arrière; sur la vache
il est plus étroit et il fait saillie en avant du front (fig. 42 et 43, AA). Il est
important d'avoir ces différences présentes à l'esprit dans l'étude des pièces
osseuses. Il se pourrait qu'en procédant, dans cette disposition mentale,
à l'examen des types tertiaires et quaternaires admis par les paléontologistes, on fût amené à une revision et que des unités sexuelles fussent
formées par rapprochement de prétendus types spécifiques distincts.

Par suite de l'émasculation, la tête du bœuf a subi une élongation analogue à celle signalée sur les os des membres. Mais l'augmentation de longueur se manifeste sur la partie faciale, la portion crânienne n'y participe pas; au contraire, le chignon est moins élevé que chez le mâle, il se rapproche par sa forme générale de celui de la femelle. L'amplification dans cette partie se fait sur la cheville osseuse de la corne qui s'allonge beaucoup plus que celle du taureau, ainsi qu'on le prouvera plus loin. Si la tête du bœuf dans son ensemble est un peu plus allongée que celle du mâle (fig. 44), cela tient donc exclusivement à la portion faciale.

FIG. 44. — Tête osseuse de bœuf du Mézenc.

Les sus-naseaux sont plus longs, plus étroits et moins aplatis dans le bœuf que sur le taureau. La comparaison des indices sur deux sujets de même race fera voir de suite ce qu'il en est :

	TAUREAU	BŒUF
Indice céphalique total.	42,6	41,4
— facial.	69,8	60,4
— nasal.	38,4	27,8

Des modifications de même ordre ont été relevées sur la tête du lapin émasculé, comparée à celle du lapin non mutilé.

Dans l'étude de la tête, l'attention s'est portée aussi sur la mandibule; on a recherché son rapport pondéral soit avec la tête seule, soit avec le squelette entier. M. Morselli, de Florence, et M. Renard ont vu que la mandibule féminine est moins pesante proportionnellement à la tête que la masculine. M. Manouvrier, en établissant la comparaison avec le poids du squelette entier, a trouvé que le rapport est plus élevé pour la femme que pour l'homme. Proportionnellement au squelette, le maxillaire inférieur féminin est plus lourd que le masculin.

Lorsqu'on examine ce point sur les Mammifères domestiques, il n'est pas possible de comparer les espèces et les races cornues à celles qui ne le sont pas; les cornes, toujours plus développées sur le mâle que sur la femelle, alourdissent considérablement la tête des premiers, de sorte que si l'on recherche la proportion entre le poids de la mandibule et celui d'une tête de mâle, on la trouve nécessairement plus faible que pour une femelle.

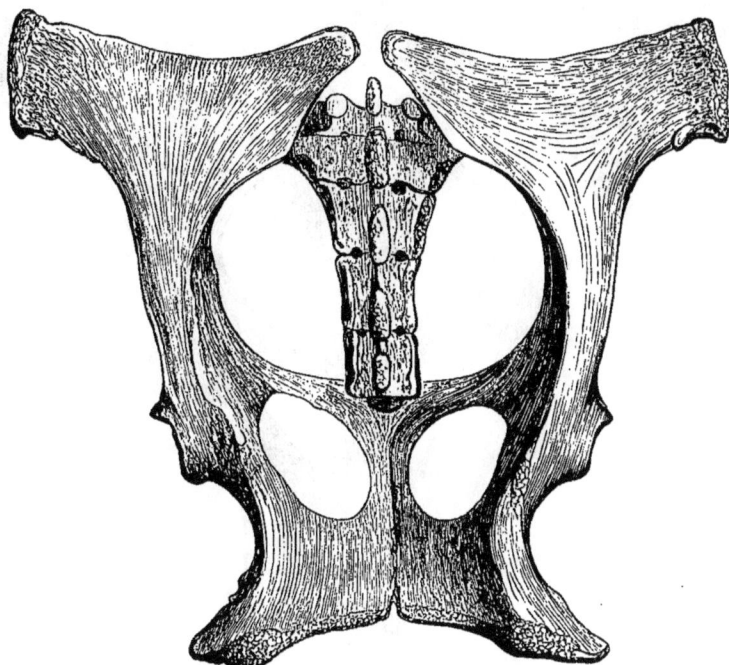

FIG. 45. — Bassin de jument.

En comparant des têtes osseuses appartenant à des espèces ou à des races non pourvues de cornes, nous avons trouvé ce qui suit :

RAPPORT DU POIDS DE LA MANDIBULE A CELUI DE LA TÊTE

Bélier de Dishley.	0,29	Verrat craonnais.	0,38
Brebis —	0,36	Truie —	0,38
Bélier mérinos sans cornes.	0,30	Verrat d'Essex.	0,36
Brebis —	0,33	Truie —	0,39

Dans les espèces et les races examinées, le maxillaire inférieur de la femelle a un poids proportionnel à celui de la tête entière plus élevé que celui du mâle.

Comparée au poids total du squelette, dans l'espèce bovine, la *man-*

dibule de la femelle a un poids relatif plus élevé que celle du mâle.
Le rapport chez ce dernier est en moyenne de 0,095, tandis que sur la
première il va de 0,110 à 0,115.

Dans quelques espèces, la dentition du mâle et celle de la femelle
présentent des différences très tranchées. Le cheval entier a des canines,
la jument habituellement n'en a pas ou n'en a que de peu développées.
Celles du verrat deviennent énormes et constituent des défenses qui soulèvent les lèvres, tandis que celles de la femelle sont avortées en comparaison.

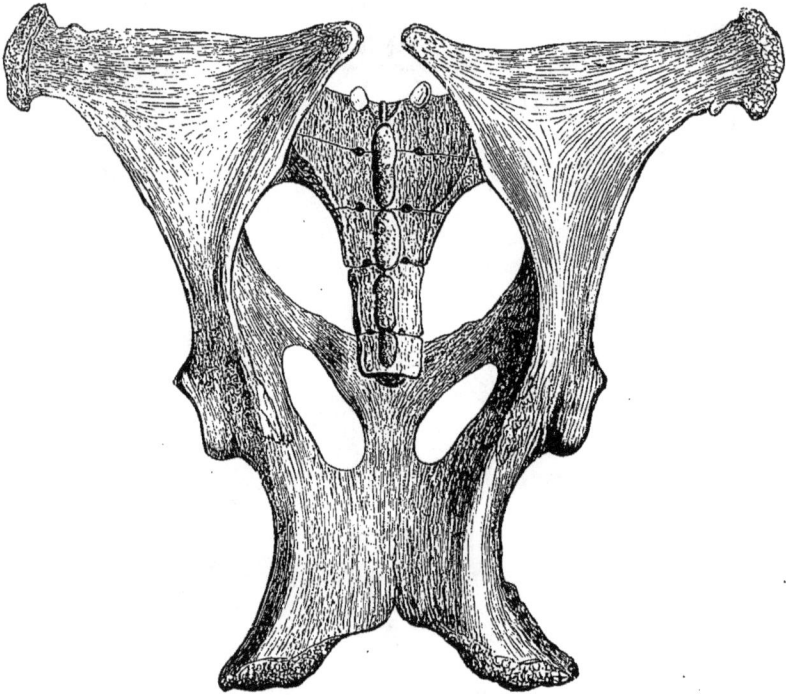

FIG 46. — Bassin du Cheval.

Parmi les vertèbres, l'atlas du mâle est plus lourd, plus large, plus
massif que celui de la femelle.

Le sternum de la femme est moins long proportionnellement que celui
de l'homme (Sappey). Les mensurations que nous avons prises sur les
Équidés ne nous ont pas fait constater de différences semblables; peut-
être existent-elles dans d'autres espèces domestiques.

Le bassin présente, avec la tête, les différences les plus nettes, mais les
degrés en sont variables : très accentuées dans l'espèce chevaline, elles le
sont moins dans l'espèce porcine. Un regard jeté sur les figures 45 et 46[1]

[1] Ces figures sont empruntées au *Traité d'anatomie* de MM. Chauveau et Arloing.

fait voir que, comparé à celui de l'étalon, le bassin de la jument a les diamètres transversaux plus considérables, les trous sous-pubiens plus ovalaires, l'arcade ischiale plus large et plus concave et les cavités coty-loïdes plus écartées. Celui de la truie comparé à celui du porc, est plus haut, plus massif, avec des crêtes sus-cotyloïdiennes plus droites ; les diamètres bis--iliaque et bis-ischiatique ne diffèrent pas ou à peine, mais les diamètres sacro-pubien et sacro-ischiatique sont plus prononcés sur la femelle que sur le mâle.

Musculature et tissu adipeux. — Comparée à celle du mâle, la musculature de la femelle lui est inférieure en développement et en poids.

L'aspect des muscles diffère : ceux du mâle sont d'un rouge plus foncé, à fibres musculaires réunies en faisceaux plus épais que ceux de la femelle ; le tissu conjonctif qui les entoure est moins lâche que dans la femelle.

La comparaison du poids des muscles et des os dont la réunion forme le poids net, en terme de boucherie, avec le poids total du corps, démontre constamment une infériorité du côté de la femelle. Elle est en moyenne de 3 pour 100 ; on trouvera la preuve de cette assertion au chapitre traitant de la production de la viande où elle sera développée avec tous les détails qu'elle comporte. On verra notamment que cette infériorité est bien le fait du peu de développement des muscles et des os, puisque la peau, les extrémités et la tête avec lesquelles on les com-pare sont moins développées sur la femelle que sur le mâle.

Nous avons cherché à mettre en parallèle le poids du squelette et celui des muscles ; mais la difficulté de séparer entièrement, par la dissection, la graisse de la chair musculaire, surtout dans les espèces comestibles, nous a forcé à peser celle-ci avec celle-là. La comparaison a été faite avec les os secs et elle a fourni ce qui suit :

	RAPPORT DES MUSCLES AUX OS		
	brut		pour 100 de muscles
Taureau tarentais. . . .	330 kg. de muscles pour 42 kg. d'os		12,7 d'os
Vache. —	181 — —	29 —	16 —
Mouton Dishley.	44 — —	3,890 —	8,8 —
Brebis —	30 — —.	2,639 —	8,7 —
Verrat craonnais..	308 — —	10,912 —	3,54 —
Truie —	227 — —	7,104 —	4 —

La musculature du mâle est donc plus développée par rapport aux os que celle de la femelle, mais dans les petites espèces l'écart est peu con-sidérable et nous avons même trouvé une légère supériorité en faveur de la femelle dans la race ovine de Dishley.

Il est très vraisemblable que c'est à l'accumulation du tissu adipeux, plus grande sur la femelle que sur le mâle, que ces derniers résultats doivent être attribués.

Centres nerveux. — Nous nous sommes attaché spécialement aux comparaisons portant sur l'encéphale. Pour les établir avec le plus de rigueur possible et pour des raisons qu'on développera aux chapitres consacrés à l'ethnologie, le cubage des crânes a été surtout utilisé, mais les pesées de la masse encéphalique n'ont point été négligées.

La capacité crânienne doit être examinée d'une façon *absolue*, c'est-à-dire en envisageant seulement les chiffres bruts, et d'une façon *relative*, en les mettant en parallèle soit avec le poids du corps, soit avec celui de quelque partie prise comme terme de comparaison.

Si toutes les races d'une même espèce présentaient des différences sexuelles en poids proportionnelles à leur masse, on pourrait pour la démonstration, se contenter de quelques chiffres; mais cette proportionnalité n'existant pas, ce sera notre excuse d'avoir aligné des séries. Le lecteur y gagnera, d'ores et déjà, de mieux saisir les différences ethniques.

		CAPACITÉ CRANIENNE ABSOLUE DES	
		mâles	femelles
	Race normande (ancienne).	765 cc.	668 cc.
CHEVAUX..	— anglaise de course.	750	649
	— comtoise.	721	690
	— arabe.	673	612
	— corse.	510	479
ANES.	Race du Poitou.	586	479
	— du midi de la France.	433	420
	Race vendéenne.	788	674
	— fribourgeoise.	714	653
	— de Schwytz.	646	580
	— charollaise.	612	558
BŒUFS.	— normande.	603	546
	— bretonne.	594	455
	— nivernaise.	561	512
	— Durham.	550	510
	— d'Ayr.	540	501
	— africaine.	432	433
	Race mérinos (s.-r. du Châtillon)	152	127
	— solognote (gr. s.-r. du Loiret)	142	117
	— Southdown.	127	111
MOUTONS..	— barbarine.	122	112
	— du Monténégro.	117	114
	— Dishley.	115	108
	— berrichonne.	110	110
CHÈVRES.	Race du Mont-d'Or.	159	138
	— d'Angora.	148	128
PORCS..	Race craonnaise.	177	153
	— Berkshire.	150	140
CHIENS.	Race de Terre-Neuve.	107	94
	— épagneule.	100	88
LAPINS ET LÉPORIDES..	Race grise ordinaire.	10	9
	— russe.	7,5	7
	Léporide.	9	8

Dans les chiffres relatifs à l'espèce chevaline, l'oscillation va de 101 centimètres cubes à 31 centimètres cubes, soit une moyenne de 66 centimètres cubes en faveur de l'étalon. Dans l'espèce asine, une différence de 107 centimètres cubes existe dans la race du Poitou contre 13 centimètres cubes seulement dans celle du midi de l'Europe. Chez les Équidés caballins et asiniens, les différences sont plus accentuées dans les grandes races que dans les petites.

Pour l'espèce bovine, la même règle se confirme, à une exception près. Les races à capacité élevée sont plus différenciées sexuellement que celles à petite capacité. Il y a, par exemple, plus de 100 centimètres cubes d'écart entre le taureau et la vache de la Vendée et de 61 à 66 entre les mâles et les femelles des races fribourgeoises et de Schwytz, tandis qu'on n'en trouve que 39 et 40 pour les bêtes d'Ayr et de Durham. La race africaine a même présenté une supériorité de 1 centimètre cube en faveur de la vache ; il est vrai que l'examen n'a porté que sur un crâne de femelle ce qui enlève beaucoup de valeur à l'observation.

L'exception porte sur la petite race bretonne où nous avons trouvé entre le taureau et la vache le maximum de différenciation, soit 139 centimètres cubes.

Les races ovines fournissent une confirmation éclatante du même fait ; une différence de 25 centimètres cubes se remarque entre le bélier solognot et la brebis du même groupe, tandis qu'il y a égalité ou à peu près pour les petites capacités.

Même observation pour les espèces caprine, porcine, canine et cuniculine.

L'ensemble des chiffres rassemblés nous autorise à dire que : *La différence de capacité cérébrale absolue entre le mâle et la femelle, dans les races domestiques, est d'autant plus marquée que la capacité crânienne de la race est plus grande et inversement.*

Les pesées directes donnent des chiffres qui témoignent dans le même sens, puisqu'ils ne sont que la traduction des précédents.

Effectuées sans les enveloppes, elles ont fourni les chiffres moyens suivants :

	POIDS DE L'ENCÉPHALE DES	
	mâles	femelles
Chevaux anglais de course	671 gr.	581 gr.
— arabes	598	544
— comtois	641	614
Anes du Poitou	521	426
— du midi de la France	385	373
Bêtes bovines vendéennes	701	599
— — de Schwitz	574	516
— — normandes	536	485
— — fribourgeoises	635	581
— — charollaises	544	496
— — bretonnes	528	404

	POIDS DE L'ENCÉPHALE DES	
	mâles	femelles
Bêtes bovines Nivernaises.	499 gr.	455 gr.
— — durhams.	489	453
— — d'Ayr.	480	445
— — africaines.	384	385
Bêtes ovines mérinos.	141	118
— — solognotes.	132	108
— — southdowns.	118	103
— — barbarines.	113	104
— — de Leicester.	107	101
— — berrichonnes.	102	102
Bêtes caprines du Mont-d'Or.	147	128
— — d'Angora.	137	119
Bêtes porcines craonnaises.	164	142
— — de Berkshire.	139	130
Chiens de Terre-neuve.	100	88
— épagneuls.	93	82
— Saint-Germain.	90	84
— bassets à jambes torses.	89	83
— Kings'Charle.	50	40
Lapins gris ordinaires.	9,7	8,7
— russes.	7,2	6,7
Léporides.	8,7	7,7

La comparaison des poids absolus des cerveaux des mâles et des femelles confirme qu'en règle générale l'écart est toujours plus considérable dans les races à poids élevé que dans les petites. Les secondes ont plus d'homogénéité et un mâle de petite stature se rapproche de sa femelle par un arrêt de son développement.

En ramenant les différences à 100, on saisit mieux l'influence de la masse :

		DIFFÉRENCES SEXUELLES pour 100
Espèce chevaline.	Chevaux de bonne taille.	12,64
	— de petite taille.	5,96
Espèce asine..	Anes du Poitou..	18,23
	Petits ânes d'Afrique.	3,11
Espèce bovine.	Bœufs de grande taille.	14,55
	— Durham.	7,36
Espèce ovine.	Grands mérinos.	16,31
	Petits moutons.	égalité
Espèce porcine.	Porcs craonnais.	13,41
	Porcs de petite taille.	6,47

L'écart du poids de l'encéphale chez l'homme et la femme est en moyenne de 10,67 pour 100.

La moindre capacité crânienne absolue de la femelle en comparaison de celle du mâle de son espèce et de sa race est la conséquence de sa plus faible masse. La porportionnalité des capacités crâniennes chez les deux sexes avec la masse respective de leur corps est intéressante à connaître. Pour rendre les comparaisons plus faciles, la capacité crânienne a été comparée uniformément dans chaque race à 100 kilogrammes du poids vif.

	CAPACITÉ CRANIENNE POUR 100 K. DE POIDS VIF CHEZ LES	
	mâles	femelles
Chevaux percherons.	138 cc.	147 cc.
— barbes.	178	190
— corses.	510	531
Anes du Poitou.	233	266
Bêtes bovines fribourgeoises.	93	109
— — de Schwitz.	88	99
— — bretonnes.	109	157
— — durhams.	»	83
— — nivernaises.	70	93
Bêtes ovines mérinos.	185	218
— — de Dishley.	155	208
— — auvergnates.	322	396
Bêtes caprines du Mont-d'Or.	»	371
Porcs craonnais.	72	74
— d'Essex.	67	90
— bretons.	99	112
Lapins gris ordinaires.	250	253
— russes.	457	473

Une conclusion se dégage, sans aucune exception, de ces chiffres : *Proportionnellement à sa masse, la femelle dans toutes les espèces et races domestiques a une capacité crânienne supérieure à celle du mâle.*

Il faut aussi rechercher si, dans les parties constituantes de l'encéphale, il y a des différences en poids imposées par le sexe. Ces différences ont été étudiées sur l'espèce chevaline, spécialement par Leuret et Colin.

Nous empruntons au dernier [1] les éléments du tableau ci-dessous. Nous y avons laissé figurer le poids de la moelle épinière et de l'axe cérébro-spinal qui ne peuvent que fournir des éléments de comparaison de plus pour opposer les sexes les uns aux autres.

SORTES D'ANIMAUX	POIDS VIF	POIDS TOTAL DE L'ENCÉPHALE	POIDS DES HÉMISPHÈRES	POIDS DU CERVELET	POIDS DE L'ISTHME	POIDS DU LA MOELLE ÉPINIÈRE	RAPPORT DE L'ENCÉPHALE AU CORPS	RAPPORT DU CERVEAU AU CERVELET	POIDS DE LA MASSE CÉRÉBRO-SPINALE	RAPPORT DE L'ENCÉPHALE A LA MOELLE	RAPPORT DE L'AXE CÉRÉBRO-SPINAL AU CORPS
	kg.	gr.	gr.	gr.	gr.	gr.			gr.		
Étalons.	401	633	518	75	39,4	273	1:633	6,91·1	906	2,31:1	1:442,5
Juments.	348	597	494	66,9	36,5	259,7	1:583	7,38:1	857	2,30:1	1:406,8
Hongres.	335	629	515	76,4	37,2	267,6	1:564	6,74:1	896	2,35:1	1:396
Anes.	175	385	316	45	24	159	1:454	7,02:1	544	2,42:1	1:321,6
Anesses.	101	334	275	38	21	136	1:303,3	7,23:1	470	2,45:1	1:214,8
Bardot.	186	564	466	67	31	198	1:329	6,95:1	762	2,84:1	1:244
Taureaux.	410	530	445	52	33	219	1:773	8,55:1	749	2,42:1	1:547
Vaches.	332	490	416	44	30	225	1:677	9,45:1	715	2,17:1	1:464
Chiens.	32,537	92,9	77	10,3	5,6	22	1:350	7,47:1	114,9	4,22:1	1:383
Chiennes.	39,16	109,2	91	10,2	8	29	1:358	8,92:1	138	3,76:1	1:28 t

[1] Colin, *Traité de physiologie comparée des animaux*, t. I, p. 302 et 303, Paris, 1886.

D'après ce tableau, on voit que la femelle a le cervelet moins développé que le mâle, proportionnellement au poids total de l'encéphale. Les différences présentées par le bulbe étant peu importantes, il s'en suit que le développement du cerveau proprement dit ou des hémisphères est plus considérable, toutes autres choses égales, sur la femelle que sur le mâle. On rencontre des exceptions, mais quand on fait un grand nombre de pesées, on arrive au résultat signalé.

L'émasculation, pratiquée sur l'étalon, a *pour résultat d'augmenter le poids du cervelet* à la fois d'une façon absolue et d'une façon relative et de diminuer celui des hémisphères et de l'isthme, de telle sorte que le cheval hongre se place au-dessus du mâle et de la femelle de sa race par son cervelet et entre les deux par son cerveau, son isthme et par l'encéphale dans sa totalité; Leuret l'avait déjà constaté. Il est probable que sur la femelle, la castration produit le même résultat; la vérification en reste à faire.

Il est à remarquer que la différence dans le poids total de l'encéphale n'est pas large entre l'étalon et le cheval hongre; M. Colin n'a trouvé qu'une moyenne de 4 grammes sur une série de quinze pesées comparatives. Elle est également peu considérable pour la moelle épinière. Enfin, si l'on compare le poids de l'encéphale au poids total du corps, on voit que le cheval hongre est mieux partagé que l'étalon et même que la jument.

Il y aurait à voir si la morphologie cérébrale ne présente aucune différence sexuelle et si la castration ne la modifie pas. Puisque le cheval hongre a le cervelet plus développé proportionnellement et les hémisphères moins volumineux que les parties correspondantes des animaux non émasculés, il faudrait rechercher si la castration occasionne un arrêt de développement des circonvolutions, une diminution dans la profondeur des sillons séparatifs, un changement de répartition dans les rapports de la substance blanche et de la substance grise. En un mot, il faudrait voir si, à l'aide des connaissances récemment acquises sur les localisations cérébrales, on trouverait des modifications anatomiques ou histologiques capables d'éclairer sur les changements de caractère résultant de la castration.

Peau et appendices. — Le poids de la peau a été examiné comparativement sur le taureau, la vache et le bœuf. Comme il est influencé par la race et le régime, la comparaison a été établie en se plaçant dans des conditions aussi identiques que possible. Voici, pour exemples, quelques chiffres :

	POIDS ABSOLU DE LA PEAU	POIDS RELATIF
	kg.	(pour 100 kg. de poids vif)
Taureau Durham.	57,500	7,66
Vache Durham.	34,500	5,65
Bœuf Durham.	46	5,67

On voit que la peau de la femelle est moins lourde que celle du mâle et que celle du neutre se rapproche tout à fait de celle de la femelle.

Le mâle a d'une façon absolue une peau plus pesante que celle de la femelle parce que sa surface est plus considérable et que quelques parties de l'enveloppe cutanée ont un développement plus grand, tel est le fanon du taureau, la cravate du bélier et du lapin. Il y a probablement aussi une différence dans l'épaisseur et peut-être dans le rapport du derme avec l'épiderme. A poids égal, le commerce ne cote pas de façon identique les peaux d'une même espèce, il fait une différence suivant le sexe. Celles de provenance bovine sont classées comme suit dans l'ordre descendant : bœuf, vache et taureau.

Les glandes de la peau du mâle sont plus développées que celles de la femelle, et dans quelques espèces, celles du buffle et du bouc, les mâles sécrètent un produit particulier fort odorant qu'on perçoit à peine sur leurs femelles. On constate aussi sur le canard musqué une odeur qui est plus faible sur la cane.

L'examen des phanères implantées dans l'épaisseur de la peau fait constater une supériorité en faveur du mâle. La crinière et la queue du cheval entier sont plus fournies que celles de la jument, le chignon du taureau est recouvert de poils plus rudes et plus longs que celui de la femelle.

J'ai fait tondre, à l'entrée de l'hiver, un cheval et une jument anglo-normands sortant de la même écurie et dans des conditions aussi identiques qu'il m'a été possible de les rencontrer. Le cheval, dont la taille était de 1^m,65 a donné 2 kilogrammes de poils ; la jument, haute de 1^m,58 n'en a donné que 1^{kg},050. Une vache hollandaise, du poids de 464 kilogrammes a fourni 700 grammes de poils et un taureau de même race, du poids de 640 kilogrammes en a donné 1290 grammes.

Une constatation de même ordre est particulièrement facile sur l'espèce ovine. A la tonte, on voit que les poids absolu et relatif des toisons des béliers et des brebis sont différents ; qu'on en juge par les chiffres suivants recueillis sur les moutons de la ferme expérimentale et portant sur de la la laine de dix mois de pousse.

	POIDS DE LA TOISON DES	
	mâles kg.	femelles kg.
Moutons mérinos..	4,512	3,583
— dishleys.	4,500	3 »
— southdowns.	4 »	2,300
— shropshiredowns.	4 »	2,538
— charollais..	2,250	1,550

Les différences de poids résultent en première ligne de la surface de peau qui est plus considérable chez le mâle, en raison de ses plus fortes dimensions. J'ignore si sur l'unité de surface il y a une différence dans la quantité de bulbes pileux. La laine du bélier est plus ongue et moins fine; les différences sont peu considérables, mais répétées sur un nombre énorme de brins, elles finissent par faire une somme. Voici deux mensurations qui montrent ce qu'il en est :

	LONGUEUR DU BRIN NON ÉTIRÉ CHEZ LES		ÉPAISSEUR DU BRIN CHEZ LES	
	mâles	femelles	mâles	femelles
	m.	m.	centièmes de millim.	centièmes de millim.
Moutons de Dishley.	0,28	0,26	4,2	3,7
— mérinos.	0,09	0,08	2,17	1,8

Le mouton qui a été châtré jeune fournit une laine dont le poids est intermédiaire entre celle du mâle et celle de la femelle, comme sa masse elle-même; par ses qualités physiques, elle se rapproche plus de celle de la brebis que de celle du bélier. S'il a été châtré après son développement et surtout après s'être accouplé, son lainage est un peu moins abondant qu'avant la castration, mais ses qualités restent ce qu'elles étaient.

Dans les Oiseaux de basse-cour où les sexes sont bien différenciés, on trouve dans le plumage des différences souvent plus marquées. Dans les espèces du Paon et du Faisan, les grandes plumes caudales qui ornementent les oiseaux sont l'apanage du mâle. Dans celle du Coq, le mâle les a également plus fortes, plus développées que la femelle, et dans la race d'Yokohama, la différence est aussi grande que sur les faisans. La huppe, dans les races gallines qui présentent cette particularité, est plus abondante chez le coq. Des pesées comparatives de la plume fournie par des mâles et des femelles dans les mêmes conditions, ont donné des résultats semblables à ceux obtenus pour les moutons. En voici quelques-uns pour exemples :

Dindon de Gascogne.	310 grammes de plumes		
Dinde —	268	—	—
Coq cochinchinois.	360	—	—
Poule —	285	—	—
Canard de Barbarie.	385	—	—
Cane —	280	—	—

Dans plusieurs races de canards, le mâle porte à la partie coccygienne une petite touffe de plumes frisées et relevées qu'on ne voit pas sur la femelle.

La castration n'est pas sans influence sur le plumage. Les plumes de la queue du chapon restent horizontales au lieu de se relever, puis de se recourber en faucille, comme celles du coq.

Les cornes présentent des différences fort accentuées; on doit les classer au premier rang des manifestations sexuelles.

Lorsque, accidentellement, leur nombre dépasse celui qui est habituel, ainsi que cela arrive dans les espèces ovine et caprine, c'est sur le mâle que cela se constate.

Leurs dimensions sont loin d'être identiques dans les deux sexes. Les cornes du taureau sont larges à la base, un peu aplaties et se développent autant en épaisseur qu'en longueur; celles de la vache sont plus arrondies, d'un diamètre plus petit mais d'une longueur supérieure; leur poids est toujours moins considérable et la différence est assez grande. Sur un couple de bêtes de Durham de même âge, nous avons relevé entre le poids des étuis cornés de la femelle et du mâle une différence de 246 grammes.

L'espèce ovine a un nombre élevé de races sans cornes; dans celles

Fig. 47. — Brebis mérinos
âgée de 10 ans.

Fig. 48. — Bélier mérinos
âgé de 8 à 9 ans.

qui en possèdent, elles peuvent ne se montrer que sur la tête du mâle où elles atteignent de très fortes proportions et faire défaut sur la femelle. La race mérinos est dans ce cas et par cette particularité, elle se rap-

Fig. 49. — Brebis de l'Herzégovine
âgée de 4 à 5 ans.

Fig. 50. — Bélier de l'Herzégovine
âgé de 4 ans.

proche des Cervins où la femelle est dépourvue de ramure (fig. 47 et 48). Lorsqu'elles se montrent dans les deux sexes, la brebis n'en a que d'avortées qui contrastent par leur petitesse avec celles du mâle. Les races auvergnate, barbarine et monténégrine en fournissent des exemples. Les cornes peuvent manquer aussi à la Chèvre; lorsqu'elles existent, elles le cèdent peu à celles du bouc, du moins dans les races européennes. Dans les races asiatiques, la différence est plus tranchée.

Parfois, la direction des cornes est différente dans le mâle et la femelle d'une même race ; la race bovine de Jersey et la race ovine du Monténégro et de l'Herzégovine (fig. 49 et 50) offrent de beaux exemples de cette disposition.

Les effets de la castration sur la pousse de la corne sont très divergents, suivant l'espèce qui l'a subie. Qu'elle soit pratiquée dès le jeune âge ou plus tard, elle n'entrave point l'accroissement de la corne du bouvillon ou du bœuf, mais il ne se fait plus dans le même sens. Je m'en suis rendu compte à la ferme, par l'observation comparative de deux taureaux de même race, dont l'un fut châtré et l'autre servit de témoin. Les données de cette observation sont résumées dans le tableau ci-dessous :

RACE	AGE AU DÉBUT de l'observation	MESURES PRISES LE JOUR DE LA CASTRATION DE L'UN DES SUJETS		MESURES PRISES UN AN APRÈS		ACCROISSEMENT ANNUEL DE LA CORNE	
		circonférence	longueur	circonférence	longueur	circonférence	longueur
Animal non châtré.							
Schwitz. . .	21 mois. .	0,22	0,22	0,24	0,23	0,02	0,01
Animal châtré.							
Schwitz. . .	21 mois. .	0,24	0,21	0,23	0,24	— 0,01	0,03

L'accroissement de la corne du jeune taureau a lieu surtout en épaisseur ; elle est faible en longueur. L'élongation de celle du bœuf est triple de celle du taureau, mais non seulement il y a arrêt de la croissance en épaisseur, il y a résorption des tissus constituants de la corne, résorption analogue à celle dont il a été question à propos de l'encolure et dont nous avons acquis la certitude par d'autres mensurations effectuées sur plusieurs taureaux depuis la première constatation.

Dans l'espèce ovine, la castration pratiquée en bas âge empêche complètement l'apparition des cornes ; effectuée plus tard, elle les arrête au point où elles en étaient et entrave tout développement ultérieur.

Il existe sur plusieurs espèces d'oiseaux de basse-cour des appendices tarsiens qui sont les analogues des appendices frontaux des Ruminants : ce sont les éperons. Il faut les comparer aux cornes des moutons et non à celles des bœufs. En effet, ils se montrent exclusivement ou à peu près sur le mâle ; la femelle n'en acquiert que quand elle a terminé sa vie de reproductrice ; ils constituent donc d'excellents caractères sexuels. Lorsqu'il y a chaponnage, leur accroissement est brusquement interrompu.

On trouve sur les Oiseaux domestiques d'autres appendices qui constituent aussi des particularités sexuelles importantes.

Le dindon porte en avant du poitrail une touffe de crins que n'a point la dinde européenne ou qu'elle ne prend que quand elle est vieille. Il a sur la tête et à la partie antéro-supérieure du cou des productions désignées sous le nom de pendeloques et de caroncules, plus développées et plus injectées que celles de la dinde.

La crête du coq, quelle qu'en soit d'ailleurs la forme, est toujours plus forte que celle de la poule, ses margeolles le sont également davantage. La corne céphalique et les joues de la pintade mâle sont plus fortes que celles de la femelle.

Dans le canard de Barbarie, on trouve, au point de jonction du bec et de la tête, des productions rouges qui s'étendent avec l'âge et qui sont toujours beaucoup plus développées que sur la cane.

En général, la coloration du mâle est plus vive, plus brillante que celle de la femelle. Dans l'espèce chevaline, la différence, sans être très tranchée, est appréciable néanmoins. Parmi les individus à robes unicolores, la jument a moins que l'étalon les reflets et le chatoiement qu'on voit dans le noir, le bai et l'alezan. Dans l'espèce bovine, cela est plus net. La vache de Salers est de pelage rouge acajou, le taureau de même race est d'un rouge qui confine au noir et parfois il est entièrement noir; la vache tarentaise est d'un jaune allant du froment au fauve, le taureau est gris blaireau ou gris noir. Même remarque à faire pour le Schwitz et l'Aubrac. La vache jersiaise est fauve, le taureau gris cendré; les taches de la robe sont faciles à voir chez le taureau bazadais, elles n'existent pas ou sont atténuées chez la vache.

Pas de différences de coloration à signaler dans les moutons, les porcs, les lapins, les chiens et les chats. Dans le groupe des Oiseaux, le Cygne, l'Oie et la Pintade n'en présentent pas non plus; le Pigeon n'en offre que de très faibles, tandis que le Paon, le Faisan, le Dindon, le Coq et le Canard en montrent de très accentuées et qui sont d'ailleurs trop connues pour qu'on s'y appesantisse (pl. I).

Il est remarquable que dans l'espèce humaine, la femme est aussi colorée que l'homme; il y a même des peuplades où les femmes ont les cheveux et les yeux plus foncés que les hommes, celle des Ostiaks de la la vallée de l'Obi en particulier.

II. DIFFÉRENCES PHYSIOLOGIQUES

La sexualité imprime de grandes différences aux mœurs des animaux. Obligé à des luttes avec ses rivaux pour la possession des femelles, le mâle est d'un caractère moins souple que la femelle. Le nombre des

Fig. 1.

Fig. 2.

J. B. Baillière et Fils, Édit.

Imp. Monrocq

Fig. 1. — A et B, Canard et Cane de Rouen.

Fig. 2. — A, Canard de Barbarie. — B, Cane commune. — C, Mulard, Hybride issu de l'accouplement de A et B.

mâles méchants est proportionnellement élevé à mesure qu'ils vieil-lissent, un bon nombre d'entre eux devient indocile, parfois inabordable. Les vieux taureaux, les béliers et surtout les verrats âgés sont dans ce cas.

Appelées à porter les petits et à les allaiter, les femelles des Mammifères sont plus tranquilles; elles évitent les luttes qui pourraient compromettre le fruit de la conception, et à part celles qui ont hérité de ce défaut par transmission ancestrale, la méchanceté ne se déclare point chez elles en vieillissant.

Les femelles des espèces d'Oiseaux domestiques où la sexualité est très caractérisée ont les mœurs tranquilles de celles des Mammifères. A part les circonstances où elles ont à défendre leurs petits, les poules et les dindes sont craintives plutôt qu'agressives. Dans les espèces où les particularités extérieures sont effacées, le caractère du mâle et celui de la femelle diffèrent peu; les pintades femelles sont aussi batailleuses que les mâles.

La neutralisation donne à celui qui l'a subie le caractère de la femelle. On ne le voit plus chercher querelle à ses compagnons d'étable ou de prairie, et tout le monde sait que la castration est le moyen le plus généralement employé pour parer à la méchanceté. L'observation des changements de caractère qui en résulte est curieuse à faire dans l'espèce galline. Au lieu de la prestance hardie du coq, le chapon est craintif; on l'habitue facilement à couver, et après l'éclosion, il conduit les poussins, veille sur eux et les défend comme le fait la poule; il va jusqu'à emprunter à celle-ci son gloussement spécial pour rassembler ou avertir les jeunes oiseaux qu'il élève.

La voix est tellement un caractère sexuel que c'est au moment où ils sont tourmentés par les ardeurs génésiques que les animaux s'en servent le plus, ainsi qu'Aristote en avait d'ailleurs déjà fait la remarque. Généralement forte, grave chez le mâle, elle est plus claire et plus perçante dans la femelle. Ainsi que pour les autres caractères, les dissemblances ne sont pas égales pour toutes les espèces ni dirigées dans le même sens. Le grognement du verrat et de la truie, l'aboiement du chien et de la chienne, le miaulement du chat et de la chatte ne diffèrent pas autant que le mugissement de la vache et du taureau. Lorsque les caractères sexuels extérieurs sont à peine perceptibles, la voix conduit à la distinction des sexes. Le roucoulement du pigeon mâle décèle son sexe; dans l'espèce du canard muet, le mâle n'a qu'un sifflement étouffé tandis que la femelle l'a un peu plus aigu; dans celle de l'Oie, le cri du mâle est plus sourd que celui de la femelle. C'est le contraire dans l'espèce galline; quelle différence entre le chant du coq si sonore et celui de la poule, qui n'est guère qu'un gloussement!

La castration modifie le timbre de la voix; le mugissement du bœuf

n'est point celui du taureau ou de la vache. Elle a assez fréquemment
pour résultat de rendre silencieux ou à peu près certains animaux, tels
que le cheval hongre et le chapon, tandis que d'autres, comme le porc,
le mouton et l'âne continuent à traduire par leurs cris leurs sensations et
leurs désirs.

On sait combien le timbre de la voix féminine est plus doux que celui
de l'homme ; la castration conserve à l'eunuque sa voix enfantine, et
c'était même pour l'utiliser dans ce ton que cette opération fut pratiquée
autrefois en Italie sur l'espèce humaine.

En tête des différences qui se présentent dans les grandes fonctions
doivent se placer celles qui ont trait à la reproduction. L'instinct génésique
est intermittent chez la femelle, il ne se réveille qu'à des époques déterminées pendant lesquelles elle recherche le mâle de son espèce.

Celui-ci est toujours disposé à s'accoupler, et dans quelques espèces où
il est particulièrement ardent, il est indiqué de ne pas le laisser avec les
femelles en état de gestation qu'il obsède et saillit de force, pouvant ainsi
provoquer l'avortement. Dans les espèces profondément modifiées par la
domestication, les femelles se rapprochent des mâles par la facilité avec
laquelle elles s'accouplent en tous temps ; la lapine en est le type. Dans
d'autres, l'ovaire fonctionne avec une telle activité que la ponte se
prolonge une grande partie de l'année, comme cela se voit dans les races
gallines bonnes pondeuses.

A part la sécrétion lactée, incomparablement plus forte chez la femelle
que chez le mâle où elle ne se développe que sous l'influence de conditions exceptionnelles, l'activité des autres sécrétions se manifeste en sens
inverse. Parmi elles, celle du suint qui a été observée de près a montré
des différences quantitatives entre le bélier et la brebis, le premier en
produisant une quantité notablement supérieure à la seconde.

La circulation, plus rapide chez la femme que chez l'homme, présente
aussi, d'après les recherches de Vital, de Leisering et de Héring, la même
particularité sur les grandes femelles domestiques. Leisering et ultérieurement M. Labat ont constaté la lenteur du pouls des étalons. Les chevaux hongres ont un pouls plus rapide que les précédents ; de ce côté,
ils se rapprochent des juments. La gestation accélère la circulation.

La physiologie à établi que, dans un même groupe zoologique, la respiration est d'autant plus fréquente que la taille est plus petite[1]. Comme
on a vu dans les pages précédentes que la taille et la masse de la femelle
sont moindres que celles du mâle, on peut déjà soupçonner que le rythme
respiratoire de la première sera plus rapide que celui du second. L'observation directe a confirmé ce point. La respiration de la femme est plus
fréquente que celle de l'homme et elle s'effectue d'après le type costal.

---

[1] P. Bert, *Leçons sur la physiologie de la respiration*, p. 398. Paris, 1870.

Les quantités de gaz inspirées et expirées dans l'unité de temps ont été trouvées plus grandes chez la jument que chez le cheval hongre, par M. Sanson [1]. Il y aura à rechercher ce qu'il en est vis-à-vis de l'étalon et à poursuivre les observations sur les deux sexes de toutes les autres espèces domestiques.

L'influence du sexe sur la température a été peu étudiée jusqu'ici et elle a présenté des résultats contradictoires pour les Mammifères et les Oiseaux. M. Roger a trouvé sur dix garçons une moyenne de 37°,10 et sur quatorze filles une moyenne de 37°,19; il y eut donc une supériorité en faveur des filles, elle fut très faible, mais on sait que chez les enfants, les particularités sexuelles sont peu marquées.

On doit à Ch. Martins d'intéressantes observations sur les Palmipèdes. Pour cinquante canards il a obtenu une température de 41°,95, et pour soixante canes une moyenne de 42°,26 ; la différence en faveur des femelles est de 0°,34 [2]. M. Ch. Richet, en comparant la température de faisans mâle et femelle a trouvé 0°,2 en faveur de la femelle [3].

Les observations sur les Mammifères ont fourni des résultats différents. M. Richet, comparant la chèvre et le bouc, a trouvé 0°,7 de différence en faveur du mâle. En nous plaçant, à la ferme, dans des conditions telles que les influences d'âge et de race ne troublent point les résultats obtenus, nous avons trouvé la température du taureau supérieure de 0°,2 à celle de la vache. Dans l'espèce ovine, les écarts ont oscillé de 0°,1 à 0°,3 et ils se sont montrés tantôt en faveur du mâle, tantôt en faveur de la femelle.

On verra en son temps que les chaleurs et la gestation modifient la température et rendent plus sensible l'écart entre les deux sexes.

On s'est assuré, à l'aide du dynamomètre, que la force musculaire de la femme est à peu près d'un tiers inférieure à celle de l'homme. Le moins grand développement de la musculature des femelles de beaucoup d'espèces domestiques autorise pour elles une conclusion dans le même sens, mais qui aurait besoin d'être précisée par des recherches spéciales à chaque espèce.

On admet généralement, peut-être sans preuves suffisantes, que la digestion du mâle est plus puissante que celle de la femelle ; mais ses besoins sont plus impérieux, il use et il élimine davantage qu'elle. Les conséquences économiques de ce parallèle sont importantes, puisque, toutes choses égales, il en résulte qu'il doit supporter moins vaillamment et moins longtemps les privations que la femelle, ce que l'observation a déjà confirmé pour l'espèce chevaline.

Dans les opérations d'engraissement, à nourriture proportionnellement

[1] Sanson, *Recherches expérimentales sur la respiration pulmonaire des grands Mammifères domestiques*, in *Journal de l'anatomie*, mars 1876, p. 238.

[2] Ch. Martins, in *Journal de la physiologie*, 1858.

[3] Ch. Richet, *Leçons sur la chaleur animale*, in *Revue scientifique*, 1885, I, p. 202.

égale au poids, son gain quotidien est en général un peu plus faible que celui de la femelle, d'autant plus qu'il active l'usure et les combustions par ses mouvements plus nombreux. Nous avons à plusieurs reprises, à notre ferme, cherché à déterminer d'une façon rigoureuse ce qu'il en est, mais il est fort difficile d'établir des comparaisons parce qu'indépendamment d'une similitude parfaite du côté de l'âge, de la race, de la famille, qu'on ne rencontre pas aisément, même dans des étables importantes, l'individualité joue un rôle considérable dans la puissance assimilatrice. Dans celui de nos essais portant sur un lot de bêtes bovines soumises à l'engraissement, où nous croyons avoir réalisé le plus rigoureusement la similitude de façon que la sexualité seule fût en cause, nous avons trouvé en faveur des femelles une différence de 6 grammes par 100 kilogrammes de poids vif pour l'accroissement pondéral journalier. Cet écart est faible assurément, mais comme l'expérience fut faite dans d'excellentes conditions, nous pensons qu'il représente le sens dans lequel les choses se passent en règle générale.

Indépendamment de ce qui est relatif à la qualité de la viande, on voit dans ce résultat la justification de la coutume où l'on est d'émasculer les mâles avant de les mettre au régime de l'engraissement. Dans ces conditions, neutres et femelles se valent.

Pendant l'engraissement, le dépôt de la graisse ne se fait pas aux mêmes endroits ni dans les mêmes proportions; le mâle l'accumule surtout au train antérieur, au bord supérieur de l'encolure, à la poitrine. Sur la femelle, les maniements les plus apparents se développent à la région lombaire et à la naissance de la queue. On peut même établir un rapprochement entre ces dépôts graisseux et la loupe fessière qui se développe spontanément chez les femmes de race hottentote et qui constitue la stéatopygie. Dans le groupe des zébus, l'influence du sexe sur le point d'accumulation de la graisse est facile à suivre. La bosse du garrot du mâle arrive à prendre, pendant l'engraissement, de très fortes proportions, celle de la femelle reste rudimentaire et sur le neutre, elle n'atteint jamais au développement constaté sur le mâle.

Avant de clore le parallèle entre les deux sexes, il est deux faits sur lesquels l'attention doit s'arrêter. Ils sont connexes et ils expliquent en partie les différences sexuelles auxquelles ils commandent : ce sont la précocité de la femelle et sa petite taille.

La vie sexuelle de la femelle débute un peu plus tôt que celle du mâle; elle cesse plus tôt aussi, du moins dans la majorité des espèces, car le mâle conserve son aptitude reproductrice jusqu'à la fin de sa vie. Dépouillée de cet attribut fonctionnel, la femelle se masculinise comme si le sexe mâle était la forme végétative des êtres ; des cornes poussent au front de la biche; des ergots semblables à ceux des coqs apparaissent aux pattes des poules qui ont épuisé leur provision d'œufs, leur gloussement change de caractère ; un bouquet de crins se montre sur le poitrail de la dinde ; la femelle du canard mandarin et la faisane dorée revêtent la belle livrée du mâle. Il est bien connu des chasseurs que, quand la perdrix cesse d'être féconde, sur son bréchet se dessine la coloration spéciale dite fer à cheval qui existe sur le mâle de son espèce.

La puissance de nutrition de la femelle est supérieure à celle du mâle, d'où une évolution hâtive de son organisme. Elle arrive plus tôt à sa taille définitive ; elle réalise mieux que lui et que le neutre, quand elle se trouve dans des conditions convenables pour cela, la précocité qu'elle traduit particulièrement par le remplacement plus hâtif de ses dents de lait.

Cette accélération d'évolution a pour résultat, dans les Mammifères domestiques et la majorité des Oiseaux, une taille moindre, puisque la soudure de la diaphyse avec les épiphyses étant hâtée, les os ne peuvent plus s'accroître en longueur. La moindre stature tient à son tour sous sa dépendance un bon nombre de différences sexuelles. C'est parce qu'elle est plus petite et en vertu d'une loi physiologique générale, que la femelle a, proportionnellement, plus d'encéphale que le mâle, que sa respiration et sa circulation sont plus vites, etc.

Tous ces faits, qui s'enchaînent et s'expliquent les uns par les autres, ont pour point de départ une résistance plus grande de l'élément femelle, ovule, embryon, jeune sujet et adulte, aux causes extérieures et, en définitive, une vitalité supérieure à l'élément mâle.

CHAPITRE III

MODES ET LOIS DES VARIATIONS. — APERÇU GÉNÉRAL SUR LEUR ÉTIOLOGIE

Les variations individuelles étant le point de départ de tout groupe, il y a lieu d'étudier les modes suivant lesquels elles se manifestent, les lois auxquelles elles obéissent et les causes qu'on leur assigne.

En biologie générale, on admet que les variations se manifestent de deux manières sur l'organisme : par *progression* et par *régression*.

Chaque fois que l'organisme se complique, que de nouvelles parties apparaissent et que des fonctions se modifient pour une meilleure adaptation au milieu, on dit qu'il y a variation progressive.

Les modifications par régression sont encore qualifiées de variations par *évolution régressive* ou *dégénération*, ce qui est moins heureux. Les exemples de ces modifications abondent en zoologie : les parasites, surtout les parasites intestinaux, les Scincoïdes et quelques Lacertiliens qui ont perdu en partie ou en totalité leurs membres, les Linguatules parmi les Arachnides, les Poissons aveugles des cavernes, les taupes dont le développement de l'organe visuel est si faible, en fournissent de typiques. En zootechnie, ils ne sont ni moins frappants, ni moins nombreux, car l'état où l'on a amené certains Oiseaux domestiques, les porcs, les moutons et les bœufs perfectionnés pour la boucherie, est une régression zoologique et une adaptation à des conditions moins variées que celles de la vie en liberté.

Cette division, fort conventionnelle d'ailleurs, nous paraît inacceptable. De quelque façon que l'organisme s'adapte à de nouvelles conditions, c'est toujours un progrès, car si quelque organe s'atrophie ou disparaît, d'autres s'amplifient ou se perfectionnent, et en définitive, il en résulte un bénéfice. En zootechnie, elle est particulièrement défectueuse, car on ne peut qualifier d'animaux en état d'évolution régressive ou de dégénérescence ceux que l'éleveur appelle perfectionnés. Il est préférable de suivre les variations sans cette interprétation.

Section première. — Des formes de la variation et de son inégalité d'apparition.

I. TABLEAU DES MODES DE VARIATION

Les variations étant morphologiques et physiologiques, doivent être examinées sous deux chefs.

VARIATIONS MORPHOLOGIQUES

Variations par disparition.. . . . Absence de cornes, d'oreilles, de poils, de pigment.

— arrêt de développement.. Portant sur le corps entier. { Nanisme, affaiblissement de la coloration. Portant sur une partie. . . { Niatisme, réduction des membres, dépigmentation partielle, etc.

— juxtaposition. . . . . . . Caractères de quelques métis et hybrides. Robes composées.

— fusion. . . . . Vertèbres, côtes, dents, doigts inférieurs au nombre normal. Caractères de métissage.

— transformation. . . . . Laine remplacée par du jarre. Squames remplacées par des plumes tarsiennes.

— excès de développement. Portant sur tout le corps. . { Géantisme, mélanisme, pilosité excessive. Portant sur une partie. . . { Oreilles tombantes, cornes gigantesques, poils et plumes de longueur anormale.

— division ou répétition.. . Vertèbres, côtes, dents, cornes et doigts supplémentaires ; plumes caudales du pigeon paon.

VARIATIONS PHYSIOLOGIQUES

Variations par diminution d'activité physiologique.		Tardivité. Frigidité. Lenteur.
—	avance —	Précocité.
—	suractivité.	Augmentation de la fécondité, de la ponte, [de la lactation, etc.
—	renforcement.	Robusticité. Immunité pour quelques maladies.

Ces variations multiples ne se produisent pas avec une fréquence et une amplitude égales sur tous les tissus organiques ni sur toutes les espèces, ainsi qu'on va le voir.

II. INÉGALE VARIABILITÉ DES TISSUS

Les tissus doivent arrêter l'observateur puisqu'ils sont l'expression amplifiée de leur élément fondamental, la cellule qui, suivant sa nature et son origine, se groupe, prolifère et réagit diversement en face des causes extérieures. Cette diversité est le facteur des variations et la dominatrice de la morphogénie.

Les cellules qui, comme l'hématie et le leucocyte, ne se groupent point en tissus, mais constituent les liquides organiques, subissent des modifications d'ordre physiologique. La démonstration qui sera donnée des changements de propriétés des cellules bactériennes suivant les conditions physico-chimiques où on les fait vivre est péremptoire à cet égard. L'immunité dont jouissent certaines races en face d'affections qui en déciment d'autres, comme celle du nègre pour les fièvres pernicieuses, celle du mouton africain pour le sang de rate en sont des preuves. La difficulté et même l'impossibilité de se croiser avec les autochtones que présentent des races transportées dans un climat très différent du leur sont des faits de même ordre. Ces modifications des liquides nutritifs commandent peut-être à des variations de formes de leurs éléments, elles n'ont point été décelées jusqu'à présent ; ce sera l'œuvre de la biologie cellulaire de les approfondir.

Quant aux tissus, ils se groupent, d'après leur type, dans l'ordre décroissant de malléabilité qui suit : 1° tissu de cellules ; 2° tissu de substance conjonctive ; 3° tissu musculaire ; 4° tissu nerveux.

Tissu de cellules. — Formé de cellules qui persistent pendant toute la vie du sujet, il reste en quelque sorte toujours à l'état embryonnaire ; il en conserve la vitalité, la faculté de prolifération et la malléabilité qui résulte de sa sensibilité aux choses extérieures. Aussi est-il au premier rang quand il s'agit de variabilité.

Subdivisé en tissu épithélial ou épidermique et en tissu glandulaire, il doit être observé dans ces deux conditions.

Dérivé de l'ectoderme, le tissu épithélial est formé de cellules étalées en une seule couche ou stratifiées. Il comprend l'épiderme cutané et l'épithélium des muqueuses, les phanères et l'émail dentaire. Son rôle dans l'organisme est avant tout protecteur : empêcher la pénétration d'éléments extérieurs qui nuiraient au bon fonctionnement de la machine animée, amoindrir l'intensité d'agents dont on ne peut se préserver complètement, s'opposer à une évaporation trop rapide des liquides organiques. Pour le remplir, il lui faut une souplesse et une rapidité de prolifération adéquates à la variabilité des conditions extérieures. L'adaptation doit se faire vis-à-vis le milieu ambiant dans lequel le corps est placé et vis-à-vis les aliments introduits dans l'organisme pour son entretien ; la peau et ses phanères sont chargées du premier rôle, les muqueuses et les dents du second.

Malgré l'absence de vaisseaux, ce tissu est le siège d'une nutrition très active et d'une évolution incessante. Les couches superficielles usées au contact de l'extérieur se détruisent et disparaissent pendant que les couches profondes se régénèrent. Il est constamment en *mue (mutare*, changer). Sur cette mue perpétuelle s'en greffe une autre, plus profonde et plus rapide dans certaines espèces et surtout dans quelques groupes. Elle a lieu particulièrement à la fin de l'été ; à ce moment, les oiseaux perdent leurs plumes et les remplacent par de nouvelles ; la chute et le remplacement des plumes caudales du Paon permettent très bien de la suivre.

Si, parmi les Mammifères domestiques pourvus de cornes, aucun ne perd ces appendices comme le font les Ruminants sauvages à cornes caduques, du moins leurs poils muent chaque année. La chute et le remplacement des dents de lait sont aussi une mue qui n'est pas sans analogie avec celle qu'éprouve le bec de quelques Oiseaux.

Tout tissu doué d'une vitalité très grande a plus de chances de s'écarter du moule ancestral qu'un autre moins actif ; aussi les hypertrophies et les déviations morphiques ne sont pas rares dans le tissu épithélial.

Au lieu d'être étalées, les cellules épithéliales sont parfois déposées dans des cavités et elles concourent à former les glandes ectodermiques. L'activité de leur nutrition n'est pas inférieure à celle du tissu épidermique ; elles se désagrègent, se dissolvent et souvent l'intervention humaine accélère ces opérations.

De ce qui précède, il résulte que les variations les plus fréquentes se présentent dans les organes où le tissu épithélial entre pour une forte part, tels sont : la peau, les poils, la laine, le duvet, les plumes, les écailles, le bec, les cornes, les dents, les glandes sébacées, la mamelle y comprise. A l'intérieur du corps, l'estomac, l'intestin et les glandes sexuelles doivent varier, mais ce sont surtout leurs modifications fonctionnelles qui nous sont apparentes.

Tissu de substance conjonctive. — Parmi les tissus de substance conjonctive, les plus variables sont l'osseux et l'adipeux.

Dérivé du mésoderme, destiné à former la charpente organique et à offrir des points d'attache aux muscles, le tissu osseux, contrairement aux apparences, est largement irrigué et possède une nutrition active ; il reflète la richesse et l'abondance du sang qui lui est apporté. Le sang étant sous la dépendance de l'alimentation, le tissu osseux par contre-coup indique, par son développement, la nature de celle-ci, et si d'autres conditions, le climat, la race et la gymnastique en particulier, ne venaient pas troubler l'adéquation, on pourrait dire avec raison que, dans le règne animal, la taille est le reflet de la richesse d'un pays. Tout ce qui sera exposé à propos de la précocité et de l'exercice de l'appareil locomoteur prouvera sa malléabilité.

De même origine que le précédent, mais constitué fondamentalement par la cellule graisseuse, le tissu adipeux possède un réseau vasculaire spécial et très développé qui lui permet de s'amplifier avec rapidité dans quelques circonstances. Son rôle est multiple ; une de ses destinations est de venir en aide au tissu épidermique pour la protection de l'orga-nisme. Étalé sous la peau, il forme une couche mauvaise conductrice qui empêche les déperditions de chaleur par rayonnement. Un autre rôle qui lui est dévolu est de servir, en s'accumulant, de magasin aux ma-tériaux surabondants où l'organisme vient puiser aux moments de disette. Il est des lieux d'élection pour cette accumulation et la quantité en est variable. C'est un des exemples les plus frappants de la réaction de l'organisme vis-à-vis des conditions ambiantes.

Tissu musculaire. — Issu également du mésoderme, le tissu muscu-laire se subdivise en tissu musculaire à fibres lisses et tissu muscu-laire à fibres striées. Les variations que l'un et l'autre peuvent subir sont moins considérables que celles des tissus précédents ; dans des conditions spéciales ils s'accroissent ou s'atrophient plus ou moins, mais ils ne se régénèrent pas, suivant l'opinion la plus répandue parmi les histologistes. Ils peuvent augmenter ou diminuer la masse de l'animal, par eux-mêmes ils n'en changent guère la forme. Le tissu à fibres striées n'y arrive qu'à la longue et indirectement par son action sur les os.

Tissu nerveux. — A peu près seules, les variations fonctionnelles du tissu nerveux ont été constatées jusqu'ici.

III. INÉGALE MALLÉABILITÉ DES ESPÈCES

Un regard d'ensemble jeté sur le monde organique, fossile et vivant, montre que la variabilité des types supérieurs est plus considérable que celle des groupes inférieurs.

Les paléontologistes amenés à comparer les changements subis dans la succession du temps et des couches terrestres par les animaux qui y sont enfouis, ne pouvaient point ne pas être frappés par l'inégalité que nous signalons. Il est des formes, celle du Nautile, par exemple, qui ont franchi l'incommensurable période qui s'écoule du cambrien jusqu'à nos jours et qui sont restées telles qu'elles étaient à ce moment. Les récentes explorations sous-marines ont fait retrouver des formes abyssales vivantes qui ont leurs similaires dans le crétacé.

A côté de ces espèces immuables, il en est d'autres qui ont changé avec une rapidité qui fait le contraste le plus frappant avec elles. Lyell et Gaudry ont montré que, dans la série animale, la malléabilité des Mollusques a été loin d'égaler celle d'autres classes, notamment celle des Mammifères ; dans ce groupe, les Gastéropodes ont plus varié que les Acéphales, et dans les Gastéropodes, les Siphonostomes ont été plus modifiés que les Holostomes. La multiplicité des formes parmi les Artiodactyles et les Périssodactyles fossiles dont il a été question antérieurement en est une preuve.

On a voulu expliquer l'immutabilité de quelques groupes par une parfaite adaptation de ces êtres à leur milieu. « La cause principale de leur persistance, dit Darwin, se trouve dans le fait qu'une organisation élevée ne saurait être d'aucun avantage pour un être placé dans des conditions de vie les plus simples[1]. » Mais d'autres êtres similaires variant, l'explication est insuffisante.

Les formes vivantes non domestiquées donnent l'image de l'inégalité dans les variations ; parmi les exemples qui pourraient être présentés, on choisira ce qui s'est passé dans l'espèce du Surmulot, parce que c'est un fait de date récente et qui s'est accompli dans l'espace d'un siècle et demi seulement. Le Surmulot *(Mus decumanus* Pall.) est originaire de l'Asie centrale et il a abordé l'Europe en 1727, en traversant le Volga à la nage ; il chasse peu à peu le Rat noir. Son pelage est grisâtre et il a subi depuis le xviiie siècle des modifications telles que des zoologistes en font aujourd'hui des espèces distinctes[2].

L'observation des animaux domestiques montre une inégalité spécifique de malléabilité très frappante. Deux zootechnistes, dont l'un n'envisagerait que les espèces chevaline et asine et l'autre les Oiseaux de basse-cour, n'aboutiraient point aux mêmes conclusions, parce que la variabilité est fréquente et étendue dans ceux-ci, tandis qu'elle s'exerce avec une amplitude moindre dans les premières.

Il en est de cette malléabilité comme de la tolérance d'acclimatation et de la facilité de dispersion. Parmi les êtres vivants, animaux ou végétaux,

---

[1] Darwin. *Loco citato,* page 133.

[2] Trouessart, *Les petits Mammifères de la France, les Rats (Feuille des jeunes naturalistes,* t. XI, 1880).

les uns s'acclimatent très bien et sont en quelque sorte cosmopolites, tandis que les autres restent dans un rayon déterminé. Parmi les végétaux, il en est d'indifférents, de calcicoles, de silicicoles ; les uns ne croissent bien que le pied dans l'eau, d'autres ne peuvent vivre qu'au grand soleil. Dans les animaux, il en est qui ont des stations d'où ils ne sortent point sous peine de mourir, tandis que d'autres vivent très bien loin de leur centre de dispersion.

Deux espèces peuvent être très voisines dans nos classifications et néanmoins avoir une malléabilité très inégale. La Chèvre ne varie point comme le Mouton, le Cobaye comme le Lapin, l'Oie comme le Canard et le Dindon comme le Coq. La connaissance de ces faits doit avoir comme conséquence pratique d'empêcher qu'on s'acharne à entreprendre de modifier des espèces quasi-réfractaires et elle indique la voie où l'on peut s'engager sans crainte de déceptions. Soumises à la double action de la variation naturelle et des méthodes zootechniques, les espèces domestiques ont, en thèse générale, davantage varié que les espèces sauvages. Voici, classées par ordre décroissant de variabilité, comment elles peuvent se répartir :

Oiseaux.

Pigeons.	Pintades.
Poules.	Paons.
Canards communs.	Cygnes.
Faisans.	Dindons.
Oies.	Canards de Barbarie.

Mammifères.

Porcs.	Chevaux.
Chiens.	Anes.
Bœufs.	Chameaux.
Moutons.	Chèvres.
Lapins.	Cobayes.

Il vient d'être dit que toutes les espèces n'ont point la même malléabilité. Pour appuyer cette assertion d'un exemple facile à constater et à retenir, on l'empruntera au règne végétal où les persévérants travaux de plusieurs horticulteurs, notamment de MM. de Vilmorin, l'ont mise en pleine évidence.

Prise à l'état sauvage, retardée dans sa floraison et placée dans un terrain favorable, la Carotte *(Daucus carotta|*L.) a été amenée en cinq générations par Vilmorin aïeul, à l'état où nous la connaissons dans nos jardins. Elle a été transformée et elle est devenue l'un des meilleurs légumes, tandis que le même horticulteur, pourtant si habile, déclare n'avoir pu malgré tous ses soins, obtenir aucune modification sensible en agissant sur la *Lactuca perennis*, le *Solanum stoloniferum* et le *Brassica orientalis* [1].

[1] Vilmorin, *Notice sur l'amélioration de la Carotte sauvage (Transactions of the horticultural Society*, 2ᵉ série, t. II, p. 348).

L'inégalité qui vient d'être signalée est d'ailleurs telle qu'il est des espèces qui disparaissent plutôt que de se modifier, quand les circonstances font qu'elles ne peuvent rester ce qu'elles étaient. On a avancé que plus une espèce était ancienne, plus il y avait de chances pour qu'elle ne se modifiât point. Mais l'ancienneté est difficile à établir, passablement sujette à controverse quand on n'a pas de documents historiques pour l'appuyer; d'ailleurs on vient de voir que des espèces qui paraissent également anciennes, comme la Carotte et la Laitue, se modifient très différemment.

On remarquera aussi que les trois espèces du Cobaye, du Dindon et du Canard de Barbarie, qui ont été importées d'Amérique toutes domestiquées, ont montré peu de variabilité et jusqu'à présent n'ont pas fourni de races dérivées. Le changement de climat a agi physiologiquement en rendant l'une d'elles, celle du Cobaye, impropre à se reproduire avec sa souche; il ne l'a pas modifiée morphologiquement.

Cette solidité des espèces animales américaines fait contraste avec les espèces végétales introduites du nouveau monde dans l'ancien continent; la Pomme de terre, par exemple, a déjà donné plus de deux cents variétés à l'agriculture depuis le temps de Parmentier.

Section II. — Solidarité organique et lois des variations.

Les cellules dont l'ensemble constitue l'organisme des êtres supérieurs conservent leur vie propre; les tissus qui dérivent de chaque sorte d'entre elles ont leur autonomie, mais leur agrégation entraîne une solidarité telle que toute modification imprimée à l'un d'eux retentit sur les autres. L'organisme est un édifice dont les matériaux en se juxtaposant, ont conservé leurs propriétés physico-chimiques ; qu'une catégorie de ces matériaux s'altère ou se modifie, l'édifice entier en reçoit le contre-coup.

La *solidarité organique* ne doit jamais être perdue de vue par le zootechnicien. Son importance scientifique est considérable et elle donne la clef de variations qui, au premier abord, semblent n'avoir aucun lien entre elles ; pratiquement elle fournit des renseignements très utiles sur les conséquences de l'apparition de telle ou telle particularité et elle avertit de la possibilité de son retentissement sur des organes ou des appareils avec lesquels elle semble ne pas avoir de rapports. Par exemple, l'albinisme est l'indice d'un affaiblissement de la vitalité, l'éleveur qui la verra apparaître sur son bétail sera averti que la diminution de la fécondité, peut-être la stérilité, en seront la conséquence.

Malgré le nombre et l'apparente diversité des modifications qui se manifestent sur l'organisme, la nature n'a point opéré au hasard et semé les variations sans que rien ne les relie les unes aux autres, elle ne s'est nullement livrée à ce qu'on appelait il y a peu de temps encore des jeux, *lusus naturæ*. Ses retouches sont nombreuses, mais on est frappé du petit nombre de combinaisons dont elles dérivent et des liens qui les unissent entre elles. Les principes posés à ce sujet en anatomie philosophique par Lamarck, Cuvier, E. et I. Geoffroy Saint-Hilaire, Gœthe, Milne–Edwards, Karl Vogt, ont été confirmés en partie par les travaux récents des paléontologistes et par les observations zootechniques.

Les modifications organiques dont nous avons à connaître sont régies par quatre lois : 1° la corrélation ; 2° le balancement ; 3° la répétition ; 4° la convergence.

Avant de les étudier, on rappellera que I. Geoffroy Saint-Hilaire en a formulé une autre connue sous le nom de *loi des connexions*. Elle signifie que les rapports entre les parties constituantes d'un organisme sont fixes ; ces parties peuvent s'allonger ou diminuer, leurs connexions avec les organes voisins restent les mêmes. Elles disparaissent parfois, elles ne se déplacent point pour se mettre en rapport avec d'autres organes.

I. LOI DE CORRÉLATION

Encore dite *loi des variations corrélatives* (Darwin), *loi d'harmonie* (Kolmann), cette loi, l'une des plus suggestives de l'anatomie, a été formulée par Cuvier. Elle exprime qu'une conformation organique en entraîne d'autres nécessairement. Par exemple, la forme des dents est subordonnée au régime, le régime à son tour domine la constitution générale de l'organisme, de telle façon que Cuvier a pu affirmer la possibilité de reconstituer un animal et de dire ses mœurs au seul examen de ses dents. Sont-elles celles des Carnassiers, il aura les membres conformés pour la course, les bonds et les extrémités divisées en doigts pourvus de griffes. La division du pied commande à son tour au développement du cubitus et du péroné et ses usages règlent l'union de ces os avec le radius et le tibia.

C'est en se basant sur ces corrélations que Cuvier a accompli les restaurations d'animaux fossiles qui ont jeté tant d'éclat sur son nom. Cependant, les progrès de la paléontologie, de la zoologie générale et de la zootechnie ont montré que cette loi, telle que l'entendait Cuvier, vraie dans son acception générale, comporte des exceptions ; la tête et le rachis sont indépendants ou à peu près de la disposition des membres puisqu'à une tête et à un rachis reptiliens peuvent correspondre des membres d'oiseaux, c'était le cas pour l'*Archeopterix lithographica*. Il est des animaux, le rat entre autres, où le péroné et le tibia ont besoin de force plutôt que d'indépendance, aussi le premier est soudé au second, quoique l'extrémité du membre porte cinq doigts, tandis que le radius et le cubitus sont restés libres avec une extrémité à quatre doigts seulement.

Malgré les exceptions, la loi de Cuvier a trouvé généralement dans les découvertes paléontologiques une remarquable confirmation ; le lecteur pourra en juger s'il veut bien se reporter à la description des Prééquidés et des Artiodactyles tertiaires.

Nous avons à l'envisager au point de vue plus spécial de la zootechnie où nous trouverons à l'appliquer largement.

Parmi les caractères corrélatifs, il y en a de temporaires qui ne persistent qu'autant que la cause à laquelle ils sont liés se maintient : ce sont les caractères sexuels. Quand l'âge ou la castration a amené la neutralisation, les particularités attachées au sexe, telles que la couleur et la voix, disparaissent.

Les autres sont permanents et se montrent : 1° sur des parties identiques histologiquement ; 2° sur des parties homologues ; 3° sur des parties qui ne sont ni homohistes ni homologues.

a) Les variations corrélatives d'organes formés d'un même tissu sont les plus nombreuses et les plus faciles à observer. Le tissu épithélial en fournit des exemples remarquables.

La disposition des cornes dans les espèces ovine et caprine est en corrélation frappante avec le développement et la conformation du poil ou du brin de laine. Le mouton du Monténégro a la laine longue et ondulée, ses cornes sont longues et tirebouchonnées (fig. 50), tandis que les cornes du mérinos, dont la laine est frisée, sont spiralées et montrent à leur surface avec amplification les zigzags du brin (fig. 48). La chèvre européenne, dont la peau est recouverte de poils sans ondulations, a des cornes droites, unies, aplaties d'un côté à l'autre, formant lame de sabre. Celle d'Angora, vêtue d'un duvet long et bouclé, a des cornes longues et tirebouchonnées et l'observation a appris que les chèvres d'Angora sans cornes ont un duvet plus court que leurs congénères cornues.

Les rapports des dents et des phanères ne sont pas moins étroits. Le mâle, mieux pourvu de poils que la femelle, a des dents que celle-ci ne possède pas ou les a plus développées ; les canines chez l'étalon, les défenses du sanglier et du verrat en sont des exemples. Nous avons observé l'apparition d'une arrière-molaire supplémentaire chez des béliers mérinos à toison très tassée. Dans les races porcines à soies longues et grossières, les défenses ont une longueur supérieure à celles des races perfectionnées dont les soies sont plus rares et plus fines. L'espèce canine montre aussi des exemples curieux de cette corrélation : les chiens nus ont une dentition incomplète, avortée et qui s'use rapidement. Nous en avons vu qui, à trois ans, n'avaient plus que quelques restes dentaires dans la bouche.

Le coq et le faisan, dont le plumage est plus développé que celui de leurs femelles, ont un éperon au tarse, celles-ci en sont privées.

b) En général, les variations se développent simultanément sur les parties homologues. Un cheval long jointé aux membres antérieurs l'est aussi aux postérieurs ; un bœuf, un mouton, un porc qui sont courts de membres présentent le raccourcissement sur chacun des rayons homologues des bipèdes antérieurs et postérieurs.

Fig. 51. — Lévriers.

Lorsque des conditions particulières dans l'utilisation respective de chaque bipède ont amené une divergence par adaptation, on voit surgir parfois des variations qui témoignent en faveur de la loi de corrélation. Dans les Oiseaux, les membres antérieurs adaptés au vol sont emplumés, tandis que les postérieurs, restés organes de soutien et de marche, sont nus. Or tout le monde sait combien sont nombreux les Oiseaux qualifiés de pattus parce qu'ils présentent des plumes aux pattes. C'est en s'appuyant sur cette particularité, devenue héréditaire, qu'on a créé des races de pigeons pattus et un groupe important de gallinacés exotiques la présente. L'apparition de plumes aux pattes est une variation d'organes homologues par laquelle le tarse, les métatarses et les phalanges, se rapprochent des rayons de l'aile. Les plumes ne s'y distribuent pas au hasard, on peut constater de la façon la plus manifeste leur disposition en rémiges sur le côté externe du tarse des coqs cochinchinois.

c) Bien que des organes ne soient ni identiques ni homologues, ils présentent des dispositions de même sens. On a vu que c'est une des con-

ditions de la beauté, ce qui a valu à la loi qui la règle le nom de loi d'harmonie. On sait déjà qu'à des membres longs correspondent un tronc et
une tête allongés, qu'un sujet est généralement longiligne, bréviligne ou
médioligne dans toutes ses régions et non seulement dans l'une d'elles.
L'exemple le plus caractéristique est fourni par le Lévrier (fig. 51).

De même que les paléontologistes ont exhumé des formes dont la tête
n'était pas en corrélation avec les membres, les zootechniciens ont à
observer parfois des animaux à tête courte avec des membres relativement longs, comme les bœufs ñata, ou des individus à membres courts
et à tronc allongé, comme les moutons ancons et les chiens bassets
(fig. 52). Ces observations confirment l'indépendance de la tête et du
rachis vis-à-vis des membres.

FIG. 52. — Basset à jambes torses.

Ce sont des exceptions ; il est même ordinaire que, envisagé isolément,
un organe présente la même corrélation dans ses parties constituantes.
Une tête à crâne dolichocéphale comporte une face leptoprosope et un
crâne brachycéphale une face chamœprosope. La tête du porc commun
comparée à celle du porc anglais, celles du pigeon courte face et du messager en sont des exemples de facile vérification.

Il est des corrélations d'autre sorte. Un animal dont les cornes sont
très fortes a la tête lourde, les vertèbres cervicales et le cou, dans son
ensemble, doivent être forts pour la porter, tandis que si la tête est légère
le cou n'a nul besoin d'être renforcé. On s'attendra donc à trouver un
cou fortement musclé sur les bœufs des steppes, de la Hongrie, des
Romagnes, de la Sardaigne, sur les béliers mérinos et barbarins, animaux
aux cornes énormes, tandis qu'il sera petit et peu musclé sur les bêtes

bovines du Holstein, de la Hollande, ainsi que sur les brebis du bassin de la Loire ou du Larzac qui n'en ont que de petites ou qui en manquent.

La corrélation entre la taille et le poids de l'encéphale est aussi nette ; elle tient à l'amplification de la boîte crânienne qui a participé au développement général du squelette. Broca et M. Topinard[1], par leurs travaux, ont mis en évidence l'influence de la taille sur l'encéphale. Les chiffres ci-dessous la démontrent pour l'espèce humaine :

TAILLE MOYENNE	POIDS MOYEN DE L'ENCÉPHALE
m.	
1,570	1276 gr.
1,632	1294 —
1,682	1326 —
1,739	1379 —

Entre les deux groupes extrêmes, la différence de taille est de 0ᵐ,169 et celle de poids cérébral est de 103 grammes, ce qui fait environ 50 grammes d'encéphale pour une différence de taille de 10 centimètres.

Nos recherches sur les animaux domestiques ont également montré que d'une façon générale, dans une même espèce, la capacité crânienne moyenne et absolue des races ainsi que le poids absolu de l'encéphale, sont proportionnels à la masse des sujets qui les constituent. L'étalon boulonnais, le baudet du Poitou, le taureau vendéen, le mérinos du Châtillonais, le verrat craonnais et le chien mâtin sont les représentants des plus fortes races de leur espèce, ils ont l'encéphale le plus lourd. Le cheval annamite, l'âne saharien, le bœuf africain, le mouton de l'Auvergne et celui de l'Attique, le porc de l'Indo-Chine, le chien havanais et le lapin russe, qui appartiennent aux plus petites, l'ont d'un poids inférieur.

Dans chaque groupe spécifique, quelques races font exception à la loi qui vient d'être formulée, leur capacité cérébrale n'est pas proportionnelle à la masse, elle s'en écarte soit par excès, soit par défaut. On citera les races hollandaise et de Durham dans l'espèce bovine et la race de Dishley dans l'espèce ovine dont la capacité n'est pas en rapport, par défaut, avec la masse et toutes les petites races de chiens à tête ronde qui présentent l'inverse.

Lorsque, sous l'influence de la précocité ou des muscles préposés à la mastication, la tête s'est modifiée, le changement en longueur de la partie faciale retentit sur les dents. H. Müller et plus tard Toussaint ont montré que sur les chiens à face courte, il y a des modifications dans l'arrange-

---

[1] Topinard, *Revue d'anthropologie*, série 2, t. V, 1er fasc.

ment et le nombre des molaires, le nombre des incisives et des canines restant constant [1].

Normalement, la formule des molaires du chien est $\frac{6}{7}$; dans la race du bouledogue et dans les petites races à tête ronde, elle est parfois $\frac{5}{7}$ ou $\frac{5}{6}$, on trouve même des sujets où elle est $\frac{4}{6}$ et $\frac{4}{5}$.

« A la mâchoire supérieure du bouledogue la disparition commence par la deuxième molaire tuberculeuse ; celle qui disparaît ensuite est la troisième prémolaire dont le grand axe devient, dans les faces moins rapetissées, tout à fait transversal. A la mâchoire inférieure, c'est la première prémolaire à une racine qui disparaît d'abord, puis la petite tuberculeuse postérieure ; enfin, celle qui a la plus grande tendance à se tourner en travers est la quatrième prémolaire (principale inférieure de de Blainville) souvent même elle a disparu avant la tuberculeuse postérieure. » (Toussaint.)

Les deux lames de tissu osseux qui enserrent les molaires de la mandibule ne leur permettent guère de se tourner en travers, elles restent donc plus souvent qu'au maxillaire supérieur avec l'arrangement et le nombre normal ; mais, dans ce cas, il y a prognathisme de la mandibule pour qu'elle conserve une longueur suffisante à loger toutes les dents.

Darwin a fait remarquer la corrélation qui existe entre le développement des oreilles du lapin et la forme de la partie postérieure de sa tête et il a même montré que, sur les demi-lopes, c'est-à-dire sur les sujets n'ayant qu'une oreille pendante, il y a asymétrie de la tête.

De même que des cornes très fortes exigent une surface d'implantation qui élargit la tête des Ruminants, ainsi la présence d'une huppe est en corrélation avec une gibbosité du crâne, sorte de voûte destinée à l'implantation des plumes en surabondance qui forment la huppe.

II. LOI DU BALANCEMENT ORGANIQUE

On doit à E. Geoffroy Saint-Hilaire l'introduction en zoologie de cette loi, encore dite *loi du budget de l'organisme* (Gœthe) ; *loi des compensations* (Darwin) ; il l'a formulée ainsi : « J'appelle balancement des organes cette loi de la nature vivante en vertu de laquelle un organe normal ou pathologique n'acquiert jamais une prospérité extraordinaire qu'un autre de son système ou de ses relations n'en souffre dans une même raison. » La confirmation de cette loi est fournie amplement par les faits empruntés à l'horticulture et à la zootechnie ; elle est utilisée constamment par les

---

[1] H. Toussaint, *Sur les rapports qui existent chez le chien entre le nombre des molaires et les dimensions des os de la face,* in *Comptes rendus de l'Académie des sciences,* 1er semestre 1876.

techniciens pour développer au maximum telle partie dont il s'agit de tirer un parti avantageux.

Avant d'exposer ces faits, une courte excursion sur le domaine de la paléontologie sera très utile; elle fournira des preuves que l'individu ne dispose que d'un budget limité de matière organique, et que, lorsqu'une portion est utilisée par l'apparition d'une particularité nouvelle, c'est au détriment d'autres organes constitués en totalité ou en partie par cette même substance. Elle laisse clairement suivre le mécanisme de la transformation.

Les recherches de Marsh sur les Oiseaux dentés du crétacé de l'Amérique du Nord ont montré l'étroite parenté qui existe entre les Reptiles et les Oiseaux, parenté qui se dégageait, du reste, des études embryologiques et qu'Huxley a mise en évidence en réunissant sous la désignation de Sauropsides les animaux de ces deux classes. Elles font assister au passage d'une bouche dentée du type reptilien au bec corné et sans dents du type avique.

Il a trouvé dans le crétacé deux types : l'*Ichthyornis* et l'*Hesperornis* dont les mâchoires inférieures portent respectivement vingt et une et vingt-trois dents et les mâchoires supérieures treize et quatorze seulement, refoulées en arrière; le prémaxillaire était édenté chez ces animaux et vraisemblablement enchâssé dans une gaine cornée, premier rudiment d'un bec.

Dans les genres *Dimorphodon* et *Rhamphorynchus*, parmi les Ptérosauriens, la réduction s'est étendue à la mandibule, de sorte que l'extrémité antérieure des deux mâchoires est édentée et pourvue d'un revêtement corné, tandis que la partie postérieure est restée dentée; c'est la marche vers le bec entièrement édenté de l'Oiseau.

Avant d'y arriver complètement, il y a encore un degré à franchir. Il est représenté par les genres *Odontopteryx* et *Gastornis*, de l'éocène, dont les mâchoires, tout en étant totalement privées de dents, en ont conservé néanmoins les alvéoles à l'état d'organes rudimentaires. Ces alvéoles sans usage sont remplis par les épaississements de la matière cornée du bec. Dans le genre *Pteranodon*, toute trace d'alvéole a disparu, on est en face d'un véritable bec, identique à celui des Oiseaux modernes[1].

Rien de plus suggestif que ces transformations; elles reportent la pensée vers la conformation actuelle de la tête et l'armature buccale des Ruminants, et font préjuger qu'elles ont été acquises en vertu de la même loi et par le même mécanisme. En effet, la paléontologie apprend que les Artiodactyles tertiaires, jusqu'au miocène moyen, furent dépourvus de cornes; en revanche, ils avaient la bouche garnie de dents aux deux mâchoires,

[1] Marsh, *Odontornithes: A monograph on the Extinct toothed Birds of Norh America.*

avec des canines, disposition encore existante partiellement sur le Lama et le Chameau, qui ont quatre dents en crochets au maxillaire supérieur et deux à la mandibule. Mais voilà que des cornes surgissent à leur front, la matière en est empruntée, comme pour la constitution du bec, aux dents, et cela d'abord à la mâchoire supérieure et à sa partie antérieure, comme dans l'*Hesperornis* et l'*Ichthyornis*, puis aux canines de la mâchoire inférieure et aux prémolaires qui se rapetissent. La similitude n'est-elle pas frappante? On pourrait l'étendre d'ailleurs à d'autres animaux tels que le Rhinocéros qui, porteur d'une corne nasale, n'a plus de canines.

Les Prééquidés ont fourni une démonstration de même ordre par les transformations successives de leur main. Au fur et à mesure que le doigt médian a grossi, ce fut au détriment des doigts latéraux, et l'absorption a été telle que ceux-ci ne sont plus aujourd'hui représentés que par des métacarpiens et des métatarsiens très rudimentaires.

L'étude des animaux domestiques montre une série de compensations de même nature. Elles sont relativement communes sur le rachis; on voit une augmentation du nombre des vertèbres de la région dorsale contrebalancée par une diminution de celui des régions lombaire ou sacrée, etc.

Notre attention a été tout particulièrement attirée par le balancement qui existe entre le développement des cornes des grands Ruminants et la conformation de la partie fronto-occipitale ou *chignon*. Quand les appendices cornés font défaut, le chignon est très fort, proéminent en haut et en arrière, il y a oxycéphalie; lorsqu'elles existent, le développement du chignon est inverse du leur. Un coup d'œil jeté sur les figures 53 à 56, AAAA, montre avec évidence cette opposition. Le développement de la cheville osseuse qui sert de base à la corne se faisant aux dépens de la table externe du frontal, ce balancement s'explique.

Dans les Oiseaux de basse-cour, on constate une série variée de compensations. La huppe et la crête en offrent les exemples les plus vulgaires; lorsqu'elles coexistent sur la tête d'un Gallinacé, elles sont l'une et l'autre peu développées; si l'une acquiert un certain développement, c'est au détriment de l'autre qui tend à disparaître. Le coq de Houdan a une crête et une huppe, l'une et l'autre moins fortes que la crête unique du coq espagnol ou que la huppe sans crête du coq de Padoue.

L'apparition des plumes aux pattes en est une autre démonstration. Il semble que la matière entrant dans leur constitution a été empruntée aux plumes alaires et aux plumes caudales. Le coq cochinchinois, aux pattes si emplumées, a en effet la queue et les ailes courtes; il a même une crête rudimentaire.

L'ergot en produit une très frappante. Les Gallinacés porteurs d'une corne céphalique tels que les Pintades ordinaires, n'ont pas cet appendice, tandis que la Pintade vulturine, dépourvue de corne sur la tête, en présente trois à chaque tarse. Le Dindon a des éperons qui grandissent

FIG. 53. — Partie supérieure d'une tête osseuse de bœuf de Suffolk.

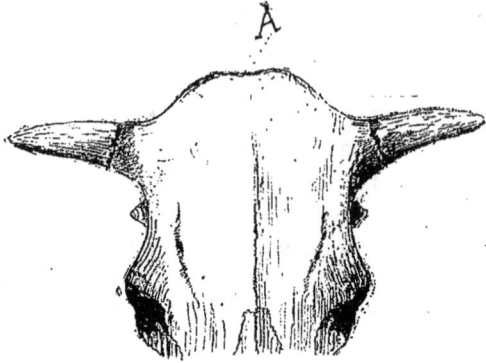

FIG. 54. — Partie supérieure d'une tête osseuse de taureau de Villard-de-Lans.

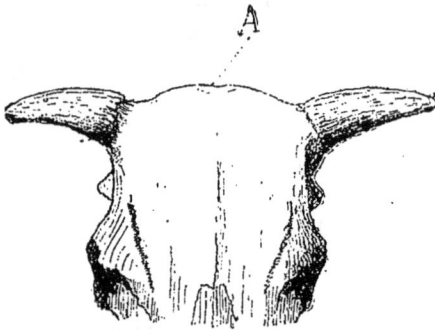

FIG. 55. — Partie supérieure d'une tête osseuse de taureau hollandais.

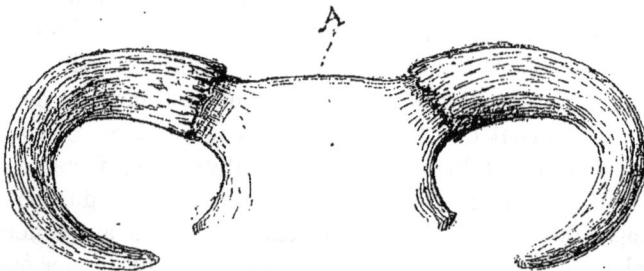

FIG. 56. — Partie supérieure d'une tête osseuse de taureau brésilien.

jusqu'au moment de l'apparition de la touffe de crins au bréchet, puis s'arrêtent ou à peu près et restent plus petits que ceux du Coq qui poussent pendant toute la vie de l'animal.

Le Paon dont les plumes caudales sont si développées a des éperons moins longs que le Coq, et parmi les races gallines, celles à tarse emplumé en ont de plus courts que celles à pattes nues.

Les procédés zootechniques qui ont pour but et pour résultat de donner la prééminence à un appareil et à une fonction, causent par contre-coup l'amoindrissement d'autres appareils et d'autres fonctions.

Le Cheval de course a les membres développés au maximum, son tronc est resté celui du poulain; inversement, les bêtes très spécialisées pour la boucherie ont un tronc d'une surface considérable, grâce surtout à l'amplification de la tige rachidienne dans ses parties dorsale et lombaire, par l'arcure des côtes qui ne sont que des apophyses et le développement des apophyses transverses des vertèbres lombaires, le tout au détriment de la tête, du cou, de la queue et des membres. La comparaison d'un porc très amélioré et d'un cochon commun, rend le balancement très évident.

La toison de la brebis très laitière est moins belle, moins étendue que celle des bêtes non laitières.

L'inversion entre les fonctions de nutrition et celles de propagation s'étend aux végétaux et aux animaux. L'horticulture et la floriculture en ont fourni une quantité de démonstrations qui sont passées dans le domaine public. Chacun sait aujourd'hui qu'on ne *double* les fleurs que parce que les étamines se transforment en pétales, qu'on n'augmente le mésocarpe des fruits qu'au détriment des graines. La plupart des plantes à fleurs doubles sont devenues impropres à se reproduire autrement que par greffage et marcottage; on possède aujourd'hui des raisins sans pépins et l'une des plus belles poires de nos vergers est la *Belle sans pépins*, dénomination caractéristique de son état.

Sur les animaux très améliorés pour la boucherie, les fonctions de reproduction s'éveillent plus tard que chez les sujets rustiques, leur fécondité baisse, les femelles sont parfois mauvaises laitières et la stérilité n'est pas rare chez elles.

Il ne faut rien exagérer, l'anéantissement des fonctions de reproduction n'arrive chez les animaux que lorsque les choses sont poussées à l'extrême; on a connu nombre de femelles douées d'une aptitude remarquable à l'engraissement qui étaient excellentes laitières et très fécondes. D'ailleurs l'expérience des horticulteurs a appris qu'il est possible d'agir profondément sur une partie sans que cette modification retentisse sur l'appareil reproducteur. Ainsi la carotte et le chou qui ont été si considérablement modifiés, l'une dans sa racine, l'autre dans ses feuilles, ont des fleurs restées identiques à celles de leurs congénères sauvages.

Une dernière preuve de la réalité de la loi de balancement sera empruntée à la tératologie. Dans le cas de bisexualisme, l'hermaphrodite n'est jamais également mâle ou femelle, il est toujours plus l'un que l'autre, et l'activité fonctionnelle du sexe dominant est d'autant plus altérée ou même annulée que les organes de l'autre sexe sont plus complets.

III. LOI DES RÉPÉTITIONS ORGANIQUES

Formulée par Milne-Edwards, elle correspond à la *loi de la variabilité des organes en série* de Geoffroy Saint-Hilaire et à la *loi de la variabilité des parties multiples* de Darwin. Les anatomistes ont été frappés de la variabilité que présentent les organes en série, tels que les vertèbres, les côtes, les doigts, les dents, et aujourd'hui ils ont à peu près renoncé à en décrire les anomalies ou les irrégularités tellement les cas sont nombreux. Les zootechniciens ont fait la même observation pour les mamelles et pour les plumes caudales.

Avec ces dernières, les mamelles sont les organes où la variation numérique est la plus fréquente; il serait difficile d'assigner un chiffre normal de trayons aux femelles multipares et particulièrement à la truie, tant le nombre en est variable. Viennent ensuite les vertèbres.

MM. Chauveau et Arloing, partant de l'observation de Fol qui a vu que la tige rachidienne de l'embryon se compose d'un plus grand nombre de pièces que celle de l'adulte, pensent que les variations proviennent d'irrégularités dans la soudure des somites de la colonne vertébrale embryonnaire[1]. Cette raison est acceptable quand on n'envisage l'augmentation de nombre que dans la colonne vertébrale; il faut songer à autre chose pour les mamelles, les cornes, les doigts, les dents. A la rigueur, une influence ancestrale peut être invoquée pour quelques-unes, celle des doigts surtout; elle n'est pas possible pour les cornes qui doublent et même triplent sur le mouton et la chèvre, puisque les documents paléontologiques démontrent que les Herbivores dépourvus de cornes ont précédé ceux qui en possèdent.

Darwin fait dépendre la répétition des parties multiples de ce que, ayant une importance physiologique moindre que celle d'une partie unique, leur type ne se fixe pas rigoureusement. On ne peut s'empêcher de remarquer ici que quelques-unes de ces variations sont faciles à fixer et l'ont été pour former des races; tel est le cinquième doigt aux pattes du houdan.

Qu'y aurait-il d'irrationnel à considérer la répétition organique comme une conséquence de l'amorcement, phénomène sur lequel on va bientôt s'expliquer?

---

[1] Chauveau et Arloing, *Traité d'Anatomie comparée des Animaux domestiques* 5e édition, Paris, 1890, p. 49.

IV. LOI DE LA CONVERGENCE OU DES VARIATIONS PARALLÈLES

L'adaptation prolongée à une cause prédominante, efface peu à peu les caractères spéciaux des types et opère leur uniformisation. Il y a une convergence qui résulte du milieu ou de la gymnastique.

Le facies propre à la flore et à la faune d'une région est une résultante de la convergence des caractères pour l'adaptation. La conformation si spéciale des parasites intestinaux, qui tous sont devenus sessiles par suite de leur habitat bien que dérivant de formes différentes, celle des animaux aquatiques, Poissons et Mammifères, où la diversité d'origine est encore plus frappante et plus certaine, sont des preuves typiques de ce qu'elle produit. Le Phoque et l'Otarie, par exemple, l'un et l'autre conformés pour la vie aquatique et réunis côte à côte dans l'ordre des Pinnipèdes, se rattachent, d'après les recherches que M. Saint-Georges Mivart a faites sur l'ostéologie de leur crâne, le premier aux Mustélidés (Loutre) et le second à quelque type terrestre de la famille des Ours.

Nous n'insisterons pas davantage sur les emprunts qui pourraient être faits à la botanique et la zoologie, on n'aurait que l'embarras du choix. On en tirera pourtant la conséquence que la ressemblance dans les caractères n'implique point fatalement une parenté rapprochée; la puissance d'adaptation est plus forte que l'hérédité.

L'observation des animaux domestiques montre des caractères convergents acquis soit par le milieu, soit par les procédés zootechniques. Les Ruminants des régions désertiques : Chameaux, Zébus, Buffles et Moutons ont un caractère commun, la possession d'une ou de plusieurs loupes graisseuses ; il a été acquis par l'habitat dans un pays où les provisions de réserve sont une nécessité.

Les chevaux de course descendent des arabes et des barbes, deux races passablement distinctes l'une de l'autre ; la gymnastique de l'appareil locomoteur les a dotés d'une remarquable uniformité de tronc et de membres ; bien que la constitution vertébrale et la conformation de la tête soient souvent différentes, l'œil perçoit à peine ces divergences ; on n'est frappé que de leur ressemblance. On les dirait tous sortis du même moule.

Les animaux très perfectionnés pour la production de la viande, à quelque espèce et race qu'ils appartiennent, présentent la même convergence qui se résume dans le développement considérable du tronc et la réduction des extrémités ; du bœuf de Durham à l'oie de Toulouse, elle se fait dans le même sens.

Walsh a rattaché ces faits à une loi qu'il a qualifiée d'égale variabilité et formulée de la manière suivante : « Si un caractère est très variable chez une espèce d'un groupe, il tend également à l'être aussi chez les espèces voisines, et lorsqu'un caractère est parfaitement constant chez une espèce d'un groupe, il tend également à l'être chez les autres espèces voisines. » Cela n'est que la constatation de l'inégale malléabilité des tissus et la preuve que leur subordination domine la morphologie.

Section III. — Groupement des pigments; lois spéciales à la coloration des robes et des plumages.

L'importance de la coloration dans la diagnose des races et dans l'appréciation des individus engage à l'envisager séparément, encore que quelques-unes des particularités qu'on va signaler eussent pu rentrer dans les lois précédentes.

I. GROUPEMENT DES PIGMENTS ET DES MATIÈRES COLORANTES

Le pigment n'est pas uniformément répandu à la surface du corps ; il est irrégulièrement cantonné. A vrai dire, presque toutes les parties en sont pourvues et c'est surtout une irrégularité quantitative qu'il faut signaler; mais il est aussi des circonstances où il fait complètement défaut sur certains points.

Lorsqu'on cherche à se rendre compte des variations de coloration et à voir si les agglomérations de granulations pigmentaires obéissent à des lois, on constate deux tendances opposées dans le groupement, l'une centrifuge, l'autre centripète.

Dans la *tendance centrifuge,* les pigments sont moins abondants sur la ligne médiane du corps et ils se concentrent sur les extrémités. Elle est la plus générale. Les moutons downs, solognots, auvergnats, barbarins, dont la tête et les pattes sont brunes ou tachetées, tandis que le reste du corps est blanc, permettent de s'en rendre compte. On la trouve sur les bêtes bovines des steppes, de Schwitz, tarentaises, champsauriennes, d'Aubrac, gasconnes, vendéennes, qui ont la ligne dorso-lombaire, l'entre-fesson, le plat des cuisses, le dessous du ventre moins foncés que le muffle, l'extrémité des membres et le bout de la queue; il est même quelques groupes parmi elles qui présentent comme caractère constant une pigmentation très accentuée de la partie inférieure du scrotum et du pourtour de l'anus et de la vulve. Les chiens braques ont les extrémités feu ; les lapins russes ont seulement du noir au bout du nez, des oreilles et sur les pattes, tout le reste du corps étant blanc (fig. 57). Le cygne blanc a les pattes et le bec noirs. Avec un plumage cendré, l'oie de Toulouse a le bec noir.

Chez les chevaux alezans ou sur les rouans, il est fréquent de trouver les extrémités plus pigmentées que le reste du corps. Chez les sujets bais, les membres sont parfois bais-bruns et la tête plus foncée forme ce qu'en hippologie on a appelé *cap de maure*. Dans la robe isabelle, on voit aussi parfois les extrémités noires.

Fig. 57. — Lapins russes (Exemple de pigmentation centrifuge).

Dans la *tendance centripète*, le pigment est moins abondant aux extrémités que sur la ligne médiane et le tronc en général. Les chevaux pourvus de balzanes, de listes, d'étoiles, de pelotes et de taches de ladre aux lèvres en sont des exemples. Les ânes, les mulets et parfois les chevaux qui présentent les raies dorsale ou cruciale le démontrent aussi. La vache de Hereford et beaucoup de normandes dont la face est toujours blanche, le porc de Berkshire qui présente un peu de blanc sur le groin et les pattes (fig. 58), le mouton ardéchois qui, avec une toison noire ou rousse, a une tache blanche au bout de la queue, la chèvre arabe à face et extrémités blanches, beaucoup de chiens de toute catégorie à taches blanches aux pattes et à l'extrémité de la queue sont des exemples de cette polarisation pigmentaire. Dans le groupe des volailles, le coq hollandais, porteur d'une magnifique huppe blanche qui contraste avec le reste du plumage d'un beau noir, les pigeons coquillés ou cravatés de blanc, le cygne noir à bec rose et dont l'extrémité des rectrices est blanche, en sont des manifestations.

Dans la majorité des cas, la tête et les extrémités se pigmentent ou se dépigmentent de concert; il arrive pourtant des cas où cette harmonie est rompue et où la répartition pigmentaire est inverse.

Dans la distribution actuelle des pigments, leur groupement est déterminé par l'hérédité pour la plus forte part et il faut des circonstances exceptionnelles de milieu et de climat pour qu'il soit dérangé. Mais lors de la formation première des robes, à quelle loi la distribution pigmentaire a-t-elle été subordonnée ? à quelle influence a-t-elle obéi ? Nous l'ignorons. Serait-il déplacé de songer à quelque action calorifique ou lumineuse et d'établir un rapprochement avec la sensibilité particulière de certaines bactéries colorées qui sont impressionnées spécialement par quelques rayons du spectre dans la projection desquels elles s'accumulent ?

Lorsqu'on examine les robes des animaux domestiques retournés

Fig. 58. — Porc de Berkshire (Exemple de pigmentation centripète).

à l'état sauvage ou entre les mains de peuples si peu avancés en civilisation que la condition de leur bétail se rapproche beaucoup de celle des animaux sauvages, on est amené à penser que *le fauve est la couleur fondamentale et primitive;* certains faits d'atavisme confirment cette déduction. Il a été le pivot duquel la domestication et les circonstances de milieu ont fait s'écarter pour marcher soit vers une nuance plus foncée aboutissant au noir en passant par le bai, le rouge, le brun, soit vers une moins foncée arrivant au blanc en passant au gris et au froment. De telle sorte que le flavisme, le mélanisme et l'albinisme représentent l'un le centre et les autres les deux pôles relatifs aux couleurs.

Dans la marche vers l'un de ces pôles, la direction est plus souvent prise vers l'albinisme que vers le mélanisme par les animaux domestiques. Lorsqu'une tache blanche se montre sur un pelage, elle tend à s'agrandir aux générations suivantes, surtout s'il y a union en consanguinité, tandis que cet agrandissement n'apparaît pas pour les taches noires.

L'apparition accidentelle de taches blanches sur une robe foncée est fré-quente, celle de plaques foncées sur un pelage clair est rare.

L'albinisme se montre avec plus de fréquence dans les races noires que dans celles dont la robe est moins foncée, de sorte que *le mélanisme appelle l'albinisme*. Il est d'abord incomplet, partiel ou passe par les nuances du pie, du gris, du lavé, pour aboutir à l'albinisme complet. Les yeux sont généralement la dernière partie qui subit la modification ; quand ils l'éprouvent, les sujets sont véritablement des albinos dans toute la force du mot.

On voit apparaître accidentellement des individus à chevelure rousse dans toutes les races humaines ; on a attribué le nom d'*érythrisme* à ce fait dont on a donné plusieurs interprétations assez discutables.

C'est à un phénomène de même ordre qu'il faut rattacher la présence de sujets rouges, pie-rouge, pie-froment, froment foncé, dans la lignée d'un père et d'une mère noirs ou pie-noir ; ce n'est point rare dans l'espèce bo-vine. Il y a là un arrêt de développement, une diminution dans le pigment, c'est-à-dire un phénomène ayant de l'analogie avec l'albinisme partiel.

Pour quelques personnes, le flavisme est l'albinisme des Oiseaux à plu-mage vert ou olivâtre. Un exemple de facile vérification qu'on en peut donner est fourni par la Perruche ondulée qui, depuis quelques années, se reproduit en volière ; elle perd fréquemment la livrée verte coupée de lignes ondulées noires, pour la remplacer par une couleur jaune uni-forme.

Quant à ceux dont le plumage devient complètement blanc, ils con-servent le bec et les pattes de couleur rose ou jaune. L'Oie de Siam, sous-race de l'Oie caronculée et le Canard d'Aylesbury, avec un plumage blanc, ont les extrémités roses tandis que le Canard de Pékin, égale-ment blanc, les a jaunes.

II. CORRÉLATION ENTRE LA COULEUR ET L'ÉNERGIE FONCTIONNELLE

On a cherché de tout temps à établir un rapport entre la coloration des animaux et l'activité de leurs fonctions. Bien qu'on trouve d'excellentes bêtes sous tous poils, l'observation a appris que l'albinisme met les ani-maux dans des conditions d'infériorité. Aussi a-t-on cherché les causes de la dépigmentation.

Dès 1823, Heusinger avançait que la répartition du pigment est soumise aux deux lois suivantes :

1° La quantité de pigment est proportionnelle à la fonctionnalité des organes génitaux.

2° La proportion de pigment dans l'épiderme est en raison inverse de la quantité du tissu adipeux sous-jacent au tégument.

Dernièrement un observateur, examinant l'albinisme chez les Mollusques où il est fréquent, a conclu qu'il est le résultat d'une gêne éprouvée par le sujet dans son développement, parce qu'il s'observe de préférence sur les confins de l'aire de dispersion de l'espèce.

La deuxième loi formulée par Heusinger trouve sa confirmation dans les observations zootechniques. Il est intéressant de noter que les races fort améliorées pour la production de la viande et de la graisse ont peu de pigment, ainsi que le prouvent les bœufs charolais, limousins, agenais, bourbonnais. Le pigment de la face et des membres du southdown est moins foncé que celui du shropshiredown, moins amélioré que lui, bien que de même souche.

Ces observations démontrent aussi que la diminution du pigment coïncide avec une diminution d'activité vitale et *vice versa*. Tous les éleveurs et surtout ceux d'Oiseaux de basse-cour sont d'accord pour reconnaître que l'élevage des sujets blancs est plus aléatoire que celui des individus pigmentés. Ceux-ci sont plus robustes et supportent mieux les intempéries des saisons.

L'albinisme retentit sur les fonctions de reproduction; lorsqu'il se manifeste brusquement chez une poule dont le plumage jusque-là était foncé, la ponte diminue. La vigueur de reproduction est atteinte et si l'albinisme est très étendu quoique incomplet, on a de nombreux cas de stérilité. L'exemple suivant emprunté à l'espèce chevaline le prouve :

Il existe en Danemark une race chevaline dite de Frédériksborg, du nom du haras où elle a été créée et dans cette race une famille extrêmement renommée. Celle-ci est toute blanche, sans la moindre tache; partout où la peau est à nu, au pourtour des yeux et de l'anus, au fourreau, au bout du nez, sur les lèvres, elle est d'un beau rose; l'œil est brun, elle n'est donc pas albinos. Dans les grandes cérémonies, la voiture royale est traînée par ces animaux.

On s'attache à perpétuer cette famille, et pour y arriver on donne constamment des étalons blancs à des juments noires et grises de Frédériksborg; « presque toujours on obtient de magnifiques poulains blancs, tandis que *l'accouplement de l'étalon blanc avec la jument blanche reste stérile ou donne des animaux défectueux* [1] ».

Dans l'espèce bovine, la robe blanche, toutes autres choses égales, est l'indice d'une lactation inférieure et d'un lait moins butyreux que lorsque le pelage est pigmenté; dans l'espèce porcine, la truie berkshire qui est noire allaite mieux ses portées que celle d'York dont le pelage est blanc. Ces observations ont reçu une confirmation indirecte des recherches de Girod sur la formation du pigment dans la poche de la *Sepia officinalis* [2]. Cet observateur a montré que l'élaboration du noir se fait dans

---

[1] Tisserand, *Etudes économiques sur le Danemark, le Holstein et le Sleswig*, p. 163.
[2] P. Girod, *Recherches sur la poche du noir des Céphalopodes*, 1881.

des cellules d'origine épithéliale. Lorsque ces cellules ont leur extrémité libre gorgée de granulations pigmentaires, elle se déchire. Il y a donc ici un processus identique à celui de la sécrétion lactée et notamment des globules gras. Qu'on veuille remarquer que, si les côtes de la Manche poussent à l'élaboration du pigment, ainsi que nous l'avons fait remarquer, c'est également sur ces côtes, en Normandie, en Bretagne, à Jersey, qu'on trouve les vaches les plus beurrières.

Plusieurs auteurs, notamment Hensinger, Settegast, Wyman et Spinola, ont insisté sur l'immunité des animaux noirs vis-à-vis de l'action de quelques plantes vénéneuses. On a signalé aussi leur plus grande résistance aux attaques des insectes, aux rayons du soleil et aux intempéries saisonnières. La corrélation entre la pigmentation et la constitution est donc certaine.

Section IV. — Aperçus généraux sur le déterminisme de la variation.

Un intérêt passionnant s'attache à la recherche du déterminisme de la variation individuelle, car en la poursuivant, c'est le problème de l'origine des groupes taxinomiques qu'on aborde.

Parmi les penseurs qui s'en sont occupés, nous citerons Buffon, Lucas, Naudin, Nægeli, Darwin, Delbœuf et Giard. Leurs opinions se groupent sous deux chefs : tendance de la matière vivante à varier, d'une part, influences mésologiques, de l'autre.

I. HYPOTHÈSES BASÉES SUR LA TENDANCE DE LA MATIÈRE A VARIER

Buffon crut trouver la cause de la variation dans une *tendance à la dégénération* qui serait propre à chaque être. Cette manière de voir fut acceptée par Bourgelat et les premiers professeurs des Écoles vétérinaires qui recommandèrent d'avoir recours au croisement pour combattre cette déchéance inévitable.

Lucas admit que la nature est avant tout créatrice de formes nouvelles et qu'elle se sert pour cela de l'*innéité*. Cette force mystérieuse de l'organisme lutterait avec l'hérédité qui tend à maintenir les êtres dans le moule ancestral tandis qu'elle les en écarte.

Naudin supposa au blastème primitif une *force potentielle à l'état de tension* qui, bien qu'épuisée par la formation des espèces aux temps géologiques antérieurs aux nôtres, se manifesterait néanmoins parfois.

Nægeli crut que dans le protoplasma de tout être vivant réside une *tendance au complexe* qui amène les variations.

A côté des causes à but limité et bien défini, M. Delbœuf pense qu'il y a vraisemblablement une cause permanente à but illimité, qui ne cessera que quand l'ordre présent des choses cessera lui-même. C'est la *tendance au mieux;* ce qui existe pouvant toujours être supposé plus parfait, cette tendance n'est jamais satisfaite. L'évolution des corps organisés ne s'arrêtera qu'avec l'état actuel de notre planète.

Sous des expressions différentes, on retrouve la même pensée, on voit l'organisme doté d'une *tendance* à s'écarter de la forme ancestrale, pour dégénérer ou se compliquer. Ces hypothèses ont le tort de doter la matière d'un esprit de finalité.

Ce n'est pas à dire que, dans l'état présent des connaissances scientifiques, on ait la clef de toutes les variations dans des actions purement physiques, la raison de plusieurs nous échappe. Les malacologistes, par exemple, ont remarqué que, quand une espèce de Mollusques à coquille est placée dans un milieu favorable, elle se multiplie avec une très grande abondance, puis et sans que rien, en apparence tout au moins, soit changé dans le milieu, des anomalies apparaissent en grand nombre et parfois le type disparaît devant la forme anomale. On est tenté, dans ces cas, de se demander si ce n'est point en elle-même et comme épuisée par une multiplication trop rapide et trop grande, que l'espèce a puisé la variabilité, sans intervention mésologique.

II. CAUSES PHYSIQUES DE VARIATION

La conception d'un déterminisme purement mécanique de la variation satisfait davantage l'esprit que les hypothèses précédentes ; d'ailleurs sa réalité, énoncée implicitement par Darwin, s'affirme au fur et à mesure qu'on rassemble davantage de faits.

L'individuation est sous la dépendance des causes extérieures qui agissent sur les parents et sur la descendance.

Parmi les organes ou appareils qui sont influencés, se place en première ligne l'appareil reproducteur. Sa sensibilité doit être grande, si l'on en juge par la facilité avec laquelle on arrive à diminuer ou même à annihiler la faculté de reproduction dans le règne animal. Les Oiseaux de basse-cour se prêtent bien à ce genre d'expérimentation, et l'observation a appris que la captivité rend inféconds plusieurs sortes d'animaux ; nous avons déjà insisté sur cette particularité en la présentant comme l'un des obstacles à la domestication. Il est également bien connu que le changement brusque de climat amène une perte, momentanée tout au moins, de cette fonction.

Les éléments reproducteurs mâle et femelle, pour rétrograder de l'état normal à celui où la stérilité apparaît, passent vraisemblablement par une série d'états intermédiaires, résultat des conditions de milieu. Il n'y a rien d'irrationnel à penser que les modifications qu'ils éprouvent impri-

ment leur marque sur le produit de leur conjugaison et que de là naît son
individualité. Les expériences des tératogénistes autorisent ce concept,
puisqu'elles démontrent qu'une action déterminée sur l'œuf entraîne une
perturbation dans l'agencement des éléments du jeune être qui en sort,
une déviation de sa forme typique.

Si des sujets issus de mêmes parents ne se ressemblent pas, on ne doit
pas perdre de vue qu'au moment de la conception, leur père et leur mère
étaient dans des conditions différentes d'âge, de tempérament, peut-être
de santé et que, pendant leur séjour dans l'utérus maternel, les fœtus ont
été soumis à des actions particulières qui les ont individualisés. En un
mot, les influences mésologiques ont agi sur eux par l'intermédiaire de
leurs procréateurs.

Un rôle doit être réservé à l'inégalité de maturation des ovules au
moment où ils ont été fécondés. Il est possible aussi que les cellules
spermatiques et les œufs n'aient pas une vitalité identique, de sorte que
leurs différences retentiront sur les êtres qu'ils forment.

L'observation a montré que la position relative des fleurs par rapport
à l'axe et des graines dans les capsules et les gousses sont des causes
de variation. S'il était permis d'établir quelque rapprochement entre
celles-ci et les fœtus dans l'utérus maternel, on se demanderait s'il ne
faut pas faire jouer un rôle à la situation de ces derniers dans la matrice.
On sait que, dans les femelles multipares, le dernier né est toujours plus
petit que les autres.

Il faut aussi tenir compte de la différence de milieu et d'alimentation
dans laquelle les femelles se trouvent. Une démonstration si péremptoire
de cette influence a été donnée par M. Giard, que nous la reproduisons ici [1].

Le *Palæmonetes varians* (Leach) vit tantôt dans les eaux saumâtres des estuaires.
tantôt dans les lacs séparés depuis longtemps de la mer et dont les eaux sont tout à
fait douces. M. Giard, en comparant des femelles de même taille dont l'une provenait
d'un lac d'eau douce et l'autre d'un estuaire à eau salée, a vu que la première incubait
des œufs de 3 demi-millimètres de longueur, tandis que ceux de la seconde n'avaient
guère qu'un demi-millimètre. La première n'en avait que 25 et la seconde 321.

Ce fait n'est pas isolé. Dans la Russie septentrionale, une mouche coprophage, la
Musca corvina, pond habituellement 24 œufs d'où sortent des larves qui subissent une
évolution à deux phases. En Crimée, cette mouche ne pond qu'un œuf très volumineux
d'où sort une larve parvenue d'emblée à sa dernière phase évolutive.

On s'étonnerait si ces conditions si différentes étaient sans influence sur
les êtres qui vont naître et ne les particularisaient pas, bien qu'ils appartiennent à la même espèce.

[1] A. Giard, *De l'influence de l'étiologie de l'adulte sur l'ontogénie du Palæmonetes
varians Leach (Comptes rendus de la Société de biologie,* 10 mai 1889).

L'influence mésologique continue à agir sur les êtres après la naissance. En démontrant, comme cela a été fait à propos de l'individualité, que les différences sur les sujets issus de mêmes parents vont en s'accentuant avec l'âge, c'était indiquer, par anticipation, la réalité de l'influence du milieu sur la différenciation.

Dans la recherche du déterminisme de la cœnogenèse, on doit tenir compte du rôle que joue le conflit d'hérédité des reproducteurs. Des caractères nouveaux, particuliers, capables d'individualiser le produit, issus de l'association ou de la lutte des caractères de la ligne paternelle et la ligne maternelle apparaissent. On peut discuter sur leur origine et la place à leur faire dans l'exposé des phénomènes de l'individualisation, mais leur apparition est indéniable.

III. CAUSES ADJUVANTES DE LA CŒNOGENÈSE.
RÔLE DE L'AMORCEMENT

A côté des causes efficientes qui tiennent aux milieux cosmique et physiologique, il en est auxquelles une mention est due comme adjuvantes de la variation, ce sont : la *complexité d'organisation*, la *présence d'organes en série*, la *rapidité de multiplication*, la *domestication* et l'*amorcement*.

Si l'observation montre que, en règle générale, ce sont les organismes les plus complexes qui varient le plus, le raisonnement est d'accord avec elle pour qu'il en soit ainsi. L'organisme n'est complexe que parce qu'il y a eu division anatomique correspondant à la division physiologique ; en se spécialisant, il s'est exposé à voir un de ses organes ou de ses appareils ne plus être, à un moment donné, en parfaite concordance avec le milieu et dans la nécessité de se modifier. La variation qu'il subit retentissant sur le reste de l'organisme, on a la clef de la plus grande malléabilité des organismes supérieurs.

On ne fera que rappeler la facilité de variation des organes en série, puisque ce point a été développé à propos de la loi de Geoffroy Saint-Hilaire.

La rapidité de multiplication, en tant que cause adjuvante de variation, s'explique, puisqu'il y a plus de chances quand on agit sur un nombre élevé de générations et d'individus, d'y rencontrer des particularités nouvelle que si l'on est en face d'un petit nombre. Mais ce n'est qu'une cause secondaire, et si l'espèce du Pigeon semble faite pour la confirmer, celle du Cobaye, où les générations se succèdent aussi nombreuses, vient la mettre en défaut.

La domestication place les êtres qui l'ont subie dans des conditions favorables à la variation. Les horticulteurs ont affirmé, les premiers, que les plantes cultivées varient plus fréquemment et plus profondément que les végétaux sauvages; la fixité du type ayant été ébranlée, un affolement à amplitude variable en est la conséquence. Que l'on sème comparativement les pépins d'une poire sauvage et d'une poire améliorée et on constatera sur les pieds issus de celle-ci une variation qui ne se montrera pas ou se montrera à un degré très amoindri sur les rejetons de celle-là.

Il en est de même des animaux domestiques. Lorsqu'on les déplace, ils subissent plus rapidement et avec plus d'intensité les effets du milieu que leurs congénères sauvages ou semi-domestiqués. La rapidité avec laquelle le cheval boulonnais, le flamand et le clydesdale se tranforment quand on les transporte dans les pays méridionaux, mise en regard de la résistance que montrent les hémiones importées en Europe, est frappante. D'autre part, l'expérience est faite qu'il est beaucoup plus facile et surtout plus économique d'obtenir une amélioration quelconque en s'adressant à une de nos races domestiques qu'en agissant sur une espèce sauvage. C'est même une des raisons pour lesquelles les tentatives d'introduction et d'acclimatation sont accueillies avec tant de réserve par les éleveurs. Lorsqu'on agit sur un animal domestique depuis longtemps et déjà amélioré, son organisme semble amorcé pour les améliorations.

L'*amorcement* est en effet une cause adjuvante très puissante de variation; celle-ci se fait à peu près constamment dans le sens d'une évolutilité qui s'est manifestée antérieurement.

Ce sont encore les botanistes qui ont attiré l'attention sur l'amorcement et qui ont montré qu'il est le point de départ des modifications d'adaptation. D'après M. Vesque, les plantes exposées aux ardeurs d'un soleil brûlant se préservent d'une température qui pourrait leur devenir fatale, soit par un épaississement de la cuticule, soit par des poils. Les deux dispositions sont offertes, chacune séparément, par des espèces. M. Vesque a constaté qu'une plante glabre et à cuticule mince, mise en plein soleil, épaissit sa cuticule, mais ne prend pas de poils, tandis qu'une plante un peu poilue, exposée également au soleil, devient très velue. Cette dernière est donc amorcée dans le sens du pilosisme et l'amorcement est le point de départ des modifications par adaptation. Mais les causes qui, au début, l'ont déterminé lui-même nous échappent et doivent rentrer dans la catégorie des variations spontanées.

Dans le règne animal, on constate des faits de même interprétation. Nous nous sommes déjà posé la question de savoir s'il ne fallait pas considérer comme une conséquence de l'amorcement la multiplication si fréquente des organes en série et la rapprocher de la multiplication des poils sur un végétal déjà quelque peu velu.

Les variations de pigmentation, si nombreuses parmi les animaux domestiques, sont celles où l'amorcement se montre le plus manifestement. Elles ne changent point la couleur fondamentale, mais elles en modifient les tons et les nuances qu'elles accentuent ou qu'elles atténuent.

I. Geoffroy Saint-Hilaire, dont ces variations avaient arrêté l'attention, les qualifiait de couleurs secondaires et il faisait observer qu'elles sont en rapport avec la couleur primitive de l'espèce, qu'elles en dépendent et en dérivent. Il ne faut pas croire, disait-il, que les couleurs secondaires remplacent la couleur primitive au hasard et comme arbitrairement : en effet, si cela était, il n'est pas de couleurs qui ne vinssent, après un certain nombre de générations, à se produire dans une espèce, ce qui est loin d'avoir lieu [1].

Quand la variation se fait dans le sens de l'atténuation, il y a poussée du côté de l'albinisme ; se fait-elle dans le sens de l'accentuation, il y a poussée du côté du noir ou du jaunâtre, mélanisme ou flavisme. Or, le flavisme amorce le mélanisme ; les exemples fournis par les Surmulots et la Panthère de Java, qui, fauves, forment des races noires, sont aussi connus des zoologistes que ceux des bêtes grises des Alpes formant la variété noire ou noir-pie de Hastli, le sont des zootechnistes. Il y a plus : une simple tache noire sur le palais ou la langue d'un bélier ou d'un taureau de pelage blanc est une amorce manifestant parfois ses effets sur la robe des descendants qui peut être tachetée.

On devine par ce dernier fait que la connaissance de l'amorcement n'est pas purement théorique, elle a, en zootechnie, un côté tout à fait pratique. Elle doit intervenir dans le choix des producteurs pour les faire éliminer ou conserver, suivant qu'on recherche ou qu'on repousse telle ou telle particularité que la potentialité organique ou amorcement fera apparaître.

L'importance théorique et pratique de l'étude des variations nécessite une analyse de leur étiologie. On va la poursuivre : 1° dans les variations indépendantes de l'intervention humaine ; 2° dans celles qui en dérivent.

---

[1] I. Geoffroy Saint-Hilaire, *Histoire générale et particulière des anomalies*, t. I, page 355, Paris, 1832.

CHAPITRE IV

VARIATIONS INDÉPENDANTES DE L'INTERVENTION HUMAINE

Parmi les variations indépendantes de l'action de l'homme, les unes apparaissent brusquement sous l'action de causes inexplicables actuellement et qualifiées pour cela d'intrinsèques, les autres sont la résultante du milieu.

Section première. — Variations soudaines et de causes indéterminées.

La variation dans la majorité des cas est brusque et spontanée. L'observation fait voir que les types se modifient moins par une action insensible, lente, continue, agissant sur tout un groupe que parce que dans chacun de ceux-ci se trouvent des individus qui présentent des particularités soudaines. Si elles leur sont utiles ou si l'homme juge à propos de les propager, ces individus se multiplient parallèlement à la souche ; parfois ils l'éliminent et prennent sa place.

On s'étonne quelquefois de trouver beaucoup plus de races parmi les espèces domestiques que parmi les espèces sauvages ; rien n'est pourtant plus naturel. En effet, les variations qui surgissent ne sont pas toujours utiles aux animaux qui les présentent, parfois elles leur sont désavantageuses. Dans ce cas, s'ils sont sauvages, ils ne font pas souche, car ils sont vaincus dans la concurrence pour la vie ; tandis que s'ils sont domestiques, l'homme les protège et leur permet de se multiplier. C'est de cette manière que s'expliquent la propagation des bœufs sans cornes, des bassets à jambes torses et des volailles courte-pattes ou à huppes extrêmement développées qui sont dans des conditions d'infériorité pour la vie libre.

En agriculture, plusieurs sortes de plantes cultivées n'ont pas apparu autrement que par variation spontanée. Le blé, pour prendre une céréale connue de tous, fournit aujourd'hui près de mille variétés à la culture, bien distinctes et se reproduisant de semis. Comment les avons-nous obtenues ? M. de Vilmorin, d'une compétence indiscutable dans ce sujet, répond que nous en avons fait venir un certain nombre de l'étranger et spécialement de l'Irlande, de l'Écosse, du Danemark ; nous ne savons pas exactement comment elles se sont formées, mais il est probable que beaucoup sont filles du climat où elles vivaient.

Quelques variétés se sont produites spontanément en France, sous nos yeux, par variation du type. Tel est le *Blé de Bordeaux*, remarqué pour la première fois dans le Gers où on le sélectionna sous le nom de blé rouge inversable et qui depuis s'étend et se répand de plus en plus[1].

Il en est de même du *Chou pommé* de nos jardins. Tous les essais faits par de Vilmorin, pour transformer le *Brassica orientalis* en chou à tête, ont été infructueux. En le traitant par les méthodes les plus perfectionnées du jardinage, on lui procura « un développement plus vigoureux, des dimensions plus fortes, ses feuilles devinrent plus amples, sa tige plus haute ; on en fit un chou cavalier, mais jamais un chou pommé[2]. » Les choux comestibles se sont donc formés par une variation spontanée apparue chez quelques sujets qui ont aggloméré leurs feuilles en une pomme compacte au lieu de les étager. L'homme s'est emparé de cette disposition et, la reproduisant par sélection, il a créé le chou pommé.

Ces variations soudaines ont été observées d'une façon très précise sur les espèces bovine, ovine, cuniculine et colombine. Elles siègent sur diverses parties du corps. Quelques-unes sont l'origine de races domestiques, car elles se transmettent avec assez de fidélité pour que, l'homme le voulant, il en dote un groupe ; toutes cependant ne sont pas transmissibles.

Nous allons d'abord emprunter trois exemples de ces variations au bétail de l'Amérique du Sud. Le lecteur sait que cette partie du Nouveau Monde, dépourvue de bœufs lors de la découverte, en a été peuplée par des individus amenés de la péninsule Ibérique (voyez page 107). Le type de ces bœufs étant bien connu, si d'autres formes ont apparu dans le sud de l'Amérique et que la date de leur apparition ait été notée, la preuve de l'origine des races nouvelles qui en sont la continuation sera donnée. Or on y trouve aujourd'hui des bêtes sans cornes, d'autres désignées sous le noms de Natas ou Niatas, et enfin des bœufs dits Franqueiros. Voici des renseignements succincts sur chacun de ces groupes :

a) En 1770, naquit au Paraguay un taureau qui resta sans cornes et devint la souche, dans l'Amérique du Sud, d'une race sans cornes. Ce taureau était issu de parents de souche espagnole et fortement armés ; bien qu'il saillit des vaches cornues, ses produits furent, comme lui, privés de cornes (fig. 59).

b) A une date qu'on ne peut fixer avec précision, comprise entre 1552 et 1760, apparurent dans les bestiaux des Indiens de la rive méridionale de la Plata, des individus remarquables par le développement incomplet des sus-naseaux et du maxillaire supérieur, l'incurvation de l'extrémité de la mâchoire inférieure qui se recourbe pour venir à la rencontre du maxillaire supérieur (fig. 60). Le front est large, la lèvre supérieure retirée en arrière, les narines, très ouvertes, sont placées haut. Ces animaux sont aux autres bœufs

----

[1] H.-L. de Vilmorin, *Les Blés à la mode*, in *Journal d'Agriculture pratique*, 1888, p. 1610.

[2] L. de Vilmorin, *Notice sur l'amélioration de la Carotte*, page 8.

ce que les bouledogues sont aux chiens ordinaires. Ces animaux ont formé race, quoi qu'on en ait pu dire, et notre Laboratoire s'est enrichi dernièrement du crâne d'un bouvillon ñata qui nous fut adressé du Chili.

c) Il existe au Brésil, dans la province de Saint-Paul, une race bovine dite race des Franqueiros, caractérisée par le développement véritablement gigantesque de ses cornes qui sont dirigées en dehors, en avant, et qui se recourbent à la pointe (fig. 61). On prendra une idée de ce développement par le chiffre suivant : l'étui d'une seule corne de ce bœuf déposée à notre laboratoire pèse 3 kilogrammes. Elle s'est créée de toutes pièces au Brésil.

L'apparition des trois particularités dont il vient d'être question est d'un haut intérêt à double titre. Elle donne la preuve que spontanément, sans cause connue, des variations se montrent, comme il s'en est produit aux époques géologiques antérieures, qui deviennent l'origine de groupes; ce n'est ni le milieu ni le climat américain qui les ont produites, car on les a constatées en Europe, ce qui prouve qu'elles se répètent et que certaines parties en sont tout spécialement le siège.

Le bœuf franqueiro nous paraît reproduire la forme quaternaire du *B. primigenius* que l'on ne retrouve plus en Europe depuis longtemps sous son moule primitif, car nous ne connaissons aucune race qui fournisse un tel développement du cornage avec direction en avant. Ceux dont les cornes sont dirigées dans ce sens les ont, au contraire, très petites. En rapprochant les figures 21 et 60, on prendra de suite une idée de la ressemblance.

Le bœuf ñato, du Chili, a de temps à autres des similaires dans plusieurs races européennes. La cottentine, remarquable elle-même par la brièveté de sa face, en offre de fréquents spécimens [1]. M. Baron observa le ñatisme sur le bœuf portugais de la Bajoca [2] et nous l'avons nous-même rencontré dans les Alpes Briançonnaises sur un bœuf qui correspond probablement au *B. brachycephalus* de Wilkens et dont la figure 60 représente un spécimen entretenu actuellement à la ferme de l'Ecole de Lyon.

Il n'est pas rare, en Europe, de voir des bêtes bovines, dont le père et la mère étaient coiffés, rester dépourvues de cornes et transmettre cette particularité à leurs descendants. En voici quelques exemples de date récente et dont le contrôle est possible :

a) En 1874, au village de Branina, en Sicile, dans une étable de vaches indigènes cornues, naquit un taurillon chez qui les cornes n'apparurent jamais et qui devint la souche d'une famille bovine sicilienne sans cornes, parce qu'il plut au propriétaire de fixer dans sa ferme ce caractère par la reproduction [3].

---

[1] Railliet, Communication, au nom de M. Favereau, à la Société centrale vétérinaire, *Bulletin*, année 1887, page 76.
[2] Baron, La Race ñata, communication à la Société centrale vétérinaire, *Bulletin*, année 1887, pages 72 à 75.
[3] *Il Zootecnico*, année 1877.

FORMES BOVINES APPARUES SPONTANÉMENT DANS L'AMÉRIQUE DU SUD
DEPUIS LE XVIᵉ SIÈCLE

Fig. 59. — Taureau sans cornes (Paraguay).

Fig. 60. — Tête osseuse de bœuf ñato (Chili).

Fig. 61. — Tête osseuse de bœuf franqueiro (Brésil).

b) M. Colson, propriétaire à Saint-Aubin-sur-Aire (Meuse), possédait un troupeau de vaches à lait presque toutes de race pure Schwitz. Il obtint, vers 1861, d'une même vache, métisse Schwitz, saillie par un taureau Schwitz, deux veaux jumeaux, mâle et femelle, auxquels ne poussèrent pas de cornes. Il les éleva, les fit se reproduire entre eux et obtint des génisses et des taurillons sans cornes. Il en éleva plusieurs et obtint, après sept ou huit ans, une étable composée en grande partie d'animaux sans cornes.

Un cultivateur voisin acheta une de ces vaches, alors à l'état de gestation, qui lui donna une génisse également sans cornes. N'ayant pas de taureau, il fit saillir la mère et, plus tard, la fille par un taureau Schwitz; elles donnèrent aussi l'une une génisse sans cornes et l'autre avec des cornes avortées. La troisième année, il obtint un taurillon qui resta sans cornes [1].

Fig. 62. — Vache à courte face des Alpes briançonnaises.

Dans l'espèce ovine, la création de la sous-race mérinos soyeuse ou de Mauchamp est connue et son origine qui date d'hier ne peut laisser prise au doute.

En 1828, un propriétaire du département de l'Aisne, M. Graux, qui exploitait à la ferme de Mauchamp, près Barcy-sur-Bac, vit apparaître dans son troupeau un agneau dont la laine, au lieu de prendre les caractères de celle du mérinos, resta lisse et soyeuse; il le conserva et, quand le moment fut venu, le fit reproduire: il obtint des produits possédant la même laine. Utilisant la reproduction en consanguinité, il créa un troupeau soyeux [2].

Ce n'était pas la première fois que cette modification de la toison se produisait dans la race mérinos. Comme l'absence de cornes, elle n'est aussi qu'un arrêt dans l'évolution de la laine qui reste avec les caractères de celle de l'agneau. On l'a rencontrée à Rambouillet, à Chatillon-sur-

[1] Laurent, *Les Bœufs sans cornes*, in *Recueil de médecine vétérinaire*, 1886, p. 851.

[2] Yvart, *Études sur la race mérinos à laine soyeuse de Mauchamp*, in *Recueil de médecine vétérinaire*, année 1850, p. 466 et suiv.

Seine, à Laperrière, à Villeneuve-l'Archevêque (Yonne), mais M. Graux est le premier qui la propagea et donna une solide assise à l'opinion de la dérivation tératologique de quelques races.

Dans l'espèce cuniculine, tous les éleveurs savent que le long poil qui caractérise l'angora apparaît de temps en temps, brusquement, sur des lapins communs et que rien n'est plus facile que de se constituer un clapier de lapins angoras.

Dans l'espèce du pigeon, une des races les plus remarquables est celle du Culbutant courte-face, dont l'histoire a été rapportée par Darwin[1]. Importé d'Orient avec les caractères ordinaires du Culbutant commun, il est devenu courte-face par la production d'un oiseau à bec court ou monstrueux, vers l'an 1750.

Le géantisme et le nanisme, qui se produisent par à-coups dans un groupe, sont également des variations brusques à étiologie indéterminée.

Le titre sous lequel ont été réunies les variations dont il vient d'être parlé fait présumer que nous nous arrêterons à peine sur leur étiologie ; ce serait nous engager dans le champ des hypothèses. Nous dirons seulement que, la plupart d'entre elles ayant leur point de départ dans la vie embryonnaire, il y a lieu d'espérer que la tératogénie expérimentale en fera connaître les causes. Les travaux de Geoffroy Saint-Hilaire et surtout de M. Dareste ont déjà éclairé beaucoup de points du déterminisme des déviations et des monstruosités, un jour ou l'autre ils feront la lumière sur les variations plus simples.

« Je pense, a dit M. Dareste, qu'en employant les procédés qui m'ont servi pour la production des monstres, mais en les employant d'une autre façon, j'arriverai à produire les anomalies légères, les *variétés*, aussi facilement que les anomalies graves[2]. » La réalisation de ce programme aura une importance zootechnique considérable, il faut la souhaiter la plus prochaine possible.

Section II. — Variations sous l'influence du milieu cosmique.

L'observation la plus superficielle montre que les êtres vivants subissent l'action du milieu où ils se trouvent. La constatation en est facile sur les végétaux qui, attachés au sol, ne peuvent par des déplacements, en éviter les effets quand ils sont déprimants pour eux. Qui ne sait combien les plantes alpines transportées dans la plaine changent d'aspect ? Quel botaniste n'aime à raconter les déceptions de ses premières excursions en pleine campagne alors qu'il ne connaissait les espèces que par le facies de celles du jardin botanique où il a fait ses premières études ?

[1] Darwin, *Loco citato*, t. I, p. 228.
[2] Dareste, *Production artificielle des monstruosités*, Paris, 1877, page 40.

Un très grand nombre de plantes alimentaires, fourragères ou industrielles se sont si profondément modifiées qu'on pourrait douter de leur
origine. Au milieu des exemples qui se pressent pour la démonstration,
deux seulement seront choisis qui se rapportent à des faits de date récente et dont l'authenticité n'est pas discutée ; l'un montre des modifications à la suite de déplacement, l'autre en offre qui ont eu lieu sur place,
le substratum seul étant changé.

a) Les vignes des bords du Rhin sont, pour la plus forte partie, l'origine des vignes
de Madère. Au bout de huit ans de séjour à Madère, une vigne d'origine rhénane s'est
modifiée de telle façon qu'elle fournit l'un des vins spéciaux désignés sous le nom de vin
de Madère.

b) La *Regia Victoria* est une belle plante aquatique abondante dans les eaux du Parana
et de l'Uruguay. En 1801, Bonpland, savant français qui accompagnait de Humboldt dans
son voyage en Amérique, se fixa dans l'Uruguay et il eut l'idée de recueillir les graines
de cette plante, de les semer sur la terre humide, puis sur la terre ferme ; à la quatrième
génération, cette plante aquatique devenue plante terrestre, a donné un épi à graines
comestibles, aujourd'hui bien fixé. On l'appelle dans le pays *maïs Bonpland.*

L'homme se crée par les habitations, les aliments, le vêtement, un
milieu artificiel ; il échappe en partie aux effets du milieu cosmique et son
acclimatation est plus facile que celle des animaux et des végétaux. C'est
la raison pour laquelle, en anthropologie, on a pu nier l'influence des
milieux et soutenir l'inébranlable persistance des types. Kollmann, entre
autres, pense que pour l'homme et plusieurs animaux supérieurs, la
période de variabilité sous l'influence du milieu est close et que le croisement ou mieux le métissage est seul capable de faire apparaître des
caractères nouveaux. Il fait remarquer que les Canadiens sont toujours
des Bretons, les Brésiliens des Portugais, etc.

Les animaux vivant en liberté sont dans des conditions autres et le
milieu leur imprime son cachet. Au fond, c'est une erreur en zoologie et
en zootechnie de parler de caractères typiques et de caractères d'adaptation, car tous sont acquis. L'embryogénie, la paléontologie et l'anatomie
comparée montrent clairement que les diverses classes de Vertébrés
construites sur un plan identique ne se sont différenciées qu'en s'adaptant
à des milieux différents. La conformation des poissons dipnoïques, de la
main des tortues aquatiques, de l'aile des oiseaux coureurs en sont des
exemples classiques. Par suite de leurs fonctions, les membres sont les
parties le plus souvent modifiées, mais ni les grands appareils, ni les
organes des sens, ni la tête et la tige rachidienne n'échappent aux modifications dues à l'influence mésologique. En raison de sa sensibilité
particulière, la fonction génitale est rapidement modifiée ; la pratique
des établissements zoologiques et des jardins d'acclimatation apprend
que beaucoup d'animaux exotiques se reproduisent difficilement hors
de leur pays d'origine. Le Cheval européen transporté dans l'Afrique

équatoriale ne s'y est pas encore multiplié et l'Oie de Madagascar, importée en France depuis trois ans, n'a donné que des œufs clairs jusqu'à présent.

Bien que soustraits pour une partie à l'influence du milieu, les animaux domestiques en accusent l'empreinte morphologique et physiologique. Le zootechnicien distingue sans peine le bétail de montagne de celui de la plaine, celui des pays granitiques et celui des régions d'alluvions. Ce fait a été fort bien mis en évidence par M. Tisserand :

« Le bassin de la mer du Nord, dit-il, est sans contredit la région européenne qui présente le plus d'importance au point de vue de la production du bétail, de la beauté, de la perfection des formes et des aptitudes de ses animaux domestiques : d'un côté l'Écosse et l'Angleterre avec leurs célèbres races, de l'autre, le nord de la France, la Belgique, la Hollande, la Frise, l'Oldenbourg, dont les bestiaux ont joui de tout temps d'une si grande réputation ; puis le Holstein, le Sleswig et le Danemark. »

« Quand on a parcouru et examiné avec soin les pays qui s'étendent le long de l'Océan, de la Manche et de la mer du Nord, depuis la Coruña, extrémité occidentale de l'Espagne, jusqu'à la pointe de Skagen qui termine la presqu'île jutlandaise dans le Cattegat ; quand on en a observé la constitution géologique et le climat, le relief et la nature du sol, on ne manque pas d'être frappé des rapports intimes qui unissent toutes les races bovines qui peuplent ces contrées, on reconnaît que malgré les différences souvent très grandes qu'isolément elles présentent les unes avec les autres, ces races ont des caractères communs qui permettent de leur assigner une origine commune. Quel a été le berceau de la grande famille dont elles ne sont que des membres épars ? D'où se sont-elles répandues ? Est-ce de la Hollande, d'où les éleveurs anglais ont déjà tiré les éléments à l'aide desquels ils ont créé l'admirable race de Durham dans l'espèce bovine ? Est-ce de cette Frise dont il ne reste plus que quelques débris ou encore du Jutland, la Chersonèse cymbrique des anciens d'où partirent les Goths, les Angles et les Normands qui envahirent tout le littoral de l'Océan et pénétrèrent, comme on le sait, jusqu'en Espagne ? C'est là un point qu'on ne saurait préciser et l'histoire ne jette aucune lumière sur cette question.

« Quoi qu'il en soit, il est facile de comprendre comment les mêmes animaux sont parvenus à former des races distinctes. Dispersés sur une immense étendue de côtes, les divers rameaux de la grande famille hollandaise se sont trouvés placés dans des conditions très variées de sol et de climat, ils se sont modifiés naturellement suivant ces conditions ; ils ont pris des caractères distincts ; d'abord accidentelles, les différences se sont fixées peu à peu, puis elles se sont perpétuées : de là des races[1]. »

---

[1] Tisserand, *loc. cit.*

I. RÉACTION DE L'ORGANISME EN FACE DU MILIEU.
ADAPTATION ET MIMÉTISME

Avant tout, l'organisme cherche à vivre, avons-nous déjà dit ; jeté dans un milieu différent de celui auquel l'hérédité l'avait préparé, il réagit, la flexibilité de ses tissus entre en jeu et des modifications, d'abord fonctionnelles, morphologiques ensuite, en résultent. L'ensemble de ces changements est désigné sous le nom d'*adaptation ;* en voici quelques exemples classiques :

La Couleuvre à collier est ovipare, elle pond ses œufs dans le sable et ils n'éclosent que trois semaines après la ponte. La tient-on en captivité dans un lieu dépourvu de sable, elle garde ses œufs jusqu'à éclosion, elle devient vivipare. L'appareil respiratoire subit des modifications de même ordre : dans leur jeunesse, les Tritons ont une respiration branchiale, puis ils sortent de l'eau et deviennent pulmonés ; qu'on les maintienne dans l'eau, leur respiration reste branchiale toute leur vie. L'Axolot du Mexique n'était connu et élevé en France que comme un animal pourvu toute sa vie de branchies, vivant et se reproduisant dans l'eau. Il y a quelques années, au Muséum de Paris, des axolots sortirent du bassin où on les conservait, perdirent leurs branchies, devinrent uniquement pulmonés, et on constata, non sans étonnement, qu'ils étaient identiques aux animaux désignés sous le nom d'Amblyostomes, de l'Amérique du Nord. Les expériences de Mlle de Chauvin sur les Salamandres ont donné des résultats de même sens.

Dans un même milieu, on voit se produire des modifications différentes, et dans des milieux dissemblables, des variations identiques. La survivance est assurée par des procédés divers en partie sous la dépendance de l'amorcement.

Pour donner une idée de l'admirable souplesse de l'organisme et des moyens qu'il utilise pour vivre, choisissons, parmi les nombreux exemples qui s'offrent à nous, ce qui s'est passé chez les animaux domestiques des contrées où ils sont soumis à des alternatives d'abondance et de disette. Le chameau, le dromadaire, le zébu, le bœuf et le mouton de ces régions portent une ou plusieurs loupes graisseuses, de position variable (fig. 63), qui sont des magasins de réserve où ils vont puiser aux jours de jeûne des matériaux pour subsister, comme le font les animaux hibernants qui, pendant leur sommeil, utilisent aussi la graisse antérieurement accumulée.

Au milieu des variations de toutes sortes qui découlent de l'adaptation, il en est une singulière, c'est la mise à l'unisson de la couleur de la peau et de ses appendices à celle du milieu. Les reptiles désertiques ont la couleur du sable sur lequel ils rampent. La livrée du lièvre de nos guérets est de couleur terreuse, tandis que celle du lièvre d'Afrique est d'un ton rougeâtre qui s'harmonise avec le sol où il vit. Livingstone rapporte qu'un chien barbet, qui le suivit dans ses explorations en Afrique, était à pelage noir quand il quitta l'Angleterre et qu'il devint roux après quelques mois de séjour dans le centre africain. On a observé que la robe dominante du cheval arabe est blanche dans les plaines à sable blanc et qu'elle est d'un gris d'autant plus sombre que le terrain devient lui -même plus foncé.

Cette concordance entre la couleur de la peau et surtout du poil, des plumes et des écailles, et celle du milieu est désignée sous le nom de *mi-métisme*.

Fig. 63. — Moutons d'Asie à large queue.

On doit à M. Pouchet des observations et des expériences exécutées sur des Poissons et des Crustacés, qui ont mis en évidence la réalité du mimétisme et qui ont prouvé que la fonction chromatique de ces animaux dépend en partie des sensations qu'ils perçoivent par les yeux, car la suppression de la vue amène la suppression du mimétisme. Il y a une action réflexe dont les yeux sont le point de départ, mais on ne peut oublier que M. Pouchet a expérimenté sur des animaux à chromatoblastes. Il reste à démontrer que pareille action s'exerce sur le pigment des cellules du corps de Malpighi ou des poils.

En attendant cette démonstration, on considérera la concordance, chez les animaux dépourvus de chromatoblastes, comme la résultante des influences de radiation lumineuse. Il n'est pas douteux qu'elle est favorable à la conservation de l'espèce puisque les animaux qui la présentent, étant d'un ton semblable à ce qui les entoure, échappent plus facilement à la vue de leurs ennemis.

La loupe graisseuse des animaux des contrées arides favorise également les sujets qui la portent puisqu'ils ont plus de chances d'échapper aux conséquences de la famine.

Chaque fois que des organismes ont réagi vis-à-vis du milieu ou qu'ils se sont adaptés de façon à se placer dans des conditions de survie, il se fait une sélection en leur faveur. Nous aurons à revenir sur ce point.

II. RÔLE DES ÉLÉMENTS MÉSOLOGIQUES EN PARTICULIER

Le milieu est constitué par des éléments : 1° *physiques*, lumière, tension atmosphérique, humidité, température, électricité; 2° *chimiques*, constitution minéralogique du sol, composition chimique des eaux, des végétaux; 3° *mécaniques*, vents, alternatives de sécheresse et de pluie, mouvement des eaux.

L'action de ces éléments considérés séparément n'est pas d'une égale intensité sur les êtres vivants, celles de la température et de la constitution du sol sont les plus actives.

Climat. — La paléontologie végétale apprend qu'aux périodes géologiques antérieures à la nôtre, la température était différente d'aujourd'hui; le lecteur sait déjà, par exemple, qu'aux temps tertiaires la France jouissait du climat de l'Inde et qu'une période glaciaire survint qui modifia les conditions climatériques et par suite la flore et la faune.

On est porté à penser que, depuis les temps historiques, la radiation solaire et par conséquent le climat n'ont pas varié dans des proportions suffisantes pour amener une modification des formes vivantes d'un lieu déterminé. Depuis l'invention du thermomètre, on a recueilli en des endroits différents des observations qui le démontrent. Des recherches botaniques le font également voir.

Un explorateur, M. Labonne, a cherché récemment, sous la couche de silice que les geysers déposent en Islande, les traces d'une végétation antérieure. Il fit, dans cette silice de dépôt, une coupe de 3 mètres de profondeur et tomba sur une incrustation de tiges feuillées de *Betula alba*, de *Salix capræa* et *S. arctica*, de différents *Carex*, tous végétaux vivant aujourd'hui à l'île d'Islande. L'épaisseur de la couche de silice déposée est de 2 millimètres par année, d'où il suit qu'en l'an 338 la végétation islandaise était ce qu'elle est aujourd'hui, ce qui rend fort probable que les conditions météorologiques étaient identiques.

Mais il y a eu des oscillations de température qui ont influé sur l'extension de quelques espèces particulièrement exigeantes en calorique. Au temps de la domination romaine, la Gaule et la Germanie avaient des hivers longs, rigoureux et des étés courts. A partir du III° siècle, leur climat devint plus doux et se maintint ainsi jusqu'au XIII° siècle, puis redevint ce que nous le voyons. On en donne pour preuve la marche tour à tour progressive et rétrograde de la vigne qui ne dépassait pas Bourges à l'arrivée de Jules César dans les Gaules, qui fut cultivée à Paris sous l'empereur Julien, qui, au VIIIe siècle, végétait dans tout le nord de la France, dans la Flandre et mûrissait jusqu'à Bruges, et qui peu à peu redescendit dans l'aire géographique qu'elle occupe aujourd'hui.

Ces oscillations seraient liées la périodicité des époques glaciaires, elles-mêmes sous la dépendance de l'obliquité de l'écliptique, le déplace-ment du grand axe de l'orbe terrestre et la variation de l'excentricité de cet orbe sous l'influence perturbatrice des planètes. On ne s'y arrêtera pas davantage, car si elles agrandissent ou restreignent la zone d'une espèce, elles sont insuffisantes pour avoir été des causes de variations.

La latitude est le principal facteur des climats dont l'importance en ethnologie est énorme.

Les climats extrêmes présentent moins d'espèces et de races que les tempérés. Là, il faut s'adapter ou périr, et cette nécessité dans l'adapta-tion donne un cachet commun aux êtres qui y vivent.

N'a-t-il pas fallu que les lagopèdes, le lièvre blanc, le chien groën-landais, l'ours blanc subissent des modifications profondes et de même sens pour vivre à une latitude où l'on voit le thermomètre descendre à 52° au dessous de zéro sous abri, le mercure se congeler, l'acide nitrique se solidifier ? Tous se sont protégés contre le rayonnement et la perte de calorique par des poils longs, abondants, fins, blancs ou gris.

Ces divers animaux ne semblent pas souffrir du froid, les lièvres sont très gras, les chiens et les bœufs musqués dorment sur la neige, tous sont fort agiles et nullement engourdis comme les marmottes. Les modifica-tions portant sur les phanères ne sont probablement point les seules qu'ils aient subies, l'observation de leur température, de la puissance d'absorp-tion de leur sang pour l'oxygène, de leur rythme respiratoire, serait intéressante à faire.

Inversement, des animaux ont dû s'adapter à des régions où le thermo-mètre monte à 43° à l'ombre. C'est encore la peau et ses phanères qui ont subi les modifications les plus apparentes afin de protéger l'animal contre l'intensité de la lumière et de la chaleur. On ne voit plus de fourrures épaisses et longues, plus de toisons tassées, la laine disparaît. Les mou-tons du Niger, d'Aden, du Vénézuela, n'ont que du jarre, le mérinos transporté au Brésil et surtout dans les terres chaudes de l'Amérique centrale, y perd sa belle toison et se couvre de poils.

Th. Belt[1] a vu dans l'Amérique tropicale, un chien dépourvu de poils et n'aboyant pas ; Roulin a fait connaître qu'en Colombie existe une variété de bœufs, les *calongos,* qui sont glabres.

[1] Th. Belt, *The Naturalist in Nicaragua,* 1 vol. in-18, Londres 1888.

Il est impossible qu'en mettant en parallèle le mouton sans laine des régions tropicales et le mérinos européen dont la toison est développée au maximum (voyez planche II), on ne soit frappé de l'influence du milieu.

L'épiderme pigmenté fait l'office d'un écran protecteur pour les réseaux vasculo-nerveux du derme, il a une propriété absorbante incontestable et quand, sur cet épiderme foncé, croissent des phanères blanches, celles-ci constituent une surface réfléchissante d'où résulte un double avantage fort appréciable dans les pays chauds.

Les observations d'Orgeas[1] établissent que le pigment joue un rôle dans la résistance de l'organisme à la chaleur. Non seulement il existerait chez le nègre une volatilité plus grande de la sueur, un développement plus considérable du système vasculo-sudoripare, mais l'abondance du pigment cutané augmenterait le pouvoir émissif de la peau pour la chaleur animale ; une abondante pigmentation maintient beaucoup mieux l'équilibre entre la production et.la déperdition de la chaleur. Nous avons déjà dit antérieurement que, aux Indes, il est bien reconnu que les bœufs noirs ont plus de résistance que ceux à peau blanche.

Le climat torride et le climat polaire, quelque singulier que cela paraisse au premier abord, ont des points d'action de communs. Les botanistes, dans ces dernières années, ont étudié de près cette identité et ses causes. Il est indubitale qu'à certaines époques, en été, les plantes groenlandaises ont à souffrir de la sécheresse du sol et de l'air. Il en résulte que les végétaux, dans les rochers et les landes de ce pays, présentent une structure analogue à celle qui permet aux plantes des déserts et des steppes, de résister à la grande chaleur. M. Warming, qui les a particulièrement étudiés, y a trouvé des feuilles très poilues, à enduit de cire, à épiderme très épais, à structure pinoïde. Dans mes études sur les plantes vénéneuses, j'avais été frappé du nombre d'espèces qu'on en rencontre dans les contrées septentrionales et de l'activité de leur toxique, je soupçonnais qu'un mécanisme semblable à celui qui fait fabriquer des poisons très énergiques aux cellules des végétaux des contrées chaudes doit agir pour les plantes du nord.

Dans les climats tempérés où l'adaptation n'a pas besoin de se faire d'une façon si impérieuse et surtout si uniforme, les oscillations sont plus nombreuses, la diversité plus grande et le nombre des races et sous-races de chaque espèce plus considérable. L'intervention de l'homme substitue plus facilement un climat artificiel au climat naturel et les résultats de cette substitution sont faciles à constater. Le sanglier d'Europe, en hiver,

---

[1] Orgeas, *Étude sur la pathologie comparée des races humaines à la Guyane française*, thèse de Paris, 1886.

Fig. 1

Fig 2

Fig. 1. — Mouton du Sénégal (d'après A. de Rochebrune).
Fig. 2. — Mouton mérinos.

présente parmi ses soies des flocons de laine ; élevé en captivité, cette laine n'apparaît pas.

Altitude. — L'influence de l'*altitude* est non moins considérable, car lorsqu'on examine les espèces et les races, on voit qu'elles prennent chacune leur place non pas seulement horizontalement, mais encore verticalement. Chaque degré d'altitude des Cordillières, dit l'ornithologiste Gould, possède une espèce de colibri qui lui est particulière. Dans un même département dont une partie est basse et l'autre montagneuse, le bétail, quoique de même souche, varie dans son pelage, sa taille, sa conformation, et son facies change. Dans la Haute-Saône, le bétail de l'arrondissement de Lure n'est pas celui des plaines de l'Oignon et de l'Amance ; dans le Puy-de-Dôme, les bêtes bovines des vallées diffèrent de celles de la partie montagneuse. Dans les hautes Vosges, le bétail est autre que celui des vallées de la Meuse.

Quand on examine le milieu en hauteur, on voit que l'acide carbonique de l'air est répandu dans les régions élevées de l'atmosphère dans les même proportions qu'à la surface du sol, obéissant simplement aux lois de la diffusion ; que l'ammoniaque suit également les mêmes lois (Müntz et Aubin). Ce n'est donc pas ce qui pourrait modifier les conditions de la vie animale ou végétale. Ce qui doit les influencer, c'est l'intensité de la lumière solaire, l'atmosphère à de fortes altitudes étant d'une grande transparence et le soleil d'un vif éclat, puis la différence de pression barométrique, et la raréfaction de l'air. Ce dernier fait a, d'après les recherches de P. Bert, pour conséquence une plus grande richesse en hémoglobine et, par suite, une plus grande capacité respiratoire du sang des animaux vivant au sommet des montagnes.

Si dans l'altitude il n'y a pas qu'une question de température, il n'en est pas moins exact que, suivant qu'une espèce habite la zone des basses plaines, celle des plateaux (de 500 à 1000 mètres) ou celle des hauts sommets (de 1000 à 1500 mètres), elle diffère, et son transport d'une de ces zones à une autre lui donne un nouveau cachet. Sa coloration, au bout de quelques générations, a changé tout au moins de ton, sinon de nuance.

Lorsque les altitudes sont plus considérables que celles dont il vient d'être question, les effets sont nécessairement plus manifestes. L'Asie centrale occupée par les plus hauts plateaux du monde, a fourni les exemples les plus intéressants.

Dans la partie nord du Thibet, sur le plateau du Tan-la, vers le 33e degré de latitude et le 90e de longitude, Prjewalsky a vu, à 5000 mètres d'altitude, des Yacks, des Koulanes, des Lagomys et quelques rares Antilopes. Les populations humaines vivant à cette altitude appartiennent à la famille tangoute. A un niveau moindre, mais toujours plus élevé que ce qu'on est habitué à voir en Europe, existent des animaux domestiques auxquels l'altitude a donné des caractères communs. Le mouton, la chèvre et le chien de l'Asie hymalayenne se ressemblent par leurs phanères.

On connaît le duvet long, soyeux, bouclé et abondant de la chèvre de l'Hymalaya, en raison de son utilisation dans l'industrie.

Les moutons hymalayens, dit Mme de Ujfalvy, ont des poils longs, soyeux, qui servent comme ceux de la chèvre à faire des cachemires[1].

Le chien du Pamir et du Wakhâne, que les Anglais appellent *Ibex-hound* et qui est utilisé à la chasse du mouton sauvage, est un véritable animal à toison ; ses poils sont longs, doux, feutrés et semblables à de la laine. Chaque année, en été, cette laine se détache par plaques comme celle des brebis qu'on néglige de tondre.

Roulin affirme qu'on peut très bien suivre sur le bétail de l'Amérique équatoriale, par les variations d'épaisseur de la peau et l'abondance des poils, l'influence de l'altitude ; il rapporte que, dans les vastes plaines chaudes connues sous le nom de Llanos, la peau du bétail sauvage est plus légère que celle des animaux habitant le plateau de Bogota et que celle-ci est moins pesante et moins fournie de poils que celle du bétail redevenu sauvage sur les hauteurs des Paranos.

Constitution minéralogique du sol. — La constitution minéralogique du sol tient sous sa dépendance la flore d'une façon très intime, puisqu'il est des plantes exclusivement calcicoles, silicicoles, etc. Celles qui paraissent indifférentes à la nature du terrain et qu'on qualifie d'ubiquistes pour cela, si elles ne sont pas modifiées morphologiquement quand on les fait passer d'un sol sur un autre, éprouvent néanmoins des changements très appréciables dans la saveur de leurs fruits ou de quelques-unes de leurs parties devenues comestibles ; quelques-unes sont modifiées dans leurs propriétés vénéneuses ou thérapeutiques. L'observation en est facile à faire sur les plantes potagères et spécialement sur les Crucifères, choux, radis, navets, etc. On sait quelle importance les viticulteurs attachent au terrain sur lequel croît la vigne ; le bouquet des vins n'aurait pas d'autre origine. Le chasselas qui végète sur un sol siliceux a un goût et une saveur qu'il ne possède jamais dans les sols argileux.

Quant aux plantes exclusives, lorsqu'on a la précaution de les faire passer lentement, par petites étapes, sur des terrains de moins en moins calcaires ou, dans le cas inverse, sur des sols qui ne sont pas entièrement dépourvus de calcaire, on arrive à faire vivre quelques espèces sur un substratum différent de celui qu'elles préfèrent, mais alors elles éprouvent des modifications morphiques plus ou moins manifestes. Des botanistes autorisés pensent que plusieurs races végétales se sont formées sous cette

---

[1] Mme de Ujfalvy, *Voyage d'une Parisienne dans l'Himalaya occidental*, in *Tour du monde*, 1883, page 406.

influence et M. Saint-Lager considère *Ulex major*, *Trifolium Molineri*, *Cirsium anglicum* et *Rhododendron ferrugineum*, pour nous maintenir dans le domaine des plantes communes, comme des formes silicicoles correspondant à *U. parviflorus*, *T. incarnatum*, *C. bulbosum* et *Rh. hirsutum*, qui sont les formes calcicoles[1].

L'un des faits les plus avérés de la phytostatique est la relation entre la flore et le sol; il est non moins certain que celui-ci influe aussi considérablement sur les animaux, soit directement, soit indirectement. On s'en est assuré par l'observation et par l'expérimentation.

Les malacologistes ont vu que la constitution minéralogique modifie beaucoup les coquilles des Mollusques. Ils ont constaté que celles des régions siliceuses sont moins variées que celles des pays calcaires, que leur taille est plus petite, leur test plus mince et élastique; elles prennent des plis et des costulations. Il est vrai que les Mollusques ne se nourrissent pas que d'herbes, ils ingurgitent encore directement des particules terreuses. Dans des expériences très bien conçues, M. Locard a fait voir que, si l'on élève le *Limnæa stagnalis* dans des aquariums à fond sableux, calcaire ou siliceux, on obtient, suivant le milieu, le *L. turgida* ou le *L. elophila* des auteurs[2]. Voilà donc démontrée expérimentalement l'influence du fond sur la forme des Mollusques.

Si la corrélation entre la composition minéralogique d'un pays, la nature de son sol arable et la nature de ses productions végétales et animales est frappante, il semble que la chaux est l'élément dont l'influence est dominante pour les modifications morphologiques des animaux. Cet élément donne leur test aux Invertébrés et il est la base du squelette des Vertébrés; les dimensions de celui-ci varient avec l'abondance de celui-là.

Au point de vue zootechnique, on peut diviser les sols en deux groupes : ceux qui proviennent de la désagrégation des roches granitiques et ceux qui dérivent des roches calcaires. Les premiers n'ont pas ou possèdent très peu de chaux, mais sont riches en potasse et en alumine; les seconds en contiennent.

Malgré l'attrait d'une pareille étude, les zootechnistes n'ont point encore suivi toutes les modifications qu'éprouve une race en passant d'une région à sol déterminé sur un terrain de constitution différente. Une d'entre elles pourtant, celle qui porte sur la taille, n'a pas échappé à l'observation. Mais comme la constitution du sol n'en est pas la seule cause modificatrice, on va étudier d'une façon générale l'influence du milieu sur elle.

---

[1] D' Saint-Lager, Introduction à la 8e édition de la *Botanique* de l'abbé Cariot, Lyon, 1889.

[2] Locard, *Variations malacologiques étudiées d'après la faune vivante et fossile dans la partie centrale du bassin du Rhône*, Paris, 1881.

III. LE MILIEU ET LA TAILLE

Cinq facteurs ont une action évidente sur la taille, ce sont : la race, l'alimentation, la constitution du sol, la gymnastique favorisée ou entravée par l'espace et l'habitat aux confins de l'aire géographique naturelle de l'espèce.

L'influence de la race est prépondérante et Broca pensait même que la taille humaine n'est sous la dépendance d'aucune condition de milieu, mais uniquement sous celle de l'hérédité ethnique[1]. Présentée sous cette forme, cette opinion est trop absolue, même en restreignant les observations à l'espèce humaine seule. En effet, M. le Dr Carret a pu conclure des statistiques qu'il a rassemblées sur la taille des conscrits de la Savoie des années 1811 et 1812, 1828 à 1837, 1872 à 1879, que la stature en Savoie n'a cessé de s'élever sous l'influence du bien-être depuis le commencement du siècle[2]. Des observations faites en Suède et en Hollande, où de longtemps il n'y a eu introduction de types nouveaux, ont conduit à des conclusions identiques.

Lorsque le regard embrasse la série des animaux domestiques, l'action des facteurs autres que la race apparaît sans conteste. L'alimentation se place en première ligne.

En comparant les espèces domestiques à leurs congénères sauvages, on voit de suite une supériorité de taille et de poids en faveur des premières.

Il y a des espèces dont la taille grandit immédiatement sous l'influence de la domestication, celle du Canard, par exemple. Le canard sauvage est moins haut et moins lourd que le canard ordinaire ; le canard du Labrador était autrefois plus petit qu'il ne l'est actuellement. La tendance à l'accroissement de la taille est même l'écueil de l'élevage des petites races de luxe chez les Palmipèdes.

Le Porc, fort mal nourri en Thessalie et laissé sans aucun soin, reste tellement rabougri qu'à l'âge adulte son poids ne dépasse pas 25 kilogrammes[3]. Par son poids, on peut juger de sa taille.

L'espèce ovine présente, dans la différence de volume entre le petit mouton solognot d'autrefois et celui d'aujourd'hui, un exemple topique de l'augmentation de format sous l'influence d'une meilleure alimentation, résultant elle-même d'améliorations foncières.

Quand on parcourt la Bretagne, on peut juger de la fertilité des localités par la taille des moutons ; par exemple, aux environs de Roscoff et de Saint-Pol de Léon, elle est plus considérable que dans les landes des

---

[1] Broca, *Mémoire sur l'Anthropologie de la France*, 1866.
[2] Carret, *Étude sur les Savoyards*, Chambéry, 1882.
[3] Gos, *L'Agriculture en Thessalie*, Paris, 1880.

monts d'Arrée. Nous avons fait la même constatation en Forez, en Auvergne, en Limousin, dans le Berry et en Champagne. Dans les gras pâturages du Danemark, on a un mouton de 0ᵐ,80 de taille dont le poids vif arrive à 200 kilogrammes.

En notant la taille des bêtes bovines des pays baignés par la mer du Nord, on voit qu'elle suit des variations en rapport avec la fertilité du sol. Petite sur les terrains granitiques, un peu plus élevée mais chétive encore dans les landes, forte et haute dans les alluvions, elle se calque sur la terre qui la nourrit et en reflète la pauvreté ou la richesse. On peut faire des observations analogues sur le plateau central de la France, dans la région alpestre, en Italie et surtout en Afrique.

L'espèce chevaline, moins malléable pourtant que la précédente, donne très péremptoirement la démonstration de l'influence de l'alimentation en grains sur la taille. Ainsi, à la jumenterie de Pompadour (Corrèze) les poulains issus de père et mère importés directement d'Orient, arrivent constamment à une stature supérieure à celle de leurs ascendants. A la jumenterie de Tiaret (Algérie) la même observation a été relevée sur les poulains barbes qu'on y obtient, comparés à ceux qu'élèvent les Arabes du voisinage. De pareilles remarques avaient été faites dans les pays du nord de l'Europe.

La vigueur de la végétation et l'abondance de la nourriture herbacée à l'époque miocène furent sans doute pour beaucoup dans le grand nombre de formes colossales qu'on y trouve parmi les Herbivores et dont quelques-unes sont ancestrales des espèces actuelles.

La quantité de fourrage n'est pas exclusivement causale, la qualité y joue son rôle et elle est subordonnée à la constitution du sol.

Les animaux sont de petite taille dans les pays granitiques ou formés de terrains en dérivant; les races bretonne, forézienne, vosgienne, le démontrent. Les animaux de haute taille qu'on y trouve sont généralement amenés par le commerce, ce qui est commun d'ailleurs, car on y fait peu d'élevage sur place, l'industrie laitière étant plus rémunératrice. Ainsi, dans la chaîne des Vosges, on rencontre passablement de bêtes de Montbéliard ; elles y sont importées parce que, dans cette région, il n'est pas rare de vendre les veaux autochthones peu après la naissance.

L'élévation de la taille est encore due à l'importation de calcaire ; les bovins de l'Anjou et quelques parties de la Bretagne le démontrent. On doit rappeler aussi que du calcaire se trouve dans des régions qui passent à tort pour purement granitiques; des îlots volcaniques y surgissent dont les basaltes renferment de la chaux. Leur végétation et leur faune sont différentes de celles des pays exclusivement granitiques qui les entourent. La race bovine de Salers en fournit la démonstration.

Les bêtes bovines qui vivent sur le jurassique, comtoises, bernoises et fribourgeoises, celles qu'on voit sur le calcaire nummulitique du Midi, gasconnes et garonnaises, sont d'une forte taille. L'introduction de bêtes shorthorns en Normandie, dans des pâturages très riches en chaux, élève leur taille et amplifie leur squelette; celle de bœufs charolais sur le sol granitique du Morvan produit le contraire. La carte géologique d'une région permet de déduire la stature des bœufs et des moutons de ladite région.

La chaux n'est pas le seul élément important des terrains; quand les diverses parties constituantes du sol : potasse, chaux, silice, argile, matières organiques, sont réunies dans de bonnes proportions pour former des terres franches ou des terres d'alluvions, ces terres présentent le maximum de fertilité.

L'alimentation, fût-elle surabondante et de qualité supérieure, ne suffit pas, pour quelques espèces, à hausser la taille; elle a même parfois un effet inverse, par suite du phénomène qui sera étudié plus loin sous le nom de précocité. Il faut lui adjoindre l'exercice, c'est-à-dire assurer un espace suffisant pour que la gymnastique de l'appareil locomoteur puisse s'effectuer sans obstacles.

Il est de remarque, en effet, que l'habitat dans les îles n'est pas favorable à la taille. Il semble même qu'il y a des points où la tendance à son abaissement se manifeste avec plus de force que dans d'autres. Dans le groupe des Canaries, l'île Gomère possède un bétail qui, bien que de même souche que celui des autres îles canariennes, est plus petit. Ses chevaux, qui appartiennent au type andalou, n'ont que la taille des poneys[1]. La stature moyenne de ses anciens habitants n'était que de 1m,56, bien que, par tous leurs caractères craniologiques, ils se rattachassent au type guanche, dont la moyenne de taille était très élevée et atteignait 1m,84[2].

A Malte, on a trouvé un éléphant fossile dont la hauteur ne dépassait pas 0m,75 à l'âge adulte[3]. Dans cette île, s'est formé aussi un chien nain, le bichon maltais que les Romains utilisaient, car Strabon dit qu'on tire de l'île Melite (Malte) « cette petite race de chiens connus sous le nom de melitæeus ».

- La taille réduite des chevaux et des bœufs de la Corse est bien connue. Cette île offre aussi une démonstration caractéristique de l'influence qu'elle exerce sur le format des animaux. On y trouve un cerf dont la taille est très notablement inférieure à celle du cerf commun ; les mammalogistes en ont fait l'espèce Cervus corsicanus. Il descend pourtant du C. elaphus d'Europe, puisque, au témoignage de Polybe, il n'existait

---

[1] Dr Pérez, de Ténériffe, Communication personnelle.
[2] Verneau, La taille des anciens habitants des Canaries, [in Revue d'anthropologie, 1887, page 641 et seq.
[3] Depéret, Communication orale.

pas de cerfs en Corse deux siècles avant notre ère. La réduction s'est donc faite dans un laps de temps relativement court.

On a importé en 1764 des chevaux espagnols aux îles Falkland ; leurs descendants ont tellement dégénéré qu'ils sont devenus impropres à être montés.

Sur les confins extrêmes de l'aire où une espèce est susceptible de vivre, elle se rapetisse. L'observation est facile à faire sur les végétaux phanérogames des régions arctiques ainsi que sur les chevaux et les bœufs. Ceux-ci sont arrêtés dans leur développement en Islande, aux Shetlands, aux Orcades, dans la Laponie norwégienne, dans la Russie blanche. En Cochinchine, dans un milieu extrêmement chaud et humide, le cheval est de petite taille et aux Indes anglaises l'âne indigène est tellement rabougri qu'il est presque inutilisable.

Diverses causes pathologiques amènent un pareil résultat ; le crétinisme pour l'espèce humaine en est une.

On ne devra pas perdre de vue que, en raison de leur inégale malléabilité, des espèces vivant côte à côte ne subissent pas des modifications de taille toujours parallèles ; il y a parfois des oppositions embarrassantes, comme celles que présentent les bœufs et les chevaux du bassin de la Garonne, du Piémont, de la Hongrie et du Japon.

IV. LE MILIEU ET LA COLORATION

Les rapports du milieu et de la coloration sont si intimes et ont une telle importance zootechnique qu'il est utile de les examiner aussi d'une façon spéciale.

Dire avec Virchow que le milieu dans lequel on vit rend blond ou brun est énoncer une généralité ; il faudrait dissocier les constituants de ce milieu et les étudier séparément. On ne l'a fait ni pour la chaleur, ni pour les autres éléments mésologiques, de sorte que nous ne sommes guère plus avancés qu'Hérodote et Aristote qui avaient indiqué, eux aussi, l'influence du milieu sur la coloration, et on comprend pourquoi M. de Quatrefages a écrit que tout dans l'histoire anatomique et physiologique de la coloration est *comme si* la coloration était le produit des milieux, et cependant on n'est pas en droit d'affirmer qu'il en est ainsi.

Cela tient évidemment à ce que le milieu est fort complexe et que la lumière, la chaleur, l'humidité, la pression barométrique, la transparence et la sérénité du ciel, la tension électrique, la teneur en ozone, l'état physique du sol et sa végétation ont probablement chacun une part d'action, mais une action inégale. Leur dissociation est difficile et justifie les hésitations qui se produisent.

Deux choses concourent encore à rendre le problème plus compliqué, c'est, d'un côté, la fixité de la coloration de la race et, de l'autre, la fugacité des tons résultant de l'habitat temporaire dans un milieu particulier. L'Européen établi dans les pays chauds s'y bronze; s'il rentre ou si ses descendants rentrent en Europe, ils reprennent le teint blanc de leur race. La coloration qu'il acquiert à l'étranger n'est, du reste, jamais aussi accentuée que celle des indigènes. On voit aussi dans les climats les plus opposés des individus de coloration différente, tels que les Berbers blonds de l'Afrique et les Esquimaux foncés du cercle arctique. Les Danois qui s'établissent au Groenland brunissent. Aussi comprend-on que la coloration ait été présentée comme un caractère purement ethnique et sur lequel les influences climatologiques ont peu de prise.

On ignore si, parmi les constituants mésologiques, il en est de capables d'agir sur le pigment comme le soleil sur les sels d'argent, mais il est digne de remarque que les agents qui se résolvent en un mouvement vibratoire rapide, comme la lumière, la chaleur, l'électricité, ont une action marquée sur la coloration.

Lumière. — De tout temps, on a assigné à la lumière un rôle prépondérant dans la formation du pigment et dans l'intensité de la coloration qu'elle occasionne. L'observation de la peau foncée et parfois noire des peuples du Midi, l'accentuation de la nuance au fur et à mesure qu'on descend vers la ligne de l'équateur en ont probablement fait naître l'idée que beaucoup de faits sont venus confirmer. Aussi, récemment, un observateur, M. Marchal[1] s'est-il cru autorisé à traduire ce rôle prépondérant de la lumière comme il suit :

« La lumière est le principal excitant capable de provoquer le développement de la matière colorante.

« Chez les animaux qui vivent exposés à la lumière, toutes choses égales d'ailleurs, les parties les ppolus exsées aux rayons lumineux sont les plus riches en matière colorante. En général, pour la même race, l'abondance de la matière colorante est, toutes choses égales d'ailleurs, en raison de l'intensité lumineuse. »

Pour justifier sa première proposition, M. Marchal parle des expériences de P. Bert sur les larves d'Axolotl. « Pâles au sortir de l'œuf, elles deviennent colorées par le dépôt du pigment sous l'influence de la lumière ; à l'obscurité ou à la lumière rouge, le pigment ne se développe pas. » Cette expérience montre, dit-il, que les rayons les moins réfrangibles du spectre n'ont pas d'influence sur la production du pigment. C'est donc par la *rapidité* et non par l'*ampleur* des vibrations que la lumière agit sur la formation de la matière colorante.

A propos de la coloration si belle des animaux des grandes profondeurs qui semble en contradiction avec ce qui précède, le même savant dit qu'on

---

[1] Marchal, *La Coloration des animaux*, in *Revue scientifique*, juillet 1885.

ne doit pas s'étonner qu'une diminution dans l'éclat de la coloration n'accompagne pas la diminution de l'intensité lumineuse, car l'eau arrête surtout les rayons les moins réfringents et laisse passer la lumière bleue. Or les rayons rouges sont sans utilité pour le développement de la matière colorante. Quant aux grandes profondeurs, il se peut que les rayons obscurs de l'ultra-violet, peut-être ceux du violet et du bleu, viennent agir sur le développement de la matière colorante et aient une grande efficacité en raison de la rapidité de leurs vibrations. De plus, nous savons que les molécules qui composent les tissus de ces animaux sont souvent animées d'un mouvement vibratoire ayant assez d'analogie avec celui de la lumière pour pouvoir se traduire par les phénomènes lumineux de la phosphorescence; il semble donc permis de présumer qu'un mouvement vibratoire suffisamment intense pour produire la phosphorescence puisse être la cause d'une coloration aussi vive que celle qui résulterait du soleil.

A l'appui de cette thèse, on aime à citer la tendance à la coloration blanche que présentent les animaux des contrées septentrionales. L'Ours polaire est blanc, le Loup du Kamtchatka est blanc avec quelques poils noirs très rares semés sur le dos, le pourtour de la gueule, les épaules et la queue. Et pour démontrer que la coloration est en rapport avec la lumière et non sous la dépendance des affinités des organes internes avec le tégument, on cite l'exemple des Pleuronectes dont le côté en rapport avec le sable reste blanc, tandis que l'autre est coloré.

Lorsqu'on collige les faits recueillis sur ce sujet et qu'on examine attentivement soi-même une espèce ou, mieux encore, qu'on suit une race dans quelques-unes de ses pérégrinations, on reste perplexe. Des animaux qui passent à peu près toute leur vie dans des galeries souterraines comme la taupe, ont néanmoins le pelage d'un noir intense, ou même se foncent au bout de quelques générations d'habitat, ainsi que cela a été signalé pour les rats descendus dans les galeries de mines. Le Surmulot est arrivé d'Asie en Europe avec un pelage fauve brun ; depuis qu'il vit dans les égouts des villes, on est frappé de la quantité d'individus noirs mêlés aux fauves; l'espèce est en marche vers le mélanisme.

Les Esquimaux sont foncés comme des Malais, bien qu'ils habitent un climat glacial et soient plongés dans l'obscurité une partie de l'année; cela ne laisse point que d'être embarrassant. On invoque l'influence de race, mais cette influence n'aurait-elle pas dû être sinon annihilée, du moins atténuée par le temps?

Des faits recueillis par les zoologistes voyageurs et par les zootechnistes montrent qu'une lumière éclatante, arrivant sur les phanères, sans le tamisage des brouillards ou l'ombre des arbres, agit comme décolorante. Lorsqu'on examine les échantillons de Mammifères rapportés des steppes asiatiques par Pjrewalski, on est frappé de l'uniformité

de la teinte fauve ou jaunâtre pâle de leur robe, le soleil a décoloré
leurs poils dans un pays où nulle végétation arborescente ne donne
de l'ombre. Une espèce, l'*Arctomys dicrous*, présente des teintes un
peu plus foncées, mais *sous le ventre* seulement.

On a remarqué que le climat de l'île de la Réunion fait blondir au lieu
de noircir ; beaucoup de créoles y sont très blonds, et le moineau d'Europe, introduit depuis cinquante ans seulement a déjà pâli sensiblement.

Les lapins de l'île Porto-Santo, dont il a été parlé antérieurement, ont
la partie supérieure du corps rouge, le poitrail et la partie inférieure gris
pâle ou plombé, le dessus de la queue brun rougeâtre et les extrémités
des oreilles sans trace de bordure plus foncée. Deux de ces lapins furent
envoyés au Jardin zoologique de Londres ; examinés après quatre ans
de séjour, le corps était moins rouge, les oreilles bordées et le dessus
de la queue d'une couleur gris noirâtre.

La pigmentation des moutons downs, de beaucoup de dishleys, des
blak-faced d'Écosse, des Feroœ, des Orcades et des Shetland, celle des
bretons nous faisaient nous demander si le climat des bords de la Manche
et de la mer du Nord ne serait point pour quelque chose dans cette coloration, lorsque la démonstration nous en a été donnée.

Un éleveur du département de la Manche, dont le troupeau est avantageusement connu, fournit à la ferme de l'École depuis plusieurs années,
les dishleys nécessaires aux besoins de l'enseignement. Ces animaux sont
porteurs de taches noires à la face et aux oreilles. L'éleveur, interrogé
au début des achats sur la présence de ces taches, répondit qu'elles
étaient le résultat de la proximité de la mer et du climat maritime et qu'il
n'y avait pas à s'en préoccuper. Effectivement, aucun des descendants
de ces bêtes tachetées n'a présenté, à Lyon, de pigment sur le corps ou
les membres.

Comme pour augmenter la complexité du problème, on admet en
Suisse que les couleurs des bêtes bovines pâlissent par la stabulation
permanente ou le séjour dans la plaine, tandis qu'elles se fonceraient à
une certaine altitude, ensuite du paturage à la montagne. L'observation de
beaucoup de races françaises semble confirmer ces assertions : le fémelin et le charollais sont à pelage pâle ou blanc, le tarentais, le
champsaurien, l'aubrac, le forézien sont à tête et à croupe charbonnées.
Les bêtes brunes du Righi pâlissent au bout de quelques années de séjour
dans la vallée de la Saône.

Il est vrai qu'il ne s'agit ici que d'altitudes moyennes, de 700 à
1100 mètres en général, que dans ces alpages, les brouillards sont fort
abondants et tamisent la lumière comme elle l'est sur les bords de la
Manche, et qu'il y a quelque ressemblance entre les deux situations. Il
est possible et même probable que, si les animaux séjournaient plus
haut, dans la région où la vapeur d'eau n'arrive qu'en petite quantité et

où rien n'intercepte les rayons lumineux, le résultat serait tout autre. Il y a très vraisemblablement une part à faire à la sécheresse de l'air des contrées polaires dans la tendance des animaux vers la couleur blanche.

Les anthropologistes ont relevé des observations analogues. Livingstone affirme que la chaleur humide renforce la coloration des populations nègres de l'Afrique et M. d'Abbadie dit qu'en Abyssinie la teinte des populations se fonce à mesure qu'on monte sur les plateaux et qu'elle pâlit dans les plaines; la même observation est facile à faire, paraît-il, au Pérou. A Java, dans les jungles épaisses, semi-obscures, vit une panthère noire.

Pucheran a fait remarquer que les espèces animales africaines à teintes les plus blanchâtres habitent la Nubie et l'Abyssinie, M. A. de Rochebrune que le pelage du lion du Sénégal est plus pâle que celui du lion de Barbarie et que sur plusieurs espèces, le blanc pur est largement mélangé aux couleurs dites *sénégambiennes* [1].

M. G. Pouchet attribue, dans la coloration épidermique, une action prépondérante au hâle [2]. Malgré l'origine du mot, il n'est point prouvé que la cause principale du hâle soit le soleil, car le bivouac par certaines nuits sereines, bronze fortement, et dans le ciel polaire, sous les aurores boréales, la même chose se produit. Il y a longtemps qu'on a remarqué que dans l'Europe centrale le soleil de mars et d'avril hâle aussi fortement, sinon plus, que celui de juillet et d'août. Les observations faites à propos de l'érythème solaire, qui frappe les chevaux de la cavalerie française en Afrique, ont fait voir que cet accident est plus fréquent au printemps et le matin que pendant l'été et au milieu du jour.

Il y aurait donc lieu d'étudier séparément l'action des rayons calorifiques, lumineux et chimiques, et de faire, à propos des couleurs, ce que Gintrac fit autrefois pour l'érythème en faisant agir successivement et pendant de longues périodes les diverses parties du spectre, depuis le rouge jusqu'à l'ultra-violet.

Il est probable qu'une fraction de l'influence de ces rayons n'est pas directe, mais a le système nerveux pour intermédiaire, que les changements de nuance et de ton dépendent en partie de sensations que l'animal perçoit par la vue, comme M. Pouchet l'a démontré pour les Poissons et les Crustacés.

Quoi qu'il en soit, les observations recueillies jusqu'à présent laissent encore bien des points obscurs relativement à l'action de la lumière sur la coloration des animaux.

Chaleur. — Il est difficile d'isoler l'action de la chaleur de celle de

---

[1] A. de Rochebrune, *Faune de la Sénégambie, Mammifères*, page 13, Paris, 1883.
[2] G. Pouchet, *Des colorations de l'épiderme*, Paris, 1864.

la lumière et d'en étudier séparément la puissance chromogène. De très curieuses expériences de physiologie végétale et des observations faites sur des animaux à sang froid démontrent qu'il faut lui faire une part.

La poussière pollinique de Pétunias, recueillie avant complète maturité, soumise à l'insolation ou simplement chauffée, a communiqué aux fleurs issues des végétaux qu'elle avait fécondés des colorations que ne possédaient pas les pieds-souches.

M. Lortet a remarqué que les alevins de poissons rouges originaires de la Chine se colorent vite dans un aquarium placé dans une salle chauffée, tandis qu'à la température ordinaire de notre pays, à l'air libre, ils mettent quelquefois plusieurs années pour acquérir leur livrée spécifique ; ils restent longtemps simplement truités.

Sur les animaux à sang chaud, la température extérieure n'a pas une influence aussi frappante sur la coloration, la peau étant constamment échauffée par l'irrigation sanguine. Cependant, les observations faites sur l'espèce humaine prouvent qu'il faut lui attribuer une part. En effet, dans les pays intertropicaux, les négrillons, rougeâtres à la naissance, virent rapidement au noir, tandis que dans les pays plus froids ils sont à peine bistrés plusieurs mois après leur naissance.

Quant aux poils, il y a des probabilités pour que le froid provoque la rétraction, l'astringence de leur matière colorante, ce qui concourrait partiellement à former la coloration blanche.

Électricité. — Wagner, à l'aide de courants électriques, serait parvenu à produire des changements dans la couleur et la disposition du pigment des ailes du papillon. C'est tout ce qu'on possède actuellement sur ce sujet.

Ozone. — M. de Quatrefages soupçonne l'ozone atmosphérique d'être un des stimulants de la sécrétion pigmentaire. Cette hypothèse n'a rien d'invraisemblable, surtout si on en rapproche les expériences de Pfeffer relatives à l'action de l'eau oxygénée sur la coloration de cellules végétales.

Rappelons que la peau est foncée par des excitants directs, sinapismes, vésicatoires, etc.

Constitution minéralogique du sol. — Un rôle a été attribué à la constitution minéralogique du sol dans la coloration des phanères ; on a dit que les terrains pauvres en chaux et surtout en fer poussent les animaux à l'albinisme. On verra plus loin que l'alimentation influe quelque peu sur la coloration des Oiseaux ; il ne serait point impossible qu'une action de ce genre se manifestât sur les Mammifères, parce que le sol agit surtout par ses productions végétales alimentaires. Mais le problème est sans doute complexe ; la coloration des terres, leur état physique, leur capacité calorifique, leur degré hygrométrique et leur puissance réfringente des rayons lumineux sont en rapport avec leur constitution minéralogique et jouent peut-être un rôle dans la corrélation qu'on dit avoir observée.

Il se pourrait que les zoologistes aient emprunté aux botanistes l'idée d'un rapport entre le sol et la coloration des êtres qui y vivent. Des horticulteurs admettent, en effet, que la couleur bleue de quelques Hortensias s'obtient en faisant végéter cette plante dans de la terre de bruyère, et un chimiste, M. Terreil, a rendu bleu le point central de la fleur en l'entre - tenant dans du minerai de fer réduit en poudre et mélangé à de la craie en parties égales.

Les recherches dans cet ordre d'idées sont à poursuivre en zootechnie et en phytotechnie.

IV. objections a l'action cænogénétique du milieu.
preuves expérimentales de sa réalité

Le rôle cænogénétique du milieu a été très discuté ; les partisans de la fixité des espèces et des races l'ont particulièrement amoindri et ceux de la doctrine de l'évolution ont eux-mêmes très franchement indiqué les objections qu'on peut lui faire.

Il ne faudrait pas s'exagérer l'influence des milieux, dit M. Gaudry, la preuve que les phénomènes physiques ne sont pas la cause principale des changements du monde organique, c'est que de nos jours plusieurs des contrées chaudes doivent être restées dans un état physique semblable à celui de la fin des temps miocènes et que pourtant presque toutes leurs espèces offrent des différences avec les espèces tertiaires.

M. A. Milne-Edwards fait remarquer que des oiseaux qui lui paraissent descendre d'une même souche, vivent côte à côte sur une même île et que pourtant ils conservent leurs caractères de plumage, souvent peu distincts, en dépit de l'influence du milieu qui devrait les uniformiser [1].

Les races domestiques fournissent des exemples de même ordre. En Suisse, sur des montagnes voisines, à la même altitude, vivent des bêtes brunes de Schwitz ainsi que des vaches pies-rouges et pies-noires de Berne et de Fribourg ; en Auvergne et dans les mêmes conditions, les bœufs de Salers et les bêtes ferrandaises se maintiennent chacun avec son pelage particulier ; dans la vallée de la Saône, les animaux fémelins et bressans vivent côte à côte, ils conservent néanmoins, les uns le pelage froment clair et les autres le pelage froment foncé.

L'espèce ovine montre quelque chose de plus net encore. On trouve

[1] A. Milne-Edwards, *Faune des régions australes (Annales des sciences naturelles. Zoologie*, 52e année, vie série, t. XIII, p. 1 et suiv.).

deux sortes de moutons à la Guadeloupe : l'une à tête petite, *à toison légèrement laineuse et frisée,* on la dit d'origine anglaise ; l'autre à tête forte, busquée dans sa partie faciale, est *sans laine,* laquelle est remplacée par des poils brillants ; elle paraît descendre d'animaux importés du Sénégal et du Vénézuela [1].

Dans les porcheries de l'Europe, on entretient dans les mêmes régions, les cochons d'Essex et de Berkshire à soies noires, et ceux d'Yorkshire à soies blanches. Dans les basses-cours, on élève des lapins et des oiseaux qui se maintiennent respectivement avec leur livrée ethnique.

D'autres objections ont été également mises en avant. Comme on ne peut nier que des modifications ayant le milieu pour facteur se produisent, on a discuté sur leur valeur et sur leur fixité. Un grand nombre d'arguments ont été empruntés à l'horticulture et à la botanique. On a principalement fait valoir que la plupart des plantes potagères et ornementales placées dans un mauvais terrain et complètement délaissées des jardiniers, retournent peu à peu au type primitif et que c'est l'impuissance où l'on est de fixer des caractères acquis par le milieu qui a développé l'art de greffer, de marcotter, de reproduire par bulbilles, par éclats, etc.

Sur les animaux domestiques, on voit de semblables effets. Si le Mérinos perd sa laine dans les terres chaudes de l'Amérique, il la reprend quand on le ramène dans les pays tempérés ; si le froid arrête ou retarde la pousse des cornes des bovins islandais, quand on transporte ces animaux sous un climat plus doux ils reprennent les appendices ordinaires.

Sous notre ciel, les plumes fines, douces et soyeuses de la Poule négresse ou de Guinée (fig. 64) tendent à prendre les caractères de celles des volailles européennes. Le rachis grossit, les barbules se raidissent, l'aspect de l'oiseau change.

Ces objections n'ont pas la valeur qu'on leur attribue. Puisque les caractères nouveaux sont persistants tant que le milieu reste le même, c'est une preuve de la puissance de celui-ci et il n'est pas interdit de penser que plus il agit depuis un temps éloigné, que plus nombreuse est la suite des générations sur lesquelles s'est fait sentir son action, plus il y a de chances pour que les modifications imprègnent tellement l'organisme qu'elles seront définitivement victorieuses de la puissance héréditaire d'espèce qui tend à maintenir ou à ramener les êtres au type primitif.

Des caractères acquièrent la fixité plus vite que d'autres : ceux qui se rapportent à la localisation des pigments et par conséquent qui donnent aux robes et aux plumages leur cachet sont de cet ordre. On verra plus loin qu'on fixe rapidement des particularités de couleur

---

[1] Couzin, *Le Bétail de la Guadeloupe,* in *Recueil vétérinaire,* 1887.

issues d'opérations de croisement. Il est rationnel d'inférer que la coloration acquise par influence mésologique prolongée jouit de la même fixité. On fera bien, en tout cas, d'établir une distinction ; les phanères sont plus variables dans leur développement et se plient davantage aux influences mésologiques que la coloration qui est plus fixe.

FIG. 64. — Coq et poule de Guinée.

Lorsqu'on ne s'adresse qu'aux végétaux cultivés et aux animaux domestiques pour prouver expérimentalement la réalité de l'action du milieu sur les êtres vivants, pour en déterminer l'étendue et chercher les limites de la variabilité, on se heurte à des difficultés qui tiennent à l'époque parfois tardive à laquelle ils se reproduisent, à la succession trop lente des générations et à l'hérédité atavique qui contrarie et annihile souvent l'influence mésologique.

Heureusement pour les études concernant l'évolution et le transformisme, la méthode des cultures *in vitro* a été fondée par les microbiologistes. Les Cryptogames que l'on cultive par ce mode se reproduisent dans des milieux variés ; les générations succèdent aux générations avec une rapidité très précieuse pour l'expérimentateur. Il est à peine besoin de faire remarquer que leur physiologie n'a pas d'autres lois que celles qui régissent les Phanérogames ; comme eux, ils empruntent les éléments de leur développement au milieu dans lequel ils vivent. La facilité de modifier ce milieu, unie au nombre prodigieux de générations sur lesquelles on peut agir, rend l'expérimentation possible et très fructueuse dans l'ordre d'idées qui nous occupe. Plusieurs savants se sont déjà engagés dans cette voie. Nous emprunterons des exemples aux travaux de M. Laurent sur le *Cladosporium herbarum*, de Wasserzug sur le *Micrococcus prodigiosus* et le *Bacille du lait bleu*, de M. Chauveau sur le *Bacillus anthracis*.

M. Laurent a fait voir que le *Cladosporium herbarum*, champignon hyphomycète, suivant les conditions où on le cultive, peut présenter les états suivants : 1° *Clad. herb.* type ; 2° *Penicillum cladosporoïdes ;* 3° *Dematium pullulans* sans cellules formes levures ; 4° *Demat. pull.* avec cellules formes levures ; 5° *forme levure blanche ;* 6° *forme levure rose ;* 7° *fumago* ou état d'enkystement commun aux cinq premières formes[1]. Un polymorphisme aussi remarquable, qui appelle une réforme du langage botanique concernant les Hyphomycètes, montre combien le milieu influence la forme.

Dans les cultures de bactéries à l'état de pureté, chaque sorte a une forme qui reste assez constante dans un même milieu nutritif. On en avait déduit le principe de la fixité de la forme et de la fonction et édifié là-dessus la taxinomie. Elle est fragile, car ce principe est loin d'être absolu ; on voit apparaître dans les cultures vieilles ou altérées, des formes d'involution qu'on fait disparaître par des ensemencements répétés à de courts intervalles dans de bons milieux. Du côté des propriétés, des modifications étendues se manifestent. Wasserzug a montré qu'on peut donner à une bactérie une forme *constante*, différente de la forme primitive, de sorte que cette dernière devient anormale, involutive, et la première normale. Il a pris, comme sujets d'étude, le *Micrococcus prodigiosus* et le bacille du lait bleu.

Normalement, le premier cultivé dans du bouillon de veau est un micrococque. Qu'on le soumette pendant cinq minutes à la température de 50°, qu'on prélève, après refroidissement, une petite quantité de semence qu'on portera dans un bouillon convenable, légèrement alcalin, le développement se fera. Que cette seconde culture et les suivantes soient également traitées par le chauffage à 50°, au bout d'un certain nombre de générations, la forme micrococque a disparu pour faire place à la forme bacillaire dont la *solidité est en rapport avec le nombre des cultures chauffées.* Ce résultat s'obtient plus rapidement encore quand on joint à l'action de la chaleur celle du milieu acide.

En ce qui concerne la fonction, on obtient des résultats curieux avec le bacille du lait bleu et avec quelques bacilles pathogènes qu'on atténue. Pour ces derniers la variabilité s'apprécie plutôt par les changements de leurs propriétés infectieuses que par leurs caractères objectifs et un microbe qui se dépouille de sa virulence ou qui en acquiert une très su-

---

[1] Laurent, Polymorphisme du *Cladosporium herbarum,* in *Annales de l'Institut Pasteur,* 1888, pages 558 et 58?.

périeure à celle qu'il possédait héréditairement, tout en conservant sa forme, varie plus que si celle-ci était modifiée et que sa virulence demeurât intacte.

M. Chauveau, en faisant agir l'oxygène sous tension augmentée sur le bacille du sang de rate, est parvenu à le dépouiller de toute propriété virulente, le pouvoir vaccinal étant conservé, et il a fixé ces nouvelles particularités en une race. Cette race ultra-atténuée se distingue par l'uniformité et la grande fixité de ses propriétés ; ses caractères fixes s'entretiennent par la culture ordinaire dans les générations successives[1]. Mais de même qu'il a fait dériver cette race d'un type virulent à l'aide d'artifices dans le détail desquels on ne peut entrer, il lui restitue à sa volonté des degrés divers de virulence.

Ainsi le microbiologiste crée des races et, en le faisant, il démontre que le milieu est fonction de leur existence.

CHAPITRE V

VARIATIONS OCCASIONNÉES PAR L'INTERVENTION HUMAINE

En soumettant aux procédés zootechniques les animaux dont il a fait la conquête, l'homme les dévie de leur prototype, il les modifie suivant ses besoins et ses goûts et il ajoute de nouvelles variations à celles qui apparaissent en dehors de son intervention.

Son action s'exerce par les méthodes de gymnastique et par celles de reproduction.

Section I. — Variations déterminées par les méthodes de gymnastique.

Tout organe ou tout appareil qui fonctionne activement se développe, tandis qu'il s'atrophie s'il reste longtemps en repos.

On connaît la force du bras du forgeron et la grosseur du mollet du danseur. Le développement de ces membres fait contraste avec la gracilité de ceux des personnes qui ne prennent pas d'exercice. Les muscles d'un membre ankylosé s'atrophient.

Les exemples empruntés aux animaux ne sont pas moins probants.

[1] A. Chauveau, *Recherches sur le Transformisme en microbiologie pathogène*, in *Arch. de médecine expérimentale*, mars et novembre 1889.

Un des plus beaux qu'on puisse donner est la présence d'animaux aveugles dans les cavernes et dans les abîmes des mers ou des lacs. On a trouvé des représentants d'une même espèce les uns avec des yeux ordinaires, les autres avec des yeux en voie d'atrophie et, enfin, d'autres avec des yeux absolument atrophiés. Dans les profondeurs des lacs de la Suisse qui ont été si bien explorés une planaire, le *Dendrocœlum lacteum* est dans ce cas. Ce fait n'est explicable qu'en admettant que les individus trouvés au fond et aveugles dérivent d'une espèce littorale pourvue d'yeux.

Wallace a fait remarquer que les Oiseaux insulaires ont les ailes plus courtes que leurs congénères des continents, ce qu'explique leur vie plus sédentaire.

Élargissant les enseignements qui découlent de ces faits, Lamarck a indiqué l'influence de l'exercice sur l'organisme par un aphorisme bien connu : « La fonction fait l'organe ».

Si l'exercice produit de tels résultats, on est en droit d'attendre beaucoup de la gymnastique qui est l'exercice méthodique d'un organe ou d'un appareil.

Bien que dirigée particulièrement sur un seul appareil, elle peut être locale ou générale. Elle est locale (ou athlétique s'il s'agit de l'espèce humaine), quand elle s'adresse à un organe, à un groupe d'organes ou à une région dont le fonctionnement a peu de retentissement sur le reste de l'organisme; tel est le bras de l'homme dans l'exercice avec l'haltère. Elle devient générale lorsque, en vertu de la solidarité organique, d'autres appareils que celui sur lequel on agit spécialement participent à sa suractivité ; la gymnastique de l'appareil locomoteur est générale parce que les organes de la respiration et de la circulation reçoivent le contre-coup du travail qui lui est imposé.

Lorsqu'elle s'exerce par l'intermédiaire de l'homme sur les animaux domestiques, en vue d'obtenir un résultat déterminé à l'avance, elle constitue une méthode zootechnique dont on a à examiner la puissance. Elle peut porter sur tous les systèmes : nerveux, glandulaire, épithélial, osseux, etc. Pour être complet, on devrait les passer successivement en revue et voir dans quel sens et dans quelles limites ils sont influencés. On ne s'engagera pourtant pas dans une carrière aussi vaste, parce qu'il en est dont les modifications n'ont pas encore été suivies et surtout parce que plusieurs organes ou systèmes d'organes se réunissent pour former un appareil qu'on exerce dans une direction déterminée, comme les systèmes musculaire et osseux qui concourent à la constitution de l'appareil locomoteur.

Pour ce motif, on suivra les effets de la gymnastique dans les appareils et non dans les systèmes, exception faite pour le système nerveux qui tient la machine animale sous sa dépendance.

SOUS-SECTION I. — GYMNASTIQUE DU SYSTÈME NERVEUX

Appliqué à la portion périphérique du système nerveux, l'exercice perfectionne les nerfs sensitifs et moteurs. Du Bois Reymond a judicieusement fait observer que la grande habileté manuelle des horlogers, des mécaniciens, etc., n'est en dernière analyse « qu'une liaison acquise entre les cellules ganglionnaires qui, après avoir eu lieu souvent dans une succession déterminée, se reproduit ensuite de la même manière avec une très grande facilité ». Tout le monde sait que l'exercice affine la sensibilité des appareils des sens et, conséquemment, leur activité et leur acuité. Quelle différence entre la délicatesse de l'ouïe du musicien et celle d'un paysan inculte !

Bien que l'action des nerfs sur les glandes présente encore des points obscurs, il n'est pas douteux que le renouvellement de l'excitation n'amène dans la glande un fonctionnement plus actif.

L'exercice méthodique de la masse cérébrale est pour l'espèce humaine le premier et le plus impérieux des soins, puisque ses conséquences sont l'instruction et l'éducation. Le perfectionnement qui en résulte est entièrement fonctionnel, car, malgré quelques assertions contraires, il n'est pas prouvé que, sous son influence, la capacité crânienne de l'homme s'accroisse ou que la forme céphalique se modifie. Si des changements se sont produits, c'est dans la qualité de la substance cérébrale ; le microscope les révèlera peut-être un jour. Mais combien le fonctionnement est devenu plus actif ! La mémoire si fidèle des personnes qui ont soin de l'exercer, mise en regard des souvenirs confus, sans précision et peu nombreux de celles qui ne font pas travailler leur cerveau dans ce sens en porte témoignage.

Pour les animaux, la gymnastique cérébrale, quoique de moindre importance, ne peut être négligée ; elle est applicable à ceux employés comme moteurs ou à des usages spéciaux, tels que la chasse et la garde des troupeaux. Elle constitue le dressage.

Cette sorte d'éducation que subissent les jeunes animaux domestiques se réduit à quelques opérations relativement simples et courtes, parce que l'hérédité fait bénéficier des qualités ancestrales. C'est la domestication plus que le dressage, qui a doté leur espèce et leur race des propriétés que nous utilisons, puisqu'on voit de jeunes chiens chercher le gibier et l'arrêter sans que l'homme leur ait fait subir la moindre préparation. On ne peut donc pas séparer ici les variations qui résultent de l'état de domesticité de celles qui sont le fait du dressage.

Ces conditions ont agi de deux façons sur les animaux : 1° en leur faisant perdre ou tout au moins en affaiblissant leurs instincts naturels ; 2° en les dotant de nouvelles qualités.

L'affaiblissement des instincts naturels a beaucoup plus modifié les animaux que l'acquisition de facultés nouvelles. On voit ce que la Brebis, le Porc, le Bœuf, le Lapin et tous les Oiseaux de basse-cour ont perdu du côté du système nerveux ; on cherche en vain ce qu'ils ont gagné. N'ayant plus à se préoccuper de chercher leur nourriture, de se défendre contre des ennemis, de lutter contre des rivaux pour la satisfaction des instincts sexuels, ils sont devenus de véritables parasites, vivant d'une vie surtout végétative ; s'il y a eu des modifications dans leur encéphale, elles ont été plutôt régressives que progressives.

Les Équidés moteurs et le Chien, vivant plus en contact avec l'homme, ont acquis de nouveaux caractères, mais à des degrés inégaux. On a surtout mis à contribution la force et la vitesse des moteurs, de ce côté on les a modifiés ; on a peu demandé à leur intelligence. Celle-ci est cependant étendue et elle se développe rapidement quand l'homme le veut. La docilité du cheval arabe, sa douceur, son attachement à son maître, sont des qualités acquises tout comme la mémoire, l'esprit d'imitation du cheval de cirque et l'émulation du cheval de course. La brillante peinture de Buffon est la synthèse des qualités naturelles et acquises du cheval.

L'Ane, qu'on dit stupide, est moins têtu et plus doux dans les pays orientaux où on le traite mieux qu'en Occident.

De tous les animaux, le Chien est celui que la domestication a le plus profondément modifié. Dans les pays où il n'est utilisé que comme aliment, il est stupide comme tous les animaux de boucherie ; ailleurs, où il est employé à la garde des troupeaux et des habitations, à la chasse, ou entretenu comme animal d'agrément et de luxe, il a eu une évolution cérébrale très remarquable, avec développement d'instincts et de qualités qui étaient probablement en germe dans les espèces sauvages.

M. Romanes a fait remarquer qu'une des particularités distinctives de la psychologie du Chien est l'intensité avec laquelle se sont développées chez lui les idées de possession et de propriété sous la suggestion de l'homme. Ces idées ont été utilisées et on sait avec quelle fidélité il garde la maison, le jardin, la cour, la voiture chargée de bagages, les vêtements ou les aliments de son maître, quelle intelligence il déploie pour surveiller et au besoin défendre les troupeaux. Aussi bien que le pâtre, il connaît les bêtes de son possesseur ; de celles-là seulement il prend soin, n'ayant cure de celles qui paissent à côté.

Si l'instinct de la chasse lui est naturel comme à tous les carnassiers, il a été modifié et réglé par l'homme qui a créé le chien d'arrêt.

Mais le plus admirable est l'apparition de qualités émotionnelles, c'est de voir l'affection et la fidélité être telles qu'un vieil auteur cité par Darwin a pu dire que le Chien est la seule chose sur terre qui nous aime mieux qu'il ne s'aime lui-même. Ces qualités, chez lui, « ont donné naissance au désir d'approbation et à la crainte du blâme qui, développés comme ils le sont, ne se distinguent en aucune façon des mêmes sentiments tels qu'ils sont manifestés par l'homme lui-même [1]». C'est comme l'aurore de la conscience.

Recherchons sur l'encéphale et la boîte osseuse qui l'enferme si des variations morphologiques sont la conséquence des modifications fonctionnelles subies par les animaux domestiques.

Nous nous sommes d'abord demandé s'il y a eu quelque changement quantitatif dans la masse cérébrale.

Pour répondre à cette question, la capacité crânienne a été cubée comparativement chez des individus sauvages et sur les formes domestiques qui s'en rapprochent le plus, toutes choses étant égales du côté de l'âge et du sexe.

Voici les chiffres que nous avons pu rassembler :

ANIMAUX	CAPACITÉ CRANIENNE	DIFFÉRENCE EN FAVEUR DE LA FORME SAUVAGE
Ane sauvage de Perse..	521 cc.	+ 71 cc.
— domestique de l'Orient..	450	
Bœuf abyssin.	479	+ 47
— domestique d'Afrique.	432	
Mouflon à manchettes.	240	+ 118
Mouton africain.	122	
Sanglier d'Europe.	190	+ 13
Cochon domestique, dit celtique.	177	
Sanglier de Cochinchine.	162	+ 12
Sus vittatus.	181	+ 31
Cochon domestique chinois.	150	
Loup.	142	+ 26
Chien mâtin.	116	
Chacal.	82	+ 6
Levrier d'Italie.	76	
Lapin sauvage..	9,4	+ 1,9
— russe domestique.	7,5	
Lièvre.	14	+ 6,5

Les chiffres de ce tableau n'ont besoin d'aucun commentaire, ils montrent que la capacité cérébrale absolue et, partant, le poids du cerveau sont plus élevés dans les formes sauvages que dans les formes similaires domestiques.

Si l'on compare les capacités crâniennes relatives, c'est-à-dire rapportées à 100 kilogrammes de poids vif, une supériorité de même sens se dégage.

Nous n'avons que peu de chiffres à fournir, les naturalistes voyageurs n'ayant guère l'habitude et les moyens de peser les animaux qu'ils capturent ou qu'ils tuent.

[1] Romanes, *L'Évolution mentale des animaux*, traduction H. de Varigny, 1885, Paris.

	CAPACITÉ POUR 100 K. DE POIDS VIF	DIFFÉRENCE EN FAVEUR DE LA FORME SAUVAGE
Laie.	142 cc.	+ 68
Truie commune.	74	
Hase.	272	+ 19
Lapine commune.	253	

Ainsi la capacité cérébrale relative comme la capacité absolue est plus élevée chez les espèces sauvages que chez leurs similaires domestiques. D'une façon générale, la *domestication n'est pas favorable au développement du cerveau*.

Cette conclusion était à prévoir, car l'état domestique met les animaux dans des conditions où ils ont moins d'occasions de faire fonctionner leur encéphale; d'ailleurs le développement de la boîte crânienne est sous la dépendance d'autres éléments, spécialement de l'évolution du squelette et des muscles qui s'attachent au crâne, comme on le démontrera plus loin.

Quant à l'animal sauvage, pour échapper aux ennemis de toutes sortes qui le menacent, pour vaincre dans la lutte pour la vie, pour se procurer son alimentation, il doit faire preuve de plus de ruse, d'instinct, d'intelligence, il doit surtout se mouvoir davantage que ses congénères domestiques; ses centres moteurs, sensoriels et intellectuels ont besoin d'être plus développés.

On a voulu faire une exception pour le Chien et il a été avancé que sous l'influence de l'éducation, sa masse cérébrale s'amplifiait et agissait sur la boîte crânienne par une poussée de dedans en dehors. On a donné comme certain qu'un chien de chasse ou de berger admis à une plus grande intimité près de l'homme, devenant chien d'appartement, prendrait au bout de quelques générations un crâne analogue à celui des havanais et des kings'Charles. Une telle modification céphalique n'est pas irréalisable, mais ce n'est pas au travail cérébral qu'il faut l'attribuer. Les chiens de bergers et de chasse sont incomparablement plus intelligents que les chiens d'appartement, animaux oisifs et insignifiants dont la tête arrondie rappelle l'état fœtal et ne correspond pas à un perfectionnement. Il a déjà été dit que dans les races humaines où l'activité intellectuelle est autrement intense, elle ne cause pas de modifications morphiques crâniennes. Les changements qui se produisent dans la tête des animaux domestiques, du chien comme des autres, sont dues à des causes purement mécaniques, la démonstration en sera donnée plus loin.

Il est possible que les acquisitions intellectuelles du Cheval et du Chien se traduisent d'autres façons sur leur encéphale. M. Chudzinski a remarqué que le type des circonvolutions cérébrales est plus fixe dans les formes sauvages et plus variable dans les formes domestiques. Il y aurait lieu de poursuivre l'étude analytique de ces variations, d'examiner de près si la profondeur des sillons est la même, si le rapport de la substance grise à la substance blanche s'est modifié, si l'irrigation est plus abondante, etc., en un mot, de reprendre un à un tous les points si complexes de l'anatomie de l'encéphale, comparativement dans les races d'une même espèce. M. Lesbre a déjà fait voir que dans les chiens à tête ronde, le lobe pariétal s'amplifie tandis que, le lobe frontal reste stationnaire ou s'atrophie.

SOUS-SECTION II. — GYMNASTIQUE APPLIQUÉE A L'APPAREIL DE LA LACTATION

Il est peu d'organes qui fournissent d'une façon aussi nette que la mamelle la preuve de la puissance de la gymnastique.

L'appareil mammaire a des rapports fonctionnels très intimes avec l'accouchement et la production d'un nouvel être, mais ceux-ci n'en sont point la condition nécessaire. La sécrétion lactée peut s'établir en dehors de leur intervention et sous la seule influence de l'exercice. De nombreuses observations l'ont établi. On l'a constatée sur de très jeunes sujets, inaptes encore à se reproduire, sur des mâles, sur des hybrides aussi bien que sur des femelles qui venaient de mettre bas.

On a vu dans l'espèce humaine des femmes avoir du lait pendant plusieurs années sans jamais avoir été en état de grossesse et l'homme lui-même a présenté quelques exemples de secrétion lactée. De Humboldt a rapporté le cas d'un Indien qui allaita son enfant pendant cinq mois, la mère étant malade.

Tout le monde connaît l'histoire narrée par Aristote, du bouc de Lemnos qui fournissait abondamment du lait et transmit cette particularité à l'un de ses descendants. Geoffroy Saint-Hilaire vit un fait semblable au Muséum de Paris où le père allaitait un chevreau.

La lactatation s'est établie chez des hybrides ; le Dr Dugès, de Guanajuato (Amérique du Sud) a rapporté l'observation d'une mule n'ayant jamais été saillie dont les mamelles, excitées par un muletier libertin, donnèrent du lait [1].

Sur les femelles, la production laitière n'est point rare dans les conditions que nous étudions. Il est commun de voir des vêles et des génisses qui, par suite de l'habitude de se téter ou de se laisser téter par leurs compagnes, arrivent à donner du lait avant toute fécondation et même à en fournir une quantité relativement élevée.

Nous avons vu une chèvre qui, n'ayant jamais conçu, allaita néanmoins deux agneaux dont la mère venait de mourir. La facilité avec laquelle, au moyen de l'excitation, on fait apparaître le lait dans les mamelles des chevrettes est un fait bien connu en France et en Italie ; du reste Aristote disait déjà qu'en excitant les mamelles des chèvres du mont

---

[1] *Bulletin de la Société de biologie*, décembre 1883, page 604.

Œta avec des orties, on les rendait laitières. M. Colin a vu à Alfort, une agnelle de six mois, n'ayant point encore été couverte, donner du lait[1] ; à la ferme de la Tête-d'Or, nous avons fait la même observation sur une truie châtrée qui avait été tétée par des porcelets.

Il est d'autres causes qui aboutissent au même résultat. Le fait le plus curieux en ce genre que nous avons noté, se rapporte à un taureau Schwitz, porteur de trayons très apparents. On le chatra à quatre ans, et, à la suite de cette opération, du lait se mit à sourdre du bout des mamelons ; on en recueillit deux verres dans chacun des huit jours qui suivirent l'opération. Le rut est parfois, surtout chez la chienne, une cause de lactation.

Les résultats obtenus par ces excitations tout accidentelles font deviner qu'un exercice méthodique et répété a dû en amener de plus prononcés.

Comparées aux bêtes laitières de l'Europe occidentale, les vaches de l'Asie et des savanes américaines qui n'ont point été exercées pour la production du lait leur sont très inférieures ; elles nourissent leur veau, puis tarissent. La race bovine du Tonkin, que l'on a pu bien étudier depuis l'occupation, donne seulement 70 centilitres de lait par jour pendant l'allaitement de son veau, puis cette médiocre sécrétion se tarit au sevrage[2]. Pas plus que les autres femelles, la vache n'était, par prédestination, une bonne laitière ; elle l'est devenue. D'ailleurs, si l'on s'abstient de la traire, la lactation cesse rapidement et dans les exploitations mal surveillées, où le personnel est négligent et fait mal la traite, les bête deviennent médiocres laitières.

Il est plus frappant encore d'examiner ce qui se passe dans l'espèce ovine. Partout où la brebis n'a point été exploitée par l'homme pour la fonction laitière, elle ne nourrit que son agneau et rien de plus ; mais soumise à la traite, elle s'est transformée en une machine à lait capable d'en donner 200 litres et même plus dans l'année.

Marcorelles publia, en 1785, un travail sur l'industrie fromagère de Roquefort ; il dit qu'à ce moment chaque brebis ne donnait annuellement que la quantité de lait suffisante pour faire 6 kilogrammes de fromage ; aujourd'hui, chaque brebis en produit assez pour en faire 14 et 15 kilogrammes. Dans l'espace d'un siècle, le rendement moyen en lait des bêtes de Larzac a donc plus que doublé.

C'est également la gymnastique de la mamelle qui a amené la jument kirghise à être une laitière qu'on exploite en Asie à la façon de la vache en Europe ; il en fut de même pour l'ânesse, la chèvre, la buflesse et la chamelle.

Quelle que soit la cause pour laquelle elle se manifeste, la production

[1] G. Colin, *Traité de physiologie comparée des animaux*, Paris, 1886.
[2] Voinier, *Etudes sur les espèces bovines du Tonkin*, in *Bulletin du Comité d'études agricoles, industrielles et commerciales* de l'Annam et du Tonkin, 1886.

laitière présente des variations si étendues qu'elles ont servi de base à quelques classifications de races bovines et ovines.

Dans l'espèce humaine, l'apparition de la sécrétion lactée après l'accouchement s'accompagne d'un mouvement fébrile, d'intensité variable suivant les individualités, qu'on appelle justement *fièvre de lait*. Les recherches de M. F. Saint-Cyr ont démontré qu'à la suite du part, les vaches laitières n'ont pas de fièvre de lait. Il nous semble que c'est le résultat de l'adaptation de leur mamelle à la fonction laitière. Peut-être que si l'observation portait sur des femelles appartenant à des races non laitières, on la constaterait.

Fig. 65. — Brebis laitière de la sous-race de Millery.

Continuée en une longue suite de générations, la gymnastique mammaire a produit des variations morphologiques sur le pis. Il s'est développé, agrandi dans de fortes proportions chez les races laitières; il est resté rudimentaire dans celles qui ne le sont pas. Qu'on mette en parallèle le pis des vaches normandes ou montbéliardes avec celui des bêtes sardes ou arabes, et surtout la mamelle des brebis mérinos et southdowns avec celle des brebis de Larzac et de Millery (fig. 65), et on sera frappé des différences.

Il en est résulté plus qu'une amplification de l'organe, il y a eu multiplication des portions de glandes désignées sous le nom de *quartiers*, avec développement de trayons correspondants.

La glande mammaire, composée essentiellement de cellules épithéliales, peut se régénérer après l'ablation s'il reste quelques acini en place ; MM. Philippeaux et de Sinety l'ont prouvé expérimentalement sur les femelles de cobayes. Or si la régénération a lieu, rien d'impossible à ce qu'une gymnastique appliquée à l'organe sain et suffisamment prolongée puisse faire proliférer ses cellules.

Dans nos dissections de fœtus bovins, nous n'avons trouvé que deux glandes, représentant deux quartiers seulement, accolées l'une à l'autre ; aussi ne sommes-nous pas éloigné de croire que la conformation actuelle du pis de la vache avec quatre quartiers est acquise, et qu'elle est le résultat du dédoublement des deux glandes primitives.

Son évolution, d'ailleurs, n'est pas arrêtée, elle continue et sur les races très laitières, comme les cottentines, on remarque fréquemment des trayons supplémentaires qui donnent du lait. Ces trayons, au nombre de deux et parfois quatre, sont placés en arrière des quatre principaux ; l'amplification du pis de la vache se fait d'avant en arrière.

Même particularité sur l'espèce ovine. Normalement, la brebis n'a que deux quartiers avec deux trayons, mais ce nombre s'accroît dans les races laitières. Nous avons compté une proportion relativement élevée de bêtes ovines à quatre tétines dans les troupeaux du plateau de Rocamadour (Lot) et nous en avons vu aussi dans ceux des environs de Lyon. Tayon indique cette particularité comme commune sur les brebis laitières des Basses-Cévennes[1]. Le développement des tétines supplémentaires se fait en avant des deux mamelons principaux, c'est-à-dire en sens inverse de ce qui se passe dans l'espèce bovine.

SOUS-SECTION III. — GYMNASTIQUE APPLIQUÉE A L'APPAREIL DIGESTIF

C'est par l'alimentation qu'on exerce l'appareil digestif, mais en vertu de la solidarité organique, les modifications qui en résultent ne se bornent pas aux organes qui le constituent, pas plus qu'aux dents et aux os longs sur lesquels on a voulu les cantonner. Elles sont nombreuses, considérables, capables de changer l'architecture de parties regardées comme possédant des caractères spécifiques ; aussi les Anglais, passés maîtres dans l'art de nourrir intensivement le bétail, ont-ils eu raison de dire que l'exercice de l'appareil digestif a créé à lui seul autant de races que les autres procédés zootechniques.

[1] Tayon, *De la variabilité des mamelles sur les bêtes ovines des Basses-Cévennes*, in *Comptes rendus de l'Académie des sciences*.

Avant d'entrer dans le détail des variations *anatomiques* et *physio-logiques* dont l'alimentation est le facteur, on remarquera que, associée aux autres conditions de bonne hygiène dont l'homme entoure ses serviteurs, elle les a rendus plus lourds et plus volumineux.

L'augmentation de masse est un fait général, aussi facile à observer sur les plantes potagères et industrielles abondamment fumées, sur les céréales et sur beaucoup d'arbres fruitiers que sur les animaux. La betterave, la carotte, le fraisier, le chou, le pommier et le poirier sauvages sont plus petits que leurs congénères cultivés. L'espèce du cerisier semble faire exception, car le cerisier des bois est très fort, plus élevé que beaucoup de variétés cultivées. Mais il est impossible actuellement d'affirmer que toutes celles-ci proviennent du cerisier des bois.

L'histoire du bétail européen montre des modifications aussi apparentes.

Au xive siècle, en Angleterre, un bœuf de quatre ans avait en moyenne un poids vif de 203 kilogrammes. Cette moyenne est triplée aujourd'hui. En Limousin, au commencement de notre siècle, en 1808, lors de l'établissement de la statistique, le poids moyen des bœufs était de 300 kilogrammes ; il est aujourd'hui de 700 kilogrammes. Le lecteur a d'ailleurs pu suivre au tableau de la page 154 les modifications pondérales du bétail français. Dans les Oiseaux, un accroissement très notable s'est également montré ; on peut du reste, en acquérir rapidement la preuve par l'élevage en captivité du canard sauvage. Notablement plus petit que le canard domestique, dès la deuxième génération, il s'en rapproche.

La mytiliculture bien pratiquée rend la moule plus volumineuse et plus lourde.

Lorsqu'on examine un mammifère domestique dans les conditions susindiquées, on est frappé de l'ampleur prise par le tronc au détriment des membres, de la tête et de la queue. La prédominance des organes de nutrition sur ceux de relation se devine au premier coup d'œil. Indépendamment du développement de l'abdomen, on remarque que le périmètre de la poitrine est considérable, les côtes étant arquées, le bréchet est saillant avec les pectoraux bien prononcés, les apophyses transverses des vertèbres lombaires longues et larges, les hanches écartées. La musculature très développée fait que les sujets en question sont des animaux de choix pour la boucherie. Avec cela, leurs membres sont petits et courts et si l'on compare la circonférence du canon à celle de la poitrine, on a un rapport beaucoup plus large que sur les animaux qui n'ont pas été soumis à la gymnastique qui nous occupe. L'idéal serait d'arriver à les pousser davantage vers le parasitisme, de façon à les réduire uniquement au tronc ; il faut avouer que la conformation de certains porcs très améliorés, comme les yorkshires de la petite variété, s'en rapproche (fig. 66).

Semblables résultats se remarquent sur les Oiseaux dont le bréchet s'est amplifié au détriment des organes du vol ; les poulardes de la Bresse, du Mans, de Dorking, l'oie de Toulouse, les canards de Rouen et d'Aylesbury en fournissent des exemples.

FIG. 66. — Porc d'Yorkshire.

I. MODIFICATIONS ORGANIQUES PRODUITES PAR L'ALIMENTATION INTENSIVE

La première question qui se pose est de savoir si des variations se sont produites dans l'étendue, la masse et la disposition du tube digestif.

En comparant des animaux sauvages à leurs congénères domestiques, on a trouvé une augmentation de la longueur de l'intestin pour quelques-uns et une diminution pour quelques autres.

D'après Cuvier, la longueur des intestins est à celle du corps comme 9 est à 1 chez le Sanglier, comme 13,5 est à 1 chez le Porc commun et comme 16 est à 1 chez le cochon siamois.

Daubenton a fait remarquer que les intestins du Chat domestique sont plus longs d'un tiers que ceux du Chat sauvage.

Une modification en sens inverse s'est produite dans l'espèce cuniculine ; les intestins du Lapin domestique sont moins allongés que ceux du Lapin sauvage, sans doute parce qu'il reçoit des aliments plus nutritifs, moins grossiers et moins volumineux.

Les recherches auxquelles nous nous sommes livré sur l'espèce bovine ne nous ont rien donné de précis ; nous avons trouvé parfois un développement intestinal énorme sur des races très rustiques et quelquefois aussi sur des races très améliorées. Il est possible d'en conclure seulement que la masse intestinale se modifie facilement suivant le genre d'alimentation ; on le savait, du reste, par la rapidité des changements de dimensions de l'abdomen qu'on amène chez le Cheval, quand on le fait passer du régime du vert à celui de l'avoine et *vice versa*.

De nos pesées des glandes annexes du tube digestif, notamment du foie, il résulte que sur des animaux de conditions semblables, ces organes varient fort peu. Il est fait exception pour les foies de Palmipèdes qui ont subi la dégénérescence graisseuse. Nous avons recherché également si les glandes salivaires montraient des variations pondérales ; nous n'en avons constaté que de négligeables. Il y aurait lieu de voir si la quantité et la qualité du liquide qu'elles sécrètent ont varié.

L'action de l'alimentation intensive va être suivie avec détails 1° sur les productions épithéliales, 2° sur l'ossature en général, 3° sur le squelette céphalique en particulier.

A. ACTION SUR LES PRODUCTIONS ÉPITHÉLIALES. — L'observation fait voir que le tissu épithélial dans toutes les espèces est le plus influencé par le mode d'alimentation. On a fait remarquer antérieurement qu'il est parmi les tissus de l'économie, celui où la vie est la plus intense et qu'il reste, pourrait-on dire, à l'état embryonnaire toute la vie de l'animal, ce qui explique son activité. On devine que sur un être où les matériaux nutritifs sont fournis en abondance sans discontinuité, il doit proliférer activement, se renouveler et remplir avec perfection les fonctions qui lui sont dévolues.

L'histologie, jusqu'à présent, n'a point donné de renseignements particuliers sur les modifications que peut subir le revêtement épithélial de l'estomac et des intestins des animaux soumis à l'alimentation intensive. Les seules indications qu'on possède et qui sont de nature à faire regretter l'absence de semblables documents sur les Mammifères domestiques, se rapportent aux Oiseaux. Hunter a observé que la paroi musculaire de l'estomac d'une Mouette *(Larus tridactylus)* s'était épaissie au bout d'une année pendant laquelle l'oiseau avait reçu surtout des graines. Edmonston, cité par Darwin, affirme qu'un changement analogue se produit périodiquement dans le gésier du *Larus argentatus* des îles Shetland, lorsqu'au printemps cet oiseau se nourrit de blé. Il a constaté aussi une modification du même organe sur un corbeau qui avait été soumis pendant longtemps à une alimentation végétale.

Mais il s'agit ici d'un changement complet de régime, et il est probable que si l'on examinait comparativement l'estomac du Sanglier habitué aux racines et aux fruits des forêts avec celui du Porc devenu omnivore et parfois carnivore, ou l'estomac du Loup avec celui d'un chien nourri au lait ou à la soupe, on y trouverait des différences semblables. Il en serait de même sans doute du gésier du canard sauvage qui cherche sa nourriture en tamisant la vase des marais, comparé à celui du canard domestique nourri aux pâtées ou à la viande.

Dans le cas le plus ordinaire, les animaux ne changent point complètement de régime, on ne fait que le modifier partiellement ; on rend, par exemple, les bêtes bovines et ovines plus granivores qu'elles ne le seraient à l'état de nature. Il en résulte probablement que les modifications du tissu épithélial sont surtout d'ordre quantitatif.

Quoi qu'il en soit, si l'on soupçonne plutôt qu'on ne constate directement les changements produits dans l'épithélium du tube digestif, les dents offrent un moyen de contrôle des plus intéressants. Leur disposition est le reflet du régime ; il fallait donc s'attendre, si l'on modifiait celui-ci, à quelque modification de celles-là. Pourtant, ce n'est qu'à une époque relativement récente et à la suite de difficultés soulevées dans les concours d'animaux de boucherie, que Renault appela l'attention sur ce point [1].

Pour apprécier comme il convient l'importance des modifications dentaires apportées par l'alimentation, il est nécessaire de rappeler dans quel ordre se fait la chute des dents de lait, l'apparition des dents permanentes et les indications qu'on en tire pour la connaissance de l'âge.

Ces particularités seront examinées dans les espèces bovine et ovine, en se bornant aux incisives qui ont été spécialement étudiées.

Leurs incisives sont au nombre de huit et siègent seulement à la mâchoire inférieure, la supérieure en étant dépourvue. Elles se décomposent en deux pinces, deux premières mitoyennes, deux secondes mitoyennes et deux coins.

Espèce bovine. — A sa naissance, le veau a généralement quatre incisives, les deux pinces et les deux premières mitoyennes; parfois il en a six exceptionnellement il les possède toutes les huit. Lorsqu'il en est dépourvu, les pinces apparaissent vers le troisième jour après la naissance, les premières mitoyennes vers le septième, les secondes vers le douzième et les coins vers le vingtième. D'une façon générale, l'état de la mâchoire du veau en naissant est subordonné à la durée de la gestation : plus elle est longue, plus le nombre des incisives à la mandibule est élevé et inversement.

La mâchoire n'est pourtant au rond que vers cinq mois, ce temps étant nécessaire aux dents et en particulier aux coins pour arriver à la hauteur normale.

L'usure des dents est subordonnée au genre d'alimentation et se présente à l'observateur d'une façon différente. Le veau qu'on conserve pour faire souche et qui boit du lait jusqu'à six et huit mois, n'use pas ses dents comme celui qui est soumis au régime végétal à un mois ou six semaines. On estime que, pour ce dernier, les pinces commencent à user par leur bord libre à six mois et sont rasées à dix, les premières mitoyennes sont rasées à douze mois, les secondes à quinze et les coins à dix-huit ou vingt.

[1] *Recueil de médecine vétérinaire*, année 1846, page 987 et suiv.

De dix-huit à vingt mois, les pinces sont chassées par leurs remplaçantes qui peu à peu font éruption et se trouvent à hauteur à vingt-quatre mois.

De 30 à 36 mois, les choses se répètent pour les premières mitoyennes.

— 42 à 48 mois,   —   —   les secondes   —

— 54 à 60 mois,   —   —   les coins.

A partir de cinq ans, les coins achèvent leur éruption et n'ont atteint complètement leur hauteur que quelques mois plus tard.

Le bord et la table des pinces ont commencé à user, les mitoyennes ont quelque peu subi cette usure. De six à sept ans, le rasement des pinces a continué, et vers sept ans et demi leur avale est nivelée. Dans ce même intervalle, le rasement des premières mitoyennes a continué et celui des secondes mitoyennes a commencé. Vers huit ans, le rasement des premières mitoyennes s'achève, et les coins perdent leur bord tranchant. A neuf ans, les secondes mitoyennes sont nivelées et à dix ans il en est de même pour les coins.

Espèce ovine. — Il est exceptionnel qu'au moment de sa naissance, l'agneau possède des incisives ; on les sent sous la muqueuse gengivale, prêtes à la percer.

Du troisième au cinquième jour, les pinces se montrent, puis les premières et les secondes mitoyennes du dixième au quinzième jour (il arrive que les secondes mitoyennes précèdent les premières) ; enfin les coins se montrent du vingtième au vingt-cinquième jour, mais la mâchoire n'est complètement *au rond* que vers trois mois.

L'usure des dents de l'agneau est encore plus irrégulière, si possible, que celle du veau, de sorte qu'il y a peu d'indications à en tirer pour la connaissance de son âge.

De 15 à 18 mois, les pinces de lait tombent et sont remplacées.

— 20 à 24   —   les premières mitoyennes tombent et sont remplacées.

— 36 à 42   —   les deuxièmes   —   —

— 48 à 54   —   les coins tombent et sont remplacés.

Il y a une telle différence entre la largeur des pinces et des mitoyennes de remplacement et celle des dents de lait que la confusion n'est pas possible ; pour les coins, les dissemblances sont moins tranchées et l'erreur plus facile.

La rapidité du remplacement et de la pousse des dents dans l'espèce ovine est plus grande que dans l'espèce bovine.

Ce sont là des règles générales posées il y a une soixantaine d'années, par J. et A. Girard, mais qui souffrent des exceptions de par l'individualité des sujets et surtout sous l'influence d'un régime alimentaire intensif. Celui-ci entraîne une nutrition et un renouvellement plus actifs du tissu épithélial et du tissu osseux qui se répercutent sur les dents et modifient l'ordre d'éruption des permanentes.

Cette modification se fait dans le sens de la hâtivité du remplacement des dents de lait. Mais toutes les espèces n'ont point la même malléabilité et l'étendue des variations est différente. Les Ruminants que tant de faits d'ordre paléontologique et anatomique montrent comme variant facilement, tiennent ici encore la principale place.

On a vu que, normalement, la chute des pinces de lait et leur remplacement ont lieu du dix-huitième au vingt-quatrième mois sur le Bœuf et que ceux des coins se font du cinquante-cinquième au soixantième. Le remplacement intégral des incisives s'effectue donc dans un laps de temps de trois ans. *Cette période peut être considérablement raccourcie et il est possible de gagner deux ans sur trois;* mais ce gain s'obtient d'une façon très diverse. Il arrive que la chute des premières incisives se fait prématurément et que les autres suivent la progression. On voit les pinces tomber à la date normale et les autres paires suivre de très près. Enfin, on observe que la hâtivité se manifeste par la chute de quatre dents à la fois, par exemple les pinces et les premières mitoyennes ou les quatre mitoyennes ensemble.

L'exemple le plus frappant du premier cas consigné dans nos notes, concerne une génisse charollaise qui perdit ses pinces de lait à un an, qui à douze mois et vingt-cinq jours avait des pinces permanentes à niveau, à dix-huit mois les premières mitoyennes, à vingt-quatre les secondes et à trente mois, les coins.

Un exemple du second nous a été fourni par un taureau charollais qui n'abattit ses pinces de lait qu'à dix-huit mois et qui perdit successivement, dans les quatorze mois suivants, les premières et secondes mitoyennes et les coins, de sorte qu'il n'avait plus de dents de lait à trente-deux mois.

Le troisième cas, la chute de plus de deux dents à la fois, s'est présenté avec une fréquence toute particulière sur les bêtes de Schwitz et de Tarentaise qu'on poussait à la précocité; nous l'avons pourtant constaté aussi sur des animaux d'autres races. Les choses se passent généralement comme suit : le taurillon reste jusqu'à l'âge de vingt-cinq ou vingt-six mois sans dents permanentes ; à ce moment, il perd les pinces et les premières mitoyennes de lait, puis huit mois après, les secondes mitoyennes pour n'abattre les coins qu'à quarante-cinq mois; ou bien, les pinces étant tombées vers vingt mois, l'animal reste jusqu'à trente-huit mois sans remplacer d'autres dents; à ce moment, il abat les quatre mitoyennes à la fois et à quarante-six mois les coins.

Sur une génisse Durham nous avons fait l'observation suivante: à seize mois, remplacement des pinces; à vingt-trois mois, remplacement simultané des quatre mitoyennes et à trente mois, remplacement des coins.

De l'ensemble des observations que nous avons recueillies, il découle que la hâtivité caractérisée par le premier mode, la sortie prématurée des pinces et la succession rapide des autres paires, s'est montrée un plus grand nombre de fois sur les femelles, tandis que la particularité signalée dans le troisième fut surtout l'apanage des mâles. La femelle est plus hâtive, plus véritablement précoce que le mâle, ce que l'étude du développement normal avait d'ailleurs déjà permis de constater.

Sans soumettre les animaux à un régime aussi intensif que celui qui a fourni les résultats précédents, mais en les alimentant largement, on arrive à avoir des animaux qui, à quatre ans, ont leur bouche faite. En un mot, la dentition est l'image du régime influencé par le sexe.

On ne s'est attaché jusqu'ici qu'à l'étude des incisives parce que, dans la pratique, lorsqu'on embouche le bétail, on n'a de facilité pour bien voir qu'en s'adressant à ces sortes de dents, mais les prémolaires qui sont caduques, fournissent d'intéressants renseignements. Leur remplacement sur les bêtes communes se termine à trois ans. Nous les avons vues toutes remplacées à trente mois chez des sujets améliorés ; leurs dimensions sont plus petites que sur les individus ordinaires.

Les molaires permanentes, dans les animaux communs, évoluent comme suit : la première fait éruption à dix-huit mois, la seconde à trente et la dernière à trois ans et même plus tard. Sur des génisses précoces, nous avons vu les trois molaires permanentes sorties à vingt-trois mois.

Sur le Mouton, on fait des observations de même nature. A trente-six mois toutes ses incisives de lait peuvent avoir disparu ; on gagne ainsi environ douze mois sur le temps nécessaire au remplacement complet de ces sortes de dents. Les plus grandes irrégularités se remarquent dans la façon dont pinces, premières, deuxièmes mitoyennes et coins tombent et sont remplacées ; mais la période totale nécessaire pour *faire la bouche* se maintient assez communément, du moins d'après ce qu'il nous a été donné d'observer, au chiffre de trois ans. Les brebis sont également plus précoces, en général, que les béliers.

Nous avons recherché, en nous servant surtout des pièces osseuses rassemblées à notre laboratoire, si la précocité dentaire existe chez le Porc et comment elle se présente.

La particularité la plus remarquable que nous avons constatée est la sortie hâtive de la dernière molaire. Girard indique son éruption à trois ans ; or, sur des mâchoires de truies berkshires, essex et yorkshires, agés de deux ans et deux ans cinq mois, nous l'avons trouvée en place.

Le remplacement des mitoyennes présente aussi un peu d'avance; nous l'avons vu s'effectuer à deux ans sur une truie berkshire. Mais, en général, il en est du Porc comme du Cheval, la hâtivité dentaire ne s'y montre point avec l'ampleur remarquée dans les Ruminants. Les femelles sont toujours plus précoces que les verrats; ce n'est qu'en les examinant que nous avons constaté la précocité dans l'espèce porcine.

Les manifestations de la hâtivité sont moins fréquentes et moins étendues sur le Cheval et le Chien. On en a constaté sur de jeunes chevaux entretenus dans les riches pâturages de la Normandie et dans des conditions d'existence qui les rapprochent des bœufs et des moutons. Nous en avons relevé quelques-unes dans la race canine de Terre-Neuve.

Si du tissu épithélial, on passe au tissu épidermique, on constate des modifications corrélatives.

La peau est peu épaisse, bien imprégnée de sébum ; les poils, plus souples, plus brillants que ceux des individus non soumis au régime en question, deviennent volontiers ondulés ou même frisés.

Il faut rappeler que les conditions qui poussent à la précocité se montrent surtout pendant la stabulation, ce qui contribue probablement, en mettant l'animal à l'abri des variations atmosphériques, à l'amoindrissement de l'épaisseur de la peau et à l'augmentation de sa souplesse.

C'est surtout quand il s'est agi des moutons qu'on eut intérêt à voir si le régime a quelque influence sur les dimensions du brin de laine. On a admis, longtemps que, par suite d'une alimentation abondante, le brin de laine grossissait. C'eût été un résultat déplorable, puisque la finesse de la laine a une valeur commerciale non négligeable. Les mensurations de M. Sanson[1] ont montré que rien de pareil ne se produit. Quelle que soit la rapidité de développement, la finesse du brin reste ce qu'elle est dans la race ; ce qui se modifie, c'est sa longueur, parce que la formation des cellules épidermiques dans le bulbe pileux est plus active, phénomène analogue à ce qu'on a vu se produire pour les dents qui se remplacent plus tôt. M. Sanson dit n'avoir constaté aucune autre modification ni dans la frisure des poils, ni dans le nombre des follicules pileux, ni dans la nature ou la qualité du suint.

On pouvait deviner l'erreur *a priori* si, au lieu de se borner à examiner les moutons, on avait envisagé toute la série des animaux et surtout si on avait mieux connu le mécanisme de la production du poil dans le follicule.

La longueur de la laine augmentée, il en résulte que le poids total de la toison et par conséquent son prix commercial ont également augmenté ; en poursuivant surtout la production de la viande, on arrive aussi à l'accroissement d'autres valeurs.

Il semblerait que les cornes des Ruminants dussent, comme les poils, subir un allongement ; le contraire se produit plutôt.

Nous rappellerons qu'il existe dans la physiologie de ces appendices de profondes différences. Les cornes des Bovidés ne sont point rigoureusement comparables à celles des Ovidés, pas plus que celles ci ne le sont aux bois des Cerfs.

Les races bovines soumises depuis longtemps à la méthode alimentaire dont il s'agit en ce moment ont, d'une façon générale, des cornes petites ou moyennement développées. Les ovins les plus améliorés de ce côté n'en présentent pas, tels les dishleys et les downs. Deux causes paraissent intervenir : la première tient à l'arrêt de développement que subit la cheville osseuse, comme tout le squelette d'ailleurs ; restant petite et comme avortée, celle-ci fournit un faible support à l'étui corné qui se développe mal à son tour. La seconde semble une des corrélations sur lesquelles nous avons insisté, entre les dents et les appendices de la tête. Les cornes n'ayant apparu aux Ruminants que lorsque leur maxil-

---

[1] Sanson, *Recherches expérimentales sur la toison des mérinos précoces*, in *Mémoires de la Société centrale d'agriculture de France*, 1875.

laire s'est dépouillé de ses canines aux deux mâchoires et de ses inci--
sives supérieures, rien d'étonnant à ce que, des modifications se produisant dans l'époque du remplacement des dents, le retentissement s'en
fasse sentir sur le développement du cornage. Les bœufs qui vivent à
peu près en liberté, comme ceux des steppes d'Asie et de Russie, des
pampas de l'Amérique du Sud ont des cornes d'une grande envergure ;
leur croissance est lente et leur dentition tardive ; des conditions inverses
et la précocité dans la dentition permanente produisent des résultats
opposés.

La misère, une alimentation anormale, des excès d'abaissement et
d'élévation de la température sont aussi des causes d'arrêt dans l'accroissement des cornes. Aux Orcades, en Islande et dans la Russie
blanche, il arrive qu'on soumet, faute d'autres aliments, les bêtes bovines
à l'ichthyophagie ; sur les animaux ainsi nourris, les cornes ne poussent
pas aux bouvillons ou cessent de s'accroître. Dans le delta égyptien, nombreuses sont les bêtes bovines sans cornes ou à cornes avortées et branlantes ; il en existe en Syrie, en Arabie et aux Indes, c'est-à-dire dans
les pays les plus chauds du monde.

Le tissu épidermique, si développé sur les Oiseaux, a subi des modifications analogues à celles dont il vient d'être question pour les Mammifères. L'examen des éperons, assimilables aux cornes des Ovidés, ne
nous a rien révélé de particulier, encore qu'en l'absence de dents à l'entrée des voies digestives des oiseaux, il fournisse le moyen de recon-
naitre leur âge.

Celui des rémiges est plus instructif ; leur mue est assimilable au
remplacement des dents de lait des Mammifères. Si l'on compare l'une
des races gallines les plus améliorées pour la production de la viande,
celle de Dorking, à la race commune ordinaire, on apprend qu'à six
mois et demi un coquelet Dorking peut avoir mué toutes ses rémiges
primaires, tandis qu'un coq commun n'éprouve ce dépouillement qu'après
cette date.

Il est vrai que chaque année la mue des rémiges s'opère comme tombent les plumes caudales du paon et les bois du cerf et cette chute, par
les modifications de longueur et par la différenciation de la forme de la
pointe qui en résultent, peut donner des indications sur l'âge ; mais,
au point spécial où nous nous plaçons dans cette étude, la première mue
suffit.

Il n'y a pas jusqu'à la mytiliculture qui n'apporte son contingent de
preuves à l'action de l'alimentation intensive sur le tissu épidermique.
La moule produite dans ces conditions a le test régulier et poli, avec
un épiderme plus lisse et plus brillant que celui de la moule ordinaire
(Locard).

L'alimentation influe aussi sur la coloration du plumage.

Quelques granivores, particulièrement le Bouvreuil, subissent le mélanisme sous l'influence de l'alimentation au chènevis. Wallace rapporte
que les Indiens des bords de l'Orénoque font manger au Perroquet vert
(*Chrysotis festiva*) la chair d'un poisson siluroïde qui vit dans le fleuve
et obtiennent ainsi des oiseaux tapirés de rouge et de jaune. Cette pratique se retrouve dans l'archipel Malais, chez les naturels de Gilolo qui
modifient de la même manière le plumage du *Lorius garrulus* et le
transforment en Lori royal. Quand on donne ensuite à ces animaux une
nourriture exclusivement végétale, ils reprennent leurs couleurs primitives.

Il est possible que ces changements de coloration se manifestent à
l'état de nature sous l'influence de causes accidentelles et expliquent ainsi
comment on trouve parmi les animaux sauvages, des particularités de
plumage difficiles à expliquer autrement.

B. ACTION SUR LE SQUELETTE. — Le squelette subit des modifications
intéressantes, parallèles en partie à celles du tissu épithélial, mais non
liées nécessairement à elles.

L'attention a déjà été attirée sur la gracilité de la tête, de la queue
et des membres et le défaut de proportionnalité entre le développement de
ceux-ci et celui du tronc. De cette constatation extérieure, on a tiré la
conséquence que le squelette des sujets ainsi traités est réduit, ce qui est
exact, mais ce qu'on a traduit et ce que beaucoup de personnes traduisent
encore en disant que les animaux dont il s'agit ont l'ossature *légère*.

Cette dernière assertion est le contraire de la vérité quand on l'entend
dans le sens absolu; elle n'a de signification que rapportée au poids vif.
Si les os sont réduits en volume, leur poids spécifique a augmenté, de
sorte que le poids du squelette lui-même s'est élevé. J'ai examiné et pesé
à ce point de vue le squelette de sujets précoces des espèces ovine et
porcine et l'ai comparé à celui de sujets communs; on verra immédiatement, par les chiffres recueillis, ce qu'il en est :

	POIDS DU SQUELETTE	POIDS VIF	RAPPORT DU POIDS VIF AU POIDS DU SQUELETTE
	kg.		
Bélier de Tiaret.	3,639	51 k.	14 : 1
— Mérinos.	4,547	74	16 : 1
— Southdown.	3,859	65	17 : 1
— Dishley.	3,890	80	20 : 1
Sanglier.	4.	105	26 : 1
Porc Craonnais.	7,014	240	34 : 1
— d'Yorkshire.	11,210	290	26 : 1
— d'Essex.	6.	205	38 : 1

La comparaison du poids total de l'ossature avec celui des os constituant le tronc, c'est-à-dire des vertèbres, des côtes, du sternum et du
bassin, montre les rapports suivants :

	POIDS DES OS DU TRONC	RAPPORT DU POIDS DES OS DU TRONC AU POIDS TOTAL DU SQUELETTE
	kg.	
Mouton de Tiaret.	1,029	0,28
— mérinos.	1,822	0,40
— southdown.	1,799	0,46
— dishley.	1,710	0,43
Sanglier.	1,583	0,34
Porc craonnais.	3,362	0,47
— d'Yorkshire.	3,844	0,34
— d'Essex.	2,225	0,37

La mandibule servant de support aux dents et de point d'attache aux muscles masticateurs, il est rationnel de rechercher si elle est influencée par la gymnastique spéciale de la nutrition. La détermination du rapport entre son poids et celui du squelette entier apprend qu'elle est d'autant plus développée que les animaux ont été plus complètement soumis à la méthode et en ont retiré des effets plus marqués ; les chiffres suivants, empruntés aux animaux précédents, en témoignent :

Truie commune.	0,084
— d'Essex..	0,094
Bélier de Tiaret..	0,041
— mérinos.	0,044
— southdown.	0,045
— dishley.	0,058

M. Sanson, qui s'est élevé le premier contre la fiction de l'ossature légère des sujets améliorés, a demandé à l'histologie et à l'analyse chimique les raisons de la supériorité de densité de leurs os[1]. A sa prière, Ch. Robin et Sainte-Claire Deville ont étudié comparativement des os de moutons améliorés et non améliorés. L'examen microscopique n'a montré aucune modification dans la structure du tissu osseux. L'analyse chimique, au contraire, a révélé les différences suivantes :

	DENSITÉ	MAT. ORG.	M. MINÉRALES
Os d'animal amélioré.	1,342	32,3 pour 100	67,7 pour 100
Os d'animal commun.	1,274	38,6 —	61,4 —

L'augmentation de densité des os d'animaux améliorés tient à l'élévation de la teneur en matière minérale. Il faut ajouter qu'en général leur canal médullaire a moins d'amplitude que chez les animaux communs.

Une autre particularité également mise en évidence par les recherches

---

[1] Sanson, *Mémoire sur la théorie du développement précoce des animaux domestiques* in *Journal de l'anatomie et de la physiologie*, février 1872.

de M. Sanson, est relative à la soudure plus hâtive des épiphyses avec la diaphyse des os longs. Cette avance a pour corollaire une moindre taille des animaux. La diminution en a été évaluée à 1/5 environ.

Cette conséquence est à rapprocher de ce qui a été constaté sur l'espèce humaine ; on a vu que les enfants mal nourris ont une croissance lente, mais qui se prolonge davantage que chez ceux qui sont très bien alimentés. Il n'y a pas à insister davantage, en ce qui concerne les animaux domestiques, sur cette diminution, puisque la brièveté des membres est le fait saillant qui saute aux yeux du moins versé en zootechnie quand on le met en présence d'individus améliorés.

C. Action sur le squelette céphalique en particulier. — La hâtivité ne s'exerce pas seulement sur les os longs, elle se manifeste sur la tête pour activer les synostoses des os plats qui la constituent. Nous avons à examiner ce point avec attention, afin de voir s'il y a seulement réduction de la tête, avec conservation des indices, ainsi que M. Sanson l'a avancé[1], ou si des parties se réduisant plus que d'autres, les rapports de longueur et de largeur sont modifiés.

Cette marche est commandée parce que la forme céphalique et la formule vertébrale ont été présentées par ce même écrivain, comme les caractères dominateurs et différentiels des races et des espèces, les autres étant qualifiés de secondaires. Il est clair que, si la preuve de la modification du type crânien est fournie, par cela même la possibilité de créer des formes nouvelles par l'alimentation sera démontrée.

Les anthropologistes les plus autorisés ont reconnu qu'il n'est pas rare que la forme primordiale et héréditaire du crâne soit changée, mais les uns soutiennent que les modifications sont sous la dépendance de l'époque de la synostose des sutures, les autres pensent que les os crâniens sont tout à fait passifs, qu'ils sont modifiés par le cerveau qui exerce une pression et s'étend dans les endroits de moindre résistance et par les muscles qui viennent s'y appuyer.

Nous allons démontrer qu'il faut tenir compte de ces deux opinions.

On sait que les os sont modifiés par les muscles qui agissent sur eux et y prennent un point d'appui. Dans la partie crânienne, on ne trouve que les muscles crotaphites ou temporaux qui viennent s'insérer dans la fosse temporale et dont les crêtes pariéto-frontales indiquent les limites supérieures. Le volume de ces muscles est en rapport avec la puissance de mastication des animaux et l'étendue des fosses temporales est proportionnelle à ce volume. D'où la conséquence qu'à une diminution dans la masse des muscles masticateurs correspondra une diminution de la fosse temporale, un élargissement transversal de la boîte crânienne et la possibilité pour le cerveau de s'étendre latéralement.

---

[1] A. Sanson, *Mémoire précité.*

Les chiens d'appartement nourris au lait, à la soupe, aux viandes cuites, n'ont assurément pas autant besoin de puissants crotaphites que ceux qui ont des viandes à arracher aux cadavres de bestiaux morts, des os à broyer. On peut donc s'expliquer d'une façon toute mécanique la modification de leur tête et la considérer comme la déterminante de celle du cerveau.

Passant du chien à d'autres espèces, nous nous trouvons en face de races comestibles qui ont été soumises aux procédés zootechniques et dont la fonction économique est la transformation des aliments ; elles sont créées pour manger. S'il en est ainsi, leur appareil masticateur doit être très développé.

Il pourrait arriver inversement qu'un appareil masticateur fût très puissant encore bien que l'animal ne soit pas perfectionné, mais au contraire dans de très fâcheuses conditions d'alimentation et obligé de s'adresser à des fourrages durs, ligneux, comme c'est le cas des animaux africains, ânes, bœufs et moutons.

Quoi qu'il en soit, pour se renseigner de ce côté, le moyen le plus simple serait la pesée comparative des crotaphites et des masséters. Ce moyen nous ayant échappé, nous avons eu recours à la pesée du maxillaire inférieur dont le rôle dans les actes préparatoires de la digestion est connu.

Comparons d'abord cette partie de l'appareil masticateur à la cavité crânienne dans les espèces comestibles, en mettant en regard les races précoces et les races primitives. Afin de rendre la comparaison plus frappante pour l'esprit, on va, la capacité crânienne étant ramenée à 100, déterminer quel est le poids de maxillaire inférieur qui lui correspond.

Dans l'espèce bovine, les trois races africaine, fribourgeoise et de Durham, ont été comparées et on a obtenu :

	POIDS DE MAXILLAIRE INF. CORRESP. A 100 C. C. DE CAP. CRANIENNE gr.
Race africaine.	183,52
— fribourgeoise	239,83
— de Durham.	274,60

Dans l'espèce ovine, on a mis en présence le petit mouton de l'Herzégovine, celui de Tiaret, le mérinos et le dishley :

	POIDS DE MAXILLAIRE INF. CORRESP. A 100 C. C. DE CAP. CRANIENNE gr.
Mouton herzégovin.	120
— de Tiaret.	137,60
— mérinos (du Soissonnais).	151,89
— dishley.	216

Pour l'espèce porcine, nous nous sommes adressé au sanglier, au porc craonnais, au berkshire, à l'essex et à l'yorkshire; voici les chiffres fournis :

	POIDS DE MAXILLAIRE INF. CORRESP. A 100 C. C. DE CAP. CRANIENNE
	gr.
Sanglier d'Afrique.	211,11
— d'Europe.	283,95
Porc craonnais.	423,57
— d'Essex.	482
— de Berkshire.	554,14
— d'Yorkshire.	772,41

Ces rapports établissent avec une clarté frappante que *la domestication et l'emploi des procédés zootechniques poussant à la précocité développent l'appareil masticateur, et qu'à mesure qu'il se développe, la capacité crânienne et le poids du cerveau diminuent.* Ils autorisent à conclure à une influence directe des muscles masticateurs sur la conformation de la tête des animaux domestiques.

S'il y a, comme Broca le pensait et comme plusieurs anthropologistes le disent après lui, progression dans le poids de l'encéphale de l'espèce humaine, tout le contraire se manifeste sur les animaux au fur et à mesure qu'on les domestique davantage et qu'on les pousse vers la précocité.

L'application du même mode d'examen à l'espèce canine donne les résultats suivants :

	POIDS DE MAXILLAIRE INF. POUR 100 CC. DE CAP. CRANIENNE
	gr.
Chien havanais.	26,82
— petit dogue.	77,89
— terre-neuve.	154,54
Loup.	132,85

Ces chiffres sont la confirmation de ce qui a été dit plus haut : les très petits chiens, commensaux de l'homme, à qui on distribue une nourriture cuite et succulente n'ont pas à faire manœuvrer avec énergie leur appareil masticateur ; chez eux le rapport qui nous sert de base s'abaisse, tandis que dans le petit dogue et surtout dans les gros chiens il s'élève. On constate même par l'emploi de ce rapport la supériorité du terre-neuve sur le loup.

Hermann de Nathusius avait déjà dit que dans l'espèce porcine le régime exerce une certaine influence sur la forme de la tête des individus en voie de se développer. L'état à moitié sauvage, le fonctionnement très actif des muscles de la nuque et du groin, une nourriture à peine suffisante donnent une tête allongée rappelant celle du sanglier. Un régime plus confortable (repos dans une loge, nourriture abondante)

tend au contraire à raccourcir et à élargir la tête et pousse au progna -
thisme.

Nehring fit observer que, dans l'espèce canine, toutes les races vivant
dans des conditions primitives présentent une tête plus ou moins allongée
comme les chiens sauvages.

En plaçant au premier rang l'influence des parties qui concourent à la
mastication sur la forme de la tête et la capacité crânienne, nous ne pré-
tendons pas que d'autres causes ne puissent agir. Nous allons rechercher
l'influence de la synostose prématurée, suite du régime et de la précocité. Pour cela, examinons si des modifications se sont montrées dans les
rapports de la face et du crâne et dans les indices d'animaux précoces.

Les shorthorns ou durhams sont universellement, ou à peu près, considérés comme issus de la race bovine des Pays-Bas. Les documents
historiques relatifs à leur création comme groupe méritent d'autant plus
de créance qu'ils sont de date récente puisque les frères Colling, à qui
on l'attribue à juste titre, ont commencé leurs opérations en 1770.

Dans l'espace d'un siècle, la tête des durhams s'est tellement différenciée de celle des hollandais que, pourvue de sa peau et de ses chairs ou
entièrement décharnée et placée dans le laboratoire, elle s'en distingue
sans hésitation. La face est notablement plus courte et aujourd'hui les
éleveurs de shorthorns ainsi que les personnes les plus versées dans la
connaissance de cette race se basent en particulier sur cette différence
pour distinguer les deux types. Voici d'ailleurs des chiffres qui montreront bien ce qu'il en est :

	MOYENNE DE	
	L'INDICE FACIAL	L'INDICE CÉPHALIQUE TOTAL
Taureaux hollandais.	63	38
— durhams.	72	49
Vaches hollandaises.	57	33
— durhams.	65	43

Un écart de pareille importance, traduction mathématique des différences matérielles, est la preuve que le type céphalique a été modifié et
qu'on a raison de ne plus réunir le shorthorn et le hollandais dans la
même race.

En résumé, la gymnastique de l'appareil digestif a pour résultat de
retoucher le type céphalique primitif des Mammifères domestiques et de
le faire converger vers une forme mixte et commune dont le raccourcissement de la face est le caractère essentiel.

Inutile de dire que, sur les animaux où la tête ne joue point un rôle actif
dans les opérations préliminaires de la digestion, elle se modifie peu.
Nous ajouterons que M. Locard a fait sur les Acéphales la curieuse
observation qu'une alimentation très abondante exalte leur forme spécifique, au lieu de provoquer de l'anamorphose.

On a pensé que sous l'influence du régime alimentaire dont il vient d'être question et du repos qui l'accompagne, le tissu musculaire doit subir quelques modifications.

Jusqu'à présent on ignore si les muscles lisses du tube digestif qui ont à fonctionner activement augmentent comme les muscles striés; c'est à présumer si l'on en juge par le développement de ceux de la vessie dans certaines circonstances, mais la constatation directe reste à faire.

Quant aux muscles striés, baignés d'un plasma abondant, ils s'accroissent pour couvrir le tronc, ils s'imprègnent surtout de graisse, car le régime qui amène la précocité amène aussi l'engraissement et il y a quelque difficulté à séparer les effets de l'un et de l'autre.

D'après les pesées exécutées par Lawes et Gilbert, en Angleterre, si l'on représente par 1 le poids du squelette des sujets précoces, on devra représenter par 4,27 celui de leurs muscles, tandis que le rapport des muscles des sujets communs à leur ossature n'atteint guère que 3,14.

Le rendement en viande nette des sujets améliorés est toujours très élevé, il atteint 58, 60 et même 65 pour 100 tandis que les animaux communs ne donnent que 48 à 55 pour 100. Leur fibre musculaire est plus fine, les muscles contiennent moins d'eau ; les matières colloïdes et grasses y sont abondantes, par contre les produits cristalloïdes, résultat du travail musculaire, créatine, créatinine, urée, y sont en petite proportion parce que la précocité ne comporte guère le travail. Elle est la résultante de la mise en pratique de l'aphorisme de Baudement : « Le repos au sein de l'abondance ».

II. MODIFICATIONS PHYSIOLOGIQUES PRODUITES PAR L'ALIMENTATION INTENSIVE

La suractivité imprimée aux organes par le régime dont il vient d'être question amène nécessairement une nutrition plus intense et une assimilation plus ample, dont la manifestation la plus frappante est le développement des individus en un temps plus court que n'en mettent ceux de leur espèce qui ne sont pas placés dans ces conditions.

Les êtres qui arrivent ainsi à leur parachèvement avant le temps ordinaire sont qualifiés de *précoces* ou de *hâtifs ;* la *précocité est le résultat capital de la gymnastique des organes de nutrition.*

Avant de l'envisager sur les animaux, on va la suivre un instant sur les végétaux.

A. Précocité dans les végétaux. — On l'observe dans deux circonstances :

1° Dans les végétaux dits de primeurs qu'on *force*. Elle s'obtient en leur fournissant largement de l'eau, des engrais et de la chaleur, en les plaçant en serre, sous bâches et sous vitraux. Ainsi comprise, elle est devenue la base d'une véritable industrie. On est parvenu à créer des variétés de légumes hâtifs et même d'arbres fruitiers. Par exemple, c'est à partir de dix à quinze ans en moyenne, que le poirier de semis donne ses premiers fruits. On est arrivé, par le forçage, à le voir fructifier à cinq et même à deux ans et sa précocité a été transmise par le greffage.

2° On constate encore la précocité dans le règne végétal dans une circonstance qui au premier abord ne laisse pas que d'étonner. Les végétaux des pays du nord et particulièrement ceux de la péninsule scandinave la possèdent. Elle a été mise en évidence par les observations de plusieurs savants et vulgarisée par d'autres. Les recherches du Dr Schübeler, de Christiania [1], ont été résumées par lui dans les propositions suivantes qui montrent bien les résultats acquis :

a) Quand on transporte peu à peu un végétal du sud au nord ou qu'on le fait passer à une plus grande altitude, il s'accoutume au bout de quelques années à son nouvel habitat et y parvient à son parfait développement en un temps plus court qu'auparavant, quoique la température moyenne de cet habitat puisse être sensiblement inférieure à celle de la station première. Si après quelques générations, on sème des graines du même végétal dans son habitat primitif, il mûrit, pendant les premières années, en un temps plus court qu'avant son transport par semence dans une localité plus septentrionale.

b) Presque tous les végétaux croissant sous des latitudes élevées possèdent dans la totalité de leurs parties, une quantité sensiblement plus forte d'arome et de matière colorante que les mêmes plantes cultivées sous des latitudes inférieures.

Les plantes septentrionales ont des feuilles plus grandes et d'un vert plus foncé que celles des localités plus méridionales.

c) Les graines de la plupart des végétaux augmentent jusqu'à un certain point en dimension et en poids à mesure qu'on les transporte vers le nord à condition cependant que ce transport ne s'opère pas en une seule fois ni plus loin que les végétaux ne soient à même d'attendre leur parfait développement pendant le court été de ces régions. Dans le rapatriement vers le sud, à leur local primitif, les graines reprennent, au bout de quelques générations, leurs dimensions originaires.

d) Les graines provenant d'une localité septentrionale ont une écorce plus mince, germent plus promptement et mieux et donnent naissance à des plantes plus vigoureuses et plus rustiques que les graines d'une provenance plus méridionale.

La meilleure explication de ces faits a été fournie par M. E. Tisserand [2],

---

[1] F. C. Schübeler, *Die Kulturpflanzen Norwegens*, 1862; *Die Pflanzenwalt Norwegens*, 1873-1875.

[2] Eug. Tisserand, *Mémoire sur la végétation dans les hautes latitudes*. Paris, 1876.

elle est basée sur la grande brièveté des nuits, en été, dans les climats septentrionaux. « Nous savons, dit-il, que l'acide carbonique est décomposé pendant le jour et que ce travail s'arrête ou se modifie la nuit ; sous nos latitudes, le travail de la plante subit chaque treize ou quatorze heures, un arrêt plus ou moins long. Or, chaque arrêt dans les fonctions agit comme les poids morts dans une machine, il détermine une perte de force, ou mieux, d'action ; quand ces arrêts sont nombreux, la somme des pertes finit par être considérable ; là où ils sont rares, au contraire, la perte est faible ; elle est nulle quand il n'y a pas d'arrêt, quand les fonctions marchent régulièrement, sans trêve ni repos. On conçoit dès lors que dans les hautes latitudes, les arrêts étant rares et finissant par être nuls, le travail de la plante ne subisse pas de perte et que son activité soit plus grande ; peut-être même le mouvement s'y accélère-t-il. De là, l'activité croissante de la plante dans le Nord. »

L'absorption et la décomposition de l'acide carbonique étant un phénomène d'assimilation par les parties chlorophylliennes et, conséquemment, un acte de nutrition, il se passe dans les végétaux du Nord, sous la seule influence de la lumière presque continue de l'été, ce qu'on obtient dans les climats tempérés par les engrais, l'arrosage, les vitraux. Il y a identité dans le résultat obtenu, bien que les procédés diffèrent. Dans les plantes septentrionales, la précocité est le résultat de l'accélération de la nutrition, d'une accumulation plus grande de chaleur solaire dans un temps déterminé ; d'où accélération de la puissance germinative. Il est permis de supposer qu'on arriverait au même résultat en soumettant, pendant la nuit, des végétaux à un foyer suffisant de lumière.

B. Précocité des animaux. — Lorsqu'il s'agit des animaux, on ne s'entend pas toujours sur le sens exact qu'il convient d'attacher à l'expression de précocité et à celles de hativité et de maturité précoce qui en sont synonymes.

Il ne s'agit point de précocité génésique ; il est bien connu que la faculté de reproduction ne coïncide pas avec l'âge adulte, mais qu'elle le devance ; quand la génisse et la brebis sont aptes à être fécondées et que se manifestent les signes extérieurs de l'ovulation, elles sont loin encore d'être au terme de leur croissance. Et d'ailleurs, ne sait-on pas aujourd'hui qu'il est des animaux tels que l'Axolotl, qui sont susceptibles de se reproduire alors qu'ils sont encore à l'un de leurs états larvaires. La faculté de reproduction n'est donc pas liée au phénomène que nous étudions ; il peut arriver qu'elle coïncide avec le développement hâtif comme dans les végétaux, mais ce n'est pas la règle dans les herbivores, on l'observe plutôt sur les Gallinacés.

Il ne faudrait point non plus entendre la précocité dans le sens purement économique et dire qu'elle existe aussitôt qu'un organisme est apte à fournir son maximum d'utilisation.

Sa traduction physiologique est l'achèvement hâtif de l'organisme caractérisé sur les Mammifères domestiques par la prise de toutes les dents permanentes et la soudure des os longs, de manière que la taille est définitivement acquise. Pratiquement, on peut donc dire que la taille est la mesure du développement de l'individu ; quand elle s'arrête de croître, il est terminé.

Il est bien évident que, appliqué aux organismes, le mot achèvement ne peut être pris dans un sens étroit et absolu parce qu'il y a toujours des échanges et un renouvellement incessant de leurs matériaux constitutifs.

On sait déjà que dans l'espèce bovine, on arrive à gagner jusqu'à deux ans sur les cinq qu'exige le développement des animaux communs et qu'un bénéfice de huit mois à un an s'obtient dans l'espèce ovine.

On crut pendant quelque temps que la précocité ne se montrait que sur quelques races dont elle était l'apanage. Dans l'espèce bovine, celle de Durham et dans l'espèce ovine, celles de Dishley et de Southdown étaient considérées comme les seules précoces. La généralisation de l'alimentation intensive a prouvé qu'elle se montre sur les espèces et les races les plus diverses. C'est un phénomène biologique d'ordre général. Des animaux sur lesquels on ne s'attendait point à la voir, la Moule par exemple, la présentent. A l'état de nature, ce mollusque demande quatre années pour atteindre sa grosseur spécifique, tandis qu'en un an il y arrive lorsqu'il est soumis aux procédés de la mytiliculture rationnelle.   .

Il vient d'être dit que, dans la précocité, il y a accélération du mouvement évolutif et la preuve en a été donnée dans la succession plus rapide des dents permanentes aux dents de lait. M. Baron, s'appuyant sur la comparaison des faits embryologiques avec ceux de la précocité, a vu dans ceux-ci la suppression ou la tendance à la suppression de certains termes de la série processionnelle[1]. L'idée est juste. Rappelons, à son appui, un fait emprunté à la pratique séricicole. Quand les vers à soie sont très abondamment nourris, on en voit parfois quelques-uns filer leur cocon après la troisième mue au lieu d'attendre la quatrième. Ils deviennent papillons après avoir sauté une phase et cette suppression, qui est bien une véritable manifestation de la précocité, peut devenir héréditaire. On possède aujourd'hui dans le Sud-Est, des vers à soie à trois mues seulement. Les faits relatifs à la dentition dans l'espèce bovine rapportés plus haut, parlent dans le même sens. Comment interpréter, par exemple, le suivant que nous avons suivi attentivement :

Une génisse durham remplace ses pinces de lait à seize mois ; à vingt-trois mois, elle perd ses quatre mitoyennes à la fois et les remplace de même. Puisque normalement les mitoyennes tombent en deux fois, à

[1] Baron, *La Précocité et l'embryogénie condensée*, in *Archives vétérinaires*, 1881

dix mois d'intervalle environ, n'est-il pas évident qu'ici il y a eu un terme de supprimé ?

Il se présente aussi des cas d'interversion des phénomènes de développement. C'est du moins de cette façon qu'il faut interpréter, nous semble-t-il, les particularités suivantes observées par quelques éleveurs et par nous sur la dentition des moutons : la chute et le remplacement des secondes mitoyennes avant les premières qui les suivaient d'ailleurs de très près.

La constatation de ces faits et les suggestions qu'ils apportent, permettent un rapprochement avec ceux qu'amène une situation tout opposée, l'extrême misère.

Voici un exemple emprunté à la malacologie.

L'état adulte d'un gastéropode est caractérisé par un nombre déterminé de tours de spire et la forme du péristome. Les expériences de M. Locard ont démontré que les causes qui entravent le développement, sécheresse, alimentation insuffisante, amènent l'animal à prendre prématurément la forme adulte; il reste de petite taille avec un demi-tour ou même un tour de spire en moins, mais avec le péristome caractéristique de son espèce.

Il reste à rechercher si des Mammifères placés dans la situation de pénurie extrême qui touche à ce qui est compatible avec l'entretien de l'espèce ne présenteraient pas des particularités semblables ; à voir si, sous l'aiguillon du besoin, il n'y aurait pas suppression de quelques-unes des phases de l'adolescence pour prendre prématurément les attributs de l'âge adulte qui permettraient de lutter plus avantageusement pour vivre. Il y aurait à examiner de près, par exemple, si la misère physiologique que subissent pendant l'hiver les bœufs et les moutons d'Islande obligés de devenir icthyophages, ceux d'Afrique pendant la saison sèche, ne serait point le facteur de particularités de dentition analogues à celles des animaux placés dans des conditions diamétralement opposées.

A côté du développement hâtif qui est le phénomène physiologique capital, il est d'autres particularités qui méritent une mention.

L'appareil digestif a un fonctionnement plus parfait que celui des animaux ordinaires ; il utilise mieux ce qui lui est donné, il en extrait plus complètement les matériaux et les assimile au maximum, de façon à fabriquer avec un poids donné de fourrage, plus de chair et de graisse que ne le font les animaux communs. La pratique des éleveurs ainsi que des expériences et des analyses chimiques ont mis ces faits en évidence. Il ne nous semble pas utile de puiser à ce sujet, dans les opérations de notre ferme, des exemples confirmatifs. Nous avons démontré par une autre méthode, l'administration d'aliments vénéneux, la supériorité de la puissance digestive des animaux précoces sur celle des animaux communs : l'empoisonnement survient plus vite sur les premiers que sur les seconds, la gangue végétale qui emprisonne le toxique étant plus vite désagrégée et celui-ci plus rapidement absorbé.

Pratiquement, cette supériorité d'assimilation est le point important pour l'agriculteur ; c'est elle qui fait pour lui la grande valeur de la méthode ou, pour mieux dire, sa seule valeur, car il ne suffit pas de gaver un animal sans se soucier du coût de l'opération, il faut que ce gavage soit fructueux.

Des modifications existent peut-être dans les fonctions de respiration et de circulation ; elles n'ont pas été mises en évidence.

D'après nos observations, trop peu nombreuses d'ailleurs, la tempéra- ture serait un peu moins élevée chez les bêtes bovines précoces que sur les bêtes ordinaires. En nous plaçant dans de rigoureuses conditions de comparaison, de façon que toutes choses fussent égales du côté de l'âge, du sexe et de l'état d'embonpoint, nous avons noté une infériorité d'un à trois dixièmes de degré dans la température de bœufs précoces comparée à celle de bœufs communs.

Proportionnellement à leur masse, la quantité de sang paraît moindre que dans les animaux ordinaires, ce qui est le résultat de l'état de graisse dans lequel ils se trouvent habituellement.

Si les fonctions de nutrition ont subi un véritable coup de fouet, par contre, les fonctions de relation se sont amoindries proportionnellement. L'animal qui trouve toute sa vie, devant lui, sa crèche toujours pleine d'aliments substantiels, qui n'a point à se déplacer, devient comparable à un parasite. Il se meut sans vivacité, se fatigue vite ; en général, son tempérament est lymphatique et son caractère doux.

La fonction de reproduction est souvent retardée sur les bêtes bovines précoces. Les génisses durhams, à la ferme, habituellemment ne recher- chent le taureau que de quinze à seize mois, tandis que les schwitz et les bretonnes le demandent vers le douzième mois. L'ovulation est par- fois troublée ; nous avons observé des vaches qui après un ou deux veaux sont restées dix et douze mois sans manifester de chaleurs.

Les mâles sont moins ardents au coït et la stérilité peut être la consé- quence de leur trop grande obésité. On a vu des taureaux durhams achetés à grand prix ne pas féconder une seule des vaches qu'on leur présenta. Les cas les plus nombreux d'infécondité que nous ayons constaté ont été fournis par les verrats des races précoces d'Yorkshire et d'Essex.

La fécondité des femelles pluripares est moindre ; les brebis ne don- nent généralement qu'un agneau et les truies ne dépassent guère huit petits dans leurs portées. On rencontre pourtant des exceptions. Cela est comparable à la stérilité ou à la diminution de fécondité qu'on observe chez les plantes quand les organes végétatifs prennent trop de déve- loppement. Faut-il rappeler qu'une jacinthe qui végète dans une carafe pleine d'eau donne de plus belles fleurs que si on la place dans de l'humus et que son système foliacé s'étende trop largement. Nul n'ignore que les arbres qui poussent trop à bois et ont des branches gourmandes, donnent peu ou pas de fruits ?

Nous savons peu de chose de l'action de la précocité sur les sécrétions en général et sur la sécrétion laitière en particulier. Cette dernière ne paraît pas influencée dans la circonstance et reste surtout un apanage de race. Ainsi, on voit de jeunes vaches shorthorns, des brebis new-leicester et des truies de Berkshire, les unes et les autres très précoces, être bonnes laitières, tandis que des vaches charolaises, des brebis south-downs et des truies d'Yorkshire, non moins hâtives, le sont peu.

SOUS-SECTION IV. — GYMNASTIQUE DE L'APPAREIL LOCOMOTEUR

L'appareil locomoteur a été soumis à un exercice méthodique afin d'obtenir une production maximum. On a agi sur le Cheval, l'Ane, le Mulet, le Chameau, le Chien et même le Bœuf; avec tous ces animaux on est arrivé à des résultats remarquables. Du Bœuf au pas lent, on a fait un trotteur utilisé en Cochinchine au service des transports en mode de vitesse (Dr Morice), et au pays des Boers, il est monté et va l'amble allongé; le Méhari est devenu un rapide marcheur dans le désert africain, et il est des ânes en Égypte, qui sont vainqueurs des chevaux quand le trajet est un peu long.

Le Cheval est le seul animal que nous aurons en vue ici. Les deux allures principales auxquelles on l'exerce méthodiquement sont le trot et le galop; cet exercice constitue l'entraînement. Avant d'examiner en détail les modifications organiques et fonctionnelles qu'il détermine, il est utile de passer en revue ce que l'expérimentation de laboratoire a déjà appris.

La vitesse est commandée par la puissance des masses musculaires, la longueur des leviers osseux et l'excitabilité neuro-musculaire. Recherchons si les muscles et les os ont subi des modifications.

Le travail qu'un muscle peut produire est proportionnel au volume ou au poids de sa fibre rouge et les deux facteurs de ce travail, l'effort et le chemin, sont proportionnels, l'un à la section, l'autre à la longueur des faisceaux contractiles. Le tendon n'est qu'un organe de transmission. Il fallait voir si en exerçant ou en laissant au repos le muscle, suivant un certain type de locomotion, on imprimerait des modifications à l'étendue de son raccourcissement. M. Marey s'est livré à cette recherche de morphogénie expérimentale[1].

« J'ai cru les reconnaître, dit-il, dans les modifications de la longueur des tendons signalées par J. Guérin à la suite de certaines ankyloses.

---

[1] Marey, *Recherches expérimentales sur la morphologie des muscles*, in *Comptes rendus de l'Académie des sciences*, 1887, page 446 et suiv.

Mais ce que J. Guérin considérait comme une dégénérescence pathologique des muscles qui devenaient fibreux était, pour moi, le résultat d'un travail physiologique par lequel un muscle, dont les mouvements sont réduits par une ankylose partielle, réduit spontanément la longueur de sa fibre rouge et n'en garde que ce qui est nécessaire à l'étendue actuelle de ses mouvements. J'interprétais de même l'allongement des tendons et le raccourcissement de la fibre rouge chez les vieillards dont les mouvements perdent graduellement de leur étendue. Enfin j'appelais l'attention des expérimentateurs sur ce point de physiologie, persuadé qu'il était possible d'accroître ou de diminuer la longueur des fibres rouges d'un muscle en augmentant ou en diminuant l'étendue des mouvements qu'elles peuvent exécuter.

« Dix ans plus tard, parut en Allemagne un très remarquable travail du Dr Wilhem Roux sur la morphologie des muscles. L'auteur conclut aussi à la régulation spontanée des muscles sous des influences physiologiques (irritation fonctionnelle amenant des phénomènes trophiques). Il cite à l'appui de cette théorie les modifications qu'on observe sur la longueur des fibres rouges du muscle *carré pronateur* suivant l'étendue que présentent les mouvements de rotation du radius autour du cubitus. La valeur angulaire de ces mouvements variait sur les cadavres examinés de 12° à 187° ; or la longueur des fibres du muscle *carré pronateur* variait suivant le même rapport.

« Dans mes cours au Collège de France, je revins, l'année dernière, sur les lois de la morphologie musculaire et, comparant la forme des muscles gastrocnémiens dans la race blanche avec ceux du nègre, je trouvai un nouvel exemple d'harmonie entre la forme des muscles et les conditions de leur travail.

« On dit que certains nègres n'ont pas de mollets ; or l'anatomie montre que leurs muscles gastrocnémiens sont longs et minces, se prolongeant en bas aux dépens du tendon d'Achille, au lieu de former, comme chez le blanc, une masse volumineuse en haut de la jambe. Le nègre possède, toutefois, une aptitude incontestable à la marche ; ses muscles gastrocnémiens, s'ils ont peu de développement transversal et, par conséquent, peu de force, doivent avoir des mouvements très étendus. Ils pourront faire, dès lors, le même travail que les muscles plus gros, mais dont les mouvements seraient plus bornés. S'il en est ainsi, les gastrocnémiens du nègre doivent agir sur un bras de levier plus long que celui du blanc. Je vérifiai cette prévision sur les squelettes du musée de la Société d'anthropologie et trouvai que la longueur moyenne du calcanéum du nègre, mesurée du centre du mouvement articulaire à l'attache du tendon, est à celle du blanc comme 7 est à 5.

« Je résolus dès lors de provoquer expérimentalement, sur des animaux, des modifications dans la longueur des muscles en chargeant les bras de levier auxquels ces muscles s'insèrent. Ma conviction était assez arrêtée pour que je n'aie pas hésité à prédire les résultats que je devais obtenir. Les vastes terrains que la ville de Paris a affectés à la station physio - logique me permettent d'y élever en liberté des animaux dont la locomo- tion ne soit point entravée. Sur des chevreaux et des lapins, je réséquai le calcanéum, de manière a réduire de moitié environ le bras de levier des muscles postérieurs de la jambe. M. le Dr Quénu voulut bien prati- quer ces opérations par la méthode antiseptique, ce qui assura la cicatri- sation immédiate. Je possède aujourd'hui des lapins opérés depuis plus d'un an; l'un d'eux vient d'être sacrifié et les muscles de ses membres postérieurs disséqués ont été comparés à ceux d'un lapin normal servant de *témoin*.

« Sur le lapin normal, les faisceaux et leur tendon ont à peu près la même longueur; sur le lapin dont le calcanéum est réséqué, la longueur des muscles n'est guère que celle de la moitié du tendon.

« Voici les mesures obtenues dans cette comparaison :

	LAPIN OPÉRÉ	NORMAL
Longueur des muscles..	27mm	37mm
Longueur des tendons..	50	36

« L'opération a été variée de diverses manières : j'ai cherché, par exemple, à réduire les mouvements en détachant les tendons du calca- néum sur lequel ils se réfléchissent en y contractant des adhérences, puis en luxant latéralement ces tendons. Le résultat a été le même que celui de la résection, au point de vue des changements produits dans la longueur des muscles. Il devait en être ainsi, puisque dans les deux cas, le bras de levier de la force du muscle était diminué.

« D'autres résultats que je ne cherchais pas se sont encore produits : ainsi une atrophie partielle des os du membre, des changements de forme et de volume des fléchisseurs du pied, etc. Ces changements méritent d'être étudiés avec soin, car ils semblent aussi devoir éclairer les lois de la morphologie.

« Je me borne aujourd'hui à annoncer que l'expérience a vérifié mes prévisions ; ce succès entraînera, je l'espère, la conviction des physiolo- gistes, et d'autres expérimentateurs continueront ces recherches.

« Qu'il me soit permis d'insister sur la portée de la morphologie expéri mentale. Les théories transformistes attendent encore leur démonstration Pour prouver qu'un organe se met en harmonie avec les conditions dan. lesquelles il fonctionne, il faut d'abord connaître les relations qui existen entre la forme de cet organe et les caractères de sa fonction. Ce rappor semble maintenant bien défini en ce qui concerne le muscle; c'est don sur le muscle que les expériences devront porter. Il reste un pas à fran chir, c'est de provoquer des variations de la forme musculaire en chan geant les conditions extérieures de la locomotion, et sans que l'interven tion chirurgicale modifie les relations anatomiques des organes. Il faudra voir enfin si l'hérédité fixe, dans certaines limites, les modifications qui seront ainsi obtenues. »

Le développement des os étant en raison de l'activité des muscles avoisinants et leur forme variable suivant les pressions qu'ils subissent et la résistance qu'ils rencontrent, nous avons cherché de notre côté si le squelette a subi des modifications sur des animaux dont les muscles sont soumis méthodiquement à des exercices intenses. Pour cela, nous nous sommes adressé aux chevaux de course en faisant préparer le squelette de trois d'entre eux abattus à la suite de fractures sur l'hippo-drome.

Ce choix est justifié par ce que les chevaux de course actuels des-cendent de chevaux orientaux amenés en Angleterre à une époque bien connue. Voici d'ailleurs l'histoire sommaire de leur implantation [1] :

Le premier étalon étranger dont l'introduction soit mentionnée dans les anciennes chroniques saxonnes, est un cheval turc appelé *The White-Turk* (le turc blanc) acheté par Jacques Ier, d'un sieur Place qui devint plus tard, dit le chroniqueur, maître du haras d'Olivier Cromwel. Villiers, premier duc de Buckingham, introduisit ensuite *The Helmsley-Turk*, puis *Fairfax's Morocco*, étalon qualifié de barbe. Mais les histo-riens qui ont établi la généalogie de la tribu ne tiennent guère compte de ces premières introductions et ne les font pas remonter si haut dans le temps. Le Stud-Book emprunte son premier document au commencement du dernier siècle seulement.

En tête du livre généalogique figure *Darley-Arabian*, étalon né en Syrie, dans le désert des environs de Palmyre et qui a joui d'une grande réputation. Parmi ses descen-dants immédiats, on cite *Devonshire* ou *Flying-Childers*, père d'une longue lignée...

C'est plus de vingt ans après l'introduction de *Darley-Arabian* que lord Godolphin admit dans son haras le cheval rencontré dans les rues de Paris, traînant une charette qui est connu sous le nom de *Godolphin-Arabian*. On lui fait quelquefois l'honneur de le considérer comme premier père, comme la souche de l'arbre généalogique des chevaux de course. C'est à tort évidemment.

Il est vrai que la spécialisation en vue des courses au galop, plates ou avec obstacles, ne constitue qu'une adaptation de second ordre, puisque les animaux ne changent ni de milieu, ni d'alimentation ; d'autre part, l'action modificatrice agit relativement depuis peu, car il n'y a guère que deux siècles qu'on *entraîne* les chevaux pour les luttes de très grande vitesse. En Angleterre où elle a débuté, l'institution des courses date du règne de Charles Ier. Il en résulte que les modifications, s'il y en a, seront peu prononcées. Ce sera donc surtout le sens dans lequel elles se produisent, la tendance de l'organisme vers telle ou telle disposition que nous allons essayer de saisir.

On a comparé les squelettes dont on disposait et qui provenaient de deux mâles et d'une femelle à ceux d'une jument syrienne provenant de

---

[1] A. Sanson, *Traité de zootechnie*, t. III, p. 16, 2e édit., 1878.

Latakhieh et considérée comme type de sa race, d'une jument de Tarbes, d'un cheval du Midi, probablement limousin, et d'une jument corse, tous animaux dont la descendance orientale est admise par les hippologues.

Des comparaisons ont également été faites avec des squelettes de chevaux d'autres races et notamment avec celui d'un boulonnais qui est le type des animaux de trait, puis avec ceux de l'Ane du Poitou, de l'Ane d'Afrique, du Mulet, du Zèbre et du Tapir.

I. MODIFICATIONS ORGANIQUES PRODUITES PAR L'ENTRAINEMENT

Les membres, la tête, le rachis et ses annexes, les ceintures thoracique et pelvienne, ont été examinés successivement.

A. *Action sur les membres*. — Avant toute explication, voici condensées en un tableau, page 321, les mensurations effectuées sur les rayons osseux.

Parmi les commentaires que soulèvent les données de ce tableau se place en première ligne l'égalité des rayons osseux chez les sujets de course ; leurs membres paraissent coulés dans le même moule, au lieu de présenter les variations de dimensions remarquées sur les animaux pris pour terme de comparaison.

Il faut ensuite faire remarquer, à propos du membre antérieur, que les rapports de l'humérus et du radius avec le métacarpien principal sont moins étendus que dans les autres chevaux, ou, en d'autres termes, que chez les chevaux de course, le métacarpien s'est plus allongé proportionnellement que les rayons supra-carpiens. Ces chevaux sont donc *enlevés* (fig. 65), à canons longs, condition favorable à la vitesse puisqu'elle permet d'embrasser une plus grande étendue de terrain à chaque pas et qu'on retrouve chez les animaux les plus rapides, comme la Gazelle, le Cerf et le Chevreuil.

Au membre postérieur, le métatarsien a suivi l'élongation du métacarpien et il est resté dans le même rapport avec lui que chez les animaux non entraînés. Mais en même temps qu'il s'allongeait, les rayons supra-tarsiens grandissaient aussi davantage, de sorte qu'à l'inverse de ce qui existe au membre antérieur, ces rayons sont proportionnellement plus grands vis-à-vis des métatarsiens que leurs congénères appartenant à des chevaux non entraînés.

En résumé, sous l'influence de l'entraînement, les membres antérieurs et postérieurs ont subi une élongation du métacarpien et du métatarsien. C'est en quelque sorte la continuation du phénomène qui s'est passé à la fin des temps tertiaires et qui a donné la prépondérance à l'os du canon en atrophiant les métacarpiens et les métatarsiens latéraux, amenant ainsi les Équidés à la monodactylie.

SORTES DE SUJETS EXAMINÉS	MEMBRE ANTÉRIEUR					MEMBRE POSTÉRIEUR					Rapport du radius au métacarpien	Rapport du tibia au métatarsien	Rapport du fémur à l'humérus	Rapport du tibia au radius	Rapport du métatarsien au métacarpien
	Longueur de l'humérus	Longueur du radius	Longueur du métacarpien principal	Rapport de l'humérus au radius	Rapport de l'humérus au métacarpien	Longueur du fémur	Longueur du tibia	Longueur du métatarsien principal	Rapport du fémur au tibia	Rapport du fémur au métatarpien					
Jument de course.	0,345	0,37	0,25	0,851:1	1,26:1	0,41	0,39	0,31	1,05:1	1,35:1	1,48:1	1,23:1	1,30:1	1,05:1	1,24:1
Cheval —	0,327	0,37	0,26	0,883:1	1,25:1	0,413	0,395	0,303	1,04:1	1,36:1	1,42:1	1,30:1	1,26:1	1,05:1	1,16:1
—	0,320	0,377	0,255	0,848:1	1,25:1	0,41	0,405	0,31	1,01:1	1,35:1	1,47:1	1,30:1	1,28:1	1,07:1	1,21:1
Jument syrienne.	0,28	0,32	0,23	0,875:1	1,21:1	0,36	0,35	0,27	1,02:1	1,33:1	1,39:1	1,29:1	1,28:1	1,09:1	1,17:1
Jument tarbaise.	0,280	0,34	0,21	0,823:1	1,33:1	0,35	0,34	0,275	1,03:1	1,27:1	1,61:1	1,23:1	1,25:1	1 :1	1,30:1
Jument corse.	0,285	0,27	0,18	0,870:1	1,30:1	0,31	0,285	0,21	1,08:1	1,47:1	1,50:1	1,35:1	1,31:1	1,05:1	1,16:1
Cheval auvergnat.	0,290	0,335	0,22	0,865:1	1,31:1	0,36	0,35	0,27	1,02:1	1,33:1	1,52:1	1,29:1	1,24:1	1,04:1	1,22:1
Cheval boulonnais.	0,34	0,37	0,26	0,918:1	1,30:1	0,45	0,40	0,30	1,15:1	1,43:1	1,42:1	1,38:1	1,17:1	1 :1	1,15:1
Cheval indéterminé.. . . .	0,280	0,320	0,20	0,875:1	1,40:1	0,33	0,32	0,25	1,03:1	1,32:1	1,30:1	1,28:1	1,26:1	1 :1	1, S:1
Cheval corse.	0,230	0,28	0,18	0,821:1	1,27:1	0,29	0,285	0,25	1,01:1	1,16:1	1,55:1	1,14:1	1,26:1	1,08:1	1,26:1
Ane d'Afrique..	0,190	0,23	0,15	0,826:1	1,26:1	0,24	0,25	0,19	0,96:1	1,36:1	1,28:1	1,30:1	1,31:1	1,09:1	1,26:1
Zèbre.	0,24	0,27	0,21	0,888:3	1,14:1	0,315	0,30	0,23	1,05:1	1,36:1	1,28:1	1,30:1	1,15:1	1,11:1	1,09:1
Ane du Poitou.	0,200	0,31	0,20	0,838:1	1,30:1	0,30	0,32	0,25	0,93:1	1,20:1	1,55:1	1,28:1	1,15:1	1,08:1	1,25:J
Daw.	0,24	0,275	0,19	0,872:1	1,56:1	0,32	0,29	0,24	1,10:1	1,33:1	1,44:1	1,20:1	1,37:1	1,05:1	1,29:1
Anesse.	0,216	0,275	0,17	0,785:1	1,27:1	0,29	0,29	0,22	1 :1	1,31:1	1,61:1	1,31:1	1,34:1	1,04:1	1,38:1
Mulet.	0,255	0,316	0,18	0,807:1	1,40:1	0,33	0,38	0,25	1 :1	1,32:1	1,75:1	1,32:1	1,29:1	1,04:1	1 :1
Tapir.	0,22	0,20	0,11	0, 90:1	2 :1	0,30	0,23	0,11	1,30:1	2,72:1	1,81:1	2,09:1	1,86:1	1,13:1	1 :1

Il y a eu au membre postérieur des chevaux de course également élongation du fémur et du tibia. Ce membre s'est donc modifié davantage que l'antérieur, en raison du rôle plus important qu'il joue dans la progression et surtout dans le saut.

L'étude de la torsion de l'humérus, faite à l'aide du tropomètre, n'a permis de tirer aucune conclusion relativement à l'influence qu'ont pu

FIG. 67. — Cheval de course.

avoir l'entraînement et le galop sur sa production et son étendue. L'inflexion en S du même os s'est prononcée aussi fortement qu'on la voit dans les animaux lourds destinés au gros trait.

Dans les chevaux de course, le rapport du poids des fémurs à celui des humérus a été de 1,37 : 1 ; dans les chevaux témoins il fut de 1,32 : 1, nouvelle preuve de la supériorité du développement des membres abdominaux sur les thoraciques par l'entraînement.

Les autres rayons appellent quelques brèves observations. Le radius des chevaux de course a une courbure en arc supérieure à celle des animaux non entraînés. Le tibia est également un peu incurvé.

Si l'on compare la longueur des métacarpiens principaux avec leur largeur prise à l'aide du compas à glissière au point de terminaison des métacarpiens latéraux, on ne constate entre les sujets de course et les animaux témoins que des différences négligeables, ce rapport de longueur à largeur oscillant autour de 6,34 : 1. Mais si la comparaison se fait de la longueur à l'épaisseur, celle-ci prise également à la terminaison des métacarpiens latéraux, on note des différences sensibles. Chez les sujets témoins, ce rapport moyen fut de 9,77 : 1, tandis que sur les animaux de course il n'a été que de 8,94 : 1.

Mêmes observations à propos des métatarsiens : le rapport de la longueur à la largeur ne présente pas chez les animaux entraînés ou non de différences sensibles, mais celui de la longueur à l'épaisseur a offert un écart d'une unité, étant de 10 : 1 pour les premiers et 11 : 1 pour les seconds. L'entraînement a donc pour conséquence l'épaississement des os du canon.

La première phalange des chevaux entraînés s'est montrée, comme les rayons supérieurs des membres, remarquablement uniforme ; le rapport entre la longueur du métacarpe et la sienne est resté enfermé entre 2,79 : 1 et 2,69 : 1, tandis que ce même rapport sur la série des sujets témoins a subi des oscillations allant de 2,12 : 1 à 3,15 : 1, suivant qu'on était en présence d'individus court- ou long-jointés. Le caractère dominant de la seconde phalange a été sa largeur. Ceci amène à remarquer que, d'une manière générale, la largeur os des chevaux de course est proportionnée à leur longueur, et, conséquence de ce fait, les surfaces articulaires ont toujours été rencontrées avec un grand développement. Il en est de même de toutes les saillies et de tous les points d'implantation des muscles et des ligaments qui sont très accentués.

L'élongation des os des membres a eu, naturellement, pour résultat l'élévation de la taille. En tenant compte de l'origine des chevaux de course, on apprend qu'elle a augmenté d'environ 0^m,10 dans le courant du siècle dernier *(une main*, disent les Anglais), et de 0^m,03 à 0^m,04 dans le courant de celui-ci. En effet, la taille du cheval oriental est de 1^m,46. Au milieu du dernier siècle, au récit des hippologues anglais, celle du cheval de course était de 1^m,55. Elle est aujourd'hui de 1^m,59 en moyenne.

Réduite au scapulum, base de l'épaule, la ceinture thoracique concourt au support du tronc et à la progression. Elle remplit sa première fonction à l'aide de ses muscles extrinsèques et n'appelle de ce chef aucune observation particulière. La seconde nous intéresse davantage car l'épaule est solidaire du bras et même de l'avant-bras, puisqu'elle participe à la progression par l'action de ses muscles intrinsèques qui embrassent l'articulation scapulo-humérale, entraînent l'humérus dans diverses positions et agissent même sur l'avant-bras par le grand scapulo-olécrânien et le coraco-radial.

Elle est le point de départ du mouvement du membre antérieur ; elle bascule, se porte en arrière par sa partie supéro-postérieure et en avant et en haut par sa partie inférieure reliée à l'humérus.

Nous allons en mesurer la longueur et en établir le rapport avec celle de l'humérus et avec la taille.

SORTES D'ANIMAUX EXAMINÉS	Taille du squelet'e au garrot	Longueur du scapulum	Rapport entre la longueur du scapulum et la taille	Rapport entre la longueur du scapulum et celle de l'humérus
Jument de course.	1,48	0,37	1 : 4	1 : 0,851
Cheval —	1,50	0,385	1 : 3,90	1 : 0,849
— —	1,50	0,38	1 : 3,94	1 : 0,842
Cheval corse. . . . , . .	1,48	0,34	1 : 3,8	1 : 0,758
Jument corse. . . . . · .	1,08	0,29	1 : 3,72	1 : 0,793
Jument syrienne.	»	0,35	»	1 : 0,800
Jument tarbaise.	1,48	0,345	1 : 4,28	1 : 0,811
Cheval auvergnat.	1,46	0,345	1 : 4,23	1 : 0,840
Cheval boulonnais.	»	0,41	»	1 : 0,829
Cheval indéterminé.	1,27	0,33	1 : 3,84	1 : 0,848
Ane d'Afrique.	0,90	0,24	1 : 3,75	1 : 0,791
Ane du Poitou.	1,17	0,27	1 : 4,21	1 : 0,875
Daw.	»	0,285	»	1 : 0,857
Anesse.	1,07	0,24	1 : 4,45	1 : 0,771
Zèbre.	»	0,285	»	1 : 0,842
Mulet.	1,25	0,33	1 : 3,78	1 : 0,772

Ces mensurations mettent d'abord en évidence l'uniformité de longueur des rayons osseux supérieurs chez les chevaux de course et comme conséquence l'uniformité des rapports de ces rayons entre eux ; on ne constate point les écarts assez élevés qu'on voit chez les sujets de même race et qui sont le fait de l'individualité. Ces rapports n'ont varié que de quelques millièmes, tandis que sur deux chevaux, l'un de Tarbes et l'autre d'Auvergne, ils présentent un écart de 3 centièmes et chez deux corses un écart de 4 centièmes. Cette uniformité est le fait le plus saillant qui se dégage de nos mensurations. Soumis à la même gymnastique et alimentés de la même façon, les chevaux de course se sont développés dans le même sens et suivant les mêmes proportions.

Il appert aussi de ces mensurations que leur épaule, à égalité de taille, est plus longue que chez les animaux n'appartenant pas à la variété de course ; les chiffres concernant la jument de Tarbes le montrent péremptoirement. C'est là une constatation que tout le monde a faite sur le vivant et qui est corrélative de la hauteur de la poitrine. Cette supériorité de longueur d'épaule des chevaux de course n'est que relative ; elle ne subsiste que quand on n'étend pas la comparaison au delà d'Équidés de haute taille et encore restreinte à ces limites, arrive-t-il parfois — à en juger par l'examen des formes extérieures — qu'elle disparaît. En comparant la longueur de l'os de l'épaule à la taille chez des sujets de petites races comme ceux de la Corse ou l'âne d'Orient, on voit que le rapport est supérieur à celui offert par les chevaux anglais. Si l'on accepte que pour une même longueur totale des deux os scapulum et humérus, une épaule longue est à rechercher, l'examen des rapports de l'épaule et du bras des chevaux corses fait voir qu'ils sont bien partagés. Mais il est incontestable que, si l'épaule et le bras sont longs l'un et l'autre, ainsi qu'on le voit dans les chevaux de course, si leurs rapports sont aussi étroits que possible, la vitesse est favorisée au maximum.

Les deux faits dégagés des mensurations : uniformité de longueur et de rapports de l'épaule et de l'humérus, longueur de l'épaule qui, toutefois, n'est que relative, se présentent comme des circonstances favorisant la vitesse, mais ils ne sont pas seuls. L'inclinaison de l'épaule a probablement une influence prépondérante, car plus l'angle scapulohuméral est fermé, plus les rayons osseux s'écartent au moment des allures. Sur le squelette on ne peut guère tenir compte de l'ouverture ou de la fermeture des angles, car leur sinus dépend pour beaucoup du monteur. Il faut donc essayer d'obtenir quelques renseignements sur ce point par l'étude des os eux-mêmes.

La cavité glénoïde de l'épaule étant dirigée en avant et en bas, transmet le poids du corps à la tête de l'humérus dirigée en haut et en arrière. Or, si l'épaule est très oblique, sa cavité glénoïde doit être très portée en avant. L'obliquité favorise la vitesse et se montre chez les sujets de course ; mais du moment que le rôle principal de la ceinture thoracique est de soutenir le corps, il arrive qu'un tronc très lourd fait incliner l'épaule et fermer l'angle scapulo-huméral ; aussi voit-on souvent les chevaux de gros trait présenter une épaule oblique. L'examen comparatif de la cavité glénoïde la montre très large et très profonde chez les animaux de course.

B. *Action sur le bassin.* — L'impulsion donnée par le membre postérieur est communiquée au bassin, puis au rachis par les articulations coxo-fémorale, sacro-iliaque et sacro-lombaire. Inversement, la ceinture pelvienne agit sur les membres postérieurs, particulièrement par le grand ilio-trochantérien, l'ilio-rotulien et les ischio-tibiaux. Suivant que ces muscles prennent leur point fixe sur la ceinture ou sur les os de la jambe, ils concourent à la progression ou aux mouvements sur place.

L'étude du bassin donne des renseignements importants, mais exige qu'on ne perde pas de vue l'influence du sexe qui est dominante dans la morphologie pelvienne. Aussi allons-nous grouper séparément les individus de chaque sexe. La lecture du tableau de la page 326 montrant la nature des mensurations effectuées sur les coxaux, dispense d'entrer dans des détails.

La grande longueur du bassin des animaux de course, mesuré de l'angle

SORTES D'ANIMAUX EXAMINÉS	Longueur du bassin prise de la tubérosité ilique externe à la tubérosité ischiatique	Largeur du bassin prise d'un angle ilique à l'autre	Largeur du bassin prise d'une tubérosité ischiale à l'autre	Profondeur du plancher du bassin	Diamètre transverse du détroit antérieur ou diamètre bis-iliaque	Diamètre transverse du détroit postérieur	Diamètre sacro-pubien	Rapport de la longueur du bassin à son diamètre bis-iliaque	Rapport de la longueur du bassin au diamètre sacro-pubien	Rapport de la longueur du bassin à la profondeur du plancher	Rapport de la longueur de la région pré-sacrée du bassin à celle du bassin	Rapport de la longueur du bassin à la distance bis-ischiale
Mâles												
val de course.	0,47	0,48	0,235	0,21	0,19	0,14	0,157	2,47 : 1	2,90 : 1	2,23 : 1	3,53 : 1	2 : 1
— —	0,48	0,47	0,24	0,215	0,19	0,13	0,155	2,52 : 1	2,00 : 1	2,23 : 1	3,37 : 1	2 : 1
val corse.	0,33	0,35	0,16	0,145	0,15	0,14	0,16	2,20 : 1	2,06 : 1	2,27 : 1	4,09 : 1	2,06 : 1
val auvergnat.	0,38	0,46	0,22	0,16	0,20	0,16	0,19	2,00 : 1	2 : 1	2,37 : 1	3,89 : 1	1,72 : 1
val boulonnais.	0,55	0,64	0,28	0,23	0,255	0,19	0,22	2,15 : 1	2, 5 : 1	2,39 : 1	3,09 : 1	2,82 : 1
d'Afrique	0,225	0,25	0,13	0,103	0,105	0,095	0,092	2,14 : 1	2,44 : 1	2,14 : 1	4,91 : 1	1,73 : 1
et.	0,39	0,30	0,18	0,16	0,16	0,14	0,162	2,43 : 1	2,40 : 1	2,43 : 1	»	2,16 : 1
re.	0,36	0,36	0,19	0,13	0,145	0,125	0,15	2,48 : 1	2,40 : 1	2,76 : 1	»	1,92 : 1
du Poitou.	0,333	0,34	0,18	0,14	0,14	0,12	0,125	2,38 : 1	2,66 : 1	2,37 : 1	»	1,83 : 1
r.	0,36	0,35	0,175	0,14	0,15	0,12	0,14	2,40 : 1	2,55 : 1	2,55 : 1	»	2,05 : 1
Femelles												
ent de course.	0,47	0,47	0,24	0,20	0,215	0,15	0,165	2,18 : 1	2,84 : 1	2,35 : 1	3,25 : 1	1,95 : 1
ent syrienne.	0,40	0,44	0,24	0,16	0,20	0,16	0,19	2 : 1	2,10 : 1	2,50 : 1	4,07 : 1	1,66 : 1
ent tarbéenne.	0,43	0,43	0,21	0,15	0,22	0,175	0,22	1,93 : 1	1,931 :	2,86 : 1	3,62 : 1	2,05 : 1
ent corse.	0,34	0,36	0,18	0,125	0,18	0,14	0,18	1,88 : 1	1,88 : 1	2,72 : 1	3,85 : 1	1,88 : 1
ent indéterminée.	0,41	0,47	0,23	0,17	0,22	0,20	0,205	1,86 : 1	2 : 1	2,41 : 1	»	1,78 : 1
sse.	0,34	0,31	0,19	0,115	0,165	0,155	0,142	2,06 : 1	2,39 : 1	2,86 : 1	»	1,78 : 1
r.	0,37	0,33	0,19	0,00	0,145	0,14	0,15	2,55 : 1	2,46 : 1	4,11 : 1	»	3,70 : 1

iliaque externe à la tubérosité ischiatique ressort des mensurations précédentes, soit qu'on l'envisage isolément, soit qu'on le compare à la taille du squelette ou à la longueur de la région pré-sacrée. Cette longueur comporte aussi une forte largeur en avant, c'est-à-dire une grande distance mesurée des deux tubérosités iliaques inférieures. Les angles externes ont des tubérosités extrêmement développées pour l'attache de l'ilio-spinal et du fascia-lata. Les hanches sont donc saillantes aussi bien que la pointe de la fesse. La mesure du plancher du bassin et le calcul de son rapport avec la longueur totale du coxal montrent que, chez le cheval de course, la partie postérieure du bassin, spécialement la partie ischiale, s'est agrandie ; les tubérosités ischiales sont énormes, le point d'insertion des ischio-tibiaux a été reporté en arrière, de façon que le bras de levier formé par l'ischium est devenu plus long. De plus, les diamètres transversaux des détroits antérieur et postérieur sont notablement inférieurs à ce qu'ils sont chez les sujets d'autres races et de taille moins élevée. Il en est de même du diamètre sacro-pubien qui, par suite du relèvement en haut du coxal sous l'impulsion du fémur, est tombé au-dessous même de ce qu'il est chez le petit cheval corse. On y ajoutera un grand développement de l'angle antérieur interne de l'ilium qui offre une surface d'articulation avec le sacrum très étendue et une amplitude considérable de la cavité cotyloïde.

En résumé, sous l'influence de la gymnastique particulière de l'entraînement et spécialement sous celles du galop et du saut, *le bassin du cheval de course s'est allongé d'avant en arrière, il s'est rétréci dans la partie correspondant aux crêtes pectinéales et sus-cotyloïdiennes, et il a basculé en haut de façon à rétrécir son diamètre sacro-pubien.*

La comparaison de l'épaule et du bassin, au point de vue des modifications de position, montre que, conformément d'ailleurs à tout ce qui a lieu pour les autres rayons supérieurs des membres thoracique et pelvien du même côté, ces modifications se sont faites en sens inverse, l'épaule basculant et s'inclinant en arrière, le bassin se relevant spécialement par la pointe de l'ischium.

C. *Action sur le tronc, les centres nerveux, les muscles et le cœur.* — La bonne conformation de la poitrine a toujours été l'une des préoccupations des amateurs de chevaux de course. Pour remplir au mieux son rôle et particulièrement pour subvenir aux besoins de l'hématose pendant le travail considérable de la course, des modifications ont pu s'y présenter par le fait du sternum ou des côtes.

Rappelons que les côtes asternales sont qualifiées de respiratoires, en raison du rôle important qu'elles jouent, puisqu'elles servent d'appui au diaphragme et qu'elles exécutent des mouvements plus librement que les sternales pendant la respiration. Les côtes ont aussi un rôle dans la locomotion. Avant l'effort, le sujet fait une profonde inspiration qui distend les voies aériennes et le tissu pulmonaire, il y a occlusion de la glotte, distension puis immobilité des parois thoraciques qui fournissent ainsi un point d'appui aux muscles agissants, alors que la colonne vertébrale se raidit à son tour.

Les mensurations comparatives suivantes montreront quelle disposition particulière offrait la poitrine des animaux de course examinés :

SORTES D'ANIMAUX EXAMINÉS	Taille du squelette au garrot	Hauteur de la poitrine entre les 2 premières côtes	Largeur de la poitrine entre les 2 premières côtes	Rapport entre la taille et la hauteur de la poitrine	Largeur de la poitrine entre les 10e côtes gauche et droite	Longueur du sternum	Longueur de la région dorso-lombaire	Rapport entre la longueur du sternum et celle de la région dorso-lombaire
Jument de course....	1,48	0,26	0,09	5,69	0,42	0,33	1,02	3,09
Cheval —	1,50	0,23	0,10	6,52	0,40	0,33	1,10	3,33
Régisseur.......	1,50	0,19	0,10	7,80	0,43	0,36	1,06	2,77
Jument syrienne. ...	»	0,19	0,10	»	0,30	0,34	1,07	3,14
Cheval corse......	1,18	0,17	0,08	6,94	0,27	0,21	0,83	3,95
Jument corse......	1,08	0,17	0,07	6,35	0,25	0,24	0,82	3,41
Jument tarbaise.. ...	1,48	0,21	0,08	7,05	0,42	0,30	1,03	3,43
Cheval tarbais.....	1,39	0,20	0,09	6,95	0,39	0,30	»	»
Cheval indéterminé. ..	1,27	0,20	0,08	6,35	0,39	0,30	0,99	3,30
Ane d'Afrique.....	0,90	0,14	0,06	6,42	0,34	0,20	0,72	3,60
Ane du Poitou.....	1,18	0,18	0,08	6,55	0,37	0,28	0,89	3,17
Anesse à 20 côtes....	1,07	0,14	0,06	7,64	0,38	0,27	0,95	3,51
Mulet.......	1,25	0,17	0,08	7,35	0,38	0,20	0,98	3,37
Tapir.......	0,85	0,13	0,07	6,53	0,33	0,26	0,92	3,53

Ce tableau prouve une fois de plus que la nature arrive à ses fins par des moyens différents. Pour amplifier la poitrine des trois sujets de course dont on s'occupe, le thorax chez l'un a une hauteur de 0,26 entre les deux premières côtes ; chez l'autre, la hauteur de la poitrine n'est que de 0,19, par contre, le sternum est remarquablement long, il mesure 0,36 et il est dans le rapport de 1 à 2,77 avec la région dorsolombaire. Sa plus grande longueur a eu évidemment pour effet de reporter en arrière l'attache inférieure du diaphragme, de le rendre moins oblique et cette disposition a agrandi la poitrine. Le troisième présente, quant à la hauteur de sa poitrine et à la longueur du sternum par rapport à celles du rachis, des dimensions moyennes; mais ses côtes asternales sont très rejetées en arrière, de façon à former à la partie supérieure un angle aigu avec le corps des vertèbres. Les attaches périphériques du diaphragme ont été reportées par le fait en arrière et la poitrine agrandie d'autant. Au sternum le plus long correspondent des côtes asternales, surtout les deux dernières, fort petites, en quelque sorte atrophiées.

Les vertèbres sont remarquables par le développement de leurs apophyses ; la région lombaire est spécialement intéressante sous ce rapport. Les articulations latérales sont larges, s'emboîtent admirablement de sorte que la région a une rigidité très favorable à la transmission de l'impulsion donnée par les membres pelviens. L'ilio-spinal trouve sur toutes ces vertèbres de larges points d'appui pour remplir son rôle dans le cabrer et le saut.

Le peu de longueur de la région lombaire, et conséquemment de ce qu'on appelle le rein en extérieur est le fait dominant. Le tableau ci-dessous, en montrant le rapport des lombes avec la longueur totale de la région présacrée fera toucher du doigt cette particularité.

SORTES DE SUJETS MESURÉS	Longueur de la région cervicale	Longueur de la région dorsale	Longueur de la région lombaire	Longueur totale de la région pré-sacrée	Rapport des régions lombaire et pré-sacrée	Observations
Jument de course.	0,63	0,80	0,19	1,62	1 : 8,5	
Cheval —	0,60	0,75	0,18	1,53	1 : 8,5	
— —	0,62	0,80	0,24	1,66	1 : 7	
Jument syrienne.	0,56	0,77	0,30	1,63	1 : 5,4	
Cheval de gros trait.	0,62	0,78	0,30	1,70	1 : 5,6	
Cheval auvergnat.	0,51	0,68	0,29	1,48	1 : 5,1	
Jument de Tarbes.	0,56	0,75	0,25	1,56	1 : 6,2	
Cheval corse.	0,44	0,66	0,25	1,35	1 : 5,4	
Jument corse.	0,51	0,59	0,24	1,31	1 : 6,2	
Ane d'Afrique.	0,40	0,53	0,175	1,105	1 : 6,3	

Deux des chevaux de course étudiés par nous n'avaient que cinq vertèbres lombaires avec le nombre normal de cervicales et de dorsales ; le troisième en avait six, mais quoi qu'il ne fût âgé que de quatre ans, la cinquième et la sixième vertèbres étaient complètement soudées tant par leurs apophyses transverses que par leur corps.

Si leur région lombaire est courte, le dos est suffisamment long, disposition qui, en écartant les deux bipèdes, favorise la vitesse puisqu'elle permet aux membres de se déployer.

A cause de la disparition du tissu adipeux sous l'influence des sueurs, des purgatifs, des exercices violents, les chevaux de course ont un aspect décharné qui impressionne désagréablement au premier coup d'œil. Il faudrait se garder d'en conclure que leur musculature s'est peu développée, le contraire est vrai. Mais ces muscles ont évolué surtout en longueur ; leur partie contractile s'est allongée au détriment des tendons réduits à leur minimum. Les ligaments articulaires sont solides et dans certains points, ils ont un grand développement ; le fait est frappant sur le ligament suspenseur du boulet.

Afin de voir si des modifications quantitatives se sont produites du côté du cerveau, le cubage de la capacité crânienne de chevaux de course a été fait comparativement avec celui d'autres animaux. Comme il s'agit surtout de considérer le cerveau en tant que centre impulsif et que dans la locomotion en mode d'extrême vitesse à laquelle sont astreints les chevaux de course, le membre postérieur joue le rôle principal, le poids du fémur a été comparé à la capacité crânienne. Le tableau suivant, où les sujets sont distingués suivant le sexe, indique les résultats obtenus :

SUJETS EXAMINÉS	Capacité crânienne	Poids du fémur	Rapport du poids du fémur à la capacité crânienne	Observations
Mâles				
Cheval de course..	740 c. c.	1.614 gr.	2,18 : 1	
Cheval boulonnais.	690 —	2.583 —	3,75 : 1	
Ane d'Afrique..	320 —	332 —	1,03 : 1	
Zèbre..	512 —	595 —	1,16 : 1	
Daw.	600 —	775 —	1,29 : 1	
Femelles				
Jument de course.	635 c. c.	1.375 gr.	2,16 : 1	
Jument syrienne.	650 —	1.005 —	1,54 : 1	
Jument tarbaise.	543 —	996 —	1,88 : 1	
Jument corse.	490 —	375 —	0,78 : 1	

La capacité crânienne des chevaux de course ne s'est pas agrandie proportionnellement au système osseux ; s'ils l'emportent sur les fortes races de trait, comme la boulonnaise, ils sont inférieurs aux arabes, aux tarbéens et aux corses. Il est possible que le développement de leur appareil nerveux porte sur la moelle et sur la partie périphérique et il serait intéressant de rechercher le rapport du poids de l'axe médullaire à la masse encéphalique.

Le cœur des chevaux de course, d'après les recherches et les pesées qui ont été faites, est plus volumineux que celui des sujets ordinaires. Le même phénomène se rencontre d'ailleurs quand on compare le cœur du Lièvre, animal obligé à des courses furibondes, à celui du Lapin domestique. Le réseau circulatoire périphérique est très développé et, après l'exercice, il apparaît en relief tant à cause de la finesse de la peau que de son propre développement.

La peau est très fine, souple, bien pigmentée généralement ; les phanères qui s'y implantent sont peu touffues. La crinière n'a jamais un grand développement, mais les crins en sont doux. Les sportsmen considèrent comme n'ayant que de maigres chances de gagner des prix les animaux dont la crinière est trop ondulée ou frisée et on a vu précédemment que la frisure des poils est, au contraire, considérée comme un bon signe par les éleveurs de bêtes bovines qui poussent leurs animaux à la précocité.

Des exemples de modification corporelle, suite de la gymnastique, pourraient être empruntés à d'autres espèces domestiques : celles du bœuf, du buffle, du chien et même du porc. On retiendra celui que fournit le chameau africain, parce qu'il est très démonstratif.

Dans le Tell et le Sahara algérien, on trouve le *Djemel* ou chameau de bât ; il est gros, bas sur jambes, très musclé, de formes ramassées. Il fait des marches de 30 à 35 kilomètres avec des charges de 200 à 250 kilogrammes. On le laisse généralement brouter en marchant et les ravitaillements d'eau se font tous les deux ou trois jours.

Dans le grand désert, on se sert du *Méhari* ou chameau de selle. Les espaces de six à huit jours de marche sans eau ne sont pas rares ; il faut donc aller assez vite si l'on ne veut pas mourir de soif. Aussi le méhari est-il haut sur jambes ; celles-ci sont sèches ; la tête et le corps sont relativement petits. Il va une amble rapide en portant la tête haute et il fait en moyenne huit kilomètres à l'heure, tandis que le djemel n'en fait que quatre, mais il ne porte qu'une charge moitié moindre de celui-ci. Il ne s'arrête point pour brouter en marchant et quand il arrive au réservoir, il absorbe de 40 à 60 litres d'eau.

Le Djemel et le Méhari appartiennent l'un et l'autre à l'espèce *Camelus Dromaderius;* la différence dans le mode d'utilisation fut la cause de leurs dissemblances morphologiques.

II. MODIFICATIONS PHYSIOLOGIQUES RÉSULTANT DE L'ENTRAINEMENT

Les modifications organiques précitées ont pour corollaire des modifications physiologiques qui, toutes, ont pour but l'augmentation de la vitesse et du fond. Celle-ci n'est atteinte que par un ensemble de variations corrélatives portant non seulement sur la locomotion, mais sur la respiration, la circulation et l'innervation.

L'étude des perturbations que ces fonctions ont subies est à peine ébauchée. On a constaté, par exemple, que la sensibilité et l'irritabilité des chevaux de course sont très grandes, parfois avec de l'indocilité et même de la méchanceté. On leur attribue volontiers une certaine intelligence ou tout au moins le sentiment de l'émulation qu'on représente comme fort développé. L'histoire tant de fois racontée de ce cheval qui, sur le point d'être vaincu dans une course et de subir un affront qu'il n'avait point encore éprouvé, saisit le jarret de son concurrent à pleines dents semble le prouver. Pourtant, les vigoureux coups de cravache distribués par les jokeys à leurs montures, en approchant du poteau, nous portent un peu au scepticisme sur la supériorité d'intelligence et le sentiment d'émulation des animaux en cause.

On ne possède pas de documents précis sur le fonctionnement de la poitrine des chevaux entraînés. Ceux qu'on a recueillis sur l'espèce humaine, paraissant applicables aux animaux, vont être utilisés.

MM. Marey et Hilairet, par la méthode graphique, ont étudié les modifications des mouvements respiratoires par l'exercice musculaire chez les gymnastes. Ils ont constaté « que l'habitude d'un exercice musculaire, de la course par exemple, a pour effet d'adapter graduellement la fonction respiratoire à la circulation plus rapide qui doit traverser le poumon. Le type respiratoire acquis par le gymnaste consiste en un *accroissement* énorme de l'ampliation de la poitrine et un notable *ralentissement* des mouvements thoraciques [1]. »

A. *De la vitesse.* — Le cheval de course est arrivé à une rapidité surprenante. D'après M. Colin [2], les plus grandes vitesses constatées sur l'hippodrome de Paris ont été de 13^m,79 par seconde pour un trajet de 4 kilomètres et de 14^m,60 pour un trajet de 2 kilomètres.

En Angleterre, on obtint des vitesses de 201^m,16 (un *furlong* anglais) en 13″ 30‴ pour des chevaux de trois ans et dans des courses de plus d'un mille (ou 1609^m,30) de distance, soit 2 kilomètres en 2′ 19″ ou 14^m,89 à la seconde. Un cheval de trois ans, *Sir Tatton Sykes*, a fait, sur l'hippodrome de Saint-Léger, 2 kilomètres en 2′ 13″. Cette vitesse n'a été que très rarement dépassée, et seulement par quelques chevaux de quatre ans et au delà. On cite dans les annales des courses, *West Australian*, qui fit 4 kilomètres en 4′ 25″. Cette course est considérée comme la meilleure de l'époque moderne.

Le Lièvre fuyant devant le Chien qui lui souffle au poil parcourt jusqu'à 18 mètres par seconde, mais il ne peut soutenir cette allure au delà de 2 minutes. Quand il part dans les jambes du chasseur, sa vitesse n'est que de 10 mètres à la seconde.

Si la constatation de la vitesse acquise est intéressante par elle-même, elle le devient davantage encore lorsqu'on peut en suivre l'augmentation d'année en année. Aux États-Unis, elle l'a été sur la race dite des *Trotteurs américains*.

La race dont il s'agit s'est formée dans notre siècle ; son histoire offre des garanties de certitude qu'on ne trouve généralement pas à l'origine de la plupart des groupes. Elle présente un si grand intérêt zootechnique que nous la résumerons brièvement :

Les chevaux introduits aux États-Unis par les colons au siècle dernier, furent tirés d'Angleterre, de France, d'Espagne et de Hollande prin-

---

[1] Marey et Hilairet, *Modifications des mouvements respiratoires par l'exercice musculaire* in *Comptes rendus de l'Académie des sciences*, juillet 1880.

[2] Colin, *loco citato*, page 464.

cipalement. Appartenant à diverses races, ils furent croisés entre eux et il en résulta un équidé intermédiaire rappelant un peu notre anglo-normand. C'est ce sujet qu'on a amené peu à peu à être un trotteur exceptionnel et voici à quelle occasion :

Après la proclamation de l'indépendance, le goût et la mode des courses au galop, analogues à celles qui avaient lieu en Anglerre, se dévelop-pèrent aux États-Unis, mais les puritains et les quakers considérant ce sport comme un amusement bon pour des aristocrates désœuvrés, comme un passe-temps inutile et même immoral, firent promulguer, en 1802, dans la plupart des États du Nord, des lois interdisant les courses au galop.

L'esprit ingénieux des sportsmen trouva le moyen d'éluder la loi en préconisant les courses au trot avec attelage à une voiture légère. Ce fut une innovation qui eut à la fois son retentissement sur l'industrie de la carosserie qu'elle porta à se servir de ressorts légers en acier et sur les allures du cheval. Il prit l'habitude d'un trot qui devint d'année en année plus rapide, ainsi que l'indique le tableau suivant publié par M. Drewer[1] :

DATES	VITESSE OBTENUE PAR KILOMÈTRE	DATES	VITESSE OBTENUE PAR KILOMÈTRE
1818	1'51"	1865	1'26"1/2
1824	1'40"	1866	1'26"1/4
1830	1'36"	1867	1'25"3/4
1834	1'35"	1871	1'25"2/3
1843	1'32"	1872	1'25"1/2
1844	1'31"1/2	1874	1'23"1/4
1852	1'31"1/4	1878	1'23"
1853	1'31"	1879	1'23"
1856	1'30"1/3	1880	1'21"3/4
1859	1'27"1/3	1881	1'21"1/2

Peu d'exemples sont aussi probants que ceux fournis par les trotteurs américains de l'influence d'un exercice imposé par l'homme sur le perfec-tionnement d'une fonction.

B. *Du fond.* — Il est une autre qualité, issue de la gymnastique de l'appareil locomoteur qu'il faut rechercher, c'est le fond. On s'attachera à le produire, parce que pratiquement son utilité dépasse celle de l'extrême vitesse. Celle-ci se soutient peu et, sur les hippodromes, la durée des courses est brève; le fond est utilisable dans des circonstances à la fois plus sérieuses et plus nombreuses.

On sait déjà que cette expression abstraite désigne la résistance à la fatigue, la faculté de tenir longtemps. Ce qui produit la fatigue, c'est la con-tractilité musculaire, mise en jeu par l'incitation nerveuse et l'irrigation sanguine, détruisant la matière azotée et laissant des produits de déchet. On s'est assuré sur l'homme que, à la suite de l'entraînement, la résis-tance des tissus à l'usure est plus grande, et que, à travail égal, les dépôts

---

[1] *American Journal of science* traduit dans la *Revue scientifique*, juin 1883.

d'urates sont moins considérables chez les individus entraînés que chez ceux qui ne l'ont pas été. Pour qu'il y ait du fond, il faut donc que le système nerveux soit puissant, que la pompe cardiaque fonctionne bien, que la masse musculaire soit proportionnée aux autres parties du corps et que, par sa contractilité, elle ne produise pas trop de déchets. Le travail en mode de vitesse soutenue qui réclame des contractions répétées et rapprochées, où la dépuration n'a pas le temps de se faire complètement, exige toujours du fond.

C'est un apanage naturel de quelques races et des groupes, celui des trotteurs en particulier, l'ont acquis. Il est extrêmement recherché pour la cavalerie parce que la tactique moderne emploie principalement les cavaliers comme éclaireurs ; ce rôle les oblige parfois à des marches forcées, mises en honneur dans la guerre de Sécession par les Américains qui les ont désignées par une expression qu'on leur a empruntée, celle de *reids*. Ces exploits consistent à parcourir à une allure rapide des distances considérables pour surprendre les secrets de l'ennemi.

En Europe, il y a eu dans ces dernières années de nombreux exemples de courses de résistance accomplies principalement par des militaires ; en voici quelques-uns :

En 1874, un lieutenant de hussards hongrois, M. de Zubowitz montant une jument hongroise du nom de *Caradoc*, a franchi en quinze jours la distance de Vienne à Paris, soit 1230 kilomètres, ce qui donne une moyenne de 82 kilomètres par jour.

Un lieutenant de hussards russes, M. Raykowich, fit en dix jours les 1026 kilomètres qui séparent Cronstadt de Vienne, soit $102^{km},600$ par jour.

M. le chevalier Salvi, avec un étalon transylvain du nom de *Radamans*, âgé de sept ans, a fait le trajet de Braunau à Munich (160 kilomètres en quatorze heures coupées par un repos de quatre heures, soit 16 kilomètres à l'heure.

En 1880, un sous-lieutenant français du 7e dragons, M. de la Comble, montant *la Mascotte*, petite jument hongroise âgée de douze ans, a fait en vingt-trois heures les 388 kilomètres qui séparent Lunéville de Paris ; soit 17 kilomètres à l'heure.

SOUS-SECTION V. — LIMITES DES VARIATIONS CONSÉCUTIVES A L'EMPLOI DES MÉTHODES DE GYMNASTIQUE

Si la gymnastique met aux mains du zootechnicien un instrument puissant, y a-t-il des limites au delà desquelles on ne peut pousser les animaux et où la variation paraît avoir atteint son maximum? On est peu renseigné sur ce point et il faut encore regarder du côté des phytotechniciens qui ont déjà recueilli certains documents utiles à consulter. On a remarqué dans le Nord, où depuis trente ans on sélectionne les graines de betteraves sucrières, qu'il est impossible d'accroître la richesse en sucre au delà de 24 pour 100, dans les conditions ordinaires de la pratique. Ce n'est pas la stérilité qui se montre, mais quoi qu'on fasse, la betterave ne s'enrichit plus, comme si la teneur précitée ne pouvait être dépassée sans incompatibilité avec la vie du végétal.

Si le lecteur veut bien se reporter aux documents de la page 154, il verra que, malgré le perfectionnement des méthodes d'alimentation, désormais les animaux comestibles augmentent peu de poids et qu'ils semblent avoir atteint à peu près le degré maximum de variabilité de ce côté. D'ailleurs, si l'on pousse les choses trop loin, on détruit tellement l'équilibre qui doit exister entre les fonctions de nutrition et celles de reproduction qu'on porte atteinte à la pérennité de la race, la stérilité absolue ou relative s'en montre la conséquence. On crée de belles individualités, on ne fondera pas une race.

Pour les autres appareils sur lesquels la gymnastique s'exerce, il ne semble pas qu'on soit aussi avancé et la marge paraît encore large.

D'ailleurs, dans une question aussi délicate que celle des limites de la variabilité, l'avenir ne peut être ni prévu, ni engagé.

Section II. — Variations déterminées par les méthodes de reproduction.

A s'en tenir au sens étroit du mot, il semble illogique de préconiser une méthode de « reproduction » comme moyen de cænogenèse, attendu que le propre de ce procédé est de *reproduire* dans les descendants les propriétés des ascendants.

Si les reproducteurs appartiennent au même groupe subethnique, on ne devra s'attendre à retrouver dans leurs produits que leurs caractères, exception faite de l'individuation qui ne perd jamais ses droits ; s'ils font partie de deux races ou de deux espèces distinctes, s'ils possèdent des caractères morphologiques ou physiologiques particuliers à chacun d'eux et relativement dissemblables, les choses sont plus compliquées.

On examinera en détail, à propos de l'hérédité, les modes suivant lesquels se fait la répartition des caractères du père, de la mère et des aïeux dans ces cas. Pour le moment, on se demandera : 1° si l'enchevêtrement des caractères paternels et maternels produit, en se plaçant sur le terrain de la zootechnie pratique, quelques particularités relativement nouvelles ; 2° si les opérations de croisement et d'hybridation favorisent la cænogenèse proprement dite ; 3° si quelques particularités physiologiques propres résultent de ces opérations.

A. Les phytotechniciens, les floriculteurs en particulier, ont devancé de beaucoup les zootechniciens dans la recherche de particularités nouvelles, de *nouveautés* suivant le terme consacré, résultant des croisements et des hybridations, et ils en ont tiré le meilleur parti. Ils ont produit des centaines de variétés dont les nuances, le coloris, l'agencement des fleurs et même des feuilles sont admirés à chaque exposition d'horticulture.

En élevage, on avait bien remarqué que la juxtaposition de deux couleurs est un fait très commun ; on n'avait pas tiré parti de cette observation. Dans ces derniers temps, les aviculteurs ont imité les pratiques des phytotechniciens et comme eux, par la fusion des couleurs paternelle et maternelle, ils ont obtenu des individus dont les nuances et les tons diffèrent complètement de ceux de leurs ascendants. A la ferme expérimentale de l'École vétérinaire de Lyon, de nombreux essais ont été faits dans cette voie sur le bétail de toute espèce. On a constaté que le taureau brun de Schwitz et la vache charolaise donnent des veaux cendrés, celui d'Ayr uni à la vache brune de Schwitz des individus bringés (voyez planche III) ; le lapin -bélier noir uni à la lapine blanche engendre des lapereaux ardoisés ; le canard d'Aylesbury, à plumage blanc, uni à la cane de Rouen, produit des canards caractérisés par une tache blanche sur la partie inférieure du cou et le poitrail, désignée sous le nom de *bavette*. On reviendra sur ce sujet à propos de la fixation des caractères acquis, disons seulement à cette place que c'est en se lançant résolument dans cette voie que l'élevage obtiendra des succès comparables à ceux de l'horticulture.

B. Le croisement est un moyen de faire apparaître des particularités étrangères aux deux reproducteurs en présence ; il favorise la cænogenèse, sans doute parce qu'il porte atteinte à l'unité, et à la fixité des races. D'ailleurs, du moment que la variation se montre sur des sujets de race pure, rien d'étonnant à ce qu'on la rencontre sur des métis.

Ce sont encore les horticulteurs qui, les premiers, ont constaté que le croisement favorisait la variation et l'apparition de nouvelles particularités. On doit à M. H.-L. de Vilmorin une expérience fort concluante. Il a croisé le blé de Pologne et le blé poulard, deux formes distinctes, quoique barbues et à grain dur l'une et l'autre. Parmi les individus obtenus, il lui est arrivé d'en trouver qui, semés à leur tour, ont donné des blés non barbus et à grain tendre, deux caractères étrangers aux formes d'où ils dérivaient.

Dans mes voyages en Suisse, j'ai recueilli une observation de même ordre sur le bétail. Lorsqu'on croise la race fribourgeoise avec la Durham, l'une et l'autre pourvues de cornes, on obtient parfois des sujets auxquels les cornes ne poussent jamais.

C. Tout en reconnaissant que, morphologiquement, les hybrides sont des mosaïques vivantes, suivant l'énergique expression de M. Naudin, dont chaque pièce est revendiquée par l'une des formes génératrices, nous nous sommes souvent demandé si quelque propriété physiologique nouvelle ne devient pas leur apanage, en tant que résultante du mariage d'éléments spécifiquement différents.

Sans épiloguer sur la stérilité qui leur est propre, la méchanceté et le caractère vindicatif du mulet, l'irascibilité du canard mulard, sont des particularités que ne possèdent, à ce degré tout au moins, aucune des espèces d'où ils dérivent et qui semblent résoudre la question par l'affirmative.

DEUXIÈME PARTIE

FIXATION DES VARIATIONS OU CÆNOMENÈSE

Avant de mourir et de restituer leurs éléments au monde inorganique, les individus se reproduisent et se perpétuent dans des descendants. La reproduction de tous ceux qui sont du ressort de la zootechnie exige le concours d'un mâle et d'une femelle qui s'accouplent. Nous avons à voir avec quelle fidélité et dans quelle proportion respective chaque reproducteur transmet à ses descendants les deux sortes de caractères morphologiques et physiologiques qu'il possède, ceux qu'il tient de ses ascendants et ceux qui lui sont propres.

Les conditions qui favorisent la transmission de ces derniers doivent être tout particulièrement examinées, de façon à voir comment se fait la cænomenèse (καινός, nouveau, μένω, je reste) ou fixation des particularités individuelles dans des groupes. Ces recherches conduiront à examiner la signification de ces groupes et la valeur qu'il faut accorder à la taxinomie.

La transmission des caractères ancestraux et acquis se fait par l'*hérédité*, dont l'action est favorisée par la *ségrégation*, l'*amixie*, la *sélection* et la *consanguinité*. Il en résulte des *familles*, des *sous races*, des *races* et des *espèces*.

CHAPITRE PREMIER

DE L'HÉRÉDITÉ

L'hérédité est le phénomène physiologique en vertu duquel les ascendants se répètent dans leurs descendants; on la désigne parfois sous le nom de *loi des semblables* et l'on dit qu'elle se manifeste en ce que les semblables engendrent des semblables. Comme elle tend à maintenir les types, on l'a comparée à une force centripète par opposition à la cæno-genèse ou variabilité qui serait une force centrifuge éloignant les êtres de la forme ancestrale.

Étroitement liée à l'acte de la reproduction, elle débute au moment où il y a contact des éléments mâle et femelle ; elle est la traduction de pro-priétés inhérentes à la semence et à l'ovule.

Section première — Nature de l'hérédité — Son substratum. Sa puissance

La nature de l'hérédité est restée longtemps entourée d'un profond mystère ; ce n'est qu'avec les progrès de l'histologie et de l'embryologie qu'on a pu la pénétrer quelque peu, et doit-on la placer aujourd'hui encore avec Herbert Spencer [1] dans la catégorie des problèmes qui n'ad-mettent qu'une solution hypothétique, car la lumière complète n'est pas faite. Brillera-t-elle sans voile quelque jour ? C'est à souhaiter, car il n'est pas en biologie, en psycho-physiologie et en zootechnie de question d'égale importance à celle-là.

Plusieurs théories ont été formulées pour expliquer l'hérédité ; nous ne ferons que signaler celles qui ne sont que des conceptions de l'esprit pour nous arrêter sur les travaux d'anatomie générale qui ont démontré l'existence d'une matière héréditaire.

Quel que soit le mode de reproduction dans le monde organique, cet acte consiste essentiellement en une division et une multiplication cellulaires ; chez les êtres sexués, il est nécessaire que la cellule fournie par la femelle soit touchée par celle qui provient du mâle, pour que, à la suite de cet ébranlement, la division et la multiplication s'effectuent et qu'un nouvel être se forme. Cela n'expliquait point pourquoi les cellules de nouvelle formation se groupent de telle façon qu'elles reproduisent les organismes d'où elles sont issues avec les propriétés qui les caractérisaient essentielle-ment. C'est alors que voyant la cellule posséder la vie en soi, on a imaginé l'hypothèse de la tradition organique, qualifiée plus tard de *mémoire des tissus*, supposant les cellules dotées de mémoire et se groupant suivant certaines combinaisons pour former des tissus, des organes et des appareils semblables à ceux des êtres dont elles dérivent. La mé-moire cellulaire serait donc l'essence de l'hérédité.

Herbert Spencer a émis la *théorie de la polarigenèse* ou *théorie des unités physiologiques* qu'il résume en disant que les cellules spermatiques et les cellules germinatives sont les véhicules de petits groupes d'unités

[1] Herbert Spencer, *Principes de biologie.*

physiologiques disposés dans un tel état qu'ils obéissent à leur penchant vers l'arrangement de structure de leur espèce.

Darwin suppose que chaque cellule d'un organisme, avant son inversion en matériaux achevés et passifs, émet de petits grains ou atomes qu'il appelle des gemmules, qui circulent librement dans l'organisme ; elles sont transmises par les parents aux descendants et se développent à la génération suivante, mais peuvent rester plusieurs générations à l'état de sommeil pour se développer ensuite. L'hypothèse de Darwin, décorée du nom de *pangenèse*, a été reprise et modifiée par Galton qui est l'auteur de la *théorie des stirpes*.

Haeckel montra sans peine la faiblesse des conceptions précédentes et il leur substitua la *théorie de la plastidulpérigenèse*. La cellule, dit-il, n'est point l'organisme rudimentaire irréductible ; au-dessous d'elle est le cytode, masse albuminoïde sans enveloppe et sans noyau. La matière vivante et primordiale qui le constitue, comme la cellule d'ailleurs, est le plasson, substance susceptible de se résoudre en molécules de plus en plus petites dont le dernier terme est constitué par les plastidules. Pour Haeckel, chaque plastidule est douée de mouvement, de sensation, de volonté et de mémoire. C'est elle qui possède réellement la vie et l'organisme ne la possède que parce qu'il est un agrégat de plastidules. Dans l'acte procréatif, les propriétés des plastidules et spécialement le mouvement ondulatoire sont transmises au sujet procréé, ce qui lui donne à la fois la vie en général et sa vie propre. L'hérédité est donc pour Haeckel la transmission du mouvement des plastidules [1].

Ces hypothèses ne résolvent rien, elles ne font que prêter une qualité à la cellule ou à ses dérivés sans expliquer pourquoi ces éléments la possèdent, ni dire si elle en est l'attribut inséparable. C'est l'éternel problème des rapports de la force et de la matière qui se présente ; il n'est pas soluble par des conceptions imaginatives.

Weismann [2] a émis en 1885 une théorie qui apaisait davantage l'esprit que les précédentes. Elle est désignée sous le nom de *théorie de la continuité du plasma germinatif*. Weismann pense qu'une substance qu'il appelle plasma germinatif (Keimplasma), de structure extrêmement fine et complexe, possédant des propriétés chimiques et moléculaires déterminées, se transmet telle quelle de génération en génération.

Quelque temps avant, Nœgeli avait édifié la *théorie de la continuité de l'idioplasma* dans les générations successives d'une même espèce.

La preuve de cette continuité de la matière restait à fournir ; elle ne pouvait l'être que par les maîtres en histologie et en embryologie, ils la donnèrent. Les travaux de van Beneden, Hertwig, Fol, Strassburger,

---

[1] Ed. Haeckel, *Essais de psychologie cellulaire*, trad. française.
[2] Weismann, *Die Continuität des Keimplasma's als Grundlager einer Theorie der Vererbung*, Iéna, 1885.

van Bambeke placèrent les connaissances relatives à l'hérédité sur le terrain solide de l'observation directe. Nous allons en emprunter l'exposé à M. J. Renaut.

« On sait qu'au sein du noyau cellulaire existe un filament particulier qui le caractérise essentiellement ; c'est le *filament nucléaire*, substractum de la chromatine ou nucléine qui peut manquer, tandis que le filament nucléaire, lui, ne manque jamais. Le noyau de l'ovule fécondé, le *noyau du germe*, renferme comme tous les noyaux cellulaires quelconques, un tel filament.

« Lorsque le germe constituant l'organisme unicellulaire se divise pour donner naissance par ses bipartitions successives, aux cellules qui formeront les éléments essentiels de tous les tissus de l'être nouveau, il le fait suivant le mode de division qu'on appelle indirect. Son filament nucléaire se fragmente en bâtonnets ; ces bâtonnets, d'abord réunis sur la ligne de division pour former une plaque équatoriale, se fendent chacun en deux parties, dont l'une émigre vers un pôle du noyau, l'autre vers le pôle opposé. Amenés aux pôles, les bâtonnets dédoublés se réunissent en un nouet pour former par leur ensemble le filament nucléaire de chacune des deux cellules filles ; puis la masse protoplasmique de la cellule se divise à son tour dans l'intervalle des deux noyaux néoformés.

« Chacun de ces deux noyaux renferme donc moitié de la substance du filament du noyau primitif. Et comme le même acte se répète à chaque génération cellulaire, on peut dire en somme que, de même qu'il n'est pas une seule cellule de l'organisme adulte qui ne soit une des filles du germe en descendance directe, de même il n'est pas un noyau dont le filament nucléaire ne soit une portion du filament nucléaire du noyau du germe simplement accrue par la nutrition. Il y a donc entre le noyau du germe et celui d'une cellule quelconque de l'organisme une continuité parfaite, à la production de laquelle on assiste réellement et *de visu*, si l'on se donne la peine de suivre le mode de formation du noyau des deux, des quatre ou des huit premiers blastomères.

« Mais si tous les noyaux des cellules de l'organisme proviennent du noyau du germe et ont hérité de lui directement une portion de sa substance, origine chez eux de leurs filaments nucléaires respectifs ; s'ils sont de cette manière en continuité matérielle avec lui, bien qu'ils en soient à jamais séparés, où le noyau du germe a-t-il pris lui-même son propre filament nucléaire ? C'est ici que la question de l'hérédité va immédiatement s'éclairer d'une vive lumière. Le filament nucléaire du noyau du germe provient, on le sait aujourd'hui, de la fusion des filaments nucléaires des deux pronucléus de Butschli. De ces deux pronucléus, l'un, le *pronucléus femelle*, est ce qui reste du noyau de l'ovule maternel quand il a rejeté ses globules polaires : l'autre, le *pronucléus mâle* provient directement du spermatozoïde paternel. La substance typique du noyau du germe, son filament pelotonné ou *spirème* alors qu'il va se diviser, contient donc réunies dans une même formation une série de parcelles matérielles venues les unes de l'organisme paternel, les autres de l'organisme maternel. C'est cette substance réellement ancestrale qui distribue aux noyaux, tous issus de lui, des cellules de l'organisme nouveau ; c'est elle qu'on peut à bon droit considérer, avec M. Ch. van Bambeke, comme le véritable substratum anatomique et saisissable de l'hérédité.

« En effet, l'ovule maternel d'une part, d'autre part le spermatozoïde, considérés en tant qu'éléments cellulaires de l'organisme des deux parents, renfermaient au sein de leur substance nucléaire, une portion du filament nucléaire des deux germes respectifs dont le père et la mère avaient autrefois pris eux-mêmes naissance. Par ces germes, les deux parents étaient de leur côté reliés, mis en continuité matérielle et héréditaire avec leurs propres parents et ainsi de suite dans la série des générations antérieures. M. Ch. van Bambeke a donc pu conclure avec raison que : « dans le développement phylogénétique des organismes, le plasma germinatif, dont nous connaissons maintenant le véritable siège, persiste, se perpétue à travers les ontogénies qui se succèdent ; les générations disparaissent et s'effacent, lui seul reste immortel[1]. »

Voilà le fait capital que l'histologie a révélé ; à sa lumière, le grand phénomène de l'hérédité, comme le dit si justement M. Renaut, n'a pas cessé pour cela d'être pour nous un problème à multiples inconnues, il a du moins cessé d'être un pur mystère.

On comprend maintenant pourquoi la puissance évolutive des cellules s'exerce dans une direction déterminée et fatale, pourquoi elles forment tel tissu et sont incapables d'en former un autre et pourquoi elles groupent ces tissus en organismes suivant l'architecture ancestrale. On qualifie d'*hérédité conservatrice* l'impulsion à laquelle elles obéissent.

Sous cette modalité, l'hérédité suppose l'immutabilité, l'absence de changement dans les formes et les propriétés. Mais il faut immédiatement se rappeler que les influences physico-chimiques viennent exercer leur action en face de la sienne. Aussi l'observation apprend-elle que cette immutabilité n'existe que pour les caractères dits supérieurs, et que des variations se produisent dans les caractères secondaires. Les éléments cellulaires sont dotés d'une plasticité relativement large qui les fait réagir sous l'influence de causes extérieures, se modifier dans leur forme et surtout dans leur agrégation, mais ne va jamais jusqu'à les faire sortir du groupe où leur origine des feuillets embryonnaires les a placés et à leur donner les caractères de ceux d'origine différente. Cette sensibilité réactionnelle s'exerce depuis la variation la plus légère jusqu'à la monstruosité la plus prononcée.

[1] J. Renaut, *Traité d'histologie pratique*, Paris et Lyon, 1889.

A côté de l'hérédité conservatrice des caractères taxinomiques supérieurs, existe-t-il une hérédité individuelle, une puissance héréditaire personnelle qui fasse qu'un être lègue les caractères qui lui sont propres, qui ont apparu pendant son évolution fœtale ou qu'il a acquis durant sa vie?

Cette *puissance héréditaire individuelle* existe, elle se manifeste même si fortement sur certains sujets qu'on aura tout à l'heure à les étudier sous le qualificatif de bons raceurs. On la désigne encore sous les noms d'*hérédité progressive, fixée.*

Son importance en zoologie et particulièrement en zootechnie est énorme, puisqu'elle permet d'implanter dans une suite de générations les caractères nouveaux d'un sujet, et qu'elle est la condition de la création de familles, de races et d'espèces nouvelles.

Techniquement son importance est considérable, nous ignorons toutefois si sa puissance est supérieure à celle de l'hérédité conservatrice. Celle-ci et celle-là sont en lutte, l'une pour maintenir les formes dans le moule ancestral, l'autre pour leur adjoindre les modifications récemment apparues. L'hérédité proprement dite est la résultante de ces deux sortes d'hérédités.

A l'encontre des personnes qui attribuent une importance prépondérante à l'hérédité individuelle, Weismann conclut à la non-hérédité des caractères acquis. « Si le plasma germinatif (terme que nous remplacerons en esprit par celui de filament nucléaire) n'est pas procréé à nouveau dans chaque individu, mais dérive du prédécesseur, sa conformation et avant tout sa structure moléculaire ne dépendent pas de l'individu lui-même, l'individu étant le terrain aux dépens duquel le plasma germinatif croît, car la structure de ce dernier existe dès le début. Rien ne peut se développer dans un organisme qui n'y existe déjà à l'état de disposition première, car toute propriété acquise n'est autre chose que la réaction de l'organisme à une excitation déterminée. S'il n'y a pas disposition première, l'organisme n'acquiert rien ; les caractères acquis ne sont autre chose que des variations locales et générales, produites par des influences extérieures déterminées [1]. »

En raison des objections qui lui furent faites, Weismann admit que la source des différences individuelles héréditaires se trouve dans la forme de la reproduction, dans la reproduction sexuelle ou amphigone. La fusion des cellules provenant du mâle et de la femelle serait la cause des caractères personnels. Les combinaisons des particularités individuelles qui se font à chaque génération amèneraient la diversité que nous constatons.

Si nous saisissons bien la pensée de Weismann, il est persuadé que dans les autres modes de reproduction, division, scissiparité, etc., où

---

[1] Weismann, *loc. cit.*

n'interviennent pas deux éléments, l'un mâle et l'autre femelle, il n'y a ni cænogenèse ni transmission des modifications. Celles-ci seraient le fait de la reproduction amphigone. C'est dire implicitement que la copulation de deux sujets éloignés suffisamment par leur conformation, mais pourtant pas assez pour que la fécondité soit atteinte, est capable de faire apparaître et de transmettre de nouveaux caractères. En d'autres termes, c'est avancer que le croisement et le métissage sont des opérations cænogénératrices, ce à quoi nous adhérons entièrement. Mais cela n'implique point qu'il faille nier l'hérédité des caractères d'adaptation. D'ailleurs, il est digne de remarque que les espèces animales les plus polymorphes sont androgynes à fécondation réciproque. Tels sont les Mollusques gastropodes pulmonés et opisthobranches et les Mollusques ptéropodes.

La physiologie végétale démontra la première que les qualités acquises se transmettent. Toute la série des végétaux cultivés en témoigne, pourtant la plupart sont autogones. La microbiologie fournit la même preuve pour les Cryptogames inférieurs à reproduction asexuelle.

La démonstration qui a été donnée des modifications énormes résultant de l'adaptation sur les microbes pathogènes et leur puissance héréditaire, dispense d'insister à nouveau sur ce point. Toutes les pratiques horticoles déposent dans le même sens ; nous prendrons un seul exemple parmi ceux que nous pourrions leur emprunter. La pomme de terre dite *quarantaine* accomplit son cycle évolutif en trois fois moins de temps que la pomme de terre commune ; elle se reproduit avec fidélité par œils sans que la semence intervienne.

Les procédés zootechniques perdraient toute leur importance si les qualités qu'on fait acquérir au prix de tant de soins et de persévérance n'étaient point transmissibles ; mais l'observation de toutes les races domestiques proteste contre cette supposition. L'augmentation de la puissance laitière, l'aptitude à la précocité, la vitesse, la finesse des sens, résultats de gymnastiques spéciales, la fécondité, la taille sont des qualités acquises et qui sont devenues le propre de certaines races.

Comme exemple de transmission de propriété obtenue par le dressage, on citera ce qui se passe dans la classe des chiens d'arrêt. La faculté d'arrêter est d'acquisition récente, puisque les anciens n'avaient pas de chiens de cette sorte, et nous avons dit avec M. Piétrement qu'elle date des premiers siècles de notre ère. Aujourd'hui, elle fait tellement partie de la nature de ces animaux que, tout petits et avant toute éducation, on les voit se mettre en arrêt devant les souris, les grenouilles et rapporter spontanément à leur maître ses chaussures ou quelque chose lui appartenant.

L'entraînement a produit des résultats analogues ; l'étalon de pur sang ne transmet pas seulement sa vitesse, mais encore la propension à dépenser cette vitesse dans un temps très court. Le soin avec lequel on choisit, pour reproducteurs, des sujets ayant une bonne lignée d'ascendants n'est que le résultat de l'observation de la transmission des caractères acquis.

Il en est de même pour la précocité. Nous avons eu occasion, dans l'Est, de suivre sa transmission héréditaire par le taureau durham et le bélier dishley et bien d'autres avant nous l'avaient fait. Parmi les documents où nous pourrions puiser, nous citerons l'expérience faite en 1872 et 1873, dans l'arrondissement de Gray, où des taureaux durhams ont été introduits pour féconder les vaches femelines autochtones, parce que nous nous y sommes tout particulièrement intéressé. Elle démontra péremptoirement que les métis durham-femelins étaient précoces, tandis que les femelins ne le sont pas. Les premiers avaient évidemment hérité de la précocité de leur père, puisqu'ils étaient soignés et nourris comme les femelins qui leur servaient de témoins.

A la ferme de l'École, nous fîmes la même constatation, à diverses reprises, sur des métis dishley-millerys, dishley-charolais et dishley-solognots, et d'une façon générale dans toutes les opérations de croisement où un animal précoce fut employé comme reproducteur.

L'hérédité de la précocité constitue pour l'élevage un des faits les plus heureux ; elle permet de conserver une propriété acquise, de bénéficier des efforts antérieurs et de gagner du temps.

Puisque l'adaptation de l'organisme aux conditions dans lesquelles on le fait vivre est la grande loi, le changement dans ces conditions amène la perte ou des modifications dans les caractères acquis. Mais le retour n'est pas brusque, pas plus que les acquisitions ne l'avaient été. Les végétaux du Nord implantés dans une latitude plus méridionale conservent leur précocité pendant les deux premières générations ; généralement à partir de la troisième, ils commencent à se mettre au niveau des plantes indigènes.

Les moutons barbarins, en Afrique, sont doués de l'immunité contre le sang de rate ; en France, ils sont dépossédés de cette propriété au bout de quelques générations. Les bêtes bovines charolaises sont précoces ; transportées des prés d'embouche du centre dans les maigres pâturages du Morvan, elles engendrent des descendants qui perdent leur précocité.

Toutes ces variations prouvent que la comparaison du zootechniste Baudement qui eut une si grande faveur, « chaque individu n'est qu'une épreuve tirée une fois de plus d'une page une fois pour toutes stéréotypée », n'est point rigoureusement exacte. Ainsi que l'a fait spirituellement observer M. Baron, la nature a des éditions revues et corrigées des formes vivantes.

En résumé, les deux sortes d'hérédité, bien qu'en lutte, ont chacune leur mode d'action : la conservatrice assure la fixité aux caractères supérieurs, tandis que la progressive intercale près d'eux de nouvelles particularités, qui dans la suite des générations acquerront à leur tour une fixité égale à celle des premiers.

Avant de passer à l'examen plus détaillé des manifestations de l'hérédité, il est impossible de ne pas arrêter un instant l'esprit sur les conséquences de ce phénomène biologique.

Quand on médite sur sa puissance, qu'on voit combien elle pèse sur le physique et le moral de l'homme, on glisse vers le fatalisme et on arrive à conclure que la liberté, pour beaucoup, n'existe pas dans sa plénitude. L'homme n'est libre qu'autant que lui vient une masse d'idées bien coordonnées qui constituent un *moi* solide. L'enfant n'est pas libre parce que son moi n'est pas encore assez énergique pour mettre en lutte des complexus d'idées fortement enchaînées ; les impulsifs, les psychopathes, les déséquilibrés ne le sont pas davantage. Il n'y a que l'homme bien organisé qui l'est parce qu'il possède une raison capable de dominer ses impulsions. Mais cette haute raison, n'est-elle pas le plus souvent aussi un don de l'hérédité ?

Le but de l'éducation est précisément d'inculquer la nécessité de faire taire les impulsions devant la raison, d'habituer à s'incliner devant certaines nécessités, conventionnelles en partie, c'est vrai, mais qui doivent servir de base à la conduite de la vie. Sans elle, l'homme reste l'esclave de ses impulsions héréditaires et jamais l'instruction, si étendue qu'on la possède, ne la remplacera complètement pour cette finalité.

C'est par l'hérédité qu'on explique la grandeur et l'accroissement de certaines familles, de quelques races, de quelques peuples, comme aussi leur décadence et leur disparition. Le sentiment de la transmission héréditaire de ses vertus, guerrières et autres, explique pourquoi la noblesse est fière de ses parchemins ; sans l'hérédité, cette fierté ne serait qu'une puérilité inexcusable. On devrait toujours avoir présente à l'esprit sa puissance dans l'édiction des lois sociales, de façon à favoriser la reproduction des eugéniques moraux et physiques et à entraver celle des aneugéniques.

L'importance fonctionnelle d'un organe ou d'une particularité n'est pas la mesure de la fidélité de sa transmission. Les deux faits suivants qui se rapportent l'un à la vue dans l'espèce humaine, l'autre à une particularité de la locomotion chez le cheval, nous ont frappé depuis longtemps :

a) Par l'opération de la cataracte, on restitue la vue aux aveugles de naissance; nous avons vu des opérés rester longtemps sans savoir utiliser leurs yeux et toute leur vie s'en servir le moins possible. Ils préféraient continuer à utiliser leurs doigts, ils aimaient mieux toucher les objets que de les regarder pour se rendre compte de leur forme.

b) Un poulain barbe, fils d'une jument qui allait l'amble, né et élevé en France, séparé de sa mère aussitôt son sevrage, alla l'amble toute sa vie.

La vue est une fonction supérieure et anciennement développée, l'allure de l'amble est une particularité secondaire et récente par rapport à la précédente ; pourtant celle-ci s'est montrée avec une puissance héréditaire supérieure à celle-là. Fait suggestif à rapprocher de la facilité avec laquelle l'œil s'atrophie ou disparait, quand la vue n'a plus à s'exercer.

A côté des défauts, des maladies et des tares acquises dans le courant de la vie, il en est dont les enfants, par une fatalité inéluctable, héritent de ceux à qui ils doivent la naissance. L'hérédité dite pathologique a sa place à côté de l'hérédité normale. Raison de plus pour le zootechnicien d'apporter dans son étude une réflexion plus grande, afin de bien se pénétrer de sa puissance et d'éloigner de la reproduction les individus qui présentent quelque tare.

Section II. — Modes de l'hérédité

Il y a pluralité dans les manifestations de l'hérédité, qu'elle soit normale ou pathologique, et cette diversité dans la façon de se produire a été traduite par des qualificatifs adoptés par l'usage. Groupons d'abord ces manifestations multiples :

HÉRÉDITÉ.

- Prépondérante ou unilatérale.
- Bilatérale.
  - Directe.
  - Croisée.
  - Égale.
  - Inégale.
- Atavique ou en retour ou interrompue.
  - Directe.
  - Collatérale.
  - Croisée.
- Par influence.
- Homochrone.
  - Directe.
  - Croisée.
- Réinvertie
- Homotopique.
  - Directe.
  - Croisée.
- Homohiste.
  - Directe.
  - Croisée.

I. DE L'HÉRÉDITÉ PRÉPONDÉRANTE. — DES BONS RACEURS

L'hérédité dite prépondérante a encore été qualifiée d'unilatérale. Cette dernière appellation est fautive, d'abord parce que, dans la procréation d'un vertébré, il faut nécessairement le concours de deux êtres ; si petite que puisse être la part de l'un des deux, elle existe. Ensuite, il doit arriver pour les animaux comme pour l'homme que, si, extérieurement, un être ne ressemble qu'à un seul de ses parents, il rappelle l'autre par ses aptitudes ou même lui ressemble d'une façon latente qui ne se traduira point chez lui, mais pourra se montrer sur ses descendants.

Si le qualificatif d'unilatéral est fautif, celui de prépondérant ne donne pas prise à la critique. Il indique que, dans la formation d'un nouvel être, l'un des deux procréateurs a imprimé d'une façon dominante ses propres caractères. Cela est d'observation journalière et on désigne en zootechnie sous le nom de *bons raceurs* ou simplement de raceurs, les reproducteurs qui sont dans ce cas.

Une telle qualité se présente tantôt du côté du mâle, tantôt de la femelle; jusqu'à présent, l'observation n'a pas montré en zootechnie de prépondérance en faveur d'un sexe plutôt que de l'autre. L'idéal du parfait raceur est la transmission aussi intégrale que possible de ses caractères spécifiques, ethniques, individuels et sexuels; en d'autres termes, il doit agir dans la procréation de sa descendance comme s'il était seul, comme s il s'agissait simplement d'une reproduction par sissiparité et non d'une conjugaison sexuelle.

On pourrait concéder vraiment à ce raceur idéal la puissance héréditaire unilatérale, mais il y aurait chances pour qu'il ne la conservât pas toute sa vie, car en vieillissant, il se trouverait fatalement en présence de sujets avec lesquels il s'accouplerait et qui, du fait de l'âge ou de toute autre circonstance l'égaleraient et peut-être le surpasseraient.

Quoi qu'il en soit, on comprend de quelle valeur serait un raceur dans ces conditions et de quel prix l'éleveur devrait le payer puisqu'il enlèverait tout alea aux opérations de reproduction et qu'il donnerait à l'hérédité les qualités d'un phénomène physique se reproduisant invariablement et toujours le même.

Le plus bel exemple de bon raceur que j'aie observé a été vu sur l'espèce porcine. Il s'agit d'un verrat craonnais qui transmettait fidèlement ses caractères et qui, une fois entre autres, allié à une truie berkshire de pelage noir, produisit douze porcelets, tous mâles, blancs et de type craonnais comme lui.

Il n'est pas besoin de dire que la transmission intégrale de cette triade de caractères sexuels, ethniques et individuels, est exceptionnelle, mais celle d'une seule ou de deux sortes est plus fréquente et on la rencontre dans toutes les espèces domestiques. L'exemple d'Eclipse, un des chevaux anglais de course les plus célèbres qui aient paru sur l'hippodrome, est souvent cité à l'appui; ce cheval avait une tache noire sur la croupe, on a suivi cette tache jusqu'à la sixième génération de ses produits. Dans l'espèce bovine et la race de Durham, si les animaux de la famille dite *Duchesse* sont fort recherchés, c'est parce que la vache de ce nom qui en fut la souche était une raceuse exceptionnelle qui a communiqué à sa descendance ses facultés laitières. L'espèce canine est peut-être celle où les exemples d'hérédité prépondérante se présentent le plus fréquemment.

Même réduite à ces proportions, la faculté de racer est l'une des plus à rechercher dans le choix des reproducteurs ; malheureusement rien ne la traduit objectivement, ce n'est que par une enquête sur la famille des animaux dont on veut faire l'acquisition et sur les descendants qu'ils ont déjà fourni, qu'on pourra s'en faire une idée.

La faculté d'être bon raceur existe dans les végétaux d'une façon aussi nette que chez les animaux, au point que quelques plantes communiquent à leur descendance d'une façon si fixe leurs caractères spéciaux qu'il se forme immédiatement des groupes qui ont la valeur d'une espèce botanique pour l'école dite jordanienne. Mais pas plus dans les végétaux que parmi les animaux, on ne peut deviner les bons raceurs ; il n'y a pas de critère pour cela ni parmi les espèces, ni parmi les individus d'une même espèce. On peut élever des milliers de sujets provenant d'un végétal présentant une particularité remarquable, sans qu'un seul de ses nombreux descendants la reproduise. Comme exemple de ce fait, on n'a que l'embarras du choix dans la floriculture où des plantes panachées, coloriées de telle ou telle façon ne transmettent pas leurs particularités. L'ajonc sans épines qu'on n'a pu fixer en race fourragère en est un des plus connus de la flore agricole.

Par contre, nous emprunterons à L. de Vilmorin deux exemples très concluants où l'on a eu la chance de rencontrer de bons raceurs qui ont fixé des races.

1° En 1845, dit de Vilmorin, je fis des essais sur la *Rose d'Inde naine hâtive*, plante dans laquelle les fleurs doubles, composées uniquement de demi-fleurons, produisent des graines, mais qui donnait toujours dans nos semis environ 1/3 de plantes simples. Sur dix plantes récoltées individuellement, deux n'ont donné que des doubles et leur race ainsi obtenue en une seule génération s'est maintenue parfaitement pure depuis cette époque.

2° Le *Fraisier des Alpes sans filets* a été obtenu par Vilmorin l'aïeul pour la première fois en faisant reproduire un individu unique qui, dans un semis de fraisiers des Alpes ordinaires, c'est-à-dire avec filet, n'en présentait pas. Depuis cette époque, cette variété s'est reproduite invariablement de graine constituant ainsi un exemple de variation arrivé du premier coup à l'état de race fixée[1].

II. DE L'HÉRÉDITÉ BILATÉRALE — PART DU PÈRE ET DE LA MÈRE DANS LES CARACTÈRES D'UN NOUVEL ÊTRE

Nous l'avons déjà dit, dans tous les produits issus de la reproduction sexuelle, l'hérédité, à la rigueur, est toujours bilatérale, puisque, si l'un des facteurs a transmis matériellement ses caractères, l'autre a pu trans-

[1] L. de Vilmorin, *Note sur l'hérédité*, p. 47 et 48.

mettre potentiellement, virtuellement quelques-uns des siens. Mais on l'appelle de la sorte quand le père et la mère ont transmis l'un et l'autre à leurs descendants une part de leurs *caractères appréciables à nos sens*. Objectivement, l'hérédité bilatérale est la règle et la prépondérante l'exception.

Cette transmission affecte des modalités différentes. Elle peut être directe, croisée, égale ou inégale. On la qualifie de *directe* quand chaque reproducteur imprime surtout ses caractères aux sujets de son propre sexe ; on la dit *croisée* quand il les transmet à ceux du sexe opposé. On admet, en anthropologie, que l'hérédité croisée se présente plus fréquemment que la directe et on en donne pour preuve que beaucoup d'hommes remarquables sont issus d'un père d'intelligence moyenne ou médiocre, mais d'une mère très intelligente, et aussi que ces hommes éminents, mariés à des femmes ordinaires, ont souvent des enfants d'une intelligence tout à fait moyenne. Mais il n'est pas contestable non plus que l'hérédité s'exerce directement, les dynasties d'hommes remarquables dans les sciences, les lettres et les arts le démontrent.

Dans les races animales, où l'on n'a pas le critère de l'intelligence, on n'a guère fait d'observations sur ce point que par des opérations de croisement. Girou de Buzareingues prétend, d'après son expérience, que l'hérédité croisée est la règle.

Lorsque le jeune, par toute son organisation, est un mélange des caractères paternels et maternels, l'hérédité est *égale*. Il est inutile de dire que cette égalité n'est jamais parfaite ni complète et que le mélange dont on parle ne doit être pris ici que dans le sens ordinaire et non dans celui que lui donnent les chimistes. On veut seulement indiquer que le produit donne à nos sens la perception d'un être qui tient autant de son père que de sa mère, ce qui, d'ailleurs, est assez rare.

Dans le mélange dont il s'agit, deux cas peuvent se présenter : 1° il y a fusion des caractères ; 2° il y a association ou juxtaposition sans fusion.

En faisant côcher une poule cochinchinoise blanche par un coq noir de même race, nous avons obtenu des sujets cendrés ; la même nuance du pelage a été obtenue par l'accouplement du lapin bélier blanc et de la lapine noire. La nuance cendrée, ardoisée ou encore bleue, comme disent les éleveurs, est bien une combinaison du blanc et du noir. En faisant lutter une brebis bergamasque à chanfrein busqué par un bélier dishley dont le nez est droit, on obtient parfois des produits dont le chanfrein semi-busqué tient le milieu entre ceux de la mère et du père. Il en est de même dans la production du cheval anglo-normand.

La coexistence sans fusion ou la juxtaposition de caractères provenant les uns du père, les autres de la mère est au moins aussi fréquente que la fusion. Dans l'espèce humaine, on en a des exemples journaliers : du mariage d'un blond et d'une brune descendent fréquemment des hommes

qui ont les cheveux noirs de leur mère et la barbe blonde de leur père, et
dont les yeux sont parfois hétérochroïques.

Des observations semblables sont faciles à recueillir sur les animaux,
particulièrement lors des croisements. En faisant féconder une truie
noire d'Essex par un craonnais blanc, il nous est arrivé d'obtenir des
métis noirs dans une moitié du corps et blancs dans l'autre. Le croisement d'un bélier dishley et d'une brebis barbarine nous a donné une
fois un métis dont la moitié antérieure du corps, jusqu'en arrière du
garrot, était couverte de la laine ondulée et longue du dishley et la postérieure de celle du barbarin, toute différente. Le mariage d'une race
galline à grandes margeolles avec une race dont ces appendices sont réduits au minimum, donne parfois des coqs dont la margeolle d'un côté
diffère de l'autre, par ses dimensions. On trouve des insectes dont une
moitié du corps est disposée suivant le type dextrorsum et l'autre suivant
le sinistrorsum (de Lapouge).

Il est plus commun de rencontrer de l'*inégalité* dans la puissance
héréditaire. Il peut se faire que l'un des reproducteurs donne les formes
extérieures et l'autre les aptitudes ; quand les deux reproducteurs sont
dissemblables et que les formes ne sont pas adéquates aux aptitudes,
on a des sujets pleins d'ardeur, mais que les membres trahissent, ou
inversement des animaux de belle prestance, mais mous. Il arrive que
chaque sexe apporte une part très inégale de sa conformation au produit,
et si elle est différente, comme c'est le cas dans les opérations de croisement, on a des produits dits *décousus* qui posséderont, je suppose, une
lourde tête à l'extrémité d'une encolure effilée ou des membres fins sous
un tronc épais.

L'observation des modalités de l'hérédité bilatérale conduit à l'examen
de la part du père et de la mère dans la production d'un nouvel être. Y
a-t-il quelque partie qui soit transmise sûrement, avec fixité, par l'un
des reproducteurs ? Buffon chercha à répondre à cette question en observant ce qui se passe lors de l'accouplement de l'âne et de la jument. Il a
conclu en disant que le père donne la tête, le train antérieur, la robe
et les viscères ; la mère la taille et le train postérieur.

On examinera avec détails, au chapitre de l'hybridation, la conformation d'hybrides produits dans la classe des Mammifères et dans celle des
Oiseaux. Nous dirons ici par anticipation que dans chaque sorte de ces
animaux, il y a toujours une espèce dominante. Le mulet et le bardot
tiennent plus l'un et l'autre de l'âne que du cheval. Dans l'accouplement de l'hémione et de l'âne, réalisé à la ferme par M. Caubet, les
produits tenaient davantage de l'hémione, et dans celui du canard de
Barbarie avec le canard de Rouen, le mulard est plus près du premier que du second. L'influence spécifique l'emporte sur l'influence
sexuelle, et ce n'est point par les opérations d'hybridation qu'on pourra

résoudre la question ; elles sont peu comparables à celles où les deux reproducteurs sont de même espèce. Par exemple, la robe du mulet tient davantage de celle de l'âne que de celle de la jument ; dans les opérations où le cheval et la jument sont mis en présence, les résultats sont tout autres. Les observations de Vilkens sur la transmissibilité des robes chevalines, qui portent sur 59.000 cas, ont montré que, lorsque deux chevaux de robe différente s'accouplent, le père a donné 372 fois sur 1000 sa robe et la mère 543 fois la sienne. La puissance de transmission de la robe est donc, quand il s'agit de l'espèce chevaline, supérieure du côté de la femelle.

Ce n'est pas non plus par l'observation de l'union des animaux sauvages de même espèce qu'on s'éclairera beaucoup sur ces points. S'il y a peu de différence entre les deux sexes, il n'y a pas possibilité de voir sur leurs descendants la part qui revient à chacun ; si le dimorphisme sexuel est accentué, il arrive que les jeunes ressemblent à leur père s'ils sont mâles et à leur mère s'ils sont femelles.

Il semblerait donc que ce fût par les races domestiques qu'on pût arriver à la solution du problème, et de fait, on s'est beaucoup préoccupé de savoir si le mâle a la prépondérance sur le produit ou si au contraire c'est la femelle. Les opinions contradictoires qui se produisent parmi les éleveurs indiquent suffisament qu'on ne connaît rien de positif.

A priori, il est des personnes qui, s'appuyant sur la durée de la gestation, sur les rapports entre la mère et le fœtus pendant la vie intrautérine et même plus tard pendant l'allaitement, pensent que la part de la mère est dominante dans la procréation d'un nouvel être. En Angleterre, en parlant de familles bovines durhams remarquables, c'est à la ligne maternelle qu'on attache le plus d'importance ; il semble aux Anglais que les aptitudes spéciales de la race, engraissement, précocité, faculté laitière, proviennent surtout de la femelle.

D'autres personnes, particulièrement celles qui s'occupent de l'espèce chevaline, donnent la prééminence à l'étalon. C'est l'opinion des Orientaux auxquels, à tort ou à raison, on accorde de la compétence dans les questions hippiques. Ils l'expriment pittoresquement par la comparaison suivante : « La jument est un sac, jettes-y de l'or, tu auras de l'or, jettes-y du plomb, tu auras du plomb. » Les officiers de haras, les sportsmen en général, sont aussi des partisans décidés de la prépondérance du mâle.

En réfléchissant à ces deux croyances opposées et en pesant les faits sur lesquels elles s'appuient, nous avions pensé un moment qu'elles venaient à l'appui de l'hypothèse de Stéphem dans laquelle la mère donnerait à ses enfants les organes de nutrition, le père ceux de la locomotion et les deux reproducteurs influeraient ensemble sur le système nerveux. Mais en examinant de plus près les choses et en instituant quelques expériences, nous avons reconnu que cette répartition n'obéit point à une telle loi.

En examinant dans l'espèce chevaline les produits issus des étalons, en général admirablement choisis, que possède l'État et des juments communes, on voit qu'il s'en faut de beaucoup que tous les produits aient l'appareil locomoteur du père. Si cela était, avec les 2000 étalons fins de l'administration des haras, on devrait avoir assez de chevaux bien réussis pour le service de l'armée et les besoins du luxe ; il est loin d'en être ainsi.

Pour juger si la mère donne seule les organes de nutrition et conséquemment l'aptitude à l'engraissement et à la précocité, il suffit de se reporter aux résultats qu'obtiennent ceux qui font des croisements industriels dans les espèces ovine et bovine. C'est une pratique répandue dans le centre de la France de faire lutter des brebis communes, solognotes, berrichonnes, charolaises, par des béliers précoces de Dishley ou de South-down, parce que l'expérience a appris qu'on obtient des agneaux précoces comme ceux-ci. A la ferme de l'École, le croisement du taureau durham avec quelques vaches tarentaises nullement améliorées a donné des produits dont quelques-uns avaient la précocité et l'aptitude à l'engraissement du Durham, ce que nous avions déjà constaté par le croisement Durham-femelin. Pour la faculté laitière, il est d'observation qu'un mâle fécondant une femelle d'une race non laitière transmettra très souvent les facultés laitières de sa propre race au produit qui va naître ; le fait est bien connu pour les béliers du Larzac. Il a été confirmé par l'emploi du bouc de Nubie qui, accouplé avec des chèvres qui ne donnaient pas deux litres de lait par jour, a procréé des jeunes qui ont donné jusqu'à trois litres et demi de lait à l'âge adulte. Nous avons constaté expérimentalement que le bélier de la race laitière de Millery luttant des brebis mérinos, engendre des produits qui participent de ses qualités laitières. Il est bien connu aussi que quelques taureaux, le jersyais et le normand, transmettent la faculté beurrière à leurs descendants du sexe féminin.

Ainsi donc, bien que l'action du père dans la procréation d'un nouvel être semble moins prolongée et par cela moins efficiente que celle de la mère, elle se manifeste son égale dans beaucoup de cas ; dans quelques-uns elle est supérieure. En examinant dans l'espèce humaine, les enfants issus de pères tarés et de mères saines, on est frappé de la proportion élevée de ceux qui sont atteints de tares.

Les observations de Roque et de Constantin Paul sur la progéniture de pères atteints d'intoxication saturnine sont particulièrement propres à porter la conviction dans les esprits.

D'après M. Constantin Paul, sur 141 grossesses par pères saturnins : 82 avortements, 4 avant-terme, 5 morts-nés ; sur les 50 vivants : 20 morts d'un jour à un an, 15 d'un an à 3 ans. L'influence du mercure transmise par le père à l'enfant n'est pas douteuse.

Il résulte de tout ceci que, par lui-même, le sexe n'a pas une influence prépondérante sur le produit engendré ; la prépondérance, quand elle existe, appartient au père ou à la mère, elle est le résultat de l'individualité. Si, dans la pratique, on met plus de soins dans le choix du mâle, cela tient à ce qu'il est destiné à féconder plusieurs femelles et que les chances de transmission de ses propriétés sont plus grandes puisqu'elles se disséminent sur un terrain plus vaste.

III. DE L'HÉRÉDITÉ ATAVIQUE OU ATAVISME

L'hérédité atavique est la modalité dans laquelle les descendants héritent des formes et des aptitudes, non de leurs parents immédiats, mais de leurs aïeux. On la désigne encore sous les noms d'*atavisme (atavus,* aïeul), d'*hérédité en retour, interrompue ;* les Allemands l'appellent *Rückslag* (coup en arrière) et les Anglais *retrogradation.* Par son essence, l'hérédité comporte nécessairement de l'atavisme, mais les effets n'en sont pas toujours objectifs.

Littéralement, atavisme signifierait possession de caractères appartenant aux aïeuls ou grands-parents, mais le sens en a été élargi et on l'emploie pour désigner l'apparition de particularités propres à la série des aïeux. Il y a donc une grande différence dans son action, puisqu'elle peut remonter seulement à deux générations en arrière ou en embrasser un nombre plus élevé. Le premier cas se comprend de lui-même et il est beaucoup d'enfants qui ne ressemblent point à leur père ou à leur mère, mais à un de leurs grands-parents. L'autre peut évidemment donner naissance à des différences d'interprétation et cela d'autant plus que la génération à laquelle on rapporte la ressemblance est plus lointaine. Si cette génération n'est pas très éloignée et que l'on possède des documents historiques à son sujet, l'acceptation du fait et son commentaire ne soulèvent guère de difficultés. Mais on oublie très vite l'origine des races et l'interprétation des manifestations ataviques prend alors un cachet conjectural. Ainsi, lorsque, dans la race charolaise, nous voyons naître des veaux à mufle noir, nous pensons pour elle à une origine commune avec les bêtes à pelage gris clair de l'Italie, de la Suisse et de l'Europe centrale. On voit des agneaux mérinos de pure race naître avec des taches rousses sur le corps et ressembler à ce moment aux agneaux barbarins. Ne serait-ce point que mérinos et barbarins auraient une même origine ?

Si le coup en arrière remonte beaucoup plus haut, l'hérédité est plus problématique encore. Elle est pourtant autorisée dans plusieurs cas par la probabilité de la filiation et par le processus de formation, tels que les indique la paléontologie. Ce qui a été dit à propos des poulains polydactyles rentre dans cette catégorie.

En anthropologie, plusieurs anomalies sont interprétées comme des réminiscences ataviques : la présence d'os wormiens, la persistance de l'os incisif, le prognathisme, l'effacement du menton, la platycnémie, sans oublier les défaillances morales que l'Ecole italienne regarde aussi comme de l'atavisme. Ces caractères sont qualifiés de pithécoïdes ; nous n'avons pas à juger si, pour en dégager la signification, on s'est toujours tenu dans la rigueur scientifique et dans la juste mesure.

Les manifestations de l'atavisme avaient frappé déjà les anciens. Plutarque raconte qu'une Grecque accouchée d'un enfant noir fut traduite en justice comme adultère, on l'acquitta parce qu'il se trouva qu'elle descendait d'un Ethiopien en quatrième ligne et qu'on admit comme possible l'influence du sang éthiopien qu'elle avait dans les veines sur son enfant. Columelle dit très explicitement que, si des ânes engendrent des mules qui ne leur ressemblent pas, c'est qu'il y a retour aux caractères de la génération précédente [1].

L'hérédité atavique est directe quand on remonte facilement aux aïeux ; on la qualifie de collatérale quand les particularités observées sont celles non des ascendants, mais des collatéraux, particulièrement des oncles et des grands-oncles. Les médecins, surtout les aliénistes, ont réuni de nombreux exemples d'atavisme collatéral ; il n'est en définitive qu'une forme de l'atavisme à long terme, puisque les caractères des collatéraux sont en partie ceux des ancêtres communs. Il est intéressant de voir l'entrecroisement de ces caractères à travers les générations.

L'atavisme se manifeste avec une fréquence et une netteté particulièrement remarquables dans les opérations de métissage, ce qui rend aléatoires beaucoup d'entre elles. Effectivement, il arrive que des individus reproduisent les caractères, non des métis dont ils sont issus directement, mais ceux d'une des races pures ancestrales, sinon dans leur intégralité du moins dans leurs grandes lignes. Pratiquement, dans ces cas, l'atavisme est fâcheux puisqu'il éloigne l'éleveur du but qu'il poursuivait, l'obtention d'un sujet intermédiaire tenant de la race du père et de celle de la mère et fusionnant leurs caractères. Scientifiquement, les coups en arrière sont toujours intéressants à étudier, car ils projettent quelque lumière sur l'origine des groupes. C'est en les suivant avec attention à la ferme avec M. Caubet, que nous avons pu nous éclairer sur l'origine de quelques races ovines, cuniculines et gallines dont le mode de formation était inconnu ou n'avait point été livré à la publicité, comme il arrive souvent. Une fois fixés sur les races génératrices, nous avons pu créer à notre tour les races en question.

Comment concilier l'atavisme avec la transmission héréditaire par continuité de matière ? Si le substratum héréditaire passe matériellement de

---

[1] Columelle, *De re rustica*, liv. VI, § 37.

génération en génération, comment se fait-il qu'il y ait interruption dans la transmission de certains caractères, puis réapparition ultérieure de ces particularités ? D'après Weismann, on comprendrait à la rigueur l'interruption dans la transmission, parce que le plasma nucléaire des différentes générations existe en quantité d'autant plus petite que la génération est elle-même plus éloignée. Tandis que le plasma germinatif du père ou de la mère constitue la moitié du noyau de la cellule, germe de l'enfant, le plasma germinatif du grand-père n'en constitue que le quart, celui de la dixième génération en arrière n'en constitue que 1/1024, etc. Cette explication est peu satisfaisante, parce que ce sont précisément les caractères les plus anciens, d'ordre taxinomique élevé, qui sont les plus fixes, tandis que la fixation de particularités plus récentes est incertaine.

Quand on cherche à deviner par quel processus s'effectue la réapparition de caractères disparus, ou tout au moins en sommeil depuis longtemps, on n'a pour apaiser sa curiosité que la réponse suivante également faite par Weismann : « La très minime partie du plasma germinatif spécifique contenant des tendances déterminées et les faisant valoir dans la formation d'un nouvel organisme, dès que, pour une raison quelconque, sa nutrition se trouve plus favorisée que celle des autres espèces de plasma contenues dans le noyau, il se développe alors plus activement que celles-ci et on peut admettre que c'est à la prédominance en masse de cette espèce de plasma germinatif qu'est dû son pouvoir sur le corps cellulaire. »

Il se pourrait que cette prépondérance que prennent tout à coup des caractères ataviques soit le résultat de causes extérieures et contingentes qui agissent sur le substratum héréditaire, l'incitent et le poussent dans un sens déterminé. Il y aurait une répétition de ce qui se fait lors de la production de monstruosités. Mais tout est à poursuivre dans cette voie ; peut-être la contingence de ces causes nous empêchera-t-elle longtemps encore de les apercevoir.

IV. HÉRÉDITÉ DITE PAR INFLUENCE ; MÉSALLIANCE INITALE

On désigne sous ce nom l'influence d'une première fécondation sur les gestations ultérieures ; on l'appelle encore *atavisme indirect* et on l'a étudiée aussi sous les noms d'*infection de la mère par un premier reproducteur, mésalliance initiale.*

Il s'agit d'une manifestation de l'hérédité rare, discutée dans sa réalité, d'une interprétation scientifique difficile et qui néanmoins ne cesse de préoccuper les éleveurs. Elle consiste en ce qu'une femelle donnerait, dans ses accouchements ultérieurs, des produits ayant quelques-uns des caractères du premier reproducteur avec lequel elle a conçu, bien que ses produits soient issus d'autres pères.

Dans l'espèce humaine, on dit avoir remarqué qu'une veuve remariée donne naissance quelquefois à des enfants qui ressemblent à son premier mari. Parmi les exemples qui en ont été publiés, nous citerons les suivants :

a) La veuve d'un hypospade se remaria à un homme normalement conformé ; elle eut avec ce second mari quatre fils, hypospades tous les quatre, dont deux transmirent l'anomalie à leurs descendants[1].

b) Une femme avait d'un premier mari sourd-muet un seul enfant sourd-muet de naissance. Devenue veuve, elle se remaria et le premier enfant qu'elle eut fut également sourd, tandis que les suivants furent sains [2].

Dans les espèces animales domestiques, on a fait des observations qui peuvent être interprétées dans le même sens. Les éleveurs de chevaux de pur sang disent que, si une jument de course a été saillie une fois par un étalon ordinaire, jamais dans la suite elle ne donnera de vrais chevaux de course, bien que couverte alors par des étalons de pur sang. L'exemple suivant est classique :

Lord Morton fit un jour couvrir une jument de pur sang par un couagga ; elle lui donna un hybride à robe rayée comme le père. L'année suivante, cette même jument fut couverte par un étalon pur sang et elle mit bas un poulain encore distinctement rayé comme l'hybride de l'année précédente. Fécondée de nouveau par un pur sang, elle donna un poulain zébré, mais à un moindre degré que le premier. Ce ne fut qu'au troisième poulain que toute zébrure disparut.

Un éleveur des Pyrénées m'a dit qu'une jument, saillie d'abord par un âne et donnant un mulet pour ses débuts, couverte dans la suite par le cheval avait engendré un poulain dont le sabot se rapprochait plus de celui du mulet que du cheval.

Magne a écrit que les brebis blanches, fécondées pour la première fois par des béliers noirs, et par des béliers blancs dans la suite, donnent avec ceux-ci des agneaux pies ou ayant les paupières, les lèvres et les jambes noirâtres[3]. Mais c'est dans le monde des chasseurs que la croyance en question compte le plus de partisans. Beaucoup d'entre eux sont vivement contrariés lorsque pour ses débuts une chienne de race se lie avec un chien commun ; dans les portées ultérieures, et bien que la reproduction se fasse en sélection pure, ils craignent de voir apparaître des jeunes ressemblant au premier reproducteur. Entre les exemples que fournit la cynologie, nous en détachons un dont la publication, toute récente, est due à M. Kiener :

Une chienne de l'Artois est fécondée une première fois par un mâtin dont les yeux

---

[1] *The Lancet*, année 1884.

[2] Ladreit de Lacharrière, *in* Préface d'un livre de M. Goguillot : *Comment on fait parler les sourds-muets*, Paris, 1889.

[3] J. H. Magne, *Hygiène vétérinaire appliquée*, p. 206.

étaient vairons. Aux chaleurs suivantes, elle est liée par un chien artésien comme elle ;
parmi les petits qui résultèrent de ce dernier accouplement, un avait l'œil vairon[1].

Si l'interprétation des faits d'atavisme est difficile, on pressent que
celle de l'hérédité par influence l'est plus encore ; aussi cette modalité
héréditaire a-t-elle été niée. M. Sanson a écrit qu'il serait superflu
« d'entreprendre la réfutation de cette théorie imaginaire par les raisons tirées de son impossibilité physiologique, d'après nos connaissances
sur l'ovulation et la fécondation ». L'hérédité atavique n'est guère plus
interprétable d'après les connaissances embryologiques et pourtant elle
n'est pas niable ; aussi faut-il tout au moins discuter.

On voulut y voir simplement de l'atavisme. Si des poulains sont nés
zébrés, c'est, a-t-on dit, qu'ils avaient dans leurs ancêtres des chevaux
rayés. Il en existe de tels, en effet ; dans l'Inde on trouve une race chevaline, celle de Kettyvar, si généralement rayée qu'un cheval sans zébrures n'est pas considéré comme de race pure. Le même raisonnement
a été tenu à propos des chiens bâtards, des moutons à taches noires, des
chats angoras issus de père et mère à poils ras, etc.

Sa rareté et son irrégularité rendent méfiants à son égard. Si tous les
enfants issus du mariage d'une veuve avec un second mari ressemblaient
au premier époux, la question serait tranchée, mais cela n'arrive que
quelquefois. Pourtant il n'est pas d'effet sans cause ; si cela arrive, c'est
que les causes productrices se présentent parfois. Elles sont sans doute
extrêmement complexes et d'une production expérimentale difficile à
réaliser. Cependant comme personne n'a répété l'expérience de lord
Morton dont les facteurs principaux étaient connus, le doute tout au
moins doit être de mise dans cette question.

Plusieurs hypothèses ont été avancées pour l'expliquer. En anthropologie, on fait jouer un grand rôle à l'*imagination de la mère*. On
pense que les impressions produites sur la femme par le premier époux
ont été si vives qu'elles persistent encore au moment d'une seconde conception, et comme on admet que l'état mental des époux, au moment
de l'union sexuelle, influe sur le fruit de la conception, on considère
comme possible l'action de l'imagination.

Si cette hypothèse peut être admise quand il s'agit de l'espèce humaine,
ce que nous ne discuterons pas en ce moment, faut-il donc l'appliquer
aux bêtes ? Il est douteux que chez elles l'imagination joue aucun rôle lors
de l'accouplement ; en tous cas nous l'ignorons.

L'hypothèse d'une *copulation antidatée*, dont plusieurs espèces offrent
des exemples, a été agitée. Il est des Chiroptères dont l'accouplement a lieu
en automne, les zoospermes restent vivants tout l'hiver dans l'utérus ; au
printemps ils se mettent en contact avec les ovules qu'ils fécondent

[1] J. Kiener, Observations sur l'hérédité, in *Journal de l'Agriculture*, 1890, page 449.

et le développement commence. Dans le crabe les choses se passent différemment : aussitôt après la mue, l'accouplement a lieu, les ovules, bien que l'ovaire soit très réduit, sont touchés et le sperme se résorbe ; ce n'est que six semaines plus tard que le développement de l'œuf débute. La femelle du chevreuil présenterait une particularité analogue, d'après Bischoff ; ses ovules après avoir reçu l'élément mâle, commencent à se diviser, puis le travail s'arrête et ce n'est que trois mois après qu'ils tombent dans la matrice et que le développement se remet en marche. Il y aurait même, à ce moment, une seconde période de rut ; qu'alors la femelle s'accouple à un nouveau mâle, les petits qu'elle donnera n'en seront pas issus, mais du premier. Ces phénomènes sont très suggestifs ; on ne peut néanmoins y rapporter les faits d'hérédité par influence, car rien ne prouve que la fécondation antidatée ait une action sur les portées suivantes.

La *théorie de l'imprégnation imparfaite* donne plus de satisfaction à l'esprit. On sait que, dans plusieurs espèces d'oiseaux, une seule copulation est suffisante pour féconder plusieurs œufs. Le dindon, parmi les hôtes de nos basses-cours, en offre l'exemple le plus intéressant. Il suffit que, au début du printemps, le dindon côche sa femelle pour que tous les œufs qu'elle va pondre dans la saison et qui sont généralement au nombre d'une vingtaine soient fécondés, sans nouveau rapprochement sexuel. Après cette ponte, surtout si on ne la laisse pas couver, la dinde donne encore quelques œufs qui sont *clairs*. Or, les vingts œufs fécondés n'étaient pas tous au même degré de développement lors de la conjugaison sexuelle, quelques-uns, les derniers pondus, n'étaient qu'incomplètement mûrs, ils ont pourtant été touchés avec succès par les spermatozoïdes. Le coq a une moindre puissance, il ne féconde que sept à huit œufs par coït ; ceux-ci pondus, si un nouveau rapprochement sexuel n'a pas lieu, les suivants sont clairs. Il est peu probable que le phénomène de l'imprégnation s'arrête brusquement sur la poule entre le huitième œuf qui est fécondé et le neuvième qui ne l'est pas et sur la dinde entre le vingtième et les suivants. Ceux-ci vraisemblablement ont reçu un commencement d'imprégnation, mais une imprégnation insuffisante pour amener le développement ultérieur.

Cl. Bernard appela l'attention sur ces fécondations incomplètes qui lui paraissaient pouvoir rendre compte d'une foule de particularités jusqu'ici inexpliquées et en particulier de l'hérédité par influence. Il ne lui répugnait point d'admettre, jusqu'à vérification expérimentale bien entendu, que quelque chose d'analogue à ce qui vient d'être cité pour les Oiseaux peut se passer chez les femelles des Mammifères. Lors d'un premier accouplement, le ou les œufs mûrs ont été fécondés complètement et se sont développés ; ceux qui ne l'étaient pas ont été touchés aussi par les spermatozoïdes, mais la fécondation n'a été que partielle, insuffisante pour amener le développement et la création d'un nouvel être, capable cependant de les impressionner assez pour que la trace de cette impression persistât quand, fécondés ultérieurement d'une façon complète, ils se développeraient à leur tour.

Dans une autre hypothèse, il y aurait une *influence directe de l'élément mâle*, non seulement sur l'ovule, mais sur tout l'organisme de la femelle. S'appuyant sur le fait bien connu en horticulture que, lors d'un croisement, non seulement l'ovule est influencé, mais parfois le fruit en entier, M. Baron dit croire « à une action directe du pollen sur la plante femelle, et autant que le pollen correspond au sperme, à la possibilité d'une action directe de l'élément sexuel mâle des animaux sur l'organisme féminin des mêmes animaux [1] ».

Nous nous permettrons à notre tour d'ajouter une hypothèse à celles qui viennent d'être exposées ; elle nous est suggérée par certains faits de la pratique médicale. L'influence persistante d'un premier reproducteur ne tiendrait-elle pas à ce que la mère a été elle-même matériellement imprégnée de quelque chose lui appartenant, non par le sperme directement, mais *par l'intermédiaire du fœtus* ? Ne se pourrait-il que celui-ci possédât dans son sang des propriétés spéciales qu'il tient de son père, et que s'échangeant avec celui de sa mère, il agisse sur celle-ci comme un vaccin le fait sur la masse sanguine du vacciné ? Le sang de la mère, ainsi imprégné, agirait sur les ovules à féconder ultérieurement par un autre reproducteur. Jusqu'à présent, les faits d'hérédité par influence ont été cités parmi les Mammifères ; si les doctrines de l'imprégnation incomplète ou de l'action directe de l'élément mâle sur l'organisme féminin en étaient l'interprétation rigoureuse, on devrait les signaler particulièrement chez les Oiseaux de basse-cour polygames. Il nous a donc semblé que, jusqu'à ce que l'expérimentation ait prononcé, ces hypothèses devaient être remplacées par celles que nous émettons.

V. DE L'HÉRÉDITÉ HOMOCHRONE ET DE L'HÉRÉDITÉ RÉINVERTIE

Hérédité homochrone. — L'hérédité homochrone ou hérédité aux périodes correspondantes de la vie se traduit par l'apparition de particularités physiques ou psychiques chez les descendants à l'âge où elles ont débuté chez les ascendants. L'homochronie n'est qu'une manifestation de l'hérédité qui non seulement transmet les propriétés, mais le fait dans l'ordre d'apparition qui est la caractéristique du groupe zoologique auquel les êtres observés appartiennent. Le taurillon prend des cornes à l'âge où le taureau dont il descend a acquis les siennes ; les défenses du

---

[1] R. Baron, *Des méthodes de reproduction en zootechnie*, p. 315.

verrat lui viennent à l'époque où elles ont apparu à son père, le jeune
paon et le faisan prennent la livrée caractéristique des mâles de leur
espèce à un âge déterminé, etc. Il n'y aurait pas lieu de s'en occuper autrement, si cette modalité héréditaire n'avait été envisagée d'une façon
un peu spéciale en anthropologie, à propos de la transmission homochrone
de tares et de maladies, et si elle n'avait soulevé une question intéressante.

Dans l'espèce humaine, des individus normalement constitués, sains
de corps et d'esprit jusque-là, sont atteints, à un âge connu dans leur
famille de certaines tares ou déchéances : calvitie, goutte, varices,
cardiopathie ou de vices et de défaillances morales, ivrognerie, manie
du suicide, aliénation mentale, etc.

Les espèces animales présentent de semblables particularités ; des
étalons atteints de pousse, de cornage, d'éparvins engendrent des poulains qui auront ces tares à leur tour, à un certain âge. Il y a parfois
abréviation ou apparition anticipée de ces particularités, une sorte de
précocité. Nous avons pu suivre une famille chevaline dont tous les représentants, fort doux pendant leur jeunesse, devenaient tous méchants
à un âge qui varia peu. M. Thierry a rapporté l'histoire d'une jument
dont les trois produits succombèrent à une invagination intestinale et
qui elle-même périt de cet accident.

Si, pendant la première période de la vie, on ne remarquait pas la tare
physique ou psychique qui doit apparaître plus tard, est-ce parce qu'elle
n'existait que virtuellement à ce moment et qu'elle s'est manifestée
effectivement quand des circonstances extérieures, causales, sont venues
la tirer de son sommeil ? N'est-ce ici qu'un cas particulier d'hérédité
interrompue ? Ou bien y a-t-il eu transmission d'une disposition vicieuse
d'un tissu, d'un organe, d'un appareil et cette faiblesse du tissu ou de
l'organe est-elle la cause génératrice de la tare ? Celle-ci n'aurait pas
été transmise, mais son substratum seulement.

Cette seconde manière de voir rend mieux compte des faits. Ainsi, la
calvitie dans l'espèce humaine résulte d'une prédisposition du cuir
chevelu et du cheveu ; on a vu, il est vrai, des enfants chauves, mais
c'est très exceptionnel, la calvitie n'arrive que plus tard. Dans le cas
cité plus haut, de la mort de toute la descendance d'une jument par
invagination, ce ne peut être l'invagination qui fut héréditaire puisqu'elle n'eût pas été compatible avec la vie, mais une constitution défectueuse de l'intestin ou une insertion vicieuse du mésentère amenèrent
l'issue indiquée. D'une façon générale, ce n'est pas dans les premières
années de la vie qu'apparaît la tuberculose (cela se voit pourtant,
mais très exceptionnellement), elle se montre plus tard dans les familles
de phtisiques. Son apparition tient à ce que le terrain est tout spécialement propre à l'évolution du bacille de Koch ; il y a prédisposition. Le
même raisonnement est applicable au jarret du poulain qui plus tard

montrera des éparvins, aux vaisseaux destinés à devenir malades par dégénérescence athéromateuse de l'appareil circulatoire, etc. Les pesées effectuées par les anthropologistes ont appris que, de 25 à 35 ans, chacun des hémisphères cérébraux atteint son poids maximum. Passé cet âge, il y a diminution, mais elle se répartit inégalement entre les lobes frontaux, occipitaux et temporo-pariétaux. Ne pourrait-on expliquer l'hérédité homochrone des défaillances psychiques par des modifications dans tel ou tel lobe à un âge déterminé ou encore par des changements dans l'irrigation cérébrale, dans la constitution physique ou chimique de la substance nerveuse ?

Ces transmissions homochrones sont directes ou croisées.

Hérédité réinvertie. — On observe dans l'espèce humaine un mode d'hérédité qui consiste en ce que, dans la jeunesse, les enfants ressemblent à l'un des parents et plus tard, un changement s'accomplissant dans leur physionomie, ils ressemblent à l'autre de leurs ascendants. Il n'est pas rare de voir un enfant rappeler sa mère et devenu homme reproduire les traits de son père, ou *vice versa*. Cette modalité de l'hérédité s'observe surtout après métissage ; on a remarqué, par exemple, aux Philippines, que les métis d'Indiens et d'Espagnols ressemblent à ceux-ci étant enfants et aux premiers quand il sont adultes. Elle n'a pas été signalée chez les animaux où la physionomie n'est pas tranchée comme dans l'espèce humaine.

VI. DE L'HÉRÉDITÉ HOMOTOPIQUE ET DE L'HÉRÉDITÉ HÉTÉROTOPIQUE OU HOMOHISTE

Hérédité homotopique. — C'est le mode héréditaire suivant lequel une particularité des ascendants se reproduit chez les descendants à la région où elle existait chez ceux-là. Dans l'espèce humaine, les manifestations homotopiques sont fréquentes : une mèche de cheveux blonds se perpétue dans des familles à un endroit déterminé d'une chevelure brune ; une tache de la peau, un nævus se transmettent fidèlement dans un point circonscrit.

Sur les animaux, des localisations pigmentaires héréditaires sont devenues des caractères de races ou de sous-races. Les zébrures chez les chevaux et les ânes se montrent constamment sur les membres, la raie dorsale ou cruciale de l'âne et du mulet ne change pas de place, la bande longitudinale caractéristique des bêtes de Schwitz et de Tarentaise est toujours dorsale ; le toupillon dans ces races est invariablement gris. La race tarentaise a constamment le pourtour de l'ouverture anale dans les deux sexes, la partie inférieure des testicules sur le mâle et les lèvres de la vulve pour la femelle fortement pigmentés ; le porc bressan a une tache noire sur la tête et le cou, les moutons downs ont la face et les membres charbonnés, les solognots les ont roux, les auvergnats tachetés. Le bout du nez, l'extrémité des oreilles et les pattes du lapin russe sont constamment noirs. Dans la race galline de la Campine, la disposition des crayonnages du camail et des épaules a autant de fixité qu'en ont les ocelles sur la queue du paon ; la coloration jaunâtre des pattes des poules Leghorn, du bec et des pattes des canards de Pékin, de l'iris du pigeon bagadais sont des exemples d'une fixité topique de caractères tégumentaires.

Inversement, l'absence de pigment sur telle ou telle partie est également héréditaire. Les balzanes, la *belle face* dans la race de Clydesdale, les taches blanches sur les reins dans celle de Fredericksborg, la tête blanche des bêtes bovines de Hereford, le mufle rose des bêtes bazadaises avec un pelage gris, la liste du chien Saint-Bernard, la tache sub-ventrale des vaches de Hastli, la huppe blanche du coq hollandais, les margeolles de l'andalou en sont de bons exemples.

Hérédité hétérotopique ou homohiste. — L'hérédité hétérotopique ou homohiste (par tissu semblable) est des plus curieuses à étudier. Elle a mis sur la voie de rapprochements inattendus en pathologie et elle permet, en zootechnie, d'expliquer des faits qui, au premier abord, paraissent jurer avec la fidélité dans la reproduction qu'on se plaît à attribuer à l'hérédité. On les avait observés depuis longtemps, puisque Columelle a pu écrire que l'âne qui a des poils aux paupières ou aux oreilles d'une couleur différente de celle des autres poils de son corps peut engendrer des individus d'une couleur différente[1]. Les reproducteurs des races bovines blanches, comme la charolaise ou celle du Val di Chiana qui présentent quelques marbrures sur le mufle, le palais ou la langue engendrent quelquefois des veaux cendrés ou tachés de noir ; on en a cité de curieux exemples en Italie. Le southdown qui n'a du pigment qu'à la face et aux pattes donne parfois des agneaux noirs ou pies. D'un bélier porteur d'une toison complètement blanche et d'une brebis de même lainage peuvent naître des agneaux pies ou roux, si l'un ou l'autre a des taches noires sur les muqueuses buccale ou linguale.

C'est encore l'histologie qui a fait la lumière sur ces points en montrant la communauté d'origine d'organes éloignés les uns des autres. En prouvant que la peau et les muqueuses de la bouche sont des tissus de commune origine et de même constitution, elle a donné la clef des manifestations homohistes dont on vient de parler.

Le système nerveux fournit les exemples les plus curieux et les plus nombreux de ces substitutions héréditaires. Ce qui le particularise chez un individu, qualités ou déchéances, n'est pas toujours

---

[1] Columelle, *loc. cit.*, liv. VI, § 37.

transmis objectivement de même façon, mais par des qualités ou des défauts qui sont seulement du même groupe. Au fond, ces choses sont sans doute identiques, mais nos classifications les ont dissociées pour leur donner à chacune une autonomie. C'est ainsi que les descendants d'aliénés peuvent être fous comme leurs ascendants ou imbéciles, déments, érotomanes, hystériques, dipsomanes, pervers, sourds-muets, gâteux, épileptiques, que l'arthritisme dans une famille se manifeste par l'endocardite, le rhumatisme, la goutte et le diabète, etc. Au fond, il y a une dégénérescence du tissu nerveux qui est protéiforme dans ses transmissions.

Section III. — Aperçus sur l'hérédité pathologique et quelques dérogations apparentes aux lois héréditaires.

Toutes les modalités de l'hérédité normale sont applicables à l'hérédité pathologique ; celle-ci, comme celle-là, est prépondérante, bilatérale, atavique, homochrone et homohiste, suivant les individus.

Suivons-la un instant sur le terrain de la pathologie et voyons comment elle s'exerce sur des organismes affectés d'anomalies ou touchés par des tares et des maladies.

I. TRANSMISSION D'ANOMALIES

Les anomalies n'étant que des variations très prononcées subissent la loi de l'hérédité progressive ; leur transmission est de nature à jeter du jour sur le problème de la formation de nouveaux groupes et à ouvrir de grands horizons à la zootechnie.

On a montré dans un des chapitres précédents que les organes en série présentent fréquemment des anomalies ; la plupart sont transmissibles, celles de la colonne vertébrale et des membres entre autres, on crée par elles des familles et des races, qu'elles contribuent à particulariser.

Dans les faits de ce genre, le suivant rapporté par M. B.-E. Soulton[1] sera choisi parce qu'il est récent et qu'il offre toute garantie comme observation. Il s'agit d'une famille de chats où la polydactilie a apparu spontanément en 1879.

Observée depuis huit ans sur sept générations jusqu'au moment où nous écrivons, l'anomalie s'est perpétuée, non pas sur tous les sujets, mais sur la majorité ; ainsi dans la sixième génération, on a observé cinq portées qui ont fourni ensemble dix-huit sujets dont quatorze polydactiles ayant chacun sept doigts aux pattes antérieures et six aux postérieures, et se répartissant ainsi : première portée, quatre sur quatre ;

[1] *Nature*, de Londres, 1883 et 1886.

deuxième portée, deux sur quatre ; troisième portée, deux sur trois ; quatrième portée, trois sur trois ; cinquième portée trois sur quatre.

M. Soulton se propose de déposer des représentants de cette famille
dans une des îles Madère, de les faire reproduire en ségrégation et de
voir s'il va se fonder une race. Une excursion dans le domaine de l'anthropologie fournirait plusieurs exemples de transmission de caractères
tératologiques, apparus à une époque moins précise que dans le cas précédent. Citons le suivant, communiqué à la Société d'antropologie de
Paris [1] par M. Aira :

Au sud de l'Arabie, parmi les Restinites sédentaires, dans les tribus des Hyamites
(Schafi) qui occupent la péninsule depuis Bab-el-Mandeb jusqu'au Wadi-Metat, subsiste
depuis plusieurs siècles une dynastie patriarcale, celle des Fodli ; tous les enfants y
naissent avec vingt-quatre doigts, très réguliers aux extrémités. Tout enfant incomplet à cet égard, serait regardé comme adultérin. Les Fodli ne s'allient jamais en
dehors de leur parenté.

L'absence du pavillon de l'oreille est également héréditaire. On remarquera que l'oreille est un organe d'une variabilité très grande et dont
les modifications se transmettent avec une fidélité exceptionnelle.

Dans l'espèce bovine, l'absence de cornes est une particularité transmissible ainsi qu'on l'a démontré page 258. Il est même très remarquable que, dans les opérations de croisement, ce caractère est plus
fixe, plus transmissible que d'autres plus anciens. Un taureau sans
cornes qui féconde des vaches cornues procréera des veaux qui resteront
eux-mêmes sans cornes dans les proportions de 5 pour 2 seulement auxquels elles pousseront.

Les cas héréditaires de dentition incomplète ne sont pas rares. Heimann [2]
a rapporté l'histoire d'une famille berlinoise où l'on a suivi l'absence d'une
incisive. La transmission s'est faite par les femmes, *normalement constituées*, qui ont légué la malformation à un enfant mâle. Le couple primitif,
bien constitué, eut huit enfants dont le septième, un garçon, présenta la
conformation anormale susdite. Il eut un fils, normalement constitué,
mais deux de ses sœurs eurent l'une un fils, l'autre un fils et trois filles.
Les deux enfants mâles étaient normaux. L'une de ces trois filles eut à
son tour deux garçons et deux filles. Le plus âgé des garçons présente
la malformation.

Un médecin a observé, à travers cinq générations d'une même famille,
une même malformation consistant en l'absence de l'incisive latérale
gauche. Nous avons suivi sur une famille de chevaux l'absence héréditaire très constante de la dent mitoyenne gauche.

---

[1] Séance du 21 janvier 1886.
[2] Heimann, *Zeitschrifft für Ethnologie,* 1887.

On a constaté en ophtalmologie humaine la transmission de l'aniridie (absence d'iris).

La monorchidie est héréditaire dans l'espèce humaine et dans les espèces animales.

L'absence de queue est un fait commun et qui s'explique d'ailleurs sans difficultés par la tendance à l'atrophie qu'ont les vertèbres coccygiennes. Nous l'avons vue dans les espèces bovine, ovine et porcine et les cas ne se comptent plus dans l'espèce canine. Une observation plusieurs fois séculaire a montré qu'il n'y a pas de fixité dans la transmission de cette anomalie. Un chien et une chienne sans queue peuvent procréer des jeunes qui naissent, les uns sans queue et les autres avec cet appendice. Il est vrai qu'elle se rencontre et se transmet fréquemment dans la variété canine dite des toucheurs, mais elle manque du caractère qui fait les races, la fixité absolue.

L'hérédité de sa déviation est mieux assise et on possède une race de chats à queue tordue dans les îles de la Sonde et aussi en Cochinchine. Dans notre colonie, dit le Dr Morice, existe un chat plus petit que le nôtre, à queue longue de quelques centimètres à peine et plusieurs fois recourbée sur elle-même comme si elle avait été brisée en sens inverse. Cette singularité est héréditaire. Dans l'île de Man, vit une race féline dont la queue est déjetée latéralement.

A côté des variations et des anomalies transmissibles, il en est d'autres qui ne le sont pas.

L'absence de membres ne se transmet pas, on le savait déjà par les observations faites sur les ectromèles abdominaux ou thoraciques, qui engendrent des descendants pourvus de tous leurs membres. On ne conserve pas les animaux domestiques porteurs de malformations profondes pour les faire reproduire, mais M. Barrier a donné la preuve expérimentale que l'ectromélie n'est pas transmissible ; en faisant accoupler une chienne ectromèle avec un chien ordinaire, il a obtenu des produits normalement conformés [1].

On a remarqué que les anomalies portant sur des organes doubles se manifestent plus fréquemment à gauche qu'à droite. Nos observations personnelles sur des porcelets et des lapins ont été, jusqu'à présent, confirmatives de cette remarque.

II. HÉRÉDITÉ DE MALADIES ET DE TARES

De toutes les déchéances organiques ou fonctionnelles dont les systèmes et les appareils sont le siège, celles du système nerveux sont transmises avec le plus de fidélité. La transmission se fait aussi bien quand il n'y a

---

[1] Barrier, Communication à la Société centrale de médecine vétérinaire.

pas de lésions anatomiques appréciables à nos moyens actuels d'investigation que quand elles existent. Dans l'espèce humaine, les psychoses et les névroses se transmettent aussi sûrement que les scléroses et les myélites [1].

Certaines formes de l'asthme, du goitre, la diathèse cancéreuse, l'arthritisme, sont héréditaires. Quelques-unes de ces affections, l'asthme et l'arthritisme notamment, sont des manifestations d'une affection médullaire directe ou réflexe. Il en est de même de l'herpétisme, névrose constitutionnelle caractérisée par des désordres dynamiques des fonctions nerveuses et des lésions trophiques des téguments.

Dans les animaux domestiques, le champ a été moins vaste pour l'étude des maladies nerveuses, d'abord parce que le groupe des névroses est loin d'avoir en médecine animale l'ampleur qu'il a en médecine humaine, ensuite parce que l'homme fait un choix parmi les reproducteurs et élimine ceux qui présentent quelque tare de ce genre.

M. Collin, de Wassy, a rapporté des observations de transmission héréditaire du tic avec ingurgitation d'air, qui paraissent concluantes. On doit citer aussi le cornage et peut-être quelques affections des yeux. Enfin nous allons revenir tout à l'heure et d'une façon toute spéciale, en raison de la haute importance du sujet en zootechnie, sur les variations pigmentaires de la peau et de ses phanères sous l'inflence du système nerveux périphérique.

Il y a transmission de certaines affections du tissu osseux, qui ne sont peut-être, d'ailleurs, que des modalités de la scrofulo-tuberculose.

Nous avons fait placer dans nos collections le squelette d'un verrat Yorkshire, provenant de notre ferme expérimentale qui a succombé à une ostéite généralisée. Ce verrat a transmis cette dégénérescence de son système osseux à tous ses descendants et bien qu'il fût très beau, on n'a pu conserver sa lignée.

La transmission, sinon de quelques tares osseuses des membres, éparvins, jardes, tout au moins de la défectuosité de la région qui agit comme cause occasionelle de ces tares, a été indiquée. Un vétérinaire italien attaché au haras royal de San Rossore, et qui, en cette qualité, a suivi l'hérédité sur plusieurs générations de chevaux, pense que la conformation du pied de l'un des reproducteurs est, parmi les diverses parties du corps, l'une de celles qui se transmet avec le plus de fidélité et qui présente le moins fréquemment la fusion des caractères paternels et maternels. Aussi, quand cette conformation est défectueuse, même chez un seul des reproducteurs, il n'y a que trop de chances pour que les produits en héritent.

M. Fogliata cite un grand nombre d'étalons et de juments dont les produits ont présenté aux sabots les défectuosités de leurs ascendants; il

---

[1] Voyez : Dejérine, *L'Hérédité dans les maladies du système nerveux*.

signale notamment un cheval de course fameux, dont la sole du pied antérieur gauche était un peu convexe à la partie antérieure et qui a transmis avec une fidélité remarquable cette conformation à ses produits.

M. Fogliata pense aussi qu'une défectuosité acquise, comme celle résultant de la fourbure chronique qui détériore considérablement les diverses parties du pied, peut être héréditaire ; il rapporte quelques exemples d'étalons, qui, devenus fourbus, ont engendré des poulains dont la corne de la muraille était irrégulière [1].

Des maladies contagieuses sont transmissibles au fœtus ; il y a une véritable solidarité pathologique entre les ascendants et les descendants.

En pathologie humaine, la transmission de certaines maladies virulentes de la mère au fœtus est bien connue : les faits de variole intra-utérine sont très démonstratifs à cet égard. En effet, on voit des mères atteintes de variole pendant la gestation, donner le jour à des enfants portant des cicatrices de petite vérole, ou en pleine éruption variolique, ou bien encore jouissant d'une entière immunité contre la variole spontanée ou inoculée, ou contre la vaccine. Il existe des exemples analogues, quoique moins indiscutables, de transmismission intra-utérine de la rougeole, de la scarlatine, de la fièvre typhoïde, etc. La transmission de la syphilis des parents aux enfants n'est malheureusement pas niable.

A cette question se rattache étroitement celle de l'immunité, complète ou incomplète, temporaire ou définitive, donnée dans certains cas à son enfant par la mère atteinte, pendant la gestation, d'une maladie virulente.

Cette immunité, conférée des ascendants aux descendants, peut devenir un caractère de race. L'immunité partielle du nègre pour la fièvre jaune se transmet par hérédité, et on a dit, non sans justesse, qu'un peu de sang noir dans les veines est le meilleur préservatif contre elle. La résistance des Lucquois à la malaria est connue. Les Indo-Chinois, qui vivent pourtant dans des conditions hygiéniques peu satisfaisantes, ne sont pas ou sont rarement atteints du *lichen tropicus*, tandis que cette affreuse maladie de peau défigure les Européens qui s'établissent en Extême-Orient.

Quant aux maladies contagieuses des animaux, la transmission de plusieurs d'entre elles aux produits, soit dans leur intégralité, soit seulement par l'immunité résultant de leur atténuation, est bien connue. La clavelée, la phtisie, la morve, le sang de rate, le charbon symptomatique, le choléra des volailles sont du nombre. Depuis qu'il a été démontré que le placenta n'oppose point une barrière infranchissable à quelques microphytes ou à leurs produits de sécrétion, cela ne fait plus doute.

---

[1] *Giornale di Anat. fisiol. e path. degli animali,* mai et juin 1885.

III. DE QUELQUES DÉROGATIONS APPARENTES
AUX LOIS HÉRÉDITAIRES.

Lorsqu'on suit des opérations de reproduction sur un nombre important d'animaux et surtout lorsqu'on le fait comparativement sur toutes les espèces domestiques et sur une proportion élevée de races, on relève des observations qui semblent en opposition avec la puissance de l'hérédité. Par leur convergence dans toutes les espèces et les races ainsi que par leur constance, elles sont évidemment sous la dépendance d'une loi.

L'une d'elles consiste dans la moindre fixité de la robe noire et dans la facilité de son pâlissement et même de sa disparition. Wilckens, étudiant la transmissibilité des robes chevalines, a fait voir par des chiffres que le pelage noir est celui qui se transmet avec le moins de fidélité et que les chances de sa transmission, soit par l'étalon, soit par la jument, sont en moyenne cinq fois moindres que s'il s'agit de la robe brune. Nous avons fait les mêmes remarques dans l'espèce porcine, lorsque des races noires sont croisées avec des blanches, et cela est également facile à observer dans les races colombines et gallines à plumage noir.

La robe noire, non seulement se transmet moins fidèlement, mais elle pâlit. Avec des taureaux et des vaches de race hollandaise très pure, à pelage pie-noir et une reproduction poursuivie en sélection rigoureuse, il naît de temps à autre des sujets pie-rouge ; le noir des taches disparait et cède la place au rouge. Dans la race porcine d'Essex, la pigmentation rousse apparait parfois au lieu de la noire. Sur les lapins russes, le noir des extrémités s'affaiblit aussi.

Les taches blanches, au contraire, se reproduisent en s'élargissant. Il est bien connu qu'un étalon porteur d'un principe de balzane peut engendrer des produits ayant une ou plusieurs balzanes complètes. Un verrat berkshire n'ayant qu'une tache blanche fort réduite, engendrera des porcelets porteurs de taches plus larges que la sienne.

La fourrure du lapin gris argenté pâlit. Mais c'est surtout chez les volailles à plumage gris, comme les Houdan et les Crève-cœur qu'on voit se multiplier le nombre des plumes blanches dans les générations successives, surtout si l'on fait de la reproduction en sélection rigoureuse ou en consanguinité. Le blanc prend invariablement le dessus sur le noir. Les plumes blanches de la huppe du Coq hollandais restent difficilement cantonnées sur la tête des jeunes qu'ils engendrent. On en trouve sur le corps, et ce n'est qu'en éliminant les animaux qui les montrent qu'on maintient cette race dans l'état qui en fait toute la valeur. Ici encore, dans la lutte entre le blanc et le noir, c'est le blanc qui est l'envahisseur.

De ce qui précède, on pourrait conclure que l'hérédité est faible pour le mélanisme et forte pour l'albinisme et le flavisme, incertaine pour le premier, sûre pour les seconds ; elle manquerait donc du cachet de fidélité qui est l'un de ses attributs. D'autre part, l'extension des taches blanches porterait peut-être à penser qu'on lui doit attribuer quelque puissance créatrice et non un simple pouvoir de transmission. Au fond, il n'est rien de tout cela ; le système qui fait enregistrer le plus fidèlement ses modifications par l'hérédité est en jeu ici. On connaît les liens étroits entre le système nerveux et la peau, l'influence qu'il exerce sur elle et dont l'herpétisme est un exemple typique. Il est probable qu'il intervient dans la disposition des robes des animaux et dans les particularités qu'elles présentent. En l'espèce, la dépigmentation est déjà par elle-même une dégénérescence ; or, nous avons vu la fidélité avec laquelle sont transmises les déchéances matérielles ou dynamiques du tissu nerveux, le polymorphisme qu'elles présentent et surtout la diversité dans la gravité de leurs manifestations.

La tare est transmise fidèlement, seulement le terrain est diversement préparé ; s'il l'est bien, la tare se développe et acquiert de l'étendue et de la gravité ; dans le cas contraire, elle ne dépasse point les proportions qu'elle avait chez l'ancêtre. Des observations sont à poursuivre afin de voir ce qui modifie le terrain et détermine la dégénérescence dont l'albinisme est la manifestation ; il est possible que les conditions de chaleur, de lumière, de nutrition intra- ou extra-utérine jouent un rôle qui vient neutraliser celui de l'hérédité.

Section IV. — L'hérédité et le traumatisme.

Il y a fort longtemps qu'on s'est demandé si les mutilations traumatiques sont héréditaires. L'observation montre qu'elles ne le sont que rarement. On ne constate point que les borgnes, les aveugles par accident, les amputés de bras ou de jambes transmettent leur infirmité à leurs enfants.

L'histoire des Macrocéphales est plus démonstrative encore. On appelait ainsi un peuple asiatique qui, par suite des idées de noblesse qu'il attachait à une forme particulière du crâne, façonnait la tête des enfants au moment de la naissance, la forçait à s'allonger à l'aide de bandes et d'appareils et à augmenter en hauteur. Dans le principe, dit Hippocrate, grâce à cette coutume, le changement de forme était dû à ces manœuvres violentes, mais avec le temps, cette forme s'identifia si bien avec la nature que celle-ci n'eut plus besoin d'être contrainte par la coutume et que la puissance de l'art devînt inutile. Puis il ajoute : « Aujourd'hui,

cette forme n'existe plus comme autrefois parce que la coutume est tombée
en désuétude par la fréquentation des autres nations[1] ».

Ce passage ne peut laisser de doute; le jour où les Macrocéphales ont
cessé leurs manœuvres sur la tête de leurs enfants, celle-ci a repris la
forme normale. D'ailleurs, la coutume de la déformation céphalique fut
beaucoup plus répandue que ne le croit Hippocrate, car on a trouvé des
crânes ainsi déformés en Crimée, en Suisse, dans le Jura, sur les bords
du Rhin, dans le Languedoc, et pourtant nulle race ne s'est formée avec
cette conformation de la tête. M. Chantre et M. Smirnow ont même
constaté que cette coutume existe encore dans quelques coins du Caucase, mais la déformation n'est pas héréditaire, car la conformation normale réapparaît sur les individus qui n'ont pas été opérés.

Il y a des siècles que la circoncision s'effectue chez les peuples sémi-
tiques et on ne voit point la disposition de l'organe opéré devenir héréditaire. Elle se montre parfois, mais cela est si bien une exception qu'en
Arabie, lorsque des cas de ce genre se présentent, les sujets sont désignés
sous le nom de fils de la Lune et regardés comme des êtres à part.

On ampute depuis longtemps l'extrémité de la queue des chevaux et
on ne voit pas de modification de ce côté. Pendant les XVIIe et XVIIIe siècles,
on avait la coutume de faire subir à cet organe une opération dite « la
queue à l'anglaise » qui consistait à sectionner les muscles coccygiens
inférieurs pour permettre à l'animal de relever la queue en panache,
jamais cette disposition ne s'est transmise. M. Sanson a justement fait
observer que depuis longtemps aussi on ampute les oreilles des chiens et
la queue des moutons sans voir cette mutilation se reproduire. Nous
ferons même remarquer que l'anurie congénitale s'observe sur les Bovidés où jamais l'amputation ne se pratique, tandis qu'on ne la signale
guère sur les Ovins ou l'opération est la règle dans les troupeaux bien
conduits. L'ablation de la crête des coqs de combat remonte à une date
très reculée, cet appendice réapparaît toujours sur la race malaise qui
fournit les combattants.

Nous avons abordé ce problème par la voie expérimentale[2]; pour cela
nous nous adressâmes aux cornes des bovins, parce qu'il existe une race
désarmée et que l'absence de ces appendices par anomalie est facilement
transmissible, comme il a été dit. Nous avons recherché si leur absence,
par ablation poursuivie sur plusieurs générations, peut devenir héréditaire? Numann, d'Utrecht, s'en était déjà préoccupé. Sur quelques
génisses et taurillons, il avait pratiqué une incision cruciale à la peau du
front et enlevé le périoste à l'endroit où se développent les cornes. Ces

[1] Œuvres d'Hippocrate, traduct. Daremberg, Paris, 1855, 2e édition.
[2] Cornevin, Recherches expérimentales sur l'origine de la race bovine sans cornes ou
d'Angus. Empêchement apporté au développement des cornes et reproduction en consanguinité (Journal de médecine vétérinaire et de zootechnic, année 1886).

appendices n'apparurent point. Lorsque les animaux d'expérience furent
en état de se reproduire, ils furent accouplés entre eux, puis avec d'autres
sujets, et tous les produits qui naquirent présentèrent des cornes à
l'époque habituelle.

Mais les intéressantes expériences de Numann n'élucidèrent pas la
question, parce qu'elles ne portèrent que sur une seule génération. Elles
avaient besoin d'être reprises et complétées. Une circonstance exceptionnelle, dont nous dûmes la connaissance à M. Collin, vétérinaire à Wassy,
nous permet d'apporter aujourd'hui les résultats d'une expérience qui a
duré vingt-trois ans, qui a porté sur six générations et où la consanguinité, ce facteur si puissant des races, a joué un grand rôle. En voici
l'indication sommaire :

Un éleveur de la Haute-Marne, dans le but de rendre ses bêtes bovines plus faciles à
aborder et à loger à l'étable, résolut d'empêcher l'apparition des cornes. Il commença
en 1860 ; à cette date, il pratiqua l'enlèvement du périoste de chaque côté de la région
frontale d'un taurillon, opération qu'il fit suivre de la cautérisation. A la suite de ces
manœuvres, l'animal resta sans cornes. Le moment venu, celui-ci féconda les femelles
de l'étable où n'avaient jamais été introduites de bêtes d'Angus, mais qui renfermait
seulement des métisses normandes-comtoises. Parmi les produits des deux sexes qui
naquirent, les uns furent conservés par le propriétaire ; ils subirent tous, à l'âge de sept
à huit semaines, l'opération indiquée plus haut et restèrent par conséquent désarmés. Les
autres furent vendus à des gens du voisinage et purent ainsi servir de témoins. La population de l'étable fut toujours, en moyenne, de trente bêtes et la reproduction se fit, dans
cette population, par une sorte de consanguinité.

L'ablation des cornes se poursuivit de cette façon pendant cinq générations, jusqu'en
1876, époque où l'éleveur dont il est question abandonna son exploitation à ses enfants.

En 1879, l'acquisition d'une bête de cinquième génération fut faite pour la ferme expérimentale de l'École vétérinaire de Lyon. Au moment de son achat, elle allaitait un
veau mâle à qui l'ablation du périoste frontal fut pratiquée à sept semaines. A partir de
1880, on se servit de ce taureau pour la reproduction soit en consanguinité étroite avec
sa mère, soit avec d'autres bêtes de l'étable.

Il fut conservé jusqu'en 1884, puis vendu pour la boucherie. Après l'abatage, la tête
de ce reproducteur fut préparée pour nos collections et la figure 68 en montre la
conformation.

Dans la série des animaux nés dans les conditions et pendant le laps
de temps que je viens d'indiquer, tant à l'étable de l'éleveur haut-marnais
précité qu'à la ferme de l'École vétérinaire, *les appendices frontaux
ont toujours réapparu*, même chez les sujets de sixième génération,
issus pourtant d'accouplements étroitement consanguins. Il y eut une
exception qui doit être signalée. Une bête de la quatrième génération,
vendue à des voisins sans avoir été opérée, ne présenta que des cornes
mobiles, branlantes, sans axe osseux.

Il y a pourtant des exemples de transmission à la suite de traumatisme expérimental. Brown-Séquard a vu que des lésions nerveuses, donnant lieu à des accidents épileptiformes, se transmettent des ascendants

aux descendants. Des femelles de cobayes qu'il avait rendues épileptiques
par blessures de la moelle épinière, ont donné dans leurs portées un nombre variable de petits chez lesquels, plus tard, l'attaque d'épilepsie était
provoquée par l'irritation de la peau de la région dénommée par lui zone
épileptogène. Plus récemment, M. Dupuys a constaté que l'atrophie du
cerveau et du crâne, consécutive à des sections du sympathique cervical
chez le cobaye, s'est retrouvée sur un petit tandis que d'autres jeunes de
la même portée en étaient indemnes.

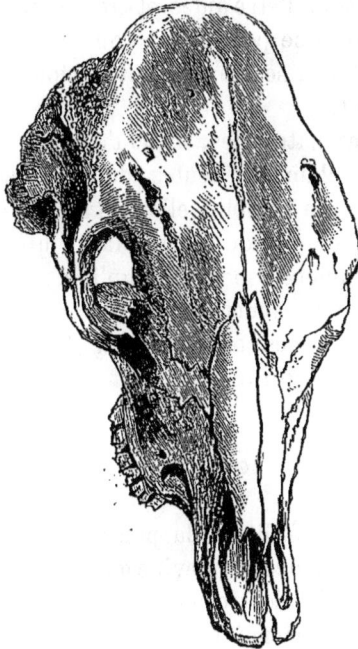

Fig. 68. — Tête osseuse de taureau sur laquelle l'ablation des cornes avait été pratiquée.

Ces faits expérimentaux, rapprochés de l'observation de cas pathologiques héréditaires rassemblés en aussi grand nombre particulièrement
par les médecins aliénistes, confirment que, parmi les systèmes de l'organisme, le nerveux jouit d'un vitalité exceptionnelle, qu'il est doté
d'une sensibilité telle que, même s'il est touché par la main de l'homme,
ses lésions peuvent se transmettre. Ces conclusions sont fortifiées par
la connaissance de l'action de substances qui, introduites dans l'organisme
agissent d'une façon élective sur le tissu nerveux. Si leur action est
répétée, les modifications histologiques et physiologiques de ce tissu
seront transmissibles aux descendants. L'alcool en est le type; l'observation et l'expérimentation ont mis hors de doute que la déchéance qu'il
imprime à l'organisme est héréditaire.

CHAPITRE II

DES PROCÉDÉS AUXILIAIRES DE L'HÉRÉDITÉ POUR LA CÆNOMENÈSE

En raison de son caractère, la merveilleuse potentialité qui vient d'être étudiée a besoin d'être aidée et dirigée pour que les variations individuelles se fixent et se perpétuent dans la descendance, sans quoi sa modalité conservatrice, se manifestant surtout par l'atavisme, y apporterait empêchement.

Les circonstances naturelles, avec l'aide du temps, lui fournissent le concours qu'elle réclame, et seules, dans la série des âges géologiques antérieurs à la période actuelle, elles ont agi avec une efficacité suffisante pour former des groupes nouveaux. Mais l'intervention de l'homme hâte la fixation de caractères spontanés qu'il a reconnus utiles ou de ceux qu'il a provoqués par ses méthodes.

Ces causes auxiliatrices sont l'*isolement* ou *ségrégation*, l'*amixie*, la *sélection* et la *consanguinité*.

I. SÉGRÉGATION ET AMIXIE

D'après ce qui a été dit de la puissance héréditaire respective des reproducteurs en présence, on devine qu'un individu doué seul d'une particularité différentielle, se trouvant en face de la masse des individus de son groupe qui ont conservé intacts les caractères spécifiques et forcé, pour se reproduire, de s'unir à eux, n'aura pas plus de chances de communiquer cette particularité que ceux-ci à conserver intact le type primitif. En supposant que, dans sa progéniture, il se trouve quelques sujets qui la possèdent, à leur tour ils auront, vu la quantité d'individus de leur espèce qui n'ont pas varié, beaucoup de chances de s'accoupler avec eux, de telle façon que, au fur et à mesure que les générations se succéderont, le caractère nouveau se noiera dans le type spécifique et peu à peu disparaîtra.

Mais si, au lieu de rester accolé à son groupe primitif, cet individu en est isolé, si les descendants qui présentent ses caractères sont, eux aussi, séparés, il est clair que l'absorption de ses caractères propres dans ceux du type d'où il est issu ne sera plus à craindre, qu'ils se perpétueront et qu'une race nouvelle pourra être fondée; l'atavisme sera le seul obstacle à redouter.

Moritz Wagner a mis en relief la puissance de l'isolement, qu'il a appelé *ségrégation (segregare*, isoler), dans la fixation de caractères nouveaux.

Elle s'est produite naturellement aux périodes géologiques passées ; les soulèvements, les affaissements, les dislocations ont subitement isolé des portions de terrain, les espèces privées de moyens suffisants de déplacement ont été véritablement ségrégées et les différences ont pu devenir héréditaires. A notre époque, des faits semblables se produisent ; qu'un étang d'un littoral, jusque-là en communication avec la mer, se trouve un jour coupé d'avec elle par suite de la formation d'un cordon, de l'exhaussement d'un delta, voilà produit l'isolement de ses espèces et les conditions de la ségrégation réalisées.

Les naturalistes ont fait les observations les plus concluantes sur ce point en étudiant la flore et la faune de grands lacs, tels que la Caspienne, la mer Morte, le lac Van, etc., et celles de quelques îles et terres isolées. Les productions végétales et animales du nouveau monde dont le faciès est si spécial, résultent de la ségrégation puisque, jusqu'au moment où ce continent a communiqué avec l'ancien, le nombre des espèces identiques à celles d'Europe était plus considérable qu'ultérieurement.

Il peut arriver que, sous l'influence d'une cause accidentelle fort puissante, quelques individus soient transportés très loin de leur aire géographique primitive. L'isolement, dans ce cas, peut avoir pour conséquence l'impossibilité de la reproduction entre les individus isolés et ceux de la patrie première. Weismann a appelé *amixie* (*a* privatif, μέξις, union) cette impossibilité de reproduction qui n'a rien de surprenant après ce qui a été dit de la sensibilité des organes génitaux vis-à-vis des causes extérieures. Les lapins importés à l'île Porto-Santo, les chats européens emmenés au Paraguay, les cobayes amenés d'Amérique en Europe en sont des exemples, car ils ne produisent plus avec les individus restés dans la patrie primitive.

L'amixie est un excellent moyen pour favoriser la cænomenèse puisqu'elle empêche le mariage avec la souche et éloigne, par cela, la possibilité de l'absorption.

Elle ne résulte pas seulement de l'action du climat et des perturbations engendrées par l'éloignement du lieu d'origine, elle se manifeste parfois d'emblée comme la résultante de la variation elle-même. La Lymnée commune *(Limnea stagnalis* L.) est pourvue d'une coquille à spirale dirigée à droite. On vit apparaître quelques individus dont la spirale était dirigée à gauche et le malacologiste Collin observa que nulle lymnée dextre ne peut s'accoupler avec une senestre. L'amixie était forcée et il en résulta, nécessairement, la fixation de la particularité et la création de *L. stagnalis sinistrorsa.*

L'amixie est causée quelquefois par le défaut de convenance dans la situation ou les dimensions des organes génitaux. Qu'un individu atteint

de nanisme apparaisse au milieu d'une espèce de forte taille, il pourra lui
être impossible de s'accoupler avec les individus normaux de son espèce,
il restera forcément isolé à moins que, dans cette espèce, un individu de
sexe opposé se présente également atteint de nanisme ; dans ces conditions, l'accouplement des deux nains sera possible et ils donneront naissance à une lignée qui leur ressemblera. On ne perd pas de vue la possibilité des coups en arrière, mais les individus retournés au type normal,
du fait de l'atavisme, seront isolés à leur tour au milieu de la nouvelle
population.

Parmi les races très différentes de format, il se présente une autre
forme d'amixie. A la suite de leur croisement, il y a fécondation, mais
impossibilité d'accouchement. Les très petites chiennes de races d'appartement couvertes par des mâtins de grande taille ne peuvent mettre bas ;
nous avons été obligé de pratiquer l'embryotomie pour délivrer une
petite vache morbihannaise qui avait été fécondée par un taureau de Fribourg. Le résultat est donc également l'isolation physiologique des races
en présence.

Jusqu'ici, nous n'avons pas de preuves que la seule action des procédés
zootechniques basés sur la gymnastique, dégagée de celle du climat ou
d'autres conditions, soit suffisante pour produire l'amixie. Mais les horticulteurs la possèdent en partie pour les arbres fruitiers.

On sait que le poirier se greffe sur cognassier ; or il est des variétés
de poiriers qui ne prennent pas sur cet arbuste ou qui n'y ont qu'une
existence très éphémère, telles sont le beurré d'Angleterre et le doyenné
Gombault. Pour les obtenir, on est obligé de pratiquer le surgreffage,
c'est-à-dire de greffer d'abord sur coignassier une variété qui y réussit
bien, puis, sur le greffon repris, de greffer la variété réfractaire au cognassier. Les expériences de Decaisne ayant démontré que toutes les
variétés de poiriers, améliorées par la culture et la domestication, descendent d'une forme ancestrale commune, le *Pirus communis* L., il
faut que celles qui viennent d'être citées aient été profondément modifiées dans leurs tissus pour que leur greffage direct ne soit plus possible ;
aussi les probabilités sont grandes pour que les modifications se soient
étendues jusqu'au pollen et aux ovules.

L'isolement est si bien une condition de formation de types nouveaux
qu'il y a longtemps que nous avons remarqué que la disposition topographique d'une contrée a l'influence la plus grande sur le nombre des
races qu'on y rencontre. Un pays de plaines, quelle que soit son étendue,
n'a généralement qu'une seule ou qu'un très petit nombre de races. Il en
est ainsi de la Hollande, de la Belgique, de la Hongrie, des provinces
Danubiennes, des régions du centre de la France, Nivernais, Charolais,
Bourbonnais. Au contraire, les groupes ethniques et subethniques sont
multipliés dans les régions montagneuses ; parfois deux vallées contiguës,

mais de communication difficile, possèdent deux races distinctes ; il suffit
d'avoir parcouru les Alpes Rhétiennes, la Suisse, nos frontières montagneuses du sud-est et du sud ou même le plateau central pour le constater. Dans l'Isère, le bétail du Grésivaudan n'est pas celui du Villard-
de-Lans, la vallée du Drac a une population qui n'est pas semblable à
celle du Champsaur, le massif du Mezenc n'a ni les bœufs, ni les moutons
des Cévennes et de la Lozère, la vallée de Lourdes a une population
bovine différente de celle d'Urt ou de Saint-Girons.

Dans le règne végétal, parfois la nature réalise l'amixie en donnant la
précocité à une plante ou en la rendant tardive ; l'époque de sa floraison
ne coïncidant plus avec celle de ses cospécifiques, il n'y a point à
craindre leur pollen, si elle présente quelque variation, elle la fixera,
car elle est réellement isolée.

En dehors de ce cas, il n'est pas facile à l'homme d'utiliser l'amixie
dans ses opérations de phytotechnie parce que les vents et les insectes
amènent des fécondations avec l'espèce souche et les espèces voisines,
mais rien de plus simple en zootechnie. Le régime de la stabulation lui
permet de surveiller et de diriger les accouplements comme il l'entend
parmi les Mammifères et l'entretien en volière aboutit aux mêmes résultats pour ses Oiseaux. Avec la surveillance et l'intervention humaines, il
est des races qui sont aussi isolées au milieu des autres de leur espèce que
si elles fussent placées seules dans une terre privée de toute communication avec le reste du monde. Les étables de bêtes d'Angus, les cla-
piers de lapins russes, les parquets de poules de Yokohama et de pigeons
coquilliers sont parfois comme autant d'îles où vivent en état de ségrégation et d'amixie les sujets qu'elles renferment.

Il est inutile d'insister pour faire voir que cet état aide à fixer les
caractères nouveaux ; tous les éleveurs qui ont voulu créer une race ont
commencé par isoler les individus présentant les variations à conserver
et, autant que cela est possible, à les empêcher de s'unir aux individus
de la souche-mère.

Lorsque la cause qui a produit la variation ne cesse pas d'agir, on comprend que la cænomenèse est favorisée puisqu'un facteur continue à
combattre les effets de l'atavisme et à les annihiler. Les conditions dans
lesquelles vivent le Cheval anglais de course et le Bœuf Durham restant
permanentes, la race de l'un et de l'autre s'est rapidement fixée, d'autant mieux que la ségrégation et l'isolement y ont aidé.

II. SÉLECTION — LOI DE DELBŒUF

Dans les déviations du type, il en est d'avantageuses à l'individu,
d'indifférentes et de désavantageuses.

A l'état de nature, les êtres sont en lutte continuelle pour la recherche de la nourriture et l'accomplissement des actes de la reproduction. C'est la *concurrence vitale*, le *struggle for life*, la *lutte pour la vie*. Elle est une nécessité implacable, car la quantité d'aliments disponibles ne grandit point en proportion des individus qui naissent, il faut qu'un certain nombre de ceux-ci disparaissent.

Dans ses admirables études, Darwin a fait voir que le résultat de cette concurrence est la survivance des plus aptes, de ceux à qui quelque particularité individuelle a assuré une supériorité sur leurs concurrents. Il se fait ainsi un choix, une sélection *(selectio,* choix). Or cette *sélection naturelle* est, pour Darwin, le facteur par excellence des races et des espèces nouvelles puisqu'elle assure l'expansion et la reproduction de sujets dotés de caractères qui les avantagent, avec l'anéantissement de ceux qui sont moins bien pourvus.

La diversité de ces particularités est considérable, comme le nombre des espèces elles-mêmes, et, à première vue, toutes ne paraissent pas avantageuses. Cependant, s'il y eut formation d'une collectivité ayant pour caractéristique quelque variation qui s'est fixée, c'est à coup sûr que cette variation lui fut utile. Aux Canaries, on ne trouve guère que des insectes aptères; à première vue, il semble que l'absence d'ailes soit un élément d'infériorité pour un insecte et pourtant c'est tout le contraire aux îles dont il s'agit, Darwin a fait voir avec une clairvoyance géniale que, en raison des vents violents qui règnent dans ces parages, les insectes ailés qui s'élèvent dans les airs finissent par être précipités dans la mer. Les aptères, dans ces conditions, ont trouvé un véritable avantage à l'absence d'ailes et ils se sont multipliés au lieu et place des ailés.

Le rôle attribué à la sélection naturelle dans la formation d'espèces nouvelles était passible d'une objection très sérieuse, elle n'a été écartée que récemment.

On comprend fort bien, disait-on, qu'un individu doué, de par la variation, de quelque supériorité survive, mais s'il n'est point isolé, il sera forcé de s'unir aux représentants du type ancestral et ses descendants seront dans la même obligation, de sorte que la variation primitive finira par être absorbée, fondue dans le type primitif qui seul subsistera.

Cette objection est également applicable aux opérations zootechniques de croisement, de métissage et d'implantation d'une race à côté d'une autre, il y a donc motif d'en suivre la réfutation.

Elle a été fournie par M. Delbœuf[1]. Il a prouvé mathématiquement que *quelque grand que soit le nombre d'êtres semblables à lui et si petit que soit le nombre des êtres dissemblables que met au monde un être*

---

[1] Delbœuf, *Une loi mathématique applicable à la théorie du transformisme,* in *Revue scientifique*, janvier, 1877, p. 669 et suiv.

isolé, en admettant que les générations se propagent suivant les mêmes rapports, il arrivera un moment où le nombre des individus variés dépassera celui des individus inaltérés. On trouvera à la fin de ce chapitre, en appendice, la démonstration mathématique de cette proposition à laquelle on a donné le nom de *loi de Delbœuf*. Elle implique que la cause de variation est permanente, quoique accidentelle, c'est-à-dire que tout en ne se manifestant que sur un nombre aussi limité d'individus qu'on voudra, comparé à la masse de ceux de leur espèce, elle ne disparaît point pour cela. Elle n'agit que sur des organismes prédisposés pour en ressentir l'effet ou que combinée à d'autres influences, mais elle est immanente.

La loi de Delbœuf n'est pas simplement spéculative comme on pourrait le penser, elle a des applications zootechniques. Il a été démontré que, sous l'influence de la traite, la mamelle de beaucoup de brebis cévénoles, quercynaises et de Millery, se garnit de trois ou quatre tétines. La cause restant constante, il arrivera certainement un jour où la race entière aura quatre trayons et où les individus n'en possédant que deux ne seront plus que des réminiscences ataviques.

Elle ouvre de belles perspectives à l'idée de variation. La cause permanente qui la produit s'achemine vers un but défini, son activité se ralentit au fur et à mesure qu'elle approche du but. Quand elle l'a atteint, elle s'annule. On pourrait prendre la tendance à l'albinisme comme exemple. Lorsqu'une espèce varie dans ce sens, si le terme est touché, la cause n'a plus d'influence.

A côté de la sélection naturelle, zoologique et botanique, s'est placée la sélection artificielle, zootechnique et horticole. L'homme est intervenu et, à son tour, il a fait des choix dans les plantes cultivées et les animaux domestiques. Il a trié ceux qui présentaient quelques caractères jugés utiles ou agréables, il les a fait reproduire et il a créé de nouveaux groupes par ces choix. Sa fantaisie s'est emparée d'une particularité apparue accidentellement et il a fait reproduire en sélection les sujets qui la présentaient. Elle pouvait n'apporter aucune supériorité dans la lutte pour la vie, elle était indifférente, mais elle plaisait à l'homme et il l'a maintenue ; telle est la présence d'un cinquième doigt aux pattes des houdans et des dorkings ou l'absence d'oreilles aux moutons de Yung-ti. Elle pouvait même les constituer en état d'infériorité comme l'absence de cornes sur les têtes bovines ou la possession de jambes courtes et déjetées en dehors par les chiens bassets ; il l'a néanmoins perpétuée parce que cela répondait à ses caprices.

Mais on devine qu'il s'est surtout attaché à sélectionner les individus présentant des particularités utiles et résultant de la gymnastique appliquée à telle ou telle partie. Il s'est efforcé de posséder des moyens d'apprécier les caractères acquis, il a inventé des épreuves auxquelles il a soumis les animaux et il s'est assuré qu'il était en face des plus aptes. C'est ainsi qu'il choisit comme reproducteurs, dans la catégorie des chevaux de course, ceux qui ont fait leurs preuves sur l'hippodrome, et qu'il veut trouver jusque sur le taureau les signes qui renseignent sur la production laitière.

Cette méthode fondée sur le choix de reproducteurs présentant les caractères à perpétuer et l'élimination de ceux qui ne les possèdent pas, aboutit à la fixation de ces caractères et à la fondation d'une nouvelle race.

Au fond, dans les sociétés humaines, la création d'aristocraties n'est que le résultat de la sélection progressive, qui fait que les individus les mieux doués (ἄριστοι, les meilleurs) se recherchent et fondent des familles douées de leurs qualités ou tout au moins jouissant du travail qu'ils ont accumulé.

Au point de vue purement physique, M. Galton a montré qu'en faisant intervenir la sélection, au bout de quelques générations, on a modifié la taille en plus ou en moins et, en surveillant l'atavisme, on peut créer des groupes distincts du type. L'hérédité de la vigueur, de la taille, de la prolificité, a été bien étudiée en botanique et en agronomie; c'est en s'appuyant sur elle qu'on a formé toutes les variétés de blés que nous admirons pour le nombre de grains qu'elles portent et la grosseur de leur épi, celles d'avoine, de betteraves fourragères ou sucrières, de pommes de terre, etc.

A propos des végétaux cultivés, l'histoire de la formation de la carotte comestible, par de Vilmorin[1], histoire toute récente, entourée de toutes les garanties d'authenticité, est un si bon exemple de l'emploi de la méthode de sélection pour la création d'une race végétale, que nous n'hésitons pas à la reproduire :

Une première expérience faite en mars 1832 à Verrières ne produisit aucun bon résultat ; toutes les plantes montèrent, fournirent graines et restèrent avec leur racine filiforme.

En 1833, l'expérience fut reprise et on fit des semis en avril, mai et juin ; on obtint, surtout dans les dernières semées, un certain nombre de pieds qui n'eurent pas le temps de monter en graine avant la mauvaise saison, restèrent par conséquent en rosette. Parmi ces sujets, cinq à six donnèrent une racine un peu charnue.

Ces racines conservées avec soin pendant l'hiver furent replantées au printemps suivant et produisirent des graines. L'intervention humaine, s'exerçant surtout par un semis tardif fait en terre fertile, avait donc fait passer ces carottes dans le groupe des plantes bisannuelles, d'annuelles qu'elles étaient à l'état spontané.

Ces graines semées en 1835 donnèrent des sujets dont plusieurs montèrent encore, mais dans une proportion moindre que précédemment. Lors de l'arrachage, on trouva environ un cinquième d'assez bonnes carottes, peu chevelues et de grosseur passable. On fit parmi elles un choix de porte-graines pour la troisième génération. A la quatrième

_____
[1] Vilmorin, *loc. cit.*, p. 7.

génération et en suivant toujours la même méthode de sélection, on est arrivé à avoir 9/10 de bonnes carottes; le problème pouvait être considéré comme résolu.

Indépendamment des modifications dans le mode de végétation et dans les dimensions de la racine, il s'en produisit une très remarquable relative à la coloration. A la troisième génération, M. de Vilmorin vit, dans l'expérience précitée, la couleur rouge se montrer chez 3 racines sur 400. Cette coloration s'est fixée facilement, car à la génération suivante presque toutes les carottes issues des trois précitées étaient rouges. Nous ignorons la cause de l'apparition de cette particularité.

Parmi les animaux domestiques, c'est en faisant un choix dans l'étable et la bergerie qu'on arrive aux mêmes résultats.

L'éleveur sicilien qui se créa une étable de bêtes bovines sans cornes (voyez page 258) a procédé par sélection; il élimina de la descendance du taureau désarmé tout ce qui était cornu et ne faisant reproduire que mâles et femelles sans cornes, il arriva sans peine au but qu'il poursuivait.

Le jour où il le voudra, un éleveur de brebis laitières du midi de la France se créera une race de brebis à quatre trayons en choisissant pour la reproduction celles qui présentent déjà cette particularité et en éliminant toutes celles sur qui on ne l'observe pas.

Quelle que soit l'origine de la variation, la sélection peut la fixer. C'est ainsi que, dans presque toutes les espèces domestiques, il y a progression dans le nombre des races par suite de l'intervention humaine.

Pour en donner une idée, on pourrait faire une abondante moisson dans les races de petits Mammifères et d'Oiseaux de basse-cour tout nouvellement créées; nous nous contenterons de citer le lapin dont la domestication s'est accomplie aux temps historiques et dont on suit facilement et avec certitude l'augmentation du nombre des races.

Du IIe siècle, date de sa domestication, à 1809, époque de la publication du *Dictionnaire d'agriculture* de l'abbé Rozier, on avait formé trois races cuniculines : la commune avec ses variétés blanches et grises, l'argentée et l'angora; on commençait à parler de la géante.

De 1809 à nos jours le nombre s'en est élevé : la race russe ou de Chine, celle du bélier, sans compter le léporide, ont été créées.

Une école zootechnique pose en principe que les caractères acquis à la suite du croisement ne peuvent se fixer, mais qu'il y a une oscillation vers le type paternel et vers le maternel. On donnera tout à l'heure, en parlant de la consanguinité, des preuves du contraire. Pour le moment, en voici une fournie par la sélection, qui est fort instructive :

Le lecteur sait déjà que le croisement du Durham avec le fribourgeois donne parfois des individus qui restent sans cornes. Ces métis transmettent à leurs descendants cette particularité dans une forte proportion et par la sélection on peut la fixer.

M. Clément, vétérinaire à Bellegarde, a publié[1] avec tous les détails nécessaires sur

[1] Clément, *Quelques faits en faveur de la formation tératologique de la race bovine sans cornes*, in *Journal de médecine vétérinaire et de zootechnie*, 1886, p. 511 et suiv.

les personnes et les localités, l'histoire de la descendance d'un taurillon fribourgeois-durham appartenant à un propriétaire du département de l'Ain et auquel les cornes étaient restées avortées et branlantes. Sur les nombreux produits de ce taureau, sept ont été conservés, dont cinq privés de cornes. M. Clément suivit la lignée de quelques-uns de ces sujets et constata la transmission héréditaire de l'absence de cornes. La sélection aurait donc formé dans le département de l'Ain, si on l'eût voulu et si cela eût eu quelque intérêt économique, une tribu bovine sans cornes.

C'est l'homme qui décide de la concurrence que les races se doivent faire les unes aux autres, ses décisions ont des résultats de même ordre que si la lutte se faisait naturellement. On voit des groupes en refouler d'autres et prendre leur place. L'extension de la race mérinos, au début de notre siècle, et celle de la race charolaise actuellement, en sont des exemples remarquables.

Du moment qu'il intervient pour surveiller et diriger les accouplements des animaux domestiques, il en résulte qu'il fait disparaître ou qu'il conserve telle particularité de robe ou de plumage que le goût du moment et la mode mettent en vogue. Le nombre des combinaisons de nuances et de tons dans les Mammifères n'étant pas très élevé, elles se reproduisent et réapparaissent nécessairement, mais ce qui varie beaucoup, c'est leur répartition géogaphique. Il suffit de lire les chroniqueurs anciens pour surprendre sur le fait ces fluctuations; ainsi le bétail bovin fauve était plus répandu sur notre sol autrefois qu'aujourd'hui; les moutons noirs ou roux furent de beaucoup plus communs dans le passé qu'actuellement. C'est peut-être dans les races canines, dont les auteurs de Cynégétique nous ont laissé de bonnes descriptions, que le fait est surtout facile à vérifier; que reste-t-il, par exemple, de l'antique race de Lunéville, à pelage blanc de porcelaine et jaune, si estimée et si répandue autrefois?

III. CONSANGUINITÉ

On aide considérablement à la cænomenèse lorsque, au lieu de choisir dans toute l'étendue d'un groupe les individus qui présentent de nouveaux caractères, on les fait accoupler en consanguinité. La conjugation de deux sujets consanguins, c'est-à-dire de la même famille, élève les caractères de cette famille à leur plus haute puissance. Les deux reproducteurs étant dotés des mêmes particularités et issus déjà de parents qui les présentaient, les chances de transmission de leurs caractères aux descendants sont plus considérables, car on n'a guère à lutter que contre les atavismes d'espèce et de race.

On verra au chapitre consacré à la technique de cette méthode, que la consanguinité présente autant de modes qu'il y a de degrés différents dans la famille. Pour le moment, on dira que lorsqu'il y a possibilité de pratiquer une consanguinité étroite, c'est-à-dire l'union du père et de la fille, de la mère et du fils, du frère et de la sœur, on doit le faire car c'est le moyen par excellence de fixer les variations. On est parfois obligé de descendre plus bas, mieux vaut encore pour le but étudié en ce moment ces unions de sujets d'une parenté plus éloignée que celles qu'on est forcé de faire en dehors de la famille.

La reproduction en consanguinité a été la souche de races et de sous-races d'animaux domestiques, comme elle a dû l'être aussi dans plusieurs circonstances où il y a eu ségrégation d'animaux sauvages. Elle a fixé des caractères accidentels et des caractères acquis, que ceux-ci l'aient été par la gymnastique ou par le croisement. Des exemples vont être fournis sur chacun de ces cas de cænomenèse.

1° *Fixation de caractères apparus accidentellement.* — Antérieurement, des indications précises ont été données sur l'origine de la race mérine soyeuse ou de Mauchamp (voyez page 260). Il faut les compléter en montrant le rôle que joua la consanguinité dans sa création.

Le jeune bélier sur qui se montra la variation féconda d'abord sa mère; dans les années suivantes, tout en continuant à s'allier avec elle, il féconda ses filles et d'autres brebis. Tant que l'accouplement se fit avec des brebis quelconques du troupeau, à toison ordinaire, on n'obtint que très peu de sujets présentant les caractères du père. Du moment où il put s'accoupler avec les femelles de sa propre descendance, présentant le même lainage que lui, il y eut *toujours* production de sujets à toison soyeuse [1].

Sans l'intervention de la consanguinité, le fermier de Mauchamp fût arrivé plus péniblement à la constitution de son troupeau, en supposant que l'atavisme n'eût point entravé complètement son œuvre ou ne l'eût rendue si difficile et de réalisation si éloignée qu'il y eût renoncé. Avec elle, il a créé ce qui est connu aujourd'hui sous le nom de mérinos Mauchamp ou mérinos soyeux.

Il ne nous semble pas douteux que c'est à la reproduction consanguine qui est la règle dans l'espèce du pigeon, qu'on doit d'avoir pu fixer rapidement une quantité de variations et créé la plupart des nombreuses races qui peuplent les volières et les pigeonniers.

2° *Fixation de caractères acquis par le forçage.* — Les documents historiques qui se rapportent aux bœufs anglais les présentent aux siècles passés comme loin de ce qu'ils sont aujourd'hui; les chiffres donnés à diverses reprises et concernant leur poids en sont la preuve. Au milieu du XVII° siècle, on se mit à améliorer le bétail Teeswater et, en 1785, on trouvait déjà de remarquables reproducteurs, témoins *Hubback*, le fameux taureau dont Ch. Colling devint possesseur et qui était, paraît-il, un excellent modèle de l'animal apte à s'engraisser, ainsi que *Bolingbroke*, qui lui succéda dans l'étable de cet éleveur illustre. Vint

[1] Yvart, *loc. cit.*, p. 470.

ensuite *Favourite*, fils du précédent, doué d'une vigueur sexuelle supérieure à celle de son père et de Hubback, et qui, pendant seize ans, fit la monte à la ferme de Ch. Colling. Il féconda six générations de ses filles et petites-filles et on a toujours été unanime à dire que cette reproduction en consanguinité fut le facteur le plus puissant de la fixation des caractères de précocité, de puissance digestive, de facilité à l'engraissement, ainsi que de la perfection de conformation qui caractérisent depuis ce moment les bêtes de Durham.

3° *Fixation de caractères résultant du métissage.* — Nous insisterons plus particulièrement sur ce point, parce que son objet a été et est encore le sujet de dénégations de la part des partisans de la fixité inébranlable des races et de l'impossibilité d'en créer de nouvelles par le croisement.

Tout en n'oubliant pas que les peuples et les nations d'aujourd'hui sont des agglomérations politiques et non ethniques, on ne peut nier qu'elles fournissent un appui à la doctrine de la cænomenèse par métissage. La plupart sont issues du mélange de plusieurs races primitives et néanmoins elles constituent des populations homogènes dont tous les membres ont un facies commun. Qu'on s'arrête, par exemple, aux populations persanes actuelles qui résultent d'un mélange d'Aryas, de Mongols et de Négritos, on les trouve homogènes, à caractères spéciaux les distinguant des peuples voisins et les faisant bien reconnaître. Tant que les Persans se marient *inter se*, ces caractères spéciaux persistent, le métissage est la condition de leur fixité. Il n'y a dislocation du type et réapparitions ataviques qu'à la suite d'unions au dehors.

Les races animales domestiques apportent des témoignages identiques. Un exemple très concluant, parce que les sujets présentent une homogénéité remarquable, est offert par la race chevaline danoise de Knapstrup. L'histoire de la création de cette race par métissage et consanguinité est très bien connue, car elle ne remonte qu'au siècle dernier. A cette époque, un propriétaire de la Seelande, M. Lunn, croisa la jument indigène, déjà métisse de l'étalon de Frederikborg, avec le pur-sang anglais, et les descendants furent reproduits *inter se*. On obtint, dès le début, des sujets qui se présentèrent avec une robe dont les deux combinaisons de couleurs n'ont point varié depuis ce moment et qui constitue une partie de sa caractéristique. Cette robe est rouanne avec des taches rouges et blanches sur la croupe, ou alezane et porte sur la croupe, de chaque côté de la colonne vertébrale, une petite quantité de taches blanches, comme si l'on avait secoué à cette place un pinceau imprégné de couleur blanche (Tisserand).

Un second exemple relatif à l'espèce bovine sera emprunté à l'une des séries d'expériences que nous poursuivons sur la recherche du déterminisme des couleurs des robes composées des animaux domestiques.

En 1877, une vache de race pure de Schwitz, avec le poil gris blaireau caractéristique de sa race, est fécondée par un taureau d'Ayr, de robe pie rouge, descendant des animaux importés en 1856 à l'Ecole d'agriculture de la Saulsaie (Ain). Il en résulte une génisse, qui, de poil froment foncé à sa naissance, commence à présenter des raies plus foncées sur les épaules à deux mois et demi, et qui à six mois avait le corps entièrement bringé.

En 1880, cette génisse est livrée à un taureau schwitz, il en naît une femelle qui conserva la robe brune de la race schwitz.

En 1881, l'opération est renouvelée, elle donne les mêmes résultats.

En 1883, la même vache, toujours fécondée par un taureau schwitz, donna un taurillon qui se revêtit de la livrée bringée de sa mère.

En possession de ce jeune animal, on put effectuer des opérations de reproduction en consanguinité. En 1884, on l'accouple avec sa mère et en 1885, il naît une génisse bringée. Cette même année, il féconde de nouveau sa mère qui, en 1886, donne naissance à un taurillon bringé. En 1886, il féconde sa mère et sa sœur et les produits restent bringés. En 1887, on réforme ce taureau devenu trop lourd et son fils s'accouple à son tour avec sa mère et ses sœurs. Tous les produits ont été régulièrement bringés depuis ce moment, on a donc réussi à créer une famille d'animaux à pelage uniforme. Il semble aussi que ce métissage combiné à la consanguinité a eu une influence favorable sur la production du lait, car toutes les femelles de cette famille sont des laitières exceptionnelles. Enfin, les caractères fournis par le cornage et la conformation générale de la tête rappellent si exactement ceux des bêtes normandes, que présentés, chaque fois que l'occasion en est fournie, aux zootechnistes et aux éleveurs les plus compétents et les plus réputés dans la connaissance des races bovines, ils ont toujours été pris pour des cottentins des mieux réussis. Jusqu'à présent, pas un soupçon, aucune réticence n'ont été émis au sujet de la catégorie dans laquelle ils doivent être rangés (voyez planche III).

En voici un troisième exemple emprunté à la gallinoculture :

Un coq de Dorking, à crête frisée, présentant les caractères de sa race, c'est-à-dire cinq doigts aux pattes et un plumage grisâtre, est croisé avec la poule de Livourne, dont les caractères sont ceux de notre poule commune, sauf que ses tarses et ses doigts sont jaunâtres et non gris. On obtient des jeunes dont la majorité présente les pattes jaunes à quatre doigts de la race livournaise, avec plumage coucou et la crête aplatie du Dorking. Eliminant tous ceux qui ne présentaient pas ces caractères, on fait reproduire les autres en consanguinité et les particularités sus-indiquées se sont maintenues jusqu'à présent sans déviation.

Ces caractères sont ceux de la race galline dite de Dominique, et les aviculteurs les plus habiles n'ont pu distinguer les sujets dont on vient de faire connaître la provenance avec les dominiques réputés les plus purs.

Les exemples précédents prouvent donc la possibilité de fixer des particularités issues du croisement et éclairent l'origine de quelques-unes des races d'animaux domestiques. Il n'en faudrait pas conclure que toutes les opérations de croisement et de métissage, y ajoutât-on la consanguinité, sont susceptibles de donner de pareils résultats. On verra bientôt que toutes les races ne se conviennent point et ne fusionnent pas pour former des types intermédiaires et finalement autonomes; il en est qu'on a beau unir, la disjonction se produit et il y a retour à l'un des deux types en présence. La réussite exige qu'il y ait convenance entre les races.

Fig. 1.

Fig 2.

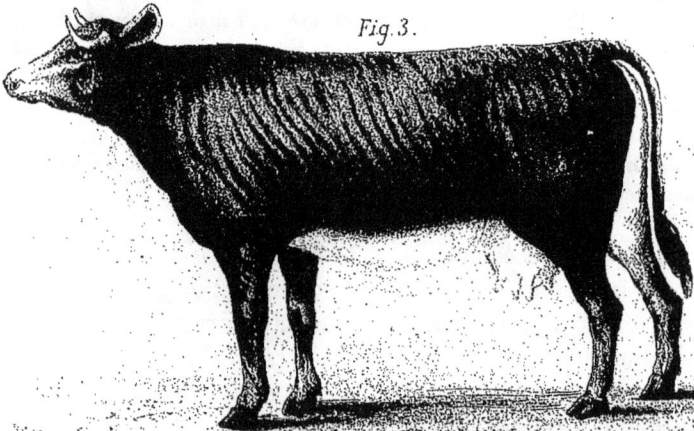

Fig. 3.

Fig. 1. — Vache de Schwitz.
Fig. 2. — Taureau d'Ayr.
Fig. 3. — Produit de l'accouplement des deux précédents.

APPENDICE

DÉVELOPPEMENT DE LA LOI DE DELBŒUF [1]

« Pour simplifier et en même temps généraliser le problème, nous admettons qu'un individu mette au monde *n* individus semblables à lui, outre 1 qui présente une déviation en plus, et 1 qui offre une déviation en moins. La quantité $n + 2$ s'appellera *la puissance génératrice*.

« Cette puissance génératrice peut toujours être représentée par une expression telle que $n + 2$. D'abord il est juste que le second terme soit pair, car la loi veut que les enfants soient semblables aux parents, et, si accidentellement une déviation dans un sens se présente, par compensation il faut supposer une déviation dans l'autre sens. Maintenant, si la puissance génératrice est $n' + 2a$, par exemple $n' + 6$, on peut, en divisant par a, la ramener au type $n + 2$. Après un nombre donné de générations, il suffirait de multiplier *n* par *a* (dans l'exemple donné, par 3) pour retrouver le nombre réel.

« Nous supposons encore, toujours pour simplifier le calcul, la mort de l'individu dès qu'il a produit sa descendance ; de sorte que, à un moment donné, il n'existe jamais que des individus éloignés de la souche primitive par un nombre égal de générations.

« Enfin nous raisonnons comme si la multiplication était indéfinie, comme si aucun obstacle ne s'opposait à l'expansion du nombre des êtres engendrés. Et ce raisonnement est parfaitement légitime. En effet, si, par exemple, l'espace ne pouvait renfermer qu'un million de ces êtres et que, en vertu de la loi, il dût y en avoir deux millions, la moitié de ces deux millions devra disparaître au moment de leur naissance ; la mort fauchera indistinctement, parmi les individus homogènes et les hétérogènes, proportionnellement à leur nombre, de sorte que leur rapport numérique restera le même. Si donc, l'espace étant libre, il eût dû être mis au monde 800.000 êtres semblables au père, 1.200.000 dissemblables ; quand la mort a accompli sa mission, il en reste 400.000 d'un côté, 600.000 de l'autre. C'est exactement comme si la puissance génératrice avait été réduite de moitié.

« Il va de soi que tous les individus engendrés sont censés égaux au point de vue des chances de vie. En mathématiques, les unités sont égales.

« Je passe maintenant à la mise en équation du problème (voir le tableau ci-après).

---

[1] Ce passage est extrait intégralement du mémoire précité de M. Delbœuf.

$\frac{3}{1}$	$\frac{2}{1}$	$\frac{1}{1}$	A	$(A+1).\ A=1$	$(A+2).\ A=2$	$(A+3).\ A=3$	$A=4$	$A=5$	$A=6$	$\frac{7}{1}$	$\frac{8}{1}$
		1	n	1							
	1	n	n^2	n							
		n	1	n							
		1	$2n$	n^2+2	$2n$						
1	n	$2n^2$	$(n^2+2)n$	$2n^2$	1						
	$2n$	n^2+2	$2n$	n^2+2							
	1	1	$2n$	1							
1	$3n$	$3n^2+3$	n^3+6n	$3n^2+3$	1						
			$(n^2+6n)n$	$(3n^2+3)n$	n^2+3	n	1				
			$2(3n^2+3)$	n^2+6n	1	$3n$					
				$3n$							
			n^3+12n^2+6	$4n^3+12n$	n^2+4	$4n$	1				
			$(n^3+12n^2+6)n$	$(4n^3+12n)n$	$(n^2+4)n$	$4n^2$	n	1			
			$2(4n^2+12n)$	n^3+12n^2+6	n^2+12n	$6n^2+4$	$4n$				
				$6n^2+4$	$4n$	1					
			n^3+20n^2+30n	$5n^4+30n^2+10$	n^2+20n	$10n^3+5$	$5n$	1			
			$(n^3+20n^2+30n)n$	$(5n^4+30n^2+10)n$	n^3+20n^2+30n	$(10n^3+5)n$	$5n^2$	n	1		
			$2(5n^3+30n^2+10)$	n^4+20n^2+30n	n^3+30n^2+10	$10n^3+20n$	$10n^2+5$	$5n$			
				$10n^2+30n$	$10n^2+5$	$5n$	1				
			$n^5+30n^4+90n^2+20$	$6n^5+60n^3+60n$	n^2+60n^2+15	$20n^3+30n$	$15n^2+6$	$6n$	1		
			$(n^5+30n^4+90n^2+20)n$	$(6n^5+60n^3+60n)n$	$(n^2+60n^2+15)n$	$(20n^3+30n)n$	$(15n^2+6)n$	$6n^2$	n	1	
			$2(6n^5+60n^3+50n)$	$n^5+30n^4+90n^2+20$	n^3+60n^2+60n	$15n^4+60n^2+15$	$20n^3+30n$	$15n^2+6$	$6n$		
				$15n^2+60n^2+15$	$20n^2+30n$	$15n^2+6$					
			$n^7+42n^2+210n^2+140n$	$7n^6+105n^2+210n^2+35$	n^3+140n^2+105n	$35n^4+105n^2+21$	$35n^3+42n$	$21n^2+7$	$7n$	1	
			$(n^2+42n^2+210n^2+140n)n$	$(7n^6+105n^2+210n^2+35)n$	$(n^3+140n^2+105n)n$	$(35n^4+105n^2+21)n$	$(35n^3+42n)n$	$(21n^2+7)n$	$7n^2$	n	1
			$2(7n^5+105n^2+210n^2+35)$	$n^7+42n^2+210n^2+140n$	n^3+140n^2+105n	$21n^5+140n^2+105n$	$35n^4+105n^2+21$	$35n^3+42n$	$21n^2+7$	$7n$	
				$21n^2+140n^2+105n$	$35n^3+105n^2+21$	$21n^2+7$					
			$n^8+56n^6+420n^4+560n^2+70$	$8n^7+168n^4+560n^2+280n$	$n^4+280n^2+420n^2+56$	$56n^6+280n^3+168n$	$70n^4+168n^2+28$	$56n^3+56n$	$28n^2+8$	$8n$	1

« Désignons par A l'ensemble des caractères de la souche primitive ; conformément à ce qui a été dit plus haut, quand l'un d'eux recevra une augmentation, nous désignerons par A + 1 le nouvel ensemble ainsi produit ; si, au contraire, il y a diminution, nous emploierons le symbole A — 1. De même, une nouvelle augmentation ou une nouvelle diminution venant à survenir, nous aurons une somme de qualités représentées par A + 2 et A — 2 ; et, en continuant le même procédé, nous aurons à nous servir des symboles A + 3 et A — 3, et en général, après m variations, nous aurons un ensemble de qualités qu'on pourra désigner par A ± m.

« Pour abréger le langage, disons des individus qui ont les caractères A, A + 1, A — 1,... A ± m, qu'ils appartiennent à l'espèce A, A + 1, A — 1,... A ± m. Il va de soi que ce mot espèce n'a pas ici de portée scientifique.

« Aucune démonstration n'est nécessaire pour établir que l'accroissement du nombre des individus des espèces A — 1, A — 2,... A — m, est égal à celui du nombre des individus des espèces A + 1, A + 2,... A + m. C'est pourquoi le tableau n'est pas prolongé à gauche au delà des trois premières espèces, la partie à droite de A étant suffisante.

« Le rang des générations est marqué dans la première colonne de gauche.

« Cela posé, nous voyons qu'à la première génération nous aurons n individus de l'espèce A et 1 individu de chacune des espèces A — 1 et A + 1.

« A la seconde génération, chacun des n individus de l'espèce A va produire n individus de la même espèce, ce qui fournira n^2 individus, plus 1 de l'espèce A — 1, ce qui en donne n, et de même n encore de l'espèce A + 1.

« Ces nombres n^2, n et n sont le premier de la colonne A et le second des colonnes A — 1 et A + 1 (gén. 2).

« De son côté, l'individu unique de l'espèce A — 1 va mettre au monde n individus de son espèce (1er nombre de la colonne A — 1, gén. 2), 1 individu de l'espèce A — 2 et 1 individu qui reviendra au type A. L'individu unique de l'espèce A + 1 se conduira de la même manière, de sorte qu'à la seconde génération il y aura $n^2 + 2$ individus de l'espèce A, $2n$ individus des espèces A — 1 et A + 1, 1 individu des espèces A — 2 et A + 2. Ces totaux sont indiqués au bas des quadrilatères renfermant les nombres partiels dont ils se composent.

« Par la seule inspection de ces premiers résultats, on peut déjà voir l'effet de la loi. En effet, à la première génération, le nombre des individus des espèces A ± 1 et A sont entre eux comme 1 : n, et, à la seconde génération, le rapport est $2n : n^2 + 2$, soit, si n est assez grand, à peu près comme 2 : n.

« Et il est facile d'en saisir la raison. Pour que le rapport 1 : n subsistât, il faudrait que l'espèce A ± 1 ne se recrutât que chez elle-même ; or, elle tire une partie de sa prospérité de l'espèce A. Sans doute, l'espèce A tire à son tour sa substance des espèces $A \pm 1$; mais, comme le nombre des individus de cette dernière catégorie est plus petit, l'accroissement de $A \pm 1$ est plus considérable d'une manière absolue et beaucoup plus considérable encore d'une manière relative. C'est ce que l'on voit claire‑ ment en mettant un nombre à la place de n, 1000 par exemple. A la première génération, on a 1000 pour l'espèce A et 1 pour les espèces $A \pm 1$; à la seconde génération, chacune de celles‑ci reçoit de A un accroissement de 1000 individus sur 1000 qu'elles en renferment, tandis qu'elles ne fournissent à A que 2 individus sur 1.000.000 qu'il en pos‑ sède déjà.

« A la troisième génération, le nombre des individus de l'espèce A est devenu $n^3 + 6n$, provenant de $(n^2 + 2)n$ individus produits par les $n^2 + 2$ individus de la génération précédente, plus, d'un côté, $2n$ individus provenant de l'espèce $A - 1$ qui revient partiellement au type A, et, de l'autre côté, $2n$ individus de l'espèce $A + 1$. Si $n = 1000$, l'espèce A renferme 1.000.000.000 d'individus.

« On remarquera une fois pour toutes que le nombre des individus de l'espèce A, à une génération quelconque, se compose toujours de n fois le nombre des individus du même type de la génération précédente, augmenté du nombre des individus de l'espèce $A - 1$ et de l'espèce $A + 1$, égale‑ ment de la génération précédente. Et, comme les espèces $A - 1$ et $A + 1$ contiennent autant d'individus l'une que l'autre, on peut se contenter de multiplier par 2 le nombre de l'une d'elles ; c'est ce que l'on a fait dans la suite du tableau.

« Si nous passons à l'espèce $A - 1$, nous voyons que le nombre de ses individus doit être $3n^2 + 3$ provenant, à savoir $2n^2$, des individus du type $A - 1$; $n^2 + 2$, des $n^2 + 2'$ individus de l'espèce A et enfin 1 indi‑ vidu de l'espèce $A - 2$ revenu au type $A - 1$. Ce que l'on dit de l'espèce $A - 1$ s'applique à l'espèce $A + 1$: nous faisons cette remarque pour la dernière fois. Si $n = 1000$, ce nombre est de 3.000.003 ; c'est‑à‑dire que le rapport avec l'espèce A est maintenant à peu près comme $3 : n$.

« On voit que ce total $3n^2 + 3$ s'obtient en multipliant par n le nombre $2n$ de la génération précédente du type $A \pm 1$, et en y ajoutant les nombres, également de cette génération, relatifs aux types A et $A \pm 2$.

« Et, en thèse générale, les nombres de l'espèce $A \pm 1$ se formeront de cette manière, c'est‑à‑dire qu'ils se composeront du nombre de la géné‑ ration précédente multiplié par n augmenté des nombres des espèces A et $A \pm 2$ (par conséquent à gauche et à droite), également de la génération précédente.

« Remarquons toutefois ici que le nombre des espèces $A \pm 1$ n'égalera jamais le nombre de l'espèce A, parce que, à mesure qu'il augmente, l'espèce A reçoit des renforts de plus en plus considérables de la part des espèces $A \pm 1$.

« Examinons maintenant l'espèce $A \pm 2$. Il est facile de voir que la règle que nous venons d'énoncer s'applique aux résultats de cette colonne. Ainsi $6n^2 + 4$ (gén. 4) provient de $3n$ multiplié par n, augmenté des nombres $3n^2 + 3$ et 1, toutes quantités fournies par la génération 3.

« L'espèce $A \pm 3$ donne lieu à la même observation, ainsi que toutes les espèces subséquentes; c'est ce que la seule inspection du tableau apprendra au lecteur qui voudra s'en donner la peine. On peut donc formuler comme suit la règle générale :

« Le nombre d'individus de l'espèce $A \pm m$ après la génération de rang p est égal au produit par n du nombre d'individus de la même espèce après la $p - 1^e$ génération, augmenté du nombre des individus des espèces $A \pm (m - 1)$ et $A \pm (m + 1)$ après cette même $p - 1^e$ génération.

« Pour l'espèce A cette règle générale donne lieu à la remarque suivante : c'est que les nombres à ajouter au produit par n et fournis par les espèces $A + 1$ et $A - 1$ sont égaux.

« Un simple coup d'œil jeté sur les premiers résultats d'une espèce quelconque montre que le nombre des individus y croît dans une progression plus rapide que celui des espèces moins modifiées. Ainsi l'espèce $A \pm 3$, qui à la troisième génération ne compte qu'un individu, à la génération suivante en comptera $4n$; à la cinquième $10n^2 + 5$; à la sixième $20n^3 + 30n$, etc., tandis que les nombres correspondants de l'espèce $A \pm 2$ sont : $3n$, $6n^2 + 4$, $10n^3 + 20n$, $15n^4 + 60n^2 + 15$; que ceux de l'espèce $A \pm 1$ sont respectivement : $3n^2 + 3$, $4n^3 + 12n$, $5n^4 + 30n^2 + 10$, $6n^5 + 60n^3 + 60n$, etc., et ceux de l'espèce A : $n^3 + 6n$, $n^4 + 12n^2 + 6$, $n^5 + 20n^3 + 30n$, $n^6 + 30n^4 + 90n^2 + 20$, toutes progressions dont la marche est de moins en moins rapide.

GÉNÉRATIONS	A	A ± 1	A ± 2	A ± 3	A ± 4	A ± 5	A ± 6	A ± 7	A ± 8
0	1								
1	10	1							
2	102	20	1						
3	1.060	303	30	1					
4	11.206	4.765	604	40	1				
5	120.300	64.266	10.2:0	1.005	50	. . .1			
6	1.309.020	839.482	156.015	20.300	1.506	60	. . .1		
7	14.411.400	8.071.035	2.241.050	360.521	35.420	2.107	70	. . .1	
8	160.256.070	134.862.813	30.842.056	5.881.680	716.828	56.560	2.808	80	. . .1

« Si nous posons $n = 10$, c'est-à-dire si la puissance génératrice est 12, le tableau précédent devient (tableau II, p. 390) :

« Ce tableau montre clairement que l'accroissement progressif des espèces est d'autant plus rapide qu'elles s'éloignent davantage de la source. De plus on voit que, à la quatrième génération déjà, le nombre des individus transformés est près d'égaler celui des individus ayant conservé le type pur. En effet, le nombre des premiers appartenant aux espèces $A + 1$ et $A - 1$, $A + 2$ et $A - 2$, etc., est $2(4765 + 604 + 40 + 1) = 10.820$, nombre qui n'est pas éloigné de 11.206, qui correspond à l'espèce type. Mais à la cinquième génération le rapport est déjà devenu 151.044 à 120.300. Bien mieux, à la huitième génération le nombre des individus soit des espèces $A + 1$, $A + 2$..., $A + m$, soit des espèces $A - 1$, $A - 2$..., $A - m$ l'emporte sur celui des individus restés semblables à la souche mère. Ce nombre est, en effet, 172.362.826 contre 160.256.070. Comme on le voit, vers la génération d'un rang égal à peu près à la moitié de la puissance génératrice, l'espèce pure se trouve déjà en minorité, et après un même nombre de générations encore, elle comprend moins du tiers de la totalité des individus.

« Nous avons jusqu'à présent supposé que la différenciation a une action définie, c'est-à-dire qu'elle tend continuellement à transformer les espèces les plus récentes en espèces nouvelles. C'est ainsi que de l'espèce $A \pm 3$ elle tire l'espèce $A \pm 4$; de celle-ci l'espèce $A \pm 5$, et, en général, de l'espèce $A \pm m$, l'espèce $A \pm (m + 1)$. On peut aussi faire une autre supposition et se représenter la cause comme ayant une action limitée à la production d'une espèce d'un rang donné, $A \pm 3$, on $A \pm 4$, ou, en général, $A \pm m$. Le problème reçoit une solution en tous points semblable. Cette espèce limite seulement, bien que croissant indéfiniment en importance relative, ne parvient jamais, cependant, à égaler celle du type. L'égalité ne peut être atteinte qu'après un temps infini. Cette conclusion ressort de l'examen du tableau II, qui, à quelques modifications près, indique d'une façon suffisamment approximative la marche de l'accroissement des espèces, même pour ce cas particulier.

« Cette relation toute particulière entre les progressions numériques de l'espèce type et d'une espèce dérivée quelconque permet de résoudre une difficulté qui se présente naturellement à l'esprit : s'il y a une certaine tendance de la part des hermaphrodites à devenir sexués, ou des blancs à se convertir en nègres, comme, d'un autre côté, on accorde qu'il y a une tendance égale qui ramène la variété au type, comment se fait-il qu'à un certain moment, quand les variétés l'emportent en nombre, cette même tendance n'aboutisse pas à reproduire le type primitif? C'est que chaque espèce est numériquement inférieure au type. La cause constante détache bien une partie de l'espèce $A \pm 1$ pour la rattacher au type A, mais ce que fournit ce type à la première espèce est toujours plus considérable. De même l'espèce $A \pm 2$ alimente bien l'espèce $A \pm 1$, mais celle-ci rend à celle-là plus qu'elle ne reçoit, et ainsi de suite. Chaque degré de variété compte des représentants moins nombreux que le type, mais comme cette différence tend à devenir nulle, deux degrés quelconques ajoutés l'un à l'autre finiront par avoir la prépondérance. »

CHAPITRE III

DES GROUPES SUBSPÉCIFIQUES ET DE L'ESPÈCE

Puisque chaque être vivant a son individualité et qu'il n'en est pas deux absolument semblables, il en résulte que l'individu est la seule réalité objective; la collection est idéale et n'existe que dans l'esprit qui la formule. Mais dans l'impossibilité absolue où l'on se trouve de s'arrêter à chaque individu, on établit des séries dont chaque terme correspond à un ensemble d'individus possédant des caractères communs fixés héréditairement et on néglige temporairement les caractères différenciels. L'utilité de ces groupements ressort si évidente de la faiblesse de l'esprit humain et de l'impossibilité de se reconnaître au milieu du dédale des formes vivantes sans leur secours, qu'à quelque école qu'on appartienne, on les accepte.

Le naturaliste groupe les individus en espèces, celles-ci en genres, les genres en ordres, ceux-ci en classes, les classes en sous-embranchements et en embranchements. L'étendue du champ qu'il explore lui permet peu de descendre aux différences subspécifiques. Le zootechniste et le phytotechniste, qui n'ont guère à remonter au delà du genre, s'en préoccupent avec grand soin et ils cherchent à les catégoriser.

Pour cela, il faut ou abaisser la valeur des termes anciens, notamment celle de l'espèce et du genre, ou intercaler de nouveaux groupes entre l'espèce et l'individu et laisser aux anciennes expressions leur signification que l'usage et le temps ont consacrée. L'école dite jordanienne suit la première voie et multiplie les espèces qui, par ce morcellement, diminuent d'étendue et de valeur. Nous avons adopté le second mode, car l'intercalation de groupes subspécifiques nous paraît préférable sous tous les rapports. Ceux-ci se subdivisent en *variétés*, quand les caractères communs des sujets qui les constituent ne sont pas stables, et en *sous-races* et en *races*, lorsqu'ils possèdent la fixité et sont transmissibles.

Variété, sous-race et race sont les collectivités d'intérêt prépondérant pour le zootechniste. Aussi n'a-t-on pas à exposer les principes généraux de la taxinomie ni les bases sur lesquelles les groupes zoologiques ont été établis. Un seul, l'espèce, doit être examiné ici, tant à cause qu'il est, en biologie générale, le terme premier de la classification qu'en raison de la valeur particulière qui lui a été attribuée.

Section première. — De la variété.

La variété est une collection d'individus de même souche qui se distinguent de leurs congénères par un ou plusieurs caractères communs qu'ils ne transmettent pas à leurs descendants.

Un seul individu, fût-il particularisé au possible, ne constitue qu'une individualité; il en faut au moins deux pour constituer la variété. Mais il est clair que celle-ci n'est qu'une résultante de manifestations individuelles dirigées dans le même sens et avec la même amplitude.

Le défaut de fixité la caractérise essentiellement et la différencie des autres collectivités dont nous connaîtrons plus loin. Les caractères propres des sujets constituant une variété ne se reproduisent pas héréditairement; ils sont liés seulement à l'individu, mais ne semblent pas assez profondément immatriculés dans l'organisme pour être reproduits sûrement dans la descendance.

Des auteurs se sont écartés de cette règle et ont désigné sous le nom de variété un groupe d'individus présentant des caractères propres, mais secondaires, transmissibles par la génération. Cette manière de faire est inacceptable; on ne peut qualifier la variété par le peu d'importance de ses caractères, parce que l'appréciation de leur étendue et de leur valeur est une affaire toute personnelle, arbitraire, suivant le point de vue auquel on se place. Du moment où un caractère, si minime qu'on le suppose pourvu qu'il soit propre à un groupe, se transmet, se perpétue par la génération, il devient une propriété ethnique et la variété disparaît pour faire place à la race. Ce n'est pas parce qu'un groupe possède des caractères secondaires qu'on peut l'appeler une variété et qu'on le qualifiera de race ou d'espèce s'il en a de très accentués; dans le second cas comme dans le premier, s'ils ne sont pas fixés, on se trouve en présence d'une variété.

Les variations et les mutations se produisent sur tous les êtres vivants et on trouve des variétés dans les règnes végétal et animal. L'importance qu'on leur accorde en horticulture est de beaucoup supérieure à celle qu'on leur reconnaît en zootechnie. La cause en est à ce que l'on possède les moyens de maintenir, aussi longtemps qu'on le veut ou presque, les variétés végétales.

En confiant les grains à la terre, on obtiendrait des sujets dont les caractères, en vertu des lois de l'hérédité, seraient ceux du type pri-

mitif. Les pépins des meilleures variétés de poires donneraient des sau-
vageons, précisément parce qu'il n'y a pas eu fixation des caractères de
ces fruits. Mais on a tourné l'obstacle en propageant les variétés à conserver par les boutures, les marcottes et les greffes. Quel utile parti
n'a-t-on pas tiré de ces modes de multiplication ? N'est-ce point le bouturage qui a permis de propager les centaines de variétés de pommes de
terre cultivées aujourd'hui, et le marcottage ne donne-t-il pas le moyen
de conserver les formes naines du pommier, pour se borner à deux exemples vulgaires? Quant à la greffe, ses résultats sont plus merveilleux
encore. Tout en s'unissant, le greffon et son sujet conservent chacun son
autonomie, il y a soudure, il n'y a pas fusion. On obtient plusieurs variétés se reproduisant avec leurs caractères propres sur un même sujet
et sur un plant d'aubépine, on peut faire vivre à la fois le sorbier, le
néflier, l'alisier, le cognassier et le poirier.

On a eu vraiment raison de dire que l'art de greffer est le triomphe de
l'arboriculture. Si l'on ne peut fixer la variété, du moins on la propage,
c'est beaucoup ; la longévité des arbres sur lesquels on a pratiqué cette
opération, longévité qui surpasse souvent celle de l'homme, atténue les
inconvénients de son renouvellement.

Il n'y a pas à s'arrêter, en économie du bétail, aux greffes de quelques
tissus animaux qui se prêtent à la transplantation ; leur intérêt biologique
ou chirurgical est incontestable, mais, jusqu'à présent, on ne leur voit pas
d'applications zootechniques.

L'importance de la variété animale est plus faible que celle de la variété végétale, tout au moins au point de vue pratique, parce que moins
bien partagés que les phytotechniciens, les zootechniciens ne possèdent
pas de moyens de la propager. Cependant comme elle est parfois l'initium
d'une race, elle ne doit point être l'objet de l'indifférence; elle montre
la malléabilité de l'organisme, le sens dans lequel il se modifie sous telle
influence déterminée, et elle invite aux efforts pour fixer ce qui se présente accidentellement.

Les variétés animales se présentent dans trois circonstances principales : 1° à la suite de croisements ; 2° comme conséquence d'un changement de milieu ; 3° spontanément, sans causes dégagées. Sans s'arrêter
davantage à leur étiologie, on fera observer que dans les espèces bovine, porcine, canine, cuniculine et surtout parmi les oiseaux domestiques, on en produit beaucoup ; elles sont basées spécialement sur le pelage ou le plumage. Les praticiens de l'élevage, surtout les aviculteurs,
savent aujourd'hui obtenir, par le mariage de sujets de couleurs déterminées, des individus dont la coloration résulte du mélange, de la
superposition ou de la juxtaposition des teintes paternelle et maternelle.
Ils ne font qu'imiter les floriculteurs qui ont été des précurseurs dans
cette voie et dont les travaux sont si remarquables et si suggestifs.

On commence à connaître quelques-uns des modes suivant lesquels la matière colorante se distribue et les régions où elle se fixe. L'aléa disparaît peu à peu de ces opérations sur lesquelles nous nous étendrons comme il conviendra au chapitre du croisement et du métissage. Nous dirons seulement à cette place qu'on produit aujourd'hui dans quelques basses-cours la nuance qu'une vogue [momentanée fait rechercher pour l'ensemble du plumage ou pour quelque partie déterminée du corps. A chaque exposition de volailles se révèlent de nouvelles variétés. La minorité seulement de ces combinaisons nouvelles résiste et acquiert la fixité; jusqu'ici on est impuissant à reproduire la majorité d'entre elles.

Il est des espèces, celle du pigeon entre autres, où les variations spontanées apparaissent fréquemment dans les couvées, sans causes connues ou appréciables. Ces variations, qui portent généralement sur l'abondance, la distribution et la disposition des plumes, sont habituellement fugitives. L'homme arrive quelquefois à en fixer, cela conduit à la race qui dans ce cas en est la continuation.

Section II. — De la race.

La race, dit M. de Quatrefages, est l'ensemble des individus semblables appartenant à une même espèce, ayant reçu et transmettant par voie de génération sexuelle les caractères d'une variété primitive.

On la définit aussi d'une façon plus concise, une variété fixée. En effet, ce qui la distingue essentiellement de la variété proprement dite, c'est qu'elle possède la fixité, la puissance héréditaire. Les animaux et les végétaux qui forment race, transmettent leurs caractères spéciaux. Point n'est besoin en horticulture, pour la multiplication des plantes de cette sorte d'avoir recours aux artifices et aux procédés dont il a été parlé, le semis suffit.

Si la race était toujours le résultat d'une adaptation au milieu, d'une variation d'individus se mouvant lentement, mais continuellement dans un sens déterminé, favorable à la survie dans le milieu où ils sont placés, il serait indiqué de s'appuyer sur les caractères acquis pour la définir; elle serait l'ensemble des animaux d'une même espèce présentant au même degré de développement les mêmes particularités organiques d'adaptation et les transmettant à leur descendance.

Mais on a vu que les races animales domestiques ne se forment pas seulement sous l'influence d'actions naturelles, comme l'altitude, le climat, la nature des pâturages, la quantité de chaleur et de lumière ou de l'intervention humaine, comme la gymnastique organique et le métissage. Il est des particularités, et ce sont précisément les plus fixes en général, qui apparaissent brusquement, sans causes connues, et dont la raison utilitaire échappe.

Comme la variété, la race doit comprendre plusieurs sujets, afin qu'on ne se trouve pas en présence de particularités individuelles et passagères. Le nombre, l'étendue et l'importance des caractères ne constituent pas la race, c'est leur persistance. La race n'existe que par une *collectivité dotée d'un ou plusieurs caractères propres et héréditaires*.

La fixité lui apporte une valeur technique considérable puisqu'elle permet dans les opérations de reproduction d'agir avec certitude. Aussi, la connaissance des races tient-elle une grande place dans les préoccupations des zootechniciens.

Elle peut se former d'emblée, c'est-à-dire qu'un caractère individuel apparu isolément sur un individu peut avoir la fixité dès le début, et l'individu qui le présente être un raceur. Il arrive aussi que la variété précède la race, qu'elle est une candidature à la race. Après s'être montrées sur une génération, avoir disparu sur la suivante pour réapparaître plus tard, des particularités finissent par se fixer. En horticulture, malgré qu'on ait créé un nombre élevé de variétés de pommes et de poires, on ne possède pas *encore* de races de Pommiers et de Poiriers; les semis ne donnent point d'arbres portant les bons fruits d'où les pépins sont issus. Pour le Prunier et le Pêcher on est plus heureux; le Damas noir, la Reine-Claude, la Quetche, l'Alberge et la Pêche de Tullins après avoir été longtemps des variétés qu'on ne réussissait à propager que par la greffe sont aujourd'hui fixées et forment race. Quant aux légumes, le fait est acquis et tout le monde sait par exemple, que les anciennes variétés de Melons, de Carottes, de Betteraves, de Panais, jouissent de la fixité et sont devenues des races végétales. Il en est de même en floriculture ou l'on a fixé des couleurs non primitives, comme dans la Verveine et les Phlox.

Le lecteur sait maintenant qu'en Zootechnie on peut fixer des variétés issues d'opérations de métissage, puisque la démonstration en a été donnée au chapitre précédent.

I. HISTORIQUE DU MOT RACE. — DU TYPE

Le mot race, si généralement employé, non seulement en biologie, mais encore par les géographes et les historiens, est de date moderne, du moins avec la signification qui lui est donnée aujourd'hui.

Hippocrate s'en était pourtant servi et il avait indiqué la ressemblance des individus qui la composent et l'influence des milieux sur l'origine de leurs caractères. Cette expression, noyée au milieu de notions médicales dans les œuvres du père de la médecine ne retint pas l'attention. On ne l'employa plus avec cette signification, mais seulement comme synonyme des termes sorte et espèce pris abstractivement et non dans le sens biologique.

Cependant si les anciens n'employaient pas le mot, ils connaissaient la chose, car sur leurs monuments, il est possible de distinguer déjà diverses races. Dans les peintures de l'antique Égypte, on reconnaît l'Égyptien à la ressemblance de ses traits avec ceux des Fellahs actuels, l'Asiatique à son nez aquilin, le négroïde à ses cheveux laineux.

Quoi qu'il en soit, lorsqu'on parcourt les écrits de ceux qui se sont occupés autrefois, soit des populations humaines, soit des populations animales, on ne le rencontre pas. C'est ainsi qu'en dépouillant les écrits antérieurs au xviie siècle, on voit les chevaux dénommés d'après leur destination ; on appelait *destrier* le cheval de guerre, *palefroi* celui destiné aux tournois, *haquenée* la monture des dames, *sommier* le cheval de somme. Ou bien on les qualifiait d'après leur origine : chevaux d'Otrante, d'Espagne, de Bénévent.

La spécialisation des services ou la différence d'origine comportent nécessairement avec elles une idée morphologique, mais on ne la dégageait pas.

L'emploi le plus lointain du mot *race* que M. Topinard ait pu retrouver remonte à 1606. Il est dû à François Taut qui, dans le *Thrésor de la langue française*, revu par Nicot, dit: « Race vient de *radix*, racine, il fait allusion à l'extraction d'un homme, d'un chien, d'un cheval, on le dit de bonne ou de mauvaise race ». A ce moment, il se rapportait exclusivement à la généalogie.

Buffon, reprenant l'idée d'Hippocrate, réintroduisit la notion de race en zoologie, il la regarda comme une variété créée et fixée par les influences climatériques, la nourriture et les mœurs. Il eut le soin de faire remarquer que la fixité est subordonnée au milieu, qu'elle persiste tant que le milieu reste le même et disparaît quand il change[1].

Une fois l'attention ramenée sur la race et sur les problèmes qu'elle soulève, on s'en occupa largement. Daubenton, Blumenbach, Camper, Sæmmering, Prichard, Lawrence, Virey, Bory de Saint-Vincent, Knox, Morton, Nott et Gliddon, Broca, W. Edwards, Darwin, M. de Quatrefages en firent l'objet de leurs méditations; ils recherchèrent les moyens de les distinguer les unes des autres et ils s'efforcèrent de s'éclairer sur la valeur des caractères ethniques. A cette occasion, les passions se soulevèrent, les discussions du monogénisme et du polygénisme devinrent plus ardentes qu'elles ne l'avaient jamais été.

Les géographes, les historiens et les linguistes ne sont point restés

---

[1] Buffon, *Histoire naturelle générale et particulière des animaux*, t. V. p. 225, Paris, 1769.

indifférents à ce mouvement. Ils ont cherché à agglomérer en races historiques les groupes humains dotés de ressemblances dans les caractères physiques, les mœurs et parfois le langage et que des documents
historiques montraient unis par une véritable filiation. Mais l'agglomération telle que le flux et reflux des événements politiques, des croisements, des migrations, des transactions commerciales, des circonstances
économiques l'ont faite, correspond rarement avec la race telle qu'on l'entend dans le sens de l'histoire naturelle. Il est difficile de dire s'ils ont
réussi dans leur tâche que des considérations de linguistique sont venues
trop souvent obscurcir.

La zootechnie contemporaine met l'étude des races animales au premier
rang de ses obligations; elle n'est étrangère à aucune des préoccupations des
anthropologistes qui reconnaissent volontiers les éclaircissements qu'elle
apporte sur les problèmes les plus obscurs de la science de l'homme.

On a employé le mot *type* à la place de celui de race, mais il n'en est
pas synonyme, car il ne comporte aucune idée de parenté, ni de fixité.
Il s'applique uniquement aux caractères extérieurs, de quelque nature
qu'ils puissent être d'ailleurs, anatomiques, physiologiques, pathologiques, économiques.

Le type est la moyenne, la résultante des caractères d'un groupe, ou
si l'on veut, l'individu idéal qui présenterait la réunion des caractères
dominateurs du groupe ou qui en donnerait à l'esprit l'impression synthétique. Il y a donc des types de familles, de variétés, de races, d'espèces, mais ces types ne sont ni la famille, ni la variété, ni la race, ni
l'espèce, parce que l'idée de continuité dans le temps ne s'y attache pas.

Si homogène que soit un groupe, l'individuation ne perd jamais ses
droits. Or, par une opération intellectuelle, on oublie un moment les
différences individuelles, on rassemble tous les caractères communs; de
leur synthèse naît le type du groupe examiné. I. Geoffroy Saint-Hilaire
a dépeint le type comme « une sorte de point fixe et de centre commun
autour duquel les différences présentées sont comme autant de déviations en sens divers et d'oscillations presque indéfiniment variées ».

Lorsqu'on veut laisser de côté, dans les groupements, toute idée de
phylogenèse, l'expression de type est commode; elle a été très employée
en anthropologie, parce qu'elle avait l'avantage d'écarter de l'histoire de
l'homme la question d'origine qui fut, est et restera la source de toutes les
controverses.

Lorsqu'une race n'est caractérisée que par un très petit nombre de
particularités, le type perd beaucoup de son importance. Une sous-race
qui n'aurait qu'une seule particularité caractéristique ne comporterait pas
l'idée de type, puisque celui-ci est une synthèse et qu'il ne faut pas
confondre le caractère et le type. On a pourtant cru utile de parler de
types primaires, secondaires, tertiaires, etc.

Pratiquement, c'est le type qui doit se graver dans l'esprit et c'est lui qui permet d'établir rapidement les diagnoses de races.

On vient de voir que, après avoir eu un sens tout abstrait, le vocable race a été assis sur la notion de filiation, et ne représentait que l'idée de famille agrandie. Avec Buffon, il s'est appuyé sur la communauté de caractères et, à notre époque, on insiste tout particulièrement sur l'idée de transmission héréditaire de ces caractères communs qui, à l'origine, étaient des variations individuelles.

Un savant zootechniste, M. Sanson, n'a point apporté son consensus à cette façon générale d'entendre la race. Il ne peut, dit-il, y avoir aucun motif valable de substituer la notion de race à celle de variété qui servirait à en définir le genre nouveau. Une race est une race, et une variété, étant une variété, ne peut être une race. Si elle est douée de constance, elle sera qualifiée de constante, mais ne cessera point pour cela d'être une variété. Par là, elle se distingera des variétés accidentelles ou fortuites par lesquelles commencent du reste toujours nécessairement les variétés constantes.

Le lecteur voit déjà que l'abandon du mot race avec le sens qu'on lui donne habituellement amène l'auteur à reconnaître deux sortes de variétés, les unes constantes et les autres passagères, première cause de confusion qu'il eût été facile d'éviter en appelant race, comme tout le monde, la variété fixée.

Ce n'est pas tout : « Le terme de race, dit M. Sanson, n'exprime et ne peut exprimer que la loi naturelle en vertu de laquelle les animaux jouissent de la faculté de se reproduire indéfiniment en perpétuant leur type. Ce terme se réfère exclusivement à la notion de temps et de durée; il embrasse toute la série des générations successives issues d'un couple pris à un moment indéterminé admis comme celui de son commencement et dont l'origine nous est et nous sera peut-être toujours inconnue. La descendance actuelle de ce couple qui représente la race dans l'espèce, se rattache à lui par un nombre indéterminé de générations intermédiaires. Il y a dans le règne animal plusieurs et pour mieux dire un grand nombre d'espèces de races, car chaque race, comme tous les objets naturels, est d'une espèce ou d'une sorte particulière. La définition classique que nous repoussons conduit à admettre que dans chaque espèce animale il devrait y avoir plusieurs races, comme il y a en effet plusieurs variétés. Cette conception arbitraire donne une image fausse de l'ordre naturel des choses. » Comme pour accentuer encore sa pensée, l'auteur identifie complètement l'espèce et la race. Pour lui, c'est une seule et même chose, seulement la première exprime l'idée de forme, la seconde celle de filiation.

On cherche en vain les raisons qui ont pu pousser à cette identification et les avantages qu'elle peut présenter. Dire que Linné, le maître en classification, ne s'étant servi que des termes *species* et *varietas*, il n'y a pas de place pour celui de race, c'est méconnaître les progrès faits en biologie depuis les travaux du savant d'Upsal, c'est surtout oublier qu'écrivant en latin Linné ne pouvait trouver dans cette langue de terme adéquat à notre mot race, puisque les Latins ne le connaissaient pas.

Depuis les travaux des savants dont il a été question dans les pages précédentes, la langue zoologique est fixée et on accorde aux expressions variété et race un sens distinct et, en outre, on les différencie du mot espèce. Il y a toujours avantage à ce que, dans les sciences, on parle le même langage. Un mot ne doit être rejeté et surtout détourné de sa signification primitive qu'en cas de nécessité absolue déterminée par un progrès scientifique. L'idée de retirer du langage l'expression de race, car l'identifier à celle d'espèce équivaut à sa suppression, ne peut être acceptée des zootechnistes. En effet, les éleveurs l'emploient journellement en lui donnant son vrai sens ; chaque fois que dans leurs étables une particularité se perpétue, ils disent que les individus qui la reproduisent *racent ;* leur langage est juste, conforme au sens que nous nous formons de la race ; il n'y a qu'avantage à parler comme eux et aucun inconvénient. D'ailleurs, l'identification que nous combattons n'aurait pas seulement l'inconvénient de ne point correspondre à la réalité, elle aurait encore celui de ne plus permettre l'emploi de vocables différents pour les produits de mariages entre sujets de races et d'espèces différentes, qu'on ne peut identifier parce qu'ils ne sont pas semblables.

La race doit donc conserver sa place dans la classification zoologique, entre la variété et l'espèce.

II. DES SORTES DE RACES. — DES SOUS-RACES

Puisqu'une retouche du type, quelle qu'elle soit, devenue héréditaire, constitue une race, et que l'étendue et l'importance de cette retouche sont fort variables, il en résulte nécessairement qu'il est des races plus largement caractérisées que d'autres. Entre les races du Lévrier et du Dogue, il y a assurément plus de différence qu'entre celles de l'Épagneul et du Saint-Germain, entre celles du cheval arabe et du gros belge, davantage qu'entre le boulonnais et l'ardennais. Les écarts sont si marqués qu'on comprend et qu'on excuserait au besoin les morphologistes purs d'en avoir fait des espèces. Mais si, au lieu de s'adresser aux extrêmes, on rassemble toutes les races d'une même espèce zoologique, on s'aperçoit vite qu'il y a une série de formes intermédiaires qui les relient les unes aux autres. Entre le mouton mérinos et le dishley, il y a assuré-

ment un contraste complet ; mais si, à côté du Dishley on place succcessi-
vement le mouton de Crevant, le Berrichon, le Charolais, le Millery, le
Lauraguais et le Barbarin, on approche du Mérinos et on passe graduellement de l'un à l'autre. On est amené à conclure que ce qui donne avant
tout son existence à la race, c'est sa pérennité, la perpétuation de la
forme plutôt que la forme elle-même.

Comme l'esprit a besoin de termes pour répondre aux choses qu'il considère, on a accolé au mot race des épithètes pour les catégoriser.

En Allemagne, Nathusius reconnaît des *Primitive-Rassen* et des
Zuchtungs-Rassen; Settegast parle de *Naturliche-Rassen* et de *Kul-
tur-Rassen.* En France, M. de Quatrefages groupe les races en *primaires*
desquelles naissent les races *secondaires* et *tertiaires*, etc. M. Baron,
transportant la notation mathématique en histoire naturelle, parle de
R', R'', R'''.

Pour les uns et les autres, la race naturelle, primitive ou prime, est la
forme subspécifique qui ne s'est point créée sous nos yeux, mais qui a
pris naissance aux temps tertiaires ou quaternaires. La race secondaire
s'est formée à l'époque actuelle, avec ou sans l'intervention humaine.
Issue de la primaire, elle donne naissance à la tertiaire; il y a une dérivation successive des formes les unes des autres, qu'expriment les qualificatifs adoptés.

S'il était permis de détourner les mots de l'acception que leur ont donnée
ceux qui s'en sont servis les premiers, nous accepterions très volontiers
les qualifications de primes, secondes, etc., pour indiquer l'importance de
la caractérisation ; les races dont les particularités sont nombreuses, étendues, seraient les R', les autres les R'', R''', suivant leurs caractères. Il
nous paraît discutable d'introduire la notion d'origine, fatalement hypothétique, dans la question de race. En effet, du moment que les formes
dérivent les unes des autres, peut-on appeler primaires des races qui
tiennent nécessairement, à d'autres formes dont elles sont issues. Les
connaissances paléo-zootechniques sont encore trop incomplètes pour
permettre la catégorisation de races vraiment primitives, d'autant qu'on
ne s'est pas toujours montré suffisamment sévère dans l'observation et
que parmi les caractères dits ethniques, il en est qui probablement sont
sous la dépendance du sexe et de l'âge plutôt que de la race. Même parmi
les races formées aux temps historiques, il est impossible pour un grand
nombre de dire où est la forme-souche et où sont les dérivées, ces dernières pouvant tout aussi bien avoir été le point de départ que l'arrivée.
A plus forte raison, nous devons être très incertains quand ils s'agit de
formes quaternaires ou tertiaires, vis-à-vis desquelles nos appréciations
chronologiques ne sont qu'approximatives.

Les éleveurs, dans leur langage, n'emploient guère que deux termes :
ceux de *race* et de *sous-race*, et ils les appliquent plutôt à l'appréciation

des caractères qu'à la filiation qu'ils considèrent comme trop sujette à hypothèse. Quelques zootechnistes, Magne et Tisserant entre autres, avaient adopté cette manière de parler qu'il n'y a pas d'inconvénient à conserver et que nous emploierons aussi.

III. DE LA DÉNOMINATION DES RACES

La désignation d'une variété, suivant une habitude empruntée à l'horticulture, se fait d'après la particularité dominante. C'est ainsi que, en aviculture, on se sert des épithètes de doré, argenté, barré, crayonné, pintelé, ardoisé, frisé, soyeux, pour désigner les variétés d'Oiseaux de basse-cour, en hippologie et en taurologie de celles de tigré, moucheté, fleur de pêcher, etc.

Pour les races, les manières de parler sont différentes et une véritable confusion règne dans le langage. Des auteurs ont envisagé la taille comme caractère dominateur, et dans une espèce, ils ont distingué de grandes, de moyennes et de petites races. D'autres ont pris la coloration pour base, et ils ont eu des races unicolores, bicolores, multicolores ; les aptitudes ont également été utilisées pour les classifications : on a eu dans l'espèce chevaline des races de gros trait, de trait léger, de selle ; dans l'espèce bovine, des races laitières, de travail, de boucherie et des races mixtes ; dans l'espèce ovine, des races à laine fine, d'autres à laine longue et grossière. L'aspect général a également été mis à contribution : on a eu des races communes et des races nobles.

Il est à peine besoin de dire combien sont insuffisantes et primitives ces classifications. Acceptables tant que l'idée de race n'était pas dégagée, elles ont dû être modifiées.

On a aujourd'hui l'habitude assez générale de qualifier les races d'après le pays d'où on les suppose originaires ou qu'elles occupent en majorité. C'est ainsi qu'on a les races chevalines arabe, percheronne, ardennaise ; les bêtes bovines hollandaises, normandes, fribourgeoises, de Schwitz ; les Moutons de Leicester, de Larzac ; les Porcs d'Yorkshire ; les Canards du Labrador ; la Poule de Houdan, celle de Cochinchine.

Cette manière de dire est la traduction, consciente ou non, de l'influence d'une région sur le bétail qui y vit, de l'action du milieu dans la formation des races et on ne peut que s'étonner de la voir employée par des personnes qui parlent de types préétablis ou qui se réclament des doctrines de Linné.

Elle n'est pas la meilleure qu'on eût pu adopter. Avec la facilité des relations internationales, une race se dissémine partout où l'intérêt de l'élevage est de l'importer ; si elle s'acclimate et se perpétue, il est d'usage qu'elle perde rapidement son nom d'origine et prenne celui du pays où elle s'implante. Elle ne rappelle plus rien à l'esprit. La race bovine hollandaise transportée dans la Russie septentrionale est devenue la race de Kolmagor; celle de Schwitz acclimatée en Sicile est qualifiée de palermitaine; le Mérinos, en Australie, est devenu le Camben. Que disent ces noms à ceux qui n'ont visité ni la Russie, ni la Sicile, ni l'Australie?

Un autre inconvénient est que cette nomenclature n'est pas employée dans toutes les espèces ou pour toutes les races d'une même espèce; les exceptions sont assez nombreuses. Les Shorthorns et les Mérinos en sont des exemples typiques pour les espèces bovine et ovine; on sait d'autre part que les chiens, les lapins, les pigeons et plusieurs autres espèces d'Oiseaux domestiques sont partagés en races dont les noms n'ont pas d'étymologie géographique, comme celles du Dogue, du Lapin-bélier, du Pigeon capucin, du Paon blanc.

Il serait donc à désirer qu'une réforme s'accomplît: Rappelons à ce propos que, dans sa *Philosophia botanica*, Linné exposant magistralement les principes de la nomenclature, a déclaré que la dénomination spécifique doit rappeler un caractère organique différentiel et jamais un nom de pays, non plus que les propriétés médicinales, alimentaires ou industrielles. Conformément à ce principe, il y aurait lieu d'employer un vo-cable stéréotypant du mieux qu'on le pourrait le caractère dominateur ou la caractéristique de la race; qu'on l'emprunte à la morphologie ou à la physiologie, il n'importe, l'essentiel serait qu'on se mît d'accord.

L'emploi d'adjectifs expressifs aurait l'avantage d'éveiller dans l'esprit au moment où on les entend, où on les lit, l'idée d'un caractère typique. Mais, en raison du grand nombre de races, les mêmes qualificatifs s'appliquaient forcément à plusieurs, il faudrait alors leur adjoindre une seconde désignation qui pourrait rappeler les rapports de la race avec le sol; à notre sens, il la faudrait topographique et non géographique. On pourrait, dans chaque espèce, qualifier les races de désertique, littorale, des plateaux, des vallées, des steppes, des montagnes, etc.; avec adjonction d'un autre qualificatif quand des races de même espèce vivraient dans les même conditions: race brune des montagnes, race pie-noire des montagnes, etc.

Au surplus, nous tenons à déclarer que nous n'avons nullement la prétention de poser des règles absolues, rien ne doit immobiliser le langage scientifique et l'empêcher de se modifier en même temps que progresse la science dont il est l'expression.

Plusieurs modes pourraient donc être adoptés; l'important serait que les noms de race devinssent universels comme ceux d'espèces et qu'en les entendant prononcer, on sût immédiatement de quel type il s'agit.

Section III. — De l'espèce.

Si l'on reconnaît volontiers que les groupes supérieurs, classes, genres, ordres, etc., n'ont pas de réalité objective et ne sont que des abstractions, il n'en est pas de même pour l'espèce. On lui a accordé la réalité ainsi qu'une valeur de même sorte que celle qui s'attache à l'individu.

Objet des méditations des penseurs, sujet de discussions passionnées, elle est depuis deux siècles une pomme de discorde parmi les naturalistes qui ne peuvent s'entendre sur ses caractères.

I. SIGNIFICATIONS DIVERSES ATTRIBUÉES A L'ESPÈCE

Si l'on remonte aux écrits du père de l'histoire naturelle, à Aristote, on le voit se servir pour classer les êtres des mots γένος, genre, et εἶδος, forme. Les Latins ont traduit l'un par *genus* et l'autre par *species*, dont nous avons fait *espèce*. Parfois Aristote employait les mots genre et forme l'un pour l'autre, mais en général le premier répondait à des groupes à caractères plus élevés que le second qu'il appliquait aux individus s'unis-sant naturellement entre eux.

Alfred le Grand, le premier d'après Pouchet, J. Ray d'après Carus et de Quatrefages, auraient conçu l'idée d'espèce avec la filiation comme caractéristique. Ray dit explicitement que les plantes sont de même espèce lorsque par graine elles reproduisent des individus semblables à elles-mêmes, et il oppose ce mode de reproduction au bouturage, au marcottage et à la greffe. A la conception de la généalogie, Tournefort ajouta la similitude des caractères.

Linné qui vint à son tour et rendit par la nomenclature binaire des services inappréciables à la science, qui se serait stérilisée par en-combrement de richesses qu'elle ne classait plus, a donné des espèces une définition que tout le monde connaît : *Tot sunt species quot formas diversas ab initio creavit in infinitum Ens.* Cette définition, qui n'est pas l'opinion complète de Linné sur ce sujet, comme on le verra plus loin, tranche la question d'origine, elle donne à l'espèce une réalité entière et la dote de la fixité et d'une valeur spéciale.

Le problème de l'espèce n'a cessé de préoccuper Buffon, parce qu'il avait aperçu les variations qui s'y produisent et senti que les limites de la variabilité sont précisément le point difficile à résoudre. En plusieurs endroits de ses œuvres il y revient ; voici celle de ses conceptions de l'espèce qui semble le mieux résumer ses idées : « L'empreinte de cha-que espèce est un type dont les principaux traits sont gravés en ca-ractères ineffaçables et permanents à jamais, mais toutes les touches accessoires varient, aucun individu ne ressemble parfaitement à un autre, aucune espèce n'existe sans un grand nombre de variétés. » Il reconnaît que les espèces n'ont point la même valeur ; il les subdivise en *majeures* ou nobles « dont l'empreinte est plus ferme, la nature plus fixe et qui ont conservé leur type primitif, et en *inférieures* ou vulgaires qui ont éprouvé d'une manière sensible tous les effets des différentes causes de dégénération ».

Cette sorte de contradiction entre des espèces plus fixes que d'autres et la possession de caractères permanents qu'il avait proclamée dans la définition plus haut citée, est l'indice des hésitations d'un esprit investigateur et ne peut être blâmée.

Pour savoir si la variabilité se fait dans le sein de l'espèce ou au delà, il entreprend ses expériences tant de fois citées sur l'union du chien et de la louve et cherche dans la fécondité un criterium, sans arriver de ce côté, pas plus qu'avec la notion exclusive de morphologie, à être entièrement fixé.

Il faut retenir qu'en admettant la variabilité de l'espèce, en parlant d'espèces moins fixes que d'autres, Buffon porta les premiers coups à la doctrine dite linnéenne. Au fond, Linné était arrivé à la même conclusion que lui. M. Saint-Lager a fait très bien voir que, si l'on veut connaître l'opinion de Linné sur l'espèce, il ne faut point s'en tenir à la définition qu'il en a donnée dans le *Genera plantarum*, mais parcourir ses autres ouvrages et notamment le *Species plantarum*. On voit alors que le polymorphisme des espèces ne lui avait point échappé, il parle de variétés qui deviennent constantes et constituent des espèces de seconde formation. Il admet même que quelques-unes, parmi celles-ci, sont produites par hybridité[1]. Mais chaque maître a des disciples qui s'en tiennent à quelques-unes de ses propositions et les présentent comme toute sa pensée. Ce fut le sort de Linné, en qui on incarna la doctrine de la fixité de l'espèce.

Les idées semées par Buffon ne restèrent point stériles. Recueillies, vérifiées et commentées par d'illustres naturalistes, l'antagonisme s'établit fatalement entre eux et les linnéens. La preuve en ressort par les définitions suivantes de l'espèce, qui ne sont que des exposés concis de l'une ou l'autre doctrine.

L'espèce est la réunion des corps organisés, nés les uns des autres ou de parents communs, et de ceux qui leur ressemblent autant qu'ils se ressemblent entre eux (Cuvier).

L'espèce est une collection d'individus semblables, que la génération perpétue dans le même état tant que les circonstances de leur situation

---

[1] Saint-Lager, Communication à la Société botanique de Lyon, séance du 19 février 1889.

ne changent pas assez pour faire varier leurs habitudes, leur caractère et leur forme (Lamarck).

L'espèce est la succession des individus qui se perpétuent (Flourens).

L'espèce est l'individu répété et continué dans le temps et l'espace (de Blainville).

L'espèce est la réunion de tous les individus qui tirent leur origine des mêmes parents et qui redeviennent par eux-mêmes ou par leurs descendants semblables à leurs premiers ancêtres (C. Vogt).

L'espèce est une collection ou une suite d'individus caractérisés par un ensemble de traits distinctifs dont la transmission est naturelle, régulière et indéfinie dans l'ordre actuel des choses (I. Geoffroy Saint-Hilaire).

L'espèce est l'ensemble des individus plus ou moins semblables entre eux qui peuvent être regardés comme descendus d'une paire primitive unique par une succession ininterrompue et naturelle de familles (de Quatrefages).

Dans toutes ces définitions qu'on aurait pu multiplier davantage, sauf dans celle de Flourens, l'idée d'espèce s'appuie sur la similitude des caractères, mais la divergence se manifeste quand il s'agit de la fixité. Dans celle qu'on doit à Flourens, la fécondité est prise comme criterium. Entrant hardiment dans la voie où avait commencé de s'engager Buffon, ce naturaliste tira des conclusions fermes des expériences faites dans cet ordre d'idées.

Si les discussions devinrent vives, il n'est pas difficile de deviner que la cause en fut à ce qu'on ne voulut point séparer la question de l'origine de l'espèce de sa caractéristique et que les préoccupations relatives à l'espèce humaine ont tenu une grande place dans l'esprit des adversaires.

Les variations dans l'espèce n'étant pas niables, on les accepta de part et d'autre, mais les discussions s'engagèrent ardentes, passionnées sur leur étendue, leur importance et leur fixité. C'est bien là, en effet, le nœud du problème, puisque de la façon dont on le dénoue dépend la réalité même de l'espèce.

Pour les uns, depuis le moment où l'existence des espèces actuellement vivantes nous a été révélée, elles sont restées immuables dans leur type.

« La forme spécifique de chacun des êtres vivants, dit l'un d'eux, ne saurait subir des variations durables sous l'influence d'aucune condition de milieu. Cette forme est déterminée et dépend d'une loi naturelle que nous constatons sans pouvoir en pénétrer la raison première. C'est elle qui constitue le type morphologique de ces êtres, en vertu duquel nous les distinguons et nous pouvons les classer en catégories de divers ordres par des caractères généraux d'abord, puis par des caractères de plus en plus particuliers depuis l'embranchement zoologique jusqu'à l'individualité, en passant par la classe, par le genre et par l'espèce. » (Sanson.)

Cette manière d'envisager l'espèce dénonce ou sous-entend que chaque être a été créé pour son milieu, chaque organe pour la fonction qu'il remplit, chaque chose comme faite pour une fin préconçue ; c'est la doctrine dite *des causes finales* ou *téléologique* (τελέος, fin).

En face des partisans de l'immutabilité du type spécifique dont les uns sont restés créationnistes avec Linné — *ab initio creavit infinitum Ens* — et les autres tiennent à l'école positiviste qui évite de s'arrêter à l'origine des espèces sous prétexte qu'elle est incognoscible, se présentent ceux pour qui l'espèce ne correspond point à quelque chose d'absolu. Elle est subjective et idéale comme les autres groupes ; les êtres descendant les uns des autres, elle n'est qu'un stade, qu'une collectivité relativement temporaire tenant au passé d'où elle vient et à l'avenir par les formes qui en dériveront; elle ne peut être considérée isolément.

A entendre ainsi l'espèce, correspond un ensemble d'idées qui constitue la doctrine du *transformisme* ou de l'*évolution*. Le dernier de ces termes est préférable au premier ; en effet, quand on va au fond des choses, qu'on descend aux éléments anatomiques, on voit qu'il n'y a pas mutation, transformation de ces éléments. A leur début, ils se montrent toujours avec leur forme primitive ancestrale et commune à l'embranchement. Ce qui change sous de multiples influences, c'est leur nombre et leur goupement, par conséquent le volume et la forme des organes ou des appareils qui peuvent s'amplifier, s'atrophier ou même disparaître.

L'emploi du mot transformisme peut aussi laisser supposer qu'une espèce se transforme en une autre, ce qui n'est pas; cette autre en dérive, se développe à côté d'elle, l'anéantit parfois, mais la première n'a point changé pour cela. Elle a engendré une autre forme, elle ne s'est point transformée.

La lutte a été et est encore vive entre les partisans des deux doctrines, mais il est indéniable que le nombre de ceux qui se rattachent à l'évolution augmente chaque jour. Les causes du succès de la doctrine évolutioniste tiennent surtout aux progrès des études paléontologiques. Lyell a commencé à préparer les esprits par ses travaux de géologie. Il prouva que le passé doit être expliqué par le présent, que les causes naturelles actuellement agissantes ont dû être les facteurs des événements passés. Nous avons indiqué au chapitre de la filiation et des formes affines des animaux domestiques, dans quel esprit se poursuivent aujourd'hui les recherches paléontologiques et on a vu quelles conséquences elles autorisent.

II. DE LA DOCTRINE DE L'ÉVOLUTION

L'influence des concepts de l'école évolutionniste, si considérable à tant de titres en histoire naturelle, a été trop marquée sur la manière de comprendre l'espèce, pour que nous puissions nous dispenser de résumer brièvement les arguments qu'elle invoque et les conclusions qu'elle tire. L'ensemble en est fréquemment désigné sous le nom de Lamarckisme et de Darwinisme, du nom des deux naturalistes les plus illustres qui s'en sont occupés. Ils ne sont point les seuls, car on peut dire que depuis que l'humanité pense, le problème de l'origine des choses la tourmente, mais dans l'impossibilité de faire un exposé complet des tentatives sur ce sujet, les idées de Lamarck et de Darwin, trouveront seules place ici.

Le naturaliste français Lamarck, dans un livre, la *Philosophie zoologique*, publié en 1809, qui n'eut point auprès de ses contemporains le succès qu'il méritait, aborda nettement le problème : « Ce n'est, dit-il, pas un objet futile que de déterminer positivement l'idée que nous devons nous former de ce que l'on nomme des *espèces* parmi les corps vivants et que de rechercher s'il est vrai que les espèces ont une constance absolue, sont aussi anciennes que la nature et ont toutes existé originairement telles que nous les voyons aujourd'hui ou si assujetties aux changements de circonstances qui ont pu avoir lieu à leur égard, quoiqu'avec une extrême lenteur, elles n'ont pas changé de caractère et de forme dans la suite des temps. » Et il conclut sur ce point que « la nature ne nous offre d'une manière absolue que des individus qui se succèdent les uns aux autres par la génération et qui proviennent les uns des autres, mais les espèces n'ont qu'une constance relative et ne sont invariables que temporairement ».

Les idées lamarckiennes furent mal accueillies pour diverses raisons tenant les unes à la façon dont elles étaient exposées, les autres à l'époque. Lamarck ne reculait point devant les hypothèses ; au lieu de se contenter de noter les variations et l'usage qui en était fait par les animaux qui les présentaient, il en voulut toujours trouver la cause et il la chercha non seulement dans le milieu, mais encore dans des besoins dont les animaux auraient conscience. Les variations des espèces ne le préoccupèrent pas seules, il s'inquiéta de l'origine des premiers êtres et il se prononça hardiment en faveur de la génération spontanée.

Mais la cause principale de son insuccès fut l'état des sciences au moment où il formula sa doctrine. La paléontologie, la tératologie et l'embryologie qui ont rendu tant de services aux idées d'évolution n'étaient pas constituées, et en biologie régnait la doctrine de la préexistence des germes. On croyait que tout organisme à venir était inclus dans ceux dont il dérive par un emboîtement successif des germes et il en découlait qu'on ne pouvait douter de la fixité des espèces.

Cependant des naturalistes éminents donnèrent leur adhésion à l'idée de filiation et de variabilité des espèces ; parmi eux, en France, se trouvent Et. Geoffroy Saint-Hilaire, Bory de Saint-Vincent et Ch. Naudin ; à l'étranger, Gœthe, Treviranus, Oken, de Buch, de Baer, Schleiden, Erasme, Darwin, Huxley.

Malgré cela, la doctrine de l'immutabilité de l'espèce à laquelle Cuvier avait apporté l'appui de sa haute autorité, dominait d'une façon générale quand Ch. Darwin publia en 1859 son célèbre livre sur l'*Origine des Espèces*.

Darwin, non seulement donna à la doctrine lamarckienne l'appui d'un nombre considérable de faits, mais il la compléta par un principe nouveau, la *sélection naturelle* dont nous avons déjà dit quelques mots. Ayant remarqué que, pour arriver à créer une variété nouvelle, les éleveurs et les horticulteurs faisaient choix des sujets présentant au maximum les caractères de la variété à fixer et que, les faisant reproduire à chaque génération, ils recommençaient ce choix, il rechercha si, dans la nature, il ne se passait pas quelque chose d'analogue. Il vit que ce triage se fait naturellement et qu'il est la conséquence de la lutte acharnée que se font entre eux les sujets d'une même région. Les plus faibles, les moins bien armés pour cette lutte succombent, tandis que ceux qui ont présenté une particularité, si minime fût-elle, qui leur a été utile pour l'attaque ou la défense, ceux-là se sont reproduits. En faisant souche, ils ont donné naissance à des descendants présentant comme eux des particularités utiles, et c'est ainsi que, par ce triage naturel, se créent des variétés qui deviennent des races, puis des espèces. Toute variété bien nette, dit Darwin, est une espèce naissante.

Les variations produites sont conservées par la sélection si elles sont utiles et elles s'amplifient de génération en génération en vertu de la loi de la *variation corrélative ;* la divergence de caractères qui en est le résultat s'accroît et des modifications secondaires apparaissent en raison de la solidarité qui unit les organes entre eux.

Le temps, comme dans la théorie lamarckienne, est un élément indispensable pour que les différences, d'abord faibles, s'accentuent de plus en plus. Aussi il arrive que les formes primitives, puis les formes intermédiaires disparaissent à leur tour devant celles qui sont plus perfectionnées ; il y a donc constamment *divergence* des caractères, de telle sorte que, entre son point de départ et le moment où l'on étudie une forme, il y a des écarts tels, qu'on la classe dans des groupes différents et parfois assez éloignés.

« La transformation lente des organismes, tel est donc le résultat général des influences diverses que les êtres vivants subissent dans la nature. Cette transformation ne suit pas une marche uniforme dans tous les cas, et peut même être nulle. Elle s'opère suivant des directions différentes et donne lieu à l'apparition d'un nombre plus ou moins grand de formes dont les unes s'éteignent et dont les autres deviennent le point de départ de variations nouvelles. Les formes ainsi produites vont donc en s'écartant toujours davantage les unes des autres et de la souche primitive, et elles atteignent, au bout d'une longue série de générations, un degré de différence suffisant pour constituer ce qu'on appelle des espèces distinctes. » (Sicard.)

Un accueil tout autre que celui qui échut aux idées de Lamarck fut réservé à celles de Darwin. L'accumulation des faits, la prudence dans les conclusions, le soin apporté à écarter les questions relatives à l'origine première des choses, la réserve sur les causes des variations en furent les raisons principales, mais non les seules. D'énormes progrès scientifiques avaient été accomplis en géologie, en paléontologie, en embryologie et en tératologie qui avaient préparé les esprits, et si ce n'eût été Darwin, quelque autre serait venu qui aurait repris les idées lamarckiennes. Les explorations géographiques que la rapidité et la facilité des communications avaient multipliées ne pouvaient manquer de faire naître dans l'esprit des voyageurs l'étude de l'influence du milieu sur les êtres. Enfin les pratiques zootechniques étaient autrement entendues qu'au temps de Lamarck et les résultats obtenus par les éleveurs dans la création de races domestiques devaient être utilisés un jour ou l'autre par les biologistes. Il est naturel que ce soit en Angleterre, dans le pays où l'art de l'élevage était plus perfectionné qu'ailleurs à ce moment, que se soit réveillé le transformisme.

Il est des points faibles dans la doctrine de l'évolution qui, d'ailleurs, a été souvent envisagée dans des dispositions d'esprit incompatibles avec la méthode scientifique, enthousiasme ou dénégation de parti pris. Il faut ajouter que les exagérations puériles dans lesquelles se sont lancés quelques disciples peu modérés des grands naturalistes précités et la manie de tout expliquer, ont contribué aussi à jeter de la défaveur sur elle.

On ne s'arrêtera point à discuter le reproche fait au darwinisme de ne pas en apprendre plus que le créationisme sur l'origine première des êtres vivants. Que les formes aient été créées séparément ou qu'elles dérivent les unes des autres, nous n'en savons pas davantage sur la cause formatrice première et sur le procédé employé pour produire le premier ou les premiers organismes; ce point, inaccessible à l'investigation scientifique, ne pourrait être abordé que le jour où l'homme créerait l'organique de l'inorganique; actuellement, rien ne fait prévoir que ce jour se lève, rien n'indique que la génération spontanée puisse être réalisée. Laissons donc, entouré du mystère qui le cache à notre impuissance, le problème de la genèse de la vie sur notre planète et sachons gré à Darwin de ne pas s'être abandonné à des hypothèses de ce côté.

Une des premières objections faites à la doctrine de la dérivation des formes les unes des autres est la coexistence de deux espèces affines dans le même terrain. Comment expliquer alors que l'une descend de l'autre? L'objection n'est point insurmontable, il suffit d'admettre que, quand une espèce dérive d'une autre, elle ne la détruit point immédiatement, ce n'est que dans la suite qu'elle finit par la supplanter.

Une autre objection qui a beaucoup préoccupé Darwin se base sur ce que l'on ne trouve pas toujours dans les couches géologiques les êtres qui établissent nettement le passage d'une forme à l'autre. Des exemples en ont été donnés à propos de la filiation des Équidés et il a été montré que des anneaux manquent à la chaîne qui relie les membres de cette famille si naturelle. Ces lacunes sont dues à l'imperfection des connaissances et des explorations géologiques. Les formes nouvelles découvertes d'année en année sont une présomption de ce que l'on trouvera plus tard. Quest-ce que la partie explorée du globe comparée à celle qui reste à fouiller ?

Si la variation des espèces était une réalité, objecte-t-on, il y aurait une confusion entre les êtres, les démarcations spécifiques disparaissant, on ne pourrait faire de classification. Et d'abord il faut bien reconnaître qu'entre deux espèces il y a, par les races, des passages insensibles de l'une à l'autre. La réalité du passage des formes les unes aux autres est si évidente, qu'elle a frappé tous les paléontologistes et que l'un d'eux, R. Deslonchamps, a pu dire très justement : « Plus on voit d'échantillons, moins on fait d'espèces. » De pareilles transitions ont déjà été indiquées pour les races ; on voit entre elles tant de points de ressemblance qu'on songe involontairement à ces villages de la banlieue des grandes villes dont les maisons disséminées au milieu des jardins permettent difficilement de savoir où la ville finit et où commencent les communes rurales.

On dit aussi que les races anciennes n'ont point varié depuis que nous pouvons les étudier, qu'*a fortiori* il doit en être ainsi pour les espèces. Les chiens représentés sur les monuments de Babylone, de Ninive, de l'antique Égypte, appartenaient à des races bien caractérisées qui se présentaient en ces temps reculés telles que nous les connaissons encore. Lamarck, à qui ces objections avaient déjà été présentées, a répondu que la persistance des formes signifie simplement que les conditions d'existence n'ont point changé depuis les temps historiques et que d'ailleurs trois ou quatre mille ans sont des quantités négligeables auprès de la durée des périodes géologiques antérieures.

En insistant ainsi qu'il l'a fait sur le temps comme facteur de modifications, Lamarck semble oublier que la notion de temps est idéale puisqu'on ne sait point quand les choses ont commencé et si elles finiront. En réalité, ce qui s'écoule n'est pas le temps, ce sont les générations qui passent et disparaissent. Le nombre de celles-ci et les conditions physico-chimiques dans lesquelles elles se trouvent sont les choses importantes. Si des formes se perpétuent telles qu'elles étaient à l'aurore des temps historiques, cela n'empêche point que, dans d'autres milieux, des formes nouvelles aient pu dériver des précédentes et s'en détacher.

On a fait remarquer que plusieurs modifications ou variations subies par les plantes et par les animamx ne sont pas utiles pour la survivance, et si l'on admet sans peine que toute particularité avantageuse se perpétue et contribue à créer une variété, puis une race, on ne voit pas comment celles qui sont inutiles ont pu concourir au même résultat.

On dit aussi que, si quelques sujets présentent des variations utiles et qu'ils soient vainqueurs dans la concurence pour la vie, il faudra qu'ils s'accouplent avec la masse des sujets restés au type primitif et il y a de grandes chances pour que les nouveaux caractères, en vertu de la loi de retour et de l'atavisme, ne soient noyés et perdus dans la masse, si l'isolement ou ségrégation n'apparaît pas.

Frappé de ces objections, un disciple de Darwin, M. Romanes a imaginé ce qu'il a appelé la *loi de la sélection physiologique*. Il a fait remarquer que l'appareil sexuel, dans le règne végétal tout au moins, est celui qui présente le plus de variations dans le nombre, la forme, la situation, les dimensions, la puissance reproductrice, l'époque de la floraison et surtout dans la possibilité réciproque de la fécondation. Il a insisté sur ce que la possibilité de fécondation ne coïncide pas toujours avec nos divisions spécifiques. Deux espèces voisines morphologiquement peuvent être inféconds, et deux espèces éloignées peuvent se féconder; des formes sont plus fertiles par le croisement qu'*inter se*, etc.

Il admet que des variations sexuelles ou de fécondité se sont produites et les sujets qui les présentent, ne pouvant plus féconder l'espèce souche ou être fécondés par elle, mais pouvant s'accoupler entre eux ou avec une espèce voisine, se sont isolés de leur espèce type aussi sûrement, que s'il y avait eu ségrégation, et, par suite de l'amixie, il y a eu formation d'espèces nouvelles. Tel serait le mécanisme de la sélection physiologique.

On a reproché à M. Romanes de faire intervenir une variation sexuelle indépendante des autres variations morphologiques ou physiologiques et d'oublier ainsi la solidarité qui unit les appareils d'un organisme. Il n'en est pas moins certain qu'il a arrêté l'attention sur l'un des modes de séparation des formes organiques les plus puissants; il est vrai que Darwin avait déjà proclamé l'extrême sensibilité du système reproducteur.

Quant à l'objection concernant l'absorption d'une forme naissante par la forme primitive, elle est écartée par la loi de Delbœuf.

Le lecteur n'a pas été sans remarquer que, si Darwin et Romanes indiquent comment, à l'aide des variations, de nouveaux groupes se forment, ils ne fournissent que très peu de renseignements sur la cause des variations. Ils les observent telles que la nature ou l'intervention humaine les montrent et ils cherchent comment elles peuvent être fixées sans approfondir le déterminisme de leur apparition. Il est clair que les carac-

tères de ces groupes nouveaux sont ceux qu'ont présentés au début les
individus qui en sont la souche; la variation individuelle étant leur point
de départ, ils n'ont d'autres facteurs que ceux de l'individuation.

III. ESPÈCE MORPHOLOGIQUE ET ESPÈCE PHYSIOLOGIQUE

Depuis l'acceptation des idées d'évolution, l'espèce a perdu de son
importance et si elle n'existait pas en biologie, on se demande s'il y aurait
lieu de la créer. Elle donne lieu, en effet, à des difficultés énormes pour
sa détermination.

Elle est envisagée à deux points de vue : morphologiquement et physiologiquement.

Lorsqu'on ne reconnaît que des *espèces morphologiques*, on rassemble les individus ayant des traits communs et transmissibles aux
descendants. La caractéristique morphologique aurait, dit-on, l'avantage
de pouvoir s'étendre aux corps bruts et aux vivants, aux espèces éteintes
et aux formes actuelles, aux individus asexués et aux groupes sexués.
Mais l'appréciation des caractères spécifiques étant laissée au libre arbitre
de chacun, il en résulte que les espèces morphologiques ont une valeur
très inégale. Les uns les multiplient à outrance, une simple particularité transmissible leur suffit pour en créer une nouvelle; les autres plus
réservés, exigent des caractères ou nombreux ou étendus. L'absence de
règle permet de multiplier ou de diminuer tellement les espèces, que
leur valeur comme groupe taxinomique devient faible. On l'a si bien
senti qu'il a été proposé d'établir des catégories d'espèces, les unes majeures et les autres mineures, à la façon de ce qu'avait fait Buffon.

Cette hiérarchisation des espèces rappelle celle des races; établies les
unes et les autres sur la morphologie, elles se confondent et on conçoit
que ceux qui n'envisagent que la forme les aient identifiées.

Prendre l'espèce comme une catégorie commune à tous les êtres inorganiques et organiques, c'est lui faire perdre son sens en histoire naturelle
et la ramener à la signification abstraite et générale de sorte, de catégorie.
En effet, pour le minéralogiste l'espèce est la réunion des individus ayant
même composition chimique et mêmes propriétés physiques. L'isomor-
phisme n'intervient point pour la distinction spécifique des minéraux;
quand on l'utilise, on réunit les minéraux en systèmes cristallins et non
en espèces.

La notion morphologique ne peut donc servir à rassembler les corps
inorganiques en espèces. Elle ne le peut pas davantage pour les êtres
vivants tout à fait inférieurs, comme les microbes. On les classe bien en
collectivités taxinomiques élevées ; quand on arrive aux groupes spécifiques, il faut s'appuyer sur leurs propriétés, toxicité ou innocuité, leur

habitat, leur développement parasitaire, leur résistance à tel ou tel antiseptique pour les séparer, du moins dans l'état actuel de l'optique et de la
micrographie ; voilà donc une nouvelle manière de comprendre l'espèce,
qui toutefois s'éloigne moins de celle adoptée en minéralogie que ce que
nous allons voir en poursuivant notre route.

Quand il s'agit des Invertébrés, tous les zoologistes déplorent la fragilité des classifications spécifiques, des remaniements sont apportés chaque année dans celles des Arthropodes, des Mollusques et des Zoophytes.
Les Foraminifères, les Éponges, les Radiolaires désespèrent les classificateurs, les espèces se relient les unes aux autres par des formes de
passage et dans leur séparation il y a forcément de l'arbitraire. Les
malacologistes sont les premiers à reconnaître que la morphologie de la
coquille est une base trop étroite pour le classement spécifique.

Pour les Vertébrés, on ne trouve nul accord sur la façon d'entendre
l'espèce. Les caractères qui la distinguent dans les Oiseaux sont différents de ceux des Reptiles, ceux-ci des Poissons, et ceux des Mammifères seraient spéciaux. Pour ces derniers, un zootechnicien a même
considéré comme exclusivement spécifiques le crâne et le rachis. Les
os qui les constituent auraient, dans chaque espèce, des formes et des rapports qui leur seraient propres et sur lesquels les influences de milieu
n'auraient aucune prise.

Quant aux paléontologistes, tous reconnaissent qu'il est impossible
d'échapper à l'arbitraire dans les classifications qu'ils établissent, parce
qu'ils n'ont que des caractères morphologiques à utiliser. Il n'est pas
sans intérêt de remarquer, dit Lyell, avec quelle facilité des paléontologistes d'un mérite incontestable peuvent, lorsqu'ils sont sous l'influence
d'une théorie, trouver des distinctions spécifiques dans des sujets où il
n'en existe aucune ou bien ne donner aux mêmes individus que la simple
valeur d'une variété. Cette difficulté est d'autant plus lourde pour eux,
qu'ils recourent précisément à l'observation des espèces pour différencier
les couches géologiques voisines ; or, l'indécision sur le point de savoir si
l'on est en présence d'une espèce ou seulement d'une variété commande
l'indécision sur l'âge de la couche visée.

En résumé, la notion de variabilité d'une part et celle de la morphologie exclusive d'autre part ont réduit l'importance de l'espèce et lui ont
enlevé la valeur énorme qu'elle avait autrefois, puisqu'elle était la forme
préétablie, immuable, l'image des êtres au commencement.

L'espèce morphologique n'est qu'une notion arbitraire dont l'établissement ou la suppression est laissé au jugement de chacun ; elle est entendue de façon différente suivant chaque groupe considéré. Son existence
et sa valeur ne reposent que sur la notion de succession dans le temps
qui lui est attachée, et encore s'agit-il seulement du temps soumis à
notre observation et non de la série des époques géologiques. Dans ces

conditions, on comprend qu'espèce et race aient été rapportées à une même chose et que M. Sanson ait pu dire : L'espèce est le type d'après lequel sont construits tous les individus de la même race.

Du moment où l'on ne s'appuie que sur la morphologie, il eût été illogique de procéder autrement, d'essayer une séparation de la race et de l'espèce par des caractères ou plus nombreux ou plus importants dans la seconde que dans la première, et personne n'eût pu dire où finit l'espèce mineure et où commence la race prime.

L'*espèce physiologique* est établie sur la faculté de reproduction. Sont considérés comme de même espèce les individus qui s'unissent et donnent naissance à des individus de leur type, féconds comme eux. Lorsque, à la suite de l'union, il y a production de sujets inféconds ou d'une fécondité limitée, unilatérale, il n'y a plus identité d'espèce.

Ce criterium physiologique, séduisant par son caractère de simplicité, présenté avec réserve par Buffon à la suite de ses expériences sur le croisement du loup et du chien, fut défendu surtout par Flourens.

Après avoir été généralement adopté, il devint l'objet de vives critiques à la suite d'observations diverses.

Nous avons rapporté à propos de l'amixie, des faits relatifs aux espèces du lapin, du chat et du cobaye qui prouvent que des animaux incontestablement de même souche, mais vivant depuis quelques siècles dans des régions différentes, ne procréent plus ensemble. Inversement, on vit des animaux considérés jusque-là comme appartenant à deux espèces distinctes, donner des produits indéfiniment féconds, tels le lapin et le lièvre, le bouc et la brebis pour ne citer que les exemples les plus connus.

On en conclut que le criterium physiologique, de par les exceptions constatées, n'avait point la valeur qu'on lui avait attribuée. N'eût-il pas été aussi sage de se demander si les espèces considérées comme distinctes jusque-là n'étaient pas seulement des formes collatérales, et d'accepter comme des espèces *naissantes* celle du Lapin de Porto-Santo ou toute autre branche détachée d'un tronc à un époque plus ou moins récente, transportée ailleurs et ne se greffant plus sur la souche primitive ? N'eût-on pu prendre les inégalités de la fécondité pour hiérarchiser les espèces en récentes et anciennes ?

On remarquera qu'il n'y pas de parallélisme entre les caractères morphologiques sur lesquels on s'appuie pour créer les espèces et les degrés de la fécondité. Morphologiquement, le bœuf d'Angus et le hongrois, le lévrier et le dogue, le porc craonnais et l'essex, le coq cochinchinois et celui de Padoue, sont plus dissemblables que le cheval barbe et l'âne, que le canard de Barbarie et le canard de Rouen, que le coq phénix et le faisan, pourtant les premiers sont féconds entre eux et donnent des produits indéfiniment féconds, les seconds ne fournissent que des hybrides.

Il ne peut donc pas s'établir de parité entre l'espèce morphologique et la physiologique. Mais comme il est impossible de tracer des limites à la première et de lui enlever son caractère de subjectivité qu'elle tient précisément de son universalité, les efforts de ceux qui veulent conserver à l'espèce un caractère sur lequel l'arbitraire n'a pas de prise et qui l'ont emprunté à la physiologie de la reproduction sont des plus légitimes et des plus louables.

Lorsque, avec MM. de Quatrefages et Perrier, on adopte cette manière de faire, les espèces ne se confondent plus avec les races ; comme celles-ci, elles se différencient par des caractères morphologiques, mais elles ont subi en plus des modifications physiques ou physiologiques dans leurs produits génitaux qui limitent à la première génération leur fécondité avec les espèces voisines.

La sensibilité des appareils reproducteurs mâle et femelle en face des influences mésologiques est un fait des plus considérables. Qu'on admette ou non qu'elle est un des facteurs de l'espèce, on ne doit pas en méconnaître l'importance et refuser d'en faire entrer les conséquences dans l'appréciation de celle-ci.

Il est vrai qu'une telle conception de l'espèce n'est applicable qu'aux groupes à reproduction sexuelle. C'est déjà beaucoup quand on songe à la diversité des bases sur lesquelles on étaye l'idée de spécificité suivant les classes où on la poursuit. Si elle n'est pas universelle, ce n'est pas un motif suffisant pour l'abandonner.

Index bibliographique

Pas plus pour la race que pour l'espèce, nous ne mentionnerons les écrits des anciens « philosophes de la nature » dont les assertions n'étaient point basées sur de sérieuses connaissances biologiques ; nous prendrons le xviiie siècle pour point de départ avec les travaux de Linné et de Buffon.

LINNÉ. — Systema naturæ, 12e édition, Stockholm, 1766-68. — Genera plantarum, 2e édition, Leyde, 1742. — Species plantarum, 2e édition, Stockholm, 1762-63.

BUFFON. — Histoire naturelle générale et particulière des animaux, Paris, 1749-67.

BLUMENBACH. — Unité du genre humain et ses variétés, traduction Chardel, Paris, 1808. Collectio Craniorum div. gent., Göttingue, 1790-1826.

CAMPER. — Dissertation sur les différences que présentent les traits du visage chez les hommes des différents pays, etc., traduit du hollandais par Quatremère d'Isjonsal Utrecht 1791.

WHITE. — An account of the regular gradation in Man and different animals and vegetables and from the former to the latter, London, 1799.

CUVIER. — Mémoire sur la Vénus boshimane, Leçons d'anatomie comparée, 1805. Le Règne animal distribué d'après son organisation pour servir de base à l'histoire naturelle des animaux, 1816.

PRICHARD. — Researches into the physical history of mankind, London, 1841-1847. — The natural history of man, London, 1848. — Histoire naturelle de l'homme, trad. par Roulin, Paris, 1843.

LAMARCK. — Histoire naturelle, 1816-22. — Philosophie zoologique, édition Ch. Martins, Paris, 1873.

E. GEOFFROY-SAINT-HILAIRE. — Philosophie anatomique, 1822.

I. GEOFFROY-SAINT-HILAIRE. — Histoire naturelle des êtres organisés, 1847.

VIREY. — Histoire naturelle du genre humain, 1824.

BORY DE SAINT-VINCENT. — L'homme, essai zoologique sur le genre humain, 3e édition, Paris, 1836.

DESMOULINS. — Histoire naturelle des races humaines du .ord-est de l'Europe, de l'Asie boréale et orientale et de l'Afrique australe, Paris, 1826

KNOX. — The Races of man, Londres, 1850.

NOTT ET GLIDDON. — Types of mankind, Philadelphie, 1854. — Indigenous Races of the earth or new chapters of ethnological inquiries, Philadelphie, 1868.

AGASSIZ. — De l'espèce et de la classification en zoologie, Paris, 1869.

DARWIN. — Œuvres complètes et notamment : Origine des Espèces et Variations des animaux et des plantes sous l'influence de la domestication.

DE QUATREFAGES. — L'espèce humaine, Paris, 1879. — QUATREFAGES et HAMY, Crania ethnica, les crânes des races humaines, Paris, 1882.

P. TOPINARD. — Eléments d'anthropologie générale, Paris, 1885.

A. SANSON. — Traité de zootechnie, t. II, Paris, 1877.

BROCA. — Mémoires anthropologiques, publiés par sa famille, 6 vol.

R. BARON. — Les méthodes de reproduction en zootechnie, Paris, 1888.

E. FAIVRE. — La variabilité des espèces et ses limites, Paris, 1868.

MATHIAS DUVAL. — Le transformisme, Paris, 1884.

HŒCKEL. — Histoire de la création des êtres organisés d'après les lois naturelles, Paris, 1874.

SETTEGAST. — Die Thiersuctht, Breslau, 1872.

H. VON MATHUSIUS. — Vorträge uber Viehzucht und Rassenkenntniss, Berlin, 1872.

MILNE-EDWARDS. — Introduction à la zoologie générale. Leçons sur la physiologie, Paris, 1857.

GODRON. — De l'espèce et des races, Paris, 1859.

FLOURENS. — Examen du livre de Darwin sur l'origine des espèces, 1864. Buffon, Histoire de ses travaux et de ses idées, 1844. Histoire des travaux de Georges Cuvier, 1858.

GAUDRY. — Voyez les ouvrages cités à l'index de la page 54.

NAUDIN. — Les espèces affines et la théorie de l'évolution, in Bull. de la Société botan. de France, t. 21, 1874.

A. JORDAN. — Remarques sur les espèces végétales affines, in Compt. rend. de l'Associat. française pour l'avancement des sciences, session de Lyon, 1873.

PERRIER. — Les colonies animales et la formation des organismes 1881. — La Philosophie zoologique avant Darwin 1884. — Le Transformisme, 1888.

ROMANES. — La sélection physiologique, in Journal de la Société linnéenne, 1886.

VERLOT. — Sur la production et la fixation des variétés dans les plantes d'ornement. Paris, 1865.

WAGNER. — Die Darwins'che Theorie und das Migrationsgesetz der Organismen, Leipzig, 1868.

CARL VOGT. — Leçons sur l'homme, 1865. — Quelques hérésies darwinistes, in Revue scientifique, 1886.

CLAUS. — Traité de Zoologie, traduction Moquin-Tandon, 1878.

SICARD. — Eléments de zoologie, Paris, 1883.

RAILLET. — Eléments de zoologie agricole et médicale, Paris, 1886.

TROISIÈME PARTIE

DISTINCTION DES GROUPES SUBSPÉCIFIQUES OU ETHNOLOGIE

L'un des objectifs de la zootechnie est d'arriver à la distinction des races et sous-races d'animaux domestiques. Si, par une tendance naturelle de son esprit, l'homme s'efforce de réunir les êtres vivants en groupes taxinomiques supérieurs pour les embrasser plus facilement et les reconnaître, c'est pour lui une nécessité de descendre plus avant dans les détails, s'il se livre à l'industrie zootechnique. L'usage des méthodes de reproduction, croisement, métissage ou sélection, impose nécessairement l'obligation de connaître les races sur lesquelles on veut agir.

Nous avons appris et nous voyons souvent à nos dépens de quelles nombreuses difficultés se trouve remplie la diagnose ethnique des animaux que l'on ne connaît pas, que l'on connaît mal ou même parfois que l'on connaît passablement. Et cependant, on doit pouvoir reconnaître les sujets dont la physionomie a été décrite, et décrire à son tour ceux dont le type n'est pas encore indiqué dans les livres classiques.

Nous avons fait tous nos efforts, sinon pour fixer définitivement les bases de la description des races (nous n'avons pas cette prétention), du moins pour condenser les principes qui découlent des observations répétées et très diversifiées que nous avons faites, et pour mettre entre les mains des étudiants des notions qui leur permettent d'arriver à classer correctement un animal domestique.

La partie de la science qui s'occupe des caractères distinctifs des races est l'*ethnologie*. Ces caractères sont eux-mêmes qualifiés d'*ethniques* et ont leur place dans les descriptions après les *génériques* et les *spécifiques*.

Le mot ethnologie fut créé par W. Edwards, qui lui a donné la signification précitée ; celle-ci a été attaquée sous le prétexte que l'étymologie (ἔθνος, peuple) indique qu'il s'agit de la science des peuples, et que les peuples sont fréquemment le résultat d'un mélange de races. Si ce mot devait être utilisé exclusivement en anthropologie, l'objection aurait quelque valeur, encore bien que l'emploi du mot *ethnographie*, qui s'applique précisément à la description des peuples, atténue ces inconvénients ; mais à côté de l'anthropologie se place la zootechnie, qui a besoin d'un terme pour désigner la science des races ; elle a trouvé celui d'ethnologie tout formé, elle l'accepte et lui conserve la signification que lui donna son créateur. Elle reconnaît volontiers que, dans une description ethnique, le type étant l'objectif, le mot *typologie* (τυπός, type) eût été plus précis et n'eût pas soulevé les observations précédentes, mais l'usage et les circonstances décident du sens des mots parfois plus que l'étymologie.

CHAPITRE PREMIER

DES CARACTÈRES ETHNIQUES EN GÉNÉRAL ET DE LEUR APPRÉCIATION

L'esprit d'analyse est indispensable pour percevoir les caractères ethniques et subethniques ; le zootechnicien les étudie le plus souvent sur les animaux sur pied, mais leur connaissance approfondie ne lui est donnée que par l'anatomie du cadavre. Pour être complète, l'ethnologie devrait embrasser l'examen comparé de chaque appareil dans les races d'une même espèce, puis en considérer les particularités différentielles extérieures, œuvre considérable et difficile, en raison surtout du peu d'accentuation de beaucoup de celles-ci. Une seule branche a été passablement cultivée à ce point de vue, c'est la *squelettologie* comparée, et encore en zootechnie, a-t-on concentré la plus grande part d'attention sur la tête et spécialement sur le crâne ; jusqu'ici on a fait surtout de la *crâniologie* et de la *crâniométrie*.

On vient de dire que les particularités ethniques sont souvent peu accentuées, aussi pour les percevoir sur le cadavre ou sur le vivant et surtout pour en apprécier judicieusement l'importance, on a recours à des instruments dont l'énumération et la description doivent être faites tout d'abord.

Section première. — Instruments zootechniques.

Les uns sont employés sur les animaux vivants, les autres sur les cadavres.

Les opérations à faire sur le vivant consistent en pesées, mensurations et figurations.

I. INSTRUMENTS POUR LES MENSURATIONS ET LES PESÉES

Les instruments utiles sont la *balance*, la *toise*, le *ruban zoométrique*, la *toise double et conjuguée*, le *goniomètre* et le *micromètre*.

Il n'est d'aucune utilité de décrire ici la balance et les diverses combinaisons qu'elle affecte, depuis la bascule capable de supporter plusieurs milliers de kilogrammes, jusqu'à la balance de précision. Dans toute ferme et dans tout laboratoire doivent se trouver au moins deux bascules : l'une, de forte résistance, pour la pesée des grands animaux ; l'autre, plus faible, mais très précise, pour celle des petits. La première est utilisée aussi pour le pesage des voitures, des fourrages et des produits divers. Une balance pour celui des très petits animaux et oiseaux domestiques et pour leurs produits est également nécessaire au laboratoire.

La taille des animaux domestiques se prend au garrot ; elle est donc constituée par la distance qui s'étend du sol sur lequel reposent les membres antérieurs du sujet au sommet du garrot. Toute conventionnelle et nullement comparable à celle de l'homme, elle s'obtient à l'aide de la toise métrique ou potence qu'on appelle encore hippomètre, sans doute parce qu'elle est surtout utilisée pour le cheval dont on cherche toujours à connaître la taille, tandis qu'on néglige plus fréquemment ce renseignement pour les autres animaux.

Elle se compose d'une tige en bois ou en métal, très droite, d'une longueur d'au moins 2^m,30, graduée en centimètres sur toute sa longueur et renforcée à son extrémité inférieure d'une armature métallique qui la protège contre le contact du sol et empêche son usure. Une tige horizontale, percée d'une ouverture, glisse le long de la première ; une vis l'arrête au point voulu.

Pour l'utiliser, on la place contre le membre antérieur de l'animal, en ayant soin que son extrémité inférieure soit sur la même ligne que la face plantaire du sabot, des onglons ou des doigts du sujet à mesurer et que celui-ci soit sur un terrain uni et en position bien naturelle ; la tige horizontale est tournée de son côté et on la fait glisser jusqu'à ce qu'elle tombe sur le garrot. On l'y fixe au moyen de la vis de pression et il n'y a qu'à lire le chiffre correspondant à son bord inférieur, il donne la taille.

Cet instrument seul permet d'avoir la taille exacte et toutes les tentatives faites pour l'obtenir à l'aide de corps non rigides, ficelle, fouet, ruban, ne donnent que des résultats approximatifs.

Lorsqu'il s'agit des Équidés, il est essentiel de tenir compte de la hauteur des crampons du fer ; ces appendices, parfois très développés, augmentent la taille réelle et il y a une déduction à faire.

La taille des animaux, telle qu'elle vient d'être indiquée et prise comme

mesure isolée, n'a pas l'importance qu'un long usage semble avoir consacré. Son utilité se révèle particulièrement pour la composition de la
cavalerie de l'armée et des grands services publics ou privés, parce qu'il
est bon que l'uniformité règne parmi les animaux qui la composent, ou
encore dans un attelage où l'on veut appareiller des sujets. Elle répond à
des raisons de convenance, mais elle n'est pas indicatrice de la vigueur,
de la force, du fonds et de toutes les qualités qu'on recherche pour les
moteurs. Quand il s'agit des animaux comestibles, son utilité est si restreinte qu'on la prend rarement et que, dans le langage courant, on se
sert plus volontiers des expressions *grande, moyenne et petite taille*
qui, pourtant, ne répondent qu'à une évaluation approximative. Pour
ces animaux, la taille n'a vraiment d'utilité que quand elle est décom-
posée et qu'elle indique la distance du sternum au sol et celle du sternum
au garrot, de façon à pouvoir établir le rapport entre la hauteur de la
poitrine et la taille totale. Ce rapport est fort important puisque plus
le tronc sera développé au détriment des membres, plus la quantité de
chair à livrer à la consommation sera grande.

Un autre rapport utile à connaître est celui de la largeur à la hauteur
de la poitrine, ou *indice thoracique*.

Pour obtenir ces diverses sortes de mesures, nous nous servons de la
toise double à conjugaison. Elle se compose de deux tiges plates et graduées semblables à celle qui constitue la partie principale de la potence
simple. De ces deux tiges, l'une porte, reliée à la partie supérieure, une
traverse à glissière, plus longue que celle de la potence simple, ayant
1ᵐ,20 de longueur; l'autre présente une traverse semblable à sa partie
inférieure. Lorsqu'on veut s'en servir, on place chaque tige de cette
toise, non plus contre l'épaule comme dans le cas précédent, mais en
arrière, au passage des sangles, chacune d'un côté et exactement en
face l'une de l'autre, en prenant les précautions d'usage pour que leur
extrémité ne porte point sur quelque caillou ou ne s'enfonce dans quelque
cavité. On abat la traverse supérieure sur le garrot et on la fixe à la
potence de face; on remonte la traverse inférieure, on l'arrête au sternum et on la fixe à son tour à la toise opposée. Il ne reste plus qu'à lire
sur l'une des potences : 1° la hauteur totale, 2° la hauteur de la terre au
sternum, et sur la traverse, 3° le chiffre correspondant à la largeur maximum de la poitrine. Avec ces données, les rapports utiles s'obtiennent
facilement.

La potence double s'utilise aussi pour prendre la largeur du train postérieur à la croupe.

Il est d'autres dimensions qu'il peut être utile de connaître, telles sont:
la longueur de la pointe de l'épaule à la pointe de l'ischium; la distance
de la nuque à la naissance de la queue; le périmètre de poitrine, droit ou
oblique; le pourtour du membre, au-dessous du genou et du jarret, pour

en établir le rapport avec la circonférence thoracique. Elles se prennent à l'aide du ruban ou cordon métrique. Ce petit instrument est constitué par un ruban en fil enduit de vernis afin de le rendre inextensible; il est gradué d'un seul ou des deux côtés en mètres et centimètres et sa longueur doit être au moins de trois mètres; il s'enroule sur lui-même et se renferme dans une sorte d'étui aplati.

Le goniomètre usité en zootechnie ne présente d'autres particularités que d'avoir les branches suffisamment longues pour qu'on puisse mesurer commodément les angles sur les grands animaux vivants. Il est bon d'en avoir deux au laboratoire : un à grandes branches, et l'autre, de dimensions plus modestes, pour les études d'ostéométrie.

L'étude des phanères et particulièrement de la laine et du duvet nécessite la connaissance des longueurs relative et absolue des brins et celle de leur épaisseur ou mieux de leur diamètre. La longueur se prend généralement à l'aide d'un double-décimètre articulé, en métal ou en bois; le diamètre s'apprécie sous le microscope à l'aide du micromètre. Cet instrument, n'étant pas spécial aux études zootechniques et faisant partie des accessoires du microscope, ne sera point décrit ici. (Se reporter aux *Traités du microscope.*)

B. Les instruments utiles pour les études *post mortem* sont : la *planche ostéométrique*, le *compas à glissière*, le *compas d'épaisseur*. On y joindra avec avantage le *crâniomètre de Sanson*, le *tropomètre de Broca* et les *objets nécessaires au cubage des crânes*.

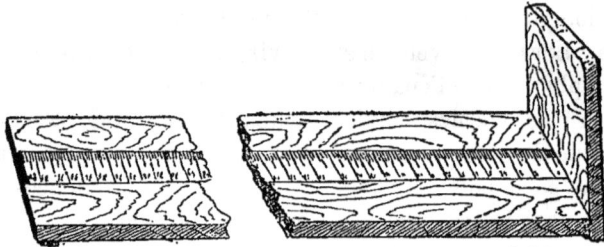

Fig. 69. — Planche ostéométrique.

En squelettologie ethnique, la comparaison des os longs doit se faire avec une grande rigueur. Leur mensuration exacte n'est pas possible avec le ruban qui suit le contour des épiphyses et ne donne pas une mesure adéquate à l'axe de la diaphyse. Pour l'obtenir, il faut recourir à la planche ostéométrique. Elle se compose (fig. 69) d'un plan horizontal recouvert d'une plaque métallique graduée en millimètres. A l'extrémité où se trouve le zéro de la graduation, se dresse un plan vertical. On place l'os à mesurer sur la plaque métallique en faisant buter une de ses extrémités contre le plan vertical et en maintenant son axe longitudinal parallèlement à la ligne centrale qui porte la graduation ; une équerre est placée à l'autre extrémité et marque la limite maximum de l'os, c'est-à-dire correspond à sa longueur. La mesure est prise par projection et au maximum.

Indépendamment de la précision qu'elle permet de donner à l'ostéométrie, la planche est d'une très grande commodité et permet d'opérer rapidement.

Pour les mesures céphalométriques, on se sert du compas à glissière et du compas d'épaisseur de Broca.

Le compas à glissière usité en zootechnie n'est que la reproduction de celui dont on se sert en anthropologie et adapté aux dimensions de la tête des grands Mammifères domestiques (fig. 70).

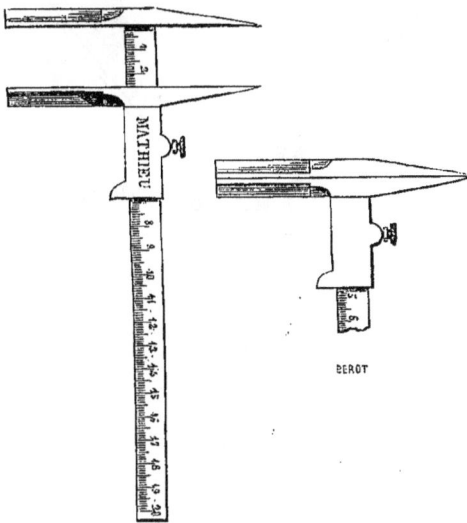

Fig. 70. — Compas à glissière.

Il se compose d'une règle métallique graduée en millimètres, limitée à un bout par une tige effilée à l'une de ses extrémités. Sur la règle glisse une seconde tige de même longueur que la précédente, effilée comme elle et s'adaptant contre elle. Lorsqu'on veut mesurer un corps, on implante la pointe de la tige terminale à l'un des points de repère, on fait courir la glissière jusqu'à l'autre point de repère ou à l'extrémité de la partie à mesurer et on l'y arrête ; la dimension cherchée est donnée par l'écartement des deux tiges. Cet instrument est le plus commode de tous ceux de l'arsenal zootechnique et il est peu de jours où l'on n'ait pas à s'en servir.

Le compas d'épaisseur, imaginé par Broca (fig. 71), s'emploie particulièrement pour les mensurations à effectuer sur la tête des petits animaux. Il se compose de deux tiges métalliques articulées entre elles à une extrémité. Sur le milieu de leur longueur, elles se déjettent en dehors de façon à pouvoir embrasser un corps arrondi. Une lame part de l'une des branches et vient passer dans un œil percé en face, dans la branche opposée. Sa graduation a été calculée d'après l'écartement de ses extrémités mousses.

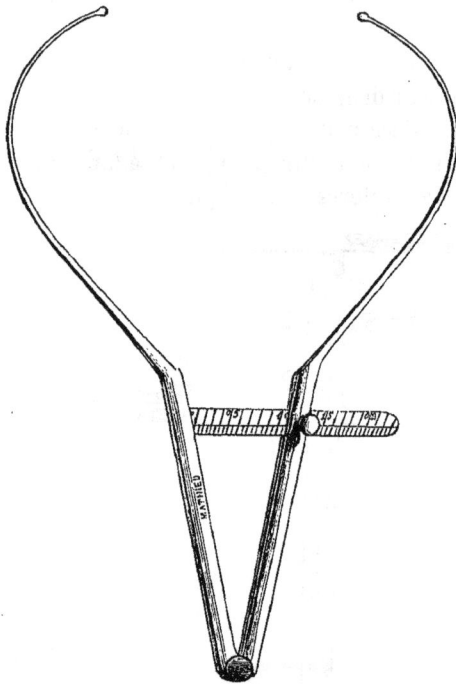

FIG. 71. — Compas d'épaisseur.

M. Sanson a fait construire un crâniomètre pour les mesures de la tête des chevaux et des bœufs. Il est assez compliqué; les pièces qui le constituent, en bois de buis, sont graduées pour la plupart en millimètres; elles glissent par frottement les unes contre les autres et quelques-unes, agencées séparément, peuvent au besoin servir de compas d'épaisseur.

Dans les études de laboratoire, il se peut qu'on ait besoin d'étudier minutieusement la disposition des deux extrémités d'un os long tel que l'humérus ou le fémur, par rapport à son axe ou sa torsion. Broca a imaginé pour cela un instrument qu'il a désigné sous le nom de *tropomètre*. En voici la description et le mode d'emploi tels qu'il les a donnés [1] :

« Le tropomètre proprement dit se compose d'une table et d'un montant sur lequel se meut un curseur (fig. 72).

[1] Broca, *La Torsion de l'humérus et le tropomètre*, in *Revue d'anthropologie*, 1881.

« La table A est une épaisse planche en bois de chêne, carrée, de 25 centimètres de côté, dans laquelle est incrusté un cercle en cuivre divisé en
degrés dans toute sa circonférence. Le rayon du cercle est long de
115 millimètres, il en résulte que sa circonférence est égale à 722 millimètres, et que chaque degré occupe sur cette circonférence une longueur
de 2 millimètres (exactement $2^{mm},005$). Comme sur les rapporteurs ordinaires, les rayons sont simplement gravés de 10 en 10 degrés, mais les
deux diamètres orthogonaux, parallèles au bord de la planche, sont gravés
plus profondément et teintés en noir, afin qu'ils soient plus visibles. Le diamètre divise le cercle en deux parties, l'une droite, l'autre gauche, qui
sont graduées séparément de 0 à 180 degrés, leurs deux zéros partant du
même point. Enfin, sur le centre du cercle est fixée verticalement une
courte tige de cuivre dont l'extrémité supérieure se termine en une courte
et fine pointe d'acier.

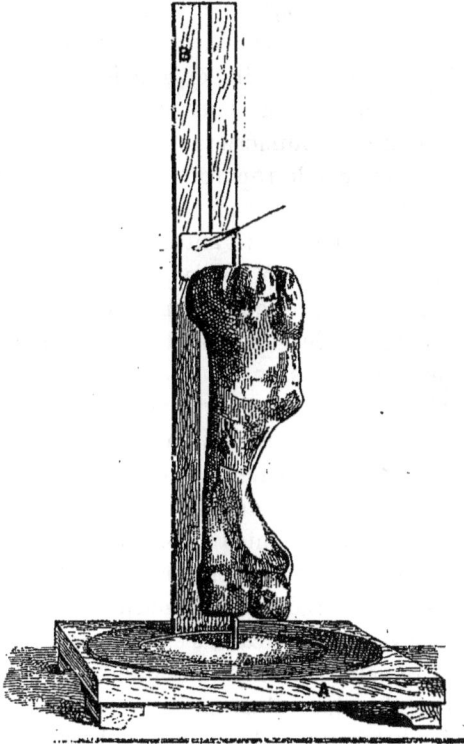

FIG. 72. — Tropomètre de Broca (avec un humérus disposé pour l'étude).

« Le montant B est une pièce en bois épais, large de 7 centimètres,
haute de 70 centimètres, fixée verticalement sur les bords de la table, de
manière à être tangente au cercle, au niveau du zéro. Une fenêtre longitudinale, large de 15 millimètres, occupe de haut en bas presque toute

la longueur du montant qui se trouve ainsi divisé en deux branches symétriques, unies entre elles, en bas par la portion indivisée, en haut par une traverse de fer. Cette fenêtre est un rectangle long et étroit dont la médiane aboutit sur le zéro du cercle de cuivre.

« Le curseur, enfin, est une pièce de fer qui traverse la fenêtre et qui s'y meut de haut en bas comme dans une coulisse'; on peut l'arrêter à une hauteur quelconque au moyen d'une vis de pression à grandes ailes. La partie du curseur qui correspond à l'épaisseur de la fenêtre est assez large pour y glisser sans battement, mais aussi sans frottement, de telle sorte que, lorsque la vis est relâchée, la pièce descend par son propre poids. Du côté de la face postérieure du montant, le curseur supporte la tige à hélice et la vis de pression. Du côté de la face antérieure, il supporte une solide potence d'acier dont la branche horizontale est de 119 millimètres, c'est-à-dire exactement égale au rayon du cercle gradué et dont la branche verticale, longue de 38 millimètres, se termine en une pointe aiguë située directement au-dessus de la pointe centrale du cercle gradué; une ligne menée de celle-ci à celle-là est donc parfaitement verticale et perpendiculaire sur le centre du cercle gradué; c'est entre ces deux points qu'on fixe l'humérus par les deux extrémités. La fixation du curseur est obtenue par le rapprochement de deux plaques de fer qui viennent presser sur les deux faces du montant. L'une, l'antérieure, est fixée sur la base de la potence; l'autre, au contraire, percée d'un trou central plus large que la tige à hélice qui la traverse, peut avancer ou reculer lorsque la vis est relâchée; mais lorsqu'on serre l'écrou, elle s'applique avec force sur le montant et le curseur se trouve solidement fixé. L'écrou qui vient presser sur elle est muni de deux grandes ailes permettant d'obtenir sans nul effort une très forte pression. Cet écrou ne peut faire qu'un demi-tour en arrière. Cela suffit pour rendre le curseur mobile. Cette mobilité n'a pas lieu seulement de haut en bas; il s'y joint un petit ballottement par suite duquel la potence peut devenir légèrement oblique, de sorte que, si la pointe rencontre un obstacle résistant, comme la tête de l'humérus, elle peut s'élever de 1 à 2 millimètres, mais qu'on serre la vis, la potence redevient exactement horizontale, et la pointe, s'abaissant et redevenant verticale, s'enfonce dans l'os qui se trouve solidement fixé entre cette pointe et la pointe centrale et qui peut tourner comme sur un pivot autour d'un axe représenté par la ligne.

« Pour étudier la torsion de l'humérus, l'observateur, après avoir tracé sur la tête de cet os la ligne méridienne, s'assied en face du montant, devant le point du cercle qui correspond à 180 degrés. Avançant la main droite, il la porte derrière le montant pour manier la vis de pression, qu'il n'a pas besoin de voir. Il fixe d'abord le curseur un peu au-dessus du niveau que doit atteindre l'extrémité supérieure de l'humérus; puis saisissant l'humérus de la main gauche, il le place verticalement, la

trochlée en bas, sur la pointe qui doit correspondre au milieu de la lar--
geur de la surface articulaire, c'est-à-dire un peu en dehors de la gorge
de la trochlée, non pas dans son point le plus déclive, mais plus en arrière
et le plus près possible de la face postérieure de l'articulation où vient
aboutir l'extrémité inférieure de l'axe longitudinal de l'humérus. Une
légère pression fait pénétrer en ce point la pointe qui est très fine et très
acérée; en prenant un point d'appui sur cette pointe, on s'assure que
l'humérus est vertical. Pour cela, fermant un œil, on vise le corps de
l'os derrière lequel on aperçoit la fenêtre verticale qui sert de guide au
regard. La main droite alors relâche la vis, abaisse le curseur et l'abandonne lorsque la pointe affleure la tête humérale en un point particulier
qui sera indiqué tout à l'heure. A ce moment la base du curseur, obéissant à son propre poids, s'abaisse de 2 millimètres environ, de sorte que la
potence devient légèrement oblique; aussitôt après la main droite serre
la vis, la potence est obligée de redevenir horizontale, et la pointe pénètre
dans l'os qui se trouve ainsi fixé à pivot entre cette pointe et la pointe
centrale.

« Le point de la tête humérale sur lequel doit aboutir la pointe est déterminé par la main gauche qui soutient l'humérus. Ce point doit représenter
l'extrémité supérieure de l'axe longitudinal de l'os. Nous savons déjà
qu'il est situé sur la ligne méridienne qui a été tracée à l'avance, et que
suit l'œil de l'observateur. Lorsque la pointe repose sur un point quelconque de cette ligne, l'humérus ne penche ni à droite ni à gauche, mais
il faut en outre qu'il ne soit incliné ni vers le montant, ni vers l'observateur. On peut s'en assurer soit au moyen d'un fil à plomb, soit en se
mettant de côté pour voir si l'os est parallèle au montant; on est quelquefois obligé de recourir à cette vérification en anatomie comparée;
mais, chez l'homme, cela n'est pas nécessaire. Des expériences variées
ont montré que l'axe de l'os rencontre la ligne méridienne à 9 millimètres du bord supérieur de la tête humérale, bord toujours bien limité
par le col anatomique de l'os. C'est donc là qu'on plante la pointe, et
l'humérus peut tourner sur son pivot sans cesser d'être vertical.

« Il s'agit alors de déterminer, à l'aide de l'arc à pointe, la ligne transversale du coude. Pour cela, l'observateur qui est assis en face du montant, qui voit devant lui, sur le cercle gradué, marqués en lignes noires,
les deux diamètres rectangulaires, et qui voit en outre, au-dessus de la
trochlée, la tige pivotale, tourne vers lui la face antérieure du coude.
Dans cette position, l'épitrochlée se trouve du côté de sa main droite,
s'il s'agit de l'humérus droit, du côté de sa main gauche s'il s'agit de
l'humérus gauche. L'arc à pointes tenu des deux mains et dirigé transversalement au-dessus du diamètre transversal est amené sur les côtés
de l'articulation; la pointe fixe est appliquée sur le côté externe où, bien
que fort peu acérée, elle se fixe aisément, car elle est presque perpendi-

culaire à la surface de l'épicondyle; à l'opposite, au contraire, la pointe mobile rencontre très obliquement la face antérieure de l'épitrochlée; mais comme elle est très aiguë, elle y mord ordinairement sans beaucoup de peine; on la pousse fortement pour l'y faire pénétrer; si elle glisse, on la porte sur un point situé un peu plus haut ou un peu plus bas, dans le même plan transversal, car il importe peu qu'elle soit horizontale, il suffit qu'elle soit transversale. Dès qu'elle a mordu, on la fixe en serrant légè rement avec l'index la petite vis de pression. On peut alors lâcher l'arc à pointes, il reste en place de lui-même.

« Mais il ne suffit pas que l'axe de l'arc à pointes soit dirigé transversalement; il est indispensable en outre qu'il ne soit ni en avant, ni en arrière du pivot vertical de l'humérus, car la tige directrice de l'arc doit donner en projection, sur le plan de la table, la ligne transversale du coude, et il faut absolument que celle-ci passe par le centre du cercle. On s'en assure en faisant tourner l'humérus sur son pivot de manière à diriger vers soi la tige de l'arc à pointes. On ferme un œil et on vise cette tige; si elle cache exactement, dans toute sa longueur, le rayon noir et la base du pivot, elle est dans le plan de l'axe vertical; si elle est en arrière ou en avant de cette ligne, il faut la corriger. On pourrait le faire en enlevant l'arc à pointes pour l'appliquer de nouveau un peu plus en avant ou un peu plus en arrière. Mais cela n'est pas nécessaire et on peut recourir à un mode de correction beaucoup plus rapide et d'une exactitude tout à fait suffisante. Au lieu de déplacer l'arc à pointe sur l'humérus, on déplace l'humérus sur son pivot en le soulevant légèrement pour dégager la pointe du pivot sur laquelle on le laisse ensuite retomber. Le montant, qui est très solide, mais qui est en bois, se prête aisément à ce léger mouvement; puis, revenant sur lui-même, il repousse l'humérus vers la pointe et l'y fixe aussi solidement que la première fois. L'axe de l'humérus, qui était censé être parfaitement vertical, a cessé de l'être; mais l'erreur qui en résulte est absolument insignifiante, car le déplacement de l'extrémité inférieure de l'humérus sur son pivot n'est généralement pas de plus de 2 à 3 millimètres. Supposons qu'il aille jusqu'à 6 millimètres et que la longueur totale soit de 30 centimètres; par suite de ce déplacement, l'inclinaison de l'axe ne sera que d'un seul degré (exactement $1°,14$); c'est comme si les projections, au lieu de se faire sur un plan horizontal, se faisaient sur un plan incliné d'un degré, et l'angle de rotation n'est pas modifié par là à un degré appréciable.

« L'arc à pointes une fois placé et vérifié, l'angle de rotation de l'humérus se mesure en un clin d'œil avec la plus grande facilité.

« Pour cela, on fait tourner l'humérus jusqu'à ce que la ligne méridienne de la tête humérale soit exactement dans le plan méridien du tropomètre. On s'en assure en fermant un œil et en visant de l'autre la branche ver-

ticale de la potence que l'on voit de face. Lorsque l'image de cette ligne
est sur le milieu de la largeur de la fenêtre du montant, l'œil de l'observateur, les deux pointes du tropomètre, l'axe vertical de l'humérus, le
diamètre du cercle gradué se trouvent dans un même plan vertical. Il
faut que la ligne méridienne soit amenée aussi dans ce plan et qu'elle
apparaisse sous la forme d'une ligne droite située sur le prolongement de
la ligne. Et s'il arrive qu'elle ne puisse être amenée sur ce prolongement, si, lorsque l'humérus tourne sur son pivot, on la voit toujours se
détacher obliquement du pivot, on en conclut que le plan qu'elle détermine
ne passe pas par l'axe de l'humérus, qu'elle est par conséquent mal tracée et qu'il faut la corriger. Le tropomètre fournit donc le moyen de
reconnaître les erreurs que l'on peut commettre en traçant la ligne méridienne, et c'est un avantage très réel qu'il a sur les procédés graphiques.

« Lorsque la méridienne a été amenée dans la position que je viens
d'indiquer, sa projection horizontale coïncide exactement avec la diamètre, et tombe par conséquent sur le zéro du cercle gradué. Cette
projection, qui indique la direction de l'extrémité supérieure de l'humérus, sert de *ligne d'orientation*.

« On laisse l'os dans cette position.

« Pour obtenir la *ligne de direction* du coude, il faut déterminer, sur
le plan de la table, la projection de la tige directrice de l'arc à pointes
qui représente la ligne transversale du coude et dont la partie extérieure
se prolonge au-dessus de la circonférence du cercle gradué. Il est inutile
de tracer cette projection ; l'un de ses points est déjà connu (c'est le
centre du cercle) et il suffit d'en connaître un second point. Prenons donc
une petite équerre plate, appliquons-la sur la circonférence du cercle,
au niveau de la graduation, et amenons sa branche verticale jusqu'au
centre de la tige directrice de l'arc à pointes. Le talon de l'équerre
marque alors, sur le cercle gradué, un certain degré qui se trouve sur
le demi-cercle de *droite*, s'il s'agit de l'humérus *gauche*, et *vice versa*.
Supposons qu'on lise 162 degrés ; ce serait l'angle de la torsion si la tige
de l'arc à pointes était sans épaisseur, mais on a vu plus haut qu'elle est
épaisse de 4 millimètres, et ce qui indique l'angle de torsion, ce n'est pas
la projection de son bord, c'est celle de son axe qui en est distante de
deux millimètres. Or, ces deux millimètres représentent exactement
l'étendue d'un degré sur la circonférence graduée. L'angle de torsion diffère donc de 162 degrés d'une quantité égale à 1 degré, que l'on ajoute
ou que l'on retranche, suivant que la petite équerre a été posée sur le
bord de la tige directrice qui est situé du côté du zéro, ou sur celui qui est
de côté de 180 degrés.

« Il est nécessaire de rappeler que la tige directrice de l'arc à pointes
doit être appliquée sur l'épitrochlée ou, plus exactement, sur le côté
interne de l'os, car la saillie de l'épitrochlée manque chez un grand nom-

bre d'animaux. On obtient ainsi l'angle de la torsion proprement dit qui se lit à *droite* pour l'humérus *gauche*, et *vice versa*. Si la tige directrice était appliquée du côté interne, elle marquerait, au contraire, à droite pour l'humérus droit, à gauche pour le gauche, et au lieu de l'angle de la torsion, elle donnerait son angle supplémentaire. Chez l'homme et les anthropoïdes, on ne risque pas de confondre ces deux angles l'un avec l'autre, parce que le premier est beaucoup plus grand que 90°, et le second par conséquent beaucoup plus petit. Mais chez les quadrupèdes, il n'en est plus de même, leur angle de torsion est souvent voisin de 90°, ordinairement un peu plus grand, quelquefois un peu plus petit ; il peut descendre par exemple à 85°, et alors l'angle supplémentaire est de 95°. La valeur relative de ces deux angles ne suffisant pas pour les distinguer l'un de l'autre, il est nécessaire d'adopter la règle invariable de placer la tige directrice de l'arc à pointes sur le côté interne du coude, et pour être sûr de n'y pas manquer par inadvertance (ce qui serait à craindre en anatomie comparée), il suffit d'avoir recours à cette formule mnémonique bien simple : humérus droit, marque à gauche ; humérus gauche, marque à droite. »

II. DU CUBAGE DES CRANES

On attache en anthropologie une importance capitale à l'étude de l'encéphale et, si l'on s'est acharné à l'étude du crâne cérébral, c'est, au fond, parce qu'on a cru que, moulé sur le cerveau, il pouvait renseigner sur le volume de celui-ci, lequel à son tour donnait la mesure de la valeur intellectuelle des sujets examinés. Toutes les idées de supériorité de races, de peuples et d'individus, ont cherché un point d'appui de ce côté.

Nous n'avons point, en zootechnie, à obéir à de telles préoccupations ; nous n'en devons pas moins étudier soigneusement la masse cérébrale comparativement dans les races domestiques. L'encéphale n'est pas seulement préposé au travail de l'intelligence et de ses manifestations variées, il préside aux instincts, aux sensations et perceptions diverses, à la motricité, aux phénomènes vitaux essentiels, à la respiration et à la calorification.

La grandeur et la complexité de ce rôle rendent plus pressantes les questions qui assiègent l'esprit : on est curieux de savoir si la domestication a modifié en plus ou en moins cet organe, si les races que séparent et différencient de nombreux caractères extérieurs sont également très éloignées les unes des autres sous le rapport de leur masse cérébrale, si la spécialisation que nous leur avons fait subir a eu quelque action sur cette masse en l'augmentant ou en la diminuant.

Pour être renseigné sur ces points deux procédés peuvent être employés, la pesée directe de la masse encéphalique et le cubage du crâne.

A première vue, il semble que la pesée soit le procédé le mieux indiqué et le plus sûr. Mais outre que son emploi exclusif obligerait à ne rien savoir des formes fossiles, il a encore le grave inconvénient de forcer, pour en extraire l'encéphale, à scier ou à fendre les plus belles pièces des collections, c'est-à-dire et quoi qu'on fasse, à les détériorer. Le poids du cerveau est variable, pour les animaux de boucherie, suivant le mode d'occision. Si le sujet a été d'abord assommé avant d'être égorgé, il en résulte une congestion encéphalique qui le fait peser davantage. Pour que les pesées fussent comparables, il serait nécessaire qu'elles fussent toutes faites au même moment après la mort, condition à peu près impossible à remplir. L'égouttage de l'encéphale modifie son poids et comme les différences ethniques qu'il s'agit de constater sont peu considérables, le départ des liquides pourrait fausser les résultats. Enfin il a été prouvé que, dans l'espèce humaine, la vieillesse occasionne une diminution notable du poids cérébral et on aurait vraisemblablement à se préoccuper d'une semblable cause d'erreur, tout au moins pour les Équidés et les Chiens. Les parois encéphaliques ne subissent pas de retrait comme le cerveau, c'est un motif de plus pour préférer le jaugeage à la pesée directe puisqu'on agit sur une boîte osseuse invariable. On verra plus loin que, étant connue la capacité d'un crâne, il est facile d'en déduire le poids du cerveau qu'il renfermait.

L'idéal, pour procéder au cubage, serait d'employer l'eau. Ce liquide incompressible, d'une densité connue, remplirait tous les interstices et donnerait le cube exact de la boîte crânienne. Mais son emploi n'est pas pratique. Il faudrait arriver à clore hermétiquement toutes les ouvertures par où passaient les nerfs. Pour cela, l'emploi de la paraffine peut être recommandé, mais il est minutieux et quand on veut opérer sur des séries importantes il exige un temps énorme. Il ne faut pas songer davantage à introduire dans le crâne des membranes en baudruche ou en caoutchouc. Elles se déchirent souvent aux aspérités lors de l'introduction et elles réduisent la capacité de leur épaisseur.

Pour toutes ces raisons, dans la pratique on se sert de corps solides, assez petits, arrondis, se tassant bien et laissant entre eux aussi peu d'intervalles que possible. On a préconisé l'orge perlé, le chènevis, le millet, la moutarde et les plombs de chasse. Ces corps ont des avantages et des inconvénients. Les graines sont légères et, en les employant, on ne risque point de détériorer des crânes très fragiles, tels que ceux qui proviennent de pièces fossiles ou de très jeunes animaux dont les synostoses ne sont pas faites. Mais elles se tassent mal et le cube qu'elles donnent est inférieur non seulement à la capacité réelle, mais encore à celle qu'on obtient avec les plombs de chasse. Ceux-ci, constitués par de la fonte, sont préférables bien qu'ils aient l'inconvénient de se déformer à la suite d'un usage prolongé ou parfois de se rouiller, ce qui fausse les résultats. Pour éviter ces inconvénients, de très petites perles de verre bien sphériques pourraient, nous semble-t-il, être avantageusement utilisées.

En tout cas, l'essentiel est d'adopter une fois pour toutes une substance et de s'en servir pour tous les cubages, de façon que ceux-ci soient comparables entre eux.

Quels que soient le corps employé et les précautions prises, il existe toujours de petits intervalles entre les corps sphériques et on n'obtient pas la capacité absolue réelle. L'emploi de l'eau étant impossible, M. de Ranke a imaginé de faire confectionner un crâne en bronze comme étalon ; étant connue sa capacité prise avec le millet ou le plomb, on la compare avec le cube fourni par l'eau et on peut ainsi établir un coefficient à l'aide duquel on calcule la capacité réelle des crânes osseux.

Dans la pratique courante, on ne vise donc que la capacité approchée, ce qui est d'ailleurs sans inconvénients, puisqu'avec elle on arrive facilement à obtenir le poids du cerveau.

Une erreur grossière serait de croire qu'on peut employer n'importe quelle substance pour le jaugeage des crânes et qu'il est inutile de faire un apprentissage pour arriver à un cubage exact. Broca a consacré l'un de ses beaux mémoires à ce qu'il a appelé la *granulistique*, c'est-à-dire à l'étude des lois qui président à l'écoulement des corps solides sphériques à travers des orifices, à leur chute et à leur tassement dans des récipients de formes diverses. On saisit facilement que la façon dont s'opère le tassement peut amener des différences qui se meuvent dans les limites des variations ethniques. Par exemple, suivant que le cubage d'un crâne de 500 centimètres cubes est fait avec plus ou moins d'attention, on arrive à des différences de 10 et 12 centimètres cubes. Plus l'écoulement s'opère avec lenteur, mieux se fait le tassement.

Il en est de même pour la hauteur de la chute, pour la largeur des récipients où tombe la substance et pour les secousses qu'on pourrait imprimer soit au crâne, soit à l'éprouvette dans laquelle on renverse le corps employé pour le cubage. Rien de tout cela n'est indifférent ; le cubage, assurément, n'est pas une opération difficile, mais elle est très minutieuse. C'est pourquoi la technique en sera donnée avec détails.

Laissant de côté les procédés préconisés par Busk, Flower, Hælder, Shaaffhausen et même celui de M. de Ranke, nous nous occuperons de la méthode Broca, toujours mise en usage à notre laboratoire et à l'aide de laquelle ont été obtenus tous les chiffres donnés dans ce livre.

Il n'y a aucun inconvénient à transporter du domaine de l'anthropologie dans celui de la zootechnie, les instruments indiqués par Broca. Nous n'avons eu qu'une modification à faire, elle porte sur les dimensions de la cuvette dans laquelle on pose le crâne à cuber. Elle a été remplacée par une bassine en fonte émaillée. La capacité crânienne d'aucun des animaux domestiques n'atteignant 1000 centimètres cubes, on peut se dispenser du litre en étain poinçonné. Le corps employé est le plomb de chasse n° 8. Les instruments nécessaires sont : une manette pour prendre le plomb, un vase de fer blanc pour le recevoir après le jaugeage, une bassine en fonte émaillée à fond plat de 70 centimètres de long sur 40 de large, une éprouvette graduée de 500 centimètres cubes, en verre, cylindrique, haute de 40 centimètres, coupée très exactement à la graduation 500 ; un entonnoir à goulot de 12 millimètres de largeur, un bourroir en bois, fusiforme, de 20 centimètres de long et 2 de large, à pointe mousse, enfin un second entonnoir à goulot de 0,20 de large, avec opercule s'adaptant à l'éprouvette. On aura, en outre, une provision de ouate pour boucher les trous déchirés.

Quand on veut procéder au cubage, on fait prendre la tête à mesurer à un aide qui obture soigneusement toutes les ouvertures avec du coton, puis la place au milieu de la cuvette appuyée sur les arcades incisives et le trou occipital en haut ; d'une main il la soutient et de l'autre il maintient l'entonnoir à l'embouchure du trou occipital. L'opérateur verse alors lentement et *uniformément* le plomb dans l'entonnoir, de façon que le goulot ne s'obstrue jamais, et il emplit environ les deux tiers du crâne. A partir de ce moment il bourre, c'est-à-dire que, à l'aide du fuseau en bois il tasse, par des coups fermes et réguliers, le plomb pendant l'écoulement. Quand le plomb est arrivé au niveau de la lèvre postérieure du trou occipital, il appuie avec le pouce pour un dernier tassement et en ajoute un peu pour mettre à niveau. Sur les animaux, il est impossible d'arriver au niveau des condyles occipitaux latéraux qui dépassent les lèvres antérieures et postérieures.

Les manœuvres ci-dessus constituent le *jaugeage*. Pour *cuber*, c'est-à-dire évaluer la capacité, on adapte l'entonnoir à opercule à l'éprouvette graduée et on verse sans interruption et sans secousses, de façon que le tassement se fasse uniformément. Le cubage s'exécute ainsi en une seule fois pour les animaux dont la capacité crânienne n'atteint pas 500 centimètres cubes ; quand elle dépasse ce chiffre, on enlève l'entonnoir et son opercule, on verse le plomb dans la boîte à plomb, on replace l'opercule et l'entonnoir, on verse à nouveau et on ajoute le chiffre obtenu à 500.

III. DE LA FIGURATION ; DE LA CONSERVATION DES PIÈCES ET DU MOULAGE

Il est toujours utile et souvent nécessaire de figurer les types qu'on vient d'étudier, parce que la mémoire la plus heureuse, peu à peu, n'en a plus qu'un souvenir vague. Cela est surtout indispensable au zootechniste voyageur.

La figuration peut se faire au moyen du dessin, de la peinture, de la photographie et des moulages.

A. En tête de tous les procédés se place *la photographie*, parce que seule elle donne à la figuration un cachet de véracité auquel ne peuvent prétendre ni le dessin ni la peinture. Elle est très perfectionnée aujourd'hui et les appareils qui s'y rapportent sont devenus d'un transport facile en voyage. Elle doit être le procédé préféré du zootechnicien et un cabinet lui sera réservé dans le laboratoire de zootechnie.

Mais pour qu'elle donne tout ce qu'on est en droit d'en attendre, il faut qu'on puisse prendre sur l'image une idée exacte de la taille et du volume de l'animal et relever les proportions des régions. Si cela était possible, il faudrait que toutes les photographies d'un album fussent prises de façon que la grandeur de l'image fût toujours dans le même rapport vis-à-vis du sujet. Comme il n'en est pas ainsi, on placera un mètre à côté de l'individu à photographier afin que le rapport puisse s'établir rigoureusement. Chaque type devra se présenter toujours de même à l'observateur et au moins sous deux aspects, de profil et de face; il est à peu près impossible de comparer deux animaux dont l'un se présente absolument de profil et l'autre obliquement.

Malgré les très grands perfectionnements qu'elle a subis, la photographie ne renseigne pas suffisamment sur les reliefs de face et encore moins sur les proportions des parties présentées en obliquité. Jusqu'à présent, elle est totalement insuffisante en face de la coloration.

Le *dessin* présente les mêmes inconvénients et il laisse en outre une certaine marge à la fantaisie de l'artiste, aussi est-il de plus en plus délaissé pour la photographie. Avant que celle-ci ne fût perfectionnée le vulgarisée comme elle l'est actuellement, les anthropologistes avaient imaginé divers appareils destinés à produire mécaniquement des épures; les plus connus sont, en France, le stéréographe de Broca et, en Allemagne, l'appareil de Lucœ. L'usage de ces instruments se restreindra de plus en plus devant la photographie.

On s'accorde à tenir pour très difficile la reproduction fidèle des couleurs, des nuances et des tons du pelage ou du plumage des animaux. Les bons peintres animaliers sont rares et il est à souhaiter que la photographie soit bientôt en possession de méthodes lui permettant de fixer les couleurs.

B. L'exposé des moyens imaginés par M. Baron pour représenter rapidement le format, l'anamorphose et la forme des individus examinés doit trouver sa place ici [1].

M. Baron est parti de l'idée qu'on est déjà passablement renseigné sur un type, lorsqu'on est en mesure d'évoquer le souvenir de son volume

[1] Communication personnelle.

approximatif, de ses proportions et des contours de sa silhouette. Il a
tâché de remplacer le dessin et la photographie par une notation sché-
matique rapide dont on prendra une idée par les lignes suivantes où
l'auteur expose lui-même sa méthode :

α. Le volume, la masse des animaux sont vulgairement exprimés par
les qualificatifs : grand, moyen, petit ; ou encore : gros, moyen, fin.

Mais ces expressions sont très ambiguës, attendu qu'elles portent à
confondre deux choses très distinctes : l'*hétérométrie* et l'*anamorphose*.

L'hétérométrie conserve la similitude géométrique et vise exclusivement les variations du *format*.

1° Il y a des animaux *eumétriques*, à volume prototypique, équi-
distant des variations extrêmes.

2° Il y a des animaux *ellipométriques*, à volume au-dessous de la
norme (variation négative du format).

3° Il y a des animaux *hypermétriques*, excédant la mesure (variation
positive du format primitif).

Les eumétriques   sont notés :   0 (zéro) ;
Les ellipométriques   sont notés : — (moins) ;
Les hypermétriques   sont notés : -|- (plus) ;

Le premier signe du trigramme est toujours relatif à l'hétérométrie.

β. Par contre et pour éviter toute confusion, le dernier signe du trigramme est relatif à l'*anamorphose* ou déformation harmonique du type
considéré, quel que soit son format.

1° Il y a des animaux *mésomorphes*, répondant aux proportions
classiques, médiolignes, ni longs, ni larges ; on les note 0 (zéro).

2° Il y a des animaux *brachymorphes*, à formes trapues, refoulées,
raccourcies, à lignes brèves (brévilignes). On les note — (moins) en
imaginant que le prototype ait subi une variation négative.

3° Il y a des animaux *dolichomorphes*, à formes sveltes, étirées, exa-
gérées longitudinalement (longilignes). On les note -|- (plus), en imagi-
nant que le prototype ait subi une variation positive.

L'anamorphose vise donc le dualisme des grands Dolichocéphales et
des petits Brachycéphales, en partant d'un moyen Mésaticéphale stable-
ment adapté.

γ. Entre le format et la déformation se place la *forme* proprement
dite, c'est-à-dire le *quid proprium* fondamental de la silhouette. C'est
le chapitre de l'*alloïdisme* (ἀλλοῖος εἶδος).

1° Le prototype étant plus ou moins plan, rectiligne, orthoïde, se
note 0.

2° Sa variation négative, concave, excentrique, ectotrope, camarde,
ensellée, panarde, à lignes rentrantes, en un mot cœloïde, se note par —,

3° Sa variation positive, busquée, concentrique, endotrope, cagneuse, à lignes sortantes, en un mot cyrtoïde, se note par +.

En s'astreignant à placer toujours dans le même ordre les modalités du format, de la forme et de la déformation, il ne saurait y avoir d'erreurs.

Exemples : soit le cheval (+ 0 0).

Ce cheval est hypermétrique, orthoïde, mésomorphe; c'est un « gros cheval », à silhouette généralement rectiligne, à proportions intermédiaires. C'est le percheron classique.

Ce type a deux anamorphoses très connues : Sous sa forme trapue (+ 0 —) c'est le boulonnais; sous sa forme étirée, c'est le flamand et analogues : (+ 0 +).

Théoriquement, les différentes combinaisons des trois hétéromé-tries, des trois alloïdismes et des trois anamorphoses donnent lieu à $3^3 = 27$ types.

Ce polymorphisme n'a rien d'exagéré et la plupart de nos animaux domestiques l'épuisent amplement, quand ils ne l'excèdent pas.

Il est bon d'ajouter, d'ailleurs, que les analogies nous invitent à compléter les Asiniens au moyen des hémiones et même des zèbres; les Moutons par les mouflons et les kashkars; les Chèvres par les ægagres, les markhors et les bouquetins; les Cochons par les sangliers et peut-être les potamochères.

Dans ces conditions, les vingt-sept types de la pyramide ethnologique ne concernent que les *formes harmoniques* (domestiques, sauvages ou fossiles).

Elle rend évident le triple parallélisme des différenciations, parallélisme si curieux, quel que soit le point de vue que l'on adopte sur l'origine des formes vivantes.

Brévilignes	Médiolignes	Longilignes
— — —	— — O	— — +
— O —	— O O	— O +
— + —	— + O	— + +

ÉTAGE DES ELLIPOMÉTRIQUES.

Brévilignes	Médiolignes	Longilignes	
O — —	O — O	O — +	cœloïdes.
O O —	O O O	O O +	orthoïdes.
O + —	O + O	O + +	cyrtoïde,

ÉTAGE DES EUMÉTRIQUES.

+ — —	+ — O	+ — +
+ O —	+ O O	+ O +
+ + —	+ + O	+ + +

ANIMAUX HYPERMÉTRIQUES.

Mnémotechniquement et pédagogiquement, elle constitue un réseau à mailles très serrées et n'a pas les défauts de la sériation unilinéaire.

Enfin, elle nous fait découvrir la loi de la double et de la triple harmonicité : la grande diagonale contient les trois types les plus harmoniques du groupe entier.

(— — —)	(O O O)	(+ + +)
Accumulation de toutes les variations négatives	Prototype absolu de l'espèce polymorphe	Accumulation de toutes les variations positives

C. Le zootechnicien, comme l'anatomiste et le pathologiste, a fréquemment besoin de conserver pour des études prolongées des pièces qui, par leur nature, se corrompent et se détruisent rapidement.

On ne fera que signaler l'immersion de ces pièces dans un liquide conservateur, alcool, acide picrique, solution de sublimé, glycérine, parce que leur introduction dans un bocal n'est possible que lorsqu'elles. ne sont pas trop grosses et encore la plupart du temps est-on obligé de les replier sur elles-mêmes, ce qui leur enlève la plus grande partie de leur intérêt zootechnique. D'ailleurs, rien n'est encombrant et fragile comme des bocaux et ne cause plus d'ennuis au voyageur.

On cherche souvent à durcir, puis à momifier les pièces. L'encéphale est au premier rang des organes sur lesquels le zootechnicien a intérêt à opérer. Broca a indiqué le procédé suivant :

« Le cerveau, dépouillé de ses membranes, est plongé dans un liquide formé de six parties d'eau et d'une partie d'acide nitrique du commerce.

« Le douzième jour, on l'égoutte et on le place à l'air sur une épaisse couche de compresses dans lesquelles s'imbibe le liquide qui sort du cerveau par filtration. Dès le lendemain, le cerveau ne mouille plus le linge. Il ne diminue plus désormais que par évaporation. On le place sur une compresse sèche, près d'une fenêtre ouverte, à l'abri du soleil, et la dessiccation s'effectue ensuite peu à peu, en un temps variable suivant la température. La pièce conserve d'abord la couleur blanchâtre ou jaunâtre qu'elle avait au sortir du bain. Mais au bout de quelques jours, on voit cette couleur devenir brune sur le bord libre des circonvolutions de la convexité; il faut alors retourner la pièce pour éviter la déformation que produirait une dessiccation irrégulière. Lorsque toute la surface a changé de couleur, on n'a plus à s'occuper de la pièce. La dessiccation s'achève d'elle-même, au bout de trois semaines en été, de six en hiver. La saison d'été est de beaucoup la plus favorable. En hiver, lorsque le temps est humide, les pièces peuvent se déformer et devenir pâteuses. »

De son côté, M. Luys, pour durcir le cerveau, propose les manœuvres suivantes : Immerger dans un bain de bichromate de potasse à saturation, puis d'alcool méthylique auquel on fait succéder un bain de chloral saturé [1].

Le durcissement des pièces a l'inconvénient de les colorer et de les ratatiner. On ne peut avoir une idée du volume d'un organe à l'état frais lorsqu'on ne le voit que momifié. Les mêmes reproches s'adressent aux peaux qu'on fait *passer*, elles conservent leur couleur principale, mais elles perdent les tons et les reflets des poils vivants; leur rigidité empêche d'avoir aucune espèce de renseignements sur leur souplesse, leur onctuosité pendant la vie, propriétés importantes pour l'appréciation des qualités des animaux qui en étaient revêtus.

Tous ces inconvénients ont fait songer au *moulage* des pièces fraîches et à la coloration de ces moulages quand c'est nécessaire.

Le moulage se fait à la cire, à la paraffine, au plâtre, à la glaise, au papier.

---

[1] Luys, Sur un procédé de durcissement du cerveau *(Bulletin de l'Académie de médecine*, 1886).

L'emploi de la cire et de la paraffine est exceptionnel en zootechnie, à cause de la cherté d'exécution, de la fragilité et de la quasi-impossibilité de s'en servir pour des pièces volumineuses ; il n'est utilisé que pour celles qui sont destinées à rester dans les vitrines. Celui de la terre glaise donne des pièces qui se fendillent promptement.

Le moulage en plâtre est le plus généralement adopté et les modelés obtenus sont fidèles et faciles à peindre. Ils présentent pourtant un double inconvénient : ils sont fragiles et très lourds. Malgré toutes les recommandations et même toutes les précautions prises par les garçons de laboratoire, ceux qui servent aux démonstrations se détériorent, s'écaillent ou s'ébrèchent rapidement ; les parties en relief et spécialement les cornes et les sus–naseaux, sont difficiles à conserver intactes dans les collections zootechniques.

Le moulage en papier a été imaginé pour parer à ces inconvénients. Les archéologues semblent avoir eu les premiers l'idée de l'estampage au papier pour relever les figures et les inscriptions des monuments antiques.

M. Soula, de Toulouse, a préconisé dernièrement le moulage au papier pour la reproduction de pièces d'anatomie normale ou pathologique. Ce procédé fournissant des épreuves solides, légères et d'un transport facile ; nous croyons devoir reproduire la description qu'il en a donnée[1], car il a sa place dans nos laboratoires.

« La pièce à reproduire, fraîche ou sèche, molle ou dure, est placée de manière à se présenter sous son aspect le plus intéressant. Avec du plâtre de Paris, on prend un creux à la manière ordinaire, soit d'une seule pièce, soit de plusieurs pièces, suivant les indications. Il importe qu'il soit assez solide, à cause des manœuvres subséquentes. Le creux constitué, on rectifie les bords et on laisse sécher le plâtre pendant trois ou quatre jours ou moins. Puis on badigeonne l'intérieur à deux ou trois reprises avec de l'huile de lin, et le creux est prêt pour tirer l'épreuve.

« Pour obtenir celle-ci, il faut avoir à sa disposition du papier de qualités différentes : un papier blanc, fin, non gommé, du papier de soie et un papier beaucoup plus fort, grossier, coupé en carrés ou en rectangles de dimensions plus grandes et que l'on a eu le précaution d'huiler depuis la veille pour lui donner de la souplesse. Une première couche de papier soie est appliquée dans tout le creux en ayant soin de la répartir très régulièrement ; pour cela, on s'aide de petites brosses-tampons suf–fisamment douces, les brosses dures déchireraient le papier. Une deuxième couche de papier-soie, composée de quatre feuilles superposées, réunies avec de la colle d'amidon mélangée de craie et placée sur la première, la face en contact avec celle-ci, recouverte d'une couche de colle. Comme pour la première, il importe de procéder avec régularité, afin que toute

[1] Revue vétérinaire, 1890, pages 11 et 12.

la surface soit recouverte d'une manière uniforme et que le papier s'insinue parfaitement, sans déchirure, dans tous les creux du moule.

« Cette première partie de l'opération est la plus délicate : de sa bonne exécution dépend le succès. Le papier de soie, en effet, représentera la couche superficielle de la reproduction dont les détails seront d'autant plus nets que cette couche aura été appliquée avec plus de soin. Puis on continue en employant le papier grossier qui, lui, ne sert qu'à renforcer le papier de soie, badigeonné de colle sur une face ; on l'applique comme ce dernier. Mais sa résistance permet de se servir de brosses plus dures pour tamponner. On met de ce papier une série de couches en rapport avec les dimensions de la reproduction. Plus la pièce est grande et plus l'épaisseur constituée par les différentes couches de papier doit être considérable. En général, cinq ou six feuilles de papier bien distribuées et fortement tamponnées suffisent pour que le carton ainsi fabriqué acquière, par la dessiccation, une grande résistance.

« L'opération est terminée ; on doit sécher l'épreuve. Il n'y a pas d'inconvénient à le faire rapidement devant un feu vif. Dans tous les cas, avant de la sortir du moule, il faut être sûr que la dessiccation a porté jusque sur les couches en contact avec le plâtre ; en procédant avec trop de précipitation, on risquerait de voir les couches les plus superficielles, celles du papier-soie, rester en partie adhérentes au plâtre. L'enlèvement est d'autant plus aisé que la coquille a été faite en plusieurs morceaux. Alors il n'y a pas de tiraillements à exécuter sur l'épreuve. Celle-ci se présente avec une coloration blanche qu'elle doit à la couleur du papier de soie et aussi à la craie qui a été mélangée à la colle. »

Le zootechnicien a aussi à se préoccuper de la conservation des fossiles que fournissent les terrains tertiaire et quaternaire, en ce qui concerne les formes affines ou franchement ancestrales des animaux domestiques actuels. Ces débris, généralement très détériorés, s'effritent rapidement à l'air ; d'autre part, il faut le plus souvent rassembler des fragments épars pour la reconstitution d'un organe.

On peut répondre à ces deux indications par différents procédés, dont le suivant, usité au Muséum de Paris, est fort simple et donne de bons résultats :

Faire une dissolution très étendue de colle forte de menuisier *dans de l'eau tiède* (deux forts pinceaux de colle pour 1 litre d'eau) et humecter entièrement les os avec cette solution à chaud, puis laisser sécher. Renouveler cette opération trois fois à quarante-huit heures d'intervalle.

Le durcissement est alors suffisant. Pour souder les fragments entre eux, on emploie également la colle forte.

Section II. — Des caractères ethniques et subethniques en général

Dans la recherche de la diagnose d'une race, il faut s'inspirer d'un esprit tout différent que dans l'appréciation de l'individu. On doit faire abstraction, temporairement, des caractères individuels pour ne voir que l'ensemble de ceux qui sont donnés comme particularisant un groupe.

Voyons d'abord quels sont les sujets qui doivent être choisis pour les observations.

I. CHOIX DES SUJETS A OBSERVER

En anthropologie, on admet qu'on peut recueillir des observations aussi précises sur la femme que sur l'homme. On fait même remarquer qu'elle conserve mieux le type primitif que lui ; on dit, par exemple, qu'en Égypte l'ancien type, peu commun chez le fellah, est fréquent chez sa femme et que dans quelques villes du midi de la France, des femmes perpétuent le profil grec.

En zootechnie, l'étude complète d'une race ne peut guère être poursuivie sur des animaux d'un seul sexe, il faut s'adresser aux mâles et aux femelles dans la plupart des groupes. Ceux où la sexualité est peu marquée échappent seuls à cette obligation ; les dissemblances sexuelles imposent l'étude du couple pour les autres, et le lecteur sait maintenant qu'il est des races où il aurait les plus grandes chances de s'égarer en agissant autrement.

La castration faisant du sujet qui l'a subie un intermédiaire entre le mâle et la femelle, on pourrait à la rigueur le reconstituer mentalement quand on connaît celui-là et celle-ci et qu'on a présents à l'esprit les effets anatomo-physiologiques de l'opération ; mais le nombre des individus neutralisés sexuellement est si grand dans chaque groupe et leur importance économique si élevée que nous en recommandons l'observation comme complément indispensable pour avoir une idée juste de l'ensemble d'une race.

C'est également dans le même but que nous conseillons de ne point se borner à l'examen exclusif des adultes. Incontestablement, c'est par eux qu'il faut commencer et qu'on doit constituer le type ethnique, mais on ne connaît complètement une race que quand on en a suivi les représentants depuis la naissance ; des caractères offerts par les jeunes de quelques races sont typiques et certaines particularités physiologiques relatives à leur vie de nutrition ou à celle de relation sont loin d'être indifférentes. On note parfois entre des jeunes de races distinctes des ressemblances qui font songer à une parenté ou à une communauté d'origine.

Lorsqu'on se trouve pour la première fois en présence d'animaux qu'on ne connaissait pas jusque-là, il est indispensable d'examiner et de mesurer le plus grand nombre de sujets possible pour se prononcer et voir s'il faut les classer en une race ou plusieurs races.

On vient de parler de mensurations, il faut examiner la valeur à leur attribuer dans la diagnose ethnique.

II. VALEUR DES MENSURATIONS; MOYENNES ET SÉRIES

Croire qu'à l'aide de mensurations seules on arriverait à diagnostiquer la race d'un individu serait aussi erroné que de penser qu'on va prendre la meilleure idée de sa figure en la mesurant. Les illusions ont surtout été fort grandes à propos de la crâniométrie ; les mensurations du tronc et des membres n'ont pas, à beaucoup près, occasionné les mêmes déceptions, sans doute parce qu'on ne leur avait pas accordé la même importance qu'à celles du crâne.

L'étude de la forme des parties, de leurs reliefs et de leurs creux, de leurs rapports les unes avec les autres, c'est-à-dire de l'architecture générale du corps, doit primer incontestablement les mesures. Si l'on s'en tenait à celles-ci, on arriverait certainement à des résultats erronés, car des indices identiques se rencontrent sur des sujets très éloignés ethniquement.

Ces réflexions sont présentées pour qu'on n'accorde aux mesures que la valeur qui leur convient et qu'on les laisse au second plan, mais non pour en nier l'utilité. Chaque fois qu'on peut exprimer par des chiffres les rapports de deux choses, on doit le faire, parce que les chiffres rectifient ce que le jugement a de trop personnel, écartent les erreurs dues aux impressions d'ensemble ou à un jugement rapide. Seuls, ils donnent une idée exacte des dimensions et ils permettent d'éviter l'emploi des locutions plus, moins, un peu, davantage, et autres qui sont la plaie du langage scientifique. L'emploi des mensurations a le grand avantage d'être une excellente préparation pour juger ultérieurement, par la vue, les dimensions des choses et leurs rapports. Elles doivent être combinées à d'autres éléments, il ne faut pas les écarter.

Dans un groupe homogène, les rapports ou indices ne présentent pas de grands écarts. Cependant, en raison de l'individualité, il y en a toujours ; d'où la nécessité de mesurer le plus grand nombre possible de sujets. Pour utiliser ces mensurations, on a recours à la *méthode des moyennes* et à celle de la *sériation*.

Quand il s'agit de valeurs absolues, comme la taille, la longueur de la pointe de l'épaule à l'extrémité de l'ischium, la moyenne s'obtient par l'addition de toutes ces valeurs et leur division par le nombre de sujets examinés. Lorsqu'on est en présence de rapports ou indices, elle se trouve soit en prenant la moyenne des indices calculés séparément, soit la moyenne obtenue avec les facteurs moyens. Cette dernière méthode, qui n'est pas la plus correcte, est néanmoins la plus suivie. Est-il besoin de dire que la moyenne est une valeur arbitraire, conventionnelle, qui peut n'avoir été rencontrée sur aucun des individus examinés, surtout quand il y a des écarts prononcés entre eux. Elle synthétise les résultats, les concentre en un type idéal qui est l'expression des individus qui s'y rapportent.

Lorsque plusieurs auteurs ou voyageurs ont publié des chiffres sur une race, on cherche souvent à obtenir la moyenne générale ou moyenne des moyennes. Dans ces circonstances, il faut avoir le soin de multiplier d'abord chaque moyenne par le nombre de cas d'où elle est tirée, de faire l'addition et de diviser par le nombre total des cas. Une moyenne issue de deux cents mensurations a une valeur autre que celle qui résulte de cinq ou six.

La moyenne ne satisfait pas complètement l'esprit, parce qu'elle est une expression trop synthétique; on est plus curieux de savoir quels sont les chiffres qui, dans une série, se présentent le plus fréquemment. On emploie pour cela la méthode de la sériation; qu'on veuille, par exemple, connaître quel est le chiffre le plus fréquent que donne la mensuration de la longueur du corps du bétail cottentin, on établira des cases partant du chiffre minimum pour arriver au maximum, en procédant par 2 ou 3 centimètres. Un coup d'œil jeté sur chaque case montre de suite le maximum de fréquence chaque dimension.

Ces renseignements parlent davantage à l'esprit que les moyennes et ils sont d'une utilité supérieure en ethnologie, à la condition, bien entendu, qu'on ne compare que des animaux de même sexe et de même âge.

En résumé, les mensurations renseignent sur le format, mais non sur la forme et ses retouches.

On se demandera peut-être si des mesures prises sur le squelette sont applicables au vivant.

Broca s'était occupé de ce point en anthropologie. Il appelait indice *crâniométrique* celui qu'on obtient sur le crâne et indice *céphalométrique* celui que donne le vivant; il a avancé qu'il faut abaisser de deux unités toute mesure d'indice céphalique prise sur le vivant pour la comparer au crâne osseux. Virchow a pensé que cette augmentation tenait à ce que les chairs sont infiltrées de liquide après la mort et il a conclu qu'on peut comparer l'indice céphalométrique à l'indice crâniométrique, sans addition ni retranchement.

En raison de l'épaisseur des lèvres et de la disposition du bout du nez de plusieurs espèces domestiques, l'identification des mesures prises sur le vivant et sur la tête osseuse n'est pas possible en zootechnie; bien qu'elles témoignent toujours dans le même sens. Il vaut mieux indiquer à chaque fois de quelle sorte de mesure il s'agit.

Il est difficile de déduire la taille qu'avait un animal pendant sa vie de la mesure de la hauteur de son squelette, car celle-ci dépend beaucoup de la façon dont le montage a été fait. On s'occupera du reste, en son lieu, des moyens d'arriver à la reconstitution de la taille par la connaissance de la longueur d'un ou de quelques os des membres, en tenant compte des différences ethniques.

III. SYSTÈMES ET MÉTHODES DE CLASSIFICATION ZOOTECHNIQUE ; MISE EN ŒUVRE DES CARACTÈRES PERÇUS

La détermination des groupes domestiques est restée étroitement liée à l'état de la science zootechnique et à l'idée qu'on s'est faite de la race.

On a commencé par classer les animaux en groupes *économiques* qu'on subdivisait suivant les services spéciaux qu'on en retirait. On avait des chevaux de selle ou *fins* et des chevaux de trait ou *communs*, ces derniers se subdivisant en chevaux de trait léger et de gros trait. C'était, sous d'autres appellations, la division en *destriers, sommiers*, etc., adoptée au moyen âge et dont il a été question. Les bêtes bovines se subdivisaient en bêtes de travail, bêtes de boucherie, bêtes laitières et bêtes mixtes. Pour l'espèce ovine, on avait les moutons à laine fine et ceux à laine longue ; pour l'espèce canine, les chiens de berger et ceux de chasse, courants ou d'arrêt.

A ce groupement par finalité vinrent successivement s'adjoindre d'autres caractères auxquels chaque auteur accorda plus ou moins d'importance, suivant ses vues personnelles, telles furent la taille et la robe.

Les choses en étaient là lorsqu'une vive impulsion fut communiquée à l'Anthropologie et que la crâniologie et la crâniométrie prirent la première place pour les déterminations ethnologiques. Antérieurement, Daubenton, Camper, Blumenbach s'étaient occupés des caractères céphaliques ; leurs successeurs élargirent l'importance à leur attribuer.

M. Sanson pour qui, on se le rappelle, les termes d'espèce et de race sont synonymes, transporta en zootechnie les méthodes de l'anthropologie, et il en vint à dire que « le type spécifique résulte des formes, des dimensions et des rapports réciproques des os du crâne cérébral et du crâne facial ». Il y ajouta le nombre des pièces constituant le dos, les lombes et le sacrum, laissant en dehors la région cervicale où le nombre des vertèbres est fixe, et la région coccygienne où il est d'une variabilité qui empêche de tirer aucune conclusion de son examen, et il admit que la différence dans le nombre total des vertèbres dorsales, lombaires et sacrées, implique nécessairement une différence d'espèce.

On voit de suite qu'il s'agit ici d'un *système* de classification et que, comme dans tous les systèmes, on attribue une importance prépondérante à quelques caractères, les autres étant considérés comme secondaires.

Le lecteur pressent, par ce qui a été exposé à propos des variations par répétition des organes en série, que la tige rachidienne, au lieu d'être douée d'une inamovibilité qui lui donne un cachet exceptionnel dans l'organisme, en est une partie passablement variable. On y rencontre des anomalies par transposition de vertèbres, par augmentation et par diminution de leur nombre. Ces irrégularités ont été rencontrées sur l'homme, les animaux sauvages et les animaux domestiques. Toutes les catégories de ces derniers, depuis le cheval jusqu'au lapin et aux oiseaux de basse-cour, en montrent. Il est des espèces qui en présentent si fréquemment qu'on est embarrassé pour dire quelle est leur formule vertébrale présacrée normale.

En présence d'une pareille variabilité, il est difficile, en ethnologie, de tirer un grand parti des particularités rachidiennes, d'autant qu'elles ne sont perceptibles qu'après la mort de l'animal et la préparation du squelette, la colonne vertébrale étant entourée de muscles qui ne permettent pas de compter ses parties constituantes sur le vivant.

Cela n'empêche que, si une anomalie de ce genre est de quelque utilité à l'animal qui en est porteur, elle a chance de se perpétuer; en vertu de la loi de Delbœuf, elle pourra devenir plus commune que la forme primitive. C'est peut-être ce qui est en passe de se produire chez les chevaux de course et les chevaux orientaux où la présence de cinq vertèbres lombaires n'est pas rare [1] (fig. 73).

La tête fournit d'utiles renseignements tant par elle-même que par

1 Pour l'étude des variations du rachis, voyez particulièrement : Rigot, *Ostéologie*, Paris, 1840.

Gegenbaur, *Manuel d'anatomie comparée*, traduct. C. Vogt, Paris 1874.

Chauveau et Arloing, Ouvrage précité, pages 47 et 48.

Dr Thomas, *Éléments d'ostéologie comparée de l'homme et des animaux domestiques*, Paris, 1865.

Goubaux, *Mémoire sur les anomalies de la colonne vertébrale*, in *Journal de l'anat. et de la phys.*, 1867 et 68.

Topinard, Des anomalies de nombre de la colonne vertébrale chez l'homme, in *Revue d'anthropologie*, 1877, page 577 et suiv.

Regalia, Cas d'anomalie numérique des vertèbres chez l'homme et interprétation du phénomène, in *Archives pour l'anthrop. et l'ethnol*, vol X, 1880.

Sanson, Mémoire sur la nouvelle détermination d'un type spécifique de race chevaline à cinq vertèbres lombaires, in *Journal de l'anatomie et de la physiologie*, 1868.

Toussaint, *Note sur une anesse à vingt côtes*, in *Journal de médecine vétérinaire*, 1876.

Darwin, Ouvrages cités (particulièrem. pour les variations du rachis des Oiseaux).

Blanchard, *Variation numérique de la colonne vertébrale des singes*, in *Revue d'anthropologie*, 1885, page 441.

Cornevin, *Étude sur le squelette du cheval de course*, in *Bulletin de la Société d'anthropologie. de Lyon*, 1884.

Moussu, Quelques particularités anatomiques, in *Bulletin de la Société centrale vétérinaire*, 1887.

les appendices qu'elle porte. Mais il est erroné d'isoler ces renseignements de ceux fournis par d'autres parties, parce que tout est solidaire
dans l'organisme. On se rappelle, par exemple, que la cheville osseuse
de la corne influe sur la forme de la partie postérieure de la tête ; aussi,
ne faut-il point présenter les caractères crâniens comme dominateurs
par cela qu'ils appartiennent à la tête et en faire une description isolée.
La taxinomie ethnique doit s'asseoir, comme les classifications spécifiques et supraspécifiques de la zoologie et de la botanique, sur la *méthode
naturelle*, c'est-à-dire sur l'utilisation des caractères de toutes sortes ;
comme ces classifications, elle doit repousser tout *système*.

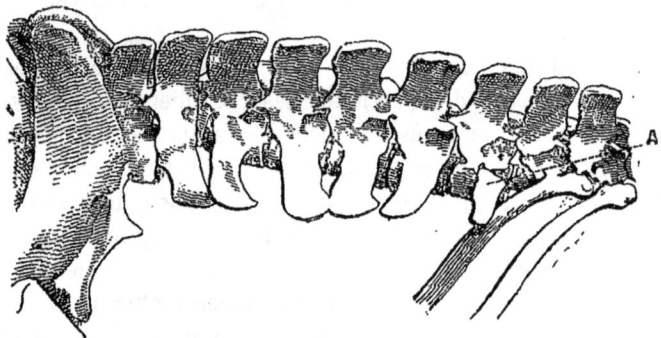

Fig. 73. — Portion du rachis d'une jument à 5 vertèbres lombaires.

En raison de la solidarité organique, il y a plus fréquemment une dominante générale qu'un caractère dominateur. Elle est fournie par le style
architectural même suivant lequel les sujets examinés sont bâtis. Cela
n'empêche qu'en présence d'un ensemble de caractères, il y a nécessité,
en les mettant en œuvre, de les subordonner, de leur assigner à chacun une
valeur propre et et non de leur accorder à tous indistinctement une valeur
égale.

Sur quelle base faut-il étayer la subordination des caractères ethniques ? Il nous semble qu'à ce degré de la classification, ce n'est plus leur
étendue, la région où on les voit, l'organe qui les présente qui sont les
choses principales, mais leur degré de propriété, d'exclusivisme, de limitation à un groupe. Si le coccyx massif et surélevé du taureau fribourgeois
appartenait exclusivement à la race du Jura, il constituerait une particularité dominatrice aussi légitime qu'une forme crânienne et le premier rang
devrait lui être accordé dans la hiérarchisation des caractères.

Ces caractères qu'il faut apprécier sont anatomiques, physiologiques et
pathologiques. Les premiers ont été les mieux étudiés et la diagnose s'appuie presque exclusivement sur eux ; l'ethnologie possède peu de notions
sur les deux autres.

Il a été dit que la morphologie générale est subordonnée à celle des tissus et qu'elle est réglée par leur sensibilité réactionnelle en face du milieu; il serait donc logique et en même temps très satisfaisant pour l'esprit de suivre, tissu par tissu, les variations que chacun d'eux présente, suivant les races ; mais les tissus s'associent et s'enchevêtrent pour former des organes et le zootechnicien, dont le champ d'étude est avant tout l'organisme vivant, est forcé d'examiner des organes et des appareils plutôt que des tissus. Il lui est, par exemple, impossible de scinder l'examen de la dent ou de la peau qui sont constituées par deux tissus différents. C'est donc sur la comparaison des différences présentées par les organes et les appareils que la diagnose prend son principal point d'appui; elle complète les renseignements qu'elle en tire en envisageant les modifications corrélatives qui se produisent dans l'ensemble de l'organisme.

Il y aura à passer successivement en revue les caractères fournis par les organes dérivés : 1° des tissus de cellules; 2° des tissus de substance conjonctive; 3° du tissu musculaire; 4° du tissu nerveux.

CHAPITRE II

CARACTÈRES ETHNIQUES FOURNIS PAR LES PHANÈRES ET LA COLORATION

La peau et ses appendices, phanères et glandes, doivent être examinés dans leur structure, leurs dimensions, leur disposition et leur coloration.

Section première. — Peau, phanères et glandes

Constituée par une membrane profonde d'origine mésodermique, le *derme* ou chorion, et par une lame superficielle issue de l'ectoderme, l'*épiderme*, la peau est étalée sur le corps dont elle constitue la membrane protectrice.

Rappelons très brièvement que l'épiderme (fig. 74, E.), membrane exclusivement cellulaire, non irriguée, est constituée par une couche profonde dite *corps muqueux de Malpighi* dont les cellules généralement pigmentées, irrégulières, laissent entre elles des espaces remplis d'une substance amorphe semi-liquide, et par une couche superficielle qualifiée de *couche cornée* formée de cellules dures et vraiment cornées.

Des faisceaux de tissu connectif, entre lesquels se trouvent quelques fibres musculaires lisses forment le derme (fig. 72. D) dans l'épaisseur duquel se trouvent des glandes sébacées et sudoripares, des vaisseaux sanguins et lymphatiques ainsi que des nerfs. Sa couche profonde est réticulaire et à tissu lâche, tandis que la superficielle ou papillaire est plus serrée. Les papilles, qui sont vasculaires ou nerveuses, se pressent dans

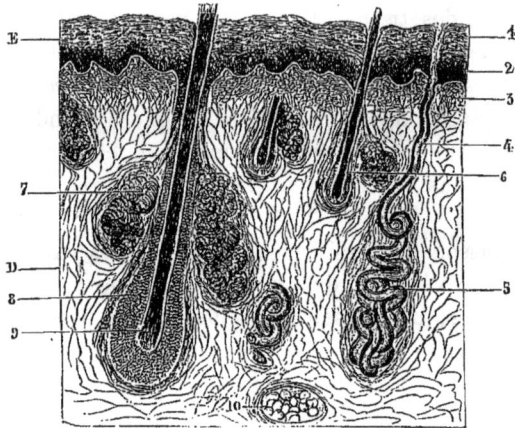

Fig. 74. — Coupe de la peau du cheval (Chauveau et Arloing).

E. *Épiderme*. — 1. Couche cornée de l'épiderme; 2. Corps muqueux de Malpighi. D. *Derme*. — 3. Couche papillaire du derme; 4. Canal excréteur d'une glande sudoripare; 5. Glomérule; 6. Follicule pileux; 7. Glande sébacée; 8. Gaine interne du foll. pileux; 9. Bulbe du poil; 10. Peloton adipeux.

les points où la sensibilité de la peau est très grande et dans ceux où la peau sert comme organe de tact.

Elle fournit à la distinction des races des renseignements moins importants qu'elle n'en donne à l'observation des individus. On a répété que son épaisseur et sa finesse étaient l'apanage de quelques races, mais ces particularités sont subordonnées aux conditions d'existence. L'exposition des téguments aux intempéries atmosphériques leur donne plus d'épaisseur et de densité et en diminue la sensibilité. La couche réticulaire du derme se confond insensiblement avec le tissu cellulaire sous-cutané; des parties du derme passent à l'état de tissu cellulaire et *vice versa*, suivant les impressions reçues par la peau. *Celle-ci change donc d'épaisseur*: quand elle est fine, son tissu sous-jacent est abondant, tandis qu'il est rare si elle est épaisse.

L'ampleur qu'elle acquiert dans quelques régions donne des renseignements ethnologiques plus utiles.

Ainsi le fanon, sur l'espèce bovine, est à peine indiqué dans la race hollandaise, tandis qu'il est fort développé et pendant jusqu'entre les membres antérieurs dans la sous-race taurache; le mérinos de Rambouillet et le Lapin-bélier ont une cravate; le Southdown et le Lapin russe n'en ont pas; l'Oie de Toulouse a sous l'abdomen un repli de peau caractéristique qui traîne à terre lorsque cet oiseau n'est pas engraissé, l'Oie commune en est dépourvue.

Les phanères à étudier avec soin sont : les poils, les crins, le duvet, la laine, les plumes, les cornes. On y joindra les appendices de la tête des Oiseaux : huppes, crêtes, caroncules, oreillons, margeolles et rubans.

I. POILS, LAINE ET PLUMES

Pour faciliter l'assimilation de ce qui va suivre, nous rappellerons en quelques mots la genèse et la structure du poil, type de toutes les productions qui recouvrent la peau des animaux domestiques.

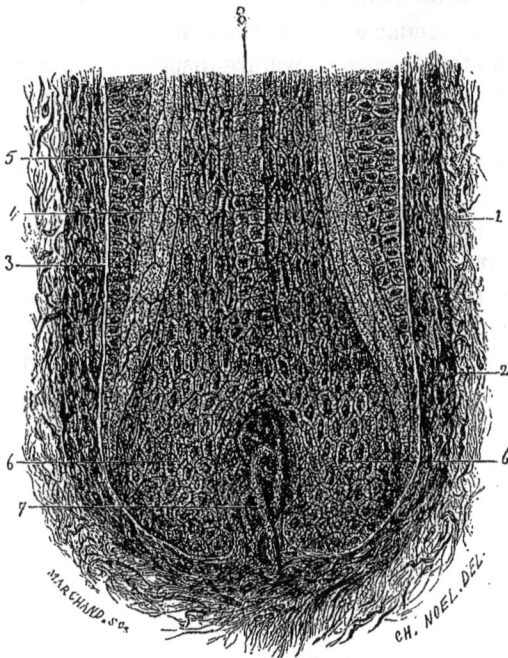

Fig. 75. — Follicule pileux (d'après Morel et Villemin).

1. Couche dermique externe; 2. Couche dermique interne; 3. Liseré amorphe du follicule; 4. Couche épidermique externe; 5. Couche épidermique interne; 6. Bulbe pileux; 7. Papille vasculaire; 8. Cellules de la substance médullaire.

Implanté dans le derme, le poil se développe dans le follicule pileux (fig. 75) aux dépens de la papille.

Cavité plus large à la base qu'à l'orifice, le follicule pileux est formé par une invagination de la peau et présente successivement en allant de l'extérieur vers l'intérieur une couche connective lâche, une couche dermique serrée, un liseré amorphe, une gaine épidermique externe de la racine du poil, une gaine épidermique interne. A son fond, se trouve la papille ou germe du poil pourvue de vaisseaux et de nerfs et coiffée par le bulbe pileux.

Quant au poil, dont la racine enfoncée dans le follicule se renfle en bulbe pour envelopper la papille, il est formé par une couche épidermique, une couche corticale plus ou moins riche en pigment et une substance médullaire.

En anthropologie, après la couleur, les caractères du système pileux ont été les premiers utilisés. Dès 1721, Bradley se préoccupa du degré de pilosité suivant la race, et l'on doit à Bory de Saint-Vincent la distinction des groupes humains en races à cheveux droits *(lissotriches)* et à cheveux crépus *(ulotriches)*. Smith combina les vues de Bradley et celles de Bory; Geoffroy Saint-Hilaire donna la limitation de la chevelure en haut du front comme un caractère ethnique; Hæckel subdivisa les ulotriches en *lophocomes* ou à chevelure disposée en touffes, et en *ériocomes*, à cheveux en toison; et les lissotriches en *euthycomes*, à cheveux droits, et *euplocomes*, à cheveux bouclés.

Des observations plus récentes ont fait voir qu'il n'y a point, comme le croyait Hæckel, de chevelures disposées en touffes et implantées sur la tête à la façon des pinceaux de poils sur une brosse. Pas plus sur l'homme que sur les animaux, la mèche n'est primordiale; elle résulte de l'agrégat des poils entre eux. Après la tonte, on ne voit plus de mèche et quand on la divise, elle peut se reconstituer différemment. Une exception doit être faite pour le lapin dont les poils sont réunis par deux et même huit et surgissent de la peau par un orifice commun.

Plus importantes sont les observations sur la forme et la grosseur du poil. Heusinger annonça, le premier, en 1822, que les cheveux du nègre sont elliptiques. Ultérieurement Weber, Henle, Brown et Kolliker s'intéressèrent à ce sujet, mais c'est Pruner-Bey qui a produit les travaux les plus considérables sur ce point. Ils l'ont conduit aux propositions suivantes :

Plus le cheveu est aplati, plus il s'enroule; plus il est arrondi, plus il devient lisse et raide. Les cheveux des races jaunes ou mongoliques ont une forme arrondie; les cheveux crépus ou laineux des populations d'Afrique ou d'Océanie ont une forme elliptique. Les Européens et les Chinois ont des cheveux de forme intermédiaire [1].

Quant à la grosseur, elle varie considérablement, puisqu'on l'a vue aller de 117 millièmes de millimètre à 67 [2].

---

[1] Pruner-Bey, *Mémoires de la Société d'anthropologie*, t. II et t. III.
[2] Topinard, *loc. cit.*, page 271.

Enfin un autre caractère, plus dominateur que les précédents, se trouve dans la direction du poil par rapport à son axe. Il peut être droit, montrer la frisure la plus accentuée, et entre ces deux directions présenter tous les intermédiaires.

En zootechnie, exception faite pour la laine du mouton, le poil n'a pas été étudié comme le cheveu en anthropologie et jusqu'ici on n'a pas tiré parti des caractères qu'il fournit. Il doit être considéré relativement à son abondance, à sa longueur, à sa forme, à son diamètre et à sa direction.

Le chien est le seul animal domestique dont une race soit caractérisée par l'absence presque complète de poils, celle du chien nu de Chine. On trouve accidentellement, dans tous les groupes, des individus à peau nue, atteints d'alopécie; il s'agit de résultats pathologiques ou de variations dues à l'effet du climat, il n'y pas à en tenir compte pour le moment.

La différence dans l'abondance des poils est caractéristique dans l'espèce porcine; les soies du porc craonnais sont plus serrées que celles du porc asiatique, passablement clair-semées.

La longueur présente des caractères utiles quand on l'étudie sur les crins du cheval, la soie du porc, la fourrure du lapin et les poils du chien. Entre la crinière très courte et dressée du poney islandais et celle du cheval barbe qui est flottante, il y a des intermédiaires nombreux. Les poils du lapin angora ont une autre longueur que ceux du lapin ordinaire. Les mensurations suivantes, effectuées par notre assistant, M. Boucher, donnent une idée des variations de longueur et d'épaisseur que présentent les phanères dans une même espèce.

Porcs

	LONGUEUR DES SOIES ÉTIRÉES	DIAMÈTRE
	m	mm
Verrat craonnais.	0,134	0,22
— d'Yorkshire.	0,097	0,19
— de Berkshire.	0,055	0,22
— d'Essex..	0,048	0,15
Métis yorkshire-craonnais.	0,074	0,16
— berkshire-craonnais.	0,078	0,16

Chiens

	LONGUEUR DES POILS ÉTIRÉS	DIAMÈTRE
	m	mm
Chien de berger.	0,136	0,07
— épagneul.	0,104	0,07
— du Saint-Bernard.	0,060	0,065
— danois.	0,015	0,13
— griffon.	0,046	0,09
— caniche..	0,088	0,08

Il y a même lieu de signaler l'intéressante particularité présentée par des races de chiens dont tout le corps est garni de longs poils, sauf sur le front et le nez, où ils sont courts. Cette disposition est facile à observer sur le groupe des épagneuls (fig. 76).

FIG. 76. — Chien épagneul.

Lorsque le poil est examiné par rapport à sa direction, on peut le trouver *droit*, *ondulé* s'il dessine une longue courbe incomplète, *bouclé* s'il s'enroule à son extrémité seulement, *tire-bouchonné* lorsque la spire se fait le long de l'axe du poil et qu'elle est étirée, *frisé* quand les tours de spire sont rapprochés, *crépu* lorsque ces tours, très nombreux, sont étroits et se pressent les uns contre les autres.

Le poil droit est *raide* ou plus ou moins *souple*.

Le Chameau, l'Yack, tous les animaux de la famille des Lamas, la Chèvre asiatique et la naine d'Afrique, ont des poils ondulés, bouclés et tire-bouchonnés, tandis que les Chèvres européennes et celles de Nubie en ont habituellement de droits.

Dans l'espèce canine, la disposition du poil rend les plus grands services pour aider à la distinction des races, puisqu'elle est rectiligne chez les unes et non dans les autres. Parmi les groupes dont les poils sont droits, il en est qui les ont courts et les autres assez longs; parmi ceux qui ne les ont pas droits, on en trouve de soyeux, d'ondulés, de frisés et de laineux. On a l'habitude de distinguer les chiens d'arrêt d'après les caractères fournis par les poils. Ceux qui n'ont que des poils ras sont des *braques*. Les *épagneuls* ont les poils longs et soyeux sur tout le corps, sauf sur le front et le nez, où ils sont courts et aplatis. Les *barbeis* ont les poils longs partout, sur la tête comme sur le reste du corps.

On les subdivise en *barbets proprement dits*, dont les poils sont longs et doux, en *griffons,* dont les poils sont longs et durs, et en *caniches*, à poils frisés et laineux.

Pas plus par les caractères du poil que pour tous ceux qui vont être rencontrés, il n'y a entre les groupes qu'on vient d'énumérer de démarcations tranchées; il n'est pas toujours facile de dire à quel groupe appartient un sujet. On ne s'étonnera donc pas d'apprendre que des auteurs ont réduit à trois seulement : droit, tire-bouchonné et frisé, les qualificatifs du poil et que d'autres marchant en sens inverse, ont subdivisé l'ondulé, le frisé et le crépu.

Laine. — La peau du mouton supporte deux sortes de productions : la *laine* et le *jarre.* Ce dernier est constitué par des poils droits et d'un diamètre supérieur aux brins de laine. Ceux-ci ont des qualités particulières de finesse, de résistance, de souplesse qui en font des matières de choix pour l'industrie drapière. Il ont sur leur longueur des courbures, plus ou moins rapprochées selon les races, dont le rayon paraît proportionnel à leur diamètre, sauf quelques exceptions. H. von Nathusius, reprenant une idée de Perrault de Jotemps et la confirmant par des recherches personnelles [1], avance que la frisure de la laine est due à ce qu'elle sort d'un follicule contourné et non droit. Ce follicule servant de filière au brin, celui-ci en épouse la forme. Contestée par le Dr Sticker [2], l'idée de Nathusius a été appuyée par les recherches de M. Duclert [3].

Les renseignements ethniques qu'on recueille de leur observation sont fournis : 1° par le rapport du jarre à la laine ; 2° par les caractères spéciaux de celle-ci.

A. Il n'est aucune race ovine dont le corps soit totalement recouvert de laine; le mérinos de Rambouillet, le plus perfectionné des moutons comme producteur de laine, en a tout au moins l'extrémité de la face dépourvue. Mais entre cet animal et les moutons du Niger, du Soudan et d'Aden, qui n'en ont pas un brin, on trouve tous les intermédiaires. La tête des uns n'a qu'un bouquet de laine au sommet, et leurs membres, à partir du genou et du jarret, n'en portent pas; tels sont les southdowns (fig. 77); les dishleys, les solognots, les charolais ont la tête entièrement chauve, avec les membres dans le même état que les southdowns (fig. 78); les brebis laitières du Larzac ont non seulement la tête et les membres, mais le ventre, la mamelle et même la partie postérieure du corps dépourvus de laine. Le mouton de Yung-ti présente,

---

[1] H. von Nathusius, *Das Wollhar des Schafs in histologischer und technischer Beziehung mit vergleich. Berücksichtigung anderer Haare und der Haut,* Berlin, 1866.

[2] Dr Sticker, *Ueber die Entwickelung und den Bau des Wollhaares beim Schafe* in *Landwirthschaftliche Jahrbücher,* Heft 4, XVI. Band, 1887, Berlin.

[3] L. Duclert, *Déterminisme de la frisure des productions pileuses,* in *Journal de l'anatomie et de la physiologie,* 1888.

mélangé à la laine du cou et de la partie supérieure du corps, du jarre droit et relativement rigide.

B. La toison fournit d'importants renseignements par la disposition de ses mèches et par les brins qui la constituent.

FIG. 77. — Mouton southdown.
(Ex. de tête avec bouquet de laine).

FIG. 78. — Mouton charolais.
(Ex. de tête chauve).

Quand elle est formée de mèches pointues, peu serrées les unes contre les autres, on la dit *ouverte*; elle est *fermée* ou *tassée* lorsqu'elles sont carrées et pressées, et elle est *semi-ouverte* dans le cas de disposition intermédiaire. Le dishley, le mérinos et le bergamasque sont des exemples de ces trois dispositions.

La mèche donne, par son aspect, des indications sur les brins qui la forment et dont le nombre est subordonné à leur diamètre. Elle en est une sorte d'amplification et elle renseigne sur leur longueur, leur direction vis-à-vis de l'axe (fig. 79) et la quantité de suint qui les imprègne.

L'examen du brin de laine au point de vue ethnique doit porter, comme celui du poil, sur sa longueur, son diamètre et sa direction par rapport à son axe (fig. 80).

La longueur est relative quand la mensuration se fait sans étirer le brin pour faire disparaître ses courbes, elle est absolue lorsqu'il y a eu étirement.

Le diamètre, qui s'obtient au micromètre et après lavage et dégraissage par l'action d'un corps dissolvant du suint qui imprègne le brin, est une mesure des plus importantes ; il faut la prendre avec soin, la répéter sur plusieurs brins du même animal et la relever aussi en plusieurs endroits du brin afin de voir s'il ne s'effile pas à la pointe. Dans le cas où le diamètre est moindre à la pointe, la mèche est elle-même pointue.

Considéré dans sa direction, le brin peut être légèrement ondulé comme dans le mérinos soyeux, il est bouclé dans le cottswold et l'au-

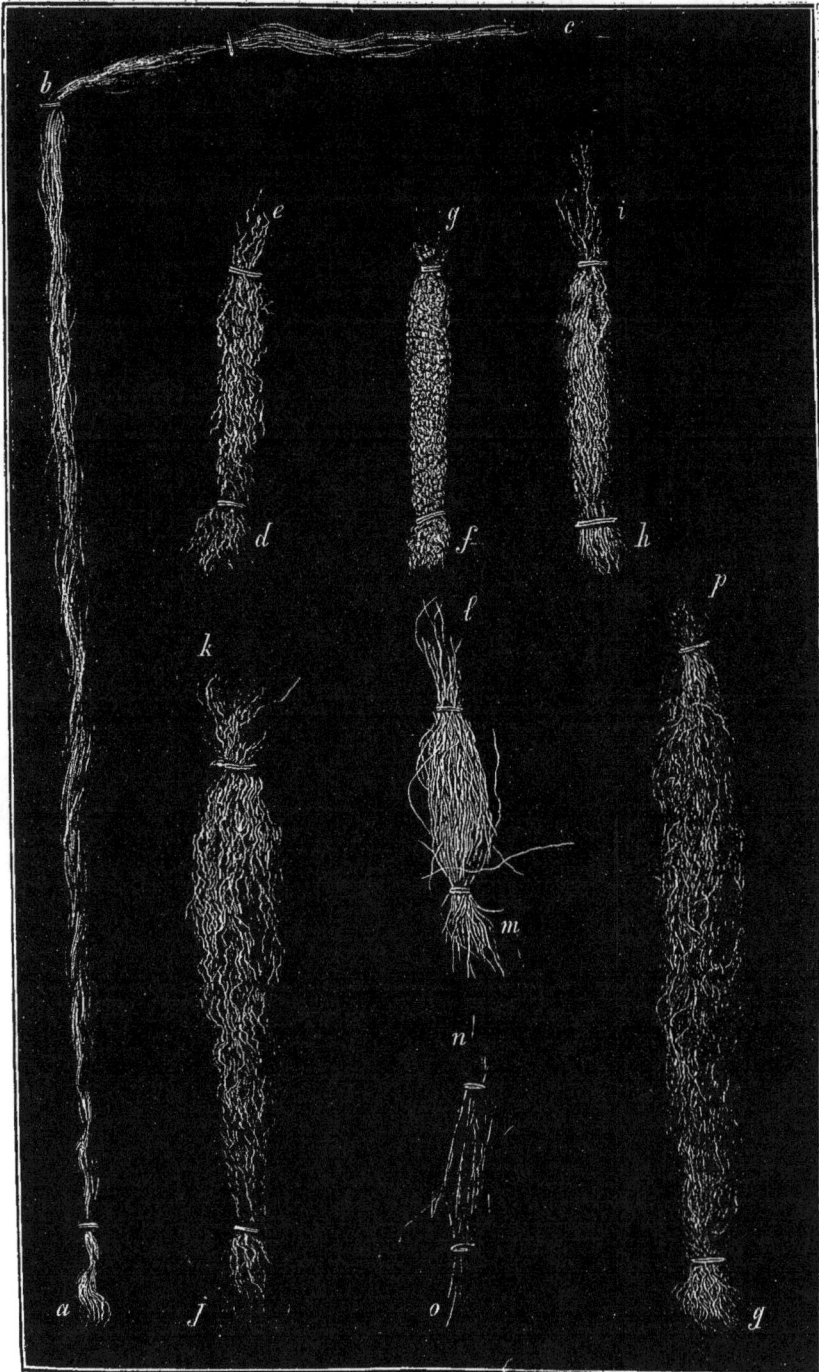

FIG. 70. — Mèches de laine (d'après photographie).

abc, mèche de laine de Dishley; *de*, Southdown; *fg*, Mérinos; *hi*, Mérinos soyeux;
jk, Dishley-mérinos; *lm*, de la Guadeloupe; *no*, d'Aden; *pq*, barbarin.

vergnat, frisé dans le southdown et le berrichon ou à courbes très rapprochées et formant des zigzags pressés les uns contre les autres dans le
rambouillet.

Chacun des caractères précédents, pris isolément, est insuffisant pour la
diagnose ethnique, à moins qu'on ne soit en face d'une race commençant

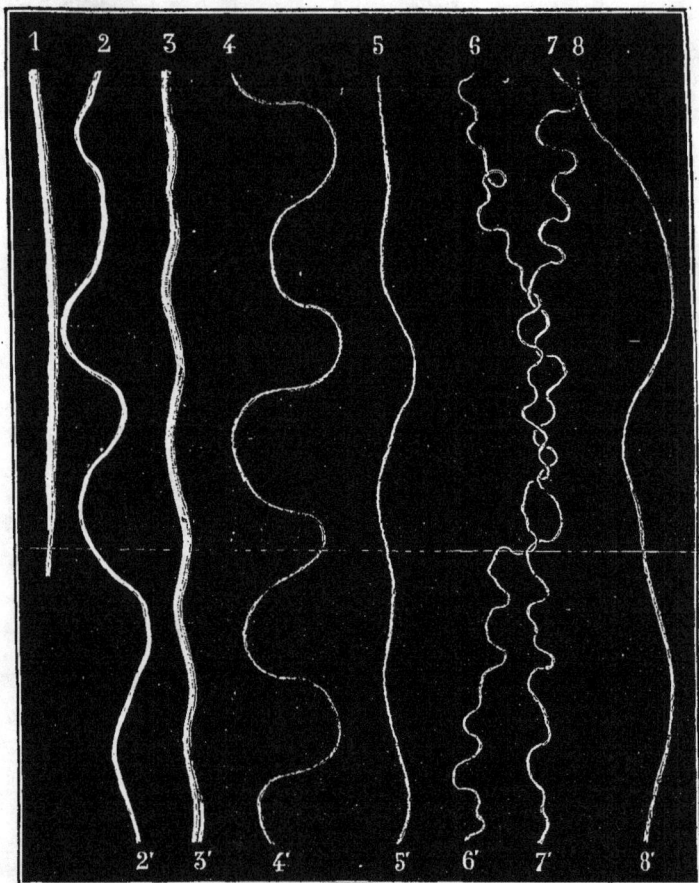

Fig. 80. — Brins de laine (d'après photographie et grossissement 5/1).

1, Brin de laine du mouton d'Aden; 2, 2′, barbarin; 3, 3′, de la Guadeloupe; 4, 4′, Dishley-mérinos;
5, 5′, mérinos soyeux; 6, 6′, southdown; 7, 7′, mérinos; 8, 8′, Dishley.

ou terminant la série, tels que le dishley pour la longueur et le mérinos
pour la finesse. Ces cas exceptés, chaque caractère isolé se présentant
sur plusieurs groupes, ainsi qu'on en peut juger par les chiffres ci-dessous, il faut les réunir entre eux d'abord et les rapprocher d'autres
particularités pour arriver au diagnostic. Voici quelques observations
prises sur des mâles qui donneront une idée du groupement:

	LONGUEUR ABSOLUE	DIAMÈTRE	DISPOSITION
	m	centièmes de millim.	
Dishley.	0,29 centim.	4,2	ondulée.
Southdown.	0,06	2,4	frisée.
Mérinos ordinaire. . . .	0,08	1,5	en zigzags.
Dishley-mérinos.	0,13	3,9	ondulée.
Larzac. . . :	0,06	3,8	frisée.
Berrichon.	0,07	3,8	ondulée.
Barbarin.	0,08	4,	frisée.
De la Guadeloupe. . . .	0,03	18,3	presque droite.
Du Niger.	0,02	13,6	droite.
Mérinos soyeux.	0,05	1,8	ondulée.

Plumes. — Bien que ce soit surtout par leur coloration que les plumes fournissent le plus de caractères ethniques, néanmoins, par elles-mêmes, elles donnent d'utiles indications. On se base sur leur situation, leur abondance, leur longueur et leur conformation. Avant d'aborder ces points, il est utile de rappeler les noms spéciaux donnés, en aviculture, à certaines plumes et à quelques régions du corps des Oiseaux domestiques.

Lorsque la plume, née comme le poil dans un enfoncement du derme, commence à se développer, on y distingue la *hampe* et les *barbes*. La hampe se subdivise en *tube corné* ou portion basilaire enfoncée en partie dans la peau et entourant la papille desséchée (âme de la plume) et en *rachis*. Celui-ci, encore appelé tige, est garni latéralement de *barbes* horizontales et légèrement obliques, portant elles-mêmes des *barbules* comme la feuille composée porte des folioles. Ces barbules sont crochues vers le bout de façon à s'accrocher mutuellement et à maintenir les barbes solidement reliées entre elles.

La face inférieure de la tige présente dans toute sa longueur un sillon, duquel naît un appendice ou *hyporachis* qui s'atrophie d'ordinaire, mais peut pourtant porter des barbes. La structure de la hampe et des barbes sert à établir des distinctions dans les plumes ; on distingue les *pennes* dont la tige est rigide et les barbes résistantes, les *plumules* ou duvet, à tiges et à barbes souples et à barbules sans crochets, enfin les *plumes filiformes*, à tige très grêle, sétacée, à barbes atrophiées ou absentes.

Les pennes, qui constituent en majorité le plumage de l'oiseau, se subdivisent suivant la région. A l'aile, elles constituent les *rémiges* et se distinguent en primaires et secondaires ; à la queue, elles forment les *rectrices*. Lorsqu'il s'agit des Gallinacés, ces dernières sont appelées des *faucilles* et se divisent en grandes, moyennes et petites.

Les plumes du tiers antéro-inférieur du cou et du bréchet constituent le *plastron*, celles du tiers postéro-inférieur forment le *camail ;* à la naissance des ailes se trouvent les *couvertures alaires*, subdivisées en petites, moyennes et grandes. Lorsque les plumes se développent sur le tarse, elles forment *manchette*.

Les *lancettes* sont les plumes recouvrant le corps depuis le dos jusqu'au croupion.

En prenant dans chaque espèce la sorte commune comme point de comparaison, on rencontre des races dont le plumage s'étend au delà de ce qu'il est sur le type ou, au contraire, laisse quelques parties dégarnies. Ainsi dans les espèces du pigeon et du coq, il en est où l'on trouve des plumes sur le tarse et sur les doigts (fig. 81 et 82) ; ce caractère, insuffisant quand il est seul, associé à d'autres met rapidement sur la voie du diagnostic. Dans la race galline de Transylvanie, le cou et la tête, à l'exception du sommet qui porte quelques plumes, sont nus, caractère unique dans l'espèce et qui suffit pour établir la diagnose.

Fig. 81. — Pigeon pattu.

A la place de la crête, des races gallines portent un bouquet de plumes formant huppe. C'est là un caractère dominateur qui facilite singulièrement la distinction.

La longueur des pennes fournit aussi de bons renseignements ; les rectrices, en particulier, donnent d'utiles indications. Elles sont absentes dans la race galline dite sans croupion, très peu développées dans la cochinchinoise (fig. 82), très longues dans celle de Yo-ko-hama et plus longues encore dans la sous-race Phœnix. Des variations analogues se montrent dans l'espèce du faisan, et entre les plumes caudales du faisan ordinaire et celles du faisan de lady Amherst, il y a tous les intermédiaires. Les rémiges du pigeon romain sont typiques par leur longueur.

Le nombre des plumes d'une région peut augmenter dans de grandes proportions, l'exemple le plus connu en est donné par le pigeon-paon dont les rectrices, au lieu d'être au nombre de dix à douze, comme dans le pigeon commun, s'élèvent à trente et trente-cinq. Les plumes formant

Fig. 82. — Coq cochinchinois.

huppe sont également très variables et la grosseur de cet appendice diffé- rente suivant les races : entre la huppe du houdan et celle du pa- doue, il y a de la marge. Celles du tarse et des doigts ne diffèrent pas moins, ainsi qu'on s'en assure en comparant un cochinchinois pur à un langshane.

La direction des plumes imprime un cachet tout particulier aux ani- maux quand elle diffère de l'habituelle. Ainsi, on trouve au tiers antéro- supérieur du cou d'une race de pigeons des plumes qui, au lieu d'être imbricatives, se jettent par côtés et forment *cravate*. Sur une autre race, celles qui se trouvent derrière la tête et à la partie supérieure du

cou sont redressées de façon à simuler une *capuche* ou *coquille* (fig. 83).
Sur la partie postérieure de la tête du canard mandarin, existe une
petite touffe de plumes formant plumet. La disposition des rémiges dans
l'oie de Sébastopol est tout particulièrement remarquable : elles sont
comme tordues sur elles-mêmes de façon à présenter en haut leur face
inférieure et cette torsion s'est effectuée aussi sur quelques autres pennes
disséminées sur le corps. Les plumes peuvent friser, cela se voit sur une
sorte de pigeon,

Fig. 83. — Pigeon nonnain.

Enfin, le rapport des pennes avec les plumules donne aussi d'utiles
indications. La poule négresse ou soyeuse a fort peu de pennes tandis
qu'elle a le corps couvert de plumules et de plumes sétiformes.

II. CORNES. APPENDICES DE LA TÊTE DES OISEAUX

A elles seules, les cornes ne fournissent qu'exceptionnellement des
renseignements importants, mais associées à d'autres particularités, leur

valeur ethnique s'accroît. D'ailleurs la conformation de leur étui est en rapport avec la disposition du brin de laine chez le mouton et elles modifient la forme générale du crâne, ainsi que nous l'avons prouvé; leur examen ne peut être négligé.

Leur présence ou leur absence, leur nombre, leurs dimensions, leur direction par rapport à leur axe et à la tête où elles s'implantent, sont les points sur lesquels l'attention s'arrêtera.

Dans l'espèce bovine, leur absence est devenue un bon caractère pour les bœufs d'Angus, de Norfolk, de Suffolk et de Nowgorod. L'espèce ovine a un nombre élevé de races toujours dépourvues de cornes, telles que celles de Leicester, des Down, des Marsh danoises. On ne peut tirer que fort peu de choses de l'examen des cornes dans l'espèce caprine; une race, celle de Nubie, néanmoins, est caractérisée par l'absence de ces appendices.

Fig. 84. — Tête osseuse de bœuf sénégambien à trois cornes (Bos triceros, A. de Rochebrune).

Dans l'espèce bovine, le nombre des cornes est toujours de deux, une seule race est caractérisée par une corne supplémentaire, greffée sur les sus-nasaux (fig. 84), d'une hauteur de 6 à 7 centimètres ou représentée simplement par une plaque cornée rugueuse, située sur un gonflement de ces os. Elle est particulière à la Sénégambie et on en doit la connaissance aux observations de M. A. de Rochebrune [1].

Lorsqu'une corne diffère de l'autre sur un même bœuf par ses dimensions et sa direction, ce qui n'est pas fort rare sur les races de travail, la cause en est dans quelque accident arrivé à l'un de ces

[1] A. E. de Rochebrune, *Recherches d'ostéologie comparée sur une race de bœufs domestiques observée en Sénégambie (Comptes rendus de l'Acad. des sciences,* août, 1880).

appendices pendant la jeunesse de l'animal. Ethnologiquement, il n'y a pas lieu de tenir compte de cette disposition.

Dans les espèces ovine et caprine, quand on voit les cornes frontales dépasser le nombre de deux et arriver à quatre (fig. 85) et même à six, on n'est pas autorisé à ranger dans des races spéciales les animaux qui les portent, parce que jusqu'aujourd'hui, ces irrégularités n'ont pas été transmises fidèlement ni constatées sur un groupe entier, elles n'ont donc pas la valeur d'un caractère ethnique, tandis que le bœuf sénégambien à trois cornes fait race d'après M. de Rochebrune.

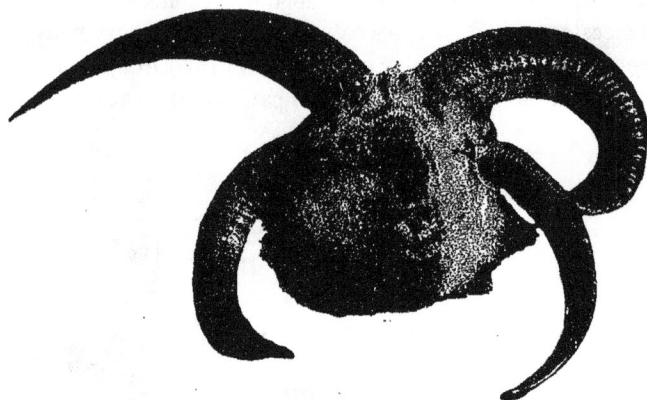

FIG. 85. — Tête de mouton barbarin à quatre cornes.

Les dimensions des cornes sont fort différentes en raison de leur malléabilité. Leur diminution ou leur élongation aux extrêmes fournit de bons caractères. Une race bovine n'a que des cornes peu développées, on la qualifie même pour cela de shorthorns ou courtes-cornes ; d'autres sont vraiment longhorns, telles les bêtes des steppes de l'Asie, de la Russie, de la Hongrie, des Romagnes, de la Sardaigne et surtout du Brésil. Leur développement en circonférence varie beaucoup également, la comparaison d'un bœuf hongrois aux cornes très développées et d'un bœuf du Brésil montre des différences marquées. Il en résulte nécessairement de grandes variations quant au poids de chaque corne ; les chiffres suivants les mettent en relief :

	POIDS DE CHAQUE ÉTUI CORNÉ
Bœuf durham.	322 grammes
— espagnol.	500 —
— basquais.	780 —
— hongrois.	910 —
— brésilien.	3 k. 532 —

Sur les moutons, on trouve de non moindres écarts quant à la longueur et au poids.

FIG. 86. — Dispositions principales du cornage des bêtes bovines.

1, Race de Jersey; 2, des Kalmoucks; 3, de Salers; 4, de longhorn; 5 jurassique.

Fig. 87. — Dispositions principales du cornage des bêtes bovines.
6, Race hongroise; 7, d'Abyssinie; 8, de Guelma; 9, garonnaise; 10, de Durham.

Voici des chiffres comparés :

	POIDS D'UNE CORNE
Bélier auvergnat.	40 grammes
— monténégrin.	370 —
— barbarin.	431 —
— mérinos.	620 —
Bouc du Mont-d'Or.	333 —

Fig. 88 et 89. — Dispositions extrêmes du cornage des moutons.

Fig. 90 et 91. — Dispositions principales des cornes des caprins.

La direction des cornes doit être étudiée relativement à leur point d'implantation et à leur axe. Elle est très variée ainsi que le montrent les figures 86, 87, 88, 89, 90 et 91.

CORNEVIN, Zootechnie. 30

Dans l'espèce bovine, les cornes rarement implantées presque perpendiculairement à la tête, à la façon de deux chevilles, sont généralement tordues sur elles-mêmes et se relèvent à l'extrémité. Elles peuvent être dirigées en avant comme dans les races hollandaise, de Durham et franqueiro; en haut et en divergeant de diverses façons ainsi que cela se voit sur les bêtes auvergnates; en bas comme chez les garonnais; les romagnols les ont disposées en lyre.

Sur le mouton, elles peuvent former une spirale plus ou moins serrée et rapprochée du maxillaire, disposition présentée par le mérinos, le barbarin, le bergamasque, le pyrénéen, ou une hélice allongée et redressée telle que le monténégrin en fournit l'exemple. A leur surface sont dessinées des stries qui rappellent la disposition du brin, celles du mérinos sont serrées comme les zigzags de sa laine.

Dans l'espèce caprine, la corne est aplatie d'un côté à l'autre en lame de sabre, rejetée en arrière et courbée en cimeterre, ou, tout en restant aplatie, elle a une disposition hélicoïdale à grandes courbes.

Appendices de la tête. — On trouve sur la tête des oiseaux de basse-cour, indépendamment des huppes et des capuches dont il a été parlé, de la corne de la pintade et de l'aigrette du paon, des appendices qui aident grandement au diagnostic.

La *crête*, production charnue propre à l'espèce galline est, par son développement, en opposition avec la huppe; quand celle-ci est développée

Fig. 92.　　　　Fig. 93.　　　　Fig. 94.

au maximum celle-là n'existe pas et inversement. Une petite huppe comporte une petite crête sur le même sujet.

La crête est simple ou composée.

La crête simple est aplatie d'un côté à l'autre, dentelée à son bord supérieur (fig. 92). Son développement varie suivant les races : petite dans le cochinchinois et surtout dans le yokohama, elle est très développée sur l'andalou. Droite sur le coq espagnol, elle est rabattue de côté sur sa femelle ; elle a cette disposition sur les sujets des deux sexes dans la race japonaise.

La crête est dite *frisée* quand elle est aplatie de dessus en dessous ; sa hauteur ne dépasse guère 1 centimètre, mais sa largeur est de 2 à 4 centimètres (fig. 93). Elle est grenue à sa partie supérieure, hérissée de petites dents disposées sur plusieurs rangées. Elle se présente de cette façon sur le coq hambourgeois et ses dérivés ainsi que sur le nègre.

La crête composée est généralement triple ou à trois cornes, dont deux principales et une moins développée (fig. 94) ; elle se montre aussi dessinée en gobelet. Les volailles de Houdan et de Crèvecœur offrent ces dispositions.

Fig. 95. — Pigeon bagadais.

On désigne sous le nom de *caroncules* les protubérances charnues qui se montrent autour du bec, sur la tête et même sur le cou. Le dindon est le type de l'oiseau qui en présente ; on en trouve sur le bec du canard de Barbarie, du pigeon carrier, de l'oie caronculée et du cygne ; chez ce dernier oiseau elles sont noires si l'on est en présence de la sous-race à plumage blanc, et roses, si l'on se trouve en face de celle à plumage noir.

Les *oreillons*, qui tirent leur nom de leur voisinage de l'organe de l'audition, sont très développés sur le coq espagnol, ils tranchent par leur couleur blanche sur son plumage noir; ils sont bleuâtres sur le coq nègre.

On appelle *margeolles* ou *barbillons* deux productions charnues pendant de chaque côté de la mandibule. Peu développées en général, elles prennent sur certaines races une grande ampleur tandis qu'elles font défaut sur d'autres. La race hollandaise et celle de Padoue, très voisines l'une de l'autre, se différencient surtout parce que les margeolles n'existent pas sur la première tandis qu'elles sont très larges sur la seconde. Le coq de La Flèche en a de superbes.

On entend par *rubans* des productions qui se montrent chez le pigeon (fig. 95) autour de l'œil qu'elles circonscrivent d'une sorte d'anneau.

III. GLANDES ECTODERMIQUES

L'influence ethnique se fait quelque peu sentir sur les glandes sébacées, annexes de la peau. En anthropologie, on a signalé des différences de cet ordre; la glande sébacée de la peau du blanc serait plus grosse que celle du nègre (Stewart).

Les observations faites sur les animaux domestiques l'ont été surtout par les pathologistes vétérinaires en vue de recueillir des renseignements concernant la santé, que décèlent la souplesse et l'onctuosité de la peau. Les zootechniciens en ont fait aussi sur la vache laitière en raison des rapports qui existent entre les mamelles et les glandes sébacées. Il est possible que, si l'on étudiait les glandes cutanées des animaux en vue de l'ethnologie, on en retirerait quelques indications utiles : les grandes différences constatées dans la quantité de matière grasse qui imbibe le brin de laine suivant la race le donnent à penser. MM. Müntz et Girard ont trouvé les écarts suivants dans leurs analyses :

	MATIÈRE GRASSE pour 100
Laine de mérinos..	30
— southdown.	19
— dishley..	8
— solognot.	6

Dans les espèces laitières, la forme des mamelles fournit quelques renseignements.

La race bovine hollandaise et ses sous-races ont le pis arrondi, peu pendant et à trayons moins volumineux que les races fribourgeoise, de Schwitz et normande.

Les brebis laitières de Millery ont les mamelons placés très haut et en arrière, de sorte que le pis forme sac en avant.

Dans l'espèce caprine, la race nubienne a la mamelle arrondie, à tétines relativement petites, tandis que les autres races l'ont piriforme et à trayons volumineux.

La race porcine celtique a les mamelles plus longues et plus grosses que l'asiatique et la napolitaine.

Jusqu'à présent, les variations dans le nombre des mamelons n'étant pas fixées restent des caractères individuels.

Section II. — Caractères empruntés à la coloration

La coloration a été regardée par les premiers anthropologistes et les anciens zootechnistes comme une particularité importante de différenciation ethnique. Quoi qu'on ait dit et écrit sur ce caractère, difficile à manier en raison de son impressionnabilité par le milieu, il est resté le plus populaire et celui dont on se sert comme instinctivement ou par concession aux idées du public.

Sa valeur n'est pas de premier ordre et elle est très inégale suivant les espèces; seule, elle ne peut différencier les groupes, puisque la même nuance se rencontre dans des races différentes ou plusieurs nuances dans la même race. Il en est ainsi en raison de la petite quantité de combinaisons que forment les nuances et les tons du pigment des mammifères.

On en retire peu d'avantages dans la classification des Equidés, parce que, à quelques exceptions près, toutes les robes se rencontrent dans une même race. Pour les bovins, la spécialisation est déjà plus grande et il est des livrées qui n'appartiennent qu'à une race déterminée. Elle est non moins utile pour la différenciation des moutons et des porcs; des races ovines ont une pigmentation spéciale de la face et des membres; des races porcines sont pies, noires, rousses et blanches. Dans les lapins, il en va de même. La confusion est plus grande pour les races canines; il est néanmoins des groupes dont la robe entière ou certaines de ses particularités sont typiques. Dans la classe des Oiseaux, la valeur de la coloration est plus élevée, à cause de la diversité des couleurs, des nuances, des tons et des reflets. Les ornithologistes en ont tiré un grand parti pour la classification.

Il importe de combiner ce caractère avec d'autres, car seul il égarerait ; les deux exemples suivants vont le prouver. Le mouton solognot et celui de Tiaret ont l'un et l'autre la face et les extrémités teintées de roux ; à s'en tenir à ce caractère on les identifierait, mais si l'on pousse l'analyse plus loin, qu'on considère les dimensions et la direction des oreilles, le diamètre et la longueur respective de leur laine l'attache et les dimensions de la queue, l'identification n'est plus possible, on les classe dans deux races différentes.

Si l'on place côte à côte un coq cochinchinois à plumage chamois et un coq de Padoue de même nuance, la première impression sera de les identifier, mais si l'on regarde ensuite la tête, les pattes, les plumes caudales, immédiatement on fera une dissociation et on éloignera ces deux animaux dans la classification.

Lorsque l'intercalation de ce caractère est faite intelligemment, il aide à la diagnose des races et surtout des sous-races. Voici deux vaches qui ont même indice facial, même cornage, même attache de queue, dont la taille, la longueur de corps et les aptitudes économiques sont identiques, l'une est pie-noire, l'autre pie-rouge, la première est une fribourgeoise, la seconde une bernoise. Deux lapins de petite taille, à pelage très doux, de fécondité plutôt médiocre que moyenne, de chair délicate, à oreilles dressées et de moyenne longueur, à face droite, montrent l'un un pelage noir pie, l'autre un pelage blanc, avec taches noires au bout du nez, des oreilles et des pattes ; le premier est un nicard, le second un russe.

Quelques considérations préliminaires sur les pigments et les matières colorantes sont indispensables.

I. DES PIGMENTS

La coloration des tissus peut tenir à ce qu'ils sont formés d'une substance colorée comme la chitine de la carapace des insectes ou imbibés d'un liquide coloré comme le sang ou la bile. La translucidité des téguments est quelquefois la cause de la coloration : les gens du Nord dont l'épiderme fin laisse voir la vascularisation des tissus sous-jacents en fournissent un exemple, les personnes atteintes d'affections hépatiques, dont le teint jaune verdâtre dû à la bilifulvine est si caractéristique, en offrent un autre.

On examinera ici les colorations de la peau et des phanères dues à des matières d'origine organique qui se trouvent dans leurs cellules constituantes, soit à l'état diffus, soit sous forme de gouttelettes et le plus souvent de granulations solides désignées sous le nom générique de pigments.

Il y a fréquemment concordance entre la pigmentation de la peau et celle des phanères, particulièrement dans les mammifères ; les exceptions sont néanmoins assez nombreuses. Le changement de couleur de beaucoup d'animaux immédiatement après la tonte et l'impression qu'ils donnent à la vue à ce moment le montrent. Les chevaux arabes et barbes sont généralement gris et virent rapidement au blanc, leur peau est noire ; il est commun de rencontrer des moutons à peau rousse et à toison blanche, des porcs à plaques cutanées pigmentées et dont les soies sont entièrement blanches, des lapins à poils blancs et à peau noire. La classe des oiseaux offre des particularités nombreuses dans ce genre. On trouve des races dont la peau est entièrement noire et le plumage d'un blanc éclatant : la poule soyeuse ou nègre en est un exemple typique ; dans d'autres, et le cas est le plus commun, la peau est à peu près dépourvue de pigment, tandis que le plumage est tout noir ou colorié de teintes diverses et souvent fort belles. En voyant une volaille de la Flèche ou du Mans, un paon, un faisan dépouillés de leurs plumes, on ne soupçonnerait pas, à l'examen de leur peau, que leur plumage est noir ou teint de nuances brillantes.

Il y a donc indépendance relative entre la pigmentation de la peau et celle de ses phanères ; nous disons relative, car dans les opérations de croisement, le pigment de la peau peut se porter sur les phanères et *vice versa*. On insistera sur ces localisations au chapitre du croisement et du métissage.

Il semble acquis aujourd'hui que le pigment, chez les mammifères, apparaît dans les couches profondes de l'épiderme et ses dépendances (poils) avant qu'il n'en existe dans le derme. Les cellules épithéliales sont aptes à élaborer la substance pigmentaire qui les imprègne. Il y a des probabilités pour que, chez les adultes, les mêmes éléments soient le siège d'un processus identique. Cependant la présence d'éléments pigmentés dans le derme indique que les mammifères possèdent aussi des cellules conjonctives pigmentaires analogues aux chromoblastes des vertébrés inférieurs et des invertébrés. Il est possible que certaines cellules mésodermiques pigmentées pénètrent par migration dans l'épiderme et les poils (Retterer).

On pense que les capsules surrénales concourent à la formation du pigment ; Cassan et Meckel ont remarqué qu'elles sont plus volumineuses chez les nègres que chez les blancs, ce qui confirme cette proposition.

Il est un ordre de phénomènes distincts de ceux que produit le pigment, désigné par M. G. Pouchet sous le nom de *cérulescence*. Analogue à la fluorescence, la cérulescence serait due, dans la majorité des cas, à des corps affectant la forme de bâtonnets et renfermés dans des cellules spéciales ou *iridocytes*. Les reflets bleus que présentent les écailles de certains poissons, la coloration bleue des caroncules d'un grand nombre d'oiseaux, la teinte azurée des veines chez les individus de race blanche, la couleur bleue de l'iris de beaucoup de personnes sont des exemples de cérulescence.

L'aspect brillant, nacré, à reflet bleuâtre ou verdâtre du fond de l'œil chez les animaux ayant un tapis, résulte essentiellement de la présence d'un tissu cérulescent spécial au-dessous de la membrane de Ruysch, en même temps que la couche épithéliale rétinienne se trouve elle-même dépourvue de pigment à ce niveau. La nature de la couche cérulescente varie : tantôt elle est formée de faisceaux plats, de fibres lamineuses très fines comme chez les Ruminants, le cheval, etc. (tapis fibreux), tantôt, au contraire, elle se compose de plusieurs rangs superposés (une quinzaine environ) de cellules sans analogues dans le corps humain désignées sous les noms divers de Glanzellen, Interferenzellen (Brücke), iridocytes, cellules irisantes, etc. Le corps cellulaire semble élevé en aiguilles cristallines disposées par groupes ayant chacune une orientation différente (Pouchet et Tourneux).

Le pigment est surtout disposé dans les cellules du corps muqueux de Malpighi de la peau, dans la couche cornée des poils, parfois aussi dans leurs cellules médullaires. Il se présente sous forme de granulations amorphes, de grosseur inégale, groupées autour du noyau cellulaire (fig. 96). Il y a aussi une matière colorante dissoute qui imprègne la substance fondamentale du poil.

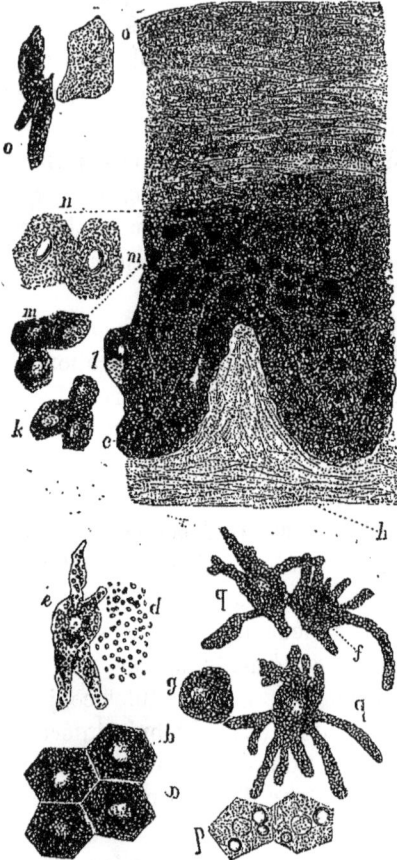

Fig. 96. — Matière pigmentaire.

d, granulations pigmentaires libres; *c, n*, granulations pigmentaires des cellules de la couche de Malpighi; *l, m*, amas de pigment dans les cellules; *b*, cellules pigmentaires polyédriques de la choroïde; *q*, cellules pigmentaires avec des gouttes d'huile dans leur épaisseur.

Une corrélation existe entre la pigmentation et le diamètre des poils, les mensurations de M. Boucher sur ceux du lapin argenté en sont démonstratives. La fourrure de cet animal est constituée par un mélange de poils blancs, noirs et gris dont les diamètres sont fort inégaux, ainsi qu'on peut en juger :

		DIAMÈTRE EN CENTIÈMES DE MILLIMÈTRE
Lapin argenté.	Poils blancs.	3,3
	— noirs et blancs.	6,6
	— noirs.	8

L'accumulation du pigment a donc pour résultat de grossir le poil. Cette conclusion n'est valable qu'à condition que la comparaison se fasse entre animaux de même race, car si l'on compare, par exemple, le diamètre des soies des porcs d'Essex et d'York, on voit que les premières, bien que noires, sont plus fines que les secondes qui sont blanches.

Quant à la coloration, deux interprétations sont en présence à son sujet. Dans l'une, on prétend que le pigment est uniformément brun et que les teintes du noir, du rouge, du jaune et du froment sont dues uniquement à sa quantité. Est-il abondant et ses granulations sont-elles serrées les unes contre les autres, la teinte noire en est la résultante; est-il rare, il y a dégradation des teintes et on arrive jusqu'au froment clair.

Dans l'autre manière de voir, soutenue particulièrement par M. Sappey, ce seraient les granulations qui différeraient en qualité; elles varieraient dans l'échelle des couleurs, s'atrophieraient, se déformeraient et finalement cesseraient d'être visibles quoique existant encore. Il y aurait lieu de tenir compte de la façon dont elles se groupent, décomposent et réfléchissent les rayons lumineux.

Le pigment est à base de *mélanine*, corps insoluble dans l'eau, l'alcool, l'éther, le chloroforme, le sulfure de carbone et l'alcool acidulé par l'acide sulfurique; il est soluble, mais lentement dans la potasse et il y a dégagement d'ammoniaque. L'acide chloryhdrique précipite des flocons bruns de cette solution.

D'après Dresler [1], la formule de la mélanine serait $C^9 H^{10} Az^2 O^4$ et sa proportion centésimale :

Azote.	13,24
Carbone.	51,73
Hydrogène.	5,07
Oxygène.	29,95
	100,00

Le fer a été trouvé dans la mélanine et il y a des probalités pour qu'elle résulte de la transformation de l'hématine.

On a désigné sous le nom de *mélaïne* la matière noire contenue dans la poche de la Seiche; elle est également formée par des granulations pigmentaires. Ses caractères seraient ceux de la mélanine, à cette diffé-

[1] Dresler, *Vierteljahrssohr f. prakt. Herlkunde,* Prag., t. 88, page 9.

rence près que celle-ci serait soluble dans les carbonates alcalins tandis que la première ne le serait pas.

De nouvelles études sont nécessaires aussi bien pour fixer définitivement la formule de ces corps que pour voir s'il y a identité entre eux.

Les choses sont plus compliquées pour les Oiseaux où les couleurs et les nuances sont plus variées que dans les Mammifères. Les travaux de Krukenberg et de Meyer ont fourni d'intéressantes données sur ces points[1].

On ne sait pas encore d'une façon positive à quel principe est due la grande variété de couleurs qui pare le plumage des oiseaux. M. Krukenberg, qui a étudié aux points de vue chimique et spectroscopique les différents pigments que l'on extrait des plumes rouges et jaunes, y a d'abord distingué la turacine, la zoonérythrine, la zoofulvine, la zoorubine[2], etc. Les pigments verts sont très rares, car la turacoverdine qui se trouve dans les plumes vertes des touracos *(Musophagidæ)* est le seul qu'il soit possible d'isoler.

Les recherches de Krukenberg ont montré que la couleur verte, si commune chez ces oiseaux, est due, en réalité, à un pigment jaune, la psittacofulvine, et que les plumes ne paraissent vertes que par suite de l'adjonction d'un second pigment d'un brun foncé, la fuscine, qui est la source des couleurs bleue et noire que l'on observe sur certaines plumes. Un véritable pigment bleu n'existe pas plus qu'un vert et ces deux couleurs sont dues à des effets de lumière suivant la proportion de ces deux pigments qui se trouvent combinés dans chaque plume. Ainsi les plumes bleues et noires contiennent surtout de la fuscine, mais aussi de la psittacofulvine en très petite quantité. Les plumes blanches elles-mêmes, telles que celles des cacatoès, contiennent une certaine proportion de ce pigment jaune et le pigment blanc n'existe pas plus que le bleu.

Quant à la couleur rouge que Krukenberg a nommée rouge d'ara (araroth), ce même auteur a émis ultérieurement l'opinion qu'elle n'était due qu'à une plus grande abondance de la psittacofulvine.

Meyer, de son côté, arrive à cette conclusion que, selon toute apparence, il n'y a chez les perroquets qu'un seul pigment, la psittacolfuvine, qui paraît vert lorsqu'il est superposé à un fond de couleur sombre, et rouge lorsqu'il est concentré et vu à la lumière directe[3]. Ainsi s'expliquerait la singulière différence qui existe entre les deux sexes des *Eclectus* dont la femelle est rouge et le mâle vert. Cette opinion est d'accord avec ce que dit Krukenberg; le grand nombre de réactions qu'il a pu faire avec la zoonérythrine, l'araroth, la zoofulvine, la psittaco-

---

[1] Voyez un résumé de ces travaux, in *Revue scientifique*, 1883, page 876, 1er semestre.

[2] Krukemberg, *Vergleichend physiologische Studien*, I, Abth. 5, page 72; II, Abt. 1, page 151, 2, page 213.

[3] Meyer, S. B. Akad., Berlin, 11 mai 1882, p. 517.

fulvine et la coriosulfurine l'ont conduit à penser que toutes ces couleurs ne sont que des dérivés d'une seule substance mère, probablement identique à la *coriosulfurine* qui est le pigment le plus répandu dans les plumes des oiseaux et que le pigment brun hypothétique, nommé par lui fuscine, est également identique à cette coriosulfurine.

Des considérations de même nature s'appliqueraient, d'après Meyer, aux couleurs des écailles des ailes des papillons du genre *Ornithoptera*, dont une espèce de la Nouvelle-Guinée *(O. pegasus)* présente des taches alternativement vertes ou d'un rouge de cuivre, suivant qu'on les regarde de face ou obliquement; dans ce cas il y aurait également un pigment jaune superposé à un fond de couleur foncée; il manquerait chez la femelle dont les taches sont de couleur brune et sans reflets métalliques. On connaît, du reste, également chez certains perroquets des plumes vertes à reflets cuivrés.

II. DES ROBES ET DES PLUMAGES

La forme, la taille, la grosseur des animaux constituent des attributs objectifs, leur coloration est subjective, car ni la peau, ni les phanères ne sont des corps lumineux; la coloration que nous leur assignons est le résultat d'une *sensation* que nous fait ressentir la lumière qui les frappe.

Lorsqu'on cherche à analyser les sensations perçues par notre rétine, il faut distinguer, ainsi que l'a fait judicieusement observer M. Charpentier, la qualité lumineuse ou éclairante d'une chose de sa qualité chromatique. M. Pouchet dit qu'on peut admettre que la notion spéciale de couleur a impliqué au début l'excès de la sensation chromatique sur la sensation lumineuse. « Les couleurs claires, dit-il, quand l'esprit ne s'attache pas à les analyser avec précision, tendent à se confondre dans la notion générale de blanc, de clarté, de lumière. »

Les sensations chromatiques sont fortement influencées par l'individualité, il en résulte que les colorations ne sont pas toujours appréciées de la même façon et, à plus forte raison, les nuances et les tons. Même en laissant de côté l'infirmité désignée sous le nom de daltonisme, il y a une telle diversité d'appréciation qu'on a dit, il y a longtemps, qu'il ne faut point disputer des couleurs. Les divergences sont peu importantes quand il s'agit du pelage des Mammifères en raison de la simplicité de la gamme du coloris, mais elles se font remarquer dans l'étude des oiseaux où la variété est plus grande. Il est rare qu'on soit en désaccord sur la robe d'un grand animal domestique, on l'est plus fréquemment pour le plumage d'un hôte de la basse-cour.

Quelques notions générales sur les couleurs, telles que les travaux de ces derniers temps les ont assises, faciliteront l'étude des robes et des plumages.

A côté de trois couleurs *fondamentales*, rouge, bleu, jaune, se trouvent leurs *complémentaires*, formées par le mélange des deux autres : le complémentaire du rouge est le vert (bleu et jaune), celle du bleu est l'orangé (rouge et jaune), celle du jaune est le violet (bleu et rouge). En y ajoutant l'indigo, on a les sept couleurs du prisme qu'on qualifie de couleurs *simples*.

A proprement parler, le blanc n'est pas une couleur, mais la réunion de toutes, et le noir en est l'absence ; cependant, dans le langage courant et pour éviter des périphrases, on les considère comme telles.

Le mélange des couleurs deux à deux produit des couleurs binaires. Chevreul en admet soixante-douze principales. Mais les combinaisons et les mélanges peuvent s'exercer de bien des façons et suivant des proportions diverses. On en désigne la résultante par le mot de *nuance*.

Chaque nuance varie par son intensité qui est abaissée par le blanc ou rehaussée par le noir. Ces variations d'intensité par le mélange du blanc ou du noir constituent les *tons* d'une nuance. La série des tons d'une nuance en constitue la *gamme*[1].

Les couleurs simples et leurs complémentaires se font valoir par leur voisinage et deux couleurs non complémentaires juxtaposées ne semblent plus si franches : le rouge n'est pas avantagé par le jaune, le rouge par le violet, le bleu par le vert. Indépendamment de leur ton, il est des couleurs plus lumineuses que d'autres, le rouge est une couleur lumineuse, le bleu une couleur sombre.

On se rappellera que les corps qui nous paraissent colorés ne le sont pas en communiquant à la lumière blanche qui les frappe des teintes spéciales, ils agissent au contraire en éteignant certains rayons déterminés ; leur couleur est la résultante du mélange des rayons non éteints. La source de ces rayons absorbés ou non est la radiation solaire, mais si elle était autre, les sensations perçues pourraient ne pas être identiques à celles que fournit le soleil. On sait que le soir, à la lumière, plusieurs couleurs ne nous apparaissent pas comme de jour.

Chez les animaux, le pigment est la partie absorbante ; c'est donc lui qui décide de leur coloration. Or, d'après la manière de voir de plusieurs histologistes, il est un dans les Mammifères, sa répartition et sa quantité seules varient ; il en résulte que, chez tous, l'absorption atteindra les mêmes rayons, d'où cette conclusion que, rigoureusement, les Mammifères n'ont qu'une couleur identique fondamentale.

---

[1] Voyez : Chevreul, *De la loi du contraste simultané des couleurs et ses applications*, Paris, 1839.

Rood, *Théorie scientifique des couleurs et de leurs applications à l'art et à l'industrie*, Paris, 1881.

Si l'on soumet cette conclusion à l'épreuve des associations binaires de teintes, elle se trouve confirmée. Il est impossible de former des couleurs complémentaires ; le vert, le violet, l'orangé, ne se montrent point sur leurs robes.

Puisque celles-ci sont d'une seule couleur, il en résulte que la variété que nous percevons correspond seulement à des tons. Leur diversité n'est, en définitive, que la gamme de ces tons.

Quelle est cette couleur fondamentale du pigment, ou, en d'autres termes, quels sont les rayons du spectre qu'il absorbe et ceux qu'il n'éteint pas ? Le pigment est un corps des plus absorbants, il éteint tous les rayons du spectre, il anéantit par conséquent la lumière et il en résulte le noir. On pourrait donc considérer le noir comme la couleur unique des Mammifères domestiques et les autres teintes qu'ils offrent comme sa gamme décroissante. Et, de fait, les robes dites rouges, baies, alezanes, froment ne sont qu'une dégradation du noir; on passe du noir au marron, du marron au rouge acajou, de celui-ci au rouge ordinaire, puis au rouge clair pour aboutir au fauve, au froment et au blanc.

L'examen microscopique des granulations pigmentaires de sujets diversement colorés donne à l'œil la même sensation que celles qui proviennent d'un individu noir. Leur nombre et leur groupement commandent aux tons par suite du phénomène connu sous le nom de *polychroïsme*. Mais il faut tenir compte aussi de la matière colorante dissoute qui imprègne les cellules corticales du poil, c'est elle qui donne tout particulièrement au bœuf auvergnat sa couleur rouge vif.

De ce que le noir est la couleur fondamentale, il ne s'en suit pas qu'elle soit la plus fréquente ; la gamme de ses tons se montre plus souvent. A l'état sauvage ou à l'état de liberté, les animaux présentent communément le brun ou le fauve, généralement avec des plaques plus foncées disposées diversement suivant les espèces.

Dans la classe des oiseaux, les choses sont tout autres ; le vert du paon et du canard de Rouen, le jaune et le rouge du canard de Chine, le coloris si varié des espèces et des races de faisans, le plumage lilas d'une variété de pintade démontrent que plusieurs couleurs s'y rencontrent. Que la coriosulfurine soit l'unique corps suceptible d'être extrait des plumes colorées ou que l'araroth et la zoofulvine soient des corps autonomes, il n'importe, plusieurs rayons du spectre ne sont pas absorbés et donnent lieu aux nuances et aux teintes observées.

Bien que chez les Mammifères, on ne soit en présence que d'une gamme de tons, il y a néanmoins quelques complications dans la détermination des robes qui tiennent à ce que le pigment ne se répartit point d'une façon égale ni sur le corps ni même sur les phanères d'un animal. Nous connaissons déjà ses tendances centrifuge et centripète ; elles se manifestent sur les poils comme sur l'ensemble du corps ; ils sont plus clairs ou plus foncés à leur extrémité qu'à leur base. Cette répartition est si inégale qu'il est des régions entièrement dépigmentées. D'autre part, il y a association de tons sur un même sujet. Telle partie est noire, telle autre est brune, fauve, rougeâtre et cette association de tons forme des nuances.

L'ensemble des poils et des crins qui recouvrent un Mammifère, leur couleur, leurs nuances, leurs tons et les particularités qu'ils peuvent présenter constituent *sa robe*.

L'étude des robes a attiré dès longtemps l'attention ; on s'est occupé d'une façon toute spéciale de celles du cheval et l'ancienne hippiatrique avait déjà, pour les désigner, une riche nomenclature de termes, bizarres pour la plupart. L'hippologie moderne les a recueillis avec une fidélité trop grande, ils sont passés dans la langue courante et il serait difficile d'essayer une réforme. Elle ne serait pourtant pas inutile, parce qu'elle ferait bénéficier l'étude des pelages des recherches contemporaines sur les couleurs et le pigment ; ce faisant, elle en rendrait le groupement moins arbitraire et elle conduirait à des classifications moins personnelles. Elle aurait surtout l'avantage de permettre une meilleure étude des robes issues d'opérations de croisement.

La gamme des tons est difficile à exprimer. En anthropologie, Broca avait imaginé un tableau chromatique où chaque ton correspondait à un numéro d'ordre. Cette méthode, pour le moment, est peu pratique parce que la chromographie laisse encore beaucoup à désirer. Les nuances et les tons d'un tableau chromatique se modifient avec le temps ; au bout de quelques années elles sont autres qu'au sortir de l'imprimerie. Il en résulte que, actuellement, il faut se contenter d'ajouter des qualificatifs aux noms des nuances pour en désigner le ton.

On est loin d'avoir apporté autrefois dans l'étude des robes des bêtes bovines autant de minutie que dans celle du cheval, ce qui eut pour heureux résultat de ne point y introduire ces expressions bizarres et inexplicables étymologiquement qui fourmillent en hippologie. On aurait grand tort d'en négliger la connaissance parce qu'elles sont quelquefois propres à une race ou une sous-race et qu'elles donnent de bons renseignements sur l'habitat des animaux.

Le mouton, la chèvre et le porc présentent peu de diversité dans leur coloration ; le chien en offre davantage surtout en raison des croisements qui s'effectuent dans son espèce. La distribution du pigment et la combinaison des tons sont variées dans le lapin et fort peu dans le cobaye.

La couleur de la corne du bœuf, du moins à sa pointe, rappelle celle du pelage, noire avec des traînées sur sa longueur quand la robe est noire, rougeâtre lorsqu'elle est acajou. Elle est toujours jaunâtre dans le mouton et souvent présente des stries brunes,

Le plumage des oiseaux de basse-cour offre des couleurs, des nuances et des tons dont l'association produit des effets remarquables et parfois des contrastes ou des compléments gracieux.

Parmi toutes les classifications des robes qui ont été proposées, nous adopterons l'une des plus anciennes, celle où elles sont divisées en robes *simples* et en robes *composées*, suivant qu'elles présentent une seule ou plusieurs nuances. Les dernières sont subdivisées en *binaires* et *ternaires*, d'après le nombre des nuances composantes.

Lecoq a judicieusement fait remarquer que des robes peuvent être qualifiées de composées parce que les poils présentent deux nuances sur leur longueur et qu'après la tonte une seule nuance persistant, elles deviennent simples[1]. Mais le tondage est une opération à effets passagers et il faut se placer dans les conditions où se trouve l'animal la plus grande partie de l'année. Nous formons avec ces pelages la catégorie des robes *mixtes* dans laquelle nous faisons entrer aussi celles dont les particularités sont contingentes.

Les robes simples se définissent par leur seul nom ; elles sont peu nombreuses puisqu'elles comprennent le blanc, le noir, le fauve ou brun rougeâtre.

Les composées et les mixtes ont reçu des noms spéciaux suivant les espèces et suivant le nombre, l'agencement et les rapports réciproques des couleurs. Elles présentent fréquemment des particularités qui sont le résultat des groupements centrifuge et centripète du pigment et qui ont été désignées par des expressions dont l'étymologie se retrouve difficilement. Nous rappellerons que les *balzanes* sont les marques blanches qui entourent, complètement ou incomplètement, l'extrémité des membres ; les *pelotes* et *étoiles*, les marques rondes ou irrégulières siégeant sur le front ; les *listes*, les bandes blanches descendant du front sur le chanfrein, et qu'on qualifie de *taches de ladre* les parties non pigmentées ; ces taches siégent sur les points où les poils sont rares, comme les lèvres, les ailes du nez et le pourtour des ouvertures naturelles. Lorsque la partie antérieure de la tête est complètement blanche, elle est souvent désignée sous le nom de *belle face*.

Inversement, quand le pigment se porte aux extrémités, le sujet est charbonné. Celui-ci peut encore, suivant les combinaisons, être zébré, rayé, ponctué, marqué de feu, avoir la raie dorsale, la raie cruciale ou le cap de more, expression qu'il serait désirable de voir disparaître et remplacée par celle, plus simple et plus compréhensible, de tête noire.

On tiendra compte des reflets de la robe qui, le plus souvent, sont liés au sexe, à l'âge, à l'alimentation et à l'embonpoint et qui s'indiquent

---

[1] Lecoq, *Traité de l'extérieur du cheval et des principaux animaux domestiques*, 5e édition, Paris, 1876.

par les qualificatifs de doré, argenté, bronzé, moiré, cuivré, de jais, ou tiennent à l'addition de quelques poils de tons différents, comme le pommelé et le miroité. En sens inverse, les nuances peuvent être lavées, mal teintes.

Même division à propos des oiseaux de basse-cour où les plumages sont simples ou composés et où chacun de ceux-ci reçoit un qualificatif suivant la disposition des nuances. Quand ces nuances se distribuent par plaques en des endroits désignés, elles prennent des noms spéciaux bien connus des ornithologistes : ce sont des *bavettes*, des *camails*, des *colliers* ; si elles s'agencent suivant des dispositifs particuliers, les sujets sont gris, pintelés, barrés, crayonnés. Mais la désignation des reflets, des couleurs et des nuances met parfois dans un véritable embarras, tant en est grand le nombre et variée l'apparence. La seule espèce du dindon, où les tons du bronze, du cuivre, du fer rouillé s'allient à une patine spéciale, défie la description ; à plus forte raison, si l'on veut définir la coloration des faisans, des paons, des pintades, des coqs de Yokohama, des canards mandarins ou simplement du canard de Rouen. Et encore il est douteux que la description la plus minutieuse et la plus réussie traduise la réalité, elle ne peut en aucun cas remplacer la vue.

Décidé à nous maintenir dans un cadre très général, nous allons synthétiser les robes des grands Mammifères domestiques avec les particularités qu'elles présentent, en restant sur le terrain de l'ethnologie.

A. Robes simples.

Blanc.	de lait.
	porcelaine.
	sale.
Noir.	franc.
	de jais.
	mal teint.
Brun (dérivé du noir).	très foncé.
	foncé.
	roux.
	ordinaire.
	clair.
	très clair.

B. Robes composées

R. C. à extrémités foncées.	en noir.
	en roux.
R. C. à extrémités dépigmentées.	avec balzanes.
	— pelote, étoile, liste.
	— ladre.
	— toupillon blanc.

R. C. par deux nuances. . . .
- avec enchevêtrement des poils.
- avec disposition en plaques ou sur organes spéciaux.
- — — en bandes ou rayures.
- — — en ocelles.
- — — en points.

R. C. par trois nuances. . . .
- avec enchevêtrement des poils.
- en plaques.
- en points.

C. Robes mixtes.

Nous classons deux sortes de robes dans cette catégorie : 1° Les unes ont une nuance générale simple, mais la couleur des crins et des extrémités peut être différente du fond de la robe ou être pareille. Il est commun de voir des zébrures, une raie dorsale ou cruciale, mais leur absence ne modifie pas le nom imposé à la robe. 2° Les autres sont constituées par des poils de nuance différente à leur pointe et à leur base.

A. L'application de cette classification conduit, pour le *cheval*, au résultat suivant :

A. Robes simples.

Blanc. . . . .
- mat.
- sale.
- de porcelaine.

Noir. . . . . .
- franc.
- de jais ou jayet.
- mal teint.

Alezan. . . . .
- fauve.
- clair.
- ordinaire.
- doré.
- cerise.
- foncé.
- châtain.
- brûlé.

B. Robes composées.

1° Robes binaires.

Avec enchevêtrement des poils. . . . . . .

Gris (noir et blanc). . .
- très clair.
- clair.
- ordinaire.
- foncé.
- ardoisé.
- de fer.
- étourneau.
- sale.

Aubère (rouge et blanc). .
- ordinaire.
- clair.
- foncé.
- mille-fleurs.

Avec localisation sur un point particulier. . . .

Bai (rouge avec crins et extrémités noirs). . . .
- fauve.
- ordinaire.
- clair.
- cerise.
- foncé.
- châtain.
- marron.
- brun.

1° Robes binaires. (suite).	Avec localisat. en plaques. Pie.		noir, alezan. gris. aubére.
	Avec localisation en ocelles. Gris.	louvet.	pommelé. miroité. tigré.
	Avec localisations puncti-formes.	Gris. . . . . Aubère.	mouchelé. truité.
2° Robes ternaires.	Avec enchevêtrement des poils.	Rouan (blanc, rouge et noir. Les poils noirs sont relégués à la crinière ou aux extrémités ou répandus sur tout le corps).	ordinaire. clair. vineux. foncé.
	Avec disposition en plaques. Pie.		bai. rouan.
	Avec disposition puncti-forme.	Gris. . . . . truité-mouchelé.	

C. Robes mixtes.

Isabelle.	soupe au lait. . . . . . café au lait. . . . . . ordinaire. . . . . . . clair. . . . . foncé.	Souvent les extrémités sont noires ainsi que les crins; les zébrures et la raie dorsale ne sont pas rares. Ces particularités peuvent faire défaut.
Souris.	ordinaire. . . . . . clair. . . . . foncé.	Quelquefois zébrures et raie dorsale, assez fréquemment extrémités noires.
Louvet.	ordinaire. . . . . . clair. . . . . foncé.	Le poil est foncé à sa pointe et plus pâle à sa base. Crins et extrémités noires.

B. Pour l'*espèce bovine*, on arrive au résultat qui suit :

A. **Robes simples.**

Blanc.	laiteux. sale.
Noir.	ordinaire. à reflets mal teint.
Froment. . . .	foncé. ordinaire. clair.

B. Robes composées.

1° Robes binaires.

- Avec enchevêtrement des poils.
  - Gris.
    - très clair.
    - clair.
    - ordinaire.
    - jaunâtre.
    - blaireau.
    - foncé.
  - Fleur de pêcher ou aubère.
    - clair.
    - ordinaire.
    - foncé.
- Avec localisat. en plaques. Pie.
  - noir.
  - froment.
  - rouge.
  - cendré.
- Avec localisation en ocelles. Sur le froment et le fauve.
  - miroité.
  - pardé.
- Avec localisations puncti-formes. Sur toutes les robes sim-ples.
  - neigé.
  - truité.
  - moucheté.

2° Robes ternaires.

- Avec enchevêtrement des poils. Rouan
  - clair.
  - ordinaire,
  - vineux.
  - enfumé.
  - foncé.
- Avec disposition en plaques. Pie.
  - rouan.
  - bringé.
- Avec disposit. en zébrures. Bringé (noir et fauve).
  - clair.
  - ordinaire.
  - foncé.
- Avec disposition puncti-forme.. Gris.
  - truité-moucheté.

C. Robes mixtes.

- Rouge.
  - ordinaire.
  - acajou.
  - foncé.
  - Le toupillon est généralement blanc; il peut être rouge ou aubère.
- Fauve.
  - clair.
  - ordinaire.
  - enfumé.
  - mal teint.
  - Le toupillon est noir; souvent le mufle l'est aussi, mais le pigment peut y faire défaut. Le poil est plus foncé à la pointe qu'à la base.
- Souris ou cendré.
  - clair.
  - ordinaire.
  - foncé.
  - Idem.

III. VARIATIONS DE LA COULEUR DES ADULTES

Après les développements dans lesquels on est entré au sujet de l'in-fluence du milieu, de l'alimentation et du sexe sur la coloration et de ceux dans lesquels on entrera à propos de l'âge et des croisements, il ne reste qu'à présenter quelques considérations sur les variations que subissent les robes et les plumages sous l'influence saisonnière et sous celle de la maladie.

Variations par influence des saisons. — Elles sont faciles à suivre sur la livrée des animaux sauvages. Il est connu que le renard passe du roux au brun et au gris suivant les saisons, que l'hermine blanchit en quelques jours à l'entrée de l'hiver; l'exemple du Lagopède, dont le plumage gris roux, rayé de noir en été, devient blanc en hiver, et celui du lièvre des Alpes sont non moins vulgaires.

Protégés contre les influences extérieures par les habitations où l'homme les enferme, entourés de soins hygiéniques, les animaux domestiques ont moins besoin que les animaux sauvages de se défendre contre les intempéries; les variations de couleur selon les saisons n'ont pas lieu de se produire. Cependant, d'après Pallas, le cheval et la vache pâlissent pendant l'hiver en Sibérie. La plupart de nos animaux prennent un *poil d'hiver*, c'est-à-dire des phanères plus longues et plus tassées, qui, si elles ont la même couleur que celles d'été, n'ont plus la même nuance. Lecoq avait fort bien remarqué que ce poil rend toujours la robe plus claire et plus lavée et qu'un cheval noir jayet en été sera noir mal teint avec son poil d'hiver, que le noir mal teint deviendra bai brun ou bai châtain dans les mêmes circonstances pour reprendre sa nuance primitive au retour du printemps.

Parmi les oiseaux, il en est qui éprouvent une mue plus apparente que d'autres et se dépouillent d'appendices à coloration brillante : le paon perd ses plumes caudales dont les ocelles miroitantes font la beauté et reste quelque temps dans cet état.

Variations par état maladif. — En général, un état maladif atténue l'intensité des tons, et, s'il se prolonge, il fait pâlir puis blanchir les phanères. L'impaludisme fait exception; on a observé sur l'espèce humaine qu'il fonce la peau, ce qui tient à ce que le parasite qui en est le facteur produit lui-même du pigment. L'impaludisme étant mal connu sur les espèces domestiques dont plusieurs paraissent réfractaires, on ignore si des modifications de ce genre se produisent dans leurs robes.

Par une action directe sur les phanères, on peut en changer la coloration; on sait aujourd'hui que les plumes vertes, bleues ou noires que porte le perroquet sur certaines parties déterminées du corps prennent la coloration jaune citron ou jaune rouge à la suite d'injections sous-cutanées irritantes. Les Indiens de l'Amérique du Sud se plaisent à *tapirer* (c'est le terme consacré) ainsi les perroquets dont ils se sont emparés. Pour cela, ils arrachent les plumes et inoculent à leur racine la sécrétion de la peau d'un petit batracien indigène. Les plumes repoussent jaunes et les perroquets ainsi maquillés ont souvent été décrits comme des espèces distinctes. Cette inoculation détermine un xanthochroïsme assimilable à l'albinisme des Mammifères; elle agit par irritation et comme si l'on opérait directement par pincement ou tiraillement.

Il y a aussi des troubles de la coloration dits trophiques qui sont d'origine nerveuse. Les rapports entre l'innervation et la pigmentation sont prouvés par l'aptitude maximum du pigment à se localiser à l'extrémité du nerf optique, quelquefois dans les vésicules auditives, par la répartition particulière des granulations colorées chez le caméléon, la poulpe et le turbot dont on impressionne le système nerveux, la corrélation entre certains défauts et l'absence de matière colorante, comme la surdité observée par Darwin sur les chats blancs à yeux bleus.

A part ces circonstances où le changement de coloration s'opère brusquement, ce n'est généralement qu'avec lenteur et progressivement qu'il se produit. Le changement subit, dont il y a des exemples bien connus pour l'espèce humaine, est dû à de violentes émotions morales qui amènent une névrose de la fibre musculaire entourant le bulbe et peut-être de l'appareil vasculaire qui fournit au poil ses jeunes cellules. Sous l'influence de cette névrose le poil ne se nourrit plus, de l'air s'interpose entre les granulations pigmentaires et il y a canitie. Nous ignorons s'il est des circonstances, telles qu'une frayeur très vive, qui soient capables de produire de pareils résultats sur les animaux domestiques.

CHAPITRE III

CARACTÈRES ETHNIQUES FOURNIS PAR LA TÊTE

La tête se divise en deux parties qualifiées, l'une de *crânienne*, l'autre de *faciale*.

La première, constituée par les os qui enveloppent la masse encéphalique, arrête plus que la seconde les regards des anthropologistes; ils pratiquent sur elle nombre de mensurations et le lecteur sait déjà que deux sections de l'anthropologie considérées comme de première importance ont reçu précisément les noms de *Crâniologie* et de *Crâniométrie*.

La seconde, bornée en haut et en arrière par la première, renferme les os constituants de la face et supporte les dents. Comparativement à la partie crânienne, elle est relativement réduite chez l'homme, dont la tête se distingue particulièrement de celle des animaux domestiques par l'énorme développement des pariétaux et des frontaux, la petitesse des sus-nasaux, l'étendue des ailes du sphénoïde qui concourent à fermer

la fosse temporale, l'occlusion, en arrière de la fosse orbitaire, l'absence
d'os incisif (un noyau existe dans la jeunesse) et par la symphyse du
maxillaire inférieur qui est verticale. Ce dernier caractère n'appartient
qu'à l'homme.

On ne recherchera point les raisons qui ont poussé les anthropologistes
à faire la part si grande à la crâniologie et à la crâniométrie, ni on ne
discutera si les résultats obtenus ont été en rapport avec le soin qu'on a
apporté à ces études. Quelque opinion qu'il en ait, le zootechniste ne peut
suivre les anthropologistes dans la subordination de la face au crâne, il
doit renverser cette hiérarchie et faire passer la face en premier lieu.

Le premier motif tient à ce que, sur les Mammifères domestiques, son
étendue est de beaucoup supérieure à celle du crâne, ainsi qu'on peut en
juger par les chiffres suivants recueillis par M. Colin. En laissant de
côté la surface occupée par les sinus, il a trouvé que l'aire du crâne est
à celle de la face comme :

1 : 2,69	dans le cheval		1 : 3,24	dans le porc	
1 : 2,09	—	l'âne	1 : 1,17	—	chien
1 : 3,43	—	le bœuf	1 : 0,68	—	chat
1 : 2,20	—	le bélier	1 : 1,47	—	lapin
1 : 1,95	—	la chèvre			

A cette première raison s'en ajoute une autre. Le crâne, dans plusieurs
espèces domestiques, est entouré de sinus et garni d'appendices qui en
masquent l'étendue et la forme réelle et n'en permettent pas toujours
un facile examen.

Section première. — Étude de la face

L'étude de la face comprend deux points : 1° l'observation analytique
des os qui la constituent et dont l'ensemble lui donne sa forme, 2° le relevé
de ses dimensions.

I. MORPHOLOGIE DE LA FACE

La face donne, pour une bonne part, aux animaux, leur caractère
propre, le cachet qui les distingue et qu'on désigne précisément sous le
nom de *faciès*. C'est elle qui impressionne tout d'abord l'observateur.

Pourvue chez les Oiseaux, dans sa partie antérieure, d'un revêtement
corné qui constitue le bec et supplée, en partie, chez quelques espèces,
à l'absence de dents, elle est formée dans les Mammifères par la section
des frontaux située en avant d'une ligne tangente au bord supérieur des
orbites (fig. 100), par le nez et les deux mâchoires.

La mâchoire inférieure n'a qu'un os unique pour base, le maxillaire
inférieur. La supérieure est formée par dix-huit os pairs et un impair, le

vomer. Les os pairs sont : les maxillaires supérieurs, les incisifs, les nasaux, les lacrymaux, les zygomatiques, les palatins, les ptérygoïdiens, les cornets supérieurs et inférieurs. Nous négligerons les cornets qui, inclus dans les cavités nasales ne sont pas visibles à l'extérieur et les ptérygoïdiens auxquels leurs faibles dimensions enlèvent tout intérêt à notre point de vue, mais dont l'importance est très forte quand on se tient sur le terrain de l'anatomie comparée puisque les lacrymaux et les nasaux ne sont guère que leurs plaques de revêtement.

Il n'y a pas toujours symétrie parfaite de forme, de direction et de dimensions dans les os céphaliques. On a invoqué l'influence du croisement comme déterminante de l'asymétrie ; il faut lui faire une grande part, mais non exclusive pourtant, car l'asymétrie se perçoit sur des sujets que tout permet de considérer comme de pure race.

Les os faciaux les plus importants à considérer sont les *nasaux*. Situés en avant de la face, ils forment la base du chanfrein et du nez ; accolés l'un à l'autre sur la ligne médiane, soudés chez les équidés, le porc et le chien, ils sont toujours, sauf de rares exceptions, indépendants l'un de l'autre et même des os voisins sur les bovins et les caprins, mal soudés sur les moutons et les buffles.

Ils s'unissent par leur base avec les frontaux et leur extrémité forme le prolongement nasal. Par leur bord externe, ils sont en rapport avec le lacrymal et le maxillaire supérieur. L'extrémité de l'apophyse externe de l'os incisif vient les rejoindre ou non suivant les races.

Il faut examiner leur *forme* et leur *direction*. Par leur réunion, ils constituent une voûte arrondie, cintrée, aplatie et à grand arc, ou au contraire ogivale et même plus resserrée encore de façon à former un nez ou un chanfrein tranchants. Dans les races porcines, ils sont à peu près plats. Quelquefois, ils forment chacun un arc et on remarque un sillon médian à leur point de jonction qui court tout le long du chanfrein ; cette disposition est appréciable sur les ânes du Poitou et on en prend une excellente idée sur la tête des chiens des Pyrénées.

Les anthropologistes ont créé des expressions pour exprimer ces dispositions, sauf la dernière qui n'existe pas dans l'espèce humaine. On trouve des sujets :

Leptorhiniens   ou à nez étroit, mince.
Mésorhiniens   —   moyen.
Platyrhiniens   —   aplati, large.

Les os du nez peuvent être rectilignes, concaves, convexes, ou rectilignes en partie, puis curvilignes en un sens ou dans deux sens opposés.

Lorsque le chanfrein présente une dépression, il est dit *camus* ; quand il est convexe, on le qualifie de *busqué* ou *moutonné* (fig. 97).

On se rappellera que, dans l'espèce ovine, il est des races où la convexité du nez est un caractère ethnique, comme la bergamasque (fig. 98) et d'autres où ce n'est qu'un caractère sexuel, comme la tiaret, dont le bélier a le chanfrein un peu moutonné, tandis que la femelle l'a droit. D'ailleurs le mâle, dans toutes les races ovines présentant ce caractère, est toujours à nez plus busqué que sa femelle; il suffit de comparer le bélier et la brebis mérinos pour en être convaincu.

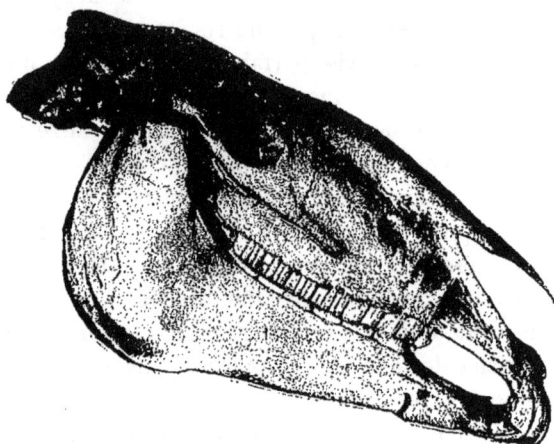

FIG. 97. — Tête osseuse de jument normande.

FIG. 98. — Tête osseuse de mouton bergamasque.

Sauf chez le chien, où il est fort réduit, le *lacrymal* concourt pour sa part à la configuration de la face. Intercalé entre les frontaux, le sus-nasal, le zygomatique et le sus-maxillaire, il est coudé: une de ses parties sert à former l'orbite, l'autre s'avance vers le sus-nasal, et son étendue, sa direction surtout sont à considérer; au milieu de sa longueur, elle peut présenter une légère saillie, être plane ou se montrer un peu déprimée, toutes configurations qui influent sur la forme de la face. Cet os doit être tout particulièrement examiné sur les bœufs, moutons, chèvres et porcs. Les anomalies dans son point de contact avec les sus-nasaux ne sont pas rares ainsi qu'on le démontrera à propos des os wormiens. Comme sa direction suit fidèlement celle de la portion externe du grand sus-maxillaire, ce qui sera dit de celle-ci s'appliquera à celle-là.

Le *grand sus-maxillaire*, le plus étendu des os de la face, est allongé et assez irrégulier; sa face externe est importante à considérer d'abord

parce qu'elle porte la tubérosité malaire et que le degré de procidence de
celle-ci est un élément de la face considérée en largeur. Ensuite parce
que sa partie comprise entre les sus-nasaux, le lacrymal et l'inter--
maxillaire d'une part et l'épine malaire d'autre part, par ses variations,
concourt à donner sa forme à la face. Si elle s'étale, elle l'élargit à
sa partie supérieure, si elle est déprimée, la face est plus tranchante. La
façon dont son extrémité supérieure fait sa jonction avec le zygomatique
est aussi à considérer.

On se rappellera que le grand sus-maxillaire est modifié par l'âge, le
sexe et l'émasculation.

Le *zygomatique*, base de la pommette sur la face humaine et important
à ce titre, mérite examen parce qu'il concourt à former l'orbite et qu'il est
la partie saillante de la tête vue de face.

Les *os incisifs* ou petits sus-maxillaires, situés à l'extrémité inférieure
de la face et portant les incisives dans plusieurs espèces, doivent être
considérés surtout dans leurs apophyses externes. Le degré d'incurvation
de celles-ci commande avec la pointe des sus-nasaux, sur les pièces
osseuses, l'ampleur de l'échancrure nasale et leur longueur détermine
pour une partie celle de la face elle-même. La largeur de la base com--
mande à la largeur du bout du nez. Sur les chiens à nez divisé dits
chiens à deux nez, les os incisifs sont écartés l'un de l'autre, « il en
résulte un espace losangique limité dans sa moitié postérieure par une
partie du bord interne de chacun de ces os et dans sa moitié antérieure
par le bord interne des pinces [1] ».

La *mandibule* ou maxillaire inférieur est composée de deux bran--
ches réunies par leur extrémité antéro-inférieure, s'élargissant dans leur
partie postérieure, recourbées en haut et limitant un espace dit intra--
maxillaire.

Il est plus important qu'on ne serait tenté de le croire de déterminer la
façon dont il convient de placer la mandibule sur la planchette pour en
faire l'étude ; sa situation, si elle est bonne ou défectueuse, en favorise
ou en rend plus difficile l'observation et elle agit de même pour celle de
la tête entière quand on l'examine munie de sa mandibule ou qu'il s'agit
de la figurer.

Après essais, nous recommandons de toujours placer le maxillaire in--
férieur de façon qu'il porte sur la planchette par le point où ses deux
branches se réunissent pour former la symphyse mentonnière et non de
prendre le point d'appui en arrière, à la réunion de la partie ascendante et
de l'horizontale.

Après l'avoir placé comme il vient d'être dit, on notera les variations

---

[1] Goubaux, Note anatomique sur le chien à deux nez (*Bulletin de la Société centrale
vétérinaire*, année 1855).

présentées par le relèvement de la symphyse mentonnière, on observera également la forme et la direction de la branche montante, car les différences dans la courbure de cette branche sont nombreuses. On notera la largeur de l'espace intra-maxillaire.

Chaque fois qu'on le pourra, on devra peser la mandibule et en comparer le poids soit avec celui de la tête, soit avec celui du squelette entier.

L'orbite fournit aux anthropologistes par sa forme, sa profondeur, son aire d'ouverture, de bons caractères. En zootechnie, on retire moins de profits de ces indications, parce que trois espèces, celles du porc, du chien et du lapin, ont une orbite qui, sur le vivant, est close seulement par une membrane fibreuse et qui sur les pièces osseuses est ouverte en arrière. Les irrégularités de l'anneau orbitaire sur les ruminants et les ânes concourent à diminuer sa valeur ethnique.

Il n'est pourtant pas douteux qu'il y a un rapport entre la forme générale de la tête et celle de l'orbite, il suffit de comparer le lévrier et le dogue pour voir que, sur le premier, le diamètre antéro-postérieur de l'ouverture orbitaire l'emporte sur le transverse, tandis que c'est l'inverse sur le second. Le lévrier a donc une orbite allongée comme sa tête elle-même, tandis que celle du dogue est élargie, suivant son type céphalique.

II. ORTHOGNATHISME ET PROGNATHISME

Prichard a créé l'expression de *prognathisme* (πρὸ, en avant, γνάθος, mâchoire) pour désigner la proéminence des mâchoires qui rapproche plus ou moins la figure humaine du museau, tandis que, quand le profil est droit, que la ligne ophryo-mentonnière se rapproche de la verticale, il y a orthognathisme (ὀρθός, droit), suivant l'expression de Retzius. Tout cela d'ailleurs est conventionnel, car l'orthognathisme absolu n'existe dans aucune race humaine, toutes étant plus ou moins prognathes. A plus forte raison, quand il s'agit des animaux domestiques, le prognathisme est la loi et ne peut-il être question d'orthognathisme dans le sens où l'entendait Retzius.

Force est, en zootechnie, de détourner ces expressions de leur sens primitif. Nous conviendrons qu'il y a orthognathisme quand les deux mâchoires concordent bien, que les incisives supérieures et inférieures se rencontrent exactement, ou que les inférieures correspondent au bourrelet qui, chez les ruminants, remplace les supérieures. Lorsque ces dispositions n'existent pas et qu'une mâchoire déborde sur l'autre, il y a prognathisme.

Il est supérieur quand la mâchoire supérieure déborde sur la mandibule, et inférieur ou mandibulaire quand l'inverse existe. La première disposition, normale chez les Léporins, se présente rarement et ne caractérise aucune race. La seconde est relativement fréquente à cause de la malléabilité de la mâchoire supérieure, elle donne au bœuf ñata et au chien bouledogue leur facies si typique, et on la remarque, bien qu'à un degré moins prononcé, sur la petite sous-race porcine d'Yorkshire et parfois sur celles d'Essex et de Suffolk. Elle caractérise aussi le bec du canard dit polonais.

Fig. 90. — Ex. de prognathisme mandibulaire

Le prognathisme mandibulaire (fig. 99) n'est pas dû à l'élongation de la mâchoire inférieure, mais à un arrêt de développement de la supérieure. Il n'est donc pas comparable à celui de l'homme où il y a ouverture de l'angle de la symphyse mentonnière et projection des dents ; dans notre espèce, il est considéré comme un symbole d'infériorité, il se remarque sur les races arriérées et on parle volontiers de réminiscence atavique à son sujet.

Rien de pareil à invoquer sur les animaux où il ne reconnaît que deux causes, un arrêt de développement et la précocité. Poussé trop loin, il ne permet pas aux animaux de prendre convenablement leurs aliments et il amène leur mort. Une race à prognathisme inférieur ne peut donc persister que quand celui-ci n'est pas trop prononcé.

III. MENSURATIONS FACIALES

Deux indices sont à déterminer : le facial et le nasal.

A. *Indice facial.* — On désigne sous ce nom le rapport entre la longueur et la largeur de la face, la longueur étant ramenée à 100. De toutes les mensurations zootechniques, c'est la plus importante ; d'où l'obligation de délimiter très nettement la face.

Cette délimitation ne peut être faite, en l'espèce, que conventionnellement. En effet, deux voies s'offrent à l'observateur. On pourrait considérer la face d'une façon purement anatomique et constituée par l'intermaxillaire, les maxillaires supérieurs, les nasaux, le lacrymal, le zygomatique, les cornets, les palatins et les ptérygoïdiens. Il s'en suivrait qu'à la partie supérieure, la ligne de démarcation de la face et du crâne devrait être tangente à la naissance des sus-nasaux ; cette manière de faire aurait un inconvénient énorme, elle ne serait qu'une mesure de laboratoire inapplicable sur le vivant, puisque la peau de la face dérobe la suture fronto-nasale à l'œil. Cela suffirait à la faire rejeter. Il est incontestable, en outre, que, dans la pratique, on a l'habitude de regarder comme faisant partie de la face la portion inférieure des frontaux située entre les yeux et qui vient se joindre aux os du nez.

La seconde marche consisterait à prendre pour limite supérieure de la face la ligne correspondant à la terminaison, en avant, de la masse cérébrale. Cette façon d'agir, au premier abord, paraît logique, mais elle est passible d'objections graves. D'abord il faudrait établir une démarcation de la face et du crâne particulière à chaque espèce. Or la multiplicité des points de repère est une chose à éviter et ici ils seraient très différents. Dans le chien, par exemple, il faudrait descendre jusqu'à la naissance des os nasaux, tandis que, sur le cheval, une ligne joignant les trous sourciliers serait la limite ; pour le bœuf et le mouton, il faudrait la reporter plus haut et reculer davantage pour le porc. Cet exposé suffit à faire ressortir les inconvénients qu'offrirait l'adoption de cette mesure.

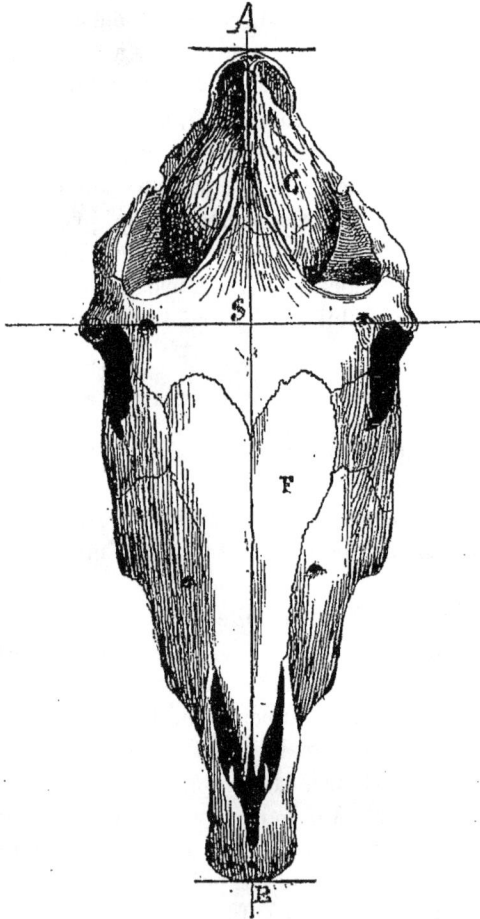

Fig. 100. — Délimitation de la face et du crâne sur la tête du cheval.
S, ligne de démarcation; A S, portion crânienne; S B, portion faciale.

Les deux moyens ci-dessus offrant de graves inconvénients, nous avons cherché, pour délimiter supérieurement la face, une ligne *convention-nelle* qui pût être la même chez toutes les espèces animales domestiques, dont les repères soient faciles et frappent l'observateur et dont on pût se servir à la fois sur le vivant et sur les pièces osseuses.

En marchant dans cette voie nous n'avons fait, d'ailleurs, que suivre l'exemple donné par les anthropologistes. La démarcation de la face et du crâne de l'homme se détermine en réunissant par un fil ou une ligne idéale la crête des arcades sourcilières au sommet de leur courbe[1]. M. Schmidt, de Leipsick, admet que la limite supérieure de la face est le plan passant par le bord supérieur des orbites en avant[2]. Après des tâtonnements et des séries de mensurations, nous adoptons pour toute la série animale domestique, comme démarcation de la face, la ligne réunissant le bord des orbites (fig. 100) à leur courbe supérieure.

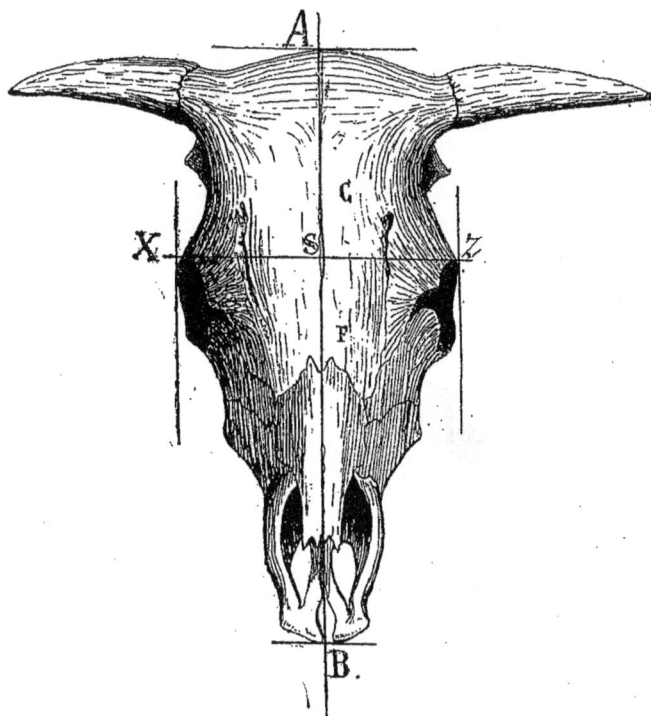

Fig. 101. — Délimitation de la face et du crâne sur la tête du bœuf.

La délimitation de la partie inférieure de la face ne nécessite qu'une courte explication. Le plan tangent au bord inférieur de l'os incisif la trace (fig. 101, B.). Tout le groupe des Ruminants domestiques n'ayant pas d'incisives à la mâchoire supérieure, l'obligation s'impose de laisser ces

[1] Topinard, Éléments d'anthropologie générale, page 827, Paris, 1885.
[2] E. Schmidt, Kraniologische Untersuchungen in Arch. für Anthropol., Brunswich, 1879.

sortes de dents en dehors de la mensuration et d'arrêter juste au point où elles s'enfoncent dans l'alvéole quand il s'agit des Equidés, du porc, du chien et du lapin. Cette méthode a, en plus, l'avantage de rendre comparables les mesures prises sur les têtes osseuses fossiles déposées dans les collections publiques ou qu'on extrait soi-même des couches terrestres, car à peu près constamment les incisives leur manquent.

En raison de la courbe formée par les nasaux, il faut faire la mensuration par côté et non sur la partie médiane.

En anthropologie, la hauteur de la partie mentonnière de la mâchoire inférieure nécessite qu'on comprenne celle-ci dans l'évaluation de la longueur faciale. La disposition de la face chez les animaux fait laisser de côté la mandibule dans la mensuration.

Quant à la largeur, elle se prend à l'aide du compas d'épaisseur de chaque côté de la face, sur les points les plus saillants de l'arcade zygomatique, de là le nom de mesure bizygomatique qui lui est souvent donné (fig. 101, Z X).

On est dans la nécessité de traduire l'impression dont l'indice donne la mesure par des expressions spéciales. Au lieu de celles qui ont été employées, telles que brachyfaciale et dolichofaciale (Topinard) ou lepto-prosope et chamœprosope, nous proposons celles de *brachyprosope*,

FIG. 102. — Type de mouton brachyprosope   FIG. 103. — Type de mouton dolichoprosope.

dolichoprosope et *mésoprosope* (πρόσωπον, visage, βραχύς, court, δολιχός, long, μέσος, moyen) qui ont l'avantage d'être construites correctement et de correspondre à celles que nous aurons à employer quand il s'agira de la tête en général. Un animal brachyprosope (fig. 102) ou à face courte a l'indice facial élevé tandis qu'un dolichoprosope l'a faible (fig. 103).

Le lecteur se souvient sans doute quelle influence l'état sexuel a sur
l'indice facial ; il se rappelle que, dans une même race et dans une même
famille, il est différent suivant qu'on est en présence du mâle, de la femelle ou du sujet émasculé (voyez pages 205 et suivantes).

C'est donc un bon caractère sexuel. Il aide à la détermination ethnique, mais à la condition expresse de *comparer exclusivement les sujets
de chaque sexe ou les neutres entre eux*. Si, par exemple, on met en
présence un taureau durham dont l'indice facial moyen $= 72$ avec celui
de Schwitz qui $= 62,85$, un bélier de Southdown qui a près de 72 d'indice avec un mérinos du Soissonnais qui n'en a que 62, et surtout une
truie de Bretagne dont l'indice est 58 avec une essex qui monte à 85,
l'écart est grand, et cet indice constitue un caractère utile. Il est superflu
de dire qu'entre les extrêmes, dans une espèce, se groupent les rapports
intercalaires et que le passage de l'un à l'autre est insensible.

Il faut l'unir à d'autres particularités pour en tirer parti, car il
arrive que deux animaux de race différente ont le même : ainsi les taureaux bretons et vendéens (67 à 68), les vaches nivernaises et limousines (62 à 63), les cottentines et les flamandes (57 à 58), les vendéennes
et les jersiaises (63 à 89), les brebis berrichonnes et de Dishley (64 à 65).
On voit quelquefois l'indice facial dans un sexe être le même dans le
sexe opposé d'une race différente. Ainsi le bélier de Tiaret et la
brebis de Southdown ont le même indice, à quelques centièmes près.

B. *Indice nasal.* — Nettement détaché du reste de la face, le nez de
l'homme se prête bien aux mensurations et les anthropologistes considèrent l'indice nasal comme un caractère ethnique fidèle, peu influencé
par les circonstances extérieures et ne présentant dans une race donnée
que de faibles écarts.

Plusieurs raisons font qu'en zootechnie, on n'en retire pas d'aussi
utiles indications. D'abord la plus grande partie des os du nez, dans
les animaux, est encastrée dans d'autres os faciaux, le relief nasal n'est
pas net comme dans l'espèce humaine. Ensuite la sexualité, dans quelques espèces, influence notablement cet indice. On a démontré, page
206, que dans les chevaux et les porcs il est, à très peu de chose près, le
même sur le mâle que sur la femelle ; mais il en est autrement lorsqu'on
a affaire aux ruminants et aux léporins et les réflexions présentées
à l'occasion de l'indice facial sont applicables au nasal. Il y a, d'ailleurs,
un parallélisme entre eux et l'un fait préjuger de l'autre.

Les mesures nécessaires pour établir l'indice nasal, longueur et largeur, se prennent au maximum à l'aide du compas à glissière, la largeur
au point le plus large, soit à la jonction des os nasaux, du lacrymal
et du maxillaire sur le cheval, au tiers supérieur pour le bœuf et au quart
inférieur pour le buffle et le chien. La longueur se mesure de l'extrémité
de l'épine nasale ou mieux de la pointe la plus longue de cette épine quand

elle est quadrifide comme dans le bœuf, au point le plus élevé qui confine aux frontaux.

Envisagé comme caractère ethnique, l'indice nasal appelle les mêmes observations que le facial ; si on l'employait seul il égarerait parce que deux individus de race différente peuvent avoir le même. L'exemple suivant suffira à en donner la preuve. L'indice nasal des vaches femeline et jersiaise est le même et pourtant on s'accorde à les placer dans deux groupes très distincts. Hâtons-nous d'ajouter qu'il est des races où il compte au nombre des caractères les plus tranchés. Ainsi celui du chien sloughi est de 18, tandis que celui du dogue s'élève à 37 ; l'un est le minimum, l'autre le maximum des indices dans l'espèce canine.

Dans l'espèce chevaline, l'indice minimum est fourni par la jument normande dont le nez n'est pas seulement busqué, mais encore étroit, il descend à 28,77, tandis que le maximum se rencontre sur les étalons ardennais où il atteint 42,76.

L'âne africain a 46,70 et celui du Poitou 42,3.

Le taureau durham a 36,78 et le schwitz 42 ; la vache flamande n'a que 25,24 tandis que l'auvergnate monte à 33.

Le chèvre d'Angora a 37 tandis que celle du Mont-d'Or donne en moyenne 41.

Le mouton bergamasque à chanfrein busqué donne 31,52 tandis que celui de Tiaret arrive à 41.

Le sanglier n'a que 19 d'indice tandis que les porcs anglais dépassent 33.

Une grande différence se manifeste entre le lièvre et le lapin, l'indice du premier arrive à 60, celui du second ne dépasse guère 42. Celui du léporide est de 43 en moyenne ; par ce caractère comme par beaucoup d'autres, le léporide n'est donc qu'un lapin.

Ce qui nous semble élever la valeur de l'indice nasal c'est que, dans une même race, les écarts individuels sont peu prononcés. Les sous-races et les tribus ont l'indice nasal de leur type ethnique, caractère précieux qui, uni à d'autres, permet d'établir des rapprochements intéressants et de rechercher des filiations auxquelles on n'eût peut-être point songé sans cela. Les chiffres ci-dessous donnent la preuve de cette concordance de l'indice nasal dans quelques groupes pris comme exemples :

CHEVAUX. . . . . ⎰ Algériens.	39,53
Camargues.	39,53
Corses.	40,19
Trotteurs d'Orloff. . .	40,46
Tarbéens.	39,91
VACHES. . . . . ⎰ Femelines.	30,11
Bressanes.	29,41
Charolaises.	29,41

Des dérogations à ces faits se présentent quand il s'agit d'espèces malléables et susceptibles d'être amenées à la précocité. Les sujets précoces n'ont pas le même indice nasal que les individus non améliorés de leur type, et il arrive que des sous-races se forment qui, sous l'influence du forçage, n'ont plus l'indice de la souche d'où elles descendent. On en voit des exemples dans l'espèce bovine, mais ils sont particulièrement faciles à constater sur les porcs. Nous avons relevé sur des craonnais des écarts de 3 et 4 unités, suivant qu'il s'agissait de sujets sélectionnés à la porcherie depuis longtemps ou d'individus allant aux champs.

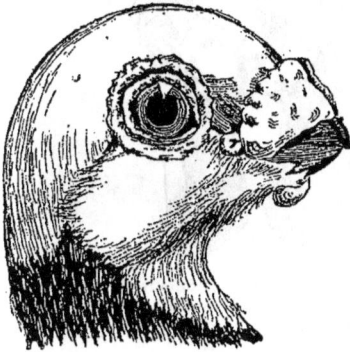

FIG. 104. — Pigeon culbutant. (Type d'oiseau à bec court.)

FIG. 105. — Pigeon carrier. (Type d'oiseau à bec allongé.)

Par suite des faibles dimensions en largeur du bec des oiseaux, il ne peut être question d'indices pour cette partie de leur tête. Les variations sont néanmoins loin d'être négligeables. On n'a qu'à jeter un coup d'œil sur les figures ci-annexées pour voir quelle distance il y a entre le bec allongé du pigeon carrier et celui si court du culbutant.

Section II. — Étude du crâne

La partie postéro-supérieure de la tête qui loge l'encéphale constitue le crâne ; elle est formée par l'occipital, le pariétal, le frontal, le temporal, le sphénoïde et l'ethmoïde. La situation profonde de ces deux derniers os les fait échapper aux études zootechniques ; les quatre autres, qui concourent pour la part la plus grande à l'architecture du crâne, méritent attention.

I. MORPHOLOGIE DU CRANE

L'*occipital* forme l'extrémité supérieure de la tête. Il présente des particularités sur lesquelles l'observation a été appelée dès le siècle dernier par Daubenton. L'une d'elles est la forme du trou occipital qui varie dans le rapport de ses deux axes et dans la disposition de son bord supérieur.

Un coup d'œil jeté sur les figures 106 et 107 montre ce qu'il en est dans les Équidés. De l'examen auquel nous nous sommes livré, il appert qu'il ne s'agit point d'une différence résultant du sexe, de l'âge ou de la race, la forme arrondie du bord supérieur qui est la règle chez l'âne, est également la plus commune sur le cheval, mais on rencontre quelquefois aussi l'autre disposition. Ce nous paraît seulement une variation individuelle.

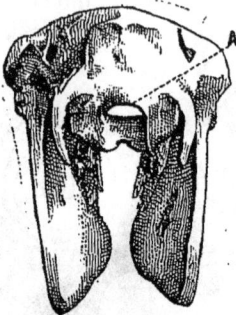

FIG. 106. — Portion postérieure de tête
osseuse de cheval.
A. Trou occipital en voûte abaissée.

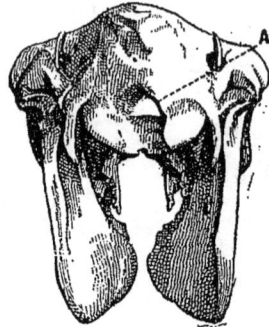

FIG. 107. — Portion postérieure de tête
osseuse de cheval.
A. Trou occipital en ogive.

Darwin, qui arrêta son attention sur les diversités de forme du trou occipital, reconnaît qu'il est impossible d'en dire la cause puisqu'il les a vues non seulement sur les lapins, mais encore sur des lièvres, animaux vivant dans les mêmes conditions d'état sauvage ; M. Topinard, de son côté, conclut que la position du trou occipital est sans valeur comme caractère de race pour l'espèce humaine.

Une autre particularité se rapporte à la saillie de la protubérance occipitale externe et à l'étendue de l'angle qu'elle forme soit par rapport à la face antérieure, soit à la face postérieure, le bord du tronc occipital étant pris comme point de repère.

Quand on examine la tête des Équidés, on voit que la protubérance occipitale peut affecter, relativement au trou occipital, trois positions principales entre lesquelles se placent tous les intermédiaires. Tirée en arrière, elle le surplombe; elle peut être repoussée en avant; enfin elle peut être au niveau de sa circonférence. Pour apprécier exactement le sens et l'étendue de ces directions, il faut recourir au goniomètre, mesurer les angles basilo-occipital et pariéto-occipital. Le premier est obtenu en plaçant tangentiellement à la surface de l'apophyse basilaire l'une des branches du goniomètre et l'autre contre le sommet de la protubérance occipitale externe. L'angle pariéto-occipital est donné en appliquant le goniomètre sur l'origine des crêtes temporales et sur les bords du trou occipital. Voici le résultat d'une série de mensurations :

SORTES D'ANIMAUX EXAMINÉS	ANGLE PARIÉTO-OCCIPITAL.
Cheval de course.	84°
Jument de course.	83°
Jument syrienne.	85°
Trotteur russe.	86°
Cheval barbe.	95°
— normand.	100°
— camargue.	83°
Jument corse.	96°
— tarbaise.	88°
Cheval breton.	84°
— flamand.	83°
— boulonnais.	90°
— annamite.	86°
Ane d'Afrique.	70°
Ane européen.	75°
Mulet.	82°
Zèbre.	86°
Daw.	93°

L'ouverture des angles pariéto-occipital et basilo-occipital marche en sens inverse, il est à peine besoin de le dire : quand le premier se ferme, le second s'ouvre et réciproquement.

Chez la plupart des chevaux, la protubérance occipitale n'arrive pas au niveau du bord supérieur du trou occipital, l'angle pariéto-occipital est donc supérieur au basilo-occipital. Dans les ânes, la disposition est inverse ; chez le mulet elle est intermédiaire ; chez le zèbre et le daw elle se rapproche de celle du cheval. Sur les chevaux de course, il y a quasi-égalité entre la valeur des deux angles, ce qui se constate d'ailleurs facilement au fil à plomb et à l'équerre.

FIG. 108. — Portion postérieure de tête osseuse de chien griffon.
A. Crête occipitale refoulée en avant.

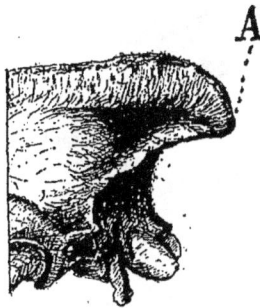

FIG. 109. — Portion postérieure de tête osseuse de chien des Pyrénées.
A. Crête occipitale étirée en arrière.

Le même fait se rencontre chez les sujets à allure lente dont la tête est forte et lourde comme le flamand et le gros breton. Mais chez les chevaux légers, à allure rapide, comme le barbe, le corse, le tarbais, la supériorité de l'angle pariéto-occipital sur le basilo-occipital est constante et très marquée.

Après les Équidés les chiens et les porcs sont les animaux où l'angle qui sépare la base de la tête de sa partie antérieure est le plus intéressant à observer.

Sur les gros chiens tels que le terre-neuve et le pyrénéen, la crête occipitale est tirée très en arrière et surplombe notablement le trou occipital (fig. 109); sur ceux de taille moyenne elle est au niveau de cette ouverture, enfin, sur les petits chiens à tête arrondie, elle est effacée et refoulée en avant (fig. 108).

Le sommet de la tête du porc de Bretagne est tiré en arrière par une disposition qui rappelle ce qui existe sur le sanglier, tandis que celui des cochons anglais est reporté plus ou moins en avant.

Le *pariétal* est important à considérer. Sur la tête des bovins, il s'unit à l'occipital pour former le chignon dont il faut examiner le développement et la forme qui sont d'ailleurs en étroits rapports avec les cornes ainsi qu'on l'a prouvé page 241. Le chignon peut être étroit, proéminent en avant, pointu au maximum sur les animaux sans cornes, tiré en arrière à divers degrés, formant une concavité dirigée en arrière ou être fort peu prononcé.

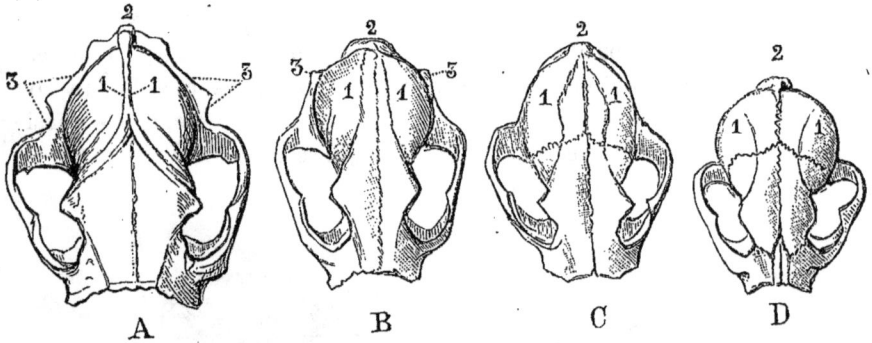

Fig. 110. — Exemples de disposition des crêtes fronto-pariétales dans l'espèce canine.
(Chauveau et Arloing).

Le pariétal constitue la partie supéro-postérieure du crâne du mouton, de la chèvre et du porc. Il est particulièrement modifié dans les races canines; la saillie des bosses pariétales montre des différences faibles sur tous les chiens à tête allongée, très marquées sur ceux dont la tête est ronde, avec tous les intermédiaires entre ces deux extrêmes. Sur ces animaux, le développement et l'écartement des crêtes fronto-pariétales ne varient pas moins : très élevées sur le Mâtin, le Lévrier, le Saint-Bernard, le Dogue, le Chien de berger elles sont effacées sur le Kings' Charles (fig. 110). L'inversion entre la convexité du pariétal et le rétrécissement des fosses temporales, ainsi que le déterminisme de ces modifications, ont été mises en évidence antérieurement.

Le *temporal* présente des particularités dans ses portions écailleuse et tuberculeuse. Dans la première, il y a lieu de considérer l'apophyse zygomatique dont la courbure donne à la partie supérieure de la tête sa largeur maximum. Dans la seconde, la situation du trou auditif est à voir ;

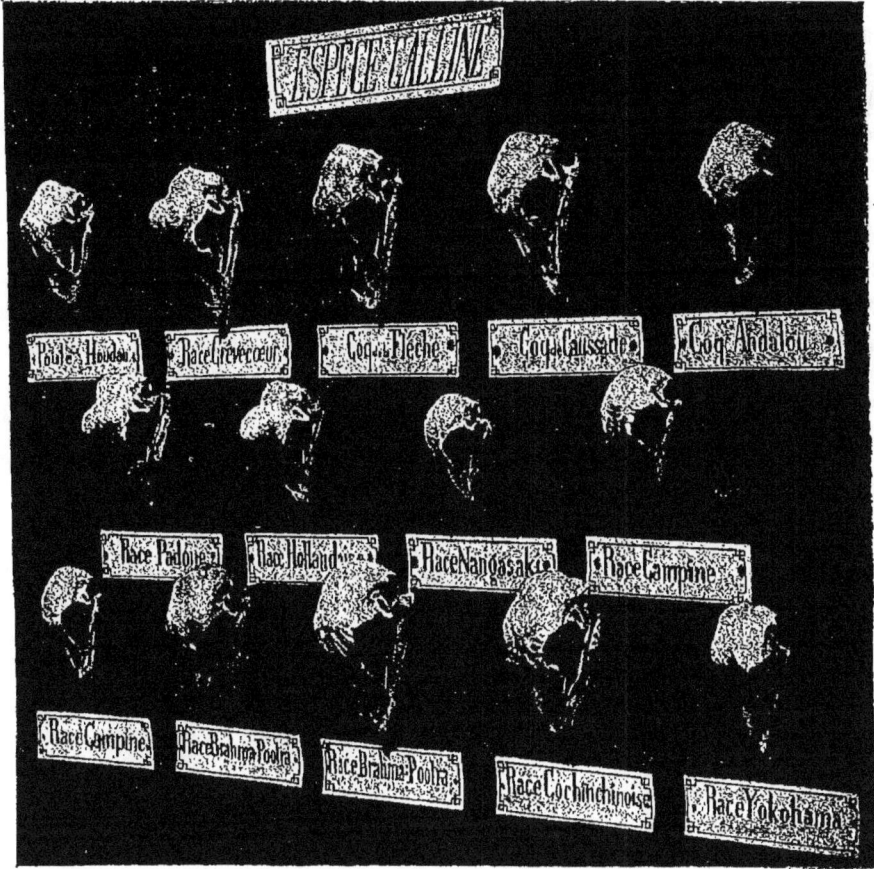

Fig. 111. — Exemples de la diversité de conformation du crâne dans les races gallines.

elle est en rapport avec le développement et la direction de l'oreille et elle donne sur les pièces osseuses des renseignements de même ordre que l'oreille sur le vivant. Pour se convaincre qu'il en est bien ainsi, qu'on étudie la tête de lapins demi-lopes, c'est-à-dire porteurs d'une oreille redressée et dont l'autre est pendante, on verra que le conduit auditif du côté correspondant à l'oreille redressée est situé à une hauteur supérieure à celle de l'oreille pendante.

Ces dispositions sont faciles à constater sur les porcs ; le craonnais a le conduit auditif incliné en avant, tandis qu'il est dirigé verticalement sur les essex et les yorkshires.

La fosse temporale destinée à loger le crotaphite est proportionnelle à la force de ce muscle et par conséquent dans un rapport étroit avec le régime des animaux.

Les *frontaux* forment la partie la plus étendue de la face en même temps que de la voûte crânienne. Leur surface est plane ou concave ou convexe à des degrés différents, ce dont il faut s'assurer avec soin. Le front du cheval arabe est plat, celui du barbe est bombé, le taureau breton l'a concave tandis qu'il est plat sur le jurassique.

Ils donnent naissance aux cornes des Ruminants qui peuvent les recouvrir en grande partie ainsi que cela se voit dans les moutons mérinos et barbarins et dans le bouc d'Angora. En l'absence de cornes, ils présentent parfois deux protubérances à la place qu'elles devaient occuper, comme dans la chèvre du Mont-d'Or ou deux concavités comme dans le mouton de Leicester.

Mais les modifications les plus curieuses qu'ils présentent se montrent sur les Gallinacés domestiques (voyez fig. 111). Leur forme est en rapport avec la nature et l'étendue de l'appendice qu'ils ont à supporter. Sur les races à crête, ils sont peu bombés et dans celles où elle est peu développée, ils se rapprochent d'une surface plane. Dans celles à huppe, ils forment une gibbosité en rapport avec la grosseur de la touffe de plumes ; sur celles où il y a à la fois une petite huppe et une crête composée, la disposition des frontaux est intermédiaire entre les deux précédentes. Entre les deux extrêmes, on trouve tous les intermédiaires qui donnent une idée très frappante de la malléabilité de cette partie et fournissent une démonstration topique de l'influence exercée sur les os par les productions qu'ils supportent.

II. CONSIDÉRATIONS SUR LES MENSURATIONS CRANIENNES

Bernard de Palissy, Spigel, Daubenton tentèrent les premiers essais de crâniométrie, et Camper en fit ressortir l'utilité pratique (1770). Il faut cependant arriver jusqu'en 1842 pour voir Retzius établir une classification des races humaines basée en première ligne sur les rapports des deux diamètres du crâne. Il les a divisées en *brachycéphales* et *dolichocéphales* suivant que le crâne est court ou allongé d'avant en arrière. Pour lui, chez un dolichocéphale, la longueur excède la largeur de 1/4 environ, tandis que chez un brachycéphale, elle l'excède de 1/5 à 1/8 seulement [1].

---

[1] A. Retzius, *De la forme du crâne des habitants du Nord*, Stockholm, 1842, trad. française (*Annales des sciences naturelles*, 3e série, Zoolog., 1846, vol. VI, p. 133.

En 1861, Broca intervint qui déterminá le rapport centésimal du diamètre transverse au diamètre antéro-postérieur pris pour unité et donna
à ce rapport le nom d'*indice céphalique*. Entre les brachycéphales et les
dolichocéphales, il intercala un groupe intermédiaire constitué par des
sujets *mésaticéphales (μέσατος, moyen, κεφαλή, tête)*.

L'indice céphalique, qu'il conviendrait mieux d'appeler indice crânien,
(de même que les expressions de brachycéphales, dolichocéphales et
mésaticéphales devraient disparaître devant celles de brachycrâniotes,
dolichocrâniotes et mésaticrâniotes, car elles ne s'appliquent qu'à l'ovoïde
crânien, à la boîte de l'encéphale), a été l'objet d'un vif engouement de la
part des anthropologistes, encore bien que l'accord ne soit pas complet
parmi eux sur la façon de le mesurer.

Nous n'avons pas à discuter s'il a justifié les espérances qu'on avait
basées sur son emploi comme moyen de diagnose des races humaines.
D'ailleurs, du jour où l'on a prouvé que la forme du crâne est en
grande partie sous la dépendance de l'époque à laquelle se font les synostoses, l'importance de l'indice crânien a été ébranlée, puisque ces synostoses sont elles-mêmes fonctions de l'alimentation et d'autres circonstances indépendantes de la race et pour partie seulement sous l'influence
de celle-ci.

M. Sanson a voulu introduire la crâniométrie en zootechnie, en déclarant
d'ailleurs que l'indice crânien sert à établir une classification dichotomique et à éliminer une partie des types entre lesquels on hésite
quand on veut déterminer la race des animaux. Voici comment cet
auteur s'exprime :

« Extérieurement, les limites de la cavité cérébrale sont assez exactement indiquées chez les Equidés en haut à l'aide d'une ligne passant en
arrière des conduits auditifs et par le sommet de l'angle des crêtes
pariétales, en bas à l'aide d'une autre ligne joignant les extrémités des
crêtes frontales et de chaque côté par des lignes perpendiculaires aux
premières et tangentes aux points les plus saillants des pariétaux. Toutefois la limite inférieure doit être déterminée pour chaque cas particulier ;
elle ne coïncide pas toujours avec les points de repère extérieurs que
nous venons d'indiquer. La cavité cérébrale se trouve comprise dans un
parallélogramme rectangle permettant de mesurer exactement les deux
diamètres de l'ellipsoïde. Dans les conditions naturelles, le plus grand
diamètre est tantôt dans le sens longitudinal, tantôt dans le sens transversal. Lorsque le transversal l'emporte en étendue sur le longitudinal, le
crâne est dit brachycéphale (ou crâne court) ; quand c'est au contraire le
diamètre longitudinal qui l'emporte, le crâne est appelé dolichocéphale (ou
crâne allongé). Ce sont les deux types crâniens ou crâniologiques. On
admet aussi un troisième type en anthropologie appelé mésaticéphale
qui, selon nous, n'est point naturel.

« Les rapports divers dans chaque sens, entre les deux dimensions, donnent l'indice céphalique, la transversale étant ramenée à 100. Ainsi l'indice plus grand que 100 appartient au type dolichocéphale, le plus petit que 100 au type brachycéphale. Ces rapports expriment les nuances de la brachycéphalie et de la dolichocéphalie, chacune de ces nuances typiques correspond à une conformation particulière du crâne facial[1]. »

On remarquera d'abord que M. Sanson donne aux expressions de brachycéphalie et de dolichocéphalie un sens absolu, tandis qu'elles n'en possèdent qu'un relatif en anthropologie. Tous les crânes humains normaux ont le diamètre antéro-postérieur supérieur au diamètre transverse, on ne les qualifie pas tous de dolichocéphales pour cela parce que cette expression comme celle de brachycéphale est conventionnelle, elle n'exprime ni la longueur, ni la brièveté absolue des crânes, mais seulement des modes, des degrés dans la forme crânienne spécifique.

Quant à l'indice, la dissidence est encore plus grave. Il est admis sans exception parmi les anthropologistes que l'indice céphalique est le rapport de la largeur du crâne ou de son diamètre transversal à sa longueur ramenée à 100 ou à son diamètre antéro-postérieur = 100. Sa formule est :

$$\text{Indice céphalique} = \frac{\text{D. tr.} \times 100}{\text{D. antéro-post.}}$$

M. Sanson renverse l'ordre adopté, il compare le diamètre longitudinal au transversal, celui-ci ramené à 100, de sorte que l'indice plus grand que 100 indique pour lui la dolichocéphalie et l'inférieur la brachycéphalie. Les raisons et les avantages de cette manière de procéder échappent, tandis qu'on voit très bien les inconvénients qu'il y a à détourner les mots de leur signification première.

La critique ne sera pas poussée plus loin, parce qu'il ne semble point que, en envisageant l'ensemble des espèces animales, leur ethnologie ait quelque chose à retirer de la crâniométrie.

En mesurant le crâne, les anthropologistes pensaient se renseigner sur le cerveau. En zootechnie, si l'on veut connaître la boîte encéphalique, on ne le peut par les mensurations extérieures. Ses dimensions réelles sont masquées par les cornes, par les sinus frontaux ou pariétaux. Nous nous sommes suffisamment appesanti sur la corrélation entre le développement des cornes et la morphologie de la tête pour qu'on pressente que, dans les races où le mâle est cornu et la femelle sans cornes, ou bien qui se subdivisent en sous-races cornues et non cornues, la forme crânienne est différente et par suite l'indice crânien n'est pas le même.

Il est des races ovines où les cornes se confondent à leur base et recouvrent une si grande partie du crâne que les mensurations sont à peu

_____
[1] Sanson, *loc. cit.*, t. I, page 57 et 58.

près impossibles (voyez fig. 112). Enfin il faut tenir compte de la perturbation apportée par la castration sur leur développement et par contre-coup sur la portion de la tête qui les supporte.

On voit donc que, sur tout le groupe si important des Ruminants, la véritable crâniométrie est impraticable ou à peu près; sur les Équidés le crâne cérébral est plus accessible, mais sa mensuration a montré à M. Toussaint, à MM. Chauveau et Arloing et à nous-même, que toujours le diamètre longitudinal l'emporte sur le transversal. On rentre alors dans ce qui est la règle pour l'espèce humaine, de telle sorte qu'il n'y a ni hommes ni chevaux brachycéphales dans le sens absolu du qualificatif.

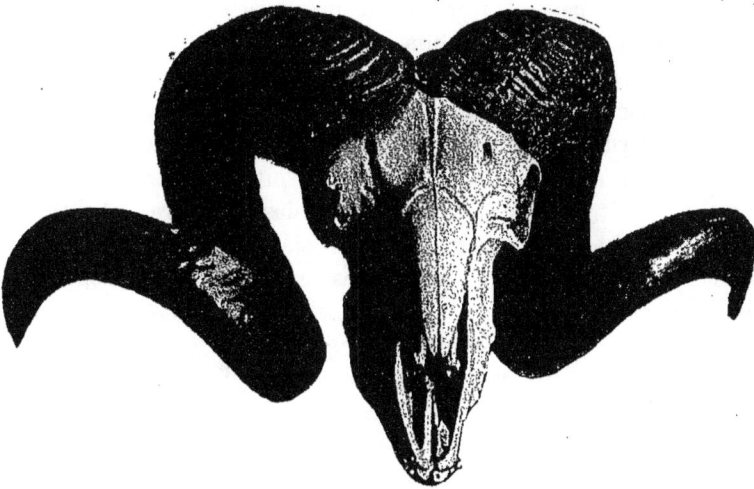

Fig. 112. — Exemple de crâne recouvert par les cornes.

D'ailleurs, M. Sanson en écrivant à propos des Équidés que la limite inférieure de la cavité cérébrale « doit être déterminée pour chaque cas particulier et ne coïncide pas toujours avec les points de repère qu'il a indiqués » a démontré la faible valeur qu'il faut accorder aux mesures du crâne chez les animaux. La fixité des points de repère pour les mensurations est la première condition de mise en œuvre de celles-ci; s'il est un cas où l'arbitraire et les dispositions personnelles doivent être bannies, c'est ici.

Ces considérations expliquent pourquoi nous ne cherchons point à déterminer les limites entre les brachycéphales, les mésaticéphales et les dolichocéphales, pas plus qu'entre leurs subdivisions (ultra et sous-brachy ou dolichocéphales) ou si l'on préfère entre les brachycrâniotes, les mésaticrâniotes et les dolichocrâniotes.

III. CUBAGE DE LA CAVITÉ CRANIENNE ET POIDS DE L'ENCÉPHALE

L'examen extérieur du crâne des animaux domestiques ne renseignant pas ou renseignant très imparfaitement sur l'encéphale, on a eu recours au cubage de la cavité crânienne et à la pesée du cerveau. On est curieux, en effet, de savoir si les races que séparent et différencient de nombreux caractères extérieurs sont éloignées les unes des autres par leur masse cérébrale.

On s'est préoccupé, en anthropologie, de tracer les limites du cerveau normal, afin de ne pas se trouver en présence de microcéphales ou d'hydrocéphales. Cette préoccupation, très légitime pour l'espèce humaine où les accidents tératologiques portant sur la tête sont fréquents, peut être écartée en zootechnie. La microcéphalie est fort rare sur les animaux domestiques ; l'hydrocéphalie est un peu plus fréquente, surtout dans les espèces bovine et chevaline, mais on ne la voit que chez les individus qui viennent de naître et elle se présente avec des caractères tels, qu'il est impossible de confondre la tête qui en est le siège avec un crâne normal, car les os, spécialement les pariétaux, les temporaux et le frontal, sont amincis, échancrés, se rejoignent incomplètement et laissent entre eux des fontanelles plus ou moins étendues, closes par la dure-mère et la peau. Si, dans l'espèce humaine, ces fontanelles peuvent disparaître à la longue et les synostoses se faire, rien de pareil n'arrive sur les animaux, car tout sujet monstrueux meurt généralement peu après sa naissance ou il est sacrifié par l'éleveur.

Le zootechniste peut donc écarter toute préoccupation de se trouver en présence d'hydrocéphales adultes. Au surplus, indépendamment des lésions osseuses sus-mentionnées, il y a une telle différence dans les capacités, qu'il est impossible de faire de confusion. MM. Saint-Cyr et Violet citent des cas de poulains hydrocéphales dont la capacité crânienne était de 8 et même de 13 litres [1]. Nous avons cubé celle d'un veau hydrocéphale, mort quatre jours après sa naissance, elle était de 1300 centimètres cubes, c'est-à-dire six fois supérieure à la normale.

La capacité crânienne doit être examinée d'une façon *absolue,* en envisageant seulement les chiffres bruts obtenus et en les comparant les uns aux autres, et d'une façon *relative*, en les mettant en parallèle soit avec le poids du corps, soit avec celui de quelque partie seulement.

A. — *Capacité crânienne absolue.* — Pour avoir des renseignements de quelque valeur sur la capacité d'une race, il est nécessaire de prendre

---

[1] Saint-Cyr et Violet, *Traité d'obstétrique vétérinaire*, 2ᵉ édition, Paris, 1888.

des moyennes afin d'annihiler les écarts dus à l'individualité. En anthropologie, il n'est possible d'obtenir ces moyennes qu'en s'appuyant sur un nombre toujours très élevé de cubages, à cause des variations considérables qu'on constate parmi les représentants d'une même race humaine et qui tiennent au fonctionnement cérébral plus ou moins intense et à la quantité élevée de matière cérébrale dans notre espèce.

Sur les animaux domestiques ces diverses raisons n'existent pas, aussi ne constate-t-on point de différences très accentuées. Dans une race homogène, les variations sont peu étendues et on peut établir une moyenne sur un petit nombre de sujets, à la condition qu'ils soient choisis parmi les plus parfaits de leur type.

On va placer sous les yeux du lecteur, par ordre décroissant, des exemples de capacité crânienne moyenne pris dans chaque espèce. Pour que la comparaison de race à race ne soit pas troublée par l'influence sexuelle, les capacités ci-dessous se rapportent toutes à des mâles.

Équidés.

RACES ET SOUS-RACES CHEVALINES

CAPACITÉ CRANIENNE

Race boulonnaise	821 centimètres cubes.
— bretonne	817 — —
— belge (grosse sous-race)	817 — —
— flamande	780 — —
— normande	765 — —
— anglaise de courses	755 — —
— percheronne	724 — —
— comtoise	721 — —
— barbe	689 — —
— arabe	673 — —
— camargue	595 — —
— corse	510 — —

La capacité crânienne la plus élevée qu'il nous ait été donné de cuber jusqu'à présent, dans l'espèce chevaline, est de 852 centimètres cubes et la plus faible de 443 centimètres cubes, ce qui constitue un écart énorme puisqu'il équivaut à la proportion de 1,92 : 1. Cette différence que nous ne rencontrerons aussi forte dans aucune autre espèce domestique, sauf celle du chien, et qui ne se voit pas non plus dans l'espèce humaine, n'a pourtant rien qui puisse surprendre dans le groupe des chevaux où les dissemblances de taille et de musculature sont considérables.

Certaines races présentent une homogénéité remarquable : la percheronne, par exemple, n'a offert qu'une variation de 28 centimètres cubes sur quatre sujets et l'arabe une de 20 seulement ; mais dans les races de gros trait, principalement dans la flamande et la belge, les écarts montent à 50 et même à 72 centimètres cubes.

RACES ASINES

Race du Poitou.	586 centimètres cubes.
— de Syrie et d'Égypte.	454 — —
— du midi de la France.	433 — —
— du Sahara.	370 — —

Les différences sont moins étendues dans les races asines que dans les races chevalines puisqu'elles sont dans la proportion de 1,57 : 1 au lieu de 1,92 : 1. Les écarts de taille et de masse sont également moins considérables, comme si la domestication avait moins imprimé ses différenciations à l'âne qu'au cheval ou peut-être parce que les conditions de cette domestication ont été moins douces au premier qu'au second. Par sa masse cérébrale, le baudet du Poitou se place à côté de l'étalon de la Camargue et l'âne du Midi à côté du cheval annamite.

Bovidés

RACES, SOUS-RACES ET MÉTIS

Race vendéenne.	788 centimètres cubes.
— fribourgeoise.	714 — —
— de la Plata..	698 — —
— de Schwitz.	646 — —
— auvergnate (v. de Salers).	642 — —
— garonnaise.	637 — —
— charolaise.	612 — —
— normande.	603 — —
— flamande..	600 — —
— bretonne..	594 — —
— hollandaise.	588 — —
— tarentaise.	580 — —
— nivernaise (durh.-charol.).	561 — —
— durham.	550 — —
— bressane.	550 — —
— d'Ayr.	540 — —
— zébu ou bœuf à bosse.	489 — —
— africaine..	432 — —

Dans l'espèce bovine, les crânes de taureaux ont montré des écarts allant de 788 centimètres cubes, chiffre maximum, à 415 centimètres cubes, représentant le minimum, soit la proportion 1,89 : 1. Dans les races bien homogènes, telles que celles de Schwitz, de Fribourg, de Durham et de Hollande, les différences sont peu notables et se maintiennent entre 20 et 30 centimètres cubes. Dans celles d'Afrique et de Bretagne, elles le sont davantage et s'élèvent jusqu'à 90 centimètres cubes.

Ovidés

RACES ET SOUS-RACES OVINES

Race mérinos (du Châtillonnais).	152	centimètres cubes.
— — (commune).	133	— —
— solognote (grande variété du Loiret). . . .	142	— —
— bergamasque.	134	— —
— southdown.	127	— —
— barbarine.	122	— —
— de Larzac..	120	— —
— du Monténégro et de l'Herzégowine. . . .	117	— —
— de Dishley.	115	— —
— berrichone.	110	— —
— limousine..	110	— —
— de Millery.	108	— —
— de Sahune.	108	— —
— auvergnate (v. des ravins).	97	— —
— de Suez et de l'Arabie.	97	— —
— de la Grèce..	95	— —

Sur les béliers, le maximum de capacité a été fourni par le crâne d'un mérinos cubant 158 centimètres, et le minimum par celui d'un bélier venant de l'Attique qui en cubait 95 centimètres seulement, ce qui fait une proportion de 1,68 : 1. De toutes les races, la plus homogène est celle de Southdown où les écarts n'ont été que de quelques centimètres cubes ; viennent ensuite la bergamasque, puis celle de Dishley où les variations se sont élevées à 15 centimètres cubes. Parmi celles où les écarts sont très accentués et peuvent monter jusqu'à 30, se trouvent la berrichonne, la limousine et l'auvergnate, ce qui ne surprend point d'ailleurs, quand on connaît les variations volumétriques de leurs représentants.

RACES CAPRINES

Race du Mont-d'Or.	159	centimètres cubes.
— de Cachemyr.	150	— —
— d'Angora.	148	— —

Les écarts dans les races de l'espèce caprine sont très peu marqués et presque insignifiants. Les différenciations crâniennes, comme toutes les autres, sont faibles sur elles.

Suidés

RACES PORCINES

Race craonnaise.	177	centimètres cubes.
— bretonne (ancienne celtique).	171	— —
— yorkshire (grande sous-race)..	153	— —
— napolitaine.	153	— —
— berkshire..	150	— —
— essex.	137	— —
Très petite race de l'Indo-Chine.	102	— —

En faisant abstraction de la petite race indo-chinoise, on voit que les écarts sont peu considérables dans l'espèce porcine dont la tête est pourtant fortement modifiée, mais dans sa partie faciale principalement.

Canidés

RACES CANINES ET MÉTIS

Métis de dogue et de mâtin.	128	centimètres cubes.
Mâtin.	116	— —
Terre-neuve.	107	— —
Danois.	107	— —
Dogue de garde.	107	— —
Braque.	102	— —
Chien kabyle et arabe.	102	— —
— sloughi.	101	— —
— des Pyrénées.	100	— —
— épagneul.	100	— —
— de Saint-Germain..	97	— —
Basset à jambes torses.	96	— —
Chien mouton.	82	— —
— de toucheur.	82	— —
Petit boule-dogue.	80	— —
Griffon.	79	— —
Caniche.	79	— —
Bull-terrier.	78	— —
Roquet.	76	— —
Lévrier d'Italie.	75	— —
Loulou.	67	— —
Chien nu de Chine.	58	— —
Kings'Charles.	54	— —
Bichon.	51	— —
Petit bull anglais.	45	— —
Havanais.	43	— —

De toutes les espèces domestiques, celle du chien présente les écarts crâniens les plus considérables ; ils vont de 128 à 42, soit la proportion 3,15 : 1 et ils sont l'image des différences de volume et de taille que présentent les races canines. Les groupes à grande et à petite capacités sont les plus fixes; ceux compris entre 100 et 60 centimètres cubes présentent les plus fortes différences.

Léporides.

RACES CUNICULINES

Race grise ordinaire.	10	centimètres cubes.
— russe.	7,5	— —
Léporides.	9	— —

L'écart entre les deux seules races dont la moyenne ait été prise n'équivaut qu'à 1,33 : 1.

On voit immédiatement à la lecture des chiffres ci-dessus que, *d'une façon générale, dans une même espèce domestique, la capacité crânienne moyenne et absolue des races est proportionnelle à la masse des sujets qui les constituent.* L'étalon boulonnais, le baudet du Poitou, le taureau vendéen, le mérinos du Châtillonnais, le verrat craonnais et le chien mâtin sont les représentants des plus fortes races de leur espèce, tandis que le cheval corse, l'âne saharien, le bœuf africain, le mouton de l'Auvergne et de l'Attique, le porc de l'Indo-Chine, le chien havanais et le lapin russe appartiennent aux plus petites.

Dans chaque groupe spécifique, quelques races forment exception à la loi qui vient d'être formulée, leur capacité cérébrale n'est pas proportionnelle à la masse, elle s'en écarte soit par excès, soit par défaut. Les races hollandaise et de Durham dans l'espèce bovine et la race de Dishley dans l'espèce ovine ont une capacité qui n'est pas en rapport, par défaut, avec la masse et toutes les petites races de chiens à tête ronde présentent l'inverse.

B. *Capacité crânienne relative.* — L'étude de la capacité crânienne croît en intérêt lorsqu'on compare cette capacité au reste de l'organisme dont elle fait partie.

Mais dès le début, une difficulté se dresse devant l'observateur. A quoi la comparer? En anthropologie, on s'est servi sans inconvénient de la taille parce qu'elle exprime correctement le développement du système osseux de l'homme. En zootechnie, la façon de prendre la taille des animaux ne donne pas ce renseignement complet, aussi n'est-elle pas aussi bien indiquée. Faut-il s'en rapporter au poids vif? Comme il correspond à la masse du sujet, on l'utilise tout en reconnaissant qu'il varie beaucoup suivant l'état d'embonpoint, la gestation, etc., et que ces variations sont particulièrement très marquées sur les animaux de boucherie.

Le mieux serait évidemment de comparer la capacité crânienne au poids du squelette, mais il n'est pas toujours possible de se procurer le cadavre entier des animaux, surtout ceux des races précoces qui, vendus à la boucherie, représentent une valeur élevée. Pour tourner la difficulté, nous nous sommes rallié à la proposition faite, en anthropologie, par M. Manouvrier[1] de la rapporter au poids du fémur. Prendre cet os comme type du squelette est rationnel, en raison du rôle important qu'il joue dans la locomotion, et les ressources d'un laboratoire permettent toujours de se procurer la tête et le fémur d'un animal de race précieuse.

---

[1] Manouvrier, *Sur la valeur de la taille et du poids du corps comme terme de comparaison entre la masse de l'encéphale et la masse du corps* (*Comptes rendus de l'Association française pour l'avancement des sciences*, session de La Rochelle).

Pour rendre les comparaisons plus faciles, la capacité a été rapportée dans chaque race à 100 kilogrammes de poids vif.

Chevaux et Anes.

	Capacité crânienne. cc.	Poids vif. kg.	Capacité pour 100 kg. de poids vif. cc.
Cheval gros belge.	805	1040	77
— percheron.	720	520	138
— barbe.	690	391	178
— camargue.	585	320	182
— corse.	510	100	510
Ane du Poitou.	586	251	233

Taureaux.

	Capacité crânienne. cc.	Poids vif. kg.	Capacité pour 100 kg. de poids vif. cc.
Taureau fribourgeois.	706	764	93
— normand-fribourgeois.	695	745	93
— schwytz.	616	700	88
— breton.	593	540	109
— hollandais.	588	812	72
— tarentais.	594	640	92
— nivernais.	561	800	70

Béliers.

	Capacité crânienne. cc.	Poids vif. kg.	Capacité pour 100 kg. de poids vif. cc.
Bélier mérinos du Châtillonnais.	158	85	185
— bergamasque.	135	59	229
— southdown.	127	70	181
— dishley.	115	74	155
— de Sahune.	107	41	260
— auvergnat.	100	31	322

Verrats.

	Capacité crânienne. cc.	Poids vif. kg.	Capacité pour 100 kg. de poids vif. cc.
Verrat craonnais.	174	240	72
— breton.	170	171	99
— yorkshire.	154	260	59
— berkshire.	150	225	67

Chiens.

	Capacité crânienne. cc.	Poids vif. kg.	Capacité pour 100 kg. de poids vif. cc.
Chien terre-neuve.	114	51	215
— pyrénéen.	97	21	461
— mouton.	88	16	560
— chinois nu.	52	4,500	1155
— havanais.	50	2,500	2500

Lapins.

	Capacité crânienne. cc.	Poids vif. kg.	Capacité pour 100 kg. de poids vif. cc.
Lapin gris ordinaire.	10	4	250
— russe.	7,5	1,640	457

Il ressort de ces documents que les espèces domestiques se classent de la façon suivante quant à leur capacité crânienne relative : chiens, lapins, ânes, chevaux, moutons, bœufs et porcs.

Il y a parfois plus de distance entre la capacité relative de deux sujets d'une même espèce, mais de races différentes, qu'entre deux animaux d'espèces différentes. D'où la conclusion que *le volume du cerveau est un mauvais caractère zoologique et spécifique, mais il en est un meilleur zootechnique et ethnique.*

Le mode de répartition de la capacité crânienne suivant les races apparaît plus nettement si l'on examine d'abord le groupe des animaux domestiques non comestibles, chevaux, ânes et chiens, dont le poids normal a été moins troublé par l'intervention des procédés zootechniques mis en œuvre pour pousser à la précocité. En s'en tenant à ces groupes, on voit immédiatement de la façon la plus claire et la moins contestable que *la capacité cérébrale relative est plus élevée dans les petites races et sous-races que dans les grandes.*

Lorsqu'on envisage le groupe des animaux comestibles, la loi précitée est également applicable aux races peu ou pas perfectionnées pour la boucherie. C'est ainsi que le grand taureau de Fribourg a, relativement à son poids, une capacité cérébrale moindre que le petit breton, qu'il en est de même du gros bélier mérinos comparé au petit auvergnat, de l'énorme verrat craonnais comparé au breton.

Lorsqu'on se trouve en face des animaux poussés à la précocité, le pourcentage s'abaisse énormément. Leur capacité crânienne absolue n'est nullement en rapport avec leur poids vif, parce que la tête elle-même est peu développée et participe à la réduction de tout le squelette. Pour avoir des renseignements sur leur capacité relative, on prendra le poids du fémur comme terme de comparaison et l'espèce ovine comme sujet d'étude :

	Capacité crânienne absolue.	Poids du fémur.	Capacité crânienne pour 100 gr. de fémur.
	cc.	gr.	cc.
Bélier mérinos.	145	133	109
— dishley.	106	130	81,53
— southdown.	125	134	93,28
— barbarin	120	74	142,85

On voit de suite que, sur les animaux précoces, le rapport du poids du fémur et par conséquent le poids du squelette est plus élevé proportionnellement à la capacité crânienne que dans les races moins perfectionnées ou, en d'autres termes, que *le perfectionnement d'une race en vue de la boucherie abaisse sa capacité crânienne relative,* tandis que la condition inverse l'élève.

IV. DE LA MASSE ENCÉPHALIQUE

Les notions précédentes permettront d'être relativement bref au sujet de la masse encéphalique. En effet, la connaissance de la capacité crânienne renseigne sur l'encéphale; étant donné une tête quelconque, il est facile d'en extraire et d'en peser le cerveau, puis d'en cuber la capacité. Ce travail, exécuté un certain nombre de fois, permet d'établir un rapport entre les deux valeurs et d'obtenir un coefficient par lequel il suffit de multiplier l'un des deux termes pour avoir l'autre.

M. Manouvrier a montré que, en multipliant la capacité du crâne humain par 0,87, on obtient le poids de l'encéphale. Nous avons fait, comparativement sur les diverses espèces, de nombreux cubages et des pesées, afin de voir si ce chiffre est utilisable en zootechnie. Il est trop faible pour les animaux domestiques et un coefficient unique ne peut être adopté pour toutes les espèces.

D'après nos observations,

Pour le cheval et le bœuf, il doit être de. 0,89
— le mouton, la chèvre, le porc et les chiens 0,93
— les très petits animaux, chats, lapins. 0,97

La progression qui se manifeste au fur et à mesure qu'on descend vers les capacités les plus faibles est à noter. Faut-il attribuer quelque influence à une différence de densité de la masse cérébrale, étant donné que le nombre et la profondeur des circonvolutions sont variables d'une espèce à l'autre ? C'est possible, mais la cause principale de la progression signalée tient au tassement des plombs qui se fait mieux dans un crâne volumineux où les grains se pressent réciproquement que dans un petit.

De même que la capacité crânienne, le poids de l'encéphale va être examiné dans un assez grand nombre de races de chaque espèce domestique, afin que l'influence ethnique se dessine suffisamment dans l'esprit du lecteur.

A. *Du poids absolu de l'encéphale suivant les races.* — Comme les enveloppes pourraient introduire un élément de trouble dans les pesées, on s'est toujours adressé à l'organe dépouillé. Pour écarter toute influence sexuelle, on ne compare ici que des mâles :

Chevaux.

	POIDS DE L'ENCÉPHALE
Race boulonnaise.	730 grammes
— bretonne.	727 —
— belge.	727 —
— flamande.	694 —

POIDS DE L'ENCÉPHALE

Race normande.	680	grammes
— anglaise de course.	671	—
— percheronne.	644	—
— comtoise.	641	—
— des trotteurs d'Orloff.	621	—
— barbe.	613	—
— arabe.	598	—
— camargue.	529	—
— corse..	453	—
— annamite.	394	—

Le maximum de poids de l'encéphale rencontré par nous dans l'espèce chevaline fut de 759 grammes; le plus élevé qui ait été signalé à notre connaissance est de 856 grammes (Broca et Chudzinski).

Anes et Mulets.

Race du Poitou.	521	grammes
— de Syrie et d'Égypte.	404	—
— du midi de la France.	385	—
— du Sahara.	319	—
Mulet du Poitou.	519	—
— du midi de la France.	434	—
Bardot.	509	—

Taureaux.

Race vendéenne.	701	grammes
— fribourgeoise.	635	—
— de la Plata.	621	—
Métis normand-fribourgeois.	618	—
Variété du Mézenc.	581	—
Race de Schwitz.	574	—
— auvergnate (v. de Salers).	571	—
— garonnaise.	566	—
— charolaise.	544	—
— des Romagnes.	544	—
— normande.	535	—
— flamande.	534	—
— bretonne.	528	—
— hollandaise.	523	—
— de Minas-Grandes (Brésil).	521	—
— tarentaise.	516	—
— nivernaise.	499	—
— de Durham.	489	—
— bressane.	489	—
— d'Ayr.	480	—
— zébu ou bœuf à bosse.	435	—
— africaine.	384	—

Béliers.

Race mérinos.	s.-r. du Châtillonnais.	141	grammes
	— commune.	123	—
— solognote (grande variété du Loiret).		132	—
— bergamasque.		124	—
— southdown.		118	—

Race barbarine.. . . . . 113 grammes
— de Larzac. . . . . 111 —
— du Monténégro et de l'Herzégovine. . . . . 108 —
— de Dishley. . . . . 107 —
— d'Usbeck-Koi (du Caucase). . . . . . . 102 —
— berrichone. . . . . 102 —
— limousine. . . . . 102 —
— de Millery. . . . . 100 —
— de Sahune. . . . . 100 —
— auvergnate (v. des ravins). . . . . . 91 —
— de Suez et Arabie. . . . . 91 —
— de Grèce. . . . . 89 —

Boucs.

Race du Mont-d'Or. . . . . 147 grammes
— de Cachemyr. . . . . 139 —
— d'Angora. . . . . 137 —

Verrats.

Race craonnaise. . . . . 164 grammes
— bretonne. . . . . 159 —
— d'Yorkshire (grande variété). . . . . . 142 —
— napolitaine.. . . . . 142 —
— de Berkshire. . . . . 139 —
— d'Essex. . . . . 124 —

Chiens.

Mâtins. . . . . 107 grammes
Terre-Neuve. . . . . 100 —
Danois. . . . . 100 —
Dogues de garde.. . . . . 100 —
Braques. . . . . 95 —
Chiens kabyles et arabes. . . . . 95 —
Lévriers-sloughis. . . . . 94 —
Chiens des Pyrénées. . . . . 93 —
— épagneuls. . . . . 93 —
— de Saint-Germain. . . . . 90 —
Bassets à jambes torses. . . . . 89 —
Chien mouton. . . . . 76 —
— de toucheur. . . . . 76 —
Petits boule-dogues. . . . . 74 —
Griffons. . . . . 73 —
Caniches. . . . . 73 —
Bull-terrier. . . . . 72 —
Roquets. . . . . 71 —
Lévriers d'Italie. . . . . 70 —
Loulou. . . . . 62 —
Chien nu de Chine. . . . . 54 —
Kings' Charles. . . . . 50 —
Bichons. . . . . 47 —
Petit terrier anglais. . . . . 40 —
Havanais. . . . . 39 —

Lapins et Léporides.

Race grise ordinaire. 9,07
— russe. 7,27
Léporide. 8,73

A titre complémentaire, nous inscrivons ici le poids de l'encéphale de quelques autres animaux :

Éléphant.	4.895$^{gr.}$ »
Dromadaire.	507 »
Alpaca.	184 »
Autruche.	30,59
Oie.	7,65
Perroquet.	4,30
Pie.	4,20
Poule.	2 »

Le poids absolu de l'encéphale est, comme la capacité crânienne et d'une façon générale, proportionnel à la masse des animaux.

En anthropologie, l'influence de la taille sur le poids de l'encéphale humain a été mise en évidence par plusieurs auteurs. On a montré qu'entre les tailles extrêmes de 1^m,57 et 1^m,73, présentant un écart de 0^m,169, la différence de poids cérébral est de 133 grammes, ce qui fait environ 50 grammes d'encéphale par différence de 10 centimètres.

Le lecteur qui aura bien voulu suivre le poids de l'encéphale dans les races d'une même espèce domestique, n'aura pas manqué d'être frappé des écarts considérables qu'accusent les pesées. Ils paraissent surtout élevés quand on envisage les espèces à encéphale volumineux ; ils ne le sont pas moins dans les petites quand on les ramène à 100. Leur étendue amène à dire que donner un chiffre moyen pour le poids du cerveau dans une espèce domestique est un procédé inacceptable en zootechnie, parce que ce chiffre ne répond qu'à une abstraction.

Voici les différences brutes entre les moyennes maxima et minima présentées par chacune des espèces domestiques, ainsi que la différence calculée pour 100 :

	DIFFÉRENCE BRUTE	DIFFÉRENCE POUR 100
Espèce chevaline.	336 grammes	46 »
— asine.	202 —	38,77
— bovine.	317 —	45,21
— ovine.	52 —	36,87
— porcine.	69 —	42,07
— canine.	80 —	67,22
— cuniculine.	2,43	25,05

La comparaison de ces chiffres avec ceux fournis par les races humaines suggère les réflexions qui suivent :

1° Dans une même race humaine les différences *individuelles* sont beaucoup plus étendues que dans une quelconque des races animales domestiques. Ainsi on voit les oscillations aller de 1829 grammes, poids du cerveau de Cuvier, à près de 1000 grammes dans la race blanche. Mais la limite au-dessous de laquelle l'homme est nécessairement imbécile ou idiot est impossible à préciser, car elle dépend certainement de la stature.

Dans les races animales jamais on ne voit, proportionnellement, d'écarts aussi forts; elles sont, sous ce rapport, plus homogènes que les races humaines. D'ailleurs, ces oscillations tiennent à la fois aux variations de poids et de taille qui, dans une race humaine quelconque, sont très étendues, et peut-être au travail cérébral dont il n'y a pas à se préoccuper en zootechnie.

2° Les différences de race humaine à race humaine n'ont pas l'amplitude que nous observons sur les races animales. Entre la race jaune qui occupe le premier rang avec une moyenne de 1430 grammes d'encéphale, la blanche avec 1420 et la négresse avec 1330, on ne trouve que 100 grammes d'écart, soit 7 pour 100. Par la masse de leur encéphale, les groupes humains s'éloignent moins les uns des autres que les groupes ethniques domestiques.

3° Dans une même espèce, les variations en poids de l'encéphale peuvent être plus étendues que celles qu'on remarque entre deux espèces voisines. Entre le groupe des chevaux de trait et celui des petits chevaux, les différences sont plus grandes qu'entre ceux-ci et les ânes ; la même chose se présente pour le bœuf vendéen ou fribourgeois comparé au bœuf de Durham ou d'Ayr d'une part, et à l'aurochs d'autre part, pour les grands moutons comparés aux petits et aux chèvres, pour les porcs craonnais comparés aux berkshires et aux sangliers. Le groupe des chiens offre surtout le disparate le plus frappant et le mâtin est plus près, par son encéphale, du loup que du havanais ou du petit terrier.

Il existe entre l'espèce humaine et les espèces simiennes qui s'en rapprochent le plus un écart énorme qu'aucune des races humaines, même les plus dégradées, ne parvient à atténuer sensiblement.

Ainsi la moyenne du poids de l'encéphale humain
est de. . . . . 1.358 grammes
Tandis que celle du gorille est de. . . . . . 420 — (Broca)
  —   de l'orang.. . . . . . . 365 —
  —   du chimpanzé. . . . . . 387 —
L'écart dépasse donc 900 grammes.

Aussi comprend-on que, en présence d'une pareille différence, la masse cérébrale ait pu être considérée par quelques anthropologistes comme un caractère spécifique et qu'ils lui aient accordé plus de valeur qu'à un caractère ethnique.

On ne peut, en zootechnie, souscrire à cette manière de voir ; pas plus que la masse d'un animal ne peut servir à une distinction d'espèce, pas plus la masse cérébrale ou la cavité qui la contient ne peuvent être utilisées dans ce but.

On s'en sert comme caractère ethnique en le combinant avec d'autres particularités qui l'éclairent et qu'il fortifie à son tour. Seul, il est insuffisant puisqu'il rapproche des groupes relativement éloignés par d'autres particularités et que, dans une race, la femelle peut avoir la capacité cérébrale du mâle d'une autre race.

La race cause-t-elle des variations pondérales dans chacune des parties constituantes de l'encéphale, hémisphères, cervelet et isthme ? La réponse a été poursuivie sur des brebis, voici les résultats obtenus :

RACES	POIDS VIF	POIDS DES HÉMISPHÈRES	POIDS DU CERVELET	POIDS DE L'ISTHME	POIDS TOTAL DE L'ENCÉPHALE
Mérinos châtil. .	40 kg.	99 gr.	10 gr.	18 gr.	127 gr
— ordin. .	25	77	11	17	105
Dishley. . . .	40	74	11	16	101
Southdown. . .	27	65	11	19	95
Solognote. . .	28	70	11,5	17	98,5
Auvergnate. . .	26	69	11	20	100

Il est à peine besoin de faire remarquer que les variations portent particulièrement sur les hémisphères, le cervelet ne varie que dans des limites très faibles et qui semblent soustraites à l'influence ethnique. Celles de l'isthme ont également peu d'amplitude. Les observations faites sur des chiens par M. Colin déposent dans le même sens, malgré que ces animaux soient plus différenciés dans leurs races que les moutons. Il semble pourtant que dans le groupe des mâtins la masse des hémisphères est moins forte, proportionnellement à celle du cervelet, que dans celui des chiens à tête globuleuse, tandis que dans l'espèce ovine qui nous a fourni des sujets de recherches, le groupe des races à hémisphère volumineux a plus de masse, proportionnellement au cervelet, que les petites, puisque celui-ci varie à peine, mais il faudrait des observations plus nombreuses pour conclure.

Avant de quitter ce qui se rapporte au poids de l'encéphale, rappelons qu'en anthropologie la pesée des hémisphères a été faite séparément. On a vu qu'en général l'hémisphère droit de l'homme est un peu plus lourd que le gauche[1] d'un gramme en moyenne et souvent davantage; chez la femme, l'écart est plus faible et il y a tendance à l'égalité.

En décomposant chaque hémisphère, on a trouvé que le lobe occipital et le temporo-pariétal droits sont plus lourds que leurs homologues de gauche, tandis que le lobe frontal gauche est plus lourd que le droit.

Cette inégalité dans le cerveau qui peut, à la rigueur, être considéré comme un organe double, n'a rien qui puisse surprendre ; la symétrie absolue est rare en anatomie et pour des organes très homologues, les différences sont la règle.

B. *Modifications morphologiques de l'encéphale d'après la race.* — Après l'étude de la quantité de l'encéphale, sa morphologie doit arrêter l'observateur. Les mémoires de Broca, de Ferrier, des aliénistes et des criminalistes, ont donné une vive impulsion à l'étude des circonvolutions

[1] Rey, *Revue d'anthropologie*, 1885, page 387.

cérébrales. Un grand intérêt s'attache aux travaux de ce genre, surtout depuis la découverte du siège des formes de l'aphasie et des autres localisations cérébrales.

Quoique moins passionnantes quand il s'agit des animaux, des recherches analogues ne seraient pas dépourvues d'intérêt et peut-être en ferait-on jaillir quelques notions importantes de psychologie comparée. Mais la morphologie cérébrale n'a pas été aussi profondément fouillée en anatomie comparée qu'en anthropotomie.

La race a-t-elle quelque influence sur le nombre, l'étendue, la forme des circonvolutions cérébrales? Le caractère farouche de quelques races comparé au tempérament tranquille et placide de groupes de même espèce se traduit-il anatomiquement par quelque détail morphologique? On a remarqué sur le cerveau des malfaiteurs des circonvolutions peu profondes, asymétriques, avec dédoublement de la deuxième frontale, quelquefois on a vu des adhérences étendues. Il serait bon que l'attention se portât, pour les bêtes, sur ces sortes de recherches; déjà M. Moussu examinant la tête d'un cheval presque inabordable a trouvé un arrêt de développement de la paroi crânienne gauche qui avait pour conséquence de forcer la dure-mère à se mettre en rapport avec le crotaphite[1].

La seule étude consacrée, à ma connaissance, aux modifications de la forme générale du cerveau par influence ethnique, a porté sur les races canines; elle est due à M. Lesbre[2] qui s'exprime de la façon suivante:

« Relativement à la forme générale du cerveau, les différences constatées sont commandées par celles du crâne; ainsi tantôt le cerveau est aplati de dessus en dessous, effilé en avant, chaque hémisphère ayant la forme d'un cône, tantôt il est globuleux, très convexe sur sa face supérieure, presque aussi large en avant qu'en arrière. Dans le premier cas, la ligne de contact ou de tangence avec le cervelet (l'encéphale étant examiné de profil) est très oblique en avant et en bas, tandis que dans le second cas cette ligne se rapproche de la verticale.

« Quant au nombre et à la disposition des circonvolutions, la seule différence que nous ayons constatée a trait au lobe frontal qui occupe, comme l'a indiqué Broca, l'extrémité antérieure de l'hémisphère, tout le reste appartenant au lobe pariétal ou au grand lobe limbique. Ce lobe frontal a la forme d'une pyramide triangulaire, allongée en avant, déprimée d'un côté à l'autre chez le chien ordinaire, tandis qu'il est aplati d'avant en arrière, refoulé sous le gyrus sygmoïde chez le chien à crâne sphéroïdal, de telle sorte que le cerveau de ceux-ci a une apparence tronquée en avant. »

---

[1] Moussu, Arrêt de développement d'une partie de la paroi crânienne du côté gauche chez le cheval (*Bulletin de la Société centrale vétérinaire*, 1887).

[2] Lesbre, Étude sur le crâne et l'encéphale du chien (*Bulletin de la Société d'anthropologie de Lyon*, 1883).

Une autre modification de morphologie cérébrale se voit sur les races gallines à huppe. La partie antéro-supérieure du cerveau fait hernie dans la cavité spéciale formée par la voûte crânienne qui sert de base aux plumes de la huppe, elle la remplit et change ainsi la forme habituelle du cerveau des gallinacés (fig. 113 et 114).

Fig. 113. — Coupe du crâne du Coq commun.   Fig. 114. — Coupe du crâne du Coq hollandais.

Section III. — De la tête en général et des rapports du crâne et de la face.

Après avoir envisagé isolément le crâne et la face, on doit examiner la tête dans son ensemble et dégager les rapports de ses deux parties constituantes.

On sait déjà que, en raison de la solidarité organique, elles sont généralement de même type, étirées, brèves ou de moyennes dimensions l'une et l'autre; lorsque l'une se modifie, l'autre éprouve des changements de même sens. On suit très bien ce parallélisme sur la race mérinos qui possède des tribus très cornues et d'autres désarmées; pour supporter les cornes chez les premières, le crâne s'élargit et la face en fait autant, il en résulte que l'indice facial s'élève notablement. On peut en juger, d'ailleurs, par les chiffres suivants :

	INDICE FACIAL
Bélier mérinos à cornes.	75,15
— sans cornes.	62,43

Il arrive pourtant que les modifications faciales et crâniennes sont indépendantes. Sur le bœuf, dont la face s'est allongée à la suite de la castration, le crâne n'a pas suivi l'élongation, il s'est plutôt modifié dans sa partie supéro-postérieure.

Cette solidarité impose l'examen de la tête dans son ensemble; on doit voir si elle est allongée, courte ou moyenne et si elle est bien en rapport avec le reste du corps.

On en précisera davantage les proportions par des mensurations et on en exprimera l'indice. Littéralement, c'est bien à cet indice que devrait être réservé le nom de céphalique, puisque celui qui est ainsi qualifié en anthropologie est purement crânien, mais l'usage ayant prévalu, pour rester correct et éviter en même temps toute confusion, nous désignons sous le nom d'*indice céphalique total* le rapport de la largeur maximum de la tête entière à sa longueur ramenée à 100.

La largeur maximum correspond à l'intervalle bi-zygomatique sur le bœuf, le mouton et le porc, et au bi-malaire sur les Équidés. La véritable longueur de la tête devrait partir de la partie postéro-supérieure, nuque et chignon, et aboutir au bord antérieur de l'os incisif. Cette mesure, difficile à prendre sur la plupart des espèces, est impossible à obtenir avec exactitude sur le mouton où la partie postérieure de la tête est tirée en contre-bas et sur le porc où elle est ramenée en avant ; aussi le trou auriculaire a-t-il été choisi comme repère postérieur. Si l'on craint que l'instrument ne soit rejeté par côté par le zygomatique, on introduit dans le conduit une tige rigide contre laquelle on appuie l'extrémité de la règle. Ce point de repère a le grand avantage de pouvoir être utilisé sur le vivant.

La mesure de la longueur totale de la tête a été critiquée sous le pré-texte que deux sujets de races différentes peuvent avoir la même longueur céphalique, encore bien que l'un ait le crâne allongé et la face courte et l'autre la disposition inverse. A cela, on répondra d'abord que l'inversion dans la disposition des deux parties constituantes est rare, ensuite que l'indice céphalique total n'est point présenté comme un caractère domi-nateur et suffisant à lui seul pour baser une classification ethnologique,

FIG. 115. — Exemple
de tête allongée.

mais comme une particularité qui vient s'encadrer au milieu d'autres et leur apporter son contingent. Ainsi entendue, elle a son utilité. On ne peut nier, par exemple, qu'il est des groupes dont la longueur ou la brièveté de la tête ne comptent au nombre de leurs signes distinctifs. Le cheval comtois, la vache hollandaise, la brebis de Larzac, le porc craonnais, le chien lévrier (fig. 115) ont la tête longue et l'indice céphalique total peu élevé, tandis que le cheval arabe, la vache cottentine, le mouton southdown, le porc d'Essex et le chien boule-dogue l'ayant courte, leur indice céphalique est élevé.

La façon dont le crâne s'unit à la face mérite examen.

Il y a le plus souvent, au point de jonction des sus-nasaux avec les fron-taux, continuité directe ; parfois une dépression caractéristique s'y ren-contre. L'angle formé par la face et le crâne est surtout à considérer, mais l'intérêt qu'il présente et l'utilité qu'il a dans la diagnose ethnique varient suivant les espèces. Les races porcines sont les plus différenciées de ce côté et un coup d'œil jeté sur la figure 116 indique combien l'angle crânio-facial est différent. Après le porc, le chien montre quelques diffé-rences, tandis que les autres espèces en présentent de moins accentuées.

Il y a longtemps que, pour l'espèce humaine, on a cherché à apprécier les rapports volumétriques de la face et du crâne et, pour y arriver, indépendamment de la comparaison directe des aires de chacune de ces régions, on a eu recours à l'*angle facial*. On croit encore dans le public que cet angle, appliqué à l'étude des races humaines, est un criterium de leur valeur intellectuelle, qu'il établit une démarcation d'une netteté incomparable entre l'homme et les primates et qu'il peut servir à la gradation dans la série des vertébrés. On lui donne une signification à la fois artistique et psychique ; elle est loin d'être justifiée par l'exactitude des renseignements obtenus.

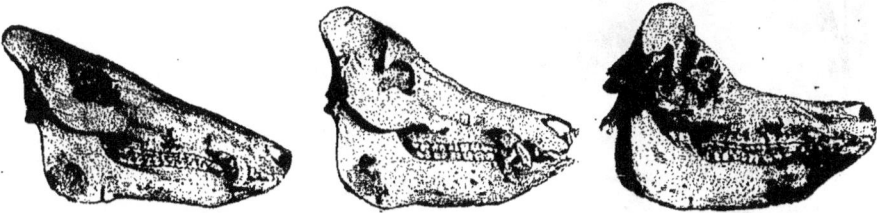

Fig. 116. — Rapports angulaires du crâne et de la face dans les Suidés.

Nous avons seulement à examiner si l'angle facial peut fournir quelques apports à la diagnose des races animales.

Camper est le premier qui ait eu l'idée de l'angle facial. Préoccupé surtout de donner aux artistes un moyen d'être plus exacts dans la figuration des têtes humaines et de faire ressortir les particularités qui dépendent de la race, il rechercha l'angle que fait la ligne générale supérieure du visage avec l'horizon et il adopta comme horizontale une ligne partant du conduit auriculaire et aboutissant au bord inférieur des narines et, comme verticale, une tangente aux incisives et au front. Cet angle est généralement désigné sous le nom d'angle de Camper.

A l'essai, Cuvier et Geoffroy Saint-Hilaire jugèrent qu'il était plus commode et plus rationnel de placer le sommet de cet angle à un point fixe et ils adoptèrent le bord libre des incisives.

Cloquet ayant constaté que l'angle de Cuvier et Geoffroy n'était pas utilisable sur la plupart des pièces fossiles où manquent les dents incisives, transporta son sommet au bord alvéolaire de l'os incisif (fig. 117 et 118).

D'autres modifications ont été apportées, notamment par Colin, à la façon de comprendre l'angle facial ; elles ont porté sur l'extrémité de la ligne faciale et sur le plan par lequel on a fait passer l'horizontale (fig. 119 et 120).

L'absence d'incisives supérieures dans tout l'ordre des Ruminants ferait une obligation, en zootechnie, de suivre Cloquet pour la position du sommet de l'angle facial. Mais en raison de la diversité de la forme de la tête des animaux, des sinus qui entourent la calotte crânienne et en masquent les contours, le point où doit s'arrêter la tangente faciale n'est pas facile à déterminer; il nous semble que la fixité des repères devant l'emporter sur toute autre considération, la ligne que nous avons indiquée comme formant la limite du crâne et de la face devrait être ce point.

Nous n'insisterons pas davantage, car, à l'usage, l'angle facial ne nous a pas été utile pour la diagnose ethnique ; il existe des caractères supérieurs à celui-là pour l'établir, aussi l'abandonnons-nous.

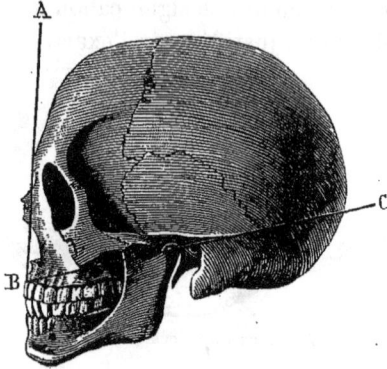

Fig. 117. — Angle facial, d'après Cloquet.

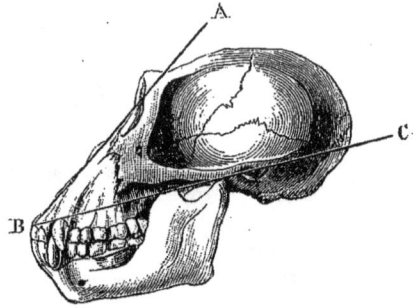

Fig. 118. — Angle facial, d'après Cloquet.

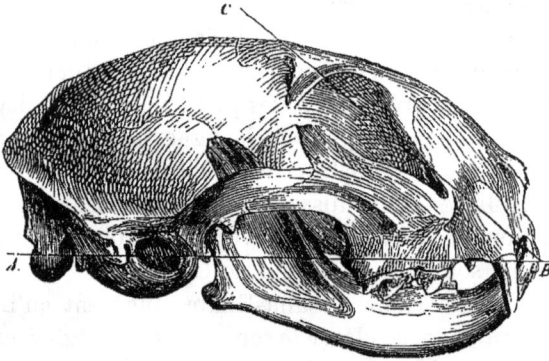

Fig. 119. — Angle facial, d'après Colin.

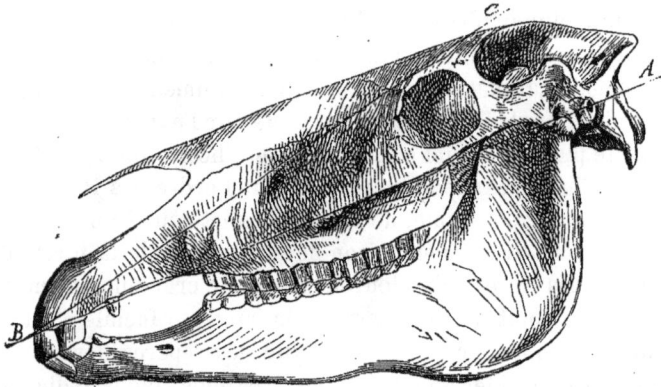

Fig. 120. — Angle facial, d'après Colin.

Section IV. — Caractères fournis par les organes des sens.

Outre les cornes, les crêtes et les huppes étudiées à propos des phanères, la tête supporte les organes des sens qui fournissent quelques moyens de distinguer les groupes subspécifiques. Les deux principaux à examiner sont les oreilles et les yeux.

I. OREILLES

Les oreilles des Équidés et des Bovidés présentent des différences trop peu accentuées pour être utilisées dans la distinction des groupes, elles ne montrent que des particularités individuelles qui renseignent sur l'énergie du cheval, son caractère et sur la qualité beurrière d'une vache. Celles des moutons, chèvres, porcs, chiens et lapins, fournissent, au contraire, des renseignements qu'on aurait grand tort de négliger, d'autant plus qu'ils frappent des premiers. Ils se tirent de leur absence, de leur direction et de leurs dimensions.

Dans toutes les espèces, on observe de l'asymétrie des oreilles, c'est un caractère individuel. Il en est de même de l'absence de l'une des conques auriculaires ou de son arrêt de développement ; ces anomalies sont relativement fréquentes dans l'espèce cuniculine ; on les rencontre aussi, quoique moins communément, sur le porc, le mouton et le chien. A la place de la conque, chez le lapin tout au moins où nous avons suivi cette anomalie, est implantée une touffe de poils au centre de laquelle existe une petite plaque ombiliquée percée d'une étroite ouverture remplie de cérumen.

L'*absence* congénitale des deux conques auriculaires est plus rare, elle n'est point inconnue cependant. On remarquera que, dans une espèce, ce sont les races où les oreilles sont devenues très longues et tombantes qui la présentent particulièrement. L'atrophie des muscles auriculaires qui se constate dans ces cas, agit comme amorce pour la disparition complète d'une ou des deux oreilles.

Comme la plupart des anomalies, celles-ci sont transmissibles ; mais, à part une tentative rapportée par Darwin d'après Anderson, on n'a pas jugé à propos de faire reproduire des animaux à une seule oreille et de créer ainsi une race, sans doute parce qu'elle n'aurait rien de flatteur pour l'œil.

Il existe une race ovine sans oreilles, elle est originaire de la Chine et appelée yung-ti ou encore prolifique. Les deux conques auriculaires font complètement défaut, ce qui donne à l'animal un cachet particulier (fig. 121). Ce caractère est très fixe.

La *direction* de l'oreille est un caractère ethnique aussi commode que précieux. La conque auriculaire est dressée, semi-ployée, dirigée en avant ou pendante et plaquée. Il arrive que les deux oreilles n'ont point la même direction, l'une étant dressée, l'autre tombante.

Tous les animaux sauvages ayant l'oreille dressée, on admet que, quand elle est pendante, cette disposition résulte de la domestication qui atrophie les muscles moteurs par défaut d'usage, les animaux domestiques n'ayant plus autant besoin que les sauvages de faire mouvoir leur conque auriculaire pour percevoir les bruits et se rendre compte des dangers qui peuvent les menacer.

Fig. 121. — Mouton de Chine sans oreilles.

Quoi qu'on pense là-dessus, il est des races caractérisées par l'oreille dressée : le mouton down, le porc de Siam, le chien spitz, le lapin russe en sont des types (fig. 122).

La conque auriculaire semi-ployée caractérise le lévrier du Turquestan et la levrette (fig. 122).

Elle est dirigée en avant de façon à faire une sorte d'avant-toit au-dessus de l'œil chez le porc napolitain.

Elle est tombante chez le mouton bergamasque, la chèvre africaine, le porc craonnais, le chien épagneul et le lapin bélier (fig. 122).

Les lapins demi-lopes offrent l'exemple d'animaux dont une oreille est relevée et l'autre pendante.

Les *dimensions* des oreilles sont généralement en rapport avec leur direction : petites lorsqu'elles sont relevées, elles sont larges si elles sont pendantes et de dimensions moyennes quand elles sont dirigées en avant. Ce même rapport se remarque pour la quantité de poils dont la conque auriculaire est garnie intérieurement, elle est minime quand celle-ci est

Fɪɢ. 122. — Dispositions principales des oreilles dans les espèces du Chien, du Porc et du Lapin.

pendante et plus ou moins considérable lorsqu'elle est dressée. Son abondance semble rappeler la condition sauvage et implique la rusticité de la race.

Nous insistons sur la commodité du caractère fourni par les oreilles ; elle est telle que parfois on l'a employé seul pour la distinction des groupes ethniques. Leurs dimensions ont été utilisées avantageusement dans l'établissement des divisions subethniques : ainsi les oreilles des porcs craonnais et augerons sont très pendantes, mais les premiers les ont plus larges que les seconds ; les oreilles pendantes de l'épagneul et du basset sont plus larges que celles du braque et du Saint-Germain, etc.

Indépendamment de son application à la diagnose ethnique, le port des oreilles est un caractère conventionnel auquel les amateurs attachent de l'importance ; suivant qu'un chien est bien ou mal coiffé, son prix s'élève ou s'abaisse, et les mêmes conventions ont cours à propos des lapins de luxe.

L'oreille est marquée simplement dans les oiseaux par un pertuis que protègent quelques plumes soyeuses. Parfois autour de ce pertuis siègent quelques particularités ; on a déjà signalé l'oreillon à l'attention de l'observateur. Absent sur les races à huppe, il est remplacé dans celle de Padoue par une petite touffe de plumes, appelée *bouquet* par les gallinoculteurs, qui est pour eux un signe de beauté et de pureté de race.

Si au lieu de se placer à un point de vue conventionnel dans l'appréciation des oreilles, on n'envisageait que le côté utilitaire, on serait d'avis que les oreilles trop longues et trop tombantes sont plutôt une défectuosité qu'une beauté. Dans la race porcine craonnaise, elles arrivent à gêner la vue, rendent les sujets qui en sont porteurs très maladroits quand ils ont à se diriger dans des champs coupés de fossés ou dans les forêts. L'oreille trop pendante du chien se blesse, se meurtrit et les plaies qui en résultent sont d'une guérison difficile en raison du ballottement et des secousses contre la tête. Sur le lapin, elle est souvent envahie par des parasites qui finissent par amener des désordres graves et causent parfois la mort.

Pour toutes ces raisons, des oreilles à conque auriculaire peu développée devraient toujours être préférées si d'autres motifs n'intervenaient point.

II. YEUX

On a tiré, pour la distinction des races humaines, un bon parti des renseignements fournis par l'appareil de la vision parce que ses caractères sont nets ; leur appoint est maigre en ethnologie animale. De courtes observations sur l'organe essentiel de la vision et ses parties accessoires vont le prouver.

A. *Globe oculaire.* — Examiné quant à sa situation dans l'orbite, le globe oculaire offre des variations qui sont considérées comme d'ordre individuel : l'œil à fleur de tête ou l'œil enfoncé caractérisent des individus et non des collectivités. A notre connaissance une seule race, celle de Jersey, présente une procidence de l'œil d'une façon suffisamment tranchée, gé- nérale et constante, pour qu'on puisse l'inscrire au nombre des carac- tères ethniques. On remarquera qu'une tête courte comporte des yeux procidents, tandis qu'ils sont enfoncés sur une tête allongée ; le cheval arabe opposé au comtois, la vache shorthorn comparée à la hollandaise, le chien dogue mis en regard du mâtin ou du pointer le démontrent.

Relativement à leur direction, on ne voit que dans une espèce animale les variations du droit à l'oblique qui se remarquent sur l'homme. Il s'agit du chien et, chose étrange, c'est sur le levron de Chine qu'on observe l'obliquité qui caractérise si remarquablement les populations humaines de l'extrême Asie.

La couleur de l'œil est un excellent caractère anthropologique, usité non seulement pour la distinction ethnique mais encore dans l'observation des métis. Son utilité dérive surtout de ses rapports avec la coloration de la peau et des phanères. Sans délaisser complètement la coloration du fond de l'œil, on se préoccupe surtout de celle de l'iris qui est noire, foncée diversement, verte, marron, bleue et claire de toutes nuances. Broca avait établi un tableau chromatique où chaque nuance était représentée par un numéro ; les voyageurs n'avaient qu'à s'y reporter [1].

Nous avons recherché sur tous les animaux domestiques quelles ressources l'ethnologie pourrait retirer de l'observation de la cou- leur des yeux et nous concluons qu'elles sont à peu près nulles, sauf chez les Oiseaux. En effet, dans une même espèce, la coloration ne diffère dans les races que par des nuances peu tranchées, elle est identique, au fond, comme l'est la pigmentation de la peau et des phanères ; ces nuances, si peu accentuées, sont souvent communes à des races très éloignées.

Les chevaux ont l'iris brun jaunâtre, sauf quelques exceptions où il est gris très clair et constitue l'œil vairon. Les bœufs l'ont brun noirâtre, parfois avec reflets bleuâtres, les moutons brun noirâtre également, mais moins foncé ; il est jaunâtre sur les chiens, vert sur les chats et brun sur les lapins.

Sans parler des albinos, on trouve quelques exceptions ; il n'est pas rare de voir des chats à œil bleu, ils ont conservé la nuance des jeunes de leur espèce.

Dans leurs descriptions, les aviculteurs n'omettent point de signaler la couleur de l'iris. Celui des gallinacés est généralement rouge ; dans deux ou trois races, il est jaune. Celui des pigeons est de teintes plus variées.

---

[1] Broca, *Instructions anthropologiques générales*, 2ᵉ édition, Paris.

B. *Organes accessoires de l'appareil visuel.* — Le *sourcil*, indiqué chez le fœtus par un arc de poils bien apparents alors que le reste de la peau est encore nu ou à peu près, n'est pas très nettement marqué chez les animaux adultes et il n'aide au diagnostic que dans quelques races comme la jersyaise, où il est d'un gris qui tranche sur le ton des parties voisines; sur les chiens de Saint-Hubert et les terriers il forme une tache dite *de feu.*

Les productions particulières du pourtour de l'œil de quelques oiseaux ont été signalées antérieurement.

CHAPITRE IV

CARACTÈRES FOURNIS PAR LE TRONC ET LES MEMBRES

Bien que le tronc et les membres présentent plusieurs caractères indi-viduels et qu'ils soient plus facilement influencés par l'alimentation et le régime que la tête, ils fournissent néanmoins à l'ethnologie, par leurs formes et leurs dimensions, un contingent de renseignements dont il reste à s'occuper.

Section première. — Caractères morphologiques

En faisant au tronc l'application des principes émis à propos de l'indi-vidu et développés page 176, il y a lieu de l'examiner quant à ses dia-mètres et à ses surfaces.

Des races sont caractérisées par l'élongation du tronc qui est longi-ligne, d'autres sont trapues, ramassées, brévilignes (fig. 123) ; enfin, il en est dont la morphologie diamétrique est intermédiaire entre les deux précédentes elles sont médiolignes. Cette diversité s'ajoute aux rensei-gnements fournis par la tête.

Après l'examen des lignes vient celui des surfaces. Il est des races ou le plan rachidien est droit, d'autres où il est plus ou moins voussé en haut, d'autres où il est concave, et on en rencontre où il est incliné. Les deux moitiés qui constituent ce plan sont agencées suivant des styles divers dont la croupe des chevaux barbes, celles des percherons et des boulonnais, sont des types. Celle du barbe rappelle l'ogive, le plein

cintre se voit sur le percheron, tandis que celle du boulonnais est surbaissée.

Cette vue synthétique recueillie, on passera à l'examen des régions.

Fig. 123. — Type du Cheval trapu.

I. ENCOLURE ET APPENDICES

L'encolure doit être examinée dans ses dimensions et sa direction. Elle
est longue, brève ou moyenne, peu ou bien musclée. Sa longueur est
généralement en rapport avec celle du tronc proprement dit dans les
Équidés et les chiens. Il n'est pas rare d'avoir un développement inverse
sur les espèces comestibles, les bœufs durhams, les moutons shroop-
shiredowns et les porcs de Suffolk en sont des exemples. Sa musculature
est caractéristique dans quelques races : le cheval sarde, le bœuf hollandais, le mouton de Larzac ont une encolure peu fournie, tandis que
le cheval breton, le bœuf gascon et le mouton down l'ont bien musclée.

Elle se recourbe à des degrés divers de façon à être rouée ou en cou
de cygne dans les races chevalines boulonnaise et ardennaise. On l'exa-

mine avec soin dans les Oiseaux parce qu'elle varie davantage que dans
les Mammifères. Le pigeon boulant et le canard de Pékin ont le cou droit
et même un peu rejeté en arrière, ce qui leur donne un port particulier.

L'attention a été appelée sur ses appendices principaux, crinière, fanon
et cravate. On trouve au tiers supérieur du cou de quelques moutons
barbarins des *pendeloques* analogues à celles que portent quelques chèvres et parfois des porcs ; mais pas plus sur les moutons africains que
sur ces derniers animaux, ces appendices ne sont des caractères ethniques, car tous les sujets n'en ont pas.

Fig. 124. — Pigeon grosse-gorge.

Indépendamment des particularités que présentent les pigeons dans
l'agencement des plumes de leur cou, la race des grosses-gorges possède
un jabot très développé que les oiseaux gonflent d'air, d'où un aspect
caractéristique (fig. 124).

Le garrot, très varié dans sa disposition, car il peut être élevé,
maigre, tranchant, abaissé, large, peu développé, ne fournit pas de
caractères ethniques dans l'espèce chevaline, mais de simples variations

individuelles. Il est surmonté d'une loupe graisseuse dans le zébu ou bœuf à bosse ; dans la race grise des steppes il est proéminent, exhausse la taille et amène une différence qui peut aller jusqu'à 10 centimètres entre la mensuration prise à son sommet et celle qu'on obtient aux reins.

Le poitrail est le reflet de l'architecture générale du tronc; le développement de ses pectoraux et la providence de la partie antérieure du sternum sont à noter. Dans les races chevalines de gros trait, il est très ample et il atteint le maximum sur les boulonnais, tandis qu'il est étroit sur les petits chevaux du Midi. Son ampleur est commune à toutes les races bovines, ovines et porcines améliorées pour la boucherie ; parmi elles se détache d'une façon très caractéristique la race bovine de Durham dont le bréchet est très saillant. Ce caractère est très fixe et on le retrouve dans les métis.

La conformation de la poitrine a une grande importance pour l'appréciation individuelle. Il y a aussi quelques enseignements à en tirer pour l'ethnologie, mais elle ne peut guère s'apprécier autrement que par des mensurations ; on y reviendra plus loin.

Le dos, les lombes, le flanc et l'abdomen ne donnent que des caractères individuels. Quelques-unes de leurs particularités sont acquises et peu fixes; l'abdomen en particulier ne fournit aucune indication utile, car son volume et conséquemment sa forme, sont sous la dépendance de l'alimentation et du nombre des gestations.

Plus intéressantes sont les particularités de direction, de dimensions et de conformation que présente la croupe.

Elle fait suite à la ligne dorso-lombaire et bien qu'on la qualifie quelquefois de droite ou d'horizontale, elle est toujours plus ou moins inclinée. Entre la croupe du thorough-bred, du durham, du mérinos et celles du cheval comtois, du bœuf des steppes et du mouton à large queue d'Aden se placent tous les intermédiaires dans chacune de leurs espèces. Elle est étroite ou large, traduisant les dimensions des os du bassin, quelque peu surélevée sur la ligne médiane et rappelant la croupe de mulet ou montrant un sillon entre ses deux moitiés constituantes.

Les fesses et les cuisses sont plus ou moins musclées suivant les races. Sur le cheval barbe, le bœuf du Mézenc, le mouton africain, le porc breton, elles sont étriquées, tandis que le cheval belge, le bœuf charolais, le mouton down et le porc de Suffolk les ont très charnues. Elles forment une ligne droite sur les shorthorns (fig. 125), et un fil à plomb, partant de la pointe de l'ischium, tombe presque sur les jarrets et n'est que peu dévié en arrière tandis que sur le charolais la culotte est rebondie, convexe (fig. 126). Ces deux dispositions sont si opposées que, fussent-elles seules, la confusion entre les deux races précitées est impossible, elles

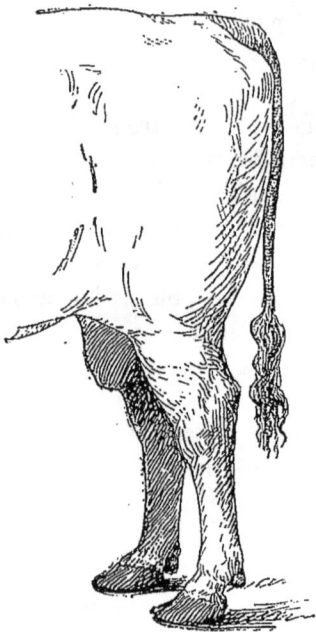

FIG. 125. — Exemple de cuisse droite.

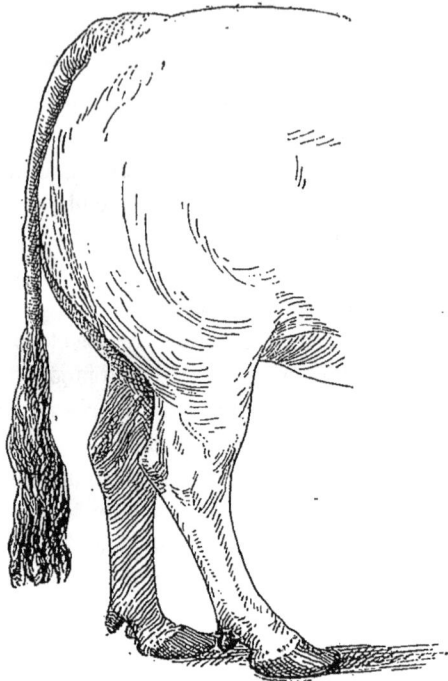

FIG. 126. — Exemple de cuisse convexe.

FIG. 127. — Exemple de queue surélevée
à son attache.

FIG 128. — Exemple de queue surbaissée
à son attache.

suffiraient à les différencier. La cuisse droite se montre fréquemment sur les métis et elle fait deviner le sang durham.

Les organes génitaux n'ont pas été examinés d'assez près sur les animaux pour qu'on puisse affirmer qu'ils présentent des caractères ethniques.

La queue en fournit par son mode d'attache, sa grosseur, sa direction, sa longueur et les appendices qu'elle supporte.

Relativement à son mode d'attache, elle peut faire suite directement au sacrum ou se relever brusquement (fig. 127) pour retomber ensuite, mais sans cacher complètement l'ouverture anale, ou au contraire être abaissée, plaquée entre les ischions (fig. 128). Le bœuf auvergnat offre un exemple de la première disposition, le fribourgeois de la seconde et le hollandais de la troisième.

Sa longueur, dans l'espèce bovine, est en raison inverse du développement du tronc et, conséquemment, de l'amélioration des races. On voit des bœufs africains dont la queue touche terre, tandis que dans les courtes-cornes elle est petite et brève. Dans l'espèce ovine, la race des landes de l'Europe septentrionale est remarquable par la brièveté de son appendice caudal, on la désigne précisément à cause de cela en Allemagne sous le nom de *Kurzschwaenzige Schaf*.

A la base de la queue peut siéger une loupe graisseuse dont il a déjà été parlé à plusieurs reprises.

L'espèce canine est celle qui offre à l'observateur le plus de variantes dans la queue. Parfois complètement absente ou réduite à un moignon assez court, elle est généralement longue et recourbée en trompette sur le dos. Cette dernière disposition a été donnée par Linné comme caractéristique du genre chien : *Cauda sinistrorsum recurvata*. L'absence ou la réduction se rencontrent avec fréquence dans quelques groupes, tels que celui du chien de toucheur à poils ras, mais ces particularités n'étant pas encore fixées ne sont point des caractères ethniques, car un chien sans queue peut engendrer des descendants pourvus de cet appendice.

Dans une seule espèce, celle du chat, la direction de la queue sert de caractère ethnique. Une race féline présente une déviation marquée de la queue à son tiers supérieur, comme si elle avait été brisée ; on l'appelle pour cela *race à queue déjetée*.

La quantité de phanères qu'elle supporte est à prendre en considération. Les crins longs, ondulés, touffus de la queue du cheval oriental qui balayent la terre font contraste avec ceux de la queue du cheval de pur sang qui sont rares et droits. Sur les Équidés, ils sont d'ailleurs en corrélation avec ceux de la crinière.

II. DES MEMBRES

Les particularités ethniques fournies par les membres dérivent surtout des rapports qu'ils ont avec le tronc ainsi que des proportions respectives de leurs rayons constituants. Ces points seront examinés tout à l'heure à propos des mensurations.

La plus importante est due aux doigts supplémentaires. Toutes les espèces animales domestiques présentent des irrégularités dans le nombre des doigts qui terminent le membre, soit qu'il y en ait en supplément, ainsi qu'on le voit sur les chevaux à deux ou trois doigts, sur les porcs à cinq ou six doigts, soit qu'il y ait fusion ou suppression, comme sur les bœufs monodactyles. Ces irrégularités, en raison de leur contingence, n'ont pas d'utilité ethnologique.

Les espèces canine et galline font exception et possèdent des races chez qui des doigts supplémentaires sont devenus héréditaires et constituent des caractères ethniques.

Les chiens du Saint-Bernard, les braques et les griffons présentent à la face interne du métatarse, au membre postérieur, un appendice muni d'un ongle qu'on désigne sous le nom d'ergot. Cet appendice est un cinquième doigt rudimentaire, analogue à celui qui se trouve aux membres antérieurs de toutes les races. Il apparaît accidentellement dans d'autres groupes, les setters anglais et les chiens de la Brie le présentent même fréquemment, mais il est constant sur les trois races sus-nommées. On ne le voit pas sur les lévriers.

Les amateurs de chiens discutent sur la signification de l'ergot, les uns le regardent comme un défaut, un signe de dégénérescence, les autres comme un caractère de race. L'opinion des seconds seule est fondée, il faut y voir une particularité ethnique.

La majorité des races gallines est constituée par des sujets présentant quatre doigts aux pattes indépendamment de l'ergot (fig. 130). Les races de Houdan et de Dorking en ont constamment cinq (fig. 129); le doigt supplémentaire est devenu un de leurs principaux caractères et l'un des plus commodes à observer.

Il faut en rapprocher une indication fournie par la châtaigne dans l'espèce chevaline. Cette petite production cornée, siégeant aux quatre membres et située en dedans et au-dessus du genou et à la face interne du jarret, est regardée comme le rudiment d'un cinquième doigt. Elle est toujours plus petite sur les chevaux méridionaux que sur ceux du Nord et elle est parfois absente sur leurs quatre membres, ou seulement sur les deux postérieurs. L'abondance des crins du paturon et leur longueur offrent des différences faciles à constater en comparant le cheval breton ou le poitevin au limousin ou au corse.

La forme du sabot varie quelque peu ; il est large et à sole peu concave sur les chevaux flamands, tandis qu'il est plus resserré en talons sur les chevaux orientaux. Peut-être y aurait-il à l'observer de plus près en ethnologie.

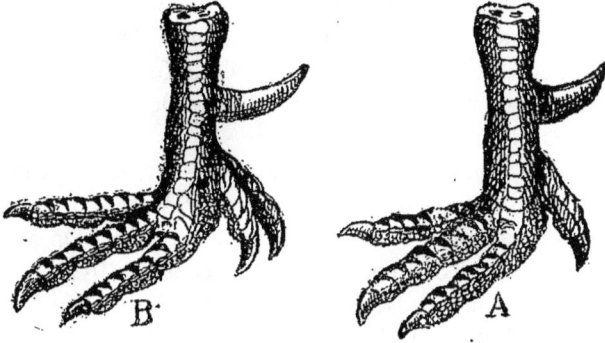

Fig. 129. — Conformation de l'extrémité du pied du Coq de Houdan.   Fig. 130. — Conformation de l'extrémité du pied du Coq commun.

Section II. — Mensurations

L'examen extérieur du tronc et des membres doit être complété par de mesures ; on se préoccupera de la *taille, de la longueur du tronc*, des *indices thoracique* et *pelvien*, des *rapports des rayons des membres* les uns vis-à-vis des autres et de quelques particularités qu'ils peuvent présenter, telles que la *perforation* et la *torsion de l'humérus*, ainsi que de la diversité de *conformation du tibia* et *des métatarsiens*.

I. DE LA TAILLE ET DE LA LONGUEUR DU TRONC

Au début de cette étude, il est utile de rappeler que l'impossibilité de comparaison entre la taille humaine et celle des animaux empêche un certain nombre de rapprochements intéressants.

Si la taille est sous la dépendance de plusieurs facteurs, on n'oubliera point que l'hérédité ethnique la détermine pour une bonne part. Tant que les représentants d'une race sont entretenus dans son aire naturelle, ils ont une moyenne de stature qui est un de leurs caractères typiques ; lorsqu'on les transporte ailleurs et qu'on change leurs conditions matérielles d'existence, le rythme de la croissance commence par être influencé, ainsi qu'on l'a montré à propos de la précocité ; plus tard, avec le temps et la suite des générations, la taille se modifie, rapidement ou lentement, suivant les espèces.

Lorsqu'il y a harmonie entre le tronc et les membres, la taille est l'expression du type suivant lequel l'organisme est bâti ; quand elle fait défaut la taille, telle qu'elle est prise chez les animaux, doit de toute nécessité être complétée par d'autres mensurations.

Sa valeur comme caractère subspécifique ne sera appréciée judicieusement que si l'on connaît l'étendue de ses variations dans l'espèce. Celles-ci sont de deux sortes : les unes se rapportent aux cas extrêmes en dessus ou en dessous d'un chiffre pris comme la moyenne spécifique, les autres n'ont plus trait à des individualités exceptionnelles mais concernent les groupes placés aux extrémités de l'échelle formée par les races d'une espèce.

Les premières sont avant tout des curiosités ou, si l'on veut, des exemples de la multiplicité des formats que présente l'organisme. Toutes les espèces animales ont leurs géants et leurs nains. On a vu un cheval de $1^m,84$ et un de $0^m,73$, un bœuf de $2^m,11$ et un de $0^m,94$, un mouton de $1^m,03$ et un autre de $0^m,34$, une chèvre de $0^m,88$ et une de $0^m,32$, un chien de $0^m,76$ et un de $0^m,17$.

Dans l'espèce humaine, la disproportion est plus considérable, ce qui tient à la différence dans la façon dont la taille s'obtient. Un géant (cité par l'anatomiste Sappey), originaire de la Finlande, avait $2^m,83$; c'est l'homme le plus grand qui ait été observé jusqu'à ce jour. Buffon, a cité, d'après Buch, le nain le plus petit qui ait paru jusqu'à présent, il n'avait que $0^m,43$. Un écart de $2^m,40$ sépare ces deux représentants de l'espèce humaine.

Toutes ces variations sont des anomalies qui tiennent, pour le géantisme, soit à une accélération du processus formatif, soit surtout à son prolongement au delà du terme habituel et, pour le nanisme, à sa grande lenteur ou son arrêt prématuré.

Les nains sont généralement stériles, les géants sont féconds. Quand la disproportion est trop grande entre eux et les représentants de leur espèce, il y a impossibilité de fécondation réciproque par cause mécanique, ou la fécondité est limitée et les produits arrivent rarement à bien. Ni les uns ni les autres ne formant souche, il n'y a pas à s'en occuper davantage.

Les variations de taille qui sont l'expression des différences que présentent des groupes sont plus intéressantes. Les nombres ci-dessous expriment la moyenne, les deux sexes mélangés, d'un certain nombre de races :

Chevaux.

	TAILLE m
Chevaux flamands de Furnes.	1,76
— de Kladrub.	1,74
— Clydesdale.	1,73
— des Marches danoises.	1,72
— grands carrossiers hollandais.	1,70
— anglo-normands.	1,69
— percherons.	1,66

	TAILLE m
Chevaux mecklembourgeois..	1,67
— bretons d'omnibus.	1,64
— belges du Hainaut.	1,62
— anglais de pur sang.	1,58
— arabes.	1,46
— corses.	1,25
— islandais.	1,05
— des îles Feroe.	0,90

Anes.

Anes du Poitou.	1,34
— d'Égypte.	1,20
— kabyle.	1,07
— de l'Inde.	0,76

Bœufs.

Bêtes des steppes..	1,60
— normandes..	1,51
— gasconnes.	1,49
— hollandaises.	1,47
— Salers.	1,48
— fribourgeoises.	1,44
— de Schwitz.	1,40
— de Jersey.	1,20
— sardes.	1,12
— bretonnes du Morbihan.	1,04

Moutons.

Moutons des Marches danoises.	0,95
— lincolns..	0,75
— mérinos..	0,70
— dishleys.	0,68
— shropshiredowns.	0,70
— barbarins.	0,60
— southdowns.	0,54
— des ravins de l'Auvergne..	0,46

Chèvres.

Bêtes du Mont-d'Or.	0,82
— d'Angora.	0,70
— naines d'Afrique..	0,35

Porcs.

Porcs craonnais.	0,78
— d'Yorkshire (grande tribu).	0,66
— — (petite tribu).	0,49

Chiens.

Chiens du Saint-Bernard.	0,78
— de Terre-Neuve	0,76
— pyrénéens.	0,74
— danois.	0,72
— grands lévriers.	0,68
— mastiffs..	0,65

	TAILLE
	m
Chiens pointers.	0,54
— épagneuls.	0,51
— de berger.	0,51
— setters.	0,48
— caniches.	0,42
— bassets.	0,32
— levrons.	0,32
— carlins.	0,23
— terriers.	0,21

A l'aide des chiffres précédents, il est possible de bien se rendre compte de l'étendue des variations *normales* de la taille dans une espèce; on arrive aux résultats consignés dans le tableau suivant :

ESPÈCES	MAXIMUM	MINIMUM	DIFFÉRENCE BRUTE	VARIATION PAR 1 MÈTRE DE TAILLE
	m	m	m	m
Chevaux.	1,76	0,90	0,86	0,48
Anes.	1,34	0,76	0,58	0,43
Bœufs.	1,60	1,04	0,56	0,35
Moutons.	0,95	0,45	0,50	0,52
Chèvres.	0,82	0,35	0,47	0,57
Porcs.	0,78	0,48	0,30	0,60
Chiens.	0,78	0,21	0,57	0,73

Dans les races humaines, l'oscillation va de 1ᵐ,77 à 1ᵐ,37, soit une différence absolue de 0ᵐ,40[1] et une variation de 0ᵐ,22 par mètre. Sous ce rapport, comme sous plusieurs autres, l'espèce humaine est moins différenciée dans ses races que les espèces animales domestiques. Parmi celles-ci, ce ne sont pas les plus malléables qui présentent les différences de taille les plus étendues.

Est-il nécessaire de faire remarquer que la taille, comme la plupart des caractères ethniques, n'est point spéciale à une race déterminée mais que plusieurs ont la même, qu'il faut, par conséquent, la combiner avec d'autres particularités. Telle qu'elle se présente, elle est néanmoins fort utile, car elle donne immédiatement une idée du format des animaux constituant un groupe et il n'est pas étonnant que les anciens zootechnistes aient rassemblé les races en grandes, moyennes et petites. Tout élémentaire qu'elle soit, cette classification a l'avantage d'établir parmi elles une première séparation qui aide déjà à la diagnose.

Une autre dimension est à prendre qui renseigne également sur le format d'un animal puisqu'elle fait partie de la taille telle qu'elle est considérée pour l'espèce humaine, il s'agit de la longueur du tronc.

Comme pour toutes les autres mesures, la fixation des points de repère est importante pour celle-ci. On laisse en dehors le cou dont la longueur exacte n'est pas facile à incorporer dans le tronc à cause des variations

---

[1] De Quatrefages, *l'Espèce humaine*. 5ᵉ édition, Paris, 1879, page 38.

qui se produisent quand l'animal baisse ou élève la tête. En s'en tenant
strictement au tronc, on a l'habitude d'en mesurer la longueur en prenant
pour repère antérieur la pointe de l'épaule à l'articulation scapulo-humérale et pour repère postérieur la pointe de la fesse représentée par le
bord de l'ischium. Ces deux points n'étant pas à la même hauteur, la
ligne qui les rejoint est oblique, mais il est préférable de subir cet inconvénient que de s'exposer à n'avoir que des repères incertains.

Une fois la longueur du tronc obtenue, il faut la rapporter, toutes
choses égales du côté du sexe et de l'âge, à la taille pour juger du format
de l'animal.

Les canons anthropologiques admettent que la section dorso-lombo-
sacrée est le tiers de la taille humaine. Mais il y a des différences dues à
la race. Les hommes de race jaune ont le buste plus long relativement aux membres que les nègres et les blancs.

On va mettre sous les yeux du lecteur des mensurations prises sur
quelques races de chacune des espèces domestiques afin qu'il juge quel
est le rapport entre la taille et la longueur du corps.

Chevaux.

	Longueur de la pointe de l'épaule à la pointe de l'ischium	Excès de longueur du tronc sur la taille au garrot	Rapport de la taille à la longueur du tronc
Cheval percheron.	1,75	0,04	1:1,02
— belge.	1,72	0,06	1:1,03
— arabe.	1,54	0,09	1:1,06
— corse.	1,35	0,03	1:1,02
— anglo-normand.	1,79	0,07	1:1,04

Bœufs.

Bête hollandaise.	1,70	0,38	1:1,28
— de Schwitz.	1,54	0,25	1:1,19
— d'Ayr.	1,46	0,20	1:1,15
— de Jersey.	1,56	0,37	1:1,31
— tarentaise.	1,53	0,30	1:1,24
— valaisane.	1,43	0,25	1:1,19
— bretonne.	1,17	0,14	1:1,13

Moutons.

Mouton mérinos.	0,85	0,18	1:1,26
— dishleys.	0,85	0,17	1:1,28
— southdowns.	0,87	0,20	1:1,29

Porcs.

Porc craonnais.	1,12	0,36	1:1,47
Grand porc d'York.	1,07	0,41	1:1,61

Chiens.

Chien de Terre-Neuve.	0,77	0,10	1:1,14
— danois.	0,77	0,08	1:1,14
— Saint-Germain.	0,57	0,03	1:1,07
— carlin.	0,25	0,02	1:1,08
— lévrier.	0,64	0,02	1:1,08

Dans toutes les espèces et races domestiques, la longueur du tronc est supérieure à la hauteur prise au garrot, mais l'écart varie suivant les races. Les plus élevés ne se rencontrent exclusivement ni dans les grandes, ni dans les petites, les unes et les autres fournissent leur contingent et le calcul du rapport de la taille à la longueur du tronc montre de curieux rapprochements ; on trouve le même dans le cheval percheron et le cheval corse, la vache hollandaise et celle du Valais, le lévrier et le petit griffon d'appartement. Les races se sont modelées suivant des dimensions propres et les oscillations présentées par leurs sous-races sont peu étendues. *Le rapport de la taille à la longueur du tronc constitue un caractère ethnique à ne pas laisser de côté.*

II. INDICES THORACIQUE ET PELVIEN

On demande à la mensuration du tour de la poitrine des renseignements sur la vitalité des individus, leur poids et leur rendement à la boucherie, on en tire aussi des indications pour l'établissement des rations.

Il faut l'utiliser également pour les recherches ethnologiques. Mais les services qu'elle rend sont assez limités si on n'y ajoute pas comme complément la connaissance de *l'indice thoracique.*

En raison de leur station quadrupédale, les animaux présentent leur poitrine à l'observateur d'une façon si différente de celle de l'homme qu'on est obligé d'en établir l'indice autrement. Pour l'homme, cet indice est le rapport du diamètre transverse maximum du thorax à son diamètre supéro-inférieur également maximum ; pour les Mammifères domestiques, il est donné par le rapport de la largeur de leur poitrine à sa hauteur. Cette largeur correspond au diamètre transverse du thorax humain, mais la hauteur n'est plus l'analogue du diamètre supéro-inférieur; elle n'a point pour mesure la longueur du sternum, mais son écartement de la tige rachidienne.

Les éléments de l'indice thoracique se recueillent facilement sur les animaux à l'aide de la toise conjuguée. Au lieu de nous conformer aux pratiques anthropologiques où le diamètre thoracique transverse est pris au maximum, nous avons choisi le passage des sangles comme point de repère. En se reportant plus en arrière pour avoir le point où la courbe périthoracique est à son maximum, on s'expose à ne pas obtenir des chiffres exprimant la réalité des choses parce que la masse intestinale, suivant que l'animal vient de manger copieusement ou est à jeun, qu'il s'agit d'une femelle en état avancé de gestation ou non, refoule très différemment le diaphragme en avant et élargit plus ou moins la poitrine dans la région des fausses côtes. Le passage des sangles a, en outre, le grand avantage d'être un point fixe, que le débutant trouve sans plus de difficulté que celui qui est rompu aux mesures zootechniques.

La largeur du thorax a été comparée à la hauteur, celle-ci ramenée à 100, pour avoir l'indice.

Voici quelques exemples de périmètre et d'indice thoraciques pris sur des chevaux et des bêtes bovines.

	PÉRIMÈTRE THORACIQUE	INDICE THORACIQUE
	m	m
Cheval flamand.	2,11	0,70
— ardennais.	1,95	0,71
— anglo-normand.	1,91	0,57
— corse.	1,45	0,40
Bovin normand.	2,04	0,66
— hollandais.	1,93	0,62
— schwitz.	1,89	0,62
— jersyais.	1,64	0,62
— d'Ayr.	1,82	0,67
— breton.	1,38	0,64

A la lecture de ces chiffres, on voit que, si dans l'espèce bovine l'indice thoracique présente trop peu d'écarts pour pouvoir être d'une grande utilité, il n'en est pas de même dans l'espèce chevaline. Là, les divergences sont fort accentuées, suivant que l'animal est trapu ou élancé.

Étant connue la hauteur de la poitrine, on la comparera à la taille et on mesurera la distance du sol au sternum. Cette analyse est très profitable, car elle donne une idée de la conformation générale et elle amène à des comparaisons intéressantes. Les exemples suivants le montreront.

	RAPPORT DE LA HAUTEUR DE POITRINE A LA TAILLE	DISTANCE DU SOL AU STERNUM
	m	m
Cheval flamand.	0,49	0,84
— anglo-normand.	0,47	0,89
— limousin.	0,41	0,87
— corse.	0,15	0,72
Vache hollandaise.	0,56	0,57
— normande.	0,51	0,67
— fribourgeoise.	0,55	0,58
— bretonne.	0,46	0,55
Mouton mérinos.	0,49	0,31
— dishley.	0,53	0,31
— southdown.	0,56	0,29
— barbarin.	0,12	0,38

Ces rapports sont des plus instructifs, qu'il s'agisse d'animaux de travail ou d'animaux de boucherie. Ils fournissent un des meilleurs critères de la valeur de ces derniers. En prenant l'espèce ovine comme exemple, on voit que la race la plus favorisée est celle de southdown dont la hauteur de poitrine constitue les 0,56 de la taille totale, tandis que le mouton barbarin ne vient qu'en dernier lieu, puisque sa poitrine n'a que les 0,42 de sa taille.

Le zootechniste qui cherche dans l'étude du bassin quelques renseignements ethnologiques doit d'abord ne pas perdre de vue un instant qu'en raison du dimorphisme sexuel, il est de nécessité absolue de ne comparer que des individus de même sexe.

Comme, le plus généralement, il s'agit de se prononcer sur la race d'animaux vivants, il a recours à la *pelvimétrie externe*, c'est-à-dire qu'il prend à l'extérieur, sur la croupe, des mensurations d'après lesquelles il apprécie les dimensions du bassin osseux. Quand il est en présence de squelettes, la *pelvimétrie interne ou directe* s'impose, les mesures sont prises directement sur les os et dans la cavité pelvienne.

La croupe concourt pour une part importante à constituer l'un des plans du tronc. Allongée si l'animal est longiligne, elle sera plutôt large quand il est bréviligne. On se renseignera de suite sur ses proportions en en cherchant l'indice. Il s'obtient en mesurant la largeur maximum de la croupe que donne l'écartement des deux angles des hanches ou tubérosités externes de l'ilium et sa longueur également maximum prise de la tubérosité iliale à la tubérosité ischiale ou pointe de la fesse, celle-ci ramenée à 100.

Quand on connaît la longueur de la croupe, il est bon de la comparer à la longueur du tronc et à la taille, afin de voir s'il y a harmonie et si des différences caractéristiques s'observent suivant les races. Les chiffres ci-dessous montreront, mieux que toute dissertation, les renseignements fournis par la pelvimétrie externe.

	Indice de la croupe	Rapport de la longueur de la croupe à celle du tronc	Rapport de la longueur de la croupe à la taille
Cheval flamand.	1,41	0,30	0,31
— anglo-normand.	1,28	0,27	0,29
— ardennais amélioré. . . .	1,28	0,33	0,30
— corse.	1,14	0,30	0,31
Vache normande.	1,25	0,30	0,37
— hollandaise.	1,07	0,31	0,40
— de Schwitz.	1,12	0,30	0,37
— de Jersey.	1,04	0,30	0,41
— bretonne.	1,08	0,31	0,35

Bien que, dans tous les sujets observés, la largeur de la croupe soit toujours supérieure à sa longueur, il y a de tels écarts dans l'*indice pelvien* qu'il doit être considéré comme un bon caractère ethnique.

Les dimensions de la croupe sont toujours en harmonie avec celles du reste du tronc et on voit que dans toutes les races examinées sa longueur est à peu près 0,30 de celle du tronc. Le rapport est moins fixe quand il s'agit de la comparaison avec la taille, en raison de la variabilité plus grande des rayons des membres.

L'inclinaison de la croupe qui concourt pour sa part à donner à un animal son cachet particulier doit arrêter l'attention. Dans toutes les espèces domestiques on trouve des différences, celle du cheval montre les plus nombreuses ; elles font, parmi les hippologues, l'objet de discussions sur leur rapport avec les qualités des animaux [1]. Nous n'avons ici qu'à rechercher si le degré d'inclinaison peut être utilisé dans la diagnose ethnique.

Il se mesure en appliquant une règle plate, mince et suffisamment rigide en travers de la partie la plus élevée de la croupe. Elle sert de support à l'une des branches du goniomètre, l'autre est amenée tangentiellement à la ligne qui unit la hanche à la pointe de la fesse.

Voici quelques chiffres obtenus :

	INCLINAISON DE LA CROUPE
Étalon de pur sang.	20°
Cheval limousin.	24°
— anglo-normand.	25°
— belge amélioré.	25°
— anglo-franc-comtois.	26°
— flamand..	27°
— corse.	29°
— bressan très commun.	38°

Le degré d'inclinaison est peu variable dans les groupes extrêmes, ceux des pur-sang et des chevaux communs, mais dans les autres races les écarts individuels sont si nombreux, que la valeur ethnique de ce caractère en est fort amoindrie. Nous sommes loin aussi d'avoir trouvé entre l'indice de la croupe et son inclinaison le rapport étroit signalé par quelques hippologues ; de ce côté encore il y a beaucoup de variabilité.

Les renseignements fournis par la pelvimétrie interne sont confirmatifs de ceux apportés par les mensurations externes. Pour éviter des répétitions, nous renvoyons le lecteur au tableau de la page 327, il verra les variations éprouvées par les divers diamètres du bassin d'Équidés de races différentes. Il s'assurera que, conformément à la loi de Kolmann, les chevaux dits *fins* ont des diamètres transverses réduits et que l'inverse se montre lorsqu'il s'agit d'animaux bien étoffés. Quant au diamètre sacro-pubien, il n'est pas régulièrement proportionnel à la taille ; il y a des écarts qui tiennent vraisemblablement à l'allure à laquelle les animaux sont habituellement exercés et au mouvement de bascule qu'a éprouvé le coxal sous la pression du fémur. En moyenne, le rapport est de 0,14 de la taille, mais il oscille de 0,18 à 0,10, chiffre auquel nous

---

[1] Voyez notamment : Goubaux et Barrier, *De l'Extérieur du cheval*, Paris, 1890. Neumann, *Sur la direction de la croupe*, *Revue vétérinaire*, 1877, page 521.

l'avons vu tomber sur les animaux de course. D'ailleurs, l'individualité est tellement prépondérante ici que l'influence ethnique est forcément reléguée au second plan.

III. DES MEMBRES

Si, en vertu de la loi de corrélation, la taille et la longueur du tronc sont des dimensions allant généralement dans le même sens, le lecteur sait qu'il est des exceptions à la règle. La conformation du chien basset est la plus connue parmi les Mammifères domestiques ; celle de la poule courtes-pattes (fig. 131) est non moins remarquable puisqu'elle offre le type d'un oiseau dont les membres sont très courts et le tronc de bon développement.

FIG. 131. — Poule courtes-pattes

Le rapport de la taille à la longueur du tronc est variable suivant les races ; l'analyse des éléments de cette variabilité, par l'ostéométrie, ne sera poursuivie que sur les rayons supérieurs des membres et le métacarpien principal, l'observation ayant montré que les variations sur les phalanges peuvent être laissées de côté sans fausser les résultats et qu'elles sont d'ailleurs très souvent sous la dépendance de l'individualité, ainsi que le prouve la disposition du paturon qu'on rencontre long, court ou moyen dans tous les groupes de chevaux.

Il a d'abord été constaté que les deux os similaires d'un même sujet n'ont pas toujours le même poids ; entre l'humérus droit et l'humérus gauche du cheval, nous avons trouvé jusqu'à 16 grammes de différence et nous avons noté des écarts du même genre pour les fémurs.

De semblables remarques ont été faites par les anthropologistes sur les membres thoraciques de l'homme et ils les ont interprétées par l'habitude qu'il a de se servir plus fréquemment d'un bras que de l'autre et particulièrement du droit. Pareille explication n'est guère admissible pour les quadrupèdes domestiques et il est fort possible qu'elle soit fautive pour notre propre espèce.

Les mensurations, faites soigneusement à l'aide de la planche ostéométrique, ont également montré que la longueur de deux os homologues du même individu n'est pas identique. Sur l'homme, les ostéologistes ont constaté une différence qui a dépassé 2 millimètres et demi entre les deux humérus. Nous en avons noté dans toutes les espèces domestiques et sur celles de petite taille, elles sont proportionnellement plus élevées que dans l'espèce humaine, car sur des fémurs et des humérus de moutons et de porcs nous en avons relevé de 1, 2 et 3 millimètres. Elles se sont montrées tantôt sur un membre, tantôt sur l'autre sans qu'on en puisse soupçonner la cause. Des compensations existent sur les autres rayons du même membre sans quoi il y aurait claudication. Il se pourrait, d'ailleurs, que des défauts d'aplomb fussent la conséquence de ces différences de longueur.

Les mensurations comparatives des rayons des membres ont été suivies dans plusieurs races de chevaux, de moutons et de porcs. Celles qui s'appliquent aux Équidés, ayant été insérées dans le tableau de la page 321, ne seront pas rééditées ici.

Les suivantes (pages 548 et 549) concernent les moutons et les porcs.

Ces chiffres montrent clairement que les variations de taille ne sont point la résultante de réductions ou d'allongements proportionnels de tous les rayons du membre, mais que des os se sont modifiés plus que d'autres et que les rapports des rayons les uns vis-à-vis des autres sont différents suivant les races, car on a eu le soin de ne comparer que des animaux de même sexe et de même âge. Dans l'espèce ovine, l'humérus et le radius d'une part, le fémur et le tibia d'autre part sont plus longs proportionnellement aux métacarpiens et métatarsiens dans la race de New-Leicester que dans celle de Southdown et dans la mérine. Dans les porcs, la race d'Essex a les mêmes rayons supérieurs des membres thoraciques et abdominaux plus longs, proportionnellement aux os du canon, que la craonnaise et que la laie. Le mouton new-leicester et le porc d'Essex ont un tronc très ample auquel correspondent des rayons supérieurs de membres proportionnellement développés, tandis que les parties inférieures ne se sont point amplifiées d'autant.

RACES	TAILLE AU GARROT	MEMBRE ANTÉRIEUR			Somme des longueurs de l'humérus et du radius	MEMBRE POSTÉRIEUR			Rapport des longueurs du fémur et du tibia
		Longueur de l'humérus	Longueur du radius	Longueur du métacarpien principal		Longueur du fémur	Longueur du tibia	Longueur du métacarpien principal	
	mètres	mill.	mill.	mill.	mill.	mill.	mill.	mill	mill

Moutons.

RACES	TAILLE AU GARROT	Longueur de l'humérus	Longueur du radius	Longueur du métacarpien principal	Somme	Longueur du fémur	Longueur du tibia	Longueur du métacarpien	Rapport
Bélier mérinos.., ...	0,73	174	177	142	350	200	240	150	449
— dishley.	0,69	160	159	115	319	183	211	125	394
— southdown.	0,66	152	147	120	299	183	199	130	382

RACES	Rapport de l'humérus au radius	Rapport de l'humérus au métacarpien	Rapport du fémur au tibia	Rapport du fémur au métacarpien	Rapport du radius au métacarpien	Rapport du tibia au métatarsien	Rapport du fémur à l'humérus	Rapport du tibia au radius	Rapport du tibia au métatarsien au métacarpien	Rapport des longueurs de l'humérus et du radius au métacarpien	Rapport des longueurs du fémur et du tibia au métatarsien

Moutons.

RACES	1	2	3	4	5	6	7	8	9	10	11
Bélier mérinos.. .	0,983:1	1,22:1	0,87:1	1,30:1	1,24:1	1,60:1	1,20:1	1,35:1	1,05:1	2,47:1	3:1
— dishley. . .	1:1	1,39:1	0,86:1	1,46:1	1,37:1	1,60:1	1,14:1	1,32:1	1,08:1	2,77:1	3,15:1
— southdown. .	1,03:1	1,26:1	0,91:1	1,40:1	1,22:1	1,53:1	1,20:1	1,35:1	1,08:1	2,40:1	2,93:1

RACES	TAILLE AU GARROT	MEMBRE ANTÉRIEUR			Somme des longueurs de l'humérus et du radius	MEMBRE POSTÉRIEUR			Somme des longueurs du fémur et du tibia
		Longueur de l'humérus	Longueur du tibia	Longueur du métacarpien principal		Longueur du fémur	Longueur du tibia	Longueur du métatarsien principal	
	mètres	mill.	mill.	mill.	mill.	mill.	mill.	mill.	mill.

Porcs.

RACES	TAILLE AU GARROT	Longueur de l'humérus	Longueur du tibia	Longueur du métacarpien principal	Somme	Longueur du fémur	Longueur du tibia	Longueur du métatarsien	Somme
Truie d'Essex.	0,65	176	128	63	304	204	187	74	391
— craonnaise.	0,75	205	164	81	370	232	216	92	448
Laie.	0,68	172	140	70	312	207	180	80	396

RACES	Rapport de l'humérus au radius	Rapport de l'humérus au métacarpien	Rapport du fémur au tibia	Rapport du fémur au métatarsien	Rapport du radius au métacarpien	Rapport du tibia au métatarsien	Rapport du fémur à l'humérus	Rapport du tibia au radius	Rapport du tibia au métatarsien au métacarpien	Rapport des longueurs de l'humérus et du radius au métacarpien	Rapport des longueurs du fémur et du tibia au métatarsien

Porcs.

RACES	1	2	3	4	5	6	7	8	9	10	11
Truie d'Essex. .	1,37:1	2,79:1	1,09:1	2,75:1	2,03:1	2,52:1	1,15:1	1,46:1	1,17:1	4,82:1	5,28:1
— craonnaise.	1,25:1	2,54:1	1,07:1	2,52:1	2,02:1	2,84:1	1,12:1	1,31:1	1,13:1	4,56:1	4,86:1
Laie..	1,22:1	2,45:1	1,09:1	2,58:1	2:1	2,86:1	1,20:1	1,35:1	1,14:1	4,45:1	4,95:1

Il reste à comparer ces rayons à la taille.

RACES	TAILLE AU GARROT	Rapport de la longueur de l'humérus, du radius et du métacarpien à la taille	Rapport de la longueur de l'humérus à la taille	Rapport de la longueur du radius à la taille	Rapport de la longueur du métacarpien à la taille	Rapport de la longueur du fémur, du tibia et du métacarpien à la taille	Rapport de la longueur du fémur à la taille	Rapport de la longueur du tibia à la taille	Rapport de la longueur du métacarpien à la taille
Moutons.									
Bélier mérinos. .	0.73	0,67	0,23	0,24	0,19	0,82	0,28	0,34	0,20
— dishley. . .	0,69	0,62	0,23	0,23	0,16	0,75	0,26	0,30	0,18
— southdown..	0,66	0,63	0,23	0,22	0,18	0,77	0,27	0,30	0,19
Porcs.									
Truie d'Essex. .	0,65	0,56	0,27	0,19	0,09	0,71	0,31	0,28	0,11
— craonnaise..	0,75	0,60	0,27	0,21	0,10	0,72	0,30	0,28	0,12
Laie.	0,68	0,56	0,25	0,20	0,10	0,70	0,30	0,27	0,11

Ces chiffres montrent que dans les différentes races des deux espèces ovine et porcine, l'humérus reste dans les mêmes proportions vis-à-vis de la taille, tandis que les autres rayons varient. Non seulement une appréciation plus exacte des différences ethniques qui portent sur les membres est fournie au zootechnicien par ces constatations, mais l'artiste s'en inspirerait avantageusement dans les figurations picturales ou sculpturales qu'il est appelé à faire.

Une autre de leurs utilités est de permettre d'arriver à la reconstitution de la taille. Cette reconstitution est d'une extrême importance en anthropologie criminelle et en médecine légale. Dans les cas de dépeçage, l'identité du cadavre est la partie épineuse et il y a grand avantage pour la reconnaissance du personnage et pour l'action judiciaire de rétablir la taille. Aussi, dès 1755, Sue pratiquait des mensurations d'os longs pour y arriver[1]. Après lui, Orfila reprit la question et, se basant sur la mensuration de cinquante et un cadavres, il publia des tableaux qui sont reproduits dans tous les traités de médecine légale[2]. Les anthropologistes, que ce point intéresse vivement aussi, s'en sont occupés[3].

Récemment, ce sujet a été remis à l'étude au laboratoire de médecine légale de la Faculté de Lyon et il en est résulté un consciencieux

---

[1] Sue, *Sur les proportions du squelette de l'homme* (mémoire présenté à l'Académie des sciences, 1755).

[2] Orfila, *Traité de médecine légale*, t. I, page 105, Paris, 1848.

[3] Topinard, La Formule de reconstitution de la taille (*Revue d'anthropologie*, 1888, page 471).

Humphry, *A Treatise on the human Skeleton*, Cambridge, 1858.

travail de M. E. Rollet, auquel les médecins experts devront avoir désormais recours[1].

La reconstitution de la taille des animaux n'a point un intérêt comparable à celle de l'homme, il peut pourtant se présenter telle circonstance où la restauration aussi exacte que possible d'un animal dont quelques restes gisent à côté de ceux d'un humain éclairerait la justice.

Dans les études de paléontologie zootechnique, l'utilité d'avoir des points de repère pour refaire les animaux fossiles dont on ne possède que des fragments est évidente par elle-même.

Quand, à l'aide d'un os long, on veut reconstituer la taille du sujet qui l'a fourni, il faut s'inquiéter : 1° de l'âge ; 2° du sexe ; 3° de la race. Cette dernière, on l'a vu, est l'une des causes qui contribuent le plus à la faire varier. Mais les anthropologistes ont reconnu que parmi les caractères ethniques, la stature est ce qui modifie essentiellement les rapports des os. Aussi, pour ne pas compliquer les choses, peut-on faire abstraction des autres particularités de race pour n'établir dans chaque espèce que deux groupes, l'un à sujets de grande et l'autre de petite taille.

Lorsque la taille moyenne augmente chez l'homme de 10 millimètres, les fémurs augmentent de 2^{mm},3, et lorsqu'elle diminue de 10 millimètres, les fémurs diminuent de 2^{mm},7 et ainsi de suite et proportionnellement pour chaque os.

Pour les adultes, on admet[2] les rapports suivants entre les os longs principaux et la stature ramenée à 100.

	FÉMUR	TIBIA	HUMÉRUS	RADIUS
Hommes.	27,3	22	19,7	15,6
Femmes.	26,9	21,6	19,1	15

A l'aide de ces chiffres, il est très facile d'obtenir la taille humaine. On augmente habituellement de 35 millimètres la longueur d'un squelette bien monté pour avoir la taille du vivant.

En zootechnie, en raison de la constance notée dans le rapport de l'humérus à la taille sur le vivant, dans les espèces ovine et porcine tout au moins, on pourrait se contenter d'établir ce rapport. Mais comme dans la recherche des fossiles, il peut arriver que cet os ne soit pas trouvé ou qu'il se rencontre en fragments trop petits pour être reconstitué en entier, nous allons présenter les rapports de quatre os longs dont on se sert habituellement en anthropologie et en médecine judiciaire.

Pour l'espèce ovine, les chiffres ci-dessous s'appliquent exclusivement aux mâles et pour l'espèce porcine exclusivement aux femelles, les uns et les autres adultes.

---

[1] Et. Rollet, *De la mensuration des os longs des membres*, Paris et Lyon, 1889.

[2] Rollet, *loc. cit.*, page 121.

On a les rapports suivants, la taille ramenée à 100.

	FÉMUR	TIBIA	HUMÉRUS	RADIUS
Béliers de haute taille.. . .	28	34	23	24
— de petite taille.. . .	27	30	23	22
Truies de haute taille.. . .	30	28	27	21
— de petite taille.. . .	31	28	27	19

Étant donné la longueur L d'un des quatre os longs préindiqués, la taille s'obtient facilement par la formule suivante dans laquelle R représente les rapports ci-dessus :

$$\frac{100 \times L}{R} = \text{taille}$$

Si l'on désire un procédé d'obtention de la taille plus rapide que le précédent, il suffit de multiplier la longueur d'un des os longs précités par un des chiffres suivants :

	FÉMUR	TIBIA	HUMÉRUS	RADIUS
Béliers de grande taille.	3,49	3,04	4,19	4,12
— de petite taille.	3,60	3,31	4,34	4,49
Truies de grande taille.	3,23	3,47	3,64	4,57
— de petite taille..	3,18	3,47	3,69	5,07

Nous nous sommes assez étendu sur les variations individuelles pour être à l'abri du soupçon de présenter les nombres qui précèdent comme donnant invariablement la taille précise; nous pensons seulement qu'en les mettant en œuvre, on s'approchera aussi près que possible de la réalité.

IV. PARTICULARITÉS DE QUELQUES OS LONGS

Outre les différences de longueur, absolues ou relatives, présentées par les os longs et sous la dépendance de la race, des particularités ont été signalées sur quelques-uns d'entre eux. Nous avons un mot à dire : 1° de la perforation de l'humérus, 2° de son degré de torsion, 3° du tibia platycnémique, 4° de la conformation du métatarsien principal.

a) *Perforation de l'humérus.* — Les anthropotomistes, notamment Sappey et Cruveilhier, ont signalé la perforation de la cavité olécrânienne de l'humérus comme une anomalie anatomique, tandis que Desmoulins, dès 1826, en fit un caractère de race des Guanches et des Boshimans, qu'en 1865 Broca et Bataillard dénoncèrent sa plus grande fréquence dans les ossements de l'époque de la pierre polie et que récemment Topinard montra qu'elle est commune dans les races jaunes et les populations dérivées.

L'ostéologie comparée ne nous a fait reconnaître la perforation humérale comme le caractère d'aucune race animale domestique. Elle existe normalement sur le chien, mais elle ne constitue pas une particularité ethnique, car nous l'avons rencontrée sur tous les squelettes que nous avons fait préparer, depuis celui du lévrier, jusqu'à ceux du carlin et du havanais. Dans le groupe des Léporins, on la trouve toujours et très grande sur le lièvre, elle est plus petite chez le lapin et nous l'avons vue plusieurs fois manquer sur l'humérus gauche.

La perforation est également constante sur le sanglier tandis qu'elle n'existe pas sur le porc, elle constitue donc un caractère qui permettra de distinguer l'humérus du premier de celui du second.

Ces observations semblent indiquer que la condition sauvage, où les mouvements étendus du bras et de l'avant-bras sont indispensables, favorise la perforation humérale tandis que l'état domestique l'entrave. En effet, dans les races animales l'épaisseur de la lame qui sépare les cavités olécrânienne et coronoïdienne est en raison directe de leur amélioration en vue de la boucherie, ce qui est conforme à tout ce qui a été dit des modifications subies par les os sous l'influence du régime qui amène la précocité. Sur les os secs cette lamelle est toujours transparente, mais sa transparence est variable suivant le sens préindiqué.

b) Torsion de l'humérus. — On sait que le corps de l'humérus semble avoir été tordu sur lui-même. Le degré de cette torsion varie suivant les espèces et suivant les individus; on a même pensé qu'il est en rapport inverse avec la longueur de l'os. Nous avions à rechercher ce qu'il en est et à voir s'il peut servir de caractère ethnique. Pour juger la question, nous nous sommes adressé aux Équidés en utilisant le tropomètre et l'arc à pointe. Voici quelques-uns des chiffres obtenus :

	HUMÉRUS DROIT	HUMÉRUS GAUCHE
Cheval fossile de Solutré.	86°	87°
Jument de course.	85°	91°
Cheval —	»	90°
— —	84°	91°
Jument syrienne.	88°	97°
— corse.	86°	83°
— tarbaise.	88°	80°
Cheval boulonnais.	81°	83°
— commun.	84°	88°
Ane d'Afrique.	87°	86°
— du Poitou.	95°	»
Daw.	93°	92°
Zèbre.	85°	89°
Poulain anglo-normand (âgé de 48 heures).	»	80°

De ces chiffres, il ressort d'abord que le degré de torsion n'est point identique dans chacun des deux humérus d'un même sujet, constatation déjà faite sur l'espèce humaine ; la différence ne se montre pas toujours dans le même sens, tantôt c'est le droit, tantôt le gauche qui est le plus tordu. L'oscillation, dans l'espèce chevaline, va de 80° à 97° et le chiffre 80°, le plus faible obtenu chez l'adulte, est aussi celui constaté sur le poulain à sa naissance.

On enseigne que l'âne a l'humérus plus tordu que le cheval ; la mensuration au tropomètre montre l'étendue de cette torsion et elle fait voir qu'il ne faut pas généraliser, car il y a des ânes qui ont l'humérus caballin.

Pour affirmer que le degré de torsion humérale est autre chose qu'un caractère individuel, il faudrait un nombre élevé de mensurations de façon à pouvoir prendre des moyennes et établir des séries.

c) *Variations du tibia.* — On a fait quelque bruit autour d'une disposition particulière que présente parfois le tibia humain, qualifié alors de platycnémique ou en lame de sabre. La diaphyse s'aplatit d'un côté à l'autre dans sa partie supérieure, l'inférieure ne se modifiant pas. Après l'avoir présentée comme l'apanage exclusif de certaines populations préhistoriques de l'Europe, on a été amené à reconnaître par de nouvelles observations l'inexactitude de cette assertion, et l'anthropologie se demande aujourd'hui quelle est la valeur de ce caractère.

L'étude des pièces osseuses nous a convaincu qu'il est peu d'os aussi polymorphes que le tibia. En cherchant les rapports de sa largeur à son épaisseur, dans la moitié supérieure et dans l'inférieure, on trouve des écarts notables. Sa variabilité semble, dans les races animales domestiques, sous l'influence de l'individualité, du régime alimentaire et de l'exercice de l'appareil locomoteur.

Virchow incline à penser que la platycnémie constatée sur les tibias humains est non pas un caractère de race, mais le signe d'un effort musculaire extrême et que les individus qui la présentent étaient rapides coureurs.

Sur les animaux et dans une même race, on rencontre des tibias à indices différents ; l'alimentation joue dans leur morphologie comme dans toute celle du squelette, le premier rôle en les épaississant quand elle est abondante et bien choisie. L'influence ethnique, si tant est qu'il en faille tenir compte, est très faible.

d) *Conformation du métatarsien principal.* — Hering et Sanson ont remarqué que les métatarsiens principaux des chevaux africains sont prismatiques, à base triangulaire, au lieu d'être à peu près régulièrement cylindriques comme ceux des autres races, et le second de ces auteurs qualifie cette disposition d'ethnique.

CHAPITRE V

CARACTÈRES FOURNIS PAR LA PHYSIOLOGIE ET LA PATHOLOGIE DANS LA DISTINCTION DES RACES MODIFICATIONS APPORTÉES PAR L'AGE A QUELQUES CARACTÈRES

Les dissemblances anatomiques décrites dans les chapitres précédents entraînent des différences physiologiques et même pathologiques. On s'en sert peu, en général, pour la diagnose ethnique, parce qu'on ne les constate guère que quand on a élevé soi-même les animaux ou qu'on les possède depuis quelque temps. Elles font partie de la caractéristique et il est indispensable de les signaler, car si leur connaissance est d'une utilité pratique moins grande que celle des caractères anatomiques et exté - rieurs quand il s'agit de déterminer une race, elle les surpasse lorsqu'il faut l'apprécier.

Section première. — Caractères physiologiques

Des qualités spéciales fixées dans une race font partie de son *quid proprium*. Une grande fidélité, l'intelligence dans la garde des troupeaux sont propres à des groupes de chiens ; un odorat très subtil en caractérise d'autres, celui des braques en particulier, tandis qu'il est peu développé dans celui des lévriers. Il a déjà été parlé de la remarquable faculté d'arrêter le gibier possédée par une catégorie de chiens.

La voix offre des différences marquées : dans la race de Berkshire, le cri est plus aigu, plus sifflant que dans les autres races porcines; le chant du coq de Yokohama est différent de celui du cochinchinois et celui-ci a un timbre autre que le coq ordinaire. Le roucoulement du pigeon boulant se distingue de celui du biset, le sifflement du canard de Labrador n'est pas celui du canard ordinaire. Dans l'espèce canine les différences sont nettes aussi, car il n'y a pas de comparaison à établir entre la *gorge* du Saint-Hubert, du basset ou de l'épagneul et le cri du bichon ou du havanais.

Les dissemblances relatives à la puissance digestive et à la facilité d'engraissement sont remarquables et établissent entre les races des démarcations qui se traduisent par des écarts considérables dans le prix des animaux. Dans l'espèce bovine, les races shorthorn, de Hereford, charolaise, nivernaise, limousine, dans les moutons, celles de new-leicester, de Southdown et leurs métis, les races porcines anglaises et la craonnaise, les volailles de Dorking, de Bresse, de la Flèche, les canards d'Aylesbury s'engraissent mieux que d'autres.

Il y a quelque différence dans la façon dont la graisse s'accumule et forme des maniements; ainsi dans les bêtes durhams, le maniement situé à la naissance et de chaque côté de la queue se montre de bonne heure et ne fait jamais défaut, tandis qu'il n'apparaît pas ou apparaît tardivement sur les montbéliards et les aubracs. La coloration de la graisse et de la viande n'est pas la même dans toutes les races d'une espèce : le suif des bœufs algériens est plus coloré que celui des nivernais et la chair des moutons australiens est plus foncée que celle des européens.

La respiration présente aussi des différences, son rythme est plus rapide dans des races que dans d'autres. Mais ce n'est pas plutôt celle-ci que celle-là qui présente ces modifications, conformément au principe posé par Bert, c'est la taille qui les impose, la respiration étant plus fréquente dans les petites que dans les grandes; on en jugera par les observations suivantes :

ESPÈCES ET RACES	AGE	TAILLE	PULSATIONS A LA MINUTE	MOUVEMENTS RESPIRATOIRES A LA MINUTE	TEMPÉRATURE
Cheval flamand. . . .	6 ans.	1,77	33	16	36°0
— perchcron. .	10 ans.	1,66	40	16	38°
— belge. . . .	12 ans.	1,66	38	17	38°
— corse. . . .	10 ans.	1,27	54	22	38°1
Vache hollandaise. .	8 ans.	1,41	48	12	38°1
— valaisane. . .	8 ans.	1,12	47	20	38°2

La circulation et la température sont influencées de la même façon. Mais la taille n'est pas la seule cause qui agisse sur la température, il faut tenir compte du revêtement pileux, fort différent surtout dans les races ovines et canines. Ainsi le chien nu de Chine a une température inférieure de 0°,6 à celle des autres races prises en bloc (Dubois). Peut-être d'autres actions thermogènes interviennent-elles. Il serait curieux de savoir si les races méridionales ont une température différente de celles des régions tempérées ou froides.

En parlant du fond, nous avons fait voir que cette précieuse qualité, une fois acquise par une gymnastique convenable, devenait un apanage de race et nous avons cité les chevaux orientaux comme spécialement bien doués de ce côté. Les amateurs de cynégétique sont unanimes à reconnaître qu'il est des races plus persistantes que d'autres à la poursuite du gibier.

A côté, se place la résistance à l'action d'un climat débilitant. Il a été remarqué que le braque et l'épagneul résistent moins bien au climat africain que le pointer.

De semblables observations ont été faites sur les populations humaines et toutes choses égales du côté de la nourriture et des conditions ambiantes, la résistance à la fatigue des Ottomans et des Persans a été trouvée supérieure à celle de populations plus vigoureuses en apparence.

Nous ne ferons que rappeler les différences dans la vitesse si marquées dans les Équidés et les chiens, en partie sous la dépendance de la conformation, en partie sous celle de l'hérédité; la rapidité du fox-hund et du griffon de Vendée est bien connue.

La fonction de reproduction, une de celles qui ont été le plus modifiées par la domestication, montre des différences importantes suivant les races.

Il est acquis en anthropologie que la puberté se déclare plus tôt dans les pays chauds et sur les races qui se sont formées dans ces régions que dans les contrées tempérées et froides. Le cycle de la vie sexuelle de la femme y est également plus tôt parcouru ; commencée à 12 ans, elle se termine à 35. On pourrait se demander s'il ne s'agit pas là plutôt d'une influence climatérique que d'une action ethnique, puisque des races différentes, vivant côte à côte dans les mêmes conditions, offrent des particularités de même sens. L'influence de la race n'est pas niable, car les Juives de Russie sont nubiles à 13 ans, tandis que les Slaves au milieu desquelles elles vivent ne le sont que plus tard.

On manque, en zootechnie, de renseignements précis sur ce point. On sait seulement que le perfectionnement des animaux en vue de la boucherie retarde un peu l'éveil des fonctions reproductrices.

La race a, dans le groupe des Ruminants, une influence remarquable sur la durée de la gestation, influence due pour la plus grande partie, mais non totalement, à la masse qui est, comme nous l'avons dit, un élément ethnique important.

Mais la masse n'est pas le seul facteur de la différence de durée de la gestation, il en est d'autres qui, bien que non isolés, ont une action indéniable. Nous avons pu suivre ce point avec précision sur l'espèce bovine de notre ferme; les chiffres suivants représentent la moyenne du temps de la gestation observé sur onze races ou sous-races différentes, de 1880 à 1888; on a laissé de côté celles qui, n'étant représentées que par une unité, ne pouvaient donner lieu à une moyenne. Elles ont été groupées par ordre décroissant:

	DURÉE MOYENNE DE LA GESTATION
	jours
Race de Schwitz.	288,75
— fribourgeoise et comtoise.	287,50
— auvergnate.	286
— tarentaise.	282
— flamande.	280
— durham.	280
— valaisane.	279,65
— jersyaise.	279,40
— d'Ayr.	279
— hollandaise.	279
— bretonne.	277

Ce qui donne, pour l'ensemble de ces onze races considérées en bloc, une moyenne de 281 jours 70.

Dans les cas de croisement, la race dont la gestation est la plus longue transmet généralement ce caractère sans que, cependant, la durée atteigne tout à fait ce qu'elle est dans cette race. A titre d'exemple nous citerons les croisements Ayr-Schwitz dont la durée moyenne de la gestation fut de deux cent quatre-vingt-cinq jours et demi.

Toutes choses étant égales comme alimentation, climat, soins, etc., il existe une différence de onze jours trois quarts entre la moyenne maximum représentée par la race de Schwitz et la moyenne minimum que donne la bretonne.

Lorsqu'on commente les chiffres ci-dessus, on voit que, s'il est des races de bonne taille comme la flamande, la durham, la hollandaise qui ont une gestation courte, comparée à des races de même taille et de même poids, ce qui implique nécessairement une influence ethnique, par contre, toutes les races de petite taille ont une gestation faible et aucune n'atteint le chiffre de deux cent quatre-vingt-un jours comme moyenne. On semble donc autorisé à penser que la taille influe sur la durée de la gestation. Si, poussant l'analyse plus loin, on prend deux sous-races de petite taille pour les comparer à la race dont elles dérivent, mais qui est restée plus grande, le raccourcissement se montre fort nettement. En comparant la tarentaise à la schwitz et la valaisane à la fribourgeoise dont elles ne sont que des rameaux à taille et à poids diminués, on voit une différence de six jours soixante-quinze et de sept jours soixante.

Dans les races ovines des observations de même sens ont été faites par Nathusius et confirmées par plusieurs observateurs ; elles sont réunies dans le tableau suivant :

	DURÉE MOYENNE DE LA GESTATION
	jours
Mérinos.	150,3
Southdowns.	144,2
Demi-sang mérinos-southdown	146,3
Trois quarts de sang southdown.	145,5
Sept huitièmes de sang southdown.	144,2

Nous hésitons à affirmer que, dans l'espèce chevaline, la race a vraiment de l'influence; nous avons vu dans chaque groupe ethnique des différences si considérables que nous sommes portés à faire jouer un rôle prépondérant à l'individualité. D'autre part, la masse ne semble point avoir une action bien efficiente; voici d'ailleurs quelques chiffres :

RACES	DURÉE MOYENNE DE LA GESTATION	D'APRÈS
Persane.	341 jours	Baumeister et Rueff
Arabe.	338 —	—
Orloff.	341 1/2 —	—
Anglaise de course.	335 —	Fleming.
Boulonnaise.	335 —	Viseur.
Métisses 1/2 sang fécondées par 1/2 sang.	314	Cornevin.

Eyton a avancé que les grandes races canines ont une gestation plus longue que les petites. Jusqu'ici, nos observations nous forcent à réserver notre opinion.

La race paraît avoir une influence particulière sur la fécondabilité. L'espèce humaine a fourni l'observation suivante :

Sur des Fuégiennes voyageant en Europe, on a remarqué l'absence de flux cataménial pendant six mois, et à l'autopsie de deux d'entre elles, il n'y avait même pas d'ovules voisins de la maturité. On soupçonne que l'ovulation ne se fait point chez elles comme dans la race blanche, mais il faudrait que l'observation précédente fût renforcée par d'autres.

On observe dans l'industrie de l'élevage que des races sont plus difficiles à féconder que d'autres dans une saison donnée; telle est la race ovine de Southdown. A la ferme de l'École, M. Caubet a remarqué qu'en automne, au mois d'octobre particulièrement, la fécondation des brebis de cette race se fait très bien, tandis que, dans une autre saison, elle est plus difficile et aléatoire. Nous nous sommes demandé si cette particularité tient au mâle dont la fonction spermogène sommeillerait, ou à la femelle qui aurait un rut annuel plutôt que des chaleurs périodiques. L'hypothèse du sommeil de la sécrétion spermatique doit être abandonnée, car un bélier southdown placé dans un troupeau de brebis de Sahune les a fécondées pendant toute l'année, au fur et à mesure qu'elles entraient en chaleur. La particularité observée tient à la femelle.

Quant à la fécondité proprement dite, ses variations, indéniables dans les Mammifères, sont particulièrement apparentes et faciles à suivre dans les races de pigeons et de poules.

Le bizet ordinaire peut pondre seize œufs par an et donner huit couvées tandis que le pigeon romain et le bagadais n'en pondent que cinq ou six et ne donnent que trois couvées. La poule de Campine donne cent quatre-vingts œufs par an, la commune cent cinquante, la crève-cœur cent dix, tandis que la cochinchinoise n'en fournit que quatre-vingts.

Les œufs diffèrent par leur grosseur et leur coloration ; ceux de la poule bentam comparés à ceux de la poule ordinaire sont plus petits tandis que ceux de la poule de Crèvecœur sont plus gros. La cochinchinoise, la yokohama et la négresse donnent des œufs à coquille jaunâtre, tandis que les poules communes, les bressanes, les houdans et les crèvecœurs en pondent de blancs. Même observation à propos des canards ; les œufs du canard ordinaire sont blanc-rose tandis que ceux du labrador sont d'abord presque noirs pour devenir enfumés et à la fin de la ponte, n'être qu'un peu plus foncés que ceux du canard commun.

Des recherches seraient à faire sur la proportion d'albumine vis-à-vis du jaune et sur la composition de celui-ci dans les œufs des principales races.

L'influence ethnique a été observée par les démographes pour l'espèce humaine. Dans le parallèle statistique entre les races blanche et de couleur publié à Washington pour l'année 1887, on lit que, pour quarante cas de jumeaux chez les blancs, on en a cent deux chez les nègres, à population mariée égale.

M. Topinard, qui commente ce fait, dit qu'un seul enfant chez l'homme est un caractère de supériorité, tandis que deux ou trois jumeaux impliquent l'infériorité. Cette explication est peu satisfaisante, car, dans la série zoologique, la domestication a toujours pour résultat d'élever la fécondité.

En tout cas, la procréation gémellaire dans la race nègre restée en Afrique n'est pas rare et la crainte ou l'ennui qu'elle lui inspire a même donné naissance à deux coutumes, l'une ridicule et l'autre infâme. La première, pratiquée par les Hottentots, consiste dans l'ablation d'un testicule aux enfants vers neuf ou dix ans, afin qu'ils ne puissent procréer de jumeaux, pense-t-on ; la seconde, usitée à la côte de Guinée, consiste à faire périr la mère et les jumeaux auxquels elle a donné le jour.

La fécondité des Mammifères domestiques, d'après la race, ne peut guère s'apprécier chez les espèces unipares qu'en recherchant le rapport des gestations multiples aux gestations simples.

Il est possible que, dans les races chevalines et bovines, l'influence ethnique se fasse sentir, mais malgré le soin mis à dépouiller les observations qui s'y rapportent, je n'ai pu me faire une opinion sur ce point, la désignation de la race étant trop souvent passée sous silence et, partant, les comparaisons impossibles.

Lorsqu'il s'agit de l'espèce ovine, les faits sont plus nets et les différences ethniques profondes. Deux groupes se placent en tête de tous les autres par leur fécondité et les gestations gémellaires y sont la règle, ce sont les races flamande ou texeloise et de Yung-ti ou chinoise.

Les Hollandais ont introduit la première au commencement du XVIIe siècle dans la province de Groningue et à l'île de Texel, en important des moutons des Indes orientales suivant les uns, de la Guinée suivant les autres. Ils se sont étendus dans l a région des alluvions danoises de l'Est et ils ont constitué la race flamande. La règle est que les brebis donnent trois agneaux par agnelage ; il en est toujours un certain nombre qui en donnent quatre et quelques-unes deux seulement.

La race de Yung-ti, introduite en Angleterre en 1861 et en France en 1863, est peut-être la souche de la précédente. On la qualifie aujourd'hui de prolifique, parce que deux fois par an les brebis donnent une portée composée exceptionnellement de cinq, un peu plus souvent de quatre et habituellement de trois agneaux.

La race laitière du Larzac est passablement féconde : Roche-Lubin a suivi un troupeau de cinquante brebis dont vingt-cinq ont donné deux agneaux, soit 50 pour 100.

La race mérinos et les nombreuses populations métisses qu'elle a fournies donnent beaucoup moins de naissances gémellaires. Sur un effectif de trois mille brebis espagnoles suivi par Lessona, il n'y en eut que cent soixante-dix qui donnèrent deux agneaux, soit 5,66 pour 100.

A Rambouillet, sur 3329 brebis qui agnelèrent de 1872 à 1883, 357 seulement ou 10,7 pour 100 donnèrent des jumeaux (Bernardin).

Dans l'espèce cuniculine, la fécondité est très différente suivant les races ; ainsi tandis que la lapine grise ordinaire donne huit, dix et même quinze petits, les portées de la lapine russe sont en moyenne de quatre.

L'état de développement et le poids des jeunes à la naissance, la rapidité de leur croissance, leur évolution dentaire sont également le fait de la race en partie.

Bien qu'issus de parents de forte stature et de bon poids, les veaux hollandais à la naissance ne dépassent guère 35 kilogrammes, tandis que les fribourgeois et les tauraches ont une moyenne de 42 kilogrammes. A la sortie de l'œuf, les poulets cochinchinois et guinéens sont nus ; les métis qui résultent de la fécondation d'une poule commune par un coq cochinchinois sont en partie dépourvus de duvet aussi, tandis que les poulets issus des races européennes pures ou de métissages exécutés entre ces races sont toujours protégés par un duvet suffisant.

Le lecteur prendra une idée des différences dans le mode d'accroissement, s'il veut bien se reporter au chapitre relatif à la production des jeunes où ce sujet est traité avec les développements nécessaires.

Section II. — Caractères pathologiques

On ne peut s'étonner de voir que les races possèdent des attributs qui ont été reconnus à des individus et qui ont été désignés sous les noms de forte réceptivité et d'état réfractaire. Le milieu intérieur des organismes d'une race, résultat en partie du milieu extérieur, possède des propriétés spéciales. Il forme un terrain propre à l'évolution de maladies, réfractaire totalement ou partiellement à d'autres.

Malgré ce qu'aurait de probant une excursion dans le domaine de la pathologie végétale qui montrerait la grande diversité de résistance des races et variétés de vignes pour les maladies parasitaires, nous ne nous y engagerons pas.

L'observation des groupes humains au point de vue de la pathologie comparée est également instructive. Le parallèle des races nègre et blanche pour leur résistance respective à la malaria et à la fièvre jaune donne, d'après Bordier, les résultats suivants [1] :

	MORTALITÉ PAR LA MALARIA POUR 1000 SUR LES	
	ANGLAIS	NÈGRES
A la Jamaïque.	101,9	8,3
A la Guyane.	59,2	8,5
A la Trinité.	61,6	3,2
A Sierra-Leone.	410	2,4

Le nègre n'est donc point complètement réfractaire à l'impaludisme comme on l'avait avancé autrefois, mais il est beaucoup moins sensible que le blanc. Il jouit du même privilège pour la fièvre jaune.

Si l'on recherche l'influence des races sur la réceptivité pour la phtisie, on voit qu'elles peuvent se grouper dans l'ordre décroissant suivant:

1. Polynésiens.   3. Blancs
2. Nègres.   4. Jaunes.

Parmi les populations de cette dernière race, on cite les Thibétains comme en étant complètement exempts. Ils vivent à une altitude considérable et leur habitat, entre autres choses, a peut-être contribué à les doter de la résistance qui les caractérise.

La symptomatologie est également modifiée ; ainsi la fièvre intermittente chez le blanc affecte le plus souvent le type *quotidien*, elle est *tierce* chez le nègre.

Deux espèces très voisines, susceptibles de s'accoupler et de donner des produits indéfiniment féconds, peuvent avoir une réceptivité très différente pour une maladie. Le mouton et la chèvre sont loin de se comporter de même en face de la clavelée et on s'est demandé, dans les rares occasions où on a observé une éruption claveloïde sur l'espèce caprine, s'il s'agissait d'une maladie identique à celle du mouton. Puisqu'il est des races qui morphologiquement sont plus éloignées les unes des autres que des espèces, on ne s'étonnera point de les voir réagir dissemblablement vis-à-vis des ferments et des virus, parce que des différences de

[1] Bordier, *Géographie médicale*, Paris, 1884, page 475.

surfaces et de diamètres et des retouches ne les séparent pas seulement, mais leur constitution intime s'est également modifiée sous l'action des causes extérieures.

Après avoir dépouillé le bacille charbonneux de sa virulence, M. Chauveau a montré que la restitution de cette propriété est possible et de plus que ce bacille redevenu mortel pour telle espèce ne l'est pour une autre espèce que si on le cultive dans un bouillon additionné du sang d'un animal de cette dernière. Chaque sorte de sang a donc son action propre sur le microbe.

Ce qui se passe quand il s'agit d'espèces est vrai lorsqu'on est en présence de races suffisamment éloignées les unes des autres. L'observation a appris que la clavelée évolue sous une forme relativement bénigne sur les moutons algériens tandis qu'elle est grave sur ceux d'Europe et occasionne des pertes sensibles. D'après une expérience de M. Nocard, les moutons bretons seraient réfractaires à cette maladie.

Le charbon symptomatique de l'espèce bovine, en France, a une terminaison qui est à peu près toujours mortelle ; en Algérie les bœufs opposent une résistance plus grande à cette affection et les guérisons n'ont point le caractère exceptionnel constaté en Europe.

Si l'on objectait que la différence de résistance tient, pour une part, à l'atténuation que subissent les virus sous l'influence du soleil et de la lumière d'Afrique, on pourrait répondre que les moutons de races européennes transportés en Algérie y contractent parfois une clavelée très grave, mais la démonstration expérimentale a été donnée qu'il s'agit d'une immunité due à la race et issue du milieu. M. Chauveau a inoculé comparativement, avec le même virus charbonneux, des moutons mérinos et des barbarins. Les premiers sont morts dans le laps de temps accoutumé, tandis que les seconds sont sortis indemnes de l'épreuve ou n'ont succombé que sous des doses massives[1]. En voici une autre preuve : Les plaines de la Mitidja sont insalubres ; à côté de la fièvre paludéenne qui sévit sur l'homme, une affection encore mal connue prélève un tribut très lourd sur les bêtes bovines de la Suisse ou de la France qui y sont importées, tandis que les bœufs arabes ne sont point ou sont très peu frappés (Delamotte).

Les connaissances scientifiques actuelles permettent d'interpréter le mécanisme de l'immunité, complète ou partielle, acquise par certaines races animales. Vivant dans un milieu infecté, possédées par des populations qui n'ont pris aucun souci de leur hygiène ni tenté d'éloigner d'elles les contages, elles se sont inoculées spontanément avec des doses diverses

[1] Chauveau, De la prédisposition et de l'immunité pathologiques. — Influence de la provenance ou de la race sur l'aptitude des animaux de l'espèce ovine à contracter le sang de rate (Comptes rendus de l'Acad. des sciences, 1879).

de virus; celles qui en ont reçu une quantité très forte ou qui étaient chétives ont succombé, celles qui n'en ont reçu qu'une plus faible ou qui étaient exceptionnellement vigoureuses ont résisté. Les choses continuant ainsi de génération en génération, il s'est formé par cette sélection, des races douées de l'immunité.

Mais qu'une de ces races, dont l'immunité est soutenue à chaque génération, soit emmenée hors de son aire géographique primitive, l'imprégnation virulente qu'elle avait reçue diminuera et progressivement elle se dépouillera de cet apanage, comme le mouton perd sa toison quand, d'un climat tempéré, il passe sous les tropiques. On trouve dans la France méridionale des moutons de souche barbarine; l'observation et l'expérimentation ont montré qu'ils ont perdu ou perdent peu à peu l'immunité contre le charbon possédée par le tronc dont ils dérivent.

La résistance aux contages a son pendant dans la résistance aux poisons. Le mouton pyrénéen broute sans inconvénient le feuillage du *Quercus tosa*, tandis que le southdown qui s'en nourrit est atteint d'hématurie. Gréhant a constaté que, pour un même poids et un même volume, les chiens, selon leur race, résistent différemment à l'action toxique de l'oxyde de carbone. Certaines races succombent lorsque la proportion de ce gaz dans l'air respiré s'élève à 1/200, d'autres à 1/300 et enfin d'autres à 1/400.

Section III. — Influence de l'âge sur les caractères ethniques

Si l'on doit s'adresser aux adultes quand il s'agit de faire une détermination ethnique, néanmoins la connaissance d'une race n'est complète que si l'on a suivi quelques individus de la naissance à la vieillesse, parce que l'âge apporte des variantes qui, toujours reproduites d'une façon identique à un même moment de la vie, font aussi partie de sa caractéristique. Elles constituent un cycle que parcourt l'individu en vertu de la race à laquelle il appartient.

Lorsqu'il s'agit de l'homme, on divise son existence en six périodes: la première enfance, la deuxième enfance, l'adolescence, la jeunesse, l'âge mûr et la vieillesse. Pour les Mammifères domestiques, on se contente de quatre divisions désignées sous les noms de : période d'allaitement, jeunesse, âge adulte et vieillesse. Pour des raisons économiques indiquées en leur lieu, cette dernière doit être purement théorique dans les animaux comestibles qu'on ne laisse point dépasser l'âge adulte.

A chacune de ces périodes, les animaux portent des noms qui, à eux seuls, sont déjà des preuves qu'il y a particularisation par des caractères spéciaux. Il faut voir en quoi consistent ceux-ci au début et à la fin de la vie, puisque dans tous les chapitres précédents consacrés à l'ethnologie, on a visé les adultes.

Les différences pondérales, sans influence sur la morphologie des individus et des types, seront laissées de côté ; on s'attachera à suivre les modifications apportées par l'âge dans la coloration, les phanères, la tête et ses appendices. Ce qui concerne le tronc et les membres trouvera mieux sa place au chapitre accroissement.

I. VARIATIONS DE LA COLORATION ET DES PHANÈRES D'APRÈS L'AGE

La coloration est influencée par la jeunesse et la vieillesse.

A. *Influence du jeune âge sur la coloration.* — En thèse générale et sauf les exceptions qui seront indiquées, la coloration de la peau et des phanères est moins prononcée à la naissance et pendant la première jeunesse qu'à l'âge adulte.

La chevelure de l'enfant de race blanche est moins foncée qu'elle le sera plus tard, elle est souvent blonde alors qu'elle deviendra ultérieurement noire. Les enfants des Indiens ont la peau notablement plus claire à la naissance que plus tard et les négrillons naissent avec une peau rougeâtre ; la coloration se montre d'abord au mamelon, autour des ongles et au scrotum, puis à la nuque, aux aisselles et aux aines et enfin elle gagne le reste du corps.

Des changements de nuances, de tons et parfois d'agencements de coloration sont offerts par les animaux sauvages et par les espèces domestiques. Le marcassin, le pécari et la taupe, qui, adultes, seront noirs ou à peu près, naissent l'un zébré, l'autre rougeâtre et la troisième d'un gris cendré.

Dans l'espèce bovine, l'amoindrissement de la pigmentation est manifeste. Les veaux de la race de Schwitz qui deviendront gris foncé, sont d'un gris très clair à la naissance ; à ce moment ils ont le pelage que conservent toute leur vie les bêtes d'Appenzel, et nous en avons observé qui étaient blancs et rappelaient les charolais à mufle noir ou les bêtes italiennes du val de Chiana. Les cils, l'extrémité des crins du toupillon et le mufle dans la partie qui borde les narines et dans le septum qui en sépare les ouvertures seuls étaient noirs. Le plus souvent, néanmoins, une traînée de poils jaunâtres existe sur la ligne dorso-lombaire.

Les animaux qui seront bringés naissent froment ; les zébrures apparaissent seulement vers le deuxième mois, elles débutent par le pourtour de la bouche et des yeux.

Le buffletin, qui plus tard sera noir, naît roux avec des poils abondants et très frisés.

Les brebis de sous-races noires ont des agneaux roux à la naissance ; ils se foncent rapidement.

Le lapereau russe naît entièrement blanc ; à partir de 6 semaines, les extrémités se pigmentent et donnent à l'animal sa caractéristique.

Le duvet des jeunes oiseaux, le plus souvent jaunâtre, est parfois cendré ou roux. Ceux de race noire sont d'abord cendrés, ainsi qu'on peut s'en assurer sur les poussins espagnols, les jeunes cygnes et les canetons du Labrador. En perdant leur duvet, il est beaucoup d'oiseaux qui ne prennent point leur livrée définitive et qui ne la revêtent que quand la sexualité s'est dessinée.

On observe parfois une formation pigmentaire intra-utérine différente de celle qui évoluera plus tard. Des enfants naissent avec de fins cheveux noirs, les perdent et des cheveux blonds apparaissent qui se fonceront avec l'âge.

Dans le groupe des animaux, on voit des agneaux mérinos, issus de père et mère entièrement blancs, naître avec quelques taches brunes larges comme la main. Cela ne doit pas inquiéter l'éleveur sur la pureté de la race ; ces plaques brunes pâlissent et ont disparu quand l'agneau arrive à son sixième mois. Lorsque la race est caractérisée par une coloration brune de la face et des membres, mais avec toison blanche comme la solognote et la tiaret, il est très habituel de voir les agneaux naître complètement roux. Il n'y a pas plus lieu de s'en inquiéter que dans le cas précédent, le pigment disparaîtra pour ne subsister qu'aux points où il caractérise la race.

Il est d'autres exceptions au fait général de la moindre coloration au moment de la naissance. Le poulain, qui plus tard deviendra gris et ulté-rieurement blanc, naît noir, ou bai, ou alezan, mais ne montre pas de poils blancs ou du moins on n'en connaît d'exemples que dans une famille chevaline du Danemark dont les représentants sont appelés *weisgeboren* (blancs à la naissance). Le lapereau de la race argentée ou riche est dans le même cas : noir à la naissance, ce n'est que vers six semaines à deux mois que les poils blancs commencent à se montrer d'abord sous le ventre, puis sur la croupe, les flancs, la tête, arrivent aux épaules pour finir par la ligne dorsale. Les porcs berkshires et essex naissent d'un beau noir.

B. *Influence de la vieillesse sur la coloration.* — L'âge manifeste ses effets par une dépigmentation et conséquemment une décoloration dont la chevelure blanche du vieillard est le type. Sauf sur les Équidés, nous avons peu l'occasion de constater cette décoloration sur les Mammifères domestiques qu'on envoie à la boucherie avant qu'ils n'aient diminué de valeur par un âge trop avancé. Sur tous les chevaux gris, quelles que soient les combinaisons de leur robe, le nombre des poils blancs aug-mente de plus en plus et les animaux arrivent au blanc. Sur les bais, les alezans, on voit des poils blancs ou gris se montrer aux sourcils, quelquefois au front, à la queue, à la crinière, sans compter les taches blanches qui décèlent les blessures et les contusions. Il y a aussi une dépigmentation du pourtour de la bouche, particulièrement à la lèvre supérieure, autour des narines et des ouvertures naturelles, qui constitue les taches de ladre. L'âne et le mulet blanchissent également en vieillissant.

Dans la classe des oiseaux, les effets sont plus frappants, les phanères étant plus abondantes et plus colorées montrent des changements plus accentués. Les sujets à plumage noir prennent rapidement quelques plumes blanches, les poules hollandaises et espagnoles, le dindon et le cygne noirs en offrent des exemples bien connus, et il est inutile de dire que l'apparition de ces plumes en diminue considérablement la valeur. Dans les races grises, la décoloration s'étend ; on la voit se manifester rapidement sur les poules de Crèvecœur.

C. *Modifications des phanères.* — Les poils, les plumes et les autres phanères subissent dans quelques races des modifications dans leur disposition et leur structure.

Le poulain reste avec une crinière dressée pendant sa première année. Le veau et l'agneau sont dépourvus de cornes ; ces appendices commencent à apparaître sous forme de cornillons branlants vers le troisième mois sur le veau (fig. 133) et dès le deuxième chez l'agneau. Les crêtes des gallinacés se montrent aussi vers le deuxième mois.

Une race ovine, celle de Leicester, offre, de par l'âge, une particularité utile à connaître et dont l'ignorance pourrait faire naître des soupçons sur sa pureté ; les agneaux ont sur le front et les joues de la laine suffisamment abondante pour qu'on pense à quelque croisement avec le mérinos. Cette laine disparaît vers six mois et la calvitie caractéristique de l'état adulte se montre.

La structure des phanères est parfois fortement influencée par l'âge. Personne n'ignore que les petits des Oiseaux de basse-cour ont un plumage différent de celui qu'ils porteront ensuite. C'est un duvet constitué par des plumules. Les jeunes Mammifères ont, en général, des poils plus fins que les adultes. Le lainage de l'agneau est formé de brins plus différents les uns des autres en épaisseur que celui du mouton, à extrémité libre plus effilée et dont les courbes propres à la race à laquelle ils appartiennent ne se montrent que quand ils ont une certaine longueur. Leur diamètre s'accroît progressivement jusqu'à ce qu'il ait atteint la normale, ainsi qu'on peut en juger :

			DIAMÈTRE DU BRIN (en millièmes de millimètre)
Agnelle mérinos âgée de 15 jours.	. . . .	13
—	—	1 mois.	15
—	—	2 mois.	17
Brebis	—	adulte.	18

La vieillesse rend la pousse des phanères moins active.

II. MODIFICATIONS CÉPHALIQUES

La tête subit avec l'âge des modifications importantes par elles-mêmes et par le rang que tient la région céphalique dans la diagnose sub-spécifique. Elles se montrent pendant la jeunesse et pendant la vieillesse. Les figures 132 à 135, mieux que toutes les descriptions et les mensurations, montreront, dans leur ensemble, les modifications subies par la tête pendant la période d'accroissement.

La disproportion entre la partie crânienne et la partie faciale des jeunes animaux frappe tout d'abord, le crâne étant proportionnellement plus développé par rapport à la face qu'il le sera ultérieurement. On prend une bonne idée de cette disproportion en examinant les nouveau-nés provenant de races dont la face est particulièrement allongée, comme le lévrier ou le porc celtique.

Les frontaux sont bombés chez les poulains et les veaux; le crâne, moins étroit en arrière des apophyses orbitaires, est relativement arrondi dans toutes les espèces à cause du peu de développement de la protubérance occipitale sur les jeunes Équidés, porcs et chiens, du chignon dans les bovins et de l'effacement de l'arête frontale où doivent se montrer ultérieurement les cornes chez les moutons.

Le grand développement du crâne a pour conséquence une capacité crânienne très forte relativement au poids du corps; on en jugera par les chiffres suivants recueillis sur de jeunes animaux au moment de la naissance:

	Capacité crânienne	Poids vif	Capacité crânienne pour 100 kg. de poids vif
Poulain anglo-normand.	380 cc.	41 kg.	951 cc.
Veau bernois.	265	36	736
Agnelle mérinos.	60	4,170	1438
Porcelet berkshire.	40	1,192	3355

Il en ressort que *la capacité crânienne relative du poulain à sa naissance est plus de six fois, celle du veau et de l'agneau plus de sept fois et celle du porcelet plus de cinquante fois supérieure à celle de l'âge adulte dans leurs espèces respectives.*

En se reportant à ce qui est exposé plus loin de l'accroissement mensuel de la capacité cérébrale absolue, il sera facile d'établir le rapport de cette capacité avec le poids vif; en voici un exemple portant sur l'âge de huit mois:

	Capacité crânienne	Poids vif	Capacité crânienne pour 100 kg. de poids vif
Génisse bressane de 8 mois.	351 cc.	70 kg.	501 cc.
Agnelle dishley —	76	15	506
Porcelet berkshire —	108	47	227

FIG. 135. — Tête osseuse
à l'âge de 40 mois.

FIG. 134. — Tête osseuse
à l'âge de 18 mois.

FIG. 133. — Tête osseuse
à l'âge de 4 mois.

FIG. 132. — Tête osseuse
à la naissance.

Modifications de la tête, dans l'espèce bovine, pendant la période d'accroissement. (On les a suivies sur le taureau de la race hollandaise.)

La capacité crânienne relative s'abaisse à partir de la naissance, mais elle est encore supérieure de beaucoup pendant la jeunesse, surtout chez les ruminants, à ce qu'elle sera à l'âge adulte.

La vieillesse, qui cause tant de déchéance dans l'organisme, amène dans l'encéphale humain une diminution de 72 grammes en moyenne sur son poids primitif. Nous ne possédons aucun document, en zootechnie, sur les modifications pondérales que la décadence sénile cause à l'encéphale des animaux.

La convexité du front a pour résultat de doter les jeunes animaux d'un angle facial plus ouvert que celui des adultes de leur groupe.

On devine combien le développement des sinus, l'apparition et l'accroissement des cornes apportent de modifications dans la partie crânienne de la tête des ruminants.

Si la face était inférieure au crâne en superficie au moment de la naissance, elle ne tarde pas, en raison du rôle important qui lui est dévolu dans la vie de nutrition, à s'accroître proportionnellement davantage que lui. D'autre part, les dents qui apparaissent et se logent dans les mâchoires concourent pour leur part à la modifier.

Pour prendre une juste idée des variations apportées par l'âge sur la face, il est utile d'examiner successivement les modifications subies par les indices nasal et facial.

Les mensurations de la région nasale démontrent qu'à la naissance, les os nasaux sont moins allongés, proportionnellement au reste de la tête, qu'ils le seront plus tard ; il en résulte nécessairement un indice nasal différent de ce qu'il sera sur l'adulte. Les chiffres suivants vont montrer ce qu'il en est dans les deux sexes :

Femelles.

	INDICE NASAL
Pouliche anglo-normande à la naissance.	54,03
Jument — 16 ans.	39,91
Génisse schwitz à 6 jours.	48,61
Vache schwitz à 7 ans.	31,31

Mâles.

	INDICE NASAL
Anon du Poitou à la naissance.	43,44
Baudet du Poitou de 3 ans 1/2.	42,30
Taurillon schwitz à la naissance.	47,61
Taureau schwitz à 3 ans.	43

Le chanfrein, court et relativement large sur les jeunes, subit une élongation relative avec l'âge, élongation harmonique et parallèle à celles des autres parties de la face. Sur la femelle, le nez s'effile davantage, s'éloigne plus fortement de la conformation primitive, tandis que celui du mâle reste plus large, plus près de la forme fœtale. Serait-ce que, proportionnellement au poids du corps ou même au poids seul de la tête, la face de la femelle est plus développée que celle du mâle, *cœteris paribus?*

A leur naissance, tous les animaux domestiques ont l'indice facial plus élevé qu'ils l'auront ultérieurement, leur face est relativement courte à ce moment. Mais l'écart varie suivant les espèces. Le poulain et l'ânon ont une face dont la longueur proportionnelle s'écarte moins de ce qu'elle sera plus tard que les ruminants.

	INDICE FACIAL
Poulain anglo-normand âgé de 48 heures.	54,41
Cheval — — 8 ans.	49,20
Anon du Poitou, 3 jours.	50,66
Ane du Poitou, 3 ans 1/2.	48,59

Les ruminants montrent des écarts plus considérables dont les chiffres suivants, pris sur les représentants d'une même race, donnent une idée complète :

	INDICE FACIAL
Taureau hollandais à la naissance.	79,81
— — 4 mois 1/2.	65,87
— — 18 mois.	63,28
— — 43 mois.	62,56

L'indice facial subit pendant l'accroissement, sur les sujets précoces, des oscillations qui, au terme de la croissance, le ramènent près du point de départ ; un élargissement de la face se produit alors que la longueur n'augmente plus. C'est une manifestation de la précocité. Étudiées sur la tête osseuse de porcs berskhires (fig. 136 à 140), nous avons pu prendre une bonne idée de ces oscillations traduites par les chiffres ci-dessous :

	INDICE FACIAL
Truie berkshire, à sa naissance.	84,31
— — à 20 jours.	79,26
— — à 6 mois.	68,53
— — à 9 mois 1/2.	71,34
— — à 2 ans.	81,28

Pendant la vieillesse, l'indice s'abaisse. En voici un exemple recueilli sur deux vaches et sur deux truies de même race :

	INDICE FACIAL
Vache de Schwitz, 5 ans.	63,69
— — très âgée.	61,81
Truie craonnaise âgée de 3 ans.	67,84
— — de 7 ans.	60

La mandibule se modifie aussi, bien qu'à un degré moindre que le maxillaire supérieur. Au fur et à mesure que les molaires sont chassées de leurs alvéoles, son bord postérieur s'amincit et devient tranchant chez les vieux chevaux.

L'abaissement de l'indice facial n'est pas la seule modification qu'apporte l'âge, il y a parfois production d'os surnuméraires, accidentels qui viennent s'intercaler entre les pièces osseuses constantes et fondamentales et qui en troublent les rapports respectifs.

FIG. 137. — Tête osseuse
à 20 jours.

FIG. 136. — Tête osseuse
de truie à la naissance.

FIG. 138. — Tête osseuse
à 6 mois.

FIG. 139. — Tête osseuse
à 9 mois 1/2.

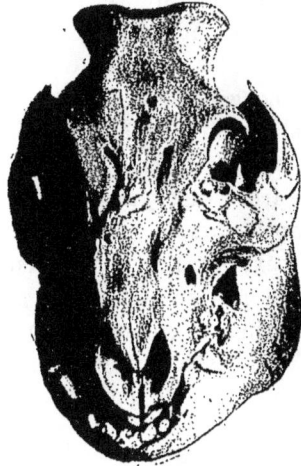

FIG. 140. — Tête osseuse
à 2 ans.

Modifications de la tête, dans l'espèce porcine, pendant la période d'accroissement.
(On les a suivies sur la race berkshire.)

Leur connaissance est fort avancée en anatomie humaine et en anthropologie. Depuis Olaüs Worm (1588-1654), qui attira l'attention des savants de son temps sur ces os, qualifiés de *wormiens* en sa mémoire, jusqu'aux travaux les plus récents [1], ils ont été l'objet de recherches et de considérations qui ne manquent pas d'intérêt. En anatomie comparée et en zootechnie, on les a moins étudiés.

Et pourtant, quand on examine des séries importantes de têtes osseuses provenant d'animaux domestiques, d'espèces et de races diverses, on constate que ces os ne sont pas plus rares chez eux que dans l'espèce humaine ; seulement leur répartition est différente.

Les wormiens de l'homme sont *crâniens*, ceux des animaux sont sur-

[1] Voyez : *Dictionnaire encyclopédique des sciences médicales*, article CRANE, par M. Pozzi, t. XXII, 1ʳᵉ série.

De l'os des Incas et des autres formations analogues, par M. Anoutchine (*Bulletin de la Société des amis des sciences naturelles* de Moscou, 1880).

Étude anatomique et anthropologique sur les os wormiens, par le Dʳ Chambellan, 1883.

tout *faciaux;* il y a là une différence essentielle qui s'explique d'ailleurs très bien par le rapport inverse entre le développement du crâne et celui de la face et dont elle n'est qu'une conséquence.

Les wormiens du crâne des animaux, peu nombreux et peu étendus, n'ont de l'intérêt qu'au point de vue de l'anatomie pure[1], aussi seront-ils laissés de côté en ce moment; les faciaux seront au contraire étudiés avec détails.

Pour ne pas multiplier les subdivisions, on classera parmi les wormiens faciaux ceux qui se trouvent entre le crâne et la face, comme le fronto-nasal et l'orbitaire.

Dans les séries de têtes de fœtus et de jeunes sujets des espèces bovine, ovine, caprine et porcine, nous n'avons jamais vu l'analogue de la fontanelle naso-frontale humaine. Mais il existe à la jonction du frontal, du lacrymal et du sus-nasal une fontanelle faciale qu'on pourrait qualifier de fronto-lacrymo-nasale. Elle se voit dans les espèces bovine, ovine et caprine ainsi que sur d'autres ruminants, tels que l'alpaca, le mouflon, l'ibex, etc. Elle persiste ou se comble, suivant les races et les individus, dans les espèces bovine et ovine ; elle persiste toujours dans l'espèce caprine. C'est même un caractère céphalique à ne pas négliger dans l'étude ostéologique de la chèvre, il la rapproche des ruminants sauvages et l'éloigne de quelques races de moutons.

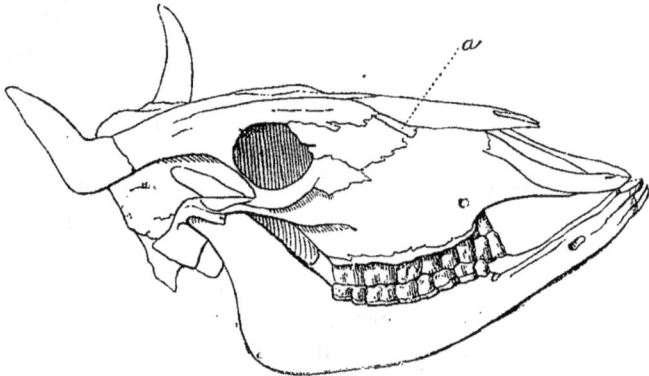

Fig. 141. — Wormien lacrymo-fronto-nasal.

La fontanelle dont il s'agit est le lieu où j'ai vu le plus souvent se développer un os wormien. Dans les autres points de la face, le développement s'est fait dans les diverses sutures.

A. Os FONTANELLAIRE LACRYMO-FRONTO-NASAL. — Situé entre les trois os auxquels il emprunte son nom, comblant en totalité ou partielle-

---

[1] Ch. Cornevin, Étude sur les os wormiens des animaux domestiques *(Revue d'anthropologie,* 1888).

ment la fontanelle, ce wormien peut se présenter d'un seul ou des deux
côtés. Sa forme et ses dimensions sont fort variables. Parfois, c'est une
plaquette étroite, mais dont la longueur égale la largeur du lacrymal
qu'elle complète (fig. 141, *a)*. D'autres fois il est plus large. Quand
il existe à droite et à gauche, le plus souvent sa forme et ses dimensions
diffèrent d'un côté à l'autre.

Dans l'espèce bovine, le wormien fronto-lacrymo-nasal a été vu dans
la proportion de 1 sur 10 têtes examinées et pour l'espèce ovine, dans
celle de 1 sur 20.

B. Os wormiens suturaux de la face. — Nous les avons rencontrés
dans six endroits différents.

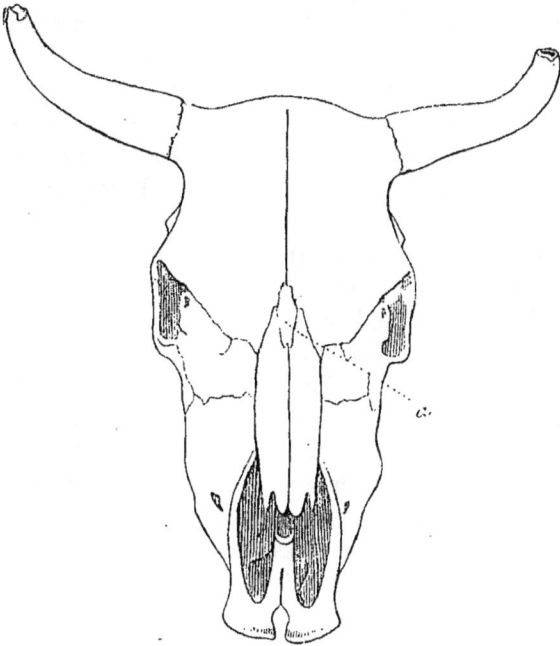

Fig. 142. — Wormien fronto-nasal.

1° *Wormien fronto-nasal.* — Placé au point de rencontre des sus-
nasaux et des frontaux (fig. 142, *a)*, cet os peut occuper la partie
médiane fronto-faciale. Dans l'espèce humaine, la suture médio-frontale
disparaît de bonne heure et la suture métopique est l'exception ; dans
l'espèce bovine, la persistance de cette suture est la règle, au moins pour
le temps habituel pendant lequel nous laissons vivre nos animaux avant
de les envoyer à la boucherie, d'où l'explication de la fréquence relative
du wormien fronto-nasal dans cette espèce. On rencontre aussi ce wormien à droite ou à gauche de ladite suture.

Qu'il soit médian ou latéral, comme ses dimensions sont variables, il peut s'enfoncer plus ou moins dans le frontal d'une part et entre les sus-nasaux d'autre part, en formant coin. Ses bords sont irréguliers et son épaisseur des plus variables ; tantôt ce n'est qu'une simple écaille formée aux dépens de la partie externe de la table osseuse voisine, tan-tôt c'est un os en occupant toute l'épaisseur.

2° *Wormien internasal.* — Situé complètement entre les deux sus-nasaux, sur la ligne médiane, sa pointe supérieure ne dépasse pas la jonction des os du nez avec le frontal.

3° *Wormien orbitaire.* — Intercalé dans l'orbite, au point de ren-contre du maxillaire, du lacrymal et du frontal, irrégulier, ne dépassant pas 3 centimètres dans son plus grand diamètre, cet os supplémentaire a été vu sur deux têtes de chevaux de course et du côté droit seulement.

4° *Wormien zygomato-maxillaire.* — Au point de contact du zygo-matique avec le grand sus-maxillaire, en face de la tubérosité malaire, nous avons trouvé, dans l'espèce bovine, un wormien intercalé dans la suture, très dentelé et présentant une série de renflements et de rétrécis-sements qui se prolongeaient jusqu'au niveau de la dernière molaire.

5° *Wormien maxillo-nasal.* — Cet os a été trouvé sur le bord anté-rieur du grand sus-maxillaire au point où il vient se mettre en rapport avec le nasal. Souvent, dans l'espèce bovine, le contact entre ces deux os n'est pas immédiat, il y a un hiatus de largeur variable comblé quelque-fois par la prolongation de l'apophyse externe de l'os incisif qui arrivait jusqu'au lacrymal et parfois jusqu'au frontal en passant devant le lacrymal. Cet hiatus est plus fréquent encore dans l'espèce ovine ; on sait, du reste, que ce n'est que dans la jeunesse, et exceptionnellement dans l'âge adulte, que l'extrémité de l'apophyse externe de l'incisif du mouton vient toucher l'os du nez. Pour combler le vide, un wormien allongé et dentelé était jeté entre les deux os qu'il unissait.

6° *Wormien maxillo-naso-incisif.* — Le wormien dont il vient d'être parlé s'arrêtait à la rencontre de l'apophyse externe de l'incisif. Celui dont il est question maintenant naît à la jonction des trois os nasal, maxillaire et incisif et, en se développant, il peut se glisser entre le sus-nasal et l'apophyse externe de l'os incisif et aboutir à l'angle du nez. Jusqu'à présent, ce wormien n'a été vu par nous que sur le porc et le sanglier ; sa fonction paraît être d'élargir et de renforcer le groin.

La constatation faite, il s'agit de rechercher la signification des os dont il vient d'être parlé.

Du moment que nous les avons qualifiés de wormiens, c'était émettre *a priori* l'idée qu'ils n'avaient aucun rapport avec les noyaux d'ossifica-tion des os qu'ils avoisinent, qu'ils n'étaient en aucune façon des pièces osseuses restées séparées de l'os principal par un arrêt dans les soudures.

L'étude de têtes appartenant aux espèces bovine, ovine, caprine et porcine, recueillies à diverses époques de la gestation et dans les premiers mois de la vie, a pleinement confirmé et justifié cette manière de voir. Sans reprendre ici l'examen de l'ostéogenèse des pièces faciales, qu'il suffise de dire que les os supplémentaires que nous venons de décrire n'ont rien de commun avec les noyaux d'ossification de ces pièces.

Mais voici des preuves d'un autre ordre et qui sont concluantes. En examinant l'âge des sujets qui ont présenté des os wormiens, il a été constaté : 1° qu'on ne les a pas rencontrés sur des animaux âgés de moins de 30 mois ; 2° qu'ils sont d'autant plus développés que les animaux sont plus vieux.

La preuve que nous sommes en présence de productions osseuses formées non seulement postérieurement à la naissance, mais à un âge relativement avancé, étant faite, nous sommes portés à les qualifier de dermiques. Elles nous semblent s'accroître sinon durant toute la vie, du moins pendant longtemps, échappant ainsi aux règles qui président à l'élongation des os proprement dits.

Si, laissant de côté les wormiens orbitaires constatés sur deux chevaux de course, nous faisons le relevé des groupes qui ont offert des os supplémentaires, nous voyons qu'aucune race poussée à la précocité dans le sens zootechnique du mot et perfectionnée en vue de la boucherie ne figure dans cette énumération. Les méthodes zootechniques qui amènent la précocité, hâtent la synostose, réduisent le volume du squelette en général et du squelette céphalique en particulier et éliminent, par cela même, les wormiens.

Si les animaux domestiques, que nous considérons en zootechnie comme les plus perfectionnés, n'ont pas ou ont le moins d'os wormiens, c'est un résultat inverse à celui constaté sur l'homme. Les recherches les plus récentes ont fait voir que, dans une race humaine donnée, les wormiens sont d'autant plus nombreux ou d'autant plus étendus que la capacité crânienne est plus considérable et que les synostoses se font plus tard. Il semble que, pour s'élargir sous l'influence du travail cérébral, le crâne humain ait recours à des pièces supplémentaires, telles qu'on peut en mettre, après coup, à un vêtement trop étroit.

LIVRE TROISIÈME

LES PROCÉDÉS ZOOTECHNIQUES

En dehors des actes qu'ils exécutent spontanément pour leur conservation individuelle et celle de leur espèce, les animaux domestiques ont des fonctions spéciales à remplir que l'homme leur impose en vue de ses convenances.

Leur accomplissement nécessite l'intervention humaine qui s'exerce par des *procédés* ou *méthodes zootechniques*. Ces procédés, qui visent la propagation des groupes, la vie de relation et celle de nutrition, sont basés, les uns sur le choix des sujets à propager, les autres sur l'exercice méthodique d'un ou plusieurs organes et appareils pour en obtenir un rendement maximum.

La réussite dans l'exploitation d'un cheptel n'est possible qu'avec une connaissance suffisante de la technique des procédés à mettre en œuvre. On la suivra successivement : 1º dans les méthodes de reproduction ; 2º dans celles qui sont applicables à l'œuf fécondé et à l'individu qui en naît.

PREMIÈRE PARTIE

PROCÉDÉS DE REPRODUCTION

L'homme pourrait ne point intervenir que les animaux domestiques, obéissant aux lois de la nature, assureraient la perpétuation de leur espèce par une conjugaison spontanée des deux sexes.

Le plus souvent, son intervention se borne à choisir les représentants à l'aide desquels il veut fixer ou seulement propager certains caractères et à les mettre à même de s'accoupler, ou encore à réserver l'accouplement pour un moment qui entraînera l'accouchement à une période où l'élevage des petits lui sera plus commode. L'union sexuelle et la fécondation ne cessent point pour cela d'être *naturelles*.

La *fécondation artificielle* a été et est usitée dans quelques branches de la biotechnie.

Sans discuter si le transport, par les insectes, du pollen d'une plante au gynécée d'une autre plante, constitue ou non un procédé de ce genre, on rappellera que la fécondation artificielle est mise journellement en pratique en horticulture. Elle est la règle dans l'exploitation du palmier où l'on secoue sur les pieds femelles des rameaux de pieds mâles et l'art du floriculteur en retire aujourd'hui plus que jamais des bénéfices par la création de races et de variétés inédites. On lui doit de précieux éclaircissements, particulièrement en ce qui concerne les céréales, sur d'importantes questions relatives au mariage de formes végétales plus ou moins éloignées les unes des autres dans les classifications.

En zoologie, les pisciculteurs sont les biotechniciens qui ont su le mieux l'utiliser. Entre leurs mains, elle est devenue la base de la pisciculture dite rationnelle et le fondement d'une industrie intéressante.

Des motifs sociaux l'ont imposée quelquefois à la pratique médicale pour l'espèce humaine et l'ont légitimée.

Nous ne croyons pas qu'elle ait jamais été essayée en zootechnie. Expérimentalement, elle pourrait être employée au laboratoire dans les cas où l'on voudrait trancher certaines questions d'hybridation ou de croisement mal élucidées jusqu'à présent et qu'il est difficile de débrouiller autrement parce que les reproducteurs mis en présence refusent de s'accoupler.

Sa mise en pratique ne paraît pas comporter de grands obstacles puisqu'il suffirait de maintenir à une température convenable le fluide séminal recueilli et d'en pousser une injection directement dans la cavité utérine.

Est-ce une opération susceptible de rendre quelques services à la pratique? Il ne le semble guère; si des cas se présentent, ils doivent être fort rares. C'est, d'ailleurs, en zootechnie, une question très neuve.

Lorsque, la fécondation restant naturelle, on intervient pour unir les sexes, plusieurs circonstances se présentent que nous schématiserons comme suit :

1° LES PRODUITS SERONT FÉCONDS

a) On les obtient en mariant des individus de la même famille ; c'est la reproduction en *consanguinité*.

b) On les obtient en mariant des individus de la même race; c'est la reproduction en *sélection*.

c) On les obtient en mariant des individus de races différentes; c'est la reproduction en *croisement*.

d) On les obtient en mariant des individus déjà issus de croisement; c'est la reproduction en *métissage*.

2° LES PRODUITS SERONT INFÉCONDS

— *Bilatéralement, ou unilatéralement* —

On les obtient par l'*hybridation*.

Étudions tour à tour chacun de ces procédés.

CHAPITRE PREMIER

DE LA REPRODUCTION CONSANGUINE ET DE LA SÉLECTION

Nous avons déjà, dans la partie de ce livre consacrée à la Cænomenèse, indiqué le parti qu'on tirait de ces deux procédés pour la fixation de particularités. Il faut en voir spécialement la technique.

Section première. — De la reproduction en consanguinité

On désigne sous le nom de reproduction consanguine l'union de deux êtres appartenant à la même famille. Les Anglais l'appellent *Breeding in and in*, reproduction en dedans, et les Allemands *Familienzucht*.

La famille étant composée d'un nombre plus ou moins grand de personnes dont les liens de parenté sont différents, il en résulte que les modes de consanguinité varient comme la parenté elle-même. La consanguinité est *directe* lorsque les individus qui s'unissent descendent directement les uns des autres, comme dans l'union de la fille et du père, de la mère et du fils ; elle est *collatérale* quand ils descendent d'un tronc unique, mais non en ligne directe, telle que celle de l'oncle et de la nièce.

Qu'elle soit directe ou collatérale, la consanguinité a des degrés et des modalités qui s'expriment par des mots spéciaux. Deux enfants issus du même père et de la même mère sont dits *germains*, frères germains, frères complets. Les enfants issus du même père, mais de mères différentes, sont qualifiés de *consanguins*, tandis que ceux qui sont issus d'une même mère, mais de pères différents, sont dits *utérins*. La communauté de sang est plus considérable entre deux frères germains qu'entre deux consanguins ou deux utérins. Les opérations dites consanguines comportent donc de notables distinctions. Autre chose est l'union de la fille et du père, autre chose celle du frère et de la sœur germains, autre chose encore celle de l'oncle et de la nièce, etc.

La reproduction en consanguinité a été appréciée très diversement et toute controverse n'a pas cessé quant à sa valeur et à ses résultats. Pour que la question fût élucidée, il aurait fallu en poursuivre expérimentalement chacun des modes et en noter scrupuleusement les effets. Cela a été peu suivi ; on a considéré comme consanguins des parents de degrés différents et on a généralisé. Les mœurs et les lois modernes interdisant dans l'espèce humaine les mariages rapprochés, on a apporté des arguments tirés d'unions consanguines déjà éloignées, comme celles des cousins germains, ou de consanguinité latérale, comme celle de l'oncle et de la nièce. Rigoureusement ces résultats ne devraient point être comparés à ceux obtenus quand il y a consanguinité directe.

Aussi, malgré la masse de matériaux rassemblés, la lumière n'est point complète et les biotechniciens sont encore partagés en deux camps. Pour les uns, la reproduction consanguine ne fait, au moyen de l'hérédité, que transmettre fidèlement les caractères des reproducteurs, mais elle ne crée rien ; ses effets sont bons ou mauvais, son emploi avantageux ou désavantageux suivant que les sujets en présence étaient sains et bien conformés ou atteints de tares et chétifs. Pour les autres, elle est nuisible par elle-même ; non seulement elle transmet fidèlement les défauts et les prédispositions maladives, mais encore elle crée des morbidités dont les principales seraient la stérilité et diverses dégénérescences du système nerveux.

Comme la question de la consanguinité, outre qu'elle a toujours vivement intéressé les familles, a des conséquences législatives, qu'elle pourrait en avoir de sociales, qu'elle en a aussi d'importantes dans l'élevage du bétail, elle va être suivie dans l'espèce humaine et dans les espèces animales, afin de tirer de ces études parallèles le plus d'éclaircissements possibles.

I. DES UNIONS CONSANGUINES DANS L'ESPÈCE HUMAINE

Quelque idée que l'on se fasse de l'origine des premières sociétés humaines, qu'on pense qu'elles ont passé d'abord par l'hétaïrisme, c'est-à-dire l'absence de toute idée de famille, puis par le matriarcat pour en arriver au patriarcat, ou que, fidèle à d'autres traditions, on donne la constitution familiale comme leur début, il paraît impossible de ne pas admettre que la consanguinité a joué un rôle à l'aurore de l'humanité. L'isolement des tribus ou des familles, leur petit nombre, l'antagonisme qui existait entre elles, toutes choses dont les peuplades sauvages actuelles donnent l'idée, portent à le croire.

Le sentiment de délicatesse qui nous fait envisager avec dégoût les unions incestueuses n'existait point, il n'a apparu que plus tard ; la promiscuité et l'impétuosité des besoins sexuels ont fait leur œuvre. A l'heure présente, il est des peuples sauvages chez qui l'adelphogamie, c'est-à-dire le mariage entre frère et sœur, est la règle ; les Weddas de Ceylan sont parmi ceux--là.

Les documents écrits les plus anciens parlent des unions consanguines comme d'une chose usuelle. Les inscriptions hiéroglyphiques montrent des reines d'Égypte qualifiées de « sœur et femme du roi » ; d'ailleurs, dans la mythologie de ce peuple, Isis est la sœur et la femme d'Osiris, les unions consanguines n'étaient donc pour lui qu'une imitation d'Isis et un hommage qu'on lui rendait. La consanguinité la plus rapprochée, celle du père avec la fille, du fils avec la mère, du frère et de la sœur n'était point un obstacle au mariage chez les Scythes, les Perses et les Mèdes ; en parlant de leurs familles royales, les expressions *mater eademque conjux* sont employées par les historiens [1]. Quant au peuple hébreu, il suffit d'ouvrir la Bible pour être fixé et voir que l'inceste n'y causait pas de surprise avant que Moïse ne lui eût donné des lois [2]. Ce fut ce législateur qui régla vraiment la famille juive, mais, chef de peuple nomade, son but unique fut de maintenir les bonnes mœurs sous la tente ; la préoccupation d'effets fâcheux dérivant de la consanguinité ne paraît pas avoir existé chez lui, puisqu'il ne fait aucune différence entre les parents consanguins et les parents par alliance.

A l'époque où l'histoire fournit sur le peuple grec, héritier des civilisations protohistoriques de l'Asie et de l'Afrique, des documents certains, l'inceste, l'union du fils et de la mère ou du père et de la fille, était déjà réprouvée par le sentiment public, ainsi que le prouve l'immortelle tragédie de Sophocle, *Œdipe roi*. Mais il s'agissait d'une pure affaire de sentiment, de la protestation d'un peuple déjà arrivé à une haute culture intellectuelle et à une grande noblesse de pensée qui veut que le respect dû aux parents ne soit troublé par rien de charnel. Aucune préoccupation d'affaiblissement physique ne se mêla à sa manière de voir et surtout ne la dicta, puisqu'il s'efforça par ses lois et ses coutumes de rendre les unions aussi endogamiques que possible, afin d'assurer l'homogénéité de la race. Chez les Athéniens, d'après la loi de Solon, dans les familles sans héritiers mâles, la fille héritière devait épouser son plus proche parent collatéral. On a même dit que le mariage entre frère et sœur par père était permis à Athènes [3]. D'ailleurs les Grecs faisaient une distinction entre les frères par mère et les frères par père ; cette dernière fraternité étant moins en dedans à leurs yeux que la première.

Le rôle prééminent et glorieux joué par Athènes jusqu'à la défaite de Chéronée, le nombre et la valeur de ses enfants illustres, nombre si frappant qu'à elle seule, elle a fourni autant de grands hommes que le

---

[1] Voyez notamment : Quinte-Curce (liv. VIII, chap. IX et X), Catulle, Strabon et Lucain.
[2] Consultez spécialement : *Genèse*, chap. XIX.
[3] Démosthène, *in Neær*, 22 ; Cornelius Nepos, *Vie de Cimon*.

reste du monde, s'explique en partie par l'homogénéité de la race qui la peuple. Du VIe au IVe siècle, soit pendant leur époque la plus prospère, les Athéniens se reproduisent entre eux, véritable exemple de consanguinité *hygide*, qui n'a que d'heureux effets et qu'on peut si heureusement opposer à ceux de la consanguinité *morbide*. Il était défendu, en principe, d'épouser une femme d'une autre ville et quand cela se présentait, pour que le mariage fût légitime, il fallait qu'une convention particulière existât entre les habitants des deux cités.

Les Romains adaptèrent la civilisation grecque à leur génie particulier et la firent cadrer avec leur organisation guerrière, leur visées ambitieuses et leur besoin d'expansion. Le mariage fut soigneusement réglé et, *pour que des familles ne devinssent pas trop puissantes*, qu'il y eût mélange entre elles et expansion du sang romain, les alliances consanguines non seulement directes, mais même collatérales, furent rigoureusement prohibées. La prohibition était telle que les mariages entre cousins germains furent défendus sous peine de confiscation des biens et ceux entre nièce et oncle sous peine de mort. Mais il s'agit de mesures purement sociales et politiques, il n'y a pas trace de préoccupations d'ordre biologique dans leur édiction.

Le droit civil des peuples européens modernes ainsi que le droit canon étant le reflet et la continuation du droit romain, on ne peut s'étonner de voir qu'ils ont l'un et l'autre prohibé les unions consanguines, mais ce fut aussi dans un but social au premier chef.

Pour connaître la pensée de l'Église catholique sur ce point, le mieux est de se reporter aux paroles de l'un de ses plus illustres évêques, saint Augustin. Il dit que les mariages consanguins sont défendus « pour une raison très juste, celle de la charité. C'était le plus précieux intérêt des hommes de multiplier entre eux les liens de l'affection et, loin de concentrer les alliances sur un seul, de les diviser plutôt par tête pour embrasser le plus grand nombre dans la chaîne sociale [1] ». C'est encore sur ces raisons d'une portée patriotique très élevée, puisqu'elles assurent la prééminence de l'idée de nation, de patrie sur celle plus étroite de famille, que s'appuie le catholicisme pour prohiber les unions entre parents ; aucune considération d'ordre biologique n'y figure [2] et elle lève les prohibitions quand une situation intéressante se présente.

Le droit civil s'inspira d'abord uniquement des mêmes principes ; ainsi la loi civile anglaise interdit encore le mariage entre le veuf et la sœur de sa femme décédée, personnes entre lesquelles il n'y a pas de parenté naturelle.

---

[1] Saint Augustin, *De la Cité de Dieu*, liv. XV, chap. XVI.

[2] Voyez : Lacassagne, article CONSANGUINITÉ du *Dictionnaire encyclopédique des Sciences médicales*.

Sous l'ancienne monarchie française, les prescriptions civiles relatives à l'union entre parents accentuèrent la sévérité des lois romaines et reconnurent même comme empêchement une parenté spirituelle, telle que celle du médecin avec l'enfant dont il avait aidé la venue au monde ou avec sa mère.

Au commencement de ce siècle, lors de l'élaboration des codes français, on vit apparaître dans le rapport de Portalis et dans celui de Gillet sur la législation du mariage, une idée médicale mêlée aux idées sociales. L'union consanguine en ligne directe est une contravention aux lois de la nature, dit Portalis, et Gillet parle « de résultats probables sur la perfectibilité physique ». Voici d'ailleurs le texte des articles qui réglementent le mariage en France[1].

ART. 735.. — La proximité de parenté s'établit par le nombre de générations; chaque génération s'appelle un degré.

ART. 736. — La suite des degrés forme la ligne : on appelle ligne directe la suite des degrés entre personnes qui descendent l'une de l'autre; ligne collatérale la suite des degrés entre personnes qui ne descendent pas les unes des autres, mais qui descendent d'un auteur commun. On distingue la ligne directe en ligne directe descendante et en ligne directe ascendante. La première est celle qui lie le chef avec ceux qui descendent de lui : la deuxième est celle qui lie une personne avec ceux dont elle descend.

ART. 737. — En ligne directe, on compte autant de degrés qu'il y a de générations entre les personnes : ainsi le fils est, à l'égard du père, au premier degré; le petit-fils au second; et réciproquement du père et de l'aïeul à l'égard des fils et petits-fils.

ART. 738. — En ligne collatérale, les degrés se comptent par les générations, depuis l'un des parents jusque et non compris l'auteur commun, et depuis celui-ci jusqu'à l'autre parent. Ainsi deux frères sont au deuxième degré; l'oncle et le neveu sont au troisième degré, les cousins germains au quatrième; ainsi de suite.

ART. 161. — En ligne directe, le mariage est prohibé entre tous les ascendants et descendants légitimes ou naturels, et les alliés dans la même ligne.

ART. 162. — En ligne collatérale, le mariage est prohibé entre le frère et la sœur légitimes ou naturels, et les alliés au même degré.

ART. 163. — Le mariage est encore prohibé entre l'oncle et la nièce, la tante et le neveu.

ART. 164. — Néanmoins, il est loisible au chef de l'État de lever, pour des cause graves, les prohibitions portées par l'article 162 aux mariages entre beaux-frères et belles-sœurs, et par l'article 163 aux mariages entre l'oncle et la nièce, la tante et le neveu.

Du moment que les unions directement consanguines étaient prohibées, qu'elles n'avaient lieu qu'exceptionnellement et en parenté collatérale ou éloignée au moins au quatrième degré, on comprend que les médecins s'en soient peu préoccupés autrefois et qu'on ne trouve même pas l'expression de consanguinité employée dans leurs écrits. Nous manquons de renseignements pour connaître la pensée des naturalistes et médecins des XVe, XVIe et XVIIe siècles, mais nous ne sommes pas éloigné de croire que,

[1] Code civil, liv. III, 1, et liv. I, tit. 5.

si l'on trouve à la fin du xviii° et au commencement du xix°, mention des
effets nuisibles des mariages dans la même famille, c'est un écho des idées
de Buffon qui, grand partisan du croisement, écrit que la reproduction dans
la même race amène la dégénérescence. En effet plusieurs d'entre eux,
notamment Tourtelle[1], disent qu'il y a nécessité de croiser pour perfectionner l'espèce humaine. Mais c'est Lucas qui, en 1850, formula ce qu'on
peut appeler la théorie de la nocuité de la consanguinité. « Les résultats de
la consanguinité, dit-il, varient selon que le système d'alliance se poursuit
ou ne se poursuit pas. A la première et même parfois à la deuxième génération, elle peut ne déterminer aucun effet fâcheux; mais l'expérience
prouve d'une manière péremptoire que, dès qu'elle se prolonge au delà
d'une certaine limite, même dans les cas très rares où elle n'entraîne alors
le développement d'aucun mal héréditaire, elle cause cependant l'abâtar-
dissement de l'espèce et de la race, la duplication et le redoublement de
toutes les infirmités, de tous les vices, de toutes les prédispositions
fâcheuses du corps et de l'âme, l'hébétude de toutes les facultés mentales,
l'abrutissement, la folie, l'impuissance, la mort de plus en plus rapprochée
de la naissance chez les produits[2] ».

A partir de ce moment, l'attention fut vivement sollicitée sur le problème de l'hérédité consanguine et pendant une dizaine d'années, particulièrement dans la période qui s'écoula de 1856 à 1866, des communications et des discussions passionnées eurent lieu au sein des Académies et
des Sociétés savantes ainsi que dans la presse médicale et anthropologique. L'impression qui se dégage, quand on analyse et qu'on soumet à la
critique la masse de matériaux apportés dans le débat, est que la consanguinité transmet les attributs des parents en renforçant les caractères
communs, mais qu'elle ne crée rien par elle-même. Au surplus, à notre
avis, les documents fournis par l'espèce humaine ne peuvent résoudre
la question de la consanguinité puisqu'il ne s'agit que d'alliances collatérales ou consanguines à un degré inférieur. Il faut observer ce qui se
passe dans le règne animal où la consanguinité est parfois aussi directe
que possible.

II. DES UNIONS CONSANGUINES DANS LES ESPÈCES ANIMALES

Rappelons que dans les animaux inférieurs, il y a des hermaphrodites qui élaborent les deux éléments générateurs et se fécondent eux-
mêmes : l'huître en est l'exemple classique. On trouve des hermaphrodites apparents porteurs des appareils mâle et femelle, mais qui
néanmoins sont obligés de conjuguer avec d'autres individus de leur

---

[1] Tourtelle, *Hygiène publique*, Paris, 1812.
[2] Lucas, *Traité philosophique et physiologique de l'hérédité*, 2 vol., Paris, 1847-1850.

espèce, vis-à-vis desquels ils jouent le rôle de mâle et de femelle, l'escargot comestible en est le type. Vient ensuite, les degrés divers de l'hermaphrodisme étant laissés intentionnellement de côté, la diœcie ou unisexualité. Chaque individu n'est porteur que d'un sexe et il est nécessaire qu'il copule avec un individu de sexe différent pour qu'il y ait production de nouveaux individus. Mais cette conjugaison se fait de façons diverses. Il arrive que le mâle, généralement monogame, s'unit à un individu issu de la même génération que lui et perpétue la famille. Ou bien, il se sépare de bonne heure de ses frères et sœurs et s'accouple avec les femelles qu'il rencontre, qu'elles soient ou non de sa famille. Ces deux cas se présentent parmi les animaux domestiques.

Il n'est pas besoin de faire remarquer que, dans le règne animal, on ne trouve aucune trace du sentiment si épuré qui fait regarder avec horreur les unions incestueuses ou simplement consanguines par les peuples civilisés, puisqu'il vient d'être dit que, pour quelques espèces, l'accouplement en consanguinité est la règle, la loi naturelle. Dans la classe des Oiseaux, nous citerons comme exemple l'espèce du Pigeon. Généralement à chaque couvée, la femelle pond et couve deux œufs, desquels sortent un mâle et une femelle, frère et sœur germains, qui grandissent ensemble, s'accouplent quand l'âge en est venu et perpétuent à leur tour l'espèce par le même procédé. La reproduction est toujours adelphogamique, à moins de disparition de l'un des reproducteurs, auquel cas le survivant s'accouple comme il peut et devient même une cause de trouble dans le colombier. La reproduction est souvent adelphogamique aussi dans plusieurs autres espèces de basse-cour, sans que ce soit pourtant la règle; ainsi font les cygnes, les canards, les oies, les faisans et les pintades.

Dans le groupe des Mammifères, l'accouplement semble livré au hasard, il suffit qu'une femelle manifeste des chaleurs pour qu'elle soit couverte ; le mâle le plus fort écarte ses rivaux et la féconde, qu'elle soit ou non de même sang que lui. Le poulain et le taurillon s'accouplent sans aucune hésitation avec leur mère, le taureau et l'étalon avec leur fille et leur sœur ; tout ce qu'on a pu écrire de contraire à ces faits est œuvre d'imagination, je m'en suis assuré plusieurs fois. Quant aux lapins, aux cobayes, aux rats blancs élevés dans une loge commune, la reproduction s'accomplit en promiscuité complète.

Ainsi se passent les choses chez les animaux qu'on laisse libres de s'accoupler à leur gré. Avant d'apprécier les résultats, il est bon de feuilleter dans l'histoire des entreprises zootechniques, afin de voir si l'on y rencontre des accouplements en consanguinité, effectués intentionnellement sous la surveillance et la direction d'éleveurs réputés.

L'histoire généalogique des chevaux de course célèbres par les prix importants qu'ils ont gagnés apprend qu'un grand nombre est le résultat d'unions consanguines[1]. En remontant à l'origine de la race bovine de Durham, c'est plus frappant encore, car l'un des principaux créateurs de cette race, Ch. Collings, a employé pendant seize années consécutives un taureau qui féconda six générations de ses filles et qui, accouplé à sa mère, donna un reproducteur resté fameux. Dans l'espèce ovine, c'est par la reproduction en consanguinité étroite, directe, qu'on a formé quelques races et surtout des sous-races célèbres, celles de Southdown et de Mauchamp en particulier.

Avant d'énumérer à notre tour les expériences faites à la ferme de l'École, résumons brièvement l'opinion de quelques zootechnistes.

Magne se tient dans une grande réserve, disant qu'il ne lui est point possible d'affirmer si, par elle-même, la consanguinité a une action propre ou si elle facilite seulement la transmission des vices de conformation et des maladies, mais il conclut que, dans la pratique, on doit agir comme s'il était prouvé qu'elle est nuisible et il préconise les unions croisées.

M. Sanson n'hésite point à formuler une opinion très nette : pour lui la consanguinité élève l'hérédité à sa plus haute puissance. Elle ne fait que transmettre par voie héréditaire les caractères des parents, elle ne possède point de puissance créatrice, mais comme, dans les unions consanguines, la majorité des caractères est commune aux deux procréateurs, il s'en suit nécessairement que ces caractères communs se renforcent par la puissance héréditaire du père et de la mère. Aussi est-ce la méthode à employer au début de la création d'une variété pour en fixer les particularités. Sans établir de distinction sur le degré de consanguinité, ni sur le temps pendant lequel on peut l'employer impunément, ni sur les espèces, il généralise et la présente comme une méthode des plus importantes et des plus puissantes entre les mains des éleveurs habiles.

M. Gayot pense que « la consanguinité c'est la loi d'hérédité agissant à puissances cumulées ainsi que deux forces parallèles appliquées dans le même sens ».

M. Baron, se basant sur ce que les mariages *in and in* accentuent la ressemblance, croit qu'il arrive un moment où les reproducteurs consanguins se ressemblent trop, ou par conséquent « la polarité sexuelle diminue pour faire place à une sorte de neutralité sexuelle. C'est ce défaut d'aimantation qui amène la stérilité ».

Les unions consanguines les plus étroites, celles du père et de ses filles, du fils avec sa mère, du frère avec ses sœurs, sont mises en œuvre à la ferme d'application de l'École. C'est une nécessité de la situation de cet établissement où la multiplicité des types ethniques à entretenir exi-

[1] De Lagondie, *Le Cheval et son cavalier*, 3e édition, page 314 et suivantes.

gerait un capital de roulement énorme si l'on n'avait la précaution de les faire se perpétuer *in and in*. C'est ce procédé que nous avons employé dans nos recherches sur l'ablation des cornes, sur la création d'une famille de bêtes bovines bringées et dans plusieurs autres études expérimentales. Elle est mise en pratique sur toutes les espèces et sur un grand nombre de races.

Dans l'espèce bovine, elle est continuée depuis douze ans sur la race hollandaise et depuis sept ans sur la race jersiaise. Il n'a été constaté d'effets fâcheux d'aucune sorte. Les hollandais surtout sont d'une homogénéité complète et les prix qu'ils remportent chaque année dans les concours régionaux témoignent assez qu'il n'y a pas de dégénérescence jusqu'à présent.

Dans l'espèce ovine, les mérinos châtillonnais se reproduisent depuis onze ans de la même façon et sans marquer plus de tendance à la dégénérescence ou à la stérilité que les bêtes bovines hollandaises dont il vient d'être question.

Sur les races porcines d'Yorkshire et d'Essex, elle ne put être continuée longtemps; la tendance à l'engraissement de ces animaux est si grande que lorsqu'elle est renforcée par la consanguinité, une telle prédominance des systèmes organiques de la vie de nutrition se manifeste, qu'ils sont atteints de frigidité, s'accouplent difficilement, donnent peu de petits et que les femelles, surtout les yorkshires, sont mauvaises laitières. Il faut la suspendre après deux ou trois générations. Il est possible que si les porcs étaient placés dans d'autres conditions, s'ils n'étaient point aussi abondamment nourris et perpétuellement soumis au régime de la stabulation, les résultats eussent été différents. C'est une expérience à tenter.

Dans l'espèce du lapin, nous avons constaté avec surprise que les effets des mariages consanguins diffèrent suivant les races. Celles qui sont à poils fauves ou roux, comme le lapin-lièvre, le lapin ordinaire, le bélier roux et même le léporide, se reproduisent en consanguinité sans qu'on remarque rien de particulier. La ressemblance se maintient entre les ascendants et les descendants; ni la fécondité ni la rusticité ne semblent atteintes. Si les unions consanguines s'effectuent dans des races qui portent du blanc dans la robe, soit en plaques, soit par poils associés pour former le gris, ces caractères ne se maintiennent point, il y a marche vers l'albinisme. Dès la troisième génération, les lapins russes et les gris argentés montrent cette tendance qui va en s'accentuant; il est impossible de persister dans cette voie sans détruire le cachet de leur race.

Parmi les oiseaux de basse-cour, nous avons également noté des différences. Dans l'ordre des Palmipèdes, la reproduction en consanguinité étroite est poursuivie depuis onze ans sur l'oie de Toulouse, aucune modification dans la nuance cendrée du plumage, dans la taille, le poids, la fécondité n'a pu être saisie ; tel était le lot il y a onze ans, tel il est aujourd'hui après 10 générations en consanguinité adelphogamique. Les succès persistants de ce lot dans les expositions prouvent qu'aucune dégénérescence ne s'est montrée.

Dans l'ordre des Gallinacés, la consanguinité a été suivie sur la pintade et quelques races de poules. Très souvent la reproduction de la pintade se fait par adelphogamie. Depuis longtemps à la ferme, ce mode de reproduction est employé pour les variétés grise commune, lilas et blanche. Rien de particulier à noter.

Dans les races de poules, pour que la reproduction en consanguinité soit strictement suivie et qu'on soit sûr des résultats, il faut maintenir les sujets en parquets, ce qui n'est pas une condition favorable à leur élevage, mais au contraire une cause déprimante de la ponte. Par suite de cette circonstance, il est difficile de démêler ce qui est le fait de la consanguinité et de la vie en volière ; aussi laisserons-nous de côté ce qui a trait à la ponte. Quant au plumage, deux races présentent manifeste-ment la tendance à l'albinisme signalée plus haut pour les lapins, ce sont celles de Houdan et de Crèvecœur, particulièrement la première. Si l'on ne sort pas de la famille, le nombre des plumes blanches augmente et les caractères primitifs du plumage finissent par s'effacer ; on ne peut poursuivre l'opération au delà de la troisième génération sans arriver à ce résultat.

Si, pendant trop longtemps on accouple en consanguinité les Pigeons messagers noirs, leur progéniture devient cendrée avec barres alaires noires.

De cet ensemble d'observations, il résulte l'impossibilité de tirer une conclusion *générale* au sujet de la consanguinité, il faut toujours spé-cifier. Telles espèces, celles du mouton, de l'oie, de la pintade, paraissent insensibles au mode de reproduction consanguine, tandis que quelques races de lapins, de poules et de pigeons perdent leurs caractères extérieurs.

Cette conclusion suggère un parallèle entre les végétaux hermaphro-dites qui, portant les organes mâles et femelles, se fécondent eux-mêmes et les animaux qui se reproduisent en consanguinité. De l'un et l'autre côté il y a des degrés, des différences suivant les groupes et Darwin a montré qu'il est des espèces dont les fleurs femelles, fécondées avec leur propre pollen, sont stériles relativement ou absolument, tandis qu'il en est d'autres où l'autofécondation ne porte aucune atteinte à la fécondité.

Parmi les oiseaux, la consanguinité ne produit pas d'effets apprécia-bles à nos sens dans les espèces où le dimorphisme sexuel est peu ou à peine marqué, tandis qu'on en constate lorsque les deux sexes sont séparés par des caractères extérieurs tranchés. Cette observation n'appuie pas la théorie de la stérilité par diminution de la polarité sexuelle.

Pour les grands animaux, nous n'avons fait qu'une constatation désa-vantageuse, elle concerne l'espèce porcine qui arrive soit à une stérilité relative, soit à l'agalacturie, pour peu qu'on maintienne les accouplements dans la même famille. Mais cette stérilité a été remarquée chaque fois qu'on a agi de même dans une race, une sous-race ou une famille sélec-tionnée en vue de la production de la viande. Un des éleveurs les plus habiles de la race de Durham, Bates, fit pendant treize ans de la repro-duction en consanguinité très étroite pour fonder la famille de shorthorns qui porte son nom ; au bout de ce temps et pendant les dix-sept années suivantes de sa carrière d'éleveur, il introduisit à trois reprises diffé-rentes du sang nouveau dans son troupeau, non pour en améliorer les formes, mais pour en relever la fécondité qui s'amoindrissait (Darwin). Il est impossible de soutenir que ce résultat est le fait d'une propriété particulière de la consanguinité, c'est la conséquence de l'aptitude à prendre la graisse poussée au maximum par l'accouplement de deux reproducteurs la présentant eux-mêmes à un haut degré.

Lorsqu'on opère sur des races de bœufs ou de moutons qui ne présentent point cette aptitude prédominante, nul effet fâcheux ne se montre, nous pouvons du moins l'affirmer pour le laps de temps qu'ont duré nos obser-vations. En serait-il de même si la consanguinité était continuée pen-dant un siècle ou même davantage sans interruption sur une même famille bovine ou ovine?

L'espèce ovine est sans doute celle qui, dans le groupe des Mammifères domestiques et dans l'état actuel de nos connaissances, présente la plus grande imperturbabilité vis-à-vis de la consanguinité. On connaît des troupeaux de leicesters et de mérinos qu'on fait reproduire depuis soixante ans en consanguinité sans qu'aucun changement dans les carac-tères et les aptitudes se manifeste.

Les entraîneurs prétendent qu'il ne faut pas faire plus de deux unions consanguines coup sur coup dans la race des chevaux de pur sang, qu'il faut sortir de la famille, sauf à y revenir plus tard (de Lagondie).

Si cette assertion est justifiée, c'est une nouvelle preuve qu'il y a, comme nous le disons, une inégalité dans l'aptitude des espèces et des races à être influencées par les mariages en dedans. Quant à la nature de cette influence elle-même, elle est le résultat de l'hérédité accumula-trice qu'amène la consanguinité. Cette hérédité, fait converger, se réunir ou se renforcer des caractères qui deviennent prédominants. Ils peu-vent être économiques et fort prisés; malheureusement ils peuvent être morbides. Économiques, en atteignant leur optimum ils en dépriment d'autres, en vertu de la loi de balancement organique. Souvent cette dépression s'exerce sur l'aptitude reproductrice, les porcs yorkshires et les vaches shorthorns en sont des exemples.

La tendance à la dépigmentation et à l'albinisme dont il a déjà été question à propos de l'hérédité, semble la cause principale des méfaits qu'on reproche à la consanguinité observée sur les petits animaux domestiques.

III. APPLICATIONS PRATIQUES DE LA REPRODUCTION CONSANGUINE

Avant d'indiquer les circonstances dans lesquelles on doit employer la reproduction en consanguinité comme méthode zootechnique et les limites dans lesquelles on doit se maintenir, il est presque superflu de dire que, plus que toute autre, elle exige un choix sévère et éclairé des reproducteurs. Tous ceux qui présenteraient quelque tare organique ou fonctionnelle, si petite fût-elle, doivent être impitoyablement exclus puisque ces imperfections seraient infailliblement transmises aux descendants et s'exagéreraient de génération en génération.

La fidélité dans la puissance héréditaire étant son caractère dominateur, elle est indiquée lorsqu'on veut fixer dans une famille un caractère ou une aptitude, quelle que soit la façon dont ils aient apparu. C'est le vrai moyen de transformer la variété en sous-race et en race et, si l'on ne veut point aller jusque-là, de constituer une famille remarquable, un troupeau bien suivi. Tous les grands éleveurs, les Collings, les Bakewel, les Bates, ont commencé par là. C'est, d'ailleurs, une vérité qui, aujourd'hui, n'a plus besoin de longue démonstration. Les praticiens qui veulent une étable, une bergerie homogènes, mettent en œuvre la consanguinité.

Une imitation de cette pratique si sûre, si avantageuse quand on a bien choisi les reproducteurs, a été introduite en arboriculture, à l'époque où les grands éleveurs anglais commençaient à s'en servir, elle constitue l'opération désignée sous le nom de *surgreffage*. Elle consiste à greffer sur un sujet qui a été greffé autrefois, mais qui vieillit et donne des fruits taveleux, un greffon de la même variété. Cette greffe sur greffe, qu'ont recommandée au siècle dernier Duhamel, La Quintynie et, de nos jours, Baltet et Hardy, hâte la fructification, augmente le volume des fruits et les rend plus suaves. Il y a addition des qualités nouvelles et des anciennes et, comme ces qualités sont de même nature, il y a convergence.

Peut-on utiliser indéfiniment la consanguinité ou y a-t-il un moment où l'on doit s'arrêter? Il est impossible d'indiquer par une formule générale le moment d'arrêt, puisque l'opération est influencée par l'espèce, la race et la sorte de consanguinité qui est pratiquée. Aussi dirons-nous simplement que l'éleveur peut la poursuivre tant qu'il ne constate aucun effet fâcheux; sitôt que ceux-ci apparaissent il doit cesser, car ils s'accumuleraient rapidement et feraient perdre le bénéfice des opérations antérieures. Lorsque la fécondité baisse, que l'envahissement de la graisse prime tout, que la précocité devenue héréditaire amène une diminution de la taille contraire aux intérêts de l'éleveur, que la couleur du pelage ou du plumage pâlit, que les plaques blanches s'élargissent et les plumes de même couleur se multiplient, on s'arrêtera.

Que faire alors pour écarter les inconvénients qui se dessinent, sans altérer l'homogénéité des animaux et toucher le moins possible aux formes et aux aptitudes qu'on perfectionne depuis plusieurs générations ? Il faut *rafraîchir le sang*, suivant l'expression consacrée.

IV. DU RAFRAICHISSEMENT DU SANG

L'introduction d'un sang étranger dans une famille animale améliorée est une opération qu'un éleveur ne fait le plus souvent que pressé par la nécessité, car il craint, avec juste raison, de la détériorer.

De même qu'il y a des degrés dans la consanguinité, il y en a dans le rafraîchissement du sang. Les éleveurs admettent que l'union consanguine la plus étroite est celle du frère et de la sœur germains. On commencera donc par la faire cesser et on essayera de la reproduction par un frère consanguin ou utérin seulement ou par le père, si les enfants sont de mères différentes. C'est le moyen le plus sûr de ne pas briser l'unité de la famille.

Si cela est insuffisant, on s'adressera à un reproducteur de même race et sous-race, mais choisi en dehors de la famille. Les éleveurs prévoyants déjouent les déceptions qui peuvent survenir en entretenant, si faire se peut, au moins deux lots d'une même souche, mais formant deux familles différentes.

Lorsqu'ils possèdent plusieurs fermes, il est indiqué de faire vivre chacune de ces familles sur un domaine différent, parce que le sol et les aliments influencent l'économie et qu'une influence, parfois très petite, suffit pour établir une différence entre sujets primitivement de même souche et faire que, dans les opérations de reproduction, elles agissent vis-à-vis l'une de l'autre comme si elles étaient étrangères. Le mariage entre ces deux familles peut suffire pour remettre les choses en bonne marche.

Darwin a donné un très curieux exemple de l'influence qu'un changement de condition peut avoir sur la fécondité dans le règne végétal. En Angleterre, le *Passiflora alata* ne produit pas de fruits quand il y a auto-fécondation ; il faut l'intervention du pollen d'un pied étranger. Or, cette plante, greffée sur un autre végétal d'espèce distincte, se mit à porter des fruits après fécondation par son propre pollen. L'influence du porte-greffe s'était manifestée sur l'appareil reproducteur du sujet greffé.

Si les conditions sus-indiquées ne se rencontrent pas, on rafraîchira le sang en allant au dehors faire choix de reproducteurs. On les puisera dans les étables renommées et parmi les animaux se rapprochant le plus de la famille qu'on possède et dont on veut perpétuer les caractères ; il faut toujours marcher dans le même sens. Les principaux éleveurs ont créé, dans chacune des races améliorées, des familles d'animaux qui ont leur cachet particulier et qu'on reconnaît bientôt pour peu qu'on ait voyagé ou parcouru les expositions. On s'adressera à celles de ces familles qui présentent au degré le plus élevé les caractères qu'on s'efforce soi-même de propager.

Il est rare que pour rafraîchir le sang, on soit obligé de sortir de la race. Si cela était, il faudrait en choisir une qui s'harmonisât bien avec celle que l'on possède et qui y amenât le moins de disparate possible, une race affine en un mot, soit par ses caractères extérieurs, soit par ses aptitudes, soit par les deux à la fois.

Lorsqu'on est obligé de rafraîchir le sang dans un groupe créé par croisement et métissage, comme celui des chevaux de course, il est indiqué de recourir à l'un de ses facteurs.

Section II. — De la Sélection

On désigne, en zootechnie, sous le nom de sélection, l'opération qui consiste à faire reproduire entre eux des sujets de même race. Cette expression est d'introduction relativement récente dans le langage zootechnique ; elle a d'abord été usitée par les savants et les praticiens d'Angleterre auxquels nous l'avons empruntée. La diffusion des doctrines darwiniennes, où le mot est fréquemment employé et les conséquences qui en découlent habilement mises en relief, a été pour beaucoup dans la facilité avec laquelle il a été accepté.

Les anciens zootechnistes ne le connaissaient pas ou ne l'employaient pas. Ils le remplaçaient par les vocables d'*appareillage* et d'*appareillement* qui, eux-mêmes, avaient plusieurs significations. On les employait : 1° quand il s'agissait de choisir pour un attelage, deux animaux semblables par l'âge, la taille ou la robe sans se préoccuper de leur race ; 2° quand on voulait corriger, dans les produits, le défaut d'un reproducteur par un défaut opposé chez l'autre ; 3° enfin, quand on choisissait des animaux de même race. Cette diversité d'acception justifie l'abandon dont ces expressions sont aujourd'hui l'objet.

Dans son sens littéral et large, le mot sélection signifiant choix, on pourrait penser *a priori* qu'on fait de la sélection chaque fois qu'on choisit des reproducteurs répondant à telle ou telle destination économique sans se préoccuper de leur race. Cette manière de voir a été soutenu et on qualifia de sélection zootechnique l'opération à laquelle elle correspond. C'est à tort, car aujourd'hui l'expression a été spécialisée ; il est passé dans la manière de penser et de dire des éleveurs que *la sélection est un mode de reproduction dans la race,* dont le but premier est le maintien de la pureté de celle-ci. Elle éveille toujours une idée opposée à celles que font naître les mots croisement, métissage et hybridation.

On n'a point à s'occuper ici, autrement que pour la signaler, de la sélection zoologique. C'est une loi naturelle en vertu de laquelle les mâles d'une espèce ne recherchent que les femelles de leur espèce et ne fécondent qu'elles, à quelques exceptions près.

Dans l'état où il a conduit les espèces animales et végétales, l'homme intervient dans les actes de reproduction, il choisit les reproducteurs à son gré, ce qui constitue la sélection artificielle, par opposition à la sélection naturelle. La plupart des races animales et végétales les plus importantes au point de vue économique, ne se maintiendraient point avec les attributs qu'à force de soins, de patience, d'habileté on est arrivé à leur conférer, il y aurait un retour à l'état primitif. D'autre part, il y a nécessité d'éliminer de la reproduction les faibles, les défectueux pour ne conserver que ceux qui répondent à l'idéal de l'éleveur. De même qu'un triage sévère des porte-graines permet à l'horticulteur de conserver les races et les espèces cultivées et améliorées, ainsi par la sélection héréditaire le praticien de l'élevage substitue peu à peu les sujets bien doués aux individus médiocres ou mauvais, il conserve les races dans leur état de pureté ethnique et avec les attributs économiques qu'on est parvenu à leur conférer. Deux modalités de la sélection, qualifiées l'une de *conservatrice* et l'autre de *progressive* ou *économique,* sont à étudier. Dans la pratique, elles sont inséparables.

1. SÉLECTION CONSERVATRICE

On se livre à cette pratique lorsqu'on choisit, pour les unir, les sujets qui représentent le plus fidèlement le type de la race. Celle-ci n'étant pas formée d'unités identiques, mais d'individualités ayant des caractères communs dont l'ensemble constitue son type, et des caractères particuliers, dans la sélection conservatrice on recherchera, pour les faire s'accoupler, les sujets qui présentent le plus grand nombre de ces caractères ethniques et de la façon la plus accentuée. On tâchera de se rapprocher le plus possible du sujet idéal chez lequel l'ensemble s'en trouverait réuni.

C'est par cette sélection zootechnique qu'on uniformise les races ; on se rapproche de la sélection zoologique qui uniformise les espèces sauvages. La puissance individuelle empêchera toujours d'arriver à une uniformité complète, mais on oscillera autour d'une moyenne qui sera précisément le type, et on y parviendra d'autant mieux qu'on écartera avec plus de soin ceux qui s'en éloignent et qu'on déjouera l'atavisme ou les causes de cænogenèse. Les conditions de milieu restant les mêmes, les manifestations de l'hérédité individuelle sont le plus souvent noyées dans la puissance héréditaire générale de la race; elles n'émergent que par l'intervention de l'homme. D'une série nombreuse d'observations, Galton a déduit que la taille des enfants dépend de la taille moyenne des parents et que si rien n'intervient, la moyenne générale de la race se perpétue.

C'est surtout pour le maintien des races récentes que cette sélection est nécessaire. Ce n'est que par elle qu'on conserve des groupes ne présentant qu'un petit nombre de particularités bien tranchées. Elle est surtout applicable aux races de luxe. Le terrier anglais, le lapin russe, la poule hollandaise, le pigeon messager anglais, le canard d'Aylesbury, l'oie de Sébastopol appartiennent à des races dont il faut conduire la reproduction par ce procédé afin d'éloigner tout ce qui ne présente pas, avec la même ampleur et la même netteté, les quelques caractères qui font toute leur valeur.

En résumé, on demande avant tout à cette modalité de conserver fidèlement les types, de les reproduire dans leur intégrité; c'est pourquoi nous l'avons qualifiée de conservatrice. Sa fidélité en fait la valeur comme méthode zootechnique; étant connues les formes et les aptitudes d'une race, on est assuré de retrouver ces formes et ces aptitudes dans les êtres qui sont issus de ce mode de reproduction.

Il va de soi que la condition *sine qua non* pour mettre en pratique la sélection conservatrice est la connaissance exacte des caractères de race.

II. SÉLECTION PROGRESSIVE OU ÉCONOMIQUE

Dans cette sorte de sélection, on ne s'efforce plus de rester dans la moyenne de la race, on s'attache, au contraire, à choisir des sujets qui présentent des particularités individuelles semblables et on les fait reproduire afin de créer de nouveaux groupes. On fait passer les variétés au rang de sous-races en s'efforçant de leur conférer la fixité. Ce résultat indique de suite qu'avec la consanguinité, la sélection progressive est la méthode par excellence, celle qui amena le bétail au point où il est aujourd'hui. Par elle, on a pu faire passer dans la réalité la doctrine de la spécialisation des aptitudes et créer des groupes particularisés en vue de fonctions économiques déterminées.

Si la sélection progressive constitue un procédé très important, elle ne peut être utilisée que par des éleveurs habiles, bons observateurs, qui savent, d'un coup d'œil exercé, faire les choix les plus convenables, écarter les sujets qui possèdent, même d'une façon très peu apparente, des défectuosités et rapprocher ceux qui ont de l'avenir. Ils s'y prennent à plusieurs reprises pour éliminer ce qui est mauvais, faisant, par exemple, un premier triage parmi les jeunes animaux à la fin de la période d'allaitement, une seconde élimination des sujets défectueux à un an et une troisième quelques mois après, suivie d'autres si cela leur paraît utile. Plus on avance, plus la sélection exige de connaissances spéciales et de coup d'œil, car si un homme, même peu connaisseur, s'aperçoit des défauts frappants, il n'en est plus ainsi des légères imperfections. A la rigueur, tout le monde peut être maçon, pour être sculpteur, il est nécessaire d'être doué d'une nature artistique et d'avoir étudié les règles de l'art; tout le monde peut cultiver un jardin, les horticulteurs qui possèdent l'esprit d'observation et des connaissances spéciales seuls créeront de belles variétés de fruits et de fleurs.

Dans la sélection progressive, poursuivie en vue de la création d'une sous-race, le zootechnicien doit se conformer aux règles suivantes :

1° Conjuguer les conformations et les aptitudes similaires ;

2° Éviter les dysharmonies ;

3° Combattre les effets de l'atavisme en éliminant tous les individus qui s'écartent du type à créer ;

4° Mettre les sujets dans les conditions les plus favorables à la conservation de leurs caractères spéciaux ;

5° Apporter une grande persévérance dans la sélection et la poursuivre toujours dans le même sens.

Ces propositions n'exigent que de très brefs développements. Il est de toute évidence, en effet, que si l'on veut créer une sous-race dans une race, il faut s'emparer des sujets présentant des variations semblables et les unir, faire de l'appareillement dans le sens littéral du mot. Si la variation n'apparaît que sur un seul sujet on est obligé, pour la perpépétuer, d'avoir recours à la consanguinité ; la sélection suffit si elle se montre sur plusieurs individus. Il n'est pas rare de trouver dans le Cantal des animaux de la race de Salers moins hauts sur jambes et de poitrine plus large que la majorité des représentants de la race. En accouplant tous les sujets présentant cette conformation, nul doute qu'on n'arrive à créer une sous-race de bons animaux de boucherie.

On peut agir de même pour les aptitudes. La sélection a créé dans la race ovine qui peuple le Sud-Ouest les brebis si laitières du Larzac et de Rocamadour, tandis qu'à côté, des bêtes de même race sont restées spécialisées à la production des agneaux de lait ou de la viande.

Il est plus facile de faire des créations dans les races à aptitudes mixtes ou dans celles qui sont très primitives que dans les groupes très perfectionnés et fortement spécialisés, car il est moins rare d'y voir apparaître quelque caractère avantageux à exploiter.

La puissance individuelle fait apparaître dans un groupe des sujets qui diffèrent des autres ; si leurs caractères personnels ne sont pas en harmonie avec ceux qu'on s'efforce de perpétuer, il ne faut pas livrer ces animaux à la reproduction et éviter de les unir à ceux qui les présentent. A plus forte raison, doit-on apporter plus de sévérité encore dans leur élimination, s'ils ont des particularités morphiques en opposition avec la conformation générale de leurs congénères.

Il peut paraître puéril de tant insister sur la nécessité d'éviter les unions dysharmoniques après ce qui a été dit antérieurement de la beauté en zootechnie, ce n'est pas inutile cependant. Il s'est trouvé, en effet, des auteurs qui, sous le nom d'appareillement, ont recommandé ces sortes d'unions afin de corriger un défaut par un défaut contraire. Unir, par exemple, une jument long-jointée à un étalon court-jointé leur semble une opération propre à faire obtenir des poulains convenablement jointés.

Le lecteur sait maintenant que la distribution des caractères paternels et maternels se fait d'une façon inégale, suivant des influences multiples, et qu'il n'y a pas possibilité de prévoir ce qui dominera dans la progéniture.

En faisant de la sélection progressive, on cherche avant tout à renforcer certains caractères ; il est clair qu'en mettant en présence des sujets dissemblables, on s'éloignera du but. Si l'on est dans l'obligation de corriger quelque défectuosité, ce n'est pas en lui en opposant une de sens inverse, mais en choisissant un sujet parfaitement conformé. On a des chances pour que celui-ci transmette sa conformation.

L'indication de se conformer à la règle des harmonies organiques ou fonctionnelles est la plus impérieuse à observer dans les opérations de sélection progressive.

La puissance héréditaire de la race ne perd jamais complètement ses droits, aussi au cours de la création d'une variété nouvelle, il y a nécessairement de temps en temps des coups en arrière, des réapparitions ataviques. On éliminera de la reproduction les individus qui présentent ces manifestations.

On fait assez fréquemment à la sélection progressive le reproche d'être une méthode lente. Il n'est pas niable qu'il ne faille agir sur plusieurs générations pour obtenir la fixité des variations et dans notre siècle où, plus que dans tout autre, le temps est de l'argent, cette considération n'est pas sans valeur. Mais cette lenteur n'est pas absolue, elle est subordonnée au mode de reproduction, à la façon dont les générations se succèdent. S'agit-il du pigeon qui donne cinq à six couvées dans l'année, de tous les oiseaux de basse-cour dont on peut faire éclore les œufs artificiellement, des lapins qui donnent annuellement trois à quatre portées, de la truie qui en a facilement deux, le reproche perd beaucoup de son importance et la sûreté de la méthode compense sa lenteur. Mais quand il s'agit des animaux ne donnant qu'une portée par an, comme le cheval, le bœuf et le mouton, et qui de temps en temps passent une année sans se reproduire, le reproche a plus de gravité. On comprend, dans ces cas, qu'il est souvent plus simple et plus pratique de s'adresser aux races existantes douées des caractères qu'on recherche et de faire du croisement. Nous dirons cependant en faveur de la sélection qu'elle a l'avantage d'être sûre et d'exposer moins aux variations, aux coups en arrière que le croisement ; qu'elle ne nécessite point comme celui-ci l'achat, généralement onéreux, de reproducteurs étrangers et qu'elle est, pour ce motif la méthode des petites et des moyennes exploitations. Enfin, et c'est l'argument capital, elle seule permet la fixation de variations absolument inédites, entièrement nouvelles. Si le caractère récemment apparu n'existe nulle part ou n'a jamais été fixé, on ne peut l'emprunter par le croisement à une autre souche; sa nouveauté et sa rareté lui donnent une grande valeur, cela se voit surtout dans les races de fantaisie.

III. DES LIVRES GÉNÉALOGIQUES

Puisque la sélection est la méthode par excellence qui assure la fixité des caractères, elle porte au maximum les chances d'avoir de bons raceurs. Ainsi s'explique très rationnellement l'importance qu'attachent les éleveurs à se procurer des reproducteurs de « race pure », soit qu'ils veuillent se livrer à des opérations de sélection, soit qu'ils désirent les employer comme sujets croisants.

Elle n'est pourtant pas aussi grande ni surtout aussi générale en France qu'en Angleterre. Nous nous imaginons difficilement le rôle accordé à la généalogie par nos voisins d'outre-Manche, quand il s'agit d'un shorthorn ou d'un thoroughbred. Lorsqu'un reproducteur descend d'une bonne lignée, on le paie un prix parfois fabuleux ; dans une vente, quand même un animal laisserait quelque peu à désirer sous le rapport des formes extérieures, on le choisirait toujours de préférence et on le paierait un prix plus élevé qu'un sujet mieux fait, mais de naissance moins noble ou incertaine, sous prétexte que bon sang ne peut mentir. Nous attachons en France plus d'importance aux formes extérieures et nous semblons mettre la puissance individuelle au-dessus de la puissance héréditaire de race ou de famille.

Pour s'assurer de la pureté ethnique des reproducteurs et pour donner une garantie aux acheteurs de ces animaux, on en fait inscrire la généalogie sur des registres spéciaux ou livres généalogiques.

Il est possible que l'idée de ces livres soit une imitation des tables généalogiques dont parlent les Arabes pour leurs chevaux qui remonteraient, par les femelles, aux juments de Mahomet et même de Salomon, si on voulait les croire. Les Anglais, en raison de leurs idées sur l'importance de la pureté de la race, ont établi les premiers et ils ont eu des imitateurs. On a conservé les appellations anglaises qui désignent ces registres : ceux qui sont destinés à l'inscription des généalogies de chevaux sont des *Stud-Book* ou livres d'écuries, ceux qui concernent les bêtes bovines sont des *Herd-Book* ou livres d'étables, ceux qui se rapportent aux moutons sont des *Flock-Book* ou livres de bergeries.

En raison des avantages des livres généalogiques et des garanties qu'ils présentent, l'usage s'en répand de plus en plus et s'étend à toutes les branches de l'élevage. Il y a aujourd'hui des amateurs qui ont un livre de chenil pour enregistrer la généalogie de leurs chiens et d'autres un livre de poulailler pour leurs volailles.

Le premier livre généalogique fut le Stud-Book du cheval de course, commencé au siècle dernier en Angleterre ; vint ensuite le Herd-Book de la race bovine de Durham dont le premier volume fut publié dans les îles Britanniques en 1822.

Cet exemple fut suivi en France et, depuis longtemps déjà, il y a à notre ministère de l'agriculture un Herd-Book ; pour les Durhams ; le Jockey Club tient le Stud-Book des chevaux dits de pur sang.

Bientôt on reconnut la nécessité de registres semblables pour d'autres races. On a établi un Stud-Book pour la race chevaline percheronne ; le premier volume en a été publié en 1883. Le Conseil général du Pas-de-Calais en a fait établir un en 1886 pour la race boulonnaise. Un arrêté du 8 mars 1886, pris par le gouverneur général de l'Algérie, en institua un pour la race barbe. Un Herd-Book a été établi il y a quelques années pour la race bovine normande et le Conseil général de la Savoie a voté en 1888 les fonds nécessaires pour l'établissement d'un pareil livre pour la race bovine tarentaise.

En Suisse, on s'occupe de l'établissement d'un Herd-Book de la race schwitz et en Angleterre, après avoir établi des livres généalogiques pour les chevaux de Clydesdale et les Shire-horses ou chevaux agricoles, on a institué dernièrement un Flock-Book pour la race ovine de Shropshire-down. On publie, en Belgique, le Stud-book des chevaux de trait.

En consultant le Stud-Book, on arrive à reconstituer la généalogie d'un cheval de course, son *pedigree*, pour employer une expression également importée d'Angleterre chez nous. Il est utile aussi de s'enquérir de ses *performances*, autre expression anglaise qui désigne les exploits accomplis sur le turf par l'animal qu'on a en vue.

CHAPITRE II

DU CROISEMENT ET DU MÉTISSAGE

Dans le choix des reproducteurs, lorsqu'on sort de la race, on fait du croisement ou du métissage, deux opérations qu'il y a lieu d'étudier successivement.

Section première. — Du Croisement

Le croisement est l'opération zootechnique dans laquelle on fait accoupler deux individus de types différents, mais assez rapprochés pour donner naissance à des produits féconds. Ces produits sont désignés sous le nom de *métis* (de *mixtus*, mélangé). Il est convenu de qualifier de même celle où l'un des deux reproducteurs seulement est de pure race, l'autre étant déjà un métis.

Le croisement s'oppose à la sélection par la dissemblance des sujets qu'on unit et lui ressemble par la fécondité des produits obtenus. Il se rapproche de l'hybridation par la différenciation typique des reproducteurs et il s'en sépare par la stérilité des produits qui caractérise cette dernière. Physiologiquement, le croisement tient le milieu entre la sélection et l'hybridation.

L'eugénésie domine la reproduction des métis, tandis que la dysgénésie et l'agénésie sont le propre des hybrides. Ce caractère physiologique est plus sûr que celui qui s'appuie sur la différenciation des types ethniques ou spécifiques, parce que ce dernier ravive toutes les dissidences des écoles au sujet de l'espèce et de la race, tandis que le premier est la simple constatation d'un fait. Une telle manière de le comprendre en élargit la base et fait rentrer dans son cadre les opérations où non seulement les reproducteurs sont de races différentes, mais encore celles où ils appartiennent à des groupes que les zoologistes considèrent comme des espèces distinctes et qui néanmoins donnent naissance à des produits indéfiniment féconds.

Parmi ceux-ci, il en est que les zoologistes ne refusent plus d'envisager aujourd'hui comme des métis, tels sont ceux qui résultent de l'union du dromadaire et du chameau, du zébu et de la vache, du furet et du putois, parce qu'ils reconnaissent que, même en se cantonnant sur le terrain de la morphologie, les individus mis en présence appartiennent seulement à des espèces mineures, c'est-à-dire à des groupes de même valeur que les races des zootechnistes.

D'autres sont produits quelquefois expérimentalement, tels que les canidés obtenus de l'accouplement du loup et du chien, du chacal et du chien. Si les Gaulois croisaient leurs chiennes avec les loups et s'il est vrai que les Indiens Peaux-Rouges en font autant des leurs avec le loup des prairies *(Canis latrans)*, nulle part cette pratique ne subsiste en Europe. On se contente donc de mentionner ces métis.

Parmi les ovins et les caprins, les accouplements entre individus d'espèces différentes se font avec la facilité la plus grande, mais on est assez mal renseigné sur la fécondité de la plupart des produits obtenus. Il semble acquis, toutefois, que ceux qui proviennent du croisement du bélier et de la chèvre, du bouc et de la brebis, de la chèvre avec l'œgagre et avec le markhor *(C. Falconieri)*, sont féconds.

Il est de petits rongeurs domestiques, d'une fécondité complète, présentés comme issus de l'alliance de deux espèces et au sujet desquels quelques commentaires paraissent indispensables, ce sont les léporides.

Ils résulteraient de l'accouplement de la hase ou femelle du lièvre avec le lapin, ou de la lapine avec le lièvre. Ils se reproduisent entre eux aussi facilement et aussi régulièrement que les lapins et, à la ferme, nous voyons osciller leurs portées entre quatre et huit petits.

Nous ne pouvons nous empêcher d'avouer nos doutes sur l'origine qu'on leur attribue, non pas seulement parce qu'à la ferme de l'École, malgré la patience apportée dans les tentatives et la fidélité avec laquelle on suivit les recommandations faites à ce propos, on ne put jamais rien obtenir en mettant en présence le lièvre et le lapin, mais surtout parce que jusqu'à présent, nous n'avons pas rencontré une seule personne qui ait été plus habile. Les éleveurs de léporides sont relativement nombreux dans notre région, la Société d'agriculture et histoire naturelle de Lyon ouvrit dernièrement une petite enquête pour savoir si quelques-uns les avaient produits directement, elle n'en trouva pas ; un seul répondit qu'après avoir mis infructueusement des représentants de plusieurs races cuniculines en présence du lièvre, il avait réussi à faire accoupler ce dernier avec le léporide, qu'il en avait obtenu des produits dont il se servit pour rafraîchir le sang de sa famille de léporides.

Quelques-uns de nos amis ont bien voulu, sur notre demande, faire la même recherche sur divers points de la France ; jusqu'au moment où nous rédigeons ces lignes, aucun n'a vu de producteur direct.

L'étude minutieuse du léporide à laquelle nous nous sommes livré fortifie encore nos doutes ; elle nous a montré qu'il possède seulement quelques particularités qu'on peut rattacher au lièvre au milieu d'une grande majorité de caractères cuniculins.

Les réflexions précédentes n'impliquent point que nous regardions la conjugaison des deux espèces en cause et la formation d'un groupe intermédiaire comme impossible, elles signifient uniquement que, pour notre compte, nous manquons de preuves au sujet de sa réalisation.

D'ailleurs, quelle que soit l'origine des léporides, aujourd'hui ils se reproduisent entre eux, dans leur groupe, n'y a pas à s'en occuper davantage à propos de croisement.

L'eugénésie et l'augmentation de la fécondité sont des résultats du croisement qu'on ne met peut-être pas suffisamment en relief et qui augmentent la valeur zootechnique de ce procédé.

Nous n'affirmons point que tous les croisements ont inévitablement ce résultat, parce que nous connaissons mal les affinités naturelles des groupes et que nos classifications sont trop conventionnelles, mais il est incontestable que plusieurs le produisent. Il est d'observation assez commune, d'ailleurs, de voir des femelles stériles avec un reproducteur de leur race, être fécondées en s'accouplant avec un mâle d'une autre race.

M. Baron, synthétisant diverses considérations théoriques, a émis l'hypothèse que les races primes ne seraient que des formes sexuelles de rechange adaptées pour la fécondation réciproque de manière à agrandir considérablement le champ des rapports de mâle à femelle.

L'augmentation de la fécondité par croisement s'observe dans le règne végétal; Darwin l'a mis hors de conteste pour plusieurs espèces, mais n'a pu en donner la preuve pour d'autres.

Depuis la publication de ses travaux, d'autres recherches ont confirmé ses conclusions, particulièrement celles de Beyerinck sur le croisement de l'*Hordeum trifurcatum* avec d'autres formes d'orge, et de M. Trabut sur celui de l'*Ophris scolopax* et de l'*Ophris lentheredinifera*. Le premier a obtenu des épis extraordinairement fertiles et précoces, le second a vu la staminisation des pétales des métis comme si leur androcée avait reçu une incitation particulière.

Pour le règne animal et en restant sur le champ de la zootechnie, l'observation fait voir que dans quelques espèces unipares, la proportion des gestations gémellaires augmente sous l'influence du croisement. Nous avons fait cette constatation pour l'espèce bovine dans le département de la Haute-Marne où l'introduction de taureaux bernois et fribourgeois a élevé le pourcentage des grossesses gémellaires. Elle est bien mise en évidence par le fait suivant, rapporté par Lessona, et qui a toute la valeur d'une expérience :

Dans le domaine royal de Sardaigne, sur un effectif de 200 vaches destinées à la reproduction, de 1819 à 1824, il n'y a pas eu de part double. C'étaient des vaches indigènes saillies par des taureaux de même race.

En 1827, on introduisit 4 taureaux piémontais et, sur 97 vaches fécondées, 2 donnèrent 2 veaux.

Nous l'avons remarqué sur l'espèce ovine avec une netteté indéniable ; chaque fois qu'à la ferme, on s'est servi du bélier Dishley dans les croisements, on a élevé la proportion des parturitions multiples. D'autres ont fait les mêmes observations ; nous citerons en particulier un agriculteur de la Lozère qui, exploitant depuis longtemps en sélection des brebis du pays, n'avait en moyenne que 6 pour 100 de parturitions doubles. Il introduisit le bélier Dishley et, depuis ce moment, la proportion moyenne est de 13 pour 100.

Nos observations personnelles ont surtout porté sur l'espèce porcine ; avant de les produire, nous rappellerons que Nathusius avant nous avait déjà relaté des faits de même ordre, entre autres celui d'une truie Yorkshire qui, fécondée par un mâle de sa race, avait donné cinq et six petits à chaque fois ; elle fut couverte par un verrat de petite race noire qui avait procréé avec des truies de son espèce de 7 à 9 petits, elle donna d'abord une portée de 21, puis une seconde de 18 gorets.

A la ferme expérimentale de l'École vétérinaire de Lyon, de 1882 à 1888, il est né 711 porcelets, issus de 92 portées. On y poursuit parallèlement la reproduction par sélection et par croisement pour les nécessités de l'enseignement. Le relevé comparatif des produits obtenus par chacune de ces méthodes a donné une moyenne de 9 porcelets dans les portées dérivant de croisement et de 7,6 dans celles qui sont issues de sélection. Les observations s'étendant sur six années et sur un nombre élevé de sujets perdent tout caractère contingent et permettent de conclure avec certitude à l'augmentation de la fécondité.

A propos des pigeons, nous citerons le témoignage si considérable de Boitard et Corbié. Ils recommandent de croiser les races dans tous les colombiers où l'on entretient les oiseaux pour le profit et non pour la fantaisie, afin d'élever le nombre des naissances.

Le cycle des opérations de croisement étant vaste et la différenciation des sujets en présence inégale, il en résulte inévitablement des variations dans les caractères et dans la valeur des métis, d'où une première source de controverses et de divergences dans la manière de juger le croisement en zootechnie.

Les produits doivent participer, d'une façon inconnue à l'avance, aux caractères et aux propriétés de leurs ascendants ; l'ignorance où l'on est de la quote-part qu'apportera chacun de ceux-ci augmente l'hésitation qu'on éprouve à l'employer.

Aussi ce procédé est-il diversement apprécié ; il est des auteurs et des éleveurs qui sont très réservés à son égard, d'autres par contre n'hésitent point à le recommander surtout en raison de la rapidité de ses résultats.

Ces divergences s'expliquent par l'ignorance où nous sommes : 1° des affinités des groupes les uns vis-à-vis des autres ; 2° de la potentialité de chaque type. Malgré les milliers de croisements exécutés depuis que la zootechnie se constitue, l'attention n'a pas été suffisamment arrêtée sur ces points d'une grande importance à la fois théorique et pratique.

I. DES CONDITIONS A OBSERVER DANS LES CROISEMENTS

En suivant depuis une douzaine d'années, à la ferme expérimentale, les opérations de croisement, nous avons, par l'examen des produits obtenus, constaté que, parmi les races d'une espèce, il n'y a pas une égale aptitude à s'allier entre elles. Les croisements effectués dans l'espèce ovine nous ont particulièrement convaincu de la nécessité d'étudier d'une façon suivie les affinités des races les unes pour les autres.

Si beaucoup de personnes attaquent le croisement, si elles disent obtenir par ce procédé une proportion trop élevée de déchets, d'individus décousus, manqués, plus nous avançons dans la carrière, plus nous nous convainquons que les médiocres résultats dont on parle tiennent avant tout à l'ignorance ou à l'oubli des conditions dans lesquelles il faut se placer pour le pratiquer. Nous ne connaissons pas encore toutes ces conditions, car il en est qui ne peuvent être relevées que par une expérimentation prolongée ; ce que nous savons nous permet de dire que le croisement bien conduit est une méthode zootechnique des plus fructueuses.

Lorsqu'on veut le mettre en œuvre, il faut tenir compte : 1° du milieu, 2° de la conformation réciproque des races à marier.

A. Il est élémentaire que les métis soient placés dans des conditions de climat et d'alimentation répondant aux besoins de la race la plus exigeante, si l'on veut qu'ils se développent convenablement. Il est aussi d'autres conditions mésologiques qui ne peuvent être violées sous peine de voir le croisement rester stérile jusqu'au moment où l'adaptation est faite. Elles ont été signalées à propos de l'amixie et de la grande sensibilité de l'appareil génital aux causes déprimantes extérieures. On ne peut pas introduire d'emblée une race dans un pays très éloigné pour l'unir à la race autochtone ; on court le risque d'en voir les représentants momentanément incapables de féconder les sujets indigènes et de ne rien obtenir pendant un certain temps. Ce qui s'est passé pour la race humaine blanche est très démonstratif. Chacun sait que l'union du blanc et de la négresse ou du nègre et de la blanche réalisée aux États-Unis et dans l'Afrique du nord et de l'ouest est féconde. Or dans les premiers temps de l'occupation de l'Afrique équatoriale et de la région de l'Ogoowé, les relations sexuelles des blancs avec les négresses ne furent suivies d'aucune fécondation[1].

[1] Burelle, Communication à la Société d'agriculture et histoire naturelle de Lyon, année 1889.

On fera bien de ne pas perdre cette observation de vue et de ne point chercher à unir d'emblée des races animales appartenant à des climats extrêmes. S'il y a intérêt à en poursuivre la réalisation, que ce soit par étapes.

B. Le croisement doit être exécuté en vue de compléter une conformation, de la renforcer, de la perfectionner dans le sens de son développement et non d'en prendre le contre-pied. Vérité trop souvent méconnue et qui explique les échecs dont on se plaint ! Il faut qu'il y ait harmonie entre les types qu'on marie afin que l'opération amène la convergence des caractères.

Estime-t-on qu'il y a lieu de retoucher une conformation, ce n'est point en lui opposant brutalement et d'emblée une conformation inverse qu'on devra le faire. Un type longiligne devenu trop effilé ne se corrige pas en le mariant brusquement avec un type bréviligne, car on courrait le risque d'avoir des produits composites, constitués par une juxtaposition de parties empruntées aux organismes paternel et maternel, sans harmonie et de faible valeur marchande. Quand il s'agit de femelles multipares, ces sortes d'unions fournissent des produits qui ne se ressemblent pas. De même que l'horticulteur croisant le pois à grains blancs avec le pois à grains verts obtient des gousses qui renferment un mélange de grains blancs, verts et blancs rayés de vert, celui qui unit une chienne dogue à un épagneul obtient des chiots qui reproduisent les types du dogue, de l'épagneul ou un type composite. Il faut se servir d'un médioligne et repousser les appareillements dits compensateurs qui, trop souvent, conduisent aux déceptions.

L'expérience nous fait attacher beaucoup d'importance à la règle que nous formulons. Qu'on n'objecte pas que les limites dans lesquelles le croisement peut s'effectuer seront trop restreintes ; en réalité, elles resteront larges, car, dans chaque espèce, il y a plusieurs types dolichomorphes, mésatimorphes et brachymorphes, dotés de qualités communes, entre lesquels on peut choisir. En veut-on une démonstration ? Nous allons l'emprunter à l'espèce ovine. On désire croiser les moutons de la région qu'on habite avec une race qui les rende plus précoces, plus lourds et de plus fructueuse vente pour la boucherie. Les leicesters, les lincolns et les southdowns sont, les uns et les autres, dotés de la précocité et de la conformation recherchée pour la production de la viande. En n'envisageant que ce côté de la question, on pourrait s'adresser indifféremment aux uns et aux autres. Mais on doit considérer la forme ; les leicesters et les lincolns sont dolichomorphes et les downs brachymorphes. On aura à choisir les uns ou les autres, suivant que la race locale sera longiligne ou bréviligne.

Après la forme, on doit se préoccuper du format. Je ne sais trop si l'accouplement serait possible entre les représentants des races occupant les extrêmes de l'échelle dans quelques espèces. N'y aurait-il pas impossibilité matérielle à un énorme étalon clydesdale de s'accoupler avec une ponette des îles Feroœ? En supposant toute difficulté écartée de ce côté, les résultats d'une telle opération peuvent être désastreux. On en voit chaque jour des exemples dans l'espèce canine où des chiennes de très petite race, couvertes par des mâles de grande taille, produisent des fœtus trop gros pour franchir les voies génitales et meurent sans pouvoir mettre bas ; les vaches bretonnes saillies par des taureaux fribourgeois ont parfois la même destinée. Mais il est de fortes races dont les produits ont peu de développement à la naissance et qui ne s'accroissent qu'ultérieurement, on peut les croiser sans crainte avec des races plus petites qu'elles, il n'y a pas d'accidents à redouter. La race bovine hollandaise, dont les veaux à la naissance n'ont qu'un poids relativement faible, en est le type.

La peau et ses annexes ont à entrer en ligne de compte quand il s'agit d'animaux dont les phanères ont de la valeur par leur utilisation industrielle, comme les moutons, ou simplement par leur coloration plus ou moins prisée. Le résultat de mariages effectués à ce dernier point de vue sera étudié avec détails à l'occasion du métissage.

Indépendamment de tout ce qui vient d'être exposé, il y a lieu encore de tenir compte d'un ensemble de conditions fort mal déterminées, constituant l'idiosyncrasie ethnique. Des races réussissent bien ensemble, leurs produits sont toujours ou à peu près toujours harmoniques. Est-ce la conséquence d'une parenté plus ou moins rapprochée, ou d'une évolution dans des conditions semblables de milieu, nous ne savons, mais cette affinité des races nous semble découler de nos observations. Les juments boulonnaises, ardennaises et bretonnes qui, par leur masse, paraissent aussi éloignées de l'arabe que les flamandes, les percheronnes et les comtoises, donnent néanmoins avec cet étalon des produits meilleurs que ces dernières. Le taureau hollandais réussit moins bien avec les vaches de Schwitz, cottentines et tarentaises que celui de Durham ou d'Ayr. Le bélier new-leicester luttant des brebis du Larzac, du Charolais et de la Franche-Comté donne des produits supérieurs à ceux qu'on obtient avec le southdown, tandis que l'accouplement de celui-ci avec les brebis du Berry et de la Sologne donne de bons métis.

Quelques observations nous portent à penser qu'il n'est pas indifférent d'intervertir le sexe dans les races en présence. Faire saillir une jument arabe par un étalon breton n'est pas une opération qui donnera des produits identiques à ceux qu'on obtient par la fécondation de la jument bretonne par l'étalon arabe; le veau issu d'une vache d'Allgau fécondée par un Durham n'est pas la copie de celui d'une mère shorthorn saillie par un taureau d'Allgau.

Ces constatations, encore insuffisantes pour permettre de généraliser, nous ont rappelé que, dans les opérations horticoles, on rencontre des particularités qui ne sont pas sans analogie avec elles. Le poirier se greffe sur le cognassier, jamais nous n'avons vu de réussite dans l'opération inverse, le cognassier ne prend pas sur le poirier. Dans les opérations zootechniques auxquelles on vient de faire allusion, il n'y a pas eu stérilité, mais les produits étaient moins réussis dans un cas que dans l'autre.

II. PRÉPONDÉRANCE DE QUELQUES RACES ET PERSISTANCE DE CERTAINS CARACTÈRES DANS LES CROISEMENTS

A côté de la prépondérance individuelle qui donne à quelques sujets la faculté d'être des raceurs exceptionnels, il n'est pas niable qu'il faille tenir compte dans les croisements de l'inégale puissance héréditaire des groupes en présence.

Il est rare que les deux races que l'on veut croiser possèdent la même force de transmission, il en est fréquemment une qui imprime plus fortement que l'autre ses caractères aux métis. L'exemple le plus facile à vérifier que l'on puisse citer est le croisement du taureau d'Angus avec la vache hollandaise : les produits issus de ce croisement, dans la majorité des cas, tiennent plus de l'Angus que de l'autre race. D'ailleurs, ce fait n'est point particulier aux animaux, il se présente dans le règne végétal. Les viticulteurs disent, par exemple, que le *Vitis rupestris* imprime très fortement et avec une grande supériorité ses caractères quand on le croise avec d'autres vignes, et plusieurs botanistes ont fait la même remarque pour plusieurs espèces cultivées et sauvages.

Il a été avancé qu'une race ancienne donne davantage ses caractères qu'une récente ; mais, outre que nous savons peu de chose sur l'origine de la majorité des groupes ethniques et, conséquemment, sur leur différence d'ancienneté, je me suis assuré expérimentalement que la puissance de transmission d'une race est relative et subordonnée à celle de la race en présence de laquelle elle se trouve. A la ferme, dans la même saison un bélier de Dishley fut croisé avec des brebis mérinos, barbarines et de Millery. Les métis dishleys-mérinos offrirent une prédominance du type mérinos, ce qui est le cas habituel ; les métis dishleys-barbarins ont montré, au contraire, une prépondérance frappante du type dishley (bien que la race barbarine passe pour beaucoup plus ancienne que celle de Dishley), enfin, les métis dishleys-millerys ont présenté un mélange très réussi des caractères des deux races.

Il faudrait prendre chaque race et l'accoupler successivement avec toutes celles de son espèce, en se servant tour à tour de ses représentants mâles comme croisants puis de ses femelles pour être fécondées par les mâles de chacune des races à étudier. Ce n'est que lorsque cette besogne très considérable sera faite qu'on pourra utiliser le croisement sans craindre les mécomptes et surtout dégager les lois qui le régissent. La nécessité de cette étude s'imposera davantage lorsque nous examinerons la technique du croisement et le but poursuivi par son emploi.

La prépondérance d'une race ne s'explique que par l'inégalité de la puissance héréditaire des caractères. Il en est qu'on n'a jamais la certitude de retrouver, la contingence est leur propre. Par exemple, les trayons des vaches hollandaises et shorthorns sont petits, ceux des bêtes charolaises et jurassiques sont gros, les produits de croisement entre ces diverses races ont les trayons tantôt d'un format, tantôt de l'autre. On en voit qui sont plus sûrement transmissibles, leur constance est telle qu'elle donne l'assurance de les rencontrer dans les métis. En anthropologie, il est bien connu que la race nègre transmet avec fidélité l'épaisseur des lèvres qui la particularise ; de tous ses caractères, c'est le plus persistant à travers les générations. D'après les observations recueillies par M. Houssay, les Mongols, en se croisant, imposent leurs caractères crâniens et perdent leurs particularités faciales, saillie des pommettes et écrasement du nez[1].

Nous avons suivi la persistance de particularités extérieures sur les espèces bovine et galline. Dans la première, nous avons observé que la race de Schwitz communique la coloration noire de son mufle à ses métis et, aussi loin que nous avons pu la suivre dans des opérations compliquées de métissage, nous en avons trouvé trace.

Dans la seconde, nous nous sommes attaché à opérer le croisement d'une race à huppe, celle de Padoue, avec une race à crête simple, sans huppe. Les produits de première génération ont toujours été pourvus d'une huppe, de développement variable selon les individus, tandis que la crête fut à peine simulée par quelques rudiments sur plusieurs sujets. Mais la persistance de cette huppe à travers les populations métisses, n'est plus en rapport avec sa constance à la première génération, elle finit par disparaître devant la crête. Il y a donc une opposition entre elles. La première est d'abord constante et générale sur les métis, et la seconde inconstante ; mais, aux générations suivantes, celle-ci réapparaît avec une régularité de plus en plus grande et la huppe s'efface devant elle.

Ce sont parfois les qualités d'une race qui se transmettent ou des particularités d'un autre ordre. L'aptitude aux allures rapides se conserve dans les chevaux qui ont du sang de thorough-bred dans les veines, celle à donner beaucoup de lait dans les chèvres métisses de la race nubienne ; les poules qui ont un peu de sang cochinchinois donnent des œufs à coquille jaunâtre.

[1] Houssay, *Bulletin de la Société d'anthropologie de Lyon,* année 1887, page 118.

Dans l'espèce humaine, on a remarqué que la résistance de la race nègre à la fièvre jaune se retrouve chez des métis éloignés et revenus morphologiquement à un autre type.

Il n'est pas douteux que si l'on avait suivi dans chaque race les caractères, si insignifiants qu'ils paraissent, sûrement transmissibles, on ne puisse faire des croisements plus rationnels et plus fructueux. C'est une des lacunes de nos connaissances relatives à cette méthode

III. DÉNOMINATION DES MÉTIS; ACCEPTIONS DIVERSES DONNÉES AU MOT « SANG »

Lorsqu'on veut désigner un métis, on se sert d'un mot composé et il serait utile, dans la constitution de ce mot, d'adopter un ordre qui indiquât immédiatement quelle est la race paternelle et la maternelle. Pour sanctionner ce qui se fait la plupart du temps, il faut convenir de placer toujours le nom de la race du père le premier. Exemples: poulain anglo-normand indique que l'étalon était de race anglaise et la jument normande; veau durham-schwitz que le père était Durham et la mère Schwitz. Si l'on dit : mouton Dishley-mérinos-berrichon, cela signifie que le bélier était un métis Dishley- mérinos, etc.

Comme on n'arrête pas les croisements à la première génération, il faut pouvoir dénommer les métis d'une façon qui décèle la nature de l'opération effectuée. On se sert généralement pour cela des expressions 1/2, 3/4, 7/8, 15/16, qui se traduisent demi-sang, trois quarts de sang, etc., et qui s'expliquent comme suit :

Si l'on exprime par 1 la distance qui sépare deux races pures qu'on va unir, le produit issu de ces deux races se tient, *théoriquement*, à égale distance de l'une et de l'autre et la fraction 1/2 peut lui être appliquée. Si ce métis, devenu adulte, est fécondé ou féconde un sujet de l'une des races dont il est issu, le produit se rapproche davantage de cette race et la formule 3/4 lui est applicable. Et ainsi de suite.

Ces fractions n'indiquent point l'apport morphologique de chacune des races; un produit de demi-sang peut ressembler pour les 7/8 et même davantage à l'un de ses parents. L'hérédité ne plie pas ses effets à nos formules, celles-ci sont conventionnelles et nous renseignent seulement sur la qualité des reproducteurs employés.

Il faut si peu considérer l'expression de demi-sang comme la traduction de la part fournie par chacune des races unies pour la procréation des métis de première génération, que la proposition suivante, due à MM. Galton et G. de Lapouge[1] se rapproche davantage de la réalité :

[1] G. de Lapouge, Les Lois de l'hérédité, *Journal de médecine vétérinaire*, année 1890.

$$\text{Chaque métis a}\begin{cases} 1/4 \text{ d'hérédité paternelle directe.} \\ 1/4 \quad — \quad \text{maternelle} \quad — \\ 1/4 \quad — \quad \text{atavistique paternelle.} \\ 1/4 \quad — \quad — \quad \text{maternelle.} \end{cases}$$

Mais ce schéma, comme la notation $1/2 + 1/2$, est théorique ou tout au moins contingent.

Le vocable « sang », ajouté à la fraction, suscite des réclamations et nécessite des explications.

Dû aux hippologues ou plutôt aux sportsmen, il eût mieux valu ne pas l'accepter dans le langage scientifique. Il ne peut avoir de signification générale, car on fait du croisement en botanique et il est impossible de parler de sang à propos des produits obtenus. Sa signification particulière n'est pas claire; pour les espèces domestiques autres que celles du cheval, on est toujours obligé de lui ajouter un qualificatif indiquant la race qui domine. Appliquée à l'espèce chevaline, il n'y a pas d'expression plus regrettable et sur laquelle on s'entende moins, ainsi que nous allons le prouver par quelques citations.

Dans la pensée de beaucoup de personnes, il est une race supérieure aux autres, qui les régénérerait toutes tandis que la valeur de celles-ci comme reproductrices serait nulle. C'est l'arabe. La noblesse du cheval de cette race s'exprime en disant que c'est un *pur sang*. D'ou dérive l'idée première d'une noblesse chevaline?

Il nous semble qu'elle vient d'Orient où la croyance à une noblesse originelle, à une puissance spéciale du sang est acceptée dans l'espèce humaine comme une vérité inattaquable et une loi naturelle. « Prends un buisson épineux et pendant une année arrose-le avec de l'eau de rose, il ne te donnera que des épines ; prends un dattier, laisse-le sans eau, sans culture, il produira toujours des dattes. » Cette forme parabolique, qu'aiment tant à employer les Orientaux, rend bien l'idée qu'ils se font de la noblesse originelle de certaines choses et j'incline à croire que, de même que dans leur race, ils regardent certaines familles comme nobles d'origine et désignées par Allah pour commander, de même ils ont cherché dans leurs chevaux des familles nobles, des individus « de sang ». C'est une idée absolument métaphysique. Pour eux, une famille noble « est une chaîne d'or dont tous les anneaux doivent être en or ». Ils ont agi de même pour l'espèce canine, ils ont ennobli le lévrier, tandis que le chien de garde (Kelb) est le symbole de l'abjection, comme l'indique l'épithète de chien, fils de chien, dont ils gratifient les chrétiens. Si les seigneurs du moyen âge ont souvent ordonné de faire figurer des lévriers sur leurs pierres tombales, ne serait-ce point qu'ils avaient rapporté d'Orient l'idée de la noblesse de ces animaux?

Pour Magne, le mot sang se dit d'une conformation spéciale, il n'indique pas que l'animal est énergique, mais que, « par sa peau fine, son poil soyeux, sa croupe horizontale, son encolure bien sortie et son chanfrein épais, il ressemble au cheval arabe ou au cheval de course, lors même qu'il manquerait absolument de force et d'ardeur ».

M. Gayot, prenant en quelque sorte le contre-pied de la manière de voir de Magne, dit que le sang doit être considéré en dehors de la forme qui le contient. « Celle-ci peut varier et revêtir des caractères extérieurs différents sans que le principe qui l'anime cesse d'être parfaitement identique parce qu'il a pour lui une admirable flexibilité, c'est son propre [1]. »

Pour MM. Goubaux et Barrier, « s'il y a pondération harmonique entre les diverses parties (moelle et encéphale) du système nerveux central qui préside au fonctionnement des organes (entre les puissances préposées à la bonne direction de la machine) ; s'il y a, en outre, pondération entre le système nerveux et l'ensemble organique dont il dépend (entre les puissances directrices de la machine et ses rouages), il en résultera une sorte d'harmonie enveloppante et régulatrice, un parfait équilibre entre ces pièces de l'économie et les forces qui les mettent en jeu.

« C'est à cet équilibre, effet de la perfection du système nerveux au point de vue de son action ou de son intervention dynamique, qu'on donne le nom de sang ».

D'après Stonenge, le mot sang est synonyme de race et un cheval peut être qualifié de pur sang quand il a été produit en sélection rigoureuse, quelle que soit sa race.

C'est aussi l'opinion d'un sportmann, admirateur fervent du cheval de course, M. de Lagondie ; voici comment il s'exprime :

« La pureté du sang est un *sine qua non* pour l'objet des courses, mais il est nécessaire de comprendre ce que l'on entend par le terme SANG. On ne doit pas supposer qu'il y ait aucune différence réelle entre le sang du cheval pur et celui de demi-sang. Personne ne pourrait, par aucun moyen connu, faire la moindre distinction entre les deux. Le terme « sang » est ici synonyme de race et, par pureté de sang, nous entendons pureté relative dans la généalogie de l'animal, c'est-à-dire que le cheval qui provient d'une source est pur de tout mélange avec d'autres et peut être un pur suffolk-punch, un pur clydesdale ou un pur thorough-bred. Mais tous ces termes sont relatifs, puisqu'il n'existe aucun animal parfaitement pur dans aucune race, soit cheval de trait, de selle ou de course. Tous ont été produits par un mélange avec d'autres espèces et, bien que maintenant on les garde aussi purs que possible, cependant originellement ils ont été formés d'éléments composés ; même les meilleurs et les plus purs thorough-bred sont tachés de quelques légères imperfections. Ainsi, ce n'est donc que comparativement qu'on emploie l'expression de *pur* pour ces chevaux

[1] Moll et Gayot, *La Connaissance générale du cheval*, page 313.

ou pour d'autres. Mais, depuis que de longue date le thorough-bred a été produit pour les courses et que les choix ont été faits uniquement dans ce but, il est raisonnable de supposer que cette race est la meilleure pour cet effet et de considérer une mésalliance comme une déviation de la source la plus claire dans une autre plus trouble et, par conséquent, impure. Il faut en conclure que l'animal provenant de la source impure est défectueux sous quelques points caractéristiques de la race pure et aussi qu'il est impropre à l'objet particulier des courses. Maintenant le fait se retrouve dans la pratique car, en toutes circonstances, il s'est trouvé que le cheval produit avec la moindre déviation des sources indiquées dans le *Stud-Book*, est incapable de lutter de fond avec ceux qui sont entièrement de cette race. De là il est passé en règle que, pour les courses, tout cheval doit être de pur sang, c'est-à-dire issu d'un père et d'une jument dont le nom se trouve au *Stud-Book* [1]. »

Ainsi pour les sportsmen, la race de pur sang par excellence est celle du cheval de course, mais tout animal de race pure, inscrit au livre généalogique de son groupe peut être aussi qualifié de pur sang. En raison de l'habitude où sont les hippologues d'identifier les mots pur sang et cheval de course ou thorough-bred, il est utile quand il s'agit de croisement en dehors de cette catégorie, de faire suivre, à partir de la seconde génération, le mot sang de la qualification de la race dominante; un poulain issu de l'accouplement d'une métisse breto-percheronne avec un cheval percheron, sera appelé un 3/4 de sang percheron.

Pour les croisements dans l'espèce humaine, on a adopté des expressions particulières dont voici la nomenclature :

PARENTS.	PRODUITS.	DEGRÉS DE MÉLANGES.
Blanc et noir.	Mulâtre.	1/2 blanc et 1/2 noir.
Blanc et mulâtre.	Tierceron.	3/4 blanc 1/4 noir.
Noir et mulâtre.	Griffe ou zambo.	3/4 noir 1/4 blanc.
Blanc et tierceron.	Quarteron.	7/8 blanc 1/8 noir.
Noir et tierceron.	Quarteron saltratas.	7/8 noir 1/8 blanc.
Blanc et quarteron.	Quinteron.	15/16 blanc 1/16 noir.
Noir et quarteron.	Quinteron saltratas.	15/16 noir 1/16 blanc.
Blanc et rouge ou indien.	Curiboca ou Cholo.	1/2 blanc et 1/2 rouge.
Blanc et Curiboca.	Mameluco.	3/4 blanc et 1/4 rouge.
Nègre et rouge.	Cajuzo ou Chino.	1/2 noir et 1/2 rouge.
Rouge et mulâtresse.	Chino oscuro.	1/2 rouge 1/4 blanc et 1/4 noir.

Le qualificatif *saltratas* indique que le retour se fait du côté de la race nègre.

Ces expressions ne se rapportent qu'aux croisements entre les races blanche, nègre et rouge; les combinaisons avec la race jaune n'ont point de termes spéciaux pour les exprimer ou seulement des termes d'une valeur locale.

[1] De Lagondie, *Le Cheval et son cavalier*, 3ᵉ édition, pages 36 et 37.

En zootechnie, il n'existe pas de noms de ce genre pour la désignation des métis, on s'en tient à la notation fractionnaire.

IV. DE LA LOI DE RÉVERSION ET DE SES MODALITÉS

Lors de la formation d'un nouvel être par croisement, chaque élément et chaque association d'éléments en système et en organe de l'un des ascendants luttent pour l'existence vis-à-vis de ceux de l'autre. Plus la distance morphique des procréateurs est grande, plus vive est la lutte et plus accentuées les différences. Est-elle peu considérable, y a-t-il convenance entre les races, la répartition des hérédités se fait rapidement et il y a constitution d'un métis harmonique. Cet équilibre stable n'est pas la règle et ne peut l'être dans le cas de croisement continu unilatéral. Il y a prédominance d'un type sur l'autre et finalement retour à l'un des facteurs.

La notation employée pour désigner les degrés du mélange montre à quoi on aboutit, en théorie, quand on continue le croisement en se servant toujours du même reproducteur ou d'un reproducteur de même race pour l'accoupler aux métis. Elle est la suivante :

Métis de 1re génération : $\dfrac{1+0}{2} = 0.50$ ou *demi-sang.*

— 2e génération : $\dfrac{1+0.50}{2} = 0.75$ ou *trois quarts de sang.*

— 3e génération : $\dfrac{1+0.75}{2} = 0.875$ ou *sept huitièmes de sang.*

— 4e génération : $\dfrac{1+0.875}{2} = 0.937$ ou *quinze seizièmes de sang.*

— 5e génération : $\dfrac{1+0,937}{2} = 0.968$, *il est considéré comme revenu au type.*

On voit qu'en poursuivant le croisement toujours dans le même sens, en accouplant, par exemple, une pouliche anglo-normande avec un étalon anglais, puis les pouliches qui descendront de cette union toujours avec le cheval anglais, à la cinquième génération les produits se seront rapprochés tellement du type anglais qu'ils pourront être considérés comme des chevaux de pure race.

Peut-on les accepter comme tels ? Des hippologues et des sportsmen prétendent que quoique se rapprochant beaucoup du pur sang au bout d'un certain nombre de générations, ils n'arrivent jamais à la pureté absolue. Leur sang a été altéré à jamais par le mélange avec celui d'une autre race. Pour faire comprendre sa pensée, l'un d'eux, M. Gayot, s'est servi d'une comparaison qui a fait impression : si dans un tonneau de vin vous laissez tomber une goutte d'eau, a-t-il dit, vous aurez beau fractionner ce vin, le diviser, jamais il ne redeviendra absolument pur.

Ce à quoi il a été répondu par M. Sanson que le vin n'a aucune ten-

dance à perdre son eau, tandis qu'en vertu de la loi de réversion, les
animaux tendent à retourner à leur type ancestral dont le croisement les
a éloignés. La loi de réversion agit ici comme un réactif qui, dans le
vin, s'emparerait de l'eau ajoutée.

On pourrait aussi emprunter une comparaison à la cristallisation de
deux solutions salines différentes et mélangées. Elles ne seront pas unies
à tout jamais, car si l'on évapore, chaque solution reformera les cristaux
de son type et la séparation deviendra possible et effective.

Un des exemples les plus remarquables de réversion est fourni par les
chabins, qu'on appelle *carneros linudos* au Chili et qu'on exploite dans
l'Amérique du Sud. On les dit produits par le croisement du bouc et de
la brebis ou du bélier et de la chèvre[1].

Leur fécondité est continue, d'après tous les renseignements, mais il
paraît que si l'on veut obtenir des toisons ou *pellones* convenables, il
faut, au bout de trois ou quatre générations, réintroduire du sang ariétin
en faisant accoupler les chabins mâles avec des brebis, ce qui a lieu sans
difficultés.

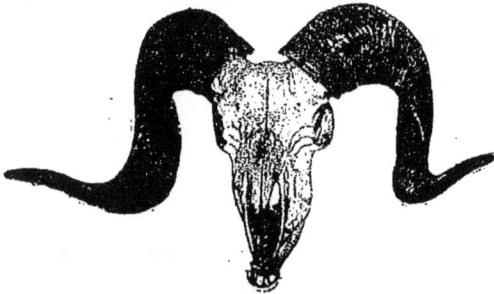

FIG. 143. — Tête de Bélier barbarin   FIG. 144. — Tête de Chabin.
(Abattoir d'Alger).   (Santiago du Chili).

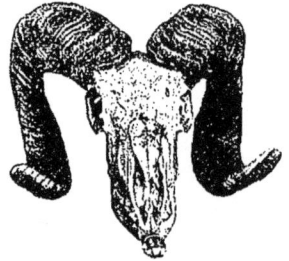

Si les chabins ont bien l'origine qu'on leur attribue, la loi de réversion
s'est manifestée chez eux de la façon la plus étendue, en les ramenant au
mouton. Tous ceux que nous avons eu occasion de voir en France, ceux
que nous entretenons à la ferme de l'École vétérinaire et qui nous ont
été envoyés par M. Besnard, de l'École d'agriculture de Santiago (Chili),
ont produit sur nous et sur d'autres personnes l'impression que nous
nous trouvions en présence de moutons. L'étude de pièces osseuses, les
mensurations et les cubages n'ont fait que confirmer nos impressions;
nous cherchons ce qu'elles ont de caprin. D'ailleurs, les deux photogravures que nous plaçons sous les yeux du lecteur (fig. 143 et 144) lui
montreront avec la fidélité qui est le propre de ce genre de figuration,
la ressemblance qui existe entre le mouton et le chabin.

[1] Gay, *Historia de Chile, zoologia*, t. I, 1847.

Quant à l'affirmation que la réversion se fait fatalement à la quatrième ou à la cinquième génération et toujours dans le sens qu'indiquent les fractions de sang, elle est hypothétique. Le retour peut se faire intégralement dès la première. Les exemples n'en sont pas si rares qu'on pourrait le croire. Dans un croisement effectué à la ferme entre les races ovines dishley et barbarine, les agneaux de demi-sang étaient si complètement revenus au type dishley que, présentés à des connaisseurs, ils furent, sans hésitation, regardés par eux comme des spécimens très purs et très beaux de la race anglaise. Inversement, il arrive que malgré que les générations s'accumulent, la réversion ne se fait qu'incomplètement. Nous connaissons un troupeau de métis dishleys · mérinos qui, depuis dix ans, ne reçoit plus que du sang mérinos, la face des sujets de dixième génération persiste à ne pas se garnir de laine.

Il n'y a donc rien d'absolu ; j'ajouterai qu'il est fréquent de voir les métis de deuxième génération, quoique ayant trois quarts de sang de la race croisante, moins près de cette race que les métis de première. Nouvelle preuve de la lutte entre les deux races et de la nécessité de bien les appareiller quand on veut faire du croisement.

Il semble rationnel de penser que dans le croisement unilatéral, la réversion doit se faire immanquablement du côté de la race renforcée à chaque génération par un nouvel apport de sang et c'est, en effet, ce qui a été professé jusqu'à présent. C'est à tort, car si les choses se passent généralement comme cela, nous l'avons vue s'effectuer en sens inverse, c'est-à-dire en faveur de la race non renforcée ; en voici la preuve :

En 1884, une vache hollandaise pure est introduite dans la ferme de M. Darbot, sénateur de la Haute-Marne, qui ne possédait que des bêtes de Schwitz. Elle est fécondée par l'unique taureau Schwitz de cette ferme et donne une génisse à caractères intermédiaires et à pelage mal teint, charbonné aux extrémités et à la tête.

Devenue apte à se reproduire, cette femelle demi-sang est fécondée à son tour par un taureau Schwitz ; elle donne, en 1887, également une vôle qui, bien qu'elle eût théoriquement trois quarts de sang suisse, se rapprochait davantage du type hollandais ; on eût dit une bête flamande, car elle en avait la face longue, les cornes en avant, la queue attachée bas, le pelage rouge et une plaque blanche à la tête.

En 1889, cette métisse de deuxième génération est couverte par le taureau Schwitz et le produit qu'elle donne, qualifié sept huitièmes de sang Schwitz de par la théorie, est une génisse dotée d'une façon si parfaite des caractères de la race hollandaise que personne, s'il n'eût été prévenu, n'eût hésité à la considérer comme hollandaise pure.

Ces faits seraient inexplicables si l'on ne se rappelait que, dans le croisement, il n'y a pas seulement lutte des hérédités directes des reproducteurs, mais aussi des hérédités ataviques et que l'une de celles-ci peut vaincre les autres réunies. La prépondérance de race et la puissance individuelle ont joué leur rôle en la circonstance.

Quelle que soit la race vers laquelle s'effectue le retour, et laissant toute discussion dogmatique de côté, nous avons cherché si vraiment de tels métis peuvent être regardés comme purs. Nous en avons suivi un certain nombre qui, dans des expositions, concouraient avec des sujets de pure race. Jugés par des éleveurs habiles réunis à de savants auteurs, ils ont été assimilés à leurs concurrents pour la pureté de la race ou plutôt ils n'en ont pas été distingués. Nous en avons conclu qu'il ne faut pas être plus royaliste que le roi. Aussi bien, si l'on voulait remonter à l'origine des races, en trouverait-on de pures? Les hippologues les plus méticuleux ne peuvent nier que dans la généalogie d'*Eclipse*, ce prototype du pur sang, on trouve les noms de treize juments de sang non tracé !

Nous pouvons donc considérer comme possible, dans la pratique de l'élevage, de faire disparaître une race en la croisant avec une autre sans discontinuer, jusqu'à ce qu'elle soit absorbée. La première est la race *croisée*, la seconde est qualifiée de *croisante*.

V. DES DIVERSES SORTES DE CROISEMENTS

Au lieu de chercher à absorber une race par une autre, on peut poursuivre la création de métis qui, participant aux caractères des deux reproducteurs, aient une valeur commerciale supérieure à chacun de ceux-ci pris séparément. Pour cela, on s'arrête parfois à la première génération, on ne produit que des demi-sang. D'autres fois, on poursuit le croisement mais en faisant intervenir alternativement un reproducteur du côté de la mère et un du côté du père. L'alternance peut se faire très régulièrement et elle aboutit vers la création de sujets 1/3 ou 2/3 de sang, ou elle se fait irrégulièrement, par l'intervention d'un reproducteur de l'une ou l'autre race, suivant qu'on juge que les métis penchent trop d'un côté et qu'on veut rétablir l'équilibre.

D'après le but poursuivi et la marche adoptée, les opérations de croisement se subdivisent en :

1° Croisement continu ou unilatéral (d'absorption, de progression, de substitution).
2°   —   alternatif ou bilatéral (régulier et irrégulier).
3°   —   de première génération.

Du croisement continu. — Il a été dit qu'il a pour objet d'arriver progressivement à absorber une race par une autre, ce qui lui donne une grande importance dans la pratique. Il permet à l'agriculteur d'introduire dans son domaine une race qu'il juge mieux à sa place que celle qu'il possède, sans faire les frais, généralement élevés, d'une importation en bloc d'animaux améliorés. Ceux-ci sont chers et il n'est pas toujours facile de s'en procurer; on trouve dans le croisement d'absorption un moyen de tourner la difficulté. Ce n'est pas d'aujourd'hui qu'on le met en œuvre. Quand Daubenton introduisit le mérinos dans ses terres, ce n'est point avec un nombreux troupeau qu'il opéra ; quelques béliers d'Espagne, accouplés d'abord avec ses brebis du pays puis avec les produits obtenus, lui donnèrent peu à peu une bergerie de mérinos. Tessier a préconisé la même marche.

Dans la substitution d'une race à une autre, il faut tenir compte du climat et du milieu ; il peut être fort imprudent de faire une substitution en masse. Nous en avons recueilli un exemple très convaincant en Algérie. Un agriculteur voulant se livrer à l'industrie laitière importa dans son domaine situé dans la plaine de la Mitidja, des vaches achetées dans les montagnes de la Tarentaise pour remplacer ses bêtes indigènes. Six mois après, les trois quarts avaient succombé à une fièvre paludéenne. Pour éviter ce désastre, il aurait fallu commencer par importer quelques taureaux tarentais, les croiser avec les vaches arabes et continuer à se servir de ces taureaux pour féconder les 1/2, les 3/4, les 7/8 de sang ; on se serait efforcé de noyer la race arabe dans la tarentaise tout en communiquant aux métis l'immunité vis-à-vis des fièvres pernicieuses que possède la première et dont nous avons déjà parlé.

Une autre raison en faveur de ce mode de croisement est quelquefois tirée de la situation culturale. Un agriculteur a amélioré ses terres ; ses bestiaux ne suffisent plus à utiliser tous ses fourrages, mais les remplacer immédiatement par des animaux très perfectionnés et très exigeants serait peut-être s'exposer à voir ceux-ci quelque peu souffrir. S'il fait du croisement de progression, il ne craindra pas de déroger à la corrélation entre la production végétale et la consommation animale sur laquelle nous avons insisté.

S'il arrive que le type de la race croisée reparaisse de temps en temps et, en vertu de l'atavisme, il n'en est point autrement, il ne faut pas se décourager mais persister. La probabilité de ces réapparitions s'amoindrit avec les générations et il arrive un moment où elle devient à peu près nulle, mais on ne peut dire à l'avance combien il faut de temps pour absorber une race ou, pour parler avec plus de rigueur, pour que les coups en arrière soient négligeables sur la quantité des sujets fournis.

Le plus souvent, l'effet de ces coups en arrière ne persiste pas ; il est peu d'éleveurs qui n'aient vu des 7/8 de sang présenter plus de caractères de la race inférieure que les 1/2 ou les 3/4 ; celle-ci a pris sa revanche, comme on dit, de l'écrasement que lui fait subir la race absorbante. L'expérience apprend qu'il faut agir sur ces 7/8 comme s'ils étaient réussis dans le sens qu'on poursuit. De leur accouplement avec le reproducteur pur de la race absorbante peuvent naître de magnifiques 15/16 de sang.

On pratique parfois du croisement à rebours. Lorsqu'on a commencé par faire du croisement continu et qu'on s'aperçoit que la race choisie comme croisante n'est point supérieure à celle qu'on possédait, on ramène les métis au type primitif en se servant de celui-ci d'une façon continue à son tour. Dans une basse-cour, j'ai vu introduire le coq cochinchinois pour absorber la race commune ; à la troisième génération, on fut d'avis que cette dernière était mieux appropriée au milieu où l'on se trouvait que la cochinchinoise, on supprima les coqs de cette race et on les remplaça par des sujets communs ; on fit alors du croisement à rebours pour essayer d'épuiser le sang chinois.

Du croisement alternatif ou bilatéral. — Dans ce croisement, loin de chercher à noyer une race dans une autre, on s'efforce de produire des métis en qui convergent les caractères de l'une et de l'autre, de façon que leur valeur individuelle soit supérieure à celle des sujets de race pure.

Il peut se faire suivant deux modes : 1° A chaque génération on alterne la race du reproducteur. On a allié, je suppose, l'étalon anglais et la jument normande ; les métisses anglo-normandes de première génération seront unies à l'étalon normand, celles de deuxième génération le seront avec l'anglais, celles de troisième avec le normand, celles de quatrième avec l'anglais et ainsi de suite. C'est le croisement alternatif *régulier*.

2° On débute par faire du croisement unilatéral puis au bout de quelques générations, on prend un reproducteur dans la race croisée, sauf à revenir à la génération suivante ou un peu plus tard, aux mâles de l'autre branche. C'est surtout dans la production du cheval, du porc, du chien et du coq qu'on emploie ce croisement alternatif *irrégulier*. Il a été appelé *brassage du sang* et on se guide, pour l'opérer, sur la conformation des animaux. Le métis s'éloigne-t-il trop de l'idéal que l'on recherche, est-il trop fin, on suspend l'emploi de l'étalon de race légère pour prendre celui de la race plus forte, est-il trop gros, on se livre à l'opération contraire.

Les Anglais, plus que nous, sont passés maîtres dans le brassage du sang et s'entendent à composer des produits répondant à des besoins déterminés. En France, les chasseurs font beaucoup de brassages pour créer des chiens à aptitude mixtes.

Du croisement de première génération. — Cette opération est faite dans un but uniquement industriel ; on ne dépasse pas la première génération et on produit des sujets pour la vente courante sans avoir l'idée de les livrer à la reproduction. Économiquement, c'est une opération analogue à la production du mulet.

Lorsqu'on fait du croisement industriel, afin qu'une trop forte proportion de produits ne ressemble pas à la race la plus médiocre, il faut qu'il y ait convenance entre les races et souvent on n'a des renseignements sur ce point qu'après des tâtonnements.

Il est fréquemment mis en pratique et, en général, on en obtient des résultats pécuniaires avantageux. Les agriculteurs dont la spéculation est la production de l'agneau ou du mouton gras, sont peut-être ceux qui le pratiquent le plus; nous en connaissons de nombreux exemples. Dans le Berry, le Nivernais, le Bourbonnais et le Charollais, on croise passablement les moutons du pays avec les races anglaises et on a des produits très estimés par les boucheries de Paris et de Lyon. Dans le Midi, nous avons vu des brebis pyrénéennes, luttées par des béliers dishleys, donner des antenais du poids moyen de 47 kilogrammes. Un propriétaire de Vaucluse, dont l'industrie est la vente de l'agneau gras, croise depuis plusieurs années ses brebis indigènes avec le southdown, il obtient des agneaux qui sont actuellement très cotés par la boucherie de Marseille. A la ferme de la Tête-d'Or, des brebis de Millery sont fécondées par des béliers dishleys, on obtient des métis dont la taille est plus élevée que celle de leurs mères et qui ont plus d'aptitude à s'engraisser.

Il est peu d'établissements de quelque importance consacrés à l'exploitation de l'espèce porcine où l'on ne fasse cette sorte de croisement. L'alliance de la truie bressane ou de la dauphinoise avec le verrat berkshire ou des bêtes craonnaises, normandes, lorraines avec l'yorkshire se fait couramment.

En croisant dans l'espèce canine le dogue et le mâtin, on produit le mastiff de garde et en faisant lier le braque et le foxhound, on obtient le pointer, deux chiens très appréciés chacun pour sa destination.

Le croisement du lapin bélier avec la lapine commune donne de bons résultats, il en naît des sujets plus lourds que le lapin ordinaire et qui ont la viande plus délicate que le bélier.

On fait aujourd'hui, dans les basses-cours, beaucoup de croisements surtout pour augmenter l'aptitude à la production de la viande. Ceux de la poule commune avec le Houdan, le Crèvecœur, le La Flèche, le Dorking, le Louhans donnent des produits qui, dès cinq ou six mois, sont très bons pour la table; le canard de Rouen ou celui d'Aylesbury est marié à la cane commune, l'oie de Toulouse à l'oie vulgaire dans le même but. Chaque branche de l'élevage comporte d'utiles applications du croisement industriel. Il ne semble pas utile d'insister davantage sur ce procédé, car il a la faveur des éleveurs.

Section II. — Du Métissage

Le métissage est l'opération qui consiste à faire reproduire les métis entre eux. On l'appelle quelquefois métisation.

Ce mot n'a pas toujours eu la signification que nous lui attribuons. Il a commencé par signifier le croisement des bêtes à laine et particulièrement de la race mérinos avec une autre race ovine, par analogie avec l'expression adoptée pour signifier l'union d'un Espagnol avec une Indienne du Nouveau-Monde. Il a été considéré et il l'est encore par beaucoup de personnes comme synonyme de croisement. Il a été appelé aussi croisement diffus.

Des auteurs établissent dans les opérations de reproduction en dehors de la race des distinctions assez subtiles ; il y aurait croisement quand l'opération a pour but de communiquer aux produits tous les caractères de la race croisante et ce serait du métissage quand on chercherait à créer une race intermédiaire qui « émanant des deux races distinctes n'a pas plus les caractères de l'une que de l'autre ». Enfin, il a été dit qu'il y a métissage même quand la femelle est de race pure, pourvu que le mâle soit un métis.

Nous ne pouvons adopter aucune de ces manières de dire. A des choses distinctes, il faut des mots spéciaux. Le croisement est une chose et le métissage une autre ; quand on cherche à communiquer à des produits les caractères d'une race absorbante, on fait du croisement unilatéral; si l'on s'efforce de créer une race intermédiaire, on peut prendre le procédé du croisement alternatif tout aussi bien que celui du métissage. Enfin, du moment où l'on appelle croisement l'union d'un mâle de race pure et d'une métisse, il serait contraire à la logique et à tout ce que nous avons dit de la part des deux sexes dans la procréation d'un nouvel être de ne pas désigner du même nom l'opération où l'on unit une femelle de race pure avec un métis. Pour toutes ces raisons, *nous pensons que le mot de métissage doit correspondre uniquement à l'union* inter se *des métis*.

Un des objectifs du croisement est de produire des métis qui, par la réunion de caractères empruntés à la race du père et à celle de la mère, aient une valeur commerciale supérieure à chacune de celles-ci. L'éleveur est parfois longtemps pour réaliser le type qu'il poursuit ; quand il l'a trouvé, on comprend qu'il tienne à le conserver et à le perpétuer. Il s'efforce d'y arriver en unissant entre eux les métis qui l'incarnent. Le métissage est donc, nécessairement, une opération ultérieure au croisement et le but recherché est de maintenir, dans les sujets produits, des caractères déterminés.

Toute la question est de savoir si l'on peut arriver à perpétuer ces caractères intermédiaires et à former ainsi une nouvelle race d'animaux. Nulle question n'a été plus controversée en zootechnie que celle-là, nulle méthode plus attaquée que le métissage; on l'a présentée comme incertaine, aléatoire, précaire et sans valeur. Nous allons la juger sur ses résultats.

I. LÉGISLATION DU MÉTISSAGE

1° Variation désordonnée et retour à l'un des types constituants
2° Groupement régulier et fixation de caractères propres.

Dans le métissage, comme dans le croisement, il y a nécessairement lutte d'au moins quatre forces héréditaires, celles des races paternelle et maternelle et la puissance individuelle de chaque reproducteur, mais ce nombre augmente puisque les métis qu'on unit sont habituellement chacun le produit du mariage de deux races distinctes.

Il est clair que dans cette lutte de puissances héréditaires, les chances sont nombreuses pour que le sujet en qui elle se livre manque de stabilité, que ses caractères soient en état de variabilité et qu'il y ait retour vers l'une des formes ancestrales.

Puisque, même dans les reproductions en sélection, les produits ne sont jamais une combinaison réelle des caractères paternels et maternels et que l'individuation est une puissance irréductible, à plus forte raison dans celles qui se font en métissage où il faut tenir compte de plusieurs hérédités directes et ataviques, doivent-ils être disparates, qu'on les considère individuellement ou qu'on compare les sujets d'une même gestation les uns aux autres.

Ce disparate est ce qui a le plus frappé la plupart des expérimentateurs qui ont suivi le métissage soit dans le règne végétal, soit dans le règne animal. Naudin, à qui on doit des expériences nombreuses et bien conduites sur les végétaux, a insisté sur l'état de *variation désordonnée*, *d'affolement* dans lequel se trouvent les métis et sur la *dislocation*, la *disjonction des caractères* et *le retour à l'une des formes génératrices* au bout d'un nombre variable de générations.

Des zootechniciens, faisant aux populations métisses animales l'application des constatations de Naudin sur des familles végétales déterminées, n'ont vu, comme lui, que variation, équilibre instable parmi elles et généralisant ce qui est acquis pour quelques formes, une pure incohérence leur a paru toute la législation qui les régit. Ils ont affirmé que nulle suite de métis n'acquiert la fixité et « ne peut l'acquérir ». De cette affirmation, ils ont logiquement tiré la conclusion que le métissage est un procédé qui doit être écarté dans la pratique.

Quand il s'agit des rapports et des affinités des formes vivantes les unes avec les autres, toute généralisation est dangereuse ; une conclusion applicable à un groupe ne l'est pas toujours à un autre. De ce que la stabilité des caractères n'a pas été acquise dans les cas pris pour exemples, cela ne prouve nullement qu'on ne puisse arriver à leur réalisation en faisant d'autres choix dans les accouplements. Toutes les preuves négatives qu'on peut accumuler ne détruisent point la signification d'une expérience positive.

Puisqu'on s'est appuyé sur les résultats obtenus par métissage de végétaux, disons d'abord que parmi les phytotechniciens, le consensus est loin d'être unanime relativement à l'impossibilité de fixer une forme intermédiaire par ce procédé. Nous pourrions prendre dans la floriculture plusieurs exemples de races issues, incontestablement, de métissage. Nous préférons nous arrêter au blé, parce que le contrôle sera plus facile.

Il a déjà été dit que MM. de Vilmorin, par le croisement du blé de Pologne et du Poulard et la multiplication des métis opiniâtrement poursuivie, ont créé une race triticine à grain tendre. Avec les ressources dont dispose leur maison, ils ont multiplé les essais sur plusieurs sortes de blé et ils en ont créé d'autres. Mais ces expérimentateurs ont grand soin de faire remarquer que toutes les formes ne sont pas affines les unes vis-à-vis des autres et ne donnent point des métis capables de se fixer. Le blé Dattel a été obtenu par le croisement du Chiddam et du prince Albert et six ans ont suffi pour l'amener à la fixité ; le blé Lamed, produit du croisement du Noé et du prince Albert, ne constitue aujourd'hui encore qu'une variété et non une race ; il a toujours une tendance à retourner au type du Noé [1].

Les travaux d'A. Gauthier ont établi que la coloration d'un métis ou d'un hybride végétal, dérive des deux reproducteurs et qu'elle est intermédiaire des deux colorations de ceux-ci. Elle forme une espèce chimique nouvelle qui se reproduit. Ses recherches sur le Petit-Bouschet, race de vigne issue de graines obtenues par l'action du pollen de l'Aramon sur l'ovule du Teinturier, le prouvent.

Voyons dans le règne animal sur la particularité extérieure la plus facilement accessible, la coloration, si la distribution pigmentaire se fait, après croisement et métissage, sans règles ni lois.

Dans l'espèce humaine, l'observation montre que le mariage du brun et du blond a pour résultat habituel des individus à barbe rousse, yeux bleus et cheveux noirs. Le contraire, cheveux roux et barbe noire, est l'exception.

Si l'on suit les populations métisses issues de ces mariages et se reproduisant entre elles — et cela a été fait avec soin sur plusieurs populations du nord de l'Europe et de la France [2], — on voit que l'élément brun continue à se transmettre par les cheveux dans la proportion de 82,5 pour 100, tandis que l'élément blond persiste dans les yeux dans la proportion de 88 pour 100. Le retour aux types brun ou blond complet,

---

[1] H. de Vilmorin, Les Blés nouveaux (*Bulletin de la Société botanique de France*, 1888).

[2] Le Carguet et Topinard, La Population de l'ancien Pagus cap Sizun (*Revue d'Anthropologie*, 1888, page 166).

dans ces populations métisses, ne se montre que dans la proportion de 2,7 pour 100 pour le premier et 16,2 pour 100 pour le second. Il paraît difficile de persister à parler d'incohérence et de variation désordonnée et de ne pas voir que la localisation pigmentaire est réglée.

Les animaux domestiques fournissent des données non moins curieuses. Le lecteur sait déjà comment furent obtenues les robes rouanne et alezane avec petites taches blanches sur la croupe, des chevaux de Knapstrup, et il sait la fixité de ces robes dans la reproduction en métissage ; la façon dont fut créée la robe bringée dans l'espèce bovine et la preuve de sa persistance dans la reproduction en métissage lui ont été également exposées (voyez pages 383 et 384, et planche III). Voici le résumé d'autres recherches :

En faisant couvrir une vache charolaise à pelage blanc laiteux par un Durham rouge, on obtient un produit qui peut être froment foncé, pie-rouge ou fleur de pêcher. La nuance froment est difficile à fixer chez les métis, les deux autres le sont plus facilement, si l'on combine la consanguinité au métissage.

Dans l'espèce porcine l'accouplement du porc noir, napolitain ou anglais, avec le blanc, craonnais ou autre, donne des sujets généralement pies, porteurs de deux plaques noires, l'une coiffant la tête et la partie supérieure du cou et l'autre siégeant sur la croupe. On peut conserver cette robe pie en faisant reproduire ces métis *inter se*, on a des sujets qui rappellent les porcs bressans et dauphinois. La localisation d'une tache sur la croupe est d'une généralité et d'une fixité remarquables.

En unissant un lapin noir et un blanc, on obtient des animaux ou pies ou ardoisés. En continuant le métissage des pies, il est à peu près impossible, du moins d'après ce que nous avons vu, de les conserver avec ce pelage, on arrive au moucheté puis au gris. La formation de familles de nuance ardoisée est plus facile, encore que la consanguinité en amène le pâlissement ; si l'on emprunte un mâle bleu à une autre famille, on la conserve sans grandes difficultés.

Lorsqu'on croise le lapin argenté avec le chinchilla, on a des produits qui, blancs à la naissance, se foncent ensuite aux extrémités, au bout des oreilles et du nez. Par le métissage, ce type se conserve indéfiniment, à la condition que, comme pour l'ardoisé, on ne pratique pas trop exclusivement la reproduction en consanguinité. Inutile de faire remarquer qu'il correspond trait pour trait à la race cuniculine dite russe.

Dans les oiseaux de basse-cour, les expériences ont été fort multipliées et, au lieu de l'incohérence dont on parle, il est des croisements et des métissages dont on peut dire à l'avance la coloration des produits qui en dériveront. Darwin et Tegetmeier ont fait avant nous le croisement du coq espagnol avec la poule soyeuse blanche, toujours ils ont obtenu des poules noires et des coqs à faucilles rouges. Refaite à la ferme expérimentale, on a obtenu le même résultat. Accouplés entre eux, ces animaux donnent des produits dont les mâles ont la coloration ferrugineûse habituelle et les femelles sont noires, tachetées de blanc.

Lorsqu'on accouple un cochinchinois blanc et un noir, il naît une proportion variable de sujets à plumes rayées transversalement ou tachetées à leur extrémité par une raie en croissant. Par le métissage consanguin, on crée facilement des sous-races à plumage coucou.

La coloration jaune des tarses et des doigts qui caractérise certaines races est l'une des particularités les plus persistantes dans les métis ; elle devient, à son tour, l'un des caractères des races nouvelles formées par métissage. En voici quelques exemples :

Aux États-Unis, la race de Leghorn a été obtenue en croisant l'andalouse et la livournaise. Elle a la crête simple et très développée, droite chez le coq, renversée chez la femelle avec les oreillons blancs de l'andalouse et les pattes constamment jaunes de la livournaise (planche IV, fig. 1).

Le métissage qui a produit cette race est simple ; celui qui a formé la Wyandotte est plus compliqué. On a mis en présence le Bentam-Sebrigtcochinchinois et le Hambourg-argenté-Brahma. On obtint des bêtes à tarses jaunes, à crête aplatie et grenue, dont le plumage est constitué par des plumes régulièrement encadrées de noir, excepté celles de la queue qui sont noires et celles du camail et des lancettes qui sont noires et encadrées de blanc (planche IV, fig. 2).

En croisant la race de Dominique avec la cochinchinoise, on a des sujets de pelage coucou, à pattes jaunes, nues, avec la haute taille et la queue écourtée du cochinchinois. En faisant reproduire ces métis entre eux, on fixe les caractères ci-dessus qui sont d'ailleurs ceux du Plymouth-rock.

Les Palmipèdes fournissent des exemples analogues. Le croisement du canard d'Aylesbury avec le Labrador donne des produits porteurs, au tiers supérieur du cou, d'un plastron blanc. Les métis transmettent cette tache qui devient l'apanage d'un groupe, celui des canards Duclair.

Ainsi, par suite de certains croisements, il y a des localisations pigmentaires déterminées qui se fixent par métissage et consanguinité et deviennent caractéristiques de nouvelles collectivités. Il en est d'autres pour lesquelles on s'efforce en vain d'obtenir cette fixité, il y a vraiment variation désordonnée. Rien de plus facile, par exemple, que d'obtenir la nuance cendrée sur les mammifères et les oiseaux: unissez la vache charolaise au taureau schwitz, le coq langshane et la poule cochinchinoise blanche, elle apparaitra ; mais cette nuance ne tient pas, elle pâlit et disparaît ou les métis deviennent pies, mouchetés, gris par mélange de plumes blanches et noires sur les volailles. Dans les deux espèces du chien et du lapin, où l'obtention de la couleur cen-

Fig. 1.

Fig. 2.

Fig. 1. — Coq et Poule de Leghorn, (d'après le *Journal d'Acclimatation*)
Fig. 2. — Coq et Poule Wyandotte, (d'après le *Journal d'Acclimatation*)

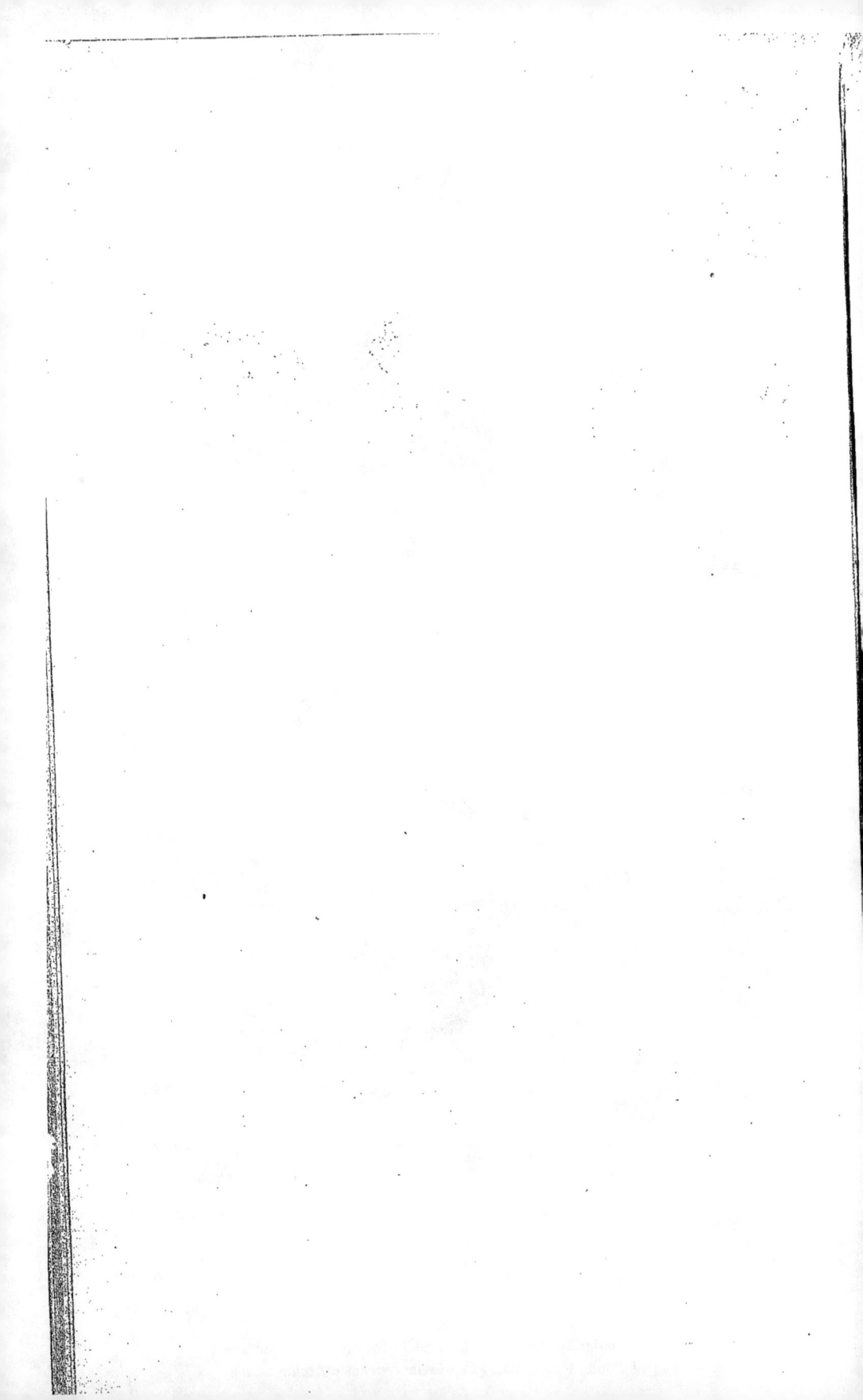

drée, ardoisée ou bleue ne présente non plus aucune difficulté, sa stabilité est plus grande, ce qui est bien probant du danger des généralisations en ces matières. La sous-race du chien danois bleu se maintient avec sa livrée et nous avons dit plus haut ce qu'il faut penser du lapin ardoisé.

Nous permettra-t-on de rapprocher de cette nuance la coloration intermédiaire du mulâtre qui n'a pas de fixité et qui disparaît dans les opérations de métissage?

A la première génération, la distribution se fait assez régulièrement et, par la pratique, on arrive à la prévoir, mais aux générations suivantes, il y a dislocation. La ligne dorso-lombaire est le siège de prédilection de l'une des nuances en présence : ainsi dans le croisement du salers et du hollandais, on obtient un bœuf à pelage noir avec bande dorsale rouge, dans celui du schwitz et du fribourgeois, on a un individu noir-pie avec bande blaireau sur le dos. L'intervention du sang tarentais et du schwitz chez les bêtes franc-comtoises, du Villard-de-Lans, du Mézenc, charbonne la tête et les fesses, mais cette disposition, bien que plus stable que la précédente, chez les métis, n'a point la fidélité d'autres combinaisons.

De ce qui précède, il semble se dégager comme loi générale que la coloration, à la suite du croisement et du métissage, se localise soit sur la peau, soit sur la longueur des phanères, poils et plumes.

La localisation se fait *en plaques*, pour former les robes pies, tachetées et pardées, *en bandes* pour les bringées et zébrées et les plumages crayonnés, *par mélange de phanères* de diverses couleurs placées l'une à côté de l'autre, ou enfin *par cantonnement sur une moitié* de chaque phanère, mais le phénomène est le même au fond. Un mammifère, gris par mélange de poils noirs et de poils blancs ou parce que chacun de ses poils est noir à la base et blanc à l'extrémité, une poule grise proprement dite par la présence de plumes noires et de blanches ou une poule coucou, rayée, crayonnée, etc., sont dans les mêmes conditions générales ; ils s'éloignent des sujets plus rares et moins stables héréditairement, dont chaque phanère est uniformément cendrée.

Les deux tendances centrifuge et centripète sont également agissantes. Le pâlissement du pelage du tronc coïncide généralement avec la concentration du pigment sur la tête, au bout du nez, aux oreilles, tandis que le fonçage s'accompagne de la dépigmentation de quelques parties et que l'on aboutit au pie. La fécondation d'une vache hollandaise par un taureau schwitz nous a donné une génisse à poil froment foncé avec fumure à la tête et une seconde fois une génisse acajou sans fumures ; celle d'une vache limousine à poil froment par un shorthorn rouge un produit froment avec taches blanches sur le tronc et tête enfumée.

Il est assez curieux de constater que, dans l'espèce porcine, les croi-

sements donnent la localisation en plaques et les modalités du pie et non
cette forme du gris caractérisée par la pigmentation noire du poil à sa
base et le blanc à sa pointe, bien que le sanglier la présente dans son
pelage et quelques familles porcines de la région danubienne sur la
ligne cervico-dorsale.

Lorsqu'il y a entre les nuances primitives fusion et combinaison pour
la formation d'une nouvelle nuance, comme dans le bleu cendré et
ardoisé, cette combinaison est instable dans des espèces et plus stable
dans d'autres.

On ne s'étonnera pas d'apprendre que, si l'on croise les métis possesseurs
d'un caractère fixé avec des sujets d'autres groupes, la dislocation se manifeste et on obtient toutes sortes de combinaisons qui ne sont la plupart
du temps que des retours aux modalités primitives.

Nous n'avons pas étudié avec la même attention et la même persévérance la répartition héréditaire des caractères empruntés aux autres
tissus et systèmes de l'économie ; les probabilités sont grandes pour qu'on
fît de curieuses constatations relatives à la juxtaposition de parties constituant une région, lui donnant alors une architecture composite spéciale douée ou non de fixité selon les cas. Les dissymétries des organes
homologues trouvent probablement là leur explication la plus générale,
malgré que toutes ne soient pas explicables de cette façon. Il se pourrait
aussi qu'en vertu de la loi de balancement organique, il y ait des compensations, des neutralisations, sources de structures spéciales.

Les études anthropologiques de M. de Quatrefages ont fait voir que
chaque fois que des métis ont du sang négrito dans les veines, la face
postérieure de leur crâne forme par son contour apparent un pentagone
à peu près régulier et le milieu de la fosse temporale est creusé d'une
dépression qui remonte jusqu'à la ligne médiane et donne à la tête un
aspect bilobé [1].

Dans cette répartition, il arrive qu'une région reproduit les caractères
d'une branche et une autre ceux de la seconde branche, c'est précisément l'association de ces particularités qui constitue à son tour le *quid
proprium* d'un nouveau groupe. Si, par son unité, le dorique est le canon
de l'architecture, le composite n'a-t-il point son autonomie et sa place ?

La distribution des propriétés physiologiques suit les mêmes lois,
qu'elles appartiennent à l'une ou à l'autre branche, qu'elles soient apportées
intégralement, atténuées ou exaltées par les influences directes et ataviques, il n'importe ; l'essentiel est qu'une fois apparues dans une population métisse, elles s'y fixent et lui appartiennent en propre.

Quand cette association composite a la stabilité, il y a race. Cette
stabilité peut être obtenue, l'incohérence ne se montre pas ou dispa-

---

[1] De Quatrefages, *Hommes sauvages et hommes fossiles*, page 216. Paris, 1884 (J.-B. Bail-
lère et fils).

raît, il y a une répartition des apports héréditaires si harmonique. qu'elle ne subit plus de modifications tant que les circonstances restent ce qu'elles sont. Aux exemples déjà cités, on va en ajouter d'autres qui renforceront la démonstration.

Si l'on recherche ce que les anthropologistes pensent des races humaines, on apprend que pour eux, il n'y en a plus que de formées par métissage. Nous sommes tous des métis, dit M. Topinard dans ses *Éléments d'anthropologie générale*, et, examinant la question de voir si le nombre des groupes ethniques augmente ou diminue, il se prononce pour la diminution, reconnaissant à l'espèce humaine une tendance à marcher vers un type unique par suite des mélanges.

Dans les races domestiques, nous voyons des exemples de même sorte. Le plus capable de frapper l'esprit est offert par la race anglaise des chevaux de course. On les considère comme le prototype des animaux purs, puisque le qualificatif de pur sang est accolé à leur nom et que, comme garantie de leur pureté, on les inscrit au *Stud-Book*. Or faut-il rappeler qu'ils se sont formés par le mélange du cheval africain, de l'asiatique et même de chevaux indigènes. Ils diffèrent par la couleur du pelage, les dimensions de la tête et leur formule vertébrale lombaire. Cela ne les empêche point d'être des sujets fort homogènes, à caractères convergents et de former un type que tout le monde reconnaîtra, différenciera sans hésitation et beaucoup plus facilement que d'autres animaux regardés comme formant une race authentique. Nous nous croyons donc autorisé à penser qu'il y a eu création d'un type spécial par métissage et notre conclusion n'a pas besoin de l'appui de l'inscription au livre généalogique, parce que la création du *Stud-Book* ne s'est faite qu'après la formation de la race et présente par conséquent un caractère conventionnel.

L'espèce porcine va en fournir une preuve non moins péremptoire par les trois races d'Yorkshire, de Berkshire et d'Essex.

La race d'Yorkshire a été formée par le croisement du porc celtique avec l'asiatique. Les sujets qui la composent se subdivisent d'après leur format en deux sous-races, la grande et la petite, mais leurs caractères sont les mêmes, ils ont invariablement le pelage blanc du celtique avec la tête courte de l'asiatique.

La race de Berkshire résulte du croisement du napolitain et du métis celto-asiatique. Elle donne constamment des sujets ayant le groin caractéristique du napolitain, une tache blanche sur cette région et à la partie inférieure des membres, avec le reste du pelage noir.

Quant à l'Essex, formée par le croisement du siamois et du méditerranéen, elle est toujours de pelage très noir, à type ramassé, bréviligne au possible.

Lorsqu'on observe, comme nous le faisons depuis quinze ans, la multiplication côte à côte de chacun de ces trois groupes, qu'on voit, par exemple, le berkshire reproduire la tache blanche du groin avec une fidélité impeccable, lorsque dans certaines porcheries que nous avons visitées, on voit alignés une cinquantaine de ces mêmes animaux si ressemblants qu'il semble difficile de pousser la similitude plus loin, tout observateur que n'embarrasse aucune idée dogmatique les rapporte à une même race, à un même groupe ethnique, parce qu'il éprouve l'impression de se trouver en présence d'un type, c'est-à-dire d'une résultante de caractères convergents.

Qui ne connaît, dans l'espèce canine, le chien danois? Né de l'alliance du pyrénéen et du dogue et reproduit aujourd'hui en métissage, n'est-il pas fixe dans les caractères de ses deux sous-races, la bleue et la dalmatienne?

II. DES CONDITIONS FAVORABLES A LA FIXATION DES CARACTÈRES RÉSULTANT DU MÉTISSAGE

La réalisation d'un type par métissage, nous tenons à le répéter, n'est point le résultat d'un croisement primitif quelconque suivi d'une reproduction des métis entre eux sans méthode. Il y a au contraire des conditions à remplir sans quoi on arrive à la variabilité, à l'incohérence et finalement à la disjonction des caractères et au retour vers l'un ou l'autre des types composants.

La première de ces conditions, sur laquelle nous avons d'ailleurs déjà insisté est qu'il y ait affinité entre les races mises en présence. Assurément, c'est une expression vague et quelque peu métaphysique que celle d'affinité appliquée aux phénomènes biologiques. Nous nous en servons pour constater des résultats, non pour les expliquer. Quand nous voyons le blé prince Albert donner avec le childam un métis qui se fixe rapidement, tandis que ce même prince Albert ne produit avec le Noé qu'un métis qui se disloque, nous disons qu'il y a affinité entre les deux premiers et qu'elle fait défaut entre les deux seconds. Lorsqu'on croise le lapin argenté avec le gris ordinaire ou avec le bélier commun, les produits tiennent les uns d'une race, les autres de l'autre, on continuera en vain le métissage, on n'obtiendra pas un pelage spécial, tandis qu'en le croisant avec le chinchilla, on produit le russe dont les caractères sont fixes, Dans l'ignorance où nous sommes du pourquoi d'un tel résultat, on ne peut le traduire qu'en disant qu'il y a convenance entre les dernières et non avec les premières.

Plus les races auront d'affinité, moins on aura à craindre la dislocation et la réversion. Ce point mérite toute l'attention des praticiens de l'élevage.

Nous connaissons mal nos races sous ce rapport et ce n'est que par le tâtonnement qu'on arrivera à savoir ce qu'il en est.

Il faut ensuite se servir de métis bien appareillés et déjà éloignés de la souche ancestrale, afin que la puissance héréditaire de celle-ci soit affaiblie d'autant. Plus la distance qui sépare les deux métis s'amoindrit, plus la cohésion des produits qu'ils fournissent devient grande.

Les anthropologistes ont envisagé cette marche qui aboutit à la création d'une race par métissage. « Directement ou indirectement, il pourra toujours, entre deux races aussi distinctes qu'il en existe actuellement sur le globe, se produire une race rigoureusement intermédiaire... Soient deux races parallèles et déjà croisées, l'une formée par le retour des métis de premier sang vers le blanc, l'autre par un retour des mêmes métis vers le noir. Une fois fixée, leur distance anthropologique sera évidemment moindre qu'entre les deux races mères primitives. Que les croisements entre elles recommencent, il se formera encore deux races nouvelles inclinant dans la même hypothèse, l'une vers le blanc, l'autre vers le noir, mais encore plus rapprochées l'une de l'autre que les précédentes. Leur fixation se produisant de même et l'opération se répétant, la distance sera une fois de plus amoindrie, si bien qu'à un moment donné cette distance sera nulle et qu'entre les deux races originaires, blanche et noire, il aura surgi une race définitive, rigoureusement intermédiaire. » (Topinard.)

E. Gayot a insisté sur ce point, il l'a longuement développé et il a eu raison.

Effectivement, le métissage peut avoir des points de départ très différents; on peut accoupler *inter se* des 1/2, des 3/4 ou des 5/8 de sang ou marier des 1/2 sang avec des 5/8 ou toute autre combinaison qu'on voudra. Or ces diverses combinaisons, au point de vue du résultat final, n'ont pas la même valeur. Dans les métis de première génération, la puissance héréditaire des deux races formatrices s'exerce, en général, d'une façon plus énergique pour tendre à la réversion que si l'on s'adresse à des 5/8 de sang où l'une des deux races est déjà vaincue en grande partie. Le métissage entre reproducteurs l'un et l'autre 1/2 sang donne rarement de bons résultats. Il en est de même lorsqu'on se sert d'étalons 1/2 sang pour couvrir des juments métisses à des degrés divers. Je connais une région où, depuis trente ans, on importe toujours le 1/2 sang pour le marier avec n'importe quelle jument, pure, 1/2 sang, 3/4 de sang, etc. Les résultats obtenus ne sont point favorables et il n'y a à cela rien d'étonnant, on ne fait qu'un métissage divergent.

La notation fractionnelle à laquelle on aboutit peut être la même et, néanmoins, l'opération différente et les résultats fort dissemblants. Prenons les exemples suivants :

α. Un pur sang et jument commune = 1/2 sang ;

β. Un 1/2 sang avec jument 1/2 sang = 1/2 sang.

γ. Un 3/4 sang avec jument 1/4 sang = 1/2 sang ;

δ. Un 5/8 sang avec jument 3/8 sang = 1/2 sang.

L'expérience a appris que les 1/2 sang du deuxième groupe ont moins de fixité que ceux du troisième et ceux-ci moins que ceux du quatrième. Le métissage complexe offre plus de garantie qu'un métissage trop simple, parce que les métis, étant plus éloignés de leur souche primitive, sont moins sollicités d'y retourner. C'est donc avec les métis procréés par le métissage alternatif qu'on a le plus de chances de se rapprocher du but que l'on poursuit.

Le métissage doit être convergent, c'est-à-dire qu'il faut choisir dans la population métisse les sujets qui montrent les caractères les plus semblables, les plus appropriés au but, de façon à les asseoir, à les renforcer et à faire un type. Ceci est de première importance; c'est le moyen de combattre la disjonction, de l'éloigner et d'en retarder tellement l'échéance qu'en vertu de l'accoutumance, les éléments restent agencés comme ils le sont. Pour la même raison, lorsqu'il est possible de combiner la consanguinité avec le métissage, on augmente considérablement les chances de fixité. On se plaint, par exemple, que malgré l'importation réitérée d'étalons anglo-normands en Franche-Comté, en Champagne et en Bourgogne, on n'ait point modifié la race chevaline locale. Mais, en agissant comme on le fait et malgré les apparences, c'est un métissage sans suite que l'on pratique, car il y a loin de la jument de l'Est au cheval anglo-normand. Ce qu'il eut fallu, si l'on voulait se prononcer sérieusement sur la valeur du métissage dans cette région, c'était d'utiliser pour la reproduction les métis nés dans le pays.

Il faut s'aider, dans les opérations de métissage, de toutes les méthodes de gymnastique adaptées au but qu'on se propose. Puisque le milieu, l'alimentation, l'exercice méthodique modifient l'organisme, on aurait le plus grand tort de ne pas se servir de ces agents pour agir sur les animaux qu'on produira. Peu importe, d'ailleurs, qu'on leur attribue les résultats obtenus, l'essentiel est qu'on aboutisse. La loi de Delbœuf trouvera ici encore son application.

Enfin, il faut que les générations s'accumulent pour qu'il y ait apaisement des conflits héréditaires primitifs et que l'homogénéité devienne la règle. Parmi les populations métisses formées depuis le commencement du siècle, celle de Normandie est l'une des plus connues. Les chevaux anglo-normands ont commencé par être disparates, les uns ayant le chanfrein busqué et la tête lourde du normand, les autres la face plus courte et plus droite de l'anglais. Tous ceux qui parcourent la Normandie ou qui voient un rassemblement important d'anglo-normands ne peuvent nier qu'il y a aujourd'hui plus d'homogénéité, plus de ressemblance entre ces animaux ; on ne peut soutenir le contraire sans injustice. Le temps a donc fait son œuvre de nivellement habituel. Après quatre-vingts ans de métissage, on arrive à obtenir un type particulier (fig. 145) qui se reproduit avec une fixité de plus en plus grande. Le nombre des individus non réussis diminue de plus en plus.

Fig. 145. — Cheval anglo-normand.

III. MODES DE MÉTISSAGE

Comme le croisement, le métissage peut s'effectuer selon des modes différents. En laissant de côté les points de départ qui varient beaucoup, ses modalités sont les suivantes :

Métissage simple : consanguin, non consanguin.
— composé : consanguin, croisé.
— alternant : régulier, irrégulier.
— interrompu ou intercalaire.

Le métissage est simple quand il se fait à l'aide de deux races seulement. Il en est ainsi en Normandie, puisqu'on met en présence des étalons anglo-normands et des juments anglo-normandes. Il peut se faire en consanguinité, en accouplant entre eux les individus d'une même écurie ;

c'est le meilleur moyen d'aboutir à l'homogénéité. Lorsqu'on prend des métis du même groupe, mais non de la même famille, pour les unir, les chances sont moindres.

Le métissage est composé lorsqu'on fait accoupler des métis provenant de plus de deux races. Le nombre peut être de trois, comme dans l'accouplement de l'anglo-normand avec l'anglo-percheron, ou de l'Ayr-breton avec le Durham-breton. Il est quelquefois de quatre, comme dans l'accouplement du Dishley-mérinos avec le New-Kent-solognot. Comme le précédent, on a avantage à le continuer en consanguinité pour empêcher la dislocation de caractères en lutte par suite de la puissance d'hérédités ethniques différentes.

Si l'on fait du métissage croisé, c'est-à-dire si l'on unit des métis déterminés à d'autres métis dont la sorte change à chaque accouplement, on réalise une opération industrielle, on fabrique des produits plus ou moins marchands, mais on ne peut se bercer de l'espoir d'arriver à quelque chose de stable. C'est la pire manière d'agir.

On pratique le métissage alternatif quand on unit un métis composé, une génération avec une souche et à la génération suivante avec l'autre souche. Ce brassage du sang peut se faire régulièrement ou irrégulièrement, selon que l'on éprouve le besoin de renforcer un côté plutôt qu'un autre.

Enfin le métissage est intercalaire quand on le suspend de temps à autre pour recourir au croisement des métis avec un sujet de race pure dont on veut les rapprocher quelque peu. Dans ce cas, on se sert le plus souvent d'un reproducteur appartenant à l'une des races qui ont servi à les produire; quelquefois on s'en éloigne pour recourir à une autre dont on essaie de leur infuser quelques-uns des caractères ; souvent ce n'est point à une race étrangère, mais à une des sous-races primitivement employées qu'on s'adresse.

Il n'a point dû échapper au lecteur que, dans l'exposé qui vient d'être fait au sujet du métissage, nous nous sommes tenu sur le terrain de la théorie, laissant intentionnellement de côté les exigences économiques de la pratique.

En se plaçant à ce dernier point de vue qui lui importe avant tout, l'éleveur aura à se demander si le nombre et la valeur des métis bien réussis mis en regard de ceux qui ne le sont pas, constituent pour lui une production plus lucrative que celle qu'il obtiendrait par d'autres procédés. Il s'agit d'une fabrication industrielle dont il doit peser les éléments.

Pour les animaux de la ferme dont les parturitions sont simples et les générations annuelles, un propriétaire a peu de chances d'arriver, dans le cours de sa carrière, à créer une race par métissage, à moins que, par un concours d'heureuses conjonctures, il n'allie des groupes très affinés.

Dans ceux où la succession des générations se fait plus rapidement, toutes les audaces sont permises et les résultats obtenus sur les porcs, les lapins, les pigeons, les gallinacés, ne peuvent qu'encourager à persé- vérer dans cette voie.

CHAPITRE IV

DE L'HYBRIDATION

L'hybridation est une méthode qui a pour résultat la production de sujets incapables de faire souche. L'*infécondité*, absolue et bilatérale ou seulement unilatérale *des produits, appelés hybrides, est sa caracté- ristique*.

Cette manière de concevoir l'hybridation n'est pas unanimement acceptée. Il est des biologistes qui donnent ce nom à toute opération où deux espèces morphologiques se trouvent en présence pour l'union sexuelle; la taxinomie seule leur sert de base. D'autres ne font pas de différence entre l'hybridation et le croisement, les termes de métis et d'hybrides pour eux sont synonymes. Parmi ceux-ci, les uns agis- sent ainsi parce que, donnant la même signification aux termes d'espèce et de race et l'union de deux individus d'espèces différentes produisant, dans la majorité des cas, des individus stériles tandis que celle de deux sujets de races diverses en donne de féconds, il y a là une divergence gênante pour leur système de classification. Les autres, voyant des degrés dans la stérilité des hybrides, pensent que l'hybridation se rattache au croisement et qu'on peut englober les produits des deux opérations sous une rubrique unique.

A notre avis, le croisement ne peut se confondre avec l'hybridation, parce que les métis sont eugénésiques, tandis que les hybrides sont dys- génésiques ou agénésiques. Quand même il n'y aurait pas cette profonde différence dans l'aptitude à la reproduction des sujets issus des deux pro- cédés en cause, on observe dans le nombre des individus produits par l'une et l'autre méthode des différences qui imposeraient déjà une séparation.

Quant à baser l'hybridation sur la classification morphologique, c'est oublier que la hiérarchisation des groupes est artificielle, qu'elle est un moyen de soulager la mémoire plus que l'indice d'une parenté réelle. C'est surtout ne point tenir compte des résultats obtenus par l'expérience et empêcher toute comparaison entre ce qui se passe dans le règne végétal et le règne animal ; ce serait même rendre difficile la comparaison des résultats obtenus en se renfermant exclusivement dans l'un d'eux.

En effet, dans le règne végétal la fécondation d'espèce à espèce du même genre a pour résultat habituel, ainsi que nous l'avons dit, l'obtention de sujets féconds et parfois aussi l'augmentation de la fécondité, c'est-à-dire qu'elle produit des résultats correspondant au croisement des races animales ; il faut aller la plupart du temps de genre à genre pour obtenir des individus stériles.

Dans le règne animal, des espèces placées côte à côte dans les classifications refusent absolument de s'accoupler, tandis que d'autres qui paraissent plus différenciées et que les zoologistes classificateurs ont éloignées, s'accouplent avec moins de résistance et donnent des hybrides et parfois des métis.

On a fait dans la région lyonnaise et ailleurs, beaucoup d'essais de ce genre sur les Bombyciens, séricigènes ou autres. Il a été jusqu'ici impossible d'obtenir le rapprochement de l'*Attacus Pyri* et de l'*Att. Pernyi*, formes très voisines, tandis qu'on l'a obtenu entre l'*Antherea Roylei* et l'*Antherea Pernyi* qui sont plus éloignées.

On remarquera en outre que, dans les animaux supérieurs, notamment chez les Mammifères, l'hybridation commence et finit aux espèces de même genre, sauf quelques exceptions pour les petits ruminants ; chez les Oiseaux, elle s'étend entre genres voisins et chez les Invertébrés ou les différences organiques sont moins accusées que dans les êtres supérieurs, elle va parfois d'ordre à ordre.

Ce serait donc une véritable logomachie que de baser l'hybridation d'après le rang des êtres dans nos classifications. Il nous semble plus simple et plus pratique de s'appuyer sur l'aptitude reproductrice des hybrides plutôt que sur les rapports de forme des reproducteurs.

En raison de la stérilité des produits, l'hybridation est le dernier terme de la série des méthodes de reproduction. Elle n'est point aussi profondément séparée du métissage qu'on pourrait le croire *a priori*. Entre les métis féconds et les hybrides complètement stériles se placent ceux où les mâles seuls sont incapables de se reproduire. Les femelles peuvent être fécondées par des mâles de l'une des souches dont elles dérivent, donner naissance à des produits féconds à leur tour et capables de se reproduire *inter se*. Scientifiquement, cette sorte de métissage est très intéressante et elle donne une preuve d'ordre physiologique des transitions entre les formes vivantes. Pratiquement, on ne s'en préoccupe pas parce que, sous l'action de la loi de réversion, il y a rapprochement si grand des produits vers l'une des espèces constituantes que le but de l'hybridation n'est pas atteint, aussi ne poursuit-on pas l'opération.

Il peut arriver, spontanément ou par intervention humaine, que des animaux éloignés les uns des autres, très différenciés organiquement, s'accouplent, mais leur union reste sans résultat, aucun fruit n'en résulte. Le rapprochement spontané de deux sujets appartenant à des groupes superethniques, sans être fréquent, s'observe. Ce sont plutôt les conditions de vie commune qui décident de ces rapprochements où de ces tentatives de rapprochement que le voisinage taxinomique. Il peut aussi y avoir de véritables aberrations génésiques chez les animaux comme notre propre espèce en a présentées.

Il y a plus de distance entre le taureau et la jument ou l'étalon et la vache qu'entre le taureau et la bufflesse ou le buffle et la vache; on ne cite nulle part de rapprochement spontané entre les bœufs et les buffles et quand l'homme veut l'amener, il y a une résistance si énergique des uns et des autres qu'il n'est pas sans danger de persister, tandis qu'il y en eut entre les chevaux et les vaches. Mais ces accouplements ont été stériles et les produits, désignés sous le nom de *jumarts*, présentés comme en dérivant sur la foi de Bourgelat, n'ont point cette origine. Ce sont des mulets ordinaires affectés de déformation de la tête, de prognathisme et de natisme, déformation qu'il n'est pas rare de trouver dans le haut Dauphiné et dans le Sud-Est[1].

Il y a parfois des tentatives d'accouplement non moins étranges que celles qui auraient donné le jumart. Nous avons vu des essais d'union entre le chat et la lapine, le cobaye et la lapine, essais toujours sans résultats. Parmi les oiseaux de basse-cour, ces tentatives sont plus fréquentes que parmi les mammifères. Au printemps, non seulement le canard fatigue de ses obsessions les femelles de son espèce, mais il livre assaut aux poules, aux pintades, aux dindes. Il nous paraît de tous les animaux domestiques celui dont l'instinct génésique se maintient le moins dans les limites de l'espèce. Il ne résulte rien de ses manœuvres sur toutes les femelles en dehors de celles qui appartiennent à l'ordre des Palmipèdes.

Il est impossible d'établir d'une façon quelque peu solide, où et quand la pratique de l'hybridation a pris naissance. L'étymologie du mot (ὕβρις, viol) indique qu'on la regardée comme une chose contre nature et il est encore des peuples qui ne l'emploient point. Les nègres du Sénégal,

---

[1] Pour la question des jumarts, consultez surtout : Ch. Bonnet, *Œuvres d'histoire naturelle et de philosophie*, t. VI, Neufchâtel, 1779. — Buffon, *Histoire naturelle générale et particulière*, t. III, Mulets ; Grognier, *Précis d'un cours de multiplication et de perfectionnement des principaux animaux domestiques*, 1805; Huzard, *Encyclopédie*, t. IX, art. JUMART, et *Lettre en réponse à Tupputi*, brochure, Paris, 1807. — A. Goubaux, *Des aberrations du sens génésique et de l'hybridité chez les animaux*, 4° partie. *Des Jumarts*, extrait des *Nouvelles archives d'obstétrique et de gynécologie*, 1888. — Pagenstecher, Lettre sur les bardots de Sicile et sur l'origine de la légende du jumart, traduite par M. Sanson et insérée au *Bulletin de la Société centrale vétérinaire*, année 1876.

probablement pour des motifs religieux, ne font pas naître de mulets bien qu'ils possèdent et utilisent des ânes et une race de chevaux qui conviendrait pour l'hybridation.

D'après certain passage de Pline, on pourrait inférer que pour les anciens, l'hybridation signifiait l'accouplement de bêtes domestiques et de bêtes sauvages, ou plus strictement celui du sanglier et de la truie. Il signale pourtant aussi l'union du mouton et du mouflon de Corse.

Cependant la production d'hybrides provenant du rapprochement de l'âne et de la jument fut connue et pratiquée dès l'antiquité la plus reculée. Nous rappellerons qu'il est fait mention du mulet dans la Genèse, que les Assyriens du temps de Sémiramis en possédaient, qu'il est signalé dans les chants homériques, dans les récits d'Hérodote, de Diodore de Sicile et de Strabon. Ce dernier nous apprend que de son temps on connaissait déjà le bardot; on le distinguait du mulet, dit *mulus*, en l'appelant *hinnulus*, et les habitants de l'Italie méridionale se livraient à sa production. Si les Romains et les Carthaginois utilisaient le mulet à ce moment, il n'existait pas chez les peuples du Nord. Les Bretons, les habitants du littoral de la mer du Nord, les Scandinaves ne le connaissaient point. Il se répandit peu à peu en Europe à partir de l'époque gallo-romaine.

On ne possède pas de documents historiques précis sur l'époque à laquelle on se livra à d'autres hybridations. On sait par Gesner que, dès le XVIᵉ siècle, celle du faisan ordinaire et de la poule se pratiquait[1].

I. DE L'INFÉCONDITÉ DES HYBRIDES — SES MODES, SES CAUSES

Bien que dotés d'attributs sexuels, les hybrides sont stériles soit dans les deux sexes, soit dans un seul. Quand l'un a conservé la fécondité, c'est *toujours* le féminin.

Dans la recherche des causes de l'infécondité par hybridation, un rôle fut attribué à l'asymétrie de l'utérus. D'après l'observation de M. de Lapouge, à la suite d'unions par croisement, la matrice des métisses présente fréquemment le caractère asymétrique. Cette disposition gêne la pénétration du liquide du mâle et le contact avec l'ovule, mais ce n'est point une cause réelle de stérilité. La pratique médicale se trouve souvent en face de ces dispositions irrégulières de l'utérus chez la femme qui causent, en effet, la stérilité si l'on n'y met ordre, mais elle y remédie soit par des manœuvres spéciales, soit au besoin par la fécondation artificielle, donnant ainsi la preuve

---

[1] Conrad Gesner, *Historia animalium*, lib. III, Francfort, 1617.

que ces déviations ne constituent point la cause réelle et intime de l'infécondité.

D'ailleurs, nous l'avons dit, quand la fécondité se montre sur des hybrides, c'est toujours sur des femelles tandis qu'il ne devrait point en être ainsi, si l'étiologie dont nous parlons était réellement agissante. Au surplus, on n'ignore point que cette asymétrie s'est manifestée de telle façon sur les oiseaux qu'elle est allée jusqu'à la suppression d'une moitié de l'appareil ovarien, la droite, pour ne laisser que l'autre qui néanmoins suffit parfaitement pour la reproduction.

Il faut donc rechercher ailleurs les causes de la stérilité des hybrides. La poursuite de cette étiologie a été faite avec soin sur les végétaux, où l'expérimentation en grand est facile et où l'observation des phénomènes intimes de la fécondation est plus aisée que sur les animaux. L'exposé de ces recherches va d'abord être fait :

Parmi les hybrides végétaux, les uns sont affectés d'une stérilité absolue, les autres d'une stérilité relative, mais l'action stérilisante de l'hybridité est toujours plus marquée sur l'organe mâle que sur l'organe femelle.

Si l'on étudie le pollen des phanérogames angiospermes, comme l'a fait M. Guignard[1], on voit qu'à l'état normal, chaque grain contient deux noyaux, l'un végétatif, l'autre générateur. Or, dans les hybrides dont les étamines ne sont pas transformées en staminodes, « le pollen offre un arrêt de développement qui peut se manifester aussitôt après la formation des grains. Ou bien le jeune grain, avec son unique noyau, ne s'accroît plus et meurt ; ou bien, tout en s'accroissant pour devenir en apparence normal, il ne divise pas son noyau et reste, par suite, dé-pourvu du pouvoir générateur, tout en ayant parfois la faculté germina-tive, ce qui explique en partie pour quelle raison, dans certains cas, la fécondation n'a pas lieu, alors même que le tube pollinique peut se former sur le stigmate de la fleur ; ou bien encore une partie des grains de pollen pourvus de leurs noyaux perdent leurs caractères avant la déhiscence des anthères, ce qui entraîne également l'impuissance fonctionnelle. Par-fois aussi, les grains de pollen qui arrivent à leur développement com-plet sont plus gros que ceux des parents de l'hybride ; quelques-uns peuvent même offrir une anomalie singulière consistant dans la présence de plus de deux noyaux ».

L'organe femelle a été également étudié par M. Guignard. Il a vu une diversité moins grande qu'à propos du pollen, mais néanmoins mar-quée. « Ainsi, dans les hybrides de bégonias à étamines transformées en staminodes, les ovules, tout en étant aussi nombreux que chez les

---

[1] Guignard, Sur les organes reproducteurs des hybrides végétaux (Comptes rendus de l'Ac. des sciences, année 1886, 2e semestre, page 769).

espèces parentes, et en apparence bien conformés, n'offrent jamais de sac embryonnaire ; l'influence de l'hybridité, moins marquée sur l'appareil femelle, puisque l'ovule existe, n'en entraîne pas moins une stérilité double et absolue. Par contre, chez d'autres hybrides produisant une quantité variable de grains de pollen normaux, le nombre des ovules qui peuvent former leur appareil sexuel est également plus ou moins élevé sans qu'il y ait parallélisme dans le degré de fécondité des deux organes mâle et femelle, ce dernier était généralement plus favorisé. Chez les hybrides dont les carpelles, au lieu de produire beaucoup d'ovules, comme dans les exemples précédents, n'en renferment qu'un petit nombre ou même qu'un seul, ces ovules atteignent le même développement que ceux des espèces pures et, dans la plupart des cas, ne sont presque pas atteints par l'hybridité, alors même que l'influence de celle-ci s'exerce à un degré très prononcé sur le pollen. »

Dans le règne animal, les choses se passent de la même façon. Extérieurement, les hybrides sont habituellement pourvus des attributs sexuels. Ceux-ci sont bien développés et fort apparents chez le mulet et le bardot ; ils peuvent pourtant être arrêtés dans leur développement extérieur, nous l'avons observé sur le produit obtenu expérimentalement à la ferme, par l'accouplement de l'âne et de l'hémione, qui est resté cryptorchide.

Apparents ou non, cela n'empêche les hybrides d'avoir des ardeurs sexuelles aussi vives que les animaux d'espèce et de race pures ou que les métis. L'examen de leur liquide séminal a été fait à plusieurs reprises, on y a vu des cellules spermatiques arrêtées dans leur développement et comparables, par cet arrêt, aux granulations polliniques dont il vient d'être question.

Les phénomènes objectifs de l'ovulation, c'est-à-dire les chaleurs, se présentent sur la mule comme chez l'ânesse ou la jument, elle reçoit l'étreinte du mâle, mais la fécondation ne s'en suit point. Une cane hybride, abondamment produite dans les basses-cours du midi de la France, la mularde, est une excellente pondeuse ; ses œufs ne sont ni moins nombreux ni moins gros que ceux des femelles dont elle dérive, mais ils restent toujours clairs et infécondables.

Dans les hybrides où les deux sexes sont habituellement stériles, on voit de temps à autre des cas de fécondité du côté des femelles. On ne connaît, jusqu'à ce jour, aucun exemple de mulet fécond, tandis qu'on en possède de relatifs aux mules. On en a recueilli dès la plus haute antiquité. Hérodote raconte qu'au siège de Babylone les assiégés raillaient les assiégeants et leur disaient : Vous entrerez dans nos murs quand les mules mettront bas, et qu'il arriva qu'une mule des assiégeants accoucha, ce qui fut regardé par eux comme un heureux présage et de fâcheux augure par les Babyloniens. Aristote parle de mules fécondes en Syrie. Au surplus, il n'y a pas utilité à exposer tous les cas de fécondité rassemblés par les anciens. Trop amis du merveilleux, on ne peut accorder qu'une confiance limitée à leurs assertions.

Buffon rapporte que de son temps une mule de Valence devint cinq fois en état de gestation et mit bas cinq petits qui vécurent. En Italie, des cas de fécondité ont été signalés, notamment par della Torre au siècle dernier, et dans le courant de celui-ci, en 1857, par de Nanzio, directeur de l'École vétérinaire de Naples qui a même donné l'analyse du lait d'une mule-mère.

Prangé, dans un travail substantiel, a examiné tous les cas connus à l'époque ou il a écrit[1].

Depuis la publication de son mémoire, d'autres faits de fécondité sont survenus, parmi lesquels il faut citer celui d'une mule d'Orléansville (Algérie), acquise par le Jardin d'acclimatation de Paris, qui a déjà été fécondée cinq fois à ce jour (1890), et qui donna des produits sur lesquels on aura à revenir.

La mule peut être fécondée aussi par l'âne; Palazzo en observa un cas au siècle dernier[2] et celle du Jardin d'acclimatation dont il vient d'être question le fut deux fois et donna des produits viables.

Il est des hybrides où la fécondité de la femelle, au lieu d'être accidentelle comme chez les mules, est constante; ainsi se passent les choses dans les produits de l'accouplement du taureau et de l'yack, dans celui du faisan et de la poule.

Dans les cas de fécondité d'une femelle hybride, ses produits sont généralement eux-mêmes féconds quand on les accouple avec les représentants d'une des deux espèces qui les ont formés, ce qui s'explique, d'ailleurs, puisqu'au lieu d'être demi-sang comme les hybrides de première génération, ils sont trois quarts de sang à la seconde génération et relativement près, par conséquent, de l'une des souches.

Ils retournent habituellement, mais non constamment, vers la branche qui renforce leur sang à chaque génération. Ainsi, les produits de la mule féconde du Jardin d'acclimatation de Paris et du cheval, ressemblent plus à celui-ci qu'à l'âne, tandis que celui de cette même mule avec l'âne ne s'est pas sensiblement plus rapproché de l'âne que ne l'est le mulet ordinaire.

Cette réversion est la cause que quand les femelles hybrides sont normalement fécondes, on profite peu de leur fécondité, les hybrides de

---

[1] Prangé, *Bulletin de la Société centrale vétérinaire*, année 1850.

[2] Palazzo, Phénomène présenté par une mule; lettre publiée à Venise en 1736 et retrouvée récemment à la Bibliothèque de la Minerve à Rome, reproduite par M. Barabei in *Clinica veterinaria*, 1886.

première génération étant préférables; les pratiques suivies à propos du
dzo et du coquart en sont la preuve.

La reproduction *inter se* des hybrides de première génération est toujours impossible puisque les mâles sont constamment stériles.

Après s'être renseigné sur le mécanisme de la stérilité, il faut en
rechercher la cause. Pour aider à la découvrir, on va d'abord s'enquérir
de la facilité d'obtenir des hybrides.

Que l'hybridation s'effectue spontanément ou par suite de l'intervention humaine, il y a diminution dans la fécondité, une proportion notable
d'ovules ou d'œufs restent stériles. Lors de l'accouplement du faisan et
de la poule, il y aurait seulement 3 pour 100 d'œufs de fécondés, d'après
Temminck[1]. Ce chiffre est trop faible; néanmoins, il n'est pas niable qu'environ un quart des œufs pondus donne seul des produits.

La fécondité des accouplements entre l'âne et la jument a fait l'objet
d'une petite enquête de notre part dans les pays d'industrie mulassière.
Des réponses reçues et particulièrement des renseignements communi-
qués par M. Laugeron, de Niort, il ressort que si l'on représente par 8
la fécondité de la jument couverte par le cheval, elle ne devra être représentée que par 7 quand cette femelle aura reçu l'âne.

La race de la jument joue vraisemblablement un rôle dans les chances
de fécondation. Parmi les réponses qui nous ont été adressées, il en est
une qui fut tout particulièrement instructive, elle émane de M. Sider,
vétérinaire et agriculteur au Khroubs, près Constantine. « Je possède
depuis huit ans, disait ce correspondant, un baudet qui fait le service de
la monte, on lui présente des juments de races françaises et des juments
arabes. Pour cent bêtes de chaque catégorie, le chiffre annuel des juments arabes fécondées par lui est constamment le double au moins des
bêtes de races françaises. »

Les chances d'avortement pendant la gestation sont plus nombreuses
pour les hybrides que pour les autres individus. L'hybridité étant en
quelque sorte le prélude de la stérilité totale qui se remarque quand
l'accouplement a lieu entre animaux trop éloignés les uns des autres,
les hybrides ne sont que les survivants d'un certain nombre d'individus
arrêtés aux premiers stades de leur développement.

Mais comment expliquer que, chez ces hybrides dont les organes
suivent leur évolution normale, seul l'appareil sexuel fasse exception?
Les cellules de leurs divers tissus se multiplient et se groupent comme
dans les êtres issus d'autres modes de reproduction, celles de leurs produits sexuels, sperme et ovule, commencent à se développer, puis s'arrêtent, jamais l'âge adulte n'arrive pour elles. Il en est toujours ainsi
pour l'élément mâle, et fréquemment pour l'élément femelle.

---

[1] Temminck, *Histoire des Gallinacées*, page 75. .

La sensibilité toute particulière des cellules génitales en semble la cause. L'organisme qui les produit est pour elles un terrain dont elles accusent les modifications avec une fidélité dont la captivité, le changement brusque de climat, l'alimentation portent témoignage, ainsi que nous l'avons démontré. L'hybride constitué par des matériaux de deux sources distinctes, formant un édifice dont les éléments ne sont pas fondus, qui n'évoluent pas de même vitesse, n'est pas un terrain convenable pour leur entier développement.

Les formes étant filles du milieu, deux individus de même espèce, isolés brusquement et éloignés au maximum, se différencient, tandis que deux espèces forcées de vivre côte à côte se rapprochent. L'exquise sensibilité de l'appareil génital lui faisant enregistrer les moindres changements organiques, il en résulte que la caractéristique de l'hybridation, la stérilité des produits, varie plus que tout le reste. Au moment où deux espèces, rassemblées de deux points géographiques fort éloignés, sont mises en contact, elles peuvent être radicalement stériles, puis donner naissance difficilement à des hybrides inféconds dans les deux sexes, et, plus tard, après plusieurs siècles de vie commune, de cohabitation, arriver à une production plus facile d'hybrides dont les femelles seront fécondes. En un mot, la stérilité sera gradative et subordonnée aux conditions mésologiques. Dureau de la Malle, après étude des textes anciens, assure que du temps des Romains, on avait plus de difficultés qu'aujourd'hui pour produire des mulets. De notre côté, nous avons été frappé du luxe de précautions et de recommandations que font les anciens auteurs, Gesner, Buffon et même Temminck, pour arriver à hybrider le faisan et la poule, car aujourd'hui il n'est pas rare de voir le premier côcher librement la seconde, et il a été cité dernièrement un exemple où un faisan délaissa sa propre femelle pour une poule de petite race qui devint seule l'objet de ses attentions[1].

La fécondité des hybrides femelles est le résultat de la résistance plus grande de l'élément féminin aux causes perturbatrices. Ce n'est qu'une application de la loi biologique d'ordre général que nous nous efforçons de mettre en relief de par les résultats des opérations horticoles et zootechniques, et qui a été développée à propos de la sexualité, pages 190 et 225.

---

[1] Suchetet, *De l'hybride du faisan ordinaire et de la poule (L'Éleveur, 1889).*

II. RÉPARTITION DES CARACTÈRES PATERNELS ET MATERNELS CHEZ LES HYBRIDES

Les notions acquises sur l'hérédité font pressentir que la conformation des hybrides doit nécessairement présenter du disparate ; il ne peut guère en être autrement puisque la répartition des caractères est subordonnée aux influences respectives du sexe, de l'espèce, de la race et de l'atavisme, même en faisant abstraction du milieu et de l'individuation.

Le disparate se manifeste parfois d'une façon tellement prononcée et choquante qu'on a été jusqu'à invoquer des accouplements en dehors du genre. La dysharmonie s'accuse surtout sur la tête, où les rapports du crâne et de la face se modifient et où la concordance entre les deux mâchoires n'existe pas toujours. Elle a été particulièrement observée sur les mulets.

Lors d'une excursion dans le haut Dauphiné, la proportion des hybrides à tête dysharmonique nous a frappé. Ils présentaient généralement un élargissement de la partie frontale avec raccourcissement et déviation du nez ; il y avait nâtisme ou bien défaut de concordance entre les deux mâchoires et bec de perroquet. L'indice céphalique total était surélevé par l'élargissement de la tête qui faisait penser quelque peu à celle du taureau, élargissement qui, vraisemblablement, fut l'origine de la légende du jumart.

Dans l'ensemble du corps, on rencontre quelquefois des parties qui, fournies intégralement par une espèce, sont accolées à celles qu'apporta l'autre espèce. On voit des mulets avec des têtes entièrement asines et des sabots de cheval, ou inversement.

La comparaison d'un certain nombre de mulets met en relief leurs dissemblances, qui portent particulièrement sur les dimensions et le port des oreilles et sur la forme des pieds ; il semble que, pour ces deux particularités, l'influence individuelle des reproducteurs est supérieure à celle des espèces.

Ces réserves faites, lorsque les observations portent sur des nombres importants, on ne peut s'empêcher de reconnaître que la majorité des hybrides d'une même sorte ont des caractères communs, que leur architecture est de même style et leur charpente de même plan. La lutte des deux hérédités spécifiques aboutit à un arrangement qui, la part faite aux particularités individuelles, suit des lois générales.

Cet arrangement donne l'impression que l'une des espèces constituantes prédomine. Ainsi, par ses caractères extérieurs, le mulet donne l'idée qu'il tient davantage de l'âne que du cheval, le mulard, plus du canard de Barbarie que du canard ordinaire, et le coquard plus du faisan que de la poule. Lorsqu'on décompose le squelette pièce à pièce, on constate aussi la prédominance d'une espèce mais, chose inattendue, elle s'exerce dans un sens opposé à celle indiquée par les caractères extérieurs. Nous allons le démontrer sur quelques hybrides.

Le mulet, produit par l'accouplement de l'âne avec la jument, a généralement la tête lourde de son père, ses oreilles bien que moins développées, son encolure, sa crinière et sa queue peu fournies. L'ensemble de son tronc rappelle l'âne, pourtant il est assez composite. Sa croupe est plus près de celle de l'âne que du cheval ; la coloration de ses poils se rapproche de celle de l'âne dont il a la raie dorsale et quelquefois la cruciale, mais par leur diamètre, ses phanères sont caballines. Le nombre des châtaignes est variable, car les postérieures, toujours plus petites que celles du cheval, peuvent manquer soit sur un membre, soit sur les deux. Ceux-ci sont fins et secs, à la façon de ceux de l'âne. En général, ses sabots, bien que tenant du cheval et de l'âne, sont plus près de ceux de ce dernier. Les mensurations comparatives de ses poils ont donné les chiffres qui suivent :

	DIAMÈTRE DES POILS	DIAMÈTRE DES CRINS
	cent. de mil.	cent. de mil.
Moyenne du diamètre des productions pileuses du cheval.	6,6	15,4
— — de l'âne.	4,4	8,4
— — du mulet.	6,6	13

Sa taille est intermédiaire entre celle de ses deux facteurs. Sa capacité crânienne absolue oscille entre 584 et 488 centimètres cubes, suivant la masse des sujets examinés ; elle indique un encéphale dont le poids relatif se rapproche davantage de celui de l'âne que du cheval.

Quant au bardot, produit du cheval avec l'ânesse, il est, dit M. Colin, moins grand que le mulet, a la tête fine, bien proportionnée, ressemblant beaucoup à celle du cheval ; ses oreilles ne sont guère plus longues que celles de ce dernier et se tiennent redressées ; les sourcils et les arcades orbitaires sont plus saillants, les naseaux assez dilatés et la fausse narine est diverticulée. La crinière est passablement fournie et les crins sont assez longs pour tomber sur un des côtés de l'encolure ; le dos et les reins sont droits et tranchants ; la croupe est étroite, effilée en arrière ; la queue garnie dès la base de crins longs et touffus ; les pieds ressemblent à ceux du mulet, mais ils sont un peu plus larges, toutes proportions gardées ; les organes génitaux sont très développés et les deux mamelons du fourreau très longs. La peau est mince ; les poils de couleur uniforme et foncée, rarement d'une teinte fauve ; les châtaignes ont la forme de plaques minces et manquent rarement au tarse.

Nous allons descendre dans les détails de l'étude du squelette, en renforçant nos observations personnelles des travaux publiés sur ce point particulièrement par M. Goubaux et par M. Arloing [1].

En étudiant pièce à pièce la tête du mulet, on voit qu'il tient de l'âne par une orbite carrée, des crêtes pariétales fortes, une protubérance occipitale externe très développée, du cheval par la situation du tubercule lacrymal et par la disposition de la suture inter-maxillaire et de l'apophyse basilaire.

Le bardot a également l'orbite carrée de l'âne, son apophyse basilaire et la même situation de son tubercule lacrymal, mais la suture de l'os incisif, d'après les pièces de notre laboratoire, est celle du cheval, tandis que d'autres observateurs ont vu un tubercule comme chez l'âne, preuve de la variabilité dans cette partie.

Le crâne cérébral du mulet et du bardot est plus long que celui de l'âne et du cheval, tandis que leur crâne cérébelleux est plus court.

Quant aux indices céphalique et facial, voici les résultats auxquels on arrive en mettant en parallèle ceux des ascendants et des produits :

	INDICE CÉPHALIQUE TOTAL moyenne	INDICE FACIAL moyenne
Cheval.	42	66
Ane.	47,5	58
Mulet.	44,5	56
Bardot.	49	62

Combien les apparences sont trompeuses! L'indice céphalique total du mulet le rapproche du cheval, tandis que celui du bardot va au delà de celui de l'âne. C'est vraisemblablement l'impression produite par l'oreille et l'œil qui font dire que le mulet a la tête de l'âne et le bardot celle du cheval.

A la colonne vertébrale, l'atlas et l'axis du mulet et du bardot rappellent l'âne, tandis que les vertèbres cervicales suivantes et les dorsales se rapprochent de celles du cheval ; toutefois, celles du bardot rappellent davantage celles de l'âne.

Le mulet a tantôt six, tantôt cinq vertèbres lombaires ; jusqu'à présent, nous n'avons trouvé que cinq de ces vertèbres sur les rares bardots que nous avons pu étudier et ces vertèbres étaient celles de l'âne. MM. Goubaux et Arloing ont fait la même constatation quant au nombre et à la forme.

Le mulet a le scapulum, l'humérus, le carpe, les métacarpiens, le fémur et le tibia caballins, tandis que les métatarsiens et les phalanges antérieures et postérieures sont asiniens. Au contraire, le bardot a le scapulum, l'humérus, le radius et le cubitus, les os du carpe, le fémur, le

---

[1] Arloing, Caractères ostéologiques différentiels de l'âne, du cheval et de leurs hybrides (Bulletin de la Société d'anthropologie de Lyon, 1882).

métatarsien et les deux premières phalanges asiniens, tandis que ses métacarpiens rudimentaires, son tibia et sa dernière phalange sont caballins et que son métacarpien principal tient de ses deux ascendants.

« Le bassin du mulet et du bardot présente un mélange des caractères des bassins de l'âne et du cheval; mais par la forme du détroit antérieur, le bassin du bardot ressemble beaucoup plus à celui de l'âne. Dans le mulet, ce détroit est plus arrondi que dans l'âne et dans le cheval. Nous ajouterons que le bassin du mulet rappelle celui du cheval par la forme des trous sous-pubiens, la disposition du bord antérieur de l'ilium et la disposition de la facette auriculaire; celui de l'âne par la direction de l'angle externe de l'ilium, l'incurvation de la fosse iliaque externe et la disposition des rugosités de la face inférieure de l'ischium.

« Quant au bassin du bardot, il se rapproche de celui du cheval par la forme et la direction de l'angle de la hanche et de celui de l'âne par le trou sous-pubien, la direction du bord antérieur de l'ilium, la position de la facette auriculaire et l'aspect des rugosités de la face antérieure de l'ischium. » (Arloing.)

Le mulet possède un hennissement particulier qui n'est ni celui du cheval ni le braiement de l'âne; son larynx a une conformation intermédiaire entre celle de ses facteurs. Comme puissance digestive, sobriété, résistance à la fatigue, sûreté de pied, il rappelle l'âne; plus que lui, il est têtu, rétif et vindicatif. Ceux qui utilisent le bardot ne le mettent pas tout à fait sur la même ligne que le mulet.

En établissant la comparaison entre l'aspect extérieur des hybrides et les faits révélés par leur ostéologie, en s'appuyant sur de grands nombres et abstraction faite des variations individuelles et des conflits héréditaires particuliers, nous arrivons à conclure que dans les opérations d'hybridation : 1° il y a opposition entre l'aspect extérieur et la conformation squelettique; 2° le nombre des pièces osseuses qui penchent vers l'une des formes parentes est plus élevé que celui où elles sont un mélange des deux conformations.

Par l'aspect extérieur, le mulet rappelle l'âne et le bardot davantage, le cheval; il semble donc que leur père a donné la morphologie générale, mais l'analyse montre que les phanères du mulet, sont plus près de celles du cheval que de l'âne, et l'étude du squelette fait arriver à la même constatation; le bardot a en partie le squelette asinien de sa mère et le mulet le squelette caballin de la sienne. Voici d'autres faits qui appuient l'idée de la transmission du squelette par la mère :

a) Nous avons fait préparer le squelette d'un hybride résultant de l'accouplement de l'âne avec l'hémione femelle. Cet animal (fig. 146), porteur d'un pelage isabelle, avec raie cruciale, fortes oreilles et sabots étroits, avait six vertèbres lombaires comme l'hémione.

b) De l'accouplement de la truie commune avec le sanglier, exécuté à l'École d'agriculture de Grignon, il est résulté six produits possédant tous six vertèbres lombaires comme leur mère.

Ces exemples confirment l'opinion précédente, mais nous ne nous dissimulons pas qu'il serait nécessaire de l'étayer sur un nombre plus considérable de faits.

Si l'on cherche des indications dans les Oiseaux de basse-cour, on en

Fig. 146. — Hybride d'Ane et d'Hémione.
(ferme d'application de l'Ecole vétérinaire de Lyon).

trouve qui témoignent aussi que la mère fournit l'ossature et la musculature. On a fait accoupler le faisan de Mongolie avec la poule négresse dont la chair et les os sont noirs : on a obtenu des hybrides à muscles et squelette noirs. Cette expérience est assez démonstrative.

De même que le mulet, d'une façon générale, rappelle extérieurement son père, de même le coquart se rapproche du faisan, bien que d'une taille un peu supérieure. Il le rappelle surtout par la tête. Quant au plumage, il est variable, donné par les deux reproducteurs ; parfois il rappelle plus l'un que l'autre, d'autres fois il est un mélange de l'un et de l'autre. L'accouplement d'un faisan ordinaire avec une poule noire de Langshane a donné des coquarts noirs (d'Imbleval, cité par M. Suchetet). Souvent le

faisan à collier et la poule commune donnent des sujets à tête et queue
du faisan, et plumage tenant des deux.

On n'a pas suivi d'assez près l'opération inverse (accouplement du coq
avec la faisane) pour pouvoir fournir des renseignements suffisants sur la
distribution de leurs particularités héréditaires.

Le faisan doré a été marié à la perdrix rouge ; on a obtenu un hybride de la taille du pigeon, à livrée roux clair uniforme ; corps élégant, oblong, terminé par de longues pennes légèrement arquées ; pattes
d'un rouge vif, très petites ; en un mot, le buste du père monté sur les
pattes de la mère.

De la fécondation de la dinde par le coq cochinchinois est né un hybride
pourvu de plumes aux pattes comme son père et dont la tête, qui rappelait dans sa forme générale celle de la dinde, n'avait ni crête ni caroncules,
mais était complètement emplumée.

III. DE L'HYBRIDATION DANS LES ÉQUIDÉS

La famille des Équidés est une de celles où les tentatives d'hybridation
ont été le plus nombreuses ; pour les suivre facilement, rappelons que
dans le genre *Equus* on trouve :

      1° *E. caballus* ou le cheval ;
      2° *E. asinus* ou l'âne ;
      3° *E. hemionus* ou l'hémione ;
      4° *E. couagga* ou le couagga ;
      5° *E. zebra* ou le zèbre ;
      6° *E. burchelli* ou le daw.

À côté de ces six espèces, on en place quelquefois une septième qu'on
a nommée *E. onager* ou *E. hemippus*. Mais il existe à son sujet des
obscurités incomplètement dissipées. L'hémippe serait autochtone du
centre de l'Asie et G. Saint-Hilaire, qui en a disséqué un pris en Syrie
et qui lui avait imposé son nom, avait cru devoir le rattacher à une
espèce distincte. Aujourd'hui, on regarde l'hémippe comme un produit
du croisement du cheval avec l'hémione.

Il règne de l'incertitude sur l'hybridation de plusieurs Équidés ; Panceri a résumé dans le tableau ci-contre les résultats connus :

CHEVAL ET ANESSE

Bardot
infécond

Bardotte

Cheval et Bardotte
?

Ane et Bardotte
Hybride
décrit par Mucci.

ANE ET JUMENT

Mulet
infécond

Mule

Cheval et Mule
Miohippe (de Nanzio)
cas assez nombreux.

Ane et Mule
Onomione (Panceri).
quelques cas.

CHEVAL ET HÉMIONE   **HÉMIONE ET JUMENT**

Hybrides cités par I. Geoffroy Saint-Hilaire, Broca, Milne-Edwards.

CHEVAL ET COUAGGA   **COUAGGA ET JUMENT**

?

Hybride observé par lord Morton

Avec cheval arabe
aurait donné produit de 2e génération (Brehm).

CHEVAL ET ZÈBRE   **ZÈBRE ET JUMENT**

Hybrides cités
par Rudolphi, Deterville, Cuvier.

?

ANE ET ZÈBRE   **ZÈBRE ET ANESSE**

Hybrides cités
par Giorna, Cuvier, Darwin.

Hybride (?)

Ane avec un Poney
aurait donné produit de 2e génération (Brehm).

Avec un Cheval Poney
aurait donné produit de 2e génération (Brehm).

ANE ET HÉMIONE   **HÉMIONE ET ANESSE**

Hybrides observés par Gray, Darwin, Geoffroy Saint-Hilaire, Milne-Edwards.

HÉMIONE ET ZÈBRE   **ZÈBRE ET HÉMIONE**

Hybride cité par Brehm

?

HÉMIONE ET COUAGGA   **COUAGGA ET HÉMIONE**

Hybride cité par Brehm

?

ANE ET DAW   **DAW ET ANESSE**

Hybride cité par Brehm

?

Ces opérations ont un intérêt scientifique incontestable, mais pratiquement jusqu'ici il n'y a, dans le groupe des Équidés, que celles exécutées entre les deux espèces du cheval et de l'âne qui se fassent en grand et auxquelles, pour ce motif, nous devions consacrer quelques développements. Leur réussite, d'ailleurs, a été complète et il en est dérivé une industrie très prospère, qu'on désigne sous le nom d'*industrie mulassière* ou parfois et plus abréviativement de *mulasserie*. Il a même été proposé d'englober toutes les opérations d'hybridation qu'on fait dans les fermes sous l'appellation de mulasserie, de même qu'on a qualifié tous les hybrides de mulets. Mais pour la clarté des choses, il vaut mieux donner un nom spécial à chaque hybride et désigner sous le terme générique d'hybridation l'opération qui consiste à les produire.

A. La production du *mulet* et de la *mule* est une industrie zootechnique très commune. Elle se pratique particulièrement dans le Poitou, la Gascogne et le sud-est de notre pays. A l'étranger, tous les peuples de l'Europe méridionale s'y livrent; il en est de même dans l'Amérique centrale et méridionale.

On a avancé que les habitants de la France occidentale tenaient des Sarrazins, écrasés plus tard à Poitiers par Charles Martel, l'habitude de se livrer à l'industrie mulassière. Si cette assertion est douteuse, il est pourtant sûr que la mulasserie est des plus anciennement implantée en Poitou, car au xe siècle, un prélat italien réclamait déjà à Guillaume IV, comte de Poitou, l'envoi « d'une de ces *admirables mules* produites dans le pays ».

L'âne étalon, qu'on désigne dans l'Ouest sous le nom particulier de baudet, ne recherche pas spontanément la jument et même si, dans la saison, il s'est rapproché sexuellement de femelles de son espèce, il faut que l'homme use de quelques manœuvres pour lui faire couvrir la jument. Lorsqu'il n'a point eu de rapports avec l'ânesse, il s'accouple volontiers avec elle.

Les mulets les plus forts produits en France proviennent du Poitou, il en est qui atteignent 1^m,62 et servent comme limoniers. Ceux du Sud et du Sud-Est sont plus légers, plus élégants et de taille moins élevée.

Dans quelques pays, un couple de mules bien appareillées constitue un attelage très aristocratique. Ces animaux rendent de grands services comme postiers; quelques compagnies de transports, celle des tramways de Lisbonne en particulier, les ont adoptés pour la traction de leurs véhicules. L'armée fait des acquisitions de mulets destinés soit à traîner, soit à porter à dos (fig. 147) ; elle agit sagement, car ils sont plus sobres que les chevaux et ils leur sont bien supérieurs dans les pays montagneux à cause de la sûreté de leur pied. Le seul inconvénient de leur emploi se trouve dans leur caractère souvent difficile.

A quelque point de vue qu'on se place, la production mulassière constitue une excellente opération zootechnique ; c'est l'hybridation la plus fructueuse, car elle fournit des produits dotés de qualités spéciales et qui trouvent un débouché assuré. Pourtant elle reste cantonnée dans certaines régions ; il ne manque pas de pays où, au lieu de s'acharner

FIG. 147. — Type du Mulet utilisé par l'armée.

à produire des chevaux défectueux, de persister dans la voie des croisements et des métissages alors qu'il n'y a ni convenance individuelle, ni convenance éthnique entre les étalons et les juments, il serait préférable de livrer celles-ci aux baudets et de produire des mulets. Il est des circonstances où l'hybridation doit avoir le pas sur les autres méthodes de reproduction.

B. La production du *bardot* (en italien *bardotto)* est beaucoup moins répandue que celle du mulet. On s'y livre de temps immémorial dans l'Italie méridionale, en Sicile et aussi quelque peu en Grèce.

Il a été dit que, en France, on la pratiquait autrefois dans les Basses-Alpes. Si elle y a réellement existé, on l'a abandonnée. Nous avons parcouru les Alpes à deux reprises, du Dauphiné à la Méditerranée, nous avons trouvé l'industrie mulassière florissante mais nous n'avons vu dans nos excursions que quelques rares bardots ; nulle part, on n'a pu nous indiquer des propriétaires se livrant habituellement à ce genre spécial d'hybridation. Il ne se pratique aujourd'hui que sur un seul point de notre pays et encore n'est-ce point dans la France continentale, c'est dans l'arrondissement de Calvi (Corse) et cela depuis vingt-cinq ans seulement.

L'existence du bardot a été contestée par Rutimeyer, mais tous les arguments mis en avant par lui sont susceptibles d'une interprétation différente de celle qu'il leur a donnée.

La rareté des bardots est la cause pour laquelle nous possédons peu de renseignements sur la technique de leur reproduction. Il y aurait à voir si l'étalon se rapproche plus volontiers de l'ânesse que l'âne de la jument, si les fécondations sont faciles et nombreuses et si les gestations arrivent à bien en plus ou en moins grand nombre. Nous n'avons sur ces points de physiologie qu'un seul renseignement, c'est qu'en Corse, il naît plus de bardots mâles que de femelles.

Plus petit que le cheval et moins robuste que le mulet, le bardot ne se répandra vraisemblablement jamais davantage qu'il ne l'est aujourd'hui.

IV. DE L'HYBRIDATION DANS LES BOVIDÉS

On ne voit jamais d'accouplement spontané entre le buffle et la vache ou la bufflesse et le taureau ; quand on parvient à en effectuer, ils sont sans résultats. D'après les renseignements recueillis en Italie, dans les domaines où l'on entretient à la fois des bœufs et des buffles, il y a toujours une séparation spontanée entre les uns et les autres, ils paissent aux deux extrémités des pâturages où on les garde. La vache ne souffre point que le buffletin vienne la téter, pas plus que la bufflesse n'accueille le veau. Quand on a voulu accoupler des individus des deux groupes, les femelles étant en chaleurs, on a toujours éprouvé les plus vives difficultés. Au parc de la Tête-d'Or, M. Caubet ayant mis un taureau schwitz en présence d'une bufflesse en chaleurs, il s'est défendu très vigoureusement et a refusé fort longtemps d'accomplir la saillie. A force de stratagèmes et de patience, on est pourtant arrivé à obtenir un infructueux rapprochement sexuel. D'ailleurs, la bufflesse porte un

mois de plus que la vache et sa vie de reproduction est plus courte
car elle ne va pas au delà de douze ans.

Parmi les espèces du genre Bos, il en est plusieurs dont l'accouplement n'a pas été tenté que je sache avec notre bœuf domestique, ou sur
le résultat duquel nous ne sommes pas renseignés. Deux donnent des
hybrides authentiques avec lui, ce sont l'aurochs ou *B. bojanus* et
l'yack ou *B. grunniens*.

Hybrides du taureau et de l'aurochs. — M. Sanson a dit tenir d'un
de ses élèves, originaire de la Pologne russe, qu'un produit issu de
l'accouplement de l'aurochs et de la vache était infécond. S'il en est ainsi,
les probabilités sont grandes pour que de l'union du bison et de la
vache, qui se fait d'ailleurs sans difficultés, naissent aussi des hybrides ;
c'est d'ailleurs ce qu'affirme M. Colin. Des publications américaines
ont pourtant parlé de sujets féconds ; d'ailleurs, la question n'a pas de
portée pratique, le bison étant en voie d'extinction très prochaine.

Hybrides de l'yack et de la vache. — Les hybrides dont il s'agit
sont les seuls, dans le groupe des bovins, qui soient produits en grand
en vue d'un but économique et c'est en Asie, dans les régions où vit
l'yack, qu'existe cette industrie. Comme celle du mulet, elle se présente
sous deux aspects, suivant qu'il s'agit de l'union du taureau avec la
femelle de l'yack ou de celle de l'yack mâle avec la vache.

Au Thibet, mais surtout dans le Baltistan, au delà de Cachemire, on
hybride d'une façon courante le taureau avec la femelle de l'yack ; on
obtient un produit appelé *dzo* par les Thibétains, si c'est un mâle, et
dzomo, si c'est une femelle ; au Baltistan, on les appelle des *sous*.

Ces animaux sont très estimés : le dzo est vigoureux, plus fort que
l'yack et plus rustique que le bœuf, aussi exécute-t-il tous les travaux
agricoles de la contrée et on l'apprécie en Asie comme nous apprécions
ici le mulet. Il est stérile, la dzomo ne l'est pas et c'est une laitière passable.

Dans la région thibétaine, l'hybridation de l'yack mâle avec la vache
est également pratiquée, le produit obtenu est appelé *padzo* si c'est un
mâle et *tedzo* quand c'est une femelle. De même que le dzo, le padzo
est stérile tandis que la femelle ne l'est pas.

Non seulement les récits des voyageurs, mais aussi des observations
recueillies en Europe par des personnes compétentes, nous ont renseignés sur ces points. J. Kühn a fait à Halle d'intéressantes expériences
à leur sujet. Il a contrôlé que l'accouplement de l'yack avec la vache
est fructueux. Parmi les individus qu'il a obtenus de cette hybridation
était une femelle ; elle a été accouplée avec un taureau courtes-cornes
et a donné un produit. Mais les mâles, frères de cette femelle, se sont
montrés impuissants à la féconder et à féconder des vaches, imitant
ainsi la stérilité absolue des mulets.

La Société d'acclimatation avait introduit des yacks aux environs de Barcelonette (Basses-Alpes); il y a eu des accouplements avec des vaches indigènes. Ces yacks ont été cédés ultérieurement au gouvernement italien qui les a envoyés à Montcalieri.

En Asie, en se servant du zébu ou bœuf à bosse au lieu du bœuf ordinaire, on a obtenu avec l'yack les mêmes résultats que ci-dessus.

On n'est pas dépourvu de renseignements sur les produits que peuvent donner les femelles dont il vient d'être question. Au Thibet, lorsqu'on accouple la dzomo ou la tedzo avec le taureau, on obtient des jeunes dits *tè*; si ces femelles s'unissent à l'yack, les petits s'appellent *tetsé*. Ni les uns ni les autres ne sont estimés en Asie, on ne les produit point industriellement; quand ils naissent, c'est accidentellement, et les Thibétains, le plus souvent, les tuent quelques jours après la naissance.

V. DE L'HYBRIDATION DANS LES AUTRES MAMMIFÈRES DOMESTIQUES

OVIDÉS. —On a vu au chapitre Croisement et métissage que, dans le groupe des Ovins, on obtient aisément des produits en unissant les diverses espèces. La facilité avec laquelle ces animaux se rapprochent est vraiment étonnante. A la ferme de la Tête-d'Or, M. Caubet, pendant trois années de suite, fit lutter des chèvres par un bouquetin *(Ibex alpina)*; l'accouplement se fit sans plus de difficultés que si ces femelles eussent été en présence d'un mâle de leur espèce et elles conçurent de même. La fécondation de la chèvre par le mouflon à manchettes ainsi que par le mouflon de Corse a été obtenue; des indications précises manquent sur la fécondité ou la stérilité des produits. Cette indifférence sexuelle des ovins rapprochée de l'innocuité de leur reproduction en consanguinité est remarquable; il semble que ce groupe, le moins bien doué pour la lutte de la vie, soit un des mieux partagés sous le rapport de la reproduction.

SUIDÉS. — Ce n'est également qu'avec incertitude et hésitation que nous parlons des hybrides du groupe des Suidés. En effet, au dire des naturalistes anciens, particulièrement de Pline, l'accouplement du sanglier et de la truie aurait été si fréquent, si spontané, qu'on avait dû le considérer presque comme chose normale. On me l'a présenté en Algérie comme un fait non exceptionnel et on affirme que dans l'Hindoustan cela s'observe souvent. Dans l'un et l'autre pays, on prétend que les produits sont féconds, mais on ne précise point si la fécondité est bilatérale ou seulement du côté des femelles et le controle expérimental manque à ces dires. On l'a essayé pour l'Europe.

Nous n'avons pas réussi dans nos tentatives; pendant trois ans, une laie capturée jeune dans une forêt de la Haute-Marne, a été entretenue à la ferme et mise en rapports, chaque fois qu'elle a paru manifester des chaleurs, avec des verrats des races craonnaise, yorkshire, essex et berkshire. Jamais elle n'a conçu.

M. Sanson a été plus heureux à l'École d'agriculture de Grignon. De l'accouplement d'une truie celtique avec un sanglier d'Afrique, il a obtenu une portée de six individus, dont deux mâles et quatre femelles. Un de ces mâles, mis avec ses sœurs, les saillit pendant deux ans, chaque fois qu'elles devinrent en chaleurs, sans qu'il en résultât aucune fécondation. Ces mêmes femelles, couvertes par un verrat de la race de leur mère, ont donné des petits. On voit donc que, conformément à la règle, la stérilité a été complète du côté du mâle, tandis qu'il y a eu fécondité des femelles.

Cependant M. Thierry a rapporté avoir obtenu, à l'École d'agriculture de La Brosse (Yonne), des produits, en faisant accoupler avec une truie bressane, un jeune mâle issu lui-même de l'accouplement d'un sanglier pris tout jeune dans les forêts de l'Yonne et d'une truie bourbonnaise.

Scientifiquement, l'incertitude subsiste. Heureusement que la question n'a pas d'importance pratique ; ce n'est pas quand on s'efforce de pousser les races de porcs vers une précocité et une perfection de plus en plus grandes qu'il y a utilité à poursuivre cette sorte d'hybridation.

CANIDÉS. — On signale un seul hybride dans ce groupe, il résulterait de l'accouplement du chien et du renard. Et encore, toutes les races de chiens ne pourraient-elles produire ce résultat, il n'y en aurait qu'un nombre restreint, telles que l'islandaise, la spitz allemande, une race américaine innommée et le dingo australien. Parmi elles, l'islandaise se rapproche le plus du renard par sa conformation.

L'hybridation n'est possible qu'en accouplant le renard et la chienne ; l'accouplement de la renarde avec le chien serait très difficile, sinon impossible, d'après du Fouilloux[1], parce que la renarde en chaleurs se couche sur le côté pour recevoir le mâle.

Le fait a été confirmé depuis par M. de Maynard[2]. Il s'était emparé d'une renarde qui, par hasard, se trouvait en chaleurs. Il la mit en liberté dans une pièce avec un chien de berger qu'elle accueillit très bien, de son côté, le chien lui prodiguait ses caresses. Elle se couchait à chaque instant sur le côté pour recevoir cet animal qui, dans cette position, fit de longs, répétés, mais absolument inutiles efforts pour aboutir au coït.

D'après le journal américain *Turf field and form*, les produits du chien et du renard ne seraient pas fort rares en Amérique, et on devrait

---

[1] Du Fouilloux, *Traité de vénerie.*
[2] De Maynard, Lettre au *Journal des Haras*, janvier 1882.

les regarder comme des métis et non comme des hybrides, car leur fécondité serait complète. Tout cela est à vérifier.

Y aurait-t-il quelque avantage à produire de pareils sujets pour des genres déterminés de chasse ?

Un autre accouplement singulier aurait été effectué, celui du chien et du chat. M. Lemoigne, professeur de zootechnie à l'École de Milan, a rapporté qu'il y aurait eu des rapports fructueux entre un petit chien d'appartement et un chat avec lequel il avait été élevé et qui lui servait de compagnon ; il en serait résulté deux petits, dont l'un fut expulsé mort, mais dont l'autre vécut quelques jours. Ce récit n'a rencontré que des incrédules. Il est toutefois permis de se demander si la distance physiologique et anatomique qui sépare les petits chiens d'appartements et les chats n'est pas moins grande que celle qui existe entre les autres chiens et les félins.

VI. DE L'HYBRIDATION DANS LES OISEAUX DOMESTIQUES

Ce groupe est celui où les essais d'hybridation ont été les plus nombreux, parce que les rapprochements sont plus faciles à obtenir que dans tout autre. Aussi la fantaisie s'est-elle donné largement carrière, aussi bien dans les oiseaux de volière que dans ceux de basse-cour.

Dans les volières, on produit des hybrides en accouplant le canari et le chardonneret, la tourterelle et le pigeon, le ramier et le pigeon.

Les mélanges ont été très variés, soit entre espèces du même genre, soit entre espèces de genres différents. Le pigeon a été croisé avec *Colomba œnas*, *C. palumbus*, *Turtur risoria*, *T. vulgaris*, et toujours on a obtenu des hybrides dont les femelles ne pondent que des œufs clairs.

Les hybridations poursuivies entre *C. œnas* et *C. gymnophthalmos*, *C. maculosa* et *C. gymnophthalmos*, *C. œnas* et *Turtur risoria*, *Turtur vulgaris* et *T. risoria*, *T. vulgaris* et *Ectopistes migratorius*, n'ont également jamais donné que des individus stériles.

La fécondation de la pintade par le coq de Houdan a été obtenue au Jardin d'acclimatation [1], le coq cochinchinois a côché fructueusement la dinde et le faisan doré la perdrix. De toutes ces opérations, il est résulté des hydrides.

On a fait beaucoup d'essais entre les espèces, races et variétés si nombreuses du faisan.

On hybride le faisan commun avec la poule ou, inversement, le coq avec la faisane ; on obtient le *coquart*, dont le mâle est stérile et la femelle féconde. A notre ferme, le faisan doré a été mis en présence de la poule et des hybrides sont nés. On hybride également le faisan doré

[1] *La Nature*, no du 7 janvier 1882.

avec la faisane argentée et avec la faisane commune; l'hybride obtenu avec la dernière est appelé *roussard*.

La faisane argentée donne des hybrides avec le faisan commun, le faisan doré, le faisan à collier, le faisan de Mongolie, le faisan scintillant et le faisan de lady Amherst.

Dans les Palmipèdes, l'oie du Canada s'hybride avec l'oie ordinaire (Colin), et l'accouplement du canard musqué ou de Barbarie avec le canard ordinaire produit le *mulard*.

La plupart des hybrides dont l'énumération vient d'être faite, n'ont qu'un intérêt scientifique; deux sont exploités et ont une raison économique d'être produits : ce sont le coquart et le mulard.

Il est relativement facile d'obtenir l'accouplement du jeune coq qui n'a pas encore côché de poules avec la faisane et la production de coquards. La chair de ceux-ci rappelle celle du faisan et la remplace au besoin; ils ont sur lui la supériorité d'être plus complètement domestiqués et de ne pas s'éloigner de la ferme, de sorte qu'on les a toujours sous la main.

Le mulard se produit en Gascogne et en Guyenne, le plus généralement en faisant côcher la cane commune par le canard musqué, moins souvent par la fécondation de la cane musquée par le canard ordinaire. C'est un oiseau qui a la rusticité, la facilité d'élevage et d'engraissement, le poids élevé du canard musqué, dont la chair est plus délicate et n'a pas ou possède à un degré peu prononcé l'odeur *sui generis* de celle du canard musqué. Toutes ces qualités expliquent sa vogue, surtout dans une région comme celle du bassin de la Garonne, où l'exploitation de l'oie et du canard est fort intelligemment entendue.

Le mulard (voyez pl. I, p. 220) a le bec simple, non caronculé du canard ordinaire, sa tête est portée haut et les plumes en sont un peu redressées mais moins que sur le barbarin, leur couleur est lie de vin, le reste du plumage est bronzé. Il a un collier blanc complet, ses pattes sont jaunes, sa taille est forte et se rapproche de celle du canard de Barbarie. Il est muet ou à peu près, avec un sifflement étouffé quand il est en colère. Il est plus irritable que les deux canards dont il descend.

DEUXIÈME PARTIE

PROCÉDÉS D'EXPLOITATION

Lorsque l'œuf est fécondé, le zootechnicien peut avoir à intervenir dans les espèces où il est expulsé peu de temps après, pour provoquer l'éclosion du nouvel être au moyen de l'*incubation artificielle*. Dans celles ou le premier développement se fait dans l'utérus maternel, son action commence à la naissance pour diriger l'*allaitement,* imposer le *sevrage*, conduire l'*éducation, accélérer le développement* des uns, *entraîner* les autres vers la plus grande production de *vitesse*, de *graisse* et de *lait*. Quelquefois il est obligé d'*acclimater* des races ou des espèces nouvelles. Nous allons exposer les procédés à mettre en pratique dans ces diverses circonstances.

CHAPITRE PREMIER

INTERVENTION DE L'HOMME VIS-A-VIS DE L'ŒUF FÉCONDÉ ET DU PRODUIT QUI VIENT DE NAITRE

Le développement du jeune mammifère commence et se continue sans interruption dans l'utérus de sa mère, jusqu'au moment où son organisme est suffisamment complet pour qu'il puisse être amené au jour. Pendant ce temps, l'homme n'a point à intervenir, sinon pour fournir une nourriture substantielle à la femelle en état de gestation et écarter d'elle ce qui pourrait l'empêcher de mener à bien le fruit de la conception.

Dans la classe des Oiseaux, les choses se passent différemment : l'œuf est expulsé peu de temps après sa fécondation et le jeune se développe dans son intérieur en utilisant les matériaux qu'il renferme. La condition de son évolution est la chaleur.

Le point capital est donc de la fournir au degré que réclame la spécificité du germe à faire développer. A l'état de nature, elle est donnée par la mère, qui se tenant sur les œufs pendant le temps nécessaire, les constitue en état d'incubation. L'homme s'est servi de l'instinct des femelles des oiseaux qu'il a domestiqués ; il lui est arrivé aussi d'utiliser des femelles d'une espèce autre que celle qui a donné les œufs à couver et même de ne pas employer la chaleur animale, mais de recourir à d'autres foyers. Nous avons à étudier son intervention.

On distingue volontiers l'incubation en *naturelle* et en *artificielle*, suivant qu'elle est accomplie par la mère ou que la chaleur provient d'une source non animale. Cette distinction est arbitraire, car il est des Oiseaux vivant à l'état de nature, dont les œufs éclosent *normalement* sous l'influence de la chaleur venant du dehors et non fournie par le règne animal. Le Talégalle d'Australie dépose ses œufs au milieu de débris de végétaux fermentescibles et la chaleur dégagée par cette fermentation amène l'éclosion. L'Autruche offre l'exemple de l'incubation exécutée par les deux modes : lorsqu'elle habite une région brûlante, elle dépose ses œufs dans le sable et la chaleur ambiante les fait éclore. Quand la température est plus modérée, le mâle et la femelle couvent alternativement. Dans les classes d'animaux à sang froid où la chaleur nécessaire est relativement faible, l'éclosion sans l'intervention de la mère ou du père est la règle.

Quoi qu'il en soit de ces subtilités de langage, nous continuerons, en ce qui concerne les oiseaux domestiques, à qualifier de *naturelle* l'incubation effectuée par la femelle qui a pondu les œufs qu'elle couve, ou par une femelle de même espèce, de *semi-naturelle* celle où les œufs sont couvés par une femelle d'espèce différente, et d'*artificielle* celle où la chaleur est fournie par un appareil et où l'intervention animale n'est pas réclamée.

Section première. — De l'incubation artificielle.

Dans l'état où la domestication a réduit les oiseaux, l'incubation naturelle n'est pas toujours la plus avantageuse. Il est des races gallines qui, bonnes pondeuses et d'excellente chair, couvent fort mal ou même ne manifestent pas d'envie de couver, telles sont celles de Houdan, de Crève-cœur, de Hollande, de Padoue; d'aucunes sont lourdes, maladroites et cassent leurs œufs. On est forcé dans ces circonstances de ne pas recourir à l'incubation naturelle. C'est aussi ce qui se présente quelquefois lorsqu'on veut faire éclore les œufs pondus par des femelles élevées en volière, mais non encore domestiquées, comme les colins, les perdrix, les cailles.

L'incubation semi-naturelle a des avantages : elle fait profiter de la propension très prononcée de certaines femelles à couver, comme la dinde, et permet de leur donner des œufs d'une espèce ou d'une race qui couve mal; si elles sont de bon volume, on place sous elles une plus forte proportion d'œufs que n'en auraient échauffés celles qui les ont pondus. Avec elle, on peut faire éclore à la fois des oiseaux de deux ou trois espèces différentes.

L'incubation artificielle présente deux avantages très sérieux : 1° elle permet d'agir d'un seul coup sur un nombre considérable d'œufs, de façon à n'avoir qu'une éclosion dans l'année, au lieu de plusieurs échelonnées selon les dispositions des femelles qui couvent; 2° on est libre de choisir le moment. A côté de ces deux avantages s'en placent d'autres

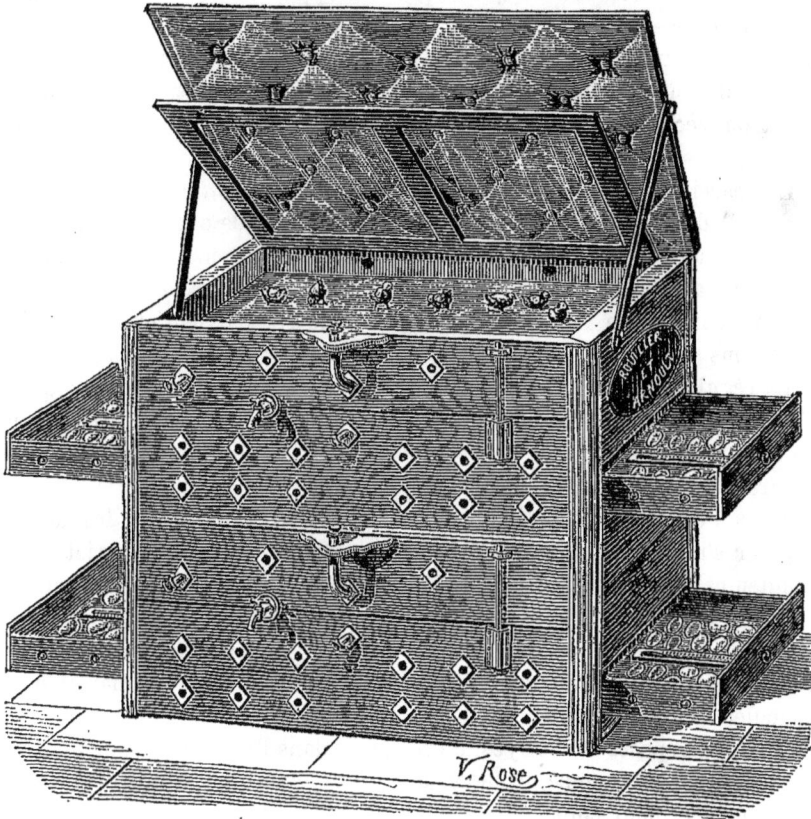

Fig. 148. — Hydro-incubateur avec sécheuse.

qui, pour être moins importants, doivent être mentionnés : la ponte est nécessairement suspendue chez les femelles qui couvent, elles maigrissent, se couvrent de vermine parfois, inconvénients qui ne se produisent pas avec l'incubation artificielle.

Dans une antiquité fort reculée, les Égyptiens pratiquaient l'incubation artificielle au moyen de fours agencés pour ce but; les Grecs et les Romains les imitèrent. Au moyen âge, on tenta de faire revivre ces pratiques en Italie; plus tard, en France, Charles VII à Amboise et

François Ier à Montrichart, firent construire des fours à poulets. Ultérieurement, Réaumur et Bonnemain firent des essais du même genre. Mais les tentatives effectuées dans la période moderne n'avaient donné que de mauvais résultats, et l'incubation artificielle semblait destinée à rester dans le domaine de l'expérimentation pure lorsque, dans le courant de notre siècle, on en détermina si bien les conditions qu'elle entra dans la pratique et devint un véritable procédé zootechnique.

La réussite est assurée quand on se rapproche des conditions naturelles, c'est-à-dire : 1° qu'on fournit aux œufs, pendant une période fixée pour chaque espèce, la chaleur indispensable; 2° qu'on les place dans un appareil suffisamment aéré, dont l'atmosphère n'est pas trop sèche; 3° qu'on a la précaution de les retourner matin et soir.

L'appareil dans lequel sont placés les œufs est la *couveuse artificielle* (fig. 148) dont la forme, la grandeur et le mode de chauffage sont fort variés. Nous n'avons point, dans un ouvrage de la nature de celui-ci, à entrer dans la description minutieuse de l'une d'entre elles, pas plus qu'à préconiser un système plutôt qu'un autre. L'essentiel est que les conditions sus-indiquées soient convenablement remplies.

La régularité de la chauffe, qui présentait autrefois de très sérieuses difficultés, a été heureusement obtenue par l'invention des régulateurs qu'on adapte aujourd'hui aux étuves et aux thermostats, dans tous les laboratoires.

Lorsqu'on veut soumettre des œufs à l'incubation, il faut les laisser reposer s'ils ont voyagé et s'ils ont été secoués pendant le trajet. Plus longtemps ils ont subi les trépidations de la voiture, plus longtemps il faut les laisser reposer; les mettre en incubation aussitôt leur arrivée est courir au devant d'une déception, ils ne donneront rien ou seulement des oiseaux anormaux. On les lavera pour faire disparaître les macules qui les souillent.

Une fois reposés et nettoyés, on les place dans l'incubateur sur un tiroir dont le fond est agencé de façon à entretenir un peu d'humidité chaude autour d'eux pour empêcher l'évaporation des liquides de leur contenu; on veille à ce que la température ne dépasse jamais 40° et se maintienne constamment autour de 39°,5.

Après quatre ou cinq jours d'incubation, il est indiqué de rechercher si les œufs ont été fécondés, si le germe est encore vivant ou s'il est malade et mourant; les raisons de cette recherche n'ont pas besoin d'être développées. Pour cela, on *mire* l'œuf, à l'aide d'une lampe spéciale (fig.149). Celui qui a été fécondé montre dans son intérieur un embryon dont les linéaments ont quelque grossière ressemblance avec les pattes d'une araignée (fig. 150); cet embryon oscille à chaque secousse qu'on lui imprime. L'œuf non fécondé est dit *clair*, son centre ne montre aucune trace d'embryon (fig. 151). S'il a été fécondé, mais que l'embryon soit mort, latache est peu apparente et les impulsions ne font point osciller celui-ci qui est comme collé à la coquille. A la suite du mirage, on aura le soin d'enlever tous les œufs clairs ou à embryon mort, afin qu'ils ne

Fig. 149. — Lampe à mirer.   Fig. 150. — Œuf fécondé.   Fig. 151. — Œuf clair.

se pourrissent pas dans l'incubateur, n'éclatent point et ne gâtent pas les autres.

Ces précautions prises, il n'y a plus qu'à laisser ceux-ci dans l'appareil jusqu'au jour de l'éclosion (Voyez au chapitre premier du livre IV, la durée de l'incubation pour les diverses espèces d'oiseaux domestiques).

Section II. — De l'allaitement en général et de l'allaitement artificiel en particulier

Au début de leur vie, les jeunes mammifères se nourrissent de lait qui est leur aliment normal. Le régime lacté auquel ils sont soumis à ce moment constitue l'*allaitement* qui est *maternel* s'ils puisent directement dans la mamelle de leur mère et *artificiel* dans le cas contraire.

Le lait est la seule nourriture qui leur convienne, car leur appareil digestif n'est pas encore suffisamment développé pour leur permettre d'extraire les principes utiles de la gangue d'aliments plus résistants. Dans le lait, ils trouvent dans les proportions convenables les matières azotées, ternaires et minérales, indispensables à leur accroissement. L'assimilation s'en fait facilement sans être directe toutefois, comme de récentes expériences de M. Dastre, de MM. Bourquelot et Troisier[1] l'ont prouvé pour le lactose. M. Dastre a montré que, pour que ce corps de-

---

[1] Bourquelot et Troisier, Recherches sur l'assimilation du sucre de lait (*Comptes rendus des séances de la Société de biologie*, février 1889, page 143).

vienne assimilable, il faut qu'il se dédouble en glucose et en galactose[1].
Où se fait ce dédoublement qui ramène le lactose à l'état où il a été
démontré dernièrement qu'il existe dans les végétaux ? Par l'intermédiaire de quels ferments? Le problème n'est pas résolu.

I. ALLAITEMENT MATERNEL

L'allaitement maternel se définit par son qualificatif ; on l'appelle fréquemment allaitement naturel soit pour indiquer qu'il est le seul en
usage dans les espèces sauvages, soit pour l'opposer à celui qui est
qualifié d'artificiel.

Fig. 152. — Allaitement maternel dans l'espèce canine.

Dans cette sorte d'allaitement, on laisse généralement les jeunes avec
leur mère, en liberté dans une loge ou au pâturage dès qu'ils peuvent
l'y suivre. Pour l'agneau, le chevreau, le porcelet, le lapereau, le jeune
chien, il n'y a pas d'autre pratique. Une observation est à présenter
à propos des porcelets. La truie est lourde, maladroite ; en se couchant
elle étouffe fréquemment quelques petits si on ne la surveille pendant
les trois ou quatre premiers jours après l'accouchement et qu'on n'ac-
coure aux cris de ceux-ci pour les retirer. Afin d'éviter cet assujetis-
sement qui occupe une personne dans la ferme, on trouve avantage à

---

[1] Dastre, Rôle physiologique du sucre de lait (Comptes rendus de la Société de biologie, 1889, page 145).

disposer dans un angle de chacun des compartiments de la porcherie destinés aux truies qui viennent de mettre bas, un endroit séparé par une grille à large ouverture. On habitue les porcelets à s'y retirer aussitôt qu'ils ont teté; une fois l'habitude prise, ils y vont d'eux-mêmes et on n'a plus à les surveiller. On ne laissera pas pénétrer le lapin dans la loge où se tient la lapine et ses petits.

Beaucoup d'éleveurs séparent le poulain et le veau de leurs mères, les attachent ou mieux les laissent en liberté dans une loge, et ne les font teter qu'à des heures déterminées. Ce système a de grands avantages : il empêche ces jeunes animaux de se gorger de lait au point qu'il en résulte des indigestions, de l'entérite, de la diarrhée; il ne les laisse pas troubler le repos de la mère en étant trop souvent suspendu à sa mamelle; il permet de régler les repas dès le début, ce qui est une excellente condition pour la bonne digestion et la meilleure assimilation. Si l'on utilise la mère à quelques travaux, alors qu'elle est remise des fatigues de la parturition, il ne faut pas, lorsqu'elle rentre du travail et qu'elle est en sueurs, que le poulain puisse la teter de suite, des coliques se déclareraient; on ne le laissera faire que quand elle sera séchée et que sa respiration se sera régularisée.

Dans l'exploitation des bêtes bovines, lorsque la mère est une bonne laitière, il est de l'intérêt du propriétaire d'utiliser le surplus du lait qui ne doit pas être absorbé par le veau ; on ne fera teter celui-ci qu'après avoir prélevé dans la mamelle une quantité de lait calculée sur la production de la femelle et les besoins du petit.

Il n'y a, au sujet des mères qui allaitent, qu'une seule recommandation à faire, les nourrir abondamment et les ménager quant au travail. Tous les aliments indiqués plus loin comme poussant à la production laitière peuvent être utilisés. Chaque fois que faire se pourra, on se trouvera bien de mettre les mères au régime du vert.

Quand l'allaitement maternel se prolonge, il est bon de faire intervenir à partir de cinq à six semaines pour le veau, de deux mois pour le poulain, quelques aliments autres que le lait, notamment les succédanés que nous indiquerons tout à l'heure à propos de l'allaitement artificiel. On soulage la mère dont la production laitière peut baisser, tout en fournissant à son nourrisson dont l'appétit augmente ce qui lui est nécessaire. Si la saison le permet, le mieux est de mettre les jeunes animaux au pâturage avec leur mère; en la voyant manger l'herbe, ils s'y essayeront à leur tour, commenceront à la pincer et peu à peu ils en mangeront davantage ; déjà rassasiés, ils teteront moins et le sevrage sera beaucoup plus facile, si même ils ne l'exécutent spontanément.

Les gorets, qui voient leur mère appéter les aliments semi-liquides qu'on verse dans son auge, essaient de les atteindre et dès qu'ils le peuvent ils s'en repaissent, ce qui est un grand soulagement pour la truie qui s'épuise dans les derniers temps à satisfaire leur voracité.

II. ALLAITEMENT ARTIFICIEL

Plusieurs causes imposent l'allaitement artificiel, les unes d'impérieuse nécessité, les autres de convenance économique. Sous le premier chef se rangent la mort de la mère, l'absence ou l'insuffisance de lait chez elle, le refus de se laisser teter, le nombre trop grand de petits et l'impuissance de quelques-uns à sucer la tétine. Sous le second, se placent le désir qu'on a d'utiliser le lait d'une bête fraîche vêlée et l'intention de nourrir plus abondamment qu'il n'eût pu l'être par sa mère un jeune sujet qu'on veut utiliser dans la suite comme tête de troupeau ou préparer comme bête de concours.

On a beaucoup discuté sur les avantages comparés de l'allaitement maternel et de l'allaitement artificiel et souvent on a incliné à donner une large préférence au premier. Pour conclure de la sorte, on s'est inspiré des arguments que font valoir les gynécologistes lorsqu'ils recommandent l'allaitement de l'enfant par sa mère ; mais on oublie qu'ici il y a des arguments sociaux qui ne sont pas de mise en zootechnie. La vraie question est de savoir si la mortalité des jeunes animaux est plus grande dans l'allaitement artificiel que dans l'autre. La réponse est subordonnée à l'espèce soumise à cette alimentation et à la façon dont on la dirige ainsi que nous l'a démontré la pratique de la ferme de l'École où l'expérimentation sur cette question a été largement exécutée par M. Caubet.

Toutes les espèces ne supportent pas également bien l'allaitement artificiel. Le poulain, le muleton et l'ânon s'y plient mal et le pourcentage de mortalité est élevé. Les autres animaux sont plus résistants, nous les classerons dans l'ordre suivant : veau, porcelet, agneau et chevreau. L'allaitement artificiel du veau est devenu habituel en Angleterre, en Hollande, dans le nord de la France ; depuis quatorze ans que nous le voyons pratiquer à la ferme de l'École, la démonstration est faite pour nous de son innocuité et nous concluons que ce procédé n'est point inférieur à l'allaitement maternel et qu'il a même des avantages économiques, qui, dans bien des circonstances, doivent le faire préférer. Ces circonstances n'existent pas pour le goret et l'agneau, mais quand il y a nécessité, il ne faut pas hésiter à y recourir, car la mortalité n'est pas plus grande, les précautions convenables étant prises, que si le petit s'allaitait à la mamelle de sa mère.

Les précautions auxquelles nous faisons allusion peuvent se ramener à deux principales : 1° donner au jeune, chaque fois que cela est possible, du lait provenant d'une femelle de son espèce; 2° prendre toutes les mesures nécessaires pour que le lait ne soit envahi par aucun cryptogame et ne fermente point.

La forme la plus simple et la plus sûre d'allaiter un jeune animal autrement qu'avec le lait de sa mère consiste à le donner à une femelle de même espèce, s'il s'en trouve une à lait dans l'exploitation à ce moment. Cette condition est facile à réaliser pour les espèces bovine et caprine et souvent aussi pour l'espèce ovine, c'est plus difficile pour l'espèce porcine, et surtout pour l'espèce chevaline. Lorsqu'on a trouvé une de ces nourrices, il n'y a pas à se préoccuper si la période de lactation où elle se trouve coïncide avec celle de la mère. Si le petit a pu prendre le colostrum, le reste importe peu; on se rappellera néanmoins que le lait d'une vache arrivant à la fin de sa période de lactation est moins riche en sels minéraux et moins nourrissant que celui d'une bête plus fraîchement vêlée. Au début, il arrive que la femelle accueille mal le jeune qu'on lui donne, mais si l'on insiste, le mauvais accueil ne persiste pas et la femelle tend d'elle-même sa mamelle à son nourrisson d'adoption.

Si l'on n'avait pas de femelle de la même espèce, pourrait-on placer le petit à la mamelle d'une autre espèce? S'il s'agit d'espèces très voisines, comme celles de l'âne et du cheval, du mouton et de la chèvre, la substitution peut se faire sans inconvénient. Mais si les sujets appartiennent à des groupes zoologiques plus éloignés, elle est plus aléatoire. On ne peut donner le poulain à la vache, le veau à la jument ou l'agneau à la truie, les femelles ne se prêteraient point à cet échange et, à part de rares exceptions, refuseraient de se laisser teter. Il faut donc prendre d'autres dispositions et faire que le petit, sans être obligé d'extraire lui-même le lait de la mamelle, le boive à la *bouteille*, au *baquet* ou au *biberon*.

Avec ce mode, on peut donner à un jeune du lait de n'importe quelle femelle; c'est généralement à celui de la vache qu'on s'adresse, parce qu'il est le plus abondant dans les exploitations agricoles et le plus facile à se procurer. Un veau nourri au baquet ingère plus de lait que s'il boit à la mamelle maternelle, mais une rigoureuse propreté doit intervenir comme condition première de réussite. On ne peut trop se pénétrer de la facilité avec laquelle des organismes inférieurs pullulent dans le lait, en modifient la composition et en altèrent les propriétés. Lorsque le jeune boit à la mamelle, le lait qui arrive à sa bouche ne subit point le contact de l'air et n'est point pollué, tandis que s'il a été extrait par la traite, il emprunte à l'air, aux mains des vachers, aux parois des vases dans lesquels on le manipule, des germes de diverses sortes. C'est pour en détruire le plus grand nombre possible qu'on fait bouillir celui qui est destiné à allaiter artificiellement de jeunes animaux. Qu'il subisse quelques modifications du fait de l'ébullition, c'est incontestable, mais elles sont compensées par le bénéfice de la destruction des ferments. Cette pratique doit être complétée par une propreté minutieuse des bouteilles, baquets ou biberons qu'on lavera à l'eau bouillante chaque fois qu'on s'en sera servi. La moindre quantité de lait qui reste dans ces ustensiles fermente, s'aigrit et altère celui qu'on y dépose. Des moisissures, étudiées avec soin par les médecins qui les ont constatées dans les biberons des enfants, se développent aussi. On ne versera le lait dans ces vases qu'à l'instant de s'en servir et, si possible, on ne le tirera du pis qu'à ce moment. Quand les animaux qu'on allaite sont très jeunes, ce lait doit être tiède ou se rapprocher de la température qu'il a en sortant de la mamelle; plus tard, ce n'est plus aussi nécessaire.

Lorsqu'on s'astreint aux précautions indiquées, on mène à bien l'allaitement artificiel. Indépendamment des veaux qui, en majorité, y sont soumis, il a été élevé avec un plein succès à la ferme de l'École, par le lait de vache, un nombre important d'agneaux et de porcelets dont les mères étaient mortes ou n'avaient pas de lait.

Les poulains et surtout les muletons sont plus délicats et ne supportent pas aussi bien l'allaitement artificiel; cependant, en cas de nécessité, on aurait tort de n'y pas recourir. Les Arabes en ont donné, de temps immémorial, l'exemple aux Européens, en nourissant de lait de brebis ou de chamelle les poulains qui n'ont pas la mamelle de leur mère à leur disposition. En Europe, nous aurions recours au lait de vache; les Anglais recommandent, dans ce cas, d'y ajouter du sucre pour le rendre plus semblable au lait de la jument, mais il a été reconnu que cette addition n'est pas indispensable.

Dans l'allaitement artificiel du veau, en raison du prix élevé du lait ou des produits qui en dérivent, on cherche assez fréquemment à remplacer une portion de lait par une autre substance. En Angleterre, on distribue couramment du lait écrémé et, pour que les veaux n'en souffrent pas, on ajoute 1 kilogramme de farine de lin par jour et par veau, en augmentant la proportion au fur et à mesure de la croissance des animaux.

On vend aussi des farines spéciales et des tourteaux dans le même but. La fabrication de ces produits a même pris, ces dernières années, dans quelques pays, notamment en Suisse, une certaine extension. Nous avons dû en étudier quelques-uns, comparativement au lait pur, et voici la note que M. Caubet nous a remise à cet égard :

Deux veaux ont été nourris pendant deux mois avec une farine spéciale, au lieu d'être allaités à la façon ordinaire; leur croissance en taille n'a pas été inférieure à celle des jeunes de leur race soumis à l'allaitement, mais ils sont restés osseux et leur apparence était moins bonne. A l'abatage, le boucher a trouvé une viande rouge, dépourvue de graisse, n'ayant point l'aspect de celle des veaux nourris au lait.

On se sert également de lait de beurre, de thé de foin, d'eau blanchie par la farine de fèves, de maïs, d'orge ou d'avoine.

On peut nourrir de jeunes animaux de cette façon et, dans certaines situations, il est indiqué d'y recourir puisque c'est économique. Mais c'est une pratique à proscrire pour les animaux de choix, destinés à faire souche ou qu'on veut pousser à la précocité. Ceux-ci ne peuvent jamais être trop largement allaités et, pour emprunter à nouveau un exemple aux Anglais, nous dirons que quand il s'agit de tels sujets, nos voisins leur donnent deux et parfois trois mères à teter.

L'allaitement à la bouteille, qu'on pratiquait autrefois et qu'on pratique peut-être encore aujourd'hui dans quelques localités, a l'inconvénient d'être long et assujettissant. Il n'est utilisable que dans les petites exploitations où l'on a, accidentellement, un jeune animal à nourrir. Dans un domaine un peu important, on aura recours au baquet ou au biberon, parce que ces moyens permettent d'allaiter plusieurs animaux à la fois sans qu'il soit nécessaire qu'une personne reste près d'eux.

Dans toutes les fermes on trouve un baquet ; il suffit d'y verser du lait tiède, pur ou mélangé, et d'en approcher les jeunes qui s'habituent très rapidement à y puiser. S'ils s'y refusent au début, on leur plonge l'extrémité de la tête dans le lait en leur maintenant la bouche entr'ouverte, ils lèchent ce qui s'est attaché à leurs lèvres et s'habituent à boire, ou bien on trempe un linge dans le liquide et on le place, ainsi imbibé, dans la bouche du jeune qui le presse et en extrait ce qu'il contient.

Par imitation de ce qui se fait dans l'allaitement artificiel des enfants, on a imaginé des biberons pour les jeunes animaux. Il en est pour veaux et pour agneaux. Ces derniers pourraient être avantageusement utilisés pour l'allaitement des porcelets et même des jeunes chiens.

L'un de ces biberons, destiné aux veaux, se compose d'une bouteille en verre blanc, épais, de capacité variable. Sur l'une des parois de cette bouteille se trouve une cavité, percée d'un petit trou, pour permettre l'aspiration. Le breuvage ne peut s'échapper tant que ce petit trou n'est pas débouché. Au goulot est adaptée une tétine fendue en croix par laquelle l'animal pratique l'aspiration comme s'il agissait sur la mamelle maternelle. Cette bouteille est renfermée dans un appareil qui a pour but de la protéger et d'en faciliter le fonctionnement. Il en est de deux formes : l'un, qui s'accroche à un mur, à la hauteur de la bouche de l'animal, qui peut ainsi teter jusqu'à la dernière goutte, l'autre destiné à être tenu à la main.

Les biberons pour agneaux, encore dits auges-biberons, sont, paraît-il, d'invention anglaise, mais leur introduction et leur vulgarisation en France sont dues à Dutertre, ancien directeur de l'École d'agriculture de Grignon. C'est une auge en bois doublée en dedans d'une auge en fer-blanc d'où partent des tubes aboutissant à des tétines en caoutchouc (fig. 153). Ordinairement, il y a cinq tétines, mais le nombre en pourrait être augmenté. Deux montants en fer sont adaptés à la partie postérieure de l'appareil ; ils sont percés de trous étagés sur leur longueur et permettent de le suspendre contre la muraille ou la paroi de la loge des agneaux à une hauteur en rapport avec leur taille.

Voici le texte de l'instruction rédigée par Dutertre pour l'emploi de l'auge-biberon :

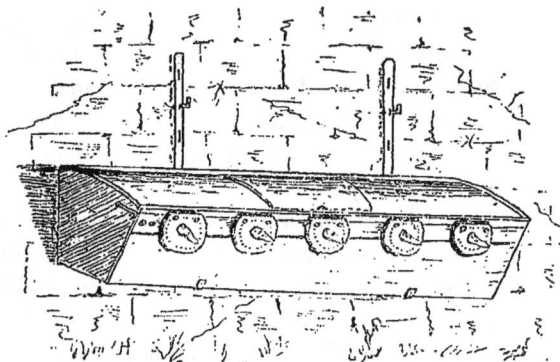

FIG. 153. — Auge-biberon pour agneaux.

« Le lait employé est du lait de vache. Il doit être administré pur et tiède. Les agneaux sont allaités quatre fois par jour dès le début, puis trois fois au bout d'un mois. — On continue ainsi jusqu'à l'âge de trois mois et demi, époque à laquelle commence *graduellement* le sevrage, qui prend fin à quatre mois. La consommation par tête, qui débute par 1/2 litre, s'élève promptement à 1 litre, puis à 2 jusqu'au sevrage. Autant que possible, laisser l'agneau à sa naissance teter sa mère pendant vingt-quatre heures environ, pour qu'il profite des qualités purgatives du premier lait. Disposer dans la bergerie un compartiment divisé en deux parties communiquant par une porte ; l'une de 1 1/2 mètre carré, dans laquelle est suspendu l'appareil à une hauteur convenable, et où l'on fait entrer successivement les agneaux (cinq par cinq, puisqu'il y a cinq tétines); l'autre, de 2 mètres carrés environ, dans laquelle on parque les agneaux qui ont bu, pour ne pas les confondre avec ceux qui attendent leur ration. Recommandation toute spéciale d'entretenir l'appareil très proprement et de le laver à l'eau tiède après chaque séance d'allaitement. »

Section III. — Du sevrage.

Lorsqu'on empêche le jeune de puiser à la mamelle ou d'en prendre le produit à la bouteille, au baquet ou au biberon, on le *sèvre*. Nous avons à examiner : 1° comment doit s'opérer le sevrage ; 2° à quelle époque il doit se faire.

A. La façon dont se fait fréquemment le sevrage est si inintelligente, qu'on se demande comment autant de jeunes animaux franchissent cette période critique et ne succombent pas aux diarrhées persistantes et à cet état que Parrot, l'étudiant chez les enfants, a appelé *athrepsie*. Nous avons été à même de voir comment on le pratique dans trop de localités. On enlève brusquement le jeune sujet à sa mère, on le relègue dans un coin de l'écurie ou dans une loge et on place devant lui de l'eau et des aliments semblables à ceux qu'on distribue aux adultes ! Si c'est au moment des fourrages verts, passe encore, mais si c'est en hiver, il reçoit du foin, de la paille et des menues-pailles. Aussi ne faut-il point s'étonner si dix ou douze mois après leur sevrage, des poulains, des veaux surtout ont moins de valeur qu'au moment où on les a sevrés, s'ils sont souffreteux, misérables, ensellés, ventrus. On a perdu une année d'accroissement, période énorme sur la durée totale de la vie de ces animaux, et souvent on a détérioré l'organisme à jamais.

Puisque la nourriture lactée est imposée par l'organisation même des jeunes et que celle-ci ne se modifie que peu à peu, il en résulte que *le sevrage doit être graduel* pour que l'alimentation soit toujours adéquate à l'organisme. C'est un axiome zootechnique de grande importance. Il ne doit donc s'effectuer ni en un jour ni même en une semaine, il faut y mettre le temps. Lorsque les jeunes étaient allaités artificiellement, le sevrage est une chose facile, puisqu'il s'agit de diminuer petit à petit la quantité de lait qu'on leur distribue et la remplacer par du lait écrémé, puis par du lait de beurre, des farines délayées, du thé de foin, des soupes, des buvées de tourteaux dont on augmente progressivement la proportion jusqu'au point de supprimer complètement le lait pur. On leur donne en même temps des fourrages de bonne qualité et appétissants, du vert, des carottes et des betteraves, du regain pour les ruminants, des grains égrugés ou cuits, jusqu'au moment où leur mâchoire est assez puissante pour les broyer quand ils sont distribués à l'état cru.

Quand l'allaitement était maternel, il a déjà été dit que parfois le poulain qui accompagne sa mère à la prairie, ou le porcelet qui mange à l'auge de sa mère se peuvent sevrer d'eux-mêmes. Mais le sevrage spontané n'est point la règle et l'homme doit intervenir. On sépare les jeunes de leur mère et, pendant une première semaine, on ne les laisse teter que trois fois par jour, leur distribuant les aliments complémen-- taires indiqués plus haut ; la seconde semaine, on ne les laisse teter que deux fois, et la troisième, une seule fois. A la quatrième semaine, on ne présente plus du tout le petit à sa mère, le sevrage est complet.

Ainsi compris, avec les transitions ménagées que nous venons d'in- diquer, le sevrage n'est nuisible ni au fruit ni à la mère. On ne risque point de voir, s'il s'agit de femelles non exploitées industriellement pour le lait, des engorgements du pis et des mammites qui endommagent l'organe de la lactation et peuvent être préjudiciables à l'allaitement des produits ultérieurs.

B. L'âge auquel doit être opéré le sevrage varie suivant les espèces, et, dans chaque espèce, on le prolonge d'après diverses considérations économiques et suivant la destination du jeune sujet.

Habituellement le poulain se sèvre de. . . , ...   5 à 6 mois.
  — l'ânon et le muleton à. . . . .   5 mois.
  — le veau à. . . . .   2 mois.
  — l'agneau, à. . . . .   4 mois.
  — le chevreau, à. . . . .   3 mois.
  — le porcelet, a. . . . .   2 mois.
  — le chien, à. . . . .   2 mois.
  — le lapereau, à. . . . .   six semaines.
On calcule qu'avant son sevrage le veau absorbe environ 300 litres de lait.
  —   l'agneau — 100 —
  —   le chevreau — 130 —

Lorsqu'il s'agit de sujets sur lesquels on fonde des espérances comme reproducteurs ou comme bêtes d'engrais, il n'y a que des avantages à prolonger l'allaitement. Veut-on obtenir un taureau remarquable, un bélier de choix, qu'on laisse teter l'un jusqu'à huit mois et l'autre jusqu'à cinq ou six mois.

Il a été démontré expérimentalement que, quand on alimente les jeunes animaux, au lait, très copieusement et longtemps, ils s'engraissent mieux dans la suite. Un zootechniste autrichien, Weiske, a pris deux lots d'agneaux du même âge, de même poids et de même race ; il a nourri le premier abondamment au lait, les sujets du second ont été sevrés de très bonne heure et alimentés de fourrages secs ; ces deux lots, mis en- suite dans les mêmes conditions d'engraissement, n'en ont pas profité également : ce sont ceux dont la nourriture lactée s'était prolongée qui ont acquis le plus vite un poids vif élevé. Je ne crois pas me tromper en affirmant que, si quelques-unes de nos races françaises ne sont pas arri- vées à un état de précocité qu'elles pourraient certainement atteindre, c'est que les veaux, dans ces races, ne tètent pas assez longtemps et sont mis sans transition à un régime qui les fatigue et retarde leur développement.

Section IV. — De l'élevage.

Dans cette section, on va suivre les jeunes mammifères à partir du moment où le régime lacté cesse pour eux, et les oisillons dès l'instant où ils brisent la coquille qui les renfermait.

I. ÉLEVAGE DES JEUNES MAMMIFÈRES DOMESTIQUES

Il faut, autant que la saison le permet, élever les jeunes animaux au dehors, au pâturage ou à la prairie. Cette condition est d'une importance toute particulière pour les poulains.

Les éleveurs sont unanimes à blâmer le régime de la stabulation et à recommander le pâturage pour le poulain. Il y a des pays (le Grand-Duché de Bade entre autres) où l'on en est tellement convaincu, qu'on a créé administrativement des parcs à poulains. L'exercice fortifie les muscles et les articulations, amplifie les mouvements thoraciques, la vie au grand air habitue le jeune sujet au froid, au chaud, à la pluie, au contact de ses pareils, adapte sa vue à une lumière vive, lui donne une rusticité qu'il ne peut acquérir à l'écurie. Un auteur très recommandable, Magne, a avancé que par la stabulation on produit de meilleurs chevaux que par le pâturage. L'observation nous empêche d'adhérer à cette assertion. Nous sommes tellement convaincu du contraire, que nous n'hésitons pas à déclarer que partout où l'on manque d'espace, de pâturages, de prairies ou d'enclos, il ne faut pas se livrer à la spéculation de l'élevage des poulains. L'espèce chevaline tire son importance de la solidité de ses membres; il n'y a pas d'autres moyens de l'assurer qu'une gymnastique commencée de bonne heure et continuée chaque jour de la période de croissance. La déclivité du sol de l'écurie fausse les aplombs, le séjour sur le fumier amène des écoulements de la fourchette, l'isolement et l'oisiveté portent au tic. Des poulains long–jointés, dont la stabulation déforme le paturon, se remettent rapidement au pré. Enfin, si l'on envisage la question au point de vue économique, il est incontestable que le régime de la stabulation est plus dispendieux que celui du pâturage, surtout dans les enclos, puisque, dans ce dernier cas, on n'a plus à se préoccuper de la garde.

Si la vie en plein air est la plus convenable pour les poulains, il faut éviter de les laisser paître dans des prairies humides, marécageuses; elles ont une influence préjudiciable sur leur santé, peuvent les rendre rhumatisants, passent, à tort ou à raison, pour occasionner la fluxion périodique des yeux, les eaux aux jambes, le crapaud, et enfin, par les fourrages grossiers et de digestion difficile qu'elles fournissent, elles font prendre au ventre des proportions disgracieuses.

Pendant la belle saison, on peut laisser les animaux nuit et jour dehors, mais quand le mauvais temps arrive, il faut les rentrer à l'écurie. Il est des pays où les poulains sont laissés au dehors même en hiver; c'est une pratique à n'imiter que quand on habite une région dotée d'un climat très doux; on est d'ailleurs obligé de leur porter, dans ces conditions, leur nourriture au pâturage. Il est indiqué de les sortir pendant les belles journées de l'hiver pour qu'ils puissent prendre leurs ébats.

Même quand les poulains trouvent de l'herbe en abondance au pâturage, il n'y a que des avantages à leur faire chaque jour une distribution de grains. L'avoine leur convient très bien; en les rassasiant, elle les empêche de prendre de trop grandes quantités d'herbe et de devenir ventrus; elle pousse à la taille et à la finesse. A plus forte raison, si le pâturage a été tondu, doit-on donner un supplément de ration; les animaux en période de forte croissance ne doivent jamais cesser d'être largement alimentés.

Il est des pays où les poulains au pâturage sont entravés. C'est leur faire perdre le meilleur bénéfice de la vie en plein air, sans compter qu'on les expose à se blesser. On en dira autant du pâturage au piquet. Le système des enclos est de beaucoup préférable, il évite entraves et frais de garde.

Il n'est pas prudent de mettre des poulains et des bêtes à cornes à la fois dans le même pâturage, parce qu'il peut en résulter des accidents; il vaut mieux faire passer successivement dans un enclos, d'abord les chevaux, puis les bœufs qui tondront ce qu'ont laissé les chevaux, et enfin les moutons. Ces derniers temps, des agriculteurs, éleveurs et engraisseurs tout à la fois, placèrent dans un même parc des poulains et des bœufs sans cornes; ils se félicitent de ce mode.

Jusqu'à l'âge de treize à quatorze mois, on peut laisser ensemble les poulains et les pouliches; passé ce temps il faut les séparer, parce que la vie sexuelle s'éveille, qu'il importe que les accouplements soient surveillés et que les jeunes ne s'épuisent point par des saillies réitérées.

Il est indispensable d'aller voir fréquemment les poulains au pâturage, de profiter de la familiarité naturelle à leur âge pour les caresser, leur distribuer du pain, du sel, du sucre, les habituer au contact et à la vue de l'homme et les empêcher de prendre les allures de chevaux sauvages que contractent si vite ceux qu'on ne visite point. Ces petites manœuvres les préparent d'ores et déjà au dressage.

Lorsque la saison ou toute autre cause force à rentrer les poulains à l'écurie, on les place de façon qu'ils ne soient point isolés, mais voient d'autres chevaux. Si l'on dispose d'un box, on peut les laisser en liberté, mais ce n'est point indispensable et il n'est pas mauvais de les habituer de bonne heure à supporter le licol et à se laisser attacher. De temps en temps, on leur lève les pieds et on leur frappe de petits coups sur le sabot, pour qu'ils se laissent ferrer plus tard; on commence à leur promener un bouchon de paille, puis une brosse sur le corps, pour les habituer au pansage; on leur jette au besoin une couverture sur le dos pour les préparer à recevoir la selle et d'autres harnais.

L'alimentation du poulain à l'écurie doit être soignée et substantielle sous un petit volume. Pour réaliser ces conditions, bien des combinaisons alimentaires se présentent à l'éleveur, selon les lieux et les temps. Par exemple, au haras de Kisber, en Autriche, à partir du sevrage qui a lieu à l'âge de cinq mois, on distribue 6 litres de lait de vache par jour aux poulains; quelques-uns en prennent 10 litres. Ils reçoivent en même temps autant d'avoine qu'ils en peuvent consommer. On leur continue ce régime jusqu'à un an.

Il est excellent, mais des raisons économiques peuvent empêcher de le mettre en pratique dans les domaines privés. Dans toutes les situations, on devra donner, sinon du lait, du moins des eaux blanchies par de la farine ou des recoupes, des barbottages, des grains en quantité, cuits de préférence ou égrugés et crus. Le coffre à avoine fait le cheval, en lui réside tout le secret du succès de l'élevage des contrées les plus renommées, comme le Perche et le pays chartrain. On réservera le foin de bonne qualité pour les poulains et on évitera de leur donner du regain; ce fourrage leur convient peu, amène des gastrites et des gastro-hépatites, s'il est trop longtemps distribué.

On devra éviter de leur donner des criblures, en raison des graines adventices qui s'y trouvent. Quelques-unes peuvent être vénéneuses et la facilité d'intoxication des jeunes est plus grande que celle des adultes. Sous l'influence d'une nourriture très alibile survient parfois de la constipation; on se trouvera bien de faire distribuer des aliments rafraîchissants et notamment des carottes.

A mesure que le poulain avance en âge, on rapproche davantage son régime de celui des adultes de son espèce, de façon à arriver à l'identifier complètement avec le leur. On atteint ainsi deux ans, époque où l'on doit commencer le dressage.

Il n'y a pas une nécessité aussi impérieuse d'élever les veaux et les agneaux au pâturage; la gymnastique de l'appareil locomoteur n'est pas utile à des bêtes de rente, et pour celles qui, dans l'espèce bovine, doivent travailler, il n'est pas urgent de les y préparer de longue main. Les défectuosités d'aplomb et même les tares des membres n'ont pas l'importance qu'on y attache quand il s'agit des Équidés. Avant tout, on cherche à développer, chez les Ruminants, le tronc et non les rayons inférieurs des membres. Pour toutes ces raisons, leur élevage se fait aussi bien en stabulation permanente qu'au pâturage. Le choix entre ces deux modes est guidé par des raisons économiques et par les conditions générales de l'exploitation; ce sont elles qui doivent décider l'éleveur et il est impossible de lui tracer dogmatiquement une règle de conduite.

Le porcelet après son sevrage n'est guère élevé au dehors et seulement dans des conditions exceptionnelles; d'ailleurs, la vie de la grande majorité des porcs est si courte, qu'il n'y a pas lieu d'insister sur leur élevage.

Il est, des affections spéciales aux jeunes animaux. Quelques-unes se montrent sur toutes les espèces, d'autres sont particulières à chaque groupe.

Dans la première catégorie, se trouvent l'arthrite et l'helminthiase; dans la seconde, il faut citer la gourme pour le poulain, le charbon symptomatique pour le bouvillon, la néphrite pour les agneaux et la maladie dite du jeune âge pour les chiens.

Au cours de l'élevage, quelques opérations sont pratiquées, les unes de convenance, les autres de nécessité; ce sont : la ferrure, la castration, l'amputation de la queue et des oreilles.

On laisse le poulain, le muleton et l'ânon jusqu'à la fin de la première année sans les ferrer, cette opération étant inutile pour de jeunes animaux qui n'ont alors qu'à fouler le sol de leur pâturage ou à piétiner la litière.

Au début de la deuxième année, on leur fait *parer* et *blanchir* le pied, surtout afin de raccourcir le sabot qui, devenant trop long, fausserait les aplombs. Vers seize à dix-huit mois, alors qu'on va commencer le dressage, on fait appliquer de légers fers, d'abord aux pieds antérieurs, et un peu plus tard aux quatre sabots.

La ferrure, dans l'espèce bovine, n'est appliquée qu'au moment où l'on fait travailler fortement les animaux, c'est-à-dire le plus souvent alors qu'ils ont franchi la période de l'élevage et qu'ils sont adultes ou sur le point de l'être.

On fait subir la castration à la majorité des mâles des espèces chevaline, bovine, ovine et porcine, et exceptionnellement aux femelles de ces mêmes espèces, sauf celle du porc où elle est commune. Ce n'est qu'exceptionnellement aussi qu'on la pratique sur le chien, le chat et le lapin; je n'ai jamais entendu dire qu'elle ait été faite sur le cobaye.

Après cette opération, le poulain reçoit le nom de *hongre*, le taurillon celui de *bouvillon*, le bélier celui de *mouton*, le jeune verrat celui de *porc* ou *cochon*.

Cette opération est faite particulièrement en vue de modifier le caractère des Équidés, de les rendre plus dociles, plus maniables, moins turbulents, d'en faire plus particulièrement des animaux de service journalier.

Sur les ruminants, les porcs et les lapins, elle a principalement pour but de favoriser l'engraissement et d'améliorer la qualité de la viande; mais la modification du caractère du taureau et du verrat, qui devient difficile quand ces animaux vieillissent, est à considérer aussi.

La castration peut être pratiquée peu de temps après la naissance, chez les poulains, les veaux, les agneaux et les porcelets, ou bien on attend plus tard. La décision à prendre sur le moment le plus favorable est contingente et subordonnée à diverses considérations.

Si l'on n'avait à tenir compte que de la facilité de l'opération et de la bénignité de ses suites, il n'est pas discutable que la castration hâtive ne dût toujours être préférée. Lorsque la vie sexuelle n'est pas éveillée, il y a peu de danger à retrancher des organes qui n'ont point encore fonctionné, peu de souffrances à imposer à ce moment aux opérés. Mais il est d'autres circonstances à faire entrer en ligne de compte. La principale pour l'éleveur est l'impossibilité où il est de faire, parmi de très jeunes animaux, un triage de ceux qui doivent être conservés comme reproducteurs et de ceux qui doivent être émasculés pour être ensuite exploités autrement. Les différences sexuelles sont trop peu accusées à ce moment, les formes encore indécises et le choix aléatoire.

Pour les chevaux et les mulets, d'autres considérations s'imposent : Il faut se rappeler que la castration influe sur le développement musculaire du train antérieur qu'elle entrave quand elle est pratiquée prématurément. On se guidera à la fois sur la conformation des chevaux et sur leur destination pour arrêter l'âge de leur castration. Sur ceux qui sont destinés à la selle, cette opération augmente encore la légèreté de l'avant-main et donne des formes assez gracieuses, on peut donc les châtrer assez tôt, vers dix-huit mois. Il faut émasculer tard, au moins à deux ans, les chevaux de trait qui agissent par leur masse dans le collier et qui, au besoin, doivent être des limoniers.

Les poulains peuvent être châtrés dans le premier mois de leur naissance, car à ce moment les testicules sont descendus dans les bourses; ils remontent ensuite dans l'anneau et y restent jusque vers treize ou quatorze mois. Cette règle souffre des exceptions; il est des poulains chez lesquels on ne constate pas cette migration.

Les veaux qui n'ont pas été châtrés pendant l'allaitement ou peu de temps après doivent l'être vers les huitième ou neuvième mois; il ne faut pas aller au delà pour prendre une résolution et procéder aux éliminations. L'émasculation trop tardive laisse à l'animal une physionomie de taureau dont plus tard les acheteurs ne manquent pas de se servir comme moyen de dépréciation.

C'est à quatre mois environ qu'une décision doit être prise pour les agneaux. Les porcelets mâles et femelles sont généralement châtrés à trois mois.

Aux taurillons réservés comme reproducteurs, il est toujours prudent et souvent nécessaire de passer un anneau dans le nez, auquel on adapte une sorte de rêne ou le bâton conducteur. Les porcs, émasculés ou non, destinés à être élevés en stabulation et qu'on doit empêcher de fouiller subiront la petite opération du *bouclement*. Elle consiste à leur passer à l'extrémité du groin un fil de fer, un clou de maréchal recourbé, un objet, en un mot, qui occasionnerait de la douleur s'ils se servaient de leur nez ainsi armé pour fouiller.

Il est bon d'amputer la queue des agneaux; chez la femelle, elle gêne plus tard l'accouplement en liberté; elle salit la toison dans les deux sexes; elle ne porte qu'une laine de qualité médiocre et son absence fait mieux juger du développement du train postérieur. Son amputation constitue une opération insignifiante et sans l'ombre de danger.

On coupe fréquemment les oreilles des chiens de quelques races, tels que les dogues et les danois. La queue est aussi amputée, bien que moins généralement.

Enfin, on est dans l'habitude de retrancher le bout de la queue du poulain. Autrefois, on pratiquait sur les chevaux de luxe une opération toute de fantaisie, la queue à l'anglaise, qui consistait à sectionner les muscles abaisseurs de l'appendice caudal, afin qu'il fût mieux porté et que le cheval eût plus de coquetterie pendant l'allure. Cette opération tombe de plus en plus en désuétude.

II. ÉLEVAGE DES JEUNES OISEAUX DE BASSE-COUR

Lorsque l'incubation a été naturelle, la mère sèche et réchauffe ses petits sous ses ailes; il n'y a pas à s'en occuper. Quand elle a été artificielle, on place les poussins dans la sécheuse, annexe de la couveuse, puis on les fait passer dans l'*éleveuse artificielle* ou *hydro-mère*, appareil dont la partie essentielle consiste en un réservoir métallique inclus dans une enveloppe en bois dont le dessus et les côtés sont garnis de sciure de bois. On emplit ce réservoir d'eau chaude, destinée à communiquer aux poussins la chaleur qui leur est nécessaire. On entoure généralement l'hydro-mère de grillage, de façon à former une sorte de parc dans lequel les poussins ne tardent pas à se hasarder (fig. 154).

D'ailleurs, la sensibilité des oisillons au froid varie avec les espèces et dans une espèce avec le revêtement duveteux dont ils sont couverts. Les dindonneaux sont plus impressionnables que les oisons. Il est des poussins, ceux des races cochinchinoise, brahma-pootra et nègre, qui naissent à peu près complètement nus. Cette particularité, résultat de l'adaptation de ces races au climat de leur pays d'origine,

conservée en partie sous notre climat plus froid, exige, pour ceux qui
la présentent, des soins particuliers, sans quoi ils succomberaient rapidement.

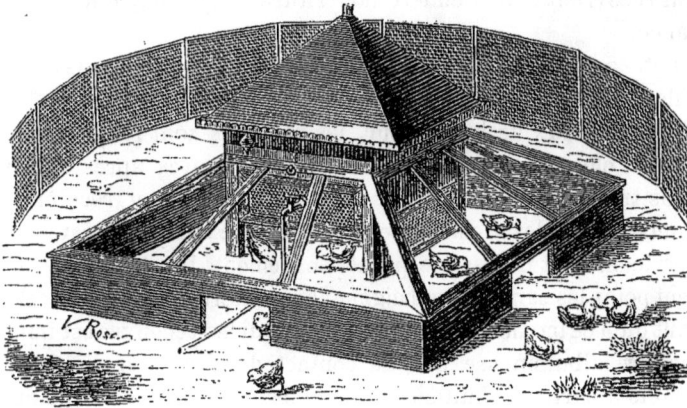

Fig. 154. — Éleveuse artificielle.

Vient ensuite la question de nourriture. Il n'y a guère à s'en préoccuper dans l'espèce du pigeon, car dans les trois ou quatre premiers
jours qui suivent l'éclosion, le jabot des père et mère sécrète un liquide
blanchâtre, sorte de lait, qui est déversé dans le gosier des pigeonneaux.
Quand cette sécrétion se tarit, ceux-ci plongent leur bec dans la gorge
et, a-t-on dit, jusque dans le jabot de leurs parents, ils en retirent les
graines ramollies et déjà macérées dont ils se nourrissent. Si le père et
la mère avaient disparu, on nourrirait ces jeunes d'abord de pâtées
claires, et plus tard de vesces, de pois et de blé qu'on aura fait macérer
quelques heures dans l'eau tiède.

L'élevage des dindonneaux n'est pas sans difficultés, parce qu'ils sont
très frileux, stupides, et qu'il est parfois impossible d'apprendre à quelques-uns à manger seuls. Aussi est-il bon qu'il y ait quelques poulets
parmi eux pour leur donner l'exemple. Ils ne commencent guère à demander des aliments que le troisième jour après leur naissance. Leur
première nourriture consiste en une pâtée formée de pain trempé, d'œufs
cuits durs et coupés en morceaux, d'oignons ou d'orties, hachés menu.
Il n'est pas mauvais d'y ajouter quelques grains de chènevis. A partir
du dixième jour, on peut supprimer les œufs qui grèvent par trop le
prix de revient de l'alimentation et remplacer le pain par du son ou
mieux des recoupes.

Les poussins doivent recevoir à manger dès le second jour de leur
vie. On commence par leur distribuer une nourriture semblable à celle
des dindonneaux, mais dès le quatrième jour, il n'y a pas nécessité de
continuer l'usage des œufs et on distribue des grains que les poussins

commencent à becqueter. Le millet d'abord, le riz cuit, le blé, la pomme de terre cuite forment l'ordinaire de ces jeunes animaux.

L'ortie hachée doit entrer en proportion importante dans la pâtée des oisons qui recevront leur première nourriture vingt-quatre heures après la naissance.

Une petite auge doit être placée à portée de tous ces jeunes oiseaux pour qu'ils y trouvent leur boisson.

De tous les oiseaux de basse-cour, les canetons sont les plus robustes et ceux dont l'élevage est le plus facile. Peu d'heures après leur nais-sance, s'ils trouvent de l'eau à leur portée, ils s'y jettent résolument ; il semble que, pendant les premiers temps de leur existence, l'eau leur soit plus impérieusement nécessaire qu'ultérieurement. Il est des éleveurs qui ne laissent point les canetons se baigner la première semaine de l'éclosion, prétendant qu'à ce moment, le duvet jaunâtre qui les recouvre est imprégné d'une matière albumineuse qui, au contact de l'eau, se dissout et les englue. Mais à partir du huitième ou neuvième jour, il n'y a point d'in-convénient à le faire. L'aliment le plus convenable pour les canetons consiste en viande hachée, en larves, en vers de vase. La pâtée déjà indiquée pour les oisons leur convient bien aussi ; ils sont d'ailleurs doués d'une puissance digestive qu'égale leur appétit et on doit leur donner à manger sept à huit fois dans la journée.

On préconise beaucoup aujourd'hui la nourriture animalisée pour tous les oisillons domestiques et particulièrement pour les faisandeaux et les oiseaux de volière similaires. Elle est distribuée surtout sous forme de poudre de viande.

Les jeunes de quelques espèces subissent une *crise du jeune âge*, pendant laquelle ils ont besoin de soins spéciaux. Pour les dindonneaux, c'est la *prise du rouge* ou pousse des caroncules, qui a lieu vers deux mois ; pour les jeunes pintades, c'est la *pousse de la corne céphalique*, qui commence à deux mois ; pour les paons, c'est l'*apparition de l'aigrette*, qui a lieu entre le deuxième et le troisième mois. Cette crise n'est pas sans gravité sous notre climat, surtout si les couvées ont été précoces et que le temps soit froid ou pluvieux. A tout prix, il faut éviter que les oiseaux soient mouillés pendant sa durée ; on mêlera à leur pâtée des matières stimulantes, un peu de vin, du chènevis et même des médicaments reconstituants, eau ferrée et vin de quinquina, si besoin est.

Cette crise ne doit pas être confondue avec la mue ou changement de plumage, pas plus qu'elle n'est l'indice de la puberté qui arrive plus tard. Néanmoins, une fois qu'elle est passée, les jeunes ne demandent plus de soins spéciaux et peuvent être traités comme les adultes.

Il y a deux ou trois sortes de mues chez les oiseaux, suivant les espèces et le sexe : 1° celle de l'oisillon qui abandonne son duvet pour un plumage qui sera définitif ou non ; 2° celle qui a lieu annuellement, d'août en novembre, et dont la chute de la queue du paon est un exemple typique ; 3° celle qui correspond à la prise de la livrée sexuelle et dont le faisan doré mâle offre un bel exemple lorsque, à trois ans, il quitte la livrée grise qu'il avait pour le plumage étincelant et le long panache caudal qui en fait la grande valeur. En général, la première sorte de mue s'effectue très facilement et sans dommage pour l'oiseau ; les autres sont plus déprimantes, la chute et le renouvellement de la queue du paon, en particulier n'ont point lieu sans l'anémier beaucoup.

Il n'y a que deux opérations qui se pratiquent sur les jeunes oiseaux : l'une, l'*éjointage*, a pour but d'empêcher ceux qui n'ont pas entièrement perdu leurs instincts sauvages de s'envoler des basses-cours ; elle consiste dans l'amputation de l'extrémité d'une aile.

L'autre est la castration, qui ne s'applique guère qu'aux coqs qu'on destine à l'engraissement et qui prend le nom spécial de *chaponnage*.

CHAPITRE II

DU DRESSAGE ET DE L'ENTRAINEMENT

Basés l'un et l'autre sur la gymnastique des organes de la vie de relation, le dressage et l'entraînement sont des procédés d'inégale importance qu'il faut étudier séparément.

Section I. — Du dressage.

Le *dressage* est l'ensemble des moyens employés pour doter les animaux d'aptitudes spéciales. On l'appelle encore *éducation des animaux*, car il constitue une véritable zooagogie correspondant à la pédagogie de notre espèce (παῖς, enfant, ἄγειν, conduire).

Si l'homme n'eût utilisé les animaux que comme comestibles, il n'aurait point eu à s'intéresser à leur éducation ; leurs instincts les eussent suffisamment défendus contre ce qui pouvait gêner leur vie végétative. Mais il n'en fut point ainsi, il a dirigé vers d'autres destinations des animaux qui par conformation semblaient être exclusivement alimentaires. Au Thibet, par exemple, le mouton est animal de bât, il circule dans les passes hymalayéennes avec une charge d'une dizaine de kilogrammes sur le dos ; dans l'Afrique australe, le bœuf sert de monture. D'ailleurs,

nous avons demandé des services multiples à toutes les espèces et quelques-unes, celles du chien et du renne entre autres, en fournissent de
nature variée.

Pour obtenir ces services, l'homme fut dans la nécessité d'agir sur les
animaux, afin de les instruire et de les amener à exécuter des choses
qu'ils n'eussent jamais faites sans cela. Leurs instincts sont conservateurs
et insuffisants pour leur permettre d'acquérir de nouvelles qualités.

Pour arriver à les en doter, il faut, au préalable, admettre qu'ils pos -
sèdent à l'état latent une intelligence qu'il s'agit de développer.

Si, avec l'école cartésienne, on en faisait de purs automates, il n'y
aurait pas à parler d'éducation pour eux. Il en irait de même en acceptant les idées de Buffon qui disait : « Loin de tout ôter aux animaux,
je leur accorde tout à l'exception de la pensée et de la réflexion ; ils ont le
sentiment, ils l'ont même à un plus haut degré que nous ne l'avons ; mais
ils n'ont pas la conscience de leur existence passée : ils ont des sensations ;
mais il leur manque la faculté de les comparer, c'est-à-dire la puis--
sance qui produit les idées qui ne sont que des sensations composées ou
pour mieux dire des associations de sensations. »

Suivre Buffon, refuser aux animaux la conscience de leur existence
passée, c'est-à-dire la mémoire, la réflexion et la possibilité d'avoir
des idées pour ne leur reconnaître que le sentiment ou mieux la sensation, conduirait à nier la possibilité de dresser les animaux.

Mais les assertions de Buffon sont inexactes. Réaumur, parmi les naturalistes modernes, commença à reconnaître « un certain degré d'intelligence » aux animaux, et depuis, on n'a pas cessé de penser de même,
tout en discutant sur la nature de l'instinct et de l'intelligence.

Personne avant le philosophe Condillac ne mit mieux que lui en relief
avec clarté, précision et vigueur, les opérations intellectuelles des animaux. Avec une logique rigoureuse, il montra que, si l'homme sent, les
bêtes sentent, le mot doit s'entendre de la même manière et les résultats de
la sensation être de même ordre. Il prouva que les animaux se souvien-
nent, qu'ils comparent et ont des idées, enfin il considéra l'instinct comme
l'intelligence par habitude. L'instinct, dit-il, n'est rien ou c'est un commencement de connaissance. La réflexion veille à la naissance des habitudes,
mais à mesure qu'elle les forme, elle les abandonne à elles-mêmes. Par là,
toutes les actions d'habitude sont autant de choses soustraites à la réflexion.

Mais l'étude la plus approfondie des facultés intellectuelles des animaux,
celle où le développement de ces facultés est le mieux suivi et où les exemples étayent les propositions, est due à G. Leroy. Il porta la conviction dans
les esprits et il amena à conclure que « les animaux réunissent, quoiqu'à
un degré très inférieur à nous, tous les caractères de l'intelligence ; qu'ils
sentent, puisqu'ils ont les signes évidents de la douleur et du plaisir ;
qu'ils se ressouviennent puisqu'ils évitent ce qui leur a nui et recherchent

ce qui leur a plu ; qu'ils comparent et jugent, puisqu'ils hésitent et choisissent; qu'ils réfléchissent sur leurs actes, puisque l'expérience les
instruit et que des expériences répétées rectifient leurs premiers jugements [1] ».

Depuis la publication des travaux de Leroy, on a été unanime à reconnaître que les animaux se livrent à des opérations intellectuelles. M. Romanes a même montré qu'il se fait une véritable évolution mentale chez
eux [2] et dans un ouvrage récent, M. Alix a apporté de nouveaux faits à
l'appui de « l'esprit » des bêtes [3].

A côté des opérations intellectuelles se placent les instincts sur lesquels
Cuvier [4], Flourens [5], Colin [6] et Ferrier [7], ont insisté. « L'instinct, dit Colin,
est une faculté innée, commune à tous les animaux, même les plus imparfaits, faculté invariable dans chaque espèce, irrésistible, non raisonnée à
laquelle l'animal obéit involontairement sans pouvoir s'y soustraire. En
cédant à cette impulsion secrète, il ne sait pas pourquoi il agit de telle ou
telle manière, il ignore le but et l'utilité de ses actes. Il n'a pas assez d'intelligence pour réfléchir, pour raisonner ses actions, pour se diriger
avec sûreté, imaginer les moyens qui peuvent le préserver des dangers, le
soustraire aux attaques de ses ennemis ; il faut en quelque sorte qu'une
force invincible le gouverne en le dispensant de réflexion, de jugement,
de mémoire, de prévoyance ; or cette force qui le dirige à son insu est
l'instinct dont les effets n'ont rien de commun avec ceux de l'intelligence. »

En regard de cette opinion, se placent celles des naturalistes qui se
rattachent aux idées de Condillac exprimées plus haut et qui considèrent
l'instinct comme le résultat d'une habitude acquise et devenue héréditaire.
Les acquisitions récentes sur la physiologie des centres nerveux les confirment. Les facultés instinctives sont incompréhensibles si on les sépare
des facultés intellectuelles, elles restent moins mystérieuses si l'on admet
qu'elles sont une transformation de ces dernières. Qu'enseigne la physiologie sur le mécanisme des facultés intellectuelles ? Que tout acte est
provoqué par une sensation dont l'influence se transforme en action
physico-chimique et que le nerf induit une modification analogue dans le
lieu où il aboutit. Toute modification physico-chimique profonde produit
la mémoire des idées et des mouvements. Par l'exercice, les actes sensori-
moteurs mettent la volonté de côté, ils deviennent des habitudes dans un

---

[1] Leroy, *Lettres philosophiques sur l'intelligence et la perfectibilité des animaux*,
Paris, 1802.

[2] Romanes, Ouvrage cité.

[3] Alix, *L'Esprit de nos bêtes*, Paris, 1890.

[4] Cuvier, *Histoire naturelle des mammifères*.

[5] Flourens, *De l'instinct et de l'intelligence des animaux*, Paris, 1861.

[6] G. Colin, Ouv. cité, t. I, p. 252 et suiv.

[7] Ferrier, *Les Fonctions du cerveau*, Paris, 1875.

sujet, habitudes susceptibles de devenir héréditaires dans une famille et dans une race et qui, si elles sont de la catégorie de ceux qu'exécutent tous les individus d'une espèce, deviennent des instincts.

On ne s'étendra pas davantage sur cette question d'un très haut intérêt philosophique ; l'exposé des preuves sur lesquelles on s'appuie et de leurs conséquences entraînerait hors des bornes dans lesquelles nous avons résolu de nous maintenir.

Les instincts, tous relatifs à la conservation de l'individu et de l'espèce, ont un caractère tel, que l'expérience, l'exercice et l'intervention humaine ne les modifient que très lentement. Ils restent ce qu'ils étaient et se transmettent intacts ou bien sous l'influence de la domesticité, ils s'affaiblissent et disparaissent plus ou moins complètement selon leur degré d'utilité, sauf à reparaître si les animaux reviennent à la condition primitive. Leur développement est en raison inverse des facultés intellectuelles.

L'éducation ou le dressage des animaux porte donc sur leur intelligence qu'on éveille, qu'on exerce, qu'on développe et non sur leurs instincts. On se sert de la première pour refréner les seconds ainsi, d'ailleurs, que le font la pédagogie et l'éducation de la conscience pour l'espèce humaine. Lorsqu'on peut utiliser les impulsions instinctives dans le sens indiqué par l'éducation, tout est pour le mieux.

Xénophon, qui fut un maître dans l'art de dresser les animaux, l'a fait judicieusement remarquer à propos du cheval : « Toutes les fois qu'on saura l'amener à faire ce qu'il fait de lui-même lorsqu'il veut paraître beau, on trouvera un cheval qui, travaillant avec plaisir, aura l'air vif, noble et brillant. »

Rappelons que la domestication a été un fait zooagogique de première importance et que plusieurs des acquisitions mentales qu'elle procura aux animaux sont devenues héréditaires, ce qui diminue d'autant les difficultés de l'éducation animale.

I. CONSIDÉRATIONS COMMUNES AU DRESSAGE DE TOUS LES ANIMAUX

Il ne suffit pas de savoir que, pour dresser des animaux, il faut s'adresser à leur intelligence, des notions sur la nature de cette intelligence sont nécessaires.

Son substratum, dans les espèces domestiques comme chez l'homme, étant la matière cérébrale, elle ne diffère de la nôtre que par l'étendue. Condillac a très bien exprimé cette pensée, quand il a dit : « Si les bêtes inventent moins que nous, si elles perfectionnent moins, ce n'est pas qu'elles manquent tout à fait d'intelligence, c'est que leur intelligence est trop bornée ». Entre ceux qui, prenant le mot brute dans le sens étroit, dénient aux animaux toutes facultés intellectuelles et ceux qui exagérant tout, leur en reconnaissent de perfectionnées, voilà la vérité.

La technique du dressage doit donc avoir pour point de départ la pensée que l'animal a une intelligence bornée qui, toute la vie, reste semblable à celle que possède transitoirement l'homme quand il est tout jeune enfant.

Si l'animal est semblable à l'enfant en bas âge, il en résulte que, comme lui, il est incapable d'abstractions et accessible seulement aux choses concrètes. *L'éducation de l'animal ne peut être qu'une suite de leçons de choses*.

L'enfant est mobile, incapable d'attention soutenue et rapidement oublieux de ce qui lui a été dit ou enseigné. Aussi est-on obligé de recourir à mille moyens pour le forcer à être attentif ; c'est une nécessité de répéter plusieurs fois les mêmes choses, de revenir en arrière, de reprendre ce qui a été vu, parce qu'il l'oublie. La seule connaissance de l'alphabet exige plusieurs séances et pas une mère n'ignore que, si elle est quelques semaines sans en reparler à l'enfant, il l'a perdue. L'animal reflète les imperfections de l'enfant, son attention se fatigue rapidement et si l'on ne revient souvent à la charge, il oublie vite ce qui lui a été appris. Pour entreprendre le dressage, il faut donc s'armer d'une grande patience et faire répéter plusieurs fois les mêmes exercices.

Avec une intelligence aussi rudimentaire, la tâche de l'éducateur est difficile ; elle doit consister avant tout à donner à l'animal l'idée de ce qu'on réclame de lui. Ce n'est pas le langage qui, au début, peut faire naître cette idée en lui, puisqu'il est conventionnel et sans prise sur son cerveau. C'est en faisant l'acte ou mieux en le faisant accomplir devant lui par un sujet de son espèce qu'on y arrivera. Pour commander aux bêtes, le choix des mots est indifférent, on pourrait les remplacer par n'importe quelle phonation, tout comme on pourrait adopter un langage universel pour leur parler, s'il y avait avantage à en retirer. Ce principe si élémentaire est fréquemment incompris de ceux qui dressent des animaux ; ils parlent, et, voyant que le sujet n'obéit pas, ils oublient que sa passivité tient à ce qu'il ne comprend pas, ils s'emportent et frappent.

Veut-on, dit Léonard, apprendre à un chien à rapporter, on ne réfléchit pas que l'animal ne comprend pas le mot : apporte ; on lui passe au cou un collier de force et on lui crie de tous ses poumons : apporte, apporte ! L'animal, ne sachant pas ce que l'on veut de lui, reste naturellement immobile. Alors on lui serre le collier de force autour du cou, on l'accable d'injures et de mauvais traitements ; les coups de poings et les coups de pieds ne sont pas épargnés, tout cela sans arriver à aucun résultat, attendu qu'on ne peut faire comprendre une chose à un animal, pas plus qu'à un homme sans être entré dans des explications préalables [1].

Les impulsions instinctives, plus fortes et plus nombreuses chez les

[1] A. Léonard, *Essai sur l'éducation des animaux*, Lille, 1842.

animaux que chez les enfants, contrecarrent les efforts faits en vue du dressage, il faut tendre à les annihiler le plus possible et à développer l'intelligence à leur place. Leur persistance, variable suivant les individus et surtout suivant les espèces, est souvent la cause qu'on est obligé d'avoir recours aux châtiments.

Il ne faut pas châtier un animal au début de son éducation alors qu'il ne sait pas ce qu'on lui demande. Il craint instinctivement l'homme, on ne doit pas augmenter sa frayeur par des coups qui l'hébéteraient, pourraient le rendre rétif et peut-être inutilisable. Les coups n'ont de raison d'être donnés que si, l'animal étant dressé et sachant bien ce qu'on exige de lui, il se laisse conduire par ses instincts et désobéit. Dans ce cas, il faut qu'il y ait punition immédiate, au moment même de la faute, afin qu'il sache pourquoi on le punit et évite d'y retomber. Tardive, la punition ne signifie rien, car l'insouciance naturelle de l'animal lui fait oublier rapidement ce qu'il a pu exécuter de contraire à ce qui lui a été appris.

Au début et dans tout le courant du dressage, des moyens autres que les châtiments seront plus fructueusement mis en usage : les caresses, la distribution d'aliments et même de friandises sont au premier rang. Il est rare qu'un animal s'insurge complètement contre l'éducation qu'on veut lui faire subir ; fréquemment, s'il est jeune, ce sont plutôt des bonds de gaieté qu'il effectue que des actes défensifs. Quand ceux-ci se manifestent, il faut les réprimer sur-le-champ, sans y mettre de brutalité et en proportionnant la réaction à la résistance. Il faut punir aussi pour ramener les animaux à l'attention quand ils s'en écartent, parce que l'attention facilite l'éducation.

Les jeunes animaux sont plus faciles à dresser que les adultes, ils sont plus souples, moins dominés par leurs instincts ; on s'adresserait donc à eux de préférence même si les règles de l'économie rurale n'enseignaient qu'il convient de le faire aussitôt que l'exécution ne risque point d'être nuisible à leur accroissement.

Il est toujours utile de donner un nom aux animaux, parce que c'est le moyen d'éveiller leur attention, de les préparer à recevoir un ordre et à l'exécuter. Il faut aussi se faire reconnaître, afin qu'ils sachent qu'ils sont en face de quelqu'un qui doit leur commander.

En résumé pour réussir dans l'éducation des animaux, il est indiqué de s'adresser à de jeunes sujets, de s'y prendre de façon à leur faire comprendre ce qu'on exige d'eux, soit en les plaçant à côté d'un de leurs congénères déjà dressé, soit autrement, de répéter souvent les mêmes choses, d'avoir une grande patience, beaucoup de calme et ne châtier qu'à propos et au moment même de la faute.

Les services exigés étant différents, quelques détails sur le dressage des principaux animaux ne seront pas hors de propos.

II. DRESSAGE DES ÉQUIDÉS

Quelle que soit la destination ultérieure du cheval, dès le moment du sevrage on l'habituera à être attaché, puis conduit par la longe, ce qui ne s'obtient pas toujours sans peine, surtout quand on a affaire à des poulains de sang. On lui passera un licol de chanvre, à large têtière et on l'attachera avec une longe arrêtée par un billot suffisamment lourd pour en assurer le jeu. On n'attachera ni trop long, ni trop court et il sera bon qu'un garçon d'écurie le surveille pendant les premiers moments afin de lui porter secours s'il vient à s'embarrasser dans sa longe.

Chaque fois qu'on s'approchera pour lui distribuer sa nourriture, renouveler sa litière, le panser, on le caressera, on lui passera la main sur le corps pour qu'il ne devienne pas chatouilleux, on lui ouvrira de temps en temps la bouche, on lui lèvera les pieds qu'on nettoiera et sur lesquels on frappera quelques petits coups pour les préparer ultérieurement à la ferrure.

Au printemps suivant, alors qu'il a 14 à 17 mois, on le fait ferrer légèrement aux pieds de devant d'abord et un peu plus tard aux quatre pieds. On commence alors le dressage spécial suivant la destination.

A. *Dressage des Équidés de trait.* — On débutera par les habituer au contact et au poids des harnais, ce à quoi, du reste, on a déjà dû les préparer par les attouchements et les bouchonnements.

Le but à atteindre est d'en faire des animaux *francs de collier*, c'est-à-dire donnant dans le harnais tout ce que leurs forces leur permettent de fournir. Des personnes autorisées soutiennent que, si des chevaux tirent mal et ne sont pas francs du collier, c'est la faute d'un dressage défectueux. En effet, l'animal jeune, nerveux et ardent est plutôt porté à se précipiter sur la résistance pour la vaincre qu'à la fuir. Au signal du charretier, il donne avec fougue dans son collier, mais comme son effort devance ceux de ses compagnons, au lieu d'enlever la charge, il reçoit une commotion dans les épaules et se jette en arrière, contrariant ainsi le tirage des autres chevaux. Cette manœuvre se renouvelle-t-elle plusieurs fois, les chevaux dressés se découragent, ne comprennent point pourquoi la charge n'avance pas et tirent mal à leur tour. Il y a fort longtemps que nous avons observé que les gens nerveux, irritables, colères, ont fréquemment des chevaux mal dressés, tandis que les gens de tempérament plus calme ont des animaux très francs.

En résumé, au commencement du dressage d'un cheval, il faut user de douceur, de patience, avoir la précaution de le prendre ou de le faire prendre par la bride ou même de se placer devant lui de manière qu'il appuie son nez contre la poitrine de la personne qui le dresse et ne le laisser mettre dans son collier qu'en même temps que ses compagnons, lentement, de façon à éviter la secousse dont j'ai parlé et faire concorder sa part d'efforts avec celle des autres bêtes de l'attelage.

De petits chariots légers, à quatre roues, comme ceux en usage dans l'Est, conviennent bien pour commencer le dressage des jeunes chevaux de trait. Lorsqu'il est possible de les atteler côte à côte avec un cheval fait, ils se modèlent sur lui et l'éducation s'accomplit sans difficultés. On les place aussi entre deux chevaux dressés qui les maintiennent en ligne et les empêchent de se jeter par côté.

Les premiers exercices ne doivent être ni longs, ni pénibles, et le tirage exigé sera des plus modérés pour le début. On recommandera aux gens de service de s'abstenir de grands éclats de voix, de claquements de fouet et de tout ce qui pourrait effrayer l'animal à dresser. Mais peu à peu on augmentera le tirage, on fera circuler sur les routes, au voisinage d'autres attelages qu'on croisera afin d'habituer au bruit et à la vue, d'aguerrir en un mot les jeunes sujets.

Le dressage des chevaux destinés au trait léger et à la voiture ne comporte pas d'autres principes que celui du cheval de trait ordinaire, mais il exige plus de patience, de douceur, parce que ces animaux sont plus irritables.

Les chevaux destinés aux attelages de luxe subissent, de la part des piqueurs, cochers et grooms, un dressage particulier dont le but est de leur faire acquérir des allures relevées et un port élégant. Des écoles de dressage ont été créées et une association utile, la Société hippique française, encourage par des médailles, brevets et diplômes, les gens d'écurie les plus habiles dans la correction de l'attelage et la conduite des équipages.

Sans chercher à atteindre ce brillant un peu conventionnel, les éleveurs français auraient tout avantage à soigner plus qu'ils ne le font le dressage de leurs jeunes chevaux. Ceux-ci paieraient par leur travail la peine qu'on se donnerait à les dresser et ils acquerraient une plus-value qui serait tout bénéfice ; les amateurs pourraient les acheter directement aux producteurs, au lieu de recourir à l'intermédiaire des marchands qui font largement payer le temps qu'ils emploient au dressage. L'excellente coutume qu'ont les éleveurs allemands de dresser leurs chevaux de demi-sang avant de les exposer en vente, a fait que le commerce s'adresse à eux directement.

Quelques agriculteurs confient leurs élèves à un dresseur avec lequel ils traitent à forfait ou à une école de dressage ; ils n'en retirent pas toujours tout ce qu'ils en espéraient, parce que le dresseur désireux de toucher le plus vite possible la somme convenue, glisse sur certains détails et ne répète pas des exercices essentiels, ou parce que l'éleveur retire lui-même de l'Ecole ses animaux à peine dégrossis afin de s'éviter des frais de séjour trop lourds. Ce sont des fautes, car au risque de nous répéter, nous dirons qu'il ne faut pas se presser dans l'éducation des animaux.

B. *Dressage des Équidés de selle.* — De même qu'il a été recommandé de commencer par affubler le poulain de trait des harnais qui doivent, dans les exercices ultérieurs, lui servir à tirer, de même on garnira la tête du poulain de selle d'un cavecon composé d'une monture de bride avec muserole composée de deux portées réunies par une charnière et garnie en dessous de cuir souple. Un mors de filet supportera les rênes, qu'on commence généralement à attacher au surfaix. Après l'avoir habitué à sentir le mors, on lui place sur le dos et à la place que devrait occuper la selle, un cavalier de bois ou cavalier espagnol, aux fourches duquel viennent aboutir les rênes et duquel partent une croupière et des courroies destinées à accoutumer le jeune animal à se sentir touché de divers côtés sans s'effrayer. On le laisse muni de ce harnachement en liberté dans un box pendant quelques heures et durant quelques jours de suite.

Une fois habitué à supporter cet attirail, on commence les exercices du dressage au dehors, en ayant soin toutefois de ne le revêtir du cavalier espagnol que lorsqu'il est sorti de l'écurie, afin qu'il ne se heurte pas aux parois des portes, ne s'effraye point ou ne détériore rien. Le dresseur, suivi d'un aide porteur d'un long fouet, dont il ne doit se servir qu'avec beaucoup de modération et d'à-propos, fait marcher l'animal tenu à la longe et au cavecon, d'abord en ligne droite, puis en cercle, à droite et à gauche successivement. Suivant sa destination, on le fait trotter ou galoper. Il n'est pas toujours facile de l'assujettir au trot et il cherche le plus souvent à prendre le galop.

Quand on juge l'exercice d'un côté suffisant, on arrête insensiblement le poulain en tirant sans à coup sur la longe, de façon à le rapprocher peu à peu de soi. Une fois à portée, on le caresse de la main et on le fait repartir en sens inverse afin de l'habituer à développer à droite et à gauche.

Ces exercices à la longe et en cercle sont plus fatigants qu'on ne serait tenté de le supposer, aussi doivent-ils être courts au début afin de ne pas fatiguer outre mesure le jeune sujet et surtout de ne pas le tarer.

Lorsqu'il y est accoutumé, on accroche de vieux vêtements au cavalier de bois, à la croupière afin qu'en flottant, ils lui battent les flancs et les jambes et le préparent au contact des vêtements de l'homme.

On l'apprend successivement à reculer, à supporter la selle seule, la selle avec le cavalier espagnol, avec les étriers ballants. On fait claquer les étrivières, on presse sur les étriers, on prépare ainsi l'animal à recevoir le *boy* ou petit groom.

Le moment venu de le monter, l'essai doit être fait avec prudence et douceur, il s'exécute généralement dans l'écurie. Un aide tient la tête du cheval pendant que le boy passe un pied dans l'étrier et se soulève peu à peu. Si l'animal ne fait pas de résistance ou n'en oppose qu'une modérée, le groom s'enlève complètement et se met en selle, il caresse le cou du poulain, redescend et remonte deux ou trois fois, lentement et sans précipitation, en évitant tout ce qui pourrait effrayer la jeune bête. L'aide essaie de la faire marcher avec le cavalier sur le dos. C'est généralement à ce moment, que le poulain tente de se débarrasser de son boy en se dressant ou en ruant; celui-ci n'a qu'à se tenir ferme, en laissant à son aide le soin de rassurer et de calmer la monture. On n'insistera jamais trop vis-à-vis des gens d'écurie pour que dans cette circonstance ils montrent de la patience, de la douceur unie à de la ténacité, mais ne s'emportent pas et évitent de frapper.

Quand il supporte son cavalier sans regimber, on continue l'exercice au dehors, généralement dans un pré ou sur un terrain convenable. On essaye de lui faire sentir l'usage du mors et, ce qui est l'essentiel, de lui faire comprendre ce que l'on veut. Pour y arriver, le boy combine le mouvement de sa main sur une rêne avec la traction qu'exerce l'aide sur la longe; petit à petit on lui apprend à tourner à droite ou à gauche, suivant la rêne sur laquelle on presse et à s'arrêter.

Quand il sait ce qu'on lui demande et qu'il obéit, on lui fait reprendre ses exercices au trot, en cercle, l'aide le tenant toujours, jusqu'à ce qu'il soit parfaitement obéissant. On l'emmène ensuite sur une route ou sur un chemin très fréquenté afin qu'il se familiarise avec les passants, qu'il croise sans frayeur des voitures ou des cavaliers, qu'il entende aboyer des chiens sans faire des bonds et des écarts et sans chercher à désarçonner son boy. Tant qu'il n'est pas complètement aguerri, l'aide doit rester de façon à assister le cavalier, à lui porter secours au besoin et surtout à maintenir le poulain. Ce résultat obtenu, l'aide se retire et le groom continue seul l'éducation. Progressivement, il développe ses allures, l'habitue à bien porter la tête, lui fait la bouche, le rend de plus en plus rapide dans l'obéissance et dans l'exécution des mouvements de conversion ou dans l'arrêt.

Sans vouloir en faire un cheval de steeple-chase, il sera bon de l'habituer à franchir des obstacles. On commencera à lui faire enjamber les rigoles qui séparent les champs les uns des autres, à lui faire sauter un ruisselet, une petite flaque d'eau et on abordera peu à peu des obstacles plus sérieux, en veillant à ce qu'ils soient toujours proportionnés à ses forces.

Il est très important d'apprendre au jeune cheval à ne pas être peureux. Le meilleur moyen pour cela est de l'amener près de ce qui pourrait lui causer quelque frayeur, meules de foin, tas de gerbes, amoncellement de pierres, voiture renversée, etc., et de lui faire voir qu'il s'agit d'objets inanimés. Il est indispensable aussi de l'aguerrir au passage des trains ou des tramways à vapeur. Quand l'élevage s'est accompli dans des prés traversés par le chemin de fer, la besogne est plus d'à moitié faite. S'il n'en fut pas ainsi, le poulain dès le début de son dressage, alors qu'il n'est pas encore monté, sera amené aux barrières des voies ferrées, aux passages à niveau, on le tiendra, on le rassurera au moment du passage des locomotives et des vagons et on recommencera l'exercice jusqu'à ce qu'il ait perdu tout sentiment de frayeur.

Il n'est pas mauvais que, dans la ferme, on possède des chiens et qu'on les fasse accompagner le jeune cheval à la promenade ; cela l'habitue aux gambades et aux aboiements de ces animaux, c'est beaucoup.

III. DRESSAGE DES BÊTES BOVINES

Le bœuf est d'un tempérament calme qui en rend le dressage facile, d'autant plus qu'il n'est destiné à travailler qu'en mode lent.

L'éducation de la bête bovine doit être commencée vers deux ans ; au delà, c'est chose plus difficile et qui ne serait pas sans danger quand il s'agit du taureau. On n'oubliera pas qu'à deux ans, elle est en pleine période de croissance et que le dressage ne doit pas imposer un travail qui soit de nature à nuire à son développement.

On commence par habituer la bête à supporter le harnais (joug ou collier) avec lequel elle est destinée à travailler ; pour cela, on le lui place sur le front ou le cou, à l'étable. Généralement, au début, le bouvillon secoue la tête pour chercher à se débarrasser du joug ; mais si celui-ci a été attaché solidement et si, pendant qu'il le supporte, on le carresse et on lui donne à manger, il s'y habitue.

On l'amène alors dans la cour et on l'ajuge à un bœuf dressé, docile et plus fort que lui, qui l'empêchera de se livrer à des mouvements désordonnés. Forcé de régler ses mouvements sur ceux de son compagnon, il l'imitera, et peu à peu il marchera droit, s'arrêtera ou tournera comme lui. Le rôle de l'homme dans cette circonstance est assez restreint, car le bœuf se dresse surtout par imitation.

Lorsque le bœuf est destiné à travailler seul, à l'aide du collier, avec des chevaux, des mulets ou des ânes, son dressage comporte les mêmes règles que celui du cheval de trait.

On rencontre des bêtes d'un caractère exceptionnellement difficile, qui cherchent pendant longtemps à se débarrasser du harnais ou qui refusent d'avancer et se couchent. Parmi les moyens mis en avant pour en avoir raison, nous citerons d'abord le suivant, dû à F. Villeroy [1].

On harnache la bête d'un collier muni de ses traits et d'un porte-traits passant sur le dos. Elle reste attachée à la crèche par une chaîne qui glisse dans un anneau. Au bout de la chaîne se trouve un billot, et l'animal conserve la liberté de s'approcher ou de s'éloigner de la crèche.

[1] F. Villeroy, *Manuel de l'éleveur de bêtes à cornes*, Paris, 1844, page 234.

Un poids d'une pesanteur d'environ un quintal ou plus (selon la force du bœuf) est attaché à une corde qui passe, derrière lui, par dessus un bois arrondi, disposé transversalement entre deux poteaux ; l'autre bout de la corde tient au palonnier et à celui-ci sont attachés les traits. Le poids est porté par le sol quand le bœuf se tient éloigné de la crêche de toute la longueur de sa chaîne, mais l'animal tire dessus et le soulève lorsque la faim l'oblige à se rapprocher pour prendre son repas. Lorsqu'il est repu, il se recule et ne porte plus le poids qui vient se reposer à terre. Il se couche dans cette position et rumine ; il ne prend aucune fatigue en dehors du temps qu'il passe à consommer ses rations. Au bout de trois ou quatre jours, le bœuf soumis à cette manœuvre s'est tellement accoutumé à tirer qu'on peut l'atteler sans crainte soit à la charrue, soit à la la voiture ; mais on recommande de le laisser plus longtemps en apprentissage sans interruption, et la nuit et le jour, afin d'obtenir un résultat plus sûr.

Nous avons vu aussi ajuger un animal indocile à un vieux bœuf et les abandonner dans une cour ou dans un enclos. Le jeune animal tiraillait violemment son compagnon, se couchait, se relevait ; quand on le supposait épuisé, on le ramenait à l'étable pour recommencer le lendemain, jusqu'à ce qu'il soit maté.

On veillera attentivement à ce que le travail imposé soit toujours en rapport avec les forces, afin de ne pas rebuter les jeunes animaux et de leur conserver cette franchise dans le tirage qui en accroît la valeur.

IV. DRESSAGE DU CHIEN

Les services exigés du chien sont fort divers. Utilisé comme bête de trait par le Lapon, comme animal de boucherie par le Céleste et l'Indo-Chinois, il est partout le gardien des habitations et des troupeaux, l'auxiliaire du chasseur ; objet de luxe pour quelques personnes frivoles dont il partage l'oisiveté, il guide le mendiant aveugle ou devient le complice du contrebandier. La multiplicité de ces situations nécessite des préparations différentes, de façon à approprier l'éducation au service réclamé. Plusieurs de ces rôles se sont même subdivisés et spécialisés : le chien courant remplit une fonction différente du chien d'arrêt ; tel chasse le gibier à plume et tel autre le gibier à poil ; celui-ci est chien de berger, celui-là auxiliaire du toucheur de bœufs, etc.

Il ne peut entrer dans le cadre d'un livre consacré aux principes généraux de la zootechnie de descendre dans le détail de l'éducation du chien conduite en vue de ces nombreuses destinations. Ce qui concerne en particulier les chiens de chasse, qui sont ceux dont le dressage nécessite le plus de soins, ressort à la science de la vénerie et se trouve consigné dans les traités spéciaux. On ne s'arrêtera qu'à ce qui est applicable à toutes les catégories de chiens.

La première recommandation à suivre est de bien choisir la race. En le faisant, on se ménage les plus grandes chances de succès complet et surtout on gagne du temps, parce que l'hérédité fait bénéficier des aptitudes qui sont lui inhérentes. Ces aptitudes, dans la suite des générations, deviennent de véritables instincts qu'on n'a qu'à utiliser. On choisira donc les chiens de garde parmi les mâtins et les dogues, les chiens de chasse à courre parmi les lévriers et les saint-hubert, ceux d'arrêt parmi les épagneuls, les saint-germain, les braques, etc.

Les personnes qui se sont particulièrement occupées de l'éducation du chien disent qu'il y a dans n'importe quel sujet suffisamment d'intelligence pour qu'on puisse arriver à le dresser au service qu'on désire ; c'est possible, mais outre que cela est plus difficile quand on n'est pas aidé par la prédisposition atavique, reste la question de conformation qui doit être pesée avec soin.

Le dressage commencera vers six à huit mois ; à ce moment, on a plus d'efforts à déployer pour arriver à rendre le chien attentif, mais la difficulté est moins grande que si, s'adressant à un animal plus âgé, on a à déraciner des habitudes déjà contractées et souvent opposées au but qu'on poursuit.

Aucun animal n'a l'instinct de la propreté, il est indispensable de le développer chez toutes les sortes de chiens ; un seul moyen est indiqué pour cela : corriger l'animal au moment même où il a déposé ses déjections dans un appartement et le mettre dehors. On arrive d'ailleurs très vite au but.

Abandonnés à leur voracité naturelle, les chiens recherchent volontiers leur nourriture dans les débris jetés à la rue ou se repaissent des cadavres d'herbivores abandonnés dans les champs. Ces mœurs, habituelles aux chiens de l'Orient qui sont à peu près les seuls agents de voirie, doivent être étouffées dans les nôtres. La correction et la distribution régulière d'une nourriture suffisante produiront ce résultat.

Après avoir inculqué au chien la notion qu'il est notre serviteur, il faut développer en lui le sentiment de fidélité, d'attachement à notre personne. « Un chien bien dressé, dit Léonard, ne doit connaître que son maître, n'éprouver de plaisir qu'à ses caresses, de crainte qu'à ses châtiments, ne recevoir que de lui seul des aliments et n'obéir qu'à ses commandements. » Pour atteindre ce résultat, il faut développer l'instinct naturel qui le porte à se rapprocher de nous en le carressant, en lui témoignant notre satisfaction lorsqu'il fait quelque acte conforme à nos vues. Il faut surtout, par la distribution de ses aliments, nous rendre tellement indispensable à lui qu'il comprenne qu'en s'éloignant de nous il en souffrirait. Le défendre contre les attaques de ses congénères ou les mauvais traitements des personnes étrangères est également un bon moyen de gagner sa fidélité.

Une fois que le chien connaît bien son maître et qu'il lui est attaché, il est relativement facile d'en obtenir l'obéissance. On commencera par vaincre sa voracité naturelle en l'habituant à ne pas toucher à du pain, à de la viande qu'on placera à sa portée, si on ne le lui a pas permis. Au début, des châtiments sont généralement indispensables pour punir ses infractions; on y ajoutera des caresses pour le récompenser, on lui donnera au besoin, après l'épreuve, l'aliment qu'il convoitait et auquel il n'a pas touché. Une fois l'obéissance obtenue sur ce point, il sera relativement facile de l'avoir pour d'autres où les instincts sont moins impulsifs. On s'efforcera de l'habituer à ne pas aboyer à tort et à travers, à ne point mordre les passants, à ne pas chercher querelle aux autres chiens et à ne jamais s'éloigner de la maison ou du lieu qu'on lui aura assigné. Tout cela s'enseignera successivement, en y mettant du temps et de la patience; on arrivera ainsi à avoir terminé l'éducation générale du jeune chien vers dix mois; on commencera alors son dressage spécial, véritable apprentissage pour lequel on a parfois recours à des valets de chiens et pendant lequel le travail avec un vieux chien dressé est une garantie de rapidité dans les progrès et de succès final.

Section II. — De l'entraînement

En gymnastique et en hippologie, on appelle *entraînement* l'ensemble des pratiques par lesquelles on arrive à mettre un homme ou un cheval dans les meilleures conditions possibles pour l'accomplissement d'exercices déterminés. La personne chargée de diriger l'entraînement est l'*entraîneur*.

Entraînement dérive du mot anglais *training*, qui signifie littéralement dressage; en France, l'usage l'a dévié de ce sens général pour le particulariser. Il est des personnes qui, par entraînement, entendent l'action de mettre en condition les seuls chevaux destinés aux courses d'extrême vitesse au galop ; d'autres, allant plus loin et décomposant les diverses pratiques nécessaires pour atteindre le but, restreignent la signification du mot au régime des aliments et des boissons, et adoptent d'autres expressions pour l'exercice, les suées, le pansage, etc.

D'accord avec Magne, le mot entraînement désignera pour nous la préparation des chevaux aux épreuves, qu'elles se fassent au galop ou au trot, et il s'appliquera à l'ensemble des manœuvres nécessaires pour mettre un animal à même de figurer avec honneur sur l'hippodrome.

Cette extension nous est surtout imposée par le défaut d'un autre vocable qui en tienne convenablement la place.

Nous rappellerons que les jokeys qui doivent monter les chevaux de course sont obligés, eux aussi, de s'entraîner afin de diminuer de poids tout en conservant leurs forces.

L'entraînement naquit avec les courses elles-mêmes, car l'observation la plus élémentaire apprit que, pour avoir quelques chances des succès, il faut s'y être préparé. Les courses de chars, qui florirent en Grèce dès le VIIe siècle avant notre ère, avaient avant tout pour but de développer l'adresse des jeunes gens ; la vitesse des chevaux était secondaire, ce qui ressort de la disposition même des hippodromes et des modes de lutte. Aussi les concurrents, avant d'être admis à y prendre part devaient-ils jurer qu'ils s'étaient soumis durant dix mois consécutifs à tous les exercices exigés par l'institution des jeux. Quant aux chevaux, on leur faisait subir un entraînement de trente jours.

Une préparation plus spéciale fut nécessaire chez les Romains parce qu'aux bornes et aux obstacles dont était semée la piste, on ajouta des monstres et des miroirs ardents destinés à effrayer les chevaux. Il fallait donc les dresser tout particulièrement. Les courses se composaient en moyenne de sept tours de piste, soit environ 7000 mètres. Les courses montées n'eurent point pour les anciens l'attrait des courses en char.

Après l'effondrement du monde antique sous les invasions des Barbares et la reconstitution de nouvelles nationalités, l'institution des courses qui peut-être ne cessa jamais d'exister quelque part, se rajeunit et changea de caractère.

En 568, Chilpéric fit relever un cirque romain pour y représenter « tournois et cavalcades ». En 1091, à Metz, furent inaugurées des courses qui se reproduisirent ensuite chaque année, le 2 mai. Le goût du cheval et l'attrait des tournois pendant le moyen âge sont choses bien connues. Nous ignorons si les animaux subissaient quelque préparation spéciale avant d'y prendre part.

En Angleterre, l'aristocratie se passionna aussi pour les luttes hippiques, mais l'introduction du cheval arabe, le goût de la chasse à courre et les paris amenèrent fatalement les courses à revêtir un cachet spécial dans ce pays. On se préoccupa surtout de la vitesse ; pour l'atteindre, on étudia minutieusement la pratique de l'entraînement et par elle, on créa le thorough-bred.

Sur le continent européen et particulièrement en France, on imita les Anglais et on leur emprunta leurs pratiques, leurs chevaux, leurs jockeys, leurs idées et jusqu'à leur langage. Ainsi fut vulgarisé un procédé zootechnique dont on a apprécié précédemment la puissance.

Si, par elles-mêmes, les courses d'extrême vitesse sont devenues des occasions de jeux et de paris, il en est d'autres qui ont conservé toute leur utilité, ce sont les courses de fond et les courses au trot ; il y a donc des raisons pour étudier la pratique de l'entraînement.

I. PRATIQUE DE L'ENTRAINEMENT

Celui qui adopte la carrière de sportsman et veut se créer un stud (écurie de course) commence par faire un choix de poulinières dans les diverses familles renommées de thorough-bred. Puis il a la précaution de les faire saillir de telle sorte qu'elles poulinent en janvier, parce que, dans les habitudes du monde des courses, l'âge se compte toujours à partir du 1er janvier de l'année où le jeune est né. La jument portant 11 mois, c'est en février qu'il doit donner l'étalon.

Il est nécessaire aussi, à cause de la valeur des poulinières et de leurs produits, qu'il ait une ferme d'élevage, possédant des prairies sans herbes grossières, avec cabanes s'ouvrant dans des paddocks. C'est là que la jument mettra bas et qu'elle restera avec son poulain jusqu'au sevrage qui a lieu à 6 mois. En raison de la saison où a lieu l'accouchement, on doit récolter sur la ferme des carottes, des navets, du ray-gras qu'on mélangera de foin et qu'on distribuera à la mère pour lui conserver ou pour augmenter son lait. Un peu avant le sevrage, on habitue le poulain au licol. Lors du sevrage, on lui donne de l'avoine concassée et de l'herbe, puis peu à peu, à mesure que ses dents le permettent, de l'avoine en grains, du vieux foin, des carottes ou des navets hachés.

Avant de commencer le dressage. l'entraîneur a dû examiner très attentivement ses sujets, de façon à deviner, par leur forme, l'avenir qu'ils auront, et à éliminer tout ce qui ne donne pas d'espérances ; il faut beaucoup de connaissance et de coup d'œil. Quand le poulain est âgé d'un an, on le ferre très légèrement aux pieds de devant d'abord et plus tard aux quatre pieds ; on le laisse aller une heure ou deux chaque jour dans le paddock, puis on l'attache dans une stalle et on commence son dressage.

On le fait marcher en ligne droite d'abord, puis en cercle à la longe et au caveçon ; on l'habitue au bruit, au surfaix, à la croupière, aux guêtres, on le fait ensuite galoper à droite, à gauche, et on l'accoutume à *développer* ou *allonger* ses membres. On lui met alors un mors à barre rigide et incurvée à segment, mais on doit veiller à ce que les coins ne soient pas blessés ; quand la bouche est faite, on se sert d'un bridon d'abord lourd, puis léger comme celui qu'on emploie lors des courses, on attache les rênes au surfaix et on laisse le poulain une heure dans cette position.

On l'apprend à reculer, puis on place la selle, on pèse sur les étriers, on tire sur les étrivières. Quand l'animal ne cherche plus à se débarrasser de la selle, et tous ces exercices se font dans l'écurie, à la place même du poulain, un enfant d'écurie, un *boy*, de onze à quatorze ans, monte avec précaution et se servant du bridon auquel le sujet est déjà habitué, lui commande et lui fait exécuter ce qu'il désire; parfois il emploie l'éperon et le fouet.

Le dressage effectué, on arrive ainsi vers le dix-huitième mois, époque où il faut commencer l'entraînement si le cheval doit courir au printemps suivant, c'est-à-dire à deux ans faits et sous l'indication de cheval de trois ans, suivant les conventions du turf. Des éleveurs laissent leurs animaux dans l'oisiveté pendant leur deuxième année, une fois le dressage terminé, parce qu'ils veulent ne faire courir qu'à trois ans faits, c'est-à-dire à quatre ans d'après le langage du sport. Mais c'est l'exception, car le goût des courses hâtives ne fait qu'augmenter.

Que l'entraînement ait lieu à deux ou à trois ans, ses règles et sa pratique restent les mêmes, avec cette différence qu'à deux ans le poulain exige des ménagements qu'il ne réclame plus à trois ans; on ne lui demandera donc pas à ce moment une vitesse poussée à ses dernières limites, il faut qu'il puisse continuer à s'accroître tout en devenant apte au galop. C'est à l'entraîneur à voir ce qu'il doit demander et jusqu'où il peut aller.

Le choix du terrain nécessaire à l'entraînement a une importance considérable : il ne doit être ni trop dur, ni trop mou; pendant les gelées ou les sécheresses extrêmes, on est obligé d'y jeter du tan ou de la vieille litière.

Les sujets à entraîner étant ferrés solidement, mais légèrement, commence la *première préparation*. Elle a pour but d'enlever leur graisse, de durcir leurs membres et de les accoutumer à un long exercice au pas. Point d'allures très vites pendant cette première préparation : on fait marcher au pas, en cercle, tous les matins durant deux heures et demie à trois heures environ pendant un mois; on ne leur fait faire qu'un peu de galop. Après trois semaines de cette gymnastique, on pratique la suée, opération indispensable pour les chevaux de trois ans, mais qui l'est beaucoup moins pour le poulain de deux ans, qu'on ne doit faire suer que s'il est trop en chair. Il n'est pas bon d'amener un amaigrissement trop rapide. La façon de provoquer la suée est la suivante : « Quand la suée doit être générale et qu'aucune partie en particulier n'est surchargée, il est d'usage de mettre d'abord une vieille couverture ou un drap appelé *sweater* (en français : qui fait suer) et un camail et pièce de poitrail en surplus, ensuite une pièce de croupe et par dessus tout un vêtement complet de cheval avec la selle comme à l'ordinaire. Mais quand on veut réduire spécialement certaines parties, comme les épaules ou les parties voisines du poitrail, on plie une couverture en supplément et on la boucle sur le garrot avec les courroies de la pièce du poitrail ou on l'engage sous la selle. Toutes ces particularités exerceront l'habileté de l'entraîneur et suivant les circonstances, il mettra un surcroît de vêtements sur les parties qu'il voudra réduire et laissera sans charges celles qu'il jugera assez amincies. Quand tout est bien fixé, le cheval est monté sur le terrain. Après l'avoir fait marcher un peu de temps pour lui permettre de se vider, on le fait partir pour parcourir sa distance qui est généralement de quatre milles (le mille anglais est de 1609ᵐ,31), et on le tient à un galop régulier pendant les trois quarts de cet espace, après quoi on le fait aller un peu plus vite et à la fin on le pousse à fond de train s'il est en plein entraînement et à une allure presque rapide, s'il est à la seconde préparation. Aussitôt que le coursier a parcouru la distance, l'entraîneur examine son état et décide s'il l'enverra au pas ou au trot au lieu du pansage qui doit être une box mise à part pour cet usage, soit au terrain d'entraînement, soit aux écuries ordinaires. Le bénéfice de la suée ne se réalise pas, à moins que la sueur ne soit enlevée avec le couteau de chaleur avant d'être resorbée par la peau, ce qui a lieu si la sueur reste sur la peau après que celle-ci a cessé d'en fournir.

Quand la main de l'entraîneur, appliquée à l'épaule du cheval, sous la couverte du poitrail, lui apprend que la sueur vient généreusement, le cheval peut être chargé de deux couvertes supplémentaires et laissé en transpiration encore quelques minutes ; mais si elle ne coule pas librement, on doit mettre trois ou quatre couvertures et attendre un quart d'heure ou vingt minutes avant de commencer à racler. Si elle vient librement, le garçon chargé de la tête peut frotter les oreilles et essuyer les yeux, de manière à rafraîchir légèrement l'animal ; mais s'il y a quelque difficulté à produire la sueur, cela ne ferait que retarder l'opération et il faut laisser le cheval tranquillement debout et sans essayer aucunement de le rafraîchir par les petits soins déjà mentionnés, ni même en frottant les jambes ou en essuyant les cuisses ou le poitrail. Au commandement de l'entraîneur, le camail s'enlève et la tête et le cou sont séchés rapidement ainsi que le poitrail dont la couverture est retirée et les morceaux qui couvrent le corps et l'arrière-main rejetés de manière que toute l'encolure et la pointe des épaules demeurent à nu. Quatre garçons peuvent être employés à racler et à sécher cette partie, sans compter celui qui tient la bride ; mais si le cheval est assez tranquille, on pourra ôter la bride et la tête n'en sera que plus efficacement essuyée. Très peu de minutes suffisent pour sécher cette moitié du cheval. Alors on remet la bride, on enlève les couvertures de suée et la pièce de croupe, les quatre garçons se mettent à travailler avec leurs couteaux de chaleur et leurs *gants à friction*, deux aux flancs et deux aux jambes postérieures ; par ce moyen on est bientôt débarrassé de la dernière goutte de sueur et la robe reste parfaitement sèche et unie. La période de l'entraînement influe beaucoup. Dans la première partie, la sueur est abondante, épaisse, savonneuse, plus difficile à sécher, tandis que, dans les derniers degrés, quand le cheval commence à devenir prêt, elle est aqueuse et rare, le couteau de chaleur n'enlève presque rien et on peut sécher le cheval sans la moindre difficulté. Ceci est un bon signe de condition d'entraînement, et la nécessité de répétition des suées se reconnaît généralement par l'apparence du fluide qui, lorsqu'il est épais et mousseux, montre qu'il y a dans le système beaucoup de graisse à retirer; mais aussi cet indice apprend qu'il faut mettre beaucoup de soin dans le procédé, de peur que l'on arrive à mal en faisant trop rapidement appel à la nature pendant que le cheval est dans cet état de graisse et sujet à toutes sortes d'inflammations. Après avoir séché la robe et l'avoir unie avec le gant de peau, on remet les couvertures ordinaires et on mène le cheval sur le terrain pour prendre ses exercices avec les autres chevaux, comme de coutume, prenant garde qu'il ne soit saisi par le froid si la température est basse. La raison pour faire encore sortir le cheval, c'est que, si on le laissait dans une écurie chaude, il continuerait à suer, et si l'écurie était froide, il s'enrhumerait. En conséquence, on a adopté la promenade au pas avec un court temps de galop, afin d'éviter ces fâcheuses alternatives.

Les suées sont données à des périodes qui varient depuis une par semaine jusqu'à une par quinzaine après la première préparation, mais rarement aussi souvent à cette période [1].

Après cette première préparation, on purge et on laisse une semaine de repos, puis commence la *deuxième préparation*. Pendant celle-ci, on augmente la durée et la rapidité du galop; on fait suer tous les huit ou dix jours. Pour soutenir le cheval pendant cette période fatigante de l'entraînement, la ration d'avoine est augmentée.

Après une semaine de repos arrive la *préparation finale*. On diminue la ration de foin, on élève celle d'avoine et on supprime la paille. On musèle le cheval pendant la nuit pour qu'il ne puisse toucher à sa litière et reste aussi levretté que possible. Tous les dix jours une suée. Exercice au galop pendant lequel on veille à ce que l'animal développe au maximum et donne toute sa vitesse.

Quinze jours avant la course réelle, on éprouve les chevaux entraînés pour savoir à quoi s'en tenir sur leurs chances et pouvoir handicaper.

Dans la dernière semaine, on doit exiger des galops très vites tous les jours, sauf la veille de la course où l'on n'en demande qu'un modéré.

Le pansage est poussé à fond chaque jour; il a surtout pour but d'augmenter la circulation périphérique, de favoriser, par une peau fine et propre, la respiration cutanée et de soulager les poumons.

---

[1] Comte de Lagondie, Ouvrage cité, page 67 et suiv.

L'entraînement peut durer six mois pour les chevaux de trois ans ; mais il ne dure guère que neuf à dix semaines pour ceux de deux ans ; il ne comporte alors que deux préparations avec séparation d'une semaine employée à la purgation ; lors de la première, on alterne des galops longs, mais pas très vites, avec de plus courts, mais plus rapides, sans toutefois aller à l'extrême vitesse.

Aussi longtemps que le muscle se fortifie par l'exercice, il cause des douleurs lors de la mise en mouvement ou en le soumettant à la pression. C'est pourquoi les animaux sont raides en sortant de l'écurie. C'est un bon signe, car quand il n'y a plus de douleurs, il n'y a plus de progrès.

Il est des entraîneurs qui, dans les derniers temps, mélangent quelques fèves concassées à l'avoine. Le purgatif généralement employé en Angleterre est l'aloès. Récemment, on a administré des médicaments dynamo-poiésiques, particulièrement l'arséniate de strychnine.

L'écurie ne doit pas être trop éclairée, mais plutôt sombre, afin que les chevaux, en rentrant de l'exercice, soient incités à se reposer et ménagent leurs jambes.

II. INCONVÉNIENTS DE L'ENTRAINEMENT PRÉMATURÉ POUR LES COURSES D'EXTRÊME VITESSE. PRÉPARATION DES TROTTEURS ET DES CHEVAUX ATTELÉS

Sous l'influence de la préparation entendue comme il vient d'être dit, la vitesse est considérable, mais ne se soutient pas longtemps. On lui a tout sacrifié et on a fait du cheval de course un animal qui manque de fond, parce que son entraînement est prématuré ; on fait courir actuellement des animaux de deux ans, on en abuse, on les force et on les détériore. Voilà pourquoi trop de chevaux de course transmettent des tares des membres à leurs descendants et spécialement des tares du jarret. Cette région qui donne l'impulsion, violemment utilisée avant qu'elle ait acquis toute sa solidité, en éprouve des désordres transmissibles. Il y a une véritable dégénérescence du pur sang, mais personne ne cherche à réparer le mal, car les courses ne contribuent plus à l'amélioration de l'espèce chevaline, ce sont des fêtes, des spectacles, des occasions de paris, d'enjeux sur la vitesse des animaux qui luttent ; les sportsmen ont intérêt à se préoccuper avant tout de la vitesse, le reste leur importe peu. Aussi y a-t-il loin aujourd'hui du cheval anglais à son ancêtre le cheval oriental, qui supporte si vaillamment les privations et qui a un fond inépuisable.

Le cheval de pur sang ne sert qu'aux courses et à la procréation des chevaux de demi-sang. On s'appuie sur cette dernière fonction pour réclamer le maintien des subventions aux courses, la vitesse et la vigueur ne pouvant, dit-on, s'éprouver que par une lutte ; sans celle-ci, l'éleveur serait dans l'impossibilité de se faire une opinion sur la bonté des étalons dont il doit faire choix, les formes extérieures ne suffisant pas pour cela.

Le trot est l'allure la plus adoptée par les peuples occidentaux, soit qu'ils montent le cheval, soit qu'ils le dirigent attelé à une voiture. Dans la pratique ordinaire, le galop n'est qu'exceptionnellement accepté, sauf sur les hippodromes pour les courses d'obstacles ou les courses plates.

Les anciens n'aimaient pas l'allure du trot ; elle était fatigante pour eux qui ne connaissaient pas l'étrier. Aussi les Romains qualifiaient les chevaux de trot de *tortores* ou *cruciatores*. Aujourd'hui encore, les peuples orientaux, sans doute par habitude ou par atavisme, font aller leurs montures au galop ou à l'amble.

Par suite de l'usage général de la voiture, on doit particulièrement s'attacher à la préparation des chevaux à l'allure du trot. Elle ne comporte point des pratiques aussi minutieuses que l'entraînement du thoroughbred. L'essentiel est d'écarter, à ce moment, de la nourriture des animaux tout ce qui les alourdit et les amollit ; les aliments qui poussent à la graisse doivent être proscrits, tandis que ceux qui rendent ardents, comme le foin de très bonne qualité et l'avoine, seront distribués.

Dans les courses au trot attelé, les chevaux russes d'Orloff sont généralement vainqueurs. On en a vu parcourir une piste de 6000 mètres en 10 minutes 1 seconde 3/5.

Les épreuves à la voiture sont encore trop rares en France et le dressage trop sommaire. Ce sont choses à encourager.

CHAPITRE III

DU FORÇAGE ET DE L'ENGRAISSEMENT

On agit méthodiquement sur les organes de la vie végétative, soit pour *forcer* les animaux, soit pour les *engraisser*.

Section I. — Du forçage

Nous désignons sous le nom de *forçage* le procédé qui consiste à accélérer le processus évolutif des êtres vivants de façon à les faire arriver à l'état adulte avant le temps normalement fixé pour leur espèce. La précocité en est la conséquence.

Le mot forçage a été emprunté par nous au langage des horticulteurs, croyant qu'il convient de demander au règne végétal une métaphore pour la vie végétative des animaux. C'est, en effet, le terme dont se servent les phytotechniciens, quand ils veulent désigner l'action de hâter l'accomplissement du cycle végétatif chez une plante et on désigne même, en Belgique, sous le nom expressif de « forceries » les serres spécialement agencées pour atteindre ce but.

La quantité de calories nécessaire pour faire parcourir à un végétal sa végétation annuelle et amener ses fruits à maturité a été calculée et au lieu d'attendre que la radiation solaire la fournisse, on la demande à un foyer industriel qui la donne avec plus de régularité et d'activité. Par exemple sous notre climat, le Muguet ne donne ses fleurs qu'en mai et le Pêcher ses fruits qu'à partir de fin juillet ; en plaçant ces deux végétaux dans des serres convenablement chauffées, on a des fleurs de muguet en février et des pêches en mai. On a gagné du temps, il y a eu maturation précoce.

Le forçage des animaux est basé sur le même principe : fournir à leur organisme une alimentation intensive afin que l'achèvement s'en fasse plus tôt. Il a précédé celui des végétaux qu'on ne met en pratique que depuis une trentaine d'années, car, dès la fin du siècle dernier, les grands éleveurs anglais s'en servirent. Ils furent suivis dans cette voie avec empressement par leurs concitoyens qui gardèrent jusqu'au milieu de ce siècle une supériorité dans son emploi. Mais sous diverses influences dont la plus puissante fut l'accroissement dans la consommation de la viande, les éleveurs français entrèrent à leur tour dans la carrière et ils rivalisent aujourd'hui avec les promoteurs de la méthode.

La tendance actuelle de l'élevage est d'accélérer le développement de l'animal pour en réaliser le plus promptement possible la valeur maximum. On cherche à réduire l'intervalle qui sépare la naissance du jour où le sujet, arrivé au terme de sa croissance, a sa plus-value. Pour cela, il faut activer au maximum la fonction d'assimilation et placer les organes préposés aux actes nutritifs dans des conditions telles qu'ils aient en abondance des matériaux convenables à transformer. Le forçage repose sur la gymnastique de l'appareil digestif.

La réussite exige : 1° qu'on agisse sur les animaux dès leur naissance ; 2° qu'il y ait convenance entre la nature des aliments distribués et l'état des sujets qui les reçoivent ; 3° qu'on ne fasse jamais passer brusquement les animaux d'un régime à un autre et qu'il n'y ait pas d'irrégularité dans la distribution de la nourriture ; 4° que celle-ci soit abondante et très alibile ; 5° que les individus qu'on force ne soient soumis qu'à un exercice très modéré.

Après ce qui a été dit des avantages d'un allaitement copieux et prolongé sur les formes et la puissance d'assimilation des jeunes animaux, il serait superflu d'insister sur la nécessité de soumettre à un pareil régime les sujets à forcer.

L'état de la dentition et des estomacs des ruminants qui viennent de naître indique très clairement que le lait est le seul aliment qui leur convient à ce moment. Ils en doivent recevoir autant qu'ils peuvent en boire. Si leur mère n'était pas suffisamment laitière, on devrait y suppléer soit en leur faisant teter une seconde bête, soit par l'allaitement artificiel. En Angleterre, on donne fréquemment deux vaches à un veau.

L'allaitement maternel n'est point la condition nécessaire du forçage, on l'obtient tout aussi bien avec l'allaitement artificiel et les circonstances ne manquent pas où l'on est obligé d'employer celui-ci soit exclusivement soit comme complément de l'allaitement maternel. Dans le forçage des porcelets, par exemple, on est souvent obligé d'y recourir en raison de la faible production laitière des mères.

Quand on veut forcer des veaux par l'allaitement artificiel, jusqu'à trois mois on ne leur distribue que du lait pur non écrémé ; on débute en leur donnant 4 litres à chaque fois pour arriver graduellement à 6, et on leur distribue trois repas par jour.

Vers le commencement du quatrième mois, on supprime quelques litres de lait qu'on remplace par un peu d'eau blanchie de farine d'orge et de son et par du riz cuit. La substitution du riz se fait généralement dans la proportion de 1 litre pour égale quantité de lait. Petit à petit, on en augmente la proportion ; on y ajoute successivement de la graine de lin également cuite et plus tard un peu de tourteau pulvérisé. On doit mélanger ces aliments au lait en ayant la précaution de désagréger les parties faisant pâte, qui obstrueraient les tétines du biberon et on se rendra, compte de la température du mélange qui ne doit pas être supérieure à celle du lait sortant de la mamelle.

On arrive ainsi vers cinq mois ou cinq mois et demi, âge auquel le mélange distribué peut être composé par moitié de lait et de farine d'orge, riz, lin ou tourteaux. Il est indispensable de prolonger l'allaitement aussi longtemps que possible. En Angleterre, on le continue jusqu'à huit mois pour les veaux durhams ; il nous est arrivé de suivre cette pratique pour quelques sujets de races diverses qui sont devenus des animaux d'élite.

Un moyen de mitiger les inconvénients que présente un allaitement trop prolongé, quand il s'exerce aux dépens d'une excellente laitière dont on veut utiliser plus fructueusement le lait, est de donner le veau à une autre vache sur la fin de sa carrière, châtrée ou achetée à bon compte, et lui administrer en plus du lait de beurre ou du petit lait. Ce mode de procéder est parfois employé à la ferme d'application par M. Caubet avec grands avantages.

Le sevrage doit être opéré avec mesure et méthode ; c'est l'occasion de se rappeler toutes les recommandations sur la nécessité d'agir progressivement et de n'arriver que petit à petit à la suppression radicale du lait. Quand il est mal exécuté, on perd tout le bénéfice des efforts antérieurs et parfois il est impossible de regagner le temps perdu.

Une fois complètement sevré, le jeune animal recevra, d'une façon régulière, une alimentation abondante et riche.

Il ne doit point y avoir d'alternatives d'abondance et de disette, il faut que la nourriture soit toujours distribuée *larga manu*. Agir autrement serait replacer les animaux dans les conditions naturelles, puisque par la succession des saisons et les inégalités de la végétation, il est pour eux des périodes d'abondance suivies de temps de pénurie, tandis que par la méthode étudiée, on efface ces conditions et on met l'uniformité à la place de la diversité. Lorsque l'organisme est dans des conditions mauvaises ou particulières par suite de pénurie fourragère, de maladie, de gestation prématurée, il y a ralentissement ou arrêt dans le développement; c'est incompatible avec la méthode que nous étudions.

L'abondance de l'alimentation ne comporte aucune indication spéciale, elle s'explique d'elle-même : faire que les animaux trouvent toujours, lors de leurs repas, autant d'aliments que leur appétit leur en fait désirer, tel est le *desideratum* à remplir.

L'abondance ne suffit pas; si l'on ne se préoccupait que d'elle, on arriverait le plus souvent à grandir les animaux sans produire la maturation précoce. A plus forte raison, si les aliments sont grossiers, pauvres en principes alibiles, quelque abondants qu'ils puissent être, on ne pourra forcer les animaux qui les recevront.

La qualité de l'alimentation joue le rôle principal. Les rations doivent être constituées de façon que le rapport des matières quaternaires aux ternaires oscille autour de 1 à 4, car il a été reconnu le meilleur par l'observation et l'expérimentation. Elles doivent être suffisamment riches en éléments minéraux qui servent à la formation du squelette, phosphate et carbonate de chaux et phosphate de potasse (Sanson).

Il est impossible d'entrer dans le détail de la composition des rations qui présentent ces conditions; on peut les ordonner de bien des façons, suivant les milieux et les mercuriales; mais, d'après tout ce qu'on sait, les grains doivent toujours en faire partie, car ils sont particulièrement riches en matières azotées, grasses et minérales, et celles-ci ainsi élaborées dans les végétaux, sont facilement assimilables.

On a obtenu, dans l'élevage de la volaille et spécialement dans celui du canard, des résultats si encourageants avec le sang desséché, qu'il serait à désirer que des essais fussent faits afin de voir s'il ne serait pas possible de faire entrer cet aliment, si riche et de si bas prix, dans le régime des mammifères qu'on force.

Une autre condition du forçage est que les jeunes animaux soient soumis au repos ou mieux à un exercice très modéré. La raison en est simple : si les matériaux fournis à l'économie sont usés pour la production du travail, ils ne peuvent concourir à l'édification de l'organisme. Un repos absolu est contraire aux règles de l'hygiène, mais un exercice modéré active les fonctions digestives, met l'organisme en train ; c'est un stimulant et un auxiliaire de la nutrition, à ce titre, il fait partie de la méthode que nous exposons. Dans un aphorisme célèbre, Baudement avait défini celle-ci : « le repos au sein de l'abondance », mais sous sa forme concise, cette définition est incomplète, puisque la qualité des aliments doit se joindre à l'abondance et qu'un peu d'exercice est préférable au repos absolu.

L'exposé des remarquables modifications organiques et physiologiques qui découlent du forçage a été fait aux pages 294 à 316.

Section II. — De l'engraissement

L'*engraissement* est une méthode qui a pour but de faire accumuler du tissu adipeux aux animaux et d'augmenter leur poids et leur valeur marchande.

On désigne aussi du même nom le résultat de l'opération, ce qui fait que quelques personnes ont proposé l'expression d'engraissage pour le procédé ; elle n'a pas été adoptée. Dans le langage didactique, celle de *Stéatagogie* (στέαρ, στέατος, graisse ; ἀγωγή, entraînement) pourrait être utilisée.

L'accumulation de la graisse se produit naturellement chez les animaux vivant n liberté, aux époques où les aliments sont en abondance ; pour eux, c'est un emmagasinement de matériaux de réserve.

On apprendra, peut-être avec quelque surprise, que l'engraissement n'est pas exclusivement réservé aux animaux comestibles. D'après l'idée que des peuples orientaux se font de la beauté féminine et le prix qu'ils attachent à l'obésité, ils ont été amenés à pratiquer l'engraissement de la femme. En Tunisie, on soumet les juives à un régime dont les pâtées de *béchena (Eleusine coracana)* sont la base et qui produisent les résultats recherchés.

Quant aux animaux, ce n'est pas d'aujourd'hui qu'on s'est préoccupé de les engraisser. D'après Pline, les habitants de l'île de Délos avaient l'habitude d'engraisser les volailles, et, au temps de Caton, on gavait déjà les jeunes coqs en leur introduisant dans le gosier des pâtées détrempées dans du lait. Les Romains ont même poussé les choses fort loin, puisqu'ils engraissaient des murènes dans leurs viviers et qu'ils gavaient de figues, de millet écrasé, de baies de lentisque, de myrte et de lierre, les grives et les merles qu'ils tenaient en volière. Mais l'engraissement du gros bétail ne les préoccupa pas plus qu'il n'intéresse aujourd'hui les peuples de l'Orient. C'est une pratique moderne et dont la généralisation est même relativement récente. Aujourd'hui, tous les animaux comestibles, mammifères et oiseaux domestiques, y sont soumis. On exhibe dans les concours spécialement destinés aux animaux gras des sujets de poids considérable dans toutes les espèces, depuis les bœufs dépassant 1200 kilogrammes jusqu'aux lapins qui en pèsent 20.

Il y a des dégrés dans l'engraissement, l'animal qu'on y soumet passe successivement par le *demi-gras* et le *gras*, pour arriver au *fin-gras* ou à la *haute graisse* qui est le dernier terme.

Avant de poursuivre, il faut voir si le mot engraissement est justifié et si c'est particulièrement de la graisse qui se forme pendant sa mise en pratique. Cette recherche ne peut se faire que par comparaison, puisqu'il est impossible d'analyser le même sujet à l'état maigre et à l'état gras. On a tourné la difficulté en choisissant pour des analyses comparatives, des animaux aussi similaires que possible par l'âge, le sexe et la race, et ne différant qu'en ce que les uns ont été engraissés et les autres non.

Ce sont surtout les importants travaux de Lawes et Gilbert qui fournissent des renseignements sur ce sujet[1]. Voici, résumées en un tableau, les moyennes de leurs nombreuses analyses :

ESPÈCES ANIMALES	COMPOSITION ÉVALUÉE EN CENTIÈMES DU POIDS D'ACCROISSEMENT PENDANT L'ENGRAISSEMENT			
	Matières minérales	Matière azotée sèche	Graisse	Substance sèche totale
Moyenne de 98 bœufs. . . .	1,47	7,69	66,2	75,4
— 348 moutons. . .	2,34	7,13	70,4	79,9
— 80 porcs. . . .	0,06	6,44	71,5	78

Il ressort de ces chiffres que, pendant l'engraissement, il y a surtout accumulation de tissu adipeux, tandis que l'apport des matières azotées et minérales est relativement faible. La graisse prend la place de l'eau de constitution dans les mailles du tissu cellulaire, elle l'élimine, mais la partie musculaire s'accroît peu, ce qui s'explique d'ailleurs par le repos et le défaut d'exercice que comporte l'engraissement. Lawes et Gilbert soupçonnent même que, dans l'espèce porcine, il y aurait perte de matières minérales, mais ils reconnaissent que le nombre de leurs observations n'est pas suffisant pour asseoir définitivement leur opinion. Le terme engraissement est donc convenable.

[1] Lawes et Gilbert, Recherches expérimentales sur a composition des animaux à l'engrais et des animaux de boucherie (*Ph. Trans. of the R. Society*, t. II, 1859. — *J. of the Roy. agr. Society of England*, 1849 à 1860). — Une traduction analytique de ces travaux a paru dans les *Annales de la science agronomique*, 1887 ; elle est due à M. L. Grandeau.

Puisqu'il en est ainsi, quelques brèves notions sur la formation et la constitution de la graisse animale sont nécessaires :

Primitivement, il ne semble pas que, chez le fœtus ou le jeune qui vient de naître, le tissu adipeux résulte d'un simple dépôt de graisse dans les cellules fixes du tissu connectif. A l'origine, les cellules adipeuses sont des cellules spéciales. La graisse apparaît au sein du protoplasma cellulaire, sous forme de granulations fines plus ou moins nombreuses. En grossissant, ces granulations se confondent de manière à former une gouttelette qui occupe le centre de la cellule. Le noyau et le protoplasma sont repoussés à la périphérie et constituent une enveloppe autour de la goutte de graisse. Dans ce protoplasma, se produisent de nouvelles granulations graisseuses qui gagneront la masse centrale et s'y fondront. Les granulations seraient formées par un mélange de matières grasses et de matières albuminoïdes, tandis que la masse centrale ne renfermerait que de la graisse. Ce n'est que quand le noyau et le protoplasma ont été refoulés à la partie périphérique que la cellule adipeuse s'entoure d'une membrane spéciale.

A l'origine, les cellules adipeuses apparaissent le long des vaisseaux sanguins, et chaque îlot adipeux est appendu à la paroi des vaisseaux, à la façon des fruits après le rameau. Nouvelle confirmation de la théorie qui assimile les cellules adipeuses à des glandes monocellulaires qui élaborent la graisse (Ranvier).

Il faut se garder de conclure que des matières grasses ne peuvent point ultérieurement être élaborées dans les cellules du tissu conjonctif. *La fonction de produire de la graisse appartient à un grand nombre d'éléments cellulaires*, ceux du foie et même du cartilage, par exemple.

Dans l'engraissement, le tissu conjonctif a ses mailles envahies par la graisse, surtout en certaines parties du corps, tandis que dans l'amaigrissement, celle-ci quitte les cellules où elle s'est accumulée ; elle est remplacée par un liquide séreux.

Les dépôts de graisse se font de préférence dans les séreuses ou dans le tissu cellulaire sous-cutané, autour des ganglions. Quelquefois, il est des accumulations graisseuses qui ne présentent pas de ganglions à leur voisinage, mais on trouve toujours des cellules lymphatiques non loin des cellules adipeuses (Ranvier). La question de leur origine n'est pas résolue; on ne sait pas si elles viennent par diapédèse des vaisseaux voisins, si elles proviennent d'une prolifération des cellules connectives ou enfin si, vivant dans le liquide conjonctif qui est une sorte de lymphe, elles s'y reproduisent par division. On voit là néanmoins une preuve des rapports étroits existant entre la production de la graisse et le système lymphatique.

Pendant la vie, la graisse des cellules adipeuses est fluide ou semi-fluide, sous l'influence de la chaleur vitale. Après la mort, elle se solidifie et des dépôts cristallins se forment dans les cellules.

L'âge a une influence marquée sur l'apparition de la graisse. Dans la première jeunesse, pendant l'allaitement surtout, les animaux s'engraissent facilement. Pendant la période de croissance, la graisse s'accumule mal. Celle-ci finie, le tissu adipeux prend à nouveau de l'extension ; quelquefois celle-ci continue pendant la vieillesse, d'autres fois elle s'arrête et il y a amaigrissement.

On n'est pas fixé sur le mode de formation de la graisse. Est-elle formée par les cellules adipeuses jouant le rôle de glandes élaboratrices ou est-elle apportée toute formée par des cellules migratrices qui l'auraient empruntée directement aux aliments? Si l'on songe à la dégénérescence graisseuse, à l'apparition de la graisse dans les cellules vieilles ou douées de peu de vitalité, à sa formation même sous un régime dont les hydrocarbones sont exclus, on admet la possibilité du premier processus. Quand on voit les heureux résultats fournis aux opérations d'engraissement des animaux domestiques par l'emploi d'aliments riches en matières grasses, on pense que celles-ci sont convoyées directement vers les cellules adipeuses. Il est probable que les deux modes de formation précités existent en réalité.

D'ailleurs la graisse n'est pas toujours emprisonnée dans les cellules adipeuses, fréquemment elle est en suspension dans les liquides organiques. Le sang des animaux gras en est particulièrement riche, elle y forme des gouttelettes sphéroïdales. On la trouve dans les chylifères, dans un état de division extrême, les globules en sont inégaux, mais tous très petits, et les forces capillaires agissant sur ces globules en masquent les propriétés.

L'émulsion qu'ils subissent dans le tube digestif par l'action du suc pancréatique et de la bile est une action purement physique qui ne change point leur nature ; s'il se produit quelques phénomènes d'ordre chimique, saponification ou oxydation, nous sommes encore loin d'être éclairés sur leur étendue et notamment sur le point de savoir s'il y a action sur la totalité de la matière grasse ou seulement sur une partie.

L'engraissement qui fait développer chez les animaux d'une façon exagérée le tissu adipeux amène un état correspondant à l'*obésité* dans l'espèce humaine. Cet état ne doit pas être confondu avec la dégénérescence graisseuse qui est la disparition sur place de certains organes envahis par des granulations de graisse libre.

Lorsque l'oxygène dont la myosine du muscle a besoin n'est pas fourni en quantité suffisante, il y a *stéatose intrafibrillaire ;* de fines granulations masquent d'abord les stries transversales, puis elles se rassemblent en gouttelettes graisseuses et prennent la place de la substance contractile. Le repos prolongé, la gêne apportée à la circulation dans un organe, l'alcoolisme, le sommeil hibernal et l'extrême ralentissement de la respiration qui en est le résultat, sont des causes de stéatose intrafibrillaire. L'élévation prolongée de la température amène aussi une altération de la myosine et des disques, une fragmentation de la fibre et la *dégénérescence de Zenker* ou *dégénérescence cireuse.*

En poussant les choses à l'extrême, comme on le fait parfois en vue d'amener les animaux au fin-gras, on arrête le développement de la masse musculaire qu'on noie dans la graisse et la dégénérescence graisseuse commence.

L'engraissement des animaux se fait de trois façons : au *pâturage,* en *stabulation* et par un *mode mixte.*

I. ENGRAISSEMENT AU PATURAGE

Les termes de pâture, pâturage et herbage s'appliquent à des prés ou prairies naturelles qui, au lieu d'être fauchés, sont soumis à la dépaissance. Celui de pacage est réservé aux surfaces engazonnées, moins productives que les précédentes, souvent entremêlées d'arbustes, situées à des altitudes variables, parfois pierreuses et pauvres en herbes ; des noms spéciaux, tels qu'alpages, montagnes, chaumes, causses, leur sont donnés suivant les régions.

L'engraissement des bêtes bovines ne peut se faire lucrativement que dans les herbages, celui des moutons peut s'effectuer dans les pacages. On engraisse parfois des porcs en forêt, au moment de la maturité des glands. Si les oiseaux de basse-cour, oies et canards spécialement, peuvent être élevés dans les prés et les champs, leur engraissement ne se fait pas dans ces conditions.

La première question qui se pose est de savoir si l'exploitation d'une prairie, par l'engraissement du bétail, est plus à recommander que l'engraissement à l'étable avec le foin produit par cette même prairie. Il n'y a pas d'hésitation à avoir. Pour les bêtes bovines, l'engraissement au pâturage est toujours préférable à l'engraissement en stabulation. On est unanime sur ce point dans le public agricole.

L'herbe fournie par les graminées et les légumineuses, par les premières surtout, repousse promptement sous la dent du bétail, et il semble que la dépaissance sur une surface donnée apporte à l'alimentation plus de matériaux que le fauchage. Il y aurait toutefois des expériences à faire pour s'assurer si, en fauchant un pré plusieurs fois par an dès que l'herbe a une certaine hauteur, on aurait plus de fourrage qu'en suivant les errements habituels. Quant à la qualité et à la digestibilité, il est prouvé que l'herbe jeune est préférable à l'herbe plus avancée.

D'autre part, en fauchant les prés, qu'on en fasse consommer ou non le produit à la ferme, on est dans la nécessité de leur restituer par des fumures quelques-uns des principes exportés, particulièrement l'acide phosphorique. L'épuisement de la prairie n'est point à craindre avec le pâturage, au contraire le sol s'améliore par le séjour des animaux qui y déposent constamment leurs déjections. Il arrive même un moment où l'herbe verse, alors l'agriculteur doit la faucher pendant une ou deux années, afin d'épuiser un peu le sol.

On peut faire pâturer les prairies artificielles en prenant, s'il s'agit de légumineuses, les précautions nécessaires pour éviter les météorisations. Le pâturage du sainfoin n'est pas à recommander parce que le collet de cette plante se trouvant en dehors du sol, les animaux l'arrachent facilement.

Il est des régions où l'on fait pâturer sur le sol même, par les moutons, les racines de quelques crucifères, navets et rutabagas, ou encore le maïs; pour cette dernière plante, le gaspillage est considérable.

Les bénéfices de l'engraissement au pâturage sont essentiellement subordonnés aux lieux où les animaux sont placés; cette opération n'est pas possible partout. Il faut que l'herbe soit abondante afin que les animaux n'aient point à se déplacer et se rassasient sur place, il importe aussi qu'elle soit de bonne qualité. Or, l'abondance et la qualité sont avant tout sous la dépendance du sol.

« Les alluvions jurassiques, heureusement composées de calcaire, d'argile et de sable siliceux, suffisamment fraîches et perméables en toute saison, ont été la base des herbages les plus renommés du Niver-nais, du Charolais et de la Normandie. Nulle part les bœufs n'engraissent mieux que dans les herbages du Nivernais, dans les petites vallées juras-siques du Charolais et dans la vallée d'Auge en Normandie [1]. »

Si les alluvions quaternaires et modernes, suffisamment calcaires sont les plus favorables, d'autres terrains peuvent être utilisés. Les herbages des sols volcaniques sont bons, car ils renferment de la chaux, de la potasse et de l'acide phosphorique. Les terrains schisteux, fort répandus en Bretagne, dans l'Anjou, le Maine, le Cottentin, les Ardennes, le bassin de la Loire supérieure ont des qualités diverses. Le sol est-il peu per-méable, on n'améliore que momentanément les herbages par la chaux et les fumures. Quand il y a suffisamment de perméabilité, les mêmes moyens conduisent à de bons résultats. L'état de graisse où l'on amène les durhams–manceaux et les choletais le prouve. Dans cer-taines circonstances, les herbages des marnes triasiques constituent de bons pâturages, la Haute-Saône en fournit des exemples. Les pâtu-rages des terrains granitiques insuffisamment irrigués et non améliorés par le fumier, la chaux, le terreau, ne conviennent pas pour l'engrais-sement, mais quand ils ont été soumis à l'action de ces agents, la situa-tion change. Les résultats obtenus en Limousin sont concluants.

L'observation a montré que certaines plantes poussent plutôt que d'autres à la formation de la graisse, c'est ainsi qu'en Auvergne on parle de montagnes à lait et de montagnes à viande. Mais une étude com-parative de la flore de ces pâturages n'a pas été faite et on ignore encore si ce sont des espèces fourragères qui poussent à ce résultat ou si, les espèces restant les mêmes, c'est leur composition chimique qui varie.

Il est une plante dominante dans les pâtures les plus réputées pour l'engraissement du gros bétail et extrêmement appréciée des herbagers, c'est le trèfle blanc (Trifolium repens L.). On la rencontre en grande abondance dans les bons pâturages du pays d'Auge et dans les embouches les plus estimées du Charolais et du Nivernais. A côté vivent des gra-minées et quelques autres plantes plus rares. Voici d'ailleurs, en exem-ple, la composition comparée de deux herbages, l'un du pays d'Auge, l'autre de Saône-et-Loire, relevée par M. Boitel :

---

[1] Boitel, *Herbages et prairies naturelles*, page 25, Paris, 1887.

PAYS D'AUGE			SAÔNE-ET-LOIRE	
Graminées. 5 1/0	Ray-gras vivace. . . . } communs.		Graminées 5 1/0 réparties assez régulièrement.	Paturin commun. Fétuque. Fromental. Avoine jaunâtre. Dactyle. Houlque laineuse Agrostis commun. Crételle. Flouve. Brize.
	Paturin commun. . . .			
	Crételle.			
	Flouve odorante. . . .			
	Paturin des prés. . . .			
	Dactyle.			
	Orge faux seigle. . .	rares		
	Vulpin des prés. . . .			
	Fétuque rouge. . .			
	Houlque laineuse. . .			
	Agrostis commun. . .			
	Brachypode des prés. .			
Légumineuses 4 à 5 0/0	Trèfle blanc. . . . . tr. commun.		Légumineuses 4 1/0	Trèfle blanc. — des prés. — fraisier. Minette. Lotier corniculé.
	Trèfle des prés. . . . rare.			
Diverses, environ la 50e partie de l'herbe.	Chardon des champs. Renoncule.		Diverses 1 1/0	Chrysanthème. Pissenlit. Jacée. Hypochéride. Millefeuille. Carotte sauvage. Gailliet jaune. Plantain.

Les pâturages écartés des routes très fréquentées et des voies ferrées sont préférables, parce que les animaux y sont plus tranquilles.

On avait coutume de laisser dans les herbages quelques bosquets ou quelques arbres bien feuillés à l'ombre desquels le bétail se réfugiait pour échapper aux feux de midi, se reposer et ruminer. Depuis quelques années, on supprime ces ombrages, parce que, dit-on, l'insolation, tout au moins sous le climat où se trouvent les grands herbages, n'est pas à redouter pour le bœuf et que ces abris ont l'inconvénient d'inciter les animaux à venir toujours se reposer à la même place, de la piétiner et d'y déposer la plus grande partie de leurs déjections tandis que le reste n'est pas fumé. Dans les pâturages du Centre, il n'y a que fort peu ou pas de hangars ; dans ceux de l'Est et du Nord, on en construit pour défendre les animaux contre les intempéries, surtout lorsqu'ils restent dehors toute l'année. Dans les hauts pâturages du plateau Central, on établit une cloison en planches de 2 à 3 mètres de hauteur, orientée pour protéger les troupeaux contre les bourrasques dont on connaît la direction prédominante.

Généralement un cours d'eau, ruisselet ou rivière, traverse le pâturage et donne la boisson aux animaux qui viennent y boire à même. Si cette disposition n'existait pas, il faudrait capter une source, creuser un puits et établir des auges qu'on ferait remplir par les pâtres. Les animaux soumis au régime du vert sont peu altérés, mais on ne peut les priver entièrement d'eau.

L'établissement de clôtures se généralise de plus en plus, il est économique puisqu'il évite les frais de garde. Les matériaux de ces clôtures et leur agencement varient suivant les régions. Ce sont des haies vives d'aubépine, de prunellier, de charme, entremêlées d'orme en Flandre, de chêne et de frêne en Normandie et dans l'Est, sans aucun arbre dans le Centre, des talus avec grandes haies dans l'Ouest, des murs en pierres sèches dans le Rouergue, le Quercy et le Vivarais, en fortes branches encastrées dans des poteaux dans la Haute-Saône, la Haute-Marne, les Vosges, de fils de fer ou de ronces artificielles tendus par des raidis- seurs, un peu partout. Nombreux sont également les systèmes de portes qui donnent accès dans l'intérieur du pâturage et permettent soit aux hommes seuls, soit aux animaux d'entrer et de sortir.

La diversité des espèces botaniques, associée à l'absence de plantes indigestes ou vénéneuses, est une condition favorable pour les opérations d'engraissement. La composition chimique des végétaux ne renseigne que très imparfaitement sur le rôle qu'ils jouent dans ces opérations, parce que leur degré de digestibilité, qui est l'important, n'en dépend pas. Les recherches de Mayer ont montré qu'ils peuvent être riches en principes quaternaires et ternaires et néanmoins faiblement nutritifs étant peu digestifs, le carex en est un exemple.

Il est de première importance de proportionner le nombre des bêtes à la surface à faire pâturer; cette proportionnalité s'établit sur la qua- lité du terrain et l'abondance des herbes produites. Dans les bonnes embouches du Charolais et du Nivernais, on peut mettre deux têtes de bétail par hectare, une tête et demie dans les embouches ordinaires et une seule dans les médiocres. En Normandie, on a cité des localités où 24 ares suffisent pour engraisser un bœuf; le plus souvent il faut 40 ares. En Auvergne, un hectare est à peine suffisant pour une vache.

Ces données sont d'ailleurs assez vagues, car il est rare qu'une seule espèce soit placée sur un herbage; on y fait passer des chevaux et sou- vent des moutons qui utilisent les herbes délaissées par les bovins.

Il vaut mieux pécher par excès que par défaut; trop charger une pâture en bétail, c'est s'exposer à ce que les animaux ne trouvent pas suffisam- ment de nourriture, traîner l'engraissement en longueur et risquer de le faire échouer.

Dans tous les pays où l'on engraisse les bêtes bovines, on a reconnu l'avantage de les placer dans de vastes espaces plutôt que de les faire passer successivement dans une série de petits enclos. Il semble vrai- ment qu'elles se plaisent beaucoup mieux dans de grands pâturages de 20 à 30 hectares que dans un pré de 1 à 3 hectares; elles y sont plus tranquilles, s'inquiètent moins des clôtures et des barrières et les endommagent moins, ce qui diminue d'autant les frais généraux de l'opé- ration.

Pour l'engraissement des bêtes ovines, il faut veiller à ce que les pâtures ne soient pas marécageuses, autrement ces animaux seraient décimés par la pourriture. On complète le plus souvent l'opération en les conduisant chaque jour dans un champ de minette, de vesces ou autres légumineuses.

Le voisinage de la mer contribue à donner à leur viande un arome particulier qui produit sur le palais une saveur sucrée avec quelque chose de spécial. On désigne ces animaux sous le nom de *prés-salés*. Les plus estimés viennent du littoral du Calvados et de la Manche, mais on en produit dans les îles bretonnes, sur le littoral de la Bretagne, du Poitou, du Marais, du Médoc, du golfe du Lion; on en trouve à la Guadeloupe, aux Désirades, à Marie-Galante, et le down anglais est un pré-salé. Ce ne sont pas les plantes salicoles proprement dites, *Salsola, Chenopodium, Mesambryanthemum*, broutées par le mouton qui communiquent à la viande la saveur qui la caractérise, les herbes ordinaires croissant sur un terrain fumé avec les plantes marines et les sables la produisent. Peut-être faut-il y faire jouer un rôle aux brises de mer qui, chargées de sel, d'iode et de brome, aiguisent l'appétit et pénètrent dans l'économie.

La qualité de viande qui distingue les moutons prés-salés n'est point un apanage de race, puisqu'on trouve des flamands, des southdowns, des dishleys, des pyrénéens et des métis divers la fournissant.

II. ENGRAISSEMENT MIXTE

L'engraissement des bêtes bovines en mode mixte se pratique de deux façons. Laisser les animaux constamment au dehors, mais déposer dans les pâturages trop rongés par leurs dents des aliments supplémentaires, spécialement des résidus industriels qu'ils s'habituent au plus vite à venir manger en sus de l'herbe qu'ils trouvent; tel est le mode usité dans la Flandre et la Hollande. Un second, plus général en France, consiste, après le départ d'un lot de bœufs mis en prairie au printemps et vendu en septembre, à replacer un second lot dans la même pâture et à le retirer quand les froids arrivent pour en achever l'engraissement à l'étable.

Le plus souvent l'engraissement du mouton, commencé au pâturage, est parachevé à la bergerie comme il vient d'être dit du bœuf. Le cas est encore plus général pour le porc. Mis en chair au dehors, on achève de l'engraisser à la porcherie, avant de le vendre ou de l'égorger.

Il est difficile de porter un jugement général sur la valeur de l'engraissement mixte; tenant de la méthode du pâturage et de la stabulation, il participe aux avantages et aux désavantages de chacune d'elles dans la mesure de leur durée respective. Tout ce qui a été ou sera exposé au sujet de ces deux modes lui est applicable dans la proportion où ils ont respectivement concouru à sa réalisation.

III. ENGRAISSEMENT EN STABULATION

L'engraissement en stabulation est encore dit *engraissement de pou-
ture*, par allusion à la nourriture que reçoivent les animaux qu'on y soumet. Appliqué aux oiseaux de basse-cour, il prend le nom de *gavage*.

Ce mode s'utilise pour tous les animaux domestiques, grands et petits ;
il est à peu près le seul usité en France pour le porc, le lapin et les
volailles. Il est le plus difficile à pratiquer avec bénéfice, parce qu'il
exige un personnel exercé et ponctuel, des constructions dont il faut
porter l'intérêt au compte des animaux, des litières, et parce que les aliments secs qu'on fait entrer dans la ration sont moins bien assimilés
que les fourrages verts. L'écart entre le prix du bétail maigre ou en
état et celui des animaux gras, tout au moins sur les marchés de province, est fréquemment trop peu considérable pour en amortir les
frais. Il faut beaucoup d'habileté pour réaliser des bénéfices, à moins
qu'on ne se trouve dans des situations particulières, comme celle des agriculteurs–industriels du Nord, fabricants de sucre, distillateurs, bras-
seurs, qui produisent des résidus dont les extraits ont payé la valeur,
ou au voisinage d'une usine, d'une fabrique d'huile, par exemple, qui
n'utilise pas directement elle-même ces résidus, ou d'une ville dans laquelle un agriculteur à esprit ouvert trouve fréquemment à acheter à
bas prix des déchets ou des aliments primitivement destinés à l'homme
qui se sont légèrement avariés sans devenir malsains : balayures de
fabriques de pâtes alimentaires, eaux grasses, débris d'abattoir, fonds
des greniers des quartiers de cavalerie et des grandes compagnies de
transport, etc.

A part ces circonstances exceptionnelles, c'est une opération peu à
conseiller. Pour réussir, il faut savoir très bien acheter les animaux,
composer judicieusement les rations, les varier surtout à la fin de l'opération, et enfin vendre dans de bonnes conditions.

La composition des rations est d'importance fondamentale. Il y a lieu
de se préoccuper non seulement de trouver des aliments favorisant
l'engraissement, mais encore de leur prix, car celui-ci doit guider le
choix ; l'esprit doit être familier avec les substitutions alimentaires pour
réussir complètement.

Les conditions commerciales sont tellement variables qu'il n'est pas
utile de faire l'énumération des aliments à donner aux divers animaux à
l'engrais, des considérations générales suffisent.

Sans discuter s'il est exact que la graisse des aliments peut se déposer
en nature dans les tissus, il est indiqué par l'expérience de donner aux
animaux des matériaux qui en renferment. Les tourteaux se présentent en
première ligne et à côté de ceux qui sont produits chez nous, il en arrive

de l'étranger. Si quelques-uns ne peuvent être utilisés en raison de leurs propriétés vénéneuses et ont causé des empoisonnements dont les suites ont été fatales aux animaux qui les avaient ingérés, il en est bon nombre qui jouent un rôle utile, tels sont ceux de coprah, de palme, de sésame, d'arachide, de coton. Leur composition chimique mise en regard de leur prix et de la facilité de se les procurer, doivent guider dans leur choix. Les tourteaux indigènes, particulièrement ceux de colza, de navette, de moutarde, de lin, de chènevis, d'œillette et de noix ont également un rôle à jouer.

Ces aliments sont donnés ou simplement concassés ou en buvées après trempage dans l'eau tiède. On veillera à ce qu'ils ne soient pas rances — le rancissement se remarque surtout sur les tourteaux de noix — car ils communiqueraient à la viande une odeur insupportable. On fera bien de n'en pas abuser ; si l'on dépasse deux kilogrammes par jour et par animal, on s'expose à voir survenir, dès le début de l'engraissement, un peu de fièvre avec boiterie. J'ai fait, en 1873, dans le *Recueil de médecine vétérinaire* la description suivante de cet accident :

Au début, l'appétit est diminué, il y a quelques frissons, l'animal paraît triste et s'appuie tantôt sur un pied tantôt sur l'autre. Le mal, qui se montre plus fréquemment aux membres postérieurs qu'aux antérieurs, débute dans l'espace interdigité dont la peau sa tuméfie, devient rougeâtre en avant et en arrière, les talons sont un peu écartés, puis la peau du pli du paturon devient rouge à son tour, chaude, et se couvre quelquefois de pustules.

Il n'est pas nécessaire de se hâter d'envoyer les animaux à la boucherie, surtout si l'on considère que cette boiterie survient au début de l'engraissement. Suspendre pendant quelques jours l'usage des tourteaux et administrer quelques boissons laxatives, voilà le traitement très simple qui réussit.

Les personnes qui préparent des animaux pour les concours d'animaux gras voient cette boiterie ; elle n'arrive pas quand on se sert uniquement de tourteaux de lin, en raison du mucilage qu'ils renferment.

Après les tourteaux, les grains et les graines sont recommandés; celles des légumineuses sont tout particulièrement indiquées, on les donne cuites ou égrugées. Autant les vesces doivent être éloignées de l'alimentation de la vache laitière, autant on doit les rechercher pour les bêtes à l'engrais. Les fèves, les féverolles, les pois gris, les lentilles ervillières seront également utilisés, mais il ne faut pas en abuser, car on produirait des irritations intestinales.

Les féverolles conviennent très bien dans l'engraissement du mouton; en Allemagne on se sert du lupin, mais son usage exclusif amène une affection grave désignée sous le nom de *lupinose*.

Les tubercules et les racines-fourrages, crus ou cuits, sont à conseiller. Crus, on les mélange aux tourteaux et autres aliments secs dont ils corrigent la sécheresse et favorisent l'assimilation. Les résidus industriels,

pulpes et drèches de toutes sortes, doivent être utilisés, mais non exclusivement.

Avec ces aliments, on donnera toujours une quantité suffisante de foin
ou de regain, ce dernier de préférence. A la ferme, il a été pratiqué quelques opérations d'engraissement en se servant des graines et des menues
feuilles ramassées sur les greniers à foin d'un quartier de cavalerie;
elles n'ont pas été les moins fructueuses.

En sa qualité d'omnivore, le porc peut être engraissé avec les matières
les plus diverses, il transforme tout. Les grains, les farines, les fruits,
les racines, les matières animales, le tout arrosé d'eau grasse, doivent lui

FIG. 155. — Épinettes pour engraissement ordinaire.

être donnés; il recherche d'ailleurs plutôt la quantité que la qualité. Dans
la plupart des régions de la France, son engraissement se parachève
avec des pommes de terre et des graines cuites.

L'engraissement du lapin se fait avec le son, les grains et l'herbe si la
saison le permet.

Celui des oiseaux de basse-cour est devenu depuis quelques années une
véritable industrie, tant pour la préparation de sujets de consommation
courante que pour la production de foies gras; dans ce dernier cas, il
s'exerce sur les oies et les canards.

Les procédés sont différents suivant le degré auquel on veut arriver;
on utilise l'engraissement ordinaire et l'engraissement artificiel.

L'engraissement ordinaire se fait en plaçant les animaux dans des *épinettes* ou cases étroites (fig. 155), dont les unes sont à claire-voie, les autres à fond plein avec paille ou mieux sable sec. Les cases destinées à recevoir les oies et canards doivent être si étroites, que ces animaux ne puissent se remuer, mais il est barbare et sans utilité de leur clouer les pattes au plancher et de leur crever les yeux. La nourriture est déposée dans des augettes, à heures fixes et on laisse les prisonniers manger à même. On leur donne des pâtées de pommes de terre cuites pour débuter, puis des pâtées de farine de maïs, de sarrazin, de froment, d'orge, délayées dans du lait pur ou écrémé ou dans du petit-lait. On termine par des pâtées de farine d'avoine avec lait pur, on ajoute un peu d'avoine ou de maïs en grains.

FIG. 156. — Épinettes pour engraissement à la gaveuse.

L'engraissement artificiel ou *gavage* se fait avec des pâtées délayées dans le lait ou l'huile, façonnées en boulettes et introduites dans le jabot. Pour cela, une femme prend l'oiseau, lui ouvre de force le bec et y introduit successivement des pâtons qu'elle fait descendre un à un dans le jabot en pressant sur l'œsophage. Quand ce réservoir est rempli, on donne à boire du lait ou un peu d'eau et on replace dans la case. Dans le Midi, le gavage de l'oie et du canard s'opère avec le maïs, tantôt donné en nature, tantôt gonflé dans l'eau ou le lait, et on fait boire un peu d'eau salée. Nous avons vu achever l'engraissement du dindon en lui faisant ingérer des tourteaux, de l'huile, de l'axonge et des noix. Les tourteaux, surtout ceux de colza, communiquent à la chair un goût d'huile désagréable. Le gavage doit se faire au moins deux fois par jour, quelque-fois on va à trois. Lorsqu'il porte sur un nombre élevé de bêtes, il néces-site du personnel et devient coûteux, aussi a-t-on songé à l'opérer méca-tniquement.

C'est vers 1837, à Strasbourg, que la première idée de la gaveuse mécanique fut réalisée, mais elle a subi depuis de grands perfectionne-ments. Elle consiste essentiellement en un vase cylindrique, de capacité variable, qu'on emplit de bouillie suffisamment claire ; à la partie inférieure une ouverture communique avec un tube de caoutchouc terminé par une canule. Une sorte de piston fonctionnant à l'intérieur du vase est ac-tionné par une pédale (fig. 157). A chaque coup de celle-ci, il presse sur la bouillie et en projette une quantité déterminée dans le tube. Les animaux étant placés dans des épinettes spéciales (fig. 156), il suffit de les prendre un à un, de leur introduire la canule dans la gorge, de donner un nombre de coups de pédale fixé à l'avance pour qu'ils reçoi-vent une ration déterminée de bouillie.

Lorsque l'engraissement touche à son terme, il devient de plus en plus difficile, parce qu'à l'appétit et à l'avidité des premiers temps succède une satiété qui prend parfois les proportions du dégoût. Il faut s'ingénier de toutes façons à faire manger et boire les animaux sous peine de recul dans l'opération.

Il est utile de varier l'alimentation tous les vingt jours environ, sauf à revenir aux aliments primitifs. On recourt aussi aux condiments ; les plus usités sont le sel dénaturé donné soit sous forme de pains ou de bri-ques placés dans les râteliers et que les animaux lèchent à leur loisir, soit dissous dans de l'eau dont on asperge les aliments, l'aloès à petites doses, la gentiane, quelques graines chaudes. On a recommandé aussi l'arsenic, mais les expériences auxquelles nous nous sommes livré au sujet de cet agent administré à l'état de poudre, de liqueur de Fowler ou même injecté hypodermiquement, ne nous autorisent point à en préconiser l'emploi. D'ailleurs, l'arsenic n'est pas un tonique comme on le croit, il n'active point les phénomènes d'assimilation, il entrave seu-lement la dénutrition.

Les crèches et auges seront maintenues dans un grand état de pro-preté, surtout quand les animaux reçoivent des aliments liquides ; le porc ne doit pas être négligé plus que les autres animaux sous ce rapport.

Le tondage, partiel ou général, produit de bons effets sur le bœuf et le mouton, il excite l'appétit en activant les fonctions de la peau. Il en est de même du pansage.

La température des étables doit osciller autour de 15°. Quand elle s'abaisse, l'augmentation de poids s'arrête. C'est une difficulté de plus pour pratiquer l'engraissement en hiver. Le porc protégé par son pannicule de lard et le mouton par sa toison sont moins sensibles que le bœuf aux rigueurs atmosphériques. On recommande une température de 16 à 18° dans la pièce où sont maintenus les oiseaux de basse-cour.

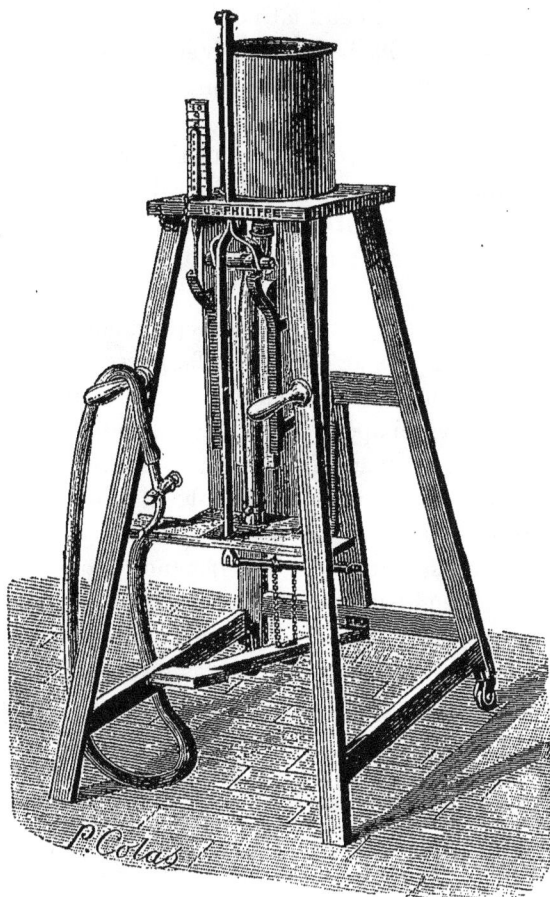

Fig. 157. — Gaveuse mécanique.

Une demi-obscurité convient pour les opérations dont il s'agit. La litière doit être abondante et douce pour pousser les animaux au décubitus et le prolonger, conditions favorables à l'accumulation du tissu adipeux, en même temps qu'elles permettent une forte production de fumier.

Les repas doivent être bien réglés, ils commandent ainsi la régularité dans les fonctions digestives. J'estime qu'il n'en faut pas plus de quatre par jour, afin de donner à la digestion le temps de s'accomplir entièrement et à l'assimilation de se parachever, sans quoi les aliments seraient expulsés trop vite et quelques-uns traverseraient le tube digestif sans abandonner suffisamment leurs principes alibiles.

Il a été publié en Angleterre de curieuses expériences sur les oiseaux de basse-cour desquelles il résulte que les alternatives de jeûne et de bon régime seraient plus favorables à l'engraissement et à l'accroissement qu'un bon régime continuel. Le tube digestif s'habituerait pendant la mauvaise période à mieux utiliser les aliments. L'embonpoint qu'atteignent les moutons barbarins, les bœufs de Guelma et même les petits ânes kabyles serait une confirmation de ces résultats expérimentaux.

Il n'est pas rare de voir survenir pendant l'engraissement de la diarrhée ou de la constipation. Le meilleur moyen de combattre la première est de diminuer momentanément la ration ou d'en changer la composition, d'y ajouter au besoin des toniques, du tannin, de la gentiane et surtout des glands.

La seconde est enrayée sur les Ruminants par l'emploi de la graine de lin, de l'huile ou de quelques légers purgatifs. Lorsqu'on voit survenir de l'anhélation, de la tendance à la suffocation, chose fréquente sur le porc, les oies, les canards, les chapons et même le bœuf, c'est un signe que l'opération touche à son terme. Nous avons observé cependant de l'essoufflement au début de l'engraissement du bœuf; une saignée a ramené les choses à l'état normal.

L'engraissement en stabulation n'est fructueux que s'il ne dure pas plus de trois mois et demi à quatre mois pour le bœuf, de trois mois pour le mouton et le porc, de vingt à vingt-cinq jours pour les poulardes et les chapons, de vingt-cinq à trente pour les oies. Cela d'ailleurs dépend du degré auquel on veut pousser les animaux. Plus l'engraissement se fait vite, plus il est lucratif. Les individus qui n'ont pas d'appétit doivent être éliminés, l'opération se liquide toujours en perte avec eux. Cependant, avant cette élimination, s'il s'agit de sujets dont la dentition permanente n'est pas faite, on examinera la bouche, afin de voir si ce n'est le travail de la dentition qui amène cette lenteur à manger et une mauvaise utilisation de la nourriture. Fréquemment, sous l'influence du régime de l'engraissement, les animaux auxquels il manquait encore des dents permanentes les prennent.

L'engraissement des animaux adultes ou à la fin de leur période de croissance vient d'être envisagé. Il a été dit plus haut que, pendant l'allaitement, les jeunes s'engraissent sans difficultés. Dans le rayon de Paris, on a mis à profit cette particularité pour la production des veaux dits *blancs* en raison de la viande qu'ils fournissent. On conserve ces jeunes animaux jusqu'à l'âge de quatre mois dans des loges étroites et obscures, on leur donne trois fois par jour du lait contenant des œufs, des échaudés ou de la farine de maïs. Il est interdit, sous peine de perdre le bénéfice de l'opération, de distribuer des aliments fibreux, foin ou paille, car alors la chair, au lieu de conserver la blancheur qui en fait le prix, deviendrait rougeâtre comme celle de la génisse ou du taurillon.

CHAPITRE IV

DE LA GALACTAGOGIE

La *galactagogie* (ἀγωγή, entraînement, γάλα, γάλακτος, lait) est la méthode zootechnique qui entraîne les femelles domestiques pour la production maximum du lait.

Le lecteur n'ignore plus qu'il n'est guère d'organes sur lesquels l'exercice méthodique produit des résultats aussi remarquables que sur les mamelles. La constitution et la physiologie de ces glandes expliquent ces résultats, aussi est-il indispensable de les retracer à grands traits pour donner une base rationnelle aux procédés galactagogues.

D'origine ectodermique, rudimentaires pendant le jeune âge, les mamelles se développent à l'époque de l'aptitude à la reproduction, sécrètent du lait pour la nourriture des jeunes lors de la mise bas, puis tarissent à moins que l'homme n'intervienne pour prolonger la galactopoïèse.

Leur situation et leur nombre sont variables. La jument, l'ânesse, la vache, la chamelle, la bufflesse, la femelle du renne, la brebis, la chèvre, ont des mamelles dites inguinales; la truie, la chienne, la chatte et la lapine en ont d'inguinales, de ventrales et parfois de pectorales. Sur plusieurs femelles de singes, elles sont pectorales.

Les femelles à mamelles inguinales n'en ont que deux accolées l'une à l'autre, généralement à la place où se trouvent les testicules du mâle de leur espèce. Elles forment deux masses semi-globuleuses portant au centre un prolongement appelé mamelon, trayon ou tétine, par où s'écoule le lait.

Ces deux masses sont fixées dans leur position par la peau qui les recouvre, peau mince, noire chez la jument, l'ânesse, la chèvre et parfois la vache, le plus souvent blanche ou jaunâtre chez celle-ci ainsi que sur la brebis. Elle est recouverte de poils fins, doux, et elle est très riche en glandes sébacées. Des lames élastiques la rattachent à la tunique abdominale.

Il n'y a pas de discussion sur le nombre normal des mamelles de la jument, de l'ânesse, de la chamelle, de la brebis et de la chèvre, bien que quelques-unes de ces femelles en présentent de supplémentaires.

Il n'en est pas de même pour la vache. Des auteurs, se basant sur ce que chacune des deux masses latérales, bien que n'ayant qu'une seule capsule fibreuse, se subdivise en deux parties pourvues d'une citerne et d'un trayon, admettent que cette femelle possède quatre mamelles.

L'étude du développement de la glande chez le fœtus montre que primitivement il n'y a que deux masses mammaires et que le dédoublement ne se fait qu'assez tard. Le mode d'irrigation, la facilité avec laquelle on la sépare en une portion droite et une portion gauche et la difficulté de subdiviser celles-ci en une moitié antérieure et une postérieure indiquent aussi que, fondamentalement, le pis de la vache est constitué par deux mamelles, pourvues chacune de deux trayons et même plus.

Les anatomistes accordent généralement dix mamelles à la truie et à la chienne, huit à la chatte. Ce nombre est tellement variable pour la truie qu'il y a quelque embarras à citer un chiffre qu'on puisse considérer comme formant la moyenne dans l'espèce, il y a oscillation entre dix et quinze; très fréquemment on en trouve six d'un côté et sept de l'autre.

Chaque glande mammaire est enveloppée par une capsule de tissu fibreux jaune élastique qui envoie des cloisons d'interposition entre les principaux lobules. Elle est constituée par des acini groupés sur les canaux lactifères et réunis par un tissu conjonctif abondant.

La face interne des acini est tapissée par un epithélium à cellules polyédriques quand la glande est au repos; lorsqu'elle fonctionne, des cellules sphéroïdales apparaissent dont le protoplasma est chargé de gouttelettes graisseuses qui doivent former la matière grasse du lait. Les lobules présentent des canaux excréteurs intralobulaires qui s'unissent aux canaux voisins pour former des canaux interlobulaires. Ceux-ci se réunissent de plus en plus et constituent un certain nombre de canaux principaux qui se déversent dans les sinus ou réservoirs galactophores encore dits citernes du lait.

Dans la vache, la brebis et la chèvre, on trouve un réservoir à la base de chaque trayon, dans la truie et la chienne, ces réservoirs n'existent pas, les canaux lactifères se réunissent en un nombre variable de conduits qui viennent s'ouvrir au bout du mamelon par cinq à dix trous.

Dans la jument, à la base de chaque tétine existent deux, parfois trois et même quatre citernes communiquant ensemble et s'ouvrant au dehors par un nombre égal de canaux excréteurs.

Par suite de ces dispositions, le lait s'écoule

A l'extrémité du trayon de la jument par 2 ou 3 ouvertures
—   —   vache par 1   —
—   —   brebis et chèvre par 1 —
—   —   truie et chienne par 5 à 10 ouvertures

A l'extrémité du canal excréteur du trayon, se trouve un petit muscle sphincter.

La mamelle est irriguée par les deux artères honteuses externes qui sortent de chaque anneau inguinal, jettent un rameau qui s'abouche à celui du côté opposé et se divisent en deux branches dont l'une devient la sous-cutanée abdominale et l'autre la mammaire. Celle-ci serpente dans le tissu de la glande, s'y ramifie et s'y épuise.

Le sang est repris par les veines honteuses externes qui forment un réseau très touffu avec anastomoses et inosculations et il est ramené partie par la portion de ces veines qui s'introduit dans l'anneau abdominal, partie par les périnéales, partie par la veine mammaire (fig. 158).

La richesse du réseau vasculaire, ses anastomoses, ses inosculations et les changements de direction du cours du sang démontrent que ce liquide est obligé de tourbillonner, de séjourner plus longtemps dans l'organe qu'il n'aurait à le faire si ce cours avait toujours la même direction. Cette prolongation de séjour lui permet sans doute de se dépouiller complètement de ses matériaux utiles et elle maintient la mamelle à une température élevée, condition qui lui est probablement nécessaire pour l'accomplissement de ses fonctions.

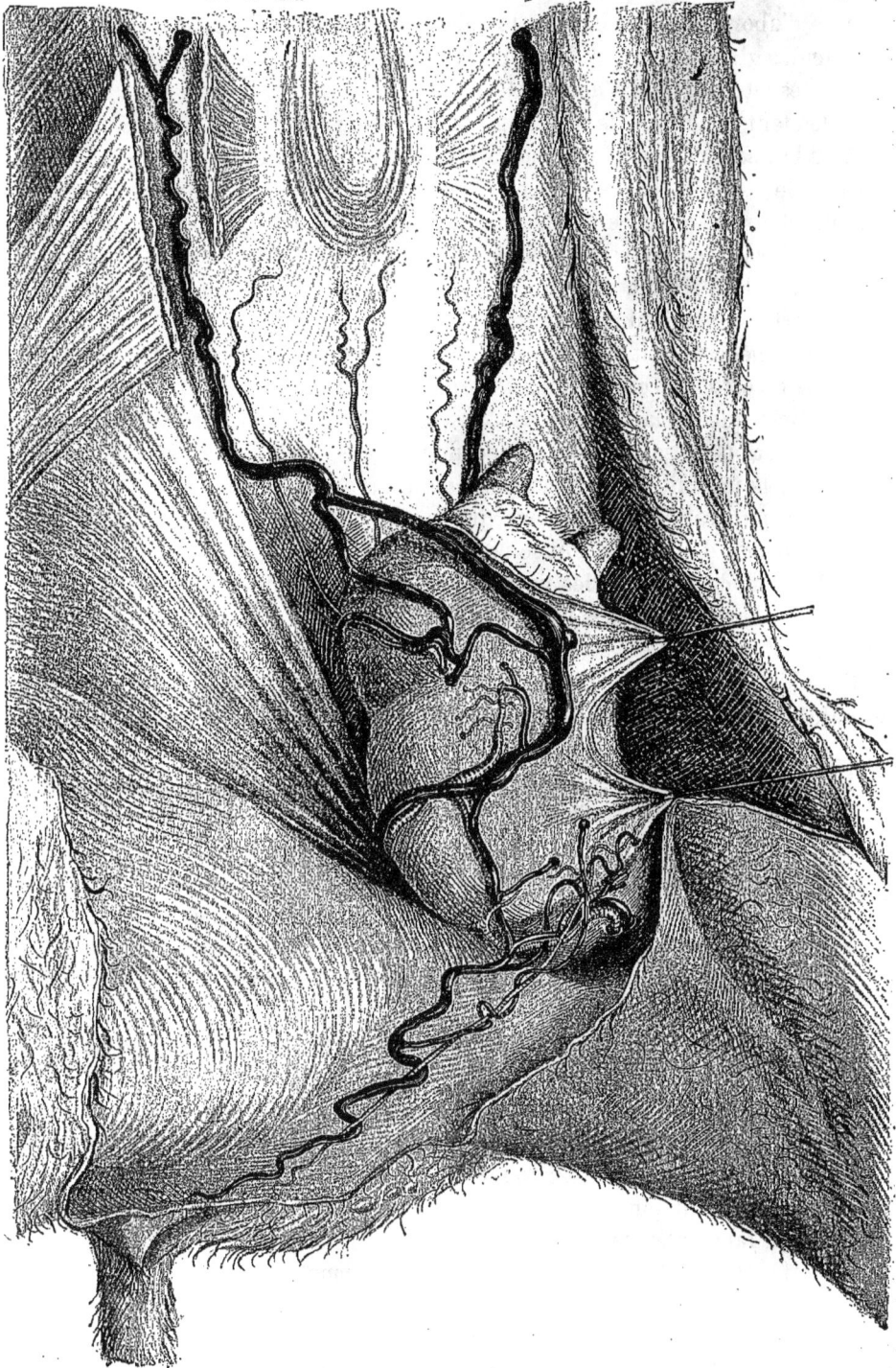

FIG. 153. — Réseau vasculaire de la mamelle de la vache.

La formation du lait a lieu dans les vésicules glandulaires ; le produit passe d'abord dans les canaux les plus fins en communication avec ces vésicules glandulaires, puis dans des conduits plus larges débouchant dans les citernes où il s'accumule.

Pendant la période de lactation, la sécrétion lactée est ininterrompue et du lait se forme constamment. Mais l'activité de cette formation est fort variable ; en effet, le pis de la meilleure vache laitière ne peut guère contenir, dans ses citernes et canaux, que 3 litres de lait environ ; comme à chaque traite on extrait de la mamelle une quantité souvent double de celle-ci, il en résulte que pendant la mulsion, la secrétion de la glande acquiert son maximum d'énergie.

Deux théories sont nées des recherches faites pour déterminer le mécanisme de cette secrétion. Dans la première, dite de Kemmerich et Zahn, on admet que le lait se forme dans la glande mammaire par une sorte d'exsudation du sang. Dans la seconde, due à Voit, le lait est considéré comme le produit de la décomposition des glandes lactifères, avec dégénérescence graisseuse, de sorte que le petit qui tète mangerait à chaque fois un peu de la mère qui le nourrit.

Aucune de ces théories ne rend un compte parfait des choses ; celle de Voit, appuyée sur des recherches nombreuses exécutées par Boussingault et Lebel, Péligot, Vernois et Becquerel, Thomson, Playfair, G. Kühn et ses collaborateurs, est plus généralement acceptée que la précédente, quoique passible d'objections, ainsi qu'on va le voir.

Ces études ont montré que, dans une espèce : 1° la composition du lait est avant tout une affaire de race, de famille et d'individualité ; 2° que le genre de nourriture n'a qu'une faible influence sur cette composition ; 3° que le lait des Mammifères en général (carnivores, herbivores et omnivores) ne montre que des différences assez petites, ce qui semble indiquer qu'il est formé des mêmes matériaux histologiques et par le même fonctionnement des glandes ; 4° que les sels de soude prédominent dans les cendres du sang, tandis que ceux de potasse dominent dans celles des tissus et du lait ; 5° que le colostrum contient des débris de cellules que l'on reconnaît facilement pour provenir de la glande mammaire.

S'il était absolument prouvé que, quelle que soit l'alimentation, on est dans l'impossiblité de faire varier la composition du lait, la question serait tranchée et il faudrait abandonner toute idée de formation préalable des éléments du lait dans le sang et de dialyse à travers la membrane mammaire. Mais il n'en est pas ainsi, on le verra plus loin.

Il faut suivre la façon dont on entend la formation de chacun des principes constituants du lait : caséine, beurre, lactose et sels.

D'après Voit, la caséine ne provient pas du sang, mais d'une modification dé l'albumine contenue dans les cellules mammaires. Kemmerich pense qu'elle est issue de l'albumine du sang qui se transformerait dans la mamelle au contact d'un ferment spécial qu'il n'a point isolé, d'ailleurs. Pour Zahn, la transformation se ferait par l'intermédiaire de l'acide lactique.

Les expériences de Kühn n'ont point prouvé, comme on le dit parfois, que l'augmentation du taux des matières albuminoïdes n'a pas élevé celui de la caséine ; elles font voir, au contraire, un parallélisme ; seulement l'accroissement est peu sensible et n'apparaît pas immédiatement.

On a cru que la matière grasse était simplement le résultat de la mue des cellules épithéliales des acini. Ces cellules, utilisant les matériaux amenés par le sang, la protéine et les corps gras, mais non les hydrates de carbone (d'après Voit), subiraient la dégénérescence graisseuse, se détacheraient, tomberaient et formeraient les globules butyreux. M. Duclaux a montré que ces globules sont dépourvus d'enveloppe ; il n'est donc pas nécessaire que les cellules épithéliales se détachent. Cette matière grasse serait élaborée à la façon des autres produits.

Malgré les recherches de Stohmann, on ne peut guère nier l'influence de l'alimentation sur la teneur en matières grasses. D'après des expériences de Welker, faciles à répéter, si l'on force la dose de tourteaux et qu'on ne l'associe pas à une ration suffisante de foin, la crème se transforme mal en beurre, elle mousse par le barattage et ne se prend pas en grumeaux. Cela tient à l'excès de graisse fluide fournie par les aliments.

On peut répondre que ces expériences démontrent précisément que ce ne sont point les matières grasses alimentaires qui se transforment en beurre. Mais celles que G. Kühn a faites avec le tourteau de palmiste lui ont montré que cet aliment avait quelque peu augmenté la richesse en beurre. Celles de Mayer sont plus concluantes encore, si possible. Il a recherché quelle est l'influence de l'alimentation sur le point de fusion et sur la composition chimique du beurre. Il a constaté que le point de fusion dépend en partie de l'alimentation. Le foin et l'herbe ensilés donnent le beurre le moins fusible, viennent ensuite les betteraves ; les fourrages verts donnent le beurre le plus fusible. Ce point de fusion est déterminé par la proportion d'oléine et il n'a pas de relation avec le taux des acides volatils, ni avec la butyrine et la caproïne.

Le taux des acides gras volatils du beurre varie pour la même vache placée dans des conditions différentes, dans de larges limites. Il s'élève et s'abaisse avec la densité de ce produit ; il s'abaisse aussi quand la période de lactation se prolonge et il varie sous l'influence de l'alimentation.

Ces diverses constatations ne permettent donc pas de récuser l'action des aliments sur le beurre. Il est remarquable qu'on observe des variations plus accentuées dans la composition de la matière grasse elle-même

que dans sa teneur, ce qui tendrait à prouver que ses éléments fondamentaux pourraient bien avoir chacun leur mode particulier de formation.

D'après les recherches de Mège, des vaches mises à une diète complète
fournissent une quantité décroissante de lait, mais ce lait contient toujours
du beurre. Il vient vraisemblablement de la graisse de l'animal qui,
résorbée et entraînée par la circulation, se dépouille de sa stéarine par
la combustion respiratoire et fournit son oléo-margarine aux mamelles
qui, agissant sur elle, la tranformeraient en beurre

Comme pour les substances précédentes, deux hypothèses ont été émises
au sujet de la production du sucre de lait : l'une veut qu'il soit formé par
la glande mammaire aux dépens de quelque matière plus ou moins
analogue au glycogène hépatique ; la seconde admet qu'il est apporté
par le sang sous forme de glycose et que la glande aurait à le transformer.

Cette dernière hypothèse s'appuie sur l'idée que le sucre se forme en
excès dans l'organisme après l'accouchement et qu'il est éliminé par
les mamelles, ainsi que les observations suivantes le prouvent :

Paul Bert a pratiqué l'ablation des mamelles à des chèvres, les a livrées à la reproduction et il a vu qu'après l'accouchement l'urine renferme pendant trois ou quatre jours
une assez forte proportion de sucre qui disparaît peu à peu. Il en a conclu que ce corps
est fabriqué en excès par l'organisme après la parturition et qu'il est éliminé par les
mamelles.

Il en est ainsi dans l'urine des femelles parturientes atteintes de fièvre vitulaire, comme
l'ont montré les recherches de MM. Nocard et Violet.

Dans tous ces cas, il s'agit de glycose et non de lactose. Celui-ci est
un corps complexe, pouvant se séparer en deux substances d'une constitution moléculaire différente : le galactose et le glycose. Si l'alimentation offre le glycose par l'intermédiaire du sang, d'où provient l'autre
élément, le galactose ? Dans l'état actuel de nos connaissances, on ne
peut ni admettre, ni réaliser la transformation de ces deux sucres l'un
dans l'autre ; leur constitution n'est pas identique : le glycose donne de
l'acide saccharique par oxydation et de la mammite par l'hydrogène
naissant, tandis que le galactose donne de l'acide mucique sous la première influence et de la dulcite sous la seconde. L'économie réalise-
rait-elle cette transformation impossible pour les chimistes, et serait-ce
la mamelle chargée de cet office ? Il y a peu d'années, M. Muntz a
apporté un appoint très intéressant au débat [1]. Il a montré que les plantes
renferment non seulement du glycose en abondance, mais encore du
galactose, et que les plantes fourragères les plus estimées, les grains,
les racines, le son, les fruits en sont pourvus.

[1] Muntz, Sur l'existence des éléments du sucre de lait dans les plantes (Comptes rend.
de l'Acad. des sciences, 1er sem., 1886, p. 624 et 681).

L'organisme de la femelle laitière peut donc recevoir par les plantes les deux éléments du sucre de lait tout formés, elle les met en liberté et ils pourraient s'unir ; mais en quel point de l'organisme leur union a-t-elle lieu ? Est-ce dans la mamelle seulement, dans le sang, la lymphe ou quelqu'autre partie du corps ?

Le lactose du reste n'aurait pas que cette origine directe ; de même que l'organisme peut transformer les sucres en graisse, Voit admet qu'inversement la transformation des graisses en sucre est possible et qu'il en pourrait être ainsi également des albumines.

L'eau du lait provient du sang et il n'y a pas de dissidence sur sa source.

Il semble difficile d'admettre qu'elle n'entraîne point de sels en solution ; ce sont pourtant des sels de potasse qu'on trouve dans le lait, tandis que ceux de soude dominent dans le sang. L'action spéciale de la mamelle s'exercerait donc encore ici. On ne sait pas si le phosphate de chaux est sécrété à l'état de solution, grâce à la petite portion d'acide carbonique qui se trouve dans le lait ou s'il est produit par les cellules mammaires à l'état de fines granulations, ainsi qu'on le voit dans quelques cellules végétales ; il se précipite dans le lait en granulations très ténues.

En résumé, l'alimentation influe quantitativement sur la production du lait, mais son action qualitative est faible. La qualité d'un lait dépend avant tout de l'individualité et de la race de la femelle laitière. Dans les conditions ordinaires de la pratique, si l'homme désire que ce liquide soit riche en l'un de ses deux principaux éléments, beurre ou caséine, il devra s'adresser à une race dont les représentants sont reconnus comme les fournissant.

Quand nous disons que l'alimentation agit à peine qualitativement sur le lait, nous envisageons les choses en général. Il faut se rappeler que la mamelle sert de voie d'élimination à quelques substances, médicamenteuses ou non, d'odeur aromatique ou fétide, que la saveur du lait est modifiée et qu'il peut devenir odorant. Des pâturages communiquent au lait et surtout au beurre des vaches qui les paissent un goût particulier et recherché ; dans ces circonstances toutes spéciales l'alimentation influe sur la qualité.

Lorsqu'il s'agit de la quantité, l'action de l'homme est puissante ; il l'élève : 1° en agissant directement sur la mamelle ; 2° en dirigeant judicieusement l'alimentation.

I. ACTION DIRECTE SUR LA MAMELLE

Bien que la sécrétion lactée, pendant la période d'activité de la glande, soit continue, on remarque que certaines manœuvres sur celle-ci en activent le fonctionnement. En observant la façon dont les animaux tettent, on voit qu'ils n'exercent pas seulement la succion et l'aspiration en faisant le vide dans la bouche, ils allongent le mamelon, le pressent, puis battent de temps à autre la mamelle avec la tête. Le veau et l'agneau le font avec une sorte de brutalité.

FIG. 150 — La traite dans un pâturage des Alpes.

Ces remarques ont suggéré sans doute l'idée de pratiquer les mêmes manœuvres de soubattage et de pression et elles ont créé un procédé zootechnique qui non seulement fait recueillir le lait accumulé dans les mamelles, car il ne s'échappe pas spontanément, mais encore permet de l'obtenir en quantité plus grande.

Par une extension qu'on critiquera peut-être, nous désignerons ce procédé sous le nom général de *traite* ou de *mulsion*, tout en reconnaissant qu'il se compose de plusieurs opérations variables suivant les temps et les pays.

La traite n'est pas toujours facile et il est des femelles qui ne veulent pas donner leur lait; on les rencontre particulièrement dans les races mauvaises laitières.

Les muscles du sphincter des trayons sont lisses et soustraits à l'action de la volonté, ce n'est point en leur commandant que l'occlusion se produit. On admet, depuis Furstemberg, que la rétention du lait se fait par la contraction volontaire des muscles abdominaux, la tension du diaphragme et une interruption des mouvements respiratoires. Il en résulte un obstacle au retour du sang amené par les veines abdominales, une stase dans la mamelle, un engorgement des vaisseaux des trayons et une turgescence qui empêche le lait de s'échapper au dehors.

Les anciens, plus que nous probablement, ont eu à se préoccuper des moyens d'empêcher les femelles de « retenir leur lait ».

Hérodote [1] raconte que les Scythes prenaient des os creux, les introduisaient dans les parties génitales des juments et soufflaient dedans, sous prétexte, disaient-ils, de faire gonfler les veines du lait.

En Italie, on est encore obligé, pour quelques vaches peu laitières, d'introduire la main dans les voies génitales et d'exercer une titillation pour obtenir du lait [2].

Si leur veau n'est pas près d'elles, il est parfois peu commode d'avoir le lait des vaches entretenues sur les plateaux du sud-est de la France. Nous avons vu, chez un propriétaire de cette région, un veau empaillé qu'il plaçait devant la bête à traire et qu'elle léchait pendant la mulsion; sans ce singulier procédé, elle n'aurait pas donné son lait. Le voyageur Revoil rapporte que, chez les Somalis de la côte orientale d'Afrique, on met en usage un moyen semblable : un enfant présente à la vache un morceau de peau de veau tendue sur un cadre, la vache le lèche et on obtient ainsi sa tranquillité [3]. Les juments laitières exploitées pour la production du koumyss ne se laissent généralement traire que si leur poulain est à leurs côtés.

Puisque la physiologie démontre que la galactapoièse est particulièrement active pendant la traite, il y a intérêt à ce que cette opération soit effectuée très rationnellement. Mais avant tout, elle doit être faite dans des conditions de propreté parfaite en raison de la facilité de fermentation du lait.

---

[1] Hérodote, *Histoire*, liv. IV, 2.

[2] Vallada, Abbozzo di Taurologia, Turin, 1872.

[3] Revoil, Voyage chez les Benadirs, les Somalis et les Bayouns, en 1882 et 1883 (*Tour du Monde*, année 1885, page 179).

Les personnes qui en sont chargées devront se laver soigneusement les mains et elles nettoieront le pis avant de la pratiquer. Elles se serviront de vases ébouillantés. Chaque fois qu'on pourra traire en plein air, on aura avantage à le faire pour les mêmes motifs.

Elle doit être effectuée à fond, parce que le lait extrait en dernier lieu de la mamelle est le plus butyreux et qu'il importe de n'en point laisser. Il est recommandé de traire la vache en diagonale, c'est-à-dire d'agir en même temps sur un trayon antérieur de l'un des côtés et sur un trayon postérieur du côté opposé. Avec cette pratique, l'excitation nécessaire à l'augmentation de la sécrétion lactée se fait sur chaque glande mammaire d'une façon plus complète.

La mulsion est toujours plus difficile et plus longue, proportionnellement à la quantité de lait donné, sur la brebis que sur la vache. Elle exige par conséquent un personnel plus nombreux ; on estime qu'il faut sept personnes pour traire, deux fois par jour, un troupeau de deux cents têtes. Dans le Larzac, chaque brebis passe successivement entre les mains de deux ou trois valets. Ils commencent par comprimer la mamelle dans les mains, à la façon d'une éponge, et ils traient ; quand la glande ne donne plus rien, ils la froissent, la massent, la soubattent par une sorte d'imitation de l'agneau qui donne des coups de tête en tetant, et ils tirent à nouveau. Il recommencent ces manœuvres jusqu'à ce qu'il leur soit impossible d'obtenir du lait.

Fig. 160
Tube trayeur.

La traite de la chèvre est beaucoup plus simple et se rapproche de celle de la vache.

On a proposé de faire opérer la traite mécaniquement et, pour cela, on a imaginé des *tubes trayeurs*. Ce sont de petits tubes, quelquefois en os, aujourd'hui généralement en maillechort, de 4 à 5 centimètres de long et de 3 millimètres de diamètre. Leur partie supérieure est mousse et fermée; par côté se trouvent des ouvertures par lesquelles s'introduit le lait (fig. 160). Quelques-uns sont munis, à la partie inférieure, d'un appendice destiné à empêcher l'air de rentrer dans le pis une fois que l'écoulement du liquide a cessé.

Ces appareils seront employés quand des gerçures, des crevasses siègent sur le trayon ou qu'il est obstrué par un bouchon caséeux comme dans le cas de lait visqueux. Mais leur usage n'est point à recommander dans les conditions normales, parce qu'ils ne vident pas suffisamment la mamelle, qu'ils n'excitent point la glande comme le fait la main, qu'ils enflamment fréquemment le canal et rendent les vaches difficiles à traire, ou qu'en l'élargissant, ils détruisent l'action du sphincter et qu'à la longue il y a écoulement spontané et goutte à goutte du lait.

Kershaw et Colvin ont imaginé un appareil à traire composé d'un récipient au bord duquel est adaptée une pompe aspirante munie de quatre entonnoirs de caoutchouc destinés à recevoir les mamelons sur lesquels on les applique hermétiquement. Comme il faut deux hommes pour actionner cette machine, elle n'économise point la main-d'œuvre et l'utilité nous en échappe.

L'excitation produite par les manœuvres de la mulsion sur la sécrétion mammaire implique que deux ou trois traites par jour donneront plus de lait qu'une seule. Elle ne se fait pas sentir seulement au moment où on les pratique, elle persiste ultérieurement. Après la traite, la mamelle se remet à fonctionner plus activement et son activité s'atténue au fur et à mesure que le temps s'écoule ; en laissant un intervalle de douze heures entre deux traites, on a moins de lait que si l'on avait trait de six heures en six heures.

Les analyses suivantes de Wolff ont démontré que le lait extrait trois fois par jour des mamelles est plus riche que celui qui provient de deux mulsions :

	LAIT DE 3 TRAITES	LAIT DE 2 TRAITES
Eau.	87,6	87,9
Beurre.	4,1	3,5
Caséine.	4,5	4,4
Sucre.	3,8	4,2

Dans certaines observations, Fleischmann a obtenu 22,6 pour 100 de lait de plus avec trois traites qu'avec deux ; mais ce sont là des chiffres exceptionnels, dans la moyenne on a de 4 à 8 pour 100 de surplus. Cela dépend beaucoup des bêtes et des races.

Il faut donc faire trois traites par jour ; il ne paraît pas avantageux d'aller au delà, parce qu'alors on est obligé de déranger trop souvent les femelles, on les empêche de manger et de digérer, et conséquemment de transformer les matériaux producteurs du lait.

Relativement à la quantité de lait fournie à chaque traite, plus elles sont nombreuses et rapprochées, moins il y a de différence entre elles. On a remarqué néanmoins que la traite du matin, lorsque les animaux sont au régime du pâturage, donne toujours une proportion un peu plus forte que celle du soir.

II. ALIMENTATION DE LA BÊTE LAITIÈRE

La bête laitière doit être nourrie aussi abondamment que possible, tel est le principe dominateur à ne jamais perdre de vue. Il est plus avantageux de nourrir très largement dix bêtes que d'en alimenter médiocrement vingt. La ration doit être établie de telle façon qu'à chaque repas la bête soit rassasiée ; trop faible, elle sera employée pour l'entretien et non pour la production.

Une fois constituée, elle sera continuée sans changement quantitatif. Boussingault, Maertens ont montré combien est préjudiciable une diminution dans la nourriture et, plus récemment, M. Mer a prouvé que, si l'on attend que la lactation baisse pour enrichir la ration, on n'arrive plus avant le vêlage suivant à la relever. La saison d'hiver est trop souvent un temps où la vache est insuffisamment nourrie, sa production faiblit et ne peut être ramenée au printemps suivant à un taux convenable.

Il arrive parfois qu'une augmentation de la ration n'a pas d'effets favorables, les vaches engraissent, mais ne donnent pas davantage de lait. Le monde agricole n'attache pas assez d'importance à l'uniformité et à la régularité de la ration de la vache laitière. Les alternatives d'abondance et de disette que subissent les animaux des pays chauds sont peut-être pour beaucoup dans la faiblesse de leur faculté laitière.

On a discuté jusqu'à la puérilité s'il est préférable de tenir les vaches au pâturage ou à l'étable, comme si ce n'était pas le système cultural du pays et le milieu où l'on se trouve qui imposent le mode d'entretien du bétail.

Entretien au pâturage. — La bête laitière est entretenue dans des herbages de plaine ou sur des pâturages de montagne, dans tous les pays de production laitière, beurrière et fromagère.

On peut citer comme exemple ce qui se passe en Normandie, dans le Bessin. Les vaches cottentines restent *constamment*, jour et nuit, hiver et été, dans les herbages où elles trouvent largement à manger, sauf en hiver où on leur apporte au pré une ration supplémentaire de foin. On les trait trois fois par jour à l'herbage même, elles se prêtent docilement à cette opération et donnent jusqu'à 30 litres de lait, chaque journée, en été. La vache laitière est plus exigeante que le bœuf. On estime généralement que deux hectares de ces prairies peuvent nourrir quatre bœufs et seulement trois vaches laitières.

On trouve dans les pays de l'ouest et du nord de l'Europe : îles Britanniques, Belgique, Hollande, Prusse Rhénane, Hanovre, Schleswig-Holstein et Danemark des conditions se rapprochant plus ou moins de celles de la Normandie, et dans ces pays l'industrie laitière est prospère.

La flore n'est pas sans influence sur le rendement ; il est connu que les Prêles amènent une forte diminution de la sécrétion lactée.

Dans les régions montagneuses, les pâturages nourrissent des troupeaux de vaches laitières. En France, les hautes chaumes des Vosges, les alpages du Jura et des Alpes, les montagnes de l'Auvergne sont des régions où leur exploitation constitue l'industrie dominante. Tous les États de l'Europe centrale sillonnés par la chaîne des Alpes sont dans la même situation. On admet qu'un hectare d'alpe suffit à une vache laitière.

Les pâturages sous bois, dont les herbes sont gênées dans leur développement par la végétation arborescente, demandent jusqu'à trois hectares pour l'entretien d'une vache laitière. Indépendamment de quelques plantes vénéneuses que les animaux sont exposés à y trouver et du mal de brou qu'ils peuvent contracter au printemps, on se souviendra que l'Ail des ours *(Allium ursinum)*, assez commun sous bois, communique au lait une odeur et une saveur *sui generis*, qui en rendent la consommation impossible par l'homme, tandis que l'anis, l'absinthe et l'angélique qu'on rencontre aussi dans ces pâturages lui donnent une saveur aromatique, fugitive, mais agréable. On accuse l'*Anchusa officinalis* de le rendre bleuâtre quelque temps après la traite.

Dans beaucoup des conditions qui viennent d'être indiquées, les bêtes restent au pâturage pendant toute la belle saison, il y a des abris pour les mauvais temps ; les chalets alpestres et les burons auvergnats sont connus. Si la dépaissance comportait la rentrée chaque soir à l'étable, il y aurait lieu de se rappeler que la fatigue nuit à la sécrétion lactée et si la distance à parcourir était trop considérable, on devrait aviser et établir un hangar dans la pâture.

Lorsque la surface de prairies naturelles ou d'herbages n'est pas suffisante pour l'alimentation des vaches laitières qu'on entretient sur le domaine, on a recours aux fourrages artificiels, aux racines et aux tubercules. On les fait consommer sur place ou à l'étable.

La nature des fourrages cultivés est fort variable et dépend des localités, des climats, des terrains et un peu des coutumes.

En France, « les céréales d'hiver, le seigle surtout, l'escourgeon, seules ou mélangées avec la vesce, sont excellentes pour la nourriture des vaches ; on les fauche au printemps. Elles fournissent une bonne alimentation et laissent ensuite la terre libre pour une seconde récolte. Le trèfle incarnat présente l'avantage d'être très précoce, de n'occuper la terre que peu de temps et de venir dans des terres légères, superficielles, médiocres. Malheureusement il n'est pas bien bon pour le lait. Le trèfle ordinaire, la luzerne, un peu plus précoce, le sainfoin, excellent pour le beurre, l'ajonc, les choux, etc., peuvent être utilisés ensuite. Plus tard, on a les pois, les pesettes qui, semés en mars, peuvent être coupés quand, au mois de juin, ils se trouvent en fleurs. Enfin le maïs semé dru, le millet, le sorgho, le sarrasin, etc. » (Tisserant).

Les choux fourragers et les panais rendent des services dans l'Ouest, les betteraves dans le Nord et l'Est, les choux-raves et les raves dans le Centre, les fruits des cucurbitacées dans le Midi. On utilise aussi les débris de l'effeuillage des betteraves, de la vigne, du mûrier et de beaucoup d'arbres exploités en têtards dans le Midi : chênes, frênes, ormeaux, acacias, tilleuls, aulnes, peupliers, etc.

L'alimentation prolongée aux panais et aux crucifères communique une saveur particulière au lait ; les feuilles de frênes seraient peu recommandables, parce qu'elles diminuent le lait suivant les uns, lui communiquent un mauvais goût suivant d'autres.

En Angleterre, dans ce qu'on appelle les fermes laitières, on cultive simultanément betteraves, choux fourragers, turnips, orge et avoine. Avec ces aliments et l'herbe ou le foin des prairies naturelles, on donne généralement des tourteaux de coton décortiqué, quelquefois de la farine de maïs ou même de graines de palmiers.

On s'efforce, dans ces fermes, à l'aide d'aliments supplémentaires, d'entretenir une vache par hectare.

La chèvre laitière cherche sa nourriture au dehors, dans les coteaux et les friches, la plus grande partie de l'année; on se préoccupe peu de son alimentation et on la laisse vagabonder à son aise. Son agilité fait qu'il n'y a pas à se préoccuper de la fatigue qu'elle peut ressentir dans ses courses et que la sécrétion lactée n'en est pas amoindrie.

Le régime de la brebis laitière est, à peu de chose près, celui de la chèvre.

Entretien en stabulation. — Tous les fourrages verts dont il vient d'être question peuvent être distribués à l'étable et il y a toujours avantage à les faire entrer dans la ration des bêtes laitières.

L'observation a appris que, parmi les fourrages secs, il faut choisir le regain pour les vaches laitières; elles l'utilisent très bien et il pousse à la production du lait.

Aux diverses sortes de foin et de regain, il est recommandé d'associer des aliments plus aqueux, car il est très important qu'une forte proportion d'eau soit ingérée par les vaches laitières. Les résidus industriels, drêches et pulpes, conviennent fort bien. Il est des laitiers qui distribuent jusqu'à 50 litres de drêche par jour et par bête, en outre de la ration de foin et d'autres aliments concentrés.

Le malt est une bonne nourriture, on en donnera de 1/2 kilogramme à 1 kilogramme par jour; il en est de même des touraillons. Par contre, le marc d'eau-de-vie, surtout s'il est distribué chaud, convient mal. Sous son influence, le lait est pauvre en globules gras et se caille plus lentement que le lait normal. Les gousses de légumineuses et les siliques de crucifères, les pailles et les menues pailles sont des aliments trop durs et surtout trop secs pour des laitières. Celles de pois doivent être particulièrement proscrites, elles diminuent la sécrétion du lait.

On doit faire subir des préparations aux pailles, après quoi on en obtient des effets utiles. Ces préparations peuvent et doivent être variées suivant les circonstances. Elles consistent le plus souvent à les hacher, à les mélanger avec du foin, à les arroser avec de l'eau salée ou de l'eau de buvée de tourteaux, ou même de l'eau de mélasse ou de cassonade, et à les laisser en tas une journée pour se ramollir et commencer à fermenter. Le mélange se fait aussi avec des racines ou des tubercules divisés et on laisse fermenter; on peut, qu'il y ait mélange ou non, soumettre à la cuisson, à l'eau ou à la vapeur.

La cuisson est un excellent mode de préparation alimentaire. Dans quelques villages des Hautes-Alpes, on va sur les montagnes récolter un foin très aromatique. Pendant l'hiver, on en jette dans de l'eau chaude, on fait un thé de foin qu'on distribue aux vaches laitières qui s'en trouvent fort bien.

Deux sortes de fermentations se produisent avec les fourrages ensilés : l'une est dite douce et l'autre acide. D'essais faits avec cette alimentation par diverses personnes et notamment par M. Mer, il résulte que la fermentation douce fournit de bons aliments aux laitières, tandis que l'acide donne un fourrage qui laisse le lait avec son rendement, mais fait maigrir le bétail, probablement par la diarrhée qu'il occasionne.

Les tourteaux sont donnés surtout en buvées. Leur addition au foin ou autres aliments n'accroît guère la quantité de lait, mais elle a l'avantage, pour les bonnes laitières, de maintenir le taux journalier plus longtemps que si l'on n'en donnait pas, et elle laisse les médiocres en bon état d'engraissement quand elles tarissent. Un choix est à faire. Ceux de lin, d'œillette, de chanvre sont recommandables, ceux de noix ne doivent être distribués que frais. Parmi ceux qui proviennent des crucifères, celui de colza est passable, ceux de navette, de moutarde et de cameline communiquent au lait, quand la distribution en est prolongée trop longtemps, un goût spécial rappelant celui du navet. Dans les tourteaux d'origine étrangère, on fait grand cas de ceux de coton décortiqué et de palmiste. A la ferme d'application, les essais ont été très satisfaisants avec ceux de coprah.

Plusieurs graines de légumineuses peuvent être distribuées, telles que les fèves et les féverolles, mais l'expérience démontre que les vesces égrugées et les lupins diminuent la sécrétion lactée [1]. Ce résultat est à rapprocher des observations médicales qui apprennent que l'alimentation avec les pois fait baisser le lait des nourrices.

Les semences de trèfle et de luzerne sont bonnes. Il y a toujours avantage à les ramollir par la cuisson, la macération, la fermentation avant de les donner.

L'anis et le fenouil jouissent aux yeux des agriculteurs de propriétés galactagogues. Les graines de lin concassées ou cuites sont également considérées comme très bonnes. Il y a beaucoup d'apparences que les poudres diverses offertes aujourd'hui comme condiment pour les femelles laitières sont constituées en partie par les graines précitées.

Les farines plus ou moins finement pulvérisées sont estimées de la même manière et doivent être distribuées en suspension dans l'eau tiède.

[1] Kuhn, *l'Alimentation des bêtes bovines*, 243-246.

Le son est très apprécié des laitiers et à juste titre. Très avide d'eau, on l'en imprègne avant de le distribuer et l'on en introduit ainsi beaucoup dans l'économie de l'animal. C'est d'ailleurs la partie du grain la plus riche en pectose.

Il est toujours prudent dans une ferme laitière de faire pour l'hiver une bonne provision de racines et de tubercules. En tête se place la carotte ; puis viennent les betteraves, les rutabagas, les navets et les raves, sous le bénéfice des observations présentées plus haut à propos des tourteaux de crucifères.

La pomme de terre est plus utile dans l'alimentation des bêtes laitières qu'on ne le croit généralement. Mais dans sa distribution, on se rappellera qu'elle doit être donnée cuite, associée à des fourrages et spécialement à du foin. Si ces prescriptions sont suivies, on constate qu'elle pousse à la sécrétion du lait ; sont-elles négligées, on peut faire naître des malaises sur les femelles ou rendre le lait difficile à baratter.

La richesse des plantes méridionales en matières ternaires est une bonne condition d'alimentation pour les bêtes laitières. Sans revenir sur les tourteaux expédiés d'Afrique et d'Asie, rappelons que les farines de caroubes et de graines de palmiers, les graines du dari ou durra (variété de l'*Andropogum sorghum)* sont importées en Angleterre où les laitiers les mêlent à des racines pulpées et à de la paille hachée.

Moins exigeante que la vache, la chèvre utilise les fourrages assez médiocres qui lui sont distribués à la chèvrerie. C'est surtout pour elle que sont faites les provisions de brindilles et de feuilles. En Algérie, l'administration de noyaux de dattes pilés ou ramollis dans l'eau bouillante augmente sa production de lait.

La brebis laitière est nourrie à peu près de la même façon que la chèvre, avec cette différence pourtant qu'elle reçoit davantage de foin, de luzerne et de sainfoin. On lui distribue aussi beaucoup de feuilles dans le Midi. En octobre a lieu la récolte de celles du mûrier ; on les fait sécher et elles servent de provisions d'hiver. On les fait cuire et on les donne aux brebis mères ; celles-ci ont beaucoup de lait sous l'influence de ces soupes.

Boissons. — La forte proportion d'eau que contient normalement le lait (85 pour 100 en moyenne) est empruntée au sang après que celui-ci a distribué aux organes ce qui est indispensable à leur fonctionnement normal. Il en découle que plus on fournira au liquide sanguin, tant par les aliments que par les boissons, d'eau en surplus du nécessaire à la conservation de la vie, plus on en met à la disposition des mamelles.

Il est donc de première importance de s'ingénier à en faire entrer la plus forte proportion possible dans l'organisme de la bête laitière. On y arrive par les herbes fraîches, les racines, les résidus industriels semi-liquides, le son mouillé, les buvées et les aliments cuits. On s'efforce aussi de la faire boire le plus possible ; on a recommandé d'allumer sa soif en lui distribuant de 15 à 40 grammes de sel chaque jour. L'usage des boissons tièdes a été préconisé ; il est d'autant plus avantageux que la saison est plus froide et que les boissons qui seraient prises à même par les vaches dans les auges ou les fontaines seraient à une température plus basse. L'expérience suivante le prouve :

Nous choisissons au commencement de janvier deux vaches tarentaises inscrites au Herd book de la ferme sous les numéros 29 et 15, aussi semblables que possible sous le rapport de l'âge et du moment du vêlage. Observées pendant huit jours, nourries de le même façon et buvant à même dans l'auge de la cour, ces deux vaches ont donné : le numéro 15, 7 litres 400 par jour, le numéro 29, 6 litres 500. Le 14 janvier, on laisse le numéro 15 s'abreuver à l'eau froide et le numéro 29 est abreuvé à l'écurie d'eau tiède à 20°-25°. Les choses sont continuées ainsi pendant vingt jours. Après ce laps de temps, on expérimente en sens inverse, pendant une nouvelle période de vingt jours ; le numéro 29 est forcé de s'abreuver à l'auge de la cour et le numéro 15 reçoit à son tour de l'eau tiède. Le tableau suivant montre d'une façon concise les résultats obtenus :

NUMÉROS	ABREUVÉE A L'EAU	RENDEMENT QUOTIDIEN AU DÉBUT DE L'EXPÉRIENCE	RENDEMENT APRÈS 20 JOURS D'EXPÉRIENCE		PERTE JOURNALIÈRE	GAIN JOURNALIER
			Total	Quotidien		
		lit.	lit.	lit.	lit.	lit.
15	Froide.	7,400	146	7,300	0,100	»
29	Tiède	6,500	158	7,900	»	1,400
15	Tiède	7,300	153	7,650	»	0,350
29	Froide	7,900	123,500	6,170	1,730	»

Il est des circonstances qui augmentent ou diminuent, dans des proportions importantes, la quantité totale d'eau éliminée par l'organisme et en particulier celle qui est rejetée par la peau. Plus l'air est saturé d'humidité, moins les pertes sont grandes ; quand il est sec et chaud ou renouvelé, elles sont à leur maximum. Ce fait impose la conclusion qu'il est des pays privilégiés pour l'entretien des bêtes laitières au pâturage, ceux où l'hygroscopicité de l'air est grande, tandis qu'il en est d'autres où il n'est pas possible et où ce serait une fausse manœuvre que de le tenter. Les prairies y sont rares et maigres d'ailleurs. Il faut aussi faire une dis tinction d'après le revêtement pileux des animaux. Il semble bien que c'est en partie parce qu'elle est protégée par sa toison contre les déperditions cutanées que la brebis reste une laitière passable dans le Midi.

Les habitations où sont entretenues les bêtes laitières doivent être disposées de façon que les déperditions en question y soient aussi réduites que possible. Elles ne seront pas ventilées à l'excès et un renouvellement trop actif de l'air n'activera pas la perspiration cutanée; elles ne seront ni trop chaudes, ni trop froides et leur température oscillera aux environs de 12°.

Il y aurait lieu de rechercher, par l'expérimentation, si en maintenant des bêtes laitières dans des étables où l'on verserait de l'eau de façon à saturer l'atmosphère d'humidité, on n'arriverait pas à pouvoir les exploiter dans des pays chauds et secs et si on n'augmenterait pas leur rendement dans les conditions habituelles des étés de l'Europe centrale.

CHAPITRE V

DE L'ACCLIMATATION ET DE L'ACCLIMATEMENT

Il se présente des circonstances où l'homme n'a pas seulement à mettre en œuvre les procédés zootechniques sur les animaux de sa région, mais ou se pose pour lui la question de leur transport dans d'autres contrées et celle de l'importation de sujets étrangers.

Ce qui a été dit de l'action du milieu sur l'organisme montre qu'il faut adapter celui-ci à celui-là. Cette adaptation constitue l'*acclimatement* et l'intervention humaine destinée à la favoriser et à la réaliser porte le nom d'*acclimatation*.

On est obligé de se préoccuper de l'acclimatation : 1° quand on introduit dans une région des animaux d'une espèce qui y vit déjà, mais *appartenant à d'autres races;* 2° lorsque l'introduction porte sur des *espèces étrangères.*

1. ACCLIMATATION DE RACES

Le transport d'une race en dehors de son habitat, mais dans les limites de l'aire de son espèce est très fréquent : les administrations militaires l'effectuent tous les jours et dans tous les pays, et il est commun de voir les praticiens, qu'ils exploitent dans la mère-patrie ou dans les colonies, introduire dans leurs domaines du bétail étranger.

Les opérations militaires laissées de côté en raison de leur caractère spécial, la discussion de l'utilité de ces introductions d'animaux étrangers, souvent de grand prix, trouvera sa place à propos des entreprises zootechniques; pour le moment, on ne s'arrêtera qu'à la question d'acclimatation.

Les difficultés ne sont point les mêmes dans toutes les occurences, elles dépendent de l'étendue des dissemblances dans les conditions d'existence. Ce n'est pas toujours l'éloignement du centre primitif qui amène les plus fortes, parfois des conditions d'alimentation ou d'hygiène en produisent de plus importantes, bien que la distance ne soit pas très considérable.

Quand les différences ne sont pas accentuées, l'adaptation est relativement facile et elle ne constitue que le *petit acclimatement*; lorsqu'elles le sont davantage, la tâche est plus difficile, on lui réserve le nom d'*acclimatement proprement dit* et parfois de *grand acclimatement*.

Petit acclimatement. — Il est surtout applicable aux jeunes chevaux qui, achetés pour l'armée ou de grandes compagnies de transport, passent de la prairie ou de l'écurie de l'éleveur dans une situation toute différente. Mais dans toutes les espèces domestiques, les sujets de race très perfectionnée, achetés dans des établissements spéciaux ou chez les grands éleveurs, ont à subir aussi le petit acclimatement.

Ici, il ne s'agit guère de lutter contre un changement de climat, car la différence est souvent négligeable, il faut se préoccuper surtout des modifications quantitatives et qualitatives du régime, du travail nouveau à imposer s'il y a lieu et éloigner les causes de contagion.

Les modifications dans l'alimentation sont souvent péniblement supportées au début; le jeune cheval qui passe de la prairie dans les dépôts de remonte souffre de sa mise au régime de l'avoine et des fourrages secs. Il est conforme aux règles d'une bonne hygiène d'effectuer ce passage graduellement, de soumettre, si possible, d'abord les animaux à un régime mixte avant de les faire arriver à l'alimentation définitive qui doit être la leur.

Il devra en être de même du travail qu'on se propose de leur demander; la période du dressage surtout exige les plus grands ménagements si l'on ne veut pas s'exposer à les tarer prématurément. On devra ne confier cette tâche qu'à des hommes dont la douceur de caractère soit une garantie que les animaux ne seront pas brutalisés. Une fois le dressage effectué, le travail utile et effectif sera demandé également par gradation.

Par suite du changement de régime, des affections intestinales se déclarent pendant le petit acclimatement; l'homme de l'art interviendra et il veillera précisément à ce que la gradation que nous disons indispensable, soit suivie. D'autres affections d'un caractère contagieux éclosent, surtout s'il y a agglomération. L'organisme, toujours un peu ébranlé par un changement de milieu, est plus facilement envahi par les contages; on doit s'efforcer d'en tarir la source.

Acclimatement proprement dit. — De même que les espèces sont d'une malléabilité inégale vis-à-vis des milieux, on remarquera qu'il y a, vis-à-vis de l'acclimatement, de l'inégalité dans les races. Les unes s'y plient facilement et deviennent presque cosmopolites, les autres ne peuvent s'adapter et disparaissent.

Lorsqu'on transporte dans le Midi des bêtes bovines des races bretonne et normande, les premières s'accommodent du nouvel état de choses, leur faculté laitière ne baisse pas trop, tandis qu'elle décroît considérablement chez les secondes. Les deux races bretonne et normande étant originaires d'un pays de même latitude et de même climat, leur inégalité de résistance est de nature ethnique.

Dans l'espèce ovine, la race mérine est un des exemples les plus remarquables de cosmopolitisme.

Les épagneuls et les caniches réussissent mal en Afrique et s'y anémient, tandis que les braques résistent au climat et font souche, à côté des sloughis et des kelbs indigènes.

Les chances d'acclimatement seront d'autant plus prononcées qu'on s'éloignera moins des conditions suivantes :

1° Que le mouvement migratoire soit lent et résulte d'une extension de proche en proche ;

2° Qu'il ait lieu sur la même bande isotherme ou un peu au nord de cette bande ;

3° Qu'il y ait croisement avec les races aborigènes.

Le bien-fondé de chacune de ces propositions a été démontré par l'expérimentation et par l'observation.

En ce qui concerne la première, on a prouvé expérimentalement que, suivant que le passage d'un milieu dans un autre est subit ou graduel, les résultats sont différents. Beudant, qui s'est occupé l'un des premiers de ce sujet, a montré que les patelles et les balanes succombent si on les transporte sans transition de l'eau de mer dans l'eau douce, peut-être par perturbation des phénomènes d'endosmose, tandis qu'en effectuant ce transport par une série de transitions, on parvient à les faire vivre successivement dans les deux milieux et même dans une eau chargée de sel jusqu'à saturation.

P. Bert, sur le même sujet, a fait des observations très intéressantes :

Quand l'eau douce où vivent les daphnies est arrivée en quelques jours à un degré de salure correspondant environ au tiers de celui de l'eau de mer, elles meurent toutes assez rapidement ; mais quelques jours plus tard, on voit reparaître des daphnies nouvelles qui proviennent des œufs de celles qui sont mortes. Il y a ainsi acclimatation non dans l'individu, mais dans l'espèce. Ces daphnies diffèrent notablement par la taille de celles qui les ont précédées, mais l'examen microscopique n'a fait reconnaître aucune modification appréciable dans leur structure [1].

Nous voyons donc ici une acclimatation d'espèce qui se fait à la seconde génération et en agissant sur les œufs.

[1] Bert, Sur la cause de la mort des animaux d'eau douce qu'on plonge dans l'eau de mer et réciproquement (*Comptes rendus de l'Académie des sciences*, 16 juillet 1883).

Les plus belles expériences d'acclimatation sont dues à Döllinger. Il expérimenta sur plusieurs espèces de Flagellés appartenant aux genres *Tretamitus* et *Monas*.

Il cultiva ces monades dans un bouillon nutritif maintenu à une température progressivement et lentement croissante. Il débuta par $+15°,5$ qu'il mit quatre mois à élever de $+5°,5$. Il n'en résulta pas de changement appréciable sur les petits êtres en observation. Pendant les trois mois suivants, il éleva la température de $+1°,6$. Un grand nombre de monades périrent; ce degré $(22°,6)$ fut maintenu pendant deux mois et les animaux avaient repris leur vigueur. On éleva à $23°,6$; nouvelle mortalité; on laisse à ce degré pendant six semaines, laps pendant lequel les monades sont tout à fait acclimatées. On élève peu à peu pendant cinq mois à $25°,5$; la mortalité fut considérable, mais enfin on obtint des générations capables de vivre à cette température. Disons aussi que les monades se vacuolèrent. C'était pobablement un phénomène morbide, car les vacuoles disparurent petit à petit pendant les cinq mois qu'on mit à gagner $+1°,1$ pour atteindre $+26°,6$. Elles se vacuolèrent de nouveau lorsqu'au bout de neuf mois on atteignit $+33°,5$. En trois semaines, on arriva ensuite à $41°,5$, en sept mois à $58°,3$, température à laquelle on dut rester pendant douze mois, puis on atteignit $+65°$ et enfin $+70°$, degré où l'expérience fut interrompue par un accident.

Döllinger avait mis près de quatre ans pour franchir toutes les étapes dont il vient d'être question, mais quelle belle démonstration de la possibilité de changer les conditions d'existence par une action graduée!

L'observation de l'extension de l'espèce humaine ou tout au moins de la race aryenne est confirmative de ces faits expérimentaux. C'est graduellement qu'elle a irradié de l'Asie centrale en marchant vers l'est, qu'elle s'est implantée en Europe et qu'elle en a peuplé presque la totalité.

Les races animales offrent la même démonstration; la race bovine des steppes et le cheval arabe par une extension de ce genre se sont répandus sur l'immense étendue de terrain qu'ils occupent aujourd'hui.

Chaque fois que le transport se fait brusquement, on risque d'échouer et le temps est un facteur indispensable.

La seconde proposition, qui indique l'extension des individus sur la même bande isotherme ou un peu au nord de cette bande comme une condition de réussite, est prouvée avec non moins d'évidence que la première, par les observations faites sur les végétaux, les animaux et l'homme. Il y a du reste une connexité si étroite, bien qu'elle ne soit pas absolue, entre la quantité annuelle de chaleur subie par une localité et sa végétation d'une part, entre sa végétation et sa population animale d'autre part, qu'il n'y a pas à s'étonner de voir les mêmes espèces animales prospérer dans des conditions climatériques peu différentes, fut-ce à des longitudes très éloignées. Il faut tenir compte aussi de l'altitude, des marécages, de l'infection miasmatique, du boisement, de la stérilité du sol, toutes causes qui modifient les climats. Mais prise dans son sens général la proposition est vraie; les Français réussissent au

Canada et même à la Louisiane et ne peuvent se maintenir dans l'Amérique Centrale, notamment à la Guyane, les Anglais prospèrent aux États-Unis, les Espagnols et les Portugais s'acclimatent à Cuba, dans toute l'Amérique du Sud et en Afrique.

Parmi les espèces animales domestiques d'Europe, la race bovine bretonne s'est solidement implantée au Canada, la hollandaise en a fait autant aux États-Unis, tandis que c'est la méditerranéenne importée par les Espagnols qui a pris pied dans les États américains du sud.

Une population végétale ou animale s'étend avec davantage de chances de survie beaucoup plus au nord de sa ligne isotherme qu'au sud. La tendance des êtres est plutôt de se porter vers le midi que vers le nord sans doute à cause de la beauté du climat, mais ils s'y modifient rapidement dans le sens de la prédominance des organes végétatifs. Transportés dans le nord, les modifications qu'ils y subissent donnent plutôt la prééminence aux organes de la vie de relation.

La plupart des plantes produisent dans les pays septentrionaux des graines plus grandes et plus lourdes que sous l'équateur, ce qu'on attribue à la longue durée des jours d'été. Des haricots transportés de Christiania à Dronthein ont fourni dans cette dernière localité des graines ayant gagné plus de 60 pour 100 en poids ; du thym, de Lyon, planté à Drontheim a gagné 71 pour 100 ; inversement la graine des plantes du nord, développée dans les climats plus tempérés, perd de son poids.

Le phénomène s'exerce dans le même sens sur l'homme et les animaux. L'histoire apprend que c'est en vain que les peuples du Nord ont envahi si souvent le Midi et en ont vaincu les habitants. Jamais ils n'ont pu y prendre pied solidement, ils ont été décimés par le climat ou absorbés par le croisement continu avec les autochtones. Ceux-ci semblent mieux s'acclimater dans le Nord ; on sait qu'aux États-Unis les nègres se sont développés et multipliés dans des proportions inquiétantes pour les populations blanches.

Le fait n'est pas moins patent pour les animaux domestiques. Les races chevalines de trait réussissent mal en Afrique, des vaches hollandaises transportées en Espagne y ont perdu leurs caractères laitiers. Par contre, les chevaux orientaux se sont fort bien acclimatés dans le nord de la France, en Allemagne, en Danemark, en Russie, en Angleterre. La formation de la variété anglaise de course, les bons résultats obtenus en Danemark de l'introduction de l'étalon arabe et la création de la race de Frédériksborg, par son union avec les juments des îles, la formation de celles de Trakenen et des Kleppers en Allemagne et en Russie en sont des preuves. L'histoire du mouton mérinos, originaire d'un climat méridional, fournit aussi un argument du même ordre. Il s'est rapidement multiplié en Europe jusqu'au point où l'humidité du sol et de l'atmosphère l'exposant à la cachexie aqueuse qui le décime, arrêta son expansion. Par

contre, le southdown et surtout le leicester se répandent plus difficilement dans le Midi. La poule cochinchinoise et le cochon de Siam se sont
acclimatés et multipliés sans difficulté en Europe.

L'altitude peut corriger les effets de la latitude et permettre à des
sujets du Nord de vivre et de faire souche dans le Midi. Les Kabyles
vivant sur les hauteurs de l'Atlas africain en sont un exemple pour
l'espèce humaine ; les moutons dishleys qui prospèrent sur quelques hauts
et bons pâturages des Cévennes en offrent un pour le bétail.

Les causes qui rendent l'acclimatement plus difficile quand on descend
vers le Midi, sont complexes. On se trouve en présence d'agents spéciaux
engendrant l'impaludisme et d'autres maladies infectieuses, puis de la
chaleur qui agit comme agent morbigène.

A ne considérer que la chaleur, son influence malfaisante est due à la
tension de la vapeur atmosphérique. Plus elle s'élève, plus s'abaisse la
pression de l'air sec, d'où insuffisante tension de l'oxygène et par suite
réduction de l'hématose, de l'exhalation pulmonaire et de l'évaporation
cutanée. Comme conséquence il y a augmentation de la partie séreuse du
sang, marche vers l'hydrohémie, rétention du calorique et tendance à
l'hyperthermie qui devient pathologique. La rétention dans le système
circulatoire de la vapeur d'eau augmente la pression générale, il y a ré-
percussion à la peau et par suite hyperactivité de la sudation. Celle-ci,
par son exagération amène la soif, l'absorption exagérée des liquides d'où
augmentation de pression dans le système de la veine porte, grossissement du foie, polycholie, troubles graves dans la fonction digestive et
finalement dépérissement organique.

Les animaux domestiques n'échappent point aux affections paludéennes
qui font de si effroyables hécatombes dans l'espèce humaine. Le cheval
européen, le mulet lui-même pourtant si résistant, sont atteints en
Cochinchine, au Sénégal, au Brésil, dans les Indes anglaises de maladies
spéciales caractérisées par de l'anémie, des poussées à la peau, de la paralysie, de l'ictère. L'espèce bovine transportée d'Europe dans les parties
marécageuses des pays chauds est emportée par une fièvre pernicieuse.
L'épagneul employé à la chasse au marais dans les Antilles succombe
à l'intoxication palustre.

Boudin a prétendu que l'acclimatement réussit mieux quand l'émigra-
tion se fait de l'hémisphère boréal dans l'hémisphère austral, que dans
le sens opposé. Il s'appuyait surtout sur la réussite complète des Hollandais
établis au cap de Bonne-Espérance. Nous pouvons ajouter que le bétail
hollandais introduit dans cette pointe de l'Afrique a également bien réussi.
Il en est de même pour le bétail anglais et français introduit en Australie
qui s'y est si complètement acclimaté. Mais il est reconnu qu'il y a dans
l'hémisphère boréal des localités affreusement insalubres et où l'acclimatement n'est guère possible, comme les terres basses de Madagascar et les

côtes orientales d'Afrique. La particularité que signale Boudin ne semble pas concorder avec la réalité. Austral ou boréal, peu importe le continent, ce qui agit en l'affaire ce sont les divers facteurs du climat.

Il arrive que l'individu s'acclimate mais ne peut faire souche dans le pays où il est jeté. Dans le règne végétal, cela se voit pour quelques plantes des pays méridionaux où tempérés ; transportées dans le Nord, elles y végètent même vigoureusement, mais n'y trouvent pas la somme de chaleur nécessaire pour y mûrir leurs fruits et pouvoir s'y reproduire par graines, telle est la vigne en Angleterre et le maïs dans le nord-est de la France.

Avec la facilité qu'il a de pouvoir se déplacer et émigrer parfois à des distances considérables, l'animal sauvage sauvegarde l'avenir de sa lignée. L'homme obligé par ses devoirs sociaux à résider dans un endroit déterminé, l'animal domestique qu'il force à vivre à ses côtés sont dans des conditions défavorables. Il peut arriver que leur faculté reproductrice diminue ou disparaisse momentanément. Les oies d'Europe, importées à Santa-Fé de Bogota, ont d'abord pondu des œufs clairs ou desquels sortaient des oisons souffreteux qui succombaient en grand nombre ; ce n'est qu'au bout de vingt générations que la reproduction a retrouvé son cours normal. Dans quelques régions, la mortalité l'emporte toujours sur la natalité et la fin de la race arriverait s'il n'y avait pour la renforcer, d'incessants envois de la mère-patrie. Cette circonstance existe aux Antilles et dans l'Inde anglaise pour les Européens.

Une autre particularité due au changement de climat sur laquelle l'attention a été appelée à propos du déterminisme de la sexualité est la prédominance de la natalité des individus du sexe féminin, prédominance remarquée dans l'espèce humaine et sur quelques espèces domestiques particulièrement observées à ce point de vue (voyez page 194).

Le croisement avec les races aborigènes favorise l'acclimatement. Il est d'observation que les créoles sont plus résistants que les blancs dans les contrées chaudes, moins déprimés par le climat, plus actifs, plus féconds et moins touchés par les maladies infectieuses. Il en est de même pour les animaux; l'exploitation des métis est souvent plus avantageuse que celle des sujets de race pure.

Tout en se conformant autant que possible aux indications précédentes, l'homme favorise encore l'acclimatement en entourant les animaux de précautions particulières qui rendent moins brusque le passage de la condition primitive à l'état actuel.

Ces précautions portent sur les habitations, la nourriture, les boissons, les vêtements et les soins de la peau ; elles doivent varier suivant les climats et la topographie et elles se résument en ceci : atténuer autant que possible les différences d'avec le milieu originel et habituer peu à peu les sujets à leur nouvel habitat.

II. ACCLIMATATION D'ESPÈCES NOUVELLES

L'acclimatement d'une espèce est plus aléatoire que celle d'une race parce que les conditions dans lesquelles vivent les groupes spécifiques sont plus différentes, en général, que celles où vivent les collectivités ethniques. La part faite à cette circonstance, l'acclimatation doit être conduite dans le même sens, ce n'est qu'une affaire de degré et ce qui a été dit pour les races s'applique aux espèces. D'ailleurs, de deux choses l'une : ou l'acclimatement se fait sans difficultés, comme cela eut lieu pour les animaux domestiques européens exportés en Amérique et en Océanie et pour les animaux américains, asiatiques et africains importés en Europe, ou il n'est possible qu'à l'aide de soins incessants et de fortes dépenses, alors ce n'est plus une opération zootechnique courante et nous n'avons point à en parler.

En supposant que nombre d'espèces ne soient pas plus difficiles à acclimater que ne le furent autrefois celles qu'on introduisit chez nous, il faut se demander s'il y a utilité à le faire.

En se plaçant à un point de vue général, personne ne pourrait soutenir qu'il n'y a plus rien à tenter et que la totalité des aliments disponibles est utilisée au mieux. Qui pourrait affirmer, par exemple, qu'il n'y a plus dans nos cours d'eaux, place pour des espèces nouvelles qui tireraient meilleur parti que celles que nous possédons de ressources roulant inutilisées vers la mer?

Sur le terrain de la zootechnie, on est plus réservé parce que les espèces domestiques ont été, par un travail de longue haleine, adaptées à nos besoins, que nous les avons fait varier en vue de la réalisation de nos désirs et qu'actuellement ce sont les organismes les plus perfectionnés dont nous puissions disposer pour la production des valeurs en vue desquelles ils sont exploités. Mais il ne s'agit point de les écarter et de les remplacer par de nouvelles espèces, il faut voir si l'on pourrait en faire *vivre à côté d'eux*, en ajouter à qui on demanderait des services qu'ils ne nous rendent pas ou qui nous donneraient des productions spéciales. Rien ne prouve qu'il n'existe pas des espèces au moins aussi malléables que celles qui ont été domestiquées et qui réserveraient des surprises. Est-ce donc une utopie de rechercher si les remarquables facultés du singe ne pourraient être utilisées et si, dans tous les pays où il vit et se multiplie, on ne pourrait tenter de le domestiquer pour en faire une sorte de serviteur?

Mais avant de songer à puiser dans les faunes exotiques, il faudrait faire appel à leurs flores pour augmenter la quantité de fourrage que notre sol produit. Nos prairies permanentes et temporaires ne sont pas très variées en espèces ; l'introduction de plantes supportant bien la sécheresse ou croissant dans des terrains actuellement peu productifs, comme ceux des régions à efflorescences salines, serait accueillie avec faveur.

Lorsqu'on parcourt quelques contrées méridionales, qu'on y voit des étendues considérables de terres incultes, on reconnaît qu'il y aurait grand intérêt à posséder des végétaux qui les mettraient en valeur, leur donneraient une plus-value et fourniraient des fourrages qu'on devrait ensuite chercher à utiliser.

Quand une espèce, végétale ou animale, s'est acclimatée dans un pays, qu'elle y vit et s'y reproduit comme dans sa patrie primitive, on la dit *naturalisée*. La naturalisation comporte avec elle l'idée de fécondité indéfinie, c'est l'acclimatement passé à l'état de fait accompli.

S'il s'agit d'une espèce animale, on songe le plus souvent à l'apprivoisement pour arriver à la domestication, opérations sur lesquelles on s'est expliqué antérieurement.

Le temps, les soins et les dépenses nécessaires pour mener ces œuvres à bien, ainsi que l'aléa qu'elles comportent toujours à leur début, impliquent qu'elles ne peuvent qu'exceptionnellement être réalisées par les particuliers, c'est surtout la tâche des collectivités.

Pour la poursuivre, des sociétés se sont fondées dans plusieurs pays. En France, I. Geoffroy Saint-Hilaire groupa autour de lui quelques hommes dévoués et il fonda, en 1854, la *Société d'acclimatation*. Désireuse de passer de la théorie à l'application, cette Société ouvrit, en 1860, le Jardin d'acclimatation.

Parmi les nombreuses espèces qu'elle a introduites dans notre pays, nous citerons l'hémione et le daw, le zébu et l'yack, l'alpaca, la vigogne, le lama, le kanguroo et un nombre considérable d'oiseaux : lophophores, faisans, casoars, cygnes, canards de la Caroline, etc. Elle a acclimaté ces animaux et prouvé qu'ils pouvaient se reproduire sous notre climat, elle a même obtenu un commencement de domestication de plusieurs d'entre eux. A ce titre, elle a rendu service à la science ; elle s'est faite aussi l'introductrice de races étrangères déjà domestiquées, comme la chèvre d'Angora.

Son exemple a été suivi en Angleterre, en Hollande, en Italie et en Russie. Les possessions coloniales sont surtout les régions où des établissements de ce genre auraient la plus grande utilité; il en existe déjà quelques-uns, on ne peut que souhaiter d'en voir augmenter le nombre.

LIVRE QUATRIÈME

LES ENTREPRISES ZOOTECHNIQUES

Les connaissances acquises dans les livres précédents doivent servir de base à l'industrie zootechnique dont il reste à s'occuper.

Les entreprises qui ont le bétail pour objet sont multiples, leur choix n'est point indifférent, car il tient les bénéfices à réaliser sous sa dépendance. Or, on doit accepter comme un axiome que les opérations zootechniques les meilleures sont celles qui conduisent au profit le plus élevé; il faut d'abord rechercher quelles sont les conditions dans lesquelles on les conduit pour le mieux.

I. DES CONDITIONS DES ENTREPRISES ZOOTECHNIQUES.

Pour déterminer le choix des opérations auxquelles il se livrera, le zootechnicien consultera : 1° ses aptitudes personnelles ; 2° le milieu cultural où il va opérer ; 3° la situation économique.

Aptitudes personnelles. — En raison même de la diversité des opérations zootechniques, il est nécessaire de considérer ses aptitudes propres : tel excellera dans la connaissance, l'élevage et la vente du mouton qui n'aura aucun goût pour le cheval, tel autre, maître dans la production de ce dernier animal, ne réussirait pas dans l'industrie laitière, etc. Les traditions de famille, l'instruction technique et souvent l'impérieuse nécessité poussent le débutant dans une voie déterminée; il y marche avec plus d'assurance et de succès, s'il a le goût de ce qu'il est appelé à faire. La vocation est la résultante de la prédominance des aptitudes; quand on la suit, les chances de réussite sont plus grandes.

Parmi ces aptitudes, il en est une, des plus nécessaires dans l'industrie du bétail, qui ne s'acquiert pas ou ne s'acquiert qu'à la longue, c'est l'habileté commerciale, l'aptitude à vendre où à acheter à propos et convenablement. La différence entre le prix d'achat et celui de vente est parfois le bénéfice le plus clair de quelques opérations. Cette sorte d'habileté est avant tout innée.

Milieu. — Après l'examen de soi-même, il faut faire celui du milieu où l'on est appelé à opérer.

Le sol, le climat et la production fourragère sont des conditions de grande importance dans les entreprises zootechniques.

On examinera le sol quant à sa topographie et à sa constitution minéralogique. Les plaines basses et marécageuses ne conviennent ni à l'élevage du mouton et de la chèvre, ni à celui du cheval; l'exploitation du bœuf et du porc peut s'y faire avec profit. Sur les plateaux secs, les moutons et même les chevaux réussissent bien.

L'observation a fait voir que deux régions voisines, de même configuration topographique, peuvent donner lieu à des spéculations différentes, parce que leur action sur le bétail qu'elles nourrissent n'est pas la même, en raison de la différence de leur constitution minéralogique. Il faut se renseigner par des analyses chimiques sur la composition du sol du domaine qu'on exploite. Nous avons montré antérieurement que les pays calcaires, volcaniques et d'alluvions sont favorables à la spéculation de l'engraissement, tandis que les régions granitiques conviennent moins, mais que les spéculations laitières y réussissent.

Dans une région accidentée, il est indiqué aux habitants de la plaine d'acheter de jeunes animaux de montagne, car ils se développent très bien, tandis que l'achat d'animaux de plaine pour les implanter en montagne n'est point à conseiller.

Le rôle du climat est de premier ordre puisqu'il domine en partie la flore et qu'il influe sur la qualité des fourrages; il ne sera envisagé ici qu'en raison des spéculations animales qu'il entrave ou qu'il favorise. Son influence sur la végétation se traduit au premier coup d'œil, qu'il s'agisse de pays de plaine ou de régions montagneuses, et par contre-coup sur le bétail. Aux pays de climat tempéré, les prairies et les pâturages qu'animent les grandes troupes de chevaux et de bœufs; à ceux du midi, les cultures spéciales, presque pas de prairies, mais des pacages brûlés par les feux du soleil, propres seulement à l'entretien de l'âne, du mulet, du mouton et de la chèvre. L'altitude est un correctif de la latitude et les chaînes de montagne présentent de grandes surfaces engazonnées propres à l'entretien du bétail; les brumes et l'abaissement de température en sont la cause.

Il importe donc d'adapter l'espèce et la race au pays, afin que leurs représentants tirent le parti le plus avantageux possible des aliments dont on dispose : la chèvre utilise les broussailles, la brebis tond l'herbe fine et rare des causses, tandis que le cheval et le bœuf n'y pourraient pas vivre. Le coefficient de digestibilité des aliments variant avec les espèces animales, celles-ci doivent être choisies afin que ce coefficient soit le plus élevé possible.

A part les régions où le froid sévit avec très grande intensité, comme celles qui sont au delà du 65e degré de latitude, toutes les autres sont propices aux spéculations animales, le climat par lui-même n'y opposant pas d'autres obstacles que ceux qui résultent de l'affourragement. Les efforts doivent donc tendre à assurer celui-ci et à le rendre aussi large que possible. On y parvient par des opérations dont l'ensemble constitue les *améliorations foncières* ; si le bétail est l'image du sol, les améliorations foncières doivent avoir pour corollaire nécessaire l'accroissement et l'amélioration du cheptel. Comme tout se tient, les améliorations du sol en appellent dans les cultures : les plantes fourragères, les plantes-racines, les tubercules occupent la portion du sol non convertie en prairies et un surcroît d'aliments en dérive, d'ou augmentation du nombre de kilogrammes de matière animale vivante entretenue sur l'unité de surface.

Parmi ces opérations, il en est trois qui doivent être signalées tout particulièrement : l'irrigation, le dessèchement et le chaulage.

On n'apportera jamais trop d'attention à la question des irrigations. Partout où elle a été résolue, il en est découlé des résultats considérables pour l'industrie du bétail ; la Haute-Vienne, le Vaucluse, les Hautes-Alpes sont, pour la France, des exemples de l'heureuse influence d'une bonne distribution des eaux sur la production fourragère ; à l'étranger, les marcites milanaises donnent la même preuve.

Le drainage et le dessèchement des marais ne le cèdent guère aux irrigations. Par leur mise en pratique judicieuse, on est arrivé à améliorer des terrains inutilisables jusque-là et à en conquérir sur les lagunes, les marécages, les deltas ; la création des polders de la Hollande, du marais Saintongeois, l'assainissement de la plaine de la Mitidja en sont des exemples remarquables.

Le chaulage a droit aussi à une mention par les brillants résultats qu'il a fournis dans les sols dépourvus de calcaire où il a été employé en grand, tels que la Sarthe et la Mayenne. Depuis quarante ans, le bétail de ces départements a été complètement transformé.

Si les améliorations foncières sont souvent exécutées par les propriétaires sur des domaines isolés, elles sont parfois entreprises par des collectivités et embrassent alors une grande étendue de terrain. Leur puissance transformatrice est plus intense et une véritable révolution dans les entreprises zootechniques en est la conséquence.

Situation économique. — Il ne suffit pas que le milieu agricole permette de se livrer à une entreprise zootechnique déterminée, il faut qu'on soit assuré de trouver des débouchés pour les produits fabriqués, car ainsi qu'on l'a dit très justement, on ne produit que pour vendre. L'examen de la situation économique de la région où l'on se trouve, des débouchés, des courants commerciaux et des moyens de communication doit être fait concurremment avec celui du milieu.

La loi de l'offre et de la demande règle l'industrie du bétail comme toutes les autres, et la considération de la facilité de vente est prépondérante dans la production. La fonction économique du bétail d'une région doit être en corrélation avec les débouchés qu'elle offre. Il y a dans chaque contrée des traditions commerciales, d'une façon générale il est sage d'en profiter. Par exemple, le Perche et la Normandie possèdent d'importants marchés de chevaux, le Poitou, des foires à mulets, le Charolais et la Franche-Comté en ont de bêtes bovines, le Chatillonnais et tout le Sud-Est en possèdent de bêtes ovines ; dans chacune de ces régions, l'élevage des animaux qu'on y vend de préférence est indiqué puisqu'on a des débouchés sous la main.

Cela n'implique pas qu'on ne doive jamais innover ; il faut au praticien du bétail de la souplesse d'esprit pour suivre l'état du marché, délaisser les spéculations qui cessent d'être rémunératrices et adopter celles qui le sont ou qu'il pressent qui le deviendront. Au surplus, il n'y a qu'à voir l'ingéniosité des industriels, leur empressement à changer les produits qu'ils manufacturent suivant les goûts du public pour dire que le producteur agricole doit prendre modèle sur lui ; il aura moins de difficultés n'étant pas obligé à un renouvellement d'outillage. C'est précisément parce que, trop confiné chez lui, il ne se plie pas assez aux changements que le temps, les mœurs et les progrès de toutes sortes amènent et imposent, qu'on le qualifie de routinier.

La loi de l'offre et de la demande est souvent faussée dans ses résultats à cause de la présence d'*intermédiaires*, parasites nécessaires parfois, mais néanmoins parasites du producteur et du consommateur.

Les moyens de communication sont aussi un des éléments qui doivent peser sur les décisions à prendre L'agriculteur qui est à proximité d'une gare a une facilité pour écouler ses produits que ne possèdent pas ceux qui en sont éloignés. Il est des spéculations, celle de l'expédition du lait en nature, qui sont surtout réalisables dans ce voisinage, tandis que d'autres ne le réclament point. La transformation du lait en fromage ou en beurre sera indiquée dans les circonstances autres que celles de la proximité d'une voie ferrée. Celle d'un grand centre crée pour les spéculations zootechniques, des conditions autres que l'isolement. C'est sur place et après examen de la situation que les décisions doivent être prises et exécutées.

Lorsque l'agriculteur a soigneusement médité sur tous ces points, pesé le pour et le contre, il lui reste à décider quelle part il fera à la production des fourrages, des céréales, des plantes industrielles, à la viticulture, à la sylviculture, etc. Il mettra en parallèle le rendement net du bétail et celui des cultures diverses capables de réussir sur le domaine. Cette comparaison est très complexe, elle doit porter sur l'alimentation de la plante et sur celle de l'animal, et, pour établir le prix de revient de l'une et de l'autre, il faut utiliser tous les éléments de comptabilité dont on dispose. Dans l'établissement de ce compte, un autre élément se présente, il est relatif aux litières envisagées au double point de vue du couchage des animaux et de la production des engrais. Ce dernier point ne peut être étudié de trop près, puisque la fertilité des terres et le rendement des plantes cultivées lui est subordonné en forte partie.

II. DU RENOUVELLEMENT DU CAPITAL-BÉTAIL

Si l'agriculture est une industrie aléatoire à cause de l'impuissance où elle est de corriger les influences atmosphériques et saisonnières sur les produits qu'elle fournit et si elle est inférieure sous ce rapport à l'industrie proprement dite, elle a pourtant sur elle deux supériorités. La première est que les végétaux qu'elle cultive empruntent à l'atmosphère une partie des éléments qu'elles transforment en produits plus complexes et marchands. Ces éléments constituent une matière première absolument gratuite puisque l'air et la radiation solaire sont les grands pourvoyeurs des plantes.

Les animaux sont des machines auxquelles le combustible nécessaire est fourni par les végétaux et transformé en valeurs. La création de ces valeurs se fait d'autant mieux que l'animal est plus jeune, la machine fonctionnant au maximum à ce moment. Dans cette période, le temps crée du capital puisque, à mesure que le sujet avance en âge, sa valeur *s'élève*. Mais elle est relativement courte, une autre plus brève encore, lui succède pendant laquelle la valeur reste *stationnaire*, puis arrive la vieillesse qui fait *baisser* le capital et son rendement. Le temps détruit peu à peu ce qu'il a fait.

Dans l'industrie manufacturière, les machines une fois construites, n'accroissent point de valeur, au contraire ; du jour où elles commencent à fonctionner elles s'usent et on est obligé de porter chaque année à leur compte, lors de l'inventaire, une somme dite *prime d'amortissement* destinée à en représenter la valeur totale au bout d'un nombre d'années déterminé à l'avance. Les entreprises sur le bétail échappent à cette nécessité si l'agriculteur le veut, c'est la seconde supériorité dont nous avons parlé. Il suffit pour cela de ne jamais conserver d'animaux au delà de l'âge où ils ont leur plus-value et où ils commencent à perdre de leur prix. Si on peut les acheter alors qu'ils sont en période de croissance, pour les vendre quand ils en atteignent le terme, après les avoir fait travailler, la spéculation est excellente. La force nécessaire aux travaux de culture est fournie gratuitement ou à peu près pendant cette période.

C'est grâce à ce mode que l'industrie chevaline est si prospère en Perche et dans le pays chartrain.

Le cheval et le bœuf croissent jusqu'à 5 ans et conservent leur valeur maximum jusqu'à 7 ans
Le mouton. . .	croît	—	4 —	conserve sa	—	—	6 —
Le porc. . . .	—	—	2 —	—	—	—	3 —
Le lapin. . . .	—	—	1 —	—	—	—	2 1/2
Le coq. . . .	—	—	1 —	—	—	—	2 1/2

Cette vérité économique commence à se vulgariser.

La comparaison des marchés d'approvisionnement des grandes villes jadis et aujourd'hui est fort instructive ; à part quelques vaches laitières, on n'y voit plus guère d'animaux exténués de vieillesse et de travail comme autrefois. Bien inspirés, les cultivateurs vendent à la boucherie leurs bœufs arrivés à l'âge de la valeur maximum et en achètent de plus jeunes. Ce système de renouvellement, très favorable à l'élevage, empêche la dépréciation du capital-bétail ; il n'est d'ailleurs que l'application du principe économique bien connu, que plus un capital se renouvelle, plus il a de chances de s'accroître.

Lorsque tous les éléments du problème ont été pesés, les rapports respectifs du bétail et des cultures arrêtés, on décide la spéculation zootechnique à laquelle on va se vouer, élevage, engraissement, laiterie, etc., et par conséquent, quelles sont les fonctions économiques du bétail qu'on va particulièrement exploiter.

Cette décision impose deux obligations : 1° rechercher si l'on doit spécialiser les aptitudes des animaux ; 2° choisir les races à entretenir.

III. DE LA SPÉCIALISATION DES APTITUDES

Du moment où l'homme peut agir sur des fonctions économiques et les rendre prépondérantes, il était tout naturel qu'il cherchât à spécialiser des animaux en vue de ces fonctions. C'était d'ailleurs imiter l'industrie qui, par le principe de la division du travail, a produit des merveilles. Ne faire qu'une seule chose conduit à la faire mieux et plus rapidement que si on se disperse dans plusieurs voies. Appliqué à l'esprit humain, le principe de la spécialisation, à côté d'inconvénients qu'on ne peut dissimuler, a été fécond en heureux résultats.

Toute race porte en elle une aptitude, latente parfois, qui se développerait si les circonstances étaient favorables à son expansion ; il s'agit de la découvrir et de l'utiliser.

Les Anglais paraissent être les premiers qui ont cherché les aptitudes dominantes du bétail et les ont exaltées par la spécialisation. Les Colling, Bakewel, Elmann, Webb se sont engagés dans cette voie avant qu'aucune doctrine écrite ait été formulée, et ils l'ont parcourue avec un succès dont leurs créations sont le témoignage.

Depuis leurs travaux, on a suivi la direction qu'ils ont indiqué et dans chacune des espèces, on a créé des familles, des tribus et des races dont les caractères dérivent de la spécialisation à laquelle on les a soumises.

La spécialisation a été érigée en doctrine par la plume et par la parole d'un zootechnicien éminent, Baudement. Il la recommanda et la présenta comme le but vers lequel doivent converger tous les efforts dans l'industrie du bétail.

Elle fut adoptée par beaucoup d'esprits progressistes et devint l'idéal vers lequel tendit l'élite des éleveurs. Il lui a pourtant été opposé, particulière-ment par M. Sanson, de sérieuses objections ; elle en est passible, en effet, ainsi qu'on va le voir. Dans les pays montagneux, le travail du bœuf est une nécessité, car le cheval ne pourrait ni gravir, ni descendre les rampes sur lesquelles les bovins se risquent impunément. Si l'on suivait la doctrine de la spécialisation, il faudrait faire travailler le bœuf jusqu'à sa vieillesse, sans se soucier de savoir si, arrivé à la limite des services qu'il peut rendre comme travailleur, il ne sera plus qu'un animal de basse-boucherie et de très minime valeur. On retombe dans la nécessité d'inscrire à son compte une prime d'amortissement, ce qu'on doit éviter. Au contraire si on le fait travailler quelque temps seulement, puis qu'on l'engraisse pour le vendre, on ne fait pas de la spécialisation exclusive, on combine le travail et la production de la viande et on réalisera des bénéfices, ce qui importe avant tout. Autre exemple : depuis que les colonies an-glaises et l'Amérique envoient leurs laines en Europe, celle des mou-tons indigènes se vend moins cher qu'autrefois ; est-ce une raison pour ne plus s'occuper de ce produit et songer exclusivement à la viande comme le disent quelques personnes ? Non, car la production de la laine et de la viande ne sont pas incompatibles, il ne faut pas négliger la pre-mière au profit exclusif de la dernière.

On s'applique depuis quelque temps à chercher dans la race bovine de Durham, d'abord étroitement spécialisée pour la production de la viande, des femelles bonnes laitières, de façon que, après avoir fourni du lait pen-dant quelques années, elles passent d'elles-mêmes dans la catégorie des bêtes à viande. Dans la race galline de Houdan, à côté de la production de la chair on recherche une ponte abondante.

En résumé, si la spécialisation est l'idéal, elle n'est pas de toutes les situations culturales ; il en est qui la comportent et où elle est tout parti-culièrement à sa place, d'autres où elle est déplacée. Lucrative tant que les circonstances en vue desquelles on l'a adoptée subsistent, elle ne permet pas de bien se défendre, en s'accommodant promptement à d'autres situations économiques, si cela est nécessaire, ou du moins elle laisse y arriver plus lentement. En maintes circonstances, il est préférable de cultiver l'aptitude dominante des animaux que de les pousser à une spécialisation qui ne permettrait plus d'échapper aux dangers qu'on vient de signaler.

IV. DU CHOIX D'UNE RACE

L'appréciation d'une race doit être nécessairement précédée de celle du milieu où elle vit et où on se propose de l'introduire, car il ne s'agit pas seulement de porter un jugement sur la valeur des individus qui la composent, il faut savoir si ces individus raceront dans le nouveau milieu où on veut les amener et si leur exploitation et celle de leur descendance sera fructueuse.

Le jugement à porter est à peu près toujours comparatif ; plusieurs races pouvant vivre dans une situation déterminée, on recherche laquelle est préférable et, pour cela, on les examine dans leur conformation et dans les propriétés physiologiques qui les caractérisent.

Si l'on se rappelle que toute race est composée d'individus, on n'oubliera pas qu'il y a choix et par conséquent diversité dans la valeur de ces individus. Dans son ensemble, une race d'animaux domestiques est surtout précieuse par la proportion de beaux sujets qu'elle renferme, d'individus dont la conformation répond à l'utilisation maximum. Le quantum de ces sujets est un des principaux éléments de son évaluation. Une race humaine ne s'apprécie point de cette façon ; il suffit, pour préparer sa grandeur, d'un petit nombre d'individualités remarquables, la masse fût-elle médiocre. L'histoire témoigne que la place qu'une nation tient dans le monde est liée aux grands hommes qu'elle possède et à la direction qu'impriment ceux-ci aux affaires publiques beaucoup plus qu'à l'état physique et à la valeur intellectuelle des masses populaires.

Il résulte de ce qui vient d'être dit à propos des races animales que celles-ci ont d'autant plus de chances de présenter une forte proportion d'individus réussis qu'elles sont perfectionnées depuis plus longtemps, que l'homme intervient pour faire une sélection judicieuse. Tout le secret de la supériorité de quelques races bovines, ovines et porcines d'Angleterre est dans la rigueur de la sélection des reproducteurs, c'est à elle qu'est due leur homogénéité.

L'observation des caractères physiologiques propres à la race, caractères de qui dépendent les aptitudes et les fonctions économiques, vient ensuite. Plus ces caractères seront accentués et plus estimable sera la race ; c'est l'intensité, la perfection et le grand rendement dans le travail de la machine animale qu'on doit considérer. Toutes choses égales du côté de la nourriture et des conditions hygiéniques, on appréciera quelle est la race dont le rendement est le plus élevé, celle dont les machines sont les plus perfectionnées, où le poids mort est réduit à son minimum. En un mot il faut, à l'aide de toutes les données qu'on possède, hiérarchiser les races comme production de viande, de lait, de laine, etc.

Enfin, on doit s'enquérir avec quelle fidélité une race transmet ses caractères, surtout ses caractères économiques qui, pour l'exploitation, sont les plus importants. Il s'en faut que tous les groupes *racent* également; il en est qui valent surtout par la valeur des individus qui les composent, mais ces individus ne transmettent pas intégralement leurs caractères et ne les impriment qu'en proportions plus ou moins faibles, tandis que d'autres, moins beaux en apparence, imprègnent très fortement leur descendance. On ne conserve leurs caractères aux premiers que par des soins constants, les seconds sont moins exigeants ; dans les opérations de croisements, ceux-là sont moins fidèles que ceux-ci dans la transmission de ce qui les particularise. On possède déjà, pour plusieurs groupes, des renseignements relatifs à leur puissance raçante; il serait désirable qu'on en eût pour tous.

Il peut arriver que, dans l'appréciation d'un groupe, on ait intérêt à tenir compte des caractères qui lui constituent sa beauté conventionnelle, parce que la vogue du moment lui est acquise. En cette occurrence, on s'attachera à constituer une famille où ces particularités soient aussi nettes et aussi accentuées que le réclame la faveur publique, afin d'en trouver un écoulement facile et rémunérateur.

En résumé, puissance raçante, perfection physiologique maximum et homogénéité, tels sont les trois points principaux sur lesquels doit s'arrêter l'attention dans la comparaison évaluative des races et des sous-races.

Nous avons à envisager tour à tour les opérations zootechniques qui ont pour objet la production des jeunes, du travail, du lait, de la viande, de la laine et des autres phanères.

CHAPITRE PREMIER

PRODUCTION DES JEUNES

La fonction de reproduction a pour but physiologique d'assurer la pérennité de l'espèce et de la race, mais le zootechnicien l'exploite comme les autres en vue de son plus grand profit. S'il pousse les animaux à se reproduire, ce n'est pas que tous les jeunes sujets qui naissent soient destinés à perpétuer leur espèce, beaucoup sont livrés à la consommation peu de temps après la naissance. Il envisage leur production de la même façon que celle des autres matières fournies par le bétail.

L'opération zootechnique dont il s'agit se pratique suivant plusieurs modes : les uns ne font produire de jeunes animaux que pour les vendre à la fin de la période d'allaitement, d'autres les conservent plus longtemps sans attendre néanmoins pour s'en défaire qu'ils soient aptes à se multiplier. Il en est qui les gardent jusqu'à ce moment et les livrent à leur tour à la reproduction ; ceux-là font de l'élevage proprement dit.

Quel que soit le mode adopté, il est des règles indispensables à connaître et à observer. Elles ont trait au choix des reproducteurs, aux causes de stérilité, aux actes préparatoires de la fécondation, à la gestation ou à l'incubation et aux causes qui peuvent en entraver la marche régulière, à la mise bas et à l'éclosion. Ces points vont être examinés, après quoi on suivra les nouveau-nés dans leur accroissement jusqu'à l'âge adulte.

Section I. — Choix des reproducteurs et actes préparatoires à la fécondation.

Puisque de par les lois de l'hérédité, les reproducteurs transmettent leurs formes et leurs qualités ainsi que celles de leur race à leurs descendants, il en découle l'obligation de les choisir avec soin. D'autre part, leur aptitude à la reproduction est influencée par diverses conditions, elle peut même être annihilée et la stérilité être leur lot ; nouvelles raisons pour en faire un minutieux examen.

I. CHOIX DES REPRODUCTEURS

Si l'agriculteur n'entretenait que de grands Mammifères, leurs caractères sexuels distinctifs étant accentués, il serait puéril de faire aucune recommandation sur la façon de distinguer les sexes. Mais on sait que pour quelques petits Mammifères, comme le cobaye, la distinction du mâle et de la femelle exige déjà quelque attention et que c'est pis quand il s'agit des oiseaux où le dimorphisme sexuel est à peine indiqué comme le cygne, l'oie et la pintade. Les erreurs ne sont pas aussi rares qu'on le pourrait croire ; nous avons été consulté plusieurs fois par des amateurs qui avaient accepté à la légère des sujets que leur avaient délivrés des vendeurs peu scrupuleux, et qui avaient été trompés sur le sexe. Les caractères *extérieurs* distinctifs ont été indiqués, mais le moyen le plus sûr, celui que nous conseillons avant tout est l'examen des organes génitaux. L'éleveur doit s'y s'exercer et le pratiquer ou le faire pratiquer par le vendeur, sous ses yeux, au moment de l'achat.

Une fois fixé sur le procédé de reproduction qu'il veut employer et sur les races à mettre en présence, le praticien examinera les reproducteurs quant à leurs caractères ethniques, à leur âge, à leur conformation générale, à leurs particularités économiques et à la disposition spéciale de leur appareil de la génération.

Il recherchera les sujets représentant le plus fidèlement les caractères ethniques à fixer. Dans la race, il y a fréquemment des variétés différant par le pelage ou quelque autre particularité qu'il y a intérêt à reproduire. Il aura à l'esprit toutes les considérations exposées à propos de la création de nouvelles variétés.

De la race il descendra à la famille et, si cela lui est possible, il s'entourera de commémoratifs qui lui permettront de se renseigner sur ses qualités. Il a été dit antérieurement que, dans une même race ou dans une sous-race, il existe des tribus caractérisées par le développement d'une ou plusieurs qualités. Telle famille chevaline se distingue par la grande douceur de ses représentants, telle famille bovine par ses qualités beurrières, telle famille galline par son aptitude à la ponte, etc. On s'efforcera de puiser dans ces collectivités privilégiées pour que, l'hérédité agissant, on introduise dans ses propres étables les qualités convoitées. C'est l'occasion de rappeler l'importance attachée au pedigree par les Anglais.

Au cours de cette petite enquête on s'informera, lorsqu'il s'agit de bêtes bovines, si les animaux à faire reproduire ne sont point issus de gestation double. En effet il arrive, encore que la chose souffre des exceptions, que, quand un taurillon et une génisse sont jumeaux, la femelle est généralement stérile. Il y a arrêt de développement des organes génitaux internes et, comme rien ne décèle cette particularité au dehors, si l'on n'est pas prévenu, on pourrait faire de cette façon l'acquisition d'une bête inféconde. Quand deux génisses sont nées d'une parturition double, la stérilité n'existe pas, pas plus qu'on ne la rencontre chez le mâle. Elle est particulière à la femelle née dans les conditions indiquées plus haut et résulte d'un hermaphrodisme très incomplet.

Dans l'espèce ovine où les parturitions doubles sont fréquentes, non seulement la stérilité ne se montre pas dans cette occurence, mais l'observation apprend que les femelles issues de ces gestations en donnent fréquemment de doubles à leur tour.

Vient ensuite la question d'âge. Il faut voir avant tout à quel moment l'aptitude reproductrice s'éveille dans les deux sexes de chaque espèce domestique et à quelle période elle finit chez la femelle.

Dans l'espèce humaine, on désigne sous le nom de *puberté* ou de *nubilité* l'époque où apparaît l'aptitude à se reproduire. Elle ne coïncide point avec le terme de la croissance ou *âge adulte*, elle se montre plus tôt, avec des variations individuelles et ethniques.

Elle doit être examinée d'abord comparativement chez les deux sexes,

En prenant l'espèce humaine comme terme de comparaison, on voit qu'en général elle apparaît plus tôt chez les filles que chez les garçons ; de ce côté encore elles se montrent plus précoces.

En anthropologie, on a remarqué que le climat a une influence sur l'apparition de la menstruation, celle-ci se montrant plus tôt dans les régions chaudes que dans les pays froids, sans que. cependant l'écart soit très grand, comme on l'avait avancé autrefois, mais seulement d'un à quatre ans au plus, puisqu'en Laponie elle apparaît à seize ans environ, tandis qu'à Calcutta c'est à douze ans. De semblables observations sur l'influence du climat sont à faire pour les animaux domestiques.

Pour l'espèce chevaline, M. Abadie [1] cite trois poulains *âgés d'un an* qui ont sailli fructueusement soit des pouliches de leur âge, soit des bêtes plus âgées. Il signale deux pouliches d'un an, une de onze mois et une de dix mois qui, saillies, ont été fécondées.

Ces cas sont exceptionnels et ce n'est guère que vers le dix-huitième mois que, dans la règle, le poulain et la pouliche deviennent aptes, l'un à produire du sperme, l'autre des ovules.

Dans l'espèce bovine, on a également remarqué des cas de reproduction hâtée. Abadie a signalé un taurillon durham-breton qui, à l'âge de six mois, saillit une génisse et la féconda ; il a parlé aussi de génisses, également métisses durham-bretonnes, qui furent fécondées à l'âge de six mois, l'une d'elles le fut même à quatre mois et demi.

Ces observations sont à rapprocher des cas de menstruation précoce dans l'espèce humaine. Règle générale, le taurillon et la génisse peuvent commencer à se reproduire vers douze à treize mois, mais avec de grandes variations qui tiennent à la race.

Les chaleurs de l'agnelle débutent ordinairement vers le dixième mois ; nous les avons observées à huit mois sur des agnelles mérinos. Le jeune bélier peut se reproduire vers dix mois à un an.

La vie sexuelle de la jeune truie commence à six mois. A la ferme, nous en avons vu demander le mâle à quatre mois, et nous avons pu nous convaincre que la race a une influence indéniable sur l'époque de l'apparition de leurs chaleurs. Le jeune verrat est apte à se reproduire du sixième au septième mois.

Habituellement, c'est du dixième au onzième mois que la chienne entre en chaleur pour la première fois, et vers le cinquième mois pour la lapine. C'est également au même âge que le chien et le lapin élaborent le liquide fécondant.

Dans le groupe des Oiseaux de basse-cour, la faculté reproductrice apparaît chez :

---

[1] Abadie, Quelques faits de puberté précoce chez les deux sexes dans les espèces chevaline et bovine (*Revue vétérinaire*, 1884, page 14 et suiv.).

La Paonne à 2 ans et chez le paon de 30 à 35 mois.

Faisane	—		faisan à 2 ans.
Dinde vers 11 à 12 mois et au même âge chez le dindon.			
Pintade	—	—	—	pintade mâle.
Oie	—	—	—	oie mâle.
Cane — 10 mois.		—	—	jars.
Poule — 7 mois.		—	—	coq.
Pigeonne 5 mois.		—	—	pigeon.

A propos du dimorphisme sexuel, on a indiqué les modifications qui apparaissent à ce moment dans les mœurs, les habitudes et les instincts. Les manifestations génésiques et les désirs sexuels se manifestent avec plus de brutalité sur les mâles que sur les femelles.

Au cours de la vie, la femme perd la faculté de reproduction et devient stérile; sa vie sexuelle est assez limitée. L'époque à laquelle elle en atteint le terme ne varie guère. Des statistiques ont démontré que, chez toute femme, les ovaires naissent avec la propriété de mener à bien un certain nombre d'ovules, qui diffère peu, et conséquemment d'amener les menstrues un nombre de fois qui varie entre 365 et 410. Quand une femme a eu de nombreuses grossesses pendant lesquelles la production des ovules était interrompue, l'époque de sa ménopause se trouve proportionnellement reculée. Ainsi s'explique comment des femmes de cinquante ans, devenant mères pour la quinzième ou seizième fois, ont deux, trois et même quatre enfants à la fois.

Il n'est pas prouvé que semblable déchéance soit une loi générale pour l'homme. Affaibli par les années, il perd le désir du coït, parfois les forces nécessaires pour l'accomplir, mais il conserve des spermatozoïdes dans la moitié des cas. On en a trouvé un assez grand nombre chez un vieillard de quatre-vingt-quatorze ans. Leur absence est liée à l'oblitération des voies séminales par suite du développement exagéré des veines.

Les choses se passent de même dans les Mammifères et les Oiseaux domestiques. L'ardeur génitale des mâles faiblit avec les années, rien ne prouve qu'ils deviennent stériles; on voit des chevaux et des ânes très âgés féconder des juments et des ânesses. Aristote cite un étalon qui faisait encore le service de la monte à l'âge de quarante ans. Si des raisons économiques ne faisaient pas une loi de vendre les animaux comestibles avant qu'ils n'aient atteint la vieillesse, il est probable qu'on constaterait des cas analogues.

Pour les femelles comme pour la femme, la vie sexuelle est limitée; sa durée est variable et semble être une propriété d'espèce plutôt que proportionnelle à la durée totale de la vie.

Ainsi, chez la jument, elle peut se prolonger loin ; j'en ai observé une qui fut fécondée à vingt-neuf ans et donna son vingt-troisième poulain à l'âge de trente ans. Il a été rapporté dernièrement une observation relative à une jument belge qui, âgée de trente-huit ans, était en gestation de son trente et unième poulain[1]. Ce fait n'est pas commun, mais il est acceptable si le cheval peut atteindre soixante et même soixante-dix ans et si, comme le dit Hartmann après Aristote, la vie de la jument est plus longue que celle du cheval. Cependant, s'il faut en juger par l'état de dégénérescence où se trouvent les ovaires des vieilles juments qui servent aux travaux anatomiques dans les écoles vétérinaires, il doit arriver un moment où la stérilité se montre.

La vache conserve sa fécondité jusque vers sa vingtième année; elle semble mettre bas d'autant plus longtemps qu'elle a été régulièrement fécondée. J'ai vu, aux environs de Lyon, une vache bressane être saillie fructueusement à dix-neuf ans et mettre bas dans le courant de sa vingtième année. La bufflesse et la brebis cessent de produire à douze ans, la chèvre vers quatorze ans, la lapine à six ans. A la ferme, une truie âgée de dix ans a été fécondée et mena à bien sa portée. M. Bourrel a vu une chatte âgée de quinze ans donner des petits chats.

Parmi les Oiseaux de basse cour, la paonne cesse d'être fécondable à sept ans, la pigeonne, la pintade, la faisane vers cinq ans, la dinde et la poule vers six ans, la cane vers douze ou treize. Le nombre des œufs pondus diminue dans les dernières années.

Pour l'exploitation de la fonction de reproduction aussi bien que des autres, on doit rechercher de jeunes animaux, puisque ce sont des valeurs qui s'accroissent. Il est d'ailleurs d'autres raisons : l'étalon, le baudet, le bouc, le bélier, le chien, le lapin et le coq sont ardents au coït pendant longtemps, tandis que le taureau, le verrat et l'oie deviennent peu à peu indifférents près des femelles ou, alourdis par la graisse, n'accomplissent plus sans peine leurs fonctions de reproducteurs. C'est entre seize et vingt-cinq mois que le taureau est le plus apte au coït. Dans les races porcines très perfectionnées, passé quatre ans, un verrat s'accouple difficilement; de huit à trente mois il est dans sa force de reproducteur. Le bélier est dans sa vigueur de quinze mois à quatre ans, le coq d'un à trois ans, le dindon de deux à six ans, le canard de Barbarie toute sa vie ou peu s'en faut. Une oie mâle passé six ans, laisse beaucoup de femelles sans les féconder.

Il peut y avoir aussi un motif particulier d'exclusion des femelles âgées : beaucoup d'entre elles sont laitières et la reproduction n'est en quelque sorte que la cause occasionnelle de leur fonction galactopoiésique; or, à partir de la huitième année, cette fonction diminue chez la vache, et cette diminution se manifeste aussi pour les autres femelles laitières.

---

[1] Degive, Cas remarquable de fécondité et de longévité chez le cheval (*Annales de médecine vétérinaire*, 1889, page 314).

On se pose souvent la question suivante : l'âge des reproducteurs a-t-il une influence sur la conformation des produits, et toutes autres choses restant égales, les produits engendrés par un couple jeune seront-ils supérieurs à ceux que ce même couple engendrera alors qu'il sera plus âgé ? L'expérience faite sur les animaux domestiques répond en faveur des jeunes, encore qu'il y ait de nombreuses exceptions. Dans le Jutland et en Danemark, on ne craint point, au dire de M. Tisserand[1], de se servir, comme reproducteurs d'étalons âgés de vingt-deux, vingt-trois et même vingt-huit ans ; or, on a remarqué que, arrivés à cet âge, ces animaux racent moins bien, qu'ils transmettent plus rarement et en moindre proportion leur conformation, leur robe et leurs aptitudes ; l'influence de la jeune femelle est prépondérante sur ces produits.

Les béliers et les brebis trop âgés donnent des agneaux moins beaux que les jeunes reproducteurs.

Du côté de la femelle, la fécondité doit aussi entrer en ligne de compte. En anthropologie, on a remarqué que celle des femmes croît de quatorze à vingt-sept ans ; nous verrons plus loin quelque chose de comparable pour les femelles des Mammifères et des Oiseaux.

Les anthropologistes admettent que le poids et la taille des nouveau-nés augmentent avec l'âge de la mère jusque vers quarante ans. Beaucoup d'éleveurs prétendent qu'à leurs débuts les jeunes vaches donnent des veaux moins pesants que dans la suite ; c'est exact, nous en donnerons la preuve aux pages 802 et 803.

On a élevé des objections au sujet de la fécondation des femelles dès l'apparition des premières chaleurs ; le principal argument employé a été qu'une bête non arrivée au terme de sa croissance, entrant en gestation est obligée de détourner au profit du fœtus qu'elle porte les matériaux qui lui auraient été destinés et qu'elle restera chétive et de petite taille. M. Sanson a fait remarquer que cela n'est à craindre que si les femelles sont nourries insuffisamment. Nous avons eu souvent, à la ferme, l'occasion de vérifier la justesse de cette observation, notamment sur les génisses de Schwitz qu'on fait féconder le plus tôt possible afin de hâter la lactation. Puisque le temps est de l'argent, nous pensons qu'il faut livrer à la reproduction les femelles dès que le phénomène de l'ovulation s'est déclaré chez elles.

On retarde trop ce moment, notamment pour l'espèce chevaline. L'administration des haras exige que les pouliches présentées à ses étalons aient au moins trois ans ; à cette époque, il y a un an et demi qu'ont apparu les premières chaleurs. Du moment qu'il est démontré pour les espèces bovine, ovine et porcine qu'avec une nourriture convenable il n'y a pas d'inconvénient à la fécondation hâtive, on pourrait peut-être abaisser, pour

---

[1] Tisserand, *op. cit.*, page 159.

l'espèce chevaline, la limite à deux ans, cela ferait gagner du temps. C'est à expérimenter.

Les exceptions portent surtout sur les Oiseaux de basse-cour. Nous avons constaté, à la ferme, que le dindon de trois ans donne des produits plus rustiques, plus résistants à la crise du rouge que celui de deux ans. Le paon et le coq âgés sont dans le même cas. On ajoute parfois les Palmipèdes à cette nomenclature, mais il ne faut pas oublier que leur longévité est plus considérable que celle des Gallinacés, et qu'à cinq ou six ans, alors qu'une poule touche au terme de sa vie sexuelle, une cane ou un jars sont dans toute leur vigueur.

Les observations recueillies sur les oiseaux sont à rapprocher de celles qu'ont faites les horticulteurs ; ils ont remarqué que les graines récoltées trop tôt, donnent des plantes qui n'atteignent pas la force et la taille de celles qui proviennent de graines très mûres.

Quand même il n'y aurait pas de raisons économiques pour faire réformer comme reproducteurs les animaux âgés, il y en aurait de physiologiques. On sera peut-être tenté de nous opposer l'exemple de quelques juments de pur sang qui, à vingt et vingt-deux ans, ont encore fourni une lignée de coureurs remarquables, de quelques vaches de Durham qui, à dix-huit ans, ont engendré des produits qui sont devenus des têtes d'étables. Ces exceptions, qui portent sur les femelles, sont le fait d'individualités remarquables ; on ne peut tabler sur elles.

La question d'âge vidée, il faut aborder l'examen individuel des reproducteurs. On doit s'efforcer de trouver en eux les caractères de leur sexe, masculinité ou feminellisme, bien accusés. Les sujets chez lesquels ils sont peu marqués doivent être laissés de côté, surtout s'il s'agit des femelles. Quand celles-ci présentent des caractères masculins trop accentués, il y a quelques chances pour qu'elles soient mauvaises reproductrices. On dit, par exemple, à tort ou à raison, que les juments qui ont des canines développées sont plus difficiles à féconder que les autres.

Une grande difficulté se présente dans la pratique : le choix des reproducteurs s'impose quelquefois alors qu'ils sont encore poulains, veaux, agneaux, porcelets, etc., et à ce moment les caractères sexuels et autres sont peu nets. Il paraît impossible de faire un choix judicieux, non seulement au moment de la naissance, mais même dans la quinzaine suivante. Les achats faits dans ces conditions ne sont déterminés que par les qualités qu'on connaît à la famille, mais non par la conformation individuelle sur laquelle il est impossible d'être fixé.

D'ailleurs, dans tout le groupe des Oiseaux domestiques, on n'est sûr du sexe des jeunes qu'après la première mue pour les coqs, la crise du rouge ou de l'aigrette pour le dindon et le paon, la prise de la livrée spéciale pour beaucoup d'oiseaux, tels que les faisans et les canards.

Quand il s'agit des Mammifères, on ne peut faire un choix définitif avant

le sevrage. A partir de ce moment, on procédera par éliminations successives, à des intervalles que le jugement de l'éleveur doit lui assigner. Un exemple emprunté au mouton en fera comprendre la nécesssité.
Pendant les deux premiers mois de sa vie, l'agneau est revêtu d'un
lanugo qui ne permet point de préjuger ce qu'il vaudra plus tard comme
bête à laine. Ce n'est donc que pour sa conformation générale qu'on l'appréciera à ce moment ; on vendra comme agneaux de lait ou on fera
châtrer ceux qui pèchent de ce côté et ne paraissent pas destinés à devenir
jamais des sujets d'élite comme doivent l'être, dans une exploitation bien
dirigée, les animaux reproducteurs. Une seconde élimination se fera parmi
ceux qui restent vers le septième mois, parce qu'à ce moment on jugera de
l'étendue de la toison. S'il s'agit de mérinos, on verra si elle s'avance en
avant des yeux et descend jusqu'aux onglons, et on réformera tous ceux qui
ne répondent pas au modèle idéal qu'on s'est créé. Trois mois plus tard,
alors que la vie sexuelle s'éveille, on fera le choix définitif des reproducteurs.

Ce système de réformes successives est applicable aux chevaux, aux
bœufs, aux porcs, avec les variantes que comportent les fonctions économiques des espèces et des races auxquelles ils appartiennent. Il est
indispensable, à plus forte raison, quand il s'agit de petits animaux et
d'oiseaux qui tirent leur valeur de particularités qui ne se présentent
qu'assez tard, telles que l'oreille pendante du lapin lope, les margeolles
du coq de Padoue, les manchettes du coq cochinchinois, la queue du
paon ou du coq de Yokohama.

On fera bien d'avoir présentes à l'esprit les observations relatives à la
pigmentation dont il a été question antérieurement; on n'oubliera pas que
l'albinisme complet coïncide avec un affaiblissement des fonctions génitales et parfois avec leur anéantissement, que les taches blanches ont une
tendance marquée à s'étendre et qu'il y a possibilité de la transposition
des pigments. On visitera les muqueuses anale, vulvaire, buccale et
linguale, et, dans l'occurence où l'on ne désire que des animaux blancs,
on écartera impitoyablement ceux qui présentent des taches. Il sera bon
de se rappeler que la coloration noire est une des moins fixes dans la
transmission héréditaire.

La majeure partie des animaux domestiques devant terminer leur carrière comme objets de consommation, il est indiqué de rechercher en eux
la conformation la meilleure pour la boucherie.

Vient l'examen de particularités telles que la longueur et l'inclinaison
de l'épaule du cheval dont on veut obtenir de la vitesse, de la musculature chez celui qui doit fournir du travail en mode lent, les signes de la
bonne laitière sur la vache, la brebis et la chèvre, de la bonne beurrière chez la vache, de la qualité de la toison sur le mouton, de l'abondance du duvet sur l'oie et le canard, etc. Cet examen doit se compléter

d'une épreuve pour juger d'une façon plus précise des choses que les formes extérieures ne permettent que de soupçonner, telles que la force et surtout la franchise du cheval au démarrage, ou qu'on ne peut percevoir qu'a l'action, comme l'obéissance, l'aptitude à la garde des troupeaux ou aux divers modes de chasse pour le chien.

On en profitera pour se renseigner sur le caractère des reproducteurs, point important, puisque la méchanceté est héréditaire ; on touchera les juments, ânesses et vaches au plat des cuisses, on leur palpera les mamelles afin de voir si elles ne sont pas chatouilleuses et si elles se laisseront teter et traire sans difficulté. Pour la jument et la vache, on se mettra particulièrement en garde contre la nymphomanie. Elle est généralement une cause de stérilité ; dans les cas où la bête se reproduit, cette tare est héréditaire, on en a maintenant la preuve pour l'espèce bovine :

Un vétérinaire, dans un mémoire adressé à la Société centrale vétérinaire [1] en cite un exemple curieux : une vache agée de six ans qui avait déjà produit quatre veaux, dont une femelle, devint alors taurelière et stérile, on la vendit comme improductive. La génisse venant d'elle fut couverte à l'âge de treize mois et fécondée. L'année suivante, sa fécondation n'eut lieu qu'après cinq ou six saillies et après le deuxième vélage, elle devint taurelière et définitivement stérile.

D'où la conclusion qu'il faut écarter de la reproduction les femelles nymphomanes. On soupçonne ce défaut chez la jument alors que en l'approchant de l'étalon, elle abaisse les oreilles, a quelques contractions musculaires, se campe et laisse échapper une urine sédimenteuse ou des mucosités.

Un examen soigneux des organes génitaux du mâle et de la femelle doit être fait, non seulement afin de voir s'il n'y aucune anomalie ou affection capable d'amener la stérilité, mais aussi pour s'assurer que, même temporairement, rien ne gênera l'accouplement. On y joindra celui de la mamelle, surtout sur les femelles pluripares où il importe d'avoir des reproducteurs ayant le nombre de tétines le plus élevé possible.

Tisserant attachait beaucoup d'importance à la largeur de la nuque des mâles, l'expérience ayant appris, disait-il, que cette largeur est un signe de prolificité.

Il est désirable, quand on fait l'acquisition de reproducteurs d'un grand prix, de pouvoir s'assurer de leur ardeur au coït. Nous l'avons déjà dit, plus la race est perfectionnée, plus il faut craindre l'impuissance ou la frigidité. C'est pour éviter des déceptions de cette sorte que nous recommandons, chaque fois qu'on le pourra, l'épreuve génitale.

---

[1] Étude sur l'étiologie de la nymphomanie considérée chez la vache et réflexion sur sa nature (Bulletin de la Société centrale vétérinaire, 1888, page 421).

II. DE L'IMPUISSANCE ET DE LA STÉRILITÉ

Dans les deux sexes se trouvent des individus impuissants ou stériles ; il est d'un intérêt capital de les reconnaître puisque, fussent-ils d'une conformation irréprochable et d'une excellente souche, ils sont incapables de remplir la fonction qu'on en attend.

Il ne faut pas confondre l'*impuissance* et la *stérilité*. La première consiste dans l'impossibilité d'accomplir le coït, tandis que la seconde désigne tout état qui s'oppose à la procréation de nouveaux êtres, sans entraver le rapprochement sexuel.

La puissance fécondante et la puissance génitale doivent donc être distinguées. Cette dernière peut exister seule et porter à l'illusion parce que les sujets accomplissent la copulation. Inversement, l'ardeur génitale peut faire défaut et néanmoins la puissance fécondante persister, c'est le cas des sujets atteints de *frigidité*. Les jeunes femelles chez lesquelles les chaleurs sont à peine appréciables, ainsi que les animaux des deux sexes envahis par la graisse, en sont des exemples. La vieillesse est aussi une cause de frigidité.

Elle a des degrés : tel mâle se refuse absolument à couvrir la femelle qui lui est présentée, tandis que tel autre, après des préparatifs toujours très longs se décide enfin à l'accomplir. C'est une conjoncture très ennuyeuse pour l'éleveur, elle l'expose à perdre la race d'animaux perfectionnés, car elle se montre quand il touche au but et, même dans les cas les plus heureux, il y a toujours perte de temps.

Il n'y a d'autre moyen de déceler la frigidité que de mettre le reproducteur dont on fait l'examen en présence d'un autre avec lequel il pourrait s'accoupler.

Les causes de stérilité sont nombreuses ; il en est de communes aux deux sexes et de particulières à chacun d'eux.

Parmi les premières, se placent des maladies générales, constitutionnelles, dont les manifestations anatomo-pathologiques peuvent se localiser sur les organes génitaux. Relativement nombreuses dans l'espèce humaine, deux seulement et de fréquence inégale se montrent sur les animaux domestiques, ce sont la tuberculose et la morve.

Les tubercules de la phtisie peuvent évoluer sur les testicules du taureau et du verrat et rendre ces animaux stériles. Ceux-ci ne le fussent-ils point que la prudence la plus élémentaire commanderait de les éloigner de la reproduction. On les trouve dans les ovaires, quelquefois dans l'utérus et occasionnant l'endométrite tuberculeuse, plus fréquemment à la surface de la matrice par contact avec le péritoine tuberculeux et causant une périmétrite. D'après nos observations, une forte proportion des cas de stérilité de la vache reconnaît la tuberculose pour cause.

Les tubercules morveux se rencontrent sur les testicules de l'étalon ; dans ce cas, ce n'est point de la stérilité probable de l'animal qu'il faut se préoccuper, mais du danger de contamination qu'il fait courir à ses congénères et à l'homme lui-même. L'abatage est urgent.

Il n'est pas prouvé que la médication iodurée, même continuée longtemps, amène la stérilité par atrophie des glandes testiculaires ou ovariennes. L'emploi du sulfure de carbone, comme désinfectant et parasiticide dans les colombiers, les poulaillers et les volières la provoque, au moins momentanément, sur les oiseaux domestiques.

Les observations du docteur Lutaud sur les morphinomanes ont établi que « la morphine employée régulièrement par la méthode hypodermique a une action élective sur l'appareil utéro-ovarien, supprime la menstruation, produit la frigidité et éteint pour ainsi dire la vie utérine [1] ». Il serait bon que l'attention des vétérinaires fût éveillée à ce propos.

On recherche souvent, en médecine humaine et en anthropologie, la part qui revient à chacun des sexes dans le quantum des unions stériles par suite de maladies. Une affection spécifique, inconnue sur les animaux, la syphilis, et toute la série des accidents vénériens qui retentissent sur les organes génitaux, semblent égaler la responsabilité des deux sexes dans l'espèce humaine.

Ces causes n'existant pas dans les espèces domestiques et une certaine sélection s'exerçant dans le choix des reproducteurs mâles parce qu'ils sont appelés à féconder plusieurs femelles, la stérilité se montre plus fréquente par le fait de la femelle. Il existe néanmoins des maladies transmissibles par l'acte sexuel. L'une d'elles, propre à l'espèce chevaline, est la dourine ou maladie du coït ; elle est transmissible de l'étalon à la jument et réciproquement. La stérilité n'en est pas la conséquence, mais sa gravité, sa terminaison fatale doivent faire agir à son endroit comme à l'égard de la morve avec laquelle elle a, d'ailleurs, les rapports les plus étroits.

Une autre affection, transmissible par l'accouplement, a été observée sur quelques espèces. C'est sans doute cette maladie qui fut décrite autrefois par Morin et Gohier [2], et plus récemment par M. Lucet [3] et par un

---

[1] Lutaud, *La stérilité chez la femme*, Paris, 1890, page 184. Voyez Félix Roubaud, *Traité de l'impuissance et de la stérilité*, 3ᵉ édition, Paris, 1876.

[2] Morin et Gohier, Sur une maladie catarrhale des organes de la génération du taureau et de la vache (*Mémoires et observations sur la chirurgie et la médecine vétérinaire*, t. II, p. 478 et suiv.).

[3] Lucet, Sur une affection contagieuse des organes génitaux des Bovins (*Recueil de méd. vétérinaire*, 1889, p. 730).

vétérinaire suisse, M. Isepponi [1], chez le taureau et la vache, et par Lautour [2] et Sajous sur l'étalon et la jument. Nous allons donner ici un résumé de la description de M. Isepponi, car la maladie dont il s'agit détermine la stérilité.

L'auteur examina six taureaux âgés de deux ans ; ils avaient les apparences générales d'une bonne santé, les poils étaient lisses et luisants; ils manifestaient un peu de douleur en urinant et en saillissant les vaches. Le fourreau était légèrement engorgé, chaud et douloureux. Les poils de l'extrémité étaient agglutinés par des croûtes. La muqueuse de la verge était rouge, tuméfiée dans certains points et parsemée de petites nodosités qui pouvaient atteindre la grosseur d'une graine de riz. La surface était couverte d'une sécrétion puriforme abondante.

Les femelles, au nombre de cent quarante-cinq, offraient les symptômes suivants. Celles qui avaient été récemment saillies avaient la muqueuse vaginale enflammée, douloureuse et parsemée de nodosités semblables à celles observées chez les mâles. Un liquide puriforme s'écoulait par la vulve. Ces granulations se fusionnaient quelquefois en certains points et formaient alors des bandes épaisses sur la muqueuse.

Cette affection des organes génitaux est une cause de stérilité. Un taureau atteint de la maladie la transmet toujours à la vache qui est saillie par lui et celle-ci devient dès lors inféconde. Les chaleurs peuvent reparaître régulièrement, mais la conception n'a pas lieu.

Nous ne ferons que signaler l'hermaphrodisme. L'hermaphrodisme vrai n'existe à peu près pas ; ce que nous désignons de ce nom n'indique, en général, que la présence sur un même individu des deux sortes d'organes, atrophiés à un degré inégal. Il entraîne non seulement la stérilité, mais souvent aussi l'impuissance. L'espèce caprine est celle qui en présente les spécimens les plus nombreux.

Examinons tour à tour les causes de stérilité particulières à chaque sexe ;

A. *Mâle.* — Le mâle peut être infécond : 1° par des malformations et des arrêts de développement des organes génitaux ; 2° par suite de maladies de ces organes ou d'accidents ; 3° par absence de sperme ; 4° par suite d'état pathologique de ce liquide.

L'un des cas les plus rares est l'*anorchidie* ou absence de testicules ; elle peut être complète ou porter seulement sur un testicule ; dans ce dernier cas, il y a *monorchidie*. Quand un testicule existe seul, il est souvent petit et fonctionne mal, car les glandes testiculaires ne se suppléent pas, elles sont solidaires et quand le volume de l'une ou son activité fonctionnelle diminue, l'autre éprouve des modifications dans le même sens.

La *cryptorchidie* ou arrêt des testicules dans l'abdomen est, dans la

[1] Isepponi, Une cause de stérilité chez la vache (*Schweizer Arch. f. Thierheilkunde*, Heft I, 1887, traduit et analysé dans le *Journal de l'École de Lyon*, par M. Kaufmann).
[2] Lautour, Maladie contagieuse observée sur les organes génitaux du cheval mâle et de sa femelle (*Recueil de médecine vétérinaire*, 1834).

généralité des cas, compliquée d'atrophie et elle entraîne la stérilité. Il y a quelques rares exceptions à cette règle. L'examen ne pouvant les déceler et les animaux cryptorchides étant généralement méchants, ils doivent être absolument rejetés comme reproducteurs.

L'arrêt de développement des testicules est sous la dépendance de causes diverses ; il s'accompagne ou non d'arrêt de croissance de la verge. Il s'est présenté des cas où il y avait absence de verge, d'autres où l'ouverture du canal était latérale, ou bien il existait une courbure anormale de l'extrémité du pénis, ce qui avait pour résultat de diriger le jet spermatique loin de l'ouverture du col utérin et était un empêchement à la fécondation.

Les organes génitaux peuvent être affaiblis ou malades par une compression trop longtemps prolongée, par hydrocèle, sarcocèle, hernie scrotale, orchite, inflammation de l'épididyme et du canal déférent, induration des vésicules séminales, oblitération des canaux éjaculateurs, inflammation de la prostate et rétrécissement du canal de l'urêtre. Une lésion médullaire, un coup violent dans la région lombaire, sont capable d'occasionner, dit-on, l'atrophie testiculaire.

Des mâles, pourvus des attributs de leur sexe, n'émettent pas de sperme ; on les dit atteints d'*aspermie*. Elle peut être temporaire ou permanente, résulter de l'oblitération ou de la déviation des canaux éjaculateurs, d'un obstacle urétral ou d'un manque d'excitabilité de la moelle épinière ou des terminaisons des nerfs péniens.

L'éjaculation peut être baveuse et incapable de projeter le sperme dans le canal cervical.

Il peut y avoir émission d'un liquide dépourvu de spermatozoïdes, c'est l'*azoospermie*, qui est sous la dépendance d'une maladie testiculaire ; ou bien il ne les contient qu'en très petite quantité, ce qui constitue l'*oligospermie*, dont souvent l'âge trop avancé est cause et qui, pour cela, est à peu près inconnue sur les animaux domestiques.

Il arrive aussi que, le liquide étant pourvu de spermatozoïdes comme à l'état normal, ceux-ci sont granuleux et mélangés de cellules épithéliales et même d'hématies et de globules purulents.

Enfin, il arrive que du sperme, normal en apparence, n'amène néanmoins pas la fécondation. L'examen microscopique fait voir que cela tient à un défaut de vitalité des spermatozoïdes qui, très peu de temps après l'éjaculation, sont immobiles et perdent leurs mouvements. Or, comme c'est grâce à ceux-ci qu'ils cheminent à la rencontre de l'ovule pour le féconder, s'ils font défaut, la fécondation n'a pas lieu.

B. *Femelle*. — Sans examiner si le rôle de la femelle dans la procréation d'un nouvel être est plus complexe que celui du mâle, il est certain que les causes de stérilité qui proviennent de son fait sont plus nombreuses. Elles peuvent tenir : 1° à des arrêts de développement des organes reproducteurs ; 2° à des maladies de ces organes ; 3° à des obstacles apportés soit au cheminement des ovules, soit à la progression des spermatozoïdes ; 4° à des troubles de la fonction ovarienne.

L'absence complète d'ovaires, d'oviductes et d'utérus est fort rare, l'arrêt de développement de ces parties, qui restent à l'état infantile, est plus commun ; la stérilité en est la conséquence. On en a signalé des cas sur la brebis.

Normalement, la poule n'a qu'un ovaire. Un utérus unicorne chez des femelles mammifères n'empêche pas la fécondation.

Les maladies éprouvées par les organes génitaux femelles sont des causes fréquentes de stérilité. Elles frappent l'ovaire, les trompes, l'utérus, le col et le vagin. Dans un grand nombre de cas, l'inflammation débute par le bassin et le péritoine ; il y a pelvi-péritonite qui se propage aux organes génitaux, mais nous ne nions pas que les organes puissent être malades sans que l'inflammation leur ait été communiquée par le péritoine.

Quoi qu'il en soit, l'ovaire peut être le siège d'ovarite (laquelle est aiguë ou passe à l'état chronique) de dégénérescence fibreuse, tuberculeuse ou de poches kystiques. L'ovulation peut n'être que suspendue temporairement ou bien disparaître pour toujours, suivant l'étendue des lésions. Nous avons vu la fécondité persister sur des vaches qui portaient des kystes déjà passablement développés, mais on conçoit que, si ces kystes prennent des proportions par trop grandes, les follicules de Graaf disparaissent. Il doit en être ainsi de tous les néoplasmes qui se développent dans la glande.

Les ovaires des femelles appartenant aux espèces comestibles qu'on pousse à l'engraissement sont envahis par la dégénérescence graisseuse et cessent de fonctionner. Les vaches, brebis, truies, lapines, poules et oies présentent cette altération.

L'inflammation des oviductes ou salpingite, le plus souvent sous la dépendance de l'inflammation pelvi-péritonéale, entrave la fécondation, surtout parce qu'elle amène la disparition de l'épithélium vibratile dont le rôle est si important pour la rencontre des œufs et des spermatozoïdes.

La métrite chronique, fréquente chez les femelles domestiques, amène la stérilité ; c'est elle qui, dans l'espèce bovine, joue le principal rôle avec la tuberculose dont elle peut dépendre d'ailleurs ; la rétention d'une portion du délivre dans la matrice est aussi une de ses causes.

La destruction totale des cotylédons à la suite de la délivrance par la main, en supposant que la femelle survécût à cette opération, produirait l'infécondité, car une fois détruits, ils ne se régénèrent pas. Mais lorsque la totalité de ces organes n'a pas été enlevée, la fécondation est encore possible.

La non-délivrance, trop fréquente chez la vache, peut avoir des conséquences sérieuses. « Les enveloppes, disent MM. Saint-Cyr et Violet, devenues corps étrangers, entretiennent dans les organes où elles séjournent une irritation permanente qui, à un moment donné peut revêtir les caractères d'une véritable métrite. Ou bien, soumises au contact de l'air, elles se putréfient d'autant plus rapidement qu'elles sont plus imprégnées de liquide et que la température ambiante est plus élevée. La femelle perd peu à peu sa gaieté, son appétit, sa vigueur, son lait se tarit, elle maigrit de plus en plus, et si le délivre finit enfin par être expulsé, la vache n'en continue pas moins à rejeter pendant longtemps des matières qui deviennent peu à peu muco-purulentes et même purulentes. Pendant tout ce temps, *elle n'entre pas en chaleur et ne peut être fécondée;* souvent même la matrice reste atteinte de catarrhe chronique et la femelle perd à tout jamais ses facultés reproductrices. »

Le col participe de l'inflammation quand il y a métrite, soit dans toute sa longueur quand celle-ci est chronique et qu'il y a écoulement au dehors, soit partiellement quand elle est peu intense. On y rencontre aussi des indurations et des néoplasmes qui peuvent causer la stérilité.

Le vestibule vaginal est le siège d'une inflammation désignée sous le nom de vaginite; elle peut exister seule et, dans ce cas, elle a pour cause un traumatisme ou l'introduction d'un corps étranger et probablement la pullulation de microbes; elle accompagne le plus souvent la métrite. Il y a écoulement mucoso-purulent qui irrite et dépile les parties sur lesquelles il s'épanche, c'est le symptôme dominant. La vaginite passée à l'état chronique, sans altérer autrement la santé, est un obstacle à la fécondation, en raison de la nature du produit sécrété par le vagin. Qu'il soit purulent ou plus ou moins séreux, si ce produit devient acide, il tue les spermatozoïdes, tandis que l'alcalinité est au contraire une condition favorable à leur vitalité. Les recherches de plusieurs gynécologistes ont mis en évidence l'action délétère des acides sur les cellules spermatiques; nous en donnerons une idée en rappelant que les acides faibles, tels que l'acétique et le chlorhydrique dilués à 1 pour 750 d'eau, les tuent (Sinety). L'eau distillée elle-même est poison pour elles, ainsi que l'alcool, l'éther et le chloroforme.

A l'état normal, le mucus vaginal de la femme est acide, tandis que le mucus utérin est alcalin. Aussi les spermatozoïdes projetés dans le vestibule vaginal y perdent-ils assez promptement leur vitalité; au bout de douze heures ils sont immobiles, tandis qu'ils peuvent rester huit et dix jours dans le mucus cervical. Cette mobilité, qui leur fait gagner promptement le col, assure la fécondation.

Si la rencontre des ovules et des spermatozoïdes est entravée, la stérilité en résulte.

Un épaississement exagéré des parois folliculaires, vestiges de péritonites antérieures, empêche la déhiscence. Tout ce qui change les rapports de l'ovaire et des oviductes peut être régardé comme cause de stérilité : ectopie, adhérences anormales des ovaires, néoplasmes. L'oviducte peut être dévié, généralement par suite de tumeurs utérines, ou son canal entièrement obstrué et ne pouvant être parcouru ni par l'ovule, ni par les cellules spermatiques. Il est vrai que la duplicité des ovaires et des oviductes diminue les chances de stérilité de chacun de ces organes. M. de Sinéty affirme même que l'ovule peut passer d'un côté à l'autre et que, expulsé par l'ovaire droit, il gagnerait la trompe gauche si la droite était oblitérée [1].

La matrice des femelles domestiques est parfois envahie par des fibro-myômes et aussi par des kystes, sur la nature desquels on n'est pas toujours fixé. La présence de ces néoplasmes cause la stérilité, parce qu'ils empêchent la rencontre des éléments fécondants par l'endométrite qu'ils provoquent et par les déviations ou les adhérences qu'ils amènent.

Le col est la partie qui offre le plus d'obstacles à la fécondation. En gynécologie humaine, il a été avancé que sa longueur exagérée pouvait empêcher les cellules spermatiques de le franchir ou tout au moins exiger un temps tel, que la fécondation en souffre. Il n'a rien été signalé de semblable, à notre connaissance du moins, pour les femelles domestiques. Mais la *non-perméabilité du col* n'est pas rare ; ses causes sont diverses. Indépendamment d'une anomalie ou de la présence de tissu de néoformation, il peut y avoir obstacle à la pénétration du sperme par la présence d'adhérence entre le col et la muqueuse vaginale, très exceptionnellement par la présence de brides, de piliers, représentants de l'hymen qui n'existe pas normalement chez les animaux.

On a attribué un rôle au rétrécissement du col qui devient pointu et dont l'orifice externe est à peine visible ; on a parlé, chez la femme, de contractions spasmodiques qui s'opposent à la pénétration du liquide fécondateur. Des observations sont encore à faire sur les femelles domestiques pour savoir si ces causes ont une part dans leur stérilité. Le col est parfois obstrué par un bouchon muqueux ou gélatineux semi-solide ; dans ce cas, il semble bien qu'il y ait là un obstacle à la pénétration du sperme. En examinant des vaches pleines de quelques mois, on trouve, en effet, que l'orifice externe du col est obstrué par un bouchon semblable et dont vraisemblablement le rôle est d'empêcher la pénétration dans l'utérus de tout corps qui pourrait gêner la gestation (Violet).

Il ne semble guère admissible qu'il existe des altérations de la fonction

---

[1] Sinéty, article STÉRILITÉ du *Dictionnaire encyclopédique des sciences médicales*, t. I de la 3e série.

ovarienne en dehors de lésions anatomo-pathologiques. Il se présente pourtant des occurences où la cause efficiente et matérielle de ce trouble échappe.

L'ovulation est perturbée par absence ou par excès de chaleurs. Il est des femelles chez lesquelles les chaleurs et la possibilité de fécondation n'apparaissent que très tard. On cite l'exemple d'une vache durham qui entra en chaleurs à l'âge de dix-huit ans pour la première fois, fut fécondée et donna trois produits ultérieurement. Il y avait eu sommeil de la fonction ; il est plus curieux peut-être d'en observer l'arrêt et l'intermittence, alors qu'elle s'est manifestée déjà pendant plusieurs années. A la ferme de la Tête d'Or, une shorthorn, arrivée à l'âge de cinq ans et après avoir déjà donné un veau par un accouchement exempt de toute complication, resta un an sans manifester de chaleurs, puis redemanda le taureau et fut fécondée. Ce fait n'est pas rare et on voit la cessation des chaleurs durer plus longtemps encore. De ce qu'il n'y a pas de chaleurs, nous ne sommes pas en droit de conclure rigoureusement qu'il n'y a pas eu ovulation ; elles en sont la manifestation habituelle, mais non nécessaire. Pour l'élevage, c'est absolument comme si elle faisait sûrement défaut puisque l'accouplement n'a pas lieu.

Des femelles sont constamment en chaleurs, elles sont *nymphomanes ;* quand il s'agit de vaches, on les qualifie de *taurelières.* Les causes de la nymphomanie sont multiples : hérédité, tuberculose, privation du mâle, attouchements de celui-ci, défaut de fécondation par le fait du mâle ou par celui de la femelle elle-même. On la dit aussi d'origine nerveuse. On prétend que l'abus des saillies effectuées par des taurillons trop jeunes et peu prolifiques amène la nymphomanie, et à la campagne on a remarqué que, si des génisses sont placées à l'écurie près du mâle qui les excite, elles peuvent devenir taurelières.

En zootechnie, on se préoccupe moins qu'en médecine humaine des moyens de remédier à la stérilité. La faculté de faire une sélection raisonnée des reproducteurs et d'utiliser pour le travail ou l'alimentation les sujets inféconds enlève toute préoccupation grave de ce côté et empêche de suivre les médecins dans cette partie importante de la gynécologie. On sait d'ailleurs qu'on ne se contente pas d'utiliser pour le travail ou la boucherie les mâles naturellement impuissants ou stériles, mais qu'on en émascule une forte proportion dans toutes les espèces animales.

Ce n'est guère que quand il s'agit d'étalons achetés à grand prix qu'on songera à intervenir lorsqu'il y a oligospermie ou défaut de vitalité du liquide spermatique. Les frictions, le massage et l'application de courants faradiques ont été indiqués et pourraient être employés au besoin.

Les indications pour combattre la stérilité de la femelle sont plus nombreuses, l'intervention n'est efficace que si l'on est bien fixé sur la

cause du mal. Pour s'éclairer à cet égard, les médecins se servent couramment du spéculum, afin de procéder facilement à l'exploration des
voies génitales. Il y aurait, en obstétrique vétérinaire et en zootechnie
profit dans l'emploi de cet instrument, modifié suivant la constitution
anatomique des femelles à examiner.

Lorsque le col apporte empêchement à la fécondation on a recommandé
sa dilatation manuelle ou même son incision, l'emploi de tentes dilata-
trices, telles que tupelo, éponge et laminaire ; on emploie aussi, chez la
femme, le dilatateur bivalve. On opère un peu avant l'époque présumée
des chaleurs, on fait, pendant les quelques jours qui suivent l'opération,
des injections vaginales, tièdes ou chaudes. La métrite et l'acidité du
liquide vaginal se combattent par des médications spéciales : irrigations,
détersions, injections d'antiseptiques et de liqueurs alcalines. Quel que
soit le procédé employé, il faut se rappeler qu'il sera impuissant s'il y a
phtisie, inflammation pelvienne, péritonite, affection de la trompe ou de
l'ovaire.

Quant à la nymphomanie, il n'y a pas d'illusion à se faire ; connaissant
mal son étiologie, nous la combattons nécessairement avec défaillance.
La castration est à employer pour essayer de rendre la bête plus douce,
et on n'y arrive pas toujours. Une fois pratiquée, on engraisse et on
livre à la boucherie les femelles des espèces comestibles.

III. DES CHALEURS

Des deux individus dont le concours est nécessaire à la procréation de
nouveaux êtres, l'un, le mâle, est toujours prêt à remplir le rôle qui lui
incombe. La sécrétion spermagène se fait sans interruption sur les grands
Mammifères domestiques. Pour les Oiseaux, à l'époque de la mue, chez
les mâles qui la subissent très fortement, comme le paon, il y a un temps
d'arrêt, résultat de l'épuisement dans lequel ils tombent.

La femelle des Mammifères et de quelques espèces d'oiseaux ne peut
remplir le sien qu'à des époques déterminées correspondant à l'ovulation. Ces époques portent le nom de *rut* quand il s'agit d'espèces sauvages
et de *chaleurs* lorsqu'on s'occupe des femelles domestiques.

Quand on compare les espèces domestiques aux sauvages, on constate
des différences profondes dans la production des œufs et l'apparition des
chaleurs. *La domestication accélère l'ovulation et en rapproche les
manifestations.* Un exemple frappant en est fourni par la poule domestique qui donne plus de cent œufs dans l'année, tandis que ses
représentants sauvages n'en donnent qu'une vingtaine. Celui qu'offre
la pintade est plus démonstratif peut-être ; d'après Buffon, la pintade
sauvage de l'île de France pond annuellement de 8 à 12 œufs, tandis

que, à Saint-Domingue, le même oiseau devenu domestique en pond jusqu'à 150.

Le pigeon sauvage fait une ou deux pontes par an ; le domestique en peut donner jusqu'à sept dans l'année. La cane sauvage pond quinze à vingt œufs, la grosse cane de Rouen en donne cent et plus. L'oie sauvage ne pond que cinq à six œufs, tandis que l'oie domestique en donne vingt-cinq en moyenne.

Parmi les Mammifères, la lapine sauvage n'entre en rut que deux fois par an ; la domestique, suivant la remarque de Buffon, est toujours disposée à la fécondation et donne plus de deux portées. Le rut de la louve et de la renarde n'a lieu qu'en hiver, tandis que la chienne est deux fois en chaleurs par an. Il ne se montre qu'en décembre de chaque année sur la laie ; la truie est fécondée deux fois l'an.

En accélérant l'ovulation, la domestication en permet la manifestation à peu près toute l'année et non à des époques déterminées comme c'est la règle pour les animaux sauvages ; la vache, la truie, la lapine, la chienne, la chatte, la poule, la cane sont fécondables en toute saison et si les petits de nos animaux naissent plutôt dans un temps que dans un autre, c'est nous qui décidons que les choses se passent ainsi.

L'alimentation a d'ailleurs une influence marquée sur l'apparition des chaleurs ; on peut s'en rendre compte surtout sur la truie qui nous semble, parmi les Mammifères, celle qui y est la plus sensible. Ses chaleurs sont plus rapprochées quand elle est fortement nourrie, dans ce cas elle en a même en allaitant.

Il est très utile d'être fixé sur les *signes* caractéristiques des chaleurs dans chaque espèce, afin de ne point laisser échapper le moment où la femelle doit être présentée au mâle.

Les organes génitaux sont, à ce moment, le siège d'un mouvement fluxionnaire qui ne se traduit qu'exceptionnellement par un écoulement sanguin analogue à la menstruation, mais suffisant pour congestionner les muqueuses vulvo-vaginales et amener la sécrétion d'un liquide filant, d'une odeur qui attire le mâle, où le microscope fait voir des débris d'épithélium et quelques hématies. La température vaginale s'élève et sur l'espèce bovine où nous en avons mesuré les variations, nous l'avons vue augmenter de $0°,5$ et même de $1°,5$. Une excitabilité toute particulière se fait remarquer, l'œil est plus brillant et la femelle qui, en dehors de cet état, est indifférente vis-à-vis du mâle, recherche sa présence et se place spontanément devant lui pour que le coït puisse s'effectuer. Chaque espèce manifeste ses chaleurs d'une façon spéciale.

La jument se campe de temps en temps, émet ou non quelques jets d'urine, puis la vulve reste longtemps agitée de contractions qui l'ouvrent et la ferment alternativement laissant voir le clitoris rouge et turgescent.

Elle fait entendre parfois un hennissement particulier, son caractère se modifie, elle devient chatouilleuse, malaisée à conduire, têtue et quelquefois donne du pied et de la dent.

La vache se tourmente beaucoup, perd plus ou moins l'appétit, diminue souvent en lait. Elle beugle, gratte la terre ou sa litière des pieds antérieurs à la façon du taureau, cherche à chevaucher les animaux de son espèce quel qu'en soit le sexe et jette le désordre dans le troupeau si elle est libre dans la prairie.

Moins ardente que la vache, la génisse s'agite moins ; elle se rapproche du taureau si elle le peut, place son encolure sous la sienne et reste quelque temps immobile, puis elle tond l'herbe à ses côtés jusqu'à ce qu'il lui livre assaut.

Les chaleurs de la brebis sont peu marquées et peuvent passer inaperçues, ce qui n'a généralement pas d'inconvénients puisqu'on laisse le bélier au milieu du troupeau, soit toute l'année, soit au moins pendant la saison de la monte. Elle fait entendre un bêlottement particulier, vient se placer à côté du mâle, mange près de lui, le flaire et se laisse couvrir sans résistance.

La truie a des chaleurs plus faciles à percevoir ; elle grogne, s'agite beaucoup, mâchonne parfois sa litière, de la bave s'écoule des commissures des lèvres ; le plus souvent, elle est plus douce, plus disposée à se laisser approcher qu'à l'état ordinaire ; les lèvres de sa vulve sont très gonflées et rouges, c'est même le signe le plus facile à observer et sur lequel on s'appuie le plus fréquemment pour diagnostiquer son état physiologique.

La chienne, dit M. Saint-Cyr, va, vient, court, gambade, aime à jouer et se livre à une foule d'actes insolites qui ont fait donner aux chaleurs, chez cette espèce, le nom caractéristique de *folies*. L'écoulement vaginal, toujours abondant et assez souvent sanguinolent, répand une odeur forte qui attire les chiens.

La lapine est presque toujours disposée à se laisser féconder ; cependant quand ses chaleurs se manifestent, elle s'étend de son long devant le mâle, les oreilles rabattues et attend ses étreintes.

Parmi les Oiseaux, la poule se laisse côcher généralement sans manifester d'ardeur ; parfois elle se place devant le coq et s'abaisse en élargissant légèrement les ailes. Ainsi font habituellement l'oie, la cane et la dinde. La femelle du pigeon lui lisse les plumes, frotte sa tête contre la sienne et cherche à lui ouvrir le bec. La paonne et la pintade s'abaissent brusquement devant le mâle et l'accouplement se fait en un instant. La faisane est peut-être celle où les manifestations sont les plus faibles, à vrai dire il n'y en a pas.

Les femelles qui en sont à leurs débuts n'ont pas des chaleurs aussi accentuées et aussi faciles à constater que lorsqu'elles ont eu de la progéniture. C'est ainsi qu'il est difficile de les percevoir sur l'agnelle et la pouliche.

Leur *durée* est variable suivant les espèces : passagères et fugitives dans quelques-unes, elles sont plus longues chez d'autres.

Chez la jument, elle est mal déterminée. Si les faits de superfétation et d'expulsion de deux produits à dix ou douze jours d'intervalle sont exacts, ne serait-ce point parce que dans cette espèce les chaleurs ont duré ce laps de temps et qu'il y a eu fécondation au commencement et à la fin ?

Elles durent quarante-huit heures sur les Ruminants, vaches, brebis et chèvres, ainsi que sur les truies ; elles persistent de dix à treize jours sur les chiennes et autant sur la dinde, la cane et l'oie.

La femelle a-t-elle subi un coït fécondant pendant ses chaleurs, celles-ci disparaissent ordinairement pour ne reparaître qu'après la parturition ; cette règle souffre des exceptions, notamment pour l'espèce bovine. Nous avons vu, M. Caubet et moi, des vaches en gestation depuis un, deux et même quatre mois, entrer en chaleur et recevoir le taureau sur le veau, suivant l'expression du vulgaire qui connaît cette particularité. Les saillies effectuées dans ces conditions, n'ont point eu d'inconvénients pour le fœtus, dans l'espèce bovine ; il n'en fut point de même dans quelques cas analogues présentés par la jument, la saillie fut toujours suivie d'avortement.

Si la femelle n'a pas été fécondée ou si elle n'a pu s'accoupler, les chaleurs réapparaissent périodiquement, après une période de calme dont la durée varie.

Nous connaissons mal la *périodicité* des phénomènes d'ovulation dans l'espèce chevaline ; il est possible que cela tienne à ce que, dans cette espèce, ils sont facilement impressionnés par des causes contingentes. Grognier avance que la plupart des juments ne sont en chaleurs que d'avril à fin juin. Il doit y avoir à cela de nombreuses exceptions ; des juments ne donnent de signes *apparents* de chaleurs qu'une fois par an, d'autres, deux, trois ou quatre fois seulement et à des intervalles irréguliers. La saison de la monte par les étalons de l'État commence en février pour finir en juillet, ce qui semble indiquer qu'à ce moment il y a plus de chances de voir la fécondation s'opérer. Nous avons vu cependant des juments demander l'étalon en automne et être fécondées.

En suivant comparativement la date des chaleurs sur des vaches qu'on ne pouvait arriver à faire féconder et sur d'autres qui le furent, nous avons constaté que, sur les vaches fécondables, l'intervalle moyen entre l'apparition de deux chaleurs est de vingt-deux jours, avec des oscillations allant de seize jours, intervalle minimum, à trente-deux jours, intervalle maximum. Sur une même vache, l'intervalle n'est pas toujours identique ; à plus forte raison diffère-t-il d'animal à animal, comme le tableau ci-contre le montre :

RACES	AGE	ÉTAT PHYSIOLOGIQUE	DATE DE L'APPARITION DES CHALEURS	INTERVALLE MINIMUM	INTERVALLE MAXIMUM	INTERVALLE MOYEN	OBSERVATIONS
Cottentine .	22 mois	Livrée au taureau pour la 1re fois	27 février, 26 mars, 18 avril, 30 mai, 19 septembre, 25 octobre, 16 novembre, 14 décembre, 12 janvier, 2 février.	21 j.	110 j.	37 j.1/2	N'a jamais pu être fécondée.
Jersiaise. . .	21 mois	—	22 septembre, 6 novembre, 19 décembre, 10 janvier, 31 janv.	21 j.	45 j.	35 j.1/4	—
Femeline. . .	19 m. 1/2	Premières chaleurs	15 juillet, 11 août, 26 septemb., 17 décembre. 31 janvier. . . .	26 j.	84 j.	49 j.3/4	—
Flamande. . .	3 ans	2e veau	19 juin, 15 juillet, 9 août, 22 octobre, 29 novembre, 19 décembre, 9 janvier.	20 j.	74 j.	34 jours	A été féc., mais a avorté puis est restée nymphomane.
Hollandaise. ,	16 mois	Premières chaleurs	19 septembre, 18 octobre, 2 décembre, 22 décembre. . . .	20 j.	24 j.	21 j.1/3	A été fécondée.
Charolaise. .	5 ans	3e veau	29 juin, 10 octobre, 2 novembre, 24 novembre.	22 j.	103 j.	49 jours	N'a plus donné de veau.
Schwitz. .	24 mois	1er veau	18 septembre, 4 octobre, 4 nov., 27 novembre, 21 décembre, 14 janv.	16 j.	31 j.	23 j.1/2	A été fécondée.
Schwitz. . .	6 ans	3e veau	11 septembre, 1 octobre, 2 décembre, 24 décembre, 18 janvier.	19 j.	32 j	22 j.1/4	—
Schwitz. . .	—	—	18 octobre, 19 novembre, 10 décembre, 12 janvier.	21 j.	33 j.	28 j. 1/2	N'a plus donné de veau.

Les vaches qui ne purent être fécondées se faisaient remarquer par une irrégularité dans l'ovulation, puisque les intervalles ont oscillé entre vingt et un et cent dix jours. Cette irrégularité a pour conséquence une augmentation de l'intervalle moyen qui sépare les chaleurs. La pratique peut tirer d'utiles indications de ces chiffres. *Quand les chaleurs de la vache sont très irrégulières et que la moyenne qui les sépare dépasse vingt-huit jours, les chances sont grandes pour que la bête soit stérile ou que la gestation n'arrive pas à bien.*

Les chaleurs de la brebis, de la chèvre et de la truie qui n'ont pas été fécondées, réapparaissent tous les dix-huit jours en moyenne avec des oscillations du quinzième au vingt-quatrième jour.

L'éleveur a grand intérêt à savoir au bout de combien de temps après l'accouchement, les chaleurs réapparaissent et par conséquent quand il peut livrer ses bêtes à une nouvelle fécondation.

Gênée pendant la gestation, la fonction d'ovulation n'est pas longue, dans beaucoup d'espèces, à se manifester après la délivrance. L'accouplement peu de temps après l'accouchement a de grandes chances d'être suivi de fécondation, parce que le col utérin est encore dilaté et que des ovules sont prêts à être fécondés. En zoologie générale on cite l'otarie *(Otaria ursina)* comme un exemple probant de ce fait; elle entre en chaleurs deux jours après la mise bas et reçoit fructueusement le mâle.

La jument manifeste volontiers des chaleurs dès le neuvième jour après la parturition, et les éleveurs n'ignorent point qu'elle est facilement fécondable à ce moment.

La vache demande parfois le taureau du quinzième au vingtième jour après le part, mais ce n'est pas la règle. La moyenne fournie par le Herd-Book de notre ferme est de cinquante et un jours, avec des oscillations allant du trente-cinquième au soixante-seizième jour.

Tant qu'elle allaite, la brebis n'a pas de chaleurs ; c'est vers le quatrième mois qu'elle en manifeste. La truie demande quelquefois le verrat en allaitant, mais retient difficilement ; la règle est qu'elle entre en chaleur vers le deuxième mois.

La chienne ne redemande le mâle que six mois après l'accouchement et dans quelques races elle laisse écouler un intervalle plus long. La lapine est disposée à s'accoupler aussitôt qu'elle a mis bas ; la femelle du cobaye de même ou à peu près.

Pour livrer la femelle au reproducteur, on se guidera sur l'état dans lequel elle se trouve ; si elle est épuisée par des parturitions multiples, on peut retarder, mais en général il est bon de faire taire, par la fécondation, les chaleurs aussitôt qu'elles se manifestent, car on risque, dans le cas contraire, de voir apparaître la nymphomanie.

Les chaleurs étant la manifestation d'un phénomène physiologique, la maturation et la déhiscence des vésicules de Graaf, il en résulte que quand elles n'apparaissent pas, il est difficile d'y remédier. L'éleveur cherche parfois à le faire sur de jeunes femelles trop tardives, ou sur des bêtes de bonne conformation et de bonne race ayant eu déjà des portées. Le meilleur moyen est la présence du mâle ; elle est pour la femelle une cause d'excitation capable de provoquer l'ovulation. Coste a montré que, chez la lapine qui s'accouple, les œufs ont déjà quitté les ovaires dix à quinze heures après le coït, tandis que, si elle est séparée du mâle, on les trouve encore dans leur capsule quarante-cinq heures après l'apparition des chaleurs.

On a proposé, dans le même but, diverses teintures et poudres excitantes, à base d'emménagogues ; il est peu probable que ces substances, dont l'action est surtout utérine, aient grande efficacité. Elles excitent l'ardeur sexuelle, il n'est pas démontré qu'elles aient de l'influence sur la maturité et la déhiscence des ovules. Elles provoquent de fausses chaleurs, comparables à celles qu'on a signalées chez des truies châtrées et abondamment nourries [1].

---

[1] Barthelmy, Les chaleurs peuvent-elles apparaître sur des truies chatrées ? (*Journal de médecine vétérinaire et de zootechnie*, 1890).

IV. DE L'ACCOUPLEMENT ET DES MANŒUVRES DESTINÉES
A FAVORISER LA FÉCONDATION

Lorsque les chaleurs indiquent qu'un ou plusieurs ovules sont mûrs, il faut que quelques cellules spermatiques viennent les toucher pour les féconder et en provoquer l'évolution. Dans toute la série des animaux domestiques, la rencontre des deux éléments se fait dans l'intérieur du corps de la femelle. De là, nécessité de l'union des deux sexes, intromission de l'organe mâle dans les parties génitales femelles et projection de la liqueur spermatique à leur intérieur. L'ensemble de ces actes constitue l'*accouplement*.

Il prend le nom de *saillie* ou de *monte* quand il s'agit du cheval, de de l'âne, du taureau et de la truie; c'est la *lutte* si l'on parle du bélier. Quand les chiens s'accouplent, on dit volontiers qu'ils *se lient* et on exprime la même idée à propos des Oiseaux, en disant que le mâle *côche* sa femelle.

Dans les Mammifères, non seulement le mâle est toujours prêt à s'accoupler, mais encore il est disposé à saillir indistinctement toutes les femelles en chaleurs de son espèce et parfois des espèces voisines. On a parlé de sympathie et d'antipathie de mâles pour certaines femelles; Huzard a cité l'exemple de jeunes étalons s'attachant à quelques cavales et négligeant les autres, et on a signalé aussi des béliers préférant de vieilles brebis et délaissant les agnelles. Si ces faits ont été exactement observés, ils sont exceptionnels et l'absence de choix est la règle.

Cette circonstance est favorable aux intérêts zootechniques; elle permet de ne conserver qu'un nombre limité de mâles si l'on trouve plus avantageux d'élever des femelles. Il serait onéreux pour ceux qui se livrent à l'industrie de l'élevage, de la laiterie, de la production des jeunes pour la boucherie, d'être obligés de posséder un mâle par femelle. L'usage de la castration des mâles prouve d'ailleurs en faveur de cette thèse.

Mais elle comporte l'obligation de bien connaître le nombre de femelles qui doivent être attribuées au mâle de chaque espèce, pour qu'elles aient chance d'être toutes fécondées et pour qu'il n'y ait pas usure prématurée des reproducteurs par abus du coït. Abandonnés à eux-mêmes, ceux-ci ont une grande puissance génitale à un jour donné, mais comme ils sont entretenus pour avoir à utiliser leur faculté reproductrice pendant la saison que nous fixons, on ne les laisse point s'épuiser en une fois. Le bouc passe pour le plus prolifique ou le plus lascif de nos serviteurs et il pourrait répéter jusqu'à trente fois le coït dans une journée; le bélier lui en céderait peu, encore qu'il ne faille pas accorder créance au récit ou il est question d'un mérinos de Rambouillet qui aurait fécondé soixante brebis en une nuit. M. Colin dit que le cheval peut faire vingt saillies dans une matinée et l'âne une quinzaine. Le taureau en liberté pourrait en faire de vingt à vingt cinq dans un jour, le verrat irait à une dizaine dans les races rustiques, le lapin à sept ou huit, le chien à cinq ou six.

Le coq côcherait volontiers dix poules dans la journée, le canard de Barbarie quinze canes, l'oie cinq femelles, le dindon quinze à vingt, le paon une ou deux; le faisan s'accouplerait de sept à dix fois en un jour.

La puissance prolifique est non seulement liée à l'espèce, mais elle est aussi largement influencée par la race et le climat. L'espèce chevaline en fournit la preuve la plus convaincante.

Ce n'est pas d'aujourd'hui qu'on a remarqué la moindre aptitude à la reproduction des chevaux orientaux. G. de Saulnier [1] a écrit que, « quoique dans les pays chauds, les étalons paraissent plus vigoureux que dans les pays froids, ils ne produisent pas tant de poulains que ceux des climats froids. En Hollande, un étalon sert quatre, cinq et même six cavales en un jour, et fort peu manquent de concevoir. » Nous savons par des témoignages récents que le cheval indien est peu prolifique [2] et les étalons des haras d'Algérie entretenus en stabulation permanente sont moins féconds qu'en France.

Il faut tenir compte de tous ces facteurs et ne demander à un reproducteur que ce qu'il peut donner sans fatigue ni détérioration. Lorsqu'il débute dans la carrière, alors qu'il est encore dans la période de croissance, on lui présentera moins de femelles que quand cette période sera achevée.

On estime que, pendant la saison de la monte, un étalon de trait peut faire trois saillies par jour, un demi-sang trois saillies dans deux jours, et le pur sang une seule quotidiennement. Ce n'est que quand il y a urgence qu'on en fait effectuer davantage.

Tout accouplement n'étant pas suivi de fécondation et chaque femelle exposée à redemander à s'accoupler, on est dans l'habitude de dénombrer la quantité de femelles que peut satisfaire un mâle. On estime que quarante à cinquante juments suffisent au cheval fin, une soixantaine au demi-sang et que l'étalon de trait peut aller à quatre-vingt-dix. Ces chiffres sont dépassés et il est des étalons rouleurs qui saillissent cent vingt à cent quarante juments dans une saison; c'est trop.

Le baudet ou âne étalon, qu'on livre à la production mulassière, peut saillir trois juments par jour sans inconvénient; il est abusif de lui en donner davantage.

Un taureau suffit à cinquante vaches; s'il est de race précoce ou très

---

[1] G. de Saulnier, *loc. cit.*, page 52.
[2] Rob. Wallace, *India in 1887*.

jeune, on ne lui en donnera que vingt-cinq à trente. Le bouc servira deux cents chèvres, le bélier adulte quatre-vingts à cent brebis et seulement soixante dans sa première saison de lutte; le verrat quarante à cinquante truies.

Un coq suffit à dix poules et si l'on fait de l'élevage, d'après Jacques [1], il vaut mieux réduire ce nombre à cinq. Il ne faut donner au dindon que vingt dindes; il en féconderait beaucoup plus, mais s'épuiserait; on aura un mâle pour six oies et un canard pour six à sept canes. Il faut donner quatre à cinq faisanes au faisan. Le pigeon et la pintade sont monogames.

Du moment que les chaleurs, à part quelques exceptions, apparaissent toute l'année, le zootechnicien peut provoquer les accouplements à n'importe quel moment, et il le fait pour les espèces bovine, porcine, canine, cuniculine. Pour les autres, des raisons physiologiques ou économiques le forcent ou l'engagent à les diriger de manière que la naissance ait lieu en une saison propice par les aliments qu'elle fournit ou par sa température.

Il est d'usage de faire couvrir les juments de façon qu'elles poulinent en hiver ou au début du printemps et que le poulain puisse accompagner sa mère au pâturage.

Les propriétaires du Midi veulent avoir des agneaux au printemps pour qu'ils soient suffisamment forts au moment de la transhumance. Dans le Nord, on les fait naître de telle sorte que leur sevrage coïncide avec le moment où l'on a de nombreux résidus à leur donner. On peut choisir trois époques pour la lutte et l'agnelage. Dans la première, la lutte a lieu en juillet et l'agnelage en hiver; dans la deuxième, la lutte a lieu en septembre et l'agnelage au printemps; et, enfin, dans la troisième, la lutte se fait en janvier pour l'agnelage d'été.

On attend la fin de l'hiver et le printemps pour permettre l'incubation naturelle parce que, pour les espèces du paon, du cygne, du faisan, du dindon, du canard et de l'oie, c'est le moment où les mâles côchent leurs femelles, et, pour celles où l'accouplement se fait chaque jour, la douceur de la température est un condition de réussite dans l'élevage des oisillons.

L'accouplement des grands Mammifères est surveillé et dirigé par l'homme, en raison des accidents qui se pourraient produire et qui sont surtout à craindre dans l'espèce chevaline. On va envisager d'abord cet acte en ce qui la concerne.

La saillie se fait *à la main*, en *liberté* et en *mode mixte*.

La monte en main se pratique de la manière suivante : la jument, entravée des membres de derrière, est tenue à la main; l'étalon est conduit

[1] Jacques, *le Poulailler*, Paris, 1858.

par un bridon. Quelquefois la jument est placée dans une stalle ou une sorte de travail *ad hoc*. C'est le mode le plus répandu et qui expose le moins aux accidents. En effet, la jument entravée ne peut pas blesser l'étalon si elle n'est pas bien disposée et celui-ci ne se fatigue pas inutilement. Les erreurs de lieu sont très rares, le pénis étant dirigé par l'étalonnier. Il permet d'assigner à chaque femelle le reproducteur qu'on désire et de régler le nombre des saillies. On lui reproche de s'éloigner des conditions naturelles et d'avoir pour résultat la non-fécondation d'un grand nombre de juments. Cette objection semble mal fondée; si l'ovule est mûr, pourquoi ne serait-il pas aussi bien fécondé, lors de sa rencontre avec le sperme, dans la monte en main que dans celle en liberté?

La monte en liberté se fait seulement chez les animaux qui vivent toute l'année dehors, comme dans la Camargue, la Corse, la Sardaigne. Cette pratique a de grands inconvénients. L'étalon est exposé à recevoir des coups de pied d'une jument mal disposée et s'il est trop ardent les erreurs de lieu sont fréquentes; les avortements peuvent avoir la même cause; s'il est jeune, il fait de trop nombreuses saillies dans la journée, il s'épuise et quelquefois la paralysie survient à la suite de coïts trop répétés.

La monte mixte a lieu dans une cour ou dans un enclos. On lâche la jument et l'étalon; on les surveille, prêt à intervenir si besoin était.

La monte en main est une nécessité pour l'industrie mulassière. A l'état de nature, on ne voit pas de rapprochement spontané entre l'âne et la jument. Xénophon parle même dans les termes suivants d'un stratagème employé de son temps pour amener l'accouplement : « C'est une parure donné au cheval par les dieux, que la queue, le toupet et la crinière; et la preuve, c'est que les cavales en liberté, dans les haras, ne souffrent pas les approches de l'âne tant qu'elles sont à tous crins, et c'est pour cela que ceux qui font métier de faire saillir les ânes coupent les crins aux juments pour la monte. »

Nos contemporains qui pratiquent l'industrie mulassière ont substitué d'autres manœuvres à celle qu'indique Xénophon. Ils présentent une ânesse puis bouchent les yeux au baudet et ils substituent une jument. Comme celle-ci est de trop grande taille pour l'âne, on la place dans un *travail* établi en contre-bas et formé par deux barres de bois fixées au mur.

Dans l'espèce bovine, la monte peut se faire en toute liberté au pâturage, ou en main, ou encore d'une façon mixte. La monte en liberté n'a pas pour elle les inconvénients signalés à propos de l'espèce chevaline.

Pour l'espèce ovine, la lutte se fait en liberté. Le bélier reste au milieu du troupeau, soit au dehors, soit en stabulation, pendant la saison choisie. Nous conseillons, après expérience, de le laisser au moins deux mois avec le lot de brebis qu'il doit féconder. On a indiqué un laps de temps plus court ; c'est à tort, car on s'expose à une proportion élevée de non-fécondations.

La truie allant au pâturage avec le verrat est fécondée au moment de ses chaleurs. S'il s'agit d'animaux élevés en stabulation, on conduit la femelle dans la loge du mâle, ou on fait sortir les deux reproducteurs dans la cour annexe de la porcherie. Il est utile de les surveiller, surtout si le verrat est de race perfectionnée ou très gras, car il est très long à s'accoupler et on pourrait retirer la femelle avant que l'opération fût effectuée.

L'homme intervient moins que dans les autres espèces pour la reproduction du chien ; d'ailleurs, au moment de sa *folie*, la chienne s'échappe fréquemment de la maison de son maître et la surveillance la plus minutieuse est souvent déjouée. L'intervention a plutôt pour but de choisir les reproducteurs que d'assurer la fécondation.

On place momentanément le bouquin dans la loge de la lapine à féconder, car il n'est pas prudent qu'il reste constamment avec elle, surtout quand elle nourrit.

Quant aux Oiseaux de basse-cour, l'homme laisse les accouplements se faire en toute liberté ; il n'intervient qu'à de rares exceptions portant sur des races de luxe entretenues en volière, ou pour empêcher des croisements. Il y est aussi obligé quelquefois, afin de soustraire la cane et la dinde aux assauts trop réitérés de mâles surexcités ou pour empêcher ceux-ci de se battre pour la possession des femelles.

Lorsque la copulation doit être effectuée par des reproducteurs de prix qu'il faut ménager, il est bon de voir au moyen d'un mâle vieux ou réformé, si la femelle est réellement en chaleurs et disposée à se laisser couvrir. Ce moyen est surtout recommandé pour l'espèce chevaline, où les chaleurs sont peu apparentes et où il importe de ne pas faire exécuter de saillies inutiles aux chevaux et aux baudets, pour ne pas les fatiguer, les surexciter et les porter à la méchanceté si trop de femelles les refusaient. L'étalon destiné à ce service est désigné sous le nom de *boute-en-train*. Lorsqu'il a flairé la jument et qu'on s'est assuré qu'elle est disposée à le recevoir, on le retire et on lui substitue celui qui doit réellement accomplir le coït.

Les chaleurs de l'espèce ovine sont également peu marquées et passablement fugitives ; dans quelques régions, on place dans le troupeau un bélier boute-en-train. Comme on ne peut ni le tenir en main comme l'étalon, ni le surveiller constamment, on lui place sous le ventre un tablier solidement attaché, qui le met dans l'impossibilité de lutter les brebis. Lorsque par ses tentatives, le berger voit qu'une brebis est en chaleurs, il l'enlève du troupeau et la fait passer soit dans la loge du bélier effectif, soit dans le petit groupe de femelles qu'il est en train de féconder.

Quelques brèves considérations sur la façon dont le coït s'accomplit dans les diverses espèces domestiques sont nécessaires, afin que l'éleveur puisse se rendre compte si cet acte a été accompli normalement et s'il y a des chances de fécondation.

Pour que celles-ci soient grandes, une partie au moins du fluide séminal doit avoir été dardée dans le col utérin, l'autre partie étant déversée dans le vagin. Il existe une relation entre la portion libre de la verge et le vagin, entre la configuration de l'extrémité pénienne et celle de l'ouverture cervicale. Le cheval et l'âne possèdent, à l'extrémité de leur verge qui forme pomme d'arrosoir lors de l'érection, un prolongement urétral qui prend contact avec le museau de tanche et s'y enfonce quelque peu, sous l'influence des secousses éjaculatrices. Le membre du bœuf, beaucoup plus petit proportionnellement que celui des Équidés, est effilé en pointe et peut s'engager dans le col utérin. Cette disposition est encore accentuée sur le bélier dont la verge se termine par un appendice vermiforme, assez long, qui s'insinue dans le col étroit, mais long, de l'utérus de la brebis. Le verrat a une verge cylindrique et légèrement tordue à la pointe.

La disposition des organes copulateurs des oiseaux est très diverse; la plus curieuse est celle que présente le canard, dont le pénis tire-bouchonné est typique; chez les Gallinacés, c'est une papille rudimentaire.

Pour s'accoupler, tous les Mammifères que nous étudions sont obligés de chevaucher les femelles. L'étalon, après avoir flairé la jument, pousse quelques hennissements, entre en érection, se dresse sur ses membres postérieurs et effectue l'intromission du pénis dans les voies sexuelles. Il a été dit que des étalons trop ardents commettent des erreurs de lieu; les conséquences en sont à peu près toujours mortelles, parce qu'il y a déchirure du rectum. Les annales vétérinaires renferment de nombreux exemples de ces erreurs, et nombreux aussi sont les procès intentés aux propriétaires des animaux qui les commettent. L'étalonnier devra veiller à ce que de pareils accidents soient évités, ce qui est facile quand la monte a lieu en main ou en mode mixte.

Des étalons s'enlevent alors qu'ils sont encore loin de la jument et restent trop longtemps dans cette position qui leur tare les jarrets puisque tout le poids du corps est reporté sur cette partie; le garde-étalons s'efforcera d'empêcher cette cause d'usure anticipée.

Le taureau effectue le coït d'un seul bond; cet acte est de très courte durée et si l'on n'était prévenu, on pourrait croire qu'il a été incomplet. Il en est ainsi du bélier, du bouc et du lapin. Au contraire, il est prolongé dans les espèces porcine et canine; il dure une dizaine de minutes dans la première et plus d'un quart d'heure dans la seconde. Souvent l'accouplement des porcs se fait partiellement en position décubitale et il est commun de voir le chien opposer sa croupe à celle de la femelle avec laquelle il est lié. L'éjaculation de ces animaux est lente, et séparer trop tôt les sujets accouplés est s'exposer à voir échouer la fécondation. Le coït du chien est prolongé par la turgescence énorme de l'organe et la présence d'un os pénien.

Dans les Oiseaux de basse-cour, l'accouplement est généralement l'affaire d'une fraction de minute ; cependant, le canard et l'oie mâle y mettent un peu plus de temps que le coq.

L'émission séminale accomplie, les animaux se séparent ; quelques mâles, le cheval en particulier, semblent déprimés par cet acte ; il en est desquels on exige sans inconvénients deux coïts successifs. La femelle n'éprouve point cet affaissement et ses chaleurs ne tombent pas immédiatement ; elle se campe assez fréquemment et peut rejeter une partie de la liqueur fécondante qu'elle a reçue.

La rencontre de quelques cellules spermatiques avec l'ovule pouvant se faire dans l'utérus, dans l'oviducte ou à la surface même de l'ovaire, il est indiqué de chercher à rendre les chances de contact les plus grandes possible.

On utilise pour cela quatre sortes de moyens : les premiers visent à augmenter la quantité de liquide séminal projeté dans l'organe femelle ; les seconds à varier la provenance de ce fluide ; les troisièmes à calmer l'éréthisme de la femelle et l'empêcher de rejeter la semence qu'elle a reçue ; les quatrièmes à favoriser la pénétration de celle-ci dans les parties profondes de l'appareil génital.

1° Le premier postulatum s'atteint en faisant subir à la femelle plusieurs accouplements, aussi rapprochés l'un de l'autre que le permet la vigueur du reproducteur employé. Celui qui se prête le mieux à cette manœuvre est le taurillon qui exécute volontiers deux saillies coup sur coup. D'ailleurs, comme les chaleurs durent au moins deux jours, si l'on a la précaution de faire couvrir la femelle dès leur début, on peut aisément, pendant leur manifestation, lui présenter le mâle deux et trois fois.

A la jumenterie de Tiaret, on a élevé la proportion des fécondations en soumettant les juments à un régime rafraîchissant, et quand elles sont disposées, on les fait saillir trois fois en cinq jours en mettant un jour d'intervalle entre chaque saut (Berthon).

2° Certains mâles sont impuissants à féconder quelques femelles, tandis qu'ils en fécondent d'autres. De là, la pratique, fort répandue dans quelques contrées, de faire couvrir successivement la même bête par deux et même trois mâles qui peuvent être de la même race et de la même espèce ou non. Il est commun d'amener à la suite deux étalons près de la même jument, ou bien un cheval et un âne, et on a enregistré des faits où les deux coïts ont été fécondants et où l'on a obtenu dans le même accouchement, un poulain et un mulet. Chez les femelles multipares et où les chaleurs ont une durée relativement longue, comme la chienne, ce n'est pas rare et on trouve dans la même portée des sujets de races différentes, encore qu'il faille se méfier des coups ataviques dans ces circonstances. Lorsqu'une femelle a reçu infructueusement le mâle à plusieurs reprises, il est indiqué de lui en présenter un autre, en supposant, bien entendu, qu'il n'y a pas de causes organiques apparentes de stérilité. Dans les pays d'industrie mulassière, une jument n'a-t-elle pas été fécondée par le baudet, on la présente au cheval à la fin de la saison de la monte, ou si, livrée à l'étalon, elle a été stérile, on la donne au baudet.

3° Les moyens de calmer l'orgasme de la femelle sont variés ; quelques-uns étaient déjà mis en pratique par les anciens puisque, d'après Aristote, ils avaient l'habitude, aussitôt l'ânesse couverte, de la frapper et de lui faire exécuter une course. On lui promène un bâton sur les reins et la croupe pour l'empêcher de se vousser et de rejeter la semence, on lui jette un seau d'eau froide sur le train postérieur, on la fait courir. Parfois aussi on fait une saignée, soit avant soit après l'accouplement. M. Collin, de Wassy, rapporte[1] que bon nombre de juments, et parmi elles plusieurs qui n'avaient jamais porté et qui chaque année étaient saillies plusieurs fois infructueusement, ont été fécondées à la suite d'accouplements opérés *immédiatement après* une saignée de trois à quatre litres. La saignée pratiquée une heure ou deux avant la saillie ne lui a pas paru jouir de la même efficacité. La déplétion sanguine diminue la rigidité du col et calme, au moins momentanément, l'état de spasme des organes génitaux.

4° Lorsque la pénétration du sperme trouve obstacle dans le resserrement du col utérin, on procède à la dilatation de celui-ci pour la faciliter. Nous n'avons pas expérimenté si des préparations médicamenteuses spéciales, telles que la pommade de belladone appliquée *in situ* auraient des résultats satisfaisants, mais la dilatation manuelle est employée depuis longtemps.

Les Arabes la connaissent : « Un homme se frotte le bras et la main avec du beurre, du savon ou de l'huile ; il pénètre dans le vagin de la jument, arrive jusqu'au col de la matrice, l'entrouvre avec précaution au moyen d'une datte qu'il tient entre ses doigts allongés et finit par y introduire la main entière ; puis aussitôt son bras retiré, il présente l'étalon[2]. »

Elle a été préconisée par MM. André et Elouet. Nous l'avons fait mettre plusieurs fois en pratique à la ferme et quand le resserrement du col était vraiment la cause de la stérilité, nous en obtînmes de bons résultats. On introduit d'abord, par un mouvement de térébration, un doigt dans l'orifice, ce qui ne se fait point sans difficulté et exige du temps,

---

[1] Collin, Notes obstétricales (*Journal de médecine vétérinaire et de zootechnie*, 1888).
[2] Général Daumas, *les Chevaux du Sahara et les mœurs du désert*, Paris, 1864, p. 83.

puis un second, un troisième et même un quatrième tous rassemblés en cône ; on parcourt la longueur du col, on reste un peu pour que la dilatation soit complète, puis on présente le mâle. D'après une observation de Delafond, une dilatation aussi complète n'est pas nécessaire, l'introduction d'une simple sonde du volume d'un catheter ordinaire a suffi pour assurer la fécondation. Consignons en passant qu'il nous est arrivé plusieurs fois de voir apparaître les chaleurs trois ou quatre jours après avoir pratiqué la dilatation sur des bêtes atteintes de frigidité. C'est à essayer à l'occasion.

L'injection d'eau chaude dans les voies génitales serait aussi un bon moyen de faciliter la fécondation, soit en provoquant la dilatation cervicale, soit en entraînant les liquides, glaireux ou autres, qui peuvent être des causes d'infécondité. Enfin, l'acidité du mucus vaginal nuisant à la vitalité des spermatozoïdes, on en annihilera l'action par des injections de liquides alcalins peu concentrés.

Section II. — Fécondation et Fécondité

Les recherches modernes ont établi que la fécondation consiste dans la fusion des germes fournis par le mâle et la femelle, le pronucleus femelle qui dérive de la vésicule germinative de l'ovule et le pronocleus mâle résultant de la transformation du spermatozoïde.

Malgré que les reproducteurs aient été choisis dans des conditions qui éloignent l'impuissance et la stérilité, que le coït ait été effectué au moment des chaleurs et au besoin avec toutes les manœuvres préindiquées pour le rendre fructueux, il s'en faut que la fécondation soit toujours le résultat de ce dernier acte. Quand elle en découle, le nombre des produits qui en dérivent est variable.

Il est difficile de se rendre compte de la fécondité réelle, parce que différentes causes viennent fausser les résultats qu'on obtient. Dans l'espèce humaine, des raisons d'ordre social influent sur la natalité et empêchent de connaître exactement le *quantum* de la fécondité normale ; on admet assez généralement que, pour 100 ménages, il en est 13 sans enfants par stérilité physiologique, et que sur 100 cas d'infécondité, 17 sont imputables à l'homme et 83 à la femme.

La vie des animaux domestiques est tellement abrégée par l'envoi à l'abattoir et leurs fonctions sexuelles sont supprimées chez une proportion si considérable d'individus, que l'état réel des choses est dissimulé et qu'on est obligé de négliger à peu près la stérilité des mâles. D'ailleurs aussitôt qu'on s'en aperçoit, ceux-ci reçoivent une autre destination. C'est ainsi que sur un effectif de 2514 étalons que possédait l'administration des Haras en France au 1er janvier 1887, 15 furent réformés pour infécondité, soit 0,59 pour 100.

On a l'habitude, en zootechnie, de juger du degré de fécondité d'une race ou d'une espèce, en établissant la proportion de gestations au nombre des femelles qui ont reçu l'approche du mâle. Mais la stérilité pouvant n'être que temporaire, il faudrait, pour connaitre exactement la vérité, conserver les femelles pendant toute la durée de leur vie sexuelle et voir si elles sont décidément infécondes ; on sait que cela ne se fait pas pour des raisons économiques. En outre, il est assez difficile de compa-- rer les statistiques entre elles, parce que les unes ne comprennent que les fécondations suivies de naissance normales, tandis que les autres tiennent compte des avortements.

L'espèce chevaline est une de celles où nous avons pu le suivre plus largement le pourcentage des naissances. En utilisant les documents de l'administration des Haras, nous avons obtenu les chiffres suivants, l'année 1886 étant prise pour type :

SORTES D'ÉTALONS	NOMBRE D'ÉTALONS	NOMBRE DE JUMENTS	NOMBRE DE POULAINS OBTENUS	POURCENTAGE DES NAISSANCES
Étalons anglais.	298	9.839	4.863	49,4
— arabes..	138	5.387	2.849	52,8
— anglo-arabes . . .	131	5.588	2.956	52,8
— de demi-sang. . . .	2.317	105.032	54.685	52
— de trait.	860	49.961	24.874	49,7
TOTAUX.	3.744	571.807	90.227	51,3

Les documents concernant d'autres pays de l'Europe centrale que nous avons dépouillés, confirment que la moyenne des naissances dans l'espèce chevaline est également de 51 à 52 pour 100 de juments conduites à l'étalon.

Le dépouillement du Herd-Book de la ferme d'application nous a donné, pour les huit années qui viennent de s'écouler, une moyenne de 75 fécondations pour 100 vaches saillies.

Nous assignons un pourcentage de 82 à 83 à l'espèce ovine. En effet, si nous prenons d'une part le troupeau national de Rambouillet, sur 4005 brebis qui furent luttées de 1872 à 1883, 3329 ont été fécondées, soit 83,1 pour 100 [1]. Si, d'autre part, nous suivons des troupeaux de colons australiens (qui sont également des mérinos parfois avec un peu de sang lincoln), sur lesquels nous possédons des renseignements, nous trouvons une proportion de 82 pour 100.

D'une statistique faite sur le troupeau de chèvres d'Angora de la bergerie de Ben-Chicao (Algérie) et portant sur une période de vingt-et-un ans, il résulte que 100 chèvres ont donné annuellement 74 chevreaux [2].

[1] Bernardin, *la Bergerie de Rambouillet*, 1890, page 100.
[2] Couput, Au sujet des chèvres d'Angora en Algérie (*l'Algérie agricole*, 1885, page 3019).

Les résultats peuvent être plus élevés. A la jumenterie de Pompadour, sur un effectif de 60 juments poulinières, la moyenne des poulains calculée sur les résultats de six années fut de 44,6, soit une production de 74,3 pour 100, dépassant de près d'un quart la production ordinaire. Mais il s'agit ici d'animaux placés dans des conditions exceptionnelles et on s'explique que les non-fécondations ne soient pas plus nombreuses.

Nous avons suivi dernièrement un petit troupeau de 95 brebis au milieu desquelles vit constamment un bélier, 94 ont agnelé dans l'année. Au troupeau de chèvres de Ben-Chicao, une année on n'obtient que 31 produits pour 100, tandis qu'une autre on en eut 156.

Bien des causes influent sur la fécondité ; les principales sont : la domestication, l'alimentation, l'âge, le climat, la race, le mode de reproduction et les conditions hygiéniques.

Le lecteur sait déjà que la condition domestique a augmenté la fécondité ; qu'il compare la lapine à la hase, la chienne à la louve ou à la renarde, la truie à la laie et toutes les femelles des oiseaux domestiques à leurs congénères restées sauvages, il verra qu'elles sont plus prolifiques ; la paonne seule fait exception parce que pour cette espèce, l'influence climatérique intervient et neutralise celle de la domestication.

L'élément qui, dans la domestication, a produit ce résultat nous paraît être surtout l'abondance de l'alimentation et la régularité de sa distribution. Plusieurs naturalistes voyageurs ont insisté sur le peu de fécondité de tribus humaines vivant encore à l'état sauvage et dont l'alimentation est précaire ; les Fuégiens en sont la preuve. Les observations recueillies sur les animaux sont plus probantes peut-être. On a remarqué, en Afrique, que dans les années de disette coïncidant avec les invasions de sauterelles ou avec des sécheresses exceptionnelles, la fécondité des chèvres et des moutons baisse et qu'elle s'élève les années pluvieuses où les fourrages sont abondants. La même observation a été faite sur les troupeaux du midi de la France. Pour notre part, nous nous sommes servi du cobaye afin d'expérimenter sur cette question. Deux lots de ces animaux entretenus dans deux loges voisines recevaient, l'un une abondante nourriture verte, l'autre des débris de pain et un peu de maïs en grain distribué avec parcimonie ; le premier lot donna plus du double de jeunes que le second.

D'après les statistiques recueillies en Italie par Fogliata, les étalons soumis au régime du vert ont donné une moyenne 70 pour 100 de fécondations tandis que ceux qui recevaient des aliments secs et excitants n'en n'ont donné que 50 pour 100. Dans une station de monte où le chiffre des fécondations restait peu élevé, il conseilla de mettre les étalons au vert et la proportion monta d'un tiers.

Le régime alimentaire a donc une influence réelle sur la prolificité du mâle et de la femelle, mais il ne faut pas tomber dans l'exagération, car s'il devient tel que les animaux sont poussés à l'engraissement prématuré, on les achemine vers la stérilité. Chaque année, dans les concours, nous avons sous les yeux des spécimens des plus belles races ovines et porcines qui, véritables modèles de bonne conformation, de puissance assimilatrice et d'aptitude à prendre la graisse, restent stériles.

L'âge joue son rôle. Il n'est pas habituel de voir une jeune femelle être fécondée à ses premières chaleurs par un seul coït, il en faut généralement plusieurs et parfois ce n'est qu'aux chaleurs suivantes qu'elle l'est. L'observation a appris que les jeunes ânesses sont plus difficiles à féconder que celles qui sont plus âgées ; pour obtenir un résultat, il faut multiplier les saillies. Tous les éleveurs de durhams savent que les génisses de cette race sont difficilement fécondables avant deux ans et que, quand elles l'ont été plus tôt, elles perdent fréquemment l'année suivante. Nous avons remarqué qu'il est rare que les jeunes truies retiennent la première fois. A Rambouillet, de 1872 à 1883, il y eut 80,6 antenaises pour 100 de fécondées, tandis que la proportion de l'ensemble du troupeau fut de 83,1 (Bernardin).

L'ovulation est une fonction qui s'éveille peu à peu, et les femelles multipares ont moins de jeunes à leur début qu'ultérieurement. A sa première portée, la biche ne donne qu'un faon tandis qu'aux suivantes, elle en a généralement deux ; la femelle du cabiai *(Hydrochœrus capybara)* ne met bas qu'un petit à la première parturition, puis trois et même quatre aux suivantes.

Nous avons étudié la différence de fécondité entre les primipares et les bêtes plus âgées à la porcherie de la ferme. Nos observations ont porté sur 526 porcelets ; la moyenne des portées de primipares a été de 7,4, tandis qu'elle a été de 8 pour les autres.

La ponte des jeunes poules n'est pas aussi abondante que celle des poules de deux et trois ans et leurs œufs ne sont pas aussi gros.

Pour la même raison, il est rare que les primipares, dans les espèces chevaline, ovine et bovine, aient des parturitions doubles ou multiples ; ce n'est pourtant pas inconnu et on a cité une génisse qui, pour ses débuts, donna quatre veaux. Une gestation gémellaire chez une primipare donne des chances pour qu'aux gestations suivantes le même phénomène se reproduise avec augmentation du nombre des produits. L'exemple suivant, choisi parmi d'autres, montre ce qu'il en peut être : Une génisse crémonaise mit bas deux veaux à sa première parturition qui s'effectua alors qu'elle était âgée de trois ans ; elle en donna cinq à la parturition suivante, puis quatre à la troisième et trois à la quatrième, soit quatorze veaux en quatre gestations.

M. Bernardin a vérifié sur l'espèce ovine qu'une femelle, issue d'une gestation gemellaire, hérite de la prédisposition de sa mère à une grande fécondité. Il a observé pendant sept années des femelles, sœurs jumelles de mâles, qui ont été mises à la lutte et voici, comparés aux résultats généraux du troupeau de Rambouillet, les résultats obtenus :

BREBIS JUMELLES		ENSEMBLE DU TROUPEAU
Brebis fécondées.	87 pour 100	83,1 pour 100
Portées doubles.	12 —	10,7 —
Nombre d'agneaux. . . .	98 —	92 —

Nous avons cherché à établir la courbe de la fécondité de quelques femelles pendant leur vie de reproductrices, en faisant porter les statistiques sur une forte série d'années et un grand nombre de bêtes placées dans les mêmes conditions, afin d'annihiler l'influence de l'individualité.

Pour l'espèce chevaline, grâce à l'obligeance de M. Krabbe, de Copenhague, nous avons pu puiser des renseignements dans l'*Annuaire du haras de Fredericksborg*[1] où, depuis 1771, on enregistre soigneusement ce qui a trait à la reproduction. De ces renseignements qui portent sur 67 ans et 10357 juments, il ressort :

Que les juments âgées de 5 ans ont eu 48,2 poulains pour 100
    —   6 à 8 ans   —   48,9   —
    —   9 à 12 ans   —   51,2   —
    —   18 ans et plus —   45,9   —

La faculté reproductrice de la jument croît donc jusqu'à 12 ans, pour diminuer notablement et rapidement. Des observations ont été recueillies en Angleterre sur des juments âgées de 20 ans et au delà présentées à l'étalon et on a constaté ce qui suit :

Sur 1000 juments de 20 ans, 226 ont été saillies fructueusement
    —   21 — 175   —   —
    —   22 — 141   —   —
    —   23 — 83   —   —
    —   24 — 49   —   —
    —   25 — 22   —   —
    —   26 — 8   —   —
    —   27 — 2   —   —
    —   28 — 2   —   —
    —   29 — 1   —   —

Il est assez curieux de constater que les juments âgées donnent une proportion relativement élevée de jumeaux. Mac-Gillivray observa une bête qui, à dix-neuf ans, donna deux poulains et deux ans après trois autres. Une jument postière de l'Aberdeenshire, jusque-là inféconde, mit bas deux poulains d'une seule parturition, à vingt-sept ans[2].

---

[1] Prosch, Uddrag afde Frederiksborgshe Autteriers Aarböger, Copenhague, 1856. Extrait des *Annuaires du Haras de Fredericksborg*, traduction et condensation de M. Krabbe.
[2] *North British agriculturist*, année 1881.

Nous avons encore puisé dans les renseignements publiés par M. Bernardin sur la bergerie de Rambouillet et nous avons vu que :

Les antenaises ont été fécondées dans la proportion de 80,6 pour 100
Les brebis de 3 ans   —   —   84,5   —
—   4 —   —   —   87,6   —
—   5 —   —   —   83,6   —
—   6 —   —   —   82,7   —
—   7 —   —   —   76,9   —

La courbe dans l'espèce ovine est donc ascendante jusqu'à 4 ans.

Plusieurs faits témoignent que le climat exerce une influence sur la fécondité. Il semble bien, d'après les statistiques, que celle de l'espèce chevaline diminue en descendant du Nord vers le Midi. Si l'influence ethnique joue un rôle, il n'est pas exclusif, puisque les reproducteurs orientaux introduits en Europe y sont plus féconds que dans leur pays d'origine. On pensera peut-être à l'action d'une nourriture plus abondante et nous ne nions pas qu'on ne puisse lui attribuer la plus forte part des résultats obtenus. La même objection ne peut guère être faite pour la paonne qui, dans l'Inde, pond jusqu'à trente œufs et qui, en Europe, malgré l'abondance des aliments qu'on lui distribue, ne dépasse guère douze.

La raréfaction de l'air et la diminution de pression sont des causes défavorables à la reproduction ; les Kirghis ont remarqué que, sur les tiouteks ou plateaux de l'Asie centrale dont l'altitude oscille entre 3600 et 3700 mètres et dont les pâturages sont pourtant excellents, les juments pleines avortent facilement et les accouplements restent souvent sans résultats. Aussi ont-ils soin de les faire effectuer en bas et de ne pas conduire les juments en état de gestation sur ces plateaux pour y pâturer.

Les conditions dans lesquelles se maintiennent les animaux sont également à considérer. La chatte qui ne nourrit pas peut avoir trois et même exceptionnellement quatre portées dans l'année ; elle n'en a que deux quand elle allaite.

L'influence de la race et du mode de reproduction a été exposée antérieurement. Celle de l'individualité n'est pas niable ; on l'observe avec facilité sur les femelles d'espèces unipares qui ont des gestations gémellaires. Sur cinq vaches suivies par moi pendant plusieurs années parce qu'elles avaient eu une parturition double, trois ont donné régulièrement deux veaux.

Ceci nous amène, pour compléter ce qui regarde la fécondité, à parler des *gestations gémellaires*.

On désigne sous ce nom celles où plusieurs petits se développent dans l'utérus. Elle est la règle chez les femelles dites multipares, comme la truie, la chienne, la lapine, la chatte, la cobaye et probablement la chèvre, où la mise-bas de deux et trois chevreaux est plus fréquente que la parturition unique. L'espèce ovine établit la transition entre le groupe des Mammifères unipares et celui des multipares ; il est des races où le chiffre d'un seul agneau prédomine de beaucoup, tandis qu'il en est où il est l'exception.

La jument, l'ânesse et la vache sont normalement unipares. Nous venons de voir qu'il arrive qu'elles donnent deux, trois, quatre, cinq et six petits dans un même accouchement. A notre connaissance, le nombre six n'a jamais été dépassé sur ces femelles. Il n'a même été atteint que par la vache et non par la jument et l'ânesse.

Dans l'espèce humaine, le nombre de cinq jumeaux est le maximum qui ait été constaté en un seul accouchement. On y voit en moyenne une grossesse double sur 75 accouchements, une triple sur 5000, une quadruple sur 150.000 ; quand à la naissance de cinq jumeaux en une seule et même couche, on ne peut en établir la proportion.

D'une enquête à laquelle je me suis livré, il résulte que l'on compte en moyenne :

Chez la jument, environ 1 parturition double sur 1000 accouchements
— l'anesse — 1 — 100 —
— la vache — 1 — 80 —

Les gestations triples, quadruples ou quintuples sont beaucoup plus rares et la proportion à peu près impossible à établir. Les chiffres que nous avons recueillis différaient beaucoup d'une région à l'autre, ce qui implique que des causes occasionnelles apportent des éléments au problème.

L'espèce ovine présente une grande diversité dans la proportion des naissances simples aux multiples. Toutes ses races, même les moins disposées aux gestations gémellaires, peuvent donner de deux à six agneaux dans une même mise bas ; nous ne connaissons pas d'observations où ce dernier nombre ait été dépassé.

Une autre constatation des plus curieuses est relative aux variations alternatives dans le taux des naissances doubles. Nous rappellerons à ce propos les recherches de Martegoute, ne fut-ce que pour en provoquer de nouvelles. Cet agronome, en suivant pendant six années dans un troupeau des environs de Toulouse, les rapports des naissances simples aux naissances multiples, a constaté une alternance régulière, c'est-à-dire qu'une année le nombre des parts gémellaires est faible et que l'année d'après il est plus élevé et ainsi de suite. Voici d'ailleurs le résultat de ses observations :

	NAISSANCES	
	SIMPLES	DOUBLES
1re année.	91,112 pour 100	8,888 pour 100
2e —	86,363 —	13,637 —
3e —	93,334 —	6,666 —
4e —	74,684 —	25,316 —
5e —	95,834 —	4,166 —
6e —	80,520 —	19,480 —

Reste à se demander si, dans la pratique, les accouchements gémel—laires servent les intérêts de l'éleveur. Ils ont un désavantage, particulièrement lorsqu'il s'agit de l'espèce chevaline : c'est la proportion élevée d'avortements ou de poulains mourant à la naissance qu'ils entraînent.

Dans les espèces bovine et ovine, ces inconvénients existent quand il y a plus de deux produits, mais quand le part est double, il y a généralement réussite. Si le poids de chacun d'eux est inférieur à ce qu'il serait si le fœtus eût été unique, ensemble ils le dépassent, et quand la mère est bonne laitière, leur développement ne laisse rien à désirer. Dans le Midi, l'un des agneaux est généralement vendu à trois mois, à la boucherie, et l'autre sert à la perpétuation du troupeau. Dans l'espèce bovine, on n'oubliera point que la stérilité se présente fréquemment sur les femelles, et on les préparera pour la boucherie si l'on ne veut les utiliser au travail pour lequel on vante leur ardeur.

Section III. — Gestation et Incubation

La fécondation accomplie, un nouvel être va se former et atteindre un premier degré de développement. Ces deux actes, formation et développement, qui en appellent un troisième, l'apparition de la vie, se passent soit dans le sein de l'organisme maternel, soit au dehors, suivant les groupes zoologiques auxquels les êtres appartiennent. Les phénomènes sont identiques au fond, le milieu où ils se déroulent varie seul. Quand ils se passent dans l'intérieur de l'utérus de la femelle mère, il y a *gestation* ou *grossesse ;* lorsque les produits ont été déposés à l'extérieur, il est nécessaire qu'ils soient soumis à certaines conditions dont l'ensemble constitue l'*incubation*.

I. FORMATION ET DÉVELOPPEMENT INTRA-UTÉRIN DU JEUNE MAMMIFÈRE

L'étude de la formation et du développement d'un nouvel être est l'objet d'une science, l'*embryologie*, aujourd'hui cultivée avec ardeur et qui a jeté de grandes clartés sur l'histoire des animaux et des végétaux. Il ne peut être question, dans un livre de la nature de celui-ci, de pénétrer très avant dans ce domaine, car ce qui intéresse le zootechnicien, ce sont les signes auxquels il reconnaîtra que ses bêtes ont été fécondées et qu'elles entrent en gestation, le temps que durera celle-ci et les soins que nécessite l'état physiologique tout particulier dans lequel elles se trouvent en vue d'augmenter les chances de conduire à bien le fruit de la conception. Nous ne croyons pourtant pas pouvoir nous dispenser de résumer très brièvement les phénomènes qui se passent dans l'œuf fécondé, le transforment en embryon, puis en fœtus, afin d'aider à la compréhension du développement du jeune et du mécanisme de l'accouchement.

Aussitôt fécondé et avant même d'être greffé dans l'utérus, l'œuf abandonne le disque proligère, grossit, sa membrane vitelline se couvre de villosités qui s'enfoncent dans les follicules utérins et le fixent. En même temps, il y a condensation du vitellus, gonflement de la· zone transparente ou membrane vitelline et segmentation du vitellus. Celle-ci achevée, les cellules qui en résultent se placent et se tassent à la périphérie, le liquide albumineux se dépose au centre, elles s'unissent et forment une membrane appliquée à la face interne de la zone transparente, qu'on appelle *membrane blastodermique* ou *blastoderme*. C'est le phénomène capital.

Rapidement, le blastoderme s'épaissit en un point et il se forme une tache qui ressort sur le reste de la membrane qui est transparente et claire, on l'appelle *tache germinative* ou *embryonnaire*. C'est la première trace matérielle d'un nouvel être, l'ébauche d'un sujet qu'on désigne alors sous le nom d'*embryon*, qu'il conservera jusqu'à ce qu'il soit pourvu de tous ses organes et qu'il échangera alors pour celui de *fœtus*.

Les phénomènes qui viennent d'être énumérés sont communs à toute la série animale ; après l'apparition de la tache germinative, cette communauté cesse et le développement particulariste commence.

Au centre de l'aire germinative, on voit apparaître une ligne primitive, qui correspondra à la gouttière cérébro-spinale. En même temps le blastoderme se divise. Chacun de ses feuillets est destiné à produire une série d'organes ou d'appareils. Du feuillet externe dérivent la peau, le système nerveux et les organes des sens ; du moyen sortent les muscles, les os, l'appareil circulatoire, la rate, les reins et les organes génitaux ; de l'interne naissent la muqueuse du tube digestif, le foie, les glandes salivaires et les poumons. De ces feuillets dérivent aussi les annexes du fœtus, chorion, amnios, vésicule ombilicale et allantoïde.

Ces organes, ainsi que ceux qui servent à établir la communication entre la mère et son fruit, placenta et cordon ombilical constituent les *enveloppes*, le *délivre* ou *arrière-faix*, dont la bête devra se débarrasser au moment de l'accouchement, ou que l'intervention de l'art devra enlever si l'expulsion ne s'en faisait pas naturellement.

Le chorion, dérivé du feuillet séreux du blastoderme, se soude avec la membrane vitelline et constitue l'enveloppe la plus extérieure de l'embryon. En rapport par sa surface externe avec la matrice, elle se sème par places, de nombreuses petites masses rougeâtres au moyen desquelles elle adhère à la matrice, ce sont les *placentas* (fig. 161) organes dans lesquels se font, entre la mère et le produit, les échanges nécessaires à la formation et à l'accroissement de celui-ci. Selon les groupes zoologiques auxquels appartiennent les animaux, les placentas présentent des différences remarquables dans le détail desquelles nous ne pouvons entrer.

La muqueuse utérine éprouve des modifications qui permettent les échanges dont on vient de parler, il se forme un placenta maternel, organe temporaire qui disparaît quand cesse l'état de gestation.

Une seconde enveloppe dérivée comme la première du feuillet externe du blastoderme s'applique d'abord contre l'embryon, c'est l'amnios, puis s'en écarte peu à peu par interposition d'un liquide dont la quantité augmente jusque vers le milieu de la gestation. C'est le *liquide amniotique* ou les *eaux de l'amnios*.

Le feuillet blastodermique interne ou muqueux forme, entre le chorion et l'amnios, la vésicule ombilicale, puis l'*allantoïde* ; elle supporte les *vaisseaux ombilicaux*, s'accroît rapidement, s'interpose entre l'amnios et le chorion, tapisse la face interne de celui-ci, et fournit aux vaisseaux ombilicaux la possibilité de pénétrer dans les villosités choriales pour constituer le placenta fœtal.

Ainsi enveloppée, la masse embryonnaire s'accroît, les organes, systèmes et appareils se différencient et se développent. Les matériaux nécessaires à l'édification d'un nouvel être sont fournis par la mère, non directement, mais par endosmose à travers les parois des vaisseaux de l'utérus et du placenta fœtal; c'est également à travers les parois, d'ailleurs très minces et très perméables, que le jeune renvoie à sa mère les matériaux qui ne lui conviennent plus.

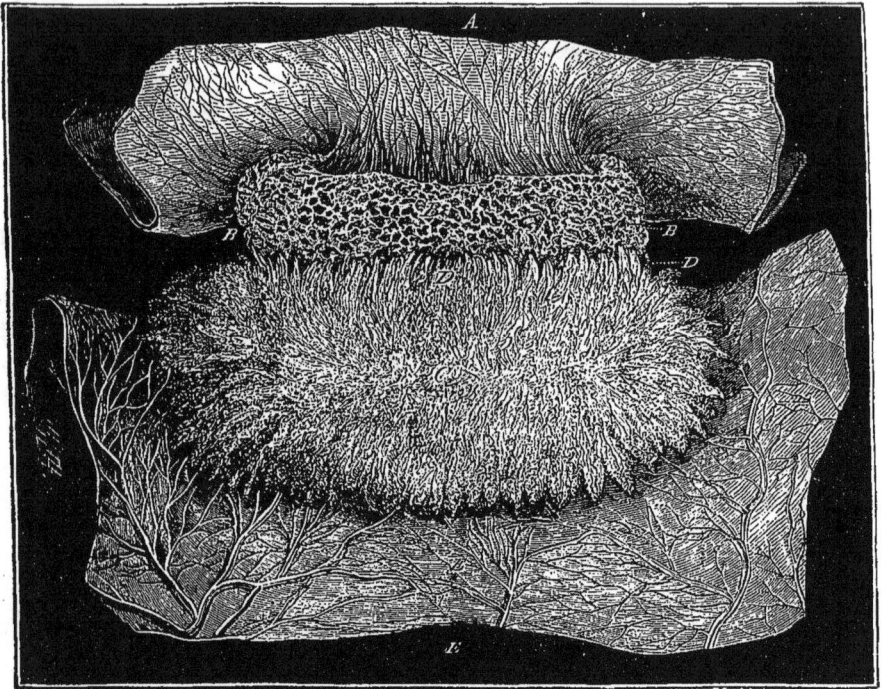

Fig. 161. — Placenta à moitié séparé de son cotylédon chez la vache, d'après Colin.

En même temps qu'un nouvel être se forme matériellement, les propriétés inhérentes aux tissus animaux se montrent et le spectacle sublime de la vie qui s'allume apparaît.

Une fois l'embryon constitué définitivement, il devient fœtus, lequel va se développer suivant les lois de son espèce, jusqu'au moment où il pourra, sans danger pour son existence, se détacher de l'organisme maternel et être livré au milieu extérieur.

Son développement intéresse l'éleveur, puisqu'il lui fournit des renseignements sur l'état de ses femelles. Il permet en outre, à l'aspect d'un avorton, de dire à combien de temps remontait la gestation. Pour en connaître, on s'est généralement basé sur le *poids* et la *longueur* du fœtus, mais il y a, sous ces deux rapports, tant de différences parmi les races d'une même espèce, qu'ils ne peuvent fournir d'utiles indications qu'au début de la gestation; plus tard, il faut contrôler ces renseignements par d'autres indices.

Plusieurs observateurs en tête desquels se place Gurlt, ont suivi les caractères du fœtus pendant le cours de la grossesse. Nous-même, pendant une épizootie d'avortement qui a sévi en 1882 dans la vacherie de la ferme, avons pu faire de bonnes observations sur les fœtus bovins, avec une exactitude qui ne laissait pas prise au doute, puisque la date de toutes les saillies est toujours soigneusement relevée.

MM. Saint-Cyr et Violet, dans leur *Traité d'obstétrique vétérinaire*, ont résumé, avec leur conscience et leur clarté habituelles, les données recueillies sur cette question; nous ne pouvons mieux faire que de leur emprunter leur résumé; nous y ajouterons nos propres observations.

FŒTUS DE JUMENT

De 1 à 30 jours. — Période embryonnaire. Quelques organes apparaissent, mais sont encore peu distincts. A la fin de la quatrième semaine, le fœtus a 13 millimètres,

De 30 à 60 jours. — Les membres et le sternum sont formés; la bouche et les cavités nasales sont encore confondues; d'après Bischoff, la rate apparaîtrait sur la grande courbure de l'estomac; à six semaines, le fœtus a 3 centimètres de longueur, à la fin du deuxième mois, il peut atteindre 7 centimètres.

De 60 à 90 jours. — Les cerceaux cartilagineux de la trachée apparaissent; la voûte palatine se développe et vient séparer la bouche des cavités nasales; un fœtus de neuf semaines a 8 centimètres (Lanzilotti-Buosanti), de onze semaines, 105 millimètres, et de douze semaines 14 centimètres (Franck). Gurlt indique à la fin de la treizième semaine 16 centimètres.

De 90 à 120 jours. — A cet âge, la peau est encore nue, le foie remplit presque entièrement la cavité abdominale; un fœtus de cent-vingt jours, provenant d'une bonne carrossière hollandaise, pesait 450 grammes sans ses enveloppes; du front à la naissance de la queue, il mesurait 25 centimètres (Violet).

De 120 à 150 jours. — Dès les premiers jours de cette période, la peau commence à se pigmenter faiblement, et quelques poils apparaissent aux lèvres et au bout du nez; vers la fin ils se développent aux sourcils; des crins clairsemés se montrent aussi à l'extrémité de la queue; la longueur du fœtus atteint 36 centimètres.

De 150 à 180 jours. — Les cils se développent et quelques crins paraissent à la crinière; on voit surgir également des poils très fins sur le bord de la conque auriculaire; les chataignes se montrent sous forme de plaques minces brunâtres, qui ne tardent pas à se foncer davantage. Désormais les dimensions du fœtus sont variables, et les auteurs donnent des chiffres très disparates. Hering a vu des fœtus de juments arabes mesurer 53 et 73 centimètres; Franck a mesuré deux fœtus, l'un de six mois et un jour et l'autre de six mois et trois jours; la longueur du premier était de 73 centimètres et celle du second de 70,5; ce dernier pesait 5^{kg},570. Gurlt assigne au poulain pendant la période que nous envisageons une longueur de 65 centimètres.

De 180 à 210 jours. — D'après Magitot et Legros, à 190 jours, les follicules des incisives sont clos, et les molaires sont dans un état à peu près analogue; à 200 jours, les follicules sont arrivés à leur entier développement, qui précède de quelques jours l'apparition du chapeau de dentine; les follicules des incisives permantes sont visibles, mais non encore clos.

Huitième mois (de 210 à 240 jours). — A sept mois et demi, si l'on en excepte les parties déjà signalées comme présentant des poils, la peau est encore nue; mais la queue — sans doute à l'extrémité — se couvre de crins suivant deux lignes longitudinales, l'une supérieure, l'autre inférieure (?) tandis que les bords en restent dépourvus (Héring) ; à 238 jours, le même auteur a vu la crinière se garnir et le dos se couvrir de poils, ce que nos observations ne confirment pas, ainsi qu'on va le voir.

Neuvième mois (de 240 à 270 jours). — Voici les caractères présentés par deux fœtus jumeaux expulsés à huit mois et dix-sept jours (260 jours) :

Les paupières supérieures sont velues en même temps que pourvues de cils qui ont déjà acquis toute leur longueur ; des poils nombreux se voient également sur les bords et à la base des oreilles, ainsi qu'à la face interne de l'aile du nez ; d'autres, plus clairsemés, existent à la mâchoire inférieure, et chez l'un d'eux seulement, on en voit en outre quelques-uns à la face inférieure de l'encolure et en arrière des avant-bras. La crinière commence à se dessiner ; la queue est garnie de crins ; ceux de l'extrémité sont déjà longs de 5 à 6 centimètres. Sur tous les points du corps non indiqués, la peau est encore presque entièrement dépourvue de pigment. Le bord incisif de la mâchoire inférieure forme un énorme bourrelet (Violet).

Dixième et onzième mois. — Du commencement du dixième mois (270 jours), jusqu'à la naissance, le fœtus se couvre plus ou moins vite de poils abondants, selon que l'accouchement sera plus ou moins précoce ou tardif ; les crins de la crinière et de la queue s'allongent ; la corne des pieds prend de la consistance ; les mâchoires sont pourvues chacune de six molaires (trois de chaque côté) ; les pinces sortent ou sont déjà sorties ; les testicules descendent fréquemment dans les bourses avant la naissance. Voici les caractères que nous avons relevés sur le fœtus d'une jument très fine, de taille moyenne, expulsé à dix mois et vingt-deux jours :

La peau est entièrement pigmentée, sauf à la région inguinale et à la partie supérieure et interne des membres, où elle ne présente encore qu'une teinte demi-foncée ; sur les différentes surfaces ainsi que sur le dos, le rein, la croupe, les côtes, les canons et le pli des paturons, les poils n'existent pas encore ou se montrent extrêmement rares et courts, la tête, les oreilles et la partie antérieure de l'encolure, surtout à son bord trachélien, sont entièrement garnies, puis viennent les régions suivantes : couronnes, genoux, avant-bras, jarrets et jambes. Sur la houppe du menton, autour des narines et aux sourcils, se voient des poils raides de 4 à 5 centimètres de longueur. Le bord supérieur de l'encolure présente partout des crins dont les plus longs n'excèdent pas 3 centimètres ; la queue est complètement couverte de poils ordinaires longs et nombreux : dans la moitié supérieure, ceux des faces latérales se montrent eux-mêmes un peu plus longs ; à son extrémité, la queue est garnie comme celle de l'âne : les crins les plus longs n'excèdent pas 5 centimètres. Les châtaignes sont simplement indiquées par une surface glabre et dépourvue de pigment. La corne de la paroi présente, sous la couche périoplique, dans ses deux tiers supérieurs, une grande consistance. Les bords des paupières, pourvus de longs cils, n'adhèrent plus que très faiblement par leur partie moyenne. Le bord du maxillaire qui sera occupé par les incisives est très mousse, mais ces dents ne se sentent pas encore ; par contre, les trois molaires de chaque arcade, sorties des gencives, ne sont plus recouvertes que par une mince couche épithéliale translucide qui en laisse apercevoir tous les détails. Les testicules sont encore flottants dans la cavité abdominale. Ce fœtus, long de 90 centimètres de la crête occipitale à l'origine de la queue, ne pesait que 20 kilogrammes (Violet).

D'après Héring, la longueur du fœtus d'une jument arabe, pleine de onze mois, aurait été de 86 centimètres ; M. Lanzilotti-Buonsanti indique 1 mètre comme longueur du poulain à terme et Gurlt donne 1^m,14 ; M. Goubaux a relevé les longueurs suivantes : 1^m,25 chez un fœtus de onze mois environ, provenant également d'une jument de trait léger ; enfin 1^m,43 chez un fœtus de même âge, issu d'une jument de gros trait ; mais M. Goubaux mesure depuis la fente buccale jusqu'à l'origine de la queue. Sur trois poulains de forte taille pesant 45, 47,5 et 49 kilogrammes, nous avons trouvé, de la protubérance occipitale à la naissance de la queue, les longueurs suivantes: 95, 108 et 115 centimètres.

FŒTUS DE VACHE

Premier mois. — Période embryonnaire. A 28 jours, le fœtus a une longueur de 9 à 10 millimètres; ses membres commencent à paraître.

Deuxième mois (de 30 à 60 jours). — Les membres se développent; la fente du palais se ferme au commencement de ce mois; le sternum présente encore une fente longitudinale, qui ne se ferme elle-même complètement que vers la huitième semaine (Gurlt); dès la fin du deuxième mois, on aperçoit à l'extrémité de chaque doigt un petit tubercule conique, pâle, translucide, qui est le rudiment de l'ongle (Colin). La longueur du fœtus est de 48 millimètres (Gurlt); elle serait de 8 centimètres à la neuvième semaine (Lanzilotti-Buonsanti).

Troisième mois (de 60 à 90 jours). — A la fin de ce mois, les quatre renflements gastriques sont déjà distincts (Gurlt); le fœtus atteint 14 centimètres.

Voici les caractères d'un fœtus trouvé, libre de toute adhérence, dans le vagin d'une vache chétive trois mois et quatre jours après la saillie; le col utérin était complètement fermé, de sorte que l'on est en droit de penser que l'expulsion datait déjà de quelques jours :

La tête, par suite de la proéminence du crâne ainsi que de l'étroitesse et de la longueur de la face, a quelque analogie d'aspect avec celle d'un oiseau; la fente de la voûte palatine n'existe plus; toutes les régions des membres sont très bien formées. Les proportions du fœtus n'étaient pas en rapport avec son degré de développement, car il avait en longueur, du front à la naissance de la queue, 9 centimètres seulement, et son poids n'était que de 17^{gr},5.

Quatrième mois (de 90 à 120 jours). — Au commencement du quatrième mois ou à peu près, la forme des sabots se dessine; ils sont devenus fermes, opaques et ont pris une belle teinte jaunâtre (Colin); le fœtus n'a pas encore de poils, sa longueur atteint environ 24 centimètres.

Cinquième mois (de 120 à 150 jours). — Au commencement de ce mois, les premiers poils apparaissent sur les lèvres, le menton et les orbites; vers le milieu, qui correspond à peu près à la moitié de la gestation, des taches brunes ou noires se montrent sur l'ongle si le bourrelet est pourvu de plaques pigmentaires (Colin), les testicules descendent dans les bourses; longueur du fœtus : environ 35 centimètres.

Sixième mois (de 150 à 180 jours). — Les cils se développent; le fœtus atteint environ 46 centimètres.

Septième mois (de 180 à 210 jours). — Vers la fin de ce mois, il y a quelques crins à l'extrémité de la queue, et des poils autour des régions phalangiennes, dans le voisinage des coudes, ainsi qu'aux points où se développent les cornes. Longueur approximative : 60 centimètres.

Huitième mois (de 210 à 240 jours). — Le dos se couvre de poils; ceux-ci se montrent également sur les bords des oreilles. Longueur, 65 centimètres à la trente-deuxième semaine (Gurlt) et 75 centimètres à la fin du mois (Franck).

Du commencement du neuvième mois à la naissance, le corps se couvre tout d'abord complètement de poils, et augmente sensiblement de volume; le fœtus acquiert une longueur définitive de 80 centimètres à un mètre.

FŒTUS DE BREBIS ET DE CHÈVRE

Premier mois. — A 25 jours, tous les organes, sont formés; la poitrine et l'abdomen sont clos; à la même époque, le fœtus a 1 centimètre de longueur (Gurlt).

Deuxième mois (de 30 à 60 jours). — A huit semaines, le fœtus a 5 centimètres de longueur; chez une brebis pleine de cinquante-sept jours, qui portait deux agneaux, M. Colin a constaté que l'un pesait 47 grammes et l'autre 50.

Troisième mois (de 60 à 90 jours). — Le fœtus est encore nu; à neuf semaines, il a 9 centimètres, et, à treize semaines, il atteint 16 centimètres.

Quatrième mois (de 90 à 120 jours). — Les premiers poils apparaissent; vers la dix-huitième semaine, le fœtus atteint 32 centimètres, M. Colin a trouvé pour un fœtus unique de 120 jours, un poids de 1910 grammes.

Cinquième mois (de 120 jours à la naissance). — Tout le corps se couvre de poils ou de laine; le fœtus de la brebis atteint 49 centimètres; celui de la chèvre 31 à 33 centimètres quand il y en a deux, jusqu'à 48 centimètres et au delà lorsqu'il n'y en a qu'un seul.

Il y a une grande inégalité dans le développement du fœtus pendant la durée de la gestation. Dans les premiers temps, ce développement se fait avec une très grande lenteur et, à mesure qu'approche le terme de la vie fœtale, il s'accroît. En raison des inégalités de taille et de poids, il convient de ne s'adresser qu'à des sujets de même race pour avoir des chiffres comparables et qui donnent une idée exacte de la façon dont se passent les choses. Nous avons pu suivre ce développement sur les races bovines hollandaise et bretonne, à partir du cinquième mois de la gestation, et nous avons obtenu les chiffres suivants.

RACE HOLLANDAISE	POIDS	ACCROISSEMENT QUOTIDIEN
	kg.	gr.
Fœtus de 5 mois de gestation.	2,380	15,86
— 6 —	6,500	137.33
— 6 mois 27 jours.	14	277,77
— 7 mois 5 jours..	15	125
— 8 mois et 4 jours.	27	351,35
Moyenne des veaux hollandais à la naissance. .	37 à 38 kilogrammes.	

RACE BRETONNE	kg.	gr.
Fœtus à 5 mois de gestation.	1,900	12,66
— 6 — 20 jours.	4,700	56
— 8 —	11	157,50
Moyenne des veaux bretons à la naissance.. .	18 à 19 kilogrammes.	

On voit de suite combien est grande l'accélération de la croissance; d'une façon absolue, dans la race hollandaise, elle est plus considérable que dans la bretonne, mais si l'on compare l'accroissement au poids à la naissance, une corrélation étroite apparaît dans les deux races. La seule différence qui se montre entre elles, c'est que le développement se ralentit un peu à la fin de la gestation dans la hollandaise, tandis qu'il continue à s'accélérer dans la bretonne dont la gestation est moins longue.

En descendant dans les détails de l'organisation des fœtus, on trouve des particularités intéressantes. On sait que, dans les bœufs, le rumen l'emporte de beaucoup sur les autres réservoirs; vient ensuite la caillette, puis le feuillet et le réseau ; pour les moutons, l'ordre est le même, sauf pour le réseau qui est supérieur au feuillet. On avance constamment que, chez les jeunes ruminants, la caillette l'emporte sur le rumen et qu'elle est le sac gastrique le plus vaste jusqu'au moment où ils se trouvent dans la nécessité de prendre des aliments autres que le lait de leur mère ; il faut faire une différence entre l'espèce bovine et l'espèce ovine. Jamais nous n'avons vu cette prédominance sur les fœtus bovins, pas plus que sur de très jeunes veaux, tandis que, pour les fœtus d'agneaux, elle est nette.

Dès la vie fœtale, il n'y a pas proportionnalité entre le développement de chacun des compartiments de l'estomac, il existe des variations qui tiennent probablement à la race, au sexe et à l'individualité. Les capacités comparées suivantes, prises sur deux fœtus, l'un âgé de 150 et l'autre de 155 jours, en portent témoignage :

	Capacité relevée sur un fœtus femelle hollando-cottentin de 150 jours pesant 2 kg. 380	Capacité relevée sur un fœtus mâle femelin hollandais, de 155 jours pesant 2 kg. 300
Rumen..	200 c. c.	150 c. c.
Caillette.	80	50
Feuillet.	50	35
Réseau..	35	10
Rapport de la caillette au rumen..	1 : 2,5	1 : 3

Si l'on ne veut pas attribuer uniquement à la race la différence dans le rapport de la caillette au rumen et aussi le plus grand développement de ces estomacs sur l'un des animaux en présence, on pourra faire jouer un rôle au sexe, et, dans ce cas, on sera forcé d'attribuer à la femelle une prédominance des formations provenant du feuillet séreux ou externe.

L'intestin n'a point la longueur qu'il aura plus tard. Sur le veau à mi-terme, il n'est que le dixième de ce qu'il sera à l'âge adulte. Le foie est toujours très volumineux, il décroît à mesure qu'on approche du terme de la gestation.

L'appareil respiratoire n'est pas utilisé pendant la vie fœtale, puisque le placenta sert à l'hématose, son rôle commence quand cesse celui du placenta. La poitrine renferme aussi un organe glandulaire, à fonction encore énigmatique ou à peu près, destiné à disparaître à une époque variable après la naissance, c'est le *thymus*.

L'appareil circulatoire du fœtus présente comme particularité à signaler : 1° une ouverture dans la cloison inter-auriculaire, dite *trou de Botal ;* 2° un canal qui fait communiquer l'aorte et l'artère pulmonaire à leur base ; 3° les vaisseaux ombilicaux qui servent à mettre le fœtus en communication avec sa mère. Par suite de ces particularités, la circulation des fœtus de Mammifères rappelle la circulation reptilienne ; le sang du placenta se mélange au sang veineux et ce sang mixte sert à la nutrition du jeune. Il n'y a de sang vraiment artérialisé que dans la veine ombilicale.

La vessie reste toute la vie fœtale en communication avec l'allantoïde.

Le système nerveux acquiert de bonne heure un grand développement dans sa portion encéphalique. Nous avons suivi, à partir du cinquième mois, l'évolution du cerveau dans l'espèce bovine; voici les chiffres obtenus :

RACE HOLLANDAISE	POIDS DU CERVEAU
Fœtus de 5 mois de gestation.	38 grammes
— 6 —	100 —
— 6 mois 27 jours.	122 —
— 7 mois et 5 jours.	150 —
— 8 mois et 4 jours.	20) —
Moyenne à la naissance.	235 —

RACE BRETONNE	
Fœtus de 5 mois de gestation.	35 grammes
— 6 mois 20 jours.	92 —
— 8 mois.	175 —
Moyenne à la naissance.	230 —

Si l'on se reporte aux chiffres donnés pour le poids total des fœtus de chacune des deux races mises en comparaison, on voit que, dès la vie fœtale, le rapport de la masse cérébrale au poids du corps est plus élevé dans les petites races que dans les grandes. Nous l'avons constaté déjà pour les adultes.

Cette masse cérébrale, vraiment considérable pour le poids du corps, exige, pour se loger, une cavité relativement vaste, d'où la conséquence que la tête des fœtus est particulièrement développée dans la partie crânienne ; une fontanelle étendue existe jusqu'aux derniers jours de la gestation au point de jonction des frontaux et des pariétaux ; le crâne cérébral tend à la forme sphérique. Par contre, le crâne facial est réduit d'autant plus que la gestation est moins avancée ; la face ne se forme que petit à petit.

Pour bien se rendre compte des modifications, qu'on compare le poids de la tête osseuse entière à celui du maxillaire inférieur que nous prenons pour représenter théoriquement la face.

Sur les fœtus précités, cette comparaison donne :

Sur le fœtus de 5 mois, le poids de la tête entière est à celui de la mandibule ::	5,40 : 1
— 6 mois.	4,83 : 1
— 6 mois et 27 jours.	4,13 : 1
— 8 mois et 4 jours..	3,84 : 1
A la naissance.	3,30 : 1

La progression est évidente et montre que, à mesure qu'approche le moment où l'animal aura besoin de sa face pour la préhension des aliments, elle s'amplifie.

Si l'on recourt aux mensurations adoptées comme fournissant des caractères ethniques, on voit que les indices céphalique, facial et nasal subissent les modifications suivantes qui sont du même ordre :

RACE	AGE DES FŒTUS EXAMINÉS	INDICE CÉPHALIQUE	INDICE FACIAL	INDICE NASAL
Hollandaise..	Fœtus de 5 mois.	54,54	80,55	56,46
—	— 5 mois 27 jours.	52,47	78,5	57,8
—	— 7 mois 5 jours.	49,72	79,64	45,2
—	— 8 mois 4 jours.	53,3	76,48	59,6
—	Moyenne à la naissance..	53,4	77,8	50,6

Les indices vont en diminuant avec des variantes qui se manifestent surtout dans le nasal.

En résumé, la tête s'allonge, particulièrement dans sa partie faciale ; elle devient de moins en moins globuleuse à mesure qu'approche le moment de la mise bas.

II. DURÉE DE LA GESTATION

La durée du séjour du fœtus dans l'utérus maternel est déterminée d'abord par l'espèce à laquelle il appartient ; elle fait partie des caractères spécifiques et génériques et elle est vraisemblablement liée au développement général, de sorte qu'étant donné l'âge auquel s'arrête celui-ci, on pourrait peut-être déduire la durée de la gestation.

La fixation de l'accouchement à une date aussi approchée que possible a un intérêt scientifique ; elle est également d'une grande importance pratique. L'éleveur a besoin d'être fixé sur la date de la mise bas des femelles qu'il entretient pour faire les préparatifs nécessaires, avertir son personnel et lui ordonner la surveillance, de façon qu'on soit prêt à porter secours ou à appeler l'homme de l'art si c'est nécessaire. Mieux fixé sur cette date, bien des accidents et des pertes eussent été évités.

Un certain nombre de conditions dont quelques-unes influent elles-mêmes sur la rapidité de l'accroissement des animaux, influencent, dans la même espèce, la durée de la gestation ; elles seront étudiées plus loin.

Dans l'espèce humaine, il est des naissances tardives et des naissances précoces ; la durée de la grossesse varie entre 267 et 280 jours, ce qui donne un écart de 13 jours et une moyenne de 274 jours.

Voici quelle est la durée *moyenne* de la gestation des animaux domestiques :

Pour la jument, elle est de   345 jours
— l'ânesse   —   360 —
— la jument couverte par l'âne 355 —
— la vache, elle est de   284 —
— la bufflesse   —   308 —
— la brebis   —   149 —
— la chèvre   —   154 —
— la truie   —   115 —
— la chienne   —   63 —

Pour la chatte elle est de   55 jours
— la lapine   —   30 —
— la cobaye   —   75 —

A coté de ces chiffres moyens, se trouvent dans chaque espèce des écarts maxima et minima au delà ou en deçà desquels le fœtus ne vient pas à bien ; il y a avortement ou le jeune a acquis des dimensions qui permettent difficilement l'accouchement.

On estime, d'après Brugnone cité par MM. Saint-Cyr et Violet, que la durée la plus courte de la gestation de la jument serait de 320 jours ; la durée maximum aurait été trouvée de 419 jours, soit une différence de 99 jours.

Pour la vache, la plus courte durée serait de 240 jours et la plus longue de 335, c'est-à-dire une différence 95 jours. M. André, de Fleurus, a signalé un cas de gestation qui s'est prolongé pendant 11 mois et 22 jours ; le poids du veau fut énorme, il alla à 81 kilogrammes, l'accouchement ne put avoir lieu et il fallut abattre la bête. D'après Vallada, il existe aux environs d'Ivrée, une famille bovine dont tous les représentants portent toujours 10 et parfois 11 mois.

Pour la brebis, le minimum serait 143 jours et le maximum 161, ce qui donne une différence de 18 jours.

Sur la truie, la gestation la plus courte aurait été de 104 jours et la plus longue de 143, soit une différence de 39 jours.

La chienne porte de 58 à 65 jours, la chatte de 53 à 67 et la lapine de 27 à 34 jours.

Ces variations s'expliquent en partie parce que la fécondation ne coïncide pas nécessairement avec le moment de l'accouplement, que la liqueur séminale se peut conserver jusqu'à dix et douze jours dans les voies génitales avant de rencontrer l'ovule ; il est donc très difficile de dire exactement à quel moment elle s'est opérée.

Outre cette cause, il en est d'autres liées : 1° à la domestication ; 2° à la race ; 3° à la précocité ; 4° à la taille ; 5° à l'âge des reproducteurs ; 6° au sexe du produit. Toutes se ramènent, en dernière analyse, au poids du fœtus, c'est-à-dire à la marche de sa croissance.

La domestication a eu pour effet de raccourcir la durée de la gestation. En effet, si l'on compare cette durée dans les espèces domestiques et dans leurs similaires sauvages, on voit de suite une différence. C'est ainsi que la laie porte 127 à 128 jours et la truie 115 ; la louve 100 jours (Buffon) et la chienne 63, la hase de 31 à 40 jours et la lapine 1 mois.

Comme conséquence de ces modifications, les petits des animaux sauvages sont plus développés à la naissance que leurs congénères domestiques ; on n'a qu'à comparer, sous ce rapport, le levraut et le lapereau.

Si, dans un même genre, on met en parallèle deux espèces d'inégale malléabilité, on s'aperçoit que la gestation la plus courte est le propre de la plus malléable, de celle qui a donné naissance au plus grand nombre de races. La jument porte moins longtemps que l'ânesse et la brebis que la chèvre.

Autant qu'on en peut conclure d'après nos connaissances sur la façon de supputer le temps employé par les anciens et le texte souvent obscur de leurs auteurs, la durée de la gestation de la vache, de la truie et de la brebis aurait diminué depuis l'époque romaine ; celle de la chèvre et de l'ânesse n'aurait pas varié ; celle de la jument aurait plutôt augmenté.

En 1817, Teissier a présenté à l'Académie des sciences de Paris un document d'un rare intérêt relatif à la durée de la gestation chez les principales femelles domestiques. Après avoir indiqué les minima et maxima de durée, il en donne la moyenne s'appuyant pour chaque espèce sur un nombre très élevé d'observations. Or, la comparaison des chiffres qu'il fournit avec ceux que nous avons obtenus témoigne de la modification que nous signalons. Depuis l'époque où il écrivait, soit depuis 73 ans, la durée moyenne de la gestation de la vache, de la brebis et de la truie, a continué à baisser. La diminution est d'un jour et demi pour la vache, d'un jour pour la brebis, tandis que celle de la jument aurait augmenté d'un jour. L'amélioration que l'on poursuit sur notre bétail de boucherie et qui pousse à la précocité, a pour conséquence l'évolution plus hâtive de son organisme. Toute autre est l'amélioration dans l'espèce chevaline ; la précocité, dans le sens donné à ce mot en zootechnie, n'existe pas et il semble que la taille et le poids aillent en augmentant. Par là, s'expliquent les faits constatés, car le développement extra-utérin n'est que la continuation du développement intra-utérin.

L'action de la race sur la durée de la gestation ayant été étudiée à propos des caractères ethniques (page 557), le lecteur s'y reportera.

Les autres conditions : influence de l'âge des reproducteurs, sexe et poids des produits, ne pouvaient être poursuivies que sur la même race, afin d'éliminer l'action ethnique. La race bovine de Schwitz fut choisie pour les suivre, parce qu'elle est la plus abondamment représentée à la ferme de l'École vétérinaire, qu'elle est la plus homogène et que, se reproduisant dans nos étables en quasi-consanguinité, toute influence étrangère à celles que nous étudions était écartée.

Pendant les six années qui viennent de s'écouler, la durée de la gestation des vaches de cette race fut relevée. Ces bêtes furent partagées en deux groupes ; dans le premier, on plaça toutes celles qui en étaient à leur premier et à leur second veau, c'est-à-dire n'ayant pas cinq ans à ce moment ; dans le second, toutes celles âgées de cinq ans et au delà.

Nous avons obtenu les chiffres suivants :

VACHES DE LA RACE DE SCHWITZ

VÊLANT A 3 ET 4 ANS	VÊLANT A PARTIR DE 5 ANS
Moyenne de la durée de la gestation = 287 jours 75	Moyenne de la durée de la gestation = 289 jours

On voit que, à mesure que la mère avance en âge, la durée de ses gestations s'accroît. Il est possible que l'avancement en âge du père produise le même résultat, mais je n'en ai pas la preuve, car à la ferme d'application de l'École, les taureaux ne sont livrés au service de la reproduction que jeunes et on ne les y emploie pas au delà de trois ans. Cette particularité ne fait que rendre l'expérience plus nette et montre qu'il s'agit bien ici de l'influence de l'âge de la mère seule.

Le sexe du produit influe également sur la durée de la gestation ; celle-ci, toutes autres choses étant égales, est plus longue quand il s'agit d'un mâle que quand le produit de la conception est une femelle, et cela quel que soit l'âge de la femelle qui met bas. En voici la démonstration :

VACHES DE LA RACE DE SCHWITZ

METTANT BAS A 3 ET 4 ANS	METTANT BAS A PARTIR DE 5 ANS
Moyenne de la durée de la gestation Pour les mâles = 289 jours — femelles = 286 —	Moyenne de la durée de la gestation Pour les mâles = 291 jours — femelles = 287 —

C'est donc une différence de trois et quatre jours qui se fait remarquer en faveur de la gestation qui aboutit à un mâle.

Ce fait a été observé d'une *façon constante* sur onze autres races entretenues à la ferme ; il s'agit donc bien là d'un rapport naturel.

Si les constatations qu'on vient de faire ne laissent pas place au doute, relativement à l'influence de l'âge de la mère et du sexe du produit, quelle interprétation en donner ? Où se trouve la cause qui fait que les choses se passent ainsi ? Pourquoi une primipare porte-t-elle moins long-temps qu'une femelle de même race, mais plus âgée ? Faut-il en chercher la raison du côté d'une différence de température entre la jeune et la vieille reproductrice ? Peut-être. En effet, on sait, en pisciculture, qu'on peut avancer considérablement, jusqu'à vingt jours, la date de l'éclosion des œufs de saumon, en sériciculture, qu'on peut faire de même pour les graines de vers à soie, en augmentant la température du milieu où l'on maintient ces œufs et ces graines et le procédé est d'un usage jour-nalier en horticulture. Qu'y aurait-il d'irrationnel à supposer qu'une légère augmentation de la température du corps de la mère accélérât le processus évolutif dans l'embryon et dans le fœtus ?

Mais si cette hypothèse peut être admise jusqu'à vérification, elle est inapplicable à la différence qui se présente pour la durée de la gestation, quand il s'agit d'un mâle ou d'une femelle. Ne faudrait-il pas faire inter-venir un autre facteur qui, en l'espèce, serait le poids des produits ? Pour voir si cette supposition est fondée, nous allons, toujours en nous servant de la race de Schwitz, faire la somme du poids des mâles et des femelles. Leur comparaison donne les chiffres suivants :

VACHES DE LA RACE DE SCHWITZ

	METTANT BAS A 3 ET 4 ANS		METTANT BAS A PARTIR DE 5 ANS	
	Mâles	Femelles	Mâles	Femelles
Poids moyen des veaux. .	46 kg. 500	39 kg. 833	49 kg. 166	42 kg. 269
Durée moy. de la gestation.	289 jours	286 jours	291 jours	287 jours

Ce tableau montre péremptoirement que *le poids du produit est fonction de la durée de la gestation*. Si les primipares portent moins longtemps que les bêtes plus âgées, c'est qu'elles donnent des petits moins lourds ; pour la même raison, si les femelles sont issues d'une gestation plus brève que les mâles, c'est qu'elles sont moins pesantes que ceux-ci.

Cette conclusion se corrobore en comparant dans les diverses races le poids moyen des veaux à la naissance avec la durée moyenne de la gestation. Lorsque dans une race, celle-ci est dépassée, on peut penser qu'on obtiendra un sujet volumineux et un mâle ; c'est la conclusion que nous tirons et nous sommes rarement trompé.

A la ferme, une vache hollandaise a porté dernièrement 288 jours, terme le plus élevé que nous ayons constaté dans cette race, elle a donné un veau exceptionnellement lourd pour cette sorte (il pesait 52 kilogrammes et c'était un mâle).

On remarquera que ce ne sont ni la taille ni la masse de la mère qui ont l'influence ici, ce sont celles du fœtus ; le taureau et la vache de race hollandaise sont volumineux, mais les veaux qu'ils procréent sont petits, aussi la gestation est-elle courte.

En démontrant que le poids du fœtus gouverne la durée de la grossesse, nous ne nous dissimulons pas que nous ne faisons que reculer la diffi-culté sans la trancher. Reste toujours, en effet, à se demander pourquoi les jeunes animaux, pourtant pleins de vigueur, produisent des sujets moins lourds que les animaux âgés, pourquoi le lourd taureau durham et la vache flamande qui sont de bonne stature fournissent des veaux moins pesants que ceux qui proviennent des bêtes montbéliardes, fribour-geoises et de Schwitz. Il y a là une influence qui nous échappe.

Les développements dans lesquels on vient d'entrer font pressentir que c'est une erreur de penser que la durée de la gestation est toujours la même pendant toute la vie d'une même femelle. Raisonner ainsi, c'est d'abord dénier toute influence au père, puis oublier que le poids du produit varie avec son sexe. Du reste, pour trancher la question, nous plaçons sous les yeux du lecteur les variations dans la durée de la gestation suivie pendant six ans sur une vache de Jersey :

	DURÉE DE LA GESTATION	SEXE DU VEAU
1re parturition.	275 jours	Femelle
2e —	284 —	Mâle
3e —	279 —	Mâle
4e —	285 —	Mâle
5e —	278 —	Femelle

L'influence du père sur la durée de la gestation ne peut être niée quand on voit ce qui se passe dans les opérations de croisement. Pour la mettre en évidence, on s'appuie parfois sur ce que la jument porte différemment, suivant qu'elle a été fécondée par le cheval ou l'âne, mais il y a dans cette circonstance une influence spécifique dont il faut tenir compte.

III. SIGNES AUXQUELS ON RECONNAIT QU'UNE FEMELLE SE TROUVE EN GESTATION

Celui qui produit du bétail a grand intérêt à savoir si une femelle a été ou non fécondée, puisque la direction à imprimer aux spéculations dont elle est l'objet en dépend et qu'il peut y avoir intérêt à ne pas la conserver si elle est stérile. En cas de fécondation, il faut prendre les précautions indispensables pour que la période de gestation se passe selon les règles de l'hygiène, que le produit de la conception soit amené à bien et que la mise bas s'effectue sans encombre. Il est donc aussi important d'être fixé sur la gestation à son début, que de connaître le moment précis de sa terminaison. La lenteur du développement du fœtus dans les premiers temps, son poids au cinquième mois comparé à celui des mois subséquents font pressentir que, dans la première période de la gestation des grandes femelles, il est difficile de porter un diagnostic quelque peu exact. Nous tenons d'ailleurs à ajouter immédiatement que, même dans la seconde période, il est nécessaire d'avoir l'habitude de l'examen de femelles pleines, qu'il faut s'être exercé pour éviter des erreurs préjudiciables, telles que celles d'attendre en vain un fœtus qu'on a annoncé être dans la matrice ou de faire présenter à l'étalon une jument dont l'utérus est gravide et qui avortera en suite du coït.

On divise habituellement les signes indicateurs de la gestation en *rationnels* et en *sensibles*, c'est-à-dire qu'il est des indications fournies par la déduction et d'autres par l'exploration à l'aide des sens. Il va de soi que ceux-ci sont plus précis que ceux-là et ont une valeur supérieure.

Ces deux ordres de signes peuvent-ils fournir la certitude dans la première période de la gestation? A part un seul sur lequel nous appellerons tout particulièrement l'attention, il n'en est rien.

A. *Signes rationnels.* — On peut considérer comme tels : la cessation des chaleurs, l'aptitude à prendre la graisse, le développement du ventre et des mamelles, la modification dans la répartition du poids du corps sur les bipèdes antérieur et postérieur, l'élévation de la température vaginale, le changement dans la composition de l'urine et du lait, enfin quelques modifications dans le caractère.

On attache, et avec raison, de l'importance à la non-réapparition des chaleurs, on la considère comme une indication de gestation. Qu'on n'oublie point cependant qu'elle ne fournit qu'une présomption et non une certitude et que la valeur de cette présomption diffère selon les espèces.

Les chaleurs de quelques femelles sont peu prononcées, fugitives et peuvent passer inaperçues; c'est le cas de la brebis. D'autres sont rares et saisonnières, de sorte que, fécondée ou non, la femelle, à certaines époques, ne montre pas de chaleurs; il en est ainsi de la jument.

La fécondation n'éteint pas nécessairement les ardeurs génitales et il est des circonstances où elles ne cessent de se montrer régulièrement pendant les premiers mois de la gestation, précisément pendant cette période où l'on aurait davantage besoin d'être renseigné. Beaucoup de vaches *demandent le taureau sur le veau*, suivant l'expression habituelle. M. Saint-Cyr père en a vu une qui manifesta des chaleurs jusqu'au huitième mois; quant à celles qui le demandent pendant les deux, trois et même les quatre premiers mois de la gestation, elles sont communes. Il n'y a pas d'année où nous n'en ayons des exemples à la ferme, et comme la saillie n'amène généralement pas l'avortement dans l'espèce bovine, rien ne décèle qu'il y a grossesse. La lapine fécondée recherche aussi parfois le mâle ou tout au moins se livre à lui sans résistance.

On voit donc que la cessation des chaleurs, qui semblerait un signe excellent, amène des méprises et fournit des indications trompeuses au début, ce qui en amoindrit considérablement la valeur.

L'aptitude à prendre la graisse est un résultat bien connu de la fécondation, mais comme il est aussi la résultante d'autres circonstances : diminution du travail, augmentation de la ration, alimentation de meilleure qualité, etc. ; celles-ci peuvent en masquer la vraie raison. Il n'en demeure pas moins vrai que, pour l'éleveur qui connaît ses animaux, qui sait mieux que personne si quelque chose a été changé à leur hygiène, ce signe est très utile, tandis que pour quelqu'un qui ne les a pas suivis, il a beaucoup moins d'utilité.

Le développement du ventre est nécessairement corrélatif de celui du fœtus et de ses annexes. A mesure que le produit évolue, l'organe qui le contient éprouve des changements dans son volume et dans ses rapports avec les organes voisins. En se développant dans le bassin d'abord, la matrice en chasse la partie pelvienne du côlon et le cul-de-sac postérieur droit du rumen, puis elle s'avance dans l'abdomen, à peu près sur la ligne médiane ou légèrement à gauche chez la jument, à droite chez la vache et la brebis, à cause du rumen qui occupe le flanc gauche, de chaque côté de la ligne blanche chez la truie, la chienne et les autres femelles multipares.

Le ventre grossit, déborde latéralement; en se plaçant en arrière et en prenant la face externe de la cuisse comme point de repère, à droite et à gauche, on le voit déborder peu à peu en même temps qu'il s'avale. Mais ici encore, c'est dans la deuxième période de la gestation que cette amplification se montre. Si, pour en suivre les progrès, on se sert d'un ruban métrique, on constate que les modifications ne sont vraiment appréciables qu'à cette phase.

Les mamelles ne fournissent que des renseignements tardifs et d'une facilité de perception excessivement variable. A l'état de nature, la fonction de lactation marche de pair avec celle de reproduction, et quand les mamelles grossissent, on peut diagnostiquer la grossesse; il n'en est plus de même à l'état domestique. Il est des femelles, comme la vache, qui sont tellement laitières, qu'elles continuent à donner du lait pendant leur gestation et qu'on est obligé, quand approche le terme, de ne plus les traire. Il en est d'autres, pouliches, génisses ou antenaises primipares, où les mamelles sont très peu développées et ne prennent de l'ampleur que dans la dernière quinzaine, alors que, par tous les autres signes, la grossesse est l'évidence même. La truie est peut-être la femelle dont les mamelles fournissent, par leur développement, les signes les plus faciles à percevoir. Flasques et pendantes quand cette femelle n'a pas été fécondée, elles grossissent à partir du second mois. La jument suitée, devenue grosse à nouveau, perd généralement son lait vers le cinquième mois.

A partir du quatrième mois, chez les grandes femelles primipares, il est possible de faire sortir du pis quelques gouttes d'un liquide clair, un peu visqueux et gluant entre les doigts, qui ira en s'épaississant au fur et à mesure que la gestation s'avancera. Chez les femelles qui ne sont pas et n'ont jamais été fécondées, on n'obtient point de liquide ou si l'on parvient à en avoir, il est clair et limpide, jamais gluant (Tyvaert).

On se rappellera que, en dehors de la gestation, les mamelles se gonflent chez les génisses qui ont l'habitude de se teter ou qui le sont par leurs compagnes d'étable ou par des veaux placés à leur voisinage. Sur des chiennes, des chattes et des juments couvertes infructueusement, un mouvement fluxionnaire s'est produit sur les mamelles et la sécrétion lactée s'est établie à l'époque où la mise bas aurait dû avoir lieu normalement. Ces faits seraient de nature à enlever toute valeur aux renseignements fournis par ces organes s'ils se répétaient souvent, mais ils sont exceptionnels.

Lorsque, dans le cours de la gestation et quelque temps avant le terme, le pis se gonfle, laisse échapper un peu de lait pendant une quinzaine,

et que tout rentre ensuite dans l'ordre, on peut diagnostiquer une gros--
sesse gémellaire et la mort de l'un des fœtus survenue à ce moment.

Nous avons dit que l'utérus gravide s'avance dans l'abdomen; dans
sa marche, il dépasse l'ombilic et arrive jusqu'au voisinage de l'estomac
et du foie, le diaphragme est lui-même refoulé en avant et comprime les
poumons. Par suite de ces déplacements, la répartition du poids du corps
sur les deux bipèdes se modifie. La bascule, en montrant la différence de
cette répartition, fournirait-elle un moyen de diagnostic de la grossesse? Nos essais ont porté sur l'espèce bovine. Lorsqu'on conjugue deux
bascules et que, sur le plateau de l'une, on place le train antérieur d'une
vache non en état de gestation, le postérieur se trouvant sur celui de la
seconde, on trouve une différence de 25 à 30 kilogrammes en faveur du
train antérieur; sur les bêtes en gestation, la différence s'accentue et
peut atteindre 50 kilogrammes dans les derniers temps. L'écart est donc
suffisamment grand pour fournir un bon renseignement; malheureusement, il n'apparaît nettement que dans la deuxième période de la
gestation et à cause de cela il est passible de tous les reproches adressés
aux autres moyens.

D'après le Dr Fry, la grossesse au début, chez la femme, se diagnos-
tiquerait par une élévation de 0°,3 de la température habituelle du vagin.
Cette constatation aurait besoin d'être faite pour les femelles domestiques, en tenant compte de l'espèce, peut-être de la race, de l'âge, des
différences matutinales et vespérales. On ne devrait pas oublier non plus
que, dans l'espèce ovine, l'état de la toison est à prendre en considération, car l'écart est grand entre les brebis tondues et les brebis en laine.
Tout cela assurément compliquerait les choses, mais en raison de la
grande importance qu'il y aurait à avoir, *pour le début*, un moyen de
diagnostic, nous appelons le contrôle sur cette méthode.

On a cherché des renseignements dans la modification que quelques
liquides organiques éprouvent sous l'influence de la gestation. Partant
de l'idée que la chaux entre dans la constitution des os du fœtus, on s'est
dit que ce corps ne pouvait qu'être emprunté à celui que la mère extrait
des aliments, et que la quantité éliminée journellement avec quelques
liquides de l'économie doit diminuer au fur et à mesure que se forme le
fœtus. Deux liquides ont été examinés à ce point de vue, l'urine et le lait.

M. Kiener a fait analyser l'urine d'une jument à diverses périodes de la
gestation, et il a été constaté que sa teneur en chaux diminuait avec la
marche de celle-ci; plus on approche du terme, plus la proportion
baisse. Il serait nécessaire de contrôler par un grand nombre d'observations les résultats annoncés par M. Kiener.

Le lait d'une vache en gestation est moins riche en phosphate de
chaux que lorsque la bête n'a pas été fécondée, il est moins nourrissant
et convient moins pour l'alimentation des jeunes.

Le sang n'a pas été étudié dans les modifications chimiques qu'il peut subir, mais son examen biologique a montré que ses globules diminuent très notablement ; il est donc plus séreux.

La gestation amène dans le caractère et les allures des femelles des changements qui n'échappent pas à l'attention des éleveurs et qui, avant que d'autres signes regardés comme plus importants ne se manifestent, fournissent d'utiles indications. Avant même d'être réellement alourdies par le développement du fœtus et de ses annexes, elles deviennent moins vives, plus craintives, leurs mouvements sont plus lents. Pour éviter d'être tourmentées par les chiens, elles se tiennent volontiers au milieu du troupeau, ne cherchent point à franchir les barrières des pâturages où on les enferme, ne se querellent plus avec leurs compagnes et fuient plutôt que de soutenir la lutte.

B. *Signes sensibles*. — Nous désignons sous cette rubrique les explorations vaginale et rectale, le palper abdominal, les mouvements du fœtus et l'auscultation.

Contrairement aux auteurs qui regardent l'exploration vaginale comme peu utilisable pour les femelles domestiques, nous la considérons comme fournissant d'utiles renseignements même dans la première période de la gestation. Les médecins lui accordent une grande importance pour le diagnostic de la grossesse de la femme, parce qu'elle permet de la constater dès le quatrième mois par le phénomène dit du ballottement ou choc du fœtus sur le doigt qui soulève la partie inférieure de l'utérus gravide. Ce n'est pas pour ce motif que nous la recommandons, puisqu'en raison de la station quadrupédale des femelles animales, ce choc n'a pas lieu ; ce n'est pas davantage pour constater à ce moment à travers le sac utérin, la présence du fœtus. Le renseignement important se tire de l'examen du col de l'utérus. Hors l'état de gestation, le col est constitué par un tissu ferme et son orifice vaginal est à peine visible. Quand il y a eu fécondation, dès deux mois et demi à trois mois, il présente un orifice de 1 demi-centimètre de diamètre environ, obstrué par un bouchon gélatineux. Ce bouchon a été signalé pour la première fois par M. Violet qui l'a remarqué sur quelques vaches qu'il autopsiait. Nous ne sommes pas en mesure pour le moment de dire s'il se rencontre sur d'autres femelles, notamment sur la jument ; c'est un point qui reste à étudier. La présence de ce bouchon sur la vache a sans doute pour but d'empêcher l'introduction dans la matrice de produits étrangers et de microbes qui pourraient gêner le fœtus.

L'exploration rectale fournit de bons renseignements chez les grandes femelles et elle est d'une entière innocuité. Introduire la main et le bras huilés dans le rectum après l'avoir débarrassé des fèces qu'il peut contenir, puis explorer le bassin en tâchant de se rendre compte de la nature des sensations perçues et qui arrivent très émoussées par suite de

l'épaisseur des parois intestinale et utérine et des enveloppes fœtales,
Ici encore, il faut cette éducation préalable des doigts sans laquelle on
reste dans l'incertitude sur la cause des sensations éprouvées.

Le palper abdominal est un autre moyen très usité à la campagne et qui
donne de bonnes indications. Malheureusement, ces renseignements ne
sont fournis qu'à la deuxième période de la gestation, soit à partir de
cinq mois et demi ou six mois chez la vache. On se place à droite et en
arrière de la bête à examiner, on appuie la main droite sur la colonne
vertébrale tandis que la gauche, étant fermée de manière à former le
poing, s'applique sur l'abdomen à la hauteur du grasset, et elle le dé-
prime brusquement deux ou trois fois de suite. Alors ou l'explorateur
sent à travers la paroi abdominale un corps dur qui est le fœtus ou bien
celui-ci s'étant déplacé en même temps que la paroi abdominale se dépri-
mait et poussait l'utérus, revient à sa position première et le poing toujours appliqué sur le flanc en perçoit la sensation. Il arrive même que le
fœtus se livre à quelques mouvements spontanés qui facilitent le diagnostic. Ce n'est pas toujours à droite que se trouve le fœtus de la vache,
il s'insinue quelquefois sous le rein qu'il soulève et on ne le perçoit qu'à
gauche ; nous avons constaté cette position. Nous recommanderons de
ne pas trop renouveler le toucher abdominal, car l'avortement peut en
résulter.

A partir de cinq mois et demi pour l'espèce bovine, le fœtus exécute
quelques mouvements qu'on perçoit en appliquant la main à plat sur
l'abdomen dans la région qui vient d'être indiquée à propos du palper.
Nous avons le soin de faire boire de l'eau froide à la femelle avant de
commencer l'examen, il semble que l'abaissement brusque de la température qui est la conséquence de cette ingestion stimule le fœtus, car
il exécute alors des mouvements qui sont à la fois la preuve de la
gestation, et celle de sa vie propre. Dans les deux derniers mois,
ces mouvements sont tels que, non seulement on les sent facilement
avec la main, mais qu'on les voit ; il en résulte une véritable agitation du flanc. La truie, un mois avant de se délivrer, et la chienne,
trois semaines auparavant, offrent les mêmes particularités.

Un dernier moyen de diagnostiquer la gestation, est l'auscultation
abdominale de la mère, afin de percevoir les battements du cœur du
fœtus. Les gynécologistes en tirent profit pour la femme ; quelques auteurs, MM. Saint-Cyr et Violet entre autres, l'ont étudié en vétérinaire.
« Si l'on applique son oreille, disent ces derniers, nue ou armée du sté-
thoscope sur le ventre d'une vache en état de gestation assez avancé, un
peu au-dessous du flanc droit, à peu près à la hauteur du grasset, mais
à quelque distance en avant, et qu'on écoute très attentivement pendant quelques instants, on pourra entendre une succession de petits
bruits très faibles, un peu sourds, mais très distincts, parfaitement ryth-

més, associés deux par deux et séparés par un silence très court, mais bien appréciable. On a comparé ces bruits au tic-tac d'une montre enveloppée d'un tissu assez épais et tenue à une petite distance de l'oreille. » Les bruits dont il s'agit sont produits par les contractions du cœur du fœtus ; ils en décèlent donc et la présence et la vitalité et, d'après les auteurs précités, ce serait dans la deuxième moitié du cinquième mois qu'ils deviendraient perceptibles chez la vache. Leur constatation chez la jument est plus difficile à cause des borborygmes qui se font entendre presque constamment dans son abdomen.

Avons-nous besoin d'ajouter que l'emploi de ce moyen, plus encore que les autres, exige une éducation préalable?

IV. SOINS A DONNER AUX FEMELLES EN ÉTAT DE GESTATION

Pendant la gestation, l'éleveur doit être préoccupé d'éloigner toute cause d'expulsion prématurée du fœtus et toute occasion productrice de dystocie ; en un mot, il doit assurer, par tous les moyens que l'hygiène met à sa disposition, la réussite du produit de la conception.

Les difficultés de reconnaître la gestation à son début indiquent assez que dans les premiers temps, l'état habituel des femelles ne subit aucun changement ; il y a peu de précautions particulières à prendre dans cette première période qui s'étend du moment de l'accouplement au cinquième mois pour la vache et la jument, au troisième pour la brebis, la chèvre et la truie, au deuxième pour la chienne.

La jument est pourtant celle qui réclame le plus de soins, parce que c'est chez elle qu'arrive, en dehors de la contagion, le plus facilement l'avortement. La première précaution est d'éviter qu'elle soit en butte aux tentatives d'un étalon, car, nous l'avons déjà dit, la saillie dans ces conditions amène l'avortement. On ne la soumettra pas à des allures trop rapides, on l'emploiera comme bête de selle le moins possible et on ne lui fera pas sentir l'éperon, on ne s'en servira pas comme limonière et elle ne sera pas attelée avec des traits qui, insuffisamment écartés, lui comprimeraient l'abdomen. La plus grande douceur sera recommandée aux garçons d'écurie qui ne devront point la frapper. Ces recommandations n'impliquent point qu'on doive la laisser constamment au repos, il faut éviter simplement l'excès, mais le repos absolu est plus nuisible qu'utile. Il n'y a pas utilité dans cette première période de modifier le régime ; on apportera seulement une vigilance plus grande à ce que rien ne perturbe les fonctions digestives. Il arrive quelquefois que celles-ci le sont par le seul fait de la gestation ; il y a quelques coliques légères, se répétant plusieurs fois, mais de courte durée et sans gravité. Les éleveurs disent que la jument *prend poulain* et ne se préoccupent pas de ces malaises passagers.

Dans cette première période, la vache, la brebis, la chèvre, la truie et la chienne, à part les recommandations qui viennent d'être faites au sujet de la digestion, ne réclament pas de soins particuliers.

Dans la seconde période qui va du cinquième, du troisième ou du deuxième mois à la fin de la gestation, suivant les espèces, le rapide développement du fœtus amène quelques perturbations dans la santé des femelles et impose des exigences spéciales.

On diminuera peu à peu la somme de travail à demander à la jument pour le cesser complètement dans la quinzaine qui précède le jour présumé de la mise bas. Le régime sera surveillé plus étroitement dans le sens préindiqué et on augmentera la ration plutôt qualitativement que quantitativement, afin que la femelle qui doit subvenir à la formation d'un nouvel être et à ses propres besoins ne souffre pas. Des aliments, nutritifs sous un petit volume, sont à recommander. Souvent, dans le dernier mois de la gestation, un œdème se montre en avant des mamelles, œdème qui s'étend et progresse sous la poitrine ; il n'y a pas lieu de s'en effrayer. Une fois disparue la gêne circulatoire occasionnée par l'utérus gravide, après la mise bas, l'œdème disparaîtra spontanément. En attendant, on fera exécuter chaque jour une promenade au pas, en évitant que la bête ne glisse.

La résistance de la vache est considérable (nous en avons vu une subir la ponction du rumen, par suite de météorisation, trois semaines avant son terme et néanmoins conduire à bien sa gestation). Cette femelle devient très lourde dans les derniers temps ; on ne l'enverra pas paître trop loin, elle ne sera pas laissée dans des troupeaux où elle pourrait être tracassée par des compagnes méchantes, on évitera de la laisser dans des pâturages trop en déclivité, des torsions de la matrice pouvant en résulter. Les abords des abreuvoirs communaux sont souvent très glissants et amènent des chutes qu'il faut éviter. Si la pente de l'écurie était exagérée, on devrait y rémédier en maintenant toujours une litière abondante sous le train postérieur pour empêcher le renversement du vagin. Enfin, si la bête ne cesse pas spontanément de donner du lait, elle ne doit plus être traite de six semaines à deux mois avant l'époque présumée de la mise bas.

La brebis et la chèvre continuent d'aller aux champs et il est fréquent de voir ces femelles y mettre bas. Aussi ne ferons-nous, à leur sujet, qu'une seule recommandation : éviter que des chiens trop bruyants ne les tourmentent, car elles sont craintives, surtout les brebis.

Si la truie est soumise habituellement au régime du pâturage, comme elle devient très lourde dans les derniers temps, on la laissera à la porcherie, la marche la fatiguant beaucoup. Elle sera abondamment nourrie, tout en lui maintenant le ventre libre ; la constipation n'est pas rare sur les truies dans cet état et elle détermine des efforts expulsifs considérables qui peuvent, à leur tour, provoquer soit le prolapsus du rectum, soit celui du vagin ou même l'avortement.

La constipation est également une des conséquences de la gestation chez la jument, la chienne et la chatte ; elle doit être combattue par l'exercice, le changement de régime, des lavements et au besoin par des laxatifs très doux. Mais nous avons dit qu'il est imprudent de purger les femelles dans les derniers temps, il vaudrait mieux avoir recours aux injections sous-cutanées de quelques médicaments évacuants ; celles de sulfate d'esérine ont donné de bons résultats.

A cette période, surtout s'il s'agit de primipares, l'éleveur doit palper les mamelles, le plat des cuisses, la face inférieure de l'abdomen afin de s'assurer que la femelle n'est point chatouilleuse et qu'elle se laissera teter sans difficulté. Si elle était très sensible, on émousserait sa sensibilité en multipliant les attouchements dont nous parlons. La recommandation que nous faisons s'applique particulièrement à la pouliche ou à la jument de réforme ou mise en dépôt chez l'agriculteur et qu'on a fait féconder. Ces dernières, si l'on n'y prend garde, sont souvent mauvaises mères.

La gestation n'amène point sur les femelles domestiques ces malaises, ces indispositions si fréquentes, parfois si graves chez la femme et qui peuvent se montrer dès le début pour ne cesser qu'avec l'accouchement. Il y a pourtant deux affections qui doivent être mentionnées : l'une est la paraplégie *ante partum*, l'autre, plus rare, est l'ostéomalacie ou cachexie ossifrage, caractérisée par la friabilité des os. En recommandant tout à l'heure d'éviter que les vaches ne glissent, nous avions cette dernière affection à la mémoire et nous visions les fractures qui en sont la conséquence. On a signalé aussi quelques autres accidents tels que le pica, la métrorragie, les crampes, l'éclampsie et l'amaurose, mais si leur rareté n'enlève point d'intérêt à leur étude pathologique, une simple mention suffit à cette place.

Il n'en est pas de même de l'avortement qui, suivant la belle expression de H. Bouley, atteint la production animale dans sa source et qui porte à l'élevage un tort considérable.

V. DE L'AVORTEMENT

Il y a avortement lorsque le fœtus n'est pas né viable. Il ne faut pas le confondre avec l'accouchement prématuré. Dans l'espèce chevaline, les fœtus avant terme ne sont pas viables ou, du moins, nous n'en avons pas vu. La vache qui accouche à sept mois peut donner un veau viable. Un vétérinaire belge, M. Coenrarts, rapporte avoir observé un veau qui, né à six mois et demi de gestation, a vécu et pesait 113 kilogrammes à trois mois.

Il existe entre les diverses espèces domestiques de grandes différences quant à la facilité et à la fréquence des avortements. La chatte, la chienne avortent rarement, la lapine plus fréquemment, surtout lorsqu'elle reste avec le mâle, constamment exposée à ses étreintes. La truie paraît peu prédisposée à cet accident, car dans l'importante porcherie de la ferme de l'École, depuis quatorze ans, nous ne l'avons pas vu se produire une seule fois. La brebis y est plus exposée et nous en avons observé des cas dans toutes les races. La jument et la vache sont sujettes à cet accident avec une fréquence supérieure à celle des autres femelles. On a disserté sur la question de savoir laquelle des deux avorte le plus facilement; comme on ne peut en juger que par le parallèle de fréquence de l'accident en cause et que cette fréquence varie selon les lieux et les circonstances, rien d'étonnant à ce que l'indécision subsiste.

Dans une même espèce, il y a de grandes inégalités parmi les femelles. Il a été dit que celles qui appartiennent à des races très améliorées pour la boucherie et notamment les courtes-cornes avortent plus facilement que celles de groupes moins perfectionnés ; cette assertion n'a rien d'invraisemblable, mais elle a besoin d'être étayée par l'expérimentation. Dans chaque race, des bêtes avortent sous l'influence de causes les plus légères, offrant un contraste frappant avec celles qui subissent des traumatismes étendus et jusqu'à la castration sans qu'apparaisse l'accident qui nous occupe.

Une femelle qui a avorté une première fois a des chances d'avorter encore et ces chances sont d'autant plus grandes que l'avortement s'est produit plus loin du terme. Une vache qui expulse son produit à sept mois et demi ou huit mois peut ne pas avorter au vêlage suivant, parce que dans ce cas, c'est plutôt un accouchement prématuré qu'un avortement, tandis que, si l'expulsion a eu lieu au cinquième mois et même avant, il est fort à craindre qu'aux parturitions suivantes cela se renouvelle.

Dans l'avortement sporadique et non contagieux, l'accident se produit de préférence quand le fœtus est une femelle. Nous l'avons constaté en faisant la récapitulation des cas d'avortement à la ferme et un agriculteur important de la Lozère, M. de Verdelham-Desmoles, dès 1877, avait attiré notre attention sur ce point en nous communiquant le résultat de ce qui se passait dans sa vacherie [1]. Si l'on veut bien se reporter à la démonstration que nous avons fournie de la moindre durée de la gestation quand le produit est femelle, si, d'autre part, on concède que les limites tracées entre l'avortement et l'accouchement prématuré et entre celui-ci et un accouchement normal sont un peu conventionnelles, on acceptera que

[1] De Verdelham-Desmoles, Lettre sur l'avortement des vaches (*Journal de médecine vétérinaire*, 1877, page 243).

l'expulsion très prématurée se fasse surtout pour des femelles, puisque, normalement, la date de l'accouchement est toujours en avance sur celle qui aboutit à la naissance d'un mâle.

Relativement a la facilité et à la fréquence des avortements, d'après ce que j'ai pu observer jusqu'ici, c'est dans la deuxième période de la grossesse qu'ils se manifestent surtout. Les médecins admettent que, pour la femme, la première période est plus féconde en avortements que la seconde, et, en vétérinaire, MM. Saint-Cyr et Violet se rallient à cette opinion. A la ferme, M. Caubet n'a pas vu, en quatorze ans, une seule vache avorter avant le cinquièmemois, tandis qu'à partir de cette époque, les avortements n'ont pas été rares. Ailleurs, cependant, on en a constaté à partir de trois mois.

Rien ne décèle, à l'extérieur, qu'une femelle est prédisposée à l'avortement ; le zootechnicien n'a pour se guider que les commémoratifs d'un avortement précédent. Aussi sera-t-il prudent de ne pas conserver les bêtes qui ont cette idiosyncrasie, d'autant plus qu'on en voit quelques-unes rester nymphomanes et jeter le trouble dans l'étable.

Indépendemment des assauts intempestifs des mâles, des traumatismes, des heurts et des coups sur l'abdomen comme causes d'avortement, on a recherché dans toutes les classes des agents de l'hygiène des raisons à invoquer, on a fait jouer un rôle aux choses les plus banales, à celles qui sont de tous les jours, on a invoqué les plus opposées. Elles ont été acceptées avec trop de facilité, sans critique ni sans le contrôle de l'expérimentation. Sans doute que, sur des femelles exceptionnellement prédisposées, la cause la plus vulgaire peut provoquer un accident; mais, à notre avis, on ne doit regarder comme vraiment efficientes que celles qui dans la pratique de l'élevage ou par l'expérimentation, amènent nécessairement et constamment l'avortement.

Celui-ci sévit sous les deux formes sporadique et épizootique. Ses causes se trouvent : 1° dans les ingesta, aliments ou boissons, qui incitent l'utérus gravide à se débarrasser de son produit ; 2° elles sont liées à des maladies générales, infectieuses, dont une des manifestations peut être l'expulsion prématurée du fœtus ; 3° dans des microbes dont la fonction paraît être d'amener le décollement du placenta, d'occasionner conséquemment l'avortement, sans troubler d'ailleurs profondément la santé de la mère.

a) Dans la classe des *ingesta*, tout ce qui provoque un dérangement intestinal peut, chez une bête prédisposée, occasionner l'avortement. C'est assez dire que les aliments qui renferment des plantes ou des graines vénéneuses dont l'action se traduit par une violente purgation sont dans ce cas ; j'ai eu occasion de le voir à propos du colchique, d'autres l'ont signalé pour la ciguë tachetée, l'if, les tourteaux de faîne. On sait aussi que quelques plantes, notamment la rue, le seigle ergoté, ont une action emménagogue et abortive. Il est fort probable que, parmi les moisissures, si peu étudiées jusqu'ici en pathologie, qui se développent sur les aliments du bétail, il en est qui agissent de même. J'ai vu l'avortement chez la jument à la suite de l'alimentation avec du trèfle moisi, et à plusieurs reprises, à la ferme, il s'est déclaré sur les vaches, consécutivement à la distribution de drèches altérées. Il y a là un vaste champ d'études de cryptogamie à explorer, afin de spécifier quelles sont les espèces nuisibles. Un vétérinaire allemand, Haselbach, attribue au charbon des céréales (*Ustilago maïdis*) une action abortive; c'est à vérifier expérimentalement, car cette conclusion est en contradiction avec celle de MM. Magne et Baillet.

L'herbe couverte de gelée blanche provoque l'avortement quand elle est mangée en quantité un peu forte; le même effet se produit quand on fait entrer dans l'alimentation des pommes de terre, des betteraves et d'autres racines qui ont été gelées. L'eau froide ou glacée ingérée en trop grande quantité et trop goulûment agit de même; lorsque les animaux sont très assoiffés par l'alimentation sèche de l'hiver et qu'on les conduit pour s'abreuver sur le bord d'un fossé, d'une mare dont l'eau est glacée, des accidents se déclarent. Les brebis qu'on abreuve rarement à la bergerie sont les plus fréquemment attaquées. Pendant les grandes chaleurs, une ingestion d'eau très froide peut produire les mêmes effets sur la jument. Nous avons été informé que l'alimentation avec des fourrages salés, en amenant une soif vive, peut conduire au même résultat.

b) Plusieurs maladies infectieuses provoquent l'avortement: la syphilis et la petite vérole sont dans ce cas pour l'espèce humaine. Sur les animaux domestiques, on a vu la clavelée, le charbon, la fièvre aphteuse, la péripneumonie, le typhus, la pneumo-entérite déterminer des avortements.

Il est des maladies qui, sans être reconnues comme contagieuses, pour le moment du moins, sont capables d'amener aussi l'avortement; telle est, au premier rang, la gastro-hépatite, ainsi que nous avons eu l'occasion de le constater en 1869, dans l'Est, sur un grand nombre de juments. Nous ne serions pas étonné d'ailleurs que cette affection fût de nature microbienne.

L'avortement épizootique et contagieux est sous la dépendance de microorganismes. C'est la conclusion à laquelle M. Saint-Cyr était arrivé par déduction et qui a été assise par les recherches bactériologiques de ces dernières années, mais plusieurs microbes différents sont capables de le produire.

MM. Galtier, le marquis de Poncins et Ory pensent que l'avortement épizootique des vaches est déterminé par une maladie générale, microbienne de la mère, qui transmet à son fœtus l'affection dont elle est atteinte. Ils reconnaissent d'ailleurs qu'il peut être la conséquence de plusieurs affections générales de la mère; en sorte que, suivant les localités, on doit le rattacher à des maladies différentes.

c) M. Nocard, à la suite d'études faites dans le Nivernais, où sévit souvent la maladie, pense que le contage pénètre dans les organes génitaux de la femelle, qu'il en résulte une maladie du fœtus et des enveloppes à laquelle la mère reste absolument étrangère. Il recommande un traitement prophylactique consistant en injections vaginales tièdes avec un liquide rendu désinfectant par le bichlorure de mercure.

Dans cette revue, nous avons laissé de côté toutes les causes qui ont paru avoir un caractère trop hypothétique, telles que faiblesse ou épuisement du père par des saillies trop nombreuses, tempérament lymphatique de la mère. En matière obstétricale, il est plus utile de débarrasser la science des hypothèses et des suppositions que de les enregistrer.

Lorsque l'avortement n'est pas sous la dépendance de microbes spécifiques mais reconnaît pour cause un traumatisme ou l'action d'un ingestum, on doit, aussitôt que les prodromes l'annoncent, s'efforcer de l'empêcher en tenant la femelle dans l'obscurité et en combattant les coliques à l'aide de calmants.

VI. DE L'INCUBATION

Parmi les oiseaux de basse-cour, les uns n'entrent en chaleur, ne s'accouplent, ne pondent et ne couvent qu'à des époques déterminées; d'autres, plus profondément modifiés, pondent à peu près toute l'année, et si certaines saisons sont plus fréquemment choisies pour l'incubation, ils en manifestent pourtant le désir dans de toutes autres périodes.

La femelle du cygne pond au début du printemps, vers la fin de mars ou au commencement d'avril; elle se fait un nid près de la pièce d'eau où elle prend ses ébats et elle y dépose ses œufs, au nombre de quatre à cinq.

L'oie pond dès le mois de février, elle donne de quinze à vingt œufs qu'elle dépose dans un nid des plus rudimentaires, constitué par une cavité peu profonde où elle apporte quelques brindilles. Ces œufs sont gros, à coquille très solide et blanche. Le désir de couver se manifeste en mars.

La cane pond souvent dès le mois de janvier, mais n'ayant pas été fécondée à ce moment, ses œufs ne doivent point être mis en incubation. Nous avons vu pourtant quelques exceptions. Ce n'est guère que fin mars ou commencement d'avril que la fécondation s'accomplit et que les œufs pondus à ce moment sont bons à faire couver. La quantité qu'elle en fournit varie; la petite race grise commune donne de trente à soixante œufs par an, tandis que les grosses races, celle de Rouen, par exemple, vont jusqu'à cent et même davantage. Ces œufs, un peu plus gros que ceux des poules, sont plus longs, plus symétriques par leurs deux extrémités; ils ont, dans la majorité des cas, une teinte verdâtre. Ceux de la cane de Labrador sont d'un noir mal teint au début de la ponte pour pâlir au fur et à mesure que celle-ci s'avance.

La faisanne se met à pondre au printemps, dans un nid insignifiant; elle y dépose de douze à dix-huit œufs, plus petits que ceux de poule.

La paonne ne pond qu'une fois par an, vers le milieu de mai; elle donne de six à douze œufs en Europe.

La pintade est, sous le rapport de la reproduction, un oiseau désagréable dans une basse-cour, parce qu'elle dissimule le mieux qu'elle peut l'endroit où elle va pondre; quand elle se croit surveillée, elle dissémine ses œufs dans les haies, les luzernes, les guérets, au lieu de les déposer dans un pondoir. Elle pond en mai.

La ponte de la dinde commence ordinairement avec le printemps, et c'est en mai qu'elle demande à couver, après avoir donné une vingtaine d'œufs qu'elle pondait de deux jours l'un. Ces œufs sont gros et blancs, pointillés de rouge; la dinde, comme la pintade, cherche à cacher le lieu où elle les dépose; elle les dissimule dans les haies, les broussailles, les touffes d'ortie, d'hyèble, les ronces, etc., au voisinage des habitations.

La poule pond à peu près toute l'année, sauf pendant les grands froids et au moment de la mue; le désir de couver se manifeste chez elle généralement au printemps et au début de l'été. De nombreuses exceptions se présentent et nous en avons vu couver en novembre.

Dans le groupe des pigeons, le nombre des pontes est influencé par la race, l'alimentation et le climat; il varie de deux à huit dans l'année. A chaque fois, la femelle donne habituellement deux œufs, rarement un seul, plus rarement trois. L'éleveur dispose habituellement des nids tout faits dans le colombier. Lorsqu'il n'a pas cette précaution, le couple de pigeons s'en construit un très simple.

Un bon couple d'autruches donne trois couvées par an. On en a même vu qui en ont donné quatre. La moyenne d'une couvée est de quinze ou seize œufs. On parle bien de vingt-deux œufs pondus en une seule fois par une même femelle, mais c'est plus qu'elle n'en peut couver. Il est des couvées de dix œufs seulement.

Neuf jours après que le couple s'est appareillé, la femelle pond son premier œuf et continue à en pondre un tous les deux jours, jusqu'à ce qu'elle et le mâle se mettent à couver; quelquefois, elle en pond encore un ou deux après. Le mâle et la femelle couvent à tour de rôle; le mâle, les deux tiers du temps; la femelle tient la place le jour, de dix heures à 4 heures; le mâle la nuit, c'est-à-dire de 4 heures du soir jusqu'au lendemain à 10 heures.

La durée *moyenne* de l'incubation dans chacun des groupes d'oiseaux de basse-cour est la suivante :

L'incubation est de	35 à 40	jours pour	le cygne.		
—	— 29	30	—	l'oie.	
—	— 36	38	—	le canard de Barbarie.	
—	— 31	32	—	—	Casarka.
—	— 22	23	—	le canard Bahama.	
—	— 28	30	—	les autres sortes de canards.	
—	—	26	—	le faisan argenté.	
—	—	23	—	— doré et Amherst.	
—	—	24	—	— commun.	
—	—	30	—	la paonne.	
—	—	28	—	la pintade.	
—	—	30	—	la dinde.	
—	—	21	—	la poule.	
—	—	19	—	le pigeon.	
—	—	40	—	l'autruche.	
—	—	54	—	le nandou.	

De même que la gestation des Mammifères, l'incubation subit dans sa durée quelques variations qui peuvent aller d'un à trois jours dans la même espèce. Bien que se manifestant dans des conditions différentes, elles paraissent soumises en définitive à deux influences prépondérantes qui sont : 1° la date de la ponte, 2° la quantité de chaleur apportée à l'incubation.

Dans toutes les espèces, les œufs frais éclosent plus rapidement que ceux dont la ponte remonte plus haut. Si, par exemple, on met sous l'oie des œufs qui viennent d'être pondus, l'éclosion se fera au vingt-huitième jour, tandis que, s'il y a plus longtemps, elle n'aura lieu qu'au trentième jour. Il semble donc qu'au moment où l'œuf est pondu, le processus évolutif du nouvel être est commencé ; il se continue avec une avance due à la vitesse acquise si l'œuf est mis de suite en incubation, d'où moindre durée de celle-ci, tandis que, si on a laissé passer quelques jours, le bénéfice de cette vitesse est perdu.

Ces considérations amènent à dire que, au bout de quelque temps après la ponte, les œufs ont complètement perdu leur faculté d'éclosion. Le germe a subi, dans ces circonstances, des modifications qui ont arrêté pour jamais son développement. Sa résistance est inégale ; il en est qui supportent mieux l'action du temps que d'autres. Elle tient un peu à l'espèce et sans doute pour beaucoup à la coquille qui suivant son épaisseur empêche plus ou moins la pénétration de l'air et des parti-cules organisées qu'il tient en suspension. Les œufs des Palmipèdes conservent leur faculté d'éclosion plus longtemps que ceux des Galli-nacés. On estime qu'on ne doit pas mettre sous la poule des œufs datant de plus de huit jours, à moins qu'ils n'aient été conservés convenablement. Il faut se rappeler aussi que les poules parquées, sans verdure ni insectes, donnent plus d'œufs inféconds que celles qui

vivent en liberté, que les poulaillers humides, sis en endroits maréca-
geux, contribuent à rendre les œufs clairs. On dit l'infécondité des œufs
générale à l'époque de la mue, qui a lieu de septembre à novembre pour
les poules.

Comme il est impossible ou le plus souvent fort difficile de ne donner
à couver à une femelle que des œufs nouvellement pondus, il est bon
de prendre certaines précautions pour conserver ceux des jours précédents qu'on veut mettre en incubation. On les dépose, au fur et à
mesure de leur ponte, dans du son, de la sciure de bois, du charbon
pilé, du sable très sec, pour empêcher l'accès de l'air.

La quantité de chaleur offerte à l'embryon, pour son développement,
paraît avoir une influence marquée, mais cette quantité de chaleur peut
varier du fait de la saison, de l'oiseau ou de l'appareil qui l'apporte.
Le pigeon qui couve en hiver met de dix-neuf à vingt jours pour
provoquer l'éclosion tandis qu'en été dix-sept à dix-huit jours suffisent.
Si l'on place des œufs d'oie sous une poule, l'éclosion n'arrive que le
trente et unième ou même le trente-deuxième jour, tandis que, si l'oie
couve elle-même ses propres œufs, elle a lieu du vingt-neuvième au
trentième jour.

La femelle qui veut couver, le manifeste par des signes qui varient
suivant l'espèce. La poule hérisse ses plumes, fait entendre un cri particulier qui se peut traduire par les expressions cloc-cloc, s'accroupit sur
le nid et y reste. La dinde, à ce moment, a le gloussement précité de la
poule, elle perd des plumes, la peau de son ventre s'injecte. La femelle
du pigeon ne cherche à couver qu'après avoir pondu les deux œufs qui,
dans la généralité des cas, forment toute la couvée ; elle se place simplement sur le nid.

L'oie transporte dans le nid où elle a déposé sa première ponte quelques brindilles de paille, elle les arrange fort grossièrement et elle
s'installe. Une fois accroupie sur ses œufs, le mâle la quitte peu, et c'est
plutôt par l'absence de la basse-cour qu'autrement, qu'on constate que
l'incubation a commencé.

La cane couve rarement ; quand elle y consent, elle agit à peu près
comme l'oie, avec cette différence que le mâle ne s'occupe nullement
d'elle.

Les oiseaux ont une aptitude très inégale pour l'incubation suivant leur
espèce ; de toutes les femelles, la plus recommandable est la dinde qui y
apporte une telle persévérance qu'on la voit parfois mourir dans le nid.
Malgré son poids relativement élevé, elle casse peu d'œufs et, après l'éclosion, elle est pour les petits une mère excellente. Aussi, dans les fermes,
profite-t-on fréquemment de ces bonnes dispositions pour lui donner à couver
des œufs d'autres espèces. On lui fait faire parfois deux incubations de
suite et il n'est pas très difficile de provoquer l'envie de couver chez

elle ; on la place dans un panier fermé avec quelques œufs d'essai. En persévérant pendant quelques jours, elle finit généralement par accepter le rôle qu'on lui a imposé.

L'oie est bonne couveuse et la cane est la plus mauvaise, ou mieux celle qui manifeste le plus rarement le désir de couver ; la paonne est une très bonne, la faisane une médiocre et la pintade une bonne couveuse.

Dans l'espèce galline, il y a une très grande inégalité quant à cette aptitude ; les races naine, négresse et ordinaire, couvent bien, les races et sous-races à tarse emplumé assez bien, mais sont lourdes, maladroites et cassent beaucoup d'œufs. Les races à huppe, d'une façon générale, couvent mal.

Quand la poule couve ses œufs ou ceux de son espèce, on lui en donne douze à quinze ; elle peut recouvrir et échauffer le même nombre d'œufs de cane, six d'oie et huit de dinde environ. La dinde couve vingt à vingt-deux œufs de son espèce, trente à trente-cinq de poule, trente de cane, quinze d'oie.

Dans une exploitation importante, il faut s'arranger de façon à mettre plusieurs femelles à couver en même temps ; la surveillance s'exerce ainsi sur un plus grand nombre d'individus à la fois, les éclosions ont lieu simultanément et les choses ne traînent pas en longueur.

Pendant l'incubation, les couveuses doivent être visitées tous les jours au moment où on leur distribue leurs aliments ; il en est qui mettent un tel acharnement à couver qu'elles se laisseraient mourir sur leurs œufs plutôt que de se déranger. Il faut les lever, les secouer un peu et les placer en face de leur nourriture et de l'eau. Pendant leur repas, on visite les nids, on enlève les œufs cassés et on recouvre les autres d'un morceau de laine afin qu'il n'y ait pas refroidissement. La femelle ne doit pas rester plus de vingt-cinq minutes en dehors du nid, autrement les œufs se refroidiraient par trop et les embryons seraient tués.

Après quelques jours d'incubation, on mire les œufs, ainsi qu'il a été dit à propos de l'incubation artificielle.

Section IV. — Accouchement et éclosion.

Lorsque les produits renfermés dans l'utérus ont acquis le développement fixé pour chaque espèce et pour chaque race, ils se séparent de l'organisme sur lequel ils étaient greffés pour tomber dans le milieu extérieur.

Cette séparation constitue l'*accouchement*, terme autrefois réservé à l'espèce humaine, mais qui tend à s'introduire dans le langage de la zootechnie et de l'obstétrique vétérinaire, la *parturition*, le *part* ou la *mise bas*. On se sert aussi des expressions plus restreintes de *pouli-*

nage quand il s'agit de l'accouchement de la jument, de *vêlage* quand on parle de celui de la vache et d'*agnelage* pour celui de la brebis.

Dans les derniers jours de la gestation, les femelles doivent être l'objet d'une surveillance attentive, afin que si la mise bas survenait, on leur porte secours. Cette surveillance a surtout besoin de s'exercer sur la jument, car le poulain meurt facilement quand quelque obstacle à l'ac- couchement se présente. Aussi, est-il indiqué de la retirer du pâtu- rage, de la placer dans un box ou dans une partie de l'écurie un peu obscure, de lui maintenir une litière abondante, douce, propre et de la laisser dans le calme en se bornant à la surveiller à son insu ou à peu près.

Pour qu'on puisse prendre ces précautions en temps utile, ni préma- turément, ni tardivement, on se base sur certains signes qui indiquent un accouchement prochain. Dans les derniers temps, le ventre est tout à fait descendu, les flancs sont creusés, la vulve agrandie est repoussée en arrière et comme tuméfiée ; de sa commissure inférieure s'échappe une matière glaireuse qui salit la queue et le périnée. On s'éclaire surtout par les renseignements que fournit le pis. Dans les derniers jours, les mamelles tendues donnent à la mulsion un liquide sirupeux gris- jaunâtre. Lorsque la teinte de ce liquide vire au blanc, l'accouchement est proche et, chez la vache, peut se produire dans les trente heures ; sur la jument, les choses vont plus rapidement encore et il peut n'y avoir que douze heures d'intervalle entre la modification de couleur et le poulinage.

Bientôt les femelles éprouvent de l'inquiétude, mais d'une nature toute particulière et qui se traduit le plus communément de la façon suivante : occupées à manger, elles s'arrêtent brusquement et semblent écouter quelque chose. Si elles sont libres dans l'écurie ou l'étable, elles vont se placer à l'endroit le plus obscur ou le mieux garni de litière et s'y tien- nent immobiles ou s'y couchent. La truie accumule la litière en un coin de sa loge ; la chienne et la chatte se font un nid avec de la paille, du foin, des feuilles, de vieilles hardes. Nous avons possédé une chienne qui creusait la terre dans un coin de la grange, se rapprochant, par cet acte, de la façon d'agir de la renarde et de la femelle du chacal. La lapine qui va mettre au monde des petits nus, leur prépare une couche chaude en s'arrachant des poils sous le ventre et le long des mamelles.

Des *douleurs* se font sentir, d'abord légères, qui se traduisent par des déplacements, des trépignements, des alternatives de lever et de coucher, de l'agitation de la queue, quelques plaintes, le tout entremêlé de périodes de calme. En même temps que les douleurs, apparaissent des contractions de la matrice, du diaphragme, de l'abdomen ; douleurs et contractions augmentent d'intensité et d'énergie, le col utérin se dilate, la vulve et l'anus sont déjetés en arrière et, sous l'effort de ces contractions, des dé--

jections solides et liquides sont expulsées. « La dilatation du col faisant des progrès, met à découvert une petite surface de chorion qui, fortement tendu pendant les douleurs, ne tarde pas à se rupturer dans ce point où il n'est plus soutenu. Alors, chez la jument, le liquide allantoïdien fait irruption dans le vagin et s'échappe au dehors ; cette évacuation est suivie d'un temps de calme pendant lequel la matrice désemplie revient peu à peu sur elle-même. Chez la vache, c'est l'allantoïde même qui s'échappe par l'ouverture du col ; elle s'avance dans le vagin et ne tarde pas à apparaître entre les lèvres de la vulve. Cette première poche des eaux grossit rapidement et forme de bonne heure, au dehors, une masse piriforme suspendue à un même pédicule qui se perd dans les profondeurs du vagin et qui est constituée uniquement par les parois allantoïdiennes rapprochées ; celles-ci, très fragiles, se rupturent sous le poids du liquide. Parfois, dans le cours du travail, on voit apparaître une autre poche allantoïdienne qui se comporte de même. Mais la véritable poche des eaux des accoucheurs, car elle existe seule chez la femme, la poche amniotique, ne tarde pas, chez la jument comme chez la vache, à s'engager à son tour dans le col utérin ; pendant les contractions, elle est plus tendue que la précédente qui se contente de fuir, grâce à la mobilité de l'allantoïde, et lorsqu'elle se montre entre les lèvres de la vulve, on peut voir, grâce à la transparence de ses parois, quelques parties du fœtus, ordinairement les pieds, reconnaissables à la couleur jaune clair de la corne. Les membres se sont donc engagés dans le col en même temps que l'amnios et par leur forme conique aidés de la tête dans la présentation antérieure, achèvent plus ou moins vite sa dilatation [1]. » A cette phase de l'accouchement, les efforts redoublent, la femelle vousse le dos, rapproche les membres et par la contraction simultanée de l'utérus, de l'abdomen, chasse peu à peu le fœtus dont la tête allongée sur les membres antérieurs s'engage et chemine avec eux dans le détroit vaginal, arrive, toujours sous la même impulsion, à l'orifice vulvaire. Les eaux amniotiques s'écoulent, la tête franchit le détroit vulvaire, puis bientôt, car il y a généralement un temps d'arrêt après son passage, la poitrine le franchit à son tour soit avec la croupe, et l'accouchement est alors terminé, soit seule, un nouveau temps d'arrêt se faisant remarquer avec le passage de la croupe.

Tel est le part normal, pendant lequel la jument, la vache, la brebis et la chèvre se tiennent habituellement debout ou se couchent en position sternale ou latérale ; quand elles prennent cette dernière position, c'est l'indice que leurs forces s'épuisent. La truie, la chienne, la chatte, la lapine et la femelle du cobaye mettent bas couchées, les trois premières généralement ployées en arc de cercle à grande section, les se-

---

[1] Saint-Cyr et Violet, *loc. cit.*, page 332.

condes en position sternale. Si l'accouchement a lieu debout, le nouveau-
né glisse sur les jarrets de la mère et tombe sur la litière sans se faire
de mal. Le plus souvent, le cordon ombilical se rompt pendant cette chute
ou à la suite des déplacements de la mère ou lorsqu'elle se relève si la mise
bas s'est effectuée couchée. Parfois, un remarquable instinct la pousse
à couper le cordon avec ses dents.

La durée de l'accouchement normal est en moyenne de dix à quinze
minutes pour la jument, d'une demi-heure pour la vache, de vingt minutes pour la brebis et la chèvre, de deux heures pour la truie, d'une
heure à une heure et demie pour la chienne et pour la lapine. Chez les
femelles normalement multipares, les petits sortent non à la suite les
uns des autres et sans interruption, mais avec des intervalles de dix
minutes en moyenne ; c'est du moins ce que nous avons observé sur la
truie.

Nous avons remarqué, chez cette même femelle, que les derniers
fœtus sont expulsés après un intervalle plus long que les premiers. Il
n'est pas rare de voir s'écouler une, deux et même quatre heures entre
l'expulsion de l'avant-dernier et celle du dernier. Il nous est même arrivé
de constater un intervalle de quarante-huit heures sur une femelle berkshire qui, pourtant, n'avait été saillie qu'une fois. Lorsqu'il y a gestation
gemellaire sur une femelle normalement unipare, il peut y avoir d'une
demi-heure à douze heures d'intervalle entre les deux accouchements.
Nous laissons de côté les cas où il y a superfétation.

Quand le part est normal, l'homme se borne à surveiller la femelle,
prêt à lui porter secours au besoin. En exerçant cette surveillance,
il devra se rappeler que la vitalité du poulain est incomparablement
moindre que celle du veau, et que tout poulain qui est plus d'une demi-
heure dans les passages est perdu, tandis que le veau peut y rester beaucoup plus longtemps. Il importe de se garder de toute impatience et de
toute intervention prématurée ; parfois des douleurs se montrent avant
qu'il y ait dilatation du col, il faut attendre que celle-ci se produise.

Si malgré des efforts prolongés, la mise-bas n'avance pas, l'éleveur,
après s'être coupé soigneusement les ongles et oint la main et le bras,
explorera avec précaution les parties génitales. Si le fœtus est en position naturelle (fig. 162), qu'aucun obstacle ne semble s'opposer au part,
qu'il y ait seulement insuffisance dans les efforts expulsifs, il aidera
à la nature en tirant sur les pieds et sur la tête. Mais si son exploration
lui apprend que le petit est en position anormale ou qu'il existe quelque
autre cause de dystocie tenant soit à la mère, soit au fœtus, il demandera
à l'art vétérinaire d'intervenir.

Chez les femelles multipares, l'accouchement est en général facile, en
raison du peu de grosseur de chacun des produits ; d'ailleurs, l'introduction de la main dans les passages est difficile, en raison de leur peu d'am-

plitude. Au fur et à mesure de leur expulsion, la mère les délivre des
enveloppes, coupe le cordon, les flaire, les lèche et les approche de ses
mamelles. Il n'y a qu'à laisser faire; il arrive pourtant que des truies,
placées dans des loges trop étroites, ont le train postérieur acculé contre
l'une des parois et ne peuvent accoucher. Il faut les changer de loge ou
tout au moins les placer dans une position où l'accouchement ne soit pas
entravé.

Une fois la mise-bas effectuée, la mère et le nouveau-né réclament
des soins.

Le premier sera de donner un vigoureux bouchonnage à la mère,
soit pour la sécher si l'accouchement l'a mise en sueur, soit pour rappeler le sang à la périphérie, puis de la revêtir d'une ou plusieurs

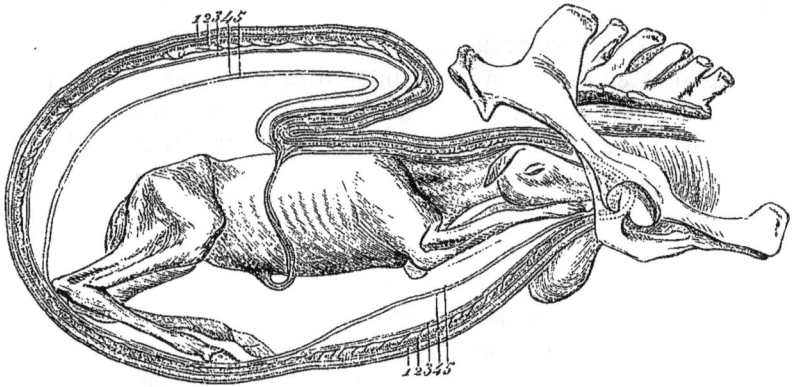

FIG. 162 — Coupe verticale de l'utérus de la jument à l'époque du part (d'après Colin).

couvertures, selon la température de l'étable, et de veiller à ce que
les portes et les fenêtres soient closes, car, après l'accouchement, les
femelles sont d'une susceptibilité très grande; leurs mamelles s'enflamment avec facilité sous l'influence des courants d'air. Dans un très
grand nombre de régions de la France, nous avons vu administrer à
la jument, à la vache et même à la brebis et à la chèvre un liquide
alcoolique, généralement du vin, de la bière ou du cidre, en quantité
très variable selon les localités. Il est aussi des pays où l'on fait prendre
de véritables soupes. Dans quelques exploitations, on présente des buvées de tourteaux, dans d'autres des infusions de tilleul, de camomille,
de noix muscades ou simplement de l'eau blanchie par la farine. On fait
donc boire la parturiente et on renouvelle sa litière mouillée par les eaux.

En même temps, on s'occupe du petit; on l'examine afin de voir s'il
ne présente aucune malformation, puis, si cela est nécessaire, on lie le
cordon à 3 centimètres environ de l'ombilic. On le porte ensuite devant sa
mère pour qu'elle le flaire, le reconnaisse, le lèche, lui débarrasse la

peau de l'enduit qui la recouvre, le sèche et active sa circulation périphérique.

D'ordinaire, l'affection maternelle est développée chez la femelle qui
vient de mettre bas et on en a vu de touchants exemples. Celui d'une
jument qui, prenant la paille de sa litière avec les dents, en recouvrit
son poulain pour lui faire une sorte de nid et le mieux préserver du froid
nous a tout particulièrement frappé. Il est pourtant des exceptions. Dans
toutes les espèces, les primipares sont généralement moins bonnes mères
que les femelles plus âgées. Dans l'espèce chevaline, les juments provenant des réformes de l'armée ou mises en dépôt chez les agriculteurs et
qu'on fait pouliner à un âge avancé en présentent de fréquents exemples.
Dans l'espèce bovine, ce sont les vaches habituées à ne jamais nourrir
leur veau, suivant la coutume des régions où domine l'allaitement au
baquet, qui en offrent le type. Ce n'est que très exceptionnellement que
la brebis et la chèvre ne sont pas attentives pour leurs petits. Toute
autre est la truie; il n'est point rare de la voir, par une aberration
inexpliquée jusqu'à présent, dévorer ses petits lors de leur naissance.
Aussi faut-il la guetter pendant son accouchement, soustraire les porcelets à sa voracité et les placer de suite à la mamelle, car lorsqu'ils ont
tété elle les laisse tranquilles. On fera sagement d'enlever les enveloppes
et la litière ensanglantée qui, dit-on, l'excitent et la poussent à l'acte
préindiqué. La chienne très rarement, la chatte un peu plus souvent
et la lapine très fréquemment, délaissent leurs petits. Il faut s'abstenir
de toucher les lapereaux dans leur nid, cette curiosité porte certaines
mères farouches à les abandonner et à les laisser mourir de faim et
de froid. Il est aussi de grandes femelles, des juments et des vaches, que
la présence de l'homme semble indisposer contre leur nouveau-né
qu'elles accueillent à coups de dents et de pieds, et qui finissent pourtant par se familiariser avec lui quand on s'éloigne et qu'on les laisse
seules.

Si la mère ne lèche pas convenablement son fruit, on pourra le sau-
poudrer de sel pour l'engager à le faire; lorsque cette petite manœuvre
reste sans résultats, on devra le sécher par des frictions exécutées avec
un linge chaud ou avec un chiffon de laine, puis le couvrir. Nous ne signalerons que pour la blâmer fortement la coutume répandue dans beaucoup
de localités de jeter dans la bouche du poulain ou du veau qui vient de
naître, un aliment ou un condiment quelconque. A ce moment, ces jeunes
animaux n'ont besoin que d'une seule chose, la mamelle de leur mère,
afin d'y puiser le colostrum ou premier lait qui leur est utile pour débarrasser leur intestin de la matière dite méconium qui s'y est amassée pendant la vie intra-utérine. C'est donc aussi une pratique à blâmer que celle
qui consiste à traire ce premier lait et à le jeter; loin d'être nuisible
comme on l'en accuse, il est nécessaire.

Alors que la mère a reçu les soins que nécessitait son état et qu'elle s'est familiarisée avec son petit, il faut faire teter celui-ci. On le soulève, on le place sur ses membres, on le soutient, car il chancelle, on le pousse par les fesses et la croupe, on approche sa tête de la mamelle et on lui place le mamelon dans la bouche; instinctivement il opère la succion. Lors qu'il a tété, il y reviendra de lui-même et on n'aura plus à s'en occuper, sauf peut-être encore une fois ou deux pour remédier à la faiblesse de ses membres. Mais ceux-ci se fortifient rapidement et aucun aide ne lui est bientôt plus nécessaire, car il commence à gambader autour de sa mère.

Les choses ne se passent pas toujours aussi simplement : des mères ne veulent pas laisser teter leurs petits, ou ceux-ci ne veulent pas le faire. Ce sont généralement les femelles très chatouilleuses qui ne se laissent pas teter. Il faut remédier à toute force à cette situation en cherchant à modifier leurs sensations, et si l'on échoue, recourir à l'allaitement artificiel. Pour vaincre la résistance qu'oppose une femelle trop chatouilleuse, on s'arme de patience, on emploie la force et on met le temps nécessaire pour arriver à émousser la sensibilité; voici comment j'ai vu procéder à la ferme de mon père en pareille occurence:

Il s'agissait d'une bête de réforme qui avait pouliné et ne laissait pas son petit s'approcher d'elle. On essaya d'abord de lui palper le pis et le plat des cuisses, mais elle ruait et se laissait tomber brusquement. On lui appliqua un tord-nez, puis deux échelles se croisant furent placées sous le sternum, une extrémité appuyée à terre et deux hommes soutenant l'autre, un membre antérieur fut levé et un domestique promena sa main en partant du flanc, la descendit peu à peu sous le ventre et aborda le pis. La bête se laissait aller, mais soutenue par les échelles entrecroisées et emprisonnée par elles, il lui était impossible de s'abattre, et on put continuer à lui toucher les mamelles et le plat des cuisses. On y mit une insistance telle, qu'au bout d'une heure on jugea la sensibilité suffisamment émoussée et la bête assez domptée pour faire approcher son poulain et lui mettre le mamelon dans la bouche. Pendant quarante-huit heures, chaque fois qu'on voulut le faire boire, on dut avoir recours à toutes les manœuvres dont on vient de parler; à partir du troisième jour, la jument le laissa teter et ne se montra plus mauvaise mère.

L'irritabilité de la mère n'est généralement pas aussi manifeste et il suffit souvent, un membre étant levé, qu'une personne qu'elle reconnaît, qui la panse habituellement et lui distribue sa nourriture, la palpe un instant et lui soutire quelques gouttes de lait pour qu'elle se laisse teter ensuite sans difficultés.

Peut-être obtiendrait-on de bons résultats de l'emploi de l'anesthésie pratiquée suivant ses divers modes : inhalations dans les voies respiratoires, injections hypodermiques de substances à action générale ou locale, projection dans les voies rétrogrades. C'est à essayer.

Si le petit ne veut pas ou ne sait pas teter, il n'est pas toujours facile de l'y amener ; on voit en outre comme complications, dans l'espèce chevaline, des trayons si courts que le poulain ne peut exercer sur eux une succion suffisante. Deux personnes placeront le jeune près du flanc de la mère et, lui baissant la tête, lui mettront le bout du nez contre la mamelle; l'une d'elles lui entrouvrira la bouche avec un ou deux doigts, tandis que l'autre lui introduira le mamelon dans la cavité buccale en faisant tomber quelques gouttes de lait, pour l'amorcer. S'il effectue la succion, on réussira; il n'y a qu'à veiller à ce que le mamelon ne s'échappe pas de sa bouche et à le lui redonner si cela arrive; bientôt il n'a plus besoin d'aide et s'allaite seul. Mais il peut se faire qu'il n'ait point l'instinct d'opérer l'aspiration; dans ce cas, il périra d'inanition.

Parfois une femelle, le plus souvent une primipare et habituellement une jument (cependant on a constaté le même fait sur la vache, la brebis et la truie), n'a pas de lait. Les médecins qui constatent fréquemment ce fait chez la femme, conseillent la décoction de feuilles de ricin avec laquelle les seins sont baignés pendant 15 à 20 minutes, puis l'application sur ces parties d'un cataplasme fait avec ces mêmes feuilles qu'on laisse en place jusqu'à ce qu'elles soient sèches. Cette médication pourrait être essayée chez les femelles domestiques. On recourt assez volontiers à certaines graines excitantes et aromatiques qui passent pour galactapoïésiques comme l'anis, le fenouil, la badiane qu'on mêle à l'avoine; on se trouvera bien aussi de faire boire le plus possible les nourrices, dût-on saler leurs aliments, l'ingestion d'une grande quantité d'eau tiède étant favorable à la sécrétion lactée comme nous l'avons dit. Il est toujours utile de leur présenter des aliments aqueux ou même semi-liquides; les buvées de tourteaux sont tout particulièrement à recommander, mais il arrive fréquemment que les juments et les truies les repoussent.

Quelque soin que l'on prenne, si la sécrétion laitière ne s'établit pas, il faut donner le petit à une femelle de son espèce s'il s'en trouve une à lait à ce moment dans la ferme ou recourir à l'allaitement artificiel.

On a vu que les petits, dans les espèces multipares, sortent entourés de leurs enveloppes ou que celles-ci suivent de près sa sortie et précèdent toujours l'expulsion du fœtus suivant. Dans les grandes femelles unipares, les choses ne se passent pas ainsi, les *enveloppes* fœtales ou le *délivre*, l'*arrière-faix*, comme on les appelle encore, peuvent n'être expulsées qu'après un temps plus ou moins long après l'accouchement. Sur la jument, en raison de la faible adhérence des villosités placentaires, l'expulsion se fait rapidement et facilement, en général dans la demi-heure qui suit la parturition. La délivrance de la vache se fait moins promptement par suite du nombre des cotylédons, de leur adhérence avec les placentas, elle n'a guère lieu en moyenne que quatre à cinq heures après le part; parfois il s'écoule douze, vingt-quatre heures et le délivre peut même rester plus longtemps sans se détacher, il y a *non-délivrance*.

Dans la chèvre et la brebis, la sortie du délivre se fait dans des conditions qui se rapprochent de celles dont il vient d'être question pour la vache, et l'on voit aussi parfois chez elles la rétention du délivre.

Quand il y a non-délivrance, la manière d'agir doit différer suivant l'espèce de la femelle. S'il s'agit de la jument, de la brebis et de la chèvre, il ne faut pas laisser le délivre plus de vingt-quatre heures dans les passages; s'il n'est pas rejeté au bout de ce temps, l'intervention du vétérinaire est à réclamer parce que ces bêtes sont très aptes à contracter la septicémie gangréneuse et que l'arrière-faix, au contact de la litière et des excréments, peut y puiser les germes de cette affection et la communiquer à la femelle qui le porte. S'il s'agit de la vache, comme elle ne contracte pas ou que très exceptionnellement la gangrène, on peut attendre jusqu'au troisième jour si la parturition a été difficile et si la bête souffre de la non-délivrance, jusqu'au cinquième ou sixième jour si l'accouchement a été normal et qu'elle ne paraîsse point souffrir. Passé ce laps de temps, il faut la faire délivrer, car les enveloppes en se putréfiant répandent dans l'étable une odeur insupportable, et, si on ne les enlevait, elles occasionneraient une métrite chronique avec écoulement purulent. La femelle en perdrait, soit temporairement, soit pour toujours, ses facultés reproductrices.

Nous terminerons cette revue des soins à prendre vis-à-vis des femelles qui viennent de mettre bas en rappelant qu'il arrive que le jeune est mort-né ou meurt peu de temps après sa naissance. Si l'on a affaire à une femelle qu'on n'exploite pas pour le lait, comme la jument ou la truie, ce liquide peut la gêner ; on en accélère la disparition par la diminution de la ration et surtout des boissons et en purgeant au besoin. On vante les feuilles de noyer, les brindilles de nerprun et la poudre d'agaric blanc comme possédant des propriétés anti-laiteuses. Si les mamelles sont distendues, on les oindra et on pourra en extraire un peu de lait pour empêcher la distension et prévenir une mammite consécutive.

II. DE L'ÉCLOSION

Quel que soit le mode d'incubation employé, lorsque la durée nécessaire pour un développement suffisant du nouvel oiseau est accomplie, celui-ci sort de la coquille comme le jeune mammifère s'échappe de l'utérus; cet acte constitue l'*éclosion*.

On voit parfois deux embryons dans un même œuf, mais le cas est très rare et il a même été contesté. Généralement l'un des deux meurt et un seul se développe.

Pour éclore, le jeune oiseau fait manœuvrer l'extrémité de son bec, de

façon à user, puis à perforer un petit point de la coquille. Après avoir
élargi quelque peu ce trou, il tourne sur lui-même, exerce une poussée
de dedans en dehors, arrive à séparer la coquille en deux parties et il
est en liberté. Il est des oiseaux, entre autres les autruchons, dont le bec
ne paraît pas intervenir et qui brisent leur coquille sous la seule poussée
interne.

L'éclosion sollicite beaucoup moins l'intervention de l'homme que
l'accouchement. En thèse générale et à moins qu'il ne s'agisse d'un accident insignifiant, comme celui où un fragment de coquille serait collé
après l'oiseau et le retiendrait, il ne faut pas intervenir, mais laisser l'éclosion se produire seule. Il est des oisillons qui en deux heures brisent
leur coquille, d'autres y mettent deux jours ; dans l'une et l'autre occurrence il n'y a qu'à les laisser faire.

Dans les deux espèces de l'oie et du canard, quand l'éclosion se fait
sous la mère, il est indispensable d'enlever les jeunes au fur et à mesure
que la coquille est brisée, parce que la mère voyant un oison ou un caneton
de vivant, quitterait immédiatement son rôle de couveuse, abandonnerait
tous les autres œufs prêts à éclore pour garder le premier ou les deux
premiers éclos, et une fois qu'elle a quitté son nid, elle n'y rentre plus.
Ce n'est que quand l'éclosion est entièrement achevée, qu'on les lui
rend.

A leur naissance, les petits s'appellent paonneaux, poussins, pinta-
deaux, dindonneaux, oisons et canetons, suivant leur provenance.

Les soins à donner aux oisillons sont les mêmes que ceux indiqués à
propos de l'incubation artificielle, sauf en ce qui concerne la chaleur ; elle
est fournie par la mère qui rassemble ses petits sous ses ailes.

Section V. — Accroissement des jeunes

A leur naissance, les jeunes animaux constituent des valeurs qui vont
s'accroissant jusqu'à une certaine période où elles restent stationnaires
pour décroître ensuite. Cette augmentation résulte de ce qu'ils poursuivent l'évolution commencée à la période embryonnaire. Diverses causes
pouvant influer sur l'accroissement, le zootechnicien a tout intérêt à
connaître les lois qui le régissent, à le suivre pas à pas afin d'intervenir
si quelque obstacle l'entravait.

On l'envisagera d'abord dans l'ensemble de l'organisme. Il serait passionnant de l'observer ensuite dans chaque organe en particulier, mais ce
travail qui est du ressort de la physiologie pure, nous entraînerait trop
loin ; nous nous contenterons de le faire sur l'encéphale que nous avons
choisi pour type.

I. CROISSANCE GÉNÉRALE DE L'ORGANISME

L'accroissement se fait en poids et en volume jusqu'au moment où les êtres ont acquis leur développement normal. Il est à peine besoin de dire qu'il ne faut pas confondre la croissance avec l'engraissement, bien que l'un puisse marcher de pair avec l'autre.

Certains animaux, les poissons et les crocodiliens entre autres, dit-on, croissent pendant toute leur vie. Ceux qui sont du ressort de la zootechnie ne le font que pendant un temps déterminé pour chaque espèce ; il est pourtant quelques tissus qui chez eux s'accroissent constamment, telles sont les cornes des ruminants. La durée moyenne de la période de croissance générale est la suivante :

Cheval.	5 ans	Chien.	18 mois
Ane.	5 —	Lapin.	15 —
Mulet.	5 —	Cobaye.	1 an
Bœuf.	5 —	Coq.	15 mois
Mouton.	4 —	Dindon.	15 —
Chèvre.	3 —	Oie.	2 ans
Porc.	3 —	Canard.	16 mois

Les modifications apportées par le régime et qui constituent la précocité sont laissées intentionnellement de côté.

Le plus grand nombre des personnes qui se sont occupées de la question de l'accroissement, en zootechnie, a simplement suivi la progression du poids des animaux en observation ; c'est en effet l'élément le plus facile à recueillir. Boussingault et Perrault, de Torcy, Parent, Gobin, Leclainche, Saint-Yves Mesnard ont rassemblé des chiffres utiles à consulter. Mais seul, cet élément est insuffisant, car il ne renseigne pas sur un point essentiel, celui de savoir si le corps augmente de même façon et proportionnellement dans toutes ses dimensions.

En anthropologie, on y ajoute la taille et c'est en se basant sur ses données que Quételet[1], Paglioni[2], Bowditch[3] et d'autres ont dégagé des lois de la croissance.

Nous nous retrouvons ici dans l'impossibilité d'établir un parallèle entre les documents recueillis par ces observateurs et ceux qu'on obtint avec les animaux en raison de la différence dans le mode d'envisager la stature. Aussi pour avoir des chiffres significatifs, nous sommes-

---

[1] Quételet, *Anthropométrie*.
[2] Paglioni, *I fattori della statura umana*.
[3] Bowditch, *De la croissance des enfants*, Boston, 1877.

nous astreint à prendre, avec le poids vif et la taille au garrot, la longueur de la nuque à la pointe de l'ischium, le pourtour de la poitrine et la distance du sol au sternum. C'est avec ces éléments recueillis sur les espèces chevaline et bovine que nous allons pouvoir connaître, d'une façon effective, les manifestations de l'accroissement.

Pour mettre le lecteur à même de suivre les variations et de déterminer les conditions causales, on placera sous ses yeux deux tableaux de croissance, l'un relatif au cheval, l'autre au taureau, choisis comme types parmi ceux que nous avons rassemblés :

Espèce chevaline

CROISSANCE D'UN POULAIN DE RACE COMMUNE [1]

DATE DES OBSERVATIONS	POIDS VIF	HAUTEUR AU GARROT	LONGUEUR DE LA NUQUE A LA POINTE DE L'ISCHIUM	POURTOUR DE LA POITRINE	DISTANCE DU SOL AU STERNUM
PENDANT L'ALLAITEMENT					
	kg.	m.	m.	m.	m.
1888 15 avril	55	1,03	1,02	0,86	0,67
— 29 avril.. . . .	90	1,09	1,10	1,00	0,69
— 13 mai.	100	1,17	1,22	1,07	0,73
— 3 juin.	130	1,26	1,28	1,15	0,73
— 2 juillet. . . .	175	1,30	1,48	1,27	0,74
(sevré le 10 août).					
APRÈS LE SEVRAGE					
	kg.	m.	m.	m.	m.
1888 19 août.. . . .	220	1,36	1,55	1,37	0,77
— 2 octobre. . . .	245	1,42	1,66	1,43	0,82
— 19 décembre.. .	275	1,48	1,74	1,43	0,86
1889 14 avril.. . . .	340	1,58	1,79	1,58	0,88
— 1er septembre. .	403	1,62	1,81	1,63	0,88
1890 mai.	505	1,67	2,15	1,80	0,89

[1] Nous devons cette observation à l'obligeance de M. Collin, de Wassy.

Espèce bovine

CROISSANCE D'UN TAUREAU DE RACE NORMANDE

(Ferme d'application de l'École vétérinaire de Lyon).

DATES DES OBSERVATIONS	POIDS VIF	HAUTEUR AU GARROT	LONGUEUR DE LA NUQUE A LA POINTE DE L'ISCHIUM	POURTOUR DE LA POITRINE	DISTANCE DU SOL AU STERNUM
PENDANT L'ALLAITEMENT (à partir du jour de la naissance).					
	kg.	m.	m.	m.	m.
1887 14 juin.	44	0,75	0,90	0,81	0,39
— 1er juillet. . . .	49	0,77	0,94	0,86	0,41
— 8 juillet. . . .	57	0,79	0,98	0,90	0,43
— 15 juillet. . . .	65	0,82	0,99	0,95	0,44
— 22 juillet. . . .	72	0,83	1,02	0,98	0,46
— 29 juillet. . . .	81	0,84	1,05	1,01	0,46
— 5 août.. . . .	89	0,86	1,10	1,05	0,47
— 12 août.. . . .	98	0,87	1,14	1,11	0,48
— 19 août.. . . .	108	0,89	1,20	1,14	0,48
— 26 août. . . .	123	1,00	1,23	1,18	0,50
— 9 septembre.	158	1,04	1,30	1,24	0,51
— 23 septembre.	170	1,08	1,33	1,27	0,52
— 10 octobre.. . .	185	1,11	1,37	1,29	0,54
— 21 octobre.. . .	195	1,12	1,43	1,32	0,55
— 4 novembre.. .	209	1,12	1,44	1,36	0,55
— 18 novembre.. .	237	1,20	1,49	1,40	0,56
— 2 décembre.. .	250	1,22	1,53	1,43	0,57
— 16 décembre.. .	256	1,22	1,57	1,48	0,57
— 30 décembre.. .	272	1,23	1,59	1,51	0,57
1888 13 janvier.. . . (jour du sevrage)	301	1,24	1,61	1,55	0,57
APRÈS LE SEVRAGE					
	kg.	m.	m.	m.	m.
1888 10 février. . . .	330	1,29	1,71	1,61	0,58
— 10 mars. . . .	337	1,29	1,78	1,63	0,58
— 10 avril. . . .	368	1,31	1,81	1,68	0,58
— 10 mai.. . . .	398	1,34	1,86	1,72	0,58
— 10 juin.. . . .	421	1,35	1,89	1,78	0,58
— 10 juillet. . . .	452	1,37	1,92	1,81	0,58
— 11 août.. . . .	470	1,39	1,92	1,83	0,59
— 13 septembre. .	495	1,40	1,93	1,86	0,62
— 10 octobre. . .	505	1,42	1,93	1,86	0,63
— 7 novembre.. .	482	1,44	1,94	1,86	0,64
— 10 décembre.. .	490	1,44	2,00	1,86	0,64
1889 15 janvier.. . .	490	1,44	2,00	1,87	0,64
— 20 mars. . . .	515	1,46	2,03	1,91	0,64
— 20 mai. . . .	557	1,49	2,05	1,94	0,64
— 30 juillet. . . .	608	1,52	2,08	1,99	0,64
— 20 septembre. .	635	1,53	2,10	2,04	0,64
— 6 novembre.. .	640	1,53	2,10	2,04	0,64
1890 15 janvier.. . .	684	1,57	2,14	2,07	0,65
— 5 mai.	740	1,62	2,18	2,11	0,66

On voit de suite que l'accroissement se ralentit au fur et à mesure que

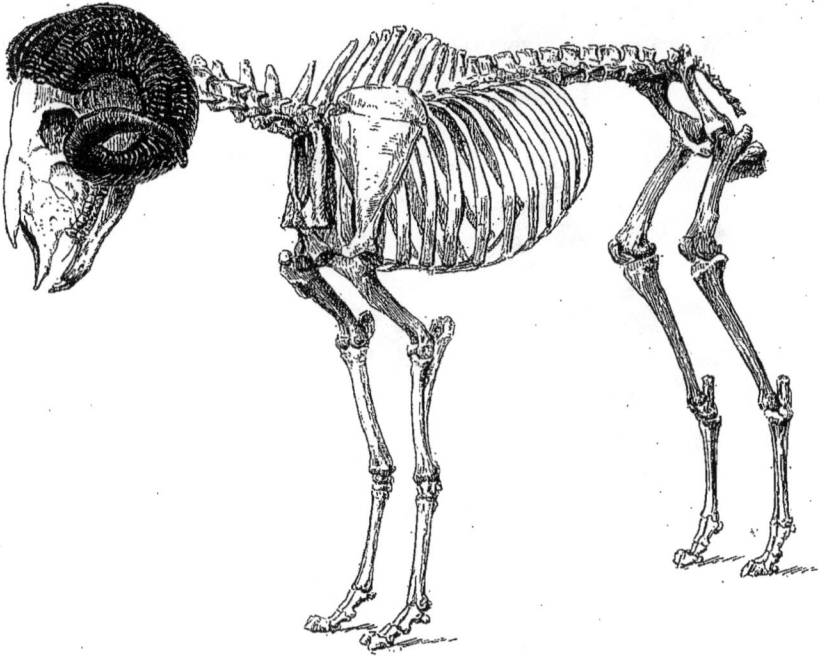

Fig. 163. — Squelette de bélier.

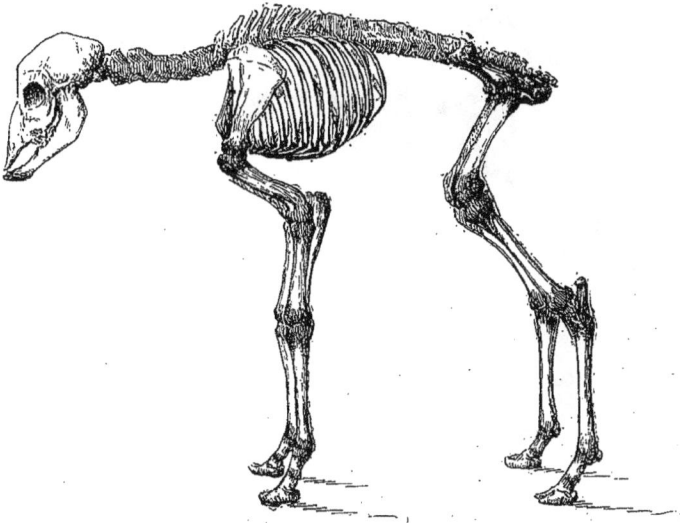

Fig. 164. — Squelette d'agneau.

le sujet avance en âge ; il est incomparablement plus actif pendant la première année que pendant les suivantes et il n'y a pas entre la deuxième

et la troisième, un écart aussi prononcé, à beaucoup près, qu'entre la première et la seconde.

La comparaison des diverses mensurations apprend que l'accroissement

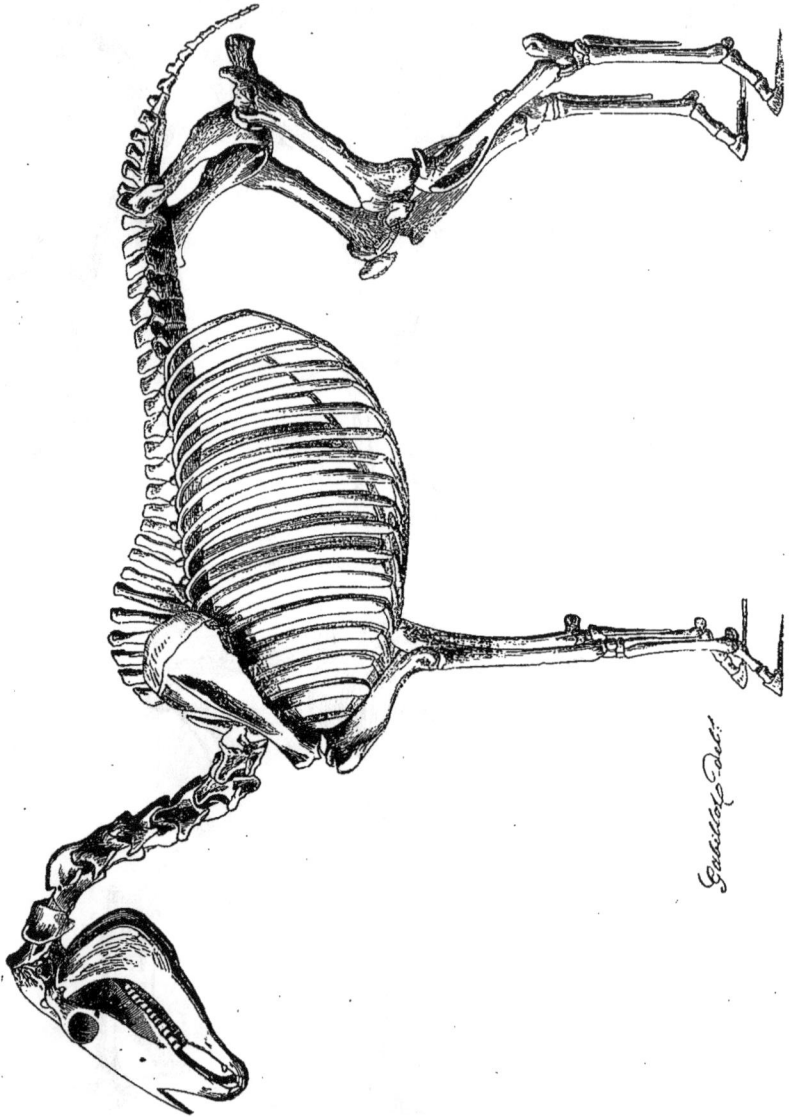

FIG. 165. — Squelette de cheval.

en longueur, de la nuque à la pointe de la fesse, c'est-à-dire dans la région constituée en partie par les vertèbres, est plus rapide que celui des membres indiqué par la taille prise au garrot.

Elle montre aussi de la façon la plus évidente que l'accroissement des rayons supérieurs des membres est plus actif que celui des rayons inférieurs ; l'élongation de ceux-ci baisse déjà considérablement la seconde année pour devenir insignifiante à la troisième, tandis que celle des supérieurs continue. Le fémur, l'humérus et peut-être le scapulum sont les os qui croissent le plus longtemps. L'agrandissement de la poitrine est plus considérable pendant les trois années observées que toutes les autres dimensions.

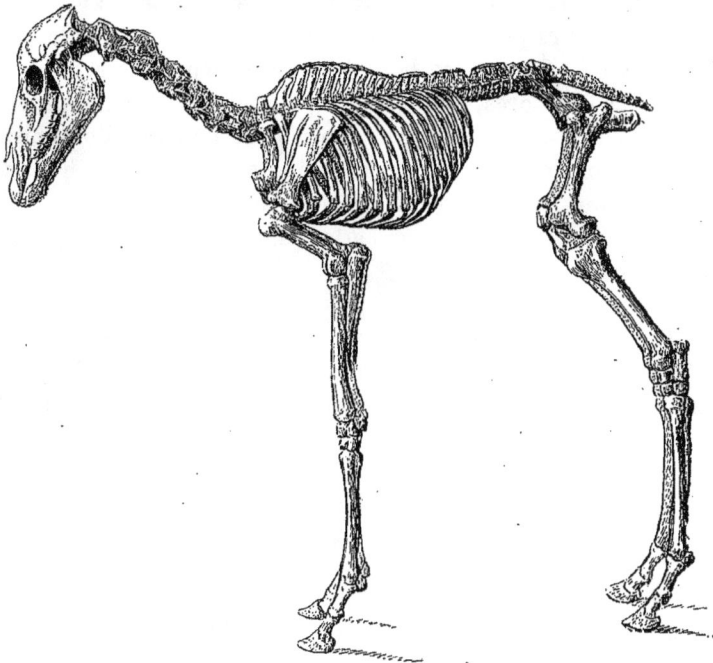

Fig. 166. — Squelette de poulain.

Ces particularités apparaissent d'elles-mêmes quand on compare pièce à pièce le squelette de l'adulte et celui du jeune, ainsi qu'on peut le faire en se reportant aux figures 163 à 166.

En serrant les observations de plus près et en suivant l'accroissement mensuel, les constatations augmentent encore d'intérêt.

La courbe de cet accroissement diminue au fur et à mesure que le sujet avance en âge, mais elle ne le fait pas avec régularité. Pendant les trois premiers mois de la vie, la croissance est très active et diffère peu ; on rencontre même passablement de sujets chez qui elle est plus rapide le deuxième mois que le premier. Vers le neuvième mois, il y a un arrêt, puis un accroissement du dixième au treizième mois, au moment où s'éveille la puberté dans quelques espèces, enfin un autre arrêt plus marqué encore vers le dix-septième mois.

Cet arrêt se manifeste très nettement sur le pourtour de la poitrine qui reste du seizième au dix-neuvième mois sans s'accroître, puis qui reçoit une nouvelle poussée à deux ans.

Quant aux rayons des membres qui vont du sol au sternum, à partir du vingtième mois, leur croissance s'arrête; ce n'est donc plus que par les rayons supérieurs que la taille s'élève.

Les éleveurs n'ont cessé de demander si l'addition à la ration de la substance minérale qui forme la base des os, le phosphate de chaux, ne leur permettrait pas d'augmenter la taille de leurs animaux et particulièrement de leurs poulains. Les avis sont partagés sur la réponse à leur donner. M. Sanson se basant sur des expériences faites sur des Ruminants et des Porcs, pense que le phosphate, soit minéral, soit sous forme de poudre d'os, n'est pas assimilé et traverse l'organisme sans rien lui abandonner. Pour qu'il soit assimilable, il faudrait qu'il ait passé par les végétaux, que ceux-ci l'aient pris au sol, lui aient fait subir quelque transformation en l'accumulant dans leurs tissus et particulièrement dans leurs graines.

Cependant, dans quelques expériences, notamment dans celles du prince Koudacheff, l'administration du phosphaate de chaux, à la dose de 4 à 16 grammes, a notablement influé sur l'ossature du poulain, en l'amplifiant[1]. Il faudrait reprendre la question et surtout ne pas conclure d'une espèce à l'autre.

II. ACCROISSEMENT DE LA BOITE CRANIENNE ET DE L'ENCÉPHALE EN PARTICULIER

Le rôle important de l'encéphale a engagé à en observer l'évolution ; nous étions curieux de savoir à quel moment un animal est adulte cérébralement. Les matériaux ont été recueillis sur les espèces bovine, ovine et porcine par la méthode du cubage, ce qui a permis de suivre en même temps le développement de la tête dans sa partie crânienne.

Les chiffres recueillis dans l'espèce bovine portent sur les races de Schwitz, bretonne et durham.

Schwitz. — FEMELLES	Capacité crânienne	*Bretonne.* — MALES	Capacité crânienne
A la naissance	260 cc.	A la naissance	180 cc.
A 1 mois	305	A 1 mois	252
A 2 mois (apr. sevrage brus.)	316	A 4 mois	398
A 7 mois	360	A 30 mois	550
A 16 mois	533	Moyenne à l'âge adulte	594
A 30 mois	568		
Moyenne à l'âge adulte	580		

---

[1] Prince Koudacheff, Le phosphate de chaux dans l'alimentation des poulains (*Journal d'agriculture pratique*, 1890).

Durham. — FEMELLES

	Capacité crânienne
A la naissance.	156 cc.
A 4 mois.	400
A 9 mois.	459
A 18 mois.	505
Moyenne à l'âge adulte.	510

Ces chiffres sont on ne peut plus instructifs, car ils montrent qu'entre une race précoce comme la durham et les races ordinaires, il y a de grandes différences tenant sans doute à la hâtivité des synostoses crâniennes. Ils nous apprennent aussi que la race de Schwitz souffre du sevrage, qu'elle *boude* longtemps, comme on dit, tandis que la race bretonne, plus rustique, supporte mieux la transition du régime lacté au régime ordinaire.

Passons à l'espèce ovine :

Mérinos. — FEMELLES

	Capacité crânienne
A la naissance.	60 cc.
A 15 jours.	70
A 1 mois.	87
A 2 mois.	98
A 13 mois.	117
A l'âge adulte, la capacité =	127

Dishley. — FEMELLES

	Capacité crânienne
A la naissance.	50 cc.
A 8 mois.	76
A 13 mois.	96
A l'âge adulte, la capacité =	180

Pour les deux races ovines mises en présence, la tête et conséquemment le cerveau s'accroissent plus rapidement dans la mérinos que dans celle de Dishley.

Dans l'espèce porcine, le développement a été suivi sur la race berkshire et on a obtenu les chiffres suivants :

Berkshire. — FEMELLES

	Capacité crânienne
A la naissance.	32 cc.
A 25 jours.	44
A 2 mois.	65
A 6 mois.	86
A 8 mois.	108
A 10 mois.	115
A l'âge adulte, la moyenne est de.	140

Il se dégage des nombres ci-dessus que, à la naissance, la capacité crânienne du veau schwitz femelle est de 0,45 de ce qu'elle sera à l'âge adulte ; celle du veau breton mâle, de 0,30 ; celle du veau durham femelle, de 0,32.

La supériorité des veaux schwitz tient à la grosseur de leur tête lors de la naissance, grosseur qui elle-même est vraisemblablement le résultat de la longue durée de la gestation.

Dans l'espèce ovine, la capacité cérébrale de l'agnelle mérine à sa naissance est de 0,47 de ce qu'elle sera à l'âge adulte, et de 0,46 dans celle de Dishley.

Dans le porcelet berkshire, la proportion est tout autre, car la capacité en cause n'est que le 0,22 de ce qu'elle sera plus tard. Cette différence est due probablement à ce que, dans les cas précédents, il s'agissait de sujets issus de gestations simples ou doubles tout au plus, tandis que, dans l'espèce porcine, les petits dérivent toujours de gestations multiples et parfois très nombreuses, d'où moins de développement de chacun d'eux pendant la vie intra-utérine.

A la naissance, la capacité crânienne d'un poulain anglo-normand était de 380 centimètres cubes ; celle d'un ânon du Poitou était de 320 centimètres cubes. Pour le premier, elle est d'environ de 0,50 de ce qu'elle sera à l'âge adulte ; elle est de 0,54 pour le second.

Dans le premier mois, son accroissement est en moyenne pour l'espèce bovine de 10 pour 100 ; pour l'espèce ovine de 21 pour 100 ; pour l'espèce porcine de 11 pour 100.

Dans le deuxième mois, la moyenne est pour l'espèce bovine de 1,89 pour 100 ; pour l'espèce ovine de 8,65 pour 100 ; pour l'espèce porcine de 12,14 pour 100.

D'après nos observations, du troisième au huitième mois, l'accroissement mensuel dans l'espèce bovine reste à peu près ce qu'il était pendant le second mois, oscillant entre 1,70 et 2,20 pour 100 avec un temps d'arrêt au moment du sevrage. Dans la même période, celui de l'espèce ovine tombe à peu près au même chiffre, 1,85 pour 100 en moyenne, et celui de l'espèce porcine est de 5,12.

En résumé, dans le mois qui suit la naissance, la capacité cérébrale du veau subit son maximum d'accroissement ; celui-ci est environ cinq fois plus considérable que pendant le second mois. A partir du second jusqu'au huitième mois, l'accroissement mensuel est à peu près le même, et oscille autour de 1,90 pour 100. Au delà il se ralentit jusqu'au moment où l'évolution est complète.

Dans le mois de sa naissance, l'agneau a un accroissement de capacité environ deux fois et demi plus considérable que dans le second, et dans celui-ci, il est en moyenne quatre fois et demie plus grand que dans les six mois suivants.

Il est à peu près semblable à celui du veau dans l'espèce porcine, à partir de la naissance ; dans le second mois, cet accroissement demeure le même ou parfois surpasse celui du mois précédent, dans les six mois suivants il reste encore de beaucoup au-dessus de ce qu'il est chez le mouton et l'agneau.

S'il diminue avec l'âge, la diminution ne s'effectue pas de la même façon dans les diverses espèces domestiques ; elle est liée en partie à

l'évolution du système osseux et influencée par les synostoses crâniennes.

On ne peut donc pas séparer l'étude de l'évolution de la tête, du
moins dans sa partie crânienne, de celle de l'encéphale. Mais comme

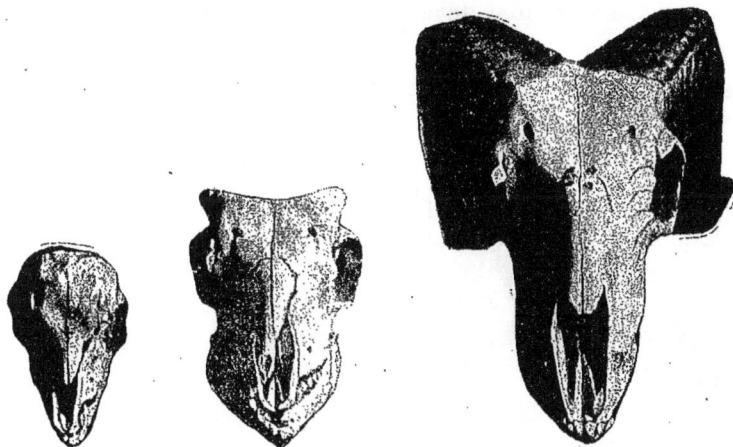

FIG. 167. — A la naissance. FIG. 168. — A 3 mois. FIG. 169. — A 9 mois.

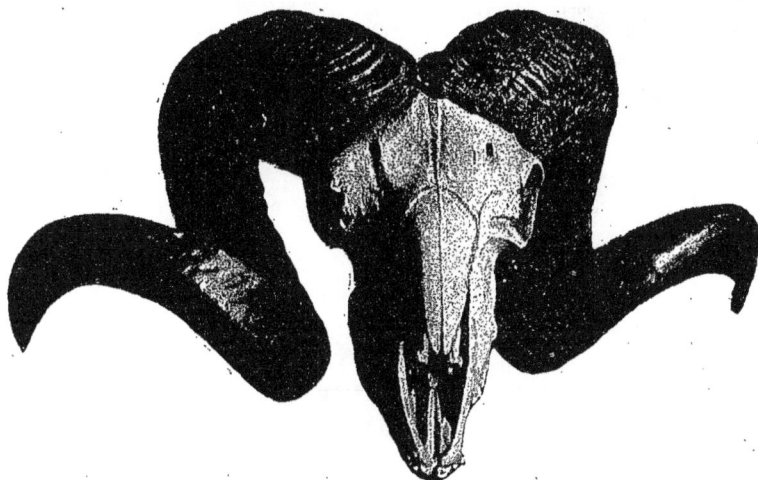

FIG. 170. — A 2 ans.

Développement de la tête du Bélier. (Il a été suivi sur la race mérinos.)

l'attention a déjà été appelée sur ce sujet à propos des modifications apportées par l'âge, on n'y reviendra pas autrement qu'en éditant les figures
ci-jointes sur lesquelles on suivra le développement de la tête du Bélier.

A l'aide des coefficients donnés à la page 514, il est si facile de trans-

former les nombres relatifs à la capacité crânienne en chiffres représentant le poids de l'encéphale que nous en laissons le soin au lecteur.

Il nous a semblé qu'il ne suffit pas d'observer la croissance de l'encéphale en bloc, nous avons également suivi celle de chacune de ses trois
parties constituantes sur les espèces bovine, ovine et porcine et sur
les deux sexes. Le résultat de nos observations est condensé dans les
tableaux ci-dessous.

RACES	AGE	POIDS VIF	POIDS DES HÉMISPH.	POIDS DU CERVELET	POIDS DE L'ISTHME	POIDS TOTAL DE L'ENCÉPH.	RAPPORT DE L'ENCÉPH. AU POIDS VIF
Espèce bovine.							
MALES		kg.	gr.	gr.	gr.	gr.	
Métis schwitz.	Av. à 7 m. 22 j. de gestation	8	118	14	24	155	1:51
Bressan.	32 jours	40	169	24	50	243	1:164
—	45 —	52	210	27	50	287	1:181
—	7 mois	»	297	41	50	280	»
FEMELLES							
Bernoise.	12 jours	36	191	25	39	255	1:141
Bressane.	7 mois	70	226	38	60	322	1:215
Espèce ovine.							
MALES		kg.	gr.	gr.	gr.	gr.	
Mérinos.	1 mois	8,800	70	10	13	93	1:94
Auvergnat.	12 —	10,500	70	9	16	92	1:212
FEMELLES							
Mérinos.	A la naiss.	4,170	38	5	12	55	1:76
—	1 mois	7,800	60	8	12	80	1:97
—	2 —	11	70	8,5	12	90,5	1:132
—	12 —	35	76	12	19	107	1:327
Espèce porcine.							
FEMELLES		kg.	gr.	gr.	gr.	gr.	
Berkshire.	Mort-né	975	14	2	4	20	1:49
—	A la naiss.	1,192	26	4	7	37	1:32
—	6 jours	1,359	26	5	7	38	1:37
Essex.	26 —	1,760	27	5	7	39	1:45
—	32 —	2,030	27	5	8	40	1:50
Yorkshire.	43 —	3,662	37	6	9	52	1:70
—	60 —	7	43	6	9	58	1:120
Berkshire.	60 —	11	51	6	9	65	1:166
Craonnaise.	5 mois	25	62	9	18	89	1:286
Berkshire.	7 —	45	74	10	16	100	1:450

Ces chiffres apprennent que l'accroissement des trois parties constituantes de l'encéphale se fait d'une façon inégale, et que, proportionnellement, celui des hémisphères surpasse le développement du cervelet et
de l'isthme.

CHAPITRE II

DE LA PRODUCTION DU TRAVAIL [1]

Produire les utilités, savoir les mesurer et les aménager, toute la
zootechnie est là. Aussi, en ce qui concerne la zootechnie générale des
moteurs, devons-nous examiner successivement la dynamopoièse, la dynamométrie et la dynamotechnie.

Section première — Dynamopoièse

Les personnes les plus étrangères à la science croient comprendre
parfaitement pourquoi et comment l'animal domestique peut fabriquer du
lait, de la viande grasse, de la laine et du fumier, au moyen des aliments
qu'on lui prodigue. Bon nombre s'écrient d'un air satisfait : « Mais la
zootechnie, c'est de la chimie industrielle en chair et en os ! »

Il n'y aurait rien à critiquer dans cette pittoresque définition, si elle
émanait de M. Berthelot ; nous en ferons saisir tout à l'heure le motif.
Malheureusement pour ceux qui sont tentés de la donner, elle émane
avant tout de l'antithèse erronée qu'un esprit inculte ou insuffisamment
cultivé imagine exister entre les produits « matériels » et les produits
« immatériels » de l'activité vitale.

Le penseur ou tout au moins l'homme instruit est amené au contraire
à la négation de cette antithèse. Il ne trouve pas que les produits les
plus matériels de l'économie soient explicables par les seules considérations de SUBSTANCE ; il trouve encore moins la possibilité d'expliquer la
production de la FORCE, en faisant de celle-ci je ne sais quelle entité
hyperphysique.

La science, ainsi qu'on a coutume de le répéter à chaque instant, est
éminemment progressive ; et, par conséquent, il n'est pas extraordinaire
que ses premiers fondateurs, malgré leur génie, n'aient eu qu'une vue

---

[1] Nous rappelons que ce chapitre est dû entièrement à M. Baron, à qui nous devons en
laisser l'honneur et la responsabilité.

partielle du Panorama que ses plus modestes disciples sont appelés à contempler un siècle plus tard.

Lavoisier a démontré expérimentalement la loi de conservation de la matière, et la chimie date du jour même de cette démonstration :

1° Il est impossible de créer la plus petite parcelle de substance ;

2° Il est également impossible de détruire la plus petite parcelle de substance ;

3° Quelles que soient les variations éprouvées par la substance, elle demeure invariable en quantité, c'est-à-dire en poids. Aussi la balance a-t-elle été présentée comme le *vade mecum* du chimiste, puisqu'elle est l'instrument qui mesure la MASSE ou quantité de matière.

Un savant physiologiste, M. Ch. Richet ajoute que Lavoisier n'est pas que le fondateur de la chimie, mais un des plus grands, le plus grand même des fondateurs de la biologie, attendu que nous lui devons l'axiome fondamental : *La vie est une fonction chimique.*

M. Richet ne se trompe certes point en disant que « les phénomènes vitaux relèvent de la balance » et par conséquent que la loi la plus primordiale de l'univers, brut ou animé, est la loi de conservation de la matière.

Toutefois il serait injuste de supposer que nous modernes, nous n'avons rien ajouté, soit à la chimie, soit à la biologie, soit à la notion chimique de la vie elle-même. En d'autres termes, nous sommes de plus en plus persuadés que la vie est une fonction chimique, précisément parce que nous pouvons le vérifier sur une échelle double, par la conservation de la substance et par la conservation de l'énergie.

L'ÉNERGÉTIQUE est une science dont le domaine est très comparable à celui de la chimie classique, c'est-à-dire qu'il est : 1° impossible de créer la plus petite quantité d'énergie ; 2° d'en détruire la plus petite quantité ; 3° quelles que soient les transformations qu'elle éprouve, elle demeure quantitativement invariable.

Nous devons dire, dès maintenant, et nous y insisterons tout du long de ce chapitre, que la chaleur et le mouvement, tout en n'étant pas les seules formes de l'énergie universelle, représentent les deux états les plus intéressants, l'oméga et l'alpha de la série intégrale. En conséquence, la thermodynamique devait être et a été la branche la plus cultivée de l'énergétique. Ajoutons enfin que le calorimètre est devenu pour le savant contemporain un *vade mecum* aussi indispensable que la balance pour les successeurs immédiats de Lavoisier.

Certains auteurs ont pris l'habitude de dire que la thermodynamique est la « physique de l'énergie », que la thermochimie est de son côté le nom vulgaire et abrégé de la « chimie de l'énergie ». Avant de clore ce généralités sur la dynamopoïèse, il nous semble bon de faire voir ce que cette terminologie a de fâcheux.

A notre sens, l'énergétique a un caractère essentiellement transcendant, c'est-à-dire dépassant du premier coup et la mécanique, et la physique, et la chimie, et la physiologie, en tant qu'on envisage ces sciences comme séparées les unes des autres. Quand on dresse la liste des diverses énergies qui semblent constituer le cosmos, on peut, on doit même observer une gradation en partant de la mécanique la plus microscopique pour arriver à l'énergie mystérieuse manifestée par le premier des êtres vivants... ! Mais c'est tout. Aucun spécialiste ne peut confisquer à son profit l'énergétique, quand même il passerait tout son temps à l'appliquer à la solution des problèmes les plus généraux de sa spécialité scientifique.

La thermo-dynamique n'est donc pas la physique de l'énergie, mais tout simplement le chapitre de l'énergétique qui étudie le principe d'équivalence du travail et de la chaleur. De même la thermochimie n'est pas la chimie de l'énergie, mais bien le chapitre de l'énergétique qui étudie le principe de l'équivalence calorifique des transformations chimiques.

De même enfin la *bromato-dynamique* (si jamais ce néologisme était accepté) serait le chapitre de l'énergétique étudiant le principe de l'équivalence du travail et de l'alimentation.

Comme nous l'avons fait pressentir, le zootechnicien ne reconnaît pas l'antinomie des produits matériels et non matériels que nous tirons des animaux exploités : la dynamopoièse n'a pas un caractère plus spiritualistique que la galactopoièse, que la stéatopoièse[1]... etc., c'est ce qu'il faut d'abord établir.

Mettons y à dessein une partialité outrée et ne cherchons à voir, dans les diverses productions substantielles des bêtes domestiques, que le va-et-vient de la substance. Il en résulte bientôt une absurdité palpable : on ne saisit nullement la raison suffisante des transformations expérimentalement constatées. Comment se fait-il qu'il y ait des déchets ? Pourquoi la matière qui sort de l'organisme n'est-elle pas constamment apte à y rentrer comme aliment de qualité supérieure ? qu'est-ce que l'usure des matériaux ? Cette usure est-elle comparable à celle des outils vulgaires ?

Toutes ces questions reviennent à celle-ci : *qu'est-ce que l'excrément par rapport à l'aliment ?*

Qu'on y réfléchisse bien : la chimie de la matière, strictement parlant et abstraction faite de l'impropriété du terme, ne peut point résoudre la difficulté. Il en résulte que la chimie de l'énergie, toujours en dépit de l'impropriété du terme, doit être invoquée *même quand il ne s'agit que* de galactopoièse, stéatopoièse, etc.

Premier exemple. — Les animaux les plus exclusivement carnassiers

---

[1] C'est pourquoi je tiens beaucoup à cette nomenclature que des critiques superficiels attribuent à mon amour immodéré de la langue grecque. La vraie raison, la seule, c'est le parti pris d'homogénéité, de synthèse, d'unification, que cette nomenclature impose à l'esprit de l'élève.

trouvent moyen de produire de la graisse et du sucre dans leur lait ; par contre la minime formation de cire, par des abeilles nourries quelques jours avec du sucre, s'arrête aussitôt que la provision de matière albuminoïde (en circulation dans l'organisme de ces insectes) est complètement épuisée. M. Crevat, auquel nous empruntons notre argument, le résume de la façon suivante : « La protéine, en effet, lorsqu'elle est en excès dans l'alimentation et qu'il y a d'ailleurs suffisamment de principes respiratoires, par une admirable disposition économique de l'organisation animale pour la *conservation du travail latent*, peut se transformer en graisse et être mise en réserve dans les cellules du tissu adipeux. Il est facile de suivre cette transformation : 4 atomes de protéine ($C^{40} H^{31} Az^5 O^{12}$) en absorbant par une légère combustion 10 atomes d'oxygène et échangeant 26 atomes d'acide carbonique (CO^2) contre 26 atomes d'eau, produisent de l'urée et 1 atome de stéarine ».

La réaction peut s'écrire ainsi :

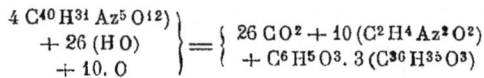

$$\left.\begin{array}{l} 4\ C^{40} H^{31} Az^5 O^{12}) \\ +\ 26\ (H\,O) \\ +\ 10.\ O \end{array}\right\} = \left\{\begin{array}{l} 26\ CO^2 + 10\ (C^2 H^4 Az^2 O^2) \\ +\ C^6 H^5 O^3.\ 3\ (C^{36} H^{35} O^3) \end{array}\right.$$

Non seulement il y a dans cette équation conservation de la substance, comme on se bornait autrefois à le constater, mais il y a conservation de l'énergie, ce qui est encore plus intéressant pour nous. Les 26 équivalents de carbone dégagés sous forme d'acide carbonique gazeux représentent une quantité de chaleur perdue égale à $26 \times 6 \times 8000$ ou 1.248.000 calories, fournies par une fixation de 36 équivalents d'oxygène sous forme d'eau ou solidifié, $= 36 \times 1 \times 34.500 = 1.242.000$ calories [1].

DEUXIÈME EXEMPLE. — Par contre, la meilleure raison à invoquer pour faire comprendre que la graisse animale *ne dérive pas* des principes sucrés ou féculents des végétaux, c'est que nous serions conduits à établir des équations chimiques ne satisfaisant qu'à la loi de conservation de la matière, tandis qu'elles violeraient la loi de conservation de la force :

« A quelle source, dit encore M. Crevat, l'animal prendrait-il l'énorme quantité de chaleur nécessaire pour décomposer le sucre, par exemple, en chasser les 8/9 de son oxygène et en faire de la graisse qui représenterait une somme de travail accumulé, de chaleur latente presque double de celle contenue dans le sucre employé? L'animal ne possède pas en lui-même ce pouvoir de décomposer l'eau pour emmagasiner du travail sous forme d'hydrogène organique. »

Quand même, dans le détail, il y aurait quelque chose à reprendre dans l'argumentation un peu dogmatique du savant agronome que nous aimons fréquemment à citer, il resterait une idée directrice précieuse.

[1] Voyez : Crevat, *Alimentation rationnelle du bétail*, Lyon, 1885.

C'est que la bromatodynamique est la bromatologie de l'avenir, en ce sens que toute substance qui n'est pas plus ou moins dynamophore n'est véritablement pas alimentaire.

A ce compte, l'énergétique animale envahira de plus en plus le domaine entier de la physiologie, au lieu de se borner, comme aujourd'hui, à l'étude de l'équivalent mécanique des *ingesta*.

La synopsis suivante va montrer le plan que nous suivrons et le sens dans lequel nous traiterons le problème :

ÉNERGÉTIQUE ANIMALE

1º Nature, origine et rôle de l'énergie potentielle des aliments.
2º Travail physiologique proprement dit.
3º Electrogenèse, photogenèse, dynamogenèse et thermogenèse.
4º Conservation et dissipation de l'énergie.

I. NATURE, ORIGINE ET ROLE DE L'ÉNERGIE POTENTIELLE DES ALIMENTS

D'après Laulanié, l'aliment est « toute substance qui, introduite dans l'appareil digestif, peut y subir des modifications qui la rendent absorbable et assimilable ».

C'est juste, mais trop sommaire. La substance qui satisfait aux conditions sus-énoncées est *capable* de nourrir, sans doute; mais en quoi consiste cette « capacité »? Si l'aliment ne valait que par le côté SUBSTANCE, il ne vaudrait rien...! c'est pourquoi je préfère la définition suivante :

Les animaux, ne pouvant manger d'emblée l'énergie actuelle du soleil, ont recours à une série d'intermédiaires qu'on appelle « aliments ». Autrement dit : entre le dieu et sa créature il existe une distance d'abord infranchissable, mais comblée progressivement par le processus des incarnations de ce dieu... L'avant-dernière joue le rôle de rédemptrice.

Notre dynamisme, un peu bien audacieux en apparence, relègue la SUBSTANCE au dernier plan : elle n'est plus que le véhicule de la FORCE, le *substratum* de la puissance actinique [1]. En y réfléchissant, ce dynamisme est pourtant fort simple. C'est presque un lieu commun, à l'heure présente, que de surnommer le soleil « grand dispensateur de toute l'énergie terrestre ». Le problème ne devient intéressant et un peu difficile que si l'on cherche à pénétrer dans les détails. C'est ce que nous allons faire.

Classification énergétique des aliments. — La première hypostase de l'énergie actinique, la première matérialisation du rayon solaire, c'est l'aliment hydro-carboné. Historiquement parlant, on ne vit que cela au

---

[1] Du grec ἀκτιν, rayon. — La puissance actinique est par conséquent l'énergie chimique rayonnante du soleil.

début, mais on le vit bien. M. Laulanié résume cette théorie en quelques lignes vigoureuses que je ne puis faire mieux que de citer mot à mot :

« Les combinaisons chimiques qui, dans les végétaux, forment les principes immédiats, sont fonction de la chaleur et de la lumière solaires. Pour déterminer la synthèse de ces principes immédiats, il faut une certaine quantité de force vive qui ne s'éteint pas, mais devient force de tension.

« Il y a donc dans tout principe végétal une force potentielle disponible qui devient libre et se produit sous forme de force vive au moment de la réduction de l'agrégat dans l'organisme animal.

« Les végétaux sont donc des accumulateurs de force de tension qu'ils empruntent aux rayons solaires. Les animaux sont des foyers où les principes immédiats se réduisent et où par conséquent les forces de tension redeviennent des forces vives (chaleur, travail mécanique).

« Le mouvement d'un animal est donc enfin la restitution de la chaleur solaire. »

Cet éloge brillant de la fonction chlorophyllienne étant fait, il y a pourtant lieu de se demander *si toutes les synthèses végétales sont du même degré de complication?* Je ne le crois pas.

α. D'abord, en ce qui concerne la complexité élémentaire des composés, il serait superflu de rappeler la vieille dénomination (très instructive au fond) entre les principes ternaires et les principes quaternaires.

β. Dans l'ordre des fonctions chimiques, telles que la science contemporaine les subordonne, c'est encore plus visible :

« Nous sommes partis, dit M. Berthelot, des éléments carbone, hydrogène, oxygène et azote. Avec ces éléments, et par le seul jeu des forces minérales, nous avons formé les composés binaires fondamentaux, principalement les carbures d'hydrogène.

« Après avoir formé les carbures d'hydrogène, nous avons construit les alcools...

« Il suffit de combiner les alcools avec les acides pour obtenir les éthers. Ces mêmes alcools, unis à l'ammoniaque, donnent naissance à des alcalis artificiels, dont la formation régulière et les lois de composition permettent de regarder comme probable et prochaine la reproduction artificielle des alcalis végétaux.

« En oxydant les alcools avec ménagement, on donne naissance aux aldéhydes... Une oxydation plus profonde engendre les acides organiques des fourmis, du vinaigre, du beurre, de la valériane, du benjoin, de l'oseille, du succin, etc.

« Les amides résultent de la combinaison des acides avec l'ammoniaque. A l'étude des amides se rattache sans doute la formation de tous les principes azotés naturels qui ne dérivent pas des alcools. » (Berthelot, *la Synthèse chimique.*)

γ. Cette belle citation, que personne ne trouvera trop longue, ne contient cependant pas encore tout ce que nous voulons savoir et faire savoir : il s'agit de la somme d'énergie qui se trouve potentialisée, lors de la formation des différentes matières, soit binaires, soit ternaires, soit quaternaires.

Le postulat provisoire le plus recevable, c'est que les matières apparemment les plus *élaborées* sont précisément celles qui ont absorbé, potentialisé la plus grande somme de travail *(labor)*.

Ici encore, bien évidemment, c'est l'énergie du soleil qui est la cause fondamentale des élaborations, mais la cause immédiate doit être cherchée ailleurs. Il s'agit du rôle immense de l'électrisation.

L'électricité, ou plus exactement l'*acte de l'électrisation* manifesté sous la quadruple forme de courant voltaïque, d'eau voltaïque, d'étincelle et d'effluve, est capable de développer les combinaisons endothermiques. C'est ce que montrent :

1° La synthèse de l'acide persulfurique, pendant l'électrolyse de l'acide sulfurique étendu ;

2° La synthèse de l'acétylène par l'arc voltaïque ;

3° La synthèse de l'acide cyanhydrique avec l'azote libre, sous l'influence de l'étincelle électrique ;

4° Enfin (et c'est le plus important) *la fixation de l'azote libre sur les composés organiques, sous l'influence de l'effluve, même à des tensions comparables à celle de l'électricité athmosphérique* (voy. Berthelot, *Annales de physique et de chimie*, et surtout *la Mécanique fondée sur la thermochimie.)*

Il ne faut pas confondre cette fixation directe de l'azote atmosphérique avec celles que nous allons signaler tout à l'heure ; nous tenons à aller du simple au complexe.

Pour beaucoup de savants très distingués, les végétaux seraient généralement impuissants à potentialiser ainsi du premier coup l'énergie électrique, par SIDÉRATION ou « azotation *ex abrupto* » si je puis parler ainsi.

En marchant tout à fait pas à pas, nous pourrions faire dire à ces savants : « L'azote libre de l'atmosphère n'entre pas de plein pied dans le végétal vivant, c'est vrai ; mais il est fixé par le sol et passe ensuite dans les plantes. »

Si cette théorie n'existait pas, dirai-je, il faudrait l'inventer pour reconstituer tous les termes de la série, mais je n'ai pas cette peine, la théorie existe.

« Dans ces derniers temps, une théorie nouvelle a pris naissance ; elle attribue à la terre la faculté d'absorber directement l'azote libre de l'atmosphère et de s'enrichir ainsi en éléments azotés. Les opinions sont partagées sur ce sujet et nous devons attendre de nouvelles expériences avant d'adopter cette manière de voir. » (Müntz).

Si j'étais chimiste de profession, je serais absolument de cet avis ; mais on vient de voir à quel point de vue très différent je me place en ce moment.

Supposons maintenant, en compagnie des expérimentateurs les plus circonspects, que l'*azotation* des plantes ne puisse généralement se faire aussi directement ; il reste à examiner l'intéressant problème de la « nitrification ».

Il y a cent ans que Cavendish a démontré la formation de l'acide nitrique, dans l'atmosphère, sous l'influence des décharges électriques. Les pluies d'orage contiennent toujours cet acide nitrique, ainsi que Liebig l'a bien reconnu, et Boussingault a pu calculer que ce même acide nitrique provenant des météores aqueux enrichit le sol en azote, dans la proportion relativement énorme de $0^k,330$ par hectare. Une confirmation indirecte est donnée par l'excédent rencontré dans les eaux pluviales de l'équateur (où les phénomènes électriques ont leur maximum d'intensité) et par l'absence d'acide dans les eaux qui tombent sur les hautes montagnes (au-dessus des nuages).

Mais de toutes les façons, « nous sommes amenés à regarder les phénomènes électriques, dit M. Müntz, comme étant la source primordiale de l'azote qui est à la disposition des êtres vivants ». Ce n'est pas encore tout.

Il y a l' « azote ammoniacal », que les organes aériens des plantes, c'est-à-dire les feuilles absorbent très volontiers : Une fois introduite dans l'organisme végétal, cette ammoniaque y est transformée et devient la matière albuminoïde, tout aussi bien que celle qui serait prélevée dans le sol par les racines[1].

Cet azote ammoniacal, en beaucoup de circonstances, est une matière beaucoup plus *travaillée* qu'on ne serait tenté de l'admettre. Les faits minutieusement observés nous portent en effet à affirmer que la majeure partie des nitrates serait enlevée par les eaux de drainage et recueillie par les cours d'eau qui les portent tôt ou tard dans l'océan. Les végétaux marins seraient dès lors, dans la majorité des cas, les intermédiaires normaux, sinon obligés, entre les nitrates et les plantes essentiellement terrestres assimilant un azote cent fois remanié, routinièrement assoupli à la profession d'azote assimilable ! Mais doutons un peu, si nous le voulons, de la plupart de ces pèlerinages du NITROGÈNE errant à travers le monde, il reste une grande et grosse conclusion à tirer :

C'est que les matières dites albuminoïdes ont dû potentialiser une énergie cosmique actuelle incomparablement supérieure, en quantité et en qualité, à l'énergique actinique dont le soleil est la source immédiate.

---

[1] Muntz et Girard, *Les Engrais*, Paris, 1889.

En d'autres termes, l'astre du jour est positivement le Démiurge aux
fonctions multiples. En tant que lumineux, le soleil est apte à restituer
au carbone l'énergie de position qu'il avait perdue lors de son union avec
l'oxygène. Cependant tous les rayons solaires n'ont pas cette faculté : il
est impossible à un photographe d'obtenir une épreuve d'un corps au
rouge sombre et il est difficile à ce même photographe de reproduire
l'image d'une feuille apparemment éclairée par le soleil. Les rayons qui
auraient dû produire le changement chimique sur la plaque de l'artiste
ont été plus ou moins intégralement consommés d'une autre façon
(Balfour Stewart).

Il vaudrait même mieux éviter, dans le style scientifique, la confusion
qui se fait pour l'esprit des étudiants entre l'énergie lumineuse simple du
soleil et l'énergie actinique vraie ou photochimique : « Notre œil, dit
encore Balfour Stewart, est pénétré par l'énergie rayonnante et c'est
pour cette raison que nous sommes capables d'apercevoir les corps
chauds ; le fait même *que nous les voyons* implique nécessairement qu'ils
abandonnent leur chaleur. » On ajoute que le maximum d'efficacité des
rayons se trouve dans le violet et l'ultra-violet ; de sorte que la photo-
chimie a un domaine tout autre que celui de l'optique... Ce que les télé-
scopes les plus puissants n'avaient pu nous montrer, tel que les étoiles de
dix-septième grandeur, le gélatino-bromure d'argent le décèle, l'imprime et le conserve !

Bien qu'il y ait encore beaucoup à apprendre sur l'actinisme solaire,
nous insisterons sur ce fait : *que ce n'est pourtant pas cet actinisme
qui constitue tout le programme de l'énergétique héliaque*. Par une
série de transformations, d'une complication probablement inouïe, la
chaleur propre du soleil, qui dérive déjà, soit de la concentration de ses
particules (Helmholtz et Thomson), soit de la chute répétée des astéroïdes
ambiants (Mayer), soit de l'extinction progressive des mouvements différenciels de ses mystérieuses *taches* (B. Stewart) ; la chaleur du soleil,
dis-je, paraît devoir ou pouvoir engendrer l'énergie de séparation électrique manifestée dans notre atmosphère. D'autre part, on a tout lieu de
penser que les taches solaires par elles-mêmes influencent le magnétisme
et toute la météorologie terrestres, de sorte qu'il se produit plus d'aurores
boréales et de cyclones pendant les années où les taches sont abondantes.
Je n'avais pas tort, au début de cette rédaction, de parler du *processus*
des incarnations de l'énergie cosmique... Il n'y a vraiment rien, dans les
mythes les plus fameux, qui arrive à la hauteur du grand fait banal qui
se passe sous nos yeux et auquel on ne fait pas attention !

Littérature à part, il faut reconnaître, ne fût-ce qu'en deux mots, la
pluralité des sources immédiates de nos divers aliments dynamophores.
Voici mon tableau provisoire, je veux dire provisoirement à la hauteur
de la science énergétique :

POTENTIALISATION DE L'ÉNERGIE SOLAIRE PAR LES ALIMENTS

1º Assimilation du carbone, naissance du glucose et des autres glycosides (passage de l'énergie rayonnante naturelle à l'état de tension sous forme de combustible assimilable).

2º Azotation directe (1re accumulation d'énergie électrique, sous le ciel le plus serein, par sidération proprement dite).

3º Azotation moins directe, par l'intermédiaire du sol (nouvelle forme de l'accumulation d'énergie électrique).

4º Assimilation de l'azote nitrique et ammoniacal, par l'entremise de travaux infiniment complexes (potentialisation des diverses énergies cosmiques).

II. TRAVAIL PHYSIOLOGIQUE PROPREMENT DIT

Le rôle de l'énergie potentielle des *ingesta* est d'alimenter le « travail physiologique ».

La destinée de toutes les variétés d'énergie de position est de se convertir en énergie de mouvement visible ou invisible. Nous verrons, dans le dernier paragraphe, que la réciproque n'est malheureusement pas vraie, c'est-à-dire que le sort de toutes les variétés d'énergie de mouvement n'est pas de se reconvertir en énergie de position.

D'où vient cette aptitude de toutes les énergies potentielles à subir la destinée dont nous venons de parler ?

Cela vient de ce que « potentialisation » et « instabilité » sont deux choses corrélatives. Mais cela à son tour exige un petit développement.

α. Dans les œuvres de l'homme, rien n'est plus facile à vérifier que la corrélation ci-dessus, attendu que nous ne faisons jamais provision volontaire d'une utilité quelconque sans nous assurer les moyens de consommer ladite utilité le plus commodément possible, c'est-à-dire *avec le moindre effort*. Si donc nous accumulons quelque part de l'énergie mécanique, nous nous arrangeons généralement de façon à rendre disponible partie ou totalité de cette énergie, en appuyant simplement sur un bouton, sur une pédale, en tirant une ficelle, etc. L'ignorant qui verrait le déclenchement du déclic ou l'échappement de la gâchette suivi du choc formidable d'un mouton de fonte ou du vol vertigineux d'une flèche, crierait au miracle, attendu qu'il ne verrait aucune proportion entre la cause et l'effet. Inutile de dire que tout ce prodige se réduit à l'actualisation d'une force potentialisée à l'avance, et dont la grandeur est indépendante du mécanisme secondaire qui la met en liberté.

β. Les terreurs religieuses inspirées par la foudre rentrent un peu dans la même loi psychologique : le sauvage, comme l'enfant, n'a pas la moindre idée de ce que nous appelons le « potentiel électrique » des nuages. Ce n'est pas seulement le nom qui lui manque, bien entendu, c'est la conception même; et ce que nous disons du tonnerre, nous pourrions l'appliquer intégralement à tous ces « enfants du tonnerre » qui sont les corps explosifs...

γ. Mais, pour comprendre à fond, la genèse des INSTABLES (instables mécaniques, chimiques ou physiologiques) il faut nous élever jusqu'au théorème général que, faute d'un meilleur terme, j'ai nommé « théorème de l'Imminence ». Voici en quoi il consiste :

1° Toute énergie qui s'accumule développe une tension grandissante évoluant plus ou moins rapidement vers une débâcle, rupture ou décharge ;

2° On peut toujours (théoriquement) considérer le *processus* au point infiniment voisin de son état final ;

3° Cet instant immédiatement antérieur correspond à l'IMMINENCE, c'est-à-dire au maximum d'instabilité.

Toute la vie de l'univers se ramène facilement, comme on le devine, au double phénomène de la création et de la consommation des instables de toutes sortes ; en particulier, la vie proprement dite (celle des êtres *vivants*) ne saurait accepter de formule plus féconde. En effet, l'antithèse fonctionnelle des végétaux et des animaux s'y interprète d'emblée, en ce sens que nous devons appeler « végétaux » les organismes créant plus d'instable qu'ils n'en consomment, et « animaux » ceux qui en consomment plus qu'ils n'en créent.

Revisée à la lumière de cette nouvelle terminologie, notre proposition relative au travail physiologique doit céder la place à celle-ci :

« Le rôle de l'énergie potentielle des *ingesta* consiste à fournir aux animaux la somme d'instabilité chimique dont ils ont besoin pour accomplir leurs deux espèces fondamentales de travaux physiologiques. » Quelles sont donc ces deux espèces ?

De même que nous avons cherché à donner une classification énergétique des aliments, de même nous devrions esquisser une classification énergétique des fonctions de la vie. Toutefois il faut éviter, dans ces quelques pages, de jouer à l'encyclopédiste. Nous allons donc essayer de raccourcir le plus possible, en profitant de ce qui a été écrit sur notre sujet par M. Chauveau.

Cet auteur semble n'avoir voulu traiter d'abord que le problème relatif au travail physiologique du muscle. Mais en fin de compte il a dû se laisser entraîner à des vues générales : « Une semblable analyse, dit-il, peut être appliquée à tous les tissus doués de propriétés biologiques spéciales, comme les cellules et les tubes nerveux, et même être étendue aux phénomènes généraux de la nutrition formative (création et restauration des tissus). »

C'est là, il est vrai, une affirmation elle-même très générale plutôt que le résultat d'une argumentation serrée, en ce sens que M. Chauveau savait très bien pourquoi il avait choisi le muscle, de préférence à tout autre organe, pour exposer ses idées : « Tout travail physiologique aboutit à une restitution totale, au monde extérieur, de l'énergie que ce travail lui a empruntée. Cette restitution s'effectue intégralement sous forme d'une quantité de chaleur sensible, qui représente l'équivalence exacte du travail physiologique, quand celui-ci reste tout à fait intérieur. Si le travail physiologique s'accompagne de travail mécanique extérieur, la quantité de chaleur sensible qu'il produit est diminuée dans une proportion exactement équivalente à la quantité du travail mécanique. »

Autrement dit : Dans tous les appareils de la vie, à l'exception du muscle, le travail physiologique se résout intégralement en chaleur sensible, attendu qu'il reste tout à fait intérieur, c'est-à-dire vibratoire (musique atomique de Tyndall).

Il semble résulter de cette distinction que le tissu contractile, abstraction faite de toute finalité, agit bien plus normalement lorsqu'il fonctionne à vide que lorsqu'il fonctionne à charge ! Et la preuve en est, *per absurdum*, que lorsqu'il fonctionne à charge, il restitue l'énergie en la dispersant (chaleur et travail).

M. Chauveau a vu cette conséquence et il faut le féliciter de l'avoir exprimée : « La curieuse expérience du muscle entraîné à se contracter sans faire aucun travail extérieur, avec la même vigueur que s'il en produisait, en absorbant la même quantité d'oxygène et en rendant la même quantité d'acide carbonique ; cette expérience nous force à conclure que le déterminisme de la fonction musculaire ne réside pas dans le résultat final pour lequel elle s'accomplit, c'est-à-dire son effet utile. Du moment que la stérilité de la contraction musculaire n'entraîne aucune modification dans la manière dont cette contraction s'exécute, on est bien forcé d'admettre qu'elle doit être considérée en elle-même comme un mode de manifestation de l'énergie. C'est le *raccourcissement* actif du muscle, la *mise en jeu* de sa *contractilité* qui constitue le *motif* essentiel de sa fonction, le véritable *travail* commandé à l'organe par les excitations cérébro-spinales. »

Unification des conceptions relatives au travail physiologique. — Pour le physiologiste, ce qu'il y a de plus intéressant dans la série des transformations qu'éprouve l'énergie chez l'être vivant (animal), ce sont justement les actes *intermédiaires*, les métamorphoses *intercalées* entre le chimisme initial des aliments et la production ultime de chaleur sensible.

Prenons maintenant la thèse à revers. Il n'est pas exact, en fait, que la calorimétrie suffise à la mesure du chimisme initial des aliments digérés. Il faut dire « digérés », attendu que ce qui n'est pas digéré n'est en réalité point introduit dans l'organisme, mais, une fois faite, cette correction indispensable, d'où vient l'insuffisance de la calorimétrie ?

Il y a quelques années, on eût répondu simplement : *Cela vient de ce que l'animal emploie une portion de sa chaleur à faire du mouvement.*

M. Chauveau répond : *Cela vient de ce que le muscle, en se con-*

tractant à charge, arrête net tout le quantum d'énergie potentielle qui allait sans cela se transformer en chaleur sensible.

Il suit de là cette conclusion curieuse, quoique rigoureusement rationnelle, que la production de travail mécanique mesurable, par le muscle, est une « tricherie » physiologique ! Le dynamomètre vole au jeu un certain nombre de calories, et ce n'est pas parce qu'il les convertit en kilogrammètres qu'il pourra excuser le vol commis sur le domaine de la calorimétrie, laquelle est en principe la seule, vraie et légitime « mesureuse » du chimisme initial des aliments.

On saura tôt ou tard si M. Chauveau consent à aller jusqu'au bout de son élégante théorie du travail physiologique. Quant à moi, j'ai trop confiance en sa logique pour attendre une confirmation littérale : *Je ne considère pas la* MYOTILITÉ *comme un travail physiologique d'une nature particulière.*

Zootechniquement c'est autre chose : Le dualisme contre-indiqué, lorsqu'on étudie la biologie générale et abstraite, s'impose complètement, dès qu'on étudie les règles de l'utilisation des organismes vivants. Le zootechnicien n'oppose pas les produits matériels des animaux à leurs produits immatériels, mais il classe les matières sortant de l'organisme en deux groupes faciles à différencier :

1° *Matières dont l'instabilité chimique a augmenté ;*

2° *Matières dont l'instabilité chimique a diminué.*

Voici le haut enseignement que cette classification dualistique nous apporte :

α. Il entre dans l'économie, sous le nom d'*ingesta*, un *quantum* défini ou indéfinissable d'instabilité atomique, dont la matière est le véhicule pur et simple.

β. Il sort de l'économie, soit naturellement, soit artificiellement, un *quantum* défini ou définissable d'instabilité atomique, dont la matière n'est toujours que le véhicule pur et simple.

γ. La somme algébrique des INSTABLES est constante à l'entrée et à la sortie, pourvu que la comptabilité soit bien faite, et que l'on tienne bonne note des énergies qui se dégagent libres de tout véhicule matériel, sous l'une des quatre formes que nous étudierons prochainement.

L'excrément. — « Le foin que rumine le bœuf est plus stable que les muscles de l'animal ou que la substance chimique de sa rétine. Mais le foin renferme une certaine somme d'instabilité qui se déposera dans ses membres ou dans son œil, en s'y concentrant aux dépens de la stabilité des résidus. Le foin dans l'estomac, c'est comme l'ammoniaque engagée sous une cloche pleine de chlore. Il produit d'une part des organes vivants, c'est-à-dire des instables et, d'autre part, du fumier ; de même que, sous la cloche, se forment du chlorure d'azote (très explosible) et de l'acide chlorhydrique (plus stable que l'ammoniaque). » (Delbœuf.)

Toute la bromatodynamique gît dans cette heureuse comparaison. Aussi l'équation loyale de la nutrition est la suivante : *chimisme initial = chimisme final + énergies dégagées.*

M. Chauveau reprendra sans aucun doute la question à l'endroit où il l'a laissée ; il expliquera expérimentalement que le calorimètre est « triché », non seulement sous le rapport des kilogrammètres que le muscle lui vole de par l'équivalence mécanique, mais aussi sous le rapport des unités énergétiques qui lui sont soustraites *autrement*, sans compter les produits « apparemment matériels » qui sortent de l'usine vivante !

III. ÉLECTROGENÈSE, PHOTOGENÈSE, DYNAMOGENÈSE ET THERMOGENÈSE

L'organisme animal produit l'ÉNERGIE LIBRE sous quatre formes : électro-magnétisme, lumière, mouvement et chaleur.

Autrement dit : à part le *quantum* d'énergie qui demeure engagé dans les produits substantiels de l'économie, à part l'énergie mécanique produite par le sujet, il y a encore à défalquer de la chaleur finale (chez certains types zoologiques) l'énergie électrique et l'énergie lumineuse.

On sera tenté de dire, en lisant cette proposition, que la zootechnie n'a que faire de s'occuper des *torpilles* et des *vers luisants* ? Sans doute... notamment à la condition de tourner le dos à tout ce qui pourrait bien par hasard contenir une idée !

Il est si intéressant, au contraire, même pour le zootechnicien, de connaître la circulation de l'énergie à travers tout le règne animal, que nous n'hésiterons pas, dans ce paragraphe, à parler un peu longuement des deux manifestations énergétiques qui, au rebours du mouvement et de la chaleur, paraissent propres à un très petit nombre de formes vivantes.

Il pourrait bien se faire, au reste, que l'exception ne fût qu'apparente ? « La plupart des tissus animaux ou végétaux, dit Marey, sont le siège d'actions chimiques d'où résulte un dégagement incessant d'électricité. A ce titre, les nerfs et les muscles fournissent des manifestations d'électricité dynamique. L'intérêt principal de l'électricité musculaire, au point de vue de la transformation de la force, nous paraît résider dans la disparition de l'état électrique d'un muscle au moment où celui-ci effectue sa contraction, ou lorsqu'on le tétanise. Il semble alors que les actions chimiques, dont le muscle est le siège, s'emploient entièrement à la production de chaleur et de mouvement. » Voici maintenant une autre citation non moins intéressante : « Pour bien des raisons, dit M. d'Arsonval, je suis porté à croire que la production de chaleur n'est pas le phénomène primitif qui accompagne les combustions vitales. L'énergie chimique doit d'abord se transformer en énergie électrique, et la chaleur n'est que le résultat d'une seconde transformation, suivant la loi de Joule. »

Cependant les deux savants précités sont loin d'être d'accord sur la qualification la plus exacte qu'il convient de donner aux appareils propres de l'électrogenèse et de la dynamogenèse animales. M. Marey, on va le voir, est plutôt ici « électro-physiologiste », tandis que M. d'Arsonval tend à se montrer « physio-électricien ». Je tiens beaucoup à démontrer que ce ne sont pas là des mots vides, des inversions grammaticales.

Identité fondamentale de l'appareil électrique des poissons et de la machine muscle. — Les idées très généralisatrices de Rosenthal nous portent à penser que l'électrogenèse doit être étudiée tout à fait en grand, c'est-à-dire en comparant les appareils spéciaux des poissons aux tissus névro-musculaire et même glandulaire. Sans aller jusque-là, il est permis d'insister sur la ressemblance plus frappante et admise par tout le monde entre le muscle et l'organe électrogène des torpilles, gymnotes, silures, malaptérures, etc.

Cette ressemblance une fois reconnue, une question se pose : Est-ce le muscle qui est un appareil électrique, ou bien plutôt l'appareil électrique qui est un muscle ?

A ne consulter que la théorie moderne de l'évolution des formes vivantes par adaptation graduelle, nous répondons sans hésitation : *c'est l'appareil électrogène de certains animaux qui s'est créé aux dépens du système musculaire banal, et non inversement le système banal aux dépens de l'organe particulier !*

M. Marey est de cet avis et, quoiqu'il ne l'exprime pas en langue doctrinale, il n'y a pas de doute à conserver sur ses opinions électro-physiologiques, non plus que sur sa foi darwiniste.

J'appelle opinion « électro-physiologique » celle qui subordonne ou tend à subordonner, dans l'économie vivante, la myotilité à l'électrogenèse ; j'appelle par contre « physio-électricien » le savant qui s'applique à nous montrer que l'électrogenèse dérive de l'irritabilité du protoplasme.

M. d'Arsonval, à ce titre, est le plus ingénieux des physio-électriciens que je connaisse.

Après avoir largement professé que l'électricité animale est naturellement la traduction immédiate des actions chimiques dont l'organisme est le siège, il se retourne brusquement pour nous annoncer que « toutes les manifestations électriques de la matière vivante sont loin de reconnaître l'action chimique comme *cause immédiate* ».

Je vais résumer le plus brièvement possible.

α. *Quand on fait varier la surface de séparation de deux liquides non miscibles, chaque déformation produit* MÉCANIQUEMENT *un courant électrique* (Lippmann).

β. *Un petit tube de baudruche rempli de levure en solution aqueuse réalise tout le dispositif de l'électromètre capillaire de Lippmann, et en fait fonction.*

γ. *Le protoplasma, non miscible aux liquides intersticiels et de plus irritable, c'est-à-dire apte à se déformer* SPONTANÉMENT, *est à son tour dans les conditions de l'électromètre capillaire précité.*

δ. *Dans l'appareil électrique des poissons, tout comme dans le muscle, la superposition des cellules accouple ces éléments de pile en tension ; les actions se totalisent et l'électricité est engendrée en quantité plus ou moins sensible.*

Ce résumé est bien propre à faire sentir la différence radicale qui sépare Marey et d'Arsonval. Tous deux partent de la corrélation qui existe entre le travail mécanique et l'électricité, entre l'appareil dynamogène et l'appareil électrogène ; mais Marey insinue assez clairement que les actions chimiques dont le muscle est le siège ont l'électricité pour véhicule, le mouvement et la chaleur pour terme ; tandis que d'Arsonval insinue non moins clairement que l'énergie protoplasmique s'alimente d'emblée à la source des aliments, pour engendrer de l'irritabilité (déformation spontanée) et delà, soit de l'électricité, soit du travail visible, soit de la chaleur. — C'est à Chauveau qu'il faut comparer d'Arsonval, comme nous le ferons tout à l'heure.

Photogenèse. — Ce point est malheureusement moins bien connu que le précédent. Rosenthal rapporte que l'on a « supposé » une parenté plus ou moins étroite entre les organes phosphorescents de certains insectes et l'électro-magnétisme des tissus névro-musculaires et glandulaires. De leur côté, les physiciens reconnaissent l'identité complète de la chaleur et de la lumière, au point qu'il n'y aurait pas entre elles plus de différence qu'entre les sons *graves* et les sons *aigus*.

La belle expression de Tyndall désignant la chaleur sous le nom de « musique atomique » nous permettrait donc de dire à notre tour que les animaux, lorsqu'ils calorifient simplement, chantent en voix de basse, tandis qu'ils chantent en voix de soprano, dès qu'ils se mettent à luminifier. Ce que l'on peut affirmer sans se compromettre, c'est la photogenèse inséparable de la thermogenèse aussitôt que la cause génératrice du phénomène chaleur acquiert une certaine intensité (électricité traversant un corps qui résiste, incandescence des étoiles filantes, etc.).

Dynamogenèse et thermogenèse. — On peut, à la grande rigueur, étudier l'énergétique animale sans se préoccuper de l'électrogenèse des Rajides, non plus que de la photogenèse des Lampyrides. Mais il n'y a pas un seul physiologiste qui n'ait au moins compris la nécessité de tenir compte, dans ses spéculations, des deux formes classiques de l'énergie universelle : force et chaleur. On pourrait même reprocher aux physiologistes d'avoir voulu regagner en long ce qu'ils perdaient en large ; ils se sont grisés de thermodynamique.

Hirn, vers la fin de sa glorieuse carrière, a cherché à serrer le frein ; d'Arsonval et Chauveau ont tenté de refroidir et de révulser l'enthousiasme ; si je n'étais pas l'auteur de ces lignes, je m'ajouterais bien un peu à la suite de ces maîtres, ne fût-ce que pour démontrer que les grands problèmes relèvent autant de la critique éclairée que de l'expérimentation à outrance.

Au reste, ce n'est pas en tant qu'expérimentateurs que les auteurs susnommés ont écrit de bonnes choses là-dessus ; c'est justement en tant que critiques, soit des expériences faites avant eux, soit des leurs propres. On est en mesure de le prouver.

Thermodynamique et dynamothermique. — En insistant plus haut sur la distinction importante qu'il y a lieu de faire entre l'opinion de Marey et celle de d'Arsonval, entre l'électro-physiologie du muscle et la physio-électricité des poissons torpilleurs, j'ai déjà donné à entendre que l'énergétique aurait besoin d'une langue cruellement exacte, où les à peu près, et les synonymes seraient plus mal accueillis que partout ailleurs. Pourquoi cette intransigeance ? C'est que l'énergétique, si elle veut sortir des vaines déclamations sur l'éternité de la force, la création ou la non-création du monde, le perpétuel recommencement des choses et autres thèses, ne doit pas se borner à l'indication détaillée des formes sous lesquelles se manifeste l'énergie cosmique, ni même à la détermination rigoureuse des divers équivalents selon lesquels tel *quantum* de telle ou telle énergie se substitue à tel *quantum* de telle ou telle autre. En dépit de la besogne effrayante que ceci imposera certainement, il faut joindre programme le problème du classement méthodique des diverses formes de l'énergie universelle, en prenant pour caractère dominateur, par exemple, leur TRANSFORMABILITÉ.

N'ayant pas les éléments nécessaires pour travailler directement à ces belles conquêtes scientifiques où il ne peut y avoir qu'un si petit nombre de travailleurs d'élite, je me suis efforcé de vulgariser du moins les idées fondamentales des plus grands penseurs de l'Angleterre et du continent. Voilà pourquoi je me suis attaché à faire accepter l'expression de dynamo-thermique en regard de thermo-dynamique.

Il importe avant tout, en effet, de bien définir les « extrêmes » entre lesquels la science de l'avenir intercalera les « moyens » dans l'ordre convenable. Or nous sommes dès maintenant fixés sur ce qu'on pourrait appeler l'alpha et l'ôméga : Le mouvement mécanique, ou mieux encore l'énergie mécanique potentielle (énergie visible de position) jouit d'un pouvoir de transformabilité à son plus haut période, tandis que la chaleur est la forme « excrémentitielle » de l'énergie.

Nous allons étudier cette proposition, envisagée dans toute sa généralité et non plus seulement au point de vue de l'énergétique animale.

IV. CONSERVATION ET DISSIPATION DE L'ÉNERGIE

Quant on veut démontrer la loi de conservation, en énergétique, on est « dynamo-thermicien » ; lorsqu'on veut démontrer la loi de la dissipation de l'énergie, on redevient « thermo-dynamicien ». Autrement dit : la dynamo-thermique nous apprend à réciter l'alphabet de l'α à l'ω, tandis que la thermo-dynamique nous force à le reprendre à rebours, de l'ω à l'α. Voilà ce qu'on ignore encore trop, à l'heure qu'il est, et ce que nous voudrions rendre accessible à tous.

Tout d'abord, il est bon d'expliquer comment la conservation de l'énergie peut se concilier avec la dissipation de l'énergie, et surtout comment il se fait que la science ne peut être complète ni susceptible d'applications sérieuses en dehors de l'examen d'un tel problème.

L'œuvre de Carnot. — Les deux grandes conceptions que cet homme éminent a introduites dans la science sont celle du « cycle d'opérations » et celle du « cycle reversible ».

1° Il ne suffit pas de prendre une quantité de vapeur, de la laisser se détendre en dépensant sa chaleur pour produire du travail, et d'en déduire séance tenante toute la thermo-dynamique. Ceux qui procèderaient ainsi ne seraient même pas au seuil de la méthode expérimentale, attendu que leurs expériences ne seraient pas méthodiques, c'est-à-dire interprétables. Pour pouvoir établir convenablement le bilan d'une opération, il faut attendre la fin, n'est-ce pas ? Or, avant Carnot, et même après lui, cet axiome n'a pas frappé les esprits, tant s'en faut !

2° Après avoir appelé l'attention sur la nécessité de replacer le corps qui travaille exactement dans ses conditions initiales, si l'on veut éviter toute cause d'erreur en calculant la chaleur consommée ; après avoir fourni ce *criterium* impérissable, Sadi Carnot eut une seconde idée : « Au lieu de dépenser de la chaleur à produire du travail, vous pouvez faire parcourir à votre machine le cycle en sens contraire, et, en dépensant du travail, pomper, pour ainsi dire, de la chaleur dans le condenseur et la renvoyer à la chaudière, de sorte que l'ordre des opérations sera renversé [1]. » C'est bien là, peut-on dire, la psychologie d'un mathématicien : chercher la RÉCIPROQUE du théorème.

Thomson et Clausius. — Ce n'est pas le moindre titre de gloire scientifique de sir W. Thomson que d'avoir relevé de l'injuste oubli où il était tombé l'admirable opuscule de Sadi Carnot. D'autre part, en se livrant à cette œuvre de réhabilitation, l'illustre physicien anglais fut amené à la grande loi de la dissipation de l'énergie, que l'on peut formuler ainsi :

α. Tôt ou tard le travail mécanique se transforme intégralement en chaleur ;

---

[1] Tait, *Progrès récents de la Physique.*

ω. Jamais la chaleur ne peut intégralement se transformer en travail.

Je tiens beaucoup à laisser ces deux propositions sous leur forme laconique et à les noter par α et ω. Je tiens également à insister sur les droits de sir W. Thomson à la découverte du principe incomparable de la dissipation de l'énergie, voici pourquoi :

Le savant géomètre Clausius, professeur à l'Université de Bonn (province Rhénane), passe généralement, même aux yeux des hommes du métier, pour avoir découvert la seconde loi de la thermo-dynamique, sous le nom de « principe de l'équivalence des transformations ».

Certes, personne plus que moi n'admire cet analyste hors ligne à qui nous devons le « potentiel » et le « viriel [1] ». D'autre part, la grande importance que j'attache au langage me porterait à la partialité en faveur de Clausius ; mais on va voir précisément que le mérite de ce penseur est d'avoir compris et baptisé correctement l'idée féconde de sir W. Thomson.

L'entropie. — Il y a encore de nos jours des individus qui cherchent le mouvement perpétuel et, si l'habileté à construire des mécanismes était plus commune chez nos semblables, il y aurait des foules de chercheurs dudit mouvement perpétuel. C'est que, en effet, aux yeux de la majorité des gens même un peu cultivés, le problème ne paraît pas complètement absurde : « C'est très difficile... peut-être plus que la direction des ballons... mais voilà tout. » On ne manque jamais alors d'ajouter que *la nature l'a bien résolu*, et que, par conséquent... etc.

La raison banale que l'on met en avant, dans presque tous les traités élémentaires de mécanique, pour réfuter le mouvement perpétuel, ne peut d'ailleurs satisfaire que les imaginations lourdes. On parle des résistances passives de toutes sortes au sein desquelles tous les phénomènes mécaniques s'accomplissent, et c'est tout.

Ne serait-ce pas cependant le moment opportun de dire que le travail mécanique, soit naturel, soit artificiel, est l'antécédent médiat ou immédiat de l'énergie-chaleur ? Ne serait-ce pas le moment de relire ce beau passage du professeur John Tyndall :

« Une rivière venant d'une hauteur de 7720 pieds donne une quantité de chaleur capable d'élever sa température de 10 degrés F. ; cette quantité de chaleur avait été empruntée au soleil pour élever la rivière à la hauteur d'où elle tombe. Tant que l'eau est située sur les hauteurs, soit à l'état solide sous forme de glaciers, soit à l'état liquide sous forme de lacs, la chaleur dépensée par le soleil, pour l'élever à cette hauteur, a disparu de l'univers ; elle a été consommée dans l'acte de l'élévation. Du moment que la rivière prend sa course descendante et qu'elle rencontre la résistance de son lit, la chaleur dépensée pour produire son élévation commence

---

[1] Le *potentiel* et le *viriel* sont des fonctions algébriques qui ont permis à la mécanique moléculaire de devenir une science aussi exacte que la mécanique céleste.

à se retrouver. L'œil de l'esprit peut suivre cette chaleur depuis sa source, à travers les vibrations de l'éther, jusqu'à l'océan, où elle cesse d'être vibratoire, et où elle reprend la forme potentielle parmi les molécules de vapeur d'eau, jusqu'au sommet de la montagne où la chaleur absorbée dans la vaporisation est rendue par la condensation, tandis que celle dépensée par le soleil pour élever l'eau n'est pas encore restituée. — Nous retrouvons tout, jusqu'à la dernière unité, par le frottement contre le lit de la rivière ; dans la chaleur de la machine mise en mouvement par la rivière ; dans l'étincelle de la pierre meulière ; dans la scierie des Alpes ; dans la baratte à beurre du chalet; dans les supports du berceau au sein duquel le montagnard, s'aidant d'une chute d'eau, endort son enfant. Toutes les formes du mouvement mécanique sont simplement le morcellement du mouvement calorifique dérivé tout d'abord du soleil ; et toutes les fois qu'il y a destruction ou diminution de mouvement mécanique, la chaleur du soleil est de nouveau restituée[1]. »

Il est impossible, je crois, de mieux juxtaposer les deux propositions qui résument toute l'énergétique : CONSERVATION et DISSIPATION.

Toutefois, grâce à la mauvaise instruction première que nous avons tous reçue, pour la plupart du moins, il y aura encore des inattentifs qui s'écrieront :

« Cela même est un argument en faveur du mouvement perpétuel ! C'est un *cycle d'opérations* comme le voulait le grand Carnot ; c'est même un *cycle reversible*, analogue aussi au cycle éternel de la vie végétale et de la vie animale, etc. »

Il n'en est rien. La chaleur du soleil était à *haute* température, et c'est pour cela qu'elle était potentielle ; la chaleur restituée est à *basse* température, et c'est pour cela qu'elle est *dissipée* sans retour, *excrémentitielle* (pour employer l'expression de Chauveau), *impotentielle* ou *impotente,* si l'on préfère. Ou bien encore : La chaleur perdue par le soleil, au bout du cycle d'opérations, est « restituée » à l'univers tout entier, mais pas au soleil tout seul. De transformable enfin, elle est devenue intransformable.

C'est ici que M. Clausius intervient sérieusement pour formuler le fait en langage irréprochable :

1° J'appelle *positive* (+) la transformation de travail en chaleur ;

2°   —   *négative* (—) la transformation inverse ;

3°   —   ENTROPIE l'excès des transformations positives par rapport aux transformations négatives.

4° L'entropie de l'univers tend vers un maximum.

Cela revient à dire que les phénomènes dynamo-thermiques finissent peu à peu par l'emporter sur les phénomènes thermo-dynamiques, de

---

[1] Tyndall, *La Chaleur, mode de mouvement.*

sorte que les cycles *réels* ne sont jamais rigoureusement fermés ni définitivement reversibles.

On entend fréquemment dire que tout dans le monde a un cours
circulaire : pendant que des transformations ont lieu dans un sens, en
un lieu déterminé, et à une certaine époque, d'autres transformations
s'accomplissent en sens inverse dans un autre lieu et à une autre époque ;
de sorte que les mêmes états se reproduisent constamment, et que l'état
du monde reste invariable quand on considère les choses en gros et d'une
manière générale. Le monde peut donc continuer à subsister éternellement
de la même façon. — (Clausius, seconde loi de la thermo-dynamique.)

Pour qu'il en fût ainsi, il faudrait qu'il n'y eût aucune dissipation
d'énergie (Thomson) ou bien que l'entropie égalât zéro (Clausius). Nous
savons désormais à quoi nous en tenir.

V. CONCLUSION GÉNÉRALE

Il entre dans l'économie de nos animaux domestiques, sous le nom
de *digesta*, des substances douées au plus haut point d'une propriété
analogue à celle des corps explosifs (instabilité chimique due à l'isolement
du carbone et à la présence de l'azote).

L'économie vivante concentre une portion de cette instabilité et forme
de la sorte ses tissus les plus élevés dans la hiérarchie potentielle vitale
(nerfs, muscles et glandes).

Aux dépens de l'instabilité restante se constituent les produits d'une
vitalité moindre et, sous le nom d'*excreta*, nous voyons sortir du corps animal des matières ayant perdu la plus grande partie de leur énergie initiale.

Si l'on appelle, par analogie, « potentiel bromatologique » le *quantum*
défini d'énergie incorporée à l'unité pondérable de substance digérée par
un organisme, on peut dire laconiquement *que l'œuvre de la vie est
subordonnée tout entière à la* CHUTE DU POTENTIEL BROMATOLOGIQUE.

Cette chute est même la seule mesure effective de l'intensivité vitale au
sein de l'économie des animaux. En langue vulgaire : *Les meilleurs
bestiaux sont ceux qui donnent le plus pauvre fumier.*

Tôt ou tard le chimisme initial des aliments se transforme en chaleur
sensible à basse température ; les énergies *magnétisme, électricité,
lumière* et *force vive* sont purement et simplement INTERCALÉES, sans
qu'il en résulte aucune violation de loi des équivalences.

Le travail physiologique proprement dit résulte à son tour d'une nouvelle intercalation ni plus ni moins indifférente, aux yeux du physicien,
que toutes les autres (Chauveau).

Le travail psychique ne pèse pas davantage dans la balance du physiologiste (Delbœuf et Baron).

En somme : dilaté ou condensé, le processus reste toujours soumis à la loi de conservation de l'énergie universelle.

Au point de vue des causes finales, c'est exactement le contraire. La chute du potentiel en cascade est beaucoup plus avantageuse que la chute directe, de sorte que ce que nous appelons l' « utile » ne paraît pas avoir jusqu'à présent de loi analogue à celle de la conservation de la matière ou de l'énergie.

On entrevoit, tout au contraire, le prochain remaniement de la physique supérieure par les grandes lois de l'économie (Thomson, Maxwell, Clausius, Balfour-Stewart et Tait).

Toute transformation d'énergie entraîne en effet, soit directement, soit indirectement, non pas seulement une chute de potentiel énergétique, mais bien une chute du potentiel économique de l'énergie. Qu'on appelle ce phénomène comme on voudra, dissipation, dégradation, détérioration ou entropie, il est certain que la « transformabilité » de l'énergie diminue corrélativement à la « fixation de la force » (Delbœuf).

Les animaux moteurs, en particulier, actualisent une portion de l'énergie potentielle de leurs aliments et produisent une force utile, c'est-à-dire transformable. Celle-là est de qualité supérieure. Mais ils excrètent en même temps une énergie intransformable, de qualité inférieure, parfois même funeste.

La calorification des animaux n'est pas une fonction physiologique *comme les autres*. Elle ne possède point d'appareil anatomique propre et n'est même pas biologiquement comparable à l'élimination des principes toxiques, qui tend à se localiser sur certaines glandes ou sur certaines muqueuses.

La thermo-genèse est du reste très différente chez les différents animaux. A cet égard le physiologiste distingue d'abord les animaux à sang chaud et à température constante des animaux à sang froid et à température variable. Les premiers possèdent un régulateur automatique qui fait défaut aux seconds. Ce régulateur est le système nerveux central dont le développement est très sensiblement proportionnel à la grandeur relative de la surface des diverses espèces (Richet.)

La dynamopoïèse suit la même loi mathématique (Crevat).

NOTE EXPLICATIVE SUR L'ENTROPIE

Afin de ne pas trop surcharger le texte, je n'ai pas voulu m'étendre sur le *potentiel* et le *viriel* de Clausius. Une courte note au bas de la page apprend au lecteur tout ce qui peut lui suffire pour comprendre l'importance des travaux de Clausius en mécanique moléculaire. Cependant, dans ma conclusion générale, j'emploie une expression imagée, en désignant la transformation qui produit l'excrément aux dépens de l'aliment sous la rubrique de « chute du potentiel bromatologique ».

Il est évident que, cette fois, le potentiel n'est plus une quantité algébrique à la façon dont l'entendaient Poisson et Clausius. C'est une grandeur très concrète plus ou moins comparable au potentiel électrique que les électrotechniciens mesurent pratiquement au moyen d'un potentiomètre de Clark ou de Thomson. Et, en réalité, le potentiel se comporte comme une « température électrique » dont les « chutes » sont soumises à la loi de Carnot.

On parle avec la même facilité du potentiel élastique d'un corps déformé par une action mécanique et représentant à l'état de tension une somme définie de travail.

On est même en droit de citer, comme excellent type de potentiel, le travail emmagasiné dans une masse = 1, capable de tomber d'une hauteur quelconque jusqu'au centre de la terre. D'où il suit que toutes les machines à poids fonctionnent grâce au changement de niveau de potentiel qui existe entre la machine *remontée* et la machine *arrivée au bas*.

Même observation relativement à l'entropie. En principe, c'est l'équation établie par Clausius et qui présente un plus ou moins grand intérêt analytique. Mais comme phénomène réel, l'entropie est encore plus intéressante, puisqu'elle désigne alors la tendance de l'énergie à se transformer toujours définitivement en chaleur dissipée, à basse température, non susceptible de repotentialisation. Je ne pouvais point passer sous silence une chose aussi capitale, ne fût-ce que pour faire voir que l'*excretum* calorique de M. Chauveau n'est qu'un corollaire d'une loi tout à fait générale du Cosmos.

Pourquoi maintenant ce nom d'entropie donné à la loi de la dissipation énergique ?

Le mot grec ἐντροπή signifie, ou du moins peut signifier en romaïque moderne, ÉVOLUTION. Je dois avouer (et cette fois je ne serai pas suspect) que, si j'avais eu l'honneur et le bonheur de formuler la loi des transformations positives et négatives de l'énergie, j'aurais évité soigneusement l'expression de ἐντροπή, car les anciens Grecs, tout comme les Anciens en général, n'avaient aucune idée de l'évolution ; ils manquaient par conséquent de terme pour l'exprimer.

Clausius nous expose, mieux que personne, le préjugé antique sur le cours circulaire des choses et nous dit excellemment que les conséquences philosophiques de son entropie sont même trop modernes pour la plupart des esprits d'aujourd'hui arrêtés encore par la routine. Lamarck, Naudin et Darwin, ces grands propagateurs de l'entropie biogénique, peuvent donner la main à Clausius.

Voici une petite citation *ad hoc* :

« Il se fait une ÉVOLUTION dans l'univers et, jusqu'ici, rien ne nous prouve qu'elle soit circulaire, c'est-à-dire parfaitement fermée et exclusivement apte à se redonner elle-même dans un ordre sériel dont tous les termes auraient des places prédéterminées... Le travail mécanique se transforme en chaleur, ainsi que Joule l'a si parfaitement prouvé, et *réciproquement* (?) la chaleur se transforme en travail. Mais Thomson, qui a tant fait pour établir les lois de cette seconde transformation, a également fait voir qu'on aurait tort de la considérer comme l'exacte réciproque de la première : en réalité le travail devient chaleur avec bien plus de facilité que la chaleur ne redevient travail... Que l'on passe en revue, avec Thomson, les divers phénomènes terrestres et célestes, et l'on se convaincra précisément que non seulement nous n'avons point de preuves en faveur du *circulus æternus motus*, mais que tout nous invite à la conception diamétralement opposée d'un développement non susceptible de répétition... »

Et quelques pages plus loin :

« L'esprit humain conçoit généralement mieux l'*être* que le *devenir*. Et, bien souvent on découvre, en fouillant scrupuleusement un interlocuteur, que ce qu'il nomme évolution est un *mouvement giratoire* ou une révolution dans une orbite fermée analogue aux évolutions (en termes d'exercices militaires et de marine)... En bonne cosmogonie, ou plutôt en bonne physique, nous sommes amenés à trouver que la vie de l'univers tout entier, aussi bien que celle d'un tout partiel, résulte d'une dépense gradative d'énergie entièrement emmagasinée. Il y a en apparence un remontage périodique des machines. Mais le ressort mollit, et la redisponibilité du potentiel tend vers zéro. » (R. B., *Méth. de reprod.*).

Cependant, pour distinguer la grande évolution cosmique de celle plus particulière des êtres vivants, il est bon qu'il y ait un mot distinct. Ce mot est et restera *entropie*, en souvenir de Clausius, mais il eût été préférable de se servir de l'expression déjà forgée et parfaitement adéquate que Gauss a employée pour le mouvement amorti des oscillations. Cette expression n'est autre que le latin *decrementum* ou décrément (en français). C'est le terme le meilleur pour signifier la diminution continue d'une chose apparemment périodique, comme le bord occidental de la lune pendant les deux dernières phases :

Lunæ decrementum... (Apulée).

Section II. — Dynamométrie

SOUS-SECTION I. — MOTEURS INANIMÉS

La plupart des traités élémentaires de mécanique, sous prétexte de simplification et de vulgarisation, donnent de l'*inertie*, de la *force*, des *machines* et du *travail*, des définitions fort incomplètes.

Je sais que rien n'est plus difficile que de bien définir les mots et les choses. Toujours est-il qu'il faudrait se mettre à l'abri des contradictions, sous peine de fausser les bases de tout enseignement, soit théorique, soit pratique.

1° La matière est « inerte », c'est-à-dire incapable de modifier spontanément son état de repos ou de mouvement ;

2° Une « force » est une cause de mouvement ou de modification de mouvement ;

— Jusqu'ici c'est très bien, mais on ajoute :

3° La matière possède une « force d'inertie » en vertu de laquelle elle résiste plus ou moins à l'action de la force qui la sollicite au mouvement ;

4° Un mobile se meut d'un mouvement uniforme, sous l'action d'une « force instantanée » ;

5° Les phénomènes mécaniques s'accomplissent dans le temps et dans l'espace ;

6° Une force « travaille » toutes les fois qu'elle triomphe d'une « résistance » ;

7° La résistance est une force de sens opposé ;

8° Les machines sont des appareils qui servent à transformer un mouvement en un autre ;

9° Les machines sont des systèmes matériels qui transmettent le travail des forces, etc.

Il est évidemment impossible de faire concorder toutes ces propositions dont la plupart sont douteuses ou mal présentées : la matière ne possède aucune *force d'inertie* par elle-même, et la masse la plus colossale de

l'univers cèderait à la plus petite force, si l'on pouvait réaliser convena—
blement l'expérience. D'autre part, la force la plus colossale du monde
ne pourrait point communiquer *instantanément* la plus faible vitesse
à la plus faible masse. Il n'y a aucune masse complètement « libre »
qu'il fût possible de déplacer sans *détruire* des résistances de toutes
sortes.

Analyse des résistances au mouvement. — Nous prendrons pour
exemple typique une voiture qui monte une côte ordinaire, et nous
tâcherons seulement de ne rien oublier en décomposant ce fait assez complexe.

α. En premier lieu, il y a l'élévation de la masse du véhicule à une
hauteur définie. C'est évidemment la forme la plus intelligible du travail
mécanique et, dans la langue unitaire de la science contemporaine,
c'est ce que l'on désigne sous le nom d'*accroissement du potentiel* d'un
corps pesant.

β. En second lieu, il y a tous les obstacles au roulement, obstacles
qu'on a coutume de résumer en un seul sous le nom de « tirage », bien
que, dans le fait, le tirage doive s'entendre exclusivement des résistances
que la voie oppose à la progression des véhicules.

Or, dans le transport sur roues, il y a à la fois *roulement* de la roue
sur le sol et *glissement* de l'essieu dans la boîte de la roue. En dehors
du graissage (qui a une grande influence directe), il y a à considérer ici
le rapport du diamètre de la roue au diamètre de sa boîte : plus ce rapport
sera grand, moins le déplacement du point d'application de la force de
frottement sera considérable, pour une distance franchie par le véhicule.
D'autre part, on démontre facilement que l'efficacité de la puissance
motrice est proportionnelle au rayon des roues.

Reste le tirage en lui-même, c'est-à-dire le coefficient fractionnaire
par lequel on multiplie le poids du chargement pour trouver l'effort de
traction, dans les conditions ordinaires de grandeur des roues et de
graissage des boîtes.

Les tables que l'on trouve dans les ouvrages spéciaux sont faites, en
outre, dans l'hypothèse d'une route horizontale, de sorte que le coefficient K
est mathématiquement le rapport de l'effort tractionneur à la charge
tractionnée, P.

Sur une pente il n'en est plus ainsi, le poids P ne pèse plus *de tout
son poids* sur la route considérée et la pression qui s'exerce tombe à
P cos ω (en appelant ω l'angle de la côte à l'horizon).

Ce n'est donc pas K × P qui représente exactement l'effort, mais bien
K P cos ω.

Si donc *l* = la longueur de la rampe, K P cos ω *l* donnera le travail
de tractionnement proprement dit, travail auquel nous devons ajouter
P*l* sin ω pour l'élévation définitive du chargement. — En somme :

$$\text{Le travail total, } T = P \cos \omega \, Kl + Pl \sin \omega$$
$$= Pl \, (K \cos \omega + \sin \omega)$$

On désigne vulgairement sin ω en disant que la pente est de 2,3,4 ou 5 centimètres par mètre (sin ω = 0,02; 0,03; 0,04; 0,05).

Quant à cos ω, le théorème du carré de l'hypoténuse fait voir qu'il est égal à $\sqrt{1 - \sin^2 \omega}$, c'est-à-dire pratiquement négligeable pour les pentes que l'on rencontre presque toujours.

On peut donc se contenter d'écrire :

$$T = Pl \, [K + \sin \omega]$$

De sorte que, si la rampe est d'un kilomètre, la pente de 0,02, le chargement de 2000 kilogrammes et le coefficient de tirage de 0,04 (comme cela se présente, dans les conditions pratiques [1], sur un terrain ferme et suffisamment uni); si, dis-je, nous donnons ces différentes valeurs à *l*, sin ω, P et K, nous aurons pour valeur de T

$$2.000 \times 1.000 \, [0,04 + 0,02] = 120.000 \text{ kilogrammètres.}$$

Il est intéressant de remarquer que, des 120.000 kilogrammètres actualisés sous forme d'énergie musculaire, une partie seulement remonte dans la hiérarchie énergétique, tandis que l'autre portion, ici la plus grande, se dissipe sous forme de chaleur : le véhicule en s'élevant de toute la hauteur verticale de la rampe a acquis mécaniquement un potentiel plus fort et les 40.000 kilogrammètres consacrés à ce genre de travail ne sont pas mécaniquement consommés. Nous les retrouverons quand nous voudrons, comme un capital placé chez un banquier sûr. Au contraire les 80.000 kilogrammètres consacrés à vaincre la résistance au tirage sont mécaniquement consommés. L'*excretum* calorique de Chauveau retrouve donc ici une illustration inattendue et le vœu des physiciens demeure lettre morte : « Si l'on pouvait retransformer la chaleur due aux frottements en travail, on reconstituerait les 80.000 kilogrammètres! » — C'est vrai, mais on ne le peut pas ; et, par une singulière ironie des choses, notre particule *si* est comme non avenue ; notre mode grammatical désigné autrefois sous le nom de « potentiel » correspond cette fois à la chute fatale et irrévocable du vrai POTENTIEL !

Le plus curieux, c'est que, en pratique, il arrive très souvent que la force musculaire d'un moteur est employée à tractionner un véhicule sur un terrain horizontal ; dans ce cas, sin ω = 0 et l'équation devient

$$T = P \, l \, K.$$

Nous sommes alors en pleine dynamo-thermique pure : *tout le travail est transformé en chaleur... Il n'y a que de l'*EXCRÉMENT *aux yeux du physicien.*

Comment donc se fait-il que l'homme soit assez fou pour dissiper de la

---

[1] Par conditions pratiques, j'entends l'emploi d'un véhicule muni de bonnes roues conformes au modèle d'usage et graissées comme il convient.

sorte toute l'énergie? Sans avoir l'air d'y toucher, nous voilà arrivé au grand problème de la science économique.

Il faut, dans ce cas, affirmer énergiquement (et non plus énergétiquement) que le chargement a acquis, par le fait du transport de A en B, une *plus-value* commerciale. C'est le problème de la dynamotechnie industrielle qui sera traité plus loin. Toutefois cette anticipation a son bon côté.

Si l'on veut attendre, on voit d'ailleurs que le véhicule remonté sur la rampe est généralement appelé à redescendre en restituant l'énergie absorbée pour l'élever à cette hauteur. Cette restitution se fait sous forme d'énergie actuelle et finalement encore, toujours, sous forme de chaleur excrémentitielle. De là ce théorème :

Quelles que soient les dénivellations intermédiaires, le travail des moteurs se mesure par le poids du chargement $\times$ par le coefficient de tirage $\times$ par le chemin effectué, en prenant définitivement deux point équidistants du centre de la terre. Nous allons en esquisser la démonstration.

Le travail exigé pour le transport d'un point élevé à un point déclive, est appelé en mécanique pure *travail négatif*, non pas parce que le moteur ne doit faire alors aucun effort, mais bien parce qu'il doit faire un effort inférieur à celui que nécessiterait le même transport sur route horizontale. Ce transport sur route horizontale est le point de repère, le zéro pratique des tables de tirage. L'équation :

$$T = Pl (K + \sin \omega)$$

devient, dans le phénomène de la descente :

$$T = Pl (K - \sin \omega)$$

Comme il serait facile de l'établir directement.

On en déduit absolument $T = 0$, lorsque $K = \sin \omega$, c'est-à-dire que la pente atteint son angle limite.

Voici comment Delaunay traite cette question :

« Lorsqu'un fardeau descend le long d'un chemin incliné, la composante de son poids, qui est parallèle au chemin, agit dans le sens du mouvement. Cette composante fait donc équilibre à une portion des résistances passives, et la force de traction n'a plus à vaincre que l'excédent de ces résistances. Si l'on observe d'ailleurs que la pression exercée sur le chemin est plus faible que si le chemin était horizontal, on verra que l'inclinaison agit de deux manières différentes pour diminuer la force de traction : en rendant les résistances passives plus faibles, et en donnant lieu à une composante du poids, qui fait équilibre à une partie de ces résistances. Si l'inclinaison est assez grande, cette force peut être réduite à zéro : alors la composante du poids dirigée parallèlement au chemin fait seule équilibre aux résistances passives. »

La discussion purement algébrique de $T = Pl (K - \sin \omega)$ nous conduirait enfin au cas où T est plus petit que zéro.

Ce travail négatif *absolu* correspond à des circonstances que tous les charretiers connaissent empiriquement, et que M. Delaunay décrit ainsi :

« Si l'inclinaison est encore plus grande, non seulement on ne devra pas tirer le fardeau pour entretenir son mouvement, mais encore il faudra le retenir en lui appliquant une force dirigée en sens contraire du mouvement, si l'on veut que ce mouvement ne s'accélère pas indéfiniment. On voit en effet que, pour une pareille inclinaison, les résistances passives sont mises en équilibre par une portion de la composante du poids qui agit dans le sens du mouvement, et l'autre portion de cette composante augmenterait sans cesse la vitesse du corps, si l'on ne s'opposait pas à son action. C'est ainsi que, lorsqu'une voiture descend sur un chemin fortement incliné, les chevaux qui sont attelés à la voiture sont obligés de la retenir, pour empêcher son mouvement de s'accélérer outre mesure.

Il arrive même souvent, lorsqu'il s'agit d'une voiture pesamment chargée, et tirée par plusieurs chevaux placés les uns devant les autres, qu'on détache les chevaux, à l'exception du limonier, pour les attacher derrière la voiture dans les fortes descentes. »

On peut se servir du mouvement uniformément accéléré que présente un véhicule descendant spontanément une pente très forte, pour mesurer le coefficient de tirage, mieux qu'à l'aide d'un dynamomètre ordinaire ; mais ce n'est pas le lieu de traiter cette question incidente.

D'autre part, les physiologistes purs sont enclins, à la suite de Hirn, à ne considérer comme *travail négatif* que celui exigé pour retenir un fardeau dans une descente. Il y a là une incorrection sur laquelle on reviendra. Le plus intéressant, en ce moment, était d'établir notre théorème déjà cité, et dont je reproduis le texte :

Quelles que soient les dénivellations intermédiaires, le travail mécanique vrai se mesure par P $\times$ l $\times$ K, *en choisissant deux points équidistants du centre de la terre.*

L'effort de traction est donc tantôt plus grand, tantôt plus petit que P $\times$ K, mais la compensation s'établit quand le chargement revient au même potentiel d'élévation verticale. Au fond, c'est une simple conséquence du cycle de Carnot.

Il existe une proposition mathématique analogue à la précédente concernant les variations de la vitesse du véhicule.

γ. Aux alinéas α et β nous visions les résistances au mouvement sur lesquelles tous les auteurs spéciaux sont d'accord. Maintenant nous allons toucher à un problème un peu plus délicat et qu'on ne résoudrait pas si l'on voulait s'en tenir aux vieilles notions de la mécanique scolastique. Malgré ce petit préambule, le problème qu'on va examiner n'a rien de transcendant ni de métaphysique, au contraire.

L'expérience la plus grossière démontre en effet que, lorsqu'un cheval a neutralisé toutes les résistances passives que le véhicule et le chemin lui opposent, ledit cheval est quelquefois loin de compte !

Je ne parle pas de la pente, ni de la force que toute machine du genre locomotive doit consacrer à se transporter elle-même. Ce sera plus tard. Je m'en tiens au « démarrage » sur terrain plan, dans les conditions les plus favorables.

Le démarrage est un phénomène beaucoup plus complexe qu'on n'a coutume de le penser, même en le considérant comme chose en soi, et abstraction faite de ce qui se passe corrélativement du côté du moteur animal.

A ne consulter que la terminologie, le mot « démarrage » est une expression figurée : on insinue que le véhicule chargé est amarré à la place qu'il occupe, c'est-à-dire y retenu par des *câbles,* à la façon d'un bateau fixé en place par une amarre. Il suit de là que, pour démarrer, il faut d'abord détacher les amarres. Je dis : « il faut d'abord », attendu que, si c'est une condition nécessaire, ce n'est peut-être point une condition suffisante. C'est pourquoi nous allons nous livrer à une seconde analyse minutieuse des résistances au démarrage.

Quand on trouve, dans les tables de tirages, que la moyenne résistance au roulement, sur un terrain ferme, battu et très uni, est de 0,04, il ne faut pas en conclure précipitamment que 4 kilogrammes peuvent entraîner d'emblée une charge de 100 kilogrammes. L'expérience démontre que, au départ, les résistances passives de toute nature sont supérieures à celles que rencontre le roulement commencé, et cela pour plusieurs raisons :

a) Les roues du véhicule sont toujours plus ou moins déformables, surtout lorsque la durée intervient ; de sorte que, au départ, les choses se passent comme si l'on voulait *rouler sur des roulettes carrées!*

b) Le terrain, lui aussi, est déformable, de sorte que, au départ ces choses se passent comme si l'on avait à *tirer la voiture d'une ornière.*

c) Mais, ces deux facteurs fussent-ils supprimés, il resterait encore ce fait mathématique, savoir : que le moteur doit communiquer au mobile une certaine *accélération.*

L'accélération est la mesure exacte de la grandeur d'une force agissant sur une masse libre ou libérée artificiellement de toutes les résistances passives. Ce dernier cas est absolument le nôtre : le véhicule n'est pas de prime abord un « mobile » dans le sens de la mécanique rationnelle ; mais, en dépensant un certain effort mobilisateur, le cheval ne tarde pas à faire de la masse résistante du véhicule une masse complètement apte à céder à la plus petite force de l'univers.

On peut résumer tout ceci en disant que le coup de collier est la somme d'un certain effort *mobilisateur* et d'un certain effort positivement *moteur,* le tout multiplié par le chemin le long duquel se fait le démarrage.

Une fois que le véhicule possède la vitesse voulue, il peut progresser régulièrement à cette vitesse, sur un terrain horizontal, à la condition toutefois que le cheval détruise constamment la résistance au tirage $= P \times K$.

C'est la période d'*entretien* ; période typique durant laquelle il est strictement vrai que 4 kilogrammes entraînent 100 kilogrammes (pour $K = 0,04$). Le système est donc abandonné à lui-même, le mouvement est uniforme et la machine en équilibre.

Supposons maintenant qu'on donne un coup de fouet au cheval... Alors le dynamomètre accuse un chiffre supérieur et la vitesse augmente. Mais au bout de quelques secondes, le dynamomètre retombe à 4 kilogrammes pour 100 de la charge totale... En même temps, un observateur placé sur la route constate que la vitesse n'augmente plus. Elle est plus grande que tout à l'heure, mais elle est encore *uniforme*.

Un peu plus loin le charretier et le cheval s'endorment légèrement... le dynamomètre tombe au-dessous de 4 kilogrammes pour 100 de la charge (c'est-à-dire à moins de 80 kilogrammes) et le tombereau s'endort lui aussi, en perdant de la vitesse. Alors le charretier tousse fortement, le cheval est tiré de sa torpeur, juste au moment où la vitesse moyenne est redevenue ce qu'elle était auparavant... le dynamomètre remonte et se maintient à 80 kilogrammètres.

En somme, rien de plus facile à comprendre :

« Pour que le mouvement s'accélère, il faut que la puissance l'emporte sur les résistances ; une partie seulement de la puissance leur fait équilibre, et l'autre partie augmente la vitesse de la machine.

« Pour que le mouvement se ralentisse, il faut que les résistances l'emportent sur la puissance. Celle-ci ne fait plus équilibre qu'à une portion des résistances, et le travail moteur est égal au travail résistant dû à cette portion seulement.

« Ainsi le travail moteur est tantôt plus grand, tantôt plus petit que le travail résistant produit dans le même temps, suivant que le mouvement de la machine s'accélère ou se ralentit. Mais on admettra sans peine que l'excès de travail moteur qui donne lieu à une certaine accélération est précisément égal à l'excès de travail résistant qui détruit cette accélération, en ramenant le mouvement à ce qu'il était au début.

« On peut donc dire que, *lorsqu'une machine se trouve, à deux instants différents, animée de la même vitesse, quels que soient les changements que sa vitesse a pu éprouver dans l'intervalle, il y a eu compensation exacte entre les excès alternatifs du travail moteur et du travail résistant.* » (Delaunay.)

Il existe une analogie parfaite entre ce théorème relatif aux dénivellations de la vitesse et le théorème sus-énoncé relativement aux dénivellations du terrain. Lorsqu'on repasse par le même niveau, soit de vitesse, soit de terrain, il est permis de négliger dans le calcul les variations intermédiaires. En d'autres termes, la vitesse obéit à la même loi que les autres potentiels et on pourrait élégamment la définir le « potentiel de la force vive » !

Delaunay ajoute avec raison que le théorème subsiste même quand on prend vitesse = 0, c'est-à-dire la totalité des travaux accomplis depuis l'instant où la machine commence à se mouvoir jusqu'à celui où elle rentre à l'état de repos. — Et, nous voyons que tout cela est un nouveau cas particulier du « cycle d'opérations » de Carnot.

Nous n'avons qu'un mot à ajouter au sujet de l'arrêt naturel. Cette phase est la contre-partie et le complément mathématique du démarrage.

Tout le travail moteur qui s'est ajouté au travail mobilisateur initial, pour communiquer une vitesse définie au véhicule, tout ce travail *excédent* est en réalité emmagasiné jusqu'à ce que le véhicule le restitue en profitant, comme on dit vulgairement, de sa vitesse acquise. Celle-ci représente en effet une acquisition, un capital qui va se dépenser graduellement et faire marcher la charrette *au delà* du terme où le cheval cesse de tirer dessus. Il y a même dans ce phénomène une occasion excellente de vérifier pratiquement le coefficient de tirage.

Nous résumons ci-dessous les développements qui précèdent.

A. Un moteur travaille :

1° Lorsqu'il entretient la progression uniforme d'un véhicule (P) sur une route horizontale *(l)* de tirage = K ; son effort moyen est de P × K kilogrammes ; son travail est de P K*l* kilogrammètres.

2° Lorsqu'il élève le véhicule P à une hauteur verticale *h*; attendu que, dans ce cas, l'accroissement P*h* du potentiel s'ajoute encore au travail ordinaire de translation du fardeau le long d'une rampe définie.

3° Lorsqu'il accélère la vitesse du véhicule ; attendu que, dans ce cas, il prépare le véhicule à rouler *au delà* du terme des efforts de traction exercés sur ce véhicule (travail emmagasiné).

4° Lorsqu'il démarre ; attendu que, dans ce cas complexe, il doit vaincre d'abord les résistances ordinaires, plus celles qui tiennent à la *déformation* des roues et de la voie, plus celle que l'on rapporte abusivement à l' « inertie » de la matière et qu'il faut rationnellement attribuer à l'ACCÉLÉRATION (voy. notes additionnelles).

B. 1° En tant que le moteur élève verticalement le véhicule chargé, ou qu'il accélère la vitesse, il *potentialise* de l'énergie. A la descente, au ralentissement, ou bien à l'arrêt naturel, toute cette énergie sera restituée.

2° En tant que le moteur emploie sa force à vaincre les déformations des roues et de la voie, ainsi que les résistances propres de celle-ci, il dissipe de l'énergie ; la chaleur excrémentitielle qui résulte de ce travail n'aura plus jamais d'équivalent mécanique !

3° Il en est d'ailleurs de même de l'élévation verticale et de la vitesse gagnée par le chargement, c'est un gain momentané, une potentialisation provisoire ; tôt ou tard le véhicule repasse par les mêmes niveaux de terrain et de vitesse ; l'énergie mécanique est alors intégralement consommée, c'est-à-dire excrétée caloriquement.

4° Mais, dans l'intervalle, il s'est produit ou du moins il a dû se produire une élévation de « potentiel économique ».

SOUS-SECTION II. — MOTEURS ANIMAUX

Les pages qui précèdent étaient destinées à faire comprendre la position du problème, et aussi à en faire soupçonner les difficultés. Il doit déjà sauter aux yeux des personnes les moins préparées à ce genre de recherches, *que l'animal n'est pas une machine comme une autre.* 1° Un cheval, un bœuf, un chameau, un chien, un homme sont sans doute des moteurs vivants qui emmagasinent en vingt-quatre heures un *quantum* défini d'énergie potentielle ; 2° mais la portion actualisable, sous forme de travail kilogrammétrique, N'EST PAS directement mesurable en totalité. On va le voir.

Dans les machines ordinaires, il est entendu que ce qu'on perd en force, on le regagne en vitesse et réciproquement. Dans le cas de machines vivantes, cette compensation n'existe nullement. Interrogée sur ce paradoxe, la science a essayé de répondre :

1° *Parce que* si M V exprime la quantité de mouvement, 1/2 M V² exprime la puissance vive ;

2° *Parce que*, dans les moteurs vivants, l'énergie n'est pas proportionnelle à la masse du moteur ;

3° *Parce que*, dans les moteurs vivants, le travail automoteur varie autrement que la vitesse ;

4° *Parce que*, dans les moteurs vivants, il y a une surexcitation fonctionnelle qui dépend du mode d'emploi, de l'entraînement, de la race et même de l'individualité des sujets.

I. DE LA QUANTITÉ DE MOUVEMENT ET DE LA FORCE VIVE

J'ai été longtemps séduit par une coïncidence, peut-être plus curieuse que sérieuse. Considérant la fonction M × V au point de vue purement algébrique, et supposant que M est un coefficient ordinaire de la variable V, je remontais à la fonction primitive 1/2 M V² dont M V serait en effet la dérivée correcte ; un peu comme de l'équation de la circonférence, $2 \pi R$, on remonte à celle du cercle 1/2 $2 \pi R^2$ ou simplement πR^2 ; un peu aussi comme de la surface sphérique, $4 \pi R^2$, on remonte à la formule du volume sphérique 4/3 πR^3, etc. Ensuite je me suis jeté d'un excès dans un autre, en osant déclarer que c'était là un calembour mathématique !

Il peut se faire néanmoins qu'il y ait quelque chose dans ces symboles abstraits et que le travail puisse être défini : « une quantitité de mouvement qui s'épuise peu à peu, le long d'un chemin résistant ». Cet épuisement, supposé uniforme, implique naturellement que le pouvoir de pénétration d'un projectile, ainsi que toute forme plus ou moins analogue de l'énergie cinétique, est proportionnel au carré de la vitesse (voy. fig. 171).

Ce schéma très simple démontre ou plutôt montre aux yeux la raison pour laquelle le travail effectué n'est pas immédiatement en proportion avec la chute de la vitesse.

Par conséquent, la coïncidence en vertu de laquelle M V est la dérivée algébrique de 1/2 M V², se trouve suffisamment expliquée.

D'autre part nous tenons beaucoup à la légende inscrite au bas de la figure : « Diminution régulière de la vitesse d'un corps ne recevant plus de nouvelles impulsions... » Cela signifie que le *parce que* invoqué dans le premier paragraphe est un sophisme. L'expérience des praticiens est confirmative à cet égard :

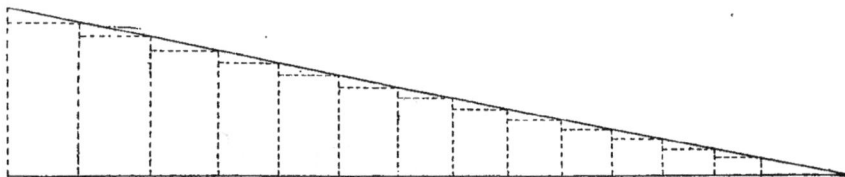

Fig. 171. — Diminution régulière de la vitesse d'un corps ne recevant plus de nouvelles impulsions et progressant contre une résistance rigoureusement constante.

Un cheval tractionneur, de 500 kilogrammes, exploité dans les meilleures conditions, débite 75 kilogrammètres par seconde; mais il ne faut point se hâter de le comparer à une machine de la force d'un *cheval-vapeur*. Ce débit de 75 kilogrammètres à la seconde peut durer pendant huit heures, au pas de 1ᵐ,20 par seconde, avec effort moyen = 62ᵏᵍ,500.

En deçà comme au delà de chacune de ces moyennes *optima*, le rendement diminue :

1° Demandez à ce cheval une vitesse double = 2ᵐ,40, il vous faudra réduire l'effort de moitié (31 kilogrammes) et aussi de moitié la durée du service journalier ; soit un rendement de 1.080.000 kilogrammètres, au lieu de 2.160.000 en vingt-quatre heures.

2° Demandez-lui une vitesse encore double (4ᵐ,80), ce sera bien pis ! Il faudra de nouveau réduire l'effort à plus de la moitié (15 kilogrammes) et en outre de moitié la durée du travail; soit un rendement de 540.000 kilogrammètres.

3° Faites l'expérience tout à fait opposée : ne demandez à votre animal qu'une vitesse de 0ᵐ,60 à la seconde en doublant l'effort (125 kilogrammes). Croyez-vous qu'il marchera 16 heures ? Il ne marchera même pas huit heures, quoique le débit reste de 75 kilogrammètres par unité de temps.

Il ira à peu près le même temps que lorsque vous le faisiez trotter avec 31 kilogrammes de charge et 2^m,40 de vitesse.

4° Essayez de lui demander un effort de 250 kilogrammes même en le laissant aller à la vitesse réduite de 0^m,30 (s'il veut s'y prêter). Il fera alors la mine du galopeur deux heures à peine !

Il est inutile de parler maintenant d'un effort de 500 kilogrammes, même à la vitesse de 0^m,15 ; pas plus qu'on ne se figure sérieusement une vitesse de 9^m,60, même avec un effort insignifiant de 7 kilogrammètres.

Renonçant donc pour le moment à toute tentative d'explication, bornons-nous à représenter les faits le moins mal possible : nous aurons alors (voy. fig. 172) un triangle dans lequel il s'agit d'inscrire des rectangles. A défaut de la plus élémentaire des géométries, on découvre à l'œil que, *en deçà comme au delà de l'aire* ABCD, *nous tendons vers zéro.* Ce schéma revient souvent en biologie.

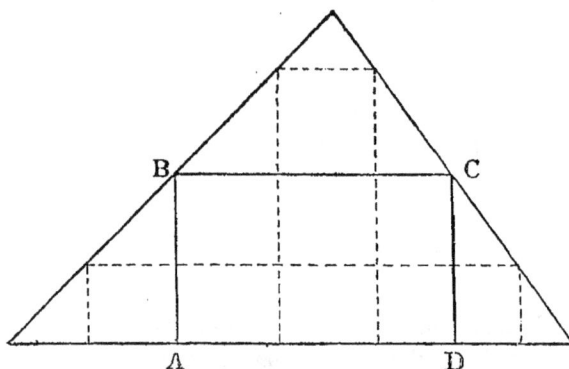

Fig. 172.

Il en résulte précisément que M V, pas plus que 1/2 M V^2 ne correspond à notre problème, pas plus au reste que 1/2 M^2 V, ou toute autre formule en fonction de M et de V. Si nous employions nos moteurs à lancer un véhicule destiné ensuite à rouler tout seul, en usant peu à peu l'impulsion initiale, ce serait le cas de considérer la quantité de mouvement ou la puissance vive, de chiffrer des kilogrammes-secondes ou des kilogrammètres, c'est-à-dire des unités dynamiques *à deux dimensions.* On y reviendra en temps utile.

Il est bon d'insister là-dessus, attendu que Rueff a gâté cette question, tout en trouvant en France des auteurs pour le citer avec complaisance.

Selon l'écrivain allemand : un coureur de 125 livres perd, pour chaque pied de vitesse, 1/5 de sa force estimée à 50 livres ; c'est-à-dire que cet homme portera 50 livres en restant sur place, 40 livres en allant à raison d'un pied par seconde, 30 livres en faisant 2 pieds, 20 livres en en faisant 3, 10 livres en en faisant 4, et enfin zéro livre (!) en en faisant 5...

« En d'autres termes, comme dit Sanson, un pied parcouru (à la seconde) consomme en force 2/25 du poids total du corps. »

Pour le cheval, voici les deux progressions inverses :

320 livres pour	0	pied
240 —	2	pieds
160 —	4	—
80 —	6	—
0 —	8	—

Cette fois, un pied parcouru consomme 40 livres, soit 1/20 du poids du corps, si le cheval pèse, comme le veut Rueff, 800 livres tout juste.

Dans la pratique, ajoute encore Sanson d'après l'auteur, un homme dépensera moyennement 25 livres avec une vitesse de 2 pieds et demi par seconde, et aura plus de facilité pour tripler l'effort que la vitesse ; tandis que le cheval dépensera moyennement 160 livres avec une vitesse de 4 pieds, et aura plus de facilité pour tripler la vitesse que la charge... (?)

Suivent des commentaires quelque peu obscurs, puis la conclusion que voici :

« L'effort moyen d'un cheval adulte suffisamment nourri peut durer en moyenne huit heures par jour ; en d'autres termes, ce cheval peut travailler au pas, à la vitesse de 4 pieds, avec une charge de 160 livres, durant huit heures, sans en éprouver aucun dommage. La durée du travail doit être diminuée de 1/4 pour environ 40 livres de charge, ou pour un pied de vitesse en surplus. »

Ce passage a été supprimé par M. Sanson dans son édition la plus récente, mais je regrette qu'il n'ait pas ouvertement motivé cette suppression. Il n'aurait eu, pour ce faire, qu'à reprendre l'échelle anonyme suivante citée après celle de Rueff :

Avec 2 pieds de vitesse par seconde,	160 livres de traction
— 3	—	—	120	—
— 4	—	—	90	—
— 5	—	—	62	—
— 6	—	—	40	—
— 7	—	—	23	—

Il n'avait, dis-je, qu'à reprendre cette échelle et à insister sur le progrès qu'elle exprime relativement aux idées de Rueff. Cette fois, en effet, les efforts de traction ne diminuent plus en *raison arithmétique*, mais par différences elles-même décroissantes : 40, 30, 28, 22 et 17 ; différences dont la loi n'est pas très explicite, à la vérité, mais qui semblent du moins résulter de l'expérimentation, avec les obscurités et les causes d'erreur que cette recherche comporte.

En manière de conclusion, nous rappellerons qu'il n'est pas douteux que les expressions mathématiques M V et 1/2 M V² n'aient une grande valeur en mécanique rationnelle ; que la force entendue par rapport à la durée, $\int F dt$, n'ait pour mesure M V (impulsion, moment ou quantité de mouvement); que la force entendue par rapport à l'espace, $\int F de$, n'ait pour mesure $1/2 M V^2$ (demi-force vive, puissance vive). Rien de tout cela ne fait plus l'ombre d'une difficulté, le KILOGRAMMÈTRE mesure le travail sans faire de tort au KILOGRAMME-SECONDE qui mesure le moment d'impulsion.

Mais il ne faut pas vouloir tirer d'un principe ce qu'il ne contient pas. Les moteurs vivants cessent de rendre leur *maximum* d'unités dynamiques, aussitôt qu'on veut changer quoique ce soit à leur effort *optimum* ou à leur vitesse *optima*. A ne voir que superficiellement les choses, on peut croire que la compensation s'établit, mais il faut observer ensuite si le débit kilogrammétrique se soutient pendant le même nombre de secondes, par période de vingt-quatre heures, et même en considérant une période plus longue, attendu que la DURABILITÉ du moteur pèse peut-être encore plus que tout le reste dans la balance zoo-économique.

II. INFLUENCE DE LA MASSE DES MOTEURS SUR LA FORCE ET LA VITESSE

Entre autres variations très intéressantes que les animaux domestiques nous présentent, il y a celle que je désigne sous le nom d'HÉTÉROMÉTRIE ;

Il a été dit dans une autre partie de ce Traité (voy. page 434 et suiv.) que certains sujets paraissent posséder encore aujourd'hui le volume ou le format primitif de leur espèce ; on les a qualifiés d'eumétriques, voulant dire par là qu'il existe chez eux, plus que chez leurs congénères, une heureuse harmonie entre les divers éléments linéaires, surfaciels et cubiques de tout leur corps.

Au-dessous d'eux, dans l'échelle des masses, il y a les ellipométriques qui n'atteignent pas le format normal. Ces individus ont des surfaces relativement grandes pour leur volume : s'ils sont géométriquement semblables, ils sont biologiquement dissemblables, comme on va le voir.

Même observation, en sens inverse, pour les hypermétriques qui dépassent la mesure et dont les surfaces sont relativement petites pour leur volume.

La calorification et le système nerveux varient comme les surfaces relatives ; l'activité de la nutrition, la rapidité du développement ontogénique, le nombre des pulsations par minute, la vivacité du rythme respiratoire éprouvent le retentissement de cette augmentation des surfaces relatives ; de sorte que, si j'embrasse toutes ces fonctions vitales sous le terme figuré de « tonalité physiologique », je puis dire abréviativement que, chez les ellipométriques, cette tonalité se trouve comme diésée[a], tandis que chez les hypermétriques elle se trouve bémolisée[b].

La loi de Crevat, en vertu de laquelle *les rations alimentaires doivent être proportionnelles au carré des racines cubiques des poids vifs,* est donc un simple corollaire de l'hétérométrie animale, au même titre que la loi de Richet sur la thermogenèse.

Crevat fait voir avec beaucoup de justesse que sa méthode de rationnement permet d'exploiter tous les animaux avec le même degré d'intensivité, pourvu qu'on veuille bien en juger logiquement, c'est-à-dire évaluer le *quantum* des unités de produit, en fonction du carré du tour de la poitrine ou de toute autre ligne corporelle multipliée par elle-même.

Cependant, même avec ce correctif, on ne fera pas que la vitesse d'un cheval de 815 kilogrammes soit, en toute circonstance, égale à celle de deux poneys de 300 kilogrammes. Examinons cela de près et au point de vue même de M. Crevat, c'est-à-dire en mettant tout au juste pour le gros animal.

a) D'abord il est clair que, si les sujets étaient nourris en proportion simple des masses, il nous faudrait donner plus à manger au colosse de 815 kilogrammes qu'aux deux nains de 300 kilogrammes. Alors il arriverait forcément que nous serions en droit de demander au gros cheval un compte plus sévère que celui exigé des deux petits. Ceux-ci prélèvent, pour leur entretien, autant que le gros pour le sien, de sorte que leur ration de production est finalement beaucoup moins forte. S'il s'agit de traîner une énorme charge, le gros cheval montrera sans doute la supériorité qu'il tire de sa bonne alimentation, relativement aux deux minuscules qui ne pourront peut-être pas démarrer. Mais s'il s'agit d'un véhicule léger, personne n'hésitera à poser un pronostic inverse du précédent : l'hercule enlève la résistance en haussant tout doucement les épaules, c'est vrai ; mais il ne pourra tout de même point, comme disent les paysans, « faire courir un cabriolet plus vite que lui » ! Au contraire, les deux petits chevaux, bien assez forts cette fois pour tirer le cabriolet en question, pourront le faire courir aussi vite qu'eux ; et, sans donner de chiffres, on sait que le cheval hypermétrique est battu d'avance.

b) Laissons donc cette gageure facile et nourrissons intelligemment nos chevaux, comme Crevat le recommande, c'est-à-dire en raison des surfaces. Ce sera plus manifeste. Car, dès lors, on découvre qu'il faut donner juste autant au grand animal qu'aux deux petits pris ensemble, puisque le carré du tour de la poitrine du premier est égal à la somme des carrés des tours de poitrine des deux autres. Pour la même raison, nous voyons que le débit kilogrammétrique probable est de 106 kilogrammètres dans un cas et de 53 + 53 dans l'autre.

Mais qu'est-ce qu'un *débit* de 106 kilogrammètres ? Cela peut tout aussi bien être un effort de 106 kilogrammes à la vitesse de 1 mètre, qu'un effort de 26 kilogrammes à la vitesse de 4ᵐ,07...

De nouveau et *a fortiori* la question est jugée par tous les praticiens : avec un tirage de 26 kilogrammes, deux poneys bien nourris trotteront fort bien, tandis que le gros cheval trottera lourdement. Si l'on regarde le temps du service journalier, dans l'un et l'autre cas, ce sera bien pis. Et si l'on regarde la carrière complète des deux attelages, c'est le comble!!!

En voilà assez sur la constatation brutale du fait. Le moment est venu de chercher pourquoi les animaux hypermétriques, même mieux nourris, ont toujours contre eux leur déplorable hypermétrie [1].

III. DU TRAVAIL AUTOMOTEUR

Les lecteurs sceptiques pourront dire ceci :

« L'hétérométrie explique passablement qu'il n'y a pas compensation entre la vitesse et la force, quand on passe d'un moteur de tel poids à un moteur de tel autre, mais il faudrait envisager le cas d'animaux de poids donné, et, par conséquent, demander la solution du problème à un autre facteur que l'hétérométrie. »

Rien de plus juste et, pour préciser davantage, nous répondrons en premier lieu que les animaux du même format (isométriques) sont déjà très inégaux lorsqu'on fait attention à la prédominance du long sur le large, ou du large sur le long...

Je n'explique pas pour l'instant cette autre source de diversité, chez les animaux domestiques, je la constate et je l'enregistre avec soin : c'est l'anamorphose, en vertu de laquelle il existe non seulement des brachycéphales, des mésaticéphales et des dolichocéphales, mais encore (ce qui est plus important ici) des bréviligues, des médiolignes et des longilignes.

Les médiolignes sont supposés représenter le prototype bien pondéré dans ses axes longitudinaux et transversaux; les deux autres sont des retouches, peu profondes au point de vue de la morphologie fondamentale, très significatives au contraire au point de vue de la force et de la vitesse.

Alassonnière frappé des propriétés dynamiques qui caractérisent les bréviligues, les a nommés : « type à intensité de contraction ». Par contre, il a désigné les longilignes sous la rubrique de : « type à étendue de contraction ». L'idée est heureuse et conforme à l'expérience universelle; les théorèmes de Crevat s'y adaptent admirablement :

Supposons deux chevaux ayant le même périmètre thoracique, de $1^m,75$ par exemple : 1° celui-ci est néanmoins trapu, court, ramassé, refoulé, bas sur jambes; 2° celui-là est au contraire svelte, étiré, haut perché.

Ma formule, tirée des spéculations de Crevat, donne, pour chacun d'eux, un débit kilogrammétrique de 68 kilogrammètres.

$$D'' = 22,11 \times C^2$$

(dans laquelle C est le tour orthogonal de la poitrine, $1^m,75$).

---

[1] Quand il faut *courir*, naturellement.

Mais, toutes choses étant égales d'ailleurs, il existera une certaine différence entre ces deux chevaux, relativement au mode de production des 68 kilogrammètres. Le premier, le large, aura plus d'aptitude à un effort = 68 kilogrammes, combiné avec une vitesse = 1 mètre par seconde; le deuxième, le long, aura plus d'aptitude à un effort = 56 kilogrammes, combiné avec une vitesse = 1^m,20. Enfin s'il faut courir, le deuxième le fera bien plus volontiers que le premier et, cette fois, il n'y aura plus aucune espèce de compensation.

Voici une autre formule plus immédiatement applicable : $F = 30 \dfrac{C^2}{H}$; ce qui signifie que la force normale est proportionnelle au carré du tour de la poitrine divisé par la hauteur au garrot.

Les types à intensité de contraction ont naturellement le cylindre corporel plus développé et le garrot moins sortant, comme si ce corps plus lourd tombait davantage entre les membres thoraciques écartés pour le recevoir. A tour pectoral égal, ils pèsent plus que les types à étendue de contraction qui sont du style ogival, à cause de la proposition géométrique qui régit les isopérimètres eux-mêmes.

Crevat a bien compris cette influence de l'anamorphose, lorsqu'il a posé ses formules du poids vif :

$$P = 85 \times C^3 \text{ (cheval de labour).}$$
$$P = 80 \times C^3 \text{ (— de roulage).}$$
$$P = 75 \times C^3 \text{ (trotteur ordinaire).}$$
$$P = 70 \times C^3 \text{ (— très rapide).}$$

Il en résulte encore que les types cylindriques, à intensité de contraction, ont le *dessous* généralement faible ; tandis que les types à étendue de contraction ont des membres forts pour un tronc quelquefois un peu étriqué.

La formule $30 \dfrac{C^2}{H}$ pourrait encore être établie autrement, en considérant que les trois dimensions géométriques s'opposent en réalité de la façon suivante :

La longueur seule à la largeur et à l'épaisseur prises ensemble, de telle manière que ce qui est long, est à la fois étroit et mince, que ce qui est large est à la fois épais et court. (J'ai même indiqué un remaniement du *Traité des proportions*, d'après ce principe.)

Le terrain déblayé, abordons le problème des compensations ou des non compensations de la vitesse et de l'effort, quand il s'agit du même individu. C'est là le vrai nœud de la question.

Théorème. — *Au fur et à mesure qu'un véhicule marche plus vite, le moteur vivant a moins de prise sur lui.*

« Si un tonneau repose sur un sol uni et horizontal, et qu'on le fasse rouler en le poussant avec la main, on pourra lui communiquer un mouvement de plus en plus rapide. Mais on sent que, au commencement du mouvement, on a une plus grande action que plus tard ; à mesure que le tonneau va vite, on accélère de moins en moins sa vitesse, et il arrive un moment où on ne l'accélère même plus. Pour peu qu'on réfléchisse à ce qui se passe dans ce cas, on reconnaîtra qu'il y a une différence essentielle avec ce qui se produit dans le mouvement d'un corps qui tombe librement. On verra, en effet, que plus le tonneau va vite, plus la pression qu'on peut exercer avec les mains diminue et que, s'il a atteint la plus grande vitesse que puisse prendre un homme en courant, il ne sera plus possible de continuer à le pousser pour augmenter celle-ci. L'augmentation de la vitesse du tonneau donne lieu à une diminution dans la grandeur de la force qui agit sur lui, c'est pour cela que plus la vitesse est grande, moins on peut l'accélérer ; mais si la pression exercée par les mains était toujours la même, elle donnerait lieu toujours au même accroissement de la vitesse dans une seconde de temps.

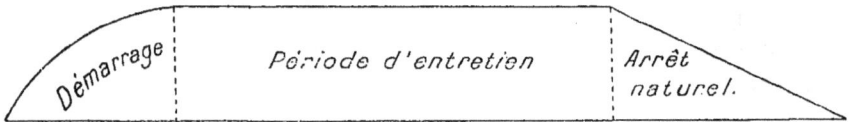

FIG. 173. — Courbe des vitesses d'un véhicule entre le repos initial et le repos final.

« Le tonneau, en roulant de plus en plus vite, se soustrait de plus en plus à l'action des mains qui le poussent ; tandis que, quelle que soit la vitesse d'un corps qui tombe, il ne se soustrait aucunement à l'action de la pesanteur. »

M. Delaunay, en citant cet exemple vulgaire, nous donne la clef du démarrage et de toute la théorie du tractionnement par les moteurs animaux. — Je me suis appliqué à tirer de son idée une représentation graphique que je crois intéressante (fig. 173).

La première portion du schéma correspond à une parabole, attendu que cette ligne est le type des fonctions qui atteignent un maximum, par atténuation progressive et régulière des accroissements de l'ordonnée (ici la vitesse). Cela veut dire qu'un cheval qui commence à tirer sur sa charge considérée comme obstacle fixe, peut développer alors toute sa force : C'EST AU DÉPART QUE LE CHEVAL EST LE PLUS FORT !

Il est vrai que c'est au départ qu'il a le plus besoin d'être fort.

Aussitôt que la force du cheval produit son effet, elle perd de son efficacité. L'animal ne tire plus sur un obstacle fixe, c'est comme si le terrain lui glissait sous les pieds ; au reste *il faut qu'il coure après sa voiture*, comme l'homme après son tonneau... Au bout de quelques instants, le cheval ne peut plus exercer qu'une traction juste égale au tirage du chargement ; voilà comment cette force constante ne produit en réalité qu'un mouvement uniforme, au lieu de produire un mouvement uniformément accéléré. Le sujet est d'ailleurs si intéressant que nous ne voulons rien laisser passer de ce qui peut contribuer à l'éclaircir.

On peut se figurer que si un cheval tirait sur une masse *libre* de toutes résistances passives, il convertirait toute sa force en force accélératrice, de façon à se trouver dès lors dans les conditions de la pesanteur vis-à-vis des corps qui tombent *librement*. La difficulté soulevée ici vise, bien entendu, un cas chimérique, attendu que jamais le génie humain ne pourra réduire au zéro mathématique ni le frottement, ni le glissement, ni le roulement, ni la roideur des cordes, ni la résistance des fluides. Nous verrons en dynamotechnie quels sont les progrès faits ou à faire dans ce sens, sans espoir d'atteindre la *limite*, c'est-à-dire l'annulation rigoureuse.

Il est incontestable que les moteurs en mode de vitesse n'apparaissent que corrélativement à l'atténuation des résistances de toute nature, mais pour des motifs qui sont un peu en dehors du problème à résoudre.

La raison précise est que, lors même qu'un cheval entraînerait à sa suite une voiture impondérable, il ne pourrait en définitive la faire aller plus vite que lui-même. C'est bien aussi le mot du paysan : « Il ne pourra tout de même point la faire courir plus vite que lui ! » Dans le cas d'une voiture pondérable, il ne peut même pas la faire courir aussi vite que lui, c'est-à-dire à la vitesse *maxima* dont il est capable en courant tout seul.

Mais pourquoi, finira-t-on par dire, le moteur atteint-il, même déchargé de tout fardeau, une vitesse limite? « Parce que cela n'est pas vrai ! » En d'autres termes, jamais le moteur ne peut être déchargé de tout fardeau, puisqu'il est pesant. Or, s'il est pesant, il dépense : 1° un effort pour se porter lui-même, au repos ; 2° un travail AUTOMOTEUR, pour se transporter lui-même d'un point à un autre.

On peut considérer le quadrupède comme un char à quatre roues *déjantées*, hoquetant plutôt qu'il ne roule sur les rais que représentent ici les membres rectifiés de l'animal. Quel est donc le coefficient de tirage de ce singulier char ?

1° Qu'il dépende d'abord du poids ou plutôt de la pression exercée sur le sol, cela est soupçonné par tout le monde ;

2° Qu'il dépende aussi de la nature du terrain (je ne parle pas de la pente), c'est ce que nul laboureur n'ignore ;

3° Qu'il dépende de la vitesse, c'est ce que les géomètres et les expérimentateurs admettent *a priori*, sans être cependant encore arrivés à une solution satisfaisante;

4° Qu'il dépende enfin d'un QUELQUE CHOSE de fort analogue au graissage des boîtes et au diamètre des roues, c'est ce dont, à ma connaissance, personne n'a encore parlé bien sérieusement.

α. Quand on dit que le travail automoteur dépend du poids, on doit scientifiquement considérer le *poids naturel* du moteur, sous peine de confondre toutes les questions l'une avec l'autre : travail du cheval de selle, handicaps et travail de bât ! Cette simplification naïve conduirait vite à des résultats absurdes. Il faut, je le répète, considérer un cheval nu, marchant sur un bon terrain horizontal et suffisamment dur.

Dans ces nouvelles ou plutôt initiales conditions, il faut encore se garder de confondre l'effort automoteur du quadrupède avec sa stabilité ou son instabilité : *Un chariot muni de roues déjantées et reposant sur les pointes, trébuche sous une traction telle ou telle.* Mais ce dispositif enfantin pourrait tout au plus servir à montrer que le coefficient de tirage, toutes choses égales d'ailleurs, est en raison inverse du rayon des roues.

MM. les professeurs Laulanié et Baron se sont tracé, pour l'examen de ce problème, un programme aussi nouveau que possible. Malheureusement il n'y a encore rien eu de publié, de sorte qu'il est superflu, jusqu'à plus ample informé, de vouloir insinuer ici des résultats qui ne seront peut-être jamais obtenus. Contentons-nous donc de répéter : le travail automoteur dépend vraisemblablement du poids naturel des animaux ; il est plus fort chez les hypermétriques que chez les eumétriques, plus fort chez les eumétriques que chez les ellipométriques ; mais il est prématuré d'affirmer qu'il se chiffre par une fraction définie du poids du corps des animaux, surtout si l'on veut tirer ce coefficient fractionnaire de recherches expérimentales directes.

Ajoutons que le travail en mode de faix (selle, bât et handicaps de surcharge) n'est pas un pur et simple corrollaire de cette première question.

β. La nature du terrain, par elle-même et abstraction faite de la pente, a une influence considérable sur le travail automoteur. Là non plus il n'y a aucune recherche expérimentale directe de faite, mais on voit bien *grosso modo* que, si le moteur s'enfonce, glisse, se heurte douloureusement au sol... etc., il en résultera des variations énormes portant sur l'effort et le travail. Qui nous construira des tables où tous ces cas seront prévus ? Qui se dévouera à ces supputations ingrates que les savants considèrent à peine comme de la science, et les praticiens à peine comme de la pratique ?

γ. Nous avons vu que, au départ, la résistance au roulement est plus grande, parce que la roue est déformée et comme *polygonale* à l'endroit où elle porte sur le sol ; aussitôt qu'elle commence à rouler, ces déformations deviennent plus ou moins négligeables, bien que théoriquement il fallut une vitesse $= \infty$, pour que cette déformation égalât 0 (voy. *Notes additionnelles*).

Le quadrupède, si toutefois nous tenons à le comparer encore à un char monté sur quatre roues déjantées, présente un cas bien différent, sinon inverse : *Plus ses enjambées grandissent, plus son roulement est polygonal !*

D'une façon plus explicite, il faudrait que le cheval fît des pas rigoureusement nuls, pour rouler littéralement sur ses pieds comme sur des roulettes. Il est certain que, dès lors, le problème du travail automoteur rentrerait dans celui du vélocipède et la dynamotechnie y gagnerait non moins que la dynamométrie. Non seulement il n'en est pas ainsi, mais, en y regardant de près, nous découvrons que *le quadrupède marche sur des roues déjantées et à rais flexibles...* Redoublons d'attention.

1° Le centre de gravité de l'animal en mouvement décrirait une droite parallèle au sol, si le tronc progressait sur des roues véritables. C'est entendu ; mais la supposition est stérile, comme on vient de le voir.

2° Le centre de gravité décrirait une série d'arcs de cercles, si le tronc progressait sur des roues géométriquement et régulièrement polygonales, ou bien déjantées et réduites à des rayons *rigides*. C'est facile à comprendre, mais on sait que les membres sont articulés et musclés.

3° Le centre de gravité décrit en fait une série de PARABOLES, même dans les allures *marchées ;* de sorte que ses oscillations verticales (au-dessus ou au-dessous de la situation primitive, peu importe), sont mathématiquement proportionnelles au carré des distances horizontales franchies.

C'est le calcul de l'*amplitude du jet* en balistique, sauf que, dans l'allure marchée, le centre de gravité est un projectile captif, au lieu d'être un projectile lâché, comme dans l'allure sautée.

L'erreur professée sous le nom de « théorie du pendule renversé » s'explique elle-même facilement, lorsque l'on considère que la parabole, vers son sommet, tend à se confondre plus que partout ailleurs avec sa circonférence osculatrice.

δ. Aucune recherche physiologique directe n'a pu être entreprise sur la synovie des animaux de grande vitesse ; personne, non plus, n'a songé à mesurer le *rayon de courbure* des surfaces énarthroses scapulo-humérale et coxo-fémorale, notamment dans ses rapports avec la longueur des membres. On voit bien *a priori* que les animaux lourds doivent présenter un aplanissement ou plutôt un aplatissement qui résulte de la pression elle-même plus forte, de manière à diminuer l'étendue des oscillations des membres, mais c'est tout. Si, par dessus le marché, les individus sont brévilignes, alors nous pourrons les comparer à des véhicules montés sur de petites roues basses tournant autour d'un gros essieu. A défaut de science faite, voilà du moins de la science à faire et des idées directrices.

IV. DE LA SUREXCITATION FONCTIONNELLE ET DES COMPLICATIONS QU'ELLE ENTRAINE EN DYNAMOMÉTRIE BIOLOGIQUE

Toutes les fois que le moteur animal s'écarte d'un débit *optimum*, d'un effort *optimum*, et d'une vitesse *optima*, il dégringole. Les uns diront qu'il cesse de transformer utilement sa chaleur en force, les autres qu'il excrète, en plus grande quantité, l'énergie-chaleur. Mais tout cela revient au même, industriellement parlant.

1° Personne n'ignore que le moteur vivant peine beaucoup moins en portant une surcharge à dos qu'en portant la même surcharge à épaules. Mais pourquoi cela?

2° Personne n'ignore que le moteur vivant peine beaucoup plus, lorsqu'il ne sait pas son métier que lorsqu'il le sait bien. Cette fois, on devine pourquoi.

3° Personne n'ignore que certaines races n'aient plus de facilité à déployer un grand effort ou à courir vite. La *race* est ici la réponse au pourquoi.

4° Personne n'ignore que, dans la même race, il y a des individus qui touchent à la perfection zootechnique, d'autres qui s'en éloignent déplorablement. La méthode des points enregistre le pourquoi.

Particularités que présente le service en mode de faix. — Nous avons tâché de faire comprendre, plus haut, cette particularité curieuse en vertu de laquelle le tractionnaire perd de son action dès que le véhicule cède à son coup de collier, et il faut sans doute faire entrer cette première raison en ligne de compte si l'on veut saisir la diminution effroyablement rapide des rendements calculés par Fourier.

$$\text{Pour une vitesse} = \overset{m.}{0},89 \text{ à la seconde} \qquad \text{Travail utile} = 100$$
$$- \qquad - \quad = 3,33 \qquad - \qquad\qquad - \quad = 1$$
$$- \qquad - \quad = 5 \qquad - \qquad\qquad - \quad = 7$$

M. Baillet se demande tout bas ce qui adviendrait pour une vitesse de 4000 mètres en 4 1/2 minutes, c'est-à-dire de 15 mètres par seconde?

C'est en réfléchissant, comme lui, sur ce point délicat que je suis arrivé au contenu de l'alinéa qu'on va lire.

Le moteur qui doit *courir après* son tonneau, de crainte qu'il ne lui échappe, est évidemment dans de plus mauvaises conditions que le moteur qui le *porterait*, qui ferait pour ainsi dire *corps avec lui*. Cela ne veut pas dire, bien entendu, qu'il soit plus avantageux de porter les fardeaux que de les rouler, tant s'en faut! Mais cela pourrait être la cause pour laquelle les porteurs perdent moins vite de leur force à dos que les tractionneurs ne perdent de la leur à collier, pour des vitesses également croissantes. Je m'explique: le cheval type de 500 kilogrammes, considéré par Crevat, est capable de marcher pendant huit heures à l'allure de $1^m,20$, soit en faisant un effort tractionneur de $62^{kg},500$, soit en portant un faix de 200 kilogrammes.

Qu'on ne se hâte pas de conclure que l'on peut déterminer la charge équivalente à dos, en multipliant l'effort à collier par la CONSTANTE 3,2. Celle-ci n'est pas bonne pour l'allure du galop et par conséquent c'est une pseudo-constante.

En effet, notre cheval ira au trot, à la vitesse de 2,40 en faisant un effort tractionneur de 31 kilogrammes et pendant quatre heures ; pendant quatre heures aussi, il trottera à la vitesse de 3 mètres en portant 80 kilogrammes. Donc la compensation subsiste pour le trot, car $\dfrac{200}{80} = \dfrac{3}{1,20}$.

Mais notre cheval ira au galop, à la vitesse de 6 mètres en portant 60 kilogrammes, pendant deux heures ; pendant deux heures aussi il irait à la vitesse de 4,80 en faisant un effort tractionneur de 15 kilogrammes, or, le rapport $\dfrac{200}{60}$ n'égale pas $\dfrac{6}{1,20}$, à beaucoup près.

Crevat ajoute : « On voit que l'effet utile au trot n'est que la moitié de celui au pas ; mais au galop il diminue moins vite que le travail de traction, parce que, n'ayant point de tirage à vaincre, le cheval n'emploie sa force vive qu'à conserver son élan... » Une critique me sera permise ici.

Je vois parfaitement que le cheval de 500 kilogrammes porte 200 à dos, comme il traîne 62,500 à épaules ; mais je ne puis comparer un faix de 80 (pour vitesse = 3 mètres) à un effort tractionneur de 31 (pour vitesse = 2,40). En d'autres termes, il eût fallu considérer comme second cas, un fardeau de 100 kilogrammes et une vitesse de 2,40 ; ou bien examiner quel effort tractionneur produira, sans se surmener, un cheval de 500 kilogrammes marchant à la vitesse de 3 mètres, et pendant combien d'heures par jour ? Selon la méthode suivie ailleurs par Crévat, ce cheval devrait produire un effort de 25 kilogrammes et travailler pendant 3 heures 12 minutes. Développant toujours la même idée, je trouve que ce cheval marcherait à la vitesse de 6 mètres avec un effort à collier = $12^k,500$ et pendant 1 heure 36 minutes. La supériorité *relative* reste au cheval porteur.

V. RÉSUMÉ

Nous ne croyons pas devoir exposer ici les influences probables que la nature du fardeau porté pourrait avoir sur le rendement de l'animal : corps inerte, cavalier surchargé ou non surchargé, novice ou expert, etc. Jetons plutôt un coup d'œil d'ensemble sur les résultats acquis ou non acquis à la science dynamométrique.

I. Non seulement un moteur travaille lorsqu'il entretient la vitesse uniforme d'un véhicule sur une route horizontale, qu'il monte une côte, qu'il accélère la vitesse, qu'il démarre, mais encore et *avant tout* dès que et parce que ce moteur est PESANT et VIVANT.

Le vrai travail « mécanique » ne comporte pas scientifiquement la notion de vitesse, c'est seulement la grandeur kilogrammétrique.

Cette quantité bidimensionnelle est déjà insuffisante dans la théorie complète des machines brutes un peu compliquées.

La notion du « débit » intervient nécessairement, lorsque le praticien veut se rendre compte du travail disponible à un moment donné et dans un temps donné. Voilà pourquoi le cheval-vapeur a été inventé après le kilogrammètre, et sans faire double emploi avec celui-ci.

Le cheval-vapeur (force ou puissance de cheval, *horsepower)* est donc une quantité tridimensionnelle, c'est l'unité de débit. Notre formule, $D'' = 22,11 \times C^2$, signifiant que le débit par seconde est de 22,11 fois le carré du tour de la poitrine, pourrait s'écrire plus explicitement :

$$D = \frac{30\,C^2}{100} \text{ chevaux-vapeur}$$

En fait, on sait que cette formule s'applique à un débit de huit heures sur vingt-quatre; ce qui réduirait l'expression à $\frac{10\,C^2}{100} = \frac{C^2}{10}$, dans une évaluation strictement industrielle.

II. L'expérience vulgaire démontrant que le moteur doit se reposer avantageusement seize heures sur vingt-quatre, nous voyons tout de suite qu'il existe pour lui un effort *optimum* combiné avec une vitesse *optima* (pour donner d'abord un débit *optimum),* et que le débit en question doit se combiner avec une durée *optima* de service journalier pour produire un rendement quotidien *optimum,* et une durabilité *optima* de la machine exploitée.

La loi de l'OPTIMUM consiste dans ce fait : que, en deçà comme au delà d'un certain effort, d'une certaine vitesse, d'un certain débit à la seconde, d'un certain débit journalier, d'une certaine durée de la carrière économique du sujet, on s'écarte du MAXIMUM d'utilité réalisable (R. Baron).

La dynamométrie biologique est donc tributaire de la dynamotechnie, même aux yeux du théoricien pur : à aucun moment, il n'existe d'équivalence fixe entre l'aliment et le travail utile. Il faut attendre la fermeture du « cycle des opérations » pour donner une signification aux calculs.

III. On peut opposer le travail « onéreux » au travail « utile » et considérer la dynamométrie biologique comme la science relative à la mesure de ces deux sortes de travaux.

Le travail onéreux est lui-même la somme des deux suivants :

1° Travail automoteur ;

2° Travail de surexcitation fonctionnelle.

Ces deux autres travaux ont ceci de commun qu'ils procèdent par chocs, par impulsions intermittentes. Ils sont *a priori* du type MV^2. Toutefois il est probable que l'on aurait tout de même M^2V, ou M^3V, lorsque le moteur vivant s'épuise à traîner, même à l'allure la plus lente, une charge excessive (voy. *Notes additionnelles*).

Tantôt donc c'est à cause d'un effort trop considérable, tantôt à cause d'une vitesse trop forte que le travail utile subit des diminutions. L'expérience démontre en effet que la fréquence des arrêts et des démarrages consécutifs abaisse le rendement des animaux à tous les points de vue.

IV. Le travail automoteur étant intimement lié au travail de surexcitation fonctionnelle, la mécanique pure n'est pas compétente pour indiquer des évaluations exactes. On peut tout au plus fournir des évaluations *minima*.

Le travail automoteur croît certainement plus vite que l'espace parcoupu à la seconde ; l'effort automoteur, par conséquent, croît avec la vitesse, sans qu'on puisse exprimer par un algorithme précis comment les deux variables sont liées l'une à l'autre. Aux yeux des praticiens, les choses se passent comme si l'effort automoteur (surexcitation fonctionnelle y comprise) était double, lorsqu'on passe du pas moyen au trot moyen. Le reste est une énigme.

Aux yeux des praticiens, les choses se passent encore comme si l'effort *optimum* d'un moteur égalait 30 fois le carré du tour pectoral divisé par la hauteur au garrot $\left(\dfrac{30\,C^2}{H}\right)$ (R. Baron).

Cette formule, moitié empirique, moitié scientifique, a l'énorme avantage de tenir compte de l'hétérométrie et de l'anamorphose, ainsi que de l'intensivité dont le moteur exploité est susceptible.

L'effort *optimum* $\dfrac{30\,C^2}{H}$ se combine avec la vitesse *optima* égale à 3/4 H par seconde, de façon à retomber dans la formule :
$$D'' = 22,11 \times C^2$$

Ce débit typique est de huit heures ou de 28.800 secondes ; cela fait, par jour, $637 \times C^2$ tonnemètres ou $636.768\ C^2$ kilogrammètres.

NOTES ADDITIONNELLES

Ces suppléments ou compléments, comme on voudra, comprendront surtout les tableaux que nous n'avons pas voulu faire entrer dans le texte principal. Ils sont précieux aux yeux de ceux qui cherchent des solutions au problème ardu de la dynamométrie biologique.

I. Charges traînées sur voitures (Bocquet, Mécanique appliquée).

		EFFORT RÉEL
Un homme qui mène une voiture à bras peut, en tirant ou en poussant horizontalement conduire une charge de. . . .	100 kil.	12 kil.
Un cheval attelé, marchant au pas.	700 —	70 —
— allant au trot.	350 —	44 —
Wagons sur rails (bon graissage).	10.000 —	50 —

Les géomètres, en partant de ces résultats empiriques, sont arrivés à poser l'équation : $R = fr + \dfrac{P}{r}$, dans laquelle R désigne la résistance au roulement, P la charge supportée par les roues, et fr un coefficient propre, dit « coefficient de roulement ».

Ce dernier est indéterminable *a priori*. Tout au plus soupçonne-t-on le pourquoi de ses variations : on voit seulement que tout véhicule muni de roues tend à s'enfoncer dans la substance de la route. Quand le phénomène s'accentue, par suite de l'étroitesse des jantes ou de la mollesse du chemin, on dit que les roues « taillent ». En réalité, les roues taillent toujours plus ou moins, car, pendant le trajet, il se fait au devant de chacune d'elles un bourrelet qui s'oppose au mouvement et qui doit s'écraser ou s'aplatir pour laisser passer la voiture.

Quand une voiture va *très lentement*, on conçoit que ses roues ont bien plus de temps de s'enfoncer dans le sol, sans compter les déformations qu'elles subissent. C'est probablement en partant de cette idée directrice que M. Bocquet est arrivé tout dernièrement à démontrer « qu'il n'y a pas de frottement spécial au départ », mais simplement un cas particulier de ce théorème général « que le frottement diminue à mesure que la vitesse augmente ». L'animal rapide aurait de ce côté un avantage, mais sur le pavé, les chocs interviennent fâcheusement et puis la vitesse devient onéreuse pour toutes autres sortes de raisons !

J'aime donc mieux dire que le frottement augmente avec la lenteur, qu'il est plus grand encore pour vitesse == zéro, et qu'il peut augmenter indéfiniment si le véhicule séjourne indéfiniment à la place où il est arrêté ; car, dans ce dernier cas, il se rouille, s'incruste, s'enlise. En voilà plus qu'il ne faut pour faire comprendre combien les arrêts et les démarrages sont ruineux, bien que le travail kilogrammétrique semble rester le même. On voit aussi pourquoi, au dessous d'une certaine vitesse *optima*, le moteur pesamment chargé travaille plus qu'on le pensait d'abord d'après la formule décidément trop sommaire M V. M. Leclerc a constaté, de ce chef, que le manège dynamométrique de Wolff pouvait conduire aux résultats les plus contradictoires et par conséquent les plus mensongers.

II. Résultats de l'expérience sur le tirage des voitures (H. Resal. Mécanique générale).

NATURE DE LA VOIE SUPPOSÉE HORIZONTALE	COEFFICIENT
Terrain naturel, non battu et argileux sec.	0,250
— — siliceux et crayeux.	0,165
— ferme, battu et très uni.	0,040
Chaussée en sable ou cailloutis nouvellement placé.	0,125
— avec empierrement à l'état d'entretien ordinaire.	0,080
— pavée ordinaire et voiture suspendue (au pas)	0,030
— — — (au trot).	0,070
— pavée en carreaux de grès bien entretenus (au pas).	0,025
— — — — (au grand trot).	0,060
— de madriers de chêne non rabotés.	0,022
Chemins à ornières plates, en fonte de fer ou en dalles très dures et très unies.	0,010
Chemins de fer à ornières saillantes, en bon état d'entretien.	0,007
Chemins de fer à ornières saillantes parfaitement entretenus et avec essieux continuellement huilés.	0,005

III. Coefficients de tirage des voitures, au pas (Crevat).

Chaume de froment, sec.	0,10
— — mouillé.	0,20
Terre labourée non collante, sèche.	0,30
— — collante et mouillée.	0,40

IV. Tirage des faucheuses et moissonneuses en travail (Grandvoinnet).

Faucheuse Samuelson. . 137 k.   Moissonneuse Samuelson. . 137 k.
   —   Hornsby. . . 175   —   Hornsby. . . 151
   —   Sprague. . . 129   —   Howard. . . 135
   —   Wood. . . . 121   —   Wood. . . . 111
                                —   Albaret. . . 132

N. B. — Le poids des instruments n'est pas indiqué. C'est du reste le facteur le plus accessoire dans un cas pareil.

V. Tirage des charrues pour une largeur de bande de 0,30 (Crevat).

NATURE DES SOLS	TIRAGE par décimètre carré [1]	PREMIER LABOUR — Déchaumage — Profondeur			TIRAGE par décimètre carré	SECOND LABOUR — Ensemencement — Profondeur		
		0,10	0,15	0,20		0,10	0,15	0,20
Terre forte.	90 k.	270 k.	405 k.	540 k.	60 k.	180 k.	270 k.	360 k.
Terre moyenne.	60	180	270	360	40	120	180	240
Terre légère..	40	120	180	240	30	90	135	180

VI. Travail dépensé par mètre cube de terre labourée (Crevat).

NATURE DES SOLS	PREMIER LABOUR — Déchaumage —	SECOND LABOUR — Semaille —
Terre forte, argileuse ou argilo-calcaire, collante. .	9.000 kgm.	6.000 kgm.
— franche, moyenne, glissant au versoir. . .	6.000	4.000
— légère, sableuse ou siliceuse..	4.000	3.000

Section III. — Dynamotechnie

La dynamotechnie n'est pas une science, ni même une partie de la science, au même titre que les deux sections précédentes relatives à la production et à la mesure de la force mécanique. Le dynamotechnicien, si l'on peut employer ce néologisme, est un ingénieur, c'est-à-dire un homme qui cherche les applications industrielles de la science.

Le programme de la dynamotechnie tiendrait, à la grande rigueur, en deux mots : « Augmenter le plus possible le rendement des moteurs animés. » Si l'on commence à détailler tout ce qu'il y a dans cette formule laconique, on pose :

1° Le problème de l'alimentation rationnelle considérée comme pure et simple application de l'énergétique animale.

2° Le problème de l'alimentation rationnelle en faisant entrer cette fois en ligne de compte le rendement financier des substances dynamophores consommées par les moteurs, en se plaçant par conséquent au point de vue proprement zoo-économique ou pécuniaire. On doit également rattacher à ce deuxième paragraphe le problème de l'amortissement

---

[1] Par décimètre carré de section de la bande de terre retournée. En multipliant par 100, on aurait l'effort correspondant à 1 mètre carré, et en convertissant en kilogrammètres, on trouvera le travail par mètre cube labouré.

et de la durabilité des individus envisagés ici comme de véritables capitaux fixes.

3° Le problème de l'adaptation directe et systématique des animaux à
leur fonction générale de machines motrices, et à leur fonction spéciale,
professionnelle pour ainsi dire, à leur *métier* propre.

4° Le problème de l'amélioration des modes d'utilisation, des harna-
chements, des véhicules et des chemins, grâce auxquels, par l'intermédiaire desquels, sur lesquels et le long desquels se consomme le travail
kilogrammétrique des sujets exploités.

En arrivant à ce 4°, le zootechnicien est tellement tangent à l'ingénieur, qu'il y a lieu de se demander si les problèmes envisagés sont
réellement du ressort de la zootechnie classique?

C'est ce que nous discuterons scrupuleusement en temps utile.

I. ALIMENTATION RATIONNELLE DES MOTEURS ANIMAUX

Tant que la doctrine thermodynamique a régné, on s'est efforcé de
prouver que les aliments dynamophores étaient un cas particulier des
aliments thermogènes : « Donnez aux machines vivantes du combustible ;
plus elles engendreront de calorique, plus elles produiront de force. »
Cette théorie avait d'autant plus de chances de réussir auprès des industriels, que les aliments hydrocarbonés coûtent généralement moins cher
que les aliments albuminoïdes. Cependant une certaine classe de « vrais
praticiens » protestaient contre cette conclusion hâtive : « Vous aurez
beau faire, disaient-ils, si vous voulez du travail, il faut de l'avoine... Les
autres fourrages, c'est le pain ; l'avoine, c'est la viande, le vin, le café
et l'alcool ! »

Je rentre ici dans ma thèse favorite : *L'homme de théorie est au
praticien, ce que le critique d'art est à l'artiste.* Et, puisqu'il est
permis de se parodier soi-même, j'ajoute : L'idéal de la dynamotechnie
consiste à ne pas entraver l'essor de la pratique. Car, nous autres dyna-
motechniciens, nous ne savons pas grand'chose, et quand même nous
saurions beaucoup plus, ce ne serait toujours que pour « expliquer » ce
que « trouvent » les exploiteurs d'animaux.

*Règles fondamentales concernant la quantité et la qualité des
aliments.* — Il est évident qu'il faut nourrir le plus intensivement possible, afin d'économiser sur les rations onéreuses du strict
entretien. Il est non moins évident qu'il faut réaliser le plus possible les préceptes établis relativement aux diverses relations nutritives $\frac{MA}{MNA}$, $\frac{A}{P}$ et autres [1]...

---

[1] « ... et autres », attendu que, selon ma manière de voir, rien de ce qui concerne les
proportions définies de chaque principe immédiat ne saurait être négligé dans l'établissement
d'une bonne ration.

C'est même en réfléchissant à cette loi banale que l'on arrive à réduire à sa juste valeur la grande discussion des partisans de l'azote à outrance et des partisans du carbone à outrance. Pratiquement ils sont bien forcés d'admettre que tous les éléments sont indispensables et doivent figurer à doses convenables dans la nourriture, sans quoi ce ne serait plus nourrissant. Quand ces théoriciens arrivent sur le chantier de la grande exploitation, ils s'aperçoivent avec étonnement que leurs ordonnances doctorales prescrivent finalement à peu près les mêmes quantités d'albuminoïdes, de graisses et de glycosides...

M. Baillet a donné là-dessus le bon exemple à tous les thermodynamiciens, dont il est. Il avoue sincèrement que les matières azotées, n'eussent-elles point le monopole d'engendrer l'énergie musculaire, auraient encore la plus belle part :

1° Parce que d'abord elles ne sont pas moins *thermogènes* que les autres ;

2° Parce qu'elles restent quand même le type des *aliments concentrés ;*

3° Parce qu'elles sont *analeptiques, myotrophiques* et appétées instinctivement de tout animal qui dépense beaucoup ;

4° Enfin parce qu'elles jouent un rôle capital dans les relations nutritives, de quelque façon qu'on les établisse.

Ce n'est pas le texte de M. Baillet, mais c'est bien sa pensée.

Equivalent mécanique des aliments. — La bromatodynamique a été abordée, ainsi qu'on pouvait s'y attendre, à deux points de vue essentiellement différents : point de vue analytique et point de vue synthétique.

α. M. Baillet a cherché par le calcul dans quelle ration d'avoine on pouvait trouver, avantageusement pour l'animal, un kilogramme de matières azotées organiques; il est arrivé au chiffre de 8^{kg},334 de ce grain, en admettant la composition suivante :

Eau..	1,142	Glycosides.	4,717
Azote.	1,000	Ligneux et cellulose..	0,750
Graisse.	0,500	Minéraux.	0,225
	Total exact = 8 k. 334.		

La ration d'entretien étant assurée d'ailleurs, nous devons admettre avec M. Baillet que la protéine proprement dite est digérée avec le coefficient 0,60 ; ce qui fait 600 grammes de cette substance profitablement introduite dans l'économie.

Mais les matières hydrocarbonées, graisses, sucres, ligneux et cellulose, apportent de leur côté un contingent de : 0,500 + 4,717 + 0,750 = 5967 grammes, qui est digéré avec le coefficient 0,65 ; ce qui fait exactement : 3878^{gr},55 ou, en chiffre rond, 3878 grammes.

M. Baillet prend ensuite les équivalents respectifs en carbone et il trouve 418 dus à la protéine, 1863 dus aux matières hydrocarbonées. Total du carbone = 2281.

Puis de l'équivalence en carbone, il passe à l'équivalence en chaleur, et pose le chiffre 18.430 calories.

C'est alors qu'une question plus délicate intervient. Ces 18.430 calories ne sont pas intégralement convertibles en travail mécanique : il y a du déchet, de l'*excretum* calorique, comme dira M. Chauveau plus tard.

Selon M. Baillet, rien n'est plus variable que la proportion pour 100 de chaleur que l'animal est apte à convertir en énergie mécanique ; elle dépend de la race, de l'individu et surtout de la vitesse à laquelle il est employé. En prenant 18 ou 20 pour 100 on est dans la bonne moyenne, semble-t-il, mais M. Chauveau est beaucoup plus sévère.

Donc : $18.430 + \dfrac{18}{100} = 3317,40$; qui, multiplié par 425 (équivalent thermodynamique classique) = 1.409.895 kilogrammètres ou seulement 1.409.725 en négligeant les décimales.

β. M. Crevat, considérant que ce n'est pas la protéine brute qui peut produire la force musculaire, mais seulement la protéine assimilée, faisant partie intégrante des muscles, qui dégage, par sa désorganisation, l'électricité dynamique transformée par la myotilité en mouvement corporel, calcule seulement le pouvoir calorifique de la protéine animalisée, après déduction de l'urée et de l'eau préexistante par la présence d'une certaine quantité d'oxygène constituant ladite protéine. Voici les bases de sa spéculation :

2 atomes *protéine* = 5 atomes d'*urée* + 14 d'*eau* + 70 de *carbone* + 28 d'*hydrogène*.

En substituant les équivalents chimiques aux atomes, afin d'opérer sur des proportions pondérales, on aurait :

874 *protéine* contenant 420 *carbone* utile et 28 *hydrogène* utile.

Prenant les équivalents thermiques et réduisant à l'unité, il obtient finalement 4950 calories.

Or, dans l'esprit de l'auteur, il n'y a pas lieu de faire ici une défalcation quelconque des calories non convertibles ; il multiplie donc tout de suite par 625 et trouve 2.103.750 kilogrammètres.

Malgré leurs profondes divergences doctrinales, puisque l'un est partisan de la thermodynamique et l'autre de l'électrodynamique, MM. Baillet et Crevat ont beaucoup de ressemblances de méthodes : tous deux recherchent l'équivalent thermochimique des substances, tous deux prétendent passer théoriquement de l'équivalent thermochimique à l'équivalent mécanique, sans faire de dynamométrie directe. Voilà pourquoi je nomme leur procédé « analytique » ou *déductif*.

L'analogie est encore plus grande si l'on considère que M. Baillet prend la protéine *brute* et M. Crevat la protéine *musculifiée* :

Dans ce cas, on peut dire que M. Baillet aurait donné, au lieu du chiffre
1.409.725, approximativement celui de 2.202.690 kilogrammètres, s'il
eût pris l'équivalence dynamique de la ration assimilée. Réciproquement.
M. Crevat n'eût guère donné que le chiffre 1.346.400 kilogrammètres,
en prenant la protéine brute et les coefficients de digestibilité de ses
prédécesseurs :

Si Crevat a rejeté ce point de vue pour s'attacher de préférence à la
protéine « efficace », c'est qu'il envisage avant tout les aliments albuminoïdes comme myotrophiques ou nourrisseurs de muscle. Il y aurait
peu de difficulté à lui faire avouer que, pour lui, il n'existe aucune différence entre l'aliment *plastique* des vieux auteurs (entretien et accroissement) et l'aliment dynamophore proprement dit. Tout n'est-il pas de la
force [1] ?

Lorsque Frankland voulait déterminer d'emblée le pouvoir calorifique
de la protéine alimentaire contenue dans la chair du bœuf, il trouvait
des chiffres tels que 5062 ou 5195 calories (pour une oxydation complète).
Crevat est donc logique lorsqu'il rapproche ce chiffre moyen de 4950,
établi par lui-même pour un kilogramme de protéine *incomplètement*
oxydé.

Malheureusement pour ces théories, l'équivalent thermique ou le
pouvoir calorifique (comme on voudra) n'est pas encore aussi sûrement
déterminé relativement aux substances organisées que pour les autres
matières incomplexes ou peu complexes du règne minéral. La thermochimie et la thermodynamique sont certes des sciences très belles, mais
la dynamotechnie ne peut encore se baser déductivement sur la bromatodynamique (Voy. *Notes additionnelles*).

γ. C'est pourquoi le procédé synthétique ou inductif de M. Sanson
nous paraît meilleur que ceux de ses devanciers, précisément parce
qu'il est moins purement théorique et qu'il y est tenu compte du travail automoteur. Ce n'est pas que cet auteur ne soit théoricien, mais il
se sert ici de ses aptitudes théoriques pour critiquer ses adversaires
théoriciens. Voici le résumé :

[1] Le dynamisme de Crevat est plus qu'une belle idée, c'est, peut-on dire, un fait qui se
passe sous nos yeux : Plus on étudie le problème de l'alimentation des moteurs, plus on
découvre que la ration de force est identique, en qualité, à la ration d'entretien. La
preuve la plus dramatique que l'on pourrait citer, c'est que les moteurs insuffisamment
nourris convertissent en ration de production partie ou totalité de leur ration d'entretien.
Nous verrons plus loin que le cheval peut aller sous ce rapport jusqu'à l'abnégation la plus
navrante ; non seulement il se retire à lui-même le pain de la bouche pour le donner à son
maître imprévoyant, mais *il vide tout son système musculaire végétatif de l'énergie y
contenue pour continuer un travail impossible*. Il brûle jusqu'à la dernière cartouche,
en puisant dans une giberne que la finalité physiologique aurait dû protéger contre de
pareils abus.

La GÉNÉROSITÉ du cheval n'est pas une question de rhétorique, recopiée sur Buffon. C'est
Buffon qui a eu le génie d'anticiper sur les résultats les plus réalistes.

Le cheval d'omnibus parisien digère 910 grammes de protéine, 408 grammes de matières grasses et 4620 grammes d'amylo-glycosides. En prenant les équivalents thermiques de Frankland :

$$
\begin{array}{llll}
910 \text{ grammes (protéine)} & \text{dégageront} & 4.548 & \text{calories;} \\
408 \quad— & \text{(graisse)} & — & 3.700 \quad— \\
4620 \quad— & \text{(Hydro-carbone)} — & 15.487 \quad— \\
\text{Total des calories engendrées} & = & 23.735 &
\end{array}
$$

De cette quantité de chaleur, il est reconnu que les 2/3 sont dissipés par le rayonnement, soit : 15.823 calories.

L'air inspiré, les aliments et les boissons doivent être mis en équilibre de température avec le corps, soit une nouvelle dépense de 255 calories pour l'air inspiré, et de 1115 calories pour les autres *ingesta;* d'où le chiffre de 1370 calories affecté à ces divers réchauffements. En conséquence, c'est sur $23.735\,(15.828 + 1370) = 23.735 - 17.193 = 6542$ calories que nous opérons finalement, pour *kilogrammétrer* l'énergie chaleur !

Mais, ajoute M. Sanson, pour respirer, pour faire circuler son sang et faire progresser ses aliments dans le tube digestif, pour se soutenir statiquement et produire encore beaucoup d'autres contractions musculaires indispensables, l'organisme prélève 50 pour 100 de sa réserve totale. Il reste donc tout au juste 3271 calories pour le travail extérieur proprement dit. Or, pour obtenir les 2.000.000 kilogrammètres que le cheval produit à coup sûr, il faudrait porter l'équivalent thermodynamique à plus de 611, tandis que Joule l'institue exactement 424.

Voici maintenant le résumé de recherches que l'auteur avait faites avant la critique qu'on vient de lire et que nous avons citée en premier lieu afin d'adapter les choses à notre méthode pédagogique :

I. Chevaux des omnibus de Paris.

Poids des animaux. . .	= 500 kg.	Ration totale en protéine .	= 1.402 gr.
Vitesse de l'allure. . .	= 2m,20	Ration de production. . .	= 1.250 —
Durée du service quotidien	= 4 h.	Estimation du travail total.	= 2.000.000 kgm.
Chargement des animaux.	= 3.180 kg.	Équivalent du kg. de protéine	= 1.600.000 kgm.

II. Chevaux de la poste de Paris.

Poids des animaux. . .	= 500 kg.	Rat. prod., protéine par kg.	= 48 gr.
Vitesse de l'allure. . .	= 2m,20	Travail total correspondant.	= 75.000 kgm.
Chargement.	= 1.800 kg.	Équivalent du kg. de protéine	= 1.562.500 kgm.

Suivant Voltaire, l'homme qui dit tout est parfois ennuyeux. Dans les choses de finesse, oui sans doute, mais pas dans la démonstration scientifique. Les deux tableaux ci-dessus résumant très brièvement un passage du zootechnicien précité, on pourrait me rendre responsable du peu de clarté du raisonnement. Il n'en est rien ; j'ai cherché au contraire à rendre explicite ce qui, dans le texte original, est trop implicite ; voici ce que j'ai pu rétablir :

1° Concernant les chevaux d'omnibus, il suit de leur poids (500 kil.) et de leur allure au trot, qu'ils dépensent un effort automoteur = 50 kil. c'est-à-dire 1/10 × 500 [1] ;

De leur vitesse (2,20) et de la durée du service (4 heures) on peut déduire un chemin parcouru = 31.680 mètres ;

De l'effort automoteur (50 kil.) et de la distance franchie (31.680 m.) on tire un travail automoteur = 1.584.000 kilogrammètres.

Mais là s'arrête notre contrôle... Cette voiture chargée qui pèse au maximum 3180, pèse moyennement beaucoup moins ; d'autre part, si, comme le dit l'auteur, les arrêts et démarrages consécutifs s'élèvent au nombre de 60 à 70 par jour, cela fait du temps de perdu et tend à baisser le chiffre de 31 kilomètres 680 mètres ; mais comment balancer toutes ces variables, y compris l'état du chemin, le coefficient de tirage et les coups de collier extraordinaires ?

2° Pour les chevaux de la poste, c'est exactement la même hésitation. L'effort automoteur 1/10 × 500 = 50 kil. Cela fait 50.000 kilogrammètres par kilomètre parcouru, mais comment analyser les éléments du travail utile ? L'auteur que nous citons a vu ces imperfections, et, dans un mémoire plus récent, il permet mieux, à ceux qui aiment à vérifier les calculs d'autrui, de satisfaire leur louable passion :

« ...Sur un groupe nombreux de chevaux, dont le travail utile, moyen journalier, a été mesuré, il a été d'abord reconnu, par des expériences répétées, que les 5/11 de la ration totale étaient nécessaires pour que ces chevaux conservassent leurs poids en restant au repos à l'écurie. La ration d'entretien ainsi déterminée contenait 628 grammes de protéine. La ration journalière totale en contenait 1535 grammes. Le poids moyen de ces chevaux était de 555 kilogrammes et leur parcours journalier de 16.642 mètres. Le tirage des voitures a été mesuré à 32^k,200 par cheval. Avec ces données précises, il est facile d'établir nos calculs de contrôle. C'est ce que nous allons voir... »

$$32,2 \times 16.646 = 535.872 \text{ kgm. de travail utile.}$$
$$555 \times 0,10 \times 16.632 = 923.631 \text{ kgm. de travail de transport.}$$

Soit : 1.459.503 kgm. de travail total.

« Des 1535 grammes de protéine de la ration journalière il faut soustraire les 628 grammes nécessaires pour l'entretien. Il reste donc 907 grammes pour alimenter ce travail total de 1.459.553 kilogrammètres.

« A raison de 1.600.000 par kilogramme de protéine alimentaire, on trouve 1.451.200 kilogrammètres. [2] »

[1] En se plaçant naturellement au même point de vue que M. Sanson.

[2] Sanson, Mesure du travail effectué dans la locomotion du quadrupède, *(Journal de l'anatomie et de la physiologie*, 1886.)

Nous avons déjà fait soupçonner au lecteur ce que nous pensions de la dynamométrie relative au travail automoteur, telle que l'entend M. Sanson. L'expérience relative au travail automoteur, en se servant d'un petit chariot monté sur quatre roues déjantées, a été désastreuse pour cet auteur ; elle l'a conduit à supposer que l'effort du quadrupède, pour se transporter lui-même, se confond avec l'instabilité du corps reposant sur quatre colonnes perpendiculaires et rigides. De là à la détermination du pseudo-coefficient 0,05 (pour le travail automoteur au pas) il n'y avait pas loin. Toutefois, on ne comprend pas facilement comment l'expérimentateur a pu omettre de répéter son expérience en la variant, il aurait vu quelle en est la valeur réelle.

Engagé dans cette voie, il a cru pouvoir avancer ensuite que le coefficient 0,05 du pas devenait 0,10 au trot ou au galop, *ad libitum*. Enfin, sans paraître se douter qu'il y eût là un problème tout nouveau et indépendant du travail automoteur, il a appliqué ses coefficients 0,05 et 0,10 au transport des fardeaux (selle et bât). Aussi nous verrons les rendements qu'il donne pour un mulet portant 200 kilogrammes sur son dos, à la vitesse de 1 mètre pendant six heures (Voy. *Not. additionn.*)

Données complémentaires sur l'équivalent bromato-dynamique. — MM. Sanson, Crevat et Baillet méritaient la place d'honneur, au point de vue didactique ; c'est pourquoi, malgré leur peu d'accord et leur peu de succès, nous les avons cités en première ligne. Ce devoir accompli, il serait injuste et maladroit d'oublier les mentions suivantes :

1° Gasparin a porté son attention sur les animaux qui travaillent au pas, et il résulte de ses calculs qu'*il faut* 0^{gr},525 *de protéine pour 1000 kilogrammètres d'*EFFET UTILE.

2° Moreau-Chaslon, de son côté, a observé les animaux qui travaillent aux allures vives, et il en résulte qu'*il faudrait* 0^{gr},543 *de protéine pour 1000 kilogrammètres d'*EFFET UTILE.

3° Hervé-Mangon a regardé les deux faces du problème et a donné :

$$a) \overset{gr.}{0,544} \text{ pour 1000 kgm. (effet utile, au pas).}$$
$$b) \; 1,200 \quad\quad - \quad\quad - \quad \text{au trot).}$$

4° Enfin Ayraud, après avoir dit qu'un cheval moyen (450 kil.), peut traîner une voiture légère (500 kil.) contenant deux personnes en charge (140 ou 150 kil.), et faire 25 ou 30 kilomètres par jour sur une route convenable, en deux ou trois heures de travail, propose pour ce cheval 670 grammes de protéine EFFICACE, puis il ajoute : *On compte ordinairement 100 grammes par heure supplémentaire de travail, au trot modéré.* M. Ayraud s'étant complètement attaché aux idées et au langage de Crevat, cela veut dire qu'il compte 210.375 kilogrammètres par heure supplémentaire de travail.

M. Baillet avait courageusement essayé de ramener tous ces documents divers à une loi. Il lui paraît résulter des comparaisons entre les auteurs, que 1000 kilogrammes d'effet utile au pas exigent au moins $0^{gr},450$ de protéine, et au plus $0^{gr},625$, soit une moyenne de $0^{gr},538$. Les deux extrêmes sont un peu bien éloignés ! Mais M. Baillet fait voir que Gasparin donne 0,525 et Mangon 544, soit une moyenne sérieuse de 0,535. Cette fois la coïncidence est décidément frappante. Il ajoute que, pour les allures vives, 1000 kilogrammes d'effet utile exigent, soit $1^{gr},200$ (H. Mangon), soit $1^{gr},543$ (M. Chaslon). Moyenne $= 1^{gr},372$.

On pourra objecter que M. Baillet reste dualiste et peu soucieux de résoudre la question du travail automoteur. Il n'en est rien ou du moins l'argument tombe dans l'exagération : M. Baillet a cherché en effet *ce que pourrait produire la ration des chevaux d'omnibus dans le* TRAVAIL AU PAS, et il est arrivé au chiffre moyen de près de 1.800.000 kilogrammètres ; *de telle sorte*, dit-il, *que, par le travail au trot, il se perdrait de* 889.197 *à* 1.460.197 *kilogrammètres*.

Il est bien évident que, dans sa pensée, ce gros million perdu comme travail utile aurait été employé ailleurs.

On peut cependant pousser la discussion et demander encore si M. Baillet explique la différence des deux rendements par le seul travail que l'animal consacre au transport de sa propre masse ? Non, sans doute ; l'auteur mentionne brièvement ce travail automoteur, mais il ne le mesure pas, par la raison bien simple que la vitesse intervient ici à plusieurs titres et non pas seulement pour modifier le travail automoteur. Les résistances passives intérieures s'accroissent dans le corps du sujet, la coordination des efforts synergiques devient moins parfaite et plus onéreuse, l'assimilation diminue tandis que la chaleur augmente considérablement, etc. (L'auteur aurait pu ajouter que les *excreta* de toute nature s'accumulent, que l'essoufflement se produit, que c'est la surexcitation fonctionnelle en un mot, qui mange l'avoine !) M. Baillet, j'aime à le répéter, ne s'est pas appesanti sur le travail automoteur, parce qu'il a craint de ne pas pouvoir le dégager nettement des autres facteurs qui interviennent corrélativement à la vitesse.

M. Crevat, dit, en parlant du cheval de 500 kilogrammes : « Plus on s'écarte en dessus ou en dessous de cette quantité moyenne de 75 kilogrammètres par seconde, moins le travail utile (au pas) est considérable. Si l'on reste en dessous, que le cheval ne produise par exemple que 40 kilogrammètres par seconde, en réduisant l'effort ou la vitesse, il faut augmenter beaucoup la durée du travail, et l'animal se fatigue inutilement *rien qu'à se porter*. Si l'on augmente, au contraire, l'intensité du travail, que le cheval produise, par exemple, 120 kilogrammes par seconde, en augmentant l'effort ou la vitesse, il y a alors une bien plus grande perte de force vive employée à produire les mouvements intermittents de la respiration, de la circulation sanguine et des membres,

parce que la puissance vive d'impulsion augmente comme le carré de
la vitesse des masses en mouvement. » Mais l'auteur n'a pas poussé
plus loin sa synthèse et son équivalent de protéine *efficace* en dynamies
ou tonnemètres rend même difficilement comparables aux autres travaux
les siens propres. Nulle part, il n'expose de théorie plus unitaire que
celle même de Baillet : le moteur travaillera huit heures en faisant son
effort moyen vulgaire au pas, ou quatre heures au trot de vitesse double,
ou deux heures au galop de vitesse quadruple ; et l'effort moyen subit des
réductions parallèles aux réductions de la durée du travail journalier.
M. Sanson est le seul qui ait cherché une solution intégrale, sinon au
point de vue de l'historique, du moins au point de vue mécanique absolu
du problème. Son petit chariot et ses coefficients des effets automoteurs
resteront sans doute le type de l'expérimentation défectueuse, mais l'idée
directrice surnagera.

Après Poisson, après les frères Weber, après Kellner, après Marey et
Demeny, il était bon qu'un zootechnicien appelât l'attention sur la division imparfaite de la ration totale du moteur en deux rations partielles.
En d'autres termes, ce fut un progrès de rapporter les variations
apparentes de la ration d'entretien du cheval à l'existence d'un travail
mécanique onéreux et distinct que l'on appellera « de transport, auto-
cinésique, automoteur, » etc., comme on voudra, mais qui est une
réalité qui se traduit par la nécessité de l'alimentation.

Ce sera un nouveau progrès que de mettre également à part la dépense
qui correspond à la surexcitation fonctionnelle. En effet, le travail automoteur (kilogrammétriquement défini) ne suffit pas lui-même pour
expliquer les grandes oscillations de l'entretien de la machine motrice.
Avant donc de demander s'il y a une loi générale régissant l'équivalent
dynamique des aliments dynamophores, je tiens à la tétralogie ci-dessous :

$$
\text{RATION TOTALE} = \left\{
\begin{array}{l}
\text{Ration de strict entretien physiologique.} \\
\text{— de surexcitation fonctionnelle.} \\
\text{— de travail automoteur.} \\
\text{— de travail industriel et utilisable.}
\end{array}
\right.
$$

J'ajouterai de suite :

1° Il est relativement facile d'arrêter par tâtonnements la ration totale
du moteur à l'aide de nombreuses pesées, de statistiques relatives à l'indis-
ponibilité et à la mortalité des sujets d'une nombreuse cavalerie (loi des
grands nombres).

2° Il est extrêmement difficile de séparer mathématiquement tous les
termes de la question, en notant à part :

1° La ration du strict entretien ;
2°   —   de surexcitation fonctionnelle ;]
3°   —   de travail automoteur ;
4°   —   de travail utile.

Y a-t-il une loi? Oui, sans doute, en se plaçant à un point de vue philosophique très abstrait. Mais, en dynamotechnie, il faut se méfier des mots vagues ; je préfère donc traduire ainsi : « Y a-t-il un équivalent mécanique des aliments? »

Il y a un équivalent mécanique de la chaleur, mais il n'y a pas, au même titre, un équivalent mécanique de la houille, attendu que les houilles ne possèdent pas un pouvoir calorifique absolument fixe, et que surtout les machines n'ont pas toutes le même coefficient économique.

Semblablement, dirai-je, tous les aliments dynamophores n'ont pas potentialisé, avant leur entrée dans l'organisme moteur, la même somme d'énergie et, une fois introduits, ils sont loin de subir des *chutes de potentiel* équivalentes, chez les divers individus.

Une des meilleures pages de M. Baillet [1] est celle où il énumère les circonstances qui font varier les résultats de toute recherche bromatodynamique, à quelque théorie qu'on s'arrête. Cet auteur me semble particulièrement bien inspiré, lorsqu'il rappelle que, en dehors de l'influence énorme de la vitesse à laquelle l'animal doit marcher, il y a l'influence de l'animal proprement dit, de ce que les praticiens appellent en bloc son *énergie*. M. Baillet s'avance peut-être trop en disant que cette énergie paraît tenir avant tout à un plus grand pouvoir thermodynamique des sujets. Après avoir partagé cette opinion, j'avoue qu'elle est au moins mal formulée, attendu que la dynamopoïèse est désormais orientée vers l'électrodynamique plutôt que vers la thermodynamique vulgaire.

Mais il reste toujours un fait ou un groupe de faits qu'on ne saurait oublier : *chaque individu est plus ou moins dynamopoïésique, comme il est plus ou moins stéatopoïésique, galactopoïésique, ériopoïésique*, etc. Aussi la méthode des points est-elle la plus logique de toutes, puisqu'elle nous permet de multiplier les résultats absolus des divers rendements théoriques par un chiffre centésimal, pour passer de là à l'estimation de chaque rendement casuel, de chaque cas singulier.

Recherches de MM. Müntz et Leclerc. — Les deux plus grandes compagnies de transport de Paris, omnibus et petites voitures, ont eu la bonne fortune de s'attacher respectivement deux chimistes, MM. Müntz et Leclerc, qui ont su se placer du premier coup à un point de vue très favorable, à mi-côte de la science pure et du métier proprement dit. Grâce à eux, le rationnement des moteurs semi-rapides est établi à peu près d'une manière définitive. Nous ne voulons rien exagérer. Le problème vraiment général reste à résoudre, et nous sommes loin encore de posséder une formule unique nous permettant de passer du cheval de halage au cheval de steeple-chase!

[1] Baillet, *Hygiène vétérinaire générale.*

Le procédé fut à peu près le suivant : déterminer avant tout les rations totales et s'efforcer ensuite d'indiquer approximativement ce qui revient respectivement à l'entretien, et à la production (subdivisée elle-même en production utile et en production onéreuse).

α) Aux omnibus, on calcule que les 5/12 de la ration totale servent à l'entretien strict des animaux. Il resterait donc 7/12 pour les autres destinations. Mais en expérimentant sur des chevaux faisant la course à vide (comme tout à l'heure on avait expérimenté sur des chevaux ne faisant rien du tout), on est arrivé à voir que 3/12 seulement de la ration totale sont convertis en travail industriel.

En résumé :

$$\text{UNITÉ DE RATION TOTALE} = \begin{cases} \text{5/12 pour l'entretien strict.} \\ \text{4/12 pour le transport automoteur.} \\ \text{3/12 pour le labeur utile strict.} \end{cases}$$

β) Aux petites voitures, on propose la répartition suivante, pour 100 kilogrammes de ration totale.

$$\begin{array}{ll} \overset{\text{kg.}}{66,666} & \text{pour l'entretien.} \\ 6,667 & \text{— le transport (trav. automoteur).} \\ 26,667 & \text{— le travail extérieur utilisable.} \end{array}$$

L'accord n'est pas très frappant ? $66^{kg},666$ pour $100 = 2/3$ et non pas 5/12; 6,667 pour $100 = 1/15$ et nullement 4/12; il n'y a que 26,667 pour 100 qui se rapproche de 3/12. J'en conclus que les expérimentateurs ne peuvent actuellement s'entendre que la façon suivante :

$$\text{100 KG. DE RATION TOTALE} = \begin{cases} \text{25 ou 27 consacrés au travail industriel recueilli.} \\ \text{73 ou 75 de consommation onéreuse.} \end{cases}$$

On pourrait être tenté d'ajouter la supposition qui suit : Aux omnibus, les 4/12 affectés à la ration de transport comprennent également la ration de surexcitation fonctionnelle, tandis que, aux petites voitures, cette ration se trouve combinée avec celle d'entretien.

SYNTHÈSE THÉORIQUE DES DEUX MANIÈRES DE VOIR

OMNIBUS.				PETITES VOITURES.	
$1 = \begin{cases} \dfrac{5}{12} = \\ \\ \dfrac{4}{12} = \dfrac{20}{60} \\ \\ \dfrac{3}{12} = \end{cases}$	$\dfrac{25}{60}$	Strict entretien.	41 k. 666..		
	$\dfrac{16}{60}$	Surexcitation fonctionn.	26 k. 666 ou 25 k.	66 k. 666	
	$\dfrac{4}{60}$	Travail automoteur.	6 k. 666.	6 k. 666	
	$\dfrac{15}{60}$	Travail utilisé.	25 k. ou 26 k. 666.	26 k. 666	
		Somme des pertes réparées par une RATION TOTALE		100 k.	

Toutefois ce tableau synoptique tient plus de l'expédient que de la méthode éclectique véritable. La ration de transport ayant été déterminée au laboratoire de la Compagnie des petites voitures, d'après les mêmes principes que ceux qui ont servi à la Compagnie des omnibus, il n'y a sérieusement pas moyen de réunir la ration de surexcitation fonctionnelle à celle de l'entretien dans un cas, à celle du travail automoteur dans l'autre cas. On peut tout au plus esquisser les arguments suivants :

1° Rien ne prouve que les chevaux des omnibus et ceux des petites voitures soient entretenus dans les mêmes conditions d'intensivité, de sorte que la fraction qu'ils prélèvent respectivement sur leur ration totale, pour s'entretenir, peut déjà varier de ce chef.

2° Les petits animaux sont plus exigeants que les gros.

3° Les travaux automoteurs respectifs, pour une allure et une vitesse définies, sont au moins proportionnels aux puissances bicarrées des axes linéaires, peut-être à leurs puissances cinquièmes.

Mais en dépit de toutes ces circonstances atténuantes, la synthèse claire et complète est actuellement impossible.

Aperçu sur les principaux cas particuliers. — A force de voir des malades, on ne devient pas docteur en médecine ; mais on finit par acquérir un sens diagnostic assez développé, attendu que l'on se souvient d'avoir déjà eu affaire à un cas plus ou moins semblable. De même à force de nourrir des chevaux ou des bœufs, on a fini par découvrir, non pas l' « équation du phénomène », mais un certain nombre de *recettes* dont il ne faut pas méconnaître l'importance.

Qu'on discute sur le rôle de l'azote et du carbone, sur la part qui revient au travail utile et au travail onéreux, il n'est pas moins vrai qu'il faudra toujours donner aux animaux des fourrages et des grains renfermant tous ces principes, et cela pour couvrir les diverses dépenses qui se rattachent directement ou indirectement au travail qu'ils produisent.

Lorsque je vois un savant professeur associer ironiquement ces deux mots : « Empirisme raisonneur », je me demande s'il sait seulement ce que c'est que l'empirisme et s'il n'ignore pas complètement ce que c'est que la raison ? Que dirait-il donc du travail de M. Crevat sur le rationnement des animaux domestiques, travail dans lequel cet empirique raisonneur se borne à laisser la trace des opérations à la fois empiriques et raisonnées qui tiennent dans le petit tableau suivant :

ESPÈCE ET CONDITION DES ANIMAUX		FACTEURS DES RATIONS			COEFFICIENT des poids
		Sucre	Protéine	Graisse	
Cheval de trot.	rapide, plein travail...	1,98	0,46	0,11	70
	ordinaire, plein travail..	2,03	0,47	0,12	75
Cheval de roulage, plein travail....		2,09	0,47	0,12	80
Cheval d'agriculture.	bien nourri, plein travail..	2,14	0,47	0,12	85
	bien nourri, travail moyen.	1,95	0,38	0,09	85
	bien nourri, demi-travail..	1,76	0,28	0,07	85
	mal nourri. plein travail..	2,20	0,47	0,12	90
Bœuf de travail.	Bœuf de charroi, très bien nourri, plein travail..	1,88	0,39	0,10	75
	Bœuf de culture. b. nourri, plein travail.	1,90	0,37	0,09	80
	Bœuf de culture. b. nourri, trav. moyen.	1,71	0,28	0,07	80
	Bœuf de culture. b. nourri, demi-travail.	1,61	0,23	0,06	80
	Bœuf de culture. m. nourri, plein travail.	1,96	0,38	0,09	85

Il est nécessaire sans doute de savoir se servir de ce petit dictionnaire, comme il faut savoir se servir d'une table de logarithmes, si l'on veut aboutir à des résultats. Mais je suis persuadé qu'on ne pouvait pas mâcher mieux la besogne aux commençants. Vous cherchez dans la colonne de gauche le cas qui vous concerne; vous multipliez ensuite le carré du tour de la poitrine de votre animal par les chiffres successifs qui correspondent aux sucres (amylo-glycosides), aux albuminoïdes et aux principes gras; enfin vous vous arrangez de manière à RÉALISER le moins mal possible la « ration abstraite » ainsi obtenue.

C'est de l'empirisme raisonneur bien entendu, mais je ne conçois actuellement rien de plus parfait, surtout en me plaçant au point de vue didactique.

a) D'abord ce rationnement par les surfaces proportionnelles est le seul pratique, attendu que les chiffres donnés par rapport aux poids vifs des animaux doivent être rectifiés chaque fois que les sujets s'éloignent de la moyenne, presque toujours par conséquent.

b) La mesure du travail utile et du travail automoteur surtout, combinée avec n'importe quel *équivalent mécanique* de la protéine alimentaire, ne conduira presque jamais à une estimation plus voisine de la vraie vérité, que le choix immédiat du CAS prévu dans le tableau [1].

c) Le soin de combiner les coefficients de digestibilité et les relations nutritives convenables s'y trouve littéralement annulé, tandis que n'importe quelle autre méthode déductive laisse là-dessus une latitude et une responsabilité assez considérables.

d) Quant à la question de formuler définitivement le menu des animaux, elle reste ni plus ni moins délicate qu'auparavant, attendu qu'on ne pourra jamais dispenser les gens de toute initiative.

[1] ... D'autant plus que ce tableau peut être enrichi pour ainsi dire indéfiniment, dans la suite, par Crevat ou par d'autres, peu importe. C'est surtout du principe que je m'occupe.

Exemple. — Un cheval de 640 kilogrammes est employé au roulage et fait un plein travail. Quelle alimentation lui donnerez-vous ?

Je regarde d'abord dans la dernière colonne (coefficient des poids) et je trouve 80. Cela veut dire que les chevaux de ce modèle pèsent généralement 80 fois le cube du tour de la poitrine. J'en conclus donc que ce périmètre égale très approximativement 2, d'où son carré = 4. C'est par ce chiffre que je vais multiplier chacun des trois facteurs de la ration à déterminer :

$$
\begin{aligned}
4 \times 2{,}09 \text{ (sucres)} &= 8{,}360 \text{ kg.} \\
4 \times 0{,}47 \text{ (protéine)} &= 1{,}880 \\
4 \times 0{,}12 \text{ (graisse)} &= 0{,}480
\end{aligned}
$$

On pourra donc essayer du premier coup la ration suivante : 5 kilogrammes foin de pré, 5 kilogrammes avoine, 3 kilogrammes, féverolles, $3^{kg}{,}750$ maïs et 6 kilogrammes paille (dont $2^{kg}{,}500$ sont consommés comme aliment). Je dis : « du premier coup », parce que cette ration a été présenté comme ayant la teneur suivante :

$$
\begin{aligned}
\text{Hydrates de carbone} &= 8{,}426 \text{ kg.} \\
\text{Protéine} &= 1{,}802 \\
\text{Graisses} &= 0{,}560
\end{aligned}
$$

Mais j'ai reconnu en calculant, d'après les tables de Crevat, qu'il vaut mieux donner :

		Amylo-glycosides		Protéine efficace		Graisse digestible
6 k. foin	= 2,400 kg.	342		96		
4 k. avoine	= 2,228	428		212		
4 k. feverol	= 1,836	+ 908	+	56		
2 k. maïs	= 1,242	186		120		
2 k. paille	= 652	30		14		
	8,358	1,894		0,498		

Les 2 kilogrammes de paille sont pris sur une provision de 6 kilogrammes ou $6^{kg}{,}500$. C'est à peu près la proportion mangée par l'animal.

Nous donnerons dans les notes additionnelles d'autre modèles de rations scientifiques ou empiriques ou moitié l'un et moitié l'autre.

Résumé du premier paragraphe. — Si rien n'est plus facile que de trouver, en tâtonnant, la *ration totale* d'un moteur, rien n'est au contraire plus ardu que de la répartir mathématiquement en attribuant chaque ration partielle à chacune des quatre destinations ci-dessous :

1° Ration due au strict entretien physiologique;
2° — à la surexcitation fonctionnelle;
3° — au travail automoteur;
4° — au travail utile.

a) Considérant que ces quatre rations partielles ne doivent pas différer beaucoup sous le rapport qualitatif, attendu que finalement il faut arriver à certaines proportions presque fixes entre les aliments qu'on nommait jadis respiratoires et ceux qu'on appelait plastiques, considérant en outre que les aliments dynamophores doivent être analeptiques et myotrophiques, dans toutes les théories possibles, on découvre bientôt qu'une bonne ration totale n'est, pour ainsi dire, qu'une ration d'entretien amplifiée.

b) L'amplification s'obtiendra surtout par les substances concentrées, parce qu'elles surchargent peu et abrègent la durée des repas.

c) Le tâtonnement ou expérimentation directe, comme on voudra, permettant de régler convenablement la ration totale des moteurs dans tous les cas que la pratique industrielle peut présenter, il suffit à la rigueur de recueillir les faits observés et de les noter chimiquement dans un petit tableau analogue à ceux de M. Crevat.

d) Les facteurs de rationnement de cet auteur, ainsi que sa méthode fondée sur le carré du tour de la poitrine, permettent, sinon de déduire mathématiquement tout le problème de l'alimentation, du moins de faire tendre vers zéro la longueur des tâtonnements à venir. C'est même là, au premier chef, de la pure dynamotechnie.

II. ALIMENTATION ÉCONOMIQUE DES MOTEURS EXPLOITÉS

La seule nouveauté à introduire dans ce paragraphe, c'est qu'une alimentation véritablement économique est celle qui recule indéfiniment l'*amortissement physiologique* des animaux spécialisés comme moteurs, attendu que la question n'existe point pour ceux qui ne seraient pas spécialisés. Pour le reste, on ne peut que résumer brièvement les faits publiés et connus.

Il a été dit qu'une bonne ration totale n'est guère autre chose qu'une ration d'entretien amplifiée et nous avons fait allusion à la règle fondamentale, en vertu de laquelle il faut nourrir le plus possible au delà de la ration d'entretien, c'est-à-dire l'*amplifier au maximum*.

Mais quel est ce maximum ? M. Sanson dit que la quantité de substance sèche alimentaire que nos grands animaux domestiques peuvent digérer varie entre 2,5 et 3 pour 100 de leur poids vif ; il ajoute que le cheval de 300 kilogrammes digèrera plus facilement 9 kilogrammes qu'un cheval de 600 kilogrammes n'en digèrera 15 kilogrammes. C'est exact, mais j'aimerais mieux prendre une formule basée sur le carré du tour de la poitrine. Dans ce cas, on voit que le cheval de 300 kilogrammes présente généralement un carré de circonférence pectorale = 2,41 et l'autre 3,82 ; en multipliant respectivement ces deux nombres par 3,75, on trouve pour le premier : 9,05 et pour le deuxième : 14,33.

La formule générale se rapprocherait donc de $9 = 3,75 \times C^2$; c'est ainsi que j'ai pu comparer avec fruit les rations intensives conseillées par Crevat et par Sanson. J'ai vu alors que celui-ci donne à un gros cheval de 640 kilogrammes, en protéine brute, $2^{kg},713$, tandis que le premier lui accorde $1^{kg},88$ de protéine efficace. Les corrections étant effectuées et la moyenne prise, il semblerait que l'animal volumineux, allant au pas, dût recevoir à peu près : $[0,500 \times C^2]$ de protéine efficace. C'est beaucoup ; cependant si l'on admet la méthode des points, on pourra supposer que c'est là le rationnement le plus intensif pour un moteur qui vaut 100, qui est parfait. Crevat lui-même rapporte que des chevaux de hâlage ont eu 15 kilogrammes luzerne et 18 kilogrammes avoine, $+ 1$ ou 2 kilogrammes, de pain, $+ 2$ ou 3 litres de vin sur leur avoine. Il ajoute que c'est la plus forte ration qui soit à sa connaissance.

Une première conclusion s'impose : *Dans le cas d'animaux dynamopoiésiques spécialisés, aller jusqu'à la limite absolue des forces digestives.*

Nous ne pouvons pas nous contenter cependant de définir la ration économique en la confondant avec la ration de production « intensive ». Ce serait là un solécisme zootechnique ! A supposer d'ailleurs que les deux vocables fussent parfaitement équivalents, il resterait à dire que la ration intensive la plus économique est encore celle qui, à intensivité égale, coûte le moins cher. Nous préciserons en disant :

La ration sérieusement économique est celle qui assure aux moteurs vivants, dans les meilleures conditions commerciales, le maximum de substance dynamophore qu'ils sont aptes à transformer en énergie actuelle.

Pratiquement, c'est le problème des SUBSTITUTIONS AVANTAGEUSES. Substituer une nourriture à une autre, ce n'est donc pas tricher les animaux en leur donnant tel principe immédiat à la place de tel autre ; sous ce rapport, les compensations paraissent jugées. L'animal qui fait tel travail a droit à tant d'amylo-glycosides, à tant d'albuminoïdes, à tant de graisse. Il n'y a pas deux solutions, il n'y en a qu'une ! Cela n'empêche nullement le praticien d'avoir encore une latitude immense, et son génie ne chômera pas de belles occasions, dès qu'il faudra passer de l'abstrait au concret, c'est-à-dire traduire les tableaux de Crevat ou des autres en matières palpables (foin, maïs, féverolles, avoine, orge, tourteaux, carottes.) Là-dessus la pédagogie est muette. Aussi, ne traiterons-nous didactiquement que la question de l'avoine considérée comme aliment dynamophore par excellence, c'est-à-dire plus ou moins impossible à remplacer.

La prédilection en faveur de l'avoine est un fait de suffrage universel, avec les avantages et les inconvénients de tout ce qui est issu en ligne directe de la *vox populi*. Considérant sans doute que ce qui dérive d'un tel suffrage a pour soi une chance infinie de certitude (Herbert-Spencer), les zootechniciens ont plutôt cherché à louvoyer devant le vent contraire qu'à naviguer audacieusement contre le vent de bout.

Après avoir établi le dualisme des moteurs en mode de masse et en mode de vitesse, **M.** Sanson fait remarquer que les premiers n'ont besoin en somme que de la *protéine alimentaire* qu'il a prescrite auparavant : 1 kilogramme pour 1.600.000 kilogrammètres, sans désignation particulière de la source où il est bon de le puiser. Forçant même un peu sa pensée, il dit que les moteurs allant tout doucement perdraient de leur efficacité en recevant l'excitation produite par l'ingestion de l'avoine. Par contre, pour obtenir d'un cheval, dans nos climats tempérés, le meilleur service aux allures vives, il serait indispensable de *faire entrer dans la ration alimentaire autant de fois* 1 kilogramme *d'avoine, que ledit service doit durer d'heures*.

M. Sanson a donné la liste des avoines classées d'après leurs propriétés excitantes, ainsi que son opinion sur les avoines blanche, brune et grise, au point de vue de leur teneur en « avénine ». Il suffit en ce moment de juger les grandes lignes de ce travail :

1° Les avoines brunes ou excitantes ne peuvent logiquement entrer dans la ration d'un moteur en mode de masse ;

2° Elles ne peuvent même pas entrer dans la ration d'un moteur rapide au delà de 4 ou 5 kilogrammes, attendu que ces animaux ne peuvent pas avantageusement travailler plus de quatre ou cinq heures en mode de vélocité ;

3° En dehors donc du point de vue immédiatement économique résultant du prix élevé de l'avoine, il faut toujours lui substituer, soit totalement, soit partiellement, d'autres dynamophores moins excitants.

A propos de ces conclusions, je dirai que la division dichotomique des moteurs *vivants* en moteurs lents et moteurs rapides, est une dichotomie provisoire. S'il s'agissait de machines exactes où les compensations fussent bien réglées mathématiquement entre M et V, ce serait parfait. Mais il s'agit de moteurs VIVANTS ! Le gros cheval qui arrache héroïquement la roue de l'ornière, qui monte une côte roide, qui enfonce jusqu'à la cheville dans le chemin de halage ou dans la terre arable, est un faiseur d'exploits, plus obscurs sans doute, mais non moins authentiques que ceux du trotteur, du galopeur et même du steeple-chaser. Qu'on dise qu'il y a des chevaux exploités en mode de vertus cachées et d'autres en mode dithyrambique, qu'il y a, comme dans notre propre espèce, le prolétaire qui ne tire pas l'œil et le cabotin qui séduit par son brio, mais qu'on ne coupe pas les vivres aux premiers. Je dis intentionnellement couper les vivres, car ce n'est pas la protéine alimentaire qui fait défaut, je le sais ; mais on ne vit pas que de protéine.

Il fallait expliquer pourquoi les hommes du métier donnent tant d'avoine aux gros chevaux, quand ceux-ci ont à fournir un bon coup de collier. Cette restriction faite, on est autorisé à se moquer du fétichisme des partisans exclusifs de l'avoine, à se révolter contre leur intolérance, et je suis très partisan de donner aux chevaux du maïs, de la féverolle, du sarrasin..., etc. Mais je ne sache pas qu'on soit en mesure, dès aujourd'hui, de déterminer scientifiquement la loi des substitutions, surtout en se basant sur des distinctions radicales en moteurs qui vont au pas et moteurs qui vont aux allures vives.

Une hypothèse. — Supposons, jusqu'à plus ample informé, que la ration totale des moteurs animaux se distribue QUALITATIVEMENT comme il suit : 1° Bon foin de pré pour le strict entretien de l'organisme ; 2° Aliments concentrés quelconques pour les travaux kilogrammétriques ; 3° Excellente avoine pour la surexcitation fonctionnelle ; 4° Pailles diverses comme lest et litière.

Ce n'est qu'une supposition, mais une supposition est préférable à un pseudo-résultat scientifique. La nature est devenue aujourd'hui une sorte d'idole que certains expérimentateurs prétendent exploiter à leur bénéfice. Il semblerait, à les entendre, que l'art d'interroger l'Idole et de traduire ses réponses appartient exclusivement à leurs laboratoires. Les plus courageux, parmi les non affiliés, se bornent à douter de tel ou tel article du symbole, mais combien peu osent en face dénoncer cette tyrannie ! Instinctivement, toutefois, les penseurs se rapprochent les uns des autres et vont droit aux plus humbles praticiens, afin d'apprendre quelque chose ; peut-être aussi afin de se débarrasser au plus tôt des expérimentateurs à outrance qui, eux, sont rarement des penseurs et dont le joug est devenu insupportable.

C'est donc en me souvenant de certaines bonnes causeries avec de purs industriels, que je me suis pris à soupçonner qu'il existe vraisemblablement une ration de surexcitation fonctionnelle expliquant assez bien les divergences observées et pouvant même conduire à des conséquences très importantes pour la façon dont il conviendrait de gérer les moteurs vivants considérés comme capitaux fixes.

Aussitôt qu'on cesse d'utiliser un cheval conformément à la loi de l'OPTIMUM, il est physiologiquement admissible qu'il faille lui donner des excitants. Ceux-ci agissent, bien entendu, à la manière des déclics, des trébuchets et des gâchettes : ce sont des actualisateurs et non des potentialisateurs d'énergie. Si nous nous reportons, d'autre part, aux principes généraux de la dynamopoïèse, nous voyons que l'énergie potentielle des *ingesta* ne s'actualise pas *hic et nunc*. L'animal introduit de l'instable dans son organisme, et au moyen de cet instable il fabrique d'autres instables d'un degré supérieur d'instabilité. Ce sont ces derniers qui alimentent directement la force musculaire, de sorte que l'animal possède toujours normalement une réserve dynamique indépendante de ce que les aliments dynamophores récemment ingérés peuvent lui fournir. Ce point est capital, je dirai même qu'il est le CAPITAL énergétique qui fait qu'on peut compter sur son cheval comme on compte sur la maison de banque où l'on a déposé ses titres.

Par contre, il peut arriver, que nos moteurs domestiques ne possèdent presque aucune « avance », ce sont de malheureux ouvriers allant au jour le jour, sans crédit par conséquent. Si l'on définit l'alimentation *suffisante*, en disant que c'est celle qui permet à l'individu de joindre les deux bouts, on voit à quelle erreur funeste on peut être conduit. A la première dépense imprévue dépassant le modeste budget du pauvre cheval, on le mettra sur les dents. L'avoine arrivera trop tard et pourra même faire plus de mal que de bien.

Résumé. — Quand on dit qu'il est économique d'exploiter intensivement les animaux, on proclame un axiome assez banal. Il faut ajouter que le régime intensif n'est recommandable qu'à la condition d'être économique, c'est-à-dire à bon marché (pour le propriétaire acheteur des aliments) et conservatif (pour le capital producteur des utilités journalières).

a) Les petites expériences de laboratoire sont plus nuisibles qu'utiles quand il s'agit des substitutions alimentaires, il leur manque deux choses essentielles : la dimension et la durée.

b) Les moteurs animaux ne doivent pas être divisés dichotomiquement en moteurs de masse et moteurs de vitesse, l'antithèse est bien plus frappante et plus pratique entre les moteurs qui ne s'écartent guère et les moteurs qui s'écartent beaucoup de l'optimum, soit comme effort, soit comme vélocité, soit comme débit journalier.

c) L'avoine est l'aliment de surexcitation fonctionnelle, impossible à remplacer pour le moteur qui s'écarte à un titre quelconque du rendement *optimum* (masse, allure, débit kilogrammétrique, etc.).

d) L'avoine du matin va dans le crottin, l'avoine de la veille au soir va dans les jambes, mais l'avoine des semaines et des mois antérieurs est la seule qui aille partout où il le faut et quand il le faut. C'est celle-là qui constitue les *vieilles forces*, qui charge vraiment le condensateur et qui permet à la jeune avoine de provoquer la décharge extraordinaire dont on peut avoir besoin.

e) Le moteur qui serait strictement nourri au jour le jour ne pourrait donc faire aucune réserve ou consommerait progressivement les petites économies antérieures. A l'inverse de la machine inorganique, qui s'arrête court lorsqu'elle ne peut plus marcher, le moteur vivant ne s'arrête pas. La locomotive, à bout de houille, ne brûle pas le métal dont elle est faite ; elle a reçu, lors de sa construction, un *quantum* immuable d'aliment *plastique* auquel elle ne peut toucher. Elle fonctionne par ses aliments *respiratoires* exclusivement; si elle ne répare pas son usure, du moins a-t-elle l'immense avantage de ne pas la précipiter spontanément.

f) Le cheval au contraire peut engager tout, liquider tout, jouer tout et perdre tout. Aucune interdiction ne peut l'empêcher de sacrifier tout à l'homme cupide qui a posé en principe que les moteurs n'ont pas besoin d'être gras !

En concentrant ce qui précède relativement à l'alimentation économique des moteurs vivants spécialisés, nous dirons :

1° Il faut avoiner sans relâche le moteur animé, dès que, à un titre quelconque, on croit devoir le faire dévier sensiblement de son optimum d'effort, de vitesse, de débit, etc.

2° Il n'y a peut-être que certains chevaux de culture, bien ménagés d'ailleurs, qui puissent supporter le remplacement total de l'avoine par d'autres aliments concentrés. Dans l'industrie, je n'en connais pas un seul exemple authentique.

3° Tous les théoriciens qui ont cherché à concilier l'exploitation intensive du cheval avec une alimentation *stricte* (n'apportant pas un iôta de plus qu'il ne faut) ont ignoré volontairement ou involontairement la plus grande loi de l'économie, la seule peut-être dont on soit bien sûr : LA DURABILITÉ DE L'OUTIL qui permet le remboursement des avances à la production et à la réalisation des bénéfices nets.

4° La petite économie journalière sur la nourriture des animaux ne signifie rien du tout, dès qu'on néglige de récapituler en fin d'exercice.

III. ADAPTATION DES ANIMAUX A LEUR FONCTION GÉNÉRALE DE MOTEURS ET A LEURS FONCTIONS SPÉCIALES OU PROFESSIONNELLES

Cette double adaptation repose actuellement sur des bases scientifiques plus positives que celles de l'alimentation. On paraît avoir dépassé, sur ce point, la phase des disputes d'écoles et les démonstrations laissent peu à désirer, ainsi qu'on va le voir.

En commençant ce paragraphe, il nous vient à la pensée une réflexion que plusieurs lecteurs ont dû se faire dès le début. Quelle différence y a-t-il entre la dynamopoïèse ou la dynamotechnie et ce que les auteurs d'autrefois se contentaient d'appeler modestement l' « hygiène des animaux de travail » ? Nous répondrons que l'hygiène des animaux de travail est une chose beaucoup plus étendue que celle dont nous nous efforçons de donner une idée dans ce chapitre.

Même en restant dans les généralités, elle comporterait un examen minutieux des *ingesta*, tant solides que liquides, de leurs préparations et de leur distribution. Un tel programme nous eût effrayé, d'autant plus qu'il n'y aurait pas eu que les *ingesta*. Il eût fallu logiquement traiter de tous les autres agents : habitations, litières, ferrure, choix des animaux. Voici les limites dans lesquelles nous avons résolu de nous maintenir :

A. Augmentation du rendement des moteurs vivants par la mise en jeu des lois qui régissent la gymnastique méthodique de leurs divers émonctoires.

B. Augmentation du rendement desdits moteurs par la mise en jeu des lois qui régissent la gymnastique méthodique de leurs appareils supérieurs de la vie de relation.

A. Les aliments entrent dans l'économie animale à un certain potentiel, ils en sortent à un potentiel beaucoup plus bas ; la différence des niveaux ou la chute donne la mesure de l'énergie actualisée, c'est-à-dire « produite ».

Les déchets du fonctionnement vital, de quelque nom qu'on les appelle, ne constituent en aucun cas une utilité comparable aux produits physiologiques directs de ce fonctionnement et il est superflu de faire remarquer que la production du fumier n'est point l'objectif de la zootechnie. Je ne comprends même pas bien qu'un zootechnicien ait écrit, en parlant des moteurs spécialisés : « Un excès de matières azotées dans leur ration n'est donc point perdu, n'étant pas digéré, il va au fumier et les plantes cultivées l'utilisent. » Les déchets divers du fonctionnement vital n'intéressent la zootechnie que négativement. Sans même se demander quel parti on pourra en tirer plus tard, le pur exploiteur de l'organisme animal pose en principe que le coefficient économique de ses machines a pour expression la chute maxima du potentiel des aliments et l'élimination radicale, rapide, spontanée de tous les *excreta* qui encrassent le système.

La physiologie donne à entendre que ces deux phénomènes marchent ensemble : plus l'excrément de la vie est épuisé, plus l'individu est parfait comme digesteur, plus aussi l'excrément est toxique pour l'individu et celui-ci doit s'en débarrasser vite sous peine de paralysie de ses fonctions vitales.

Énumération et classification des résidus. — Jusqu'à présent on avait pris l'habitude de ne s'occuper que des *excreta* matériels. M. Chauveau doit être loué d'avoir signalé, à titre d'*excretum sui generis*, la chaleur sensible qui sort de l'organisme, et qui en sort en plus grande proportion au fur et à mesure que la suractivité fonctionnelle est plus grande. Que la production du travail physiologique devienne très active, qu'il résulte de la transformation finale de ce travail une grande quantité de calorique sensible, que les voies de dispersion de ce calorique soient alors insuffisantes, la chaleur s'accumulera dans l'économie animale et pourra même y devenir singulièrement nuisible. C'est ce qui arrive certainement, ajoute M. Chauveau, chez les animaux forcés à la chasse; on en voit qui présentent des symptômes identiques à ceux des sujets dont on élève la température par le chauffage.

L'échauffement, par insuffisance des voies de dispersion de la chaleur que le travail accumule dans les organes, ne doit pas non plus être étranger à la mort des animaux domestiques surmenés. Ceux qui offrent le plus de résistance aux exercices violents et prolongés sont sans doute les sujets sur lesquels l'accumulation de la chaleur survient le plus tardivement.

« Qui sait, dit enfin l'auteur, si la thermométrie rectale ne constituerait pas un bon moyen d'apprécier le fond des animaux destinés à se mouvoir rapidement, en traînant ou en portant des fardeaux plus ou moins lourds : les chevaux de selle, par exemple, et plus particulièrement les chevaux de course ? »

Le fait est assez intéressant pour que l'enseignement zootechnique s'en empare et présente désormais la thermo-intoxication en tête des empoisonnements par les déchets naturels, empoisonnements dont l'hygiène des moteurs cherche la prophylaxie.

Les excreta matériels devraient être classés avant tout d'une manière chimique et même thermochimique, car c'est à leur sujet que la chimie de l'énergie montre sa grande supériorité sur la vieille chimie de la substance. Aujourd'hui notamment que l'oxydation n'est plus considérée comme le type unique des actions chimiques de la vie, ce serait un beau travail que d'élaborer une telle classification.

Au point de vue strictement physiologique, nous diviserons les déchets parallèlement aux quatre principaux émonctoires de l'organisme : intestin et glandes, rein, peau, poumon. Mais le dynamotechnicien n'a guère de prise que sur les deux derniers, peau et poumon, attendu que la dynamotechnie sera toujours plus chirurgicale que médicinale, si l'on peut parler ainsi.

Hygiène de la peau. — La surface cutanée est d'abord un appareil de refroidissement, grâce à sa riche vascularisation. Le sang surchauffé par la chaleur excrémentitielle afflue à la peau et le rayonnement s'oppose tout de suite à cette sorte d'insolation à rebours qui ne tarderait pas à être mortelle pour les centres nerveux, tout comme l'insolation vulgaire.

Dans le même ordre d'idées, elle est un appareil de réfrigération, grâce à la transpiration et à l'évaporation consécutive.

En troisième lieu, elle élimine le poison-sueur, c'est-à-dire un liquide chargé d'acide lactique, d'acide sudorique et même d'urée. Enfin, outre ses glandes sudoripares, elle possède un riche système glandulaire sébacé dont la suractivité fonctionnelle marche de pair avec celle des sudoripares. D'après Krukenberg, qui a bien étudié ce fait, la graisse ainsi éliminée ne contient rien de nuisible pour l'économie, mais complète par son action lubréfiante l'efficacité de la transpiration, attendu qu'elle préserve contre la chaleur du dehors. Dans les pays chauds ou dans les saisons chaudes, il est bon que les corps puissent continuer à perdre de leur chaleur, au lieu d'en introduire de nouvelles quantités. Aussi les peuples adaptés pour le grand soleil écoulent-ils leur graisse de cette façon, plutôt que de l'accumuler inutilement comme nous.

Les suées méthodiques, le massage, l'affusion, la douche, l'immersion de courte durée, tout ce que l'on a systématisé, en un mot, dans nos hammams, dans nos bains turco-romains, c'est la gymnastique de la peau, le dressage de ce grand émonctoire à sa fonction complexe essentiellement dynamophile.

A défaut de pratiques aussi développées, le simple pansage produit déjà des effets analogues.

Entraînement des fonctions respiratoires. — La peau jouit d'une faculté perspiratoire, grâce à laquelle l'acide carbonique et d'autres acides volatils s'éliminent en partie de l'organisme. Malgré l'importance de cette fonction, on peut dire que la peau empiète ici sur le poumon et ne saurait jamais prétendre à le suppléer.

L'air qui sort de l'appareil pulmonaire est chargé de CO_2 et de vapeur d'eau, et cette vapeur emporte avec elle du calorique, ainsi qu'un produit très toxique, un *miasme* chimiquement mal défini, mais dont l'existance et les effets sont manifestes. Nous ne nous occuperons toutefois ici que de l'auto-intoxication carbonique qui produit l' « essoufflement ».

L'anhydride de carbone augmente avec le débit kilogrammétrique à la seconde, de sorte que, s'il est vrai que le cheval trotte avec ses jambes et galope avec ses poumons, on voit une deuxième fois l'erreur qu'il y a d'attribuer le même coefficient d'effort automoteur à toutes les *allures vives* en général. Si au contraire on admet, comme nous proposons de le faire, que dans toute allure le centre de gravité du corps est lancé comme un projectile, on découvre que la *hauteur* de l'allure doit avoir une influence énorme [1]. Donc, la charge et la vitesse restant les mêmes, il peut se faire que le travail automoteur varie beaucoup en passant, je ne dis pas du pas au trot, mais du trot au galop. Si le travail automoteur augmente ainsi, le débit kilogrammétrique augmente forcément et, si l'organisme ne débite pas son excretum CO_2 aussi vite qu'il le forme, l'empoisonnement arrive. Il arrive, ajouterai-je, dans le cas assez exceptionnel où le remède naturel, qui est l'essoufflement lui-même, est mis dans l'impossibilité de jouer son rôle salutaire, car il faut un stimulant bien puissant pour forcer l'individu animal ou humain à mépriser l'avertissement de la dyspnée! Cependant l'infortuné chevreuil qui défend sa vie contre les chiens, tout comme le malheureux cheval que l'on crève et qui « meurt pour mieux obéir », offrent l'exemple typique d'un travail pris à dose massive. Ces animaux sont positivement tués par l'asphyxie et présentent un tableau encore plus pitoyable que les pedestrians anglais qui, par sot orgueil ou par amour du lucre, tombent anéantis au milieu de leur course sans avoir le temps de se reconnaître.

L'éducation respiratoire est soumise à la loi générale du développement des muscles par l'exercice. Bien que les muscles moteurs du thorax

---

[1] Voyez les travaux de Marey.

appartiennent, à un certain point de vue, à la vie végétative, l'anatomiste et le physiologiste ne les séparent point de ceux qui servent en propre à la vie de relation.

B. L'éducation peut se définir la réduction progressive de l'effort pour obtenir un même résultat. Si l'on ne craignait la logomachie, on pourrait même dire qu'elle est l'économie vivante en train d'acquérir son légitime surnom d'ÉCONOMIE vivante. Cette formule est en outre un peu évolutionniste, mais quand sera-t-on évolutionniste, sinon en étudiant les effets de l'éducation ? — Voici les quelques lois dont le dynamotechnicien accapare les conséquences :

1° Chaque mouvement se perfectionne par l'apprentissage, attendu que l'exécution finit par en être confiée aux muscles les plus aptes, c'est-à-dire pouvant agir avec le moindre effort.

2° Il y a de la sorte encore deux autres avantages, par l'élimination des mouvements parasites et la coordination plus facile des mouvements utiles restants.

3° Il se produit à coup sûr une augmentation du volume et de la contractilité du muscle et probablement aussi de la conductibilité du nerf.

4° L'attention soutenue, qui exigeait au début une dépense cérébrale, devient graduellement inutile et disparaît même tout à fait un peu plus tard.

En ce qui concerne plus spécialement le thorax, il suffira de dire que tout exercice progressif convenablement administré, amenant l'individu à débiter plus de kilogrammètres par seconde, l'amènera à débiter plus d'acide carbonique. Dès lors : déplissement de certaines cellules pulmonaires habituellement inactives, ampliation de l'organe, dilatation de la cage, bombement de la poitrine, acquisition de ce rythme respiratoire solennel qui est le critère des forts et des rapides. *Le poumon fait moins d'enjambées, mais il monte plusieurs marches à la fois.*

Il y en aurait autant à dire sur le cœur et sur ses battements précipités, que Dubois-Raymond considère comme des mouvements parasites dont il faut se débarrasser systématiquement. Mais l'auteur contemporain qui nous paraît avoir le mieux vulgarisé la *Physiologie des exercices du corps* est F. Lagrange. Nous renvoyons à ce petit ouvrage savamment condensé pour les effets ultimes de l'entraînement et toutes les choses du sport applicables à l'homme et aux animaux indifféremment.

Résumé. — *a)* Force, vitesse, fond, courage, adresse, ajustage organique, accommodation fonctionnelle, la gymnastique peut tout et elle donne tout! Sans elle, la plupart de nos moteurs tomberaient à chaque instant de chaleur, de courbature, d'asphyxie et même d'épuisement nerveux. Heureusement que, pour le bien de l'industrie, l'expérience est impossible à faire, en ce sens que l'animal qui travaille bénéficie *ipso facto* des effets de l'exercice et des bienfaits de la gymnastique.

b) Toutefois, il n'est pas économique de laisser ainsi les choses abandonnées à leur « devenir spontané ». Les résultats méritent la peine d'être obtenus par des procédés systématiques qui hâtent leur apparition et qui accentuent leur efficacité.

c) La gymnastique des émonctoires, l'hygiène bien entendue de la peau, donnent aux moteurs, quels qu'ils soient, une plus-value générale comme machines dynamopoiésiques. L'énergie ne se produit, en effet, que moyennant des déchets de toutes sortes dont l'organisme doit se débarrasser vite et bien par un *lessivage* permanent. Plus les *nettoyeurs automatiques* sont vigilants, plus la machine a de valeur absolue [1].

d) Le moteur, devenu en quelque sorte infatigable et inessoufflable, doit en outre connaître son métier à l'égal d'un acte réflexe quelconque. Un moteur éduqué est un animal qui possède un clavier supplémentaire de réflexes. Lorsqu'il fait tel mouvement, c'est bien ce mouvement là qu'il produit et pas d'autres en même temps. Il marche, il court, il galope si machinalement qu'on pourrait se fier à lui comme à un chronomètre bien construit. Il a jeté par-dessus bord tout le psychique initial, et Descartes aurait pu le citer comme preuve que les bêtes n'ont ni âme, ni sensibilité, ni volonté. C'est un vrai automate dont le Vaucanson s'appelle vulgairement *dresseur*.

IV. QUESTIONS RELATIVES A L'UTILISATION LA PLUS AVANTAGEUSE DES MODES DE SERVICE, DES HARNAIS, DES VÉHICULES ET DES CHEMINS

Lorsque le dynamotechnicien croit avoir épuisé toutes les ressources que lui donnent la biologie et la chimie biologique pour augmenter le rendement des animaux ; lorsqu'il s'est mis en règle avec la protéine et l'avénine, le sucre, la graisse et l'amidon ; lorsqu'il a obtenu l'approbation de l'éleveur et du dresseur, il découvre facilement que ce n'est pas tout. L'économiste et l'ingénieur qui sont en lui, reparaissent une fois de plus et voici les questions qui se présentent :

1° Quels sont les modes de service les plus avantageux ?

2° Quels sont les meilleurs harnais ?

3° Quels sont les meilleurs véhicules ?

4° Quels sont les meilleurs chemins ?

Voyons très brièvement les réponses à faire.

Mode de service le plus avantageux. — Il y a deux axiomes dont on ne doit s'écarter qu'à son corps défendant : 1° l'animal tractionneur rend beaucoup plus que le porteur ; 2° l'animal au pas ordinaire rend beaucoup plus que dans toutes autres conditions de vitesse.

α) La première de ces deux propositions serait même d'une évidence trop banale si l'on n'essayait de la rajeunir en l'élargissant quelque peu. C'est probablement à ce point de vue que s'est placé M. Sanson,

[1] Baron, La Dynamométrie biologique *(Archives vétérinaires)*.

lorsqu'il s'est risqué à dire que le cheval qui porte un cavalier de 80 kilogrammes durant deux heures, au trot de $2^m,50$ à la seconde, développe un travail utile de $80 \times 0,1 \times 2,50 \times 7,200 = 144.000$ kilogrammètres. Il n'y a pas la moindre circonstance atténuante à invoquer en faveur de sa théorie, car il ajoute que le mulet qui porte durant six heures, au pas de 1 mètre par seconde, deux blessés sur des cacolets, c'est-à-dire un poids total de 200 kilogrammes, déploie un travail mesuré par $200 \times 0,05 \times 1 \times 21.600 = 216.00$) kilogrammètres.

A force de vouloir trop prouver, on rend suspectes les preuves elles-mêmes. Les animaux qui portent rendent moins en *effet utile*, mais ils produisent par eux-mêmes autant d'unités kilogrammétriques que ceux qui sont employés autrement. Il y aurait donc urgence, au point de vue didactique, à différencier nettement l'effet utile du travail qualifié d'utile ; Il y aurait en un mot à tenir compte du « coefficient d'utilisation » du travail kilogrammétrique des moteurs vivants. Rectifiant, d'après cela, notre langage ci-dessus, nous dirons : Le service en mode de traction possède un coefficient économique absolument plus grand que le service en mode de faix, et abstraction faite du rendement propre des individus considérés.

β) Mais lorsqu'on dit que l'animal au pas ordinaire rend beaucoup plus que dans toutes autres conditions de vitesse, on vise cette fois le rendement propre des individus travailleurs. C'est comme si l'on disait que, en deçà comme au delà d'une certaine vitesse optima, l'animal perd de ses moyens mécaniques. Le travail automoteur et la surexcitation fonctionnelle interviennent en effet, dès qu'on exige de la vélocité.

D'autre part, au pas ralenti, on fait généralement produire au cheval des efforts très considérables, sans songer que la compensation M V est une chimère. Mais fût-elle une réalité, une analyse sérieuse des faits démontre qu'il y aurait quand même surmenage de l'animal. Nous devons expliquer cette proposition.

« Il faut un effort de volonté pour s'opposer à un acte devenu inconscient et pour changer une allure acquise. Si les muscles sont abandonnés à leur impulsion machinale, ils retombent toujours dans le rythme qui s'est créé par les lois de l'automatisme. Le cheval accoutumé dès le jeune âge à un mouvement ralenti fait une dépense supplémentaire d'influx nerveux quand on veut accélérer son galop normal ; il ne faut pas attribuer le surcroît de fatigue uniquement au surcroît de travail que produit la vitesse plus grande. En effet, ce malaise nerveux dû à l'effort que nécessite une coordination nouvelle du mouvement, l'animal l'éprouvera aussi bien, si on l'oblige de ralentir outre mesure une allure déjà lente comme le pas [1]. »

[1] F. Lagrange, *Physiologie des exercices du corps*.

Cette remarque touchant la dépense cérébrale excessive d'un moteur qui va trop lentement, méritait d'être soulignée. Elle confirme notre loi de l'optimum. Nous y joindrons deux remarques confirmatives : c'est que : 1° en deçà comme au delà d'une certaine vitesse, le tirage s'éloigne de son coefficient le plus favorable ; 2° au-dessus de tel effort moyen, comme au-dessus de telle vitesse moyenne, l'usure des membres augmente énormément, sans parler de l'usure générale.

Du harnachement le plus avantageux. — Nous nous bornerons ici à l'exposé des conditions mécaniques propres du *rendement maximum d'un harnais.*

1° Il faut qu'un harnais soit JUSTE, comme une bonne chaussure. Sans compter les blessures qui peuvent résulter d'un harnais trop petit ou trop grand, il y a, surtout à notre point de vue dynamotechnique, à prendre en considération les déperditions de force provenant des oscillations, des pressions, des frottements, des tiraillements, des déplacements, sortes de travaux parasites qui font de la chaleur absolument excrémentitielle [1].

2° Il faut qu'un harnais soit LÉGER, toujours comme une bonne chaussure. Nul doute en effet que le harnais, intermédiaire parasite, n'ait pour idéal d'être comme s'il n'était pas. Prétendre que le harnais lourd peut agir utilement en donnant plus de poids au cheval employé en mode de masse, c'est jouer sur les mots et retomber dans l'erreur de ceux qui confondent le poids naturel des moteurs avec leur poids fictif. En un mot, le harnais lourd est pour les chevaux de trait ce qu'est le handicap pour le *race horse*, un poids mort.

Les attelages, les véhicules et autres attirails. — Ce dernier mot d'« attirails » est le meilleur au point de vue de la généralisation didactique. Pour recueillir économiquement les unités dynamiques que produit le moteur, il faut un attirail. Monter sur un cheval nu peut sembler le comble de la simplicité, ce n'est pas une exploitation qui rentre dans notre programme. La plupart du temps, l'attirail est compliqué.

La science dynamométrique et la tradition des praticiens s'accordent à reconnaître l'infériorité absolue du manège, comme dispositif, pour faire valoir la force des animaux. Il y a une perte ronde de 30 pour 100 (selon les chiffres du général Morin, le déchet irait même tout près de

---

[1] A cet égard nous devons, sous bénéfice d'inventaire, recommander aux praticiens progressifs, le « harnachement métallique ». La Compagnie générale, qui s'est formée pour construire et lancer cette invention, attribue au nouveau harnais des propriétés hygiéniques et même thérapeutiques sur lesquelles nous ne saurions dès maintenant nous prononcer ; mais, au point de vue de la stricte dynamotechnie, il serait injuste de ne pas avouer les hautes qualités de ce dispositif.

Les ingénieurs de cette Compagnie encouragés par le succès que vient d'obtenir leur « Collier », sont en train d'essayer la « Sellette ». *A priori*, tout semble devoir leur être une seconde fois favorable.

50 pour 100, mais il est permis de penser qu'il y a erreur). La meilleure machine, celle que je ne crains pas de recommander, est le plan incliné mobile plus connu sous le nom de *piétineuse*.

Ce dispositif imite complètement les effets de la roue du carrier et du chien de cloutier (roue d'écureuil). On peut actionner, au moyen de cette piétineuse, tous les mécanismes mus jadis par les manèges, mais dans des conditions incomparablement plus économiques. En dehors des résistances passives qui sont moindres, en dehors du faible prix de l'instrument, etc., il y a notamment la défalcation du travail automoteur, attendu que ce dernier se confond ici avec le travail utile. Libre de tout harnais, un cheval de 600 kilogrammes peut dans sa journée monter à la hauteur d'une lieue, ce qui fait 2.400.000 kilogrammètres, sur lesquels il n'y a pas même 400.000 d'inutilisables. Enfin ce système est préférable au manège de Wolff, comme dynamomètre. Malheureusement il n'est pas possible d'employer en toutes circonstances cet intermédiaire par excellence. Nous retombons malgré nous sur les deux modes de services typiques signalés précédemment : porter et tractionner, et par conséquent sur la question du meilleur mode de tractionnement.

L'enchaînement des idées nous amène encore à dire : 1° que le meilleur véhicule est celui qui est le mieux monté, le mieux graissé et le moins pesant ; 2° que le meilleur attelage est celui qui permet au cheval de déployer son effort le plus *intégralement possible* en mode de traction et le plus *perpendiculairement* possible à la résistance qu'il s'agit de tractionner.

Le 1°, par lui-même, porterait à penser que le véhicule à deux roues est toutes fois et quantes le meilleur, mais en réfléchissant au 2° on voit qu'il n'y a rien d'absolu. Si le quatre-roues est plus lourd, il a l'avantage de la stabilité. Le limonier n'est pas exposé à porter la charge qu'il doit avant tout traîner ; les oscillations dues à un mauvais chargement sont évitées. Enfin, eu égard à la quantité de matières qu'on peut placer sur un chariot, il résulte finalement que le poids mort relatif tombe au-dessous de celui d'un deux-roues. D'autre part, quand il s'agit de gros trait lent ou semi-rapide, le quatre-roues est le plus favorable à la disposition normale des traits.

Le cab. — Il n'en est plus de même dès qu'il s'agit du trait rapide. Ici l'effort de traction tombe aussi bas que possible ; l'animal n'est plus exposé à *patiner*. En outre, il y a grand intérêt à profiter du véhicule à deux roues qui, lorsqu'il est chargé en arrière, enlève le cheval et lui permet de faire des pas de géant ou des pas d'autruche. C'est au point que le travail automoteur se réduit alors à une quantité moindre que dans le tirage au pas sur un quatre-roues vulgaire [1].

---

[1] Nous ne pouvons que renvoyer le lecteur à une étude sur le hansom-cab publiée dans notre mémoire intitulé : *Mission zoo'echnique en Angleterre*. Ce rapport se trouve inséré

Il est avantageux de faire tirer l'animal sur un palonnier, et de donner une certaine élasticité à celui-ci ou d'adjoindre au système un *Pferdschoner*, dont Marey est le véritable inventeur par sa théorie du trait à ressort. L'action intermittente du coup d'épaule venant à se fondre dans une sorte d'action continue, il en résulte 20 ou 25 pour 100 d'économie dynamique. Nous ne pouvons que mentionner tout ce « détail » des choses, ainsi que le bénéfice du frein, du sabot, de l'ar-canseur et du tuteur de limonier.

Les chemins. — Le bon chemin, est celui qui rend le plus par lui-même et par rapport aux circonstances qui peuvent favoriser directement les quadrupèdes. En y réfléchissant, le zootechnicien découvre qu'il n'est ni plus ni moins chez lui ou hors de chez lui, lorsqu'il étudie la bourrellerie ou la carrosserie, que lorsqu'il étudie la voirie, d'autant plus que les charretiers et autres conducteurs d'animaux attelés ou non attelés doivent baser leur manière de faire sur tous les *applicata* et *circumfusa*, afin de bien démarrer, de bien mener, de bien virer et de bien arrêter.

NOTES ADDITIONNELLES

A. Les matières albuminoïdes sont très difficiles à brûler dans les conditions ordinaires. M. Berthelot, grâce à son ingénieuse « bombe calorimétrique » trouve en moyenne, pour 1 gramme de substance, 5691 calories. Mais les combustions physiologiques aboutissant à des résidus, tels que l'urée, qui contiennent encore une certaine réserve d'énergie, il faut diminuer d'un sixième, ce qui donne à peu près 4750. Si au lieu d'urée, l'animal élimine de l'acide urique et surtout de l'acide hippurique, le chiffre se réduit presque de moitié. La bromatodynamique, par la thermodynamique, devient dès lors très difficile.

La difficulté ne provient pas, bien entendu, de ce que la calorie de l'éminent chimiste doit être multipliée par mille ; ce qui revient à dire que son gramme de substance albuminoïde doit être remplacé par un kilogramme pour que nous puissions lire les chiffres en *grandes calories*. Cela, c'est la moindre des choses.

La difficulté sérieuse provient de ce que Berthelot nous fait soupçonner pour la première fois une vérité désolante, savoir : *que l'équivalent thermique des aliments varie selon l'organisme considéré.* Les carnivores ont un coefficient différent de celui des omnivores, et surtout de celui des herbivores ! La thermogénèse varie également selon l'état de santé et le tempérament des individus. En dehors de tout ceci, la question subsiste de savoir si nous devons estimer le pouvoir dynamopoiésique d'après l'aptitude thermogène intégrale ou partielle.

B. Si le rendement *maximum* des moteurs vivants correspond au service de traction et à l'allure du pas ordinaire, on peut dire que leur rendement *minimum* correspond à la selle et à l'allure vertigineuse des chevaux de course. Il semble, dans ce cas singulier, que l'on a voulu instituer une épreuve excessivement concentrée, du type le plus intensif, de la forme la plus explosive !

NAUTILUS, par exemple, a parcouru 2500 mètres en portant un poids de 60 kilogram-

dans les comptes rendus du Ministère de l'agriculture (1890). L'utilisation des grands chevaux race-horse à la voiture, ou des trotting-horse américains, n'est vraiment complète que par l'emploi du hansom.

mes; il a fait cela en 2 minutes, 43 secondes! que représente donc une vitesse de 15 mètres 13 à la seconde?

Supposons que le poids de NAUTILUS fût de 440 kilogrammes ; avec son jockey il pèse 500 kilogrammes ; au galop l'effort est de $500 \times 0,1 = 50$ kilogrammes ; au bout de 2500 mètres cela fait un travail $= 125.000$ kilogrammètres. On se demande si l'on n'a pas oublié un zéro, tellement ce calcul est absurde...!

La formule de M. Leclerc est plus rationnelle et conforme à l'expérience : $\frac{1}{2} M V^2$ nous conduit en effet à dire que NAUTILUS a débité 5900 kilogr. pendant 163 secondes, soit 961.700 kilogrammètres.

Ce chiffre est en somme assez modeste, attendu qu'il conduit à conclure que, à la grande rigueur, Nautilus eût été capable de faire deux fois son exploit en vingt-quatre heures. Avec l'autre résultat (125.000 kilogrammètres), on arriverait théoriquement à prouver qu'il aurait pu le recommencer jusqu'à quinze fois, ce qui ne se discute plus.

Crevat donne comme rendement d'un coureur de 500 kilogrammes, une vitesse de 6 mètres à la seconde durant deux heures, avec le même faix de 60 kilogrammes.

Cette fois la méthode de Sanson donne $560 \times 0,1 \times 6 \times 7200 = 2.419.200$ kilogrammètres. La vraisemblance est satisfaite. Au contraire la méthode de Leclerc conduirait à un chiffre fabuleux qui ne supporte pas l'examen! Que croire? sinon que les lois exactes du travail automoteur et de la surexcitation fonctionnelle étant profondément inconnues, nous sommes ballottés de Charybde en Scylla et de Scylla en Charybde.

Les lois mathématiques du « handicap » ne paraissent guère mieux établies : on voit bien que les coefficients doivent croître avec la surcharge, mais c'est tout [1].

C. M. Sanson donne comme modèle de ration intensive, pour 100 kilogrammes de cheval de trait au pas :

	PROTÉINE	MATIÈRES SOLUBLES DANS L'ÉTHER	EXTRACTIFS NON AZOTÉS
1 k. foin de sainfoin (esparcette). .	0,133	0,025	0,345
1 k. 500 seigle..	0,165	0,030	1,008
0 k. 800 germes de malt (touraillons).	0,189	0,023	0,289
1 k. paille.	»	»	»
	0,487	0,078	1,642

$$\text{Relation nutritive} = \frac{\text{M. A.}}{\text{M. N. A.}} = \frac{487}{78 + 1642} = \frac{1}{3,5}$$

Comme modèle de ration intensive, pour 100 kilogrammes de cheval travaillant aux allures vives, il pose :

1 k. foin de pré.	0,085	0,039	0,383
0 k. 800 avoine.	0,096	0,048	0,452
0 k. 800 son de froment. . . .	0,112	0,030	0,360
0 k. 300 féverolles.	0,075	0,005	0,133
1 k. paille, , ...	»	»	»
	0,368	0,113	1,328

$$\text{Relation nutritive} = \frac{\text{M. A.}}{\text{M. N. A.}} = \frac{368}{113 + 1328} = \frac{1}{3,9}$$

[1] Si le cheval devient *lourd*, passé un certain poids « naturel », que serait-ce donc en effet du cheval qui devient lourd grâce à une surcharge « artificielle » ? Tout le monde connaît la boutade du commis voyageur qui, taillé en hercule, pariait contre un coureur léger de 65 kilogrammes à la condition que celui-ci porterait les 25 kilogrammes qui exprimaient la différence entre son poids et le poids du dit commis-voyageur (90 kil.). A ce compte, aucun trotteur célèbre n'aurait tenu tête à tel gros boulonnais de là compagnie Lesage, que je pourrais citer. *Ces problèmes sont un inextricable mélange de naïf et de transcendant.*

M. Ayraud donne pour un cheval de 700 kilogrammes devant produire huit heures de débit à la seconde $= 75$ kilogrammètres : 5 kilogrammes de foin de pré ; 5 kilogrammes d'avoine ; 3 kilogrammes de féveroles ; $3^{kg},750$ de maïs et de 6 kilogrammes de paille dont $2^{kg},500$ comme *ingesta*. Cela fait : $1^{kg},802$ de protéine ; $0^{kg},560$ de graisses ; $8^{kg},526$ d'hydrates de carbone. Relation nutritive $= \dfrac{1}{5}$.

Le Dr E. Wolff donne, pour un bœuf de trait de 500 kilogrammes : 0,800 d'albuminoïdes et à peu près 5 kilogrammes de substances non azotées. Le rapport $\dfrac{MA}{MNA} = \dfrac{1}{7}$ pour le moins. A propos des chevaux d'agriculture, du poids moyen de 500 kilogr., il accorde 0,900 d'albuminoïdes, et $6^{kg},300$ de substances non azotées. On a tout juste : $\dfrac{MA}{MNA} = \dfrac{1}{7}$.

Je sais qu'un esprit conciliant s'efforcerait d'arranger tout cela au moyen de la protéine efficace et de la protéine brute. Mais son effort malheureux nous confirme dans notre doute méthodique.

D. L'automatisme dans les mouvements économise le travail du cerveau, comme la mémoire économise le travail de l'esprit. Il y a des formules qui abrègent les travaux mathématiques en nous dispensant de faire plusieurs opérations élémentaires. De même, par des séries de mouvements automatiques, nous sommes dispensé de coordonner attentivement chaque acte musculaire dont la moelle épinière a gardé pour ainsi dire la formule.

Cet algébrisme de la moelle épinière, selon mon langage, est mis en évidence par le fait que Mosso raconte au sujet de l'empereur Commode : « Il faisait lâcher, dans le cirque, des autruches que l'on excitait à courir ; et aussitôt qu'elles étaient lancées à toute vitesse, on leur tranchait la tête avec des flèches en forme de demi-lune. Les animaux décapités ne s'arrêtaient pas sur le coup, mais continuaient leur course jusqu'au bout de la carrière. » P. Bert m'a avoué un jour que lorsqu'il voyait un fort pianiste en train de jouer, il lui venait l'idée de couper la tête au virtuose, afin de savoir *positivement* jusqu'à quel point ledit pianiste possédait son morceau !

CHAPITRE III

PRODUCTION DE LA VIANDE ET DE LA GRAISSE

La chair livrée à la consommation est fournie par les masses musculaires des animaux domestiques. Le rôle physiologique de ces masses est d'actionner les leviers osseux, mais leur rôle alimentaire est plus général, puisqu'on ne demande pas de la force motrice à tous les animaux, tandis que, si l'on envisage ce qui se passe sur l'ensemble du globe, on voit que leur chair, à *tous*, entre dans l'alimentation humaine. Les mœurs, les coutumes, les préjugés et même les croyances religieuses déterminent pour chaque région les espèces qui sont utilisées et celles qui sont refu--

sées. Est-il besoin de rappeler que les Juifs et les Musulmans ne consomment pas le porc, que les Hindous ne touchent point à la vache, qu'il est des peuplades qui refusent de manger la poule et le lapin et qu'en Europe, le cheval, l'âne, le mulet, le buffle, le chien et le chat sont peu appréciés, tandis que pour les Kalmouks la viande d'équidé est placée au premier rang et que les Célestes ont fait du chien un animal de boucherie?

Rarement, le zootechnicien cherche à ne produire que de la viande; il s'attache, consciemment ou inconsciemment, à y ajouter de la graisse, ne fût-ce que pour augmenter le poids des sujets qu'il envoie à la boucherie. La production de la viande est, de ce fait, le plus souvent liée à la pratique de l'engraissement, dont la technique a été étudiée dans la partie de ce livre consacrée aux procédés zootechniques.

De très brèves notions sur la constitution et le développement du muscle doivent d'abord être présentées au lecteur.

Les muscles se présentent sous forme de masses de volume extrêmement variable allant du rose pâle au rouge foncé, douées de la propriété de se contracter brusquement ou lentement.

Ces différences dans la coloration et la contractilité correspondent à des différences dans la constitution. Le tissu musculaire pâle et à contractilité lente a pour élément fondamental une fibre lisse, tandis que le tissu musculaire rouge et à contractilité brusque est constitué essentiellement par une fibre striée transversalement.

Le système musculaire à *fibres lisses* se rencontre dans la tunique charnue de l'estomac, de l'intestin, de l'utérus, de la vessie, les trabécules de la rate, dans les parois des vaisseaux sanguins et des lymphatiques, sous la muqueuse de la trachée et des bronches et dans la peau. Sa situation, la propriété qu'il a de se contracter involontairement et lentement font pressentir le rôle important qu'il joue dans les phénomènes de la vie de nutrition. Au point de vue de la consommation, il n'a qu'une importance tout à fait secondaire.

Le système musculaire à *fibres striées* englobe toutes les masses charnues de l'appareil locomoteur, c'est-à-dire qu'il forme à lui seul une partie de la masse de l'animal et de son poids. On y comprend quelquefois aussi le muscle cardiaque bien qu'il soit d'une structure spéciale, enfin on en trouve des représentants aux premières voies respiratoires et digestives, à leur terminaison ainsi qu'à l'appareil génito-urinaire. Ce sont les muscles de l'appareil locomoteur qui fournissent la chair comestible en presque totalité.

Lorsqu'on examine un de ces muscles, on en voit la masse enveloppée par une membrane conjonctive dite perimysium externe. Une coupe transversale fait voir des faisceaux de grosseur variable suivant les espèces, les races, l'âge et le sexe des sujets examinés; ils sont également enveloppés de tissu conjonctif et parfois séparés les uns des autres, si les animaux ont été engraissés, par de la graisse qui se projette en petits points blanc-jaunâtre et donne à la chair l'aspect dit PERSILLÉ. Ces faisceaux sont qualifiés de *faisceaux tertiaires*. On peut les décomposer en *faisceaux secondaires* entourés d'un perimysum interne formé de tissu conjonctif et quelques fibres élastiques. Ces faisceaux secondaires sont constitués eux-mêmes par des *faisceaux primitifs*.

Le faisceau primitif ou fibre striée est l'élément fondamental du muscle. Cette fibre figure un cylindre plus ou moins régulier à cause des compressions réciproques; son diamètre varie entre $0^{mm},03$ à $0^{mm},06$. Sa surface est parcourue par de fines stries transversales, parallèles associées à des stries longitudinales étendues à une partie ou à toute la longueur du faisceau. La striation transversale est prédominante le plus souvent. En étirant la fibre, on fait écarter les stries les unes des autres.

La fibre striée est enveloppée par une membrane conjonctive dite *sarcolemme* ou *myolemme* (fig. 174). Le contenu renferme : 1° un groupe de cylindres contractiles ; 2° du protoplasma ; 3° des *granulations graisseuses* ; 4° quelques noyaux (fig. 175). Ceux-ci sont placés sous le sarcolemme qu'ils soulèvent un peu par place. Le protoplasma vient ensuite former une couche qui jette des cloisons jusqu'au centre de la fibre et où se voient les granulations de la graisse. Quant aux cylindres contractiles, pressés les uns contre les autres, ils se décomposent en *fibrilles* sous l'influence prolongée des acides chromique, picrique, de la chaleur portée à 40°. L'emploi des acides acétique, chlorhydrique et du suc gastrique provoque la division suivant le sens transversal.

La structure fibrillaire explique la striation longitudinale ; les stries transversales ont été attribuées par Bowmann à la composition même des fibrilles qui seraient formées de la superposition d'un grand nombre de disques appelés par lui *sarcous elements*, de telle sorte que les stries transversales représenteraient les lignes d'union des disques. Aujourd'hui, on explique cette striation par la composition même des cylindres qui se divise-

Fig. 174. — Fibre musculaire déchirée. Les deux fragments sont réunis par le sarcolemme (Chauveau et Arloing).

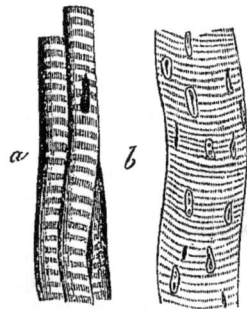

Fig. 175. — Quelques types de fibres musculaires : *a*. fibre d'embryon avec striation transversale et un noyau; *b*. fibre avec plusieurs noyaux (Chauveau et Arloing).

raient en une série de disques foncés, unis par des bandes claires. Celles-ci montreraient en leur partie centrale un disque très mince qui la subdiviserait en deux parties. Enfin souvent le disque épais est traversé par une strie pâle dite strie de Hensen.

La fibre musculaire ne va point, sauf dans les muscles très courts des petits animaux, d'une extrémité à l'autre de l'organe. La longueur ne dépasse pas quelques centimètres : elle se termine par deux bouts mousses qui s'unissent soit aux autres fibres, soit à un tendon, soit au périoste ou périchondre. On a vu que le mouvement influe sur la longueur du muscle relativement à son tendon.

Les muscles sont largement irrigués. Les vaisseaux arrivent perpendiculairement à la direction de leurs fibres, projettent des capillaires de $0^m,007$ à $0^m,012$ qui s'anastomosent entre eux et entourent les fibres d'un réseau à mailles rectangulaires, mais ne pénètrent jamais à leur intérieur. Cette disposition fait que les faisceaux secondaires et tertiaires sont eux-mêmes enveloppés par ce réseau irrigateur et que le tissu musculaire est un des plus vasculaires de l'économie. Il y a généralement deux veinules pour une artériole et ces vaisseaux ne descendent pas dans le tendon. Il existe aussi des vaisseaux lymphatiques dans le muscle ; des nerfs sensitifs et moteurs y abordent.

Une matière colorante spéciale et qui ne doit pas être attribuée au sang, voisine de l'hémoglobine, est fixée sur les disques. Le lavage l'enlève et fait pâlir le muscle tandis que la dessiccation le brunit en même temps qu'il le racornit.

Au repos, le muscle est alcalin; il devient acide sous l'influence de la contraction, par la formation d'acide sarcolactique.

Sa substance solide se transforme partiellement en gélatine par l'ébullition. Mais la plus grande partie de la chair musculaire est constituée par la *myosine* ou fibrine musculaire. C'est une substance azotée, attaquable par l'acide chlorhydrique étendu, peu différente de la fibrine du sang.

Elle a la même affinité pour l'oxygène que l'hémoglobine et lorsque ce gaz vient à lui manquer, la contraction musculaire s'affaiblit et les fibres s'altèrent.

L'étude chimique du plasma musculaire est due à Kühne qui en a extrait le premier la myosine. Le corps désigné sous le nom de *syntonine* par Liebig, ne semble qu'un produit de transformation ultérieure dont le caractère différentiel serait l'insolubilité dans l'eau salée à 10 pour 100 où la myosine est très soluble.

Après le départ par coagulation spontanée de la myosine, il reste un sérum où Kühne a trouvé un albuminate précipitable lorsque le liquide est acidulé ou devient acide par le repos, une matière coagulable à 45° et un albuminate coagulable à 75°.

Outre ces principes, on a retiré de l'extrait de viande : la créatine, la créatinine, la sarcine, l'acide urique, la xanthine, l'hypoxanthine, la taurine, l'urée, l'acide inosique, le sucre, l'inosite, la dextrine, le glycogène, l'acide sarcolactique, les acides lactique, formique, acétique et butyrique.

D'après Lehmann, la composition de la viande de bœuf est la suivante :

Eau.	74	à 80 0/0
Matières solides.	26	20
Albuminoïdes coagulés.		
Myosine, sarcolemme, noyaux, vaisseaux et fibres élastiq.	15,4	17,7
Glutine.	0,6	1,9
Albuminate, albumine coagulable à 45°.		
Albumine ordinaire.	2,2	3
Créatine.	0,07	0,14
Graisse.	1,5	2,3
Potasse.	0,5	0,54
Soude.	0,07	0,09
Magnésie.	0,04	0,05
Acide lactique.	1,5	2,3
Acide phosphorique.	0,66	0,70
Sel marin.	0,04	0,09
Chaux.	0,02	0,03

Le résidu solide de la viande épuisée par l'eau contient 17,8 pour 100 de cendre. Celle-ci renferme :

Acide phosphorique.	38,40
Potasse.	26,89
$Ph^2 O^5 2 Ca O$.	9,34
$Ph^2 O^5 2 Mg O$.	16,83
$Ph^2 O^5 2 Fe^2 O^3$.	8,02

Quant à la graisse qui accompagne la chair musculaire, il n'y a, à propos de sa composition, qu'à rappeler ici les mémorables travaux de Chevreul.

Poussant plus loin l'analyse, M. Berthelot prouva que les corps gras sont des éthers de la glycérine. La trioléine, la tripalmitine, la tristéarine en sont les éléments les plus communs ; par la saponification, ils se résolvent en glycérine et en acides oléique, palmitique et stéarique.

A côté de l'oléine et de la stéarine, Chevreul admit l'existence de la margarine. M. Heintz, qui a bien étudié les graisses [1], prétend que la margarine n'est pas un principe distinct, mais un mélange d'acide palmitique et d'acide stéarique et que l'acide margarique bien purifié n'est que de l'acide palmitique.

La partie fluide des graisses est constituée par la trioléine et la partie solide ou semi-solide par la stéarine et la palmitine, d'où il suit que c'est la proportion de la première dans la graisse qui lui donne sa consistance et détermine son point de fusion.

On a signalé dans le tissu adipeux un peu de lécithine, de cholestérine et divers acides, suivant les espèces animales, tels que les acides butyrique et caproïque trouvés dans la graisse d'oie, les acides caprique, caprylique, valérique, etc. Un acide spécial dit *médullique* se trouverait dans les graisses de la moelle.

La nutrition et l'accroissement du tissu musculaire intéressent tout particulièrement le praticien, puisque plusieurs opérations zootechniques n'ont d'autre but que cet accroissement.

Très irrigué, baigné dans un liquide de diapédèse d'autant plus nutritif que l'alimentation est plus abondante et mieux choisie, le muscle a une nutrition active qui lui était d'ailleurs indispensable pour l'accomplissement de son rôle de producteur de mouvement et de travail.

La fibre musculaire croît en longueur et en épaisseur par suite de l'augmentation de volume des disques des cylindres. Cette accroissement a été mis en évidence par les observations de M. Arloing [1] faites comparativement sur le muscle droit antérieur du veau et du bœuf. Ces observations ont, en effet, donné les chiffres suivants :

	DIAMÈTRE DES FIBRES		ÉCARTEMENT DES STRIES
	mm.	mm.	mm.
Veau..	0,012 à	0,040	0,005
Bœuf.	0,029	0,1C0	0,0018

L'alimentation à elle seule ne suffit pas pour pousser le muscle à s'accroître, il faut y joindre l'exercice ou le travail.

I. CHOIX DES ANIMAUX PRODUCTEURS DE VIANDE GRASSE

Il arrive que des animaux sont livrés à la boucherie dans l'état où ils se trouvent au moment où le marché est conclu, mais en général on les

---

[1] Arloing, *Cours élémentaire d'anatomie générale professé en 1882-83 à l'École de Lyon*, page 226.

prépare et on les amène à l'un des états indiqués à propos de l'engraissement (voyez page 702).

Tous les animaux ne profitent pas également bien de cette préparation, d'où la nécessité d'un choix raisonné parmi ceux qu'on veut y soumettre.

La première condition à rechercher, c'est un parfait état de santé. Tous les signes qui décèlent celle-ci doivent être exigés et tous les organes explorés avec soin, mais l'appareil digestif sera surtout l'objet d'un examen attentif. Lorsqu'il s'agit du mouton, on doit observer minutieusement l'œil, afin de bien s'assurer que l'animal n'est pas atteint de pourriture, maladie des plus communes dans l'espèce ovine. On enfourche l'animal, on maintient la tête d'une main, avec le pouce on relève la paupière et on examine les vaisseaux de la sclérotique ; sont-ils apparents et bien colorés, l'animal est en bonne santé ; s'ils sont pâles, jaunâtres, il est touché par la cachexie. Quand on a des soupçons au sujet de la présence de distomes dans le foie, il ne faut point acheter, car c'est en vain qu'on se bercerait de l'espoir d'enrayer le mal par une alimentation très abondante, par l'usage des tourteaux par exemple. On agira de même à l'égard des sujets anémiques, car l'anémie décèle généralement une maladie organique ou un épuisement et le régime substantiel auquel on soumet ces animaux les amène rarement au gras et ne le fait ordinairement pas avec bénéfice.

Il est difficile de formuler des indications générales pour le choix de la race. Souvent on fait porter l'engraissement sur des animaux qu'on exploitait d'abord pour une autre fonction économique ou bien on est limité aux sujets entretenus dans la région et qu'on trouve aux foires et marchés du voisinage. Quand on le peut ou lorsque l'engraissement est la spéculation dominante de l'exploitation et qu'on doit agir sur un nombre élevé d'animaux, il faut faire un choix.

Il est indiscutable qu'il est des races qui sont de plus facile préparation que d'autres ; cette aptitude est un caractère ethnique et héréditaire. Ainsi les bêtes normandes, durhams, charolaises et limousines s'engraissent bien, tandis que les schwitz et les kerry sont plus difficiles à amener au gras. Dans les bêtes ovines, les métis dishleys sont toujours supérieurs aux autres, à moins qu'il ne s'agisse de dishleys purs et de lincolns. Pour le porc, les métis issus du new-leicester m'ont toujours paru l'emporter sur les autres. Le lapin-bélier et le géant des Flandres, les poules de la Flèche, de la Bresse, de Dorking, les oies de Toulouse, les canards de Barbarie, de Normandie et d'Aylesbury sont à rechercher pour cette destination.

A propos du sexe, on accorde la préférence aux bœufs, en se basant sur ce que l'émasculation a anéanti chez eux l'instinct génésique, et leur permet d'utiliser sans pertes les matériaux alimentaires qui leur sont distribués. Mais les vaches s'engraissent non moins facilement, si l'on a eu la précaution d'éteindre chez elles les ardeurs de l'ovulation en les faisant féconder. On pourrait aussi les soumettre à la castration. Cette opération est indispensable quand il s'agit de bêtes nymphomanes. Tant qu'elles n'ont point été émasculées, elles ne doivent pas être placées avec les autres qu'elles ne peuvent que tourmenter. C'est d'ailleurs une opération courante pour la truie ; quant à la brebis, chez elle les chaleurs sont si fugitives qu'il y a peu à s'en préoccuper dans le cas présent. Il en est de même pour les femelles des oiseaux de basse-cour, tandis que le chaponage est à recommander.

Quand un taureau a quatre ou cinq ans, qu'il devient lourd, indifférent près des femelles, on peut l'engraisser sans lui faire subir la castration. Il ne semble pas qu'il y ait entre la viande de taureau et celle de bœuf un écart de prix suffisant pour trouver de grands avantages à la faire pratiquer. Les taureaux âgés sont toujours gras, et un mois de préparation suffit pour les mettre en état d'être vendus à bon prix. Si on les châtre, le temps de la guérison et la préparation exigeront de cinq à six mois. L'animal reste avec sa grosse tête, son œil méchant et même son caractère difficile, comme nous l'avons souvent constaté à la ferme. Les bouchers profitent invariablement de tout cela pour n'en payer la viande qu'au prix de celle du taureau. On aurait tort d'ailleurs de trop déprécier la viande de taureau ; à part sa couleur un peu plus foncée que celle du bœuf et sa fibre plus grosse, elle ne présente rien dans ses propriétés physico-chimiques qui soit susceptible d'en amoindrir la valeur. J'en dirai autant de la viande de vache, dont le vulgaire se fait une fausse idée et dont la tendreté, le persillé et les autres caractères ne le cèdent point à ceux du bœuf.

La question de l'âge est très importante. Il ne faut pas acheter, dans aucune espèce, des animaux trop jeunes. Si l'on ne considérait que l'augmentation quotidienne du poids pendant l'engraissement, assurément les jeunes animaux sont supérieurs de ce côté aux bêtes plus âgées. Toutes les opérations qui ont été faites à la ferme sous nos yeux déposent dans ce sens. Mais on ne doit pas se déterminer ici uniquement par l'augmentation brute. Outre qu'il est irrationnel de préparer et de vendre pour la boucherie des sujets en pleine période de croissance, alors que leur valeur s'accroît quotidiennement et que le temps travaille pour l'éleveur, ils ne donnent qu'une chair non faite, *verte*, disent les bouchers. La proportion d'os est relativement plus considérable chez eux, ce qui s'explique puisque leur taille a grandi pendant l'opération. Dans l'espèce bovine, les animaux, avant vingt mois, ne fournissent qu'une sorte de viande bâtarde qui n'a la valeur ni de celle de veau, ni de celle de bœuf. Au delà de cet âge, si l'on est en présence de femelles taurelières, on peut, après les avoir fait châtrer, les soumettre au régime de l'engraissement. Leur chair est tendre et ne le cède point à celle des jeunes bœufs. Dans les races précoces, on peut livrer à la boucherie les bœufs dès l'âge de trente à trente-six mois, puisque parfois ils sont *faits* à ce moment. Amener tous les bovins à ce point serait un idéal qu'on atteindra peut-être quelque jour, encore bien que beaucoup de personnes compétentes pensent que leur viande ne vaut point celle des animaux plus âgés et que le commerce de la boucherie préfère les animaux de cinq ans aux plus jeunes.

A part certaines situations particulières, il est peu avantageux d'engraisser les moutons avant dix mois ; au delà, l'opération est plus lucrative. Pour les porcs, l'égorgement se fait vers dix mois à un an, dans les conditions habituelles.

Il ne faut pas non plus acheter des bêtes trop vieilles, épuisées par le travail ou la lactation. Quand même il ne serait pas contraire aux principes économiques de conserver des animaux trop âgés, les engraisseurs n'ont jamais avantage à opérer sur de tels sujets ; leur préparation est lente, difficile et rarement rémunératrice. On n'arrive même à rien quand ils sont trop vieux et trop épuisés.

Les engraisseurs les plus habiles font en sorte de se procurer des animaux déjà en bon état ou même demi-gras pour en parachever l'engraissement. Outre que cet état de chair est un indice de la puissance d'assimilation, on a remarqué que les animaux maigres ne peuvent, en quelque sorte, se rassasier et ne prennent pas un poids en rapport avec la nourriture qu'ils consomment.

Lorsque les conditions de race, de sexe et d'âge sont remplies, il reste à faire l'examen individuel. C'est celui qui demande le plus de coup d'œil et d'habileté ; quand il a été bien fait, on a davantage de chances d'arriver aux bénéfices les plus élevés.

La peau et ses appendices sont les parties qui fournissent les renseignements les plus utiles sur ce que, en terme de métier, on appelle « la nature » des animaux, c'est-à-dire sur leur tempérament et, par suite, sur leur aptitude à s'engraisser. Nous nous sommes d'ailleurs expliqué sur ce point au chapitre de l'individualité et nous n'aurons que peu à y ajouter.

Il faut toucher la peau, la pincer dans diverses régions, principalement en arrière de l'épaule, sur les côtes. Il faut qu'elle se détache bien des tissus sous-jacents et qu'on la puisse rouler facilement entre les doigts, c'est l'indice que les mailles du tissu cellulaire sous-cutané recevront facilement le dépôt de graisse. Elle doit être onctueuse, tacher l'extrémité des doigts. Les animaux à peau sèche, collée, à poils durs et surtout piqués, doivent être rejetés comme n'étant pas dans un excellent état de santé. L'épaisseur de la peau étant surtout une affaire de sexe et de climat, il ne faut pas lui accorder une importance trop considérable.

Cependant, toutes choses égales, les individus à peau fine devront avoir la préférence.

Des poils fins et souples constituent un indice favorable, et, dans quelques races bovines, la limousine, l'auvergnate, la charolaise même, on aime les individus à poils frisés. Il est de connaissance vulgaire que, dans l'espèce porcine, les races à soies fines sont d'un engraissement plus prompt que celles à soies rudes.

L'idée directrice, dans la recherche de la conformation, est de choisir les animaux qui présentent le développement maximum des parties les plus riches en chair. En conséquence, dans toutes les espèces, moins la tête et les rayons inférieurs des membres seront développés et plus le tronc le sera, meilleure sera la conformation, puisque c'est sur le second que se trouvent groupées les masses musculaires. Quelqu'un a dit que, si l'on pouvait obtenir des animaux de boucherie sans tête, sans queue et sans membres, l'idéal serait atteint. Actuellement, il semble bien que les petits yorkshires, avec leurs membres minuscules et leur tête réduite au possible, soient les animaux les plus près de cet idéal recherché.

Il ne faut pourtant point forcer la note en quoi que ce soit, car la pratique de l'engraissement à la maison que comporte nécessairement celle qui doit s'exercer sur les animaux présentés tout à l'heure comme parfaits, n'est pas la plus lucrative, et celle qui se fait au dehors ne s'accommoderait pas, pour le parcours qu'elle exige, de membres si réduits.

Une queue trop forte et trop longue est l'indice d'un animal peu perfectionné ; dans l'espèce ovine, on a l'habitude de la couper.

La région du cou fournissant une viande de qualité secondaire, il y a intérêt à la trouver peu développée. Moins le fanon aura d'ampleur et mieux cela vaudra, car son développement est l'indice d'une race primitive. Un cou court est une prédisposition à l'engraissement, a dit D. Low, il y a longtemps [1]. Le lecteur sait maintenant, du reste, qu'en vertu de la loi de corrélation, à un cou bref correspondent des membres courts et que de par celle du balancement organique, un tronc amplifié dénonce la prédominance de la vie végétative sur la vie de relation. C'est précisément cette prédominance qui est à rechercher.

Il a déjà été dit que le tronc ne peut être trop développé dans toutes les espèces comestibles. L'amener à la forme de volumineux parallélipipède rectangle à six faces quadrilatères et rectangulaires doit être l'objet des recherches de l'engraisseur (fig. 176 et 177).

Le poitrail ou bréchet sera choisi aussi large que possible, saillant, avec des muscles pectoraux bien développés ; par harmonie, si cette conformation existe, la côte sera arquée au maximum, la ligne du dos toute

---

[1] D. Low, *Éléments d'agriculture pratique*, t. II, page 239, traduction Lainé.

FIG. 176. — Taureau de Hereford.

FIG. 177. — Vache Durham.

Spécimens, d'après nature, de la conformation à rechercher pour la production
de la viande et de la graisse.

(Les animaux représentés ont été primés à l'Exposition universelle de 1889).

droite et aussi large que possible au niveau des lombes. Le train postérieur, qui fournit la meilleure viande, ne peut pas être trop ample ;
que la distance de la pointe de l'ilium à celle de l'ischium soit aussi
considérable que possible, et que celle de la dernière côte à l'ilium le
soit peu. Les muscles de la fesse et de la cuisse n'ont jamais trop de
développement. On devra s'attacher à prendre les animaux à cuisse
rebondie et qui ont de la culotte.

Cette conformation est à rechercher non seulement pour le bœuf, mais
pour tous les animaux de boucherie. Stephens a donné, pour l'appréciation du bœuf, le moyen suivant, applicable également au mouton et au
porc :

Envisager successivement l'animal sur quatre faces, de profil, par
devant, par derrière, vu par le dos. Chacune de ses faces, supposée en-
cadrée, est d'autant plus parfaite qu'elle remplit plus exactement le
cadre qui l'entoure.

II. APPRÉCIATION DES ANIMAUX EN PRÉPARATION

Pendant le cours de la préparation, on a grand intérêt à se rendre
compte des progrès de l'engraissement. Il n'est pas de meilleur moyen que
la bascule, mais l'usage en est difficile quand les animaux sont dans une
pâture éloignée des habitations et qu'ils sont nombreux. Aussi, a-t-on
cherché à se rendre compte de la marche de leur préparation en ayant
recours à d'autres moyens ; les principaux sont les *maniements* et la
barymétrie.

Maniements. — On désigne sous ce nom les dépôts de graisse qui
se font en des points déterminés du corps des animaux. Cette expression est aussi appliquée à l'action de toucher ces dépôts pour en reconnaître l'importance et apprécier ainsi le degré d'engraissement.

Lorsque la graisse se dépose dans le tissu cellulaire sous cutané, elle
est dite *graisse de couverture*, et chez le porc, elle prend le nom spécial
de *lard*. A l'intérieur, elle s'accumule surtout autour des reins et dans
l'épaisseur de l'épiploon. Dans le porc, on lui donne le nom de *panne ;*
sur le mouton et le bœuf, elle constitue le *suif*.

On va d'abord examiner les maniements de l'espèce bovine, ce sont les
plus nombreux et les plus faciles à explorer (v. fig. 178).

On les divise en pairs et en impairs.

Dans les maniements pairs se trouvent le *paleron* situé au tiers supérieur de l'épaule, le *cœur*, le *contre-cœur*, l'*anti-cœur*. Vient un maniement situé dans la gouttière jugulaire, c'est la *veine*. En arrière du
paleron est la *côte*, puis se trouvent le *flanc*, la *hanche*, la *hampe*,
lampe ou *fras*, ce dernier placé dans un repli de la peau en avant du
grasset, le *couard, cimier* ou *les abords*, situé entre la base de la queue

et la pointe ischiale. Notons encore le *collier* très développé chez le taureau, puis l'*oreillon* entre la base de l'oreille et les cornes.

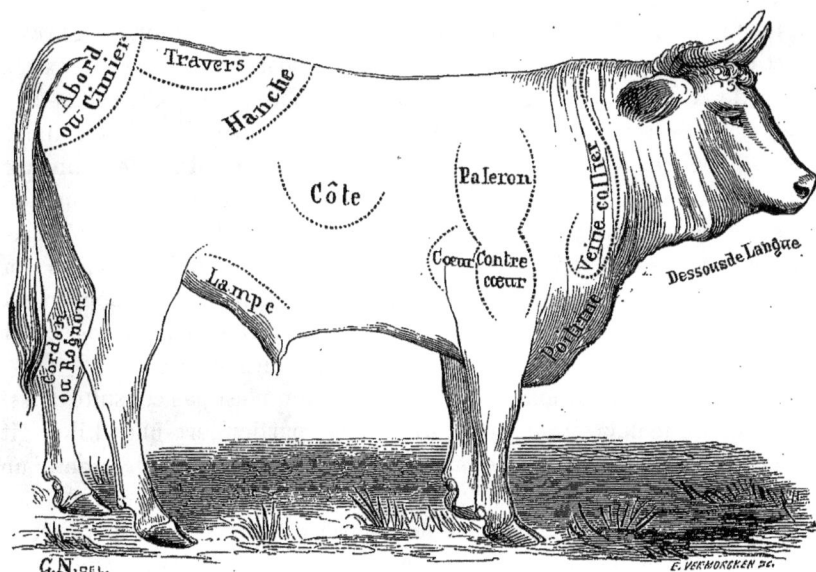

FIG. 178. — Maniements du bœuf.

Il faut citer, parmi les maniements impairs, le *travers, aloyau* ou *rable* qui est très important. Dans la région périnéale est l'*entrefesson, cordon* ou *braie* qui n'apparaît qu'assez tard. Puis, chez le bœuf, on trouve la *brague* ou *scrotum*. La brague est plus grosse chez les animaux bistournés que sur ceux qui ont été châtrés par excision et il ne faut pas, sur les premiers, prendre les testicules en voie de s'atrophier pour des amas de graisse. Chez la femelle, on a l'*avant-lait*, situé en avant des mamelles. Enfin, il existe un dernier maniement, la *sous-machelière* ou *dessous de langue* qui correspond au double ou au triple menton de l'homme. Il est des auteurs, M. Bardonnet des Martels entre autres, qui considèrent le travers comme un maniement pair [1].

Sans nous arrêter à la bizarrerie de ces expressions, remarquons que les maniements n'apparaissent pas tous ensemble; leur ordre d'apparition n'a rien de fixe, c'est surtout une affaire de race et de famille, c'est-à-dire d'hérédité. Cependant, le plus souvent la côte est le maniement qui apparaît le premier, puis viennent la hampe et les abords; les autres se montrent plus tard; l'oreillon, la braie, le travers et la sous-machelière apparaissent les derniers.

Ils n'ont ni la même importance, ni la même signification. Les uns in-

---

[1] Bardonnet des Martels, *Traité des maniements*, Paris, 1854.

diquent le dépôt de la graisse de couverture, d'autres le développement de la graisse interne, d'autres enfin, la graisse intermusculaire ou le persillé.

Les maniements de la sous-machelière, du scrotum, de la braie, du travers et de la hampe indiquent le dépôt de graisse intérieure ; ceux du paleron, de la côte, du cou et du contre-cœur, celui de la graisse sous-cutanée ; celui de la hanche passe pour un indice du persillé de la viande. Quant au couard, il n'a pas toujours la même valeur ; il est des animaux où on le voit l'un des premiers et, dans ce cas, il décèle l'amas de graisse de couverture ; d'autres fois et sur les races tardives, il n'apparaît qu'assez tard et après d'autres maniements ; il indique alors un état avancé d'engraissement. Il prend normalement un développement considérable chez certaines races dont il est un des caractères. C'est pourquoi sa date d'apparition et sa valeur sont contingentes.

M. Baillet dit que le maniement de l'oreillon n'est pas consulté aussi souvent qu'on le devrait ; il aurait une valeur particulière quand il s'agit d'animaux de médiocre aspect, sa présence permettant de pressentir un rendement plus considérable que celui indiqué par l'état général.

La consistance des maniements doit aussi être prise en grande considération ; les jeunes animaux nourris hâtivement et intensivement ont des maniements flasques, ils sont *creux*, disent les bouchers, et leur apparence est trompeuse.

Pendant l'engraissement des veaux destinés à *tomber blancs*, on doit observer spécialement les maniements du collier, de la poitrine, du contre-cœur, du travers, des abords et de la lampe (fig. 179) pour suivre les progrès en poids ; on visitera de temps en temps la sclérotique et la muqueuse buccale afin d'arrêter l'opération si l'anémie, qui n'est pas rare en cette circonstance, se montrait. On contrôlera les renseignements fournis de ce côté en tirant sur les poils ; lorsqu'ils se laisseront arracher sans efforts ou deviendront ternes, l'opération doit toucher à son terme.

L'hippophagie est si peu répandue, elle est pratiquée dans des conditions si particulières, que le cheval n'est jamais engraissé et rarement mis en chair avant d'être livré à la boucherie ; aussi ne se préoccupe-t-on point de ses maniements. Il en a pourtant un spécial, celui du bord supérieur de l'encolure ; il est formé par la couche adipeuse qui recouvre le ligament cervical et sert de base à la crinière. Il correspond à la loupe graisseuse que possèdent le taureau et surtout le bison.

Dans l'espèce ovine, les maniements à examiner sont le bréchet, le scrotum pour le mouton et la mamelle pour la brebis, la côte, le travers et le cimier (fig. 180). Le cimier est le plus facile à explorer ; il prend sur quelques races un développement considérable. Le travers ne se montre que sur les animaux très gras ; il en est de même du bréchet qui, bien développé, annonce un engraissement réussi. Les maniements des animaux non tondus ne sont pas faciles à bien apprécier.

FIG. 179. — Maniements du veau.

FIG. 180. — Maniements du mouton.

Sur le porc, le dépôt de lard se fait à l'extérieur, et habituellement le peu d'abondance des soies permet facilement de juger de son état à l'œil. Aussi, la seule manipulation qu'on lui fait subir consiste à appuyer toute l'étendue de la main sur les régions du dos, des lombes et de la croupe pour apprécier la surface de ces parties et la densité des tissus qui les constituent.

Le lapin bien engraissé a une cravate de graisse et on lui touche le râble.

On apprécie l'oie de Toulouse en lui palpant le fanon ou repli sterno-abdominal.

Barymétrie. Quand on a examiné attentivement les maniements, on a des indications sur les progrès de l'engraissement et aussi sur la qualité de la viande. On a besoin d'aller plus loin et de se renseigner sur le poids.

On peut envisager le poids *vif* ou *brut* d'un animal (qu'on dit encore *poids sur pied*) ou bien son poids *net*, c'est-à-dire la quantité de viande qu'il fournira à la boucherie. Diverses circonstances, desquelles il sera traité tout à l'heure, se rapportent à ce dernier.

Chaque fois que c'est possible, il faut avoir recours à la bascule. Il serait désirable de voir toutes les ventes d'animaux de boucherie se faire au poids vif constaté par cet instrument. Il faudrait abandonner la vente à forfait qui avantage trop le boucher ou l'intermédiaire au détriment du vendeur, habitués que sont les premiers à juger du poids et du rendement des animaux par la grande quantité qu'ils en voient; c'est le seul moyen de donner au commerce du bétail des bases vraiment loyales.

On a cherché à évaluer le poids d'un animal de boucherie sans avoir recours à la pesée. Plusieurs méthodes ont été imaginées qui, pour la plupart, sont basées sur l'assimilation du corps à une figure géométrique dont on obtient le volume par les méthodes habituelles. Celui-ci connu, on en cherche le poids en se servant d'un coefficient de densité.

Les mensurations nécessaires sont généralement faites avec le ruban métrique, dont le grand défaut est de se salir promptement au contact de la peau toujours grasse des bêtes bovines et dont bientôt la graduation devient difficile à lire. Le plus répandu est celui de Mathieu de Dombasle. Il est constitué par un ruban de fil enduit de vernis qui le rend inextensible. D'un côté, sa graduation est faite en mètres et centimètres, depuis $1^m,81$ jusqu'à $2^m,73$; de l'autre, elle l'était en livres depuis 350 jusqu'à 1200, aujourd'hui elle l'est en kilogrammes. Dans cette combinaison, 1 centimètre équivaut à 3 kilogrammes de poids net au début, à 4 kilogrammes plus tard, puis à 5 kilogrammes et ainsi de suite avec assez de régularité. M. Ch. de Meixmoron de Dombasle a perfectionné ce ruban qui peut s'appliquer aux veaux et même aux moutons tondus et qui continue la série au delà de 600 kilogrammes.

Pour gagner du temps, lorsqu'on emploie le ruban métrique ordinaire, et éviter d'avoir à faire des calculs, on a dressé des tables où, en regard des mensurations obtenues, figurent les poids correspondants. Des équations ont été établies aussi en vue de l'utilisation de ce ruban.

Parmi les méthodes imaginées, les unes donnent le poids net de l'animal; ce sont celles de Mathieu de Dombasle, de D. Low, d'Anderson et de M. Baron. Les autres renseignent sur le poids vif; les principales sont dues à Quételet, à Matievitch, à Pressler et à M. Crevat. Mais lorsqu'on est familiarisé avec la connaissance du rendement net, il est

facile de transformer les méthodes donnant le poids net en méthodes
à poids vif et *vice versa*. D'ailleurs M. Crevat et M. Baron ont donné
des formules de l'une et de l'autre.

Fig. 181. — Emploi du ruban métrique.

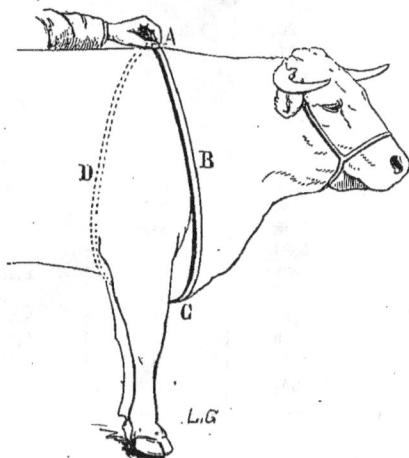

Fig. 182. — Position du ruban suivant la méthode de Mathieu de Dombasle.

La méthode de Mathieu de Dombasle consiste à prendre la circonférence oblique de la poitrine (fig. 182). On part du bréchet, on cotoie la
partie antérieure d'une épaule, on franchit le garrot, on suit la partie
postérieure de l'autre épaule et on vient rejoindre au bréchet le
point de départ. L'animal doit être bien placé, les membres antérieurs sur la même ligne et le cou aussi horizontal que possible, sans

quoi on n'obtient pas le chiffre exact du périmètre de poitrine. Il est bon de faire deux mensurations en sens inverse, l'une en partant, je suppose, du côté droit, l'autre du côté gauche, et de prendre la moyenne. Cette précaution corrige les légères erreurs qui auraient pu se produire par suite d'un plissement de la peau, d'une extension trop ou peu énergique du cordon.

Voici la table dressée par Mathieu de Dombasle :

MESURE MÉTRIQUE	POIDS NET DU BŒUF	MESURE MÉTRIQUE	POIDS NET DU BŒUF	MESURE MÉTRIQUE	POIDS NET DU BŒUF
m.	kg.	m.	kg.	m.	kg.
1,81	175	2,12	279	2,43	425
1,82	178	2,13	283	2,44	430
1,83	181	2,14	287	2,45	435
1,84	184	2,15	291	2,46	440
1,85	187	2,16	295	2,47	445
1,86	190	2,17	300	2,48	450
1,87	193	2,18	304	2,49	455
1,88	196	2,19	308	2,50	460
1,89	200	2,20	312	2,51	465
1,90	203	2,21	316	2,52	470
1,91	206	2,22	320	2,53	475
1,92	209	2,23	325	2,54	481
1,93	212	2,24	330	2,55	487
1,94	215	2,25	335	2,56	493
1,95	218	2,26	340	2,57	500
1,96	221	2,27	345	2,58	506
1,97	225	2,28	350	2,59	512
1,98	228	2,29	355	2,60	518
1,99	232	2,30	360	2,61	525
2,00	235	2,31	365	2,62	531
2,01	239	2,32	370	2,63	537
2,02	242	2,33	375	2,64	543
2,03	246	2,34	380	2,65	550
2,04	250	2,35	385	2,66	556
2,05	253	2,36	390	2,67	562
2,06	257	2,37	395	2,68	568
2,07	260	2,38	400	2,69	575
2,08	264	2,39	405	2,70	581
2,09	267	2,40	410	2,71	587
2,10	271	2,41	415	2,72	593
2,11	275	2,42	420	2,73	600

D. Low a recherché le poids net en mesurant la longueur du sujet depuis le point le plus élevé de l'omoplate jusqu'au point le plus éloigné de la croupe, puis le périmètre de la poitrine au passage des sangles; il multiplie le carré de cette circonférence par la longueur et le produit par 0,238. Cette opération donne le poids des quatre quartiers en stones de 6 kil. 348 chacun. Mais il ne faut pas oublier que Low a établi sa formule en se servant du pied anglais et non du mètre. Aussi, avec le système métrique, une correction est indiquée : il faut rem—

placer le cœfficient 0,238 par 53,5 et on obtient ainsi le poids net en kilogrammes. La marche indiquée par D. Low est très usitée en Angleterre, on la désigne couramment sous le nom de méthode Ewart.

Deux autres procédés de détermination du poids net ont été mis en avant par Anderson et D. Low ; ils exigent la connaissance préalable du poids vif. Anderson prend la moitié de celui-ci, il l'augmente des 4/7 de sa totalité et divise le tout par 2. Daniel Low recommande de multiplier le poids vif par 0,605. Ces deux méthodes furent établies conventionnellement sur le rendement habituel des animaux qu'examinaient les auteurs.

Quételet a comparé les animaux à des cylindres dont la longueur est celle du corps de la pointe de l'épaule à la pointe de l'ischium et la circonférence celle de la poitrine en arrière des épaules. Il admet que le poids de la tête, du cou et des membres représente à peu près le dixième de celui du tronc et que la densité du corps est celle de l'eau. En conséquence, le poids vif d'un bœuf égale le volume du cylindre qu'il représente, augmenté d'un dixième. En appelant C le périmètre thoracique, L la longueur, π le rapport du périmètre au diamètre, on a la formule :

$$P = \frac{C^2}{4\pi} \times \frac{11}{10} L = \frac{11 C^2 L}{40\pi}$$

D'après les données classiques, si l'on remplace π par 3,1416 qui est sa valeur, la formule devient : $P = C^2 L \times 87,5$.

Comme Mathieu de Dombasle, Quételet a dressé une sorte de barème qui évite de faire les opérations ci-dessus et qu'il suffit de consulter pour avoir immédiatement le poids vif d'un sujet dont on vient de prendre les deux dimensions préindiquées ; on le trouvera à la page 938.

M. Pressler, de Vienne, a inventé la méthode suivante : Mesurer la circonférence oblique du thorax, comme M. de Dombasle, puis la *circonférence de longueur (sic)* en partant du bréchet, suivant latéralement le ventre, passant sous la queue et revenant au point de départ. Prendre ensuite la moitié de la circonférence oblique du thorax et élever cette moitié au carré. Multiplier le résultat : 1° par la circonférence de longueur ; 2° par 3,14 ; 3° par un chiffre dit de forme qui va de 44 à 47, suivant la race.

M. Crevat s'est attaché, par de nombreuses observations « poursuivies pendant vingt-cinq ans, à trouver les causes qui font varier le coefficient et à déterminer celui-ci suivant l'âge, le sexe et l'embonpoint [1] ». Il a indiqué les formules qui suivent :

[1] Crevat, Alimentation rationnelle des animaux. — Estimation du poids par le mesurage (*Journal d'agriculture pratique*, 15 avril 1890).

CIRCONFÉRENCE DERRIÈRE LES JAMBES DE DEVANT	LONGUEUR, EN CENTIMÈTRES, DEPUIS LA PARTIE ANTÉRIEURE DE L'ÉPAULE JUSQUE DERRIÈRE LA CUISSE															
	122	124	128	130	132	134	136	138	140	142	144	146	148	150	152	154
	kgr.	kgr.	kgr.	kgr.	kgr.	kgr.	kgr.	kgr.	kgr.	kgr.	kgr.	kgr.	kgr.	kgr.	kgr.	kgr.
140	206	213	220	223	226	230	233	237	240	244	247	250	254	257	261	264
142	212	219	226	229	233	236	240	244	247	251	254	258	261	265	268	272
144	218	225	231	236	240	243	247	250	254	258	261	265	269	272	276	280
146	224	231	239	242	246	250	254	257	261	265	269	272	276	280	284	287
148	230	238	245	249	253	257	261	265	268	272	276	280	284	288	291	295
150	236	244	252	256	260	264	268	272	276	280	283	287	291	295	299	303
152	243	251	259	263	267	271	275	279	283	287	291	295	299	303	307	311
154	249	257	266	270	274	278	282	286	291	295	299	303	307	311	315	320
156	256	264	273	277	281	285	290	294	298	302	307	311	315	319	324	328
158	262	271	280	284	288	293	297	302	306	310	315	319	323	328	332	337
160	269	278	287	291	296	300	305	309	314	318	323	327	332	336	341	345
162	276	285	294	299	303	308	312	317	322	326	331	335	340	345	349	354
164	282	292	301	306	311	315	320	325	330	334	339	244	348	353	358	362
166	289	299	309	314	318	323	328	332	338	342	347	352	357	362	366	371
168	296	306	316	321	326	331	336	341	346	351	356	361	366	370	375	380
170	304	314	324	329	334	339	244	349	354	359	364	369	374	379	385	390
172	311	321	331	337	342	347	352	357	362	368	373	378	383	388	393	399
174	318	329	339	344	350	355	360	366	371	376	382	187	392	397	403	408

	140	142	144	146	148	150	152	154	156	158	160	162	164	166	168	170
	kgr.	kgr.	kgr.	kgr.	kgr.	kgr.	kgr.	kgr.	kgr.	kgr.	kgr.	kgr.	kgr.	kgr.	kgr.	kgr.
176	380	385	390	396	401	407	412	418	423	428	434	439	445	450	455	461
178	388	394	399	405	411	416	422	427	432	438	444	449	455	460	466	471
180	397	403	408	414	420	425	431	437	442	448	454	459	465	471	477	482
182	406	412	417	423	429	435	441	446	452	458	464	470	475	481	487	493
184	415	421	427	433	438	444	450	456	462	468	474	480	486	492	498	504
186	424	430	436	442	448	454	460	466	472	478	484	490	496	503	509	515
188	433	439	445	452	458	464	470	476	483	489	495	501	507	514	520	526
190	442	449	455	461	468	474	480	487	493	499	506	512	518	525	531	537
192	452	458	465	471	477	484	490	497	503	510	516	523	529	536	542	549
194	461	468	474	481	487	494	501	507	514	520	527	534	540	547	553	560
196	471	477	484	491	498	504	511	518	524	531	538	545	551	558	565	572
198	480	487	494	501	508	515	521	528	535	542	549	556	563	570	576	583
200	490	497	504	511	518	525	532	539	546	553	560	567	574	581	588	595
202	500	507	514	521	529	536	543	550	557	564	571	579	586	593	600	607
204	510	517	524	532	539	546	554	561	568	575	583	590	597	605	612	6 9
206	520	527	535	542	550	557	565	572	579	587	594	602	609	616	624	631
208	530	538	545	553	560	568	576	583	591	598	606	613	621	628	637	644
210	540	548	556	563	571	579	587	594	602	610	618	625	633	641	649	656

	152	154	156	158	160	162	164	166	168	170	172	174	176	178	180	184	188	192
	kgr.	kgr.	kgr.	kgr.	kgr.	kgr.	kgr.	kgr.	kgr.	kgr.	kgr.	kgr.	kgr.	kgr.	kgr.	kgr.	kgr.	kgr.
212	598	606	614	622	629	637	645	653	661	669	677	685	692	700	708	724	740	755
214	609	617	625	633	641	649	657	665	673	681	689	698	705	713	721	737	754	769
216	621	629	637	645	653	662	670	678	686	694	702	711	719	727	735	751	768	784
218	632	641	649	657	666	674	582	691	699	707	715	724	732	740	749	765	782	799
220	644	652	661	669	678	685	695	703	772	720	729	737	746	754	763	780	797	815
222	656	664	673	681	690	699	707	716	725	733	742	751	759	768	776	794	811	828
224	668	676	685	694	703	712	720	729	738	747	755	764	773	782	790	808	826	843
226	680	688	697	706	715	724	733	742	751	760	769	778	787	796	805	822	840	858
228	692	701	710	719	728	737	746	755	764	773	783	792	801	810	819	837	855	874
230	704	713	722	732	741	750	759	768	778	787	796	806	815	824	833	852	870	889
232	716	725	735	744	754	763	773	782	791	801	810	820	830	839	849	868	887	905
234	728	738	748	757	767	776	786	796	805	815	824	834	844	853	863	882	901	920
236	741	751	760	770	780	790	800	809	819	829	839	848	858	868	878	897	916	936
238	754	763	773	783	793	803	813	823	833	843	853	863	873	883	893	912	932	952
240	766	776	786	797	807	817	827	837	847	857	867	877	887	897	907	928	948	968

Pour les veaux, le poids vif = centuple du cube du périmètre thoracique ou P = 100 × C³

—	bouvillons et génisses	il = 90 fois le cube du périmètre thorac.			P =	90 × C³
—	bœufs en état	= 80	—	—	—	P =	80 × C³
—	— mi-gras	= 78	—	—	—	P =	78 × C³
—	— assez gras	= 76	—	—	—	P =	76 × C³
—	— gras	= 74	—	—	—	P =	74 × C³
—	— très gras	= 72	—	—	—	P =	72 × C³
—	— fin gras	= 70	—	—	—	P =	70 × C³

M. Baron, en traitant la table de Mathieu de Dombasle par le calcul aux différences finies, a imaginé les formules suivantes [1] qui donnent le poids net et suppriment l'usage des tables :

$$\gamma = \frac{2x}{10} - 25)^2 + x + 45 \text{ (Rendement net du bœuf en livres)}.$$

$$\gamma = \frac{x}{10} - 5)^2 + 10 \text{ (Rendement net du veau en kilogrammes)}.$$

dans lesquelles γ est le poids net, fonction continue du périmètre oblique du thorax x.

M. Baron a également imaginé deux autres équations :

$$p = t \times l \times b \times 100 \text{ (Poids net en livres)}.$$
$$P = t \times l \times v \times 80 \text{ (Poids vif en kilogrammes)}.$$

dans lesquelles p exprime le poids net en livres, P, le poids vif en kilogrammes ; t le tour droit du thorax ; l, la longueur scapulo-ischiale ; b, le tour du bassin, et v, le tour du ventre.

On a appliqué le ruban métrique pour évaluer le poids des Équidés et on a vu que, pour les chevaux de gros trait, il donne des résultats comparables à ceux du bœuf, mais pour les chevaux fins les écarts sont considérables.

Depuis quinze ans, nous éprouvons, avec nos élèves, la valeur pratique de ces divers systèmes de cubage et de barymétrie, nous devons déclarer qu'ils ne donnent que des approximations. Avec les plus répandus, ceux de Quételet et de Dombasle, les écarts sont souvent même assez élevés ; les plus récents, ceux de Pressler et de Crevat se rapprochent davantage du poids réel en raison de l'emploi de coefficients, mais alors c'est dans le choix de ceux-ci que les aptitudes personnelles sont en jeu et qu'on peut commettre des erreurs.

En effet, la régularité de la figure géométrique à laquelle on assimile l'animal et sa densité varient suivant le sexe, l'âge, la race et même le mode d'engraissement. La conformation du durham engraissé n'est pas celle du salers ou du charolais ; celle d'un sujet de trente mois diffère de celle d'un animal plus âgé, etc. Le dépôt de graisse ne se fait pas toujours de la même façon et la densité des tissus diffère chez le mâle et chez la femelle. Ce sont autant de conditions qui occasion-

---

[1] Baron, Cubage et barymétrie. (*Recueil de médecine vétérinaire*, 1889, page 269.)

nent des écarts. Comme les bénéfices sont très limités dans les opérations d'engraissement, si l'on s'en rapportait exclusivement aux indications fournies par les mensurations, on s'exposerait à perdre ces bénéfices par les écarts présentés. On ne s'en servira donc qu'à titre de renseignements généraux, les contrôlant par la bascule quand le moment de traiter sera venu.

Lorsqu'on ne s'occupe que d'une seule race, et toujours de la même, on arrive rapidement à trouver les correctifs nécessaires, en plus ou en moins, pour faire concorder les mensurations avec le poids indiqué par la bascule.

III. ABATAGE DES ANIMAUX. — RENDEMENTS

Amenés au point désiré, les animaux sont vendus pour la boucherie soit à forfait, soit au poids vif ou au poids net.

Le poids vif d'un animal dont on veut calculer le rendement net doit être pris après un jeûne d'une journée. Ce n'est donc pas dans la cour de la ferme, alors que le sujet vient de faire un repas copieux qu'il faut le peser, c'est en arrivant au marché ou à l'abattoir. Pendant le trajet, il débarrasse son intestin des résidus de la digestion et quand on ne lui donne pas d'aliments, un bœuf de 600 kilogrammes perd de 30 à 38 kilogrammes le premier jour; s'il reste dans les mêmes conditions, le déchet est de 4 à 7 kilogrammes le jour suivant.

Mais la perte par le jeûne de vingt-quatre heures est très inégale suivant l'âge et les races, elle est vraisemblablement liée à la puissance digestive des sujets. Une de nos observations a porté sur un lot de neuf bêtes engraissées, elle a donné les résultats suivants :

	Age	Perte de poids après 24 h. de jeûne et une marche de 4 km.	
Bœuf charolais.	32 mois	34 kg.	
— Ayr-tarentais.	32 —	16	
— tarentais.	32 —	46	
— tarentais.	50 —	71	
— hollandais.	43 —	35	moyenne: 32 kg. 300
— hollandais.	17 —	23	de perte.
Vache tarentaise.	10 ans	36	
— Durham.	35 mois	18	
— —	35 —	16	
Vache valaisane.	6 ans	28	

Pour peu que le trajet soit long, il ne faut pas le faire exécuter à pied, lorsqu'il s'agit d'animaux bien engraissés; ils marchent difficilement et lentement, des boiteries se déclarent et avec elles de vives souffrances. Le porc gras surtout est incapable d'une marche un peu soutenue.

Les trajets en chemin de fer fatiguent aussi les animaux, surtout à cause de l'entassement; il y a souvent des contusions et même des plaies par frottement contre les parois des wagons.

Pendant l'été, les animaux gras souffrent de l'élévation de la température. De tous, les porcs sont ceux qui supportent le plus difficilement le transport par les temps chauds et surtout orageux; il en périt par suffocation. Pour obvier à cet inconvénient, on répandra sur le fond du wagon de la sciure de bois ou de la terre qu'on humectera fortement au départ et de temps en temps pendant le trajet. On fournit ainsi aux animaux un couchage frais qui écarte les dangers signalés.

Suivie sur quelques animaux gras exposés aux concours du Palais de l'Industrie, la perte, entre le moment de l'entrée et le jour de l'abatage, a oscillé entre 95 kilogrammes, maximum éprouvé par un bœuf nivernais de 1060 kilogrammes et 27 kilogrammes, minimum subi par un bœuf salers de 897 kilogrammes. Elle a oscillé de $6^{kg},333$ à $3^{kg},333$ pour des moutons de 91 à 93 kilogrammes et elle fut de 13 à 12 kilogrammes pour des porcs de 288 à 254 kilogrammes. En 1889, un porc yorkshire de 209 kilogrammes, envoyé de notre ferme d'application au concours général de Paris, n'a perdu que 5 kilogrammes dans le trajet.

Une fois les animaux vendus et abattus, il faut en apprécier le rendement en viande nette.

Le poids net est généralement constitué par celui des quatre quartiers ; mais on ne l'évalue pas toujours de la même façon, ce qui empêche que les données des auteurs qui s'occupent de la question soient rigoureusement comparables. A Lyon, on laisse en dehors du poids net : la tête, les appareils respiratoire et digestif, les glandes annexes, foie, pancréas et rate, le cœur et les crosses aortiques, la graisse épiploïque, la vessie et les organes génitaux, la peau et les membres à partir du jarret et du genou. Cela constitue le *cinquième quartier* qui est laissé au boucher comme bénéfice. Il est des villes où la tête reste avec les quatre quartiers ; il en est où les reins et la graisse qui les entoure sont enlevés, d'autres où ils sont laissés ; il en est même où, après avoir été vidés et nettoyés, les estomacs ajoutent leur poids à celui des quatre quartiers.

A cette première cause de divergence dans les résultats obtenus s'en ajoutent d'autres. Dans chaque espèce, le rendement varie suivant le sexe, l'âge, l'état d'embonpoint et la race. Ce sont autant de points à examiner.

Sexe. — La conformation du mâle, du neutre et de la femelle étant différente et le développement respectif des trains antérieur et postérieur ne se faisant pas de la même façon, il s'en suit que les rendements ne sont pas les mêmes. Nous avons expérimenté sur ce point à la ferme, en soumettant à l'engraissement des animaux de même race et de même âge et nous avons obtenu les résultats suivants à l'abatage :

	RENDEMENT POUR 100 EN VIANDE NETTE
Bœuf durham.	61
Vache durham.	59
Bœuf charolais.	53
Vache charolaise	48
Bœuf breton.	50
Vache bretonne.	48

On voit que, dans l'espèce bovine, le rendement de la femelle est quelque peu inférieur à celui du bœuf. Celui du taureau est intermédiaire entre l'un et l'autre.

Les chiffres obtenus dans nos expériences ont été corroborés par des relevés faits pendant dix ans à l'abattoir de Metz [1]; on a obtenu :

Pour le taureau.	53,26 pour 100 de viande nette
— bœuf.	55.47 — —
— vache,	48,71 — —

L'infériorité du rendement du taureau sur le bœuf s'explique particulièrement par l'épaisseur du cuir et la grosseur de la tête. Celle de la vache ne s'explique que par un moindre développement de la musculature et des os proportionnellement aux organes internes. Il faut aussi tenir compte, dans la pratique courante, de ce que souvent, pour l'engraisser, on la fait féconder et qu'au moment de l'abatage, elle a dans l'utérus un fœtus de quatre à cinq mois. Il semble qu'il y aurait avantage à la châtrer pour l'engraissement au lieu de la livrer au taureau. En tout cas, en mettant en regard le bœuf et la vache durham, qui nous ont servi tout à l'heure, nous avons constaté qu'ils avaient l'un et l'autre :

	POIDS VIF	POIDS DE LA PEAU	POIDS DU SUIF	POIDS DES QUATRE QUARTIERS
		kg.		
Bœuf.	719 kg.	57,5	30 kg.	435 kg.
Vache.	590	34,5	42	360

Nous avons recherché quelle est, comparativement, chez le bœuf et la vache, la proportion respective d'os et de chair. En opérant sur des sujets âgés et en assez mauvais état, nous avons trouvé que :

	kg.
Dans 100 kg. de viande nette de bœuf, il y avait	7,796 d'os secs.
— — — vache, —	12,766 —

Nouvelle preuve de la moindre musculature de la vache.

L'observation sur l'espèce ovine a donné des résultats semblables ; en voici un exemple pris sur deux sujets en état et de même âge :

[1] Tisserant, La question de la boucherie (*Le bon cultivateur de Nancy*, 1880).

Mouton mérinos. . . . . 47,3 pour 100 de rendement
Brebis   —   44   —   —

Age. — Le rythme de la croissance des individus étant subordonné,
en partie, à leur race et à leur sexe, on ne peut étudier cette question
que sur des individus de la même race et autant que possible de la
même tribu ; c'est ce que nous avons fait à la ferme dans les expériences
suivantes :

Un bœuf hollandais âgé de 17 mois a rendu 61 pour 100
    —   —   —   42   —   55,3 —
    —   —   —   51   —   53,2 —
Une génisse charolaise de 18 mois en état a rendu 51 pour 100
    — vache   —   4 ans   —   48   —

Cherchant à nous rendre compte des causes de la différence, nous avons
fait les constatations que voici :

	POIDS VIF	POIDS DE LA PEAU	POIDS DU SUIF	POIDS DU FOIE	POIDS DES 4 QUARTIERS
		kg.	kg.		kg.
Bouvillon hollandais de 17 mois.	519 kg.	31,5	5,7	5 kg.	319,5
Bœuf hollandais de 51 mois. . .	812	54	25	8,500	432,5

Le poids du cuir est proportionnellement plus élevé chez le vieil animal que chez le jeune, sa graisse est près de cinq fois plus abondante,
enfin ses organes internes, le foie étant pris pour type, sont proportionnellement plus lourds et comme ils ne comptent pas pour le rendement
net, on s'explique la différence en faveur des jeunes.

Le rendement des veaux oscille entre 58 et 60 pour 100.

État d'engraissement. — Voici une moyenne tirée de nombreuses
pesées :

Bœuf maigre. . . . . 46 à 49 pour 100
 — en état.. 50   54   —
 — demi-gras. 55   58   —
 — gras. 59   61   —
 — fin gras. 62   68   —

En Angleterre, les rendements sont plus élevés. En prenant comme
exemple les résultats publiés par M. Turner et relatifs aux animaux
exposés au concours de Smithfield en 1888, on trouve un rendement
de 73,47 pour 100 fourni par un bœuf métis durham-galloway de
trois ans et dix mois, et un de 71,67 pour un bœuf de Sussex ; les autres
oscillaient entre 63 et 69. Baudement a signalé un rendement de
75 pour 100 fourni par un durham en Angleterre, c'est le plus fort
qui ait été relevé pour l'espèce bovine. Dans leur ensemble, les rendements, aux îles Britanniques, sont supérieurs à ceux qu'on obtient en
France. (On cite pourtant chez nous un durham-charolais qui a donné

72,22 pour 100). La perfection de formes des animaux et l'habileté d'engraissement des Anglais y contribuent, mais peut-être la manière d'établir le rendement en France et en Angleterre n'est-elle pas tout à fait comparable.

Pour le mouton, nos recherches ont fourni les résultats suivants :

```
Mouton maigre. . . . . . . . . . . . 39 à 43 pour 100
  — en état.. . . . . . . . . . . 44   47    —
  — demi-gras. . . . . . . . . . 47   50    —
  — gras. . . . . . . . . . . . . 51   54    —
  — fin gras. . . . . . . . . . . 55   60    —
```

Le rendement le plus élevé, à ma connaissance, a été fourni par un southdown fin gras qui a donné 71,29 pour 100.

Race. — La race dominant la conformation, réglant la grosseur de la tête et des extrémités, commandant à l'ossature et à la disposition du tronc, a nécessairement de l'influence sur le rendement.

L'établissement d'une échelle de rendement d'après la race n'est pas facile à établir, parce qu'il est impossible, dans une ferme expérimentale, de posséder *toutes* les races et sous-races et que, dans les abattoirs, on se trouve rarement en présence de sujets de sexe, d'âge et surtout d'état d'engraissement identiques à ceux qui ont servi de type. Et pourtant la comparaison ne peut s'établir que toutes choses étant égales. D'autre part, la façon d'évaluer le rendement variant suivant les régions, des corrections sont à faire pour ramener à un type unique les données recueillies. En effectuant les calculs d'unification pour les animaux que nous n'avons pas pesés nous-même, nous avons rendu les chiffres qui vont être donnés comparables à ceux que nous avons rassemblés suivant les habitudes de la boucherie lyonnaise. La sorte courante, c'est-à-dire le bœuf demi-gras, a été prise comme type :

```
Race durham. . . . . . . . . . . . . 60 pour 100
Métis durhams. . . . . . . . . . . . 58    —
Race charolaise et nivernaise. . . . . . . 57    —
  — limousine. . . . . . . . . . . . 56    —
  — hollandaise. . . . . . . . . . . 56    —
  — choletaise.. . . . . . . . . . . 56    —
  — auvergnate. . . . . . . . . . . 55,5  —
  — comtoise. . . . . . . . . . . . 55    —
  — bazadaise, landaise. . . . . . . 55    —
  — Val di Chiana. . . . . . . . . . 55    —
Métis manceaux. . . . . . . . . . . . 54,8  —
Race normande. . . . . . . . . . . . 54    —
  — garonnaise. . . . . . . . . . . 53    —
  — des Romagnes. . . . . . . . . . 52    —
  — de Schwitz. . . . . . . . . . . 51    —
  — hongroise. . . . . . . . . . . . 51    —
```

```
Race d'Aubrac. . . . . . . . . . . . . 51 pour 100
  — piémontaise. . . . . . . . . . . . 51,5 —
  — d'Algérie et de Sardaigne. . . . . . . 51 —
```

Pour les races ovines, les documents rassemblés donnent les chiffres suivants :

```
Race de Dishley. . . . . . . . . . . . 55 pour 100
  — de Larzac, Millery, etc. . . . . . . . 54 —
Métis dishleys. . . . . . . . . . . . . 53 —
Race de Southdown. . . . . . . . . . . 53 —
  — charolaise. . . . . . . . . . . 53 —
  — berrichonne. . . . . . . . . . . 53 —
Métis southdowns. . . . . . . . . . . 52 —
Race auvergnate et limousine. . . . . . . 51 —
  — mérinos. . . . . . . . . . . . 50 —
  — barbarine.. . . . . . . . . . . 49 —
  — bergamasque. . . . . . . . . . . 47 —
```

J'ai cherché à me rendre compte aussi de l'influence de la *race* sur la proportion centésimale de divers organes. Pour cela, des animaux ont été choisis aussi semblables que possible sous le rapport de l'âge et de toutes les autres conditions. Deux d'entre eux ont été élevés et engraissés à la ferme de la Tête-d'Or, deux autres ont été poussés au fin gras et exposés au Concours général de 1881 par leurs propriétaires respectifs. Voici le résultat de nos observations :

DÉSIGNATION DES PARTIES	BŒUF CHAROLLAIS 32 mois gras	BŒUF TARENTAIS 32 mois gras	BŒUF LANDAIS 47 mois fin gras	BŒUF NIVERNAIS 47 mois fin gras
	kg.	kg.	kg.	kg.
Poids des 4 quartiers. . . .	540	594	468,5	620
Rendement net.	52,9 %	51 %	65,5 %	64,2 %
Peau.	8,2	10,5	6,4	5,1
Suif.	3,46	3,19	14,4	8,7
Langue.	0,69	0,69	0,55	0,47
Poumon et cœur..	1	1	1,14	0,93
Foie et rate..	1,27	1,34	1,18	1,51
Sang.	»	»	2,65	2,17
Poids du rumen vide. . . .	»	»	1,46 } 2,85	1,70 } 2,68
Poids des intestins vides. . .	»	»	1,39	0,93
Cerveau.	0,00	0,10	ont été pesés avec les	
Tête.	2,25	2,34	quatre quartiers	

Il ressort de ce tableau que ce qui fait surtout varier le rendement, c'est : 1° l'épaisseur, et conséquemment le poids du cuir ; 2° la grosseur de la tête ; 3° le développement du rumen et des intestins.

Espèce. — Goubaux a étudié le rendement en viande nette du cheval considéré comme bête de boucherie, il a vu qu'il oscille entre 51 et 59 pour 100 suivant les races et l'état de chair, ce qui le rapproche du rendement habituel du bœuf.

Un cheval percheron, dont le poids vif était de 422ᵏᵍ652, a fourni à cet observateur :

kgr.

Viande nette ou quatre quartiers. 231,850
Poids des abats et issues. 176,217
Évaporation, erreur de pesées, etc. 14,585

D'après les renseignements qui nous ont été fournis à la tuerie che-valine de Lyon, on estime à 220 kilogrammes en moyenne le poids de viande nette donné par les chevaux, à 170 kilogrammes celui des mulets et à 75 celui des ânes.

En récapitulant les données fournies précédemment et en les fusion-nant, on dégage les rendements moyens suivants :

Espèce bovine.. . . . . 53 pour 100
— ovine. . . . . 48 —
— porcine. . . . . 77 —
— cuniculine. . . . . 52 —
— chevaline. . . . . 54 —

Poids proportionnel des différents organes. — On va pénétrer plus avant dans l'analyse des animaux abattus à la boucherie et exa-miner le poids des divers organes suivant le sexe, l'état d'engraissement, l'espèce. Dans ce but, à nos recherches personnelles, nous ajouterons celles de Wolff et celles de Lawes et Gilbert.

PROPORTION DES DIVERSES PARTIES, D'APRÈS LE SEXE (CORNEVIN)

DÉSIGNATION DES PARTIES	BŒUF TARENTAIS DEMI-GRAS pesant vif 709 kg.		VACHE TARENTAISE, DEMI-GRASSE pesant en vie 440 kg.	
	Poids absolu	Pour 100 de poids vif	Poids absolu	Pour 100 de poids vif
	kg.		kg.	
Sang.	29	4,09 %	17	3,76 %
Peau et cornes.	67	9,44	36	8
Jambes (jusqu'aux jarrets). .	»	»	6,4	1,42
Tête.	19	2,67	12	2,67
Langue et annexes. . . .	4,5	0,63	4	0,88
Cœur et poumon.	6,8	0,95	»	»
Foie.	7,8	1,10	4,800	1,07
Rate.	1,200	0,16	0,800	0,17
Mamelles.	»	»	10	2,22
Graisse abdominale. . . .	24	3,38	17,200	3,83
Tube digestif et matières con-tenues dans le tube digestif.		»	115	25,01
Quatre quartiers..	370	52,18	211	49,22

PROPORTION CENTÉSIMALE MOYENNE DES DIFFÉRENTS ORGANES
(LAWES ET GILBERT)

	ESPÈCE BOVINE				ESPÈCE OVINE				ESPÈCE PORCINE	
	Bœuf gras	Bœuf demi-gras	14 Bouvillons	2 Veau gras	15 Moutons maigres	100 Moutons gras	45 Moutons fin gras	Agneau gras	50 Porcs gras	Porcs maigres
Estomac	2,56	2,60	3,09	1,09	2,94	2,49	2,14	1,82	1,28	1,28
Contenu de l'estomac	5,44	7,14	8,33	2,18	6,16	4,49	3,62	6,07	»	0,28
Graisse de l'épiploon	2,10	1,35	1,93	0,96	2,92	4,13	4,09	3,85	0,54	0,37
Intestin grêle et contenu	1,03	2,14	1,57	2,39	2,32	1,92	1,19	4,85	2,20	3,85
Gros intestin et contenu	0,44		1,21	1,12	2,93	1,89	1,59		4,04	6,27
Graisse de l'intestin	2,60	1,60	2,12	1,62	1,28	1,70	2,10	1,98	1,06	1,45
Cœur et aorte	0,52	0,47	0,50	0,57	0,48	0,40	0,36	0,40	0,29	0,52
Graisse du cœur	0,44	0,20	0,32	0,16	0,32	0,20	0,35	0,34	»	»
Poumons et trachée	0,63	0,63	0,82	1,30	1,17	1,04	0,83	1,21	0,76	1,44
Sang	3,72	4,41	4,07	5,24	4,81	4,14	3,73	3,63	3,63	7,51
Foie	1,24	1,27	1,28	1,63	1,61	1,75	1,33	1,39	1,57	2,66
Vésicule biliaire et contenu	0,06	0,08	0,09	»	0,07	0,06	0,06	0,03	0,06	0,08
Pancréas	0,07	0,08	0,09	0,70	0,13	0,15	0,10	0,18	0,19	0,27
Thymus	0,05	0,06	0,06		»	»	»		»	»
Glande de la bouche	0,03	0,03	0,03		0,06	»	»		»	»
Rate	0,10	0,17	0,17	0,29	0,17	0,17	0,14	0,19	0,14	0,18
Vessie	0,12	0,03	0,05	0,17	0,05	0,03	0,03	»	0,08	0,15
Penis		0,03	0,04	»	»	»	»	»	0,21	»
Cerveau	0,06	0,07	0,07						»	»
Langue	0,24	0,61	2,71	4,43	3,64	3	2,53	3,11	0,48	0,56
Tête	2,82	2,56							»	»
Peau et phanères	5,65	6,50	7,46	6,87	14,09	12,83	10,46	9,54	»	»
Pieds et sabots	1,59	1,64	1,78	1,69	»	»	»	0,94	0,08	»
Queue	0,10	0,14	0,09	0,13	»	»	»	»	»	»
Diaphragme	0,53	0,46	0,39	0,43	0,30	»	0,12	0,35	»	»
Débris divers	»	0,12	0,27	»	0,10	0,13	0,11	»	0,26	0,44
Total des issues	32,84	34,39	38,54	32,97	45,55	40,52	35,78	39,770	16,87	27,81
Quatre quartiers	66,20	64,75	59,84	62,05	53,42	58,97	64,05	50,320	82,57	75,74
Perte par évaporation ou erreur dans les pesées	0,96	0,86	1,62	1,98	1,03	0,51	0,17	1,961	0,56	3,05
	100,00	100,00	100,00	100,00	100,00	100,00	100,00	100,00	100,00	100,00

Les pesées de Lawes et Gilbert concernant des animaux anglais perfectionnés en vue de la boucherie donnent un rendement en viande
nette un peu élevé ; aussi croyons-nous devoir donner le résumé des
recherches du Dr Wolff, de Hohenheim, qui s'appliquent à des animaux
de provenance allemande moins améliorés, le voici :

DÉSIGNATION DES PARTIES	BŒUF			VEAU
	EN ÉTAT pour 100	DEMI-GRAS pour 100	GRAS pour 100	GRAS pour 100
Matières contenues dans l'estomac et les intestins	18	15	12	7
Sang	4,7	4,2	3,9	4,8
Peau et cornes	8,4	7,4	6	6,8
Jambes jusqu'aux jarrets	1,9	1,7	1,6	1,9

DÉSIGNATION DES PARTIES	BŒUF			VEAU
	EN ÉTAT pour 100	DEMI-GRAS pour 100	GRAS pour 100	GRAS pour 100
Tête.	2,8	2,7	2,6	} 4,8
Langue et annexes.	0,6	0,6	0,5	
Cœur.	0,4	0,5	0,5	0,6
Poumons et trachée.	0,7	0,7	0,6	1,2
Foie et vésicule biliaire.	1,5	1,3	1,3	1,6
Diaphragme.	0,5	0,5	0,5	0,4
Rate.	0,2	0,2	0,2	0,3
Estomac vide.	4,5	3	2,7	1,2
Graisse des intestins.	2,3	2,9	4,5	2,4
Intestins vides.	2	1,5	1,4	6,4
Quatre quartiers y compris les rognons et la graisse des rognons.	47,4	55,7	60,3	60
Petites issues.	4,1	2,1	1,4	4,6
TOTAL.	100	100	100	100

MOUTON

	MAIGRE pour 100	EN ÉTAT pour 100	DEMI-GRAS pour 100	GRAS pour 100	TRÈS GRAS pour 100
Matières contenues dans l'estomac et l'intestin.	16	15	14	12	10
Sang.	3,9	3,9	3,5	3,2	3,2
Peau et cornes.	} 9,6	} 9,3	} 8	} 7,2	} 6,5
Jambes jusqu'aux jarrets					
Laine lavée.	5	4,7	4,3	4	3,6
Suint.	4,8	4,5	4,7	3,6	3,2
Tête, langue.	4,6	4,3	3,7	3,2	2,8
Cœur.	0,4	0,3	0,4	0,3	0,2
Poumons, trachée.	1,5	1,5	1,2	1	1
Foie et bile.	1,4	1,8	1,3	1,3	1
Diaphragme.	0,3	0,3	0,3	0,2	0,2
Rate.	0,2	0,2	0,2	0,1	0,1
Estomac vide.	6,4	2,3	2.3	2	1,5
Intestin vide.	2,3	2,2	1,9	1,7	1,3
Graisse des intestins.	3	4,1	4,9	6,8	8
Quatre quartiers y compris les rognons et leur graisse.	43,3	45,3	49,2	52,8	57,1
Petits déchets.	1,3	0,8	0,5	0,6	0,3
TOTAL.	100	100	100	100	100

PORC

	EN ÉTAT pour 100	GRAS pour 100
Matières contenues dans l'estomac et les intestins.	7	5
Sang.	7,3	3,6
Tête et langue.	0,5	0,4
Cœur.	0,5	0,3
Poumons et trachée.	1,4	0,9
Foie et bile.	2,6	1,7
Rate.	0,2	0,2
Estomac vide.	5,2	0,7
Intestin vide.	3,9	0,7
Graisse des intestins.	1,7	2,5
Quatre quartiers y compris les rognons et leur graisse.	72,8	82,1
Issues.	0,9	0,4
TOTAL.	100	100

Comme exemple de la proportion des parties dans les petits mammifères, voici le résultat d'une de nos observations sur le lapin commun, en bon état :

	POIDS ABSOLU kg.	POIDS pour 100
Poids vif.	3,570	
Peau.	450	12,6
Doigts.	70	1,9
Poumons et cœur.	45	1,2
Foie.	128	3,7
Sang.	20	0,6
Vessie	10	0,3
Tube digestif dégraissé et vide.	175	4,9
Graisse épiploïque.	47	1,3
Tête.	193	5,1
Matières contenues dans le tube digestif. . .	542	15
Quatre quartiers.	1,890	52

Les sillons du cœur sont un lieu d'élection pour la graisse ; même sur les sujets émaciés, il reste toujours dans ces points une certaine quantité de tissu adipeux. M. Regnard a étudié sur quelques lauréats du concours d'animaux gras de Paris quelle était la quantité de graisse accumulée dans les sillons cardiaques. Dans un cœur de bœuf non engraissé, il y a, en graisse, environ 12,5 pour 100 du poids total de l'organe ; sur les bœufs engraissés la proportion oscille entre 17,8 et 30 pour 100. Sur les moutons en état, la proportion est d'environ 13 pour 100 tandis que sur les sujets du concours qui furent examinés, elle oscilla entre 16,4 et 19,4 pour 100. Dans le porc non préparé, elle est en moyenne de 14 pour 100 ; sur un lauréat du concours, M. Regnard l'a trouvée de 21,8 pour 100.

IV. APPRÉCIATION DES VIANDES

L'importance de la préparation à laquelle on soumet les animaux comestibles et l'appréciation des qualités de leur viande, découlent des études faites sur la composition chimique comparée de quelques tissus et liquides organiques provenant de sujets maigres et de gras. Celles qui ont été faites sur le sang, la graisse et la chair musculaire sont particulièrement intéressantes.

Sang. — Dans une même race, toutes choses étant égales quant au sexe et à l'âge, le poids seul étant différent, la quantité de sang varie peu. Nous avons mesuré celle que fournirent deux vaches tarentaises de même âge, dont l'une était grasse et pesait 449 kilogrammes, l'autre maigre n'en pesait que 342 kilogrammes ; elles en ont donné exactement chacune dix-sept litres.

La composition chimique de ce liquide est variable suivant l'âge, le sexe, le régime, le jeûne ou l'état de digestion, l'endroit où on le puise, etc.

M. Müntz étudiant le sang d'animaux engraissés et présentés au concours général du Palais de l'Industrie en 1881, comparativement avec celui de sujets non engraissés, a constaté que le sang des premiers est plus concentré, moins aqueux, d'une densité et d'une richesse en graisse et en fer supérieure à celui des seconds ; les autres éléments, sauf la fibrine, ne varient guère. La proportion de celle-ci est très variable, mais on ne saurait dire s'il y a rapport entre sa quantité et l'engraissement.

ANALYSE DE SANG D'ANIMAUX MAIGRES (MÜNTZ)

	ESPÈCE BOVINE BŒUFS MAIGRES		ESPÈCE OVINE ANIMAUX MAIGRES	
	Manceau-anglais	Limousin-charol.	Métis Dishley	Mérinos
Densité du sang à la température de 15 degrés centigr.	1,054	1,062	1,049	1,054
Dans 100 gr. de sang, il y a :				
Eau.	gr. 81,170	gr. 77,890	gr. 83,350	gr. 80,930
Matières minérales.	0,877	0,824	0,966	0,995
Matières fixes. Graisse.	0,056 18,830	0,065 22,110	0,057 16,670	0,078 19,070
Glucose.				
Substances diverses	17,897	21,221	15,647	17,997
	100,000	100,000	100,000	100,000
Quantité de fer, *calculé à l'état métallique*, contenue dans 100 grammes de sang. .	0,040	0,050	0,042	0,044

ANALYSE DE SANG D'ANIMAUX FIN GRAS (MÜNTZ)

	ESPÈCE BOVINE		ESPÈCE OVINE	
	Charolais-Durham	Limousin	Dishley-cauchois	Mérinos
Densité du sang à la température de 15°.	1,050	1,051	1,050	1,053
Dans 100 gr. de sang il y a :				
Eau.	gr. 77,83	gr. 77,880	gr. 79,100	gr. 79,210
Matières minérales.	0,856	0,713	0,928	0,878
Matières fixes. Graisse.	0,177 22,170	0,178 22,120	0,119 20,900	0,118 20,790
Glucose.	0,080	0,097	0,087	0,087
Substances diverses	21,057	21,132	19,776	19,776
	100,000	100,000	100,000	100,000
Quantité de fer, calculé à l'état métallique, contenue dans 100 gr. de sang.	0,040	0,050	0,051	0,052

M. Regnard a fait, de son côté, des recherches d'ordre physiologique qui lui ont montré que la capacité respiratoire du sang des animaux engraissés intensivement est plus grande que celle des animaux non engraissés. Comme conséquence de ce fait, il avance que la quantité de glucose renfermée dans ce sang est moins considérable que dans celui d'animaux maigres parce qu'il est brûlé.

Graisse. — La constitution des graisses varie non moins que celle du sang, sous les mêmes influences. Rappelons que l'espèce influe beaucoup sur leur composition et conséquemment sur leur point de fusion et de solidification, ainsi que l'indiquent les chiffres ci-dessous :

	POINT DE SOLIDIFICATION	POINT DE FUSION
Graisse de porc.	33°	33°,2
— veau.	35°,9	37°,2
— bœuf.	41°,5	42°,2
— mouton.	44°	44°,6
— cheval.	30°	32°
— oie.	30°	36°
— canard.	30°	35°

Toutes choses égales, il s'agissait de savoir si l'engraissement a par lui-même une influence sur sa constitution; c'est encore M. Müntz qui a fourni les renseignements les plus précis sur ce point [1].

Il a recherché le point de fusion des acides gras mis en liberté par la saponification ; ce point de fusion permettait, à l'aide des tables de Chevreul, de déterminer les proportions relatives d'acides gras solides et d'acides gras liquides. Voici quelques-uns des chiffres qu'il a obtenus :

	POINT DE FUSION DES ACIDES GRAS	POUR 100	
		ACIDE CONCRET	ACIDE LIQ.
Bœuf charolais, prix d'honneur au concours général.	40°,4	38	62
— Durham 1er prix.	39°,5	35	65
— charolais ordinaire.	42°,1	42	58
— — maigre..	49°,7	77	23
Mouton Southdown gras.	46°,7	60	40
— — ordinaire.	49°,2	74	26
Porc normand, prix d'honneur..	36°,5	28	72
— — ordinaire.	38°,3	32	68

Ces recherches mettent en évidence que la graisse provenant d'animaux engraissés est plus pauvre en corps gras solides que celle des animaux ordinaires et surtout des animaux maigres. La valeur industrielle des produits riches en graisse concrète est plus élevée que celle où les graisses liquides dominent.

Chair musculaire. — Toujours dans le même ordre d'idées, des analyses de chair musculaire ont été faites par M. Müntz, comparativement sur des animaux du Concours général et sur des animaux maigres. Pour les bœufs, il a pris comme type la viande de la culotte et pour les moutons celle de la noix de la sixième côte gauche. Pour celle du porc, c'est l'extrémité postérieure du filet qui a été choisie. Voici les tableaux qui condensent ses résultats :

---

[1] A. Müntz, De l'influence de l'engraissement des animaux sur la constitution des graisses formées dans leurs tissus (*Comptes rendus de l'Acad. des sciences*, t. XC, p. 1175).

CHAIR D'ANIMAUX MAIGRES

	ESPÈCE BOVINE		ESPÈCE OVINE		
	Durham-manceau	Limousin charolais	Métis Dishley	Mérinos	Solognot
Dans 100 gr. de viande, il y a :	gr.	gr.	gr.	gr.	gr.
Eau.	72,2	75	67,890	63,975	75,892
Matière azotée. . .	19,920 } 27,8	20,725 } 25	22,934 } 32,110	24,350 } 36,025	21,580 } 24,108
Graisse.	7,880	4,275	9,167	11,675	2,528

CHAIR D'ANIMAUX GRAS

	ESPÈCE BOVINE		ESPÈCE OVINE		
	Charolais-Durham	Limousin	Métis Dishley	Mérinos	Solognot
Dans 100 gr. de viande, il y a :	gr.	gr.	gr.	gr.	gr.
Eau. .	67,775	62,850	66,2	71,925	65,175
Matière azotée. . . .	20,175 } 32,225	23,650 } 37,150	19,175 } 33,8	22,175 } 28,075	21,650 } 34,825
Graisse.	12,150	13,500	14,625	5,900	13,175

Lawes et Gilbert, de leur côté, ont étudié la quantité totale des matières azotées, grasses et minérales que contient le corps des divers animaux de boucherie et ils en ont fait le pourcentage. Voici les résultats auxquels ils sont arrivés :

POUR 100 DE POIDS VIF (PEAU ET PHANÈRES COMPRISES)

	GRAISSE	SUBST. AZOTÉE SÈCHE	MATIÈRES MINÉR.
Bœuf en état.	18,9	16,6	4,7
— gras.	30	14,5	3,9
Veau gras.	14,5	15,5	3,8
Mouton maigre.	18	14,8	3,2
— gras.	35,5	12,5	2,7
— fin gras.	45,7	11	2,9
Agneau gras.	28,3	12,5	2,7
Porc maigre.	23,3	13,7	2,5
— gras.	42,1	11	1,7

D'après ces chiffres, la graisse forme chez le bœuf et le mouton gras, environ les 33 centièmes du poids vif et près de la moitié sur le porc. La matière azotée en constitue environ les 13 centièmes, et la matière minérale 3 centièmes seulement, soit ensemble une proportion de 49 centièmes. L'eau de constitution existe donc environ pour 50 pour 100 dans le corps de ces animaux.

QUALITÉS DES VIANDES. — L'analyse chimique apprend que la valeur *absolue* des viandes provenant d'animaux gras et maigres n'est point la même, puisque leur composition est différente. Cette différence constitue l'élément principal d'appréciation de la *qualité des viandes*, ce n'est pas le seul. Il y a lieu encore de tenir compte de la couleur, de l'odeur, de la fermeté, de la finesse du grain, de la présence ou de l'absence du marbré ou persillé et de la saveur. Il faut aussi examiner les caractères des graisses. La pratique courante s'appuie sur ces propriétés extérieures ou physiques. Le nom de la plupart d'entre elles indique ce dont il s'agit ; quelques explications sont cependant nécessaires sur ce qu'on entend par les mots grain et persillé ou marbré de la viande.

Le *grain* est l'assemblage des faisceaux musculaires qui se présentent à côté les uns des autres sur une coupe perpendiculaire au muscle. Leur diamètre est variable suivant la provenance des viandes ; en règle générale, plus le grain est fin et serré, meilleure est la viande.

Le *persillé* ou *marbré* est l'arborisation blanchâtre qui se montre entre les fibres musculaires et qui est due au dépôt de la graisse périfasciculaire. Il est en rapport avec le degré d'engraissement. Très visible sur la viande des bovins, on ne le voit pas sur celle du mouton.

M. Baillet a résumé dans le tableau suivant[1] (pages 954-955) les caractères extérieurs des viandes suivant leur provenance.

Nous ajouterons que la viande du lapin est blanche, comme celle du chat, tandis que celle du lièvre est foncée ; celle du léporide participe de l'une et de l'autre.

Sur un même animal, tous les muscles n'ont pas le même aspect. Il est de connaissance vulgaire que ceux du bréchet et de l'aile du coq ont une coloration beaucoup plus pâle que ceux des membres pelviens. Dans le demi-tendineux du lapin, un faisceau est plus pâle que les autres ; MM. Arloing et Lavocat ont remarqué que, chez les grands Mammifères domestiques, il existe dans certains muscles un mélange de fibres pâles et de fibres foncées. Ces différences de coloration correspondent à des différences de structure (Ranvier). La fibre pâle a une striation transversale très nette et peu de noyaux, tandis que sur la foncée les stries sont moins marquées et les noyaux abondants. La vascularisation de celle-ci est plus riche que celle de la première ; ses capillaires présentent des dilatations, sortes de réservoirs sanguins qui, par l'emmagasinage plus considérable d'oxygène, permettent des contractions plus soutenues que dans les muscle pâles.

La chair est influencée par l'âge, l'état d'embonpoint, la nature des aliments, le genre de vie et le sexe.

Elle est d'autant plus pâle qu'elle provient de plus jeunes sujets, comme si elle n'avait pas encore eu le temps d'être teintée. Elle est tendre, aqueuse, riche en gélatine, pauvre en autres substances albuminoïdes, un peu purgative.

---

[1] L. Baillet, *Traité de l'inspection des viandes de boucherie*, 2e édition, page 373.

	VIANDE DE TAUREAU	VIANDE DE BŒUF	VIANDE DE VACHE	VIANDE DE VEAU	VIANDE DE CHEVAL	VIANDE DE MOUTON	VIANDE DE CHÈVRE	VIANDE D'AGNEAU	VIANDE DE PORC
Couleur	Rouge noir.	Rouge vif.	Rouge vif.	Blanche ou rosé.	Rouge brun devenant promptement noirâtre à l'air.	Rouge vif.	Rouge noir.	Blanche ou rose.	Blanche ou rose plus ou moins foncé, rouge même au niveau des membres.
Consistance	Ferme, dure, souvent même coriace.	Ferme, mais devenant bientôt tendre et succtueuse.	Ferme et plus dense que celle du bœuf.	D'autant plus ferme que le sujet est plus jeune.	Ferme, dure même chez les sujets adultes, molle et gluante chez les animaux âgés et fatigués.	Ferme.	Ferme, dure, coriace.	Molle.	Molle, généralement onctueuse; plus résistante au niveau des membres.
Coupe	Résistante et grain grossier, non persillée.	Facile et grain fin, persillée plus ou moins.	Plus résistante et grain moins fin que chez le bœuf. Peu ou point persillée suivant l'âge, la race, etc.	Facile et grain fin, cet. Jamais persillée.	Résistante et grain grossier, large, aplati, non persillée.	Nette, résistante, à grain fin et serré. Non persillée.	Résistante, à grain grossier. Non persillée.	Peu résistante, grain fin, jamais persillée.	Très résistante, grain fin, serré. Fortement marbrée dans les régions du corps, jamais persillée.
Odeur	Fraîche, mais rappelant son origine.	Fraîche, légèrement aromatique.	Fraîche, rappelant quelquefois celle du lait dans les régions postérieures; arome moins prononcé que chez le bœuf.	Fraîche tournant facilement à l'aigre.	Peu sensible chez les sujets en bon état; mais rappelant celle de l'écurie chez les chevaux maigres, odeur rendue plus sensible par l'acide sulfurique.	Fraîche, aromatique.	Musquée.	Nulle ou rappelant celle du lait tournant à l'aigre.	Nulle ou rappelant celle de l'espèce, voire même du sexe.
Graisse	Graisse de couverture manque et remplacée par un tissu blanc nacré. Graisse intérieure très blanche.	Graisse de couverture plus ou moins abondante, blanche ou jaunâtre. Graisse intérieure ferme, blanche ou jaunâtre.	Graisse de couverture manque souvent chez les vaches âgées. Graisse intérieure blanche ou jaunâtre, rarement aussi ferme que chez le bœuf.	Graisse de couverture manque souvent. Graisse intérieure ou rosée et ferme.	Graisse de couverture fait ordinairement défaut et est remplacée par le nacré des enveloppes aponévrotiques.	Graisse de couverture ordinairement. Graisse intér. blanche ferme.	Graisse de couverture n'existe que dans certaines régions; graisse intér. blanche.	Graisse de couverture n'existe que chez les sujets gras et en certains points seulement. Graisse intérieure d'un blanc jaunâtre ou tout à fait jaune.	Graisse de couverture épaisse. Graisse intérieure blanche ou d'un gris blanc, quelquefois légèrement rosée et molle dans tous les cas. Chez le verrat âgé ou la vieille truie, la graisse extérieure forme une couche épaisse, dure, immangeable.
Surface articulaire	Rose foncé.	Blanc rosé.	Blanc rosé.	Bleu plombé.	Rose ou blanc nacré.	Blanc rosé.	Rose foncé.	Bleu plombé.	Bleu plombé.
Constitution anatomique	Fibres musculaires courtes, réunies en faisceaux épais par du tissu conjonctif dense, serré.	Faisceaux musculaires à fibres lisses, longues et réunies par du tissu conjonctif lâche, facilement pénétré par la graisse.	Faisceaux musculaires plus denses, plus résistants que chez le bœuf. Tissu conjonctif lâche ou dense suivant la qualité.	Faisceaux musculaires fins, réunis par le tissu conjonctif lâche à larges mailles et de consistance.	Fibres musculaires longues, larges, grossières par du tissu musculaire condensé.	Fibres musculaires courtes, serrées, réunies par du tissu conjonctif très dense.	Fibres musculaires courtes, serrées ou faisceaux longs et minces.	Faisceaux musculaires fins, lâches, réunis par du tissu cellulaire de consistance molle.	Fibres longues, serrées, réunies par du tissu conjonctif lâche, facilement pénétrable par la graisse.
Cuisson	Lente, beaucoup d'écume gris-rougeâtre; bouillon coloré dont la saveur rappelle l'origine.	Plus prompte que celle du taureau; peu d'écume grisâtre, bouillon jaune, aromatique garni d'œils nombreux.	Plus longue que pour le bœuf; beaucoup d'écume, bouillon jaune pâle, moins aromatique, d'œils moins nombreux et plus petits.	Employée en rôti; sa cuisson développe l'odeur de bœuf. Tissu conjonctif. Son bouillon fade, gélatineux.	Lente. Bouillon pâle d'une saveur rappelant son origine.	Lente. Saveur aromatique.	Lente. Saveur musquée, peu agréable.	Prompte. Saveur fade ou légèrement aromatique, suivant la race.	Prompte. Employée surtout en rôti; sa cuisson développe une odeur aromatique chez les sujets bons et fins de graisse, de même qu'elle accuse l'odeur du verrat, chez le sujet non privé de ses organes génitaux.

La nature des aliments a une influence marquée que l'expérience vulgaire du lapin nourri à l'avoine ou aux choux traduit très bien. Les résidus de distillerie donnent une viande fade et un peu décolorée; quelques tourteaux, particulièrement ceux de noix devenus rances, lui communiquent une mauvaise odeur ; il en est de même des résidus de poissons. L'alimentation du porc par la viande des clos d'équarrissage donne un lard qui se sale mal, tandis que l'addition de glands à sa ration en améliore la qualité.

Le genre de vie est à considérer ; tout le monde connaît le fumet du gibier, que ne possède point la viande des individus élevés en captivité. L'expérience est facile à faire sur le levraut ou le caneton sauvage; même en ayant la précaution de nourrir un levraut captif avec des plantes aromatiques, jamais on ne lui donnera le fumet de ses congénères libres.

L'exercice influe considérablement aussi sur la fibre musculaire : exagéré, il durcit les tissus ; modéré, il est favorable à la sapidité de la chair. Par l'activité qu'il imprime à la circulation et à l'irrigation, les masses musculaires s'en trouvent colorées. La comparaison de la couleur de la viande du lièvre et du lapin en est une démonstration. La chair fournie par les moutons transhumants ou paissant toujours au dehors est plus foncée que celle des sujets élevés en stabulation. Le mérinos australien a aujourd'hui une chair plus foncée que le mérinos français. La viande d'un animal soumis à de grandes fatigues ou épuisé par un travail continu est sèche, dure, coriace et peu nutritive. L'influence de la fatigue est telle que, si l'on tue de suite les bœufs amenés par troupeaux, à pied, souvent à de très grandes distances et très fatigués, ils donnent une viande moins nutritive que s'ils ont eu quelques jours de repos et s'ils ont été à même de réparer leurs forces. La viande de vaches âgées, épuisées par la lactation, est peu estimée par les mêmes raisons.

On attribue au sexe une influence exagérée sur la qualité des viandes. Celle-ci dépend, avant tout, de la qualité de l'animal lui-même, et les caractères extérieurs indiqués plus haut ne se présentent pas toujours dans la viande de bœuf, tandis qu'ils peuvent se trouver dans celle de vache ou de taureau. Les bouchers cotent la viande de bœuf à un prix plus élevé que celle de vache et de taureau et, journellement, ils vendent celle-ci sous le nom de la première.

Une des causes qui fait que la viande de taureau est considérée comme de qualité inférieure, c'est que, lorsqu'elle est fournie par un animal adulte, très énergique, elle est compacte et imprégnée de peu de graisse. Très nourrissante, elle donne d'excellent bouillon, mais elle est dure et de mastication difficile. Provient-elle d'un taurillon, elle sera, si l'animal est en bon état, plus nutritive que la viande de veau, et en même temps plus succulente et plus tendre que celle du bœuf de même race parvenu au même degré d'engraissement mais plus âgé.

Quand la viande provient de vaches pas trop âgées, non épuisées par la lactation et auxquelles on a donné des soins identiques à ceux dont on entoure ordinairement les bœufs destinés à la boucherie, elle vaut mieux que celle de bien des bœufs livrés à la consommation. Dans les pays d'élevage et d'industrie laitière, chacun peut se convaincre de la bonne qualité de la viande des jeunes vaches, engraissées par suite de leur mauvaise production laitière ou pour cause d'infécondité.

L'arome des viandes est l'une des qualités les plus à rechercher, mais aussi les plus difficiles à bien apprécier.

Pour y arriver, M. Chevreul conseille de triturer à froid de la viande dans un mortier de verre ou de porcelaine avec de l'eau jusqu'à ce que celle-ci n'enlève plus rien.

Prendre les premiers lavages les plus concentrés, les filtrer et les faire évaporer à siccité dans le vide sec.

Ce mode d'évaporation donne le principe aromatique à l'état latent, caractéristique des viandes cuites odorantes.

C'est en reprenant ces résidus séchés dans le vide par une petite quantité d'eau que l'on développe par l'ébullition l'arome propre à la viande soumise à ce traitement.

La trituration avec addition d'acide sulfurique fait dégager aux viandes leur odeur spécifique : odeur d'écurie, de bouverie, de chèvrerie, de porcherie, suivant la provenance.

L'examen de la graisse a aussi son importance ; il faut en considérer la couleur et la consistance.

Elle est blanche ou blanc-jaunâtre sur le bœuf, mais sa coloration varie d'après le mode d'engraissement et la race. Les tourteaux de cameline donnent une graisse jaunâtre, et les pulpes de distillerie ont également plus ou moins cette propriété. A diverses reprises, nous avons constaté que de très beaux bœufs envoyés au Concours général à Paris, avaient une graisse très jaune et huileuse. Les bêtes auvergnates et gasconnes donnent une graisse blanche, les bretonnes, les hollandaises, les normandes, les hongroises, les africaines l'ont plus foncée.

Dans l'espèce ovine, la graisse de couverture est toujours plus ou moins abondante suivant la race ; les dishleys surtout et aussi les southdowns, bien qu'à un moindre degré, ont une couverture plus abondante que les races françaises. On se rappelle probablement que la stéatopygie a été signalée antérieurement sur quelques races ovines.

La chèvre a peu de graisse de couverture, elle paraît toujours assez maigre ; un bourrelet adipeux se trouve parfois très développé en arrière de la tête du bouc et aussi du vieux bélier.

Le porc possède à la fois de la graisse de couverture, intra-abdominale et intermusculaire. Elle est blanche.

Celle du lapin l'est également ; celle du chat, qui s'engraisse à mer-
veille, est d'une blancheur remarquable, supérieure à celle du lapin avec
laquelle on la voudrait confondre. Celle des Gallinacés et des Palmipèdes
domestiques est d'un jaune d'or.

Dans toutes les espèces, le tablier adiposo-abdominal est souvent remarquablement épais. Son épaisseur m'a paru plus grande sur les femelles
que sur les mâles.

La consistance de la graisse est dépendante de l'alimentation en forte
partie. Un animal engraissé avec des grains, des fruits, des glands ou des
chataignes, a une graisse ferme qui se solidifie rapidement. Celle d'un
sujet engraissé avec des résidus industriels, forcé en tourteaux, est plus
molle, plus huileuse ; on le constate sur les sujets de concours poussés au
fin gras et la chimie en a donné les raisons. Les porcs engraissés à la
viande dans les clos d'équarrissage, les annexes des abattoirs, aux résidus de poisson, aux tourteaux, ont un lard sans consistance.

Les poulardes, les dindons, les oies et les canards indiquent facilement,
pour un œil exercé, si leur engraissement a été fait au maïs, au pain
imbibé de lait, aux pâtées ou avec des aliments de moins bonne qualité.

La région dans laquelle la graisse se dépose, influe sur sa composition
et son point de fusion. Henneberg a fait les constatations suivantes sur
le suif de mouton :

	DEGRÉ DE FUSION
Graisse de couverture.	27° à 31°
— périrénale.	37° 43°
— de l'épiploon.	34° 39°

Toutes ces circonstances relatives à la chair et à la graisse, amènent
à distinguer des *viandes* de *première, deuxième* et *troisième qualités ;*
puis, comme pour établir une transition entre les différentes nuances de
qualités, on se sert encore, dans le commerce, des expressions de
première première, deuxième première, troisième première, première
deuxième, seconde deuxième, etc. (Baillet).

CATÉGORIES. — L'observation avait appris que la chair n'a pas la
même valeur alimentaire selon qu'elle est prise dans telle ou telle région ;
l'analyse chimique a décelé des différences sensibles dans la constitution.

De là, l'établissement de *catégories* dans les morceaux d'un même
animal, catégories répondant à leur valeur comparée.

On a cherché les raisons des différences en question et on a cru les
trouver dans la proportion, de tendons et d'aponévroses relativement
aux fibres musculaires, dans l'épaisseur des muscles et dans leur rôle
physiologique. Peut-être faudrait-il faire intervenir aussi, suivant les
espèces, leur constitution histologique et leur coloration.

Dans les espèces qui fournissent des viandes blanches : porc, agneau, chevreau, lapin et gallinacés, les régions où la chair est la plus blanche doivent être considérées comme de première catégorie ; le filet du porc, le râble de l'agneau et du lapin, le bréchet des chapons le prouvent.

Celles qui fournissent de la viande rouge : bœuf, cheval, mouton, offrent, au contraire, dans leur première catégorie, des morceaux très foncés. Ces masses musculaires qui siègent toutes à la partie postérieure du corps devraient, par leur destination physiologique, être soumises à un travail énergique ; sur les animaux de boucherie, ce travail est réduit au minimum ; néanmoins, les échanges nutritifs, peut-être en vertu de l'atavisme, y sont encore actifs, les aponévroses et les tendons peu développés, la graisse s'y dépose en persillé, sans exagération, le grain en est fin, elles sont tendres, juteuses et pleines de saveur. La proportion d'os relativement à la chair, n'est pas élevée.

Bien que tous les peuples n'envisagent pas les choses dont il s'agit de la même façon et qu'il y ait des variantes basées sur les goûts nationaux, néanmoins, en général, on regarde le train postérieur comme fournissant la viande la meilleure.

La subdivision du corps en catégories varie suivant les habitudes locales, et les expressions correspondantes à ces catégories, outre qu'elles sont empruntées à une langue bizarre, sont variables comme l'étendue des catégories elles-mêmes. Ne voulant point entrer dans des détails en somme peu importants pour le producteur que nous ne devons pas perdre de vue dans toutes nos études, nous nous contenterons de donner quelques exemples de ces subdivisions.

A Paris, le corps du bœuf est divisé en trois catégories qui se subdivisent elles-mêmes en les parties suivantes :

PREMIÈRE CATÉGORIE..
- Culotte, Cimier ou Roomstecks.
- Tranche au petit os.
- Milieu de gîte à la noix.
- Derrière de gîte à la noix.
- Tende de tranche ou biftecks.
- Tranche grasse.
- Aloyau.
- Filet.
- Faux-filet.

DEUXIÈME CATÉGORIE..
- Bavette d'aloyau ou flanchet.
- Côtes couvertes.
- Plates côtes.
- Talon de collier.
- Paleron.
- Main creuse.

TROISIÈME CATÉGORIE.
{
Collier,
Surlonges.
Plat de joues.
Pis de bœuf.
Milieu de poitrine.
Gros de poitrine.
Queue de gîte.
Gîtes.
}

Pour le veau, la catégorisation est plus simple :

PREMIÈRE CATÉGORIE..
{
Cuisseau (milieu de rouelle).
—   (noix).
—   (derrière de rouelle).
Longes.
Rognons ou aloyau.
Carré couvert.
}

DEUXIÈME CATÉGORIE..
{
Epaule.
Poitrine.
Ventre ou bas de carré.
}

TROISIÈME CATÉGORIE.
{
Collets.
Jarrets.
}

Le mouton se subdivise comme suit :

PREMIÈRE CATÉGORIE. .
{
Gigots.
Carrés { Côtelettes couvertes.
        —   découvertes.
}

DEUXIÈME CATÉGORIE.. .   Epaule.

TROISIÈME CATÉGORIE.
{
Collet.
Poitrine.
}

Il ne semble pas utile de décrire la situation ni la correspondance anatomique des morceaux de chacune de ces catégories, un coup d'œil jeté sur les figures 183, 184 et 185 suffit pour en donner une idée.

Il a été dit que l'analyse chimique est d'accord avec l'observation pour attribuer une valeur supérieure aux morceaux de la première catégorie sur ceux de la seconde et à ceux-ci sur ceux de la troisième. Les analyses faites par M. Müntz sur les animaux gras du concours de Paris le démontrent. La suivante, qui a porté sur la viande d'un bœuf limousin âgé de cinq ans et six mois ayant eu le premier prix dans sa catégorie, est péremptoire :

		gr.
Un morceau de *collier* pesant 100 gr. contenait : gras.	. . . .	15,140
— — — — maigre.	. . . .	84,890
100 grammes de cette viande *dégraissée* du collier contenaient.	{ Eau.	65,050
	{ Mat. azotées. .	21,900
	{ Mat. grasses. .	13,050
Un morceau de *culotte* pesant 100 gr. *non dégraissée* contenait.	{ Eau.	62,850
	{ Mat. azotées. .	23,650
	{ Mat. grasses. .	13,500

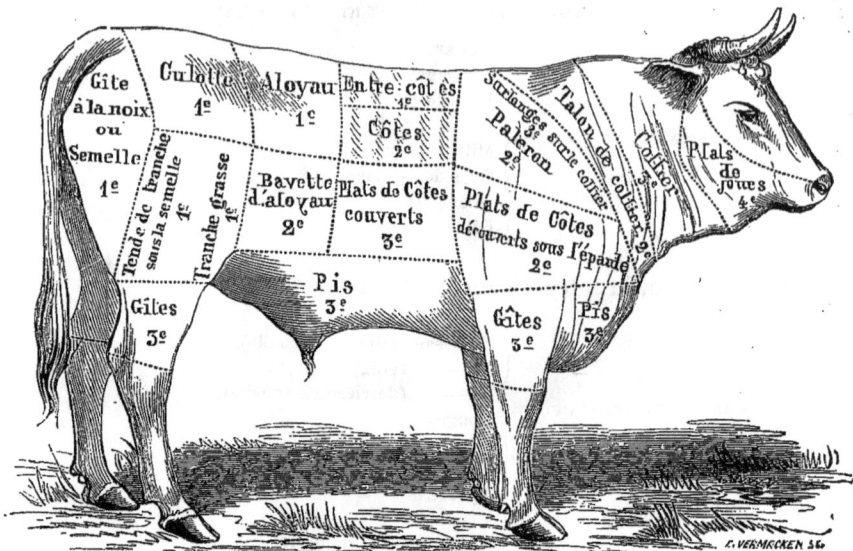

FIG. 183. — Catégories de viandes fournies par le bœuf.

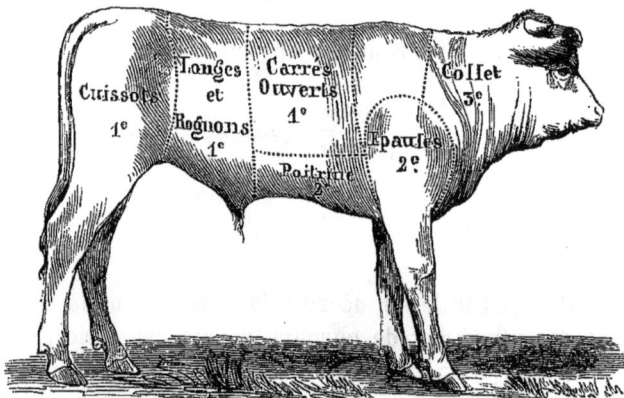

FIG. 184. — Catégories de viandes fournies par le veau.

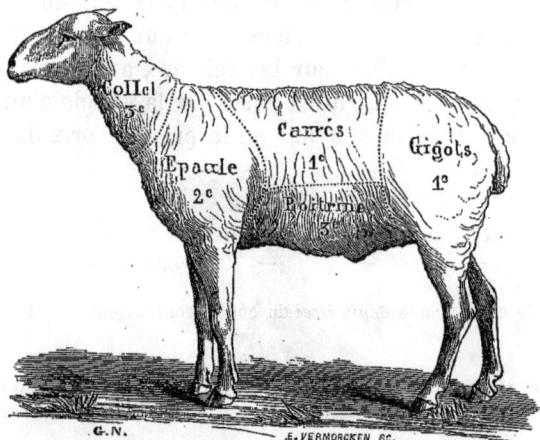

FIG. 185. — Catégories de viandes fournies par le mouton.

On voit de suite la supériorité de la viande provenant de la culotte sur celle du collier, puisqu'elle contient moins d'eau, moins de graisse et plus de matières azotées.

D'après cela, la valeur d'un animal de boucherie ne dépend pas seulement de son état d'engraissement et de son rendement net, mais encore de la proportion de viande de première catégorie vis-à-vis celle de deuxième et troisième, ce qui est sous la dépendance de la conformation.

Beaucoup de races françaises sont encore bien inférieures de ce côté, leur train de derrière est étriqué, insuffisamment musclé; de grands progrès sont à faire et on ne peut y tendre qu'en connaissant bien la catégorisation des régions ; c'est pourquoi nous avons quelque peu développé ce point qui, à l'abord, paraît se rattacher davantage à l'inspection des viandes de boucherie qu'à la zootechnie.

Les races bovines, ovines et porcines d'Angleterre, prises dans leur ensemble, ont une conformation supérieure à celle des animaux du reste du globe et les efforts faits pour introduire du sang anglais dans nos étables sont en général justifiés. Néanmoins quelques-unes des races bovines françaises passent au premier rang et relèguent les animaux anglais après eux. Les bœufs nivernais, charolais, bourbonnais, limousins, ont la culotte plus rebondie que les courtes-cornes, les devons et les herefords.

Bien que la conformation influe sur les proportions quantitatives de viande fournie par chaque catégorie, cependant d'une façon générale, on estime que :

Pour le bœuf, le poids de la viande de 1re catégorie est le 0,349 du poids net
—   —   — 2e   —   0,307   —
—   —   — 3e   —   0,342   —
Pour le veau,   —   — 1re catégorie est le 0,385 du poids net
—   —   — 2e   —   0,414   —
—   —   — 3e   —   0,200   —
Pour le mouton,   —   — 1re catégorie est le 0,444 du poids net
—   —   — 2e   —   0,222   —
—   —   — 3e   —   0,334   —

V. CONSERVATION DES VIANDES

Dans la grande majorité des cas, la viande est consommée fraîche. Il en est à peu près toujours ainsi pour celle que fournissent le bœuf, le veau, le mouton et l'agneau; il n'y a d'exception que pour celles qui arrivent de l'étranger et particulièrement de l'Amérique et de l'Océanie. Nous avons expliqué, page 146, quelques unes des préparations qu'on fait subir à ces viandes avant de les expédier.

Dans les villes, la chair du porc et son lard sont généralement consommés frais; il n'en est pas de même à la campagne. Les ménages ruraux, après l'égorgement du porc, en mangent les issues à l'état frais, mais ils conservent les quartiers pour la consommation de l'année.

La conservation se fait à l'aide de deux procédés : la *salaison* et le *boucanage* :

Il y a un grand intérêt à ce que la salaison soit bien faite, car est-elle effectuée d'une façon incomplète, la viande se gâte et doit être jetée ; si on persiste à l'utiliser, elle est nocive et peut occasionner des accidents par les ptomaïnes qu'elle renferme. Une salaison complète exige 30 kilogrammes de sel bien sec par 100 kilogrammes de viande. Pour conserver autant que possible à la chair sa coloration rougeâtre, on ajoute 10 grammes de salpêtre par kilogramme de sel ; sans cela, elle prend une teinte noire. Les Anglais ont l'habitude d'ajouter un peu de sucre pour rendre, disent-ils, la viande moins dure. Le sel soustrait à la viande une forte partie de son eau de constitution et s'y dissout, il se forme ainsi ce qu'on appelle la *saumure*. Si celle-ci n'en est pas suffisamment saturée, elle s'altère et devient toxique pour les animaux auxquels on la donne. Les journaux vétérinaires renferment des exemples d'empoisonnements de ce genre.

Le boucanage est l'opération qui consiste à dessécher et à fumer la viande, pour aider à sa conservation. Il se fait peu en France, mais beaucoup dans les pays du Nord, et spécialement en Allemagne où il y a des pièces dites chambres à fumer spécialement destinées à cet usage. Au bois qui produit la fumée on ajoute, autant que possible, des plantes aromatiques : genièvre, romarin, thym, pour donner à la viande une saveur agréable. La fumée agit par ses principes pyrogénés qui sont antiseptiques. En général, on sale un peu la viande du porc avant de la boucaner.

Le lard et le jambon sont attaqués par la larve du *Dermestes lardarius*.

Dans le Midi on fait des conserves de viandes d'oie et de canard ; les morceaux sont noyés dans de la graisse ou du beurre qui, en se refroidissant, se solidifie et empêche toute pénétration des germes et par conséquent toute altération.

VI. COMPARAISON DES PRIX DE LA VIANDE ET DU BÉTAIL
TAXE DE LA VIANDE DE BOUCHERIE

Une question dont ne peut se désintéresser le producteur de bétail reste à examiner : il faut voir si la viande est vendue à un prix en rapport avec celui des animaux sur pied. Elle touche aux intérêts des éleveurs et engraisseurs et à ceux non moins respectables des consommateurs, car la partie la plus coûteuse de l'alimentation aujourd'hui est sans contredit la viande. Or, celle-ci est produite directement à l'étable ou à la prairie, elle n'a pas de transformation à subir, mais un simple étalage et des coupes ; il semble donc facile de voir si le parallélisme en question existe et si le bénéfice de l'intermédiaire, qui est ici le boucher, est la juste rémunération de son travail, de ses capitaux en circulation et n'a rien d'exagéré. Mais lorsqu'on veut étudier de près ce sujet, on voit que le commerce de la boucherie, en raison de certaines traditions, échappe en partie au contrôle. Tous les systèmes de vente ont cours, c'est un vrai chaos.

La viande est vendue avec ou sans *charge (réjouissance,* dans quelques localités); on entend par ces expressions les os que le boucher joint à la viande en quantité variable suivant la nature des morceaux demandés et qu'il fait payer comme viande. Puis, et c'est là surtout qu'est la difficulté pour le contrôle, il y a généralement des prix différents basés sur la qualité de la viande ; de ce côté la majorité des consommateurs est forcée de s'en rapporter au boucher qui ne décèle jamais le sexe des animaux vendus, ni leur âge, ni leur race et qui dit toujours les acheter dans les sortes les plus réputées.

Il est des villes où chaque morceau est tarifé à un prix spécial suivant sa qualité prétendue, or la tarification des morceaux n'est pas toujours basée sur leur valeur nutritive, mais sur la tendreté et l'aspect extérieur ; dans d'autres on a un prix unique pour toutes les parties de la bête avec plus ou moins de charge, on a même vu quelquefois la viande des veaux, moutons et bœufs, vendue le même prix, bien que sur les marchés d'approvisionnement les animaux soient cotés sur pied différemment suivant leur espèce.

Enfin les bouchers, dans quelques villes, ont ce qu'ils appellent des *services*, c'est-à-dire qu'ils classent leurs clients en plusieurs catégories, d'après leur situation sociale, donnant à ceux de la première les morceaux de choix et faisant payer le prix maximum, servant moins bon à ceux de la deuxième et abaissant le prix, et ainsi de suite. Inutile de faire voir combien cette catégorisation est avantageuse pour le boucher qui sert presque à son gré, pour peu surtout qu'il emploie certains arguments vis-à-vis de la domesticité de ses clients riches.

Quand on compare les mercuriales des halles et marchés et le prix de la viande, on remarque que celui-ci ne suit point les variations de celles-là. Il y a des bouchers qui restent deux et trois ans sans changer leurs prix à moins qu'il n'y ait hausse sur le bétail auquel cas ils les augmentent, mais on les voit rarement les diminuer quand il y a baisse. Il est étrange que la viande échappe en partie à la loi réglant le prix d'autres produits qui suivent les cours des matières premières d'où on les tire. Aux observations faites à cet égard, on répond en opposant la cote des produits dérivés : cuirs, suifs et issues, à celle du bétail, et on lui attribue en partie le défaut de concordance signalé.

Il est donc relativement difficile de savoir s'il y a une juste proportionnalité entre le prix du bétail et celui de la viande. Nous avons essayé de nous en rendre compte en recherchant à quel prix revient la viande à certains établissements qui achètent eux-mêmes le bétail qui leur est nécessaire, le font tuer, dépecer et consommer par leur personnel. Parmi les exemples que nous pourrions choisir, nous prenons celui qui est fourni par les hospices civils de Lyon. En 1886, le prix moyen de la viande est revenu à ces hospices à 1 fr. 19 le kilogramme. Et, d'après les exigences de l'administration, cette viande doit être de première qualité, c'est-à-dire correspondre au premier service des bouchers lyonnais. Or le tarif de ceux-ci pour le premier service a été en moyenne, en 1886, de 1 fr. 70. Il y a là un écart vraiment énorme.

Il est juste de tenir compte de ceci, que le boucher détaillant n'achète point les animaux en gros comme le peut faire une administration (quoique beaucoup de bouchers aient des prés où ils entretiennent des bandes de bœufs et de moutons), qu'il a des frais généraux plus élevés qu'elle et qu'enfin la viande n'est pas une marchandise de garde, qu'elle se détériore rapidement en été.

Le bétail, dans les grandes villes surtout, ne passe pas directement des mains du producteur dans celles du boucher étalier, mais souvent des commissionnaires, des chevillards s'interposent, qui tous prélèvent un bénéfice au détriment du producteur et du consommateur. Enfin les taxes d'octroi, souvent très lourdes, et les frais d'abattoir surélèvent les prix.

Même en s'inspirant très largement de toutes ces considérations, on ne peut s'empêcher de trouver la rémunération des bouchers élevée. D'ailleurs la concurrence acharnée qu'ils se font, chaque fois qu'il s'agit de quelque grosse adjudication et les faibles prix auxquels ils soumissionnent, sont significatifs.

Il y aurait lieu de s'efforcer de donner autant que possible au commerce de la viande les bases de celui des autres denrées, d'exiger des bouchers des changements de prix corrélatifs des variations du prix du bétail, sauf à convenir d'une surélévation pour la saison d'été à raison des risques et des pertes occasionnés par les chaleurs.

La corporation des bouchers a su profiter de tous les prétextes qu'elle a pu saisir pour vendre le plus cher possible. Ce n'est pas d'aujourd'hui, d'ailleurs, que son âpreté au gain s'est manifestée, et en remontant à une époque reculée de notre histoire nationale, on constate que le pouvoir royal et le Parlement essayaient fréquemment par des ordonnances, arrêts et édits, d'enrayer les abus qui se produisaient.

On reconnaît, dans les règlements relatifs à la corporation des bouchers de Paris, le type des lois romaines, car à Rome, des statuts particuliers avaient été imposés au *Collegium carnificum*, collège des bouchers, où l'on sent, même dans les privilèges concédés, la trace des préoccupations relatives à l'approvisionnement.

Dès 1350, on interdit aux bouchers de faire entre eux aucune société ou convention dans le but d'accaparer le bétail et de faire enchérir la viande; on exige que le calcul du prix d'achat soit fait et qu'ils ne prennent que deux sols par livre, sous peine d'amende ou d'exclusion de la corporation. Et, depuis cette époque, les édits et les ordonnances ont été accumulés, suivant les idées du temps. Les bouchers formaient corporation ayant seule le droit d'achat, d'abatage et de vente de la viande; mais en regard de ces privilèges reconnus, les autorités luttaient pour empêcher l'accaparement du marché, la coalition et la fantaisie des prix. Dans les provinces, les choses se passaient de même[1]. En Lorraine, par exemple, une ordonnance du duc Henri II, du 11 avril 1624, condamne à l'amende et à l'exposition publique tout boucher convaincu d'avoir vendu au-dessus de la taxe. Cette corporation, déjà remuante, n'accepta pas toujours l'immixtion pourtant nécessaire de l'autorité. Ainsi, en 1694, à Nancy, les bouchers refusent d'obéir à la taxe et ferment leurs boucheries. Pour cette mutinerie formelle et désobéissance, ils sont condamnés à vingt-cinq livres d'amende et les maîtres-jurés de la maîtrise à huit jours de prison[2].

La Révolution abolit les corporations, et les lois des 19 et 22 juillet 1791, puis celle du 1er brumaire an VII, établirent la liberté de la boucherie moyennant patente, mais en laissant subsister la possibilité de rétablir la taxe. Les articles 30 et 31 de la loi de 1791 sont ainsi conçus :

ARTICLE 30. — La taxe des subsistances ne pourra provisoirement avoir lieu dans aucune ville ou commune de France que pour le pain et la viande de boucherie.

ARTICLE 31. — Les réclamations élevées par les marchands, relativement aux taxes, ne seront, dans aucun cas, du ressort des tribunaux du district ; elles seront portées devant la direction du département qui prononcera sans appel.

Le changement de législation n'a supprimé ni les abus, ni fait taire les réclamations et aujourd'hui, plus que jamais, les producteurs, par l'organe des sociétés et des journaux agricoles, et les consommateurs particulièrement par l'intervention des municipalités, cherchent à établir le rapport dont nous parlions.

Les moyens employés ont été divers, suivant les idées économiques de ceux qui les ont proposés. Nous citerons l'établissement de boucheries sociétaires dont le bétail est fourni directement par les producteurs et la viande vendue par un gérant; les ventes à la criée, la publication de

---

[1] Voyez : Ch. Morot, *De la règlementation du commerce des viandes de boucherie du XIIᵉ au XVIᵉ siècle*, Paris, 1890.

[2] H. Tisserant, *op. cit.*

tableaux donnant le prix du bétail sur pied et le prix de revient de la viande à l'étal, la taxe officieuse et la taxe officielle.

Il se produit actuellement un mouvement prononcé pour l'établissement de boucheries agricoles ; dans quelques années, l'expérience dira ce que vaut cette idée.

Quant à l'établissement de la taxe officielle, il a été réalisé dans plusieurs villes. A Lyon, un arrêté préfectoral du 7 août 1874 a rétabli la taxe (aujourd'hui supprimée). Voici les bases qui avaient été adoptées :

La taxe s'établit chaque quinzaine ; elle a pour base le prix de la viande sur pied, résultant de la moyenne des mercuriales de la quinzaine correspondante.

Il faut ajouter à ce prix : 1° les droits d'octroi ; 2° les droits d'abattoir ; 3° le déchet calculé à 5 pour 100 du poids net pour le bœuf et le mouton, et 6 pour 100 pour le veau ; le résultat obtenu, prix d'achat compris, forme la totalité des frais.

Les bénéfices se décomposent de la manière suivante pour le bœuf :

1° Vente du suif   (d'après les cours).

2° Vente du cuir   —   —

3° Intestins.

4° Langue.

5° Tombée et crosses (poumon, cœur, etc.).

La déduction du total de ces bénéfices de la totalité des frais, donne le prix de revient et en ajoutant à ce prix 8 pour 100 pour frais généraux et 10 pour 100 pour le bénéfice commercial à laisser aux bouchers, on a le prix moyen auquel la viande doit être vendue.

Pour établir le prix des différentes catégories de viandes, on prend comme base, les chiffres suivants :

1re catégorie 55 pour 100.

2e   —   25   —

3e   —   20   —

Pour le mouton et le veau, on ne distingue que deux catégories.

Des variantes ont été apportées dans la façon d'établir la taxe ; elles ont porté particulièrement sur le nombre des catégories. Il est des municipalités qui reconnaissent six catégories dans la viande du bœuf, trois dans celle du mouton et du veau. On pourrait en reconnaître davantage, car, dans quelques capitales, on distingue dans un bœuf jusqu'à seize espèces de morceaux cotés à un prix différent.

Quelquefois la taxe a été établie de la façon fort simple qui suit : on a estimé à 50 pour 100 le rendement en viande nette et on a ajouté 50 pour 100 au prix du kilogramme de viande sur pied pour trouver le prix de vente à l'étal. Cette base est fautive en ce qu'elle prend comme rendement moyen un chiffre qui ne l'est pas, nous l'avons vu antérieurement, et qu'elle avantage considérablement le boucher. Elle a pourtant un bon côté, c'est de pousser celui-ci à n'acheter que des bêtes en bon état pour bénéficier de la plus-value du rendement et à lui faire rejeter celles qui n'atteignent pas 50 pour 100.

La taxe ne peut être qu'un moyen temporaire à employer quand des circonstances particulières l'exigent. Mais dans le commerce de la viande comme dans celui de toutes marchandises, la loi de l'offre et de la demande doit avoir le dernier mot. Le prix d'une chose ne doit en être que l'expression ; il incombe au producteur et au consommateur de veiller à ce que l'immixtion des intermédiaires ne le fausse point.

CHAPITRE IV

DE LA PRODUCTION DU LAIT

Celui qui exploite la bête laitière doit non seulement connaître les procédés galactagogues dont il a été traité en leur lieu, mais s'efforcer de choisir les sujets les plus aptes à la galactopoièse et étudier toutes les circonstances qui favorisent celle-ci. Il a besoin de connaître la composition du lait, les altérations qu'il subit et les produits qui en dérivent.

Section première — Choix des bêtes laitières

Par bêtes laitières, nous envisageons spécialement la vache, la brebis et la chèvre, parce que ce sont les femelles exploitées industriellement en Europe pour le produit sécrété par leurs mamelles, en dehors de l'allaitement des jeunes.

La chamelle est une laitière précieuse pour les Orientaux des pays désertiques, mais nous ne possédons pas actuellement de renseignements suffisants sur les signes qui indiquent chez elle une abondante lactation. La jument n'est pas entretenue en Europe pour la production laitière ; ce qu'elle donne sert seulement à nourrir son poulain. Il n'en est pas de même en Asie ; dans les steppes, les juments kirghises et baskires ne sont ni montées ni attelées, mais entretenues uniquement pour leur lait. On les trait de quatre à huit fois par jour, et elles ont à chaque traite de 60 centilitres à 2 lit. 25. Le poulain ne tette que la nuit ; toutefois on l'amène à côté de sa mère quand on la trait, sans cela elle ne donnerait pas son lait.

L'ânesse est exploitée dans quelques villes pour son lait qui est destiné aux malades et aux enfants.

La bufflesse n'est qu'une médiocre laitière dont les mamelles se tarissent quand le buffletin est sevré. Son lait a une odeur et une saveur musquées qu'on retrouve dans le fromage qui en provient.

La vache est, dans les pays de l'Europe centrale et septentrionale, ainsi que dans l'Amérique du Nord, la laitière par excellence ; la chèvre et la brebis la remplacent en grande partie dans l'Europe méridionale, en Afrique et en Asie pour cette fonction.

Dans une espèce, l'activité de la secrétion lactée est sous la dépendance de la race et de l'individualité. Il y a lieu d'examiner ces deux circonstances.

I. INFLUENCE DE LA RACE ET DE LA TRIBU

Il est de bonnes, de médiocres et de mauvaises laitières dans toutes les races ; seulement, le nombre de sujets classés dans la première catégorie est élevé dans celles qui se sont formées sous un climat et sur un sol propices, tandis qu'il est restreint dans d'autres créées par des causes différentes. En s'adressant aux premières, on a beaucoup plus de chances de rencontrer les animaux qu'on recherche qu'en prenant les secondes.

Nous verrons ultérieurement que le rendement total et annuel, ou mieux d'un vêlage à l'autre, dépend de plusieurs facteurs et qu'il se puisse qu'on préfère une abondante lactation immédiatement après le vêlage, mais d'une durée peu longue, à une lactation plus modeste, mais plus prolongée. Voici d'abord l'énumération des rendements annuels moyens d'un certain nombre de races bovines, depuis les plus remarquables jusqu'aux plus médiocres, toutes supposées dans de bonnes conditions alimentaires :

Race Hollandaise.	3.400 litres
— Durham.	3.200 —
— Flamande.	3.100 —
— Holstein et Oldenbourg.	3.000 —
— Schwitz.	2.800 —
— d'Ayr.	2.750 —
— Cottentine.	2.700 —
— Fribourgeoise.	2.400 —
— Montbéliarde.	2.400 —
— Simmenthal.	2.300 —
— d'Angeln.	2.200 —
— d'Algau.	2.200 —
— Jersiaise.	2.185 —
— Norvégienne.	2.000 —
— Auvergnate.	2.000 —
— Ponzgau..	2.000 —
— Tarentaise.	1.900 —
— Murzthal.	1.900 —
— Bressane.	1.800 —
— Femeline.	1.800 —
— Lourdaise.	1.700 —
— Bretonne.	1.600 —
— Jutlandaise.	1.550 —
— Charolaise.	1.500 —
— Gasconne.	1.500 —
— Limousine.	1.550 —
— Hongroise.	700 —
— des steppes russes.	650 —

De toutes les races bovines européennes, la hollandaise (fig. 186) tient le premier rang,

On s'est demandé si, *dans une même race*, il est plus avantageux d'entretenir des sous-races de haute taille ou s'il faut en choisir de plus petites. Pour répondre à cette question, on a calculé le rendement en litres par 100 kilogrammes de poids vif. *A priori*, il semble que les bêtes de forte taille étant grandes mangeuses et assimilant bien, doivent, proportionnellement, donner plus de lait que les petites. C'est, effectivement, ce qui ressort des recherches faites en Italie à l'établissement zootechnique de Reggio d'Emilie, par M. Zanelli. Les expériences suivantes de Ockel témoignent dans le même sens :

FIG. 186. — Vache hollandaise.

Dans un lot de 4 vaches hollandaises, deux pesaient ensemble 960 kilogrammes et deux 698 kilogrammes. Les premières ont consommé 2230 kilogrammes de luzerne dans 16 jours, et ont donné 309 litres de lait, soit 1 litre par 7^{kg},216 de fourrage consommé; les secondes ont mangé 1750 kilogrammes de luzerne dans le même temps et ont donné 218 litres de lait, soit 1 litre par 8^{kg},027.

Si les animaux de grande taille sont préférables aux petits dans une même race, il va de soi que l'alimentation doit être en rapport avec la taille. Quand le pays ne comporte pas des ressources fourragères correspondantes, on s'expose à des déceptions en prenant de trop grands sujets. L'expérience m'a démontré, par exemple, que, sur le plateau de Langres où la race de Schwitz s'acclimate très bien, la variété moyenne réussit mieux et conserve davantage ses caractères que la variéte lourde du Righi qui, au bout de quelques générations, se rapetisse.

Il ne faut donc pas systématiquement préférer les grandes races laitières aux petites. Ceci est avant tout une affaire de milieu. Les petites races, moins exigeantes et plus rustiques, s'entretiennent mieux sur un sol peu fertile et fournissent alors proportionnellement plus de lait que les grandes. Dans les mêmes conditions, celles-ci trouvent simplement de la nourriture pour leur entretien et n'en ont point à transformer en lait. Les petites, plus alertes, se déplacent facilement et, dans les pays accidentés, cherchent mieux leur nourriture dans les pentes et sur le bord des rochers que les grandes et lourdes.

L'observation apprend aussi qu'un propriétaire qui, chaque jour, envoie des vaches laitières de sa ferme sur quelques places et squares, suivant l'usage adopté dans plusieurs grandes villes, a intérêt à les choisir dans les petites races. Les bêtes des races lourdes, après quelques voyages sur le pavé, sont boiteuses et ne peuvent continuer leur service, tandis que pareil inconvénient ne se présente pas avec les petites. Souvent à Lyon, la comparaison fut faite entre les petites bêtes du Valais et les normandes ou les hollandaises, toujours elle a été en faveur des valaisanes.

La chèvre est laitière dans toutes ses races et, de temps immémorial, elle est sélectionnée dans cette vue. On peut néanmoins établir un classement et les chèvres de Nubie et de Malte se placeront en tête, tandis que celles d'Angora et de Cachemyr seront au dernier rang. Un peu de sang maltais dans nos chèvres indigènes en augmente le rendement.

On estime, en France, que la chèvre donne environ 2 litres de lait pendant huit mois, quand elle a été bien choisie et bien nourrie, soit 480 litres à chaque mise-bas, dont il faut défalquer environ 130 litres pour l'allaitement des chevreaux, ce qui fait 350 litres livrés à la consommation. En Dalmatie et en Carniole on n'évalue qu'à 100 litres la quantité qu'elle fournit, à 250 litres en Styrie et à 450 litres en Suisse. Certaines chèvres du Mont-d'Or lyonnais, extrêmement bien choisies et entretenues, ont donné jusqu'à 800 litres dans une année ; mais c'est exceptionnel.

Dans la plupart des races ovines, la brebis ne fournit du lait que pour l'allaitement de son fruit et sa mamelle se tarit ensuite. A part une exception, elle a été peu soumise aux procédés galactagogues dans les pays du centre et du nord de l'Europe, préoccupé qu'on était surtout de sa toison et de sa viande. C'est l'opposé pour les pays du Midi où elle est avant tout une bête laitière. Les départements méridionaux français, l'Italie, les provinces illyriennes, la Grèce suivent cet errement ; aussi dans ces régions le nombre des brebis l'emporte-t-il de beaucoup sur celui des moutons et des béliers. Ainsi la statistique de 1881 décèla en Italie 7.708.413 brebis et seulement 887.595 béliers et moutons.

Les races ovines laitières appartiennent aux races ou variétés de Texel, du Larzac, du Lauraguais, de Millery, barbarine et bergamasque.

On estime à 170 litres le rendement des brebis bien choisies de la race de Larzac; l'allaitement durant quatre mois, il n'y a guère que 70 à 80 litres livrés à la consommation, le reste étant destiné à l'agneau. Il a été avancé que les brebis texeloises peuvent donner jusqu'à 500 litres annuellement. Par contre, dans l'Engadine, la brebis bergamasque en fournit seulement 30 litres.

Les races qui donnent la quantité maximum de lait ne tiennent pas le premier rang pour la faculté beurrière ainsi qu'on le verra. Un nourrisseur qui exploite des laitières pour la vente du lait en nature ne se préoccupe que de la quantité et certaines races sont indiquées chez lui, tandis qu'il est de l'intérêt de l'agriculteur qui fabrique du beurre d'entretenir des bêtes qui, à nourriture égale, lui donneront davantage de ce produit.

La race pèse donc sur la constitution du lait et conséquemment sur sa qualité. Il semble que, d'une façon générale, la proportion des matières solides s'abaisse quand la sécrétion laitière est très abondante. Commercialement, le beurre étant la partie la plus importante, on a surtout recherché quelles étaient les bêtes les plus recommandables sous ce rapport. Les recherches dans cet ordre d'idées n'ont pas été poussées très loin, on sait cependant qu'il est des races simplement *laitières* et d'autres *beurrières*.

En tête des races fournissant un lait butyreux se place la jersiaise. De récentes observations de M. Genay ont montré que 15 litres de lait provenant de vaches de cette race ont suffi à faire 1 kilogramme de beurre [1]. Viennent ensuite la bretonne avec 20 à 22 litres, l'Angeln et la Hereford avec 28, celles de Schwitz avec 27, d'Algau, du Simmenthal, des Flandres avec 32, de Hollande avec 35 à 38 pour aboutir aux bêtes meusiennes qui ne donnent la même quantité de beurre qu'avec 40 à 41 litres de lait.

Il existe aussi des différences entre la couleur, la saveur, la fermeté du beurre suivant sa provenance ethnique.

La proportion de sucre de lait varie avec les races. M. Marchand a analysé le lait de vaches appartenant à dix-huit races différentes et il a trouvé que la proportion de lactine oscille de 50 à 54 pour 1000; pour la race flamande, elle fut de $51^{gr},18$ par litre; pour la hollandaise, de $50^{gr},70$; pour celle de Durham, de 51,58; c'est la race de Schwitz qui en fournit le plus, soit 54,19 par litre.

Dans une même race, toutes les familles qui la composent n'ont pas la même aptitude; plus l'aire géographique de la race est étendue, plus il y a de chances pour qu'on constate des diversités assez considérables

---

[1] P. Genay, Valeur de la race bovine jersiaise au point de vue de la production du beurre (*Journal de l'Agriculture*, février 1889, p. 210).

L'exemple le plus frappant est fourni par la race Shorthorn où l'on trouve une tribu laitière dont les sujets rivalisent de productivité avec les vaches hollandaises, et une autre tribu médiocre.

Toutes les races en sont là : le fémelin ne vaut pas le tourache, le forézien n'égale pas le ferrandais, l'augeron est inférieur au cottentin, etc. Celui qui se livre à l'industrie laitière doit tenir compte de maintes considérations et s'enquérir soigneusement de la famille des animaux dont il veut faire l'acquisition.

II. CONFORMATION A RECHERCHER CHEZ LA VACHE LAITIÈRE

Puisque dans toutes les races, il y a de bonnes et de mauvaises bêtes, il faut s'efforcer de ne prendre que les premières. Pour cela, on se base sur des signes particuliers.

L'état de santé, l'âge, l'embonpoint, la conformation de parties déterminées, particulièrement celle des organes de la lactation doivent faire l'objet d'un examen attentif. On ajoutera, si possible, des demandes de renseignements sur la famille et le caractère; enfin on aura à se mettre en garde contre les ruses des maquignons. Ce sont autant de points à examiner.

L'état de santé se décèle par l'humidité du mufle, la souplesse et l'onctuosité de la peau, le lustré du poil, la vivacité de l'œil, le rosé des muqueuses, la souplesse en arrière du garrot, la régularité dans la respiration et la circulation, l'absence de toux et un large appétit. L'état des déjections ne peut fournir de renseignements bien certains, car il est surtout sous la dépendance de l'alimentation.

Lorsque la spéculation dominante de la ferme est la production laitière, on ne doit posséder que des vaches dans leur période de rendement maximum, soit de quatre à neuf ans, et s'en défaire au fur et à mesure qu'elles la dépassent. Si l'on pratique plutôt l'engraissement, on pourra les faire châtrer, les conserver encore pendant le temps que leur rendement en lait est suffisant, puis les livrer à la boucherie.

Nous nous garderons d'avancer qu'une vache très grasse ne puisse avoir été ou redevenir une bonne laitière, car l'observation montre qu'il en peut être ainsi, mais elle n'est pas actuellement à lait. Dans les étables où l'on nourrit fortement et avec régularité, les vaches sont seulement en très bon état ou demi-grasses. Une bête fortement laitière n'engraisse pas, la production de la graisse et du lait étant en antagonisme ; si elle le fait, rien n'étant changé à l'alimentation, la quantité journalière du lait baisse. Les races et sous-races hollandaise, flamande, auvergnate, du Mézenc présentent cet antagonisme d'une façon facile à constater ; dans les bêtes durhams, montbéliardes et schwitz, il est moins prononcé.

Sur la brebis laitière et surtout sur la chèvre, l'opposition est frappante; la chèvre est toujours maigre et la même observation est facile à faire sur les brebis très laitières. Leur toison même se détériore et des mèches s'en détachent. Les femelles des races ovines et porcines spécialisées pour la production de la viande et de la graisse sont mauvaises laitières et souvent ont à peine la quantité de lait nécessaire à nourrir leurs petits.

Avant de descendre à l'analyse des régions du corps de la bête laitière, faisons remarquer d'abord qu'elle doit produire au premier coup d'œil l'impression du féminisme, c'est-à-dire avoir la conformation, les allures et le tempérament de la femelle. On devine les raisons pour lesquelles une bête vraiment femelle a des chances d'être meilleure laitière qu'une autre dont les caractères se rapprocheront davantage du mâle.

On doit rechercher dans une vache laitière une ossature aussi fine que possible, c'est une beauté de premier ordre. La tête sera allongée si la race le comporte, mais légère et sèche, les cornes effilées, non rugueuses, de petit diamètre à leur naissance, les oreilles plutôt grandes que petites avec des poils intérieurs peu abondants et soyeux et du cérumen en quantité.

Les yeux seront entourés de paupières minces et dénoteront un caractère doux. L'encolure sera peu musclée. la poitrine arrondie, à côtes arquées, la colonne vertébrale droite, longue et large ; les bêtes très laitières et qui ont porté plusieurs fois peuvent être légèrement ensellées. Le ventre sera volumineux ; la partie postérieure du corps aussi large que possible. Un bassin très développé est un signe de feminellisme, puisqu'il permet d'inférer que la bête remplira bien ses fonctions de reproductrice, et, d'autre part, toute bête bovine devant finir à la boucherie, il est indiqué de lui rechercher une conformation propice à la fourniture de la viande. La longueur et la largeur des hanches et de la croupe assurent la prédominance du train postérieur sur l'antérieur, circonstance qui a pour résultat nécesssaire un écartement plus considérable des membres et des quartiers de derrière, plus d'espace pour loger le pis et une circulation plus abondante du côté de l'appareil génital (Tisserant). La queue sera peu développée et terminée par un toupillon de poils fins et souples.

Dans leur ensemble, les membres devront refléter le peu de développement du squelette, être, par conséquent, fins et plutôt courts qu'allongés ; on les recherchera très écartés, puisque cet écartement a pour résultat de loger le pis à l'aise et indique aussi une poitrine large. L'épaule de la bonne laitière est toujours un peu maigre, bien détachée et jamais plaquée, avec une fossette profonde et large à sa partie inféro-antérieure. Le reste du membre sera petit, comme il a été dit, et les pieds à onglons lisses.

On a beaucoup discuté sur la conformation que doit présenter la poitrine de la vache et, comme quelques bonnes laitières l'ont sanglée, à côtes plates, on a inféré que telle était la conformation qui convenait le mieux. Mais, ainsi que le fit judicieusement observer E. Tisserant, de ce que de telles bêtes présentent cette particularité, il ne s'ensuit pas qu'elle doive être considérée comme une cause d'abondante lactation. Il en est, les vaches de Schwitz, par exemple, qui n'ont point la poitrine étroite, et Bardonnet des Martels dit même que ses mensurations l'ont amené à conclure que les vaches à petite capacité thoracique relativement à leur poids vif donnent moins de lait que celles à large poitrine. Comme, en définitive, toutes les vaches doivent finir à l'abattoir, il faut rechercher les poitrines amples.

On examinera attentivement la peau. Nous savons que son épaisseur absolue est subordonnée à la race et que de médiocres laitières, comme les charolaises, ont une peau fine, tandis que de bonnes, comme les vaches suisses, l'ont épaisse. Il ne s'agit donc, étant connue son épaisseur moyenne dans une race, que de choisir dans ce groupe, les animaux qui ont la plus fine. Il importe qu'elle ait beaucoup de souplesse, qu'elle se détache facilement des tissus qu'elle revêt, qu'elle se plisse sous la main, que les poils qui la recouvrent soient fins, qu'elle soit douce au toucher et qu'elle tache l'extrémité des doigts par les matières grasses qui l'assouplissent. Plus le système des vaisseaux périphériques sera développé et mieux cela vaudra, puisqu'une ample vascularisation est l'indice d'une grande activité sécrétoire. Une teinte jaunâtre de la peau dans les endroits où les poils sont rares est à rechercher.

Dans l'appréciation de la vache laitière, le toucher doit venir en aide à la vue.

III. APPRÉCIATION SPÉCIALE DE QUELQUES ORGANES ET RÉGIONS

Nous apprécierons ici quelques veines, le pis et les écussons.

Veines. — Les vaches laitières ont le système veineux fort développé et l'examen de quelques veines superficielles est propre à fournir les meilleurs renseignements sur leurs qualités. Ces veines sont les *abdominales* ou *mammaires*, les *épimammaires* et les *périnéales*.

Les veines mammaires qui sortent du pis à droite et à gauche et serpentent sous le ventre, doivent être aussi grosses que possible, très flexueuses et comme variqueuses. Elles se plongent dans le tronc en arrière du sternum, par des ouvertures dites *fontaines du lait de dessous;* plus les veines sont développées, plus larges sont les fontaines de lait. Celles-ci reçoivent aisément l'extrémité du doigt; quelquefois chaque veine mammaire se divise en arrivant aux fontaines; il y a, dans ce cas, deux et parfois trois ouvertures de chaque côté. Il est clair qu'on doit tenir compte de cette pluralité dans l'appréciation de leur diamètre.

Le pis des bonnes laitières doit montrer un lacis de veines flexueuses; plus elles sont apparentes, mieux cela vaut.

On trouve aussi, dans la région périnéale, des veines qui émergent de la partie postérieure des mamelles. Elles ne sont pas visibles chez les jeunes bêtes, et parfois il est nécessaire d'interrompre le cours du sang par une pression au périnée, pour les faire apparaître. Elles n'existent pas sur les médiocres laitières et leur présence est un signe très favorable.

Pis. — L'ensemble des glandes mammaires constitue le *pis*. On y distingue les *mamelles* et des *trayons*. Pour être bien fait, le pis doit être constitué par des mamelles amples, régulièrement placées et écartées, pendantes sans exagération.

Lorsqu'il est trop pendant et un peu dirigé en avant, à mamelles piriformes, rappelant la disposition normale de la chèvre, on le dit pis en bouteille. Bien que cette disposition ne paraisse pas avoir d'influence sur la sécrétion lactée, on la prise peu, car alors les mamelles ballottent entre les jambes de la vache quand celle-ci est obligée de se déplacer un peu vivement et quelquefois il en résulte des contusions.

La peau du pis sera fine, souple, facile à plisser, nue ou recouverte de poils soyeux, onctueuse au toucher par suite de la sécrétion d'une matière grasse qui doit se détacher par le grattage avec l'ongle. On estime tout particulièrement sa couleur jaunâtre.

La grosseur des trayons est surtout une affaire de race; les vaches du Jura et des Alpes ont les trayons volumineux; celles des races hollandaise et durham les ont plus petits; on ne peut donc pas en inférer grand'chose sur les facultés laitières. Sous l'influence de l'âge et de la gymnastique, les trayons grossissent.

Leur direction est à examiner. Dans le pis bien fait, ils doivent être suffisamment écartés et parallèles, tandis qu'ils sont quelquefois inclinés parallèlement en avant ou en arrière, ou inclinés les uns d'un côté et les autres de l'autre. Ils ne doivent pas être inégaux, à moins qu'il ne s'agisse de trayons supplémentaires. Il vaut mieux qu'ils aient à peu près sur toute leur longueur la même grosseur, que d'être gros en haut et trop minces en bas.

Il faut dire un mot des anomalies mammaires. Assez rares dans l'espèce humaine, elles se montrent avec plus de fréquence sur les femelles domestiques. Elles se présentent par diminution ou par augmentation du nombre normal.

La diminution est généralement le résultat d'une coalescence de mamelles voisines. La ferme de l'École a possédé une vache à deux mamelles seulement. En examinant de près, on voyait que chacune d'elles était la résultante de deux quartiers et de deux trayons latéraux qui s'étaient accolés pour n'en former qu'un seul. Cette vache avait un pis qui rappelait celui de la chèvre. Nous avons observé aussi la diminution du nombre des mamelles sur la truie.

Les anomalies par augmentation sont beaucoup plus fréquentes que les précédentes ; leur fréquence est même telle que, pour quelques races, il ne convient pas d'employer le terme d'anomalie car cette disposition tend à devenir un caractère ethnique. La vache présente, généralement à la partie postérieure de la mamelle, un, deux, trois et même quatre trayons supplémentaires. Ils s'intercalent quelquefois entre les deux trayons d'un même côté.

FIG. 187. — Type de la bonne conformation de la vache laitière.

La bête représentée ici d'après nature a été primée à l'Exposition universelle de 1889.)

La chèvre a parfois deux mamelons postérieurs rudimentaires ; la brebis en montre aussi, mais c'est en avant des deux mamelles normales qu'on les voit apparaître.

Lorsqu'à côté des quatre trayons normaux, on en aperçoit de supplémentaires, c'est un signe excellent ; les vaches normandes, très bonnes laitières, en présentent souvent.

Puisque le pis est préposé à la transformation des matériaux amenés par le sang, il est rationnel de le chercher volumineux, afin que cette transformation s'accomplisse plus amplement. Mais le volume n'est pas tout : avant la traite, il devra être résistant à la pression et un peu distendu, puis mou, flasque et plus petit après.

L'examen de chacun des quartiers mammaires doit être fait avec beaucoup d'attention afin de s'assurer qu'ils ne sont le siège d'aucune induration et qu'ils sécrétent normalement. On a prétendu qu'une vache ayant perdu un quartier donne, à peu de chose près, autant de lait qu'avant par les trois trayons restants ; quand même cela serait incontestable, il faut se rappeler qu'une bête qui a eu une mammite est prédisposée à en contracter une seconde.

Il est vrai qu'une sécrétion lactée très abondante associée à un pis trop pendant en est une cause, sinon déterminante, du moins prédisposante. On rappellera à ce propos que, parmi les terminaisons de la mammite, il en est deux, l'induration et l'atrophie, qui peuvent permettre le rétablissement de la sécrétion lactée après un nouveau vêlage ; elle reste néanmoins plus faible qu'avant l'accident.

Un pis très volumineux n'est pas toujours un signe de puissante lactation, car on peut se trouver en présence de pis dits *charnus*, de pis *gras* ou de pis *grossis frauduleusement*.

Le pis charnu est constitué par une prédominance du tissu cellulaire sur le tissu glandulaire proprement dit. Il manque d'élasticité et diminue peu de volume après la traite ; la peau qui le recouvre est moins fine, moins souple, à poils plus durs que sur les animaux de bonne marque.

Le pis graisseux est plus rare que le précédent ; il se rencontre chez les femelles à embonpoint prononcé et on le voit apparaître sur les vaches châtrées.

Des écussons. — Dans la région périnéale, se trouvent des poils plus fins et plus doux que ceux du reste du corps, dirigés en sens inverse des autres poils et dont la rencontre avec ceux-ci forme une sorte de bordure. On donne le nom d'*écusson* ou de *gravure* à l'espace ainsi bordé. L'écusson se compose ordinairement de deux portions adjacentes : l'une inférieure, qualifiée de mammaire, se trouve sur la partie postérieure des mamelles, autour de celles-ci et parfois un peu à la face interne des cuisses ; l'autre placée au-dessus, est dite périnéale, elle remonte jusqu'aux organes sexuels externes et sa largeur est fort variable. Elle est fréquemment plus développée d'un côté que de l'autre et particulièrement à gauche, ainsi que E. Tisserant nous le faisait observer il y a plus de vingt ans.

L'écusson est complet quand les deux parties existent ; il arrive que la partie périnéale manque totalement ou partiellement.

L'appréciation des contours, de la forme et de l'étendue d'un écusson, demande de l'attention, quand il s'agit de vaches petites, à train postérieur étriqué et à mamelles portées en avant. Il est nécessaire de tendre la peau et de bien suivre avec le doigt la bordure, ce qui n'est pas aussi simple et aussi facile qu'on serait tenté de le croire, quand les poils sont courts et relativement fins sur tout le corps.

On considère comme un bel écusson, celui qui a la plus grande étendue et dont les contours sont les plus réguliers. Ceux-ci varient beaucoup et, par conséquent, les formes des écussons sont elles-mêmes très différentes.

Il faut attacher quelque importance à la nature des poils formant la bordure de l'écusson. Grossiers, longs, hérissés, ils dénotent, dit-on, un lait de qualité médiocre, tandis que courts et doux, ils sont l'indice d'un lait de bonne qualité.

Un agriculteur bordelais, F. Guénon, qui a eu le mérite d'appeler l'attention sur l'examen comparé des signes que présentent les vaches laitières, a étudié de très près les écussons. A leur aide, il a édifié un mode d'appréciation des qualités laitières qu'on qualifie justement de système de Guénon [1].

La forme de l'écusson semble avoir été l'une de ses préoccupations dominantes. Il l'a observée soigneusement et il s'est même servi de termes bizarres ou surannés pour en désigner les variantes. En raison du retentissement qu'a eu ce système et du crédit dont il jouit encore, nous en ferons un bref exposé.

Guénon a enfermé toutes les formes d'écussons qu'il rencontrait sur les bêtes bovines, dans dix catégories auxquelles il a donné le nom de classes. Dans chaque classe, il a établi huit ordres d'après la largeur et la régularité des écussons, et, en regard de chaque ordre, il a placé le nombre de litres de lait que fournit la bête qui porte un écusson de cette sorte, suivant qu'elle est de grande, de moyenne et de petite taille. Puis, surcroît de complication, à côté des femelles dont l'écusson est régulier, il y en a qui présentent des *épis* de fâcheux augure, elles ne peuvent être classées dans les catégories indiquées; Guénon les appelle des *bâtardes*.

Voici le nom des dix classes qu'il a établies : 1° *Flandrines*; 2° *flandrines à gauche*; 3° *lisières*; 4° *courbelignes*; 5° *bicornes*; 6° *doubles lisières*; 7° *poitevines*; 8° *équerrines*; 9° *limousines*; 10° *carrésines* (voyez les fig. 188 à 194).

Les dix classes de Guénon n'ont pas la même importance et plusieurs se ressemblent. Les poitevines et les limousines pourraient être réunies ; il en est de même des carrésines et des équerrines. Il n'y aurait nul inconvénient à réduire les classes à quatre ou cinq. Car il y a des passages, des transitions d'une forme à une autre, et il est difficile d'établir des catégories aussi tranchées que le veut Guénon.

Indépendamment des écussons, il y aurait lieu de tenir compte aussi des *épis* qui les accompagnent. Ce sont de petits bouquets de poils, assez raides, couchés dans une direction différente de celle des phanères avoisinantes. Les uns devraient être interprétés comme des signes favorables et d'autres comme défavorables à la production du lait. Ainsi, les deux épis

[1] F. Guénon, *Traité des vaches laitières*, 2ᵉ édition, Bordeaux, 1840.

situés dans la partie mammaire de l'écusson, en arrière et au-dessus des trayons, seraient de bon augure. Ceux placés, soit au milieu de la partie

FIG. 188. — Flandrine.

FIG. 189. — Flandrine à gauche.

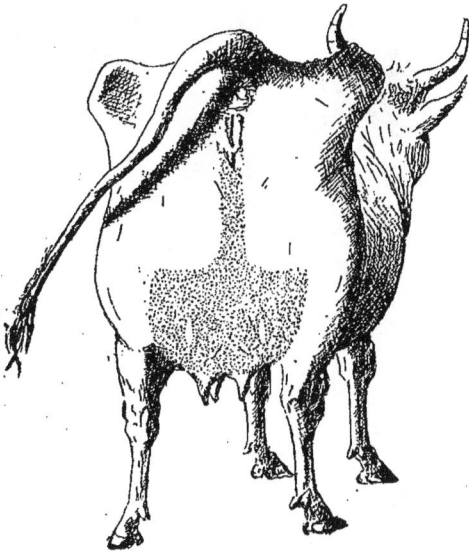

FIG. 190. — Lisière.

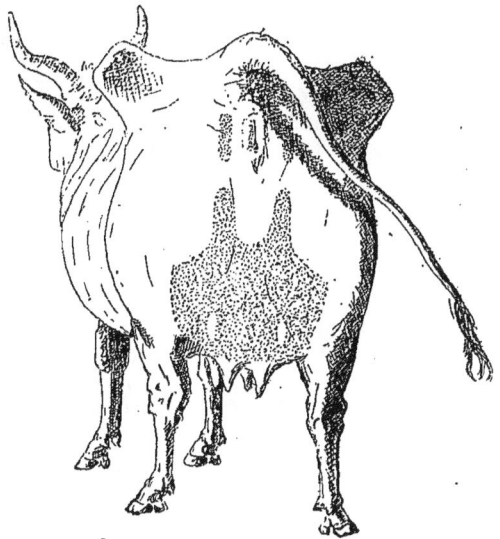

FIG. 191. — Bicorne.

Principales dispositions des écussons de la vache laitière.

périnéale de l'écusson, soit en dehors, à droite et à gauche, près de la vulve ou plus bas, seraient de fâcheux augure.

Que faut-il penser du système de Guénon et des remarques basées sur l'examen des écussons et des épis?

FIG. 192 — Poitevine.

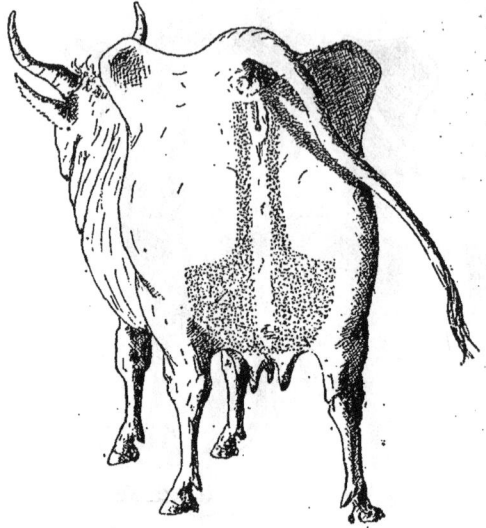

FIG. 193.— Double isière.

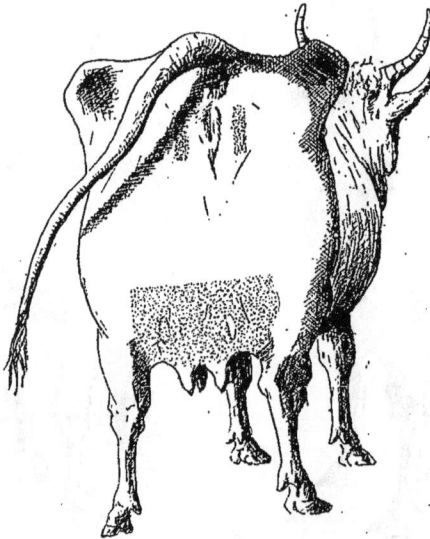

FIG. 194. — Carrésine.

Principales dispositions des écussons de la vache laitière.

En ce qui concerne les épis, mes observations me font penser que les remarques de Guénon ne sont que des réminiscences du passé ou peut-être un écho des croyances superstitieuses actuelles des Orientaux.

En effet, au moyen âge on attachait grande importance aux épis que présentaient les chevaux; il y en avait de bons et de mauvais. « Le cheval qui a l'espy (on le dit *espada romani*) sur le col près des crins, s'il passe d'un costé et d'autre, et mieux s'il l'a sur le front, montre un courage franc, pur, guerrier et heureux en bataille. Et s'il l'a aux hanches vers le tronc de la queüe et où il ne peut voir, cela corrige tous les malheurs des autres parties; s'il le peut voir, c'est un mauvais signe et que le cheval sera de mauvaise volonté et meschante créance [1]. »

Dans son livre sur les chevaux du Sahara, le général Daumas passe en revue les six épis que les Arabes regardent comme propices et d'heureux présage et les six qui sont au contraire des présages de ruine.

Il y a des probabilités pour que de l'Orient ces croyances enfantines aient passé en Europe, soit par suite des croisades, soit au moyen âge, alors que les échanges de chevaux étaient actifs. Une fois acquises pour le cheval, on les a sans doute étendues à d'autres animaux et probablement à la vache laitière.

En tous cas, nous ne sommes point fixés sur les raisons déterminantes de l'apparition des épis et la signification qu'on a voulu leur attribuer repose sur des faits contradictoires.

Quant à l'écusson, pour juger de son utilité il faut le suivre depuis son apparition et rechercher si son développement se fait au fur à mesure de celui de la faculté laitière.

Au moment de la naissance, le veau a un écusson nettement limité, recouvert de poils longs et fins, sorte de lanugo qui pourrait le dissimuler à des yeux inattentifs. Il existe sur les deux sexes, mais il est, proportionnellement, moins étendu sur le mâle. Sur la génisse, il reste d'abord petit comme la mamelle elle-même, puis évolue avec elle, et ce n'est qu'à partir du deuxième vêlage qu'il prend son ampleur définitive. Son développement semble donc corrélatif de l'évolution mammaire, puisqu'en même temps que grossissent les mamelles, la peau du périnée s'agrandit et étale ses caractères spéciaux.

S'il en est ainsi, l'ampleur de l'écusson est un signe favorable, parce qu'il dénonce une aptitude de race ou de famille à produire du lait. Et, en effet, l'observation a appris que sa grandeur et la régularité de sa bordure sont de bons signes, d'une manière générale. Son étendue ne doit pas seulement s'apprécier par la place qu'il occupe dans la région périnéale; réduit à sa partie mammaire, il peut s'étendre sur la face interne et le bord postérieur des cuisses et gagner en largeur ce qui lui

---

[1] *Essay des merveilles de nature*, etc., par René François, 4e édition, Rouen, 1624, in-4, p. 555-556.

manque en hauteur. Sa forme n'a d'importance qu'en raison de l'étendue qu'elle délimite, mais, par elle-même, elle est secondaire. La meilleure est celle qui se prête au développement maximum de la gravure, le reste est accessoire.

D'ailleurs, on rencontre des exceptions à la règle précédente. La ferme d'application possède actuellement une vache jersiaise qui est une laitière de premier ordre, elle n'a pourtant qu'un écusson rudimentaire. Mais par compensation, la peau du périnée est d'une finesse et d'une souplesse extrêmes et le développement des vaisseaux mammaires, épi-mammaires et périnéaux est remarquable. Rien n'est donc absolu, un caractère peut être remplacé par un autre.

L'ensemble des signes dont il vient d'être question renseigne sur la qualité de la vache laitère. Guénon avait voulu aller plus loin et il se faisait fort, par l'application de son système, de dire, à un demi-litre près, le rendement d'une vache. C'est exagérer, comme le prouvèrent d'ailleurs les écarts qu'il commit lorsqu'on le mit en présence de bêtes appartenant à des races qu'il n'avait pas l'habitude de voir. Il y a, du reste, à tenir grand compte de l'alimentation et des boissons qui influent d'une manière notable sur la quantité du lait.

IV. APPRÉCIATION DES QUALITÉS BEURRIÈRES

Il y a un intérêt pratique à pouvoir se renseigner sur la qualité du lait fourni par une bête. La teneur en beurre est surtout fort à con-sidérer, puisqu'il est des exploitations où l'industrie beurrière est la dominante.

La recherche directe du beurre dans un lait est une opération simple, ne nécessitant ni l'emploi d'instruments compliqués ni une longue ini-tiation préalable; nous la conseillons toujours en première ligne. Elle ne doit pourtant pas dispenser de voir si l'examen direct d'un animal, est capable de donner quelques signes indicateurs de ses qualités beur-rières.

M. Renoult-Lizot, en a cherché dans le polymorphisme des papilles buccales. Il a reconnu que les vaches dont la face interne des joues porte de grosses papilles aplaties sont bonnes beurrières, que les papilles rondes indiquent des animaux ordinaires et que les papilles sont pointues chez les mauvaises vaches. En combinant ses observations avec celles de Guénon, il divise les animaux en six classes ; on pourrait peut-être se contenter de trois [1].

A *priori*, il ne semble rien y avoir d'irrationnel dans les rapports qui

---

[1] Renoult-Lizot, *Des aptitudes laitières et beurrières des vaches et des veaux mises en évidence par la forme et la grosseur des papilles,* Alençon, 1836.

sont indiqués entre ces papilles et l'activité de l'épithélium des acini.
Sur le terrain de la pratique, plusieurs observateurs ont reconnu qu'on
pouvait réellement tirer parti des remarques de M. Renoult-Lizot pour
l'appréciation des qualités beurrières d'une bête. M. Baron, qui les a suivies de près, a eu l'obligeance de nous dire que, dans ses grandes lignes,
le système est exact et qu'il le recommande comme capable de rendre
réellement des services dans le choix des vaches.

On possède d'autres données. Rappelons d'abord qu'histologiquement
les glandes mammaires ne sont que d'énormes glandes sébacées, ce qu'appuie leur dissémination sur la peau de quelques animaux, comme l'or-
nithorhynque. La pathologie confirme cette assimilation. Quand la glande
mammaire, brusquement, ne fonctionne plus, l'élimination de la matière
grasse se fait quelquefois sur un autre point. Nous avons vu des vaches
atteintes de mammite montrer à la face et particulièrement au pourtour
des yeux, une teinte jaunâtre due à la production d'une forte couche de
sébum qu'on pouvait enlever avec l'ongle.

Il n'y a rien de téméraire d'avancer que plus les glandes sébacées
ordinaires seront développées et sécréteront abondamment, plus il y aura
de chances pour que le lait soit riche en beurre. Il a été dit, à propos du
mécanisme de la sécrétion lactée, que les globules butyreux se détachent par une véritable mue des cellules épithéliales des acini. Si l'épithélium tout entier, celui de la peau compris, est le siège d'un renouvellement actif, la bête aura des chances pour être bonne beurrière.
L'observation a confirmé ce fait.

Une peau riche en glandes sébacées fonctionnant activement prend
une teinte jaunâtre, qualifiée d'indienne par Guénon. D'où il suit qu'une
vache qui, partout où les poils sont rares : intérieur de l'oreille, surface
du pis, plat des cuisses et même périnée, montrera une peau jaunâtre,
à pellicules épidermiques de couleur de son se détachant facilement et
abondamment, onctueuse et bien imprégnée de matière sébacée, avec
une sécrétion cérumineuse abondante, le tout concordant avec les signes
d'une santé parfaite, sera bonne beurrière. Cette dernière condition
devait être signalée, car dans quelques affections il y a une teinte jaunâtre qui s'étend aux muqueuses, ce qui n'arrive pas quand il s'agit
simplement de la qualité beurrière.

Il sera toujours utile de compléter l'examen extérieur de la vache laitière par l'observation de son caractère si possible. A une vache, fût-elle
une fontaine inépuisable de lait, qui ne se laisse ni approcher ni traire
sans se défendre des pieds et des cornes, ou qui est simplment chatouilleuse ou très vive, très alerte, toujours inquiète, on devra préférer
une vache docile, dont l'abord soit exempt de toute ruade. On devra
donc palper le pis, toucher les veines mammaires et le plat des cuisses
dans l'examen de la bête laitière.

Ruses des marchands. — Il faut se tenir en garde contre les ruses des maquignons dont quelques-uns ne sont pas des hommes probes. La plus commune est celle qui consiste à râper, puis à polir les cornes pour tromper sur l'âge de la bête et aussi parce qu'on sait que des cornes fines, luisantes indiquent une bonne laitière. Une autre ruse consiste à faire un écusson artificiel avec des ciseaux et le flambage. On complète parfois cette manœuvre en épilant le pis.

Relativement aux mamelles, il en est deux autres fort grossières, mises en œuvre pour les faire paraître gonflées de lait. La première consiste à ne pas traire la vache la veille et quelquefois l'avant-veille de la mise en vente ; la bête marche alors les jambes écartées, le lait s'échappe spontanément. La seconde consiste à flageller le pis à l'aide d'orties ou à le frictionner avec des substances qui attirent le sang à l'organe et le rendent momentanément plus volumineux. Il suffit d'être prévenu de la possibilité de pareilles manœuvres pour ne point s'y laisser prendre. Un simple coup d'œil suffit pour cela.

Afin de pousser l'acheteur à croire que la femelle qu'il expose vient de mettre bas et que par conséquent elle est fraîche à lait, le vendeur place près d'elle un veau qui ne lui appartient point. Quelques vaches acceptent ces intrus, d'autres les accueillent mal ; il s'agit là d'une faute des plus blâmables et difficile à constater.

En résumé, la défiance à l'égard du marchand qui, cherchant à vendre le plus cher possible, pare ses animaux de toutes les qualités, est indiquée.

V. CARACTÈRES DE LA CHÈVRE ET DE LA BREBIS LAITIÈRE

Comme la vache, la chèvre et la brebis laitière possèdent un ensemble de caractères qui indique leur aptitude. Ces caractères sont d'ailleurs de même ordre que ceux de la vache.

La brebis laitière doit présenter les signes du féminisme, c'est-à-dire une tête allongée, fine, sans cornes et sans laine, un œil doux, un cou mince, des épaules amaigries et un arrière-train très développé, des reins et des hanches larges, une cavité pelvienne ample qui commande à l'écartement des cuisses. Le flanc et le ventre devront également avoir de l'ampleur.

Dans le Midi, on admet qu'une oreille développée est un signe favorable pour la lactation, et plusieurs pensent que la présence des pendeloques qu'on observe sur le cou de quelques brebis des races méridionales et sur beaucoup de chèvres est également un bon indice. Nos observations nous ont montré qu'il n'y a pas de rapport entre ces appendices et l'abondance de la sécrétion lactée.

La toison est peu fournie ; la laine n'existe point sous la poitrine, le ventre, sur la mamelle, au plat des cuisses, sur la partie inférieure des

membres, à la tête des bonnes laitières ; elle s'arrache avec facilité.
L'antagonisme entre l'abondance de la sécrétion lactée et le pilosisme
s'explique d'ailleurs par l'observation qui apprend que les phanères en
général et la toison en particulier sont toujours plus développées sur
le mâle que sur la femelle.

Comme sur la vache, on recherchera des mamelles amples, enve-
loppées d'une peau fine et souple avec des veines mammaires très
apparentes et flexueuses. Les trayons sont généralement au nombre de
deux ; quand il y en a de surnuméraires, c'est également un signe excellent. La chèvre et la brebis dont le pis est gonflé de lait doivent marcher
en écartant les jambes.

Sur les brebis laitières, la région périnéale est dépourvue de laine ;
elle est recouverte d'un poil fin, doux, comme celui qu'on trouve sur le
pis lui-même, tandis que sur les races non laitières il y a un bouquet
de laine entre la vulve et la mamelle. Les indications apportées par cette
sorte d'écusson sont de même ordre que celles dont il a été question à
propos des vaches laitières.

Quant à la qualité du lait, est-elle sur la brebis, comme sur la vache,
en rapport avec la couleur de la peau, l'abondance des sécrétions sébacées et du suint ? Y aurait-il au contraire opposition, car les races laitières ne sont point celles où la sécrétion du suint est la plus abondante ?
La race mérine si remarquable sous ce dernier rapport est peu laitière,
mais il y aurait lieu de rechercher si son lait ne serait pas exceptionnellement butyreux. On aime à trouver les paupières et le bord du
nez de couleur jaunâtre sur les brebis laitières dans le Midi.

Section II. — De la lactation

Bien que la fonction laitière, telle que nous l'exploitons, soit essentiellement le résultat de l'intervention humaine, il faut faire aussi une part
à la spécificité. Il est des espèces plus naturellement laitières que d'autres.

Si l'on compare la production moyenne du lait au poids et au volume
du sujet qui la donne, la chèvre se place en tête de toutes les espèces
domestiques. En effet, une bête du poids moyen de 30 kilogrammes,
nourrie largement, peut donner annuellement 400 kilogrammes de lait,
soit 13 fois 33 son propre poids.

Dans les mêmes conditions.

La Vache ne donne que. . . . . 5 fois 6) son poids
— Brebis. . . . . 3 fois 80   —
— Jument laitière. . . . . 1 fois 1/16 —

Le rapport du poids de la mamelle à celui du corps s'échelonne-t-il
dans le même ordre ?

I. DU RENDEMENT ANNUEL EN LAIT

On cherche volontiers à savoir quel est le rendement moyen et annuel dans une espèce. Mais le résultat obtenu n'a grande valeur que pour les économistes abstraits; il en a peu pour le zootechniste, en raison des écarts énormes qu'on constate, écarts qui vont de 1 à 5. C'est surtout à propos de la production du lait qu'il est exact de dire que les individus seuls entrent en ligne de compte.

On observe parfois une production tout à fait extraordinaire et s'éloi-gnant de la moyenne générale de l'espèce ou de la race. On cite une vache des environs de Magdebourg qui donna, dans une année, la quan-tité énorme de 8476 litres de lait, la plus forte qu'on ait jamais constatée sur l'espèce bovine. La ferme de l'Ecole a possédé une brebis de Millery qui a donné trois litres de lait par jour pendant un été.

Rien n'est variable comme la période ou durée de la lactation. Telle bête après avoir allaité son veau, donne du lait pendant trois ou quatre mois, puis tarit, tandis que telle autre n'a pas ou n'aurait pas d'inter-ruption d'une mise bas à l'autre si l'homme le voulait. Les vaches taren-taises sont excellentes laitières; après la mise bas, elles donnent une proportion élevé de lait, mais six mois après elles tarissent rapidement et presque brusquement. Les normandes ne montrent pas cette chute soudaine; elles conservent leur lait jusqu'à un nouveau vêlage, si on le juge à propos.

La durée de la lactation est surtout une affaire de race; elle est in-fluencée aussi par d'autres causes. Une gestation se déclarant peu après la mise bas l'abrège, tandis qu'elle se prolonge si la fécondation n'a pas lieu ou n'a lieu que plus tard; les vaches châtrées en offrent un exemple. Une peau épaisse avec des poils rudes, un écusson très échancré et les signes de bâtardise sont des indices d'une perte rapide du lait.

On attribue, en moyenne, une durée de trois cents jours à la période de lactation de la vache, deux cent quarante pour celle de la chèvre et cent trente pour la brebis ; mais le rendement journalier en lait est loin d'être uniforme pendant ce temps. Au maximum pendant le mois qui suit le part, il va diminuant jusqu'au moment où la bête laitière *tarit*. Après la mise bas, alors qu'elle rend le maximum, on dit qu'elle est *fraîche de lait*.

La diminution ne s'effectue pas suivant une proportion constante ; on constate des à-coups et on peut, théoriquement, diviser la durée totale de la lactation en quatre périodes :

1re période comprenant 30 jours à 10 litres, soit.	300 litres
2e — — 95 — 8 —	760 —
3e — — 95 — 6 —	570 —
4e — — 80 — 4 —	320 —
300	1 950 litres

On admet donc un rendement moyen annuel de 1950 litres, chiffre qui comprend le lait absorbé par le veau avant son sevrage, soit environ 300 litres. Cette base donne une moyenne quotidienne de 6 lit. 5 pendant la période de lactation, et seulement 5 lit. 342 si l'on fait la répartition sur l'année entière.

Sur les vaches qui tarissent rapidement, la période de la lactation n'embrasse que huit mois au plus, et en admettant un rendement de 1800 litres, la division suivante en trois périodes fort inégales rapproche davantage de la réalité :

1re période comprenant 25 jours à 14 litres, soit.	350 litres
2e — — 75 — 10 —	750 —
3e — — 140 — 5 —	700 —
240	1800 litres

La brebis laitière donne de 1500 à 2000 grammes de lait quand elle est fraîche, chiffre qui tombe vers le vingt-cinquième jour, à 1000 ou 800 grammes.

Quelques personnes ont essayé de traduire mathématiquement la quantité de lait donnée par chaque catégorie de vaches. Il a été dit que :

Une excellente vache donne annuellement le décuple de sa masse
Une très bonne	—	—	l'octuple —
Une bonne	—	—	le sextuple —
Une moyenne	—	—	le quintuple —
Une médiocre	—	—	le quadruple —
Une mauvaise	—	—	le triple —
Une très mauvaise	—	—	le double —

Ces chiffres ne sont qu'approximatifs, et encore ne peuvent-ils être appliqués qu'au bétail du Nord, de l'Est et de l'Ouest; dans le Centre, le Sud-Est et le Midi, ils sont trop élevés. La vache qu'on qualifie d'excellente dans telle région n'est point identique à celle qui reçoit le même nom dans une région différente.

M. Crevat admet que le rendement annuel moyen d'une bonne vache doit égaler huit cents fois le carré du périmètre de poitrine pris au passage des sangles. Une bête ayant, par exemple, deux mètres de tour thoracique, fournira $2 \times 2 \times 800 = 3200$ litres annuellement. La vérification à laquelle nous avons soumis le procédé Crevat, en nous servant de bêtes de races très différentes, nous a montré que, par son emploi, on ne s'éloigne pas beaucoup de la réalité, mais un correctif portant sur l'âge est nécessaire. Ceci amène à examiner les modifications apportées dans le rendement en lait par cette circonstance et par d'autres.

II. INFLUENCE DE L'ÂGE SUR LA PRODUCTION LAITIÈRE

La même vache, dans une suite d'années ou plus exactement de périodes de lactation — car il est préférable de compter le rendement d'une mise bas à une autre plutôt que par année — ne donne pas toujours la même quantité de lait ; il y a parfois une différence de trois et même quatre cents litres. Cela peut tenir à l'abondance et à la qualité de l'alimentation, aux conditions hygrométriques et peut-être à des inconnues, car, en comparant des vaches soumises à la même alimentation et placées dans les mêmes conditions hygiéniques et climatériques, on voit des variations en sens contraire.

Indépendamment de toutes les causes qu'on invoque dans ces circonstances, il faut tenir compte de l'âge. Par lui-même, il influe sur la sécrétion laitière. La quantité de lait augmente d'abord d'année en année, puis diminue ; il en est de ce produit comme de tous ceux de l'organisme ; la vieillesse le fait baisser.

Tel agriculteur est persuadé qu'il ne faut pas garder une vache au delà de son quatrième veau, parce que, à dater de ce moment, la sécrétion laitière s'amoindrit, tandis que tel autre soutiendra qu'on peut aller jusqu'au huitième. Il est possible que l'individualité et, peut-être aussi l'origine jouent un rôle ici, mais ce serait à étudier de près. Nous allons, pour le moment, emprunter à Fleischmann le tableau dans lequel il a résumé les données qu'il a recueillies sur ce sujet, en observant surtout des vaches d'Algau.

Après le 1er part, la quantité annuelle de lait est de.	. . .	1.530 litres
— 2e —	—	—	. . . .	1.790 —
— 3e —	—	—	. . . .	1.970 —
— 4e —	—	—	. . . .	2.140 —
— 5e —	—	—	. . . .	2.303 —
— 6e —	—	—	. . . .	2.350 —
— 7e —	—	—	. . . .	2.120 —
— 8e —	—	—	. . . .	1.880 —
— 9e —	—	—	. . . .	1.650 —
— 10e —	—	—	. . . .	1.190 —
— 11e —	—	—	. . . .	950 —
— 12e —	—	—	. . . .	820 —
— 13e —	—	—	. . . .	600 —
— 14e —	—	—	. . . .	480 —

L'apogée de la production serait après le sixième part, soit vers la huitième année. De même que l'accroissement avait été graduel, la diminution suit une progression assez régulière jusqu'à la dixième parturition, moment où elle subit une chute brusque.

Pratiquement, on ne conseille pas l'achat de primipares, parce qu'à ce moment le rendement est encore faible et qu'il est difficile de constater les signes de la bonne laitière. Ce n'est qu'après son second veau qu'on fera l'acquisition d'une laitière avec de moindres chances d'erreurs. On pourrait, au besoin, la conserver jusqu'à sa septième mise bas, soit vers neuf ans, mais pas au delà, puisque c'est un capital qui dépérit sous tous rapports.

La brebis laitière s'exploite de deux à six ans, puis se vend à la boucherie. La valeur de la chèvre comme bête de boucherie est si faible, qu'on est dans l'habitude de conserver plus longtemps cet animal.

Nous avons peu à ajouter à ce qui a été dit à propos de l'influence de l'alimentation, de la température et de l'hygroscopicité de l'air (voyez pages 723 à 734) sur la lactation.

Lorsque des vents desséchants dominent pendant une année, le rendement en lait diminue. Les pâtres de l'Algau ont remarqué que quand souffle le vent très sec désigné sous le nom de *föhn*, la production laitière baisse.

Au moment de la tonte, la quantité de lait diminue chez la brebis.

Quand des vaches laitières sont soumises à un travail modéré et qu'elles sont abondamment nourries, la diminution dans la quantité de lait est largement compensée par la valeur de celui-ci. Il en est tout autrement si le labeur exigé est excessif. La quantité de lait diminue énormément, la bête peut même tarir. A plusieurs reprises, nous avons été consulté par des fermiers, au moment des semailles d'automne, parce que le lait de leurs vaches de labour disparaissait ; il n'y avait pas d'autre cause.

Les bêtes nymphomanes sont de pitoyables laitières; si on veut les exploiter pour la production du lait, il faut les châtrer. Depuis les perfectionnements apportés à la castration et les progrès de l'antiseptie, l'opération est devenue beaucoup moins aléatoire qu'autrefois, et il n'y a pas à hésiter d'y recourir. Elle a même des partisans enthousiastes qui vont loin. Ils soutiennent qu'il faut faire castrer toutes les vaches qui commencent à être fatiguées par des vêlages répétés ou par de longues périodes de lactation et dont le rendement diminue, afin de le relever ou tout au moins de le maintenir. C'est, disent-ils, six semaines environ après un vêlage, alors que la vache est en pleine production, qu'il convient de la châtrer. On a pu prolonger, de cette façon, la lactation pendant trois et même quatre ans sans interruption. On a même cité un cas où elle a duré six ans. Ce sont des exceptions, mais on peut compter sur une moyenne de quinze à dix-huit mois.

Après ce temps, les animaux s'engraissent d'eux-mêmes et peuvent être livrés à la boucherie sans surcroît de dépenses d'aliments.

Section III. — Du lait

Le lait est un liquide opalin, blanc, de saveur douceâtre, qui possède dans la série animale un ensemble de caractères physiques et chimiques assez uniformes, mais avec quelques variantes.

Celui de la vache et de la chèvre est blanc mat, celui de la brebis blanc jaunâtre et celui de la jument blanc avec reflet bleuâtre. Dans une même espèce, la race influe sur la nuance ; ainsi le lait des vaches jersiaises est d'un blanc qui tire un peu sur le jaunâtre.

La densité de ces laits oscille de :

$$1,029 \text{ à } 1,033 \text{ pour la vache}$$
$$1,026 \text{ à } 1,038 \quad — \quad \text{chèvre}$$
$$1,035 \text{ à } 1,041 \quad — \quad \text{brebis}$$
$$1,028 \text{ à } 1,036 \quad — \quad \text{jument}$$

A sa sortie du pis, le lait est neutre par saturation de deux éléments contraires ; il rougit le papier bleu et il bleuit le papier rouge de tournesol.

Sa composition chimique a été l'objet d'une somme considérable de travaux, néanmoins plusieurs points sont encore controversés. Ses substances constituantes sont : l'*eau*, la *caséine*, le *beurre*, le *lactose* et des *matières minérales*. A ces éléments fondamentaux, des auteurs ajoutent de l'*albumine*, de la *lactoprotéine*, de l'*urée*, de la *créatinine*, de la *tyrosine*. Mais l'existence constante de ces corps dans le lait *normal* étant discutée, nous les laisserons de côté.

Quelques-unes de ses parties, comme le beurre, les phosphates et quelque peu de caséine sont en suspension ; les autres sont en solution dans l'eau qui forme la base de ce liquide.

On pense que la caséine se trouve dans le lait partie en solution, partie en suspension à l'état de fort gonflement. C'est une matière azotée, coagulable par les acides, par diverses autres influences et spécialement par la présure.

Le beurre est constitué par des corpuscules graisseux de dimensions très irrégulières suivant les espèces et aussi dans le même lait, très brillants sous l'objectif et plus ou moins abondants suivant la richesse du lait. Ils n'ont point d'enveloppe cellulaire, comme on le pensait primitivement.

Le sucre de lait, lactose ou lactine, se trouve à l'état de solution. Après extraction, il se présente sous forme de prismes quadrangulaires du système rhomboïdal, insolubles dans l'alcool et l'éther, mais solubles dans 6 parties d'eau froide et 2,5 d'eau bouillante. Ses solutions concentrées restent fluides et ne deviennent pas sirupeuses.

Dans les substances minérales, il y a prédominance des phosphates et particulièrement de ceux de chaux. M. Duclaux dit que ces phosphates se trouvent dans le lait sous forme de très fines granulations qui se déposent rapidement au fond des vases.

La composition chimique des laits varie suivant des circonstances que nous indiquerons plus loin ; voici d'abord une composition moyenne :

ORIGINE	EAU	CASÉINE	BEURRE	LACTOSE	MATIÈRES MINÉRALES
	Pour 100	Pour 100	Pour 100	Pour 100	Pour 100
Vache.	87,75	3	3,30	4,80	0,75
Chèvre.	85,5	3,8	4,8	4	0,7
Brebis.	83	4,6	5,3	4,6	0,8
Jument.	92,3	1,2	0,6	4,8	0,4

. Les laits de brebis et de chèvre sont plus concentrés que celui de vache, plus riches en matière grasse ; les globules butyreux sont plus petits et comme le lait est concentré, ils sont dans un état d'émulsion plus parfait, d'où il résulte que la montée de la crème se fait assez difficilement et que la couche en est toujours peu épaisse, malgré la richesse du liquide. La conséquence pratique de ceci est qu'on ne fait guère de beurre avec le lait de brebis et de chèvre, mais qu'on peut en faire et qu'on en fait d'excellents fromages gras.

L'odeur spéciale du lait de chèvre tient pour une forte partie à la stabulation, car elle ne se décèle pas quand les animaux vivent nuit et jour au pâturage.

Il y a dans le lait des écarts de constitution qui ont été particulièrement étudiés dans celui de vache et qui se sont montrés dans les limites suivantes :

	MINIMA		MAXIMA	
Eau..	83	pour 100	90	pour 100
Caséine	1,90	—	4,3	—
Beurre.	1,50	—	4,50	—
Lactose.	3	—	5,50	—
Matières minérales.	0,65	—	1	—

Quoique peu élevées, ces différences ne laissent pas que d'influer sur le liquide lui-même et surtout sur les produits dérivés.

I. CIRCONSTANCES MODIFICATRICES DE LA COMPOSITION MOYENNE DU LAIT

Diverses circonstances modifient la composition du lait ; nous étudierons particulièrement celles qui se rapportent au *moment de la traite* où il est recueilli, à la *race*, au *travail* exigé des femelles et à l'*état physiologique* dans lequel elles se trouvent.

Le lait fourni aux différents moments de la traite n'a pas une composition identique. Boussingault a étudié autrefois très attentivement ce point, et tous les essais faits depuis ont confirmé les conclusions qu'il avait tirées. Il a, du commencement à la fin de la traite d'une vache, prélevé six échantillons qui lui ont donné les résultats suivants :

	ÉCHANTILLONS					
	I	II	III	IV	V	VI
Poids spécifique.	1,033	1,032	1,032	1,032	1,031	1,030
Matières grasses, pour 100.	1,70	1,76	2,10	2,54	3,14	4,08
Substances solides, pour 100.	10,47	10,75	10,85	11,23	11,63	12,67

La proportion de matières grasses augmente du commencement à la fin de la traite ; il en est de même de la quantité totale des substances solides qui suit à peu près la même courbe. Cette augmentation est due surtout à la matière grasse, ce que confirme la diminution graduelle du poids spécifique.

Pratiquement, la connaissance de ce fait est intéressante ; elle a pour corollaire la nécessité de traire à fond, puisque les dernières portions du lait sont les plus butyreuses. Ce faisant, on augmente non seulement la quantité, mais surtout la qualité.

Parmi les recherches exécutées sur la composition chimique comparée du lait des différentes races, il faut citer celles de M. Marchand [1]. Le tableau suivant, où il a condensé le résultat de ses analyses, indique les écarts dus à l'influence ethnique.

COMPOSITION MOYENNE DU LITRE DE LAIT FOURNI PAR DES VACHES
DE QUELQUES RACES

RACES	BEURRE	ACIDE LACTIQUE LIBRE	LACTINE	MATIÈRES PROTÉIQ.	SELS	EAU	TOTAL
D'Aubrac.	35,52	2,92	50,76	23,81	7,38	912,56	1032,95
D'Ayr.	35,08	1,20	52,01	23,83	7,62	911,61	1033,15
Comtoise.	34,31	2,47	51,28	26,24	7,99	910,91	1034,20
Durham.	35,51	1,54	51,48	25,67	7,81	911,35	1033,36
Femeline.	36,17	2,04	51,96	26,95	8,14	909,40	1034,56
Flamande.	34,18	1,86	51,18	23,45	7,93	913,86	1032,54
Fribourgeoise. . .	37,68	1,71	52,63	25,07	8,04	909,17	1033,70
Hollandaise. . .	38,99	2,64	50,70	22,14	7,84	909,39	1031,70
De Kerry. . . .	36,68	1,15	51,16	25,15	7,35	910,46	10'3,45
Limousine.. . . .	39,83	2,81	50,63	27,73	7,54	905,71	1034,25
Du Mezenc. . . .	40,78	1,19	51,29	25,64	8,23	905,82	1032,95
Normande. . . .	38,95	1,93	51,07	26,81	8,06	906,94	1033,75
Parthenaise. . . .	41,21	2,23	51,75	25,11	7,11	904,87	1033,28
Des Polders. . . .	44,20	0,82	53,47	23,84	8 »	902,23	1032,40
De Salers.	43,24	1,89	53,12	25,82	7,99	901,80	1033,28
De Schwitz. . . .	37,81	1,42	54,19	24,04	8,05	908,47	1033,86
Suédoise. . , . .	36,11	1,21	53,26	18,99	8,86	913,77	1031,20
Tarentaise.. . . .	40,98	2,18	51,11	26,02	7,78	905,33	1033,40

La composition du lait serait également modifiée par le travail. M. Volpe a en effet obtenu, avec la même vache, des chiffres différents suivant que la traite était effectuée après le travail ou après une nuit de repos. Les voici :

	APRÈS LE TRAVAIL	APRÈS UNE NUIT DE REPOS
Beurre.	3,830	4,950
Caséine.	3,450	3,900
Lactose.	4,040	4,550
Sels.	0,015	0,015
Substances solides.	11,335	13,415
Eau.	88,665	86,585
	100 »	100 »

Au moment des chaleurs, les femelles laitières, mais les vaches plus que les chèvres et les brebis, s'agitent, se déplacent et chevauchent leurs compagnes de pâturage ou d'étable ; elles mangent moins que d'habi-

[1] Marchand, Composition du lait fourni par les vaches de différentes races (*Journal d'agriculture pratique*, année 1878.

tude. Aussi, la quantité de lait qu'elles fournissent à ce moment est-elle au-dessous de la normale. On remarque de grandes différences sous ce rapport de bête à bête. Nous avons vu des vaches schwitz perdre à peu près complètement leur lait pendant quarante-huit heures, tandis que des hollandaises montraient à peine une diminution.

On prétend aussi qu'il y a, à ce moment, modification de la composition et conséquemment de la qualité du lait.

A la ferme de l'École, il y a souvent quelque vache qui sert à l'alimentation d'un enfant. Bien des fois, on est venu informer le fermier que le nourrisson, bien portant la veille et buvant exclusivement le lait de la même vache comme d'habitude, avait été pris subitement de diarrhée et de coliques. Vérification faite, il se trouvait que la vache était en chaleurs.

Il est d'ailleurs admis en médecine humaine que, au moment des menstrues, les nourrices ont un lait qui indispose les enfants.

Plusieurs personnes qui s'occupent d'industrie laitière, affirment que le lait des vaches en chaleurs a une odeur spéciale et qu'il tourne plus facilement que le lait normal. Quelques observateurs disent qu'une partie de la caséine est remplacée par une substance albuminoïde particulière. Rien n'empêche d'admettre que le lait subisse en ce moment des modifications. Sa sécrétion, comme toutes les autres, est sous la dépendance du système nerveux; il y a connexité entre les organes génitaux et les mamelles; rien d'étonnant que, par réflexe, il y ait changement dans la pression sanguine et dans la tension des vaisseaux mammaires, et conséquemment modification quantitative et peut-être qualitative.

Puisqu'il est avéré que le lait des vaches en rut tourne plus facilement par l'ébullition que celui des bêtes non en chaleurs, il est indiqué de ne pas s'en servir dans les établissements où l'on fabrique des fromages de haut prix.

M. Marchand avance que, dans l'espèce humaine, chaque fois qu'il existe une affection du côté de l'utérus, il y a diminution de la proportion de lactose dans le lait.

Pendant la gestation, la quantité quotidienne de lait baisse plus ou moins rapidement suivant les races; sa composition se modifie aussi; en effet, des recherches de M. Audouard, il résulte que l'acide phosphorique diminue dans le lait du commencement à la fin de la lactation [1]. D'autres observateurs ont constaté l'abaissement de la proportion de beurre et l'augmentation de la caséine. Pour le sucre de lait, il y a diminution si la bête est bien nourrie et reste en bon état tout en donnant du lait, tandis qu'il y aurait *statu quo* si la bête s'amaigrissait.

---

[1] *Comptes rendus de l'Académie des sciences*, 1887, p. 1299.

La diminution des phosphates peut s'expliquer par la soustraction d'une partie de ces sels qui sont dirigés sur le fœtus pour le constituer et celle du beurre, par une moindre activité des glandes mammaires fatiguées par une lactation trop prolongée.

Il résulte de ces constatations que, dans la pratique, le lait de ces vaches ne convient pas pour l'allaitement artificiel à cause de sa pauvreté en phosphates.

M. Marchand a vu, lorsqu'on soumet les vaches à la castration, la dose de lactine tomber de 50^{gr},26 avant l'opération à 36^{gr},01 dix jours après, et ce fut seulement 110 jours après la mutilation que le degré de richesse initiale fut récupéré.

II. ALTÉRATIONS DU LAIT

Complexe, riche en matières fermentescibles, le lait constitue un liquide éminemment altérable. Il peut être modifié dans la mamelle, mais ses altérations les plus graves et les plus communes lui viennent de l'envahissement de microphytes auxquels il sert d'excellent milieu de culture et qui s'y multiplient abondamment.

Nous classons, provisoirement, car beaucoup de points sont encore obscurs, les modifications et altérations du lait de la façon suivante :

I — Modifications et altérations effectuées dans l'organisme de la bête laitière.	Lait odorant. — médicamenteux. — sanguinolent. — cailleboté. — graveleux. — coloré. — virulent.
II — Altérations pouvant s'effectuer dans l'organisme ou en dehors.	Lait visqueux. — amer. — acide. — incoagulable. — inbarattable.
III — Altérations effectuées en dehors de l'organisme.	Lait putride. — bleu. — rouge. — jaune.

a) Il a été indiqué que des plantes ingérées par les bêtes laitières communiquent au lait l'odeur et parfois la saveur qui les caractérisent elles-mêmes (voyez p. 729). Le lait *odorant* est ou n'est pas agréable pour l'homme suivant les goûts individuels, mais les animaux peuvent toujours le consommer.

Quelques médicaments pris à l'intérieur ou même absorbés après frictions à l'extérieur, choisissent la mamelle comme l'une de leurs principales voies de sortie : tels sont l'iode et les iodures, quelques bromures et chlorures, l'arsenic. C'est sur la connaissance de cette voie d'élimination qu'est basée la méthode thérapeutique consistant à faire passer par l'organisme de la nourrice les médicaments précédents qui pourraient être mal supportés par l'enfant et qu'il suce avec le lait. La chèvre est prise quelquefois comme l'intermédiaire qui fournit le lait *médicamenteux*. On a avancé qu'il devient toxique de même façon lorsqu'elle broute les cytises vénéneux, ce qu'elle peut faire sans être gravement incommodée. Il paraît acquis que la gratiole rend le lait purgatif.

Il est assez fréquent de voir sortir du pis un lait rouge qui, examiné au microscope, tient en suspension des hématies auxquelles il doit sa couleur. Cela s'observe dans la mammite, traumatique ou non, dans l'hématurie, le mal de brou et même la fièvre vitulaire. Les globules sanguins peuvent tomber dans les citernes par rupture des capillaires ou par diapédèse. Il serait répugnant pour l'homme de consommer un lait *sanguinolent;* on le distribuera aux porcs.

Lorsque la mammite fait des progrès, des globules purulents prennent la place des hématies ; le lait est dit *caillebotté* et il est impropre à la consommation humaine.

Le lait est qualifié de *graveleux* quand il renferme des concrétions de dimensions, de nombre et de nature variables. Furstemberg a étudié minutieusement ce vice du lait [1] et il distingue trois sortes de concrétions lactées : les calculs véritables, les faux calculs et les concréments.

La grosseur des premiers va du grain de millet au haricot, leur forme est sphérique ou allongée, leur couleur blanche ou grise et leur surface lisse ou rugueuse. A leur intérieur, se trouve un noyau qui a servi de centre d'attraction et autour duquel se sont déposés des sels terreux en couches concentriques. Furstemberg évalue leur poids spécifique moyen à 2,186 et leur attribue la composition suivante :

Eau.	1 »
Matières grasses.	1,11
Phosphate terreux..	1,95
Carbonate de chaux.	91,67
Substances organiques.	4,27
	100 »

Le ciment qui relie les substances minérales est formé surtout de caséine.

L'aspect extérieur des faux calculs rappelle celui des vrais, mais il n'y a pas de noyau cristallin, c'est un coagulat caséux recouvert d'une croûte saline.

Les concréments ne présentent pas de stratification. Ce sont des masses amorphes à surface rude, d'apparence crayeuse, se ramollissant dans l'eau. Leur poids spécifique serait de 2,114 et leur composition :

[1] Furstemberg, *Les Glandes mammaires de la vache*, Leipzig, 1868, p. 181 et suiv.

Eau avec trace d'alcalis et de fer.	5,33
Matières grasses.	2,69
Phosphate de chaux et de magnésie.	55,98
Carbonate de chaux.	17,45
Substances organiques.	18,55
	100 »

Si les concrétions sont petites et peu nombreuses, l'écoulement du lait continue à se faire, mais le trayon donne à la pression une sensation qu'on assimile à celle qu'il produirait s'il y avait dans son intérieur quelques grains de sable. Quand ces concrétions s'agglomèrent ou deviennent volumineuses, le trayon s'obstrue complètement et l'évacuation du lait est impossible.

Cet accident n'est pas des plus rares ; il fut observé surtout sur les bêtes d'alpages ; la chèvre et la jument le présentent quelquefois aussi. On n'est pas fixé sur sa cause ; l'hypothèse de la formation de calculs par suite d'une absorption de sels terreux en excès dans les eaux ou les fourrages, ayant pour conséquence une sursaturation du lait en sels calciques, est soutenable ; mais on peut aussi se demander si, à la suite de conditions étiologiques non déterminées, ce n'est point la mamelle elle-même qui soutire à l'économie un excès de sels pour en enrichir le lait.

Aussitôt que le trayon donne la sensation graveleuse dont il a été parlé, il faut recommander de traire chaque jour très soigneusement ; si l'obstruction a lieu, essayer par des pressions de haut en bas de faire sortir le bouchon caséux. Lorsque la traite manuelle est impossible, on a recours aux tubes trayeurs qu'on fait confectionner très longs de façon qu'ils atteignent les concrétions et les divisent. Si à son tour ce moyen est impuissant, le vétérinaire devra procéder à la ponction et à l'extraction directe.

Sous l'influence de plantes très riches en matières colorantes, le lait peut se *teinter* diversement : la garance le colore en rouge, le souci des étangs et le gaillet passent pour le jaunir. Il y a des pâturages où dominent quelques herbes dont l'action, comme colorantes du lait, est généralement acceptée ; c'est ainsi que certaines steppes asiatiques, au dire des voyageurs, rendraient jaunâtre le lait des juments qui y paissent, mais il y aurait à examiner de près cette assertion.

Ce produit a parfois une coloration un peu *verdâtre* ; cela se présente sur les vaches atteintes de maladies de foie avec rétention de la bile qui, ne pouvant s'écouler dans le tube digestif, est résorbée et communique sa teinte à diverses sécrétions. Consulté autrefois pour un cas de ce genre, j'assurai que la coloration anormale du lait disparaîtrait en même temps que l'hépatite qui en était la cause, ce qui eut lieu.

Le lait peut être rendu *virulent* par l'arrivée d'agents pathogènes.

On a prouvé expérimentalement que, si la mamelle est le siège de lésions tuberculeuses, le lait peut communiquer la tuberculose.

6) Le lait *visqueux*, encore dit mucilagineux, filant, albumineux, se caractérise par les noms sous lesquels on le désigne ; il s'attache au doigt et forme filament à la façon des mucilages. Il se caille plus rapidement qu'à l'état normal et donne un coagulum visqueux ; il a une réaction acide et un peu l'odeur d'acide butyrique. Celui que j'ai observé n'avait pas de mauvais goût et distribué aux porcelets il n'amena pas de dérangements de leur santé.

Dans la péninsule Scandinave, on rend intentionnellement le lait filant par l'addition du suc d'une plante, la Grassette *(Pinguicula vulgaris)*. Amené à cet état, il se conserverait des mois sans altération (?) et pourrait être utilisé à l'alimentation comme du lait naturel.

Ce n'est point de cette préparation qu'il s'agit ici, mais d'un vice du lait qui se montre soit au moment de la traite, soit quelques heures plus tard. Ces deux particularités indiquent que diverses causes le produisent. J'ai observé, en 1873, un cas de lait filant à la sortie du pis, sur une vache qui paraissait en bonne santé, et dont le pis n'était pas malade. La seule particularité contraire à l'hygiène qu'on pouvait signaler, c'est que, depuis une douzaine de jours, cette bête paissait dans un pré absolument découvert et restait la journée entière exposée au soleil d'août. Était-ce le résultat d'une perturbation fonctionnelle ou y avait-il eu pénétration de ferments, par le trayon, dans l'intérieur même de la mamelle ?

Lorsque le lait ne devient visqueux qu'après la sortie du pis, il y a eu envahissement des vases où on le dépose par un microbe dont l'étude reste à faire. Fleischman a prouvé que, si l'on met du lait absolument normal et pris au dehors dans un vase où précédemment du lait vient de filer, il devient visqueux à son tour au bout de quarante-huit heures. La contagion n'est donc pas douteuse.

On a découvert plusieurs schizomycètes qu'on regarde comme les auteurs du lait filant ; un d'eux a reçu le nom de *long wy* et en Hollande, il joue un rôle dans la production des fromages de Gouda.

Gérardin, qui a étudié autrefois le lait visqueux, attribue son altération à une trop grande abondance d'albumine, dont la proportion oscillerait entre 4,79 et 11,02 pour 100. Cette constatation expliquerait le qualificatif albumineux qui lui a été donné. Furstemberg ne parle pas d'albumine dans ce lait, mais d'une substance azotée formée aux dépens de la caséine par une sorte de fermentation putride. Il y a vraisemblablement plusieurs causes de la viscosité du lait et plusieurs sortes de laits visqueux.

Le lait *amer*, étudié autrefois par Haubner, peut comme le précédent se montrer avec l'amertume qui le caractérise au sortir de la mamelle ou ne la présenter que plus tard. Lorsqu'il est amer au sortir du pis, on l'observe dans la grande majorité des cas sur des bêtes qui touchent au terme de leur période de lactation. Comme il arrive que des vaches ne donnent du lait amer que par un ou deux trayons, les autres en fournissant du normal, ces trayons ne présentant pas signes de maladies, une introduction de microbes spéciaux dans leur canal doit être invoquée.

Quand le lait ne devient amer qu'après la sortie du pis, l'action d'un microbe spécifique n'est pas douteuse non plus. Il y a contamination par les vases et tout le lait d'une exploitation peut devenir amer et ne fournir que des produits amers eux-mêmes. Il commence par s'acidifier rapidement, la crème monte mal, elle prend une apparence caséeuse, d'une teinte gris-sale à la surface et la scène se termine par la montée de bulles gazeuses, indiquant que la putréfaction a envahi le liquide.

J'emprunte à Fleischmann [1] la description du lait *incoagulable*, vice qui paraît rare : « Je dois, dit-il, à l'obligeance de M. Schatzmann l'indication d'une maladie qui s'est produite, pendant l'été de 1870, dans une fromagerie fort bien organisée à Mammuthly, près Tiflis. Pendant un certain temps, une partie des vaches de cette exploitation a donné du lait qui ne se coagulait pas dans le laps de temps ordinaire, ni seul, ni par l'addition de présure. Au bout de soixante-douze à quatre-vingt-dix heures, ce lait était bien devenu acide, mais il ne se caillait pas du tout ou incomplètement ; avec la présure, il lui fallait quatre ou cinq fois plus de temps pour se coaguler qu'avec du lait normal et le caillé était peu cohérent. »

Les causes de cette anomalie sont restées indéterminées ; lorsque les résidus de distilleries entrent pour une trop forte part dans l'alimentation des vaches laitières, il est d'observation que la coagulation du lait est plus difficile, tandis qu'elle se fait normalement avec les drèches. Nous ne savons s'il faut faire une part à l'alimentation dans le cas de Tiflis ou s'il s'agit uniquement de l'intervention de quelques microbes.

Le lait *inbarattable* se montre avec plus de fréquence que le précédent il est peu de fermes où l'on ne se soit trouvé en présence de crème ne se barattant pas où exigeant plusieurs heures d'un travail pénible pour se mettre en grumeaux. Elle mousse, remplit la baratte d'une sorte d'écume à odeur désagréable. On a proposé d'appeler galactabutyrie « l'affection qui empêche le lait de donner du beurre ». Présenté avec cette signification, ce néologisme est inacceptable, car il ne s'agit pas d'une affection de la vache laitière qui continue à jouir d'une santé normale, mais d'un ensemble de causes qui sont agissantes sans trouble morbide. Nous citerons d'abord l'alimentation exagérée en corps gras et notamment

[1] Fleischmann, *L'Industrie laitière*, traduction Brélaz et Oettli, Paris, 1884, p. 123.

en tourteaux. Les vaches âgées et à la fin d'une longue période de lactation fournissent un lait dont la crème se baratte difficilement; pour aboutir, il faut élever de quelques degrés la température qui sera indiquée comme la meilleure pour le barattage. A côté de ces causes qui tiennent à l'animal, il en est qui sont sous la dépendance de ferments. Le lait amer fournit une crème qui se baratte avec difficulté et qui ne se baratte plus si les bulles gazeuses se produisent; il y a donc des raisons de croire que l'agent qui agit dans les deux cas est le même.

Une autre altération du lait consiste en ce que, au sortir du pis ou peu après, il accuse une réaction fortement *acide* et se caille avec une rapidité extrême. Dans le premier cas, on accuse une alimentation trop exclusive ou trop prolongée avec des aliments fermentés dont le degré d'acidité compatible avec la bonne alimentation a été dépassé, ou encore avec des plantes marécageuses. Dans le second, il s'agit évidemment de l'intervention d'un ferment. En plongeant le lait acide dans l'eau glacée, on en empêche la coagulation prématurée en entravant la multiplication de ce ferment.

Le seul moyen de combattre efficacement les altérations dont il vient d'être question est de s'attaquer aux causes, c'est-à-dire modifier l'alimentation quand elle est soupçonnée et détruire les ferments. Pour cela, on fera nettoyer le pis des bêtes laitières, les mains des garçons et des filles de ferme avant la traite. L'emploi de l'acide borique donne généralement de bons résultats : Une propreté extrême est de rigueur; ne se servir que de vases émaillés, les soumettre à l'ébouillantage prolongé, désinfecter soigneusement la laiterie par des projections d'eau bouillante sous pression, laver avec des substances antiseptiques et des fumigations sulfureuses, tout cela est à recommander. Nulle industrie agricole ne réclame une pareille propreté que la manipulation du lait et de ses dérivés.

γ) Le lait *putride* est le siège d'une fermentation se traduisant à l'extérieur quarante-huit à soixante heures après la traite par l'odeur d'œufs pourris, l'apparition de bulles gazeuses qui crèvent la couche de crème. Une malpropreté poussée à l'extrême peut seule expliquer un pareil accident. Les germes producteurs en sont toujours puisés au dehors, et les moyens de désinfection signalés plus haut sont applicables de tous points.

La *coloration bleue* ou *galactocyanie* est une des altérations du lait les plus ennuyeuses. Elle est relativement fréquente et se montre surtout pendant ou à la fin de l'été, plus rarement pendant l'hiver. Pourtant on l'a vue en toutes saisons dans les laiteries chaudes et Steinhof a cité une ferme où elle a persisté pendant douze ans.

Elle a été observée sur le lait de la vache, de la chèvre et de la brebis et des cultures du microbe qui la produit ont été faites avec du lait d'ânesse, de jument et même de chienne.

Au moment de la traite, le lait est normal, il a sa nuance spécifique naturelle et il supporte l'ébullition sans se coaguler. Vingt-quatre à trente-six heures après, on voit une bande bleue frangée qui commence contre les parois du vase et peu à peu envahit en surface et en profondeur. Elle se développe de préférence sur la crème, parfois sur le petit-lait et plus rarement sur le caillé. Il peut arriver qu'elle reste cantonnée à la périphérie, c'est l'exception. Quand elle a envahi toute la masse, celle-ci vire au grisâtre et la crème devient d'ordinaire spumeuse.

Il est presque superflu de dire qu'autrefois on crut à une origine surnaturelle pour le lait bleu ; ce n'est qu'à la fin du xviii° siècle qu'on chercha une explication rationnelle. Borowski, en 1788, signala comme facteurs, un mauvais pâturage et une mauvaise santé de la vache ; Chabert et Fromage de Feugré admirent une altération de la santé, tandis que Hermstœdt (1833) ne voyait que l'action de plantes spéciales, telles que les prêles, la buglosse, la mercuriale. Drouard et Leclerc admirent cette opinion, ils pensaient de plus que la matière bleue du lait était le résultat d'un phosphate de soude agissant sur un sulfate de fer, contenus l'un et l'autre dans les aliments. Steinhof, le premier, en 1838, soupçonne un ferment, mais il ne le décrit pas ; cette découverte était réservée à Fuchs qui lui donna le nom de *Vibrio cyanogenus*. Ses idées furent combattues par Haubner qui admit comme facteur un ferment amorphe, produit de la décomposition de la caséine, et par Mosler, adversaire de la spécificité des microphytes, qui parla de transformation de Penicillums et de Mucorinées, etc.

Il a fallu en arriver à la belle méthode des cultures pour isoler le microbe spécifique ; les recherches de Erdmann et de Neelsen ont levé tous les doutes.

Neelsen en fit une étude complète[1] qui a été résumée par M. Bourquelot et à laquelle nous allons faire d'intéressants emprunts. Nous dirons auparavant qu'on a abandonné le nom de *Vibrio cyanogenus* pour lui substituer, sur la proposition de Zopf acceptée par Neelsen, celui de *Bacterium cyanogenum*.

Le développement de cet organisme est différent suivant le milieu où on le cultive.

« Lorsqu'on examine du lait ensemencé avec quelques gouttes d'un lait ayant servi à une culture antérieure, quelque temps après l'apparition de la matière colorante on trouve un grand nombre de petits bâtonnets droits ou faiblement courbés. Ces bactéries ne présentent alors rien de caractéristique comme longueur, elles atteignent environ la moitié du diamètre des corpuscules du sang de l'homme. A ce moment, elles sont très mobiles... Il a semblé à Neelsen qu'elles possèdent un flagellum à une extrémité, mais il n'a pu le voir nettement.

[1] Neelsen, *Beiträge zur Biologie der Pflanzen*, 1880, t. III, p. 187.

Les bactéries se multiplient rapidement par allongement et division. Au commencement, les bactéries filles se séparent facilement l'une de l'autre et présentent la même mobilité que la bactérie mère; mais à mesure que la coloration bleue s'accentue, la séparation devient rare, les mouvements se ralentissent, les bactéries nouvelles sont de plus en plus courtes et finalement on ne trouve plus dans la tache bleue que des filaments articulés immobiles. Chaque article n'est pas tout à fait rond, il est un peu allongé et légèrement étranglé vers le milieu.

Arrivées à cet état, les bactéries ont parcouru toutes les phases de leur développement dans le lait. Elles sont entrées dans une période de repos d'où elles ne sortiront que pour reproduire le cycle précédent.

La durée totale du développement, depuis la bactérie jusqu'à la formation des coccus, est d'environ 4 à 5 jours. A ce moment, la coloration a atteint son plus haut degré, puis elle s'atténue peu à peu, détruite par la lumière, l'oxygène et aussi dans quelques cas par d'autres organismes.

« Le développement est tout différent dans les liquides comme la décoction mucilagineuse de guimauve ou la solution de Cohn (phosphate acide de potasse, phosphate tribasique de chaux, sulfate de magnésie et tartrate d'ammoniaque), *où elle n'engendre pas de principes colorants*. Voici ce qui se passe dans le liquide de Cohn. Douze heures environ après l'ensemencement, la surface du liquide est recouverte d'une couche blanche épaisse, composée exclusivement de longs bâtonnets (une fois et demie à deux fois aussi longs que ceux du lait bleu), extrêmement mobiles et qui sont en voie de division. Au bout de vingt-quatre à trente-six heures, les bâtonnets se gonflent à une extrémité; il s'y fait une vacuole et dans cette vacuole se rassemble une petite masse de protoplasma qui s'entoure d'une membrane et constitue une spore qui se sépare bientôt du bâtonnet. Les liens de parenté de cette génération sporifère avec la génération productrice de coccus du lait bleu sont affirmés par ce fait que, si l'on transporte du liquide de Cohn renfermant des spores dans du lait frais, le développement de la matière colorante bleue a toujours lieu. La spore s'allonge de manière à constituer une bactérie qui se multiplie par division.

Il se forme aussi des spores lorsqu'au lieu d'ensemencer dans du lait pur, on ensemence dans du lait très étendu d'eau. On trouve là l'explication de l'observation, au premier abord si étonnante d'Haubner, que le lait bleu ordinaire est stérilisé par l'ébullition, tandis que le lait bleu très étendu ne l'est pas.

Si, au lieu de la solution de Cohn, on emploie comme liquide de culture la même solution additionnée de lactate d'ammonium, le *B. cyanogenum* y détermine la formation de la matière colorante bleue; mais là encore le développement de l'organisme est particulier. Il ne se fait ni spores, ni filaments torulacés. Les bâtonnets primitifs produisent par division des cellules sphériques semblables à de très petites cellules de levure, douées d'un fort pouvoir réfringent et possédant une fine enveloppe gélatineuse. Ces cellules se divisent elles-mêmes, tant que dure la formation de la couleur bleue, pour donner naissance à de nouvelles cellules identiques aux cellules-mères. En général, les cellules sphériques issues d'une même bactérie restent ensemble et constituent en surface un petit amas de huit à dix cellules. Lorsque la formation de la matière colorante bleue s'arrête, on voit ces petits corps s'écarter l'un de l'autre par suite de la production d'une enveloppe épaisse, gélatineuse, grossir du double ou même davantage et prendre une forme polygonale très irrégulière, qui les fait ressembler à une colonie de Chroococcus. On s'assure facilement que ces nouvelles formes appartiennent au *B. cyanogenum* en les ensemençant dans du lait ou dans la solution de Cohn.

Ainsi la bactérie du lait bleu peut donner lieu à trois générations différentes suivant les milieux dans lesquels elle est ensemencée. La différence ne porte pas seulement sur les variations morphologiques successives de cet organisme et sur la signification fonctionnelle des formations auxquelles aboutit chacun de ses développements ; elle porte même sur le travail physiologique effectué par lui. Il suit de là que la matière colorante n'est pas fixée sur l'organisme du lait bleu ; elle est en solution dans le liquide environnant ; l'organisme lui-même n'est pas coloré » (Bourquelot) [1].

Le lait bleu supporte des écarts de température étendus ; Haubner le laissa congelé quatorze jours sans lui faire perdre ses propriétés. Chauffé à 70 ou 75 degrés, le microbe est tué ; mais, agit-on sur une culture dans le liquide de Cohn où il se forme des spores, il ne l'est pas.

Le lait bleu peut être desséché à l'air libre à une basse température, ou sur l'acide sulfurique ; la matière sèche conserve longtemps la faculté de se réensemencer, ce qui explique la persistance des *épizooties* de lait bleu.

Pour réussir dans les cultures, il faut se servir de lait récemment trait, car s'il renferme de l'acide lactique, le microbe ne s'y multiplie plus, d'où l'indication formulée par M. Reiset, d'ajouter un peu d'acide acétique au lait pour arrêter l'altération.

Des recherches expérimentales d'Haubner et de Neelsen, il résulte que le lait bleu n'est pas toxique ; quelques personnes, peut-être douées d'une imagination un peu vive, l'ont pourtant accusé de provoquer des crampes d'estomac, de la diarrhée et de la fièvre. Mais il déprécie le liquide, en gêne la vente ; le beurre qui en provient a une odeur prononcée et une couleur verdâtre.

La matière bleue se dissout faiblement dans l'eau acidulée ; à peine soluble dans l'alcool, elle est insoluble dans l'éther et le chloroforme. Elle est instable sous l'action de la lumière.

Par l'addition de nitrate de potasse au liquide de Cohn, le microbe prend la forme d'un leptotrix qui se reproduit dans le lait sans le faire bleuir.

Erdmann avait pensé que le *Bacterium cyanogenum* n'était pas par lui-même producteur de matière colorante, mais qu'à son contact les matières protéiques, et notamment la caséine, donnaient lieu à la formation de triphénylrosaniline ou bleu d'aniline. Cette hypothèse doit être abandonnée puisque, d'une part, sur le sérum il n'y a pas production de coloration bleue et que d'autre part, on peut faire apparaître la coloration dans une culture sans matière albuminoïde. Il suffit d'ajouter du lactate d'ammoniaque. On est porté à croire, après cela, que le lactate d'ammoniaque est la substance d'où dérive ce principe bleu. Pour ce qui est du lait, il est possible que le lactose soit la substance nécessaire à sa production, la caséine ne participant à la réaction qu'en fournissant l'ammoniaque par sa décomposition. D'ailleurs, on sait

---

[1] Bourquelot, Le microbe du lait bleu (*Revue scientifique*, 1884, pag. 430 et suiv).

maintenant que plusieurs microphytes sont producteurs directs de sub
stances colorées.

La coloration bleue due au *B. cyanogenum* peut se montrer aussi
sur le fromage. Elle communique à ce produit des propriétés tout à
fait distinctes de celles qu'occasionne le *Penicillum glaucum* mélangé
intentionnellement ou non à la pâte. Plus rare que l'altération du lait,
elle a été observée en Belgique par MM. Moraine et Mosselmann. Nous
allons emprunter à ce dernier la relation qu'il en a publiée [1].

Les fromages sur lesquels la coloration bleue fut observée étaient fabriqués avec du lait frais non écrémé, de la façon qui suit :

Aussitôt après la traite, on additionne le lait de la présure nécessaire pour la coagulation ; le coagulum une fois formé on l'exprime et on le moule dans un appareil présentant de nombreuses ouvertures. On donne à la pâte une forme cubique. L'affection
s'est déclarée vers le mois de décembre, six semaines après la rentrée à l'étable des
vaches laitières qui avaient passé au pâturage toute la bonne saison. On remarquait le
troisième jour de la fabrication une légère coloration bleue des fromages aux points qui
correspondaient aux ouvertures du moule, les parties en contact avec les parois du
moule et l'intérieur de la masse n'étaient pas altérées. Cette coloration allait s'accentuant
et arrivait parfois jusqu'au bleu indigo avec tendance marquée vers le vert par suite de
la coloration jaunâtre que prenaient les fromages au bout de quelque temps. La salaison
faite quelques jours après l'expression semblait arrêter la production des germes et
même atténuer un peu la coloration bleue.

Le changement de nourriture des vaches : suppression de la drèche, changement de
foin, etc., n'apporta aucune modification dans la maladie du lait. Le lavage à fond de la
laiterie et de tous les ustensiles, suivi d'une désinfection soignée fut aussi sans succès.

Afin de s'éclairer sur le mode d'infection, on fit un échange du lait avec celui d'une
ferme voisine, non infectée. Le lait de la ferme infectée donna du fromage qui devint bleu
chez le fermier voisin, tandis que le lait de ce dernier donna, dans les ustensiles de la
ferme infectée, du fromage normal qui ne devint pas bleu. L'expérience était assez concluante : si le fromage devenait bleu sans passer par la laiterie, c'est qu'il était déjà infecté
dans l'étable. La désinfection de l'étable était donc toute indiquée. On fit procéder à un
nettoyage à fond de celle-ci et à un lessivage sérieux du plafond, des murs, du pavement.
L'opération fut terminée par un badigeonnage soigné de tous les points avec une solution
phéniquée. Cette désinfection fut répétée trois fois par semaine et bientôt on vit disparaître la coloration bleue des fromages. Pendant les grands froids de l'hiver, on négligea
huit jours de suite le traitement de l'étable ; on dut le reprendre bientôt, car l'infection
des fromages recommençait.

Dans l'étable se trouvaient, avec les autres laitières, deux vaches qui présentaient de
larges surfaces suppurantes. Le lait de ces bêtes était mélangé à l'autre. Ce lait consti-
tuait-il un liquide plus favorable pour la pullulation du germe? Ou bien ces plaies
recouvertes d'un pus de mauvaise nature, servaient-elles de milieu de culture au germe
qui se serait ainsi conservé dans l'étable? C'est ce qui n'a pas été démontré, mais il y a
lieu de tenir bonne note de cette observation. On pourrait voir, par exemple, si le germe
du lait bleu ne peut pas se cultiver sur les plaies suppurantes; et si dans du pus de
mauvaise nature on ne peut pas, dans certaines circonstances, rencontrer le *Bacillus
cyanogenus*.

[1] Mosselmann, Observations sur le lait bleu (*Annales de médecine vétérinaire*, juin
1888).

Le fromage inoculé à du lait sain a permis de cultiver les germes et d'en déterminer parfaitement les caractères spécifiques.

La question soulevée par M. Mosselmann au sujet de la corrélation possible entre les plaies suppurantes et la galactocyanie est très suggestive.

On connaît en effet depuis longtemps, en chirurgie, le pus bleu et, récemment, on a vu qu'il est le résultat d'un microorganisme particulier. En 1870, Schrœter l'observa, le cultiva sur pommes de terre et constata qu'il produisait une coloration bleu foncé, soluble dans l'eau, passant au rouge par les acides et revenant au bleu par les alcalis.

En 1872, Cohn étudia un microbe qu'il appela *Micrococcus cyaneus* et qui, placé dans un milieu de culture convenable, produit un pigment bleu. C'est le cas de rappeler aussi la découverte de la *pyocyanine* ou matière colorante des suppurations bleues, par Fordos, en 1851, et isolée par lui, en cristaux d'un bleu foncé rappelant l'indigo. La pyocyanine joue le rôle d'un alcaloïde; elle forme, avec les acides, des composés cris-- tallins. Traitée également par les acides, elle passe au rouge cerise, et un alcali la ramène au bleu *(Comptes rendus*, t. LI, page 215 et t. LVI, p. 1128). M. Gessard *(Idem*, t. 94, page 536), a pu, en 1882, isoler le microbe qui sécrète la pyocyanine et le cultiver dans divers milieux, mais non dans le lait; d'où la conclusion que celui qui produit le lait bleu n'est pas de même nature. Au reste, d'après Braconnot « si l'on compare la matière colorante bleue du lait avec toutes celles qui ont été reconnues jusqu'à présent dans le règne végétal, on n'en voit aucune qui lui ressemble par ses propriétés, puisque généralement elles rougissent par les acides et verdissent par les alcalis, tandis que la matière colorante bleue du lait n'est point affectée par les acides et prend un beau rouge sous l'influence des alcalis. *(Journal de chimie médicale*, t. II, 2º série, p. 625.)

Quoi qu'il en soit, le traitement de ce vice du lait doit avoir pour but la suppression du bactérien qui l'occasionne. Comme on ne lui connaît pas d'habitat particulier, il est indiqué de procéder à une désinfection à fond de l'étable, de la laiterie, des instruments à manipuler le lait, des mains et même des vêtements des personnes attachées à la laiterie. La pratique de la désinfection des locaux par l'acide sulfureux se fera comme il a été dit plus haut. On a conseillé de passer tous les instru- ments de la laiterie au four, aussitôt la cuisson et l'enlèvement des pains. Dans cette étuve rustique, les bactériens spécifiques sont détruits.

Ces bactériens se développant dans un milieu alcalin, M. Reiset, a eu l'idée d'additionner le lait, au moment où il est coulé dans les terrines, après la traite, d'une proportion de 5 décigrammes d'acide acétique cristallisé par litre, proportion qui ne caille pas le lait et n'empêche pas la montée de la crème. Cette simple précaution permet l'utilisation du lait en empêchant la coloration de se produire. M. Daprey, il y a long- temps, a conseillé dans le même but l'addition d'un peu de lait aigre dont l'action est la même.

D'autres végétations se développent dans le lait, quelquefois concur- remment avec la précédente, d'autres fois seules. On a vu des taches *jaunes* se montrer, s'étendre et teinter tout le liquide. Furstemberg a attribué cette coloration à un microorganisme qu'il avait appelé *Vibrio œanthoge-*

nus. Étudié avec les méthodes de bactériologie dont on dispose aujour-
d'hui, il a été rangé dans le groupe des bacilles et appelé *Bacillus sy-
neanthus*. D'autres fois le lait se colore en rouge un temps variable
après sa sortie de la mamelle, ce qui empêche de confondre cette altération avec celle ou le lait est sanguinolent à l'issue du pis.

Une bonne étude du *lait rouge* a été faite par Grotenfelt et résumée
par Ricklin, auquel nous l'empruntons[1].

« Plusieurs naturalistes ont attribué la teinte rouge à la présence dans
le lait du *Micrococcus prodigiosus*. Or, ce dernier, quand il est en
suspension dans le lait, forme simplement de petites taches rouges à la
surface de la couche crémeuse ; la couleur du sérum n'est pas modifiée.
De plus, la présence du *M. prodigiosus* détermine une coagulation en
masse avec réaction acide très prononcée. Au contraire, dans les circonstances visées par les recherches de M. Grotenfelt, la teinte rouge
se répand à travers tout le sérum ; la coagulation ne se fait que par
places, accompagnée d'une réaction alcaline bien franche.

Il y avait donc lieu d'attribuer ce mode d'altération du lait à un microorganisme autre que le *Micrococcus prodigiosus* ; M. Hueppe a
porté son attention sur ce point de bactériologie. Il a réussi à isoler d'un
lait rouge réalisant les conditions énoncées ci-dessus, un microorganisme qu'il a obtenu à l'état de culture pure et qui possède la propriété
de colorer en rouge le sérum lacté quand on le met en suspension dans
ce liquide. Il lui a donné le nom de *Bacterium lactis erythrogenes*.

M. Grotenfelt en a étudié, sous la direction de M. Hueppe, les caractères
bactériologiques ; voici, en substance, les résultats qu'il annonce :

Le *Bacterium lactis erythrogenes* se présente sous la forme de bâtonnets courts :
longueur moyenne : 1 à 1,4 μ; épaisseur moyenne, 03 à 05 μ. Les bâtonnets sont arrondis à leurs bouts. Cultivés dans le lait, ils présentent des dimensions uniformes ; dans un
bouillon de culture, on découvre des bâtonnets courts, d'autres très allongés, atteignant
jusqu'à 3 et 4 μ, et qui sont doués de mouvements oscillatoires bien apparents. Dans
la chambre humide, ces bacilles sont privés de mouvements.

Ensemencé dans des plaques de gélatine, le *Bacterium lactis erythogenes* forme de
petites colonies arrondies, d'abord grisâtres, puis d'une teinte tirant sur le jaune. Peu à
peu la gélatine de culture se liquéfie au voisinage de ces colonies, il se forme une dépression en forme de godet au fond de laquelle gisent les amas de zooglœa. Tout autour de
celle-ci apparaît une teinte rose, qui s'étend progressivement. Une fois la gélatine liquéfiée en totalité, les colonies se désagrègent en flocons jaunâtres, irréguliers.

Inoculé dans la gélatine, ce bacille forme de petits dépôts légèrement proéminents,
d'abord blanchâtres, puis tirant sur le jaune. A partir du troisième jour, la teinte jaune
se prononce de plus en plus, les colonies prennent un aspect brillant, comme humide ;
elles s'enfoncent dans la gélatine qui commence à se fluidifier. Déjà vingt-quatre heures
après l'ensemencement, le milieu de culture présente une teinte rosée. Vers le deuxième
jour, la culture présente un aspect tout à fait caractéristique, très agréable à l'œil. La

[1] Grotenfelt, Études sur les décompositions du lait : le lait rouge, *(Fortschritte der
Medicin*, 1889, n° 2; traduction de Ricklin, in *Gazette médicale*, 1889.)

couche supérieure est formée par un liquide non visqueux, légèrement trouble, d'une belle teinte rose foncé, et qui renferme des bactéries. Rarement cette couche superficielle de gélatine liquéfiée est tapissée par une cuticule. Elle est séparée, par une ligne de démarcation très nette, de la couche de gélatine non liquéfiée dont la partie superficielle est également colorée en rose. Entre les deux se trouve une couche intermédiaire formée par des bactéries, des cuticules et des bacilles privés de vie.

Dans les cultures plus vieilles, les colonies ont gagné le fond du tube; la gélatine liquéfiée en totalité est partout colorée en rouge. Cette coloration rouge est beaucoup plus intense quand les cultures séjournent dans l'obscurité complète, elle fait défaut quand les cultures sont exposées à un éclairage continu.

Les ensemencements faits dans de l'agar donnent des résultats moins nets. Les cultures sur des tranches de pommes de terre offrent, par contre, un aspect tout à fait caractéristique. Dans le lait stérilisé, le *Bacterium lactis erythrogenes* détermine d'abord la précipitation d'une petite quantité de caséine. Peu à peu apparaît sous la couche crémeuse une zone transparente de sérum, colorée d'abord en rouge sale, puis en rouge brun. A mesure que cette zone gagne en épaisseur, sa teinte passe au rouge sang. Les choses se présentent alors sous l'aspect suivant : Une couche supérieure de crème, d'un blanc jaunâtre, une couche moyenne de sérum, d'un rouge vif, et une couche inférieure, formée par un dépôt blanchâtre de caséine. La réaction neutre ou alcaline du liquide favorise la production de la matière colorante rouge. La température la plus favorable à la mise en liberté de cette matière se trouve entre 28 et 35°.

L'examen spectroscopique de la matière rouge a fait constater deux raies très nettes dans la bande jaune et dans la bande verte, et une autre dans la partie foncée de la bande bleue. Avec des solutions concentrées de ce pigment, on observait en outre une légère raie dans le rouge.

M. Grotenfelt ajoute que le *Bacterium lactis erythrogenes* ensemencé dans du lait, dans de la gélatine ou dans du bouillon, communique à ces milieux de culture un goût sucré, nauséeux, qui, dans les cultures de vieille date, est tout à fait répugnant ; que le bacille s'imprègne des couleurs d'aniline communément usitées en bactérioscopie ; enfin qu'il paraît être dépourvu de toute activité pathogène.

Dans une note additionnelle, l'auteur fait savoir que M. Scholl, attaché au laboratoire de Wiesbaden, a isolé un autre microorganisme doué de la propriété de produire de la matière colorante rouge, que ce microorganisme, ensemencé dans la gélatine, offre une grande ressemblance avec le bacille du charbon et qu'il a été baptisé du nom de *Bacterium mycoïdes roseum*. Cultivé dans de la gélatine, ce bacille forme des colonies rouges qui liquéfient la gélatine tout à l'entour. Seules, les zooglées se colorent en rouge et seulement dans l'obscurité. « La matière colorante rouge se dissout dans l'eau et se laisse extraire à l'aide du benzol. »

Enfin tout récemment, on a observé qu'un autre microphyte, découvert par Breunig dans les eaux de la ville de Kiel et appelé pour cela *Bacille rouge de Kiel*, colore le lait en rouge à la température ordinaire et cesse de le faire à 37°. Il le coagule dans les vingt-quatre heures [1].

---

[1] Laurent, Etude sur la variabilité du Bacille rouge de Kiel (*Annales de l'Institut Pasteur*, 1890, p. 465 et suiv.)

III. FALSIFICATIONS DU LAIT

Aliment de consommation courante, le lait est souvent l'objet de falsifications. Celles-ci se font habituellement soit en ajoutant de l'eau, soit
en écrémant les premières matières grasses qui montent. Cette dernière
fraude est devenue plus générale que la première.

Par l'addition d'eau, on diminue le poids spécifique du lait, par l'écrémage, on l'augmente.

On a parfois employé quelques substances pour pallier les modifications
apportées dans l'aspect du lait falsifié par l'eau : l'albumine, le caramel,
la bouillie de farine, la dextrine, la gomme, le blanc d'œuf, l'eau de
savon, la chaux, la craie, le plâtre et jusqu'à des cervelles broyées.
Mais ces additions sont relativement rares.

Après l'écrémage, on remplace aussi sa matière grasse par de l'huile de
bon goût et de légère densité, émulsionnée avec du jaune d'œuf; quelquefois, on remplace le jaune d'œuf par du borax.

En principe, l'analyse chimique complète du lait permet seule de se
prononcer sur la qualité de ce liquide et, par conséquent, sur les fraudes
dont il peut avoir été l'objet. Dans les contestations judiciaires, on ne
peut s'appuyer que sur elle. Mais c'est une opération délicate, minutieuse,
que ne font bien, et en écartant toute cause d'erreur, les seuls chimistes
de profession.

Pour les besoins de la pratique courante, on a cherché à s'éclairer sur
un ou quelques points seulement, comme la densité, la teneur en crème,
en beurre, la proportion numérique de globules butyreux, le quantum
de lactose.

Les principaux instruments à l'aide desquels on peut se rendre compte
de la qualité du lait sont : le lactodensimètre, le crémomètre, le lactoscope de Donné et le lactobutyromètre de Marchand.

Ces instruments, dont le principe, la description et le mode d'emploi
n'ont pas à être indiqués ici se complètent les uns les autres.

Le lactodensimètre de Quévenne et Bouchardat, plus communément
appelé pèse-lait, est le plus fréquemment employé, bien que ses indications puissent conduire à une appréciation erronée. Aussi est-il toujours utile de les compléter par l'emploi très facile et très simple du
crémomètre.

Le lactoscope de Donné et le lactobutyromètre de Marchand ne sont
guère plus difficiles à manier et avec un peu d'habitude, on arrive promptement à s'en servir avec fruit.

En France, on emploie généralement le lactodensimètre de Quévenne
et Bouchardat ; en Suisse, le pèse-lait de Muller est d'un usage général

et presque obligatoire, car les résultats de son emploi font foi devant les tribunaux.

Le crémomètre donne de très utiles renseignements, à la condition qu'on se serve toujours d'instruments de même diamètre, qu'on opère par la même température ou qu'on fasse des corrections et qu'on le place dans un lieu éloigné des trépidations.

On a formulé contre l'usage du crémomètre une objection qui ne manque pas de poids ; on a constaté que des couches de crème de même hauteur et obtenue dans des conditions semblables, ne renfermaient pas la même quantité de matière grasse. Cette objection doit pousser à contrôler l'usage du crémomètre par celui du lactodensimètre ; si un lait est d'un poids spécifique élevé et qu'il ne donne au crémomètre qu'une couche très mince de crème, il y aura de fortes chances pour qu'il ait été écrémé préalablement.

On recherche la quantité de matière grasse à l'aide du butyromètre de Marchand. Pour cela, on prélève une quantité déterminée de lait qu'on additionne d'une à deux gouttes de lessive de soude ; on agite avec de l'éther, on ajoute de l'alcool, on agite de nouveau, puis, plaçant l'instrument dans un bain-marie à 40 degrés centigrades, jusqu'à ce que la couche huileuse qui se rassemble à la partie supérieure n'augmente plus, on calcule au moyen de la graduation et d'une formule empirique, le nombre de grammes de beurre renfermés dans 1000 grammes de lait.

Dans les établissements où l'on utilise les écrémeuses centrifuges, on détermine avec exactitude et rapidité la quantité de matière grasse contenue dans le lait écrémé, au moyen d'un appareil dû à M. de Laval et appelé *lactocrite*.

On admet qu'un lait normal ne doit pas renfermer moins de 30 pour pour 1000 de matières grasses, ce qui équivaut à 1 kilogramme de beurre pour $33^{lit},33$.

Quelques laboratoires municipaux ont adopté comme minimum, pour la teneur en crème, le chiffre de 12 pour 100. Cette proportion est un peu élevée ; dans nos essais, il nous est arrivé, notamment avec le lait des bêtes charolaises, de n'obtenir que 10, plusieurs fois nous n'avons trouvé que 11 avec celui des hollandaises et 11 1/2 avec celui de schwitz.

Il y a aussi des méthodes optiques pour l'essai du lait et l'appréciation de la quantité de ses matières grasses ; l'appareil de Donné sert à les mettre en pratique. Il est basé sur le principe suivant :

La couleur blanche et mate du lait est due aux particules solides d'une matière butyreuse qu'il tient en suspension. Si l'on admet avec Donné, que ses qualités alimentaires sont d'autant plus développées que cette matière s'y trouve en plus grande quantité, on pourra en juger en interposant une certaine masse de liquide entre l'œil et une lumière.

Cela posé, l'appareil de Donné, auquel le nom de *lactoscope* fut attribué, est construit de la manière suivante. Il est formé d'une petite lorgnette composée de deux tubes entrant l'un dans l'autre et munis de verres qui se rapprochent jusqu'au contact ou s'éloignent plus ou moins à l'aide d'un pas de vis très fin. Un petit godet à entonnoir placé à la partie supérieure est destiné à recevoir le lait pour l'introduire entre les lames de verre, tandis qu'un manche adapté à l'extrémité opposée sert à tenir l'instrument à la main. Le plus petit des deux tubes est divisé en 50 parties ou degrés.

Les verres étant en contact, on verse dans l'entonnoir avec une petite pipette, quelques gouttes de lait à examiner, puis on commence par tourner le tube de droite à gauche en appliquant l'œil et en se plaçant en face et à un mètre de distance d'une bougie ou d'une chandelle bien mouchée. Lorsque le liquide a pénétré entre les lames de verre, on tourne en sens inverse de gauche à droite jusqu'à ce qu'on commence à apercevoir la flamme de la bougie. On s'arrête alors, puis on imprime de nouveau au tube un mouvement de retour jusqu'à ce que, en tâtonnant un peu, on soit arrivé à perdre de vue la flamme sans dépasser le point où l'on cesse de l'apercevoir et qui est celui où l'on s'arrête définitivement. Il n'y a plus, après cela, qu'à lire le chiffre de la division qui se trouve devant l'index et dont on peut déduire approximativement la richesse butyreuse du lait.

		crème	lactoscope
Le lait de vache léger, donnant environ 5 0/0 de crème,			marque 40 à 35 au lactoscope.
—	— ordinaire —	5 à 10 —	— 35 à 30 —
—	— assez riche —	10 à 15 —	— 30 à 25 —
—	— très riche —	15 à 20 —	— 25 à 20 —
—	— excessivement riche (dernière traite)		— 20 à 15 —
—	— très faible (première traite)		150 ou 3 tours de l'oculaire.
Lait d'ânesse ordinaire, bonne qualité			— 50 à 80 —
—	— très faible		— 150 à 200 ou 4 tours.
Lait de chèvre riche			— 18 à 15 —
Lait de femme riche et substantiel			— 20 à 25 —
—	— moyen		— 30 à 35 —
—	— faible		— 40 à 45 —

On emploie, en Allemagne, le lactoscope de Vogel, composé de deux plaques de verre semi-circulaires placées parallèlement à 5 millimètres l'une de l'autre et supportées par un encadrement pédiculé. Comme accessoires de cet appareil, il y a une éprouvette et une pipette graduées.

Lorsqu'il s'agit d'éprouver le lait, on remplit l'éprouvette, aussi exactement que possible jusqu'au trait, d'eau parfaitement pure, on allume une bougie, on introduit, au moyen d'une pipette, 3 centimètres cubes de lait dans l'eau, on mélange en agitant, on remplit le lactoscope du liquide opalin et on regarde la flamme au travers. Si l'on n'aperçoit plus la lumière, c'est qu'on a pris trop de lait, et il faut alors recommencer l'opération en mélangeant à l'eau une quantité moindre du liquide à essayer. Si, au contraire, la lumière est encore visible, on réintroduit le liquide du lactoscope dans l'éprouvette, on y laisse couler de nouveau une petite quantité de lait qu'on mélange intimement, on reverse le tout dans le lactoscope, on cherche à voir la bougie allumée et on renouvelle l'opération jusqu'à ce que le mélange soit devenu assez trouble pour qu'on n'aperçoive plus la lumière au travers. Pour que les résultats de l'épreuve puissent être utilisés, il faut que l'observateur soit placé tout près du lactoscope, qu'on empêche autant que possible toute action lumineuse pouvant déranger l'opération et que la flamme soit éloignée de 40 à 60 centimètres du lactoscope, et placée de façon à avoir une surface obscure derrière elle. Le mieux est d'opérer dans une chambre obscure. Le nombre des centimètres cubes de lait qu'on a employés — nous le désignerons par m — et qu'on notera exactement, sert à calculer en centièmes du poids, la proportion de matières grasses x, renfermées dans le lait, d'après la formule suivante de Seidel : $x = \dfrac{23,2}{m} + 0,23$.

(Fleischmann). D'après cette formule, Vogel a dressé le tableau suivant :

Centimètres cubes de lait	Proportion de matière grasse pour cent	Centimètres cubes de lait	Proportion de matière grasse pour cent	Centimètres cubes de lait	Proportion de matière grasse pour cent	Centimètres cubes de lait	Proportion de matière grasse pour cent	Centimètres cubes de lait	Proportion de matière grasse pour cent	Centimètres cubes de lait	Proportion de matière grasse pour cent
1 »	23,43	4,5	5,38	8 »	3,13	13	2,02	20	1,39	40	0,81
1,5	15,70	5 »	4,87	8,5	2,96	14	1,89	22	1,23	45	0,74
2 »	11,83	5,5	4,45	9 »	2,81	15	1,78	24	1,19	50	0,60
2,5	9,51	6 »	4,09	9,5	2,67	16	1,68	26	1,12	55	0,64
3 »	7,96	6,5	3,80	10 »	2,55	17	1,60	28	1.06	60	0,61
3,5	6,86	7 »	3,54	11 »	2,45	18	1,52	30	1 »	70	0,56
4 »	6,03	7,5	3,32	12 »	2,16	19	1,45	35	0,80	80	0,52
										90	0,48
										100	0,46

Il a été apporté des modifications à la méthode de Vogel, par Hoppe-Seyler, Trommer et autres. Ce serait empiéter sur le domaine de la technique chimique, en s'étendant davantage sur ce sujet.

On a cherché aussi à reconnaître les falsifications du lait par le dosage du sucre de lait.

Il résulte d'analyses et d'observations nombreuses faites par MM. Boussingault, Barral, Poggiale et plus récemment par M. Eug. Marchand, que le lait normal fourni par une vache saine ne contient *jamais* moins de 50 grammes de sucre de lait ou lactine, par litre,

En additionnant d'eau le lait, on abaisse nécessairement la proportion de lactine qu'il renferme. Celui qui est fourni par une vache malade peut éprouver des modifications profondes dans sa composition et s'appauvrir en lactine. Il est bon de noter que les maladies qui semblent agir le plus sur la proportion du sucre de lait, sont les affections de l'appareil génital. Au total, la diminution de la lactine est presque toujours le signe caractéristique de l'affaiblissement de la qualité du lait.

Au point de vue pratique, tout lait de vache livré à la consommation publique doit être considéré comme falsifié, toutes les fois qu'il contient moins de 50 grammes de lactine par litre, à moins qu'il ne provienne d'une vache malade (circonstance dans laquelle sa mise en vente doit être prohibée) ou qu'il ait été altéré par la fermentation.

Le dosage du lactose peut se faire au moyen de la solution titrée de Fehling. On fait bouillir le lait à examiner, on précipite par l'acide acétique et on filtre. On obtient alors un sérum limpide qui contient le lactose, on en verse dans une quantité déterminée de liqueur de Fehling bouillante jusqu'à ce que tout l'oxyde de cuivre renfermé dans cette dernière soit réduit à l'état d'oxydule, ce qu'on juge quand la couleur bleue de la liqueur de Fehling est détruite. D'après la quantité de sérum employée et le poids de lait qui y correspond, on calcule la proportion de sucre de lait.

On peut aussi effectuer le dosage dont il s'agit à l'aide du polarimètre.

On a cherché plus rarement à doser la caséine ; cependant Ladé, puis Monnier, ont proposé des procédés pour y arriver.

Ladé se sert d'une solution titrée de nitrate de mercure qu'il prépare en faisant dissoudre à chaud 7^{gr},5 de mercure dans 15 grammes d'acide nitrique, puis il ajoute la quantité d'eau nécessaire pour avoir un mélange total de 100 grammes de solution, c'est-à-dire environ 77 grammes d'eau.

Or, deux gouttes de cette solution suffisent pour décomposer 1 gramme de bon lait et amener la précipitation des substances constituantes. On mélange 20 grammes du lait à essayer avec le double de son volume d'eau, et, tout en agitant, on laisse tomber goutte à goutte la liqueur titrée jusqu'à coagulation complète de la caséine, ce que l'on reconnaît par la limpidité du liquide. Tant que cette limpidité n'est pas obtenue, il faut ajouter de nouvelles gouttes de solution. D'après Ladé, le bon lait normal exige 40 gouttes de liqueur titrée pour la précipitation de sa caséine.

Si l'on soupçonne l'addition d'une des matières indiquées plus haut comme destinées à masquer le mouillage, l'examen au microscope fera reconnaître la chaux, la pulpe cérébrale, les gommes, la fécule ou la farine.

Les moyens de contrôle de la pureté du lait ont leur importance dans l'examen des denrées alimentaires. On sait même que pour éloigner tout soupçon, des agriculteurs livrent le produit de leurs étables dans des vases scellés à leur nom ; ce procédé a pour garantie unique leur honorabilité. Dans les régions montagneuses où la fabrication du fromage se fait dans des fromageries sociétaires, le contrôle du lait n'est pas moins utile que quand il s'applique à celui qui est livré directement à la consommation.

IV. CONSERVATION ET TRANSPORT DU LAIT

Le lait est largement utilisé par l'homme, soit pour lui-même, soit pour ses enfants et pour les convalescents. C'est un aliment de premier ordre et d'une facile digestion. La consommation en est considérable, encore bien qu'elle reste stationnaire depuis quelques années. Paris, à lui seul, en consomme journellement 450.000 litres et dans les grandes villes la consommation est proportionnelle. Elle s'agrandira, car c'est une source d'azote à un prix plus bas que celui auquel le fournissent beaucoup d'autres aliments.

La vente du lait en nature, qu'il provienne de la vache ou de la chèvre, est une opération fructueuse pour l'agriculteur. Elle se fait pour la consommation directe ou pour alimenter quelques industries spéciales, telles que les fabriques de lait condensé et les fromageries.

Autrefois, avant l'établissement et le développement du réseau ferré, les villes étaient pourvues par des industriels habitant leur intérieur ou la banlieue. Aujourd'hui, par suite de la rapidité et de la facilité des transports, l'approvisionnement se fait à des distances considérables ; il est des agriculteurs habitant à 250 kilomètres de Paris qui lui expédient quotidiennement le lait de leurs fermes. Mais le transport nécessite des soins, car il s'agit d'un liquide très facilement altérable ; non seulement les ferments y pullulent et amènent des dédoublements et de nouvelles combinaisons, mais l'oxygène athmosphérique, en dehors des microbes, y provoque des réactions. Enfin, les globules butyreux, par leur densité, tendent à monter et à se déposer à la surface, modifiant ainsi la répartition des éléments constitutifs, en même temps que le caséum tend à se prendre en une couche de caillé.

Il faut s'opposer à ces modifications qui apparaissent d'autant plus rapidement que le temps est plus chaud et qui ont d'autant plus de chances de se montrer que le transport doit se faire à de plus grandes distances.

La première de toutes les précautions est une propreté absolue ; nous l'avons déjà recommandée pour le pis de la femelle, les mains du trayeur, les récipients. On filtre, pour le même motif, le lait après la traite, afin d'en éloigner toute particule qui aurait pu y être projetée et le contaminer.

Les vases destinés au transport doivent être stérilisés. Mais tout cela n'empêche qu'il tombe toujours dans le lait des microbes d'espèces différentes ; celui que M. Duclaux a désigné sous le nom de *Tyrothrix tenuis* s'y multiplie particulièrement. Ces microbes le coagulent par la sécrétion d'une présure spéciale et fournissent des spores très résistantes. On en retarde le développement par le refroidissement, l'addition de substances antifermentescibles et le chauffage.

Le *refroidissement* peut se faire en plongeant les vases dans de la glace, de l'eau très froide ou en se servant des divers systèmes de réfrigérateurs. L'appareil le plus connu est composé de tubes superposés dans lesquels on fait circuler un courant d'eau aussi fraîche que possible. On fait tomber le lait en une nappe très mince à l'extérieur des tubes.

On essaye en ce moment de conserver le lait par la congélation en grandes masses. Les récipients, une fois remplis, sont plongés dans un bain à — 15° ; les quantités en présence étant combinées de façon que la masse totale arrive à 0 degré en moins d'une heure. Bien que le lait ait une capacité calorifique égale à 0,98, c'est-à-dire très voisine de celle de l'eau, il est cependant bien plus lent qu'elle à se congeler. Le retour à l'état liquide doit se faire avec une certaine lenteur et, en outre, la masse dégelée doit être agitée avant d'être livrée à la consommation, attendu que la congélation s'accompagne d'une précipitation plus ou moins complète des sels.

Il est aussi agréable à déguster que du lait frais, il se comporte bien à l'ébullition et à l'écrémage. Objectivement, on ne peut le distinguer du lait frais[1].

Ceci est bien, mais l'essentiel serait de trouver le moyen de fabriquer de la glace à bon marché et facilement dans les exploitations rurales.

Le carbonate de soude ou borax et l'acide borique (1 gramme par litre) sont les *substances antifermentescibles* les plus généralement utilisées. L'acide salicylique serait plus efficace encore, mais une décision ministérielle du 7 février 1881 en interdit l'emploi.

Le *chauffage* qu'on a appliqué avec tant de succès à la conservation du vin, de la bière, etc., est employé aussi pour le lait. Il l'avait déjà été par Appert. Pour être efficace, il doit être très élevé ou prolongé, ou discontinué et repris. On a préconisé, en Allemagne, l'appareil de Thiel avec lequel le lait est amené rapidement à 75–85 degrés, puis brusquement refroidi. D'après M. Duclaux, pour obtenir une stérilisation certaine, la température devrait être portée au moins à 107–108 degrés.

Le chauffage prolongé se heurte à des inconvénients, il brunit le lait, il le tare commercialement et il lui communique le *goût de cuit* que ne veulent pas accepter les consommateurs.

Parmi les appareils imaginés dans le but d'élever la température en évitant ce goût, nous signalerons le pasteurisateur de Laval (fig. 195). Il consiste dans la combinaison de deux appareils réunis, dont l'un a pour but de réchauffer et l'autre de refroidir. L'appareil réchauffeur est placé au-dessus de l'appareil à refroidir, sur un pivot, et se compose d'une série de disques creux en cuivre rouge étamé. Ces disques creux sont reliés au centre au moyen d'un tube également en cuivre. A l'intérieur de ce tube, s'en trouve un autre de plus petit diamètre, dans lequel la vapeur est introduite. Chaque tube est percé de deux trous qui se font face. Les trous, sur le gros tube, sont naturellement percés dans la partie formant le creux des disques et les quatre trous se trouvent dans le même axe, de façon que la vapeur se trouve répartie d'une manière égale dans tout l'appareil.

Le tuyau de sortie est fixé au disque supérieur en face l'introduction de vapeur. Sur le sommet de ce réchauffeur, se trouve un régulateur pour uniformiser l'alimentation en lait. Un thermomètre indique la température de l'appareil.

L'appareil à refroidir qui, extérieurement, ressemble au réchauffeur, mais d'un diamètre plus grand, est disposé à l'intérieur pour que l'eau

---

[1] *Annales de la Société d'agriculture et histoire naturelle de Lyon*, 1888, p. CVII.

soit forcée de circuler sur toutes les parois du disque. Au-dessous, se trouve un récipient qui permet de recueillir le lait refroidi. En enlevant le réchauffeur, l'appareil inférieur peut servir de simple réfrigèrent.

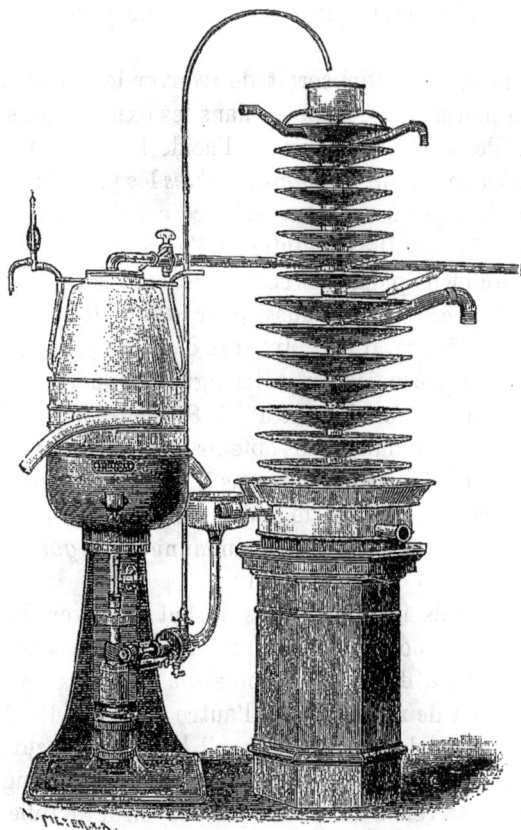

Fig. 195. — Pasteurisateur Laval.

Dans le même ordre d'idées, Dahl chauffe le lait à 70 degrés pour détruire les bactéries ; il refroidit à 40 degrés et laisse pendant 1 h. 45 à cette température, afin de favoriser le développement des spores qui ont échappé à la destruction ; puis, quand elles ont donné à nouveau des bactéries, il rechauffe à 70 degrés. Pour s'assurer que toutes les spores sont détruites, il recommence deux fois.

Le procédé de Dahl est très rationnel, mais il est compliqué. L'avenir dira s'il est destiné à passer dans la pratique.

En général, pour des transports qui ne doivent pas excéder vingt-quatre heures, la réfrigération ou le chauffage à 78 degrés suffisent. Pour une conservation plus prolongée, le chauffage doit être poussé au point indiqué par M. Duclaux, puis suivi d'une mise en boîtes hermétiquement fermées. On peut alors expédier au loin.

Il y a presque un siècle qu'Appert avait imaginé de chauffer le lait, de le faire évaporer au cinquième et de placer le résidu dans des boîtes préalablement chauffées elles-mêmes et de fermer hermétiquement. Pour l'usage, il n'y avait qu'à restituer l'eau évaporée.

Malbec avait modifié le procédé Appert en ajoutant un peu de sucre pendant la concentration. Après lui, une série de chercheurs s'efforcèrent de résoudre le problème : Braconnot, Gay-Lussac, Kirchoff, Grimaud, Martin de Lignac, Mabru, etc., s'en occupèrent et on arriva peu à peu au lait condensé. Il était réservé à deux Américains, Horsford et Gail Borden de résoudre définitivement le problème ; le premier, en démontrant que l'évaporation à température basse avec addition de sucre est la plus favorable, et le second, en inventant un appareil pour l'évaporation dans le vide. C'est un autre Américain, C. Page, consul des États-Unis à Zurich, qui mit en avant l'idée de la création, en Europe, d'une usine de lait concentré, idée qui prit corps par la constitution de la Compagnie anglo-suisse et l'établissement de l'usine de Cham, près le lac de Zug. L'industrie du lait condensé se répand en Europe, et si elle n'a pas résolu le problème de la conservation du lait naturel, puisqu'on ajoute du sucre, elle a néanmoins rendu service à l'industrie laitière.

Section IV. — Produits dérivés du lait

Il est des situations qui ne permettent pas l'utilisation ou la vente en nature du lait, il faut alors le transformer en produits dérivés, dont les deux principaux sont le *beurre* et le *fromage*. Leur fabrication est surtout une question de technologie agricole, aussi les choses ne seront-elles envisagées ici qu'à un point de vue très général.

I. — DU BEURRE

Des substances constituantes du lait, la matière grasse est la plus estimée ; on l'extrait, et elle forme le produit marchand désigné sous le nom de beurre.

En donnant la composition chimique des laits de brebis et de chèvre, il a été dit qu'on n'a pas l'habitude de les manipuler pour les transformer en beurre. Il y a pourtant quelques exceptions. En Grèce, par exemple, on fabrique du beurre de brebis, mais dans ce qui va suivre, on envisagera particulièrement celui de provenance bovine.

Généralement, on cherche d'abord à retirer du lait une couche très riche en matière grasse ; c'est la *crème* sur laquelle on agit pour la transformer en beurre. A la rigueur, on peut se passer de l'écrémage et extraire le beurre directement du lait.

Écrémage. — Il consiste à permettre aux globules butyreux du lait, dont la densité est moindre que celle du sérum, d'émerger à la surface et de former une couche plus ou moins épaisse de couleur blanc-jaunâtre. On n'obtient pas la quantité intégrale de matière grasse contenue dans le lait ; il en reste toujours environ 1/6 dont la séparation ne s'effectue pas.

La réussite de l'écrémage, qui influe sur la quantité de crème obtenue, est subordonnée à diverses conditions qu'on a cherché à bien déterminer. L'agriculture est surtout redevable de ces sortes d'études aux savants du Danemark et des pays scandinaves. La vulgarisation de leurs travaux, en France, est due particulièrement à M. Tisserand[1].

Nous résumerons, avec Fleischmann, ces conditions dans les propositions suivantes que nous lui empruntons :

1° Le lait frais qu'on expose, immédiatement après la traite, à l'écrémage, se trouve dans des conditions particulièrement favorables et s'écrème, toutes choses égales d'ailleurs, le plus rapidement et le plus complètement.

2° Les couches supérieures d'un lait qu'on laisse reposer après la traite, même s'il a été mélangé, sont, au bout de peu de temps, quelquefois même après un quart d'heure déjà, plus riches en graisses que les couches inférieures.

3° Le lait qui est transporté après la traite ou qui est transvasé ou remué ou celui qui, après avoir été laissé en repos, est agité ensuite, s'écrème moins complètement que celui qu'on laisse reposer immédiatement après la traite.

4° Plus on prend soin de maintenir le sérum doux et dans un état favorable à l'écrémage en observant la plus minutieuse propreté et en réglant la température du local de l'écrémage par des aérations, plus la quantité de graisse contenue dans la crème sera grande.

5° Plus la température est basse, plus longtemps le lait reste doux.

6° Moins le lait présente de profondeur, plus la quantité de crème est grande ; les autres circonstances restent les mêmes.

7° La graisse de la crème augmente aussi longtemps que dure l'écrémage, alors même que le volume de la crème n'augmente plus.

8° Plus la durée de l'écrémage est longue, plus il monte de graisse dans la crème ; il arrive cependant un moment à partir duquel l'augmentation de la graisse dans la crème est si petite que, dans la pratique, il ne vaut plus la peine de prolonger l'écrémage.

9° Le moindre ébranlement du lait pendant l'écrémage peut entraver considérablement le rendement en matière grasse.

[1] Tisserand, Action du froid sur le lait et les produits qu'on en tire *(Comptes rendus de l'Académie des sciences,* 1876).

10° La quantité de graisse obtenue est probablement d'autant plus grande que les courants intérieurs dépendant du refroidissement du lait à la température de l'air ambiant cessent plus vite, et que le mouvement propre des globules n'est plus entravé par rien.

11° Les vases métalliques, qui conduisent bien la chaleur, se recommandent dans tous les cas et pour les raisons les plus diverses, pour l'écrémage.

12° Partout où les circonstances locales le permettent, il est utile de s'en tenir à des températures basses ; elles offrent à l'exploitation pratique d'inestimables avantages.

13° L'épaisseur de la couche de crème ne permet pas de juger sûrement du degré d'écrémage.

14° Plus les vases pour l'écrémage sont profonds et étroits, plus la couche de crème est moindre, toutes choses égales.

15° Plus la température d'écrémage est basse, plus le volume, le poids et la quantité d'eau de la crème sont grands et moins elle contient de graisse après un temps déterminé et pour une profondeur donnée. Réciproquement, le même lait donne, quant au volume et au poids, d'autant moins de crème, et cette crème, plus compacte, est d'autant plus pauvre en eau et plus riche en graisse que, dans des circonstances semblables, la température d'écrémage a été plus élevée.

16° On ne connaît pas de substance qui, additionnée au lait, en accélère l'écrémage, et le mélange de toute matière étrangère qui a pour but de retarder la coagulation intempestive, doit être absolument évité pour du lait destiné à l'écrémage [1].

Il ne faut pas rester plus de quatre à cinq jours pour faire la récolte de la crème, car elle est rapidement envahie par des moisissures qui la mouchètent en bleu, en jaune et même en rouge. On la dépose dans la *baratte* pour être transformée en beurre.

Depuis quelques années, on se sert de la force centrifuge pour séparer directement la crème du lait, sans attendre qu'elle monte à sa surface. On a construit des appareils, mus généralement par la vapeur dans les grandes exploitations, à la main dans les petites, qui ont opéré une véritable transformation dans l'industrie laitière. Chaque fois que la production quotidienne de lait dépasse trois cents litres, on a intérêt à se servir des grands appareils à force centrifuge.

L'application de la force centrifuge à la séparation de la crème a dû naître tout naturellement avec les applications nombreuses survenues à la suite des essoreuses et des hydro-extracteurs imaginés par Penzoldt, il y a près d'un demi-siècle et perfectionnés successivement par divers constructeurs. A partir de 1850, plusieurs essais de crémeuses centrifuges

[1] Fleischmann, *loc. cit*, p. 711.

eurent lieu. En 1868, M. Weston en fit fonctionner une aux États-Unis, et, d'après M. Pouriau, « la première centrifuge qui ait fonctionné industriellement en Europe, fut imaginée en 1876 par Lefeldt, ingénieur à Schœnigen, duché de Brunswick. » De leur côté, MM. de Laval, professeur à l'université de Stockholm, et O. Lamm, ingénieur, construisirent une crèmeuse qui figura dans les expositions à partir de 1879. Depuis, elle a subi des perfectionnements de détail qui l'ont si bien adaptée aux besoins de la pratique, qu'elle se répand dans toute l'Europe. Une autre écrémeuse est due à Burmeister et Wain.

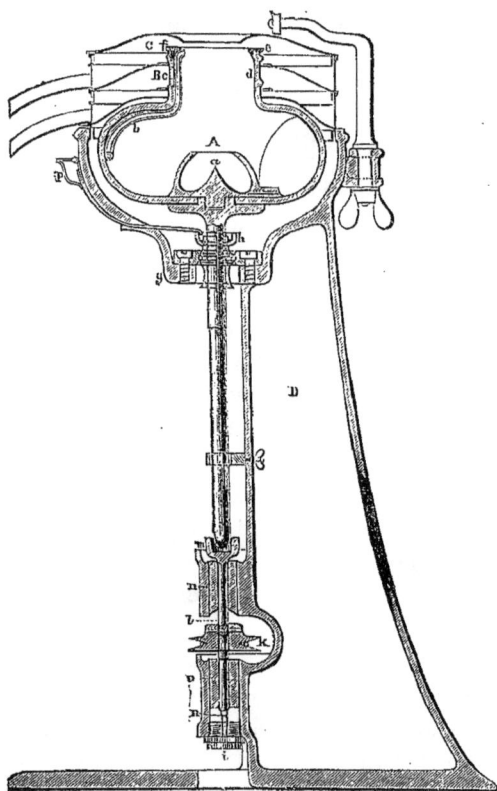

Fig. 196. — Coupe de l'écrémeuse Laval.

Dans ses grandes lignes (fig. 196 et 197), l'écrémeuse se compose d'un vase sphéroïdal aplati et en acier, surmonté d'une tubulure cylindrique. Il est fixé sur un disque en fer forgé avec l'axe même qui doit lui communiquer son mouvement de rotation à l'aide d'une poulie à gorge, rapportée à l'extrémité inférieure. Cet axe repose par son extrémité inférieure formant pivot sur un grain en acier trempé, et sa partie supérieure forme une cuvette hémisphérique enveloppant le vase sphéroïdal.

Cette cuvette est surmontée de deux enveloppes en fer-blanc formant deux chambres superposées dont la supérieure est destinée à recevoir la crème qui sort par un tube, et dont l'inférieure recevra le lait doux qui, projeté à la circonférence la plus grande du tambour, est amené au dehors. Le lait est déversé à la partie supérieure en filet continu.

Cet appareil marche à sept mille tours à la minute et peut traiter plus de cinq cents litres à l'heure. Malgré la faible différence de densité entre le lait et la crème, celle-ci s'en sépare parce que, plus légère, elle est

Fig. 197. — Écrémeuse centrifuge de Laval.

moins précipitée contre les parois du tambour et reste plus au centre ; s'élevant par la force centrifuge, elle peut sortir par l'ouverture centrale pour se répandre dans la chambre supérieure, tandis que le lait se déverse dans la seconde chambre.

Il y a aussi des écrémeuses centrifuges à bras (fig. 198).

Barattage. — La baratte a les formes les plus diverses, mais le principe est le même : c'est un vase dans lequel se meut un piston ou un arbre à ailettes qui agite la crème. Les barattes à ailettes ont l'arbre horizontal ou vertical. Il en est, et ce ne sont pas les moins estimées, qui oscillent à la façon des berceaux d'enfants. Nous donnons la description de la baratte danoise, une des plus perfectionnées (fig. 199).

Elle se compose d'un récipient vertical, tronconique, en douves cerclées et renfermant à l'intérieur des barrettes verticales faisant l'office de contrebatteurs. Vers les deux tiers de sa hauteur sont rapportés deux forts tourillons portés par des équerres en fonte boulonnées ou bâti qui supporte toute la machine. A la partie supérieure, on a ajouté deux pitons dans lesquels s'engagent des crochets en fer qui maintiennent la baratte dans

Fig. 198. — Ecrémeuse à bras.

Fig. 199. — Baratte danoise.

la position verticale quand elle fonctionne. Au centre du fond est fixé un pivot en acier qui reçoit un pointal aciéré ajusté à l'arbre vertical. Celui-ci est enveloppé d'un fourreau mince en cuir, avec lequel sont solidaires des bras ou traverses horizontales pour recevoir à leurs extrémités les deux ailettes mobiles formant le batteur ou agitateur. Pendant la rotation, ces ailettes projettent la crème contre les barrettes fixes en déterminant constamment son retour vers le centre.

L'écrémeuse Laval comporte généralement l'usage de la baratte danoise.

L'agitation de la crème en vue de la transformer en beurre, constitue le *barattage*. La durée de cette opération varie avec la saison : en été, et par les températures élevées, elle est plus longue qu'en hiver.

Le barattage fait perdre leur forme aux globules gras et ils se prennent en grumaux qu'on réunit à la main. D'après M. Duclaux, les globules gras n'ayant pas d'enveloppe, l'opération agit en les lançant les uns contre les autres, de façon qu'ils se soudent à l'instar de boules de terre glaise projetées l'une contre l'autre.

On attend généralement douze heures pour baratter la crème recueillie par l'écrémeuse centrifuge, l'expérience ayant appris que, si le barattage se fait de suite, le beurre n'a pas d'arome. On en verra la raison plus loin.

Pour conserver au beurre toute la finesse de son goût, il faut qu'il soit le moins possible en contact avec les mains. Par action centrifuge, les dernières traces de lait ou d'eau sont expulsées radicalement. On l'y soumet dans des machines dites délaiteuses centrifuges (fig. 200), qui ont beaucoup d'analogie avec les turbines centrifuges ou essoreuses. Le beurre, à l'état granuleux, est puisé dans la baratte à l'aide d'un tamis, versé dans un des sacs de la délaiteuse et introduit dans cet appareil qu'on met en mouvement et qui débarrasse en quelques minutes le beurre de son eau. Il ne reste plus qu'à le recueillir, le malaxer, le mouler en pains et l'envelopper soigneusement. On le sale avec 30 à 40 grammes de sel par kilogramme, s'il doit être conservé.

Par l'emploi des écrémeuses centrifuges, le lait est si parfaitement débarrassé de ses matières grasses, qu'il ne donne plus que du fromage très maigre.

Il a été dit que le beurre est formé par l'agglomération de globules graisseux ; ceux-ci emprisonnent quelque peu de caséine et de l'eau tenant en dissolution de la lactose et des sels. La matière grasse du beurre est formée par des glycérides à acides gras, fixes et insolubles, tels que l'oléine et la margarine, et des glycérides à acides gras volatils et solubles dans l'eau comme la butyrine et la caprine.

La composition du beurre, pas plus que celle du lait, n'est fixe ; il y a des variations qui tiennent à l'alimentation, au mode de fabrication, à la saison, à la race. Les beurres des pays du Nord sont les plus riches en glycérides fixes, probablement par ce que la volatilisation des acides est entravée, tandis que, sous le climat du Midi, les acides volatils et solu-

bles se forment plus facilement, d'où l'odeur spéciale des beurres méridionaux.

Les beurres contiennent de 80 à 90 de matières grasses, de 1,87 à
2,80 de caséine, de 6,10 à 15,70 d'eau et de 1 à 1,85 de sels et cendres.

D'après M. Grandeau, tout beurre qui ne renferme pas 80 pour 100 de
matière grasse est suspect.

Dans celle-ci, il y a pour 100 : environ 30 d'oléine, 60 à 68 de margarine et 2 à 6 de butyrine et caprine.

FIG. 200. — Délaiteuse.

Le point de fusion des beurres est compris entre 33 et 36 degrés.

Ces produits ont un goût qu'on a comparé au bouquet des vins et qui
tiendrait, pensait-on, à l'alimentation, à la nature, à la qualité des herbes
consommées. Cette action, si tant est qu'elle existe, est tout à fait indirecte, car depuis les recherches de M. Storch, on sait que l'arome du
beurre résulte de la transformation de certains principes du lait, d'une
action sur les corps gras et de la transformation de quelques éthers ;
c'est une sorte de décomposition commençante. M. Storch a démontré
qu'elle se fait par l'action d'un et peut-être de deux microbes vivant dans
la crème qui commence à s'acidifier. En abandonnant douze heures la
crème à elle-même, ces ferments font leur œuvre. Par la méthode des
ensemencements, on peut abréger ce temps et régler leur action.

On a imaginé, pour donner du parfum au beurre, de suspendre des
fleurs dans la baratte ; dans le Bessin, les fermières lavent les vases à lait

avec de l'eau contenant une pincée de canelle. Tout cela n'a rien de répréhensible, mais n'a pas l'efficacité qu'on lui attribue.

Les beurres les plus estimés sont ceux d'Isigny, de Gournay, de Neufchâtel-en-Bray, de la Prévalais et de Rennes. Les arrondissements de Bayeux et de Lisieux en fournissent chacun environ 50.000 kilogrammes par semaine. La Bretagne est, après la Normandie, la région qui a la meilleure réputation pour ces produits.

Coloration. — Le beurre, en été, a généralement une belle couleur jaune, mais en hiver, et en toute saison pour les bêtes constamment nourries de fourrages secs, sa couleur pâlit, il devient presque blanc.

Comme les beurres jaunes, à tort ou à raison, sont préférés des consommateurs, on a imaginé de colorer ceux qui sont trop pâles. La coloration se fait ordinairement avec du jus de carottes. On râpe celles-ci, on les met sous presse et on recueille le suc qui s'écoule. On se sert aussi de l'extrait de fleurs de souci, de carthame, de safran, de curcuma (racine d'une Amomée). L'industrie vend des colorants dont les uns ont le rocou pour base, c'est-à-dire le mésocarpe du *Bixa ovellana*, et dont les autres dérivent de la coralline jaune et du chromate de plomb.

Le dinitro-kressol est vendu sous le nom de succédané de safran, également comme colorant pour les beurres et les pâtes alimentaires. Chimiquement, ce corps est voisin de l'acide picrique. D'après M. Weyl, il est toxique à la dose de 25 centigrammes par kilogramme de poids vif de lapin. Les animaux intoxiqués présentent de la dyspnée, des convulsions et la mort arrive par asphyxie.

Un autre colorant est le jaune de Martius ou dinitro-alpha-naphtol, mais il ne serait pas toxique.

En Danemark, les beurres sont colorés en rouge par une matière tinctoriale, l'*orléans*, extraite d'un végétal de la Guyane.

Les matières colorantes extraites des végétaux que nous avons énumérées ne contiennent pas de principes nuisibles ; elles ne peuvent donc pas avoir d'influence fâcheuse sur la santé publique. Il n'en est pas de même des colorants au chromate de plomb et au dinitro-kressol ; leur usage doit être formellement prohibé.

Beurres artificiels. — Les beurres, surtout ceux de bonne marque, sont relativement chers et les ménages nécessiteux les abordent difficilement.

Dans l'Europe méridionale, on s'en passe volontiers, parce que l'huile d'olive les remplace et qu'il est même dans les coutumes de la leur préférer. Il n'en est pas ainsi dans le Nord ; pour les apprêts culinaires, on s'adresse plus généralement à l'axonge qu'aux huiles de table.

Des industriels fort ingénieux ont imaginé de fabriquer, à l'usage des classes pauvres, des beurres artificiels. Le plus connu de ces produits est la margarine, qui s'extrait de la graisse de bœuf. Le suif en branches est déchiqueté par des broyeurs, puis fondu doucement au-dessus d'un bain d'eau tiède, avec une très petite quantité de soude ; la température de l'eau ne doit être que juste suffisante pour déterminer la fusion, car une chaleur trop grande aurait pour effet de commencer la dissociation de certains produits à odeur désagréable.

La graisse fondue se sépare des membranes qui tombent au fond du vase après un court repos. Le liquide est decanté dans un deuxième bac, chauffé au bain-marie pour obtenir une nouvelle purification, puis on le fait couler dans de petits bassins en fer blanc qu'on appelle des moulots. La matière, maintenue à la température de 25 degrés à peu près, dans des caves chauffées, se fige peu à peu en une matière jaune et cristalline.

On extrait cette pâte et on la soumet, dans des enveloppes de toile, à une pression hydraulique assez forte, en la maintenant à une température de 30 à 35 degrés. Cette graisse se sépare alors en deux produits, l'un solide, qui reste emprisonné dans la toile : c'est une stéarine pure qui est vendue pour la fabrication des bougies ; l'autre, fluide, s'écoule de la presse ; c'est un liquide huileux, ambré, d'une couleur claire ; on le reçoit dans des tonneaux qu'on conserve dans des caves, à la température ordinaire. Il se prend peu à peu en masse, et cette matière concrète n'est autre que la margarine ou plutôt l'oléo-margarine.

Cette substance est jaunâtre, et quoique un peu cristalline, elle ressemble beaucoup au beurre, comme aspect et comme couleur. Si les experts ne s'y trompent pas, on doit dire que la majorité des consommateurs confondrait aisément les deux substances, quoique cependant la margarine ne possède pas le parfum, le goût savoureux que l'on recherche et que l'on apprécie à si grande valeur dans les beurres renommés.

La préparation de la margarine se fait donc très proprement, et, comme cette substance est bon marché, elle est devenue, presque aussitôt son apparition, un succédané du beurre pour l'alimentation des classes pauvres.

On en fait beaucoup en Hollande où on la vend sous le nom de beurre de Hollande ou beurre de margarine.

Le commerce de cette marchandise est licite, et son usage apporte un allègement aux dépenses des ménages peu fortunés.

Mais on ne s'en est pas tenu à la vente de la margarine sous sa forme d'origine ; on a imaginé bientôt de lui donner artificiellement un goût agréable et le parfum de la substance que l'on veut imiter. Pour atteindre ce résultat le procédé est simple : il suffit de baratter la margarine avec du lait, une petite quantité d'huile d'arachide, un peu de beurre au besoin, pour obtenir un produit nouveau qui ressemble au beurre et qu'il est assez difficile d'en distinguer.

Il a reçu les différents noms de butterine, beurre artificiel, etc. Lorsqu'on le vend en prévenant les acheteurs de sa véritable nature, il n'y a rien à objecter, mais quelques commerçants peu scrupuleux le font passer comme beurre véritable. Cette manière de faire est une fraude.

On vend aussi des oléo-margarines ne contenant pas de lait, mais qui, par contre, renferment toujours un peu de stéarine ; comme cette dernière substance se fige rapidement, on y ajoute un peu d'huile d'arachide.

Une loi du 14 mars 1887 concerne la répression des fraudes commises dans la vente des beurres, elle exige que la margarine soit vendue sous son vrai nom.

Les méthodes pour reconnaître les falsifications du beurre sont basées :

1º *Sur la dégustation.* — Placer du beurre dans une pomme de terre cuite : goût spécial avec le beurre naturel ; goût désagréable avec la margarine.

2º *Sur la fusion.* — Fondre du beurre dans un tube d'essai et le chauffer pendant un certain temps au dessus du point d'ébullition de l'eau : Beaucoup d'écume avec le beurre naturel ; moins avec le beurre artificiel, qui donne une ébullition tumultueuse et de chocs violents.

3º *Sur la détermination du poids spécifique du beurre fondu par rapport au point d'ébullition de l'eau avec la balance de Mohr.* — Le beurre naturel a un poids spécifique d'environ 0,867 et le beurre artificiel un de 0,859. Cette méthode très vantée n'est pas sûre, parce que le beurre naturel présente des variations de poids dues à l'influence de la période de lactation et de nourriture. Ainsi le beurre d'hiver a parfois un poids spécifique aussi faible que le beurre artificiel.

4º *Sur l'examen microscopique.* — Dans le beurre artificiel les bulles d'air sont plus grosses et moins nombreuses que dans le beurre naturel. Observé à la lumière polarisée avec plaque de gypse interposée, on reconnaît facilement dans le beurre artificiel les masses graisseuses cristallines qui se rencontrent seulement dans les graisses solides qui ont été fondues une fois. Le beurre naturel *récent* n'est jamais cristallin, quand il a séjourné longtemps dans des endroits à température variable, il présente de fortes cristallisations à gros cristaux.

5º *Sur l'émulsion.* — Cette méthode, due à M. Mayer, directeur de la station agronomique de Wageningen (Hollande), s'emploie de la façon suivante : prendre environ 60 centigrammes de beurre à examiner, l'introduire dans un tube à essais, laver avec environ 12 centimètres cubes d'eau alcalinisée par 2 gouttes d'ammoniaque à 6 pour 100. Après agitation énergique, introduire le tube à essais dans un des trous du couvercle du bain-marie rempli d'eau à 37º et réglé à cette température. Laisser pendant quelques minutes dans le bain, agiter un peu, puis vider dans un entonnoir auquel est adapté un tube en caoutchouc qui se ferme au-dessous de l'entonnoir par une pince. Rincer quelquefois avec l'eau tiède du bain-marie. Ouvrir un peu la pince, de telle sorte que l'eau, en s'écoulant, ne forme pas tourbillons. Laisser couler l'eau du récipient, de manière que l'entonnoir ne se vide pas tout à fait. Lorsque l'eau n'entraîne plus rien, on ferme la pince complètement, après avoir laissé s'écouler lentement presque toute l'eau restante. Avec du beurre pur, on doit trouver sur les parois de l'entonnoir refroidi de la substance caséeuse finement divisée, tandis que l'addition de beurre artificiel ou de toute espèce de graisse qui a été préalablement fondue, se décèle par la présence de grosses gouttelettes à la surface de l'eau ; ce sont de véritables yeux de bouillon, tandis qu'il n'y en a pas avec le beurre.

Pour trouver les colorants ajoutés au beurre, traiter environ 2 grammes de beurre dans un tube à essais par le même volume d'alcool et chauffer jusqu'à ébullition. Dans le cas où il n'y a aucun colorant artificiel, la couche alcoolique surnageant celle du beurre liquéfié est complètement incolore et le beurre a conservé son aspect originaire. Avec du beurre contenant du colorant, l'alcool peut paraître aussi fortement coloré que la graisse butyreuse et lorsqu'on examine les mélanges, la coloration reste entre ces deux cas extrêmes (Mayer).

6° *Sur l'analyse optique.* — D'après M. Violette[1] les beurres et les margarines ont « des indices de réfraction différente qui jusqu'ici se traduisent par des déviations de — 33° à — 27° à l'oléo-réfractomètre pour les beurres et de — 15° à — 8° pour les margarines. Les indications de l'oléo-réfractomètre sont suffisamment exactes lorsqu'elles se rapportent à des mélanges dont les éléments ont des déviations connues. Il est nécessaire de fixer par une série d'observations sur différents beurres, la déviation minima au dessous de laquelle un beurre pourra être considéré comme margarine. L'oléo-réfractomètre peut être utile pour l'examen des beurres du commerce, mais ses indications ne peuvent être certaines qu'autant que ces beurres auront une déviation inférieure à la limite minima des beurres. Dans ce cas, les indications ne peuvent fournir qu'une proportion minima de margarine. »

Altérations. — Les beurres s'altèrent et deviennent huileux ou suiffeux, poisseux, amers et aigres. Storch a isolé la bactérie qui cause l'état huileux du beurre et lui donne le goût de suif. Elle évolue dans la crème,

II. DU FROMAGE

Le second produit important obtenu de la transformation du lait est le fromage. Il résulte de la coagulation du caséum qui emprisonne tous les globules gras si le lait n'a pas été écrémé ou seulement ceux qui ont échappé à l'écrémage. Dans le premier cas, on a des fromages dits *gras*, et des *maigres* dans le second. Parfois on ajoute de la crème au lait naturel et complet et on obtient alors des fromages de luxe qui sont très gras.

Le lait travaillé par les écrémeuses centrifuges ne donne qu'un fromage maigre, de qualité tout à fait inférieure et qui se vend mal ; aussi distribue- t-on fréquemment ce lait écrémé aux porcs. En Allemagne, on l'additionne de 20 pour 100 de lait ordinaire non écrémé et on obtient un mélange susceptible d'être utilisé pour la fabrication d'une sorte passable de fromage.

Dans quelques pays, en Amérique notamment, on a trouvé le moyen de faire des fromages gras avec du lait écrémé, en lui restituant de la graisse. On le chauffe à 32 degrés, on l'émulsionne avec de l'huile de saindoux, on y ajoute du lait de beurre, du colorant et de la présure.

---

[1] Violette, Recherches sur l'analyse optique des beurres (*C. R. de l'Académie des sciences*, 1890).

Il est presque superflu de dire qu'on peut fabriquer des fromages avec le lait de la vache, de la chèvre, de la brebis et même de la bufflesse et de la femelle du renne.

Formation du caillé et maturation. — La coagulation est produite par la fermentation du sucre de lait et la formation d'acide lactique. Elle se fait dans la caillette du veau par l'intermédiaire d'une *diastase* ou *présure* sécrétée par ce quatrième estomac et qu'on extrait aussi pour en faire une présure artificielle. Chez l'adulte, la coagulation du lait dans l'estomac a lieu par le suc gastrique ; le pancréas possède la même propriété. Des recherches récentes ont montré que la présure, appelée *lab* par Hammarsten, n'est pas l'agent direct de la coagulation du lait, elle est seulement l'agent modificateur de la caséine. Celle-ci dans sa transformation, engendre des substances dérivées dont quelques-unes sont précipitables par la chaleur et par des sels de chaux, en particulier par le phosphate de chaux du lait[1]. Le latex de quelques plantes, notamment celui du figuier *(Ficus carica)*, caille également le lait, de même qu'il transforme le blanc d'œuf en peptone. Un champignon hyménomycète, le *Clavaria flava*, possède un liquide jaunâtre qui le coagule très bien ; on l'emploie, à cet effet, en Serbie.

Dans les Pyrénées, la présure destinée à faire coaguler le lait de la brebis est extraite de la fleur de l'artichaut, récoltée l'année précédente. On la fait macérer avant de l'employer, on pile et on presse dans un linge pour en extraire le jus. Une once de fleurs d'artichaut suffit pour huit litres de lait, faisant un kilogramme de fromage au bout de dix semaines.

M. Duclaux a démontré que la coagulation peut être amenée par une présure spéciale sécrétée par quelques-uns des microbes du lait (fig. 201 et 202), particulièrement par ceux qu'il appelle les microbes de la caséine. Ils se trouvent partout, sur le pis de la vache, sur les mains du vacher, dans le vase à traire, etc., et ils sécrètent une diastase-présure coagulante et une diastase digestive qui redissout à la longue le coagulum.

Quand la coagulation du lait est précédée d'une acidification, c'est qu'il y a, dans ce liquide, des ferments lactiques ; une courte ébullition peut l'empêcher, mais il faut, pour pouvoir chauffer impunément, que la proportion d'acide lactique déjà produite ne soit pas trop grande, parce que le lait devient d'autant plus sensible à son action, que la température est plus élevée. Il faut dix fois moins d'acide à 100 degrés qu'à 15 pour précipiter la caséine. On dit que le lait *tourne ;* on peut éviter cet inconvénient en le saturant de quelques grammes de bicarbonate de soude.

---

[1] Voyez : Hammarsten, *Zur Zenntniss des Cascins und der Werkung des Labfermentes,* Upsala, 1877.

[2] Arthus et Pagès, Action du lab et coagulation du lait *(Archives de Physiologie,* 1890, page 331).

La présure ordinaire, provenant de la caillette du veau, n'agit qu'entre des limites déterminées de température qui sont $+15°$ et $+65°$. Le maximum d'action est à $+41°$. Les fortes présures commerciales peuvent

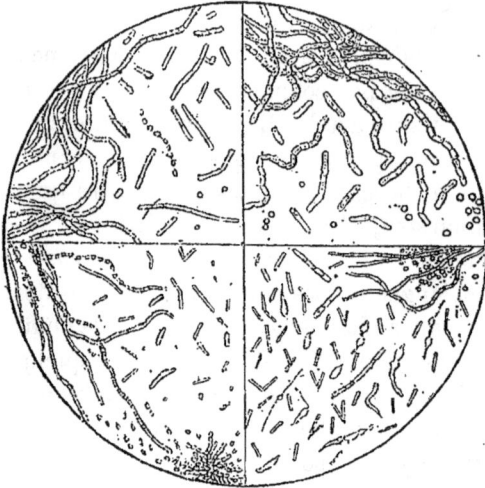

Fig. 201. — Ferments aérobies du lait (d'après M. Duclaux).

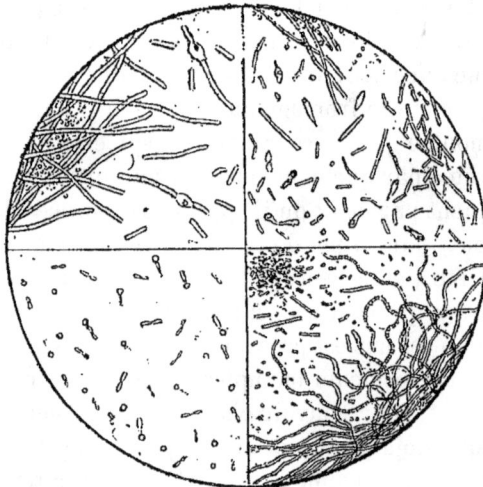

Fig. 202. — Ferments anaérobies du lait (d'après M. Duclaux).

coaguler de dix à vingt mille fois leur poids de lait et même cent mille fois si on leur laisse le temps.

Les sels de soude et de potasse, l'ammoniaque et la baryte contrarient l'action de la présure ; ceux de chaux et de magnésie la favorisent. Les acides coagulent le lait et leur action croît avec la température ; ils aident à l'action de la présure. Il faut faire exception pour l'acide borique qui la retarde.

Dans la Lozère, on se sert de la caillette du chevreau âgé de trois semaines, dans l'Aveyron, on emploie la caillette d'agneau.

Lorsque les fromages sont récents, on les dit *frais ;* en vieillissant, ils *s'affinent* ou se *passent*, ce qui en modifie tout à fait les caractères. M. Duclaux qui a consacré beaucoup de temps à l'étude de la maturation des fromages et qui le premier a déterminé les microbes qui en sont les facteurs, s'exprime comme il suit, à cet égard : Le phénomène capital de la maturation d'un fromage consiste dans les modifications que subit la caséine sous l'influence des ferments. En agissant sur elle, ils sécrètent des diastases qui pénètrent peu à peu la masse, parallèlement aux surfaces exposées à l'air, de sorte qu'on voit une couche jaunâtre et translucide gagner de plus en plus l'intérieur du fromage, en envahissant, au centre, la couche blanche et opaque du caséum primitif. Ce qui diffère d'un fromage à l'autre, c'est la nature des êtres chargés de sécréter ces diastases et d'accomplir la maturation.

Depuis les études de M. Duclaux, M. Adametz, professeur à l'École de laiterie de Sornthal (Suisse), s'est occupé de ce sujet. Dans le fromage frais d'Emmenthal, et sur un fromage mou, il a isolé dix-neuf espèces de microbes : six microcoques, cinq sarcines et huit bacilles ; il a aussi trouvé trois levures. En ajoutant des antiseptiques au fromage, la maturation ne se fait pas ; il reste blanc et compact. L'addition de moisissures et des bactéries de la putréfaction n'entrave pas la maturation.

Les mucorinées et les moisissures qui vivent sur les fromages et enfoncent leur mycélium dans l'intérieur, sécrètent aussi une diastase et une caséase qui agissent à la façon des ferments, de telle sorte qu'on peut les employer à cet usage.

Sous l'influence des ferments, la caséine se transforme petit à petit en albumine insoluble dans l'eau chaude, puis en matière soluble dans l'eau chaude et ensuite dans l'eau froide, puis en matériaux azotés cristallisables, tels que la leucine, la tyrosine et enfin en des sels ammoniacaux à acides gras et à du carbonate d'ammoniaque. L'analyse suivante d'un fromage, d'après M. Duclaux, donne une idée des changements survenus :

	MASSE INITIALE	MASSE FERMENTÉE	
		Intérieur	Surface
Matière grasse.	46,7	44,6	71,0
Caséine.	50,7	42,8	6,7
Albumine.	0,7	3,2	2,3
Matière soluble dans l'eau bouillante.	1,9	9,4	20,0
	100 »	100 »	100 »

On voit quelle prédominance acquiert la matière grasse. Il est peu probable qu'elle résulte d'une transformation de la caséine ; d'une façon *absolue*, elle reste ce qu'elle est, mais elle augmente relativement, parce que les principes qui l'accompagnaient se sont transformés ou que les volatils ont disparu.

Quand les produits odorants formés pendant la maturation deviennent exagérés, ils peuvent rendre le frommage impropre à la consommation.

Dans les fromages de Gex et de Septmoncel (Jura), fabriqués avec du lait de vache, on remarque un persillé bleuâtre qui fait songer au Roquefort et qui est dû, ici comme là, au développement du *Penicillum glaucum* qui sécrète une diastase à la façon des ferments de la caséine.

Il est des pays où la fabrication du fromage plutôt que celle du beurre est la branche principale de l'industrie laitière. L'Angleterre est dans ce cas ; les types fabriqués y sont d'ailleurs peu nombreux, ce sont : le Cheddam, le Gloucester, le Chester, le Derbyshire, le Leicestershire, le Lancashire, le Stilton et le Bath.

Sortes de fromages. — On est dans l'usage de diviser les fromages en trois grandes catégories : 1° fromages doux à pâte molle, 2° fromages doux à pâte ferme, 3° fromages aigres.

Fromages à pâte molle. — On les subdivise en *frais* et en *affinés* ou *passés*. Les principaux fromages à pâte molle et frais sont ceux dits à la crème, à double-crème, malakoffs, de Neufchâtel, de Coulommiers, de Gournay et du Mont-d'Or. Parmi les fromages affinés, qui forment la classe la plus nombreuse, on trouve en France ceux de Maroilles, de Compiègne, de Camembert, de Livarot, de Pont-Évêque, de Mignot, de Brie, de Troyes, d'Ervy, de Chaource, d'Époisses, de Langres, de Saint-Marcellin, de Sassenage, de Senecterre, de Gérardmer. A l'étranger, on trouve le rahmatour, le limbourg, le gorgonzola et le stracchino ; ces derniers sont à pâte rose.

Fromages à pâte ferme. — On les subdivise en fromages *pressés* et en fromages *cuits*. Les principaux de ces produits sont ceux de Hollande, d'Angleterre, de Bergues, du Cantal et de l'Auvergne, de Septmoncel, de Gex, du Mont-Cenis, de Géromé, de Port-du-Salut, de Roquefort et les gruyères. Parmi les fromages étrangers, il faut citer le Chester qui a une pâte couleur de saumon due à la coloration par le rocou. Les principaux fromages italiens de cette sorte sont les parmesans et les caccio-cavallo.

Fromages aigres. — Ils se fabriquent peu en France ; à l'étranger, notamment dans les pays allemands, ils ont passablement d'extension. A l'exception d'un seul, le schabziger suisse, ils constituent des fromages moins estimés que ceux qui viennent d'être énumérés. Nous citerons les fromages aigres de Belgique, de Silésie, du Harz, de Mayence, de Nieheim, d'Ihlefeld, du Holstein, de Chiavari, d'Olmütz, de Norvège, du Vorarlberg. Leur fabrication a été transportée aux États-Unis, aux environs de Philadelphie et au Vénézuela. En Corse, on fabrique, avec le lait de brebis, un fromage aigre, dit broccio.

Le schabziger se fabrique particulièrement dans le canton de Glaris ; il est renommé et constitue, depuis des siècles, un produit d'exportation. On le prépare avec du lait écrémé, additionné de lait de beurre ; on en pétrit le caillé avec des feuilles de *Melilotus cœrulea* réduites en poudre, qui le colorent et l'aromatisent.

Provenance et fabrication. — Les procédés de fabrication des fromages sont variés comme les produits eux-mêmes, et leur étude est de grande importance pour l'agriculteur. Il serait, par exemple, fort intéressant de comparer la fabrication de la fourme du Cantal à celle du camembert ou du fromage de Langres. Ne pouvant développer ce point de technologie, la provenance des laits employés sera seule signalée ; nous ne donnerons quelques brefs renseignements, et à titre d'exemple, que sur deux d'entre eux : l'un de vache, le gruyère ; l'autre de brebis, le roquefort.

Les brebis, les chèvres, les bufflesses et les rennes fournissent des fromages aux populations qui les exploitent ; les bufflesses en Italie, donnent les provoli, les scamorze et les borelli. Les chèvres et les brebis concourent à former des fromages qu'on fabrique, soit en se servant du lait d'une seule espèce, soit en faisant un mélange.

Le plus connu de tous les fromages de brebis est, en France, le roquefort ; à l'étranger, citons le mecklembourg, le texel, l'ancône et celui des Carpathes.

Un fromage, très estimé en Norvège sous le nom de gamelost, est fabriqué avec du lait de chèvre écrémé. De couleur brune, de pâte onctueuse, de goût salé et d'odeur ammoniacale pénétrante, il se mange étalé sur du pain beurré.

Dans le groupe des fromages provenant d'un mélange de lait de diverses espèces, se place en première ligne le mont-d'or, fabriqué dans le Lyonnais. C'est un fromage à pâte molle confectionné autrefois presque exclusivement avec du lait de chèvre, mais dans lequel il entre aujourd'hui du lait de vache pour une bonne partie et du lait de brebis. Il donne lieu à un commerce considérable, et dans des départements éloignés du Rhône, on fait des façons Mont-d'Or.

Aux environs de Saint-Marcellin (Isère), on fait des fromages à pâte molle, avec du lait de chèvre et de brebis, qu'on qualifie de saint-marcellin. Sassenage, près Grenoble, donne aussi son nom à un fromage à pâte ferme, persillé, fait avec du lait de vache pour les 9/10 et le reste avec du lait de brebis et de chèvre.

Le fromage dit du Mont-Cenis, qui est à pâte ferme, résulte d'un mélange de lait de vache, de brebis et de chèvre. Il présente des veines bleuâtres dues au développement spontané du *Penicillum*, dont les spores sont sans doute dans les laiteries.

Le persillé ou tignard, se fabrique en Tarentaise, avec moitié lait de brebis, un quart lait de chèvre et un quart lait de vache. Le gratairon et le chevretin sont deux sortes de fromages fabriqués dans les deux Savoie avec du lait de chèvre.

Dans les Hautes-Alpes, on fabrique une façon roquefort avec du lait de brebis, et le gavot, mélange de lait de vache, de chèvre et de brebis. Aux environs de Barcelonette, un fromage est fait avec le lait de brebis seul.

Dans le département de l'Ariège, on fait des fromages avec un mélange de lait de brebis, de vache et de chèvre, sauf dans l'arrondissement de Foix où on les fabrique exclusivement avec le lait de brebis. Dans les Hautes-Pyrénées, la presque totalité du fromage est fournie par les brebis.

Dans le département du Lot, on utilise le lait des brebis entretenues sur le causse compris entre la Dordogne et le Lot, en le transformant en un fromage de petite dimension, à pâte molle, très doux, appelé le rocamadour. Son centre de production est le village de ce nom, placé au milieu d'une contrée aride.

Les fromages que l'on consomme le plus en Espagne, en Portugal et en Turquie, sont faits avec du lait de brebis. En Grèce, le plus souvent, c'est un mélange de lait de chèvre et de brebis.

Il paraît que c'est en Suisse, dans la petite ville de Gruyère, canton de Fribourg, et à une époque lointaine, qu'a pris naissance, la fabrication des gruyères. Ces fromages recevaient autrefois l'empreinte d'une grue, moyennant un droit municipal de pesage. C'était leur marque de fabrique.

On estime que 100 litres de lait donnent 10 kilogrammes de fromage. On se sert d'un mélange de lait écrémé et de lait non écrémé, dans les proportions suivantes : non écrémé, 4 litres ; écrémé, 5 litres. Les pains de gruyère pesant en moyenne 30 kilogrammes, il faut donc 300 litres de lait pour leur confection qui se fait à chaud, car ce sont des fromages à pâte ferme et cuite. Après la mise en pains, on estime qu'on peut encore recueillir 1 litre de crème par 100 litres de petit-lait.

Les fromages de Roquefort, dont la renommée est universelle, se fabriquent dans le Larzac.

Le plateau de ce nom, situé dans l'Aveyron, à une altitude de 300 mètres, a 40 kilomètres de diamètre ; il comprend une partie des arrondissements de Milhau et de Saint-Affrique. Sa population ovine n'a cessé de s'accroître, alors que dans le reste de la France, et pour des causes étudiées plus haut, le nombre des moutons ne faisait que diminuer ; elle est, aujourd'hui, d'environ 650.000 têtes dont 426.000 brebis.

A une époque indéterminée, une portion du plateau, la montagne de Combalou, éprouva un glissement considérable ; les rochers roulèrent les uns sur les autres et il en résulta des voûtes naturelles ; quelques-uns de ces blocs se désagrégèrent en partie, et au bout d'un certain temps, des galeries furent formées que les habitants utilisèrent très ingénieusement pour les transformer en caves destinées à la préparation des fromages.

L'entrée des caves est éclairée par la lumière du jour, mais à mesure qu'on s'avance, l'obscurité s'épaissit et on est obligé d'avoir recours à des lanternes. La température s'abaisse aussi. L'obscurité et le froid ont le grand avantage d'éloigner les mouches, ce qui est très important dans un établissement destiné à la manipulation des fromages.

Une première cave, très grande, voûtée et dallée, est le saloir. Puis en viennent d'autres, irrégulières, de 8 à 10 mètres de long. Le plus souvent, on n'a pas touché aux parois, afin de ménager les fissures par où passent des courants d'air glacé. On y a seulement dressé des étagères en planches pour le support des fromages. Dans les anciennes caves, le sol, formé par le roc qu'on n'a point taillé, est irrégulier, humide, glissant; dans celles qu'on aménage plus récemment, on met un plancher, ce qui rend la circulation plus facile.

Nous ne connaissons pas exactement le moment où l'on a commencé à se servir des caves de Roquefort, mais cela doit remonter loin, car il en est question dès 1070, d'après les *Mémoires sur l'histoire du Rouergue,* de Bosc. Une charte portant cette date mentionne que Flottard de Cornus s'engage à donner au monastère de Conque deux fromages qui doivent lui être payés annuellement par chacune des caves de Roquefort. Peu à peu la réputation de ces caves se répandit, et les habitants des pays voisins y apportèrent leurs fromages. Le parlement de Toulouse rendit, en 1550, un édit attribuant au village de Roquefort le privilège de la fabrication des fromages de son nom et l'interdisant ailleurs, sous peine d'une amende de cinq livres par quintal.

Des savants éminents et des praticiens distingués, entre autres Marcorelles (1785), Chaptal (1787), Girou de Busareignes, Roche-Lubin et Duclaux, n'ont pas dédaigné d'aborder l'examen de la fabrication des fromages de Roquefort.

On mélange le lait des traites du soir et du matin, on passe (on chauffe quelquefois le lait de la traite du soir), on met de la présure pour faire cailler. Le caillé est mélangé de pain moisi et quand il est ressué, on le crible, au moyen d'une machine, de petits trous qui le percent de part en part, puis on porte dans les caves.

Celles-ci sont constamment, été comme hiver et quelque temps qu'il fasse, à une température basse, dont la moyenne est de + 5 degrés. Cette particularité, très précieuse qui ne se trouve pas dans les meilleures caves qui sont toujours au moins à + 8, serait due à des courants d'air.

La moisissure mêlée au caillé est constituée par le *Penicillum glau-*

cum, champignon dont la fonction n'est pas seulement de donner au fromage de Roquefort ses veines bleues particulières, mais encore d'en hâter la maturation.

On a vu que, dans la plus grande partie des fromages, la maturation s'effectue par l'action de microbes, anaérobies et aérobies, qui agissent sur la caséine et la transforment. Or, le *Penicillum glaucum* jouit aussi de la propriété de sécréter de la caséase. Comme c'est un végétal aérobie, on est obligé de percer le caillé de trous pour lui permettre de vivre. D'autre part, on ne veut pas que le fromage soit envahi par des infiniment petits qui viendraient joindre leur action à celle du *Penicillum*, c'est pourquoi la basse température des caves de Roquefort est une condition si importante et si difficile à réaliser autre part que là. Mais on comprend aisément aussi qu'à + 5 degrés, la mucédinée en question ne trouve pas les meilleures conditions de végétation, d'où la nécessité d'en mettre une forte proportion dans chaque fromage.

Elle est fournie actuellement aux propriétaires par la Société des caves de Roquefort, sous forme d'une poudre bleu verdâtre, qui est un composé de débris de *Penicillum* et de pain. Le pain moisi se fabrique en prenant :

Farine d'orge ;

Farine de froment ;

Levain de la fabrication précédente ;

Vinaigre.

On place dans un four porté à la température la plus propre à faire développer la moisissure. Quand celle-ci a évolué, on sèche et on pulvérise. On a ainsi un pain rempli de débris de mycelium et de spores, tout prêt pour l'usage indiqué.

Les caillés ensemencés sont laissés trois jours dans les moules ; on les retourne plusieurs fois, puis on les sèche, et quand ils ont suffisamment de consistance, on les porte aux caves. Ils pèsent à ce moment environ 3 kilogrammes. Ils passent d'abord au saloir où ils reçoivent du sel sur leurs deux faces et à la dose d'environ 2 kilogrammes pour 50 kilogrammes de fromage. On les retourne pendant une huitaine afin que le sel s'infiltre bien dans la masse.

Au sortir du saloir, les fromages sont portés dans une première cave, où ils reçoivent un raclage dont le produit est distribué aux porcs. Ils se sèchent graduellement, subissent de temps en temps des raclages dont le résidu est vendu aux pauvres comme aliment. On le considère comme stomachique.

On estime que 100 litres de lait donnent 22 kilogrammes de fromage et que la moyenne du rendement de chaque brebis est de 60 litres par an, soit la valeur de 15 kilogrammes de fromage. On a vu des femelles exceptionnellement laitières, donner annuellement 145 litres soit 32 kilogrammes de fromage.

Jusqu'en 1789, en l'absence de débouchés suffisants, la production était faible et ne dépassait pas annuellement 2000 quintaux qui étaient consommés au Vigan, à Toulouse et à Montpellier. En 1790, on produisait 2500 quintaux ; au commencement du siècle, 10.000 quintaux. La production n'a fait que s'accroître depuis ; c'est ainsi que, en 1850, les caves de Roquefort ont livré 1.400.000 kilogrammes, et en 1857, 3.500.000 kilogrammes de fromage.

Les caves sont actuellement exploitées par la Société dite des Caves de Roquefort qui, voulant s'assurer un approvisionnement constant et rendre la concurrence difficile, a fait avec beaucoup de propriétaires du voisinage, des traités par lesquels elle leur achète tous leurs fromages, dans des conditions débattues entre les intéressés. Cette Compagnie s'est ouvert des débouchés nouveaux et l'industrie fromagère fait entrer annuellement plus de six millions de francs dans le pays.

Les arrondissements de Saint-Affrique et de Milhau, dans l'Aveyron, celui de Lodève dans l'Hérault ; le canton de Camorgue dans la Lozère, et celui de Trèves, dans le Gard sont les principaux centres de production. Cette industrie s'étend dans le Tarn et le Cantal. Dans l'Aveyron, la chèvre perd du terrain devant la brebis, parce que les fromages au lait de chèvre prennent un goût de suif en vieillissant.

Altérations des fromages. — Indépendamment de la maturation ou comme conséquence de celle-ci quand elle est poussée trop loin, les fromages peuvent subir des altérations qui les rendent dangereux et exigent qu'on les rejette de la consommation. Dès 1867, Husemann rapportait qu'en Allemagne, en Russie et en Angleterre, la consommation de certains fromages avait produit des symptômes d'intoxication [1].

On a employé parfois dans la fabrication des fromages le sulfate de zinc et même le sulfate de cuivre, l'un pour donner au fromage frais le goût de fromage vieux et l'autre pour empêcher le boursouflement ou la levée. L'emploi de ces substances est condamnable, puisqu'elles sont toxiques.

D'après M. Vaughan, le fromage peut subir, dans certaines conditions peu connues, une décomposition dont le résultat est la production d'une substance toxique qu'il appela *tyrotoxicon*. Elle a été retrouvée dans des glaces à la crème et dans du lait qui avait subi la fermentation putride.

Dans un mémoire subséquent, M. Vaughan dit qu'en ajoutant au lait le ferment butyrique et en maintenant le tout huit ou dix jours dans une bouteille bien fermée, le poison se développe en quantité considérable.

[1] Husemann, *Manuel de toxicologie*, Berlin 1867.

En filtrant le lait, le neutralisant avec du bicarbonate de soude, puis agitant avec de l'éther, évaporant ce dernier corps et reprenant le résidu par l'alcool absolu, on obtient une solution concentrée du poison dans ce véhicule. L'auteur rapproche le tyrotoxicon du diazobenzol, tant par l'examen de leurs constitutions chimiques que de leurs propriétés physiologiques. En effet, ces deux substances administrées expérimentalement amènent des nausées, du vomissement, l'accélération de la respiration, de la diarrhée, et enfin la mort si la dose est suffisante[1].

M. Vaughan indique le procédé suivant pour rechercher le tyrotoxycon dans du lait : mettre sur une plaque de porcelaine un mélange de 2 ou 3 gouttes d'acide sulfurique et d'acide phénique (ce mélange doit rester pour ainsi dire incolore). Ajouter ensuite quelques gouttes de la solution aqueuse du résidu laissé par l'évaporation spontanée de l'éther. Si le lait renferme du tyrotoxycon, il se produit une couleur variant du rouge orangé au rouge pourpre.

Des Associations pour l'utilisation du lait. — Depuis une époque sans doute fort reculée, on a compris, en Suisse, quels avantages on retirerait en s'associant pour l'utilisation du lait. Il est des sortes de fromages qui n'ont de valeur commerciale qu'en pains de 25 à 30 kilogrammes, ils exigent pour leur confection une quantité de lait qu'un seul propriétaire pourrait rarement fournir à la fois. Sans l'association, on se trouverait dans l'impossibilité d'utiliser fructueusement des produits qui, avec le système coopératif, sont d'un rendement rémunérateur pour l'agriculteur.

Ces associations sont généralement désignées sous le nom de *fruitières*. Chaque sociétaire verse intégralement le lait de ses vaches, sauf ce qui est nécessaire pour les besoins du ménage et l'allaitement des veaux. Ce lait est apporté dans un local commun, auquel sont attachés un ou deux hommes appointés qui le reçoivent, le contrôlent et le transforment.

Jusqu'en ces derniers temps, les fruitières étaient surtout destinées à la production du fromage et c'est encore leur destination en Suisse, en Allemagne, en Autriche, en France. Depuis quelques années, on établit des associations coopératives, pour la fabrication du beurre. Avec l'extension des écrémeuses centrifuges, ce mouvement ne peut que s'accélérer.

De la Suisse, l'idée des fruitières s'est répandue peu à peu ; elle fit d'abord son chemin en Franche-Comté où elles existèrent seules pendant longtemps avant qu'il en fût question ailleurs. Un archiviste du

---

[1] *Pharmaceutical Journal*, décembre 1885.

Jura, M. Prost, a constaté, dans les chartes de deux communes de ce département, l'existence de fromageries sociétaires sous le nom de fruiteries en 1266. Elles existaient sans doute déjà auparavant. Peu à peu elles descendirent dans les départements alpins et pyrénéens. Ce mouvement s'est même étendu à des pays en dehors de l'Europe, aux États-Unis entre autres.

Il faut applaudir à cette tendance. L'association, qui a produit de si fructueux résultats dans l'industrie et le commerce, ne peut qu'être avantageuse à l'agriculture dans ses entreprises zootechniques.

III. DES AUTRES PRODUITS DÉRIVÉS DU LAIT

Parmi ces produits, le *lait de beurre* et le *petit lait* sont à citer en première ligne.

Le lait de beurre, encore dit *babeurre*, est le résidu restant dans la baratte après le barattage. C'est un liquide jaunâtre, où nagent quelques grumeaux de beurre et qui renferme toujours une forte proportion d'eau parce qu'on a l'habitude d'en ajouter à la dernière période du barattage.

Sa composition chimique est la suivante (Fleischmann) :

Eau.	91,24	pour 100
Matière grasse.	0,56	—
Caséine.	3,30	—
Albumine.	0,20	—
Sucre de lait, avec ou sans acide lactique.	4,00	—
Sels inorganiques.	0,70	—
	100	»

Il est des personnes qui boivent avec plaisir le lait de beurre à l'instar d'une boisson rafraîchissante. On l'utilise seul ou en mélange avec du lait écrémé pour la fabrication de fromages. Mais son usage le plus général consiste à entrer dans l'alimentation des veaux et surtout des porcelets. Indépendamment des matières quaternaires qu'il renferme, on pense que son acide lactique augmente la digestibilité des aliments avec lesuels il se met en contact.

Ditribué sans précaution et en trop grande quantité, le lait de beurre perturbe les fonctions digestives et produit des diarrhées surtout quand il est aigre. On évitera ces perturbations en le soumettant à l'ébullition puis en en fractionnant la distribution journalière.

Le résidu de la fabrication du fromage est le petit-lait, liquide d'une couleur verdâtre avec quelques stries blanchâtres.

Il n'est pas toujours semblable à lui-même, car il peut avoir été obtenu en traitant simplement le lait par la présure, ou par une double précipitation de la caséine par la présure et la chaleur, ou encore par la chaleur et un acide (citrique ou acétique). Il diffère aussi suivant qu'il provient de la fabrication de fromages doux ou de fromages aigres.

En voici, d'après Wælker, la composition moyenne :

Eau.	93,00 pour 100
Matière grasse.	0,35 —
Substance azotée.	1,00 —
Sucre de lait et acide lactique.	4,90 —
Cendres.	0,75 —
	100 »

On fabrique, dans plusieurs pays, notamment dans les régions scandinaves, des fromages de petit-lait. Il donne également le séret ou serai.

On se sert, en thérapeutique, de ce produit pour les cures dites de petit lait.

En raison du sucre qu'il contient, on en a extrait de l'alcool, fait du vinaigre et un vin spécial, sorte de champagne de petit-lait. Industriellement, il n'y a pas avantage à l'exploiter pour la production de l'alcool, la quantité en est trop minime.

Comme le lait de beurre, on le distribue aux veaux et aux porcs. Ces derniers en sont particulièrement avides ; aussi s'en sert-on comme excipient dans le traitement de leurs maladies pour leur faire prendre des médicaments que, sans cela, il serait fort difficile de leur administrer.

Il est d'autres produits dérivés du lait d'un usage moins courant et dont plusieurs sont à peine connus en Europe. Nous ne leur consacrerons qu'une mention. Nous signalerons le sucre de lait, le ciment de fromage, la farine lactée, la lacto-léguminose, le lait condensé médicinal, le petit-lait carbonaté, l'arrki, le koumys, le képhyr, le ghih, le caïmak et l'yaourte.

Après la fabrication du fromage, il reste environ 4,8 pour 100 de *lactose* dans le petit-lait. On procède, dans quelques pays, à l'extraction de ce sucre, en faisant évaporer le petit-lait ; on le décolore par le charbon animal et on le raffine. La Suisse a le monopole de cette fabrication qui, telle qu'elle est pratiquée jusqu'à présent, par des procédés primitifs, est une des moins lucratives qu'on connaisse.

Le produit industriel, désigné sous le nom de *colle de fromage* ou *ciment de fromage*, est un mélange de fromage maigre desséché, pulvérisé et mélangé à 20 pour 100 de chaux vive et 1 pour 100 de camphre. Imbibé, il forme une colle qui, une fois prise, agglutine les objets avec une grande force et est insoluble dans l'eau.

La *farine lactée* se prépare par concentration du lait dans le vide et à basse température ; on ajoute un peu de pain soumis préalablement à une cuisson spéciale et légèrement additionné de sucre. Elle sert à l'alimentation des enfants.

La *lacto-léguminose* est faite d'un mélange de lait condensé et de farines de froment et de légumineuses. C'est une préparation à l'usage des convalescents.

Le *lait condensé médical* est un mélange de lait condensé ordinaire avec des saccharates renfermant du fer, de l'iode ou autres médicaments.

Le *lait concentré*, dont nous avons déjà dit un mot, constitue une industrie qui s'est implantée aux îles Britanniques où l'on connaît actuellement les usines d'Aylesbury, de Marlow en Irlande, de Swindon dans le comté de Welts, en Suède, en Norvège, en Autriche, en Suisse. En Italie, un établissement de ce genre a été fondé à Locate, près Milan. Dans l'Amérique du Nord, la fabrication du lait condensé est une industrie prospère.

Le lait concentré s'expédie en boîtes de fer-blanc cylindriques et scellées ; il est blanc lorsqu'il est récent et vire au jaunâtre avec le temps ; il a la consistance d'une bouillie épaisse et laisse un fil au bout du doigt ; sa saveur est très douce. Son poids spécifique oscille autour de 1,260. Délayé dans quatre fois et demie son volume d'eau tiède, il se dissout et constitue un liquide laiteux, doux, sucré, qui laisse monter une couche de crème et finit par se recouvrir d'une couche de sucre cristallisé si on l'abandonne à lui-même. Sa composition moyenne est la suivante, d'après Fleischmann :

Eau.	25,086 pour 100
Matière grasse.	10,985 —
Protéine.	12,325 —
Sucre de lait et de canne.	48,662 —
Cendres.	2,342 —

L'*arrki* ou eau-de-vie de lait est fabriquée par les Kalmouks et autres peuplades des steppes asiatiques en distillant du lait fermenté de jument, de vache ou des deux mélangés.

Le *koumys* est préparé dans les mêmes régions, principalement avec le lait de juments qui sont entretenues exclusivement pour cet usage ; on en fabrique aussi avec du lait de vache, d'ânesse et de chèvre.

Sa préparation varie beaucoup, suivant les tribus. Elle consiste essentiellement en la fermentation alcoolique, aidée de nombreuses secousses pendant l'opération. On obtient un liquide mousseux, blanchâtre, à odeur de petit-lait, légèrement acidulé et piquant ; il constitue une boisson rafraîchissante quand il est récemment préparé. Il est employé aujourd'hui comme reconstituant et recommandé dans la thérapeutique des affections de poitrine. Il engraisse les personnes qui en font usage.

Il existe à Orembourg une société pour l'exploitation du *lait de jument condensé*. Ce produit, de facile digestion, convient aux individus dont l'estomac est malade.

Les populations caucasiques fabriquent avec le lait de vache, une boisson qui, de temps immémorial, leur sert d'aliment, c'est le *képhir*. Le lait employé subit la fermentation lactique et la fermentation alcoolique.

Dans l'île de Socotora, on élève des vaches pour leur lait qui sert à fabriquer le *ghih*, produit fort estimé en Arabie.

En Arménie, on appelle *caïmak* le lait condensé par évaporation lente ; il est l'aliment favori des gens du pays. On désigne sous celui d'*yaourte*, le lait aigre dont ils font également usage.

CHAPITRE V

EXPLOITATION DES PHANÈRES

— LAINE, POILS ET PLUMES —

Bien que quelques-uns des produits dont il reste à s'occuper, la laine en particulier, aient une forte importance et constituent une véritable rente annuelle fournie par l'animal qui les fabrique, leur exploitation ne se fait point indépendamment de celle d'autres fonctions économiques. Nulle part, en Europe du moins, on n'exploite exclusivement le mouton pour sa laine, pas plus que le canard pour son duvet : nouvelle démonstration de l'impossibilité de généraliser la doctrine de la spécialisation des aptitudes.

Cette situation, commune du reste à la plupart des productions, n'empêche que le praticien a un intérêt indéniable à connaître les meilleures conditions d'exploitation des phanères.

Parmi celles-ci, la *laine*, les *poils* et les *plumes* sont à examiner tout particulièrement.

Section première. — De la laine

Produite par la peau du mouton, concurremment avec le jarre, la laine dont le mode de production et l'histoire histologique ont été exposés (voyez p. 453), a pour base la kératine ; elle est imprégnée, de suint, de matières minérales et d'eau.

Sa composition chimique varie suivant les races et d'autres facteurs. Les analyses de MM. Müntz et Girard ont donné pour 100 les résultats suivants :

	DISHLEY	MÉRINOS	LAINE DE SOUTHDOWN	SOLOGNOT	SOUTH-SOLOGNOT
Eau.	15	10	14	15,5	16
Matières azotées. . .	63	48	53	64	53
Matières grasses. . .	8	30	19	6	10
Cendres.	11	10,5	15	13	18
Contenant en potasse.	6	4,5	7	6,5	4,5

Wolf a trouvé que, dans 100 kilogrammes de laine lavée, il y a : azote, $9^{kg},44$; acide phosphorique, 0,18 ; potasse, 0,19. Le lavage a donc pour résultat d'enlever la plus forte partie de la potasse, d'où richesse des eaux de lavage en ce corps et possibilité de son exploitation industrielle, ainsi que Maumené et Rogelet l'ont prouvé.

Le suint est formé par le mélange des produits de la sécrétion sudoripare et de la sécrétion sébacée. Ceux de la première sécrétion sont solubles dans l'eau et le lavage suffit à les enlever; ceux de la seconde sont insolubles et exigent un traitement spécial.

D'après les études de M. Buisine[1], ces produits sont très nombreux et généralement combinés à la potasse. On trouve : acide carbonique libre, carbonate d'ammoniaque, carbonate de potasse, acides acétique, propionique, butyrique, valérianique, caproïque, œnanthylique, caprique, oléique, stéarique, cérotique (ces divers acides existent dans les eaux de suint à l'état de savons de potasse qui ont pris naissance sur la toison par l'action du carbonate de potasse sur les acides gras de la sécrétion sébacée), graisse de suint entraînée sous forme d'émulsion, phénol sous forme de phényl-sulfate de potasse; acide sarcolactique, acide benzoïque dû au dédoublement de l'acide hippurique; acides oxalique, succinique, urique; acides amidés, glycocolle, leucine, tyrosine; matières analogues à celles de l'urine. On y trouve aussi de la suintine, matière cireuse dont la composition est indécise, de l'oléine, de la stéarine et de la palmitine.

M. Rohart a récemment fait connaître que le suint peut être rendu saponifiable au moyen d'un changement dans sa constitution élémentaire. Amené à son point de fusion, il peut fixer jusqu'à 100 fois son volume d'hydrogène sulfuré. Ainsi traité, il devient saponifiable à froid et la saponification peut être obtenue, non plus avec les alcalis caustiques, mais simplement avec les carbonates alcalins, qui, en présence des corps gras sulfurés, se décomposent immédiatement.

En raison de la forte proportion de sels de potasse, une industrie s'est créée pour l'extraction du carbonate de potasse des eaux de lavage. M. Buisine a fait remarquer que les acides acétique, benzoïque et propionique, pourraient donner lieu à des essais intéressants d'extraction industrielle.

La laine peut supporter impunément une chaleur sèche de + 125° ; elle conserve sa résistance et jaunit seulement un peu, à la condition qu'on ne tirera pas dessus de suite, il la faut laisser s'hydrater.

Elle joue un rôle d'une importance que tout le monde connaît dans la fabrication des tissus, qu'elle soit seule ou associée à d'autres produits d'origine animale comme la soie, ou à des productions végétales comme le lin et le coton.

En raison de ce rôle, nous croyons devoir faire connaître les moyens de distinguer si une étoffe est faite de produits animaux ou végétaux.

[1] Buisine, *Composition chimique du suint de mouton*, thèse de la Faculté des sciences de Paris, année 1887.

Pour distinguer si une fibre est d'origine végétale ou animale, on s'est basé sur l'examen microscopique, le mode de carbonisation et l'odeur répandue pendant cette opération, la nature des cendres laissées, la façon dont elle se comporte vis-à-vis de l'acide azotique, d'un mélange d'AzO³ et de SO³, de l'oxyde de cuivre ammoniacal ou d'une solution alcaline concentrée. Tous ces procédés doivent se contrôler l'un par l'autre, un seul employé isolément ne suffit pas.

Une méthode à recommander est basée sur ce que les sucres présentent une réaction caractéristique avec le naphtol ou le thymol en présence d'acide sulfurique. Cette réaction est des plus sensibles. Si l'on mélange, par exemple, 5 centimètres cubes d'une dissolution de sucre avec 2 gouttes d'une solution alcoolique de naphtol à 20 pour 100, et qu'on ajoute de l'acide sulfurique concentré en excès, il se forme par agitation une magnifique coloration violette; l'addition d'eau donne un précipité violet. Le thymol employé au lieu du naphtol donne une coloration rouge rubis, carmin ou vermillon; après addition d'eau, le précipité formé est rouge carmin. La sensibilité de ces réactifs est telle que l'urine, étendue de 300 fois son volume d'eau, donne la coloration *ad hoc*, malgré la faible quantité de sucre qu'elle contient.

La cellule végétale est constituée par un hydrocarbure, la cellulose, qui, en présence de l'eau et de l'acide sulfurique, se transforme en sucre. On s'explique donc pourquoi les fibres végétales, coton, lin, chanvre, jute, china-grass, ramie, phormium, aloès, fibre de coco, paille, etc., donnent cette réaction, tandis que les fibres animales, laines et poils, formés de kératine et d'autres matériaux azotés ne la donnent pas.

Voici comment on procédera : mettre dans une éprouvette 1 centigramme de fibres bien bouillies avec 1 centimètre cube d'eau, ajouter 2 gouttes d'une solution alcoolique de naphtol-α (le naphtol-β ne doit jamais être employé) à 15 ou 20 pour 100, enfin verser une quantité d'acide sulfurique concentré égale au reste du liquide. S'il s'agit de fibres végétales, le liquide prend par l'agitation une teinte violet foncé et la fibre se dissout complètement. Si la fibre est d'origine animale, le liquide prend une teinte plus ou moins jaune ou rouge brun, et la dissolution n'est que partielle. Quand on emploie du thymol, on obtient une couleur vermillon ou carmin; en étendant d'eau, on n'obtient que la coloration carmin.

La soie se comporte comme la laine, cependant il est certaines espèces de soie pure qui donnent une réaction faible et passagère lors même qu'on a fait longuement bouillir les fibres. Elle contient donc probablement des traces d'un corps qui se transforme en sucre sous l'influence de l'acide sulfurique. Mais la coloration est si fugace et si passagère qu'il ne peut y avoir de confusion avec celle qui est produite par les fibres végétales.

Il va de soi que, quand on analyse des fibres animales, il faut les employer tout à fait lavées et débarrassées des particules qui pourraient les souiller et fausser la réaction.

Si l'examen porte sur des étoffes ou des fibres travaillées, on les fera bouillir au préalable parce qu'on emploie souvent pour l'apprêt, de la gomme, de la graine de lin, du sucre, etc., et qu'il faut éliminer ces corps par l'ébullition et le lavage. Les couleurs ou teintures dont peuvent être imprégnées les étoffes ou les fibres ne masquent pas la réaction.

En combinant la solubilité et la coloration comme procédés d'examen, on voit si l'on a affaire à un tissu simple ou mixte, c'est-à-dire composé de fibres végétales et animales.

I. L'ALIMENTATION ET LA PRODUCTION DE LA LAINE

La laine est achetée au poids et estimée suivant sa qualité; le propriétaire d'un troupeau doit s'efforcer d'exploiter des bêtes qui, dans leur sorte, donnent individuellement les toisons les plus lourdes et les meilleures.

La toison étant constituée par des brins réunis en mèches, il en découle que les propriétés de celles-ci doivent d'abord être examinées pour être renseigné sur la valeur de celle-là.

Avant de procéder à cet examen, une explication est nécessaire. Dans l'étude des procédés zootechniques, nulle mention n'a été faite de ce que l'on pourrait appeler l'*ériagogie* (ἔρια, laine). Cette omission était imposée. L'homme ne peut agir qualitativement sur la production de la laine qu'en opérant une sélection rigoureuse parmi les reproducteurs, en éliminant ceux dont la toison est la moins fournie et en conservant, au contraire, ceux qui se trouvent dans les conditions inverses. Mais ce triage n'a pas de règles particulières : il suffit de savoir distinguer une bonne toison d'une médiocre ou d'une mauvaise, pour l'opérer.

On pensait autrefois, et quelques personnes croient encore, qu'une alimentation parcimonieuse est une condition de finesse pour la laine. Mais, outre que cela n'est pas démontré et qu'en agissant ainsi on s'expose à enlever de l'homogénéité à la toison, on ne peut oublier que le mouton est aussi un animal à viande et qu'en cette qualité, il doit être nourri suffisamment.

On s'est également demandé si la nature des aliments et des condiments a de l'influence sur le lainage. Voici la réponse d'un habile éleveur de mérinos, M. Beaudouin : « Une espèce quelconque d'aliments ne paraît pas plus qu'une autre donner des résultats sensiblement différents. La seule action exercée par les aliments, se borne, suivant la quantité de substance nutritive qu'ils renferment sous un poids donné, à activer plus ou moins les sécrétions de l'organisme entier et conséquemment celle des organes piligènes ; de telle sorte qu'on peut regarder comme constant que la quantité de laine produite est toujours en raison directe de la quantité de substance nutritive assimilée [1]. »

Cette conclusion d'un praticien sagace a été confirmée par les recherches expérimentales que Krocker exécuta à Proskau [2]. Il a constaté que pour 1000 kilogrammes de poids vivant, on obtenait journellement :

kg.
0,958 de laine par une alimentation sur un bon pâturage.
0,691   —   —   maigre nourriture d'hiver.
0,870   —   —   alimentation abondante en foin.
1,080 et 1 kg. 240 —   —   d'engraissement.

L'augmentation est donc indéniable ; elle ne s'exerce point par une multiplication des brins, car l'alimentation est impuissante à créer des

[1] J. Beaudouin, *Études physiologiques et économiques sur la toison du mouton*, 2e édition, Paris et Châtillon-sur-Seine, 1868.

[2] Krocker, Recherches sur l'alimentation de divers moutons de race pure ou métis *(Annalen der Landwerthschaft in den Kœniglich preussichen Staaten*, septembre et décembre 1869, traduit par M. Sanson, in *Recueil de médecine vétérinaire*, 1870, page 821 et suivantes).

follicules pileux. Elle ne peut se produire que par un accroissement dû brin en longueur ou en épaisseur, ou par l'un et l'autre.

L'accroissement en longueur est reconnu par tout le monde. Dans une même race ou sous-race, une alimentatation abondante produit l'élongation du brin de laine. Nous l'avons observé très nettement sur des brebis solognotes et les personnes qui suivent, dans le nord de l'Afrique, les moutons barbarins ont constaté que la laine de ceux des régions riches est plus longue que celle qui provient de sujets obligés de transhumer ou paissant dans les régions désertiques. La remarque en a été faite aussi sur les mérinos précoces comparés aux mérinos ordinaires.

Si l'on est d'accord sur ce point, on cesse de l'être au sujet du diamètre. M. Sanson affirme que « le développement précoce des moutons mérinos n'exerce aucune influence sur la finesse du brin de leur laine. Celui-ci, quelle que soit la rapidité de l'achèvement du squelette, quel que soit le développement corrélatif de l'aptitude à la production de la viande, conserve le diamètre qu'il aurait eu dans tous les cas, parce que ce diamètre dépend d'un attribut purement individuel et héréditaire, des dimensions même du follicule pileux [1] ». Cette conclusion n'a point été unanimement acceptée ; elle a été discutée, notamment par M. Bernardin, ancien directeur de la bergerie de Rambouillet. D'après ses mensurations, il y aurait une augmentation du diamètre du brin sous l'influence d'un régime très copieux ; en effet, il trouve les chiffres suivants :

	DIAMÈTRE DU BRIN c. m.
Béliers mérinos améliorés.	2,51
— de Rambouillet.	2,26
Brebis mérinos améliorées.	2,40
— de Rambouillet.	2,03

En acceptant ces chiffres qui ont leur intérêt scientifique, on doit reconnaître que l'écart, ne portant que sur 3 à 4 millièmes de millimètres, est de la catégorie des différences individuelles ou familiales, qu'il peut être négligé sans grands inconvénients dans les conditions actuelles du commerce des laines et de l'industrie drapière, surtout si on le met en regard de l'augmentation de longueur qui est une amélioration des plus sensibles.

Il a été dit aussi que le sel ajouté à la ration des moutons influe sur la quantité et la qualité de leur laine. Les effets dont on parle sont moins attribuables à une action propre du sel qu'en ce qu'il aide à l'assimilation des aliments et place les bêtes ovines dans des bonnes conditions de nutrition.

Quelques propriétaires de troupeaux avancent que l'alimentation par

[1] Sanson, *Mémoire cité*, page 78.

des feuilles et des brindilles, si commune dans l'Europe méridionale, a pour résultat certain de foncer le lainage, non par une augmentation de la sécrétion du suint, mais par la production de pigment dans le brin.

II. LE BRIN ET LA MÈCHE

Quand on parle du brin de laine, il est convenu qu'il s'agit toujours de la pousse d'un an, à moins de spécification contraire.

Ceux qui utilisent les laines pour la fabrication des tissus, recherchent, pour leur propre commodité et avant toutes autres qualités, la résistance à la traction. Le travail de la laine se faisant aujourd'hui exclusivement aux métiers mécaniques, cette qualité est plus prisée qu'autrefois, car moins le fil se rompt, moins il y a de déchets. Toutes autres choses égales, les fabricants recherchent ensuite la plus grande longueur des brins parce que ceux-ci sont plus facilement transformés en fils de chaîne. Ils se préoccupent aussi de la couleur de la laine pour les opérations de teinture.

Les tissus de laine sont estimés surtout en raison de leur douceur et de leur finesse, qualités qui dépendent de la matière première employée.

En réunissant les conditions recherchées, il y a lieu d'examiner dans un brin : 1° sa longueur, 2° son diamètre, 3° sa résistance, 4° sa douceur, 5° sa couleur.

Longueur. — Nous savons déjà qu'elle est absolue ou relative : absolue quand on envisage le brin étiré, relative lorsqu'on respecte les courbes de frisure.

Si l'on ne spécifie pas quand on parle de la longueur d'une laine, il s'agit toujours de la longueur absolue ou réelle. Elle oscille entre $0^m,04$, extrême des laines très courtes, et $0^m,29$, maximum des laines très longues.

Dans le langage courant, on divise les laines en longues et courtes. Il semble que rien ne soit plus naturel qu'un tel groupement et qu'on n'éprouvera aucun embarras à classer une toison dans l'une ou l'autre catégorie. Il en devrait être ainsi si la classification était faite d'après les chiffres de longueur et si l'on avait établi une ligne de démarcation, conventionnelle bien entendu, entre les deux groupes. Mais ce n'est point comme cela qu'on a procédé autrefois; de ce que la plupart des laines courtes sont frisées et que les longues sont ondulées, on a lié les deux qualités, brièveté et frisure d'une part, longueur et ondulation d'autre part. On vit encore sur cette tradition, évidemment erronée puisqu'il suffit de considérer que la laine du mérinos soyeux, tout en étant courte, est simplement ondulée et que celle du mérinos du Soissonnais est relativement longue quoique frisée. Pour ces motifs, l'expression longueur appliquée à la laine, doit être exclusivement la traduction mathématique de la propriété qu'elle désigne et non éveiller l'idée de qualités auxquelles elle n'est point nécessairement liée.

Diamètre. — Il est très important à connaître puisque la *finesse* de la laine, une des qualités les plus prisées, en dépend. Pour le juger sans le secours du micromètre, il faut une pratique consommée que possèdent seuls les industriels dont c'est la profession de manipuler chaque jour la laine. Les autres doivent se servir du microscope muni de son micromètre.

Nous avons l'habitude de laver et dégraisser le brin avant de l'étudier, parce que sans cette précaution, ses bords sont indécis sur la préparation et on est exposé à lui trouver une épaisseur supérieure à celle qu'il possède en réalité. Nous procédons habituellement de la façon suivante : lavage à l'eau tiède, immersion de quelques minutes dans l'alcool, séchage puis lavage à la benzine.

Pour la mensuration, le brin est placé sur la lame de verre. On prend de la paraffine ou de la cire, on en laisse tomber une goutte à l'une de ses extrémités ; quand il est fixé par un bout, on l'étire et on laisse tomber à l'autre extrémité une seconde goutte de cire ou de paraffine. Après solidification de celle-ci, l'examen peut être fait.

Dans nos mensurations, le diamètre minimum fut de $0^{mm},012$ et et le maximum $0^{mm},055$. Au delà, il ne s'agit plus de laine mais de poil proprement dit. Entre les extrêmes s'intercalent tous les intermédiaires, et nous avons eu soin de faire remarquer qu'une dimension diamétrique donnée n'est point l'apanage exclusif d'un groupe, mais se peut rencontrer dans plusieurs.

C'est sans doute cette particularité qui fit que les vocables « finesse et fine », appliqués à la laine, furent détournés de leur signification littérale, comme le fut celui de longueur, pour prendre une acception relative. Il arriva que ce ne fut plus la notion de diamètre qui fut prédominante dans l'idée qu'on se fit des laines dites fines, mais d'autres qualités de souplesse, de moelleux et de frisure. Ainsi, la laine du southdown, dont la moyenne oscille autour de $0^{mm}024$, ne fut pas classée dans les laines fines.

Nous ne pouvons nous empêcher de trouver regrettable ce détournement des mots de leur signification réelle, surtout quand on a à sa dispositions des vocables pour désigner chacune des propriétés qu'on s'efforce d'englober sous celle dont il est question. Nous ne nous y rallions pas.

D'ordinaire, la finesse est accompagnée de courbes de frisure et on a remarqué que toutes les laines à courbes très rapprochées sont de diamètre très faible ; aussi, au lieu de mesurer celui-ci, a-t-on compté celles-là en admettant que leur nombre par unité de longueur correspond à une finesse déterminée du brin. Des appareils ont été imaginés en Allemagne pour arriver rapidement à ce dénombrement, on les appelle des *Wollmesser* (mesureurs de laine). Ont-ils été usités en France ? Nous n'y avons jamais rencontré personne qui s'en servit. Cette abstention nous paraît rationnelle, car si, comme nous le disions tout à l'heure, les laines à courbes très rapprochées sont fines, toutes les laines fines ne sont pas à courbes nombreuses, le mérinos soyeux en est encore une preuve. Le rapport n'est donc point nécessaire et par cela général.

Résistance. — Le lecteur sait que pour les filateurs, surtout depuis la généralisation des peigneuses mécaniques, la qualité maîtresse du brin est la résistance que, dans la pratique, on appelle le *nerf*.

On a imaginé, pour l'essayer, divers instruments qui sont peu dans le domaine pratique, car la traction avec les doigts, surtout pour des personnes exercées, suffit généralement ; ils ont pourtant fourni des résultats qui sont à prendre en considération. Ils ont montré, en particulier, que le nerf n'est pas rigoureusement et constamment proportionnel au diamètre, bien qu'il se développe dans le même sens. On en sera convaincu par les résultats suivants, dus à M. Beaudouin :

SORTES DE MOUTONS	DIAMÈTRE DU BRIN c. m.	RÉSISTANCE A LA TRACTION gr.
Mérinos.	1,2	8,30
Moutons de Souabe.	2 »	8,45
Mérinos soyeux.	1,4	8,95
Southdowns.	1,6	12,25
Dishleys.	2,6	16,30

Il y a donc lieu de tenir grandement compte de la *structure* du brin, c'est-à-dire du rapport de sa couche corticale à sa partie centrale et de l'adhérence des écailles épithéliales qui la forment. Un autre élément influe sur sa résistance, c'est son *homogénéité* ou sa *régularité*. Un brin est homogène ou régulier quand son diamètre est le même, à peu de chose près, de sa base à son sommet. Mais il arrive qu'il présente sur un ou plusieurs points de sa longueur, des rétrécissements parfois visibles à l'œil nu. Lorsque ces rétrécissements occupent la partie moyenne du brin, ce qui est le cas le plus général, on dit que la *laine* est à *deux bouts*. Ils proviennent d'un ralentissement dans la nutrition ; que l'animal ait été nourri d'une façon trop mesquine à certaine époque de de l'année, qu'il ait été en gestation, qu'il ait allaité trop longtemps ou qu'il ait été malade, la matière génératrice du brin n'est point, à ce moment, sortie du follicule à plein goulot, d'où diminution dans le diamètre.

Cette conformation est essentiellement défectueuse, car la laine est cassante dans les parties faibles, elle se peigne mal et donne une forte proportion de déchet. Le zootechnicien s'efforcera d'éloigner de ses troupeaux les facteurs de l'irrégularité du brin, surtout en veillant à ce que l'alimentation soit toujours distribuée en quantité suffisante et avec régularité.

Dans les laines à diamètre élevé, on trouve quelquefois l'extrémité terminale du brin fendue en deux ou plusieurs divisions qui descendent plus ou moins loin. La laine est dite *fourchue* ou *en pinceau*, selon le mode de section. C'est une cause de dépréciation.

Douceur. — Dans la pratique, on l'appelle fréquemment le *moelleux*. Son importance grande se tire de l'influence qu'elle a sur la résistance du brin. Il est bien connu que les matières organiques, celles d'origine épidermique tout particulièrement, sont cassantes quand elles sont sèches et que, imbibées, elles deviennent plus ou moins souples et résistantes. Cette souplesse est à son maximum si la matière imprégnante est un corps gras. Or, la laine est imprégnée par une matière de cet ordre, le suint. La quantité et la qualité de cette substance donnent son moelleux à la laine. Quand celle-ci est sèche, c'est que le suint est peu abondant ou qu'il est formé surtout de stéarine et se diffuse mal. Lorsqu'elle donne une sensation pâteuse au toucher, ce qu'on exprime en disant que la laine a *trop de suint*, la palmitine domine. Elle donne à la laine une coloration jaune-rougeâtre. Si la sensation est très douce, on dit que laine est *soyeuse ;* la raison en est dans la prédominance, dans le suint, de l'oléine, matière fluide, onctueuse et très diffusible.

Il résulte de ceci que toutes autres choses égales, une laine douce est plus résistante qu'une rude. Mais il ne faut pas aller au delà de cette conclusion et généraliser, en disant qu'une laine douce est nécessairement nerveuse et que la douceur suffit pour apprécier la résistance. Nous avons vu des laines à deux bouts être très douces parce que, si la sécrétion du suint s'était ralentie au moment où la bête souffrait et où le brin subissait un rétrécissement, son abondance avait été telle, quand de bonnes conditions alimentaires étaient revenues et sa diffusion si parfaite, qu'elles étaient fort moelleuses.

Couleur. — Elle s'étend depuis le blanc jusqu'au noir en passant par les nuances du jaunâtre, du roux et du gris. Le commerce réclame des toisons blanches parce que, à la teinture, elles prennent également les couleurs qu'on exige. Aussi, dans les troupeaux soignés, s'efforce-t-on d'éliminer de la reproduction les sujets colorés ; dans les pays pauvres et dans les très petites exploitations, on conserve les moutons roux et noirs parce que la ménagère utilise elle-même leur laine pour la confection de tissus forts dit *droguets*, dont continuent à se vêtir les paysans.

En général, le ton des laines est mat ; il en est pourtant qui ont de l'éclat, on les dit *lustrées*.

En se réunissant, les brins forment des *mèches*. Le lecteur sait que celles-ci ne sont point des agrégats primordiaux résultant de la concentration de brins en un point déterminé, elles sont artificielles, dispa-

raissent à la tonte et se reforment différemment quand on les a dissociées.

Les mèches sont *carrées* quand elles sont formées de brins de même
longueur arrivant tous au même niveau et formant par leur extrémité
libre une surface plane ou à peu près. Elles sont *pointues* dans la disposition contraire, c'est-à-dire quand les brins n'arrivent point au même
niveau.

III. LA TOISON

La toison constituée par des mèches carrées qui se touchent et s'appuient
les unes contre les autres est dite *fermée* (fig. 203) ; on la qualifie d'*ouverte* et encore de *mécheuse* (fig. 204) lorsque des mèches pointues la
forment.

A lui seul, l'examen du brin est insuffisant pour faire juger complètement de la valeur d'une toison ; pour apprécier judicieusement celle-ci
il faut se renseigner : 1° sur son étendue ; 2° sur son tassé ; 3° sur son
homogénéité ; 4° sur sa pureté.

A. Un coup d'œil sur les deux figures 203 et 204 met en évidence que
les deux sujets représentés, eussent-ils une surface de peau égale,
n'auraient point une toison de même étendue, puisque l'une va jusqu'au-dessous des yeux et aux onglons, tandis que l'autre s'arrête à
la nuque, au genou et au jarret. Des groupes sont caractérisés par l'absence de laine sous le ventre, autour des organes de la génération et de
la lactation, au plat des cuisses et des bras, tandis que d'autres en sont
pourvus.

Chez quelques sortes on s'est même attaché, davantage autrefois qu'aujourd'hui, à multiplier les plis et les cravates dans certaines régions,
particulièrement au col, afin d'amplifier l'étendue de la peau laineuse.

Il est évident que, quand on examine les moutons uniquement en vue de
la production de la laine, par une élimination délibérée et temporaire des
autres fonctions économiques, l'étendue de la toison est un élément important d'appréciation. Son importance toutefois se décèle plus dans
l'examen des individus ou des groupes subethniques que dans la comparaison des races. A vrai dire, celle-ci n'est pas possible et il serait, par
exemple, absurde de mettre en parallèle l'étendue de la toison d'une brebis
mérine et d'une larzac. Cette étendue doit être envisagée relativement et
dans le groupe, non en dehors.

B. La proportion des brins de laine sur une unité de surface de peau
prise comme type donne la mesure du *tassé* d'une toison. Plus le nombre
de ceux-là est élevé, plus celle-ci est tassée ou fournie. Il varie d'ailleurs
dans de larges limites, car le millimètre carré étant pris pour unité, on
trouve jusqu'à quatre-vingts et quelques brins d'implantés dans les toi-

FIG. 203. — Bélier mérinos (type de toison fermée).

FIG. 204. — Bélier dishley (type de toison ouverte).

sons les plus tassées et seulement dix-sept à vingt dans les inférieures. Plus le nombre est élevé, plus les brins sont fins, car les follicules étant serrés les uns contre les autres se gênent dans leur expansion et forment une tréfilière à petite section. Le tassé est donc l'indice et le compagnon de la finesse.

Il est encore précieux à d'autres titres : une toison tassée est fermée, moins pénétrable aux corps étrangers qui pourraient la souiller surtout si les animaux vont au pacage. Elle est proportionnellement plus lourde, *cœteris paribus*, qu'une toison moins fournie.

C. Une toison est homogène quand elle est constituée par des brins analogues entre eux, région à région. Nous disons région à région, car le moment est venu d'exposer que toute la superficie de la peau du mouton n'est pas revêtue d'une laine de même qualité, il s'en faut beaucoup.

On la divise, à ce point de vue, en sept régions dont celles qui sont situées sur les côtés forment « des sortes d'ellipses allongées qui s'enferment les unes dans les autres, et autour des membres ainsi que du col et de la queue des cercles qui se succèdent assez régulièrement.

« L'ellipse centrale constituée par l'épaule et les côtés de la poitrine produit la meilleure. Viennent ensuite les parties avoisinant immédiatement le dessus et le dessous de l'épaule et du flanc, puis les côtés de la ligne médiane du dos, ainsi que la cuisse et le voisinage du ventre, enfin la ligne médiane du dos, le bas de la cuisse et de l'épaule ainsi que la gorge. Après ces régions s'en présentent d'autres dont les produits très inférieurs reçoivent dans l'industrie le nom d'*abats* et qui peuvent se classer, toujours par dégradation dans l'ordre suivant : d'abord le haut de la jambe, le haut de la queue, la nuque, une partie du col et le ventre, ensuite le bas de la jambe, la partie extrême de la queue et le front, enfin l'extrémité de la jambe et le chanfrein.

« Telle est la gradation que suit ordinairement la toison dans les différents degrés de qualités que peuvent présenter les diverses parties qui la composent, gradation qui s'établit depuis le lainage le plus fin et le plus homogène jusqu'au jarre le plus caractérisé en passant par tous les intermédiaires de ces points extrêmes. Cette gradation, quant au diamètre du brin, peut, pour une toison normale, se traduire en moyenne par les nombres suivants, proportionnels entre eux :

	mm.			mm.
No 1.	0,016		No 5.	0,023
— 2.	0,017		— 6.	0,026
— 3.	1,018		— 7.	0,054
— 4.	0,020			

« Ces différentes qualités dans le lainage se suivent graduellement sans faire de bonds.

« Une autre règle, non moins constante, régit la longueur qu'atteint le brin sur chacune des diverses régions de la peau. En effet, cette longueur est loin d'être uniforme ; elle varie d'une manière sensible, mais dans des proportions toujours les mêmes, chez les races, bien entendu, dont la toison est l'un des produits importants.

« Ainsi, la région qui paraît jouir de la plus grande activité de sécrétion dans les organes piligènes, celle où le brin a la croissance la plus rapide et atteint la plus grande longueur, peut être représentée par une bande comprise entre la troisième vertèbre cervicale et la première vertèbre dorsale, et entourant transversalement le col en forme de collier. A partir de cette bande, la longueur du brin va en décroissant, d'un côté vers la partie postérieure, et aussi dans un autre sens, de la ligne dorsale vers la région du ventre et les extrémités des membres. Le point de la peau qui fournit le brin le plus long correspond à la première vertèbre dorsale ; celui, au contraire, où le brin reste le plus court est le bas de la jambe. Quelles que soient, d'ailleurs, les longueurs diverses que le brin atteigne dans chacune des régions de la peau, ces longueurs, ainsi que je viens de le dire, et comme je l'ai établi plus haut pour le diamètre, sont ordinairement proportionnelles entre elles [1]. »

Malgré les différences de qualité imposées par les régions, si le passage d'une qualité à l'autre se fait sans choquer l'œil, la toison est régulière. C'est une qualité à rechercher ; elle fait particulièrement défaut sur les métis et il nous est arrivé de voir la laine de la moitié antérieure du corps différente de la postérieure.

D. On entend, par pureté de la laine, sa proportion vis-à-vis du jarre d'interposition. Il ne s'agit point du jarre qui existe toujours sur certaines régions comme les oreilles et le bout du nez et n'en disparaît jamais, mais de celui qui est interposé entre les brins de laine. La proportion en est extrêmement variable, car il est des moutons dans la toison desquels on en rencontre excessivement peu et d'autres où le jarre domine sur la laine. Le lecteur sait maintenant qu'il est même des races ovines qui n'ont que du jarre. Il est à peine besoin de dire que la présence du jarre abaisse considérablement la valeur d'une toison ; celles qui en présentent une proportion assez forte sont dites *jarreuses* et ce qualificatif comporte avec lui une idée de dépréciation.

En général, la proportion de jarre est parallèle à la qualité de la laine d'après les régions. De même que l'épaule et le thorax fournissent les plus beaux brins de laine, ces parties montrent le moins de jarre et inversement, les membres qui donnent les plus grossiers sont riches en jarre. La ligne dorso-lombaire et surtout la naissance de la queue sont des régions où il apparaît très volontiers, et, dans les troupeaux où l'incurie des propriétaires n'exerce aucune sélection sur les reproducteurs,

[1] Beaudouin, *op. cit.*, pages 19 et 20.

on le voit envahir peu à peu ces parties à la façon d'une mauvaise herbe dans un champ mal cultivé.

Il est des personnes qui entendent autrement la pureté de la toison. Elles l'opposent à la souillure et envisagent les impuretés, les corps étrangers qui peuvent la salir, telles que la poussière et les diverses parties de végétaux qui s'y attachent. Elles envisagent surtout les laines provenant de moutons transhumants et celles des colonies qui sont toujours assez malpropres. Cette façon de raisonner a l'inconvénient de ne pouvoir s'appliquer qu'aux toisons non lavées, tandis que, lorsqu'on en restreint la signification à la proportion de jarre, elle s'applique à toute espèce de laine.

IV. CONDITIONS QUI FONT VARIER LE LAINAGE QUANTITATIVEMENT ET QUALITATIVEMENT. DÉTERMINATION DU POIDS DES TOISONS

L'appréciation du lainage se fait au double point de vue de sa quantité et de sa qualité. En dehors des notions générales qui viennent d'être exposées, il faut en connaître de particulières relatives aux circonstances qui influent sur les toisons des animaux d'une même race et en élèvent ou en abaissent la valeur. Ces circonstances sont le sexe, l'âge et l'état physiologique des individus.

Nous ne reviendrons pas ici sur les différences quantitatives et qualitatives que présente la laine de sujets d'un même groupe, suivant qu'ils sont mâles, femelles ou neutres, puisqu'elles ont été exposées à propos du dimorphisme sexuel, pages 216 et 217. Le lecteur se rappelle que le bélier et le mouton donnent davantage de laine que la brebis, et que le brin en est plus fort.

L'âge a une influence non moins marquée, tant au début de la vie qu'à la fin. L'agneau, quelle que soit sa race, naît avec une toison très imparfaite. Elle comporte toujours une proportion de jarre plus élevée que dans la suite, ce qui s'explique d'ailleurs parce que dans la vie fœtale, le poil est produit d'abord exclusivement, puis parallèlement avec la laine. Elle n'est nullement homogène, la mensuration des brins montre qu'ils sont très différents les uns des autres en grosseur et même en longueur et l'examen microscopique apprend qu'ils sont irréguliers, toujours pointus, plus ou moins ondulés, mais jamais aussi frisés qu'ils pourront le devenir plus tard. Ils se réunissent en mèches très inégales, constituent une toison assez pauvre en suint sur laquelle il est pas rare de voir des parties pigmentées de roux.

Les choses restent en cet état jusque vers l'âge de sept mois ; à ce moment, la laine commence à « se faire », mais c'est surtout après la première tonte qu'elle « prend du corps » et se revêt des caractères propres au groupe auquel appartiennent les animaux qui la fournissent. A la deuxième tonte, c'est-à-dire vers l'âge de vingt mois, l'animal a une laine aussi estimée qu'il la pourra donner dans sa vie, mais le poids maximum n'est atteint qu'à la troisième tonte. Il se conserve aux quatrième et cinquième, soit jusqu'à quatre ans et demi, puis commence la déchéance. Le brin de la sixième tonte n'est plus aussi long et par conséquent la toison est moins lourde; on trouve déjà passablement de brins irréguliers. Leur nombre ne fait que s'accroître aux années suivantes; la sécrétion du suint se ralentit et la laine devient de plus en plus sèche, cassante, elle se feutre et se décolore. A partir de sept ans, on voit reparaître du jarre. A mesure qu'approche le terme de la vie, la sénilité accélère son œuvre et il arrive même que les très vieilles bêtes perdent leur toison par plaques et ne la renouvellent plus. Dans quelques groupes, celui des romanoffs en particulier, le jarre devient si abondant et si dur sur le cou qu'il forme une sorte de crinière aux vieux béliers.

La plupart des modifications produites dans la toison par un état maladif ont été exposées à propos de la régularité et de la douceur des brins. Quand cet état persiste, la laine après avoir commencé à s'arracher sous de très faibles tractions, tombe spontanément par touffes. C'est habituellement à la naissance de la queue que la chute commence, puis elle continue par le ventre et les flancs, les cuisse, la ligne dorso-lombaire, les épaules et le cou. Il ne faut pas confondre cette chute avec celle qui résulte de l'envahissement des toisons par des acares.

Dans les troupeaux très négligés, dont l'alimentation est insuffisante et distribuée irrégulièrement, le feutrage de la laine apparaît. Toutefois, cet enchevêtrement des brins qui déprécie fortement une toison disparaît assez promptement quand les moutons sont soumis à un bon régime.

Étant donné un animal, surtout un reproducteur de choix, on cherche souvent à se rendre compte du poids de la toison qu'il porte. Il en est de cette appréciation comme de celles relatives au poids vif ou au rendement net des animaux, on arrive, par la pratique, à la formuler d'une façon suffisante; il suffit, en l'espèce, d'avoir assisté d'un œil attentif à quelques tontes et d'avoir fait des pesées. Néanmoins, nous avons à rechercher des moyens d'appréciation autres que le coup d'œil, ne serait-ce que pour donner une base à nos jugements d'ensemble.

On a cherché un rapport entre le poids vif du mouton avant sa tonte et celui de sa toison. Pour qu'il possède quelque valeur, ce rapport doit être établi en tenant compte des facteurs qui influent sur la production de la laine. Pour ne pas compliquer les choses et en supposant qu'on n'ait à apprécier que des adultes en plein rapport, nous ne tablerons ici que sur la race et le sexe. Nos observations nous ont conduit aux résultats suivants :

RACES ET SOUS-RACES	RAPPORT ENTRE LE POIDS VIF AVANT LA TONTE ET LE POIDS DE LA TOISON EN SUINT CHEZ LES (Poids vif ramené à 100)	
	MALES	FEMELLES
Mérinos du Chatillonnais.	9 %	8,6 %
Dishleys.	7,1	5
Southdowns.	7,4	5
Shroopshiredowns.	5,5	5,3
Solognots.	5	4,5
Charolais.	4	4
Ardéchois.	»	5
Larzacs et millerys.	4	3
Barbarins.	7	5

A l'aide des chiffres ci-dessus, étant connu le poids vif d'un animal, on peut déterminer, avec une approximation en général suffisante pour les besoins de la pratique, le poids de la toison en suint.

Désireux de serrer le rapport de plus près, M. Baron a trouvé que la formule $Q = \dfrac{1}{2} \sqrt[3]{P^2}$, soit le carré de la racine cubique du poids vif, (représenté par P) divisé par 1/2, le fournit pour la race mérinos[1].

V. RÉCOLTE DE LA LAINE

L'enlèvement des toisons de la surface du corps qui, dans les temps antiques, se fit d'abord par arrachage, s'exécute aujourd'hui par la section des brins, ce qui constitue la *tonte*. En Europe, nous ne connaissons que les îles de la mer du Nord, particulièrement les Orcades, l'Islande et les Fœroé, très riches en moutons qui y vivent en liberté, où la pratique de l'arrachage se soit conservée. Cette méthode n'y est point pratiquée avec barbarie et l'animal ne sort point tout ensanglanté des mains de l'homme comme on pourrait le craindre, parce qu'on n'arrache guère que la laine *mûre* que l'animal perdrait spontanément et qu'on lui en laisse suffisamment pour qu'il n'ait rien à souffrir du froid. Il se pourrait qu'une telle pratique ait été imposée par le climat. Partout ailleurs, on pratique la tonte en se servant de ciseaux, de forces ou de tondeuses.

Il est des pays où l'on a la coutume de laver les moutons avant de les tondre; cela constitue le *lavage à dos*. Dans d'autres, cette pratique n'existe point, on vend la *laine en suint*, c'est-à-dire telle qu'elle est recueillie, avec la matière grasse qui l'imprègne et les impuretés qui la souillent. Dans le commerce des laines, il est de règle de payer une toison lavée le double de celle qui ne l'est pas; on estime ainsi que toute toison perd au lavage la moitié de son poids. Mais c'est une estimation moyenne

---

[1] Baron, Extérieur de la bête à laine *(Recueil de médecine vétérinaire*, 1890, page 39).

et très générale; elle est défavorable aux éleveurs de moutons entretenus en stabulation, car les toisons de leurs bêtes ne perdent pas 50 pour 100 au lavage. Elle favorise au contraire ceux dont les moutons transhument ou qui pacagent dans des lieux arides, broussailleux et dont la toison se charge de poussière et de portions de végétaux, car la perte est beaucoup plus forte et atteint jusqu'à 72 pour 100. Il arrive même que pour augmenter le poids des toisons, des personnes sans délicatesse font mouiller les moutons, puis les lancent à une allure vive dans un chemin poussiéreux.

Il serait donc préférable, pour enlever toute approximation, que les laines fussent toujours vendues lavées : encore n'éviterait-on pas entièrement la fraude, puisqu'on a vu des personnes opérer intentionnellement le lavage à l'eau de mer, afin qu'après séchage, le sel imprégnant la toison en augmentât le poids.

Mais le lavage à dos suppose la proximité d'un cours d'eau limpide et peu profond, ce qui ne se rencontre pas toujours dans les pays où l'on entretient le mouton. Il nécessite que l'on choisisse un jour de température suffisamment élevée pour que, en sortant de l'eau, les moutons se sèchent promptement. Il peut se faire qu'on soit longtemps à attendre une belle journée et il arrive aussi que, malgré qu'on ait pris toutes les précautions possibles, des répercussions se font sur les organes internes et que des pneumonies et des pleurésies enlèvent quelques bêtes. Pour tout concilier, le lavage des laines après la tonte, effectué par les soins du propriétaire, devrait être adopté partout.

La principale question qui se présente à propos de la tonte est celle que nous appellerions volontiers l'âge de la laine. Combien doit-elle avoir de pousse quand on l'enlève? La tonte annuelle est de beaucoup la plus générale; on a l'habitude de la pratiquer à la fin du printemps ou au début de l'été, un peu plus tôt ou un peu plus tard, suivant le climat de la région qu'on habite. Il est nécessaire qu'il fasse suffisamment chaud, afin que subitement dépouillés de leur revêtement, les animaux ne souffrent pas trop les premiers jours et ne soient point exposés aux congestions *a frigore*. Si un abaissement brusque de la température survenait ou si une pluie très froide tombait, le troupeau devrait être conservé à l'étable jusqu'à des jours plus cléments.

On s'est demandé s'il ne conviendrait pas de tondre seulement une fois tous les deux ans, ou encore s'il ne serait pas préférable d'enlever la laine deux fois par an.

La première interrogation a été suscitée par la plus-value que les manufacturiers attachent à la longueur dans l'estimation des laines de même sorte. On s'est dit que, tout en économisant les frais de main-d'œuvre d'une tonte sur deux, on aurait une laine de valeur supérieure, d'où bénéfice double.

Pour juger la question, il fallait d'abord s'assurer si, en deux ans, la pousse de la laine est rigoureusement le double de ce qu'elle est en une année. H. von Nathusius l'a recherché en enveloppant d'une toile un mérinos, afin d'en préserver la laine contre les causes d'usure, et il le conserva dans cet état deux années. Il trouva que la longueur des brins de la laine de ce sujet était exactement le double de ce qu'elle atteint en une année. Beaudouin prolongea une expérience du même genre pendant trois ans et il aboutit également à conclure que la pousse est régulière et donne, dans ce laps de temps, des brins d'une longueur triple de ceux d'une année.

Il fallait voir ensuite si, dans les conditions de la pratique courante, une telle manière de faire serait exempte d'inconvénients. On s'aperçut qu'elle en comportait de tels qu'elle doit être écartée. En effet, la majorité des individus de l'espèce ovine est soumise au régime du pacage la plus grande partie de l'année ; quand la laine est mûre, comme on dit, c'est-à-dire à partir de douze à quatorze mois de pousse, elle se détache facilement, surtout chez les brebis mères ; il en reste aux buissons, les mèches pendent en loques et la bête est guenilleuse. Cette circonstance fait que, malgré les démonstrations de Nathusius et de Beaudouin, le poids d'une toison de deux ans non protégée contre les causes de déchet, n'égale pas celui de deux toisons d'un an. Ensuite, pendant la saison chaude, les moutons souffrent beaucoup d'un pareil vêtement, ils sont haletants, ils dépérissent et quelques-uns meurent. Enfin, la chaleur qui en résulte active la sécrétion du suint qui *monte trop*, disent les praticiens ; elle active parallèlement celle de la sueur. Après la tonte, ces deux sortes de produits fermentent et déprécient la laine qui répand une odeur particulière bien connue des acheteurs. Ce sont sans doute ces raisons qui ont fait abandonner aussi l'usage qu'on eut autrefois dans l'Attique et le pays de Tarente d'envelopper de peaux les brebis à toison précieuse, appelées *pellitæ* à cause de cela [1].

Quant à la question de la double tonte annuelle, il faut d'abord se demander si la quantité de laine obtenue serait plus élevée que lorsqu'on ne tond qu'une fois l'an. La réponse est subordonnée à celle qu'on fait à la demande suivante : La coupe influe-t-elle sur l'accroissement ?

Quelques physiologistes se sont préoccupés de cette influence sur les poils proprement dits. Berthold assure que les poils de la barbe rasés toutes les douze heures donneraient par an 27 millimètres en longueur et, si on ne les rasait que toutes les vingt-quatre heures, 15 millimètres seulement. Moleschott arrive à des conclusions semblables [2]. Steiger et Stohman ont poursuivi les mêmes études sur la laine. Le premier, qui

[1] Varron, *De agricultura*, lib II, 2.
[2] Moleschott, Sur l'accroissement des productions cornées (*Atti della Reale Academia delle science di Torino*, 1878).

choisit pour cela deux lots d'ageaux, constata que celui à qui on ne pratiqua qu'une tonte donna 3 livres 15 loths de laine de moins que celui
qui en subit deux [1]. Stohman nota que la croissance quotidienne de la laine
pendant les cent cinquante et un jours après la tonte fut le double de ce
qu'on la vit durant les cent douze jours suivants [2]. En acceptant ces résultats qui, tels qu'ils sont présentés, paraissent à première vue contradictoires avec ceux relatifs aux tontes bisannuelles et trisannuelles, et étant
admis que la quantité de laine serait plus forte, on ne peut néanmoins
pas en conclure qu'il serait avantageux de faire entrer la double tonte
dans la pratique. D'abord, il y a à calculer si l'augmentation en quantité
serait suffisante pour payer une main-d'œuvre deux fois plus coûteuse.
Ensuite, il n'y a pas à oublier la préférence accordée aux laines longues
par l'industrie drapière, celle-ci ne paierait guère que comme laine
d'agneau les toisons de six mois de pousse.

Nous conclurons donc que, dans les conditions climatériques de l'Europe centrale et des pays tempérés, la tonte annuelle doit être conservée.

La toison coupée, on la place sur une table et on l'enroule, l'extrémité
libre de la mèche en dedans; on la lie en serrant fortement et on la
dépose dans un lieu obscur. Il y a avantage à la vendre le plus tôt possible, car il y a toujours lieu de craindre de la voir envahie par les teignes
qui la déprécient rapidement; les larves de *Tinea sarcitella* sont particulièrement à craindre.

Le conseil a été donné aux éleveurs de moutons d'opérer eux-mêmes,
sur chaque toison, le triage des diverses qualités de laine que l'industriel
fait exécuter à sa manufacture, de façon à vendre chaque sorte un prix
différent au lieu du prix moyen attribué à l'ensemble de la toison. S'il
était suivi, le moutonnier y trouverait un motif pour sélectionner davantage ses bêtes et s'efforcer de développer le plus possible les qualités de
leur lainage.

Section II. — Des produits autres que la laine

Plusieurs animaux domestiques autres que le mouton fournissent des
produits qui sont loin d'être sans valeur pour l'industrie, car ils concourent à la fabrication de vêtements, de tentures, de tapis et de tissus
d'ameublement. Mais la plupart sont entretenus en dehors de l'Europe;
leurs produits sont, en général, manufacturés sur place, une fraction
seulement est travaillée dans les usines européennes, qui, néanmoins,
s'efforcent d'en tirer un bon parti. « N'oublions pas parmi les progrès
accomplis, dit un appréciateur compétent, la filature du duvet de cache-

---

[1] Steiger, Expériences sur la double tonte des agneaux *(Zeitschrift der landwirth-
schaftlichen Central-Vereins des Provinz Sachsen*, 1869, traduction de M. Sanson).

[2] Stohman, *Biologische Studien*; même traducteur.

mir, du poil de chameau, du mohair. Tous ces articles si capricieux, si difficiles à travailler, servent aujourd'hui à faire des fils qui doivent être parfaits, à en juger par les tissus qu'ils ont servi à fabriquer[1] .»

Les produits dont il s'agit sont les *poils*, les *peaux en poils* et les *plumes*.

I. DES POILS

Les chèvres de Cachemyr et d'Angora, le lama, l'alpaca et la vigogne, l'yack, le chameau et le lapin d'Angora sont les animaux qui les fournissent.

Au milieu des poils ordinaires, la chèvre cachemyrienne porte un duvet très doux au toucher constitué par des brins fins comme la laine du mérinos, car leur diamètre va d'un à deux centièmes de millimètre. Ce duvet qui apparaît en automne pour fournir un vêtement hivernal à la chèvre, tombe à la mue printanière. Pour le recueillir à ce moment, on peigne l'animal tous les deux jours et on arrive à en obtenir de 100 à 130 grammes par bête.

La chèvre d'Angora, comme la précédente, montre parmi des mèches longues et tirebouchonnées, formées de poils ordinaires, un duvet plus abondant, mais moins fin que le précédent, car son épaisseur est de $0^{mm},02$ en moyenne. On ne l'enlève pas au peigne, mais on tond chaque année la bête qui donne, en moyenne, 2 kilogrammes de poils dont on est obligé de faire le triage.

Le duvet de ces chèvres sert à la fabrication de tissus très fins dont le cachemyre est le type. Leur poil, désigné improprement dans le langage commercial sous le nom de poil de chameau, est employé pour la confection d'étoffes grossières.

Le lama fournit des poils de $0^m,35$ et plus de longueur, mais qui manquent de finesse. La quantité en est assez considérable, car un sujet peut en donner annuellement 7 kilogrammes.

Ceux de l'alpaca, d'à peu près même longueur, sont plus fins, car leur diamètre moyen est de $0^{mm},03$. La vigogne donne une sorte de laine d'une finesse comparable à celle des moutons mérinos ; son épaisseur est de $0^{mm},01$ et au dessous, elle est très douce au toucher, mais la quantité produite ne dépasse pas celle que la chèvre de Cachemyr fournit chaque année en duvet.

Le chabin porte des poils et du duvet. Les premiers ont en moyenne $0^m,28$ de longueur et $0^{mm},23$ de diamètre, le second est long de $0^m,08$ et épais de $0^{mm},04$. Deux chabins entretenus à la ferme de l'École ont fourni, le mâle $3^{kg},800$ et la femelle $3^{kg},300$ de phanères.

---

[1] Kœchlin-Schwartz, *Rapport du jury sur les fils et tissus de laine peignée à l'Exposition internationale de 1878.*

On utilise peu les poils du chameau en Europe, tandis qu'en Asie et en Afrique, on en fait grand usage. Les fabricants européens leur reprochent leur irrégularité de diamètre et la forte proportion de brins gros et rudes.

L'yack donne aussi des productions pileuses qui ne paraissent pas utilisées en dehors de l'Asie. Leur longueur atteint de 10 à 11 centimètres et leur diamètre moyen est de $0^{mm},10$.

On exploite le lapin angora pour son poil long et doux. C'est à partir de l'âge de cinq mois qu'on commence à l'en dépouiller ; on appelle cela *plumer* l'animal. On peut plumer sans inconvénient l'angora de Perse tous les deux mois, soit six fois par an. Il donne environ 50 grammes de poil à chaque fois, ce qui porte à 300 grammes son rendement annuel. Ce poil est quelquefois substitué à celui de la vigogne, pour la confection de tissus spéciaux.

II. DES PEAUX EN POILS

Nous ne connaissons qu'un animal exploité uniquement pour sa peau, qui fournit une fourrure de luxe, c'est l'agneau d'Astrakan. Il est tué aussitôt sa naissance ; on rapporte même que les brebis sont parfois égorgées dans les derniers temps de la gestation, le petit, extrait de l'utérus maternel donnerait alors les fourrures les plus fines et les plus précieuses.

Les autres peaux, dites d'Arles, du Béarn, de Turin, proviennent d'individus tués à deux mois comme agneaux de lait.

Les peaux en laine des moutons adultes sont employées depuis quelque temps dans la fabrication des fourrures à bon marché. Après dessuintage et tannage, on les peigne pour dissocier les mèches, on les teint à la brosse, on les peigne à nouveau pour faire disparaître les frisures et les touffes, on les étire, puis on les rogne. Ainsi traitées, elles imitent assez bien la fourrure de l'ours noir.

A peu près inutilisées en Europe, les peaux de chiens à longs poils le sont en e.\si et en Amérique. Un rapport du consul anglais de Newchwang, en Chine, donne de curieux détails sur ce commerce. En Mandchourie, l'élevage du chien est une industrie courante ; il appartient à une race à poils très longs et très fournis. On l'étrangle en hiver, saison où son pelage est le plus beau et on fait avec sa peau des couvertures, des tapis, différents objets d'ameublement qui s'exportent généralement en Amérique.

La peau du chat des diverses espèces, races et sous-races, mais surtout celle du chat sauvage et du chat angora, sont recherchées pour l'imitation des fourrures rares. Les blanches, à poils fournis et courts, sont préparées pour l'hermine ; teintes et rasées elles imitent la loutre.

Les plus belles peaux de lapin reçoivent la même destination ; les communes servent à l'industrie de la chapellerie et des feutres. L'Angleterre et la Belgique, à elles seules, fournissent environ quarante millions de peaux de lapins aux manufactures. L'Australie où la multiplication de ces rongeurs est devenue un véritable fléau pour l'élevage, y contribue ; ils y pullulent tellement que, malgré le bas prix auquel on les paie, la Nouvelle-Zélande exporte annuellement en Angleterre pour dix à douze millions de leurs peaux.

Les poils les plus fins appartiennent à la race russe, ils n'ont que $0^{mm},046$ de diamètre tandis que la moyenne de ceux de la race commune est de $0^{mm},060$ (Boucher).

III. DES PLUMES

Proportionnellement à leur poids, les oiseaux ont une quantité élevée de plumes qui varie suivant les espèces et les races. Voici quelques chiffres que nous avons recueillis ; il sera curieux d'établir la comparaison avec ceux qui concernent les phanères des moutons.

SORTES D'OISEAUX	POIDS VIF	POIDS DE LA PLUME	RAPPORT DU POIDS DE LA PLUME AU POIDS VIF
	kg.	gr.	
Paon commun.	2,825	460	1:6,5
Pigeon romain.	470	49	1:9,1
— commun.	340	31	1:10
Perdrix grise.	205	22	1:9,3
Dinde de Gascogne.	2,160	268	1:8
Coq de Padoue.	2,380	230	1:10
— de Crèvecœur.	2,140	189	1:11
— de Cochinchine.	3,025	360	1:8,4
— du Mozambique.	1,100	90	1:12,2
Canard de Barbarie.	2,360	335	1:7

Les plumes sont dites « de parure » et « de literie », suivant leur destination ; le duvet est toujours destiné à la literie.

Dans les pays propices à son élevage, l'autruche est l'oiseau le plus précieux pour la fourniture des plumes de parure ; leur production est sa fonction économique dominante.

« Une autruche fournit de quarante à cinquante plumes de grande dimension. Ce sont les mâles qui donnent les plus belles plumes blanches. Quant aux femelles, généralement elles n'ont pas de plumes blanches ; leurs meilleures sont grises.

« On coupe les pointes de l'aile ou grandes plumes tous les six mois.

« Les tronçons restants des pointes de l'aile sont enlevés deux mois plus tard. Puis, six mois ensuite, ou si l'on veut, huit mois après que les plumes ont été coupées, les oiseaux fournissent une seconde récolte

« Ainsi, on fait trois récoltes en deux ans. Les plus lucratives sont la troisième, la quatrième et la cinquième, c'est-à-dire celles qu'on fait quand les autruches ont vingt-deux, trente et trente-huit mois.

« A trente-huit mois, l'autruche doit être vendue ou servir uniquement à la reproduction [1]. »

Le paon donne chaque année ses magnifiques plumes caudales qu'il n'y a qu'à ramasser lors de la mue automnale. On n'utilise celles du faisan, du dindon blanc et parfois celles du coq qu'après avoir tué ces animaux pour la consommation.

Les plumes ordinaires de la poule, du canard et de l'oie subviennent aux besoins de la literie. Ces deux derniers oiseaux fournissent en outre le duvet, dont la valeur commerciale est très supérieure à celle de la plume de literie.

On n'attend point, comme pour celle-ci, que l'oiseau soit tué pour le recueillir, on l'enlève chaque année, comme on tond la laine du mouton et même plusieurs fois dans l'année. Un aviculteur des plus compétents, M. Roullier, à ce sujet donne les conseils suivants : « On prendra l'oie, on lui croisera les ailes sur le dos et on la maintiendra renversée sur soi présentant ainsi toutes les parties à plumer qui sont : le cou depuis sa partie inférieure ou sa naissance jusqu'à la tête, *celle-ci exceptée*, le plastron et l'abdomen jusqu'au coccyx ou croupion en remontant un peu vers les reins, on laissera intacts la queue, les reins, le dos et les ailes, de même que les *nageoires ;* ces plumes, plus longues et plus raides que le duvet, occupent une place large de quatre doigts allant horizontalement du plastron à l'abdomen, entre les aisselles des ailes et le genou, ce sont ces *nageoires* qui supportent les ailes ; en les enlevant celles-ci tombent à terre et on les croirait désarticulées jusqu'au moment où les plumes repoussant leur permettent de reprendre leur position normale.

« On commence donc par enlever le duvet de couverture, puis le duvet fin ou velours qui se trouve caché sous le premier, de façon à laisser la peau aussi nette que si l'animal devait être mis à la broche, et, si l'on veut bien faire les choses, on séparera les deux duvets, le second ayant plus de valeur que le premier.

« La plume des oies, canards et autres palmipèdes mûrit sur l'oiseau comme le fruit sur l'arbre, et on reconnaît que la plume est mûre lorsqu'il n'y a plus de sang dans les tuyaux ; il suffit pour s'en assurer de les presser un peu avec l'ongle ; s'il ne sort pas de sang, le duvet est bon à récolter et l'opération se fera sans écorcher la peau ».

M. Roullier dit que des oies très bien nourries peuvent donner quatre récoltes de plumes dans huit mois, sans nuire à leur santé et à leur développement ; on ne leur en demande généralement que deux.

---

[1] Mérice, L'élevage de l'Autruche dans l'Afrique australe *(Journal d'agriculture pratique,* 1880).

Une oie fournit en moyenne 450 grammes de duvet par an. Plus le pays où on l'élève est froid, plus la récolte est remarquable comme quantité et qualité. Le duvet du canard est plus doux et plus moelleux que celui de l'oie.

Pour subvenir aux besoins croissants de la literie, il s'est créé aux États-Unis, sur plusieurs points, de véritables « fermes à oies » ou l'élevage de ce palmipède est devenu la spéculation dominante. Nouvelle preuve que, suivant les circonstances et les lieux, toutes les fonctions économiques des animaux domestiques, même les plus humbles en apparence, peuvent et doivent être exploitées.

La pelleterie utilise aussi les peaux en plumes pour la préparation de fourrures de luxe. La peau du cygne, recouverte d'un duvet abondant, est la plus recherchée, mais on est loin de délaisser celle de l'oie.

On aurait tort dans la ferme de ne pas tirer parti des plumes et du duvet fournis par la basse-cour.

CHAPITRE VI

DE L'INTERVENTION DE L'ÉTAT ET DES COLLECTIVITÉS DANS LES OPÉRATIONS ZOOTECHNIQUES

L'exploitation du bétail ne peut avoir d'autres lois que celles qui régissent l'industrie en général et d'autre but que celui que s'assignent toutes les opérations industrielles, le bénéfice. Or il est de règle dans les sociétés modernes que l'État et les collectivités : départements, communes ou associations, n'ont à intervenir vis-à-vis de l'industrie que pour lui assurer la sécurité, la liberté de ses transactions et la défendre au besoin contre des concurrents placés dans des conditions tout autres, de façon que la lutte soit aussi égale que possible. On admet que l'État favorise son extension en cherchant, par une politique extérieure ou coloniale, à lui créer de nouveaux débouchés, en organisant des Expositions pour permettre la comparaison des produits manufacturés, mais on ne va pas au delà.

Quand il s'agit des choses agricoles, l'intervention administrative se fait sentir plus directement et plus largement. Cette intervention, critiquée d'ailleurs, s'explique par diverses raisons.

Bien que l'agriculture soit une industrie, le paysan n'est pas encore un industriel dans le sens moderne du mot. Il n'est pas suffisamment instruit et il ne voyage pas, l'État a donc raison d'intervenir pour l'instruire par les yeux ; sa fortune est généralement modeste, d'où l'utilité de mettre à sa disposition des reproducteurs d'élite qu'il ne peut acheter lui-même vu leur prix élevé.

Que cette intervention doive prendre fin quand l'instruction agricole sera pleinement répandue et la richesse plus grande, cela ne fait pas de doute, mais ce moment n'est pas encore venu. L'ignorance, la routine, l'isolement du paysan ont été longtemps proverbiaux ; aujourd'hui avec l'enseignement agricole à tous les degrés, avec la facilité des déplacements, son esprit s'ouvre au progrès. Il est néanmoins encore nécessaire, à l'heure actuelle, d'aider à cet épanouissement ; le cultivateur connaît encore trop imparfaitement les modèles animaux. De même que par ses établissements de Sèvres et des Gobelins, l'État maintient l'art décoratif à un niveau élevé, qu'il l'empêche de s'avilir dans le mercantilisme, son action a sa raison d'être en agriculture pour l'achat et la garde des types zootechniques recommandables.

Elle est particulièrement défendable pour l'industrie chevaline où les étalons de choix sont rares, difficiles à se procurer et d'un prix inabordable pour la généralité des agriculteurs. Il est incontestable que sans encouragements de l'État, l'industrie mulassière et la production du cheval de gros trait sont prospères en France, tandis que celle des chevaux d'armes, malgré l'intervention directe de l'État, l'est beaucoup moins. Sans entrer dans la discussion des causes de ce fait, nous dirons que, puisqu'il s'agit de choses qui touchent à la défense du pays, l'État ne doit point s'en désintéresser. Qu'on critique, si l'on veut, la façon dont il intervient; la légitimité de son intervention est inattaquable.

L'intervention est *directe* ou *indirecte :* directe quand la collectivité fournit des reproducteurs d'une race déterminée ; indirecte lorsqu'elle agit sur la production animale non plus par des reproducteurs, mais par des encouragements ou des répressions à l'aide de lois ou de règlements.

Section première. — Intervention directe

Nous examinerons successivement celle de l'État et celle des autres collectivités.

L'intervention directe de l'État s'est exercée par les haras, les jumenteries, les vacheries et les bergeries.

I. HARAS ET JUMENTERIES

Les haras nationaux sont des établissements dans lesquels l'État entretient des reproducteurs de l'espèce chevaline.

Pendant le moyen âge et la première partie de l'époque moderne, il n'y eut pas, en France, d'administration des haras ; il ne pouvait guère y en avoir, l'autorité royale étant contestée par des seigneurs quelquefois aussi puissants que les rois.

Nous avons fait remarquer antérieurement (voy. pag. 98 et 99) que tout, dans l'existence des nobles, leur imposait l'obligation de s'occuper de l'élevage du cheval : à la guerre, une bonne cavalerie était un élément de supériorité ; pendant la paix, la chasse et les tournois réclamaient des chevaux. Ces seigneurs, à la fois producteurs et utilisateurs, étaient tout naturellement portés à maintenir « la production en rapport constant de qualité et de quantité avec les besoins[1]. »

La destruction du régime féodal changea, en l'amoindrissant, le rôle des gentilshommes qui de guerriers devinrent courtisans, se désintéressèrent du cheval et en abandonnèrent l'élevage à leurs fermiers qui avaient peu de raisons d'y attacher grande importance et ne possédaient pas les connaissances nécessaires pour la mener à bien. Aussi constate-t-on une véritable décadence de la production du cheval d'armes au commencement du XVIIe siècle. Il y avait encore à ce moment, néanmoins, quelques grandes familles qui entretenaient des haras ; on cite ceux du prince d'Esterhazy, du prince de Monaco à Torigny, de M. d'Argenson, de M. de Canizy en Normandie, etc. C'était insuffisant, car une enquête, faite en 1639, montra la France tributaire de l'étranger, pour sa remonte en chevaux, d'une somme annuelle de 5 millions.

Cette constatation, la sortie de numéraire qui en était la conséquence, et surtout l'obligation de pourvoir aux besoins d'une armée nationale, incitèrent les hommes d'État à se préoccuper de la production chevaline. Un des plus illustres conseillers de l'ancienne monarchie, Colbert, fût le créateur de l'administration des haras. Bien que, dès 1639, un édit d'organisation eût paru, il resta lettre morte et ce n'est vraiment que de l'arrêt du Conseil du 17 octobre 1665 que date l'établissement de cette administration.

Une déclaration du roi du 16 mai 1668, ordonna une nouvelle enquête sur l'état de la reproduction de l'espèce chevaline. Cette enquête montra, comme celle de 1639, combien les races étaient appauvries. On fit alors des achats d'étalons en Hollande, en Danemark et dans les États barbaresques lesquels furent distribués dans les provinces de Bretagne, d'Auvergne et de Saintonge, et placés chez des particuliers. « Et pour obliger lesdits particuliers d'avoir le soin nécessaire pour l'entretènement desdits étalons, Sa Majesté a iceux déchargé et décharge de tutelle, curatelle, etc. ; permet Sa Majesté auxdits particuliers préposés à la garde desdits étalons, de prendre cent sols de chaque cavale qui aura servi audit haras, et qui sera marquée, avec les poulains qui en

[1] Rigollot, Les Remontes et les Haras (Répertoire, 1890).

proviendront, d'une L couronnée, à la cuisse, sans que lesdites cavales et dits poulains, ainsi marqués, puissent être saisis pour la taille et autres deniers de Sa Majesté, ni pour dettes des communautés [1]. »

On voit que l'État, tout en étant l'acquéreur et le propriétaire des étalons, commença par les mettre en dépôt chez des particuliers. On les appelait des étalons répartis. C'est le système encore adopté par plusieurs départements ou Sociétés agricoles, et ce n'est peut-être pas le moins utile.

Toutefois il fut jugé insuffisant, car un arrêté du Conseil, de 1669, décida qu'il y aurait de véritables haras royaux.

Pour l'exécution, Colbert fit acheter, en Normandie, le domaine du marquis de Nointel et une partie de la forêt d'Exmes. Mais ce ne fut qu'après la mort de Louis XIV, en 1714, que le haras du Pin fut commencé. Il fut terminé en 1728 et les chevaux y furent installés vers 1730 ou 1731. M. de Garsault, écuyer du roi, en fut le premier directeur. En 1750, il eut pour successeur le baron d'Armaillé. En 1758, le marquis de Briges prit la direction qui passa, en 1765, entre les mains du prince de Lambesc, grand écuyer et inspecteur général des haras, fonction qu'il conserva jusqu'en 1790.

Le domaine de Pompadour acheté par les ordres de Louis XV, pour y créer un haras dont la fondation remonte à 1751, était d'une contenance de 1147 hectares. L'organisation du haras fut confiée au prince de Lambesc, grand écuyer auquel succéda, en 1764, le marquis de Tourdonnet.

Il y avait à ce moment des étalons *royaux, répartis, provinciaux* et *approuvés.* Les premiers étaient entretenus dans les haras dont on vient de parler, les seconds étaient répartis chez des particuliers ; les provinciaux appartenaient aux états de certaines provinces et les approuvés étaient la propriété de particuliers, mais ils étaient reconnus par l'État comme bons pour la reproduction. A laquelle de ces catégories faut-il rattacher les chevaux du haras de Saint-Léger, dans le duché de Montfort l'Amaury, non loin de Versailles, haras créé par Louis XIV et dont Gaspard de Saulnier fut l'inspecteur en 1690 ? Sept ans après, le même écuyer fut chargé par M. de Courtenvaux, fils aîné du marquis de Louvois, de former le haras de Montmirail-en-Brie ; il s'agissait vraisemblablement ici, d'étalons approuvés.

Quoi qu'il en soit, ces efforts ne furent point stériles, mais ils furent insuffisants, car après la guerre de Sept Ans et la retraite de Prague, au dire des maréchaux de Broglie et de Belle-Isle, la France fut encore obligée d'aller remonter ses dragons au dehors.

En 1790, deux décrets de la Constituante supprimèrent les haras, et un décret du 19-25 février 1791 décida qu'à l'avenir aucune dépense relative à cette administration ne serait payée par le Trésor public. Un

---

[1] Brossard-Marsillac, *Traité de la Législation relative aux animaux*, Paris, 1885.

peu plus tard, les étalons furent vendus ainsi que le domaine du Pin et une partie de celui de Pompadour.

Les guerres perpétuelles de cette époque firent bientôt sentir le défaut de notre production chevaline. Une loi du 2 germinal an III (22 mars 1795) ordonna l'établissement provisoire de dépôts nationaux d'étalons. Sept dépôts furent construits et des encouragements promis à ceux qui formeraient des haras. Mais en raison des troubles et de l'anarchie de cette époque, la loi resta à peu près lettre morte.

Napoléon Ier, par décret du 4 juillet 1806, prescrivit l'organisation de six haras, de trente dépôts d'étalons dans les départements et de deux haras d'expériences joints aux écoles vétérinaires d'Alfort et de Lyon. Le domaine du Pin fut racheté et une somme de 80.000 francs fut destinée à rétablir les bâtiments. Bien exécuté, ce décret porta des fruits; malheureusement l'invasion de 1815 vint tout détruire.

L''administration des haras fut réorganisée par diverses ordonnances des 28 mai et 9 juin 1822, 16 janvier et 22 mars 1825, 13 mai 1829, et on mit à sa tête un chef avec le titre de directeur des haras et de l'agriculture. Une ordonnance du 24 octobre 1840 fonda l'École des haras et on créa le Stud-Book français pour l'inscription des chevaux de course.

L'emploi trop exclusif d'étalons fins, anglais, arabes, anglo-arabes et anglo-normands fournis à des juments appartenant aux races les plus disparates, amena la production de sujets décousus. De là, des mécontentements et des récriminations fort vives qui n'ont point cessé contre les haras nationaux. Un décret du 17 juin 1852 dispersa les jumenteries du Pin et de Pompadour, et un autre du 20 octobre de la même année supprima l'école du Pin. En 1866, les plaintes devinrent si vives qu'on agita la question de la suppression radicale de l'administration des haras; une commission eut à se prononcer sur ce point et les Haras ne furent maintenus que grâce à la voix prépondérante du président de cette commission.

En 1874, la question fut portée devant l'Assemblée nationale; défendue par les représentants des pays d'élevage et notamment de la Normandie, l'administration non seulement fut maintenue, mais réorganisée sur de larges bases. Une loi du 29 mai 1874 rétablit l'École des haras et la jumenterie de Pompadour avec un effectif de 60 poulinières et porta le nombre des étalons de 1100 à 2500, chiffre atteint aujourd'hui. Sur ce total, le nombre de ceux qui appartiennent à la catégorie des animaux de trait est minime, comme on va pouvoir en juger.

A 1er janvier 1887, l'effectif des étalons nationaux était de 2514, se répartissant ainsi[1] :

---

[1] Rapport officiel du Directeur des haras à M. le Ministre de l'agriculture sur la gestion de l'administration des haras en 1887.

Étalons de.
- pur sang anglais . . . . . 198 soit 7,88 pour 100
- — arabe . . . . . . 125 — 4,97 —
- — anglo-arabe . . . 124 — 4,93 —
- Demi-sang . . . . 1.765 — 70,21 —
- Trait . . . . 302 — 12,01 —

2.514

L'administration des haras comprend actuellement un directeur général, cinq inspecteurs, vingt-deux directeurs de dépôts, un nombre égal de sous-directeurs, des surveillants et des vétérinaires suivant les besoins et des gens de service.

La France est partagée en vingt-deux circonscriptions chevalines, desservies chacune par un dépôt. Chaque circonscription comprend un nombre de départements variable et calculé d'après la nature et la densité de leur population chevaline.

Dans le Nord, se trouve une très grande circonscription peuplée surtout d'excellentes races de trait qu'on se soucie peu de croiser à des étalons fins. Cette circonscription est desservie par le dépôt de *Braisne* dans l'Aisne ; elle comprend les départements du Nord, du Pas-de-Calais, de la Somme, de la Seine-Inférieure, de Seine-et-Marne, de l'Oise et de l'Aisne. Le dépôt du *Pin* qui se trouve dans l'Orne, dessert ce département, une partie du Calvados, l'Eure, la Seine avec Paris et Seine-et-Oise ; celui de *Saint-Lô* comprend l'autre partie du Calvados et de la Manche et celui de *Lamballe* embrasse une partie du Finistère et des Côtes-du-Nord.

Dans l'Est, le dépôt de *Montier-en-Der* est destiné à la Marne, la Haute-Marne, les Ardennes, l'Yonne et l'Aube. Viennent ensuite ceux de *Rozières* qui comprend les Vosges, la Meuse et Meurthe-et-Moselle ; de *Besançon* qui s'étend à l'arrondissement de Belfort, au Doubs, au Jura, à la Haut-Saône et à la Côte-d'Or, de *Blois* qui comprend les départements d'Eure-et-Loir, Loiret, Loir-et-Cher, Indre, Cher et Indre-et-Loire ; d'*Angers* qui dessert le Maine-et-Loire, la Mayenne et la Sarthe ; de *Hennebont* (Morbihan), destiné à une partie du Finistère, au Morbihan, à l'Ille-et-Vilaine ; de la *Roche-sur-Yon* qui comprend les départements de la Vendée, de la Loire-Inférieure et des Deux-Sèvres. Le dépôt de *Saintes* dessert les départements de la Charente-Inférieure, de la Charente et de la Vienne ; celui de *Pompadour* (Corrèze) s'étend à la Corrèze, la Creuse et la Haute-Vienne ; celui de *Cluny* dessert la Saône-et-Loire, le Rhône, l'Ain, l'Allier, la Nièvre et la Loire ; celui d'*Annecy* est destiné à la Savoie, la Haute-Savoie, l'Isère, la Drôme, les Basses et Hautes-Alpes ; celui d'*Aurillac* embrasse le Cantal, le Puy-de-Dôme et la Haute-Loire ; et celui de *Libourne* comprend la Gironde et la Dordogne.

Le dépôt de *Villeneuve-sur-Lot* (Lot-et-Garonne) dessert le Lot, le

Lot-et-Garonne et le Tarn-et-Garonne; celui de *Rodez* dessert l'Avey-ron, le Tarn, la Lozère et l'Ardèche ; celui de *Pau*, les Basses-Pyrénées et les Landes ; celui de *Tarbes* les Hautes-Pyrénées, le Gers, la Haute-Garonne, l'Ariège ; celui de *Perpignan* les Pyrénées-Orientales, l'Aude, l'Hérault, le Gard, la Vaucluse, les Bouches-du-Rhône, le Var, les Alpes-Maritimes et la Corse.

Le décret de réorganisation de 1874 a placé à côté de l'administration des haras un Conseil chargé de l'inspirer, c'est le Conseil supérieur des haras.

L'État possède une jumenterie à Tiaret, en Algérie, qui ressortit au ministère de la guerre. Elle est située sur un domaine de 1100 hectares ; on y entretient 4 étalons, dont deux de race barbe, un de race arabe et un anglo-arabe ainsi que 30 poulinières qui sont livrées à la reproduc-tion. Son but est de fournir soit aux dépôts d'étalons d'Algérie, soit éven-tuellement à ceux de France, des reproducteurs de choix.

Les Haras à l'étranger. — Il est instructif de jeter un coup d'œil sur ce qui se fait pour la reproduction chevaline dans les autres pays de l'Europe.

Les îles Britanniques ne possèdent pas de haras nationaux; la pro-duction du cheval est entièrement abandonnée à l'initiative privée.

Le gouvernement belge avait autrefois un haras à Tervueren, où il entretenait une soixantaine d'étalons de pur sang et de demi-sang. Il a été supprimé par raison d'économie. Pas de haras fédéral ou cantonal en Suisse.

L'Autriche possède trois grands haras : celui de Radautz, où il n'y a pas moins de 5000 étalons, celui de Kladrub, en Bohême, et celui de Sipitza. Il en existait un quatrième à Biber, en Styrie, qui a été supprimé en 1878. Il y a, en outre, 1500 étalons entretenus par l'État dans des dépôts de moindre importance. La Hongrie, si riche en chevaux, a quatre haras nationaux : celui de Kisberg, peuplé de pur-sang, celui de Ba-bolna qui compte surtout des chevaux arabes, celui de Fogaras, de fondation récente, créé pour l'amélioration de la race de Transylvanie, et enfin celui de Mézochegyès, qui dispose d'un domaine de 17.859 hectares. Dans ce dernier, on perpétue trois souches importantes : les gidrons, les grands et les petits nonius. Les gidrons sont des anglo-arabes de $1^m,58$ en moyenne et dont l'ancêtre est l'étalon arabe Gidron. Les nonius sont des carossiers provenant, paraît-il, de Nonius, étalon normand importé en 1815, à la suite de l'invasion.

Le royaume de Prusse compte trois haras dont le plus important est celui de Trakenen, situé près de la frontière de Pologne. Son origine est loin-taine, il était autrefois sous la protection des grands maîtres de l'Ordre teutonique qui y introduisirent des chevaux arabes. Depuis quelques années, on a abandonné l'arabe comme reproducteur, trouvant qu'il ne produit pas assez grand pour monter le lourd cavalier allemand. Les

deux autres sont celui de Frédéric-Guillaume, ayant aussi une jumenterie, et celui de Graditz. Il y a en outre treize petits dépôts renfermant
environ 1500 étalons. Les jeunes animaux qui sortent des jumenteries
prussiennes sont distribués dans des fermes où ils sont classés par robes,
sexe et qualités.

Le Wurtemberg possède les haras renommés de Marbach et de Sam-
housen.

En Danemark, existe un haras royal, celui de Fredériksborg, créé en
1562. Depuis quelques années, le gouvernement danois tend à abandonner
la production du cheval à elle-même; il se borne à introduire de temps à
autre des étalons anglais et arabes, à donner aux sociétés agricoles, à titre
de subvention à distribuer en primes, des sommes égales à celles des
souscriptions de leurs membres. L'administration des haras est réduite
à quelques commissaires royaux qui vont présider les commissions élues
par les éleveurs eux-mêmes et chargées dans chaque district de distribuer les primes. On entretenait aussi des juments à Frederiksborg [1].

De tout temps, la Russie a été couverte de chevaux et peuplée d'amateurs de chevaux, puisque les Slaves sont les descendants des Scythes, si
fameux cavaliers. Quelques personnes font remonter la fondation des
haras d'État, en Russie, au tzar Ivan III Vassiliewitch, qui aurait reçu
en présent de Sten Stour 1er alors administrateur de la Suède, un étalon de
grande beauté qu'il fit servir à la monte (1500). Mais c'est plus généralement au tzar Alexis Michailovitch, père de Pierre le Grand, qu'on attribue
l'organisation des haras en Russie. Il fit acheter des arabes en Asie et
des kleppers en Livonie et il les dispersa dans l'empire. Par un décret du
16 janvier 1712, Pierre le Grand donna l'ordre d'établir des jumenteries
dans les gouvernements de Kazan, d'Azoff et de Kieff, après avoir fait
acheter des étalons et des juments en Silésie et en Prusse. Une ordonnance du 10 décembre 1722, établit des courses en rase campagne. Sous
l'impératrice Anne, l'élevage du cheval reçut une vive impulsion, et, en
1740, l'effectif des étalons, juments et poulains de l'État était de 4400,
comprenant des chevaux allemands, napolitains, anglais, persans, hol-
steinois, arabes, circassiens et indigènes-russes. En 1843, on organisa en
Russie l'administration des haras sur le pied de vingt-quatre dépôts,
composés chacun de soixante étalons pour servir à la monte gratuite des
juments. On acheta à ce moment le haras de la comtesse Orloff-Tches-
mensky et une partie de celui du comte Rostopchine.

En Portugal, il y a une jumenterie royale à Alter. En Espagne, existent
des haras royaux notamment à Aranjuez et à la Rambla, dans la province
de Cordoue.

L'Italie possède un haras royal à San Rossore, aux portes de Pise.

[1] Tisserand, *loc. cit.* page 174.

Dans cet établissement où les curiosités de l'histoire naturelle abondent, on entretient surtout des reproducteurs de pur-sang. Il y aussi d'autres dépôts qui renfermaient environ 320 étalons il y a quelques années. Mais une commission de la Chambre demanda au gouvernement italien d'élever le nombre à 1000. Conformément à ce vœu, une loi fut promulguée à Rome, le 26 juin 1887, portant dans son article premier, que le nombre des étalons dans les dépôts du gouvernement devra être porté à un chiffre qui ne sera pas moindre de 800 dans une période de huit ans, à partir du 1er juillet 1888.

II. ANCIENNES VACHERIES ET BERGERIES NATIONALES

Pour faire connaître et propager les bêtes bovines de l'Angleterre sur lesquelles l'amélioration était déjà poussée loin, l'administration créa des étables où elle introduisit des sujets de choix, mâles et femelles, et dont elle vendit les produits. La première importation faite par le gouvernement date de 1836; les animaux importés furent placés à Alfort. La deuxième est de 1838, elle servit à fonder la vacherie du Pin. D'autres importations eurent lieu en 1840, 1841, 1842, 1843, 1844 et 1847, et peuplèrent les vacheries installées à Saint-Lo, à Poussery (Nièvre), à la ferme-école du Camp (Mayenne). En 1850, une vacherie fut constituée à la ferme-école de Saint-Angeau (Cantal).

En 1854, les dépôts de Poussery et du Camp furent transférés à Mably (Loire), et à Trévarez (Finistère), dans des établissements qui furent supprimés six ans après. Les autres vacheries furent fermées peu à peu et en 1862, tous les animaux de la race Durham furent transférés à Corbon (Calvados). Cette vacherie vient elle-même d'être supprimée (1889), et les animaux courtes-cornes dont elle était peuplée dispersés par les enchères.

L'Etat a donc cessé de s'immiscer directement dans l'élevage de l'espèce bovine, pensant que l'industrie privée pouvait le dispenser de ce soin.

La première bergerie nationale est celle de Rambouillet, créée en 1786 par ordre de Louis XVI, sur la proposition de Tessier, dans un domaine que le roi venait d'acheter pour y établir une ferme modèle. Elle a reçu la race mérinos qu'elle n'a cessé depuis d'abriter. Devenue propriété nationale en 1792, elle est restée fidèle à sa destination première.

Par suite de la vogue des moutons mérinos, on installa sous le premier empire plusieurs autres bergeries dans différents points du territoire, mais peu à peu elles furent supprimées. Quand vint la vogue des bêtes anglaises de Dishley et de Southdown, on en créa de nouvelles pour les recevoir, les multiplier et faire des croisements. Celle de l'École vétérinaire d'Alfort a été très prospère et sous Yvart on y fit d'intéressantes opérations de croisement et de métissage. On en installa aussi une d'abord à Moncavrel dans le Boulonnais, puis au Haut-Tingry (Pas-de-Calais), également pour la propagation des bêtes anglaises ; une école de bergers lui était annexée. Cet établissement fut supprimé, le matériel en a été transporté à l'École d'agriculture de Grignon qui possède actuellement une importante bergerie et qui fait des ventes annuelles de béliers.

Une bergerie nationale a été aussi créée en Algérie, sous le gouvernement du maréchal Randon et à l'instigation de Bernis, vétérinaire principal de l'armée d'Afrique. Transportée en diverses localités, elle est installée depuis 1880 à Moudjebeur, près Boghar, province d'Alger. On y entretient le mérinos et un troupeau de chèvres.

III. INTERVENTION DE COLLECTIVITÉS AUTRES QUE L'ÉTAT

Indépendamment de l'État, il est des collectivités qui interviennent dans la production animale. Citons les Conseils généraux qui, dans plusieurs départements, votent annuellement une certaine somme pour l'achat d'étalons d'une race désignée par eux. Ces étalons sont conservés par les départements et confiés à des particuliers ou vendus à des propriétaires qui doivent les garder un temps déterminé. Il y a aussi des sociétés, des comices agricoles qui agissent de même et placent ou vendent à prix réduit des sujets qu'elles jugent utile de propager.

Des communes rurales font acquisition de taureaux et de béliers, les mettent en dépôt chez des particuliers auxquels elles concèdent certains avantages pour les indemniser de la nourriture, de la garde et des soins qu'ils doivent donner à ces animaux.

Cette manière de faire n'est guère que la reproduction des dispositions de la loi du 2 germinal an III, portant que des étalons propres à la reproduction des chevaux de trait et de labour seraient vendus aux enchères à des cultivateurs ou à des propriétaires fonciers avec une remise d'un cinquième du prix d'adjudication, une indemnité annuelle pour frais de garde et de nourriture, une gratification pour chacune des juments saillies et fécondées. En raison de ces avantages, les détenteurs de ces animaux devaient les garder pendant cinq ans.

L'immixtion directe et sous la forme qui vient d'être indiquée des collectivités locales ne soulève aucune des objections dont nous avons parlé à propos de l'État ; elle produit généralement de bons résultats et a une heureuse influence sur l'élevage. En effet, les collectivités dont il s'agit connaissent le milieu où elles opèrent, aucune des conditions topographiques, culturales et économiques ne leur sont étrangères, elles les pèsent et s'en inspirent pour la direction à imprimer à leurs efforts.

Section II. —Intervention indirecte

Elle s'exerce par des mesures administratives et des décisions législatives.

I. MESURES ADMINISTRATIVES

Les collectivités et particulièrement l'État, interviennent par la distribution de prix et d'allocations, par le patronage accordé à des institutions concernant l'industrie animale et par l'organisation d'Expositions et de Concours.

Les primes sont des encouragements en argent donnés à *tous* les animaux remplissant certaines conditions. Au contraire, l'idée de prix comporte celle de concours. L'État distribue à la fois les unes et les autres : des primes, aux individus des races qu'il veut signaler et répandre ; des prix, aux plus beaux sujets de ces races.

Il pèse sur le choix des reproducteurs : il y a des étalons dits *approuvés* et d'autres qualifiés d'*autorisés*. L'approbation est un brevet désignant au choix des éleveurs les étalons capables d'améliorer la race, tandis que l'autorisation signifie seulement que le reproducteur est propre à bien perpétuer sa sorte, sans l'améliorer toutefois. Les formalités de l'approbation et de l'autorisation ont été réglementées par un arrêté ministériel du 5 octobre 1882. Aucun cheval ne peut être approuvé, s'il n'est entièrement exempt de tares et de maladies transmissibles, s'il n'est âgé de quatre ans au moins et s'il n'a subi des épreuves arrêtées à l'avance sur l'hippodrome. L'approbation est sans prime pour les étalons qui saillissent à un prix supérieur à 100 francs; avec primes variant de 2000 à 300 francs suivant la catégorie, pour ceux dont le prix de la saillie est inférieur à 100 francs Ces primes ne sont versées qu'autant que l'étalon a accompli un quantum de saillies, fixé à 30 pour les pur-sang anglais, arabes ou anglo-arabes, à 40 pour les demi-sang, et à 50 pour les chevaux de trait.

L'autorisation est subordonnée à toutes les conditions prévues pour l'approbation, mais les étalons ne sont astreints vis-à-vis de l'administration des haras à aucune des formalités relatives au prix de la saillie et au nombre des juments servies.

L'État intervient encore indirectement dans la production chevaline par des primes de dressage ainsi que par des subventions aux courses.

Les écoles de dressage mettent à la portée des petits éleveurs à qui les moyens matériels de dressage de leurs chevaux font défaut, ce qui leur manque. L'article 5 de la loi du 29 mai 1874 alloue une subvention à cet effet. Les onze écoles de dressage dont les noms suivent se partagent cette subvention : Airel (Manche), Amiens, Bordeaux. Caen, Cercy-la-Tour (Nièvre), La Grand'Maison (Cher), La Roche-sur-Yon, Nancy, Rennes, Rochefort, Séez (Orne). Des concours publics sont, en outre, établis chaque année et des primes de dressage sont distribuées aux chevaux hongres et juments nés et élevés en France, âgés de quatre et cinq ans, soit montés, soit attelés seuls ou à deux.

Les courses sont de plusieurs sortes : courses plates, courses de haies, steeple-chase et courses au trot. Les premières se font sur un terrain uni, les secondes sur un terrain coupé de haies ; dans le steeple-chase, derrière les haies se trouvent des fossés remplis d'eau ou des murs en terre ; ce sont les vraies courses d'obstacles. Elles se font, les unes et les autres, au galop. Les courses au trot sont qualifiées d'*attelées* ou de *montées*, suivant qu'on monte le trotteur ou qu'il traîne une légère voiture.

Les courses plates au galop sont régies par le règlement de la Société d'encouragement pour l'amélioration des races de chevaux ; les courses à obstacles, par celui de la Société générale des steeple-chases ; les courses au trot par celui de la Société pour l'amélioration du cheval français de demi-sang.

L'État intervient, en vertu de l'article 5 de la loi organique sur les haras, pour une part dans la création des prix à distribuer ; à lui se joignent les départements et les villes où ont lieu des courses, ainsi que les Compagnies de chemin de fer.

L'État et les collectivités interviennent encore en organisant des Expositions et des Concours. Toutes ces exhibitions ont leur utilité, depuis le modeste concours cantonal jusqu'aux expositions universelles. Mais elle ne vient pas de ce que les exposants y recueillent une somme d'argent plus ou moins forte, elle ressort de ce que ce sont des foyers d'instruction, des moyens de propagande agricole.

Les visiteurs de ces expositions apprennent à connaître *de visu* les caractères de races différentes ; ils comparent, réfléchissent et se demandent quels sont les types qui leur conviennent le mieux.

S'il s'agit d'un concours d'animaux de boucherie, ils se rendent compte de l'état d'engraissement des animaux exposés et voient des sujets précoces. Si c'est un concours de reproducteurs, ils apprennent les formes que doit avoir un étalon, un taureau, un bélier, pour répondre à telle ou telle destination.

Les expositions ont le grand avantage de matérialiser l'enseignement théorique, de donner d'excellentes leçons de choses ; elles sont des initiatrices, elles ouvrent à l'esprit des horizons nouveaux.

A un point de vue moins élevé, mais plus immédiatement pratique, elles sont, pour les exposants, un moyen avantageux de publicité et de création de débouchés nouveaux, puisque les visiteurs apprennent à connaître les étables où ils pourront trouver des sujets d'élite. Cet avantage est si incontestable qu'il a été proposé de supprimer toute espèce de récompense pour en affecter la valeur en publicité.

Les expositions universelles contiennent une section agricole. Les concours organisés par l'État se subdivisent en concours général et concours régionaux. Le premier se tient chaque année à Paris ; sa destination principale est de pousser au perfectionnement de l'engraissement. Il remplace les anciens concours de Poissy dont le premier fut inauguré en 1844 et qui donnèrent une impulsion féconde à la pratique de l'engraissement en France. On y a adjoint un concours de reproducteurs.

Les concours régionaux sont ainsi appelés parce qu'ils convient les agriculteurs d'une région à exposer leurs produits et à se disputer les prix. Ce fut une excellente institution qui eut, sur les connaissances zootechniques et l'élevage du bétail, la plus heureuse influence.

II. MESURES LÉGISLATIVES

Une ordonnance royale du 26 juin 1718 décréta que les propriétaires d'étalons voulant faire féconder leurs juments, ne pourraient faire usage de leurs chevaux entiers sans une autorisation du commissaire des haras, visée de l'intendant de la province, à peine de 300 livres d'amende et de confiscation des chevaux et juments. On devine que le but de cette ordonnance était qu'on ne fît couvrir des juments par des étalons trop défectueux. Comme compensation, des réductions d'impôts et exemptions de charges étaient accordés aux garde-étalons.

Des décrets du 24 janvier et du 30 août 1790 abrogèrent les dispositions de l'ordonnance du 26 juin 1718. Même après le rétablissement de l'Administration des haras, la multiplication du cheval resta d'abord, en France, absolument libre, comme l'est celle des autres espèces domestiques. Mais dans d'autres pays de l'Europe, en Belgique notamment, on adopta, en cette matière, une législation qui rappelait celle d'avant la Révolution française.

On a cru devoir, en France, imiter cet exemple, en se basant principalement sur la proportion élevée de chevaux atteints de cornage et de fluxion périodique, livrés à la reproduction. Une loi fut promulguée le 14 août 1885, qui limite la liberté individuelle et astreint, comme autrefois, les propriétaires d'étalons à les faire visiter. Voici le texte de cette loi et celui de l'arrêté qui en assure l'exécution :

LOI RELATIVE A LA SURVEILLANCE DES ÉTALONS
PROMULGUÉE LE 14 AOUT 1885

ARTICLE PREMIER. — Tout étalon qui n'est ni approuvé, ni autorisé par l'administration des haras ne peut être employé à la monte des juments appartenant à d'autres qu'à son propriétaire, sans être muni d'un certificat constatant qu'il n'est atteint ni de cornage, ni de fluxion périodique.

ART. 2. — Ce certificat, valable pour un an, sera délivré gratuitement après examen de l'étalon par une commission nommée par le ministre de l'agriculture.

ART. 3. — Tout étalon employé à la monte, qu'il soit approuvé, autorisé ou muni d'un certificat indiqué ci-dessus, sera marqué au feu sous la crinière.

En cas de retrait de l'approbation, de l'autorisation ou du certificat, la lettre R sera inscrite de la même manière, au-dessus de la marque primitive.

ART. 4. — En cas d'infraction à la présente loi, le propriétaire et le conducteur de l'étalon seront punis d'une amende de 50 à 500 francs. En cas de récidive, l'amende sera du double.

ART. 5. — Seront passibles d'une amende de 16 à 50 francs, les propriétaires qui auront fait saillir leurs juments par un étalon qui ne serait ni approuvé, ni autorisé, ni muni de certificat.

ART. 6. — Les maires, les commissaires de police, les gardes champêtres, la gendarmerie et tous les agents et officiers de police judiciaire, les inspecteurs généraux des haras, les directeurs, sous-directeurs et surveillants des dépôts d'étalons de l'État, dûment assermentés, ont qualité pour dresser procès-verbal des infractions à la présente loi.

ART. 7. — Un arrêté ministériel règlera la composition de la commission, l'époque de ses réunions, le mode et les conditions de l'examen et toutes les mesures d'exécution.

ARRÊTÉ PORTANT RÈGLEMENT POUR L'EXÉCUTION DE LA LOI RELATIVE A LA SURVEILLANCE DES ÉTALONS

Le ministre de l'agriculture,
Vu la loi du 14 août 1885 :

ARRÊTE :

ARTICLE PREMIER. — Tout propriétaire d'étalon ayant l'intention de le consacrer au service public de la reproduction doit en faire la déclaration au préfet du département ou au sous-préfet de son arrondissement dans le courant du mois d'octobre de l'année qui précède celle dans laquelle ce cheval sera livré à la monte.

Cette déclaration devra être conforme au modèle annexé au présent arrêté.

Des formules imprimées seront mises à la disposition des intéressés par les préfets et les sous-préfets.

ART. 2. — Les sous-préfets dresseront des états, par commune et par canton, des animaux inscrits et les transmettront immédiatement, avec les déclarations des propriétaires, au préfet du département qui fera établir le même travail pour l'arrondissement du chef-lieu,

Ces pièces seront mises à la disposition des présidents des commissions visées par le présent arrêté.

ART. 3. — Des commissions d'examen composées de trois membres : l'inspecteur général des haras ou son délégué, un propriétaire éleveur et un vétérinaire seront chargés de constater l'état sanitaire des étalons au point de vue du cornage et de la fluxion périodique.

ART. 4. — Les commissions d'examen sont nommées par le ministre, sur les propositions des préfets.

Leurs décisions sont sans appel.

ART. 5. — Les commissions se réuniront aux chefs-lieux d'arrondissement.

Toutefois elles pourront également opérer en dehors des chefs-lieux d'arrondissement si l'existence de centres importants justifie cette exception à la règle.

ART. 6. — D'accord avec les inspecteurs généraux des haras, les préfets déterminent par arrêtés les lieux, jours et heures des réunions des commissions ; ils portent ces renseignements à la connaissance des intéressés par la voie des journaux et par affiches.

Les opérations devront commencer dans les premiers jours du mois de novembre : elles seront terminées avant le 15 décembre.

Toutefois, en ce qui concerne la visite des étalons destinés à la monte de 1886, une décision ministérielle fera connaître ultérieurement la date de l'ouverture des opérations.

Les procès-verbaux des opérations seront signés par tous les membres de la commission.

ART. 7. — Les étalons qui rempliront les conditions requises par l'article 1er de la loi seront marqués sous la crinière, au fer rouge, du n° 3, précédé d'une étoile, en présence des membres de la commission.

En cas de retrait du certificat, la lettre R sera inscrite au-dessous de la marque première.

ART. 8. — Des certificats conférant le droit de faire faire la monte seront délivrés gratuitement par le préfet aux ayants droit, d'après les états dressés par les commissions.

Ils ne seront valables que pour une seule année.

ART. 9. — Les préfets adresseront au ministre de l'agriculture, à l'inspecteur général des haras de l'arrondissement et au directeur du dépôt d'étalons de la circonscription une liste générale des étalons munis du certificat, ainsi que la liste des étalons auxquels le certificat aura été refusé.

Le motif du refus (cornage ou fluxion périodique) sera indiqué sur cet état.

ART. 10. — Les préfets feront publier, par la voie des journaux et par affiches, la liste des étalons auxquels ils auront délivré le certificat sur la proposition des commissions.

ART. 11. — Les commissions n'auront pas à examiner les poulains âgés de moins de trente mois.

ART. 12. — Les étalons proposés pour l'approbation et l'autorisation par les inspecteurs généraux des haras ne seront pas assujettis à l'examen de la commission.

Ils seront marqués, sous le contrôle de l'inspecteur général ou de son délégué : les étalons approuvés, du n° 1 ; et les étalons autorisés du n° 2.

Chacun de ces numéros sera précédé d'une étoile.

En cas de passage d'un étalon d'une catégorie dans l'autre, le numéro existant sera oblitéré au feu par une marque spéciale et remplacé par le numéro correspondant à la nouvelle situation dudit étalon.

ART. 13. — Tout propriétaire ou conducteur d'étalon sera tenu de produire aux propriétaires des juments présentées à la saillie, soit le titre d'approbation ou d'autorisation, soit le certificat délivré par le préfet, sur l'avis de la commission d'examen.

Il devra également produire le même titre ou certificat à toute réquisition des fonctionnaires et agents désignés par la loi.

ART. 14. — Tout propriétaire d'étalons qui aura refusé de se conformer aux prescriptions de la loi ou qui entretiendra dans son écurie un étalon corneur ou fluxionnaire pourra être privé pendant une ou plusieurs années des primes d'approbation.

ART. 15. — Le directeur des haras est chargé de l'exécution du présent arrêté.

Paris, le 25 septembre 1885.

LE MINISTRE DE L'AGRICULTURE,

HERVÉ-MANGON.

Quelques critiques qu'ait soulevées et que soulève encore l'application de ces mesures sur la surveillance des étalons, nous avons trouvé des imitateurs à l'étranger. En Italie, une loi promulguée le 26 juin 1887 et relative à la production chevaline comporte un article ainsi conçu :

ARTICLE IV. — A partir du 1er janvier 1889, l'industrie étalonnière ne pourra s'exercer qu'au moyen d'étalons approuvés par le Ministère de l'agriculture.

La loi du 14 août 1885 a déjà reçu la sanction judiciaire. La Cour de Toulouse, par un arrêt du 24 novembre 1887, réformant un jugement de première instance, condamna à 50 francs d'amende et aux dépens un propriétaire dont le cheval, mis intentionnellement au pâturage communal, avait fait des saillies sans avoir été visité préalablement.

FIN

TABLE DES MATIÈRES

LIVRE DEUXIÈME

LES INDIVIDUS ET LES GROUPES

PREMIÈRE PARTIE

Production des variations ou Cœnogenèse

LIVRE QUATRIÈME

LES ENTREPRISES ZOOTECHNIQUES

FIN DE LA TABLE DES MATIÈRES